J. Glatt
7555 Bietigheim
Goethestr. 12

D1858225

G. Jander · E. Blasius

Lehrbuch der analytischen und präparativen anorganischen Chemie

Lehrbuch der analytischen und präparativen anorganischen Chemie

(Mit Ausnahme der quantitativen Analyse)

Von

Gerhart Jander †

ehem. o. Professor, Direktor des Anorg.-chemischen Instituts
der Technischen Universität Berlin

und

Ewald Blasius

o. Prof., Direktor des Instituts für Analytische Chemie und Radiochemie
der Universität des Saarlandes

10., neubearbeitete Auflage

Mit 75 Abbildungen
6 Tafeln mit 36 Kristallbildern
und einer mehrfarbigen Spektraltafel

S. HIRZEL VERLAG STUTTGART

1973

ISBN 3 7776 0246 9

Alle Rechte, insbesondere das der Übersetzung in fremde Sprachen, vorbehalten.
Ohne ausdrückliche Genehmigung des Verlages ist es nicht gestattet,
dieses Buch oder Teile daraus auf photomechanischem Wege
(Photokopie, Mikrokopie) oder auf eine andere Art zu vervielfältigen.

© 1973 S. Hirzel Verlag Stuttgart

Printed in the German Democratic Republic
VLN 267 · 245/17/73
Gesamtherstellung: Offizin Andersen Nexö, Leipzig

Erste Hilfe bei Unfällen (Laienhilfe)

Von

B. Hoffsümmer und *W. Leppla*

Bei allen Unfällen (Verletzungen, Vergiftungen) ist sofort ein Arzt zu benachrichtigen.

Durch gleichzeitige Benachrichtigung des örtlichen Krankentransportes kann die Verzögerung einer eventuell erforderlichen Krankenhaus-Behandlung vermieden werden.

Wichtige Telefonnummern (vom Leser einzutragen):

Ärzte:

Krankentransport:

Rettungsdienst, Erste Hilfe:

Krankenhäuser:

Feuer:

Alle nachstehenden Vorschriften gelten nur für eine erste Laienhilfe. Sie ersetzt in keinem Fall die ärztliche Behandlung.

Allgemeine Maßnahmen

Lagerung

Bei Vergiftung, drohender Bewußtlosigkeit oder Bewußtlosigkeit Seitenlagerung mit Gesicht zum Boden (s. Abb.). Durch diese Lagerung soll vermieden werden:

a) Verlegung der Atemwege bei Bewußtlosen durch die zurückfallende Zunge sowie

b) Übertritt von Erbrochenem in die Luftwege (Aspiration).

Atemstörungen

Nach der oben beschriebenen Lagerung des Verletzten kniet sich die Hilfsperson hinter den Kopf des Verletzten. Freimachung der Mundhöhle mit dem Zeigefinger (Erbrochenes, Gebiß usw.).

Mund-zu-Mund-Beatmung: Abdecken von Mund und Nase des Verletzten mit einem sauberen Taschentuch oder Gaze. Die Hilfsperson atmet frische Luft nach Wendung des Kopfes nach rechts oder links ein (nicht die verbrauchte Luft vor dem Gesicht des Verletzten). Die Hilfsperson umschließt jetzt mit ihren Lippen Mund und Nase des Verletzten und atmet in den Verletzten aus. Die Ausatmung des Verletzten erfolgt während des nächsten Einatmens des Atemspenders; sie bedarf keiner Unterstützung. Erforderliche Atemfrequenz 15–20/Minute. Mund-zu-Mund-Beatmung über lange Zeit bis zum Eintreffen anderer Beatmungsmöglichkeiten fortsetzen.

Herzstillstand

Bei Herzstillstand (Totenblässe des Verletzten, weite Pupillen, Herztöne bei Auflegen des Ohres auf den Brustkorb nicht hörbar, Puls an der **Halsschlagader** nicht fühlbar), Lagerung des Verletzten in Rückenlage auf flachem hartem Boden. Wegen drohender Verlegung der Atemwege durch die zurückfallende Zunge Überstreckung des Kopfes nach hinten. Herzmassage so schnell als möglich, spätestens 3 Minuten nach Herzstillstand beginnen.

Durchführung der äußeren Herzmassage: Die Hilfsperson kniet mit gespreizten Oberschenkeln über dem Bauch des Verletzten, das Gesicht seinem Kopf zugewendet. Öffnen beengender Kleidungsstücke (Gürtel, Hemdkragen). Auflegen der beiden übereinanderliegenden flachen Hände (mit der Handinnenfläche) auf das untere Drittel des Brustbeins des Verletzten. Danach Beginn der äußeren Herzmassage durch rhythmische Massagestöße auf das Brustbein senkrecht in Richtung auf die Wirbelsäule des Verletzten. Erforderliche Auslenkung des Brustbeins in dieser Richtung ungefähr 3–5 cm. Frequenz ungefähr 60–80 Massagestöße pro Minute. Nach jedem dieser Massagestöße muß das Brustbein völlig entlastet werden. Pulskontrolle am Handgelenk oder an der Halsschlagader durch eine weitere Hilfsperson (z. B. Atemspender). Bei Herzstillstand ist die Mund-zu-Mund-Beatmung nach vorheriger Reinigung der Mundhöhle wie oben beschrieben in Rückenlage des Verletzten durchzuführen. Nach je 4 Massagestößen auf das Brustbein des Verletzten Spende eines Atemzuges wie oben beschrieben durch die zweite Hilfsperson.

Kreislaufkollaps ohne Herzstillstand

Bei Blässe, kaltem Stirnschweiß, kalten Händen und Füßen, vollem Bewußtsein bis tiefster Bewußtlosigkeit des Verletzten, Puls an der Halsschlagader fühlbar, Herztöne vorhanden: Tieflagerung des Kopfes des Verletzten und Hochlagerung der Beine (z. B. an einen schräggestellten Tisch anlehnen).

In allen vorgenannten Fällen für frische Luft und normale Umgebungstemperatur (20 °C) sorgen.

Spezielle Maßnahmen

Knochenbrüche

Gebrochene Extremitäten unter allen Umständen in der jeweiligen Stellung belassen. Auch bei grotesker Fehlstellung der gebrochenen Extremitätenteile keinerlei Bewegung. Abtransport des Verletzten möglichst nur durch geschultes Personal. Offene Wunden mit sauberem Tuch abdecken. Kleidungsstücke an der gebrochenen Extremität nur im Notfall, und dann nur durch Aufschneiden (nicht Ausziehen!) entfernen.

Hautverletzungen

a) Säuren, Laugen und sonstige ätzende Stoffe

Entfernung von säure- oder laugegetränkten Kleidungsstücken sofort durch Aufschneiden (nicht Ausziehen!). Ausgiebiges Spülen der verletzten Hautpartien unter fließendem Wasser (mindestens 10–15 Minuten). Neutralisierungsversuche sind wegen einer weiteren Schädigungsgefahr der Haut zu unterlassen; sie sind bei ausreichender Spülung der Haut mit Wasser unnötig.

Nach Spülung Abdeckung der Haut mit einem trockenen Tuch (keine luftdichten, beengenden Verbände). Auch bei scheinbar nur geringer Hautverätzung sofort den Arzt aufsuchen.

b) Schnittwunden

1. Bei stärkerer Venenblutung (dunkel, fließend) leichte Kompression und Hochlagerung der betreffenden Extremität.
2. Bei Schlagaderblutung (hell, stoßweise) sehr fester Druckverband auf die Blutungsstelle. Druckverband nicht länger als 2 Stunden.

Bei zusätzlicher Verätzung und stärkerer Venen- oder Schlagaderblutung Druckverband herzwärts der Wunde und Vorgehen nach Punkt a).

Das Säubern der Wunde sowie die Entfernung von Fremdkörpern erfolgt durch den Arzt. In jedem Fall nur trockenen Verband anlegen, keine Salben, Puder o.ä. verwenden.

Augenverletzungen

Bei Verletzungen mit ätzenden Stoffen Augen sofort schonend mit viel Wasser auswaschen (Augenwaschflasche). Augen dabei offenhalten. Neutralisierungsversuche bei Verletzungen mit ätzenden Flüssigkeiten unter allen Umständen unterlassen. Die sofort am Unfallort durchgeführte Spülung der Augen über 20–30 Minuten mit ausreichenden Mengen von Wasser kann durch keine ärztliche Maßnahme ersetzt werden. Bei alleiniger mechanischer, blutender oder nichtblutender Verletzung der Augen den Verletzten zur Ruhigstellung der Augen veranlassen und dies durch die Abdeckung beider Augen unterstützen.

Gasvergiftungen

Entfernung des Verletzten aus der Giftzone. Beengende Kleidung entfernen. Der Verletzte muß auch bei Abwesenheit von Bewußtseinsstörungen flach hingelegt werden. **Die absolute Ruhe des Verletzten ist auch bei scheinbarem Wohlbefinden zur Schonung des Kreislaufes unbedingt notwendig.** Bei Bewußtlosigkeit, Atemstörungen, Kreislaufkollaps oder Herzstillstand gilt das unter „Allgemeine Maßnahmen“ Beschriebene.

Die absolute Ruhe des Verletzten und der liegende sofortige Abtransport in das nächste Krankenhaus, auch bei scheinbarem Wohlbefinden, sind die wichtigsten Maßnahmen.

Vergiftungen

Bei Aufnahme von ätzenden Stoffen oder Giften in den Magen-Darm-Kanal Lagerung des Verletzten und sofortiger liegender Abtransport in das nächstliegende Krankenhaus. Neutralisierungsversuche sind zu unterlassen. Versuche, Erbrechen bei dem Verletzten zu erzeugen, sind wegen der Möglichkeit des Übertritts von Erbrochenem in die Luftwege (Aspiration) unbedingt zu unterlassen. Das Trinken von Flüssigkeiten (Milch, Wasser) muß wegen der Verschluckungsgefahr unterbleiben; außerdem kann die Aufnahme des Giftes aus dem Magen-Darm-Kanal in den Körper durch Trinken von Flüssigkeiten beschleunigt werden. Der sofortige Abtransport des Verletzten, die Vermeidung einer Aspiration durch Lagerung sowie die Sicherstellung des vermutlichen Giftstoffes sind die wichtigsten Maßnahmen am Unfallort.

Laborbrände

a) Personenbrand

Bei Personenbrand Verletzten zu Boden werfen, in eine **Wolldecke** (keine Kunststoffdecke!) eindrehen und rollen, bis Flammen erstickt sind.

b) Brandwunden

Abdecken der Hautpartien mit einem trockenen Tuch (auf keinen Fall beengende Verbände). Die wichtigste Maßnahme am Unfallort ist das Fernhalten von Ölen, Brandsalben oder sonstigen „lindernden" Mitteln von den verletzten Hautpartien. Auch bei scheinbar geringer Verletzung sofort den Arzt aufsuchen.

Elektrische Verletzungen

Zuallererst Sicherung herausdrehen oder Sicherungsautomatik ausschalten, auch wenn hierdurch scheinbar wertvolle Hilfezeit verlorengeht. Erst dann sich dem Verletzten nähern und nach den Gesichtspunkten der Lagerung, Beseitigung von Atemstörungen, Beseitigung von Kreislaufkollaps oder Beseitigung eines Herzstillstandes handeln. Auch bei scheinbarem Wohlbefinden des Verletzten Abtransport in ein Krankenhaus.

Laborausstattung

1 zusammenklappbare Tragbahre
1 Wolldecke
Sterile Dreieckstücher
Verbandmull in Lagen
Leukoplast
Diverses Verbandmaterial
1 Esmarchsche Staubinde
1 Verbandschere
1 Augenwaschflasche
Augenklappen

Aus dem Vorwort zur 1. Auflage

Vor einiger Zeit ist von uns eine kürzere „Einführung in das anorganisch-chemische Praktikum (einschließlich der quantitativen Analyse)“ herausgegeben worden, welche für alle Studierenden naturwissenschaftlicher Fächer gedacht ist, die bei ihrer akademischen Ausbildung das Chemiestudium nur als Hilfswissenschaft betreiben (Pharmazeuten, Biologen, Mineralogen, Physiker usw.) oder aus anderen Gründen chemische Praktika nicht in dem Umfang benötigen wie die Studierenden der Chemie mit Chemie als Hauptfach. Infolgedessen konnte im vorliegenden „Lehrbuch der analytischen und präparativen anorganischen Chemie (mit Ausnahme der quantitativen Analyse)“, welches für die Ausbildung von Berufschemikern gedacht ist, der Inhalt eines Vorgängers (6. und 7. Auflage des „Lehrbuches für das anorganisch-chemische Praktikum“) in beträchtlichem Maße umgestaltet, ergänzt sowie erweitert und dabei gleichzeitig dem heutigen Stand der Wissenschaft angeglichen werden. Dies ist so weitgehend geschehen, daß de facto ein neues Praktikumsbuch entstanden ist.

Berlin und Clausthal-Zellerfeld, Herbst 1951 — *G. Jander* und *H. Wendt*

Aus dem Vorwort zur 4. Auflage

Die vorliegende 4. Neuauflage des „Lehrbuches der analytischen und präparativen anorganischen Chemie“ wurde von den Herren *G. Jander* und *E. Blasius* bearbeitet und herausgegeben. Frau Dr. *Wendt* (jetzt Gmelin-Institut) hatte bereits während der Vorbereitung des Manuskriptes der 3. Auflage wiederholt den Wunsch geäußert, an weiteren Auflagen des Lehrbuches nicht mehr mitzuwirken. Wir baten damals Herrn Priv.-Doz. Dr. *E. Blasius* um seine ständige Mitarbeit, die er uns dankenswerterweise zusagte.

Berlin-Charlottenburg und Stuttgart, im Herbst 1961 — *G. Jander* — *S. Hirzel Verlag*

Aus dem Vorwort zur 5. Auflage

Nachdem der langjährige erste Autor dieses Buches, Herr Prof. Dr. *G. Jander* am 8. Dezember 1961 die Augen für immer geschlossen hat, ist die vorliegende 5. Auflage des „Lehrbuches der analytischen und präparativen anorganischen Chemie“ durch eine Gruppe von Wissenschaftlern unter Leitung des bisherigen Mitautors, Herrn Prof. Dr. *E. Blasius*, geplant und bearbeitet worden. Diese 5. Neu-Auflage sei Herrn Prof. Dr. *G. Jander* zum dritten Jahrestage seines Todes in dankbarem Gedenken gewidmet.

Stuttgart, Herbst 1964 — *S. Hirzel Verlag*

Vorwort zur 10. Auflage

Nachdem in der 9. Auflage das Kapitel „Massenwirkungsgesetz und Ionenlehre“ neu gestaltet wurde, liegt der Schwerpunkt der Überarbeitung für die 10. Auflage in den Kapiteln „Kolloidchemie und Chemie der Grenzflächen“, „Organische Spezialreagenzien und ihre Anwendung in der qualitativen Analyse“ sowie in den einleitenden Kapiteln, die den einzelnen Elementen bzw. Verbindungen vorangestellt sind.

Kolloidchemische Erscheinungen, die in Lösung vor sich gehen, sind für den Analytiker von erheblicher Bedeutung. Zu nennen sind hier die quantitative Abscheidung amorpher Niederschläge und die „Mitfällung“ unerwünschter Ionen. In dem Kapitel „Kolloidchemie und Chemie der Grenzfläche“ sind daher jetzt die Unterkapitel „Größe und Oberfläche der Teilchen“, „Bildung und Herstellung von Kolloid-Lösungen“, „Stabilität kolloiddisperser Systeme“, „Koagulation und Peptisation“, „Alterung“, „Verunreinigung der Niederschläge – Mitfällung“ sowie „Praktische Folgerungen“ zu finden. Um allgemein die „Theoretischen Grundlagen“ dem Leser näher zu bringen, sind an entsprechenden Stellen eine Anzahl von Versuchen aufgenommen worden.

Bei dem Kapitel „Organische Spezialreagenzien und ihre Anwendung in der qualitativen Analyse“ wurden die theoretischen Grundlagen erweitert und einige neue Nachweisreaktionen eingefügt.

Die Kapitel, die den einzelnen Elementen bzw. Verbindungen vorangehen, sind vollkommen neu gestaltet und auf den neuesten Stand gebracht worden. Auf die heutige Bedeutung der Elemente in der Technik und im täglichen Leben wird besonders hingewiesen. Ausgegangen wurde von der Tatsache, daß der Analytiker aus der Kenntnis der Herkunft eines Stoffes gegebenenfalls schon erhebliche Rückschlüsse ziehen kann.

Bei jedem Element sind einzeln aufgeführt:

Daten: Häufigkeit in der „Erdrinde“ (Erdkruste bis zu 16 km Tiefe sowie Wasser- und Lufthülle), Schmelz- und Siedepunkte, Dichte, wichtigste Oxidationsstufen, kristallographischer Ionenradius, Standardpotential.

Übersicht: Vorkommen, Darstellung des Elementes, Bedeutung in der Technik, im täglichen Leben usw., allgemeine chemische Eigenschaften. Diese Übersicht ist teilweise auch entsprechenden Verbindungen bzw. Oxidationsstufen vorangestellt. Die chemischen Eigenschaften stehen im Zusammenhang mit der Stellung des Elementes im Periodensystem, eine Tatsache, die besonders herausgearbeitet wird.

Reaktionen: Zuerst werden Reaktionen gebracht, die mehr das allgemeine chemische Verhalten kennzeichnen, dann folgen die typischen Nachweisreaktionen. Soweit notwendig, werden einzelne Oxidationsstufen der Elemente gesondert behandelt.

Auch in vielen anderen Fällen wurde der Stoff neu gegliedert und übersichtlicher angeordnet. Alle Kristallbilder wurden neu aufgenommen und ihre Anzahl von 30 auf 36 erhöht.

Das Kapitel „Erste Hilfe bei Unfällen“, gestaltet von Herrn Dr. med. *B. Hoffsümmer* und Herrn Prof. Dr. med. *W. Leppla*, Medizinische Universitätsklinik und Poliklinik der Universität des Saarlandes (Klinikum Homburg/Saar) konnte unverändert übernommen werden.

Für die mehrjährige Mitarbeit an der umfangreichen Neubearbeitung der 9. und 10. Auflage danke ich Herrn Prof. Dr. *W. Preetz* (jetzt Kiel) sowie den Herren Dr. *G. Horn*, Dr. *H. Lohde* und Dr. *H. Wagner*. Weiterhin möchte ich zahlreichen Lesern für Zuschriften danken, besonders Herrn Dr. *W. Werner* (Münster) für wertvolle Hinweise zur Durchführung einiger Präparate.

Frau *B. Münch*, geb. *Glum*, hat auch für diese Auflage erheblich zur Neugestaltung der Arbeitsanweisungen sowie zur redaktionellen Gestaltung der Manuskripte und Korrektur der Druckbögen beigetragen, auch ihr gilt mein herzlicher Dank.

Für verständnisvolle Zusammenarbeit habe ich wieder dem S. Hirzel Verlag zu danken.

Saarbrücken, im Winter 1972 — *E. Blasius*

Inhaltsverzeichnis

Literaturverzeichnis

Benutzte und zu empfehlende Lehrbücher und Nachschlagwerke:

Anorganische, organische, physikalische und technische Chemie sowie Grenzgebiete

D'Ans-Lax, Taschenbuch für Chemiker und Physiker. Springer-Verlag, Berlin, Heidelberg, New York, Bd. I. 1967, Bd. II. 1964, Bd. III. 1970.

Auterhoff, H., und *J. Knabe*, Lehrbuch der Pharmazeutischen Chemie. 6. Auflage. Wissenschaftliche Verlagsgesellschaft mbH, Stuttgart 1971.

Beyer, H., Lehrbuch der organischen Chemie. 17. Auflage. S. Hirzel Verlag, Stuttgart 1973.

Cartmell, E., and *G. W. A. Fowles*, Valency and Molecular Structure. 3. Auflage. Butterworths, London 1966.

Cotton, F. A., and *G. Wilkinson*, Advanced Inorganic Chemistry. 2. Aufl. Interscience Publishers, London/New York 1966. Deutsche Ausgabe: Anorganische Chemie. Verlag Chemie, Weinheim 1967.

Deutsche Forschungsgemeinschaft (Kommission zur Prüfung gesundheitschädlicher Arbeitsstoffe), Mitteilung V vom 6. März 1969: Maximale Arbeitsplatzkonzentrationen gesundheitschädlicher Arbeitsstoffe 1968 (MAK-Werte).

Eggert, J., *L. Hock* und *G. M. Schwab*, Lehrbuch der physikalischen Chemie. 9. Auflage. S. Hirzel Verlag, Stuttgart 1968.

Haissinsky, M., und *J. P. Adloff*, Radiochemisches Lexikon der Elemente und ihrer Isotope. 1. Auflage. Dümmler Verlag, Bonn 1968.

Henglein, F. A., Grundriß der chemischen Technik. 12. Auflage, Verlag Chemie, Weinheim 1964.

Hofmann, U., und *W. Rüdorff*, Anorganische Chemie. 20. Auflage. Friedrich Vieweg & Sohn, Braunschweig 1969.

Holleman, A. F., und *E. Wiberg*, Lehrbuch der anorganischen Chemie. 71.–80. Auflage. W. de Gruyter & Co., Berlin 1971.

Keller, C., The Chemistry of the Transuranium Elements. Verlag Chemie, Weinheim 1971.

Nekrassow, B. W., Lehrbueh der anorganischen und allgemeinen Chemie. VEB Verlag Technik, Berlin 1957.

Pauling, L., Die Natur der chemischen Bindung. 3. Auflage. Verlag Chemie, Weinheim 1968.

Remy, H., Lehrbuch der anorganischen Chemie. 12. Auflage. Akademische Verlagsgesellschaft Geest & Portig, Leipzig Bd. I. 1965, Bd. II. 1971.

Seel, F., Atombau und chemische Bindung. 7. Auflage. Enke-Verlag, Stuttgart 1969.

Strunz, H., Mineralogische Tabellen. 5. Auflage. Akademische Verlagsgesellschaft Geest & Portig. Leipzig 1970.

Präparative Chemie

Brauer, G., Handbuch der präparativen anorganischen Chemie. 2. Auflage. Enke-Verlag, Stuttgart 1960/62.

Grubitsch, H., Anorganisch-präparative Chemie. Springer-Verlag, Wien 1950.

Hecht, H., Präparative anorganische Chemie. Springer-Verlag, Berlin 1951.

Römpp, H., Chemie-Lexikon, 7. Auflage, Franckh'sche Verlagshandlung, Stuttgart 1971–1973.

Analytische Chemie

Ackermann, G., Einführung in die qualitative anorganische Halbmikroanalyse. 5. Auflage. VEB Deutscher Verlag für Grundstoffindustrie, Leipzig 1968.

Berichte der Internationalen Kommission für neue analytische Reaktionen und Reagenzien der „Union internationale de Chimie". Leipzig 1938, Basel 1945, Paris 1948, Paris 1950.

Blasius, E., Chromatographische Methoden in der analytischen und präparativen anorganischen Chemie, unter besonderer Berücksichtigung der Ionenaustauscher. Enke-Verlag, Stuttgart 1958.

Blok, N. I., Qualitative Analyse. VEB Deutscher Verlag der Wissenschaften, Berlin 1958.

Clifford, A. F., Inorganic Chemistry of Qualitative Analysis. Prentice Hall, New York 1961.

Feigl, F., Tüpfelanalyse. Bd. I. Anorganischer Teil. 4. Auflage. Akademische Verlagsgesellschaft m.b.H., Frankfurt am Main 1960.

Fresenius, W., und *G. Jander*, Handbuch der analytischen Chemie. Springer-Verlag, Berlin.

Mahr, C., Anorganisches Grundpraktikum. 4. Auflage. Verlag Chemie, Weinheim 1970.

Maljarow, K. L., Qualitative anorganische Mikroanalyse. 2. Auflage. VEB Verlag Technik, Berlin 1954.

Seel, F., Grundlagen der analytischen Chemie, unter besonderer Berücksichtigung der Chemie in wäßrigen Systemen. 5. Auflage. Verlag Chemie, Weinheim 1970.

Stegemann, K., Qualitative Trennung der Kationen und Anionen, in: Handbuch der analytischen Chemie. 2. Teil, Bd. IX, S. 141. Springer-Verlag, Berlin 1956.

Treadwell, W. D., Physiko-chemische Grundlagen und Tabellen zur qualitativen Analyse. Verlag Franz Deuticke, Wien 1960.

Verzeichnis der Zeichen und Abkürzungen

[ ] Kennzeichnung von Komplexverbindungen (Einzelheiten s. S. XXVIII), z.B. $K_4[Fe(CN)_6]$

→ Zeichen für einseitig verlaufende Reaktionen

⇌ Zeichen für umkehrbare Reaktion (Gleichgewichte), z.B. $H_2 + J_2 \rightleftharpoons 2HJ$

↓ Zeichen für Bildung eines schwerlöslichen Niederschlages, z.B. $BaSO_4\downarrow$

↑ Zeichen für Bildung eines Gases, z.B. $CO_2\uparrow$

≈ annähernd gleich, etwa, ungefähr

∅ Durchmesser

(2:3) Verhältniszahlen bezogen auf Gewichtsteile, z.B. Fe/KNO_3 (2:3) = 2 Gewichtsteile Fe auf 3 Gewichtsteile KNO_3

(2:3 Vol.) Verhältniszahlen bezogen auf Volumenteile, z.B. konz. HCl/H_2O (2:3 Vol.) = 2 Volumenteile konz. HCl auf 3 Volumenteile Wasser

Å	Angström = 10^{-8} cm
A.	Äthylalkohol, Äthanol
Abb.	Abbildung
absol.	absolut
Ae.	Äther
allg.	allgemein
Amp.	Ampere
App.	Apparat, Apparatur
at	Atmosphäre (Maßeinheit)
bes.	besonders
Best.	Bestimmung
Bldg.	Bildung
bzw.	beziehungsweise
c	Konzentration in Gleichungen des Massenwirkungsgesetzes z.B. $\frac{c_{H^+} \cdot c_{OH^-}}{c_{H_2O}} = K$
ca.	zirka
cal	Kalorie
D	Dichte
Darst.	Darstellung
Dest.	Destillation
dest.	destillieren, destilliert
d.h.	das heißt
e	Symbol für das Elektron
EG	Erfassungsgrenze (Definition s. S. 128)
Einfl.	Einfluß
Einw.	Einwirkung
Entw.	Entwicklung
evtl.	eventuell
F.	Filtrat
ff.	folgende
fl.	flüssig
Fl.	Flüssigkeit
frakt.	fraktioniert
µg	10^{-6} g
g	Gramm
gesätt.	gesättigt
ggf.	gegebenenfalls
Ggw.	Gegenwart
Herst.	Herstellung
HM	Halbmikro
k	Konstante
kcal	Kilokalorie
K_L	Löslichkeitsprodukt
Konz.	Konzentration
konz.	konzentriert
krist.	kristallisiert
l	Liter
lösl.	löslich
Lösungsm.	Lösungsmittel
Lsg.	Lösung
µm	Mikrometer = 10^{-6} m
M	Metallion (allg.) mit der Oxidationsstufe + 1
M	molar (Definition s. S. 42)
Meth.	Methode
mg	Milligramm
Min.	Minute(n)
ml	Milliliter
Mol.-Gew.	Molekulargewicht
mval	$^1/_{1000}$ des Äquivalentgewichtes einer Verbindung oder eines Ions, gemessen in Gramm
MWG	Massenwirkungsgesetz
N	normal (Definition s. S. 42)
nachst.	nachstehend
Nachw.	Nachweis

nasc.	nascierend
Nd.	Niederschlag
nm	Nanometer = 10^{-9} m
OT	Objektträger
p. a.	pro analysi (hoher im Handel befindlicher Reinheitsgrad)
pD	negativer dekadischer Logarithmus der Grenzkonzentration
pH	negativer dekadischer Logarithmus der Wasserstoffionenaktivität
pK	negativer dekadischer Logarithmus der Dissoziationskonstante
Prod.	Produkt
%ig	prozentig
PSE	Periodensystem der Elemente
r	Radius
RAM	relative Atommasse („Atomgewicht")
Red.	Reduktion
red.	reduzieren, reduziert
Rk.	Reaktion
RMM	relative Molekularmasse („Molekulargewicht")
s.	siehe
s	Sekunde(n)
S.	Seite
SA	Sodaauszug
Sek.	Sekunde(n)
Sdp.	Siedepunkt
Smp.	Schmelzpunkt
sog.	sogenannt
Std.	Stunde(n)
Temp.	Temperatur
TP	Tüpfelplatte
Tr.	Tropfen
u.	und
u.a.	unter anderem, und andere
Unters.	Untersuchung
usw.	und so weiter
u.U.	unter Umständen
v	Geschwindigkeit
V.	Vergrößerung
val	Äquivalentgewicht einer Verbindung oder eines Ions, gemessen in Gramm
Verb.	Verbindung
verd.	verdünnt
Verf.	Verfahren
Vers.	Versuch
vgl.	vergleiche
Vol.	Volumen
vorst.	vorstehend
W.	Wasser
W	Watt
wss.	wäßrig
z	Ionenladung
Z.	Zentrifugat
z.B.	zum Beispiel
Zers.	Zersetzung, Zerstörung

Der Plural wird bei Kürzungen durch Verdoppelung des Endbuchstabens ausgedrückt, also z.B. Lsgg. = Lösungen, Ndd. = Niederschläge usw.

Nomenklatur anorganischer Verbindungen

Im folgenden sind die wichtigsten Regeln für die Benennung anorganischer Verbindungen angeführt. Soweit in Einzelfällen Abweichungen von diesen Regeln auftreten oder ungewöhnliche Verbindungen vorkommen, die sich nicht in ein so kurzgefaßtes Schema einordnen lassen, wird im Text besonders darauf hingewiesen.

Die chemischen Verbindungen können durch rationelle Namen oder durch Trivialnamen bezeichnet werden.

Bei Verwendung von Trivialnamen sind solche Bezeichnungen zu vermeiden, die auf Grund der historischen Entwicklung im heutigen Sinne entstellende chemische Aussagen enthalten, wie z. B.

Cyankali für KCN, richtig Kaliumcyanid
Bromkalium für KBr, richtig Kaliumbromid
Essigsaure Tonerde für $Al(CH_3COO)_3$, richtig Aluminiumacetat
Kohlensaurer Kalk für $CaCO_3$, richtig Calciumcarbonat

Dagegen ist die Verwendung von reinen Trivialnamen zulässig, z. B.:

Kochsalz = NaCl	Rhodanwasserstoffsäure = HSCN
Kalisalpeter = KNO_3	Wasser = H_2O
Braunstein = MnO_2	Ammoniak = NH_3
Salzsäure = HCl	Hydrazin = N_2H_4
Gips = $CaSO_4 \cdot 2H_2O$	Silan = SiH_4

Rationelle Nomenklatur

Die rationelle Benennung anorganischer Verbindungen ist niedergelegt in dem Heft „Richtsätze für die Nomenklatur der Anorganischen Chemie", Verlag Chemie, Weinheim/Bergstr., 1970, und Akademie-Verlag, Berlin 1970. Die rationellen Namen der Verbindungen werden hiernach durch Angabe der Verbindungsbestandteile und der Mengenverhältnisse gebildet.

Die Kennzeichnung der Mengenverhältnisse der Bestandteile einer chemischen Verbindung kann auf 3 Wegen erfolgen:

a) Durch Bezeichnung der Oxidationsstufe (nach *Stock*)
b) Durch Angabe der stöchiometrischen Zusammensetzung
c) Durch Angabe der Funktion

a) Die Oxidationsstufe wird in römischen Ziffern angegeben (... —II, —I, 0, I, II, ...), die in Klammern ohne Bindestrich hinter das Element gestellt werden, auf das sie sich beziehen.

FeO Eisen(II)-oxid, Fe_3O_4 Eisen(II,III)-oxid,
$Cr(OH)_3$ Chrom(III)-hydroxid, $SnCl_4$ Zinn(IV)-chlorid

Die römischen Ziffern werden im allgemeinen fortgelassen, wenn dadurch kein Zweifel an der Zusammensetzung der Verbindung entsteht, z. B. Aluminiumsulfat statt Aluminium(III)-sulfat.

b) Bei Bezeichnung der stöchiometrischen Zusammensetzung werden griechische Zahlwörter verwendet, die ohne Bindestrich dem Bestandteil, auf den sie sich beziehen, vorangestellt werden. Die Zahlwörter können fortfallen, wenn dadurch keine Zweifel über die Zusammensetzung der Verbindung auftreten. Dies gilt besonders für das Zahlwort „Mono".

N_2O Distickstoffmonoxid, NO Stickstoffoxid, NO_2 Stickstoffdioxid,
N_2O_3 Distickstofftrioxid, N_2O_4 Distickstofftetroxid, N_2O_5 Distickstoffpentoxid
$Ni(CO)_4$ Nickeltetracarbonyl, $CaSO_4 \cdot {}^1/_2 H_2O$ Calciumsulfathemihydrat

c) Die funktionelle Bezeichnungsweise, z. B. Anhydrid, Ester, Amid usw., soll möglichst nicht verwendet werden. Nur das Suffix „säure" wird für eine Reihe im Sprachgebrauch eingebürgerter Wasserstoffverbindungen beibehalten. Die Namen, wie Salpetersäureanhyrid für N_2O_5 und Salpetrigsäureanhydrid für N_2O_3, sollen durch die unter b) wiedergegebenen Namen ersetzt werden.

Die Kennzeichnung der Zusammensetzung bzw. Oxidationsstufe durch Endungen wie „o" und „i", z.B. Ferro, Ferri usw., sowie Bezeichnungen wie Oxidul, Sulfür, Chlorür, Cyanür usw. sind veraltet und sollen aus dem Sprachgebrauch verschwinden.

Basen

Die Namen von Basen werden im allgemeinen nach a) durch Angabe der Oxidationsstufe des basenbildenden Elementes (soweit zum Verständnis erforderlich) und Anhängen des Wortes „hydroxid" gebildet.

$NaOH$ Natriumhydroxid, $Fe(OH)_2$ Eisen(II)-hydroxid

Handelt es sich um hydratisierte Oxide, deren Wassergehalt bzw. Zahl der OH-Gruppen nicht genau bekannt ist, so spricht man von „Oxidhydraten", z.B. Aluminiumoxidhydrat.

Sauerstofffreie Säuren

Die Namen der sauerstofffreien Säuren werden durch Anhängen von „wasserstoff" oder „wasserstoffsäure" (funktionelle Bezeichnungsweise) an das jeweilige Element oder eine Gruppe aus mehreren Elementen (z.B. CN Cyan) gebildet. Die Salze sauerstofffreier Säuren werden durch die Endung „id" bezeichnet, die an den elektronegativen Bestandteil angehängt wird. Der elektropositive Bestandteil wird immer vorangestellt.

HCl	Chlorwasserstoff(säure)	$NaCl$	Natriumchlorid
HJ	Jodwasserstoff(säure)	KJ	Kaliumjodid
HCN	Cyanwasserstoff(säure)	KCN	Kaliumcyanid
HN_3	Stickstoffwasserstoffsäure	NaN_3	Natriumazid
H_2S	Schwefelwasserstoff	As_2S_5	Arsenpentasulfid
PH_3	Phosphorwasserstoff	Mg_3P_2	Magnesiumphosphid
$HSCN$	Rhodanwasserstoffsäure	$KSCN$	Kaliumrhodanid

(Wird aber an Stelle des Trivialnamens „Rhodanwasserstoffsäure" der rationelle Name „Thiocyansäure" verwendet, dann heißen die Salze „Thiocyanate".)

Wasserstoffverbindungen mit salzartigem Charakter werden als Hydride bezeichnet, z.B. LiH Lithiumhydrid.

Bei der Benennung aller übrigen Verbindungen aus 2 Elementen geht man so vor, daß der elektropositive Bestandteil vorangestellt und das elektronegative Element mit der Endung „id" angehängt wird. Bei homöopolaren und solchen Verbindungen, deren elektropositiver Bestandteil nicht mit Sicherheit feststeht, wird das Element vorangestellt, das in der nachstehenden Reihenfolge vor dem zweiten Verbindungspartner steht:

B, Si, C, Sb, As, P, N, H, Te, Se, S, At, J, Br, O, F.

CCl_4	Kohlenstofftetrachlorid
NCl_3	Stickstofftrichlorid
CS_2	Kohlen(stoff)disulfid („Schwefelkohlenstoff" soll nicht mehr verwendet werden)
B_4C	Borcarbid
Mg_3N_2	Magnesiumnitrid
OF_2	Sauerstoffdifluorid

Sauerstoffsäuren

Bei sauerstoffhaltigen Säuren erhält im allgemeinen die bekannteste, die sich oft von der höchsten Oxidationsstufe des betreffenden Elementes ableitet, an den Namen des Elementes das Wort „säure" angehängt. Die entsprechenden Salze erhalten die Endung „at".

H_2SO_4	Schwefelsäure	Na_2SO_4	Natriumsulfat
H_2CO_3	Kohlensäure	Na_2CO_3	Natriumcarbonat
H_3AsO_4	Arsensäure	Na_3AsO_4	Natriumarsenat
H_2MnO_4	Mangansäure	K_2MnO_4	Kaliummanganat

Für HNO_3 ist nur der Trivialname „Salpetersäure", für alle Sauerstoffsäuren, die sich vom Silicium(IV) ableiten, sind die Namen „Kieselsäuren" (Metakieselsäure, Orthokieselsäure usw.) im Gebrauch. Die Salze der Salpetersäure heißen „Nitrate", die der Kieselsäuren „Silicate".

Sauerstoffärmere oder -reichere Säuren werden durch Angabe der Oxidationsstufe zwischen Element und dem Suffix „säure" und die Salze durch Anhängen der Endsilbe „at" und der in Klammern gesetzten Oxidationsstufe gebildet.

Vanadin(IV)-säure	Vanadate(IV)
Antimon(III)-säure	Antimonate(III)

Die sauerstoffärmere Säure einer niedrigeren Oxidationsstufe eines Elementes wird auch durch Einschieben der Silbe „ige" zwischen den Namen des Elementes und das angehängte Wort „säure" gekennzeichnet. Ihre Salze erhalten die Endung „it".

H_2SO_3	Schweflige Säure	Na_2SO_3	Natriumsulfit
H_3AsO_3	Arsenige Säure	Ag_3AsO_3	Silberarsenit
$HClO_2$	Chlorige Säure	$NaClO_2$	Natriumchlorit
HNO_2	Salpetrige Säure	KNO_2	Kaliumnitrit

Bei Säuren, die noch weniger Sauerstoff enthalten, setzt man vor das Element noch die Silbe „Hypo". Ihre Salze erhalten die Silbe „hypo" eingeschoben.

$HClO$	Hypochlorige Säure	$NaClO$	Natriumhypochlorit
$H_2N_2O_2$	Hyposalpetrige Säure	$Na_2N_2O_2$	Natriumhyponitrit

Säuren, die mehr Sauerstoff enthalten, als der normalen Säure entspricht, werden mit der Vorsilbe „Per" bezeichnet. Ihre Salze erhalten die Vorsilbe „per". Leiten sich solche sauerstoffreicheren Säuren vom Wasserstoffperoxid ab, so erhalten Säuren und Salze die Vorsilbe „Peroxo".

$HMnO_4$	Permangansäure	$KMnO_4$	Kaliumpermanganat
$HClO_4$	Perchlorsäure	$KClO_4$	Kaliumperchlorat
H_2SO_5	Peroxomonoschwefelsäure	K_2SO_5	Kaliumperoxosulfat
$H_2S_2O_8$	Peroxodischwefelsäure	$K_2S_2O_8$	Kaliumperoxodisulfat

(Die Bezeichnungen „Perschwefelsäure" und „Persulfate" sind unzulässig!)

Bei Säuren der gleichen Oxidationsstufe des säurebildenden Elements, die sich durch ihren Wassergehalt unterscheiden, erhält die wasserreichere Säure die Vorsilbe „Ortho", die wasserärmere die Vorsilbe „Meta" (s. S. 105).

H_4SiO_4	Orthokieselsäure	$ZrSiO_4$	Zirkoniumorthosilicat
H_2SiO_3	Metakieselsäure	Na_2SiO_3	Natriummetasilicat
H_3PO_4	Orthophosphorsäure	$Ca_3(PO_4)_2$	Calciumorthophosphat
HPO_3	Metaphosphorsäure	$NaPO_3$	Natriummetaphosphat

Säuren, die durch Kondensation von zwei oder mehr Molekülen der einfachen Säuren unter Wasseraustritt gebildet werden, bezeichnet man als Di..., Tri... usw. allg. Polysäuren. An Stelle von „Di" kann in einigen Fällen auch die Vorsilbe „Pyro" verwendet werden.

$H_2S_2O_7$	Dischwefelsäure = Pyroschwefelsäure
$K_2S_2O_7$	Kaliumdisulfat = Kaliumpyrosulfat
$H_2P_2O_7$	Diphosphorsäure = Pyrophosphorsäure
$K_2P_2O_7$	Kaliumdiphosphat = Kaliumpyrophosphat
$(NH_4)_4V_4O_{12}$	Tetraammoniumtetravanadat(V).

Säuren, die sich von Sauerstoffsäuren herleiten, deren O-Atome durch S-Atome ersetzt sind, sind als Thiosäuren (nicht Sulfosäuren), ihre Salze als Thiosalze zu bezeichnen.

H_2CS_3	Trithiokohlensäure	$BaCS_3$	Bariumtrithiocarbonat
$H_2S_2O_3$	Thioschwefelsäure	$Na_2S_2O_3$	Natriumthiosulfat

Saure Salze

Die Namen der sauren Salze werden unter Verwendung von „hydrogen" für den in ihren enthaltenen abdissoziierbaren Wasserstoff gebildet, wobei „hydrogen" stets an letzter Stelle der elektropositiven Bestandteile des Salzes zu nennen ist. Ferner sind auch die Bezeichnungen „primäre, sekundäre, tertiäre usw. Salze" statthaft.

KH_2PO_4	Kaliumdihydrogenphosphat = primäres Kaliumphosphat
K_2HPO_4	Dikalium(mono)hydrogenphosphat = sekundäres Kaliumphosphat
K_3PO_4	Trikaliumphosphat = tertiäres Kaliumphosphat

Nicht abdissoziierbarer Wasserstoff wird wie in Komplexen als „hydrido" gekennzeichnet, z.B. $NaH[PHO_3]$ Natriumhydrogenhydridophosphat(III).

Bezeichnungen wie Bicarbonat, Bisulfat stehen nicht im Einklang mit den Grundsätzen der rationellen Nomenklatur.

Basische Salze

Basische Salze, die nachweisbar OH-Gruppen enthalten, werden „Hydroxidsalze" genannt, z.B. Zn(OH)Cl Zinkhydroxidchlorid.

Basische Salze, die O-Atome enthalten, werden als Oxidsalze bezeichnet. Gelegentlich haben die aus Metall und Sauerstoff gebildeten Radikalionen besondere Namen mit der Endung „yl", deren Verwendung gleichfalls statthaft ist.

BiOCl	Wismutoxidchlorid = Bismutylchlorid
SbOCl	Antimonoxidchlorid = Antimonylchlorid
$UO_2(NO_3)_2$	Uran(VI)-dioxiddinitrat = Uranylnitrat
CrO_2Cl_2	Chrom(VI)-dioxiddichlorid = Chromylchlorid

Heteropolysäuren und ihre Salze

Heteropolysäuren und deren Salze werden wie Komplexe (s. nächster Abschnitt) behandelt. Die zentrale Atomgruppe steht am Wortende. Die um die zentrale Atomgruppe gelagerten Atome oder Atomgruppen werden wie Liganden behandelt. Die Anzahl der Atomgruppen wird durch griechische Zahlwörter wiedergegeben.

$H_4[Si(W_3O_{10})_4]$	Dodekawolframatokieselsäure
$(NH_4)_3[P(W_3O_{10})_4]$	Triammoniumdodekawolframatophosphat
$Li_3H[Si(W_3O_{10})_4] \cdot 24\,H_2O$	Trilithiumhydrogendodekawolframatosilicat-24-Hydrat

(Die Anzahl der Kristallwasser im Molekül wird nur bis 12 mit griechischen Zahlwörtern angegeben.)

Komplexe

Für die Beschreibung von Komplexen gilt, daß in der Formel das Zentralatom am Anfang und die Liganden in bestimmter Reihenfolge (anionische, dann neutrale Liganden) in eckige Klammern gefaßt werden. Im Namen steht das Zentralatom am Schluß. Anionische Liganden erhalten an die Endungen „id", „it" oder „at" ein „o", z.B. Sulfato. Neutrale Liganden haben keine Endung. Ausnahmen bilden: H_2O aquo, Kohlenwasserstoffradikale.

F^- fluoro, Cl^- chloro, Br^- bromo, J^- jodo, O^{2-} oxo, OH^- hydroxo, $O_2{}^{2-}$ peroxo, S^2 thio, CN^- cyano, SCN^- rhodano (thiocyanato), CH_3O^- methoxo.

Ammoniakkomplexe erhalten das Präfix „ammin" (mit „mm" zum Unterschied von der Aminogruppe $-NH_2$).

Die Anzahl der Liganden wird durch griechische Zahlwörter bezeichnet, die dem Namen vorangestellt werden: „mono" wird in der Regel ausgelassen. Die Oxidationsstufe des Zentralatoms wird, soweit zum Verständnis erforderlich, als römische Zahl in Klammern ohne Bindestrich an den Namen des als Zentralatom fungierenden Elementes angehängt. Die Salze komplexer Säuren erhalten stets die Endung „at".

$K_4[Fe(CN)_6]$	Kaliumhexacyanoferrat(II) (nicht Kaliumferrocyanid)
$H_2[PtCl_6]$	Hexachloroplatin(IV)-säure (nicht Platinchlorwasserstoffsäure)
$[Cr(NH_3)_6]Cl_3$	Hexamminchrom(III)-chlorid
$Na_3[Ag(S_2O_3)_2]$	Natrium-bis-thiosulfatoargentat(I)
$Na[Co(CO)_4]$	Natriumtetracarbonylcobaltat(−I)

(Radikale sind stets neutral.)

Hinsichtlich spezieller Fälle dieses sehr ausgedehnten Gebietes muß auf die Lehrbücher der anorganischen Chemie verwiesen werden.

Additionsverbindungen

Die Namen von Additionsverbindungen werden gebildet, indem man die Namen der Bestandteile mit Bindestrichen aneinanderfügt und die Zahl der Molekeln durch arabische Ziffern (oder bei organischen Verbindungen durch griechische multiplikative Zahlwörter) wiedergibt. Die Namen Ätherate, Ammoniakate führen zu Irrtümern. Nur die Bezeichnung Hydrat kann noch verwendet werden.

$CaCl_2 \cdot 8\,NH_3$	Calciumchlorid-8-Ammoniak
$AlCl_3 \cdot 4\,C_2H_5OH$	Aluminiumchlorid-4-Äthanol oder -Tetrakisäthanol

1. Einleitung

Die praktischen Arbeiten auf dem Gebiet der anorganisch-analytischen Chemie, die der Praktikant in den ersten Semestern seines Studiums durchführt, haben in pädagogischer Hinsicht einen doppelten Zweck. Sie sollen einerseits dem Studierenden die für seine Ausbildung benötigte Stoffkenntnis vermitteln, andererseits sollen sie eine Einführung in die analytische und präparative Methodik darstellen. Dieser Dualismus hat infolge der starken Weiterentwicklung der analytischen Methoden in den letzten Jahren zu einigen Schwierigkeiten geführt.

In der Praxis wurde der seit den grundlegenden Arbeiten von *R. Fresenius* vor etwa 100 Jahren im Prinzip unverändert gebliebene Kationentrennungsgang im Makromaßstab zugunsten von Halbmikro- und Mikromethoden, teilweise unter Anwendung organischer Reagenzien, verlassen. Die Verwendung geringer Mengen an Analysensubstanz stellt eine erhebliche Zeit- und Materialersparnis dar.

Um nun sowohl den pädagogischen Anforderungen als auch den Bedürfnissen der Praxis gerecht zu werden, wurde das vorliegende Werk (abgesehen von der Einleitung) in 4 Hauptkapitel gegliedert. Am Anfang gibt ein Kapitel „Theoretische Grundlagen" eine Übersicht über einige wichtige Fragenkomplexe. Die hier gezeigten Zusammenhänge dienen zur Erklärung der später beschriebenen Einzeltatsachen. Anschließend folgt das Kapitel „Allgemeine Arbeitsgrundlagen", dessen Durcharbeitung vor Beginn der praktischen Arbeiten (Giftgefahren, Arbeitsschutz!) notwendig ist. Das darauffolgende Kapitel „Analytischer Teil" enthält die chemischen Reaktionen der Einzelelemente und die Trennungsgänge.

Bei jedem Element sind aufgeführt:

a) Daten

Häufigkeit in der „Erdrinde" (Erdkruste bis zu 16 km Tiefe sowie Wasser- und Lufthülle), Schmelz- und Siedepunkte, Dichte, wichtigste Oxidationsstufen, kristallographischer Ionenradius, Standardpotential.

b) Übersicht

Vorkommen, Darstellung des Elementes, Bedeutung in der Technik, im täglichen Leben u.a., allgemeine chemische Eigenschaften.

Diese Übersicht ist teilweise auch entsprechenden Verbindungen bzw. Oxidationsstufen vorangestellt. Die chemischen Eigenschaften stehen im Zusammenhang mit der Stellung des Elementes im Periodensystem, eine Tatsache, die besonders herausgearbeitet wird.

c) Reaktionen

Zuerst werden Reaktionen gebracht, die mehr das allgemeine chemische Verhalten kennzeichnen, dann folgen die typischen Nachweisreaktionen. Soweit notwendig, werden einzelne Oxidationsstufen der Elemente gesondert behandelt.

Bei dem systematischen Trennungsgang im Halbmikromaßstab kommen analog dem Makroverfahren fast ausschließlich anorganische Reagenzien zur Anwendung.

Für den besonders interessierten Analytiker folgt ein kurzer Abschnitt über organische Spezialreagenzien und ihre Anwendung zum Nachweis der Ionen ohne vorhergehende Trennung. Den Schluß des Werkes bildet ein in sich geschlossenes Kapitel über das anorganisch-präparative Arbeiten.

Zur besseren Übersicht und zur Straffung des Textes dienen ein Verzeichnis der Zeichen und Abkürzungen sowie ein Kapitel über die chemische Nomenklatur, die in dem „Vorspann“ zu finden sind.

Dem Thema des Buches entsprechend ist der für die Grundlagen der anorganischen Chemie zur Verfügung stehende Platz bemessen. Die Hinzuziehung eines Lehrbuches der anorganischen Chemie bei Durcharbeitung des jeweiligen Kapitels ist demnach dringend zu empfehlen (s. Literaturverzeichnis S. XXI).

2. Theoretische Grundlagen

Es sind heute 104 natürliche und künstliche Elemente bekannt. Jedes dieser Elemente weist charakteristische chemische und physikalische Eigenschaften auf. Diese für die Trennung von Gemischen und die Identifizierung von Einzelelementen nutzbar zu machen ist Aufgabe der analytischen Chemie.

Im vorliegenden Kapitel wird eine Übersicht über die theoretischen Grundlagen, die zum Verständnis der Reaktionen notwendig sind, gegeben.

2.1. Chemische Grundgesetze – Aufbau der Materie

Während geschichtlich gesehen die Physik – die Wissenschaft von den Naturerscheinungen ohne stoffliche Veränderung – seit frühen Zeiten (z.B. *Archimedes* † 212 v.u.Z.) als eine exakte Naturwissenschaft mit mathematisch erfaßbaren Gesetzen zu bezeichnen ist, war die Chemie – die Wissenschaft von den Eigenschaften und der Umwandlung der Stoffe – bis Ende des 18. Jahrhunderts vorwiegend eine auf empirischen Grundlagen beruhende beschreibende Naturwissenschaft.

Erst als der französische Chemiker *Antoine Laurent Lavoisier* (1743–1794) durch seine Untersuchungen über die Verbrennung die Vorgänge quantitativ mit der Waage verfolgte, trat in der Chemie die messende und quantitative Fragestellung in den Vordergrund. *Lavoisier* wurde somit zum Entdecker des Gesetzes von der Erhaltung der Masse:

Bei allen chemischen Umsetzungen bleibt die Gesamtmasse der Reaktionsteilnehmer erhalten.

Auf Grund des Massen-Energie-Äquivalenz-Gesetzes von *Albert Einstein* (1879 bis 1955) weiß man heute, daß das vorstehende Gesetz nur ein Grenzfall des allgemeinen Prinzips von der Erhaltung der Energie ist.

Durch Zusammenfassung zahlreicher quantitativer Untersuchungsergebnisse formulierte dann Anfang des 19. Jahrhunderts der französische Chemiker *Josèphe-Louis Proust* (1754–1826) das erste chemische Grundgesetz, das Gesetz von den konstanten Proportionen:

Zwei oder mehrere Elemente treten in einer Verbindung in einem ganz bestimmten Gewichtsverhältnis zusammen.

Das zweite chemische Grundgesetz, das Gesetz von den multiplen Proportionen von *John Dalton* (1766–1844), stellt nur eine Erweiterung des ersten dar:

Bilden 2 Elemente mehrere Verbindungen miteinander, so stehen die Gewichtsverhältnisse miteinander im Verhältnis kleiner ganzer Zahlen.

Diese Gesetze konnten 1808 durch *Dalton* mit der Atomhypothese gedeutet werden:

Die chemischen Elemente (Grundstoffe, die chemisch nicht mehr zerlegt werden können) bestehen aus kleinsten Teilen,

den Atomen. Diese Atome verbinden sich in gewissen Zahlenverhältnissen zu den kleinsten Teilen einer Verbindung, den Molekülen.

Der Beweis für das Auftreten von Molekülen wurde 1811 durch den italienischen Physiker *Amadeo Avogadro* (1776–1856) erbracht. Er stellte auf Grund von Untersuchungen an Gasen die nach ihm benannte Hypothese auf:

Gleiche Volumina idealer Gase enthalten bei gleichem Druck und gleicher Temperatur die gleiche Anzahl von Molekülen.

Erst diese Erkenntnisse gestatten die Aufstellung sinnvoller Formeln, Gleichungen und damit auch die Ermittlung von relativen Atommassen („Atomgewichte") (s. S. 35)

Die ersten „Atomgewichtsbestimmungen" und die heute gebräuchlichen Elementsymbole gehen auf *Jöns Jacob Berzelius* (1779–1848) zurück. Der Begründer der Lehre von den Äquivalent- und Verbindungsgewichten und somit der Stöchiometrie ist *Jeremias Benjamin Richter* (1762–1807).

Die Vielzahl der in der Zwischenzeit entdeckten Elemente regte dazu an, nach gemeinsamen Beziehungen zu suchen. Hier seien die Triadenregel von *Johann Wolfgang Döbereiner* (1829) und die Oktavenregel von *John Newlands* (1864) genannt. Das Endergebnis war die Aufstellung des Periodensystems der Elemente unabhängig voneinander durch *Lothar Meyer* (1830–1895) und *Dmitri Mendelejeff* (1834–1907) im Jahre 1869. Als Ordnungsprinzip diente das Atomgewicht. Sie ordneten die Elemente mit Ausnahme von Wasserstoff mit steigendem Atomgewicht in mehrere waagerechte, untereinanderstehende Reihen (Perioden genannt), so daß chemisch ähnliche Elemente in senkrechten Gruppen untereinander standen.

Bei Einordnung der Elemente nach dem Atomgewicht zeigte sich jedoch, daß in einigen Fällen Umstellungen notwendig waren. Und zwar mußten Argon (39,944) und Kalium (39,100), Tellur (127,61) und Jod (126,91) sowie Kobalt (58,94) und Nickel (58,71) auf Grund ihrer chemischen Eigenschaften ausgetauscht werden.

Diese und andere Tatsachen wiesen darauf hin, daß das Atomgewicht kein eindeutiges Ordnungsprinzip darstellt und daß das Atom selbst nicht unteilbar ist. Hierzu gehören die Entdeckung der Ionisation verdünnter Gase im elektrischen Feld, wobei positiv geladene Teilchen (Kanalstrahlen, entdeckt 1886 von *Goldstein*) und negative Teilchen sehr kleiner Masse (Kathodenstrahlen, entdeckt 1858 von *Plücker*) entstehen, sowie vor allem die Entdeckung der Radioaktivität (*Henry Becquerel*, 1896). Die darauf folgenden grundsätzlichen Untersuchungen, die u. a. mit den Namen des Ehepaares *Curie* (*Marie Curie*, 1867–1934; *Pierre Curie*, 1859–1906) und *Sir Ernest Rutherford* (1871–1937) verknüpft sind, ergaben ein vollständig neues Bild von dem Aufbau der Materie. So konnte z. B. gezeigt werden, daß α-Strahlen (Heliumkerne) Materie sehr leicht durchdringen, was auf erheblichen freien Raum im Atom hinwies. Vor allem begründet auf die Ablenkung der Bahnen der α-Strahlen bei Durchgang durch Materie und die Anwendung der Quantentheorie für die Deutung der Spektrallinien der Elemente (s. S. 7), entwarfen 1913 *Rutherford* und *Niels Bohr* (1885–1962) ein in der Zwischenzeit jedoch erheblich verfeinertes Atommodell:

Ein Atom besteht aus einem positiv geladenen Kern, der praktisch die Gesamtmasse darstellt, und einer Hülle mit einer konkreten Anzahl negativ geladener Elektronen.

Die Durchmesser der Kerne und der „ruhenden" Elektronen sind mit einer Größenordnung von 10^{-12} cm um 4 Zehnerpotenzen kleiner als die der Atome mit 10^{-8} cm.

Nach *Bohr* kreisen die Elektronen auf Bahnen um den Kern wie etwa die Planeten um die Sonne. Sie befinden sich auf Energieniveaus (Schalen) um den Kern in gesetzmäßiger Weise angeordnet. Bei einem neutralen Atom ist die Anzahl der positiven Kernladungen gleich der Gesamtzahl der Elektronen. Die Kernladungszahl ist identisch mit der Ordnungszahl des Elementes im Periodensystem.

Es gilt daher auf Grund unseres heutigen Wissens:

Unter einem Element versteht man einen Stoff, dessen Atome die gleiche Kernladung besitzen.

Henry Moseley (1887–1915) gelang 1913 auf Grund der charakteristischen Röntgenspektren der Elemente der experimentelle Nachweis, daß die Ordnungszahl das grundlegende Prinzip im Periodensystem der Elemente darstellt.

Vor allem die Vorgänge der Radioaktivität zeigen darüber hinaus, daß auch der Atomkern nicht unteilbar ist. Nachdem auf Grund der Arbeiten von *Chadwick* sowie *Bothe und Becker* 1932 das Neutron entdeckt worden war, ergab sich endlich folgendes Bild:

Der Atomkern besteht aus Protonen (ungefähre Masse 1, eine positive Elementarladung) und Neutronen (ungefähre Masse 1, keine Ladung). Die Anzahl der Protonen ist identisch mit der Kernladungszahl (Ordnungszahl) des Elementes. Die Neutronenanzahl kann bei einem Element unterschiedlich sein. Kerne gleicher Kernladungszahl, aber unterschiedlicher Neutronenzahl heißen Isotope. Die natürlichen Elemente stellen in vielen Fällen ein Isotopengemisch dar.

Damit erwies sich auch eine von *William Prout* 1815 aufgestellte Hypothese, „daß der Wasserstoff die Urmaterie sei, durch deren verschiedenartige Kondensation die übrigen Grundstoffe entstehen", als teilweise richtig. Die Nichtganzzähligkeit der relativen Atommassen erklärt sich heute u.a. durch die Isotopie.

Die relativen Atommassen werden neuerdings auf das Isotop Kohlenstoff-12 = 12,00000 bezogen. Der natürliche Kohlenstoff ist ein Isotopengemisch aus 98,89% Kohlenstoff-12 und 1,11% Kohlenstoff-13.

2.2. Elektronenanordnung der Elemente Gesetz der Periodizität

Wie theoretisch begründet werden kann (s. S. 9), ist die Anzahl der auf den einzelnen Elektronenschalen maximal möglichen Elektronen gegeben durch die Zahlen $2 \cdot 1^2$, $2 \cdot 2^2$, $2 \cdot 3^2$, $2 \cdot 4^2$, allgemein $Z = 2n^2$. Die erste Schale mit maximal 2 Elektronen wird K-Schale, die zweite mit 8 Elektronen L-Schale, die dritte mit 18 Elektronen M-Schale genannt.

Die chemischen Eigenschaften der Elemente werden weitgehend durch das Verhalten der Elektronen auf den äußeren Schalen bestimmt. So ergeben sich die Perioden der Hauptgruppenelemente durch sukzessiven Einbau der Elektronen in die äußerste Schale. Bei den Edelgasen ist mit 2 bzw. 8 Elektronen in der äußersten Schale ein besonders stabiler Zustand erreicht. Dagegen werden bei den Elementen mit den Ordnungszahlen 21–30 bzw. 39–48 bzw. 72–80 die noch nicht vollbesetzte 3., 4. bzw. 5. innere Schale mit Elektronen bis zur maximal möglichen Zahl ausgestattet. Diese Elemente werden als Übergangselemente oder Nebengruppenelemente bezeichnet (*b*-Gruppen im Langperiodensystem, s. S. 102).

Die erste Hauptgruppe (a-Gruppe im Langperiodensystem), die Alkalielemente, besitzen je ein Elektron mehr als die vor ihnen stehenden Edelgase. Dieses Elektron befindet sich in der nächsthöheren (entfernteren) Elektronenschale, die erst nach Einbau von 8 Elektronen wieder Edelgaskonfiguration erreicht.

Für die Elemente Na–Ar wird demnach der Atomaufbau durch folgende schematische Darstellung wiedergegeben:

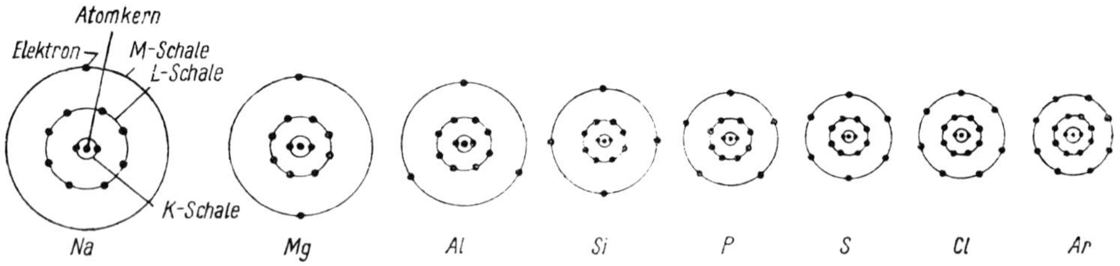

Abb. 1. Schematische Darstellung des Atomaufbaues der Elemente Na–Ar

Deutet man die Außenelektronen der Atome durch Punkte an, so ergibt sich für diese Elemente:

·Na ·Mg· ·Al· ·Si· ·P· ·S· :Cl· :Ar:

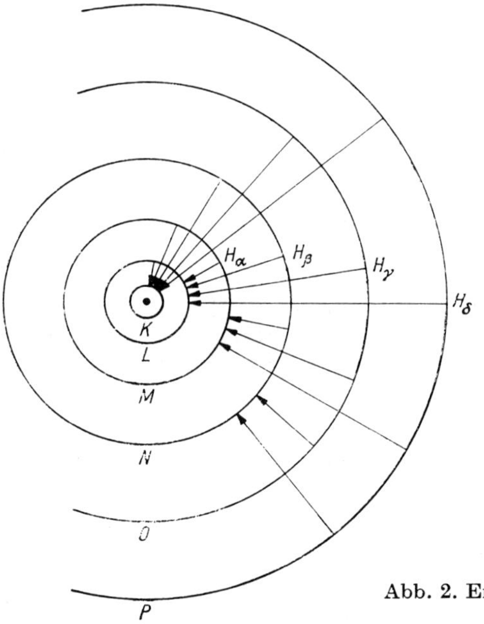

Abb. 2. Emissionsspektrum des Wasserstoffs

Die der äußersten, noch nicht abgesättigten Elektronenschale angehörenden Elektronen haben für das Zustandekommen der chemischen Bindung eine besondere Bedeutung. Sie werden daher Valenzelektronen genannt und lassen sich im Gegensatz zu den in den abgeschlossenen Schalen befindlichen Elektronen leicht abspalten.

Die Kenntnis der Struktur der Elektronenhüllen der Atome gründet sich auf die Auswertung der Emissionsspektren. Durch Zufuhr von Energie (Temperatur, elektrischer Funken oder Bogen) werden die Atome angeregt, und sie senden elektromagnetische Wellen aus. Das ausgestrahlte Spektrum besteht aus Linien bestimmter Frequenz.

Die mathematische Auswertung von Emissionsspektren ergab gewisse Gesetzmäßigkeiten für die Frequenz der einzelnen Linien. Besonders einfache Beziehungen erhält man beim Wasserstoffatom, das nur ein Elektron besitzt. In der Abb. 2 sind die möglichen Elektronensprünge, die die Linien der sog. *Balmer*-Serie bilden, mit H_α bis H_δ bezeichnet.

Nach dem *Bohr*schen Atommodell können die Elektronen um den Kern nur bestimmte Energiezustände aufweisen. Bei Anregung wird ein Elektron auf ein höheres Energieniveau gehoben. Unter Emission von Lichtquanten fällt es auf ein niedrigeres Niveau oder in den Grundzustand zurück. Die abgegebene Energiedifferenz ΔE beträgt:

$$\Delta E = E_2 - E_1 = h \cdot \nu .$$

h = *Planck*sches Wirkungsquantum ($6{,}624 \cdot 10^{-27}$ erg · s),
ν = Frequenz.

Nach der allgemeinen Beziehung für elektromagnetische Wellen entspricht jede Frequenz einer ganz bestimmten Wellenlänge:

$$\lambda \cdot \nu = c .$$

λ = Wellenlänge,
c = Lichtgeschwindigkeit.

Für die Absorption von Lichtquanten gelten die gleichen Gesetze.

Bei den Elementen höherer Ordnungszahl sind die Elektronen auf den inneren Bahnen durch den elektrischen Funken oder Bogen nicht mehr beeinflußbar. Bei Einwirkung energiereicher Elektronen können sie jedoch aus ihrer Bahn „herausgeschossen" werden. Die freien Plätze werden durch Elektronen aus den höheren Schalen aufgefüllt. Die Abgabe der überschüssigen Energie erfolgt in Form (sehr kurzwelliger) Röntgenstrahlen.

Während *Bohr* seinem Atommodell Kreisbahnen der Elektronen zugrunde legt, welche den Hauptquantenzahlen (s. S. 8) entsprechen, führt *Sommerfeld* (1868–1951) zur genaueren Auswertung der Spektren auch elliptische Bahnen ein, wobei sich der Kern in einem Brennpunkt der Ellipse befindet. Er kommt somit zu einer ersten Erklärung der Nebenquantenzahlen (s. S. 8).

Auch die Vorstellung der Elektronenbewegung auf genau vorgeschriebenen kreis- oder ellipsenförmigen Bahnen um den Atomkern stimmt, wie spätere experimentelle Befunde, insbesondere die Feinstruktur der Emissionsspektren, zeigen, nur näherungsweise. Nach der *Heisenberg*schen Unschärferelation lassen sich darüber hinaus bestimmte Elektronenbahnen nicht angeben, da Ort und Impuls der Elektronen nicht gleichzeitig bestimmbar sind.

Die Bewegung der Elektronen um den Atomkern ist jedoch nicht willkürlich. Es lassen sich gewisse Raumbezirke um den Atomkern errechnen, in denen sich die Elektronen bevorzugt aufhalten. Man spricht von der Aufenthaltswahrscheinlichkeit der Elektronen.

Aufbauend auf den Entdeckungen des französischen Physikers *de Broglie* (geb. 1892) über den Wellencharakter der Elektronen, brachte die Quantenmechanik (*Heisenberg*, geb. 1901; *Schrödinger*, geb. 1887; *Dirac*, geb. 1902), einen großen Fortschritt. Sie vermittelt zwar nicht ein so anschauliches Bild wie das *Bohr*sche Atommodell, gibt dafür den Sachverhalt aber mathematisch richtig wieder. Der Begriff der Elektronenbahnen wird durch die Wellenfunktion Ψ (*Schrödinger*-Funktion) ersetzt. Die Wellenfunktion Ψ beschreibt die bahnartige Bewegung des Elektrons. $\Psi^2 dV$ gibt die Wahrscheinlichkeit an, mit der das Elektron im Volumenelement dV anzutreffen ist.

Diese Wellenfunktionen lassen sich durch 4 Quantenzahlen charakterisieren:

1. Hauptquantenzahl n mit den Werten 1, 2, 3, ...
2. Nebenquantenzahl (Azimutal- oder Orbitaldrehimpulsquantenzahl) l mit den Werten 0, 1, 2, ..., $n - 1$.
3. Magnetische Quantenzahl oder Orientierungsquantenzahl m mit den ganzzahligen Werten von $-l$ bis $+l$.
4. Spinquantenzahl s mit den Werten $+{}^1/_2$ und $-{}^1/_2$.

Die Elektronen mit gleicher Hauptquantenzahl faßt man in Elektronenschalen zusammen. Die Schalen werden mit den Buchstaben K, L, M, N, ... bezeichnet und entsprechen den Hauptquantenzahlen $n = 1, 2, 3, 4, \ldots$.

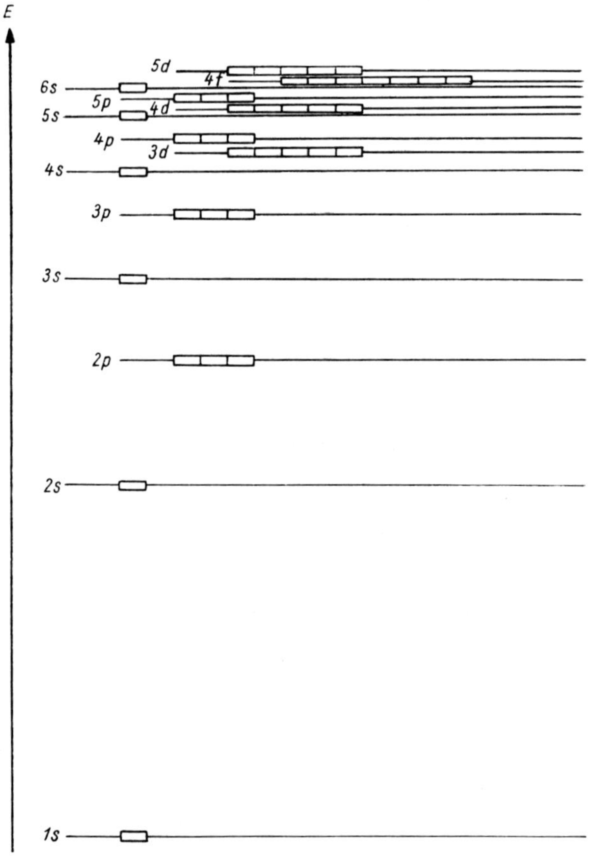

Abb. 3. Energieniveauschema der Atomorbitale

Diese Elektronenschalen bauen sich aus mehreren Unterschalen (orbitals oder Orbitale) auf, die durch die Azimutalquantenzahl l gekennzeichnet sind. l ist ein Maß für die Größe des Bahndrehimpulses. Ist $l = 0$, so erhält man s-Elektronen (sharp), bei $l = 1$ p-Elektronen (principal) und weiter d- (diffuse), f- (fundamental) Elektronen.

Es gibt nur ein Orbital mit der Hauptquantenzahl $n = 1$. Es wird als 1 s-Orbital bezeichnet und entspricht der K-Schale. Für $n = 2$ gibt es 4 Orbitale, ein 2 s-Orbital und drei 2 p-Orbitale entsprechen der L-Schale. Die M-Schale setzt sich aus einem 3 s-Orbital, drei 3 p-Orbitalen und fünf 3 d-Orbitalen zusammen.

Die verschiedenen Orbitale entsprechen ganz bestimmten Energieniveaus, deren Reihenfolge oder relative Lage zueinander von den Ordnungszahlen abhängt. Die ungefähre Anordnung der Atomorbitale in einer Energieskala zeigt Abb. 3.

Die magnetische Quantenzahl m berücksichtigt die Orientierung des Bahndrehimpulses der Elektronen. Als Folge der Quantelung dieser Bahndrehimpulse beobachtet man in starken Magnetfeldern eine Aufspaltung gewisser Spektrallinien (*Zeeman*-Effekt).

Der durch die Eigenrotation der Elektronen entstehende Drehimpuls (Spin) wird durch die Spinquantenzahl s charakterisiert. s hat den Wert $+1/2$ bei Ausrichtung des Spins in Richtung (parallel) eines angelegten Magnetfeldes und $-1/2$ entgegen (antiparallel) der Feldrichtung. Der Spin hängt eng mit den para- und diamagnetischen Eigenschaften der Elemente zusammen.

In diamagnetischen Stoffen werden die Feldlinien eines homogenen Magnetfeldes auseinandergedrängt, in paramagnetischen verdichtet. Diamagnetisch sind Ionen, Atome oder Moleküle, die nur gepaarte Elektronen besitzen, so daß sich die magnetischen Momente der einzelnen Elektronen aufheben. Das ist stets der Fall beim Vorliegen abgeschlossener Elektronenbahnen. Paramagnetisch sind solche Ionen, Atome oder Moleküle, die ungepaarte Elektronen mit parallelem Spin aufweisen. Infolge des leichten Wechsels der Oxidationsstufen sind besonders die Nebengruppenelemente in der Lage, paramagnetische Ionen zu bilden (s. S. 91).

Pauli (geb. 1900) postulierte 1925, daß in einem System niemals mehrere Elektronen auftreten können, die in allen vier Quantenzahlen übereinstimmen, d.h. sich im gleichen Zustand befinden (*Pauli*-Verbot). Als Folgerung hieraus ergibt sich, daß die einzelnen Orbitale jeweils nur mit einem oder maximal zwei Elektronen mit antiparallelem Spin besetzt sein dürfen.

Hieraus läßt sich ableiten, daß die Anzahl der auf der n-ten Schale maximal möglichen Elektronen Z durch $Z = 2n^2$ (s. S. 5) gegeben ist. Tab. 1 gibt eine Übersicht über den Aufbau der Elektronenhüllen.

Tabelle 1. Aufbau der Elektronenhüllen der Atome

Elektronen-schale	Haupt-quanten-zahl n	Neben-quanten-zahl l	Zahl der Atomorbitale	Maximale Besetzung $Z = 2n^2$
K	1	0	ein s	2
L	2	0, 1	ein s + drei p	8
M	3	0, 1, 2	ein s + drei p + fünf d	18
N	4	0, 1, 2, 3	ein s + drei p + fünf d + sieben f	32

Die Elektronenanordnung folgt also einem bestimmten Schema und bedingt damit die Periodizität der Elemente. Läge dieser Sachverhalt nicht vor, würden sich die Eigenschaften der Elemente gleichförmig ändern.

Unter den möglichen Zuständen zeichnet sich der Grundzustand eines Atoms durch besondere Stabilität und ein Minimum an Gesamtenergie aus. Da die Energiebeiträge durch die Elektronen um so kleiner sind, in je niedrigeren Atomorbitalen sie sich aufhalten, ist die Elektronenkonfiguration der Grundzustände der Elemente durch die Besetzung möglichst niedriger Energieniveaus unter Beachtung des *Pauli*-Verbotes gegeben. Bei energetisch gleichwertigen Orbitalen, z.B. bei den drei p-Orbitalen einer Schale, erfolgt nach dem *Hund*schen Prinzip der maximalen Multiplizität zunächst Einfachbesetzung mit parallelem Spin. Erst nachdem alle p-Orbitale einfach besetzt sind, werden diese bei den folgenden Elementen unter Antiparallelstellung des Spins durch Doppelbesetzung aufgefüllt. Entsprechendes gilt für d- und f-Orbitale.

Stellt man die Atomorbitale durch Kästchen dar und symbolisiert ihre Besetzung mit Elektronen durch Pfeile, die gleichzeitig die Orientierung des Elektronenspins veranschaulichen, so erhält man für die Grundzustände der Elemente H bis Kr das in Abb. 4 gezeichnete Schema.

Zur Angabe der Elektronenkonfiguration schreibt man die Hauptquantenzahl n (1, 2, 3, ...) vor die Nebenquantenzahl l ($s, p, d, \ldots$). Die Anzahl der Elektronen in den Orbitalen erscheint als Exponent der Nebenquantenzahlen. Der Grundzustand einiger Atome wird durch folgende Elektronenkonfiguration wiedergegeben:

He	$1s^2$		
C	$1s^2$	$2s^2$	$2p^2$
O	$1s^2$	$2s^2$	$2p^4$

Die Grundzustände der Hauptgruppenelemente sind durch Besetzung von s- und p-Orbitalen gegeben. Bei den Edelgasen sind diese voll aufgefüllt. Bei den Nebengruppenelementen wird das chemische Verhalten weitgehend durch die d- und f-Elektronen der nächstniedrigen Schale bestimmt.

Die quantenmechanische Betrachtung des Atoms schränkt die Beziehung (s. S. 17) über die Frequenz der Spektrallinien nicht ein, da der Wert für den mittleren Abstand des Elektrons vom Kern mit den *Bohr-Sommerfeldschen* Kreis- und Ellipsenbahnen (Energieniveaus) übereinstimmt.

Die Elektronenanordnung der Elemente gibt die Aufstellung auf Seite **487f.** wieder.

Aus der Stellung des jeweiligen Elements im PSE lassen sich eine große Anzahl wichtiger Eigenschaften ableiten (s. S. 102).

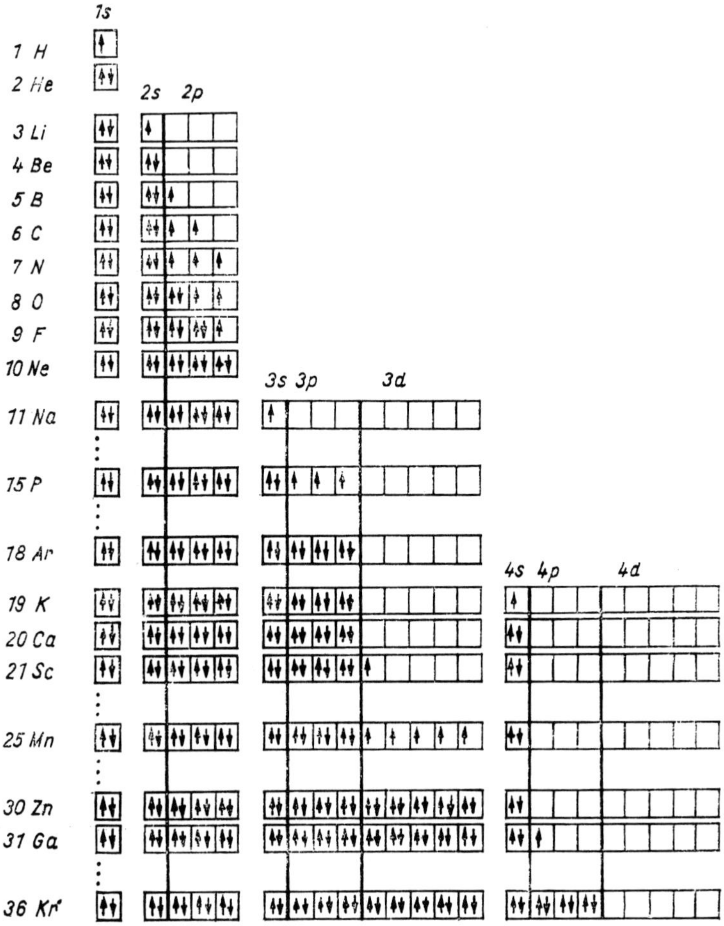

Abb. 4. Grundzustände der Atome in Abhängigkeit von der Ordnungszahl

2.3. Chemische Bindung

Durch chemische Bindung werden mehrere Atome zu größeren beständigen Systemen wie Molekülen, Komplexen, Kristallen vereinigt. Diese Verknüpfung erfolgt durch Ionenbindung, Atombindung, metallische Bindung oder durch Übergänge zwischen diesen 3 Bindungsarten. Die chemischen und physikalischen Eigenschaften der Substanzen werden weitgehend durch die Art der chemischen Bindung beeinflußt.

2.3.1. Ionenbindung oder heteropolare Bindung

Durch Abgabe oder Aufnahme von Elektronen entstehen aus den Atomen positiv oder negativ geladene Ionen, Kationen bzw. Anionen. Die Elektronenkonfiguration der Edelgase mit einem vollbesetzten *s* und 3 vollbesetzten *p*-Niveaus, $s^2 p^6$, (Edelgaskonfiguration, Oktett) in der äußersten Schale ist energetisch besonders stabil. Edelgase lassen sich nur schwer ionisieren und bilden nur wenige, erst in letzter Zeit entdeckte Edelgasverbindungen, z. B. Xenontetrafluorid, XeF_4. Bei den auf die Edelgase folgenden Alkalielementen wird das hinzukommende Elektron auf das höher gelegene *s*-Niveau eingebaut. Die tiefer liegenden Elektronenschalen schirmen die Anziehungskraft durch den Kern weitgehend ab, so daß eine kleine Energie ausreicht, um dieses Elektron ganz zu entfernen. Dabei wird ein positiv geladenes Alkaliion mit der Elektronenkonfiguration des vorangehenden Edelgases gebildet. Ebenso erreichen die Halogenatome durch Einbau eines Elektrons in ein *p*-Orbital die Konfiguration des folgenden Edelgases. Bei der Bildung negativ geladener Halogenidionen wird Energie frei. Allgemein wird als Elektronenaffinität die Tendenz zur Bildung negativer Ionen und als Ionisierungsenergie diejenige zur Bildung von positiven Ionen bezeichnet. Elektronen aufnehmende Elemente sind elektronegativ, Elektronen abgebende elektropositiv.

Auch die auf die Alkalielemente in den Perioden folgenden Elemente vermögen die relativ fester gebundenen Elektronen der äußeren Schale abzugeben. Die Ladung der Ionen richtet sich also nach der Entfernung der Atome vom vorhergehenden Edelgas. So haben z. B. alle Ionen der Reihe Na^+, Mg^{2+}, Al^{3+}, Si^{4+}, P^{5+}, S^{6+}, Cl^{7+} die Elektronenkonfiguration des Neons. Die Atomkerne weisen jedoch zunehmende Masse und steigende positive Ladung auf, wodurch die Elektronenschalen stärker angezogen werden. Deshalb sind die Kationen eines Elementes kleiner als die neutralen Atome (Abb. 5).

Bei Aufnahme von Elektronen durch ein Atom ergibt sich die Ladung der Anionen aus der Zahl der zur Auffüllung der folgenden Edelgasschale erforderlichen Elektronen, z. B. N^{3-}, O^{2-}, F^-. Der Atomkern besitzt geringere Masse und eine kleinere Ladung als das folgende Edelgas. Wegen der geringen Anziehung der Elektronen durch den Kern ist der Anionenradius größer als der Atomradius (Abb. 5).

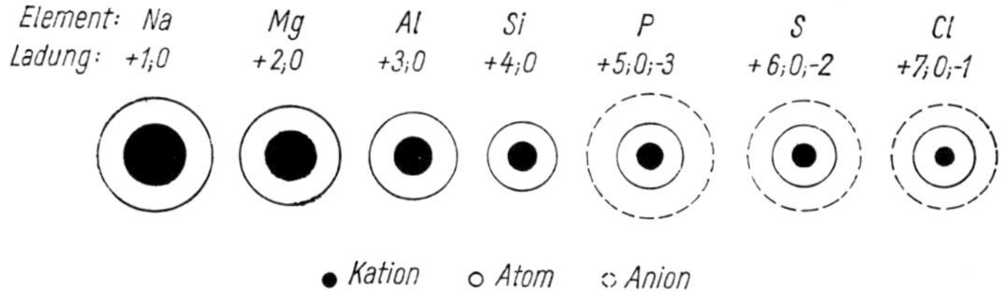

Abb. 5. Relative Größenverhältnisse der Kationen, Atome und Anionen der Elemente der 2. Periode des PSE

Die Ionisierungsenergie wird um so größer, je höher die Ladung des entstehenden Kations ist. Auch die entsprechenden Anionen treten nur mit relativ kleinen Ionenladungen auf, weil die Aufnahme von mehr als einem Elektron stets Energie erfordert.

Die Bildung von Ionenverbindungen wird von *W. Kossel* durch die elektrostatische Anziehung entgegengesetzt geladener Teilchen erklärt. Die Ladungen e^+ und e^-

ziehen sich in einem Medium mit der Dielektrizitätskonstanten D bei einem Abstand r voneinander nach dem *Coulomb*schen Gesetz mit der Kraft

$$K = \frac{1}{D} \cdot \frac{e^+ \cdot e^-}{r^2}$$

an. Entgegengesetzt geladene Ionen nähern sich einander so weit, bis die elektrostatische Anziehung durch die Abstoßungskräfte der gleichsinnig geladenen Kerne und Elektronenhüllen kompensiert wird. Bei der Annäherung der Ionen aneinander wird erhebliche potentielle Energie (Gitterenergie) gewonnen. Daraus erklärt sich das Freiwerden von Energie bei der Bildung vieler Ionenverbindungen und ihre Stabilität, obwohl die Ionisierung der Verbindungspartner Energie erfordert.

Natrium und Chlor reagieren sehr heftig miteinander. Durch die folgende Gleichung wird der Vorgang der Ionenbildung veranschaulicht:

$$Na\cdot + \cdot\overline{\underline{Cl}}| \rightarrow [Na]^+ + \left[|\overline{\underline{Cl}}|\right]^- = Na^+ + Cl^-.$$

Die Ionenbindung ist nicht gerichtet, da sich das durch die Ladung der einzelnen Ionen bedingte elektrische Feld gleichmäßig nach allen Richtungen erstreckt. So wirkt sich die Anziehungskraft des Natriumions nicht nur auf ein Chloridion aus, sondern auf alle umliegenden Ionen mit entgegengesetzter Ladung und umgekehrt. Die Ionen erreichen die gegenseitige Absättigung ihrer Anziehungskräfte am besten bei der regelmäßigen Anordnung in einem Kristallgitter. Im Kochsalzkristall, Abb. 6a, ist jedes Na^+- von $6Cl^-$-Ionen und jedes Cl^-- von $6Na^+$-Ionen umgeben; beide Ionenarten haben also die Koordinationszahl 6 (Oktaederstruktur).

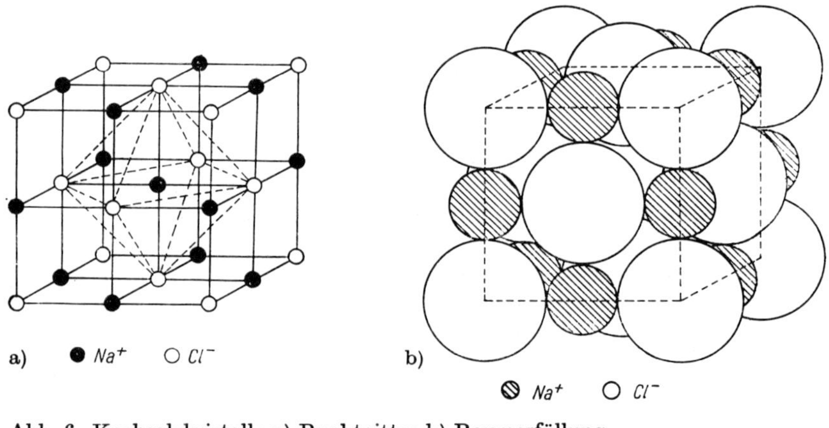

Abb. 6. Kochsalzkristall: a) Punktgitter b) Raumerfüllung

Über die Anordnung und Abstände der Ionen gewinnt man Aufschluß durch Messung und Auswertung der Interferenzen bei der Beugung von Röntgenstrahlen an Ionengittern (*v. Laue*, 1912). Aus den Ergebnissen der Röntgenstrukturanalyse lassen sich die Ionenradien berechnen. Die genaue Bestimmung der Elektronendichten in NaCl-Kristallen ergab, daß die Ionen angenähert Kugelgestalt aufweisen und sich ihre Elektronenhüllen nicht überlappen. Abb. 6b zeigt eine Darstellung des NaCl-Gitters, bei dem die relativen Größenverhältnisse der Ionen beachtet sind. Der Gittertyp und die Koordinationszahl bei Ionenkristallen richtet sich in erster Linie nach dem Radienverhältnis zwischen Anion und Kation.

2.3.2. Atombindung, kovalente oder homöopolare Bindung

Die aus gleichen Atomen aufgebauten Moleküle H_2, N_2, O_2, Cl_2 usw. und die meisten organischen Kohlenwasserstoffverbindungen, die keine Ladung besitzen, werden durch Atombindung miteinander verknüpft.

Im Gegensatz zur Ionenbindung können bei der Atombindung die Valenzelektronen nicht einzelnen Atomen zugeordnet werden, sondern sie verteilen sich auf das ganze Molekül. Die verbleibenden Elektronen bilden mit dem Atomkern die Atomrümpfe.

Bei der Vereinigung von 2 Atomen, wie z.B. zweier Chloratome, wird eine stabile Edelgaskonfiguration dadurch erreicht, daß 2 Atome ein gemeinsames, also beiden angehörendes Elektronenpaar besitzen:

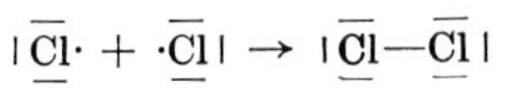

Die Zahl der von einem Atom ausgehenden Atombindungen hängt auch hier von der Zahl seiner Außenelektronen ab.

In derselben Weise sind auch zahlreiche Verbindungen der Nichtmetalle untereinander aufgebaut, insbesondere der größte Teil der organischen Verbindungen, z.B.

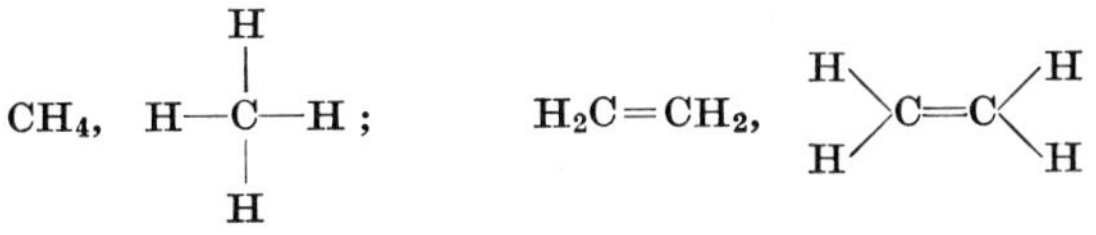

Methan Äthylen

Beim Äthylen ist je ein Wasserstoff mit dem Kohlenstoff durch eine Einfachbindung verknüpft, da beide Elemente je ein Elektron für die Bindung zur Verfügung stellen. Die zwei Kohlenstoffatome werden durch eine Doppelbindung vereinigt. Durch diese Elektronenanordnung hat wiederum jedes der beteiligten Atome die Auffüllung zur Edelgasschale erreicht.

Werden durch kovalente Bindungen Moleküle oder auch Ionen mit gleicher Elektronenanordnung gebildet, so nennt man sie „isoelektronisch". Ist außer der Zahl der Elektronen auch die Zahl der Atome gleich, so bezeichnet man diese als „isoster". Isostere Moleküle, die sich durch große Ähnlichkeit der physikalischen Eigenschaften auszeichnen, sind z.B. CO und N_2 bzw. CO_2 und N_2O.

Das Bestreben der Atome, „Edelgaskonfiguration" durch gemeinsame Elektronenpaare zu erreichen, ist das Grundprinzip der „Elektronentheorie der Valenz" von *A. N. Lewis*. Sie führt jedoch in vielen Fällen nicht zu einer befriedigenden Lösung der Bindungsverhältnisse. Das Oktettprinzip wird nur von der ersten Achterperiode streng befolgt. Die Elemente der folgenden Perioden können dieses Oktett überschreiten, da sie *d*-Orbitale zur Bindung heranziehen.

2.3.2.1. Erweiterte theoretische Deutung

Die heutigen Vorstellungen über die chemische Bindung beruhen auf der wellenmechanischen Berechnung der Elektronenhülle.

Im wesentlichen gibt es zwei Betrachtungsweisen: Die Valenz-Bindungs- (valence bond) oder VB-Methode von *E. U. Condon* und *L. Pauling* und die Molekülbahn- (molecular orbital) oder MO-Methode von *W. Heitler* und *F. London*.

Die VB-Methode vereinigt alle kovalent oder ionogen denkbaren Grenzformen der Elektronenverteilung, die miteinander in Resonanz stehen. Die Art der chemischen Bindung ergibt sich, indem man die Anteile der verschiedenen Grenzformen derart berücksichtigt, daß die Energie der Elektronenverteilung ein Minimum erreicht.

Die MO-Methode geht von den Wellenfunktionen der Atom-Orbitale aus, die sie linear kombiniert. Sie wird deshalb auch als LCAO- (linear combination of atomic orbitals) Methode bezeichnet. Die VB- und MO-Methode führen, wenn auch auf verschiedenen Wegen, zu etwa denselben Ergebnissen.

Im folgenden soll auf das wellenmechanische Bild der Elektronenzustände, das beiden Theorien zugrunde liegt, näher eingegangen und an einigen Beispielen die Bindungsverhältnisse erläutert werden.

Die Aufenthaltswahrscheinlichkeit und somit die räumliche Orientierung der Elektronen ergibt sich aus der Diskussion der *Schrödinger*-Funktion für die einzelnen Orbitale.

Auf Grund der *Heisenberg*schen Unschärferelation (s. S. 7) können für bestimmte Orte der Elektronen nur Aufenthaltswahrscheinlichkeiten angegeben werden. Man spricht daher von Ladungswolken, die den Atomkern umgeben.

In den Abbildungen 7–9 sind die 1*s*-, 2*p*- und 3*d*-Elektronenwolken dargestellt. Man erkennt, daß die *s*-Orbitale kugelförmig, *p*-Orbitale hantelförmig und *d*-Orbitale rosettenförmig sind.

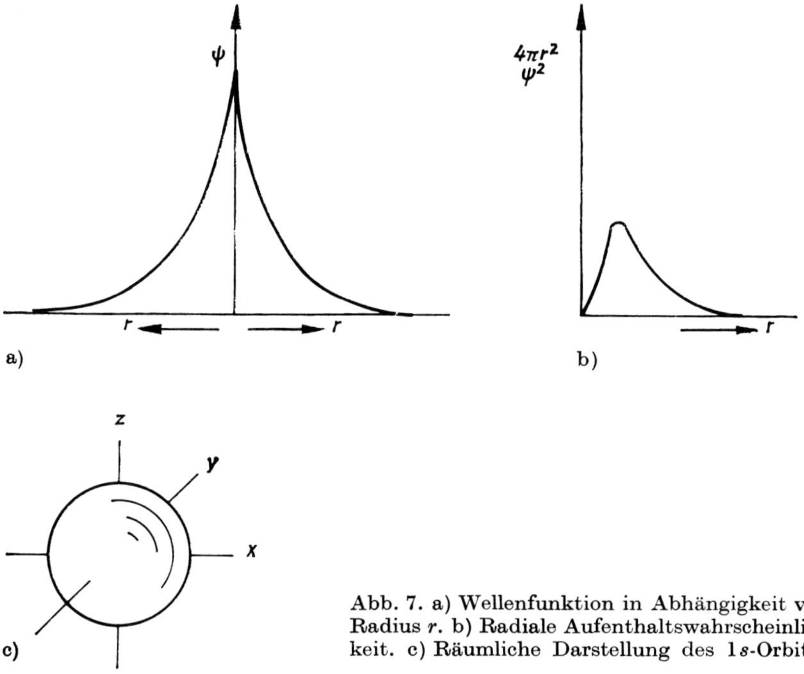

Abb. 7. a) Wellenfunktion in Abhängigkeit vom Radius *r*. b) Radiale Aufenthaltswahrscheinlichkeit. c) Räumliche Darstellung des 1*s*-Orbitals

Für das 1*s*-Orbital (Abb. 7a) besitzt Ψ den höchsten Wert am Atomkern, sinkt mit wachsender Entfernung vom Kern schnell ab, erreicht den Wert Null aber erst in unendlicher Entfernung. Die Aufenthaltswahrscheinlichkeit der Elektronen, wiedergegeben durch $4\pi r^2 \cdot \Psi^2$ (Abb. 7b), hat im Atommittelpunkt und in unendlicher Entfernung von diesem den Wert Null. Dazwischen erreicht sie ein Maximum, dessen Abstand vom Atommittelpunkt etwa gleich dem Radius der von *Bohr* für $n = 1$ errechneten Kreisbahn ist. Eine anschauliche Darstellung erhält man, wenn man die Elektronenwolke durch eine Kugel beschreibt, die ungefähr 90 % der gesamten negativen Ladung des Elektrons enthält (Abb. 7c).

Das energiereichere 2*s*-Orbital hat außer den beiden Nullstellen des 1*s*-Orbitals noch eine weitere in der Nähe des Kerns. Die Elektronendichte durchläuft 2 Maxima, von denen das äußere das höhere ist. Es liegt etwas außerhalb des Radius der von *Bohr* für $n = 2$ berechneten Kreisbahn.

Die *p*-Orbitale (Abb. 8) sind hantelförmige Gebilde, die senkrecht aufeinanderstehen wie die Achsen eines rechtwinkligen Koordinatensystems. Die Überlagerung zweier *p*-Orbitale führt zu einer ringförmigen, die Überlagerung aller 3*p*-Orbitale wieder zu einer kugelförmigen Ladungsverteilung. Letztere erklärt die Stabilität der mit 3 oder 6 Elektronen besetzten *p*-Orbitale.

Es gibt $5d$-Orbitale (Abb. 9), von denen 4 (d_{xy}, d_{yz}, d_{xz} und $d_{x^2-y^2}$) die gleiche Ladungsverteilung besitzen, sich aber durch ihre räumliche Orientierung unterscheiden. Die d_{xy}-, d_{yz}- und d_{xz}-Orbitale liegen in den durch die Indizes angegebenen Ebenen. Die Orbitale erstrecken sich in Richtung der Winkelhalbierenden eines zweidimensionalen Koordinatensystems, während das $d_{x^2-y^2}$-Orbital die x- und y-Achse umhüllt. Dem 5. Orbital (d_{z^2}) steht somit nur noch der Raum um die z-Achse zur Verfügung, wodurch sich die besondere Form dieses Orbitals erklärt.

Die Besetzung der d-Orbitale mit 5 bzw. 10 Elektronen ist durch die Ausbildung einer kugelförmigen Ladungsverteilung besonders stabil.

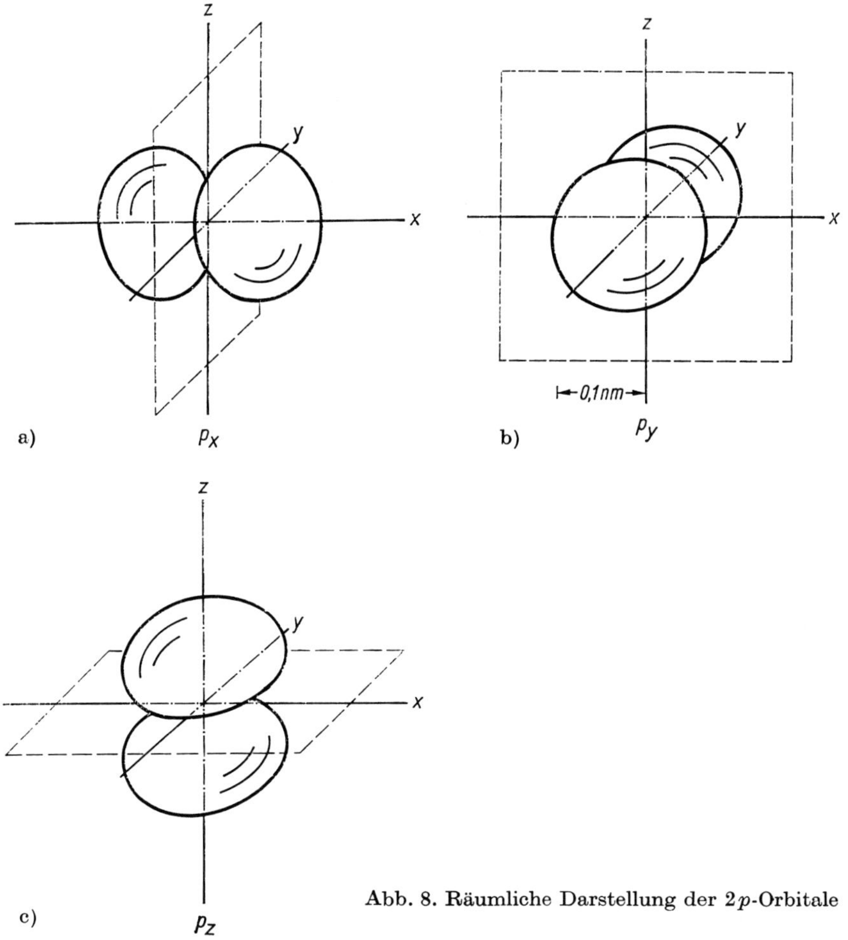

Abb. 8. Räumliche Darstellung der $2p$-Orbitale

Dem $4f$-Orbital werden schließlich 7 unabhängige Elektronendichteverteilungen zugeordnet.

Bei der Bildung eines Moleküls verschmelzen die Valenzorbitale der Atome zu molekularen Elektronenwolken, Molekülorbitalen (molecular orbitals). Als Maß für die Bindungsstärke gilt die Überlappung oder Durchdringung der an der Bindung beteiligten Orbitale. Die günstigste Richtung für die Bindung ist dort, wo die größte Elektronendichte erreicht wird.

Bei einem s-Orbital ist die Elektronenverteilung kugelsymmetrisch, und die Bindung kann nach jeder Richtung hin erfolgen. Die drei p-Orbitale liegen in Richtung der Achsen eines rechtwinkligen Koordinatensystems. Um eine möglichst große Überlappung der Orbitale zu erreichen, werden Bindungen vornehmlich in diese Richtungen betätigt. Da die gerichteten p-Orbitale eine bessere Durchdringung ermöglichen, sind Bindungen aus p-Orbitalen meist stärker als solche aus s-Orbitalen.

Die Atombindungen können als Ein- oder Mehrfachbindungen auftreten.

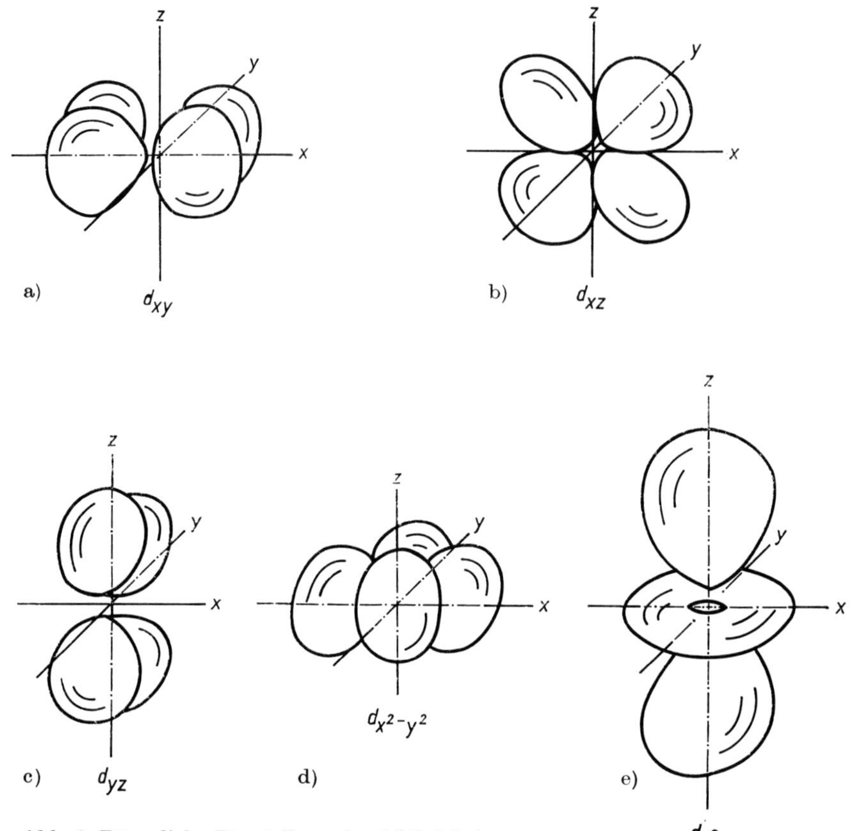

Abb. 9. Räumliche Darstellung der $5d$-Orbitale

Einfachbindung

Ein Beispiel für eine kovalente Einfachbindung liegt beim H_2-Molekül vor. Das Wasserstoffatom besitzt ein s-Elektron. Nähern sich 2 Wasserstoffatome so weit, daß ihre s-Orbitale sich überlappen, so bilden die beiden Elektronen eine Elektronenwolke, die beiden Atomkernen gemeinsam ist. Der Raum zwischen beiden Atomen ist nun gekennzeichnet durch eine besonders hohe Elektronendichte, die zur Bindung der beiden Wasserstoffatome zum H_2-Molekül führt. Abb. 10 zeigt diesen Vorgang schematisch.

Das H_2-Molekül wird durch Erreichen der Edelgaskonfiguration (Helium) besonders stabil. Ähnlich liegen die Verhältnisse bei den F_2- oder Cl_2-Molekülen. Das Chloratom hat z.B. 7 Außenelektronen der Verteilung $3s^2\ 3p^5$, wobei ein $3p$-Orbital einfach besetzt ist. In dem Chlormolekül treten die 2 ungepaarten Elektronen zu einem Paar mit antiparallelem Spin zusammen. Sie gehören nun dem Molekül gemeinsam an, wodurch jedes Chloratom die Konfiguration des Argons mit 8 Elektronen erreicht.

Beim Sauerstoff mit der Elektronenverteilung $2s^2\ 2p^4$ werden noch 2 Elektronen, z.B. durch Bindung zweier H-Atome, zum Oktett benötigt. Der Stickstoff mit der Verteilung $2s^2\ 2p^3$ benötigt noch 3 H-Atome und der Kohlenstoff mit der Elektronenverteilung $2s^2\ 2p^2$ noch 4 H-Atome.

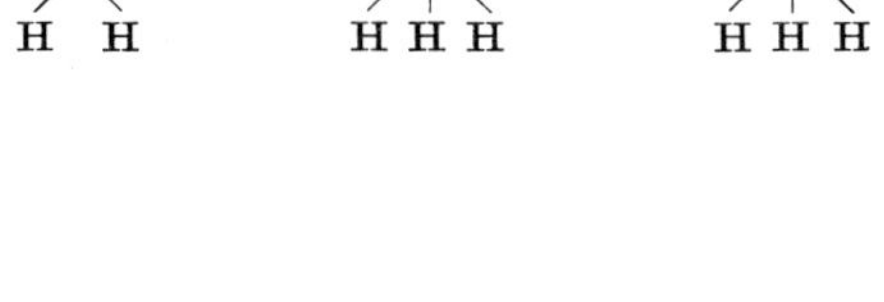

Die Verwendung der Valenzstrichformel ist für die kovalente Bindung in vielen Fällen sinnvoll, da sich die Kovalenzen auf eine bestimmte, meist kleine Anzahl von Atomen beschränken und der Valenzstrich einem Elektronenpaar gleichzusetzen ist.

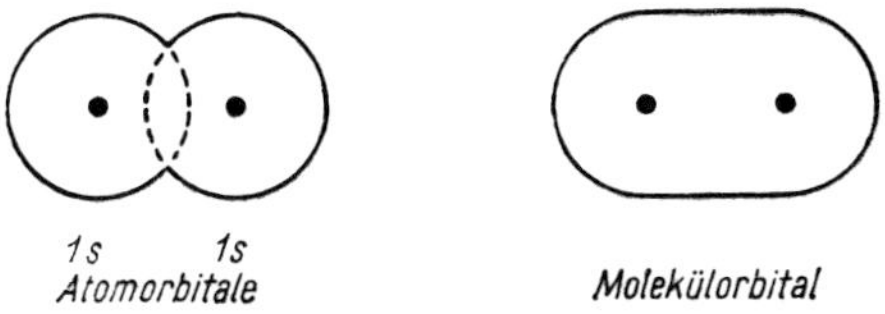

Abb. 10. Bildung des Wasserstoffmoleküls

Die Atombindung unterscheidet sich von der Ionenbindung auch dadurch, daß sie gerichtet ist. Im Wassermolekül benutzt der Sauerstoff seine beiden ungepaarten, einfach besetzten p_y- und p_z-Orbitale zur Bindung. Da diese aufeinander senkrecht stehen, sollte der Winkel im H-O-H-Molekül 90° betragen. Durch die abstoßende Wirkung der beiden Wasserstoffatome wird er jedoch verzerrt und beträgt 104,5° (s. auch S. 24).

Ähnlich liegen die Verhältnisse im H_2S-Molekül, nur ist hier wegen des größeren S-Atoms die abstoßende Kraft nicht mehr so wirksam. Der rechte Winkel ist nur noch schwach verzerrt und beträgt ungefähr 92°.

Die Zahl der im Grundzustand eines Atoms vorhandenen ungepaarten Elektronen ist nicht immer gleich der möglichen Zahl von Atombindungen. Der Kohlenstoff hat nur 2, Bor sogar nur 1 ungepaartes Elektron, und trotzdem betätigen Kohlenstoff und Bor in ihren Verbindungen 4 bzw. 3 kovalente Bindungen.

Das wird dadurch erklärt, daß C und B im angeregten Zustand aus dem doppelt besetzten $2s$-Orbital ein Elektron in ein freies, energetisch höheres p-Orbital entsenden und somit zu 4 bzw. 3 ungepaarten Elektronen kommen.

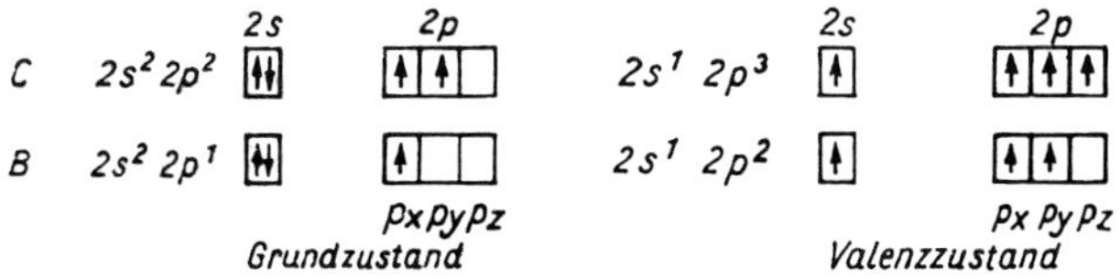

Die Kovalenzen werden hier durch s- und p-Elektronen betätigt. Auf Grund des verschiedenen Energieniveaus der s- und p-Elektronen sollten 2 verschiedene Bindungen resultieren. Das ist jedoch nicht der Fall. Es wurde z.B. festgestellt, daß im Methan alle 4 H-Atome gleich fest am Kohlenstoff gebunden sind. Aus dem einen s-Zustand und den 3 p-Zuständen haben sich also durch Überlagerung 4 neue, völlig gleichartige Bindungen gebildet. Man bezeichnet diesen Vorgang als Hybridisierung oder Bastardisierung. In diesem Falle ist ein sp^3-Hybrid entstanden. Wie Abb. 11 zeigt, erstrecken sich die 4 Orbitale in Richtung der Eckpunkte eines Tetraeders. Beim Bor liegen die Verhältnisse ähnlich, nur daß hier ein sp^2-Hybrid entsteht, dessen Orbitale in die Ecken eines gleichseitigen Dreiecks weisen.

Eine annähernd tetraedrische Orientierung der Orbitale liegt auch im Ammoniak- und Wassermolekül vor. Abb. 12 zeigt, daß in dem Ammoniakmolekül ein Orbital und in dem Wassermolekül 2 Orbitale durch freie Elektronenpaare besetzt sind.

Im Wassermolekül betätigt das Sauerstoffatom zur Bindung der beiden Wasserstoffatome keine reinen p-Orbitale, sondern es tritt eine Art sp^3-Hybridisierung ein, da diese zu einer energetisch günstigeren Orientierung der Orbitale führt. Im Ammoniakmolekül sind die Bindungsverhältnisse ähnlich, nur daß hier die Hybridisierung stärker ausgeprägt ist.

Vergleicht man die Winkel dieser beiden Moleküle mit dem Tetraederwinkel des Methans von 109,3°, so wird die steigende Tendenz deutlich, sich der Tetraedersymmetrie anzunähern. Im Wassermolekül beträgt der Winkel 104,5° und im Ammoniakmolekül 106,7°.

Das Bestreben der Elemente zu hybridisieren, nimmt dagegen innerhalb einer Gruppe des PSE mit steigender Ordnungszahl ab. Schwefelwasserstoff bildet einen Winkel von ungefähr 93° und Selenwasserstoff von fast 90°. In diesen Molekülen liegen beinahe ausschließlich *sp*-Bindungen vor.

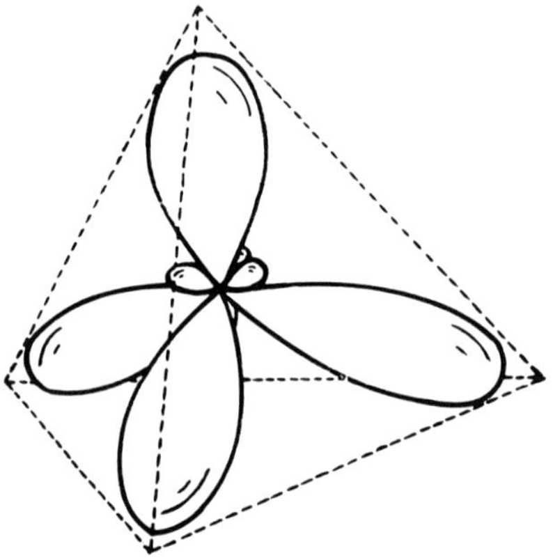

Abb. 11. sp^3-Hybrid (z.B. Methan)

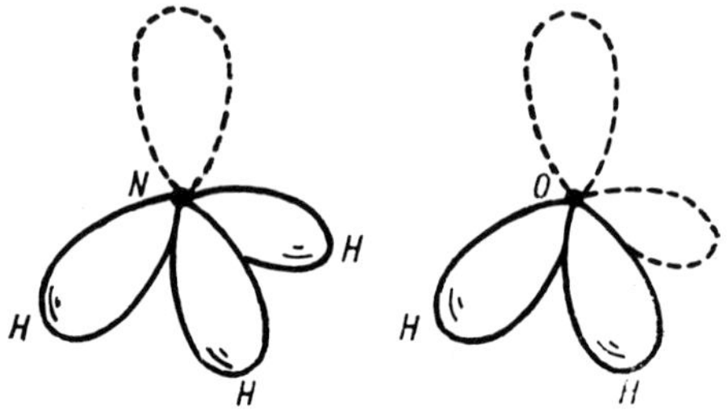

Abb. 12. Tetraedrische Struktur des Ammoniak- und Wassermoleküls

Mehrfachbindung

Die Bindung zwischen 2 Atomen ist nicht nur durch 2 Elektronen (Einfachbindung) möglich, sondern es können sich auch 4 (Doppelbindung) oder 6 (Dreifachbindung) Elektronen an der Bindung beteiligen. Daneben treten in seltenen Fällen auch Ein- oder Dreielektronenbindungen auf.

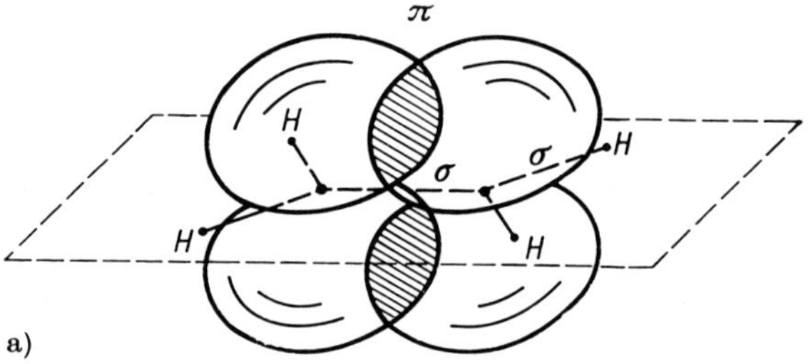

a)

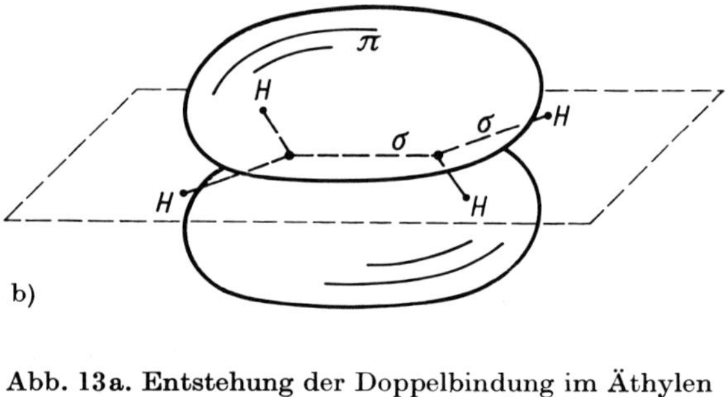

b)

Abb. 13a. Entstehung der Doppelbindung im Äthylen
Abb. 13b. π-Elektronenverteilung im Äthylen

Beim Auftreten von Mehrfachbindungen unterscheidet man σ- und π-Bindungen. Die σ-Bindung entsteht durch Überlappung der in der Symmetrieachse liegenden Orbitale. Die π-Bindung, die sich aus p- und d-Orbitalen zusammensetzt, ist senkrecht dazu orientiert.

Das Äthylenmolekül, $CH_2{=}CH_2$, ist ein einfaches Beispiel für das Auftreten einer Doppelbindung. Im Gegensatz zum Methan, wo sich das eine s-Elektron mit den drei p-Elektronen zu einem sp^3-Hybrid vereinigt, verschmelzen im Äthylen nur zwei p-Elektronen mit dem s-Elektron unter sp^2-Hybridisierung. Das freie p_z-Elektron ist nun befähigt, eine neue Bindung, die π-Bindung, einzugehen. Das Entstehen der π-Bindung im Äthylen gibt Abb. 13a schematisch wieder.

Die sp^2-Hybridisierung führt zu einer trigonal-planaren Anordnung der Atome, d.h. alle Atome liegen in einer Ebene. Oberhalb und unterhalb dieser Ebene bilden die p_z-Orbitale eine Elektronenwolke, die sich gleichförmig über das gesamte Molekül verteilt (Abb. 13b).

Im Acetylen ($HC{\equiv}CH$) hybridisieren nur ein p-Elektron und das s-Elektron. Die sp-Hybridisierung führt zu einem linearen Molekül. Die freien p_y- und p_z-Elektronen bilden π-Bindungen, die zur Dreifachbindung des Acetylens führen.

Bei der π-Bindung überlappen sich die Orbitale weniger als bei der σ-Bindung. Daraus erklärt sich die größere Festigkeit der σ-Bindung gegenüber der π-Bindung.

Eine π-Bindung aus 2 parallel angeordneten p-Orbitalen kann nur dann auftreten, wenn die Atomradien eine Überlappung noch zulassen. Man findet solche π-Bindungen nur bei den Elementen der ersten Achterperiode (Doppelbindungsregel). Die anderen Elemente suchen durch Polymerisation eine stabile Konfiguration zu erreichen. So ist z. B. Kohlendioxid ein Gas, während Siliciumdioxid eine hochpolymere Substanz darstellt (Tab. 2).

Tabelle 2. Vergleichende Übersicht für Kohlendioxid und Siliciumdioxid

	CO_2	SiO_2
Struktur	linear monomer	Riesenmolekül mit SiO_4-Tetraedern polymer
Fp. [°C]	— 77 (subl.)	1700
Valenzradius [Å]	0,67	1,17
Bindung	$2sp + 2\pi$	$4sp^3$ (σ-Bindung)

Das Auftreten von Doppelbindungen auch bei den Elementen höherer Perioden beruht auf der Bildung einer π-Bindung aus pd- oder dd-Orbitalen. Die räumliche Orientierung dieser Orbitale gestattet, wie Abb. 14 zeigt, eine teilweise Überlappung.

a)

b)

Abb. 14. Bildung einer π-Bindung aus a) $p + d$-Orbitalen und b) $d + d$-Orbitalen

Der Schwefel besitzt die Fähigkeit, aus seinem Grundzustand $3s^2\,3p^4$ ein p- bzw. ein s- und ein p-Elektron in freie d-Orbitale zu senden. Man erhält so die Valenzzustände $3s^2\,3p^3\,3d^1$ für den vierbindigen und $3s\,3p^3\,3d^2$ für den sechsbindigen Schwefel. Mit Hilfe der beiden d-Orbitale betätigt der sechsbindige Schwefel in der Schwefelsäure 2 Doppelbindungen. Dieser Sachverhalt wird auch durch die Bestimmung der S-O-Abstände bestätigt. Man erhält 2 S-O-Bindungen, die wesentlich länger (S—OH) sind als die beiden anderen (S=O).

Die Valenzstrichformel der Schwefelsäure (zwei d-Orbitale) gibt die Bindungsverhältnisse also annähernd richtig wieder. Somit ergeben sich die Formeln der Phosphorsäure (ein d-Orbital) und der Perchlorsäure (drei d-Orbitale) wie folgt:

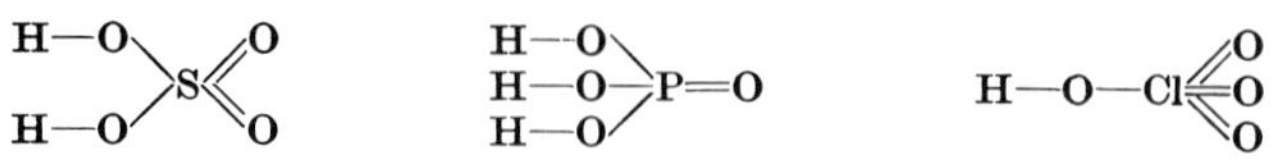

Schwefelsäure Phosphorsäure Perchlorsäure

Andere Verhältnisse liegen jedoch in den Ionen vor. So sind beispielsweise im Sulfation, (SO_4^{2-}), alle vier Bindungen gleichartig. Die Doppelbindungen sind nicht mehr lokalisierbar, sondern müssen wechselseitig allen vier Bindungen zugeordnet werden. Bei der Darstellung des Ions erhält man Grenzstrukturen, zwischen denen der wahre Zustand des Ions zu suchen ist. Diese Strukturen, die sich nur durch eine verschiedene Elektronenverteilung unterscheiden, bezeichnet man als mesomer bzw. ihr Auftreten als Mesomerie oder Resonanz.

Zwei der möglichen Grenzstrukturen für das Sulfation sind:

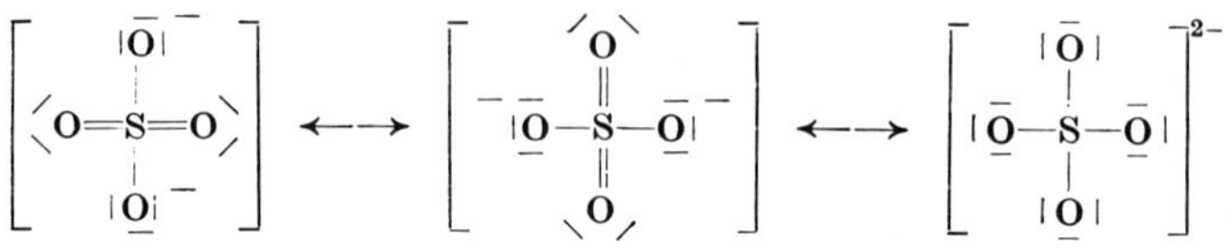

Die richtige Strukturformel ergibt sich aus der Kombination aller möglichen Grenzformen.

Da es sich hier nicht um ein Gleichgewicht zwischen den einzelnen Grenzstrukturen handelt, denn die Strukturen für sich sind nicht existent, drückt man die Beziehung der Grenzstrukturen zueinander durch einen Doppelpfeil (⟷) aus.

Neben diesen Bindungen, die sich aus einer geraden Anzahl von Bindungselektronen zusammensetzen, gibt es solche mit ungerader Zahl an Bindungselektronen. Ihre Bindungsstärke ist etwa halb so groß wie die der Elektronenpaarbindung. Sie wird als Ein- oder Drei-Elektronen-Bindung bezeichnet. Die Ein-Elektronen-Bindung findet man z. B. im Wasserstoff-Molekülion H_2^+.

Häufiger tritt nach *Pauling* die Drei-Elektronen-Bindung auf, z. B. beim Helium-Molekülion He_2^+, bei einigen Stickstoffoxiden und im Sauerstoffmolekül. Für das Sauerstoffmolekül nimmt man folgende Konstitution an:

Der Sauerstoff besitzt demnach ein freies Elektronenpaar und betätigt eine Einfachbindung und zwei Drei-Elektronen-Bindungen.

2.3.2.2. Koordinative Bindung

In vielen Fällen stammen die Bindungselektronen nicht von zwei Atomen wie bei der Atombindung, sondern nur von einem Partner. Das Elektronen liefernde Atom wirkt als Elektronendonator, das Elektronen aufnehmende als Elektronenacceptor. *C. K. Ingold* (1953) bezeichnet ersteres als nucleophil (nucleos griech. Kern) und letzteres als elektrophil. Diese Art der Bindung bezeichnet man als koordinative bzw. semipolare Bindung. Sie tritt vorwiegend bei den Komplexen auf (s. S. 79).

Solche Bindungsverhältnisse liegen auch in den Anionen der Sauerstoffsäuren vor. Ihnen liegt das Bestreben zugrunde, abgeschlossene, stabile Achterschalen zu bilden (s. S. 10).

Wie aus der Elektronenformel für das Natriumchlorid (s. S. 12) ersichtlich ist, hat das Chloridion vier freie Elektronenpaare, die zur Auffüllung unvollständiger Elektronenschalen dienen können. Demgegenüber hat das Sauerstoffatom eine „Elektronenlücke", d. h., ihm fehlen zwei Elektronen zur Ausbildung der Achterschale:

Durch Anlagerung von Sauerstoffatomen, deren Elektronensextett durch die freien Elektronenpaare des Chlors zum Oktett ergänzt werden kann, entstehen so die verschiedenen Sauerstoffsäuren des Chlors:

hypochlorige Säure — chlorige Säure — Chlorsäure — Perchlorsäure

In ganz entsprechender Weise wie bei den Chlorsauerstoffsäuren lagert auch das im Bortrifluorid dreifach positiv geladene Bor ein weiteres Fluoridion an unter Bildung von BF_4^-:

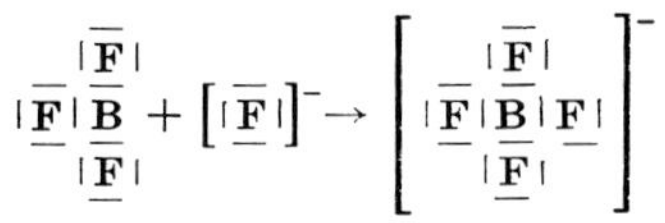

Auch eine Anzahl weiterer komplexer Ionen, wie SO_4^{2-}, NO_3^- oder CO_3^{2-} werden durch koordinative Bindung gebildet.

Das Sulfation ist z.B. durch Anlagerung eines vierten Sauerstoffatoms an das Sulfition entstanden zu denken (s. S. 20).

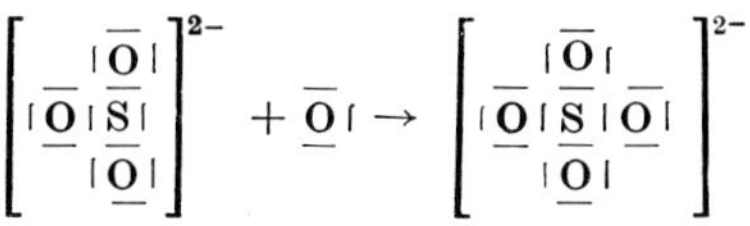

Das Koordinationsbestreben des S^{4+}- und S^{6+}-Ions ist so groß, daß diese für sich allein nicht existenzfähig sind.

2.3.3. Metallische Bindung

Die Kristallgitter der Metalle sind analog den Ionengittern aufgebaut, nur daß im Metallgitter jedes Ion die gleiche positive Ladung besitzt. Die Valenzelektronen gehören nicht einem Atom an, sondern verteilen sich über das Gitter. Der Unterschied zur kovalenten Bindung besteht darin, daß die Elektronen ihren Ort im Metallgitter ändern können. Die Metallionen sind gleichsam von einem Elektronengas umgeben. In der freien Beweglichkeit der Elektronen liegt die Ursache für das gute Leitvermögen der Metalle für Elektrizität (Leiter erster Art) und Wärme sowie den metallischen Glanz.

2.3.4. Übergänge zwischen den Bindungsarten

Die im Vorangehenden beschriebenen drei Grenztypen der chemischen Bindung haben Modellcharakter und sind nur selten verwirklicht. Bei den meisten anorganischen Verbindungen treten Übergänge auf, wobei häufig eine Bindungsart dominiert.

Eine annähernd reine heteropolare Bindung liegt bei den Alkalihalogeniden mit niedriger Ordnungszahl der Partner vor. In anderen Ionenverbindungen besitzen jedoch die Kationen und Anionen keine Kugelgestalt mehr, sondern es tritt eine Deformation bzw. Polarisation der Elektronenhüllen ein. Das kleinere Kation zieht die Elektronenhülle des Anions an und stößt den positiven Kern ab und umgekehrt. Da jedoch durch den Überschuß an Elektronen bei den Anionen die Elektronenhüllen größer und weniger fest gebunden sind als bei den Kationen, ist die Polarisation bei den Anionen besonders stark. Je größer der Radius und je höher geladen ein Anion ist, desto stärker wird es bei gegebenen Kationen deformiert. Daher nimmt der Salzcharakter z.B. in der Reihe der Anionen Cl^-, Br^-, J^-, O^{2-}, S^{2-} ab. Bei gegebenen Anionen wirkt ein Kation um so stärker deformierend, je kleiner sein Radius und je höher seine Ladung ist. Besonders die Kationen der Übergangselemente mit unvollständig besetzten *d*-Orbitalen wirken in den Oxiden, Sulfiden und Seleniden so stark polarisierend, daß ein Elektronenpaar des Anions gleichzeitig dem Kation angehört. Je nach Polarisierbarkeit der Anionen und polarisierender Wirkung der Kationen vollzieht sich der Übergang zwischen Ionen- und Atombindung.

Eine Atombindung liegt vor, wenn die miteinander verbundenen Atome die gleiche Elektronegativität (s. S. 23) besitzen. Dies ist bei identischen Atomen, wie beim H_2- und Cl_2-Molekül, der Fall. Auch die Bindung der Kohlenstoffatome untereinander in einfachen organischen Verbindungen gehört noch hierher. Bei Verbindungen aus ungleichen Atomen zieht das elektronegativere Atom das bindende Elektronenpaar näher zu sich heran und erhält dadurch eine partielle negative Ladung δ^-, während am Partner ein Überschuß an positiver Ladung δ^+ verbleibt. Moleküle, bei denen die Schwerpunkte der positiven und negativen Ladungen nicht zusammenfallen, bezeichnet man als Dipole, sie sind „polar" und besitzen ein Dipolmoment. Für HCl ist eine kovalente und eine heteropolare Grenzstruktur anzunehmen:

$$H\!:\!\underset{..}{\overset{..}{Cl}}\!: \;\longleftrightarrow\; H^+\left[:\!\underset{..}{\overset{..}{Cl}}\!:\right]^-$$

Aus energetischen Daten läßt sich der Anteil dieser Grenzstrukturen am Grundzustand des Moleküls berechnen. In der Reihe HF, HCl, HBr, HJ nimmt der kovalente Charakter der Bindung zu, worauf schon die Abnahme des Dipolmomentes hinweist. Auch H_2O, H_2S, H_2Se, NH_3 und andere Hydride besitzen ein Dipolmoment. Bei den tetraedrischen Molekülen CH_4, CCl_4, bei dem linearen CO_2 und bei anderen ähnlich symmetrisch aufgebauten Molekülen heben sich die durch die einzelnen Bindungen hervorgerufenen Dipolmomente intramolekular auf.

Abb. 15 gibt den Übergang von der Ionenbindung zur Atombindung schematisch wieder.

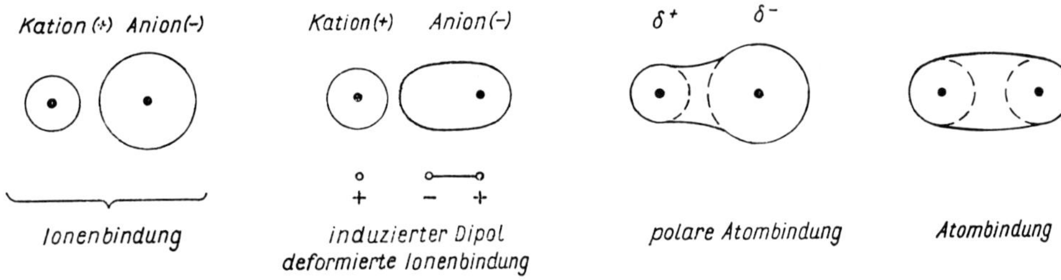

Abb. 15. Übergang Ionenbindung – Atombindung

Die Änderung der physikalischen Eigenschaften beim Übergang von einem in den anderen Bindungstyp erkennt man gut an den Chlorverbindungen der 2. Periode des PSE.

Ionenbindung → Übergangsbindung → Atombindung

	NaCl	$MgCl_2$	$AlCl_3$	$SiCl_4$	PCl_3	SCl_2	ClCl
Fp. [°C]	800	712	192,5[1])	−67,7	−92	−78	−101
Kp. [°C]	1465	1418	subl. 180	56,7	74,5	59	−34,1

[1]) unter Druck

Natriumchlorid mit typischer Ionenbindung verhält sich im Kristallgitter wie ein Riesenmolekül und besitzt einen hohen Schmelz- und Siedepunkt. Im Bereich der Übergangsbindung nimmt der Salzcharakter von links nach rechts ab. Auf der rechten Seite treten infolge stärkerer Richtung der Bindung diskrete Moleküle auf. Die Cl_2-Moleküle mit Atombindung sind leicht flüchtig.

Man erkennt, daß die Bindung zwischen zwei Elementen der gleichen Periode um so polarer ist, je weiter sie im PSE voneinander entfernt sind. Das Element mit der höheren Kernladungszahl wird zum Träger der partiellen negativen Ladung, es ist also das elektronegativere.

Aus experimentellen Daten (Ionisierungsenergien, Dissoziationsenergien usw.) für reine und polare Atombindungen berechnete *Pauling* für viele Moleküle die homöopolaren und heteropolaren Bindungsanteile. Aus solchen Energiewerten leitet er die Elektronegativitäten der Elemente als relative Zahlen ab. Je höher die Elektronegativität eines Elementes ist, um so größer ist sein Bestreben, Elektronen an sich heranzuziehen. Dem Fluor als dem elektronegativsten Element der Wert 4,0 zugeordnet (s. Tab. 3).

Tabelle 3. Elektronegativitäten der Elemente nach Pauling

			H			
			2,1			
Li	Be	B	C	N	O	F
1,0	1,5	2,0	2,5	3,0	3,5	4,0
Na	Mg	Al	Si	P	S	Cl
0,9	1,2	1,5	1,8	2,1	2,5	3,0
K	Ca	Ga	Ge	As	Se	Br
0,8	1,0	1,6	1,8	2,0	2,4	2,8
Rb	Sr	In	Sn	Sb	Te	J
0,8	1,0	1,7	1,8	1,9	2,1	2,5
Cs	Ba	Tl	Pb	Bi	Po	At
0,7	0,9	1,8	1,8	1,9	2,0	2,2

Die Elektronegativitäten der Übergangselemente liegen zwischen 1,1 und 2,4.

In Molekülen ist der Partner mit der höheren Elektronegativität stets der Träger der partiellen negativen Ladung, der mit der niedrigen der der positiven Ladung. Die Bindung ist um so polarer, je größer die Differenz der Elektronegativitäten ist.

Beim HF beträgt die Differenz 1,9, das entspricht einer Atombindung mit ca. 50% Ionenbindungscharakter. Bei noch größeren Differenzen spricht man von heteropolarer Bindung. Der Sauerstoff tritt in Verbindung mit allen übrigen Elementen außer Fluor als elektronegativer Bestandteil auf. In den Verbindungen OF_2 und O_2F_2 verhält er sich elektropositiv.

Wie zwischen der Ionen- und Atombindung, so gibt es auch zwischen diesen beiden und der Metallbindung Übergänge, die man ohne weiteres bei der Betrachtung der beiden folgenden Reihen erkennt:

Ionenbindung → legierungsartiger Übergang → Metallbindung

NaCl Na_2S Na_3P Na_xSi Na_xAl Na_xMg NaNa

Atombindung → halbmetallischer Übergang → Metallbindung

ClCl SS PP SiSi AlAl MgMg NaNa

Außerdem kann der Zusammenhalt von Atomen und Molekülen auch durch zwischenmolekulare Kräfte erfolgen. Sie treten auch bei solchen Atomen und Molekülen auf, die weder freie Valenzen noch eine unsymmetrische Ladungsverteilung besitzen, wie die Verflüssigung der Edelgase, des Sauerstoffs und Stickstoffs zeigt. Man spricht hier von *van-der-Waals*schen Kräften, die wegen ihrer sehr geringen Reichweite nur zu lockeren Bindungen führen.

Dagegen sind die elektrostatischen Anziehungskräfte, die Dipolmoleküle aufeinander ausüben, wesentlich stärker. Dies äußert sich in dem Bestreben zur Assoziation. Diese Erscheinung tritt besonders beim Wasser und beim flüssigen Fluorwasserstoff hervor, bei denen durch Assoziation größere Gebilde, $(H_2O)_n$ bzw. $(HF)_m$, entstehen, wodurch die im Vergleich zu den schwereren Homologen H_2S und HCl hohen Siedepunkte dieser Verbindungen zu erklären sind. Für die Assoziation sind die Wasserstoffatome von besonderer Bedeutung. Entsprechend den Elektronegativitäten (s. o.) werden O bzw. F zu Trägern partieller negativer Ladung, während an den H-Atomen partielle positive Ladungen verbleiben. Diese H-Atome bilden zwischen den Molekülen eine Wasserstoffbrückenbindung (gestrichelte Linien) aus:

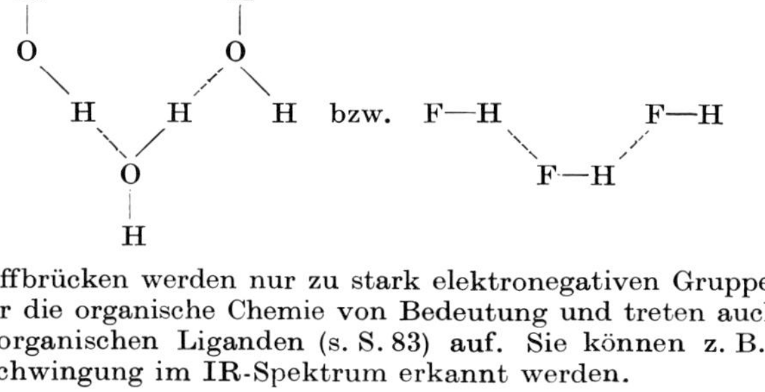

Wasserstoffbrücken werden nur zu stark elektronegativen Gruppen hin ausgebildet. Sie sind besonders für die organische Chemie von Bedeutung und treten auch in einer Reihe von Komplexen mit organischen Liganden (s. S. 83) auf. Sie können z. B. an der Verschiebung der OH-Valenzschwingung im IR-Spektrum erkannt werden.

2.4. Chemie der wäßrigen Lösungen und Ionenlehre

Die anorganisch-analytische Chemie ist eine Chemie der wäßrigen Lösungen.

2.4.1. Sonderstellung des Wassers

Die Sonderstellung des Wassers innerhalb der Lösungsmittel wird durch den Dipolcharakter der Wassermoleküle (s. S. 22) und ihrer Fähigkeit, Wasserstoffbrücken (s. S. 23) auszubilden, hervorgerufen.

Der Winkel zwischen den beiden OH-Bindungen im Wassermolekül beträgt 104,5° (s. S. 17). Aus seinem polaren Charakter ergibt sich am Sauerstoffatom eine partielle negative Ladung δ^-, der Schwerpunkt der partiellen positiven Ladung δ^+ liegt zwischen den beiden H-Atomen.

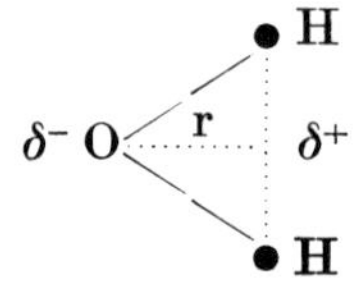

Die entgegengesetzten Ladungen sind durch die Strecke *r* getrennt. Neben der elektrostatischen Anziehung der Dipolmoleküle werden Wasserstoffbrücken gebildet.

2.4.1.1. Assoziationstendenz, Bildung von Ionenhydraten und Aquokomplexen

Die genannten Tatsachen äußern sich in dem Bestreben der Wassermoleküle zur Assoziation. Es werden größere Molekülverbände $(H_2O)_n$ gebildet. Analoge Erscheinungen beobachtet man beim NH_3 und HF.

Abb. 16 veranschaulicht die anomal hohen Schmelz- und Siedepunkte von H_2O, NH_3 und HF im Vergleich zu ihren schwereren Homologen. Beim Methan, das kein Dipolmoment besitzt, tritt wegen der fehlenden Assoziation gegenüber den entsprechenden Hydriden der 4. Hauptgruppe keine Unregelmäßigkeit auf.

Auch die häufig auftretende Bildung von Ionenhydraten und Aquokomplexen ist eine Folge des Dipolcharakters der Wassermoleküle.

2.4.1.2. Dielektrizitätskonstante

Bringt man in den zuvor materiefreien Raum zwischen zwei, ein elektrisches Feld aufbauende Elektroden ein Medium, so sinkt die Feldstärke ab. Das Verhältnis der beiden Feldstärken (Vakuum und Medium) definiert die dimensionslose Dielektrizitätskonstante *D*. Die Minderung der Feldstärke beruht auf dem Auftreten eines entgegengesetzt gerichteten Feldes. Dieses entsteht bei Verschiebung und Ausrichtung von Ladungen durch Induktion und bei einer teilweisen Orientierung eventuell vorhandener Dipolmoleküle in die entgegengesetzte Richtung des wirkenden elektrischen Feldes. Die Dielektrizitätskonstante *D* hat für alle Stoffe einen für jede Temperatur charakteristischen Wert.

Zum Beispiel ist *D* für Wasser bei 18 °C: 81,1.

Gemäß dem *Coulomb*schen Gesetz (s. S. 12) wird die Anziehung zwischen entgegengesetzten Ladungen um so mehr verringert, je höher der Wert der Dielektrizitätskonstanten ist. Wasser mit seiner vergleichsweise hohen Dielektrizitätskonstanten ist u.a. auch deswegen ein ausgezeichnetes Lösungsmittel für viele Ionenverbindungen.

Wasser ist zwar das weitaus gebräuchlichste Lösungsmittel der analytischen Chemie, es läßt sich grundsätzlich aber auch durch andere Medien ersetzen.

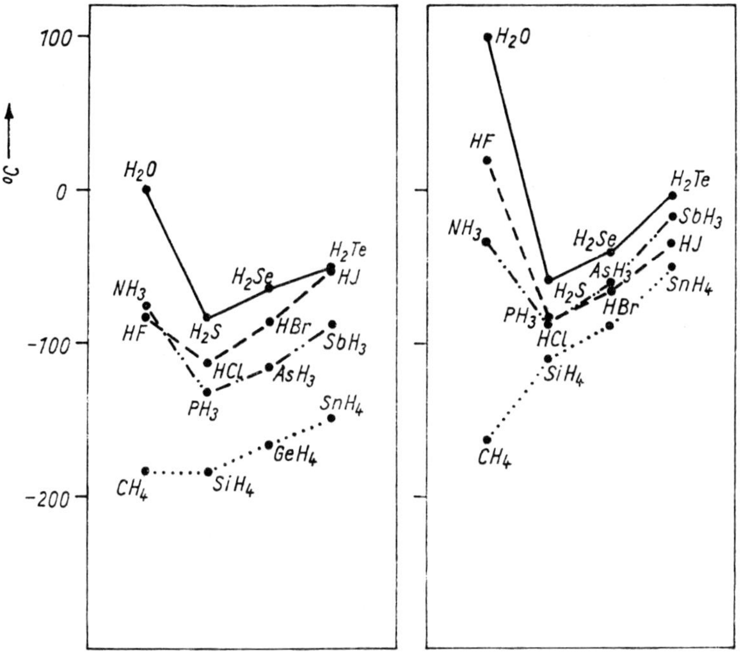

Abb. 16. Wasserstoffverbindungen der Elemente der IV.–VII. Hauptgruppe des PSE. Links Schmelzpunkte; rechts Siedepunkte

Die Anwendung der meisten nichtwäßrigen, aber wasserähnlichen Lösungsmittel ist mit erheblichen Nachteilen verbunden. Unangenehmer Geruch und Giftigkeit (H_2S, HCN, SO_2), tiefer Siedepunkt und Agressivität (NH_3, SO_2, HF) erfordern besondere Vorsichtsmaßnahmen und eine Arbeitstechnik, die nur für spezielle Untersuchungen in Betracht kommt.

Heute steht jedoch der Chemie der wäßrigen Lösungen ein recht weites Gebiet der Chemie in nichtwäßrigen ionisierenden Lösungsmitteln gegenüber.

2.4.2. Elektrolytische Dissoziation

Viele Substanzen mit oft sehr unterschiedlichen physikalischen und chemischen Eigenschaften gehen bei der Einwirkung von Wasser in Lösung. Die wichtigsten Vorgänge beim Löseprozeß werden behandelt.

2.4.2.1. Heteropolare Verbindungen

Anorganische Salze, z. B. NaCl, bilden Ionengitter (s. S. 12). Wasser übt auf solche Ionenverbindungen eine doppelte Wirkung aus:

a) Wegen seiner hohen Dielektrizitätskonstanten reduziert es stark die zwischen den geladenen Teilchen wirkenden Anziehungskräfte.

b) Aus dem Ionengitter abgetrennte Teilchen werden sofort von Wassermolekülen umhüllt, hydratisiert. Die Orientierung der Wasser-Dipole hängt von der Ladung der Ionen ab. Auch Dipolmoleküle werden sofort von einer Hydrathülle umgeben. In der Lösung befinden sich die hydratisierten Einzelionen:

$$NaCl + (x + y)\,H_2O \leftrightharpoons [Na(H_2O)_x]^+ + [Cl(H_2O)_y]^-.$$

2.4.2.2. Homöopolare Verbindungen

Die Anziehungskräfte zwischen Molekülen mit Atombindungen sind wesentlich schwächer als zwischen Ionen entgegengesetzter Ladung. Durch die Einwirkung von Wasser werden ganze Moleküle abgetrennt, die dann in Lösung in hydratisierter Form vorliegen, z. B. Zucker, Harnstoff und Alkohol.

Die Wasserstoffverbindungen der Halogene und andere Verbindungen, die mit Wasser Säuren bilden, spalten jedoch in Ionen auf. HCl ist als Gas, im flüssigen und festen Zustand als homöopolare Verbindung anzusehen, worauf auch IR- und *Raman*-Aufnahmen hinweisen. Mit Wasser setzt es sich unter Bildung von Cl^- und H_3O^+-Ionen um:

$$HCl + (1 + y)\,H_2O \leftrightharpoons H_3O^+ + [Cl(H_2O)_y]^-.$$

Wie bei der Salzsäure entstehen auch bei allen anderen Säuren neben den Säurerestionen H_3O^+-Ionen, Oxoniumionen genannt (Hydroxonium- oder Hydroniumion ist ein hydratisiertes Proton mit unbestimmtem Wassergehalt oder Hydratationsgrad). Im allgemeinen schreibt man jedoch an Stelle von H_3O^+ einfach H^+.

2.4.2.3. Gitterenergie und Hydratationswärme

Als Gitterenergie wird diejenige Energie bezeichnet, die bei der Bildung eines Gitters aus unendlich weit voneinander getrennten Bausteinen, wie z. B. Ionen, frei wird.

Die Hydratationswärme stellt diejenige Wärmemenge dar, die bei der Bildung eines hydratisierten Teilchens aus den in der Lösung vorhandenen Bausteinen und dem Wasser frei wird.

Wenn die im Festkörper vorhandenen Bausteine beim Lösen dissoziieren, ist noch die Dissoziationswärme zu berücksichtigen.

Bei der Auflösung eines Festkörpers wird eine Wärmetönung, die sogenannte integrale Lösungswärme, beobachtet. Je nachdem ob die Gitterenergie und die eventuell aufzubringenden Dissoziationswärmen größer oder kleiner sind als die freiwerdenden Hydratationswärmen der gelösten Bausteine, muß ihre Differenz, nämlich die integrale Lösungswärme, zu- oder abgeführt werden. Beim Auflösen eines Stoffes wird daher der Umgebung im ersten Fall Energie entzogen, d. h., die Lösung kühlt sich ab (z. B. $CaCl_2 \cdot 6H_2O$), oder im zweiten Fall Energie an diese abgegeben, d. h., die Lösung erwärmt sich [z. B. $CaCl_2$, HCl (gasförmig), H_2SO_4].

2.4.2.4. Elektrolytlösungen – Ionenreaktionen

Stoffe, die in wäßriger Lösung in merklichem Umfang Ionen bilden, bezeichnet man als Elektrolyte und den Vorgang als elektrolytische Dissoziation. Die Theorie der elektrolytischen Dissoziation wurde in ihren Grundzügen bereits 1887 von *Arrhenius* aufgestellt und später insbesondere durch *Vant't Hoff*, *Debye* und *Hückel* weiterentwickelt.

Für alle Elektrolyte gilt das Gesetz der Elektroneutralität. In allen Ionen enthaltenden Systemen (Lösungen, Ionenverbindungen) ist die Summe der positiven gleich der Summe der negativen Ladungen.

Die Ladung eines Ions ist entweder gleich der Einheit der Elementarladung ($1{,}602 \cdot 10^{-19}$ Coulomb) oder ein ganzes Vielfaches davon. Die Zahl der elektrischen Elementarladungen pro Teilchen wird als Ionenladung mit entsprechendem Vorzeichen angegeben. Das Wasserstoffion H^+ ist einfach positiv, das Chloridion Cl^- einfach negativ, das Sulfation SO_4^{2-} zweifach negativ geladen.

Das Vorliegen von Ionen in Lösung hat einen entscheidenden Einfluß auf die Geschwindigkeit chemischer Umsetzungen. Allgemein verlaufen Ionenreaktionen sehr schnell, oft auch noch bei sehr tiefen Temperaturen. Dagegen reagieren gelöste Moleküle bei Normaltemperatur vielfach äußerst langsam. Beispiele dafür sind viele Umsetzungen organischer Substanzen, aber auch Ligandenaustauschreaktionen anorganischer Komplexionen, die häufig erst bei höheren Temperaturen schnell ablaufen.

Für die Formulierung von Ionenreaktionen hat sich eine verkürzte Schreibweise durchgesetzt.

Statt:

$$(H^+ + Cl^-) + (Ag^+ + NO_3^-) \rightarrow AgCl\downarrow + (H^+ + NO_3^-)$$

oder

$$(Na^+ + Cl^-) + (Ag^+ + NO_3^-) \rightarrow AgCl\downarrow + (Na^+ + NO_3^-)$$

schreibt man verkürzt:

$$Cl^- + Ag^+ \rightarrow AgCl\downarrow.$$

In den meisten Fällen liegen die Ionen in wäßriger Lösung hydratisiert vor (s. S. 26). Da die in einem Aquokomplex gebundenen Wassermoleküle bei der Mehrzahl der Reaktionen nicht in Erscheinung tritt, läßt man sie in der Regel in der Ionengleichung unberücksichtigt.

2.4.3. Ionenwanderung im elektrischen Feld

Elektrolytlösungen (Salze, Säuren, Basen) leiten den Strom durch Ionenwanderung. Im Gegensatz zu den Metallen, Leiter erster Art, bei denen freibewegliche Elektronen den Elektrizitätstransport übernehmen, bezeichnet man Elektrolyte als Leiter zweiter Art.

Im elektrischen Feld wandern die positiv geladenen Kationen zur Kathode (Minuspol) und die negativ geladenen Anionen zur Anode (Pluspol). Es tritt demnach ein Stofftransport ein. An den Elektroden finden Redoxreaktionen (Elektrolyse) statt, bei denen bestimmte Substanzmengen abgeschieden, aufgelöst oder umgesetzt werden. Eine quantitative Beschreibung der Vorgänge geben die *Faraday*schen Gesetze:

1. *Faraday*sches Gesetz:
Die Gewichtsmenge eines elektrolytisch umgesetzten Stoffes ist der durch den Elektrolyten geflossenen Elektrizitätsmenge direkt proportional.

2. *Faraday*sches Gesetz:
Die durch gleiche Elektrizitätsmengen abgeschiedenen Gewichtsmengen chemischer Stoffe verhalten sich wie deren Äquivalentgewichte.

Durch die Elektrizitätsmenge von einem Faraday = 1 Mol Elementarladungen $= 1{,}6021 \cdot 10^{-19}$ Coulomb $\times 6{,}02252 \cdot 10^{23} = 96487$ Coulomb (Coulomb = Ampere $\times$ Sekunde) wird in Elektrolytlösungen je ein Grammäquivalent umgesetzt bzw. abgeschieden.

2.4.4. Gefrierpunktserniedrigung und Siedepunktserhöhung

Elektrolytlösungen zeigen anomale Effekte des osmotischen Druckes, der Gefrierpunktserniedrigung (Kryoskopie) und der Siedepunktserhöhung (Ebullioskopie).

Nach dem *Raoult*schen bzw. *Beckmann*schen Gesetz ist die Verschiebung des Gefrier- bzw. Siedepunktes von Lösungen proportional der Molzahl c_m des gelösten Stoffes:

Gefrierpunktserniedrigung: $\Delta t = E_G \cdot c_m$

Siedepunktserhöhung: $\Delta t = E_S \cdot c_m$

Die Faktoren E_G und E_S bezeichnen die molale Gefrierpunktserniedrigung bzw. molale Siedepunktserhöhung. Die Dimension ist Grad pro Mol des aufgelösten Stoffes pro 1000 g Lösungsmittel. E_G und E_S sind Lösungsmittelkonstanten und unabhängig vom gelösten Stoff. Die molale Siedepunktserhöhung beträgt beim Wasser 0,511, die molale Gefrierpunktserniedrigung 1,860 jeweils Grad pro Mol des aufgelösten Stoffes pro 1000 g des Lösungsmittels. Da bei der Bildung einer Elektrolytlösung eines Dissoziation der aufzulösenden Teilchen erfolgt, stimmt die Molzahl aller dissoziierten Teilchen nicht mehr mit der Molzahl der aufgelösten Teilchen überein. Es ist deshalb der Dissoziationsgrad α zu berücksichtigen.

Dissoziiert z.B. ein Stoff in zwei Teilchen, und ist die ursprüngliche molale Konzentration durch c_0 gegeben, so wird infolge der Dissoziation die tatsächlich in der Elektrolytlösung vorhandene Konzentration zu $c_m = c_{m_0} \cdot (1 + \alpha)$. Für die Gefrierpunktserniedrigung (Entsprechendes gilt für die Siedepunktserhöhung) folgt:

$$\Delta t = E_G \cdot c_{m_0} (1 + \alpha)\,.$$

Im Falle einer NaCl-Lösung, die für eine Reihe von Salzen typisch ist, findet man bei sehr starker Verdünnung vollständige Dissoziation. In diesem Beispiel wird dann $\alpha = 1$, so daß man für die Gefrierpunktserniedrigung erhält:

$$\Delta t = 2 \cdot E_G \cdot c_{NaCl}\,.$$

2.4.5. Löslichkeit und Kristallwachstum

Die Größe der Löslichkeit einer Substanz wird auf die gesättigte im Gleichgewicht über einem Bodenkörper befindliche Lösung bezogen. Aus den sehr unterschiedlichen Konzentrationen gesättigter Lösungen folgt die Einteilung in leicht lösliche (mehr als 1 molar), mäßig lösliche (0,1–1,0 molar) und schwer lösliche (weniger als 0,1 molar) Stoffe. Vollkommen unlösliche Verbindungen gibt es nicht.

Die Löslichkeit wird angegeben in Mol/Liter (Molarität), in Mol Substanz pro 1000 g Lösungsmittel (Molalität) oder in Gewichtsprozenten.

Die Temperaturabhängigkeit in ihrer Größe und ihrer Richtung wird durch die Größe und durch das Vorzeichen der differentiellen Lösungswärme im Sättigungszustand bestimmt.

Im allgemeinen nimmt mit steigender Temperatur die Löslichkeit zu, bei manchen Verbindungen (z.B. NaCl) schwach, bei anderen (z.B. KNO_3) stark. Bei einigen Stoffen fällt sie mit der Temperatur (z.B. bei Na_2SO_4 oberhalb von 32 °C). Abb. 17 zeigt die Temperaturabhängigkeit der Löslichkeit der genannten Verbindungen.

In der analytischen Chemie werden zur Charakterisierung, Abtrennung und Bestimmung oft Fällungen schwerlöslicher Verbindungen herangezogen. Wegen der großen Bedeutung der Kristallbildung sollen auf der Grundlage sehr vereinfachter Modellvorstellungen die wichtigsten Vorgänge erläutert werden.

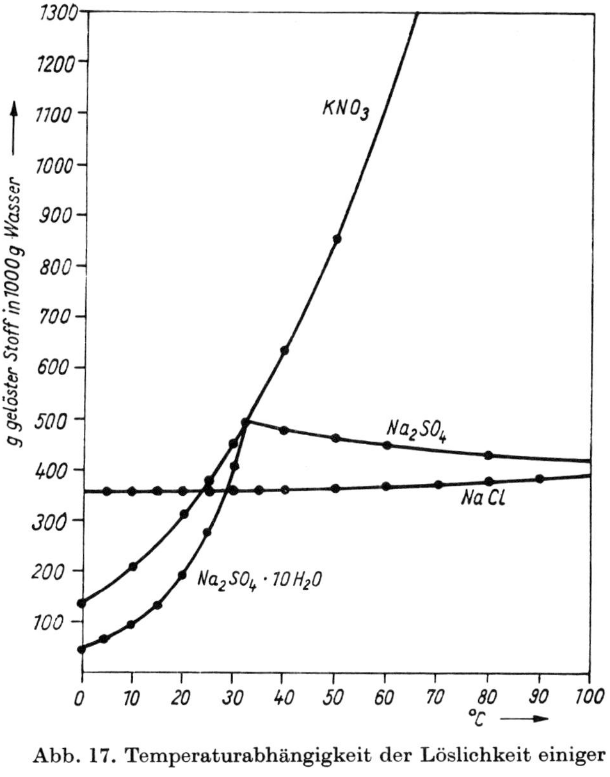

Abb. 17. Temperaturabhängigkeit der Löslichkeit einiger Salze

2.4.5.1. Teilchengröße und übersättigte Lösungen

Während bei Kristallen von 1 bis 2 µm Größe die Löslichkeit von der Teilchengröße unabhängig ist, nimmt sie bei kleineren oft höhere Werte an (Abb. 18).

Mit einer Lösung der Konzentration c_r stehen nur Teilchen des Radius r im Gleichgewicht, kleinere Teilchen gehen in Lösung. Für größere Teilchen ist die Lösung übersättigt. In heterogenen Kristallgemischen werden sich demnach die größeren Teilchen auf Kosten der kleinen vermehren.

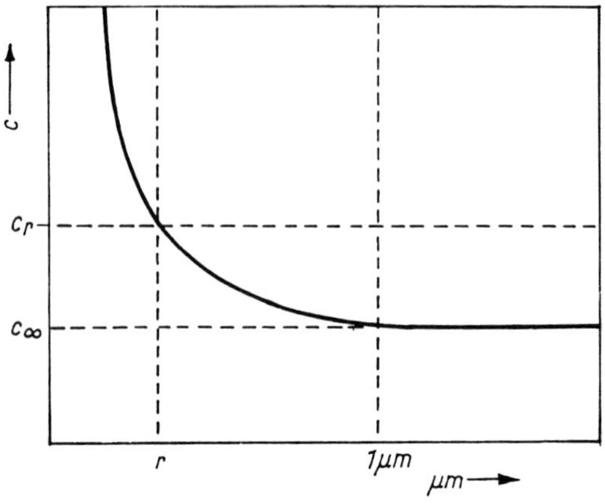

Abb. 18. Teilchengröße und Löslichkeit

Bei der mikroskopischen Betrachtung von Niederschlägen beobachtet man, daß in der Umgebung jedes gut ausgebildeten Kristalls ein „Hof" existiert, in dessen Bereich alle kleinen Kristalle sich gelöst haben und zu dem größeren überkristallisiert sind (s. Kristallaufnahme Nr. 33).

Die Erhöhung der Löslichkeit von Teilchen mit abnehmender Größe kann mit der Dampfdruckerhöhung von Tropfen von sehr kleinem Radius ($r < 1$ µm) verglichen werden.

Die Erhöhung des Dampfdruckes kleiner Flüssigkeitstropfen und die Zunahme der Löslichkeit kleiner Kristalle sind auf die Erhöhung der Oberflächenenergie zurückzuführen und daher von der Oberflächenspannung und dem Radius der Teilchen abhängig.

Der Dampfdruck kleiner Flüssigkeitstropfen wird durch die Beziehung von *B. W. Thomson* beschrieben:

$$\ln \frac{p}{p_0} = \frac{2\sigma}{r} \cdot \frac{M}{\varrho \cdot R T}.$$

p = Dampfdruck kleiner Flüssigkeitstropfen,
p_0 = Dampfdruck über der ebenen Flüssigkeitsoberfläche,
M = Molekulargewicht,
ϱ = Dichte,
r = Radius des kleinen Flüssigkeitstropfens,
R = allgemeine Gaskonstante,
σ = Oberflächenspannung,
T = absolute Temperatur.

Für die Löslichkeit gilt die entsprechende Gleichung:

$$\ln \frac{c_r}{c_\infty} = \frac{2\sigma}{r} \cdot \frac{M}{\varrho \cdot R T}.$$

c_r = Löslichkeit des kleinen Kristalls vom Radius r
c_∞ = Löslichkeit des makroskopischen Kristalls.

Für kleine relative Löslichkeitserhöhungen gilt folgende Umformung:

$$\frac{c_r - c_\infty}{c_\infty} = K\frac{\sigma \cdot V}{r}.$$

$\frac{c_r - c_\infty}{c_\infty}$ = relative Löslichkeitserhöhung bzw. relative Übersättigung,

$c_r - c_\infty$ = absolute Übersättigung,

$V = \frac{M}{\varrho}$ = Molvolumen, $K = \frac{2}{RT}$ = Konstante.

Wegen der höheren Löslichkeit fein verteilter Stoffe entstehen Niederschläge nur aus übersättigten Lösungen. Diese stellen einen metastabilen Zustand dar, der bei Ausschluß von Fremdkörpern sehr lange aufrechterhalten werden kann. Die Fällung läßt sich beschleunigen durch Zugabe fertiger Kriställchen (Impfen) oder durch Kratzen mit einem Glasstab an der Gefäßwandung (Erzeugung neuer durch Adsorption nicht belasteter Oberfläche). Der Niederschlag wächst auf den vorgebildeten Oberflächen weiter.

Versuch: Herstellung und Verhalten einer übersättigten $Na_2S_2O_3$-Lösung.

Mit steigender Temperatur erhöht sich die Löslichkeit von $Na_2S_2O_3 \cdot 5H_2O$ so stark, daß es sich bei 45 °C im Kristallwasser löst und man bei 100 °C eine sirupöse Lösung erhält. Diese wird durch ein engporiges Filter in ein völlig reines, von jeglichen Staubteilchen freies Kölbchen filtriert und, mit einem Wattestopfen verschlossen, abgekühlt. Man erhält eine lange haltbare übersättigte Lösung.

Zur Einleitung der Kristallisation wird ein trockner Glasstab in festes $Na_2S_2O_3 \cdot 5H_2O$ und danach in die übersättigte Lösung getaucht. Die kleinen anhaftenden Kriställchen genügen, um die Übersättigung aufzuheben und innerhalb weniger Minuten erstarrt die Lösung unter Wärmeentwicklung zu einem festen Kristallbrei.

Den gleichen Effekt können kleine Staubteilchen oder Erschütterungen hervorrufen.

2.4.5.2. Keimbildung und Kristallwachstum

Die Bildung eines Niederschlags erfolgt über die zwei Schritte: Keimbildung und Kristallwachstum.

Zur spontanen Bildung eines Kristallkeims müssen, verursacht durch die ständige Wärmebewegung, die entsprechenden Bausteine (Ionen, Atome, Moleküle) mit geeignetem Energiegehalt, in entsprechender Zahl und räumlicher Anordnung zusammenstoßen.

Allgemein gilt:

a) Die Wahrscheinlichkeit für erfolgreiche Zusammenstöße zwischen den Teilchen, die einen Keim bilden, ist ihrer Zahl pro Volumeninhalt, d.h. ihrer Konzentration proportional.

b) Gefäßwandungen oder Fremdstoffe in der Lösung können zur Keimbildung beitragen. Durch Adsorption von Teilchen an Oberflächen erhöht sich die Wahrscheinlichkeit für erfolgreiche Stöße. Die freiwerdende Adsorptionswärme liefert die Aktivierungsenergie zur Niederschlagsbildung.

c) Die Keimbildungshäufigkeit (w) ist der relativen Übersättigung proportional:

$$w = K'\frac{c_r - c_\infty}{c_\infty}.$$

Durch kleine Übersättigungen, die bei größeren Löslichkeiten c_∞ vorkommen, wird die Keimbildungsarbeit größer. Damit wird die Keimbildungshäufigkeit kleiner. Das begünstigt das Anwachsen einmal gebildeter Keime zu größeren Kristallen, weil die Keimbildungshäufigkeit für neue Keime erheblich kleiner ausfällt. Bei geringerer Löslichkeit ist dagegen die Möglichkeit zur Einstellung größerer Übersättigungen gegeben. Diese führt zur Verkleinerung der Keimbildungsarbeit und damit zu einer Erhöhung der Keimbildungshäufigkeit. Somit treten sehr viele kleine Kristalle auf.

Beispiel: Bei der Fällung von $BaSO_4$ aus neutraler Lösung bildet sich ein sehr feinkörniger, schwerfiltrierbarer Niederschlag. Im sauren Bereich ($pH < 1$) ist die Löslichkeit von $BaSO_4$ infolge der Bildung von HSO_4^--Ionen größer; daher wird die Abscheidung gröberer Teilchen begünstigt.

Unter Kristallwachstum versteht man die Vergrößerung der spontan gebildeten Keime. Sie bestimmt vorwiegend die Gestalt des Niederschlags.

Hängt die Geschwindigkeit des Kristallwachstums (v) von der Diffusionsgeschwindigkeit ab, dann ist sie der absoluten Übersättigung proportional:

$$v = K'' (c_r - c_\infty) .$$

An der Kristalloberfläche herrscht infolge Abscheidung der Bausteine die Konzentration der gesättigten Lösung (c_∞). Dagegen ist die Konzentration im Inneren der Lösung durch die Übersättigung (c_r) gegeben. Bedingt durch den Konzentrationsunterschied tritt Diffusion in Richtung zum Kristall ein.

Fremde in Lösung befindliche kapillaraktive Stoffe hemmen das Kristallwachstum. Durch Adsorption an den frischen Kristallflächen blockieren sie die aktiven Stellen des Kristalls. Die Eigenionen werden deshalb langsamer an energetisch ungünstigeren Stellen eingebaut. Wegen der fortdauernden Übersättigung entstehen weitere langsam wachsende Keime.

2.4.5.3. Folgerungen

Zahl, Größe und Gestalt von Niederschlagsteilchen werden in der Hauptsache von folgenden Faktoren bestimmt:

a) Die relative Übersättigung $\frac{c_r - c_\infty}{c_\infty}$ steuert die Geschwindigkeit der Keimbildung.

Die absolute Übersättigung $c_r - c_\infty$ bestimmt in den meisten Fällen die Geschwindigkeit des Kristallwachstums.

Hiermit steht die allgemeine Erscheinung im Zusammenhang, daß ein Niederschlag um so feiner ausfällt, je schwerlöslicher er ist. Beim Zusammengeben der Ionenarten tritt eine große relative Übersättigung auf, wodurch sehr viele Kristallkeime entstehen, die nur langsam wachsen.

b) Die Gegenwart kapillaraktiver Stoffe hat Einfluß auf die morphologische Struktur der Niederschläge.

Sind fein verteilte, oder gar kolloide Abscheidungen erwünscht (z.B. bei der Trübungsmessung), so versetzt man die Lösung vor der Fällung mit kapillaraktiven Stoffen (z.B. Dextrin).

c) Löslichkeit und Oberflächenspannung des Niederschlages entscheiden über die Möglichkeit der Umkristallisation.

1. Bei einem gegebenen Niederschlag ($\sigma \cdot v =$ konst.) ist die relative Löslichkeitserhöhung um so größer, je kleiner der Radius der Teilchen ist.
2. Bei gleicher Teilchengröße ($r =$ konst.) ist die relative Löslichkeitserhöhung bei verschiedenen Stoffen um so höher, je größer die Oberflächenspannung ihrer Niederschläge ist.

$BaSO_4$ ($K_L = 10^{-10}$) und AgCl ($K_L = 10^{-9,96}$) besitzen etwa die gleiche molare Löslichkeit. Hinsichtlich ihrer Oberflächenspannung unterscheiden sie sich jedoch beträchtlich. So nimmt für $BaSO_4$ wegen seiner sehr hohen Oberflächenspannung die Löslichkeit im Bereich kleiner Kristalle stark zu. Dagegen ist die Löslichkeitserhöhung für AgCl nur unbedeutend. Die große Löslichkeitserhöhung bei $BaSO_4$ bewirkt das schnelle Umkristallisieren der kleineren Teilchen, und führt zu einem Niederschlag, der aus gut entwickelten Kristallaggregaten besteht. Da sich beim AgCl die Löslichkeit der kleineren und größeren Teilchen kaum unterscheidet, tritt keine Umkristallisation ein. Es scheidet sich stets ein koagulierter Kolloidniederschlag aus.

Sehr schwer lösliche Niederschläge oder solche mit kleiner Oberflächenspannung neigen demnach zur Ausscheidung in kolloidaler Form.

Üblicherweise beziehen sich Löslichkeitsangaben auf gröbere Teilchen. Bei genauen Löslichkeitsdaten muß jedoch angegeben werden, auf Teilchen welcher Größe die Lösung gesättigt ist.

Eine andere Erscheinung tritt bei der Fällung von Hydroxiden stark hydratisierter Kationen auf, die einen Teil des Hydratwassers gelartig in einen amorphen voluminösen Niederschlag einschleppen. Durch Alterung wird das Wasser nach und nach abgegeben, wobei eine Schrumpfung und Verringerung der Löslichkeit parallel geht (weiteres s. Kolloidchemie, S. 92).

Keimbildung, Kristallwachstum und Alterung werden bei Temperaturerhöhung durch Steigerung der Beweglichkeit der Ionen und Moleküle beschleunigt. Aus diesem Grund ist oft das Fällen aus heißer Lösung vorteilhaft.

2.4.5.4. Löslichkeit und Chemische Bindung

Das Löslichkeitsverhalten der Stoffe läßt sich zum Teil aus der chemischen Bindung ableiten. Die Verteilung der Ladungen und ihre gegenseitige Abschirmung in Molekülen sowie die Deformation der äußeren Elektronenhüllen der Ionen (Polarisierbarkeit) und ihre Wechselwirkung mit den Lösungsmittelmolekülen sind von Bedeutung.

2.4.5.4.1. Löslichkeit innerhalb einer Gruppe des PSE

Nach dem *Coulomb*schen Gesetz (s. S. 12) sollte die Löslichkeit von Salzen innerhalb einer Gruppe des PSE mit wachsender Ordnungszahl ansteigen, da der Ionenradius bei gleichbleibender Ionenladung anwächst und somit die Wechselwirkungskräfte durch Vergrößerung des Abstandes r geringer werden. Tatsächlich ist aber ein solcher Gang relativ selten. Als Beispiele seien die folgenden Reihen mit ihren molaren Löslichkeiten bei Zimmertemperatur angeführt:

LiF	NaF	KF	Li_2CO_3	$Na_2CO_3 \cdot 10H_2O$	$K_2CO_3 \cdot 1{,}5H_2O$
0,10	1,0	11,6	0,18	2,0	6,0
CaF_2	SrF_2	BaF_2	KCl	RbCl	CsCl
$1{,}9 \cdot 10^{-4}$	$9{,}3 \cdot 10^{-4}$	$9{,}1 \cdot 10^{-3}$	4,0	5,7	7,5

In vielen Fällen findet man ein umgekehrtes Verhalten. Die Ursachen dafür liegen teilweise in der Abschirmung der Ionenladungen durch die Lösungsmittelmoleküle, hauptsächlich aber in der besseren Polarisierbarkeit größerer Ionen.

2.4.5.4.2. Löslichkeit auf Grund der Hydratation

Die Ionen werden während des Auflösungsprozesses je nach Ladung und Größe von einer mehr oder minder verdichteten Sphäre von Lösungsmittelmolekülen umgeben (s. S. 24). Bei kleinen Kationen und bei Kationen mit großer Ladung geht eine innere Sphäre von zumeist 4 oder

6 Wassermolekülen in den Bodenkörper mit. Anionen sind fast immer schwächer hydratisiert als Kationen und im Bodenkörper höchstens mit 1 oder 2 Hydratwasser vertreten. Stabilität und Umfang der Hydrathülle nimmt innerhalb einer Gruppe des PSE mit wachsender Ordnungszahl ab, was gleichbedeutend mit verminderter Abschirmung und somit auch abnehmender Löslichkeit ist. Die Reihe der Haftfestigkeit der Ionen an Ionenaustauschern (s. S. 124) beruht auf gleichen Ursachen.

Als Vertreter der durch Hydratation verursachten Löslichkeitsreihen seien angeführt:

$LiCl$	$NaCl$	KCl	$CaCl_2 \cdot 6\,H_2O$	$SrCl_2 \cdot 6\,H_2O$	$BaCl_2 \cdot 2\,H_2O$
13,9	5,4	4,0	5,5	3,1	1,6
$Li_2SO_4 \cdot H_2O$	$Na_2SO_4 \cdot 10\,H_2O$	K_2SO_4	$CaSO_4 \cdot 2\,H_2O$	$SrSO_4$	$BaSO_4$
2,9	1,3	0,63	$1{,}5 \cdot 10^{-2}$	$6{,}2 \cdot 10^{-4}$	$1{,}0 \cdot 10^{-5}$

Ähnlich verhalten sich auch die Bromide, Jodide und Nitrate dieser Kationen. Weitere Beispiele sind die Halogenidreihen der Ionen Zn^{2+}, Cd^{2+} und Hg^{2+}.

2.4.5.4.3. Deformation der Elektronenhülle

Einfache Anionen wie Cl^-, Br^-, J^-, OH^-, CN^-, O^{2-} und S^{2-} besitzen durch die Überschußelektronen eine relativ ausgedehnte Elektronenhülle, die durch Kationenladungen stark deformiert werden kann, wobei die Schwerpunkte der positiven Ladungen (Atomkern) und der negativen Ladungen (Elektronenhülle) in Form eines Dipols auseinanderrücken (s. S. 24).

Symmetrisch gebaute Anionen wie ClO_4^-, NO_3^-, SO_4^{2-}, CO_3^{2-}, PO_4^{3-} sind dagegen kaum polarisierbar. Auch die Elektronenhüllen von Kationen können durch Anionen, wenn auch in sehr viel geringerem Umfange, deformiert werden.

Die Induzierung von Dipolen bewirkt zusätzlich Bindungskräfte und stellt einen Übergang zur Atombindung dar (s. S. 22). Bei starker Verzerrung beobachtet man Farbvertiefungen, wie folgende Beispiele zeigen:

AgCl	AgBr	AgJ	ZnS	CdS	HgS
$1{,}4 \cdot 10^{-5}$	$8{,}1 \cdot 10^{-7}$	$1{,}1 \cdot 10^{-8}$	$7{,}1 \cdot 10^{-5}$	$9{,}0 \cdot 10^{-6}$	$5{,}4 \cdot 10^{-8}$
weiß	hellgelb	gelb	weiß	gelb	schwarz

In der 1. Reihe wächst die Anionengröße und damit die Polarisierbarkeit in der Reihenfolge Cl^-, Br^-, J^-, während in der 2. Reihe neben der großen Polarisierbarkeit des S^{2-} zusätzlich die wachsende Deformation der Kationen zur Wirkung kommt (weitgehender Übergang zur Atombindung).

Gleichartige Reihen findet man auch bei den Halogeniden von Cu^+, Tl^+, Hg_2^{2+}, Hg^{2+} und Pb^{2+}. Die Deformierbarkeit bedingt zwar im gleichen Sinne wie die Hydratation eine Verminderung der Löslichkeit, die entsprechenden Verbindungen sind aber stets sehr viel schwerer löslich. Schwerlöslichkeit und Farbvertiefung dieser Verbindungstypen sind Eigenschaften, die ihre ausgedehnte Verwendung in der analytischen Chemie verständlich machen.

2.4.5.5. Übersicht

Die wichtigsten anorganischen Salze lassen sich grob qualitativ in eine leicht- und eine schwerlösliche Gruppe einteilen.

Leicht löslich sind:

Fluoride, Chloride, Bromide, Jodide, Nitrate, Perchlorate, Acetate und Sulfate.
Ausnahmen sind die
Fluoride von Mg^{2+}, Ca^{2+}, Sr^{2+}, Ba^{2+} und Pb^{2+}
Halogenide von Cu^+, Ag^+, Hg_2^{2+}, Tl^+ und Pb^{2+}
Perchlorate von NH_4^+, K^+, Rb^+ und Cs^+
Sulfate von Ca^{2+}, Sr^{2+}, Ba^{2+} und Pb^{2+}.

Schwer löslich sind:

Oxide, Hydroxide, Carbonate, Cyanide, Sulfide, Oxalate und Phosphate.
Ausnahmen sind die
Oxide, Hydroxide, Cyanide und Sulfide der Alkalielemente, NH_4^+
und Erdalkalielemente (ausschließlich der Sulfide)
sowie die
Carbonate, Oxalate und Phosphate der Alkalielemente und NH_4^+.

2.5. Grundbegriffe der Chemie

Die Kenntnis der Stöchiometrie, der Reduktions- und Oxidationsvorgänge, des Verhaltens von Säuren und Basen in wäßrigen Lösungen und die allgemeinen Zusammenhänge im PSE sind neben den in Kapitel 2.6. behandelten chemischen Gleichgewichten Voraussetzung für eine sinnvolle Beurteilung chemischer Reaktionen.

2.5.1. Stöchiometrie – Wertigkeitsbegriff

Der Begründer der Lehre von den Äquivalent- und Verbindungsgewichten und somit der Stöchiometrie ist *J. B. Richter* (1762–1807). Die ersten Atommassebestimmungen und die heute gebräuchlichen Elementsymbole gehen auf *J. J. Berzelius* (1779–1848) zurück.

Die relativen Atommassen der Elemente sind ursprünglich bezogen auf Wasserstoff = 1,00000. Da Sauerstoffverbindungen häufiger als Wasserstoffverbindungen auftreten, wurde später der Sauerstoff = 16,00000 als Bezugsgröße gewählt. Heute dient das Kohlenstoffisotop ^{12}C mit 12,00000 als Bezugsgröße.

Die relative Molekularmasse ist gleich der Summe der relativen Atommassen einer Verbindung in g, kurz als Molgewicht oder Mol (Kurzzeichen = mol) bezeichnet. Jedes Mol enthält $6{,}02 \cdot 10^{23}$ Moleküle. Diese Zahl wird *Avogadro*sche Zahl genannt. Bei der Division der relativen Atom- und Molekularmassen durch die *Avogadro*sche Zahl erhält man die Massen der einzelnen Atome bzw. Moleküle.

Das Äquivalentgewicht eines Elementes in einer Verbindung errechnet sich aus der relativen Atommasse dividiert durch die „Wertigkeit“. Die „Wertigkeit“ bezeichnet die Anzahl einwertiger Atome, die durch das betreffende Element gebunden wird.

2.5.1.1. Stöchiometrisches Rechnen

Alle Reaktionsgleichungen geben nicht nur eine qualitative, sondern auch eine quantitative Beschreibung der chemischen Vorgänge. Die Anzahl und Art der Atome der linken Seite einer Gleichung muß stets gleich der rechten sein. Aus dem Gesetz der Erhaltung der Masse (s. S. 3) folgt weiterhin, daß auch die Summe der Gewichte beider Seiten identisch ist. Der Berechnung der Mengenverhältnisse legt man die relativen Atom- und Molekularmassen zugrunde.

Bei der thermischen Zersetzung von Quecksilberoxid, HgO, entsteht Quecksilber und Sauerstoff (s. S. 169):

$$\begin{aligned} &2\,HgO &&\rightarrow 2\,Hg &&+ O_2\uparrow \\ &2(200{,}59 + 16{,}00) &&= 2 \cdot 200{,}59 &&+ 32{,}00 \\ &433{,}18\text{ g} &&= 401{,}18\text{ g} &&+ 32{,}00\text{ g} \end{aligned}$$

Nach der Reaktionsgleichung berechnet man z. B., daß ein Mol Quecksilberoxid, M_{HgO} in 200,59 g Quecksilber und 16,00 g Sauerstoff zerfällt.

$KClO_3$ geht beim Erhitzen unter Sauerstoffabspaltung in KCl über (s. S. 157):

$$\begin{array}{lll} 2\,KClO_3 & \rightarrow 2\,KCl & +\ 3\,O_2\uparrow \\ 2\,(39{,}10 + 35{,}45 + 3 \cdot 16{,}00) & = 2\,(39{,}10 + 35{,}45) & +\ 3 \cdot 32{,}00 \\ 245{,}10\ g & = 149{,}10\ g & +\ 96{,}00\ g \end{array}$$

Die Ermittlung beliebiger Mengen einer Atom- oder Molekülart gestaltet sich besonders einfach, wenn auf der Basis molarer Einheiten gerechnet wird. Dazu formt man die Reaktionsgleichung in der Weise um, daß man unmittelbar ablesen kann, wieviel Mol eines gesuchten Stoffes aus einem Mol einer vorgegebenen Verbindung entstehen.

Beispiele:

a) Wieviel g Sauerstoff liefern 50 g HgO?

Reaktionsgleichung: $2\,HgO \rightarrow 2\,Hg + O_2$.

Man dividiert durch den Reaktionskoeffizienten (hier 2) des gegebenen Stoffes (HgO) und erhält die reduzierte Gleichung:

$$HgO \rightarrow Hg + {}^1/_2\,O_2 .$$

1 mol HgO entspricht $^1/_2$ mol O_2;

$$50\ g\ HgO\ \text{sind}\ \frac{50}{M_{HgO}}\ \text{mol HgO} \mathrel{\hat{=}} {}^1/_2\,\frac{50}{M_{HgO}}\ \text{mol}\ O_2 .$$

Das Gewicht von n mol (Molzahl) ist n · Molekulargewicht in g. Die gesuchte O_2-Menge beträgt also:

$$\frac{1}{2} \cdot \frac{50}{M_{HgO}} \cdot M_{O_2} = \frac{1}{2} \cdot \frac{50}{216{,}59} \cdot 32{,}00 = 3{,}69\ g\ O_2 .$$

b) Nach einer Sauerstoffabspaltung aus $KClO_3$ wurden 100 g KCl gefunden. Wie groß war die Menge an $KClO_3$?

Reaktionsgleichung: $2\,KClO_3 \rightarrow 2\,KCl + 3\,O_2$,
reduzierte Gleichung: $KClO_3 \rightarrow KCl + 3/2\,O_2$.

$$1\ \text{mol KCl} \mathrel{\hat{=}} 1\ \text{mol}\ KClO_3 .$$

$$100\ g\ KCl\ \text{sind}\ \frac{100}{M_{KCl}}\ \text{mol KCl} \mathrel{\hat{=}} \frac{100}{M_{KCl}}\ \text{mol}\ KClO_3 .$$

$$\frac{100}{M_{KCl}} \cdot M_{KClO_3} = \frac{100}{74{,}55} \cdot 122{,}55 = 164{,}4\ g\ KClO_3 .$$

c) Eine weitere wichtige Anwendung der Stöchiometrie besteht in der Aufstellung von Formeln für unbekannte Verbindungen aus analytisch gefundenen Gehalten H in Gew.-%. Hierzu überführt man H durch Division mit dem entsprechenden Atom- oder Molekulargewicht (M) zunächst in die Molzahl n

$$n = \frac{H}{M}\ \text{mol pro 100 g}\ (\mathrel{\hat{=}}\ \text{mmol/100 mg}) .$$

Aus den einzelnen Molzahlen n findet man durch systematisches Probieren die ganzzahligen Koeffizienten der Verbindung. (Gesetz der konstanten und multiplen Proportionen, s. S. 3.)

1. In einem Eisenoxid wurde der Eisengehalt H_{Fe} + 72,36 Gew.-% gefunden. Welches Oxid liegt vor?

$$n_{Fe} = \frac{H_{Fe}}{M_{Fe}} = \frac{72{,}36}{55{,}85} = 1{,}296\ \text{mol Fe pro 100 g}.$$

Der Sauerstoffgehalt H_O ergibt sich aus dem analytisch gefundenen Eisengehalt als Differenz zu 100%.

$$H_O = 100\% - H_{Fe} = 27{,}64 \text{ Gew.-\% O}.$$

$$n_O = \frac{27{,}64}{M_O} = \frac{27{,}64}{16{,}00} = 1{,}728 \text{ mol O pro 100 g}.$$

$$n_{Fe} : n_O = 1{,}296 : 1{,}728 = 1 : \frac{1{,}728}{1{,}296} = 1 : 1{,}333 = 3 : 4.$$

Es liegt also Fe_3O_4 vor.

2. In einer aus K, Cl und O bestehenden Verbindung wurden $H_K = 31{,}91$ Gew.-% K und $H_{Cl} = 28{,}93$ Gew.-% Cl gefunden. Welche Verbindung liegt vor?

$$n_K = \frac{31{,}91}{M_K} = \frac{31{,}91}{39{,}10} = 0{,}816,$$

$$n_{Cl} = \frac{20{,}93}{M_{Cl}} = \frac{28{,}93}{35{,}45} = 0{,}816,$$

$$n_O = \frac{100 - (31{,}91 + 28{,}93)}{M_O} = \frac{39{,}16}{16{,}00} = 2{,}448.$$

$$n_K : n_{Cl} = 1 : 1,$$

$$n_K : n_O = 0{,}816 : 2{,}448 = 1 : \frac{2{,}448}{0{,}816} = 1 : 3.$$

Es handelt sich also um $KClO_3$.

Zur Aufstellung der Formel einer Verbindung mit z Komponenten sind mindestens $z - 1$ Gehalte H erforderlich. Die noch fehlende Komponente ergibt sich aus der Differenz gegen 100%. Speziell in der organischen Chemie reicht die analytische Gehaltsbestimmung vielfach nicht aus. So kann ein Molverhältnis C:H:O = 1:2:1 sowohl dem Formaldehyd CH_2O als auch den formalen Polymeren $(C_6H_{12}O_6)_n$ wie Zucker, Stärke oder Cellulose, zugeordnet sein. Hier sind zur Klärung weitere, oft komplizierte Untersuchungen notwendig.

3. Der Ni-Gehalt eines Nickelsulfates wurde zu $H_{Ni} = 20{,}90$ Gew.-% Ni gefunden. Wie lautet die wahrscheinliche Formel?

Angenommene Voraussetzung: $n_{Ni} : n_{SO_4} = 1 : 1$.

$$n_{Ni} = \frac{20{,}90}{M_{Ni}} \text{ mol Ni pro 100 g} \mathrel{\hat{=}} \frac{20{,}90}{M_{Ni}} \text{ mol NiSO}_4 \text{ pro 100 g}.$$

$$H_{NiSO_4} = \frac{20{,}90}{M_{Ni}} \cdot M_{NiSO_4} = \frac{20{,}90}{58{,}71} \cdot 154{,}77 = 55{,}09 \text{ Gew.-\% NiSO}_4.$$

Der Rest ist Wasser:

$$H_{H_2O} = 100{,}00 - 55{,}09 = 44{,}92 \text{ Gew.-\% H}_2\text{O}.$$

$$n_{Ni} = n_{SO_4} = n_{NiSO_4} = \frac{20{,}90}{M_{Ni}} = \frac{20{,}90}{58{,}71} = 0{,}356.$$

$$n_{H_2O} = \frac{44{,}92}{M_{H_2O}} = \frac{44{,}92}{18{,}01} = 2{,}494,$$

$$n_{NiSO_4} : n_{H_2O} = 0{,}356 : 2{,}494 = 1 : \frac{2{,}494}{0{,}356} = 1 : 7{,}00.$$

Es handelt sich also um $NiSO_4 \cdot 7\,H_2O$.

d) Werden bei einer Reaktion Gase gebildet, so sind häufig ihre Volumina bei bestimmtem Druck und bestimmter Temperatur von Bedeutung. In Erweiterung der *Avogadro*schen Hypothese (s. S. 4) gilt:

1 mol Gas nimmt bei 0 °C und 760 Torr ($\hat{=}$ 760 mm Hg $\hat{=}$ 1 at) das Molvolumen V von

22,41 Liter ein. Für beliebige Drucke p in Torr und absolute Temperaturen T folgt das Molvolumen V aus der allgemeinen Gasgleichung:

$$V = 22{,}41 \cdot \frac{T}{273} \cdot \frac{760}{p} = 62{,}35 \frac{T}{p} \text{ Liter}.$$

Wieviel Liter CO_2 werden aus 18 g C bei 500 °C und 1000 Torr gebildet?

$$C + O_2 \rightarrow CO_2.$$

$$V = 62{,}35 \cdot \frac{773}{1000} = 48{,}20 \text{ Liter}.$$

$$1 \text{ mol C} \triangleq 1 \text{ mol } CO_2,$$

$$\frac{18}{M_C} \text{ mol C} \triangleq \frac{18}{M_C} \text{ mol } CO_2.$$

Die CO_2-Menge ergibt sich in Litern durch Multiplikation des Molvolumens mit der berechneten Molzahl:

$$\frac{18}{M_C} \cdot V = \frac{18}{12{,}01} \cdot 48{,}20 = 72{,}23 \text{ Liter}.$$

Beispiel d) zeigt, daß das Molekulargewicht des gesuchten Gases (hier CO_2) nicht in die Rechnung eingeht.

2.5.1.2. Wertigkeitsbegriff

Der Begriff „Wertigkeit" hat seit Aufstellung der Atomtheorie eine starke Erweiterung erfahren. Er umfaßt heute eine Anzahl selbständiger Aussagen. Man unterscheidet:

1. Stöchiometrische Wertigkeit. Sie gibt an, wieviel einwertige Atome oder Atomgruppen ein Atom des betrachteten Elementes binden oder ersetzen kann. Durchweg einwertig ist der Wasserstoff, zweiwertig der Sauerstoff. Dieser Begriff ist identisch mit der ursprünglichen Definition der Wertigkeit (s. S. 35).
2. Ionenladung. Sie ist die Zahl der Ladungen eines Ions, z.B. Na^+, Ca^{2+}. Die Einheit der Ionenladung ist die elektrische Elementarladung ($1{,}60 \cdot 10^{-19}$ Coulomb. Coulomb = Ampere · Sekunde). Zur Abscheidung von 1 mol Elementarladung sind demnach $6{,}02 \cdot 10^{23} \cdot 1{,}59 \cdot 10^{-19}$ Coulomb notwendig (s. S. 28).
3. Bindigkeit oder Bindungszahl. Sie bezeichnet die Anzahl der Atombindungen, die von einem Atom betätigt werden. Sie ist beim Chlor im Cl_2 eins, beim Kohlenstoff im CH_4 vier. Die Bindigkeit ist mit der Koordinationszahl in Komplexen identisch, wenn die Liganden einzähnig sind.
4. Formale Ladung. Sie ergibt sich aus dem Vergleich der Elektronenzahl, die dem betrachteten Atom in der Elektronenformel zukommt, mit der des neutralen Atoms. Für jedes überschüssige Elektron erhält das Atom eine negative, für jedes fehlende Elektron eine positive Ladung zugeordnet. Dabei ist zu beachten, daß gemeinsame Elektronenpaare zur Hälfte dem einen und zur Hälfte dem anderen Atom angehören. Nach dieser Regel kommen z.B. dem Chlor im Perchloration 8/2 = 4 Elektronen zu, das sind drei weniger als im neutralen Chloratom. Folglich muß das Chlor hier mit drei positiven Ladungen auftreten.
5. Oxidationsstufe (elektrochemische Wertigkeit). Sie bezeichnet die Ladung eines Atoms im Molekül unter der Annahme, daß das Molekül nur aus Ionen aufgebaut ist. Sie wird als arabische Zahl mit dem entsprechenden Vorzeichen über das betreffende Element geschrieben, z.B.:

$$H_2\overset{+6}{S}O_4, \quad \overset{-3}{N}H_3, \quad K\overset{+7}{Mn}O_4, \quad H_2\overset{+3}{C}_2O_4, \quad \overset{+1}{N}_2O.$$

Die Kenntnis der Oxidationsstufe gestattet bei Reduktions-Oxidations- (Redox-)Prozessen eine Ermittlung der Elektronenbilanz. Sie ist demnach äußerst wichtig zur Ableitung von Redox-Gleichungen und der elektrochemischen Äquivalentgewichte.

2.5.1.3. Konzentrationsangaben

In der Chemie wird die Konzentration einer Lösung gewöhnlich nicht in Prozenten, sondern als Anzahl der in 1 Liter Lösung befindlichen Mole oder Äquivalente des gelösten Stoffes angegeben. Im ersten Fall hat man die Bezeichnungsweise Molarität, im zweiten Normalität eingeführt. Unter Molalität versteht man dagegen die Konzentration eines Moles Substanz in 1000 g Lösungsmittel. Über Äquivalentgewichte und Normallösungen s. S. 42.

2.5.2. Oxidation und Reduktion

Früher verstand man unter Oxidation lediglich die Aufnahme von Sauerstoff und unter dem umgekehrten Vorgang, der Reduktion, einen Entzug von Sauerstoff aus einer Verbindung. Mit Reduktion wurde auch die Anlagerung von Wasserstoff bezeichnet.

Heute versteht man unter Oxidation die Abgabe von Elektronen bzw. Erhöhung der Oxidationsstufe, unter Reduktion die Aufnahme von Elektronen bzw. Erniedrigung der Oxidationsstufe. Beide Vorgänge sind immer miteinander gekoppelt, da bei jeder Redox- (= Reduktions-Oxidations-) Reaktion die Anzahl der aufgenommenen Elektronen gleich derjenigen der abgegebenen sein muß.

Bei der Bildung von NaCl aus Chlor und Natrium wird das Natrium oxidiert und das Chlor reduziert (s. S. 151):

$$Na \rightarrow Na^{+} + e,$$
$$Cl + e \rightarrow Cl^{-}.$$

Die Oxidationsstufe des Natriums im $\overset{+1}{Na}\overset{-1}{Cl}$ hat sich von ± 0 auf $+1$ erhöht, die des Chlors von ± 0 auf -1 erniedrigt. Kennt man also den Wechsel der Oxidationsstufe der an einem Redoxvorgang beteiligten Moleküle und Ionen, so ist die Aufstellung von Reaktionsgleichungen aus den Teilreaktionen der „Redox-Reaktion" sehr einfach.

Beispiele:

a) Auflösung eines Metalls in Säure:

$$Zn \rightarrow Zn^{2+} + 2e,$$
$$2H^{+} + 2e \rightarrow H_2,$$

$$\overset{\pm 0}{Zn} + \overset{+1}{H_2}SO_4 \rightarrow \overset{+2}{Zn}SO_4 + \overset{\pm 0}{H_2} \uparrow .$$

b) Oxidation von Fe^{2+} zu Fe^{3+} durch MnO_4^- in saurer Lösung, wobei Mn^{2+} entsteht.

$$\overset{+7}{Mn}O_4 + 8H^{+} + 5e \rightarrow Mn^{2+} + 4H_2O,$$
$$Fe^{2+} \rightarrow Fe^{3+} + e.$$

Da in saurer Lösung ein MnO_4^--Ion 5 Elektronen aufnimmt, ein Fe^{2+}-Ion dagegen nur 1 Elektron abgibt, müssen 5 Fe^{2+}-Ionen oxidiert werden, um die zur Reduktion eines MnO_4^--Ions notwendigen Elektronen zu liefern. Die zweite Teilreaktion muß also mit 5 multipliziert werden, damit bei der Addition der beiden Teilgleichungen die in ihnen auftretenden freien Elektronen herausfallen. Es ist also der Hauptnenner (kleinstes gemeinsames Vielfaches) für die Anzahl der abgegebenen und aufgenommenen Elektronen zu finden (hier $5 \times 1 = 5$). Das Molgewicht des Stoffes, der 5 Elektronen aufnimmt, ist demnach mit 1, derjenige, der 1 Elektron abgibt, mit 5 zu multiplizieren. Die aus den Teilgleichungen sich ergebende Gleichung für die Gesamtreaktion lautet dann:

$$MnO_4^- + 8H^+ + 5Fe^{2+} \rightarrow Mn^{2+} + 5Fe^{3+} + 4H_2O .$$

Bei einer Ionengleichung muß nicht nur die Anzahl der einzelnen Atome, sondern auch die Summe der Ionenladungen auf beiden Seiten gleich sein. Im obigen Beispiel treten links 18 positive und 1 negative, also 17 positive Ladungen, auf der rechten Seite ebenfalls 17 positive Ladungen auf. Wird die Gleichung in Molekülform geschrieben, so folgt: Auf der linken Seite werden zuerst die angewandten Stoffe, auf der rechten Seite die Reaktionsprodukte aufgeführt und die Oxidationsstufen über die elektronenaustauschenden Partner geschrieben. Zum Beispiel:

$$K\overset{+7}{Mn}O_4 + \overset{+2}{Fe}SO_4 + H_2SO_4 \rightarrow \overset{+2}{Mn}SO_4 + \overset{+3}{Fe_2}(SO_4)_3 + K_2SO_4 + H_2O .$$

Der Hauptnenner zwischen (7 − 2) = 5 und (3 − 2) = 1 ergibt sich dann zu 5. Auf 1 $KMnO_4$ kommen 5 $FeSO_4$. Da jedoch beim $Fe_2(SO_4)_3$ eine gerade Zahl von Fe-Atomen benötigt wird, muß die Gleichung verdoppelt werden, d.h. man braucht 2 $KMnO_4$ und 10 $FeSO_4$; 2 $KMnO_4$ bilden 2 $MnSO_4$, und 10 $FeSO_4$ ergeben 5 $Fe_2(SO_4)_3$:

$$2KMnO_4 + 10FeSO_4 + H_2SO_4 \rightarrow 2MnSO_4 + 5Fe_2(SO_4)_3 + K_2SO_4 + H_2O .$$

Jetzt ist die Gleichung nur noch hinsichtlich der Koeffizienten der anderen Reaktionspartner zu ergänzen. Aus 2 $KMnO_4$ entsteht rechts 1 K_2SO_4. Insgesamt sind also 18 SO_4-Reste anzuwenden. Da links im $FeSO_4$ schon 10 enthalten sind, werden zusätzlich noch 8 H_2SO_4 benötigt, so daß rechts 8 H_2O entstehen. Die Gesamtgleichung lautet demnach:

$$2KMnO_4 + 10FeSO_4 + 8H_2SO_4 \rightarrow 2MnSO_4 + 5Fe_2(SO_4)_3 + K_2SO_4 + 8H_2O .$$

c) Oxidation der schwefligen Säure zur Schwefelsäure durch MnO_4^- in saurer Lösung, wobei Mn^{2+} entsteht.

Der Schwefel wechselt seine Oxidationsstufe um 2: $\overset{+4}{S} \rightarrow \overset{+6}{S} + 2e$ oder, da nur Anionen $\overset{+4}{S}O_3^{2-}$ und $\overset{+6}{S}O_4^{2-}$ auftreten:

$$SO_3^{2-} + H_2O \rightarrow SO_4^{2-} + 2H^+ + 2e .$$

Zur Reduktion eines MnO_4^--Ions werden also $2^1/_2$ SO_3^{2-}-Ionen benötigt, 2 MnO_4^- sind also 5 SO_3^{2-} äquivalent. Der Hauptnenner ist demnach 2 · 5 = 10. Um die Gesamtgleichung zu erhalten, ist die Teilgleichung für die Reduktion des Permanganats mit 2, diejenige für die Oxidation der schwefligen Säure mit 5 zu multiplizieren. Durch Addition ergibt sich dann:

$$2MnO_4^- + 6H^+ + 5SO_3^{2-} = 2Mn^{2+} + 5SO_4^{2-} + 3H_2O$$

oder, da in saurer Lösung vorwiegend HSO_3^--Ionen vorhanden sind:

$$2MnO_4^- + H^+ + 5HSO_3^- = 2Mn^{2+} + 5SO_4^{2-} + 3H_2O$$

bzw. für die Molekülgleichung

$$2K\overset{+7}{Mn}O_4 + 5K_2\overset{+4}{S}O_3 + 3H_2SO_4 = 2\overset{+2}{Mn}SO_4 + 6K_2\overset{+6}{S}O_4 + 3H_2O .$$

d) Der Begriff der Oxidationsstufe ist auch dann von Wert, wenn die Elektronenaufnahme oder -abgabe nicht mehr ohne weiteres klar ersichtlich ist, wie z.B. beim H_2O_2.
Die Oxidationsstufe des Sauerstoffs im H_2O_2 steht mit −1 zwischen der des O_2 mit ±0 und −2 im H_2O. Bei der Oxidation des $H_2\overset{-1}{O}_2$ zu $\overset{\pm 0}{O}_2$ werden demnach 2 Elektronen abgegeben, bei der Reduktion zu $H_2\overset{-2}{O}$ 2 Elektronen aufgenommen.

Oxidation:

$$H_2\overset{-1}{O}_2 \rightarrow 2H^+ + \overset{\pm 0}{O}_2 + 2e ,$$

Reduktion:

$$H_2\overset{-1}{O}_2 + 2H^+ + 2e \rightarrow 2H_2\overset{-2}{O} .$$

Die Teilreaktionen bei der Oxidation des H_2O_2 mit MnO_4^- in saurer Lösung lauten demnach:

$$MnO_4^- + 8H^+ + 5e \rightarrow Mn^{2+} + 4H_2O$$

und

$$H_2O_2 \rightarrow 2H^+ + O_2 + 2e.$$

Damit in beiden Teilreaktionen die gleiche Anzahl von Elektronen auftritt, ist die erste Teilreaktion mit 2, die zweite mit 5 zu multiplizieren. Der Hauptnenner ist demnach $2 \cdot 5 = 10$. Durch Addition ergibt sich dann die Gesamtreaktion:

$$2MnO_4^- + 6H^+ + 5H_2O_2 \rightarrow 2Mn^{2+} + 8H_2O + 5O_2$$

bzw. für die Molekülgleichung:

$$2KMnO_4 + 3H_2SO_4 + 5H_2O_2 = 2MnSO_4 + K_2SO_4 + 5O_2 + 8H_2O.$$

e) Entsprechend Beispiel d) kann bei der Oxidation und Reduktion organischer Verbindungen (wie z.B. bei der Oxidation des Oxalations, $C_2O_4^{2-}$, oder von Äthylalkohol C_2H_5OH mit MnO_4^-) vorgegangen werden. Hier ist gleichfalls die Aufnahme oder Abgabe von Elektronen nicht mehr mit dem Wechsel der stöchiometrischen Wertigkeit der im Molekül enthaltenen Atome verbunden. Es muß vielmehr berücksichtigt werden, wieviel Elektronen dem Ion bzw. Molekül als Ganzem bei der Oxidation entzogen werden.

Die Oxidationsstufe des Kohlenstoffs im Oxalation beträgt + 3. ($\overset{+3}{C_2}O_4^{2-}$, 6 negative Ladungen werden durch 2C kompensiert, demnach hat jedes C die Oxidationsstufe + 3.) Bei der Oxidation des Oxalations zu CO_2 werden 2 Elektronen gemäß der Teilreaktion abgegeben:

$$\overset{+3}{C_2}O_4^{2-} \rightarrow (C_2O_4 + 2e) \rightarrow 2\overset{+4}{C}O_2 + 2e.$$

Die Oxidationsstufe des Kohlenstoffs im Äthylalkohol, Bruttoformel C_2H_6O, beträgt − 2 (2 negative Ladungen des O und 6 positive Ladungen des H ergeben 4 positive Ladungen, die von 2C kompensiert werden, demnach hat jedes C die Oxidationsstufe − 2). Im gebildeten Acetaldehyd, Bruttoformel C_2H_4O, ist die Oxidationsstufe des Kohlenstoffs − 1 (2 negative Ladungen des O und 4 positive Ladungen des H ergeben 2 positive Ladungen, die von 2C kompensiert werden, demnach hat jedes C die Oxidationsstufe − 1). Bei der Oxidation oder „Dehydrierung" des Äthylalkohols zu Acetaldehyd werden 2 Elektronen gemäß der Teilgleichung abgegeben:

$$\overset{-2}{C}H_3—\overset{-2}{C}H_2—OH \rightarrow (CH_3—CHO + 2H) \rightarrow \overset{-1}{C}H_3—\overset{-1}{C}HO + 2H^+ + 2e.$$

Bei der Oxidation des $C_2O_4^{2-}$ bzw. C_2H_5OH mit MnO_4^- ergibt sich demnach wieder als Hauptnenner $(2 \times 5) = 10$. Die Gleichungen lauten daher:

$$2MnO_4^- + 5C_2O_4^{2-} + 16H^+ \rightarrow 2Mn^{2+} + 10CO_2 + 8H_2O$$

bzw.

$$2MnO_4^- + 5C_2H_5OH + 6H^+ \rightarrow 2Mn^{2+} + 5CH_3CHO + 8H_2O.$$

An Hand der hier aufgeführten Beispiele lassen sich alle Redoxgleichungen mit organischen Komponenten leicht ableiten und formulieren.

Geht bei einer Reaktion ein Element von einer mittleren Oxidationsstufe in eine höhere und eine tiefere über, so nennt man diesen Vorgang Disproportionierung, z.B.:

$$\overset{\pm0}{Cl_2} + 2NaOH \rightarrow Na\overset{-1}{Cl} + NaO\overset{+1}{Cl} + H_2O,$$

$$H_2\overset{-1}{O_2} \rightarrow H_2\overset{-2}{O} + 1/2\overset{\pm0}{O_2}.$$

Bei der Aufstellung der Reaktionsgleichung ist entsprechend zu verfahren wie bei jeder Redoxreaktion.

Der umgekehrte Vorgang wird als Komproportionierung (Symproportionierung) bezeichnet, z.B.:

$$\overset{+2}{Cu}Cl_2 + \overset{\pm0}{Cu} \rightarrow 2\overset{+1}{Cu}Cl.$$

Der Wechsel der Oxidationsstufe eines Elementes bei einer Redoxreaktion bestimmt auch sein Äquivalentgewicht. Es sind immer diejenigen Mengen der Reaktionspartner einander äquivalent, die der Änderung um eine Oxidationsstufe, also der Aufnahme oder Abgabe eines Elektrons entsprechen. Das elektrochemische Äquivalentgewicht eines Elementes bzw. seiner Verbindung ist demnach die relative Atommasse bzw. Molekularmasse (Mol), dividiert durch die Anzahl der abgegebenen oder aufgenommenen Elektronen. Da Mangan von der Oxidationsstufe +7 im Permanganat in saurer Lösung bis zu +2 reduziert wird, also 5 Elektronen aufnimmt, entspricht 1 Äquivalent $KMnO_4$ einem fünftel Mol. Nach obigen Teilreaktionen beträgt 1 Äquivalent von Fe(II)-Salzen gleich 1 Mol, 1 Äquivalent Sulfit oder Oxalat dagegen ein halbes Mol.

In einer Normallösung (N-Lösung) ist 1 Grammäquivalent im Liter gelöst. Es enthalten also eine 1 N $KMnO_4$-Lösung 31,6 g $KMnO_4$, eine 1 N $FeSO_4$-Lösung 151,9 g $FeSO_4$, eine 1 N J_2-Lösung 126,92 g Jod, 0,1 N Lösungen entsprechend den zehnten Teil des g-Äquivalents im Liter enthalten.

Anders ist das Äquivalentgewicht bei Säuren oder Basen (s. S. 35) definiert. Dieses ergibt sich aus dem Molgewicht der Säure bzw. Base, dividiert durch die Anzahl ersetzbarer H^+-Ionen bzw. OH^--Ionen. Beispiel: Eine 1 N Schwefelsäure enthält 49,0 g H_2SO_4 im Liter, da das Äquivalentgewicht der Schwefelsäure gleich dem halben Molgewicht ist. Dagegen ist bei der Salzsäure Molarität = Normalität.

2.5.3. Spannungsreihe und Redoxpotential

Das Bestreben eines Elementes, in eine andere Oxidationsstufe überzugehen, kann qualitativ oder quantitativ festgelegt werden.

Versuch: Reduktion von Cu^{2+} durch unedle Metalle s. auch S. 328.

Man gibt in eine Cu^{2+}-Lösung elementares Zink. Es schlägt sich elementares Kupfer nieder und Zn^{2+}-Ionen gehen in Lösung. Das Kupfer hat demnach die größere Elektronenaffinität, es ist „edler" als das Zink.

Die ablaufende Redox-Reaktion läßt sich beim Vorliegen der Elemente X und Y allgemein formulieren

a) $X + Y^{2+} \rightarrow X^{2+} + Y$ (X unedler als Y) und in die Teilreaktionen
b) $X_{(fest)} \rightarrow X^{2+}_{(Lsg.)} + 2e$ (Elektronen abgebende Reaktion) und
c) $Y_{(fest)} + 2e \rightarrow Y^{2+}_{(Lsg.)}$ (Elektronen aufnehmende Reaktion)

zerlegen.

Den Elektronenaustausch kann man in der nebenstehenden Versuchsanordnung (Abb. 19), die einem galvanischen Element, z.B. einem *Daniell*-Element, entspricht, direkt nachweisen und messend verfolgen. Man taucht die Metalle X und Y in die Lösungen ihrer Salze (also X z.B. in XSO_4 und Y in YSO_4), und erhält so zwei (galvanische) „Halbelemente".

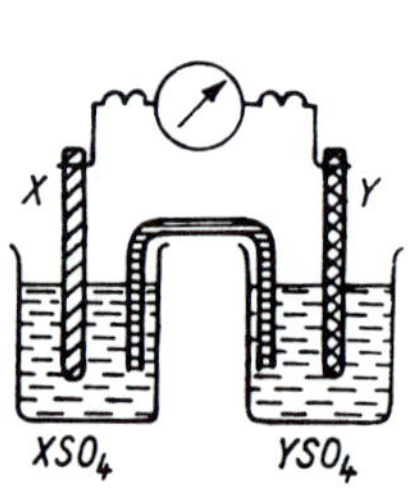

Abb. 19. Schema eines galvanischen Elementes

Verbindet man nun die beiden Lösungen durch einen mit der Lösung eines Elektrolyten gefüllten Flüssigkeitsheber und die beiden eintauchenden Metalle, die beiden „Elektroden", über ein Amperemeter, so fließt ein elektrischer Strom. Die Atome des Metalls X gehen als Ionen X^{2+} unter Abgabe von Elektronen in Lösung. Diese bewirken an der Oberfläche von Y die Entladung von Y^{2+}-Ionen.

Es findet also die Umsetzung (a) statt, nur reagieren hier X und Y^{2+} nicht direkt miteinander. Die beiden Teilreaktionen (b) und (c) verlaufen örtlich voneinander getrennt, wobei die Elektronen durch den metallischen Leiter vom Ort der Teilreaktion (b) zu dem der Teilreaktion (c) transportiert werden.

2.5.3.1. Nernstsches Gesetz

Die zwischen den Metallstäben auftretende meßbare Spannung ist ein angenähertes Maß für den Unterschied der Elektroaffinität der beiden Elemente.

Reaktion:

$$X \rightleftharpoons X^{2+} + 2e.$$

Die Reaktion, die auf der einen Seite eines galvanischen Elementes vor sich geht, stellt ein Gleichgewicht zwischen dem Lösungsdruck des Metalls und dem osmotischen Druck seiner Ionen dar. Das Bestreben, in den Ionenzustand überzugehen, ist daher nicht nur von dem Metall selbst, sondern auch von der Konzentration der schon in Lösung befindlichen Ionen abhängig. Es ist um so kleiner, je größer die Ionenkonzentration ist.

Quantitativ mißt man daher das Bestreben, in Lösung zu gehen, bei der Ionenkonzentration = 1 molar und nennt die erhaltene Spannung das Standardpotential. Als Gegenelektrode dient eine Wasserstoffelektrode[1]), deren Standardpotential man, da nur Potentialdifferenzen gemessen werden, willkürlich gleich Null setzt. Die Abhängigkeit der Spannung E (gemessen in Volt) von der Ionenkonzentration c ist nach *Nernst* gegeben durch die Formel:

$$E = E_0 + \frac{R \cdot T}{z \cdot F} \ln c.$$

R = allgemeine Gaskonstante (in elektrischen Einheiten = 8,31 W · s),
T = absolute Temperatur,
z = Anzahl ausgetauschter Elektronen,
F = 96487 Coulomb,
E_0 = Standardpotential,
(c = 1).

Bei Zimmertemperatur (298 °K = 25 °C) erhält man nach Einsetzen der Werte für die entsprechenden Konstanten und Umrechnung auf den dekadischen Logarithmus:

$$E = E_0 + \frac{0{,}059}{z} \log c.$$

Der für Zimmertemperatur gültige Wert 0,059 ändert sich mit der Temperatur.

[1]) Definition der Standardwasserstoffelektrode: platiniertes Platinblech, eintauchend in eine H^+-Ionenlösung mit der Aktivität 1 (Aktivität s. S. 53), umspült von Wasserstoffgas mit dem Druck 1 at bei 25 °C.

2.5.3.2. Spannungsreihe

Bei Anordnung der Metalle nach steigenden Standardpotentialen erhält man die Spannungsreihe:

K, Ca, Na, Mg, Al, Mn, Zn, Fe, Cd, Ni, Sn, Pb, H, Sb, As, Cu, Ag, Hg, Au, Pt.

In ihr befindet sich auch der Wasserstoff. Alle Metalle, die vor ihm stehen, sind unedler und werden schon von nichtoxidierenden Säuren aufgelöst. Diejenigen, die hinter ihm stehen, sind edler und können nur durch oxidierende Säuren in den Ionenzustand übergeführt werden.

Das Standardpotential ist ein Maß für den Energieunterschied zwischen dem Metall und der 1molaren Lösung seiner Ionen. Dieser Energieunterschied ist nicht mit der Ionisierungsenergie (s. S. 11) identisch. Bei dem Übergang der Metallatome in Lösung unter Ionenbildung ist zusätzlich die Sublimationsenergie und die Hydratationsenergie zu berücksichtigen.

2.5.3.3. Redoxpotentiale an indifferenten Elektroden

In dem genannten Beispiel (s. S. 43) hat die Elektrode zwei Funktionen. Erstens stellt sie die niedere Oxidationsstufe in den beiden Halbelementen dar, zweitens dient sie als Medium für den Elektronenaustausch.

Soll nun das Redoxpotential von Lösungen wie z.B.

$$Fe^{2+} \rightleftharpoons Fe^{3+} + e$$

oder

$$Mn^{2+} + 4H_2O \rightleftharpoons MnO_4^- + 8H^+ + 5e$$

gemessen werden, so ist die Einführung einer „indifferenten" Edelmetallelektrode notwendig. An ihr geht dann der Elektronenaustausch vonstatten.

Taucht man sowohl in eine $FeSO_4$-Lösung als auch in eine saure Permanganatlösung je einen Platindraht, verbindet die beiden Lösungen durch einen Flüssigkeitsheber und die Platindrähte mit einem Metalldraht über ein Meßinstrument, so fließt ein Strom. Fe^{2+} gibt an den Platindraht Elektronen ab, die das MnO_4^- in der anderen Lösung reduzieren.

Das Redoxpotential solcher Halbelemente hängt von den Konzentrationen aller an der Umsetzung beteiligten Ionen ab.

Für die obigen Redoxsysteme gilt:

$$E = E_0 + \frac{0{,}059}{1} \lg \frac{c_{Fe^{3+}}}{c_{Fe^{2+}}}$$

bzw.

$$E = E_0 + \frac{0{,}059}{5} \lg \frac{c_{MnO_4^-} \cdot c_{H^+}^8}{c_{Mn^{2+}}} .$$

Die Konzentration des H_2O kann in der letzten Gleichung fortgelassen werden, da in wäßriger Lösung gearbeitet wird und somit die Wasserkonzentration konstant bleibt.

Wird der logarithmische Ausdruck 1, so entspricht E dem Standardpotential E_0 dieses Halbelementes.

Potentiale von Redoxvorgängen bei denen H^+-Ionen in der Reaktionsgleichung stehen, sind pH-abhängig (Abb. 20).

Das Oxidationsvermögen von MnO_4^- nimmt mit steigender H^+-Konzentration zu. Dementsprechend ist Mn^{2+} in alkalischer Lösung leichter zu oxidieren als in saurer. Entsprechendes gilt für das Redoxgleichgewicht:

$$Cr^{3+} + 4H_2O \rightleftharpoons CrO_4^{2-} + 8H^+ + 3e,$$

$$E = E_0 + \frac{0{,}059}{3} \lg \frac{c_{CrO_4^{2-}} \cdot c_{H^+}^8}{c_{Cr^{3+}}}.$$

Das Redoxgleichgewicht Fe^{3+}/Fe^{2+} ist in stärker saurer Lösung pH-unabhängig. Im alkalischen Gebiet fallen die Hydroxide aus. Da die Löslichkeit von $Fe(OH)_2$ größer ist als die von $Fe(OH)_3$ wird das Verhältnis $c_{Fe^{3+}}/c_{Fe^{2+}}$ und damit auch das Redoxpotential klein. $Fe(OH)_2$ ist daher ein starkes Reduktionsmittel.

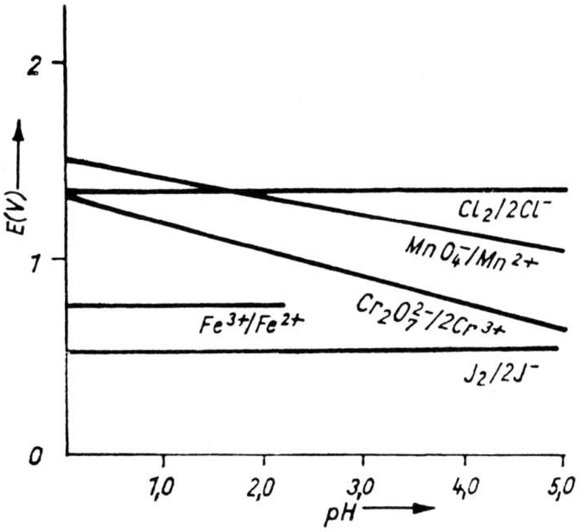

Abb. 20. Abhängigkeit des Redoxpotentials vom pH-Wert

Auch durch Komplexbildung kann eine Verschiebung eintreten. Typisch dafür ist das Kobalt, bei dem die Oxidationsstufe +3 in einfachen Salzen instabil ist. In den Komplexsalzen ist es dagegen umgekehrt, weil die Komplexionen des Co(III) wesentlich stabiler sind als die des Co(II) und damit das Gleichgewicht:

$$Co^{2+} \rightleftharpoons Co^{3+} + e$$

völlig nach rechts verschoben wird.

2.5.4. Säuren und Basen

In klassischer Betrachtungsweise wird als Säure ein Stoff bezeichnet, der in wäßriger Lösung unter Bildung von Wasserstoffionen dissoziiert, als Base ein solcher, der unter Bildung von Hydroxylionen (OH^-) dissoziiert. Salze bestehen aus einem positiv geladenen Basenrestion (meist ein Metallion) und einem negativen Säurerestion.

Die Reaktion zwischen Säure und Base wird als Neutralisation bezeichnet, z.B.:

$$(Na^+ + OH^-) + (H^+ + Cl^-) \rightarrow Na^+ + Cl^- + H_2O,$$
$$(Ba^{2+} + 2OH^-) + 2(H^+ + NO_3^-) \rightarrow Ba^{2+} + 2NO_3^- + 2H_2O.$$

Wie aus den Gleichungen hervorgeht, besteht sie in einem Zusammentreten von H^+ mit OH^--Ionen zu undissoziiertem Wasser.

Durch die Anwendung nichtwäßriger Lösungsmittel haben die Säure-Base-Definitionen verschiedentlich eine Erweiterung erfahren (*Brönstedt, Jander, Lewis* u.a.).

Das von *Jander* aufgebaute System ist z.B. aus der sehr geringen Eigendissoziation des Lösungsmittels ableitbar. Für das flüssige Ammoniak gilt (in Analogie zu $2H_2O \rightleftharpoons H_3O^+ + OH^-$ $2NH_3 \rightleftharpoons NH_4^+ + NH_2^-$. Im „Ammonosystem" entsprechen demnach die NH_4^+-Ionen den H_3O^+-Ionen und die OH^--Ionen den NH_3^--Ionen. Bei einer Reaktion im flüssigen Ammoniak sind die Ammoniumverbindungen säureanaloge, die Amide basenanaloge Substanzen.

$$(NH_4^+ + Cl^-) + (K^+ + NH_2^-) = K^+ + Cl^- + 2NH_3.$$

Während die *Jander*sche Auffassung für alle ionisierenden Lösungsmittel Gültigkeit besitzt, ist die Theorie von *Brönstedt* auf protonenhaltige ionisierende Lösungsmittel beschränkt. *Brönstedt* definiert die Säuren als Protonen-Donatoren, die Basen als Protonen-Acceptoren, welche miteinander korrespondieren.

$$\text{Säure} \rightleftharpoons \text{Proton} + \text{Base}$$

Die so definierten Säuren und Basen können neutrale Moleküle oder auch Ionen sein. Korrespondierende Säure-Base-Systeme sind z.B.

HCl	$\rightleftharpoons H^+ + Cl^-$	$H_2PO_4^-$	$\rightleftharpoons H^+ + HPO_4^{2-}$
Neutralsäure	$\rightleftharpoons$ H^+ + Anionenbase	Anionensäure	$\rightleftharpoons$ H^+ + Anionenbase.
NH_4^+	$\rightleftharpoons H^+ + NH_3$		
Kationensäure	$\rightleftharpoons$ H^+ + Neutralbase		

Der Vorteil der *Brönstedt*schen Theorie liegt darin, daß die korrespondierenden Säure-Base-Systeme in eine der Spannungsreihe entsprechende Reihe eingeordnet werden können, wobei der pK-Wert der Säure als Ordnungsprinzip dient (pK-Wert s. S. 52).

Nach *Lewis* sind Säuren Elektronenpaar-Acceptoren und Basen Elektronenpaar-Donatoren.

Die echten heteropolaren Verbindungen, also die Salze, sind in wäßriger Lösung praktisch vollständig in Ionen dissoziiert. Selbstverständlich beeinflussen sich die verschiedengeladenen Teilchen gegenseitig und üben aufeinander Kräfte aus (s. Kap. 2.6.5.2.). Außerdem ist anzunehmen, daß positive und negative Ionen für einige Zeit aneinander haften bleiben, also als undissoziierte Moleküle betrachtet werden können. Dies tritt aber nur in geringem Maße ein.

Anders ist es bei Säuren und Basen. Die Säuren sind in wasserfreiem Zustand nicht heteropolar aufgebaut (s. S. 26). Dementsprechend können bei der Lösung in Wasser auch undissoziierte Moleküle vorhanden sein. Die Säuren verhalten sich dabei sehr verschieden. Ein Teil spaltet sich sehr stark in verdünnter Lösung (in 1 N Lösung mehr als 50%). Dazu gehören Salzsäure, HCl, Bromwasserstoffsäure, HBr, Jodwasserstoffsäure, HJ, Salpetersäure, HNO_3; und auch noch Schwefelsäure, H_2SO_4. Im Gegensatz zu den erstgenannten Säuren spaltet die Schwefelsäure maximal 2 Protonen ab. Sie ist also zweibasig oder zweiprotonig. Andere Säuren sind mittelstark dissoziiert (in 1 N Lösung zwischen 1 und 50%), wie schweflige Säure, H_2SO_3, Phosphorsäure, H_3PO_4, und Flußsäure, HF, und schließlich gibt es auch viele, die sehr wenig H^+-Ionen abdissoziieren, wie Schwefelwasserstoff, H_2S, Kohlensäure, H_2CO_3, Blausäure, HCN, Essigsäure, CH_3COOH, und Borsäure, H_3BO_3. Man unterscheidet daher zwischen starken, mittelstarken und schwachen Säuren (s. S. 57).

Auch bei Basen bestehen ähnliche Unterschiede. NaOH, $Ba(OH)_2$ oder $Ca(OH)_2$ sind starke Basen, Ammoniak wirkt dagegen wie eine schwache Base (s. S. 193).

Bei den Metallbasen sind Basencharakter und Löslichkeit weitgehend miteinander verknüpft. Sehr leicht löslich sind die Hydroxide der Alkalielemente, mittlere Löslichkeit besitzt das $Ba(OH)_2$. Die anderen Erdalkalihydroxide sind schon schwer löslich [$Ca(OH)_2$ bei Zimmertemperatur zu $1{,}6 \cdot 10^{-2}$ mol/l]. Die Hydroxide der Erdmetalle und Schwermetalle sind sehr schwer löslich (s. Kap. 2.6.5.6.3.2.).

2.6. Chemische Gleichgewichte

Viele Reaktionen gehen nicht quantitativ vor sich. Es stellt sich mit der Zeit ein Gleichgewicht ein:

$$A + B \rightleftharpoons C + D.$$

Als Beispiel seien folgende Gleichgewichte genannt:

a) $2SO_2 + O_2 \rightleftharpoons 2SO_3$ (wichtig für die Schwefelsäuredarstellung nach *Knietsch*).
b) $N_2 + 3H_2 \rightleftharpoons 2NH_3$ (wichtig für die Gewinnung von Ammoniak aus der Luft nach dem *Haber-Bosch*-Verfahren).
c) $C_2H_5OH + CH_3COOH \rightleftharpoons C_2H_5OOCCH_3 + H_2O$
(Esterbildung) $\rightleftharpoons$ (Verseifung).
d) $H_2 + J_2 \rightleftharpoons 2HJ$.
e) $CH_3COOH \rightleftharpoons CH_3COO^- + H^+$ (Dissoziation einer schwachen Säure).

Die Lage der Gleichgewichte ist abhängig von den Konzentrationen der Reaktionspartner, Druck bei Gasen, bzw. Verdünnung bei Lösungen und der Temperatur.

2.6.1. Reaktionsisotherme (Massenwirkungsgesetz MWG)

Das Massenwirkungsgesetz (Reaktionsisotherme) wurde 1867 von *Guldberg* und *Waage* formuliert.

1879 nahm *Bodenstein* eine experimentelle Überprüfung an Hand des Jod-Wasserstoff-Gleichgewichtes vor:

$$H_2 + J_2 \rightleftharpoons 2HJ.$$

a) Geschwindigkeit der HJ-Bildung

Sie ist von der Zahl der Zusammenstöße, d.h. von der in der Volumeneinheit befindlichen Anzahl (Konzentration) an H_2- und J_2-Molekülen abhängig.

Die Bildungsgeschwindigkeit v_1 ist proportional dem Produkt der Konzentrationen der Reaktionspartner:

$$v_1 = k_1 \cdot c_{H_2} \cdot c_{J_2}.$$

b) Geschwindigkeit des HJ-Zerfalls

Es gilt unter Berücksichtigung der Tatsachen, daß HJ mit zwei Molekülen an der Umsetzung teilnimmt:

$$v_2 = k_2 \cdot c_{HJ} \cdot c_{HJ} = k_2 \cdot c_{HJ}^2.$$

c) Gleichgewicht

Im Gleichgewicht sind die Reaktionsgeschwindigkeiten v_1 und v_2 einander gleich:

$$k_1 \cdot c_{H_2} \cdot c_{J_2} = k_2 \cdot c_{HJ}^2.$$

Man erhält die spezielle Form des Massenwirkungsgesetzes für das Jod-Wasserstoff-Gleichgewicht:

$$\frac{c_{HJ}^2}{c_{H_2} \cdot c_{J_2}} = \frac{k_2}{k_2} = K_c.$$

Die kinetische Ableitung des MWG ist nicht exakt. Sie stellt hinsichtlich der Konzentrationsprodukte ein Postulat dar, das experimentell bewiesen wurde. Eine einwandfreie Ableitung wurde durch thermodynamische Betrachtungen von *van't Hoff* an Hand des „Gleichgewichtskastens" (1883) geführt.

Nimmt ein Reaktionspartner mit mehreren Molekülen an der Umsetzung teil, so ist deren Zahl bei der mathematischen Formulierung als Potenz einzusetzen.

Die allgemeine Fassung des MWG für eine Reaktion

$$x\,\mathrm{A} + y\,\mathrm{B} + z\,C \rightleftarrows m\,\mathrm{D} + n\,\mathrm{E} + o\,\mathrm{F} \ldots$$

l autet dann:

$$\frac{c_\mathrm{D}^m \cdot c_\mathrm{E}^n \cdot c_\mathrm{F}^o}{c_\mathrm{A}^x \cdot c_\mathrm{B}^y \cdot c_\mathrm{C}^z} = K_c\,.$$

Bei der Aufstellung der Massenwirkungsgleichung erscheinen bei Assoziationsvorgängen die Reaktionsprodukte im Zähler, die Ausgangsstoffe im Nenner.

Allgemein gilt:

$$K_{\mathrm{Ass.}} = \frac{k_1}{k_2}\,.$$

Für Dissoziationsreaktionen wird die Gleichung in der umgekehrten Form verwendet:

$$K_{\mathrm{Diss.}} = \frac{k_2}{k_1}\,.$$

Mit Worten wäre das MWG also zu formulieren: Das Produkt der Konzentrationen der einen Seite dividiert durch das Produkt der Konzentrationen der anderen Seite ist eine Konstante.

Der negative dekadische Logarithmus der Gleichgewichtskonstanten ist der pK-Wert.

Die Konzentrationen müssen in vergleichbaren Maßeinheiten angegeben werden (z.B. in g-Atomen, bzw. g-Molen pro Liter).

Bei Gasreaktionen können die Konzentrationen auch durch die Partialdrücke ($p_\mathrm{i} = c_\mathrm{i}\,RT$) ersetzt werden:

$$\frac{(p_\mathrm{D})^m \cdot (p_\mathrm{E})^n \cdot (p_\mathrm{F})^o}{(p_\mathrm{A})^x\,(p_\mathrm{B})^y\,(p_\mathrm{C})^z} = K_p\,.$$

2.6.2. Prinzip von Le Chatelier

a) Konzentration

Die Verschiebung der Gleichgewichte bei Änderung der Konzentration der Reaktionspartner wird durch das MWG beschrieben.

Durch richtige Wahl der Konzentrationen kann das Gleichgewicht weitgehend nach der einen Seite hin verschoben werden.

b) Druck

Bei Erhöhung des Drucks verschiebt sich das Gleichgewicht bei Gasreaktionen stets nach der Seite, auf der die geringere Anzahl von Molekülen steht:

$$\underset{3\,\mathrm{Vol.}}{3\,\mathrm{H_2}} + \underset{1\,\mathrm{Vol.}}{\mathrm{N_2}} \rightleftarrows \underset{2\,\mathrm{Vol.}}{2\,\mathrm{NH_3}}$$

c) Temperatur

Bei Konzentrations- bzw. Druckänderung bleibt die Gleichgewichtskonstante konstant.

Durch Temperaturerhöhung wird eine Änderung der Konstanten und damit eine Gleichgewichtsverschiebung nach der Seite des Wärmeverbrauches hervorgerufen.

Versuch: Gleichgewicht $2NO_2 \rightleftharpoons N_2O_4 + 13$ kcal.
braun farblos

An der Farbintensität läßt sich die Gleichgewichtsverschiebung in Abhängigkeit von der Temperatur leicht beobachten.

Man vergleiche drei, in Ampullen eingeschlossene Proben, die folgende Temperaturen aufweisen: a) 0 °C (Eis-Kühlung), b) 20 °C (Zimmertemperatur, c) 100 °C (Wasserbad).

Die auf 100 °C erwärmte Probe zeigt eine tiefe braune Farbe. Es liegen ca. 89% NO_2 vor, während die 0°C-Probe schwach hellbraun gefärbt ist, da weniger als 20% des N_2O_4 in NO_2 gespalten sind.

Diese Tatsachen sind Beispiele für das Prinzip von *Le Chatelier*, wonach die Verschiebung der Gleichgewichte nach der Seite des „kleinsten Zwanges" vor sich geht.

2.6.3. Katalyse

Ein Katalysator beschleunigt eine Reaktion, deren Geschwindigkeit unter gewöhnlichen Bedingungen gering ist.

Stoffe, die Reaktionen verlangsamen oder verhindern, nennt man „Antikatalysatoren" oder Inhibitoren.

Der Katalysator hat auf die Lage der Gleichgewichte keinen Einfluß und geht am Ende unverändert wieder aus der Reaktion hervor:

$$A + B + \text{Katalysator} \rightleftharpoons C + D + \text{Katalysator}.$$

Er erniedrigt nur die Aktivierungsenergie der Reaktion. Im System der Reaktionspartner kann der Katalysator in gleichem (homogene Katalyse) oder unterschiedlichen Aggregatzustand (heterogene Katalyse) vorliegen.

Der Mechanismus einer solchen Umsetzung ist in vielen Fällen nicht geklärt. Mögliche Reaktionswege sind:

a) Adsorptionsvorgänge am Feststoffkatalysator (Lockerung der Bindung der Atome im Molekül mindestens eines der Reaktionspartner).

b) Bildung lockerer Zwischenverbindungen mit dem Katalysator als zeitweilige Zwischenzustände. In relativ wenigen Beispielen kann der Reaktionsweg eindeutig beschrieben werden (s. Bleikammerverfahren S. 180).

Katalysatoren wirken oft sehr selektiv, so daß sich aus dem gleichen Stoffgemisch sehr verschiedene Endprodukte bilden können. So gibt ein CO/H_2-Gemisch mit elementarem Fe oder Ni Methan, mit dem Mehrstoffkatalysator $ZnO/Cu/Al_2O_3$ Methanol, mit $Co/MgO/ThO_2$ Benzin, mit ZnO/Fe/KOH höhere Alkohole.

Katalysatoren besitzen eine große Bedeutung auf allen Gebieten der chemischen Synthese und bei den biologischen Lebensvorgängen.

Vermag ein Stoff als Katalysator zu wirken, so ist in dieser Eigenschaft ein besonders empfindlicher qualitativer Nachweis für ihn begründet.

Versuch: Zerfall des $KClO_3$ (Katalyse durch MnO_2) s. S. 157.

Versuch: Zerfall des H_2O_2 (Katalyse durch MnO_2 bzw. $K_2[OsCl_6]$) s. S. 171.

Versuch: Jod-Azid-Reaktion (Katalyse durch S^{2-}) s. S. 176.

Versuch: Chemilumineszenz bei Oxidation von Luminol mit H_2O_2 [Katalyse durch Cu(II), Fe(III)] s. S. 433.

In gewissen Fällen wird die Reaktionsgeschwindigkeit durch die bei der Umsetzung gebildeten Produkte katalytisch beeinflußt. Man spricht dann von Autokatalyse.

Versuch: Umsetzung von MnO_4^- mit $C_2O_4^{2-}$ in H_2SO_4-saurer Lösung.

Die gebildeten Mn^{2+}-Ionen wirken stark reaktionsbeschleunigend (s. S. 264).

Zwei Proben von je 100 ml 0,01 N $KMnO_4$-Lsg. werden mit 10 ml konz. H_2SO_4 angesäuert und auf 40 °C erwärmt. Zu einer Probe wird eine Spatelpitze $MnSO_4$ und gleichzeitig in beide 30 ml 0,1 N $H_2C_2O_4$-Lsg. gegeben. Die Mn^{2+}-haltige Lsg. wird sofort farblos, während sich die zweite erst nach kurzer Zeit, wenn sich Mn^{2+}-Ionen gebildet haben, entfärbt.

Ein weiteres Beispiel ist die Zersetzung von MnO_4^- in MnO_2 und O_2 bei Gegenwart von MnO_2.

2.6.4. Heterogenes Gleichgewicht

Das MWG gilt in der genannten Form nur für homogene, aus einer einzigen Phase bestehende Systeme (Gasphase, Lösungsphase).

Für heterogene Gleichgewichte (z. B. Gasphase – feste Phase, Lösung – feste Phase) erhält man meist einfachere Zusammenhänge.

a) Gleichgewicht fest – gasförmig

Die Konzentrationen bzw. die Teildrücke der gleichzeitig im Gasraum und im festen Bodenkörper anwesenden Moleküle sind durch den konstanten Dampfdruck der einzelnen Bodenkörper bei gegebener Temperatur festgelegt.

1. Thermische Zersetzung von $CaCO_3$

$$CaCO_3 \rightleftarrows CaO + CO_2\uparrow .$$

Die beiden festen Phasen besitzen bei bestimmter Temperatur einen ganz bestimmten Dampfdruck, wenn er auch vielleicht so klein ist, daß man ihn nicht messen kann. Die gasförmigen Moleküle setzen sich gemäß dem MWG ins Gleichgewicht:

$$\frac{c_{CaO_{Dampf}} \cdot c_{CO_2}}{c_{CaCO_{3Dampf}}} = K' .$$

Im Gasraum sind die Konzentrationen derjenigen Molekülarten, die noch in festem Zustand vorkommen, bei bestimmter Temperatur konstant:

$$c_{CO_2} \cdot K'' = K' ,$$

$$c_{CO_2} = K_1 .$$

2. Reduktion von FeO mit H_2

$$FeO + H_2 \rightleftarrows Fe + H_2O_{(gasf.)} ,$$

$$\frac{c_{Fe_{Dampf}} \cdot c_{H_2O}}{c_{FeO_{Dampf}} \cdot c_{H_2}} = K' ,$$

$$\frac{c_{H_2O}}{c_{H_2}} \cdot K'' = K' ,$$

$$\frac{c_{H_2O}}{c_{H_2}} = K_2 .$$

Bei heterogenen Reaktionen kommt es also für das Gleichgewicht nicht auf die Konzentration der festen Reaktionsteilnehmer an, sondern nur darauf, daß sie zugegen sind.

Bei Veränderung der Temperatur ändert sich, wie bei den Reaktionen in homogener Phase, die Konstante. Das Gleichgewicht verschiebt sich mit Erhöhung der

Temperatur nach der Seite, nach der sie endotherm verläuft, also Wärme verbraucht (Prinzip von *Le Chatelier*). Bei thermischer Zersetzung des $CaCO_3$ nimmt der Kohlendioxiddruck mit steigender Temperatur zu.

b) Gleichgewicht Lösung – feste Phase

Entsprechende Betrachtungen über Gleichgewichte in dem System Lösung – feste Phase führen zur Ableitung des Löslichkeitsproduktes (Kap. 2.6.5.6.1.).

2.6.5. Massenwirkungsgesetz und Ionenlehre

Das MWG kann auch auf Flüssigkeiten und Lösungen, also auch auf Ionenreaktionen angewandt werden. Neben den allgemeinen Bedingungen des chemischen Gleichgewichtes sind jedoch noch elektrische Anziehungskräfte zu berücksichtigen.

Die Dissoziation eines Elektrolyten (Kap. 2.4.2.4.) in einer Lösung ist abhängig von der Natur des Elektrolyten, der Art des Lösungsmittels und der Konzentration der Lösung.

2.6.5.1. Schwache Elektrolyte

Schwache Elektrolyte sind in Lösung nur teilweise dissoziiert. Exakt ist das MWG nur auf schwache Elektrolyte und verdünnte Lösungen anwendbar.

2.6.5.1.1. Dissoziationskonstante und Dissoziationsgrad

Die Dissoziation eines schwachen 1:1-Elektrolyten, MA, ist eine Gleichgewichtsreaktion:

$$\mathrm{MA} \rightleftharpoons \mathrm{M}^+ + \mathrm{A}^-.$$

Bei Ansatz des MWG ergibt sich die Dissoziationskonstante K_c:

$$\frac{c_{\mathrm{M}^+} \cdot c_{\mathrm{A}^-}}{c_{\mathrm{MA}}} = K_c\,.$$

Der Dissoziationsgrad α ist definiert:

$$\alpha = \frac{x}{a}\,.$$

x = Anzahl Mol, die in zwei Ionen (Kationen und Anionen) dissoziiert sind,
a = Mol gelöste Substanz.

Den Zusammenhang zwischen α und K_c gibt das *Ostwald*sche Verdünnungsgesetz (1889).

v = Volumen (Liter),
$a/v = C_{\mathrm{MA}}$ = Gesamtkonzentration (mol/l),

$$c_{\mathrm{M}^+} = c_{\mathrm{A}^-} = \frac{x}{v} = \frac{a \cdot \alpha}{v}\,.$$

Durch Einsetzen in das MWG folgt:

$$\frac{\frac{x}{v}\,\frac{x}{v}}{\frac{a-x}{v}} = \frac{x^2}{(a-x)\,v} = \frac{(a\,\alpha)^2}{(a-a\,\alpha)\,v} = \frac{\alpha^2}{1-\alpha}\,C_{\mathrm{MA}} = K_c\,.$$

Für sehr schwache Elektrolyte mit $\alpha \ll 1$ ist:

$$\alpha = \sqrt{\frac{K_c}{C_{MA}}}.$$

Beim Verdünnen und mit steigender Temperatur nimmt der Dissoziationsgrad α zu (*Le Chatelier*) Kap. 2.6.2. Er nähert sich bei unendlicher Verdünnung dem Wert 1.

Bei Zimmertemperatur sind in 1 M Essigsäure 0,4%, in 0,1 M dagegen 1,3% der Moleküle dissoziiert.

Versuch: Änderung des Dissoziationsgrades durch Verdünnen oder Zusatz gleichioniger Salze.

$$Fe(SCN)_3 \leftrightharpoons Fe^{3+} + 3\,SCN^-,$$

$$\frac{c_{Fe^{3+}} \cdot c^3_{SCN^-}}{c_{Fe(SCN)_3}} = K_c.$$

α) Bei Zugabe einiger Tropfen $FeCl_3$-Lösung zu wenig NH_4SCN-Lösung entsteht eine blutrote Farbe von undissoziiertem $Fe(SCN)_3$. Durch Verdünnen mit Wasser verblaßt die rote Farbe und geht in Gelb über. Durch die Verdünnung wird die Dissoziation größer.

β) Eine gleiche $Fe(SCN)_3$-Lösung wird mit Wasser soweit verdünnt, daß gerade die rote Farbe verschwindet. Bei Zugabe von $FeCl_3$ bzw. NH_4SCN oder KSCN tritt die rote Farbe wieder auf.

Versuch: Änderung des Dissoziationsgrades durch Erwärmen.

Eine $Fe(SCN)_3$-Lösung wird erwärmt. Durch die stärkere Dissoziation verliert sich die rote Farbe.

2.6.5.1.2. Dissoziation schwacher Säuren und Basen

a) Schwache einbasige Säuren (HA) bzw. schwache einsäurige Basen (MOH)

Es gilt:

$$HA \leftrightharpoons H^+ + A^- \qquad \frac{c_{H^+}\, c_{A^-}}{c_{HA}} = K_{HA} = K_S,$$

$$MOH \leftrightharpoons M^+ + OH^- \qquad \frac{c_{M^+}\, c_{OH^-}}{c_{MOH}} = K_{MOH} = K_B.$$

Der negative dekadische Logarithmus der Säuredissoziationskonstante K_S wird als pK_S, der der Basendissoziationskonstante K_B als pK_B bezeichnet.

Beispiel: c_{H^+} von 0,1 M CH_3COOH.

$$\frac{c_{H^+}\, c_{CH_3COO^-}}{c_{CH_3COOH}} = K_S = 10^{-4,75},$$

$$pK_S = 4,75 \text{ (bei 25 °C)}.$$

Vereinfacht kann gesetzt werden (Kap. 2.6.5.3.2.2.):

$$c_{H^+} \approx c_{CH_3COO^-}, \qquad c_{CH_3COOH} \approx 0,1,$$

$$c^2_{H^+} = 10^{-5,75},$$

$$c_{H^+} = 10^{-2,88}.$$

b) Mehrbasige Säuren und mehrsäurige Basen

Das MWG ist auf jede Dissoziationsstufe anzusetzen.

Die Gesamtdissoziationskonstante ergibt sich als Produkt der Einzelkonstanten.

$$H_2A \rightleftharpoons H^+ + HA \qquad \frac{c_{H^+}\, c_{HA^-}}{c_{H_2A}} = K_{S_1}$$

$$HA^- \rightleftharpoons H^+ + A^{2-} \qquad \frac{c_{H^+}\, c_{A^{2-}}}{c_{HA^-}} = K_{S_2}$$

$$H_2A \rightleftharpoons 2H^+ + A^{2-} \qquad \frac{c^2_{H^+}\, c_{A^{2-}}}{c_{H_2A}} = K_{S_1} K_{S_2} = K_S\,.$$

2.6.5.1.3. Amphotere Elektrolyte

Amphotere Elektrolyte können sowohl als Kationen (Basen) als auch als Anionen (Säuren) auftreten.

Hierzu gehören u.a. $Be(OH)_2$ (s. S. 276), $Zn(OH)_2$ (s. S. 266), $Al(OH)_3$ (s. S. 274) und $Pb(OH)_2$ (s. S. 322).

Beispiel:

$$Al(OH)_3 + 3H^+ \rightleftharpoons Al^{3+} + 3H_2O\,,$$
$$Al(OH)_3 + OH^- \rightleftharpoons [Al(OH)_4]^-\,.$$

2.6.5.2. Starke Elektrolyte

Nach *Debye* und *Hückel* (1913) sind alle starken Elektrolyte in wäßrigen Lösungen bei beliebiger Konzentration vollständig in Ionen dissoziiert.

Die Ionen beeinflussen sich jedoch gegenseitig. Um jedes Kation bildet sich eine „Ionenwolke" von Anionen und umgekehrt. Dieser Effekt nimmt mit steigender Elektrolytkonzentration zu.

Die meisten Salze sind in wäßriger Lösung starke Elektrolyte. Ausnahmen bilden $HgCl_2$ und $Hg(CN)_2$ (s. S. 320).

2.6.5.2.1. Aktivitäten

Die Wechselwirkung zwischen den Ionen berücksichtigt man in dem MWG durch das Einsetzen der „effektiven Konzentration" oder „Aktivität" a an Stelle der analytisch festlegbaren wirklichen Konzentration c.

$a = f \cdot c$.
a = Aktivität,
f = Aktivitätskoeffizient,
c = molare Konzentration.

Der Messung zugänglich sind nur mittlere Aktivitätskoeffizienten. Sie stellen den geometrischen Mittelwert der Aktivitätskoeffizienten des Kations und Anions dar.

Für den Elektrolyten $M_m A_n$ gilt:

$$\bar{f} = \sqrt{f_M^m \cdot f_A^n}\,.$$

f_M und f_A = Aktivitätskoeffizienten der Kationen bzw. Anionen.

Für 1:1-Elektrolyte ist:

$$\bar{f} = \sqrt{f_{M^+} \cdot f_{A^-}}\,.$$

Für die Reaktion $MA \leftrightharpoons M^+ + A^-$ gilt:

$$K_a = \frac{a_{M^+} a_{A^-}}{a_{MA}} = \frac{c_{M^+} c_{A^-}}{c_{MA}} \cdot \frac{f_{M^+} f_{A^-}}{f_{MA}} .$$

Nimmt man $f_{MA} = 1$ an und verwendet den mittleren Aktivitätskoeffizienten $\bar{f}$, so ergibt sich:

$$K_a = K_c \bar{f}^2 .$$

Der Unterschied zwischen K_c und K_a wächst mit steigender Konzentration. Mit zunehmender Verdünnung nähern sich die Aktivitätskoeffizienten dem Wert 1, die Aktivität wird also gleich der molaren Elektrolytkonzentration.

2.6.5.2.2. Ionenstärke

Der Aktivitätskoeffizient eines bestimmten Ions ist nicht nur eine Funktion der eigenen Konzentration, sondern ist auch von der Konzentration aller in der Lösung befindlichen Elektrolyte abhängig.

Zur Charakterisierung dieser Gesamtwirkung führte *Lewis* (s. S. 13 u. 46) den Begriff der „Ionenstärke" ein:

$$I = {}^1/_2 (c_1 z_1^2 + c_2 z_2^2 + \cdots + c_n z_n^2) = {}^1/_2 \sum_1^n c_i z_i^2 .$$

I = Ionenstärke,
c = molare Konzentration der Ionen,
z = Ionenladung.

Beispiel:

a) 0,01 M KCl-Lösung: $I = \frac{0{,}01 \cdot 1^2 + 0{,}01 \cdot 1^2}{2} = 0{,}01$,

b) 0,01 M $BaCl_2$-Lösung: $I = \frac{0{,}01 \cdot 2^2 + 0{,}02 \cdot 1^2}{2} = 0{,}03$,

c) 0,01 M KCl-Lösung, die 0,01 M $BaCl_2$ enthält: $I = 0{,}01 + 0{,}03 = 0{,}04$.

2.6.5.2.3. Aktivitätskoeffizient und Ionenstärke

In verdünnten Lösungen ($I \leq 0{,}02$) wird der Aktivitätskoeffizient nur von der Ionenladung und der Ionenstärke bestimmt:

$$-\lg f_i = 0{,}5\, z_i^2 \sqrt{I} .$$

Bei unendlicher Verdünnung, $I \to 0$, nimmt der Aktivitätskoeffizient f den Wert 1 an. Bei großer Verdünnung ist also die Aktivität eines Elektrolyten $\sim$ gleich seiner Konzentration.

Im mittleren Konzentrationsgebiet (I = 0,02–0,25) muß bei der Berechnung des Aktivitätskoeffizienten auch der sogenannte wirksame Durchmesser der Ionen berücksichtigt werden. Der Aktivitätskoeffizient ist also auch von den stofflichen Eigenschaften des Ions abhängig:

$$-\lg f_i = \frac{0{,}5\, z_i^2 \sqrt{I}}{1 + a \cdot 0{,}33 \cdot 10^8 \sqrt{I}} .$$

a = wirksamer Durchmesser der Ionen, etwa $3\text{–}4 \cdot 10^{-8}$ cm.

Für beide Bereiche läßt sich der Aktivitätskoeffizient durch eine Näherungsformel ausdrücken:

$$-\lg f_i = \frac{0{,}5\, z_i^2 \sqrt{I}}{1 + \sqrt{I}}\,.$$

Mit Hilfe dieser Formel sind in Tab. 4 aufgeführten Aktivitätskoeffizienten berechnet.

Tabelle 4. Aktivitätskoeffizienten in Abhängigkeit von der Ionenstärke

I	f für $z = 1$	f für $z = 2$	f für $z = 3$
0	1	1	1
0,001	0,97	0,87	0,73
0,002	0,95	0,82	0,64
0,005	0,93	0,74	0,51
0,01	0,90	0,66	0,39
0,02	0,87	0,57	0,28
0,05	0,81	0,44	0,15
0,1	0,76	0,33	0,08
0,2	0,70	0,24	0,04

H^+ nimmt gegenüber den anderen einfach geladenen Ionen eine Sonderstellung ein.

Bei hohen Elektrolytenkonzentrationen ($I > 0{,}25$) muß der obigen Gleichung ein weiteres Korrekturglied zugefügt werden. Es kommt zu einem Wiederanstieg der Aktivität mit steigender Ionenstärke, wobei in sehr konzentrierten Lösungen teilweise mittlere Aktivitätskoeffizienten > 1 gefunden werden (Tab. 5).

Tabelle 5. Mittlere Aktivitätskoeffizienten bei 25° C von starken Elektrolyten nach Latimer

Elektrolyt	mol in 1000 g Wasser								
	0,001	0,005	0,01	0,05	0,1	0,5	1,0	2,0	3,0
HCl	0,966	0,928	0,904	0,830	0,796	0,785	0,809	1,01	1,32
$HClO_4$					0,80	0,76	0,81	1,04	1,42
H_2SO_4	0,830	0,639	0,544	0,340	0,265	0,154	0,130	0,124	0,141
NaOH				0,82	0,77	0,69	0,68	0,70	0,77
KOH		0,92	0,90	0,82	0,80	0,73	0,76	0,89	1,08
LiCl	0,963	0,921	0,89	0,82	0,78	0,75	0,76	0,91	1,18
NaCl	0,966	0,929	0,904	0,823	0,780	0,730	0,66	0,67	0,71
KCl	0,965	0,927	0,901	0,815	0,769	0,651	0,606	0,576	0,571
NH_4Cl	0,961	0,911	0,88	0,79	0,74	0,62	0,57		
$Mg(NO_3)_2$	0,88	0,77	0,71	0,55	0,51	0,44	0,50	0,69	0,93
$Ca(NO_3)_2$	0,88	0,77	0,71	0,54	0,48	0,38	0,35	0,35	0,37
$ZnSO_4$	0,70	0,48	0,39		0,15	0,065	0,045	0,036	0,04
$CdSO_4$	0,73	0,50	0,40	0,21	0,17	0,067	0,045	0,035	0,036
$Al(NO_3)_3$					0,20	0,14	0,19	0,45	1,0

In sehr konzentrierten Lösungen stehen nicht genügend Wassermoleküle zur Verfügung, um eine vollständige Hydrathülle der Ionen auszubilden. Daher besitzen die nur teilweise hydratisierten Ionen eine größere Aktivität.

2.6.5.3. Wasserstoffionenkonzentration und pH-Wert

Sehr viele chemische Reaktionen werden von der Wasserstoffionenkonzentration in der Lösung beeinflußt.

2.6.5.3.1. Dissoziation des Wassers

Wasser ist ein sehr schwacher amphoterer Elektrolyt, der in H^+- und OH-Ionen dissoziiert.

$$H_2O + 13{,}7\ \text{kcal} \rightleftharpoons H^+ + OH^- .$$

Der Dissoziationsgrad ist sehr klein und beträgt bei 22 °C $1{,}4 \cdot 10^{-9}$. Wegen dieser geringfügigen Eigendissoziation besitzt reinstes Wasser nur eine kleine spezifische Leitfähigkeit $\varkappa$. Sie beträgt bei 0 °C $1 \cdot 10^{-8}\ \Omega^{-1} \cdot \text{cm}^{-1}$. Natürliches Wasser weist wegen darin gelöster Elektrolyte eine bedeutend höhere Leitfähigkeit auf.

Infolge der geringen Konzentration an H^+ und OH^- in reinem Wasser können im MWG anstatt der Aktivitäten die Konzentrationen angesetzt werden:

$$\frac{c_{H^+}\, c_{OH^-}}{c_{H_2O}} = K_c .$$

Die Dissoziationskonstante K_c des Wassers hat bei 22 °C den Wert $1{,}8 \cdot 10^{-16}$.

2.6.5.3.1.1. Ionenprodukt des Wassers

Mit dem Molekulargewicht 18 ergibt sich die Molarität des Wassers zu 1000:18 = 55,6 mol/l. In verdünnten wäßrigen Lösungen ist der Überschuß an undissoziierten Wassermolekülen so groß, daß ihre Konzentration bei allen Umsetzungen als konstant angesehen werden kann. Bei Einbeziehung der Wasserkonzentration in die Dissoziationskonstante ergibt sich das Ionenprodukt des Wassers K_W:

$$c_{H^+}\, c_{OH^-} = K_c\, c_{H_2O} = K_W = 1 \cdot 10^{-14} .$$

In neutralem Wasser ist: $c_{H^+} = c_{OH^-} = 10^{-7}\ \text{mol/l}$.

Für eine saure Lösung gilt: $c_{H^+} > 10^{-7} > c_{OH^-}$.

Für basische Lösungen gilt: $c_{H^+} < 10^{-7} < c_{OH^-}$.

Versetzt man Wasser mit einer Säure oder Base, so bleibt das Ionenprodukt konstant, d.h., auch in sauren Lösungen sind noch OH^--Ionen, in basischen noch H^+-Ionen vorhanden.

Beispiel: In 0,1 N HCl ist c_H 10^{-1} und c_{OH^-} 10^{-13}, in 0,01 N NaOH ergibt sich für c_{OH^-} 10^{-2} für c_{H^+} 10^{-12}.

Die Dissoziation des Wassers ist ein endothermer Vorgang. Daher steigt der Dissoziationsgrad nach dem Prinzip von *Le Chatelier* (s. S. 48) bei Temperaturerhöhung an. Der pH-Wert (Kap. 2.6.5.3.1.2.) sinkt entsprechend (Tab. 6).

Tabelle 6. Temperaturabhängigkeit des Ionenproduktes des Wassers K_W

Temp. (°C)	K_W	pK_W	pH
0	$0{,}13 \cdot 10^{-14}$	14,89	7,45
10	$0{,}36 \cdot 10^{-14}$	14,45	7,23
20	$0{,}86 \cdot 10^{-14}$	14,07	7,04
22	$1{,}00 \cdot 10^{-14}$	14,00	7,00
30	$1{,}89 \cdot 10^{-14}$	13,73	6,87
50	$5{,}6 \cdot 10^{-14}$	13,25	6,63
100	$74 \cdot 10^{-14}$	12,13	6,07

2.6.5.3.1.2. Definition des pH-Wertes

Statt der Konzentrationen c_{H^+} und c_{OH^-} gibt man üblicherweise den negativen dekadischen Logarithmus der Konzentrationen, den pH- bzw. pOH-Wert, an:

$$pH = -\lg c_{H^+}, \qquad pOH = -\lg c_{OH^-}.$$

Aus dem Ionenprodukt des Wassers folgt:

$$pH + pOH = 14.$$

Rechenbeispiele:

a) $c_{H^+} = 5 \cdot 10^{-1}$

$pH = -(\lg 5 + \lg 10^{-1}) = -(0{,}7 - 1) = 0{,}3$,

b) $pH = 5{,}8$

$c_{H^+} = 10^{-5{,}8} = 10^{0{,}2} \cdot 10^{-6} = 1{,}59 \cdot 10^{-6}$.

2.6.5.3.2. pH-Wert von Säuren und Basen

Die Stärke einer Säure bzw. Base ist durch den pK_S- bzw. pK_B-Wert definiert (Kap. 2.6.5.1.2.).

Größenordnungsmäßig ergeben sich folgende Bereiche:

	pK_S bzw. pK_B
starke Säuren bzw. Basen	0 – 4,5
schwache Säuren bzw. Basen	4,5 – 9,5
sehr schwache Säuren bzw. Basen	9,5 – 14

2.6.5.3.2.1. Starke Säuren bzw. starke Basen

Eine angenäherte Rechnung unter Vernachlässigung der Ionenstärke (Aktivitätskoeffizient = 1) ergibt für starke Säuren

Normalität der Säure	1	0,1	0,01	0,001
c_{H^+}	$1 \cdot 10^{0}$	$1 \cdot 10^{-1}$	$1 \cdot 10^{-2}$	$1 \cdot 10^{-3}$
c_{OH^-}	$1 \cdot 10^{-14}$	$1 \cdot 10^{-13}$	$1 \cdot 10^{-12}$	$1 \cdot 10^{-11}$

Analoges gilt für starke Basen.

Für eine genaue Rechnung müssen die Aktivitäten angesetzt werden.

$$a_{H^+} = c_{H^+} f\,,$$

$$p_{aH} = -\lg (c_{H^+} f)\,,$$

$$p_{aH} = pH - \lg f\,.$$

Beispiel: p_{aH} einer Lösung von 0,1 M HCl.

Der mittlere Aktivitätskoeffizient f von 0,1 M HCl beträgt 0,796. $p_{aH} = 1 - (0{,}90 - 1) = 1{,}1$.

2.6.5.3.2.2. Schwache Säuren bzw. schwache Basen

Unter Vernachlässigung der Ionenstärke ist für schwache einbasige Säuren anzusetzen:

$$\frac{c_{H^+}\, c_{A^-}}{c_{HA}} = K_S\,,$$

$$c_{H^+} = c_{A^-}\,.$$

c_{HA} kann angenähert der Gesamtkonzentration der Säure C_{HA} gesetzt werden.

$$c_{H^+} = \sqrt{K_S\, C_{HA}}\,.$$

Für schwache Basen gilt entsprechend:

$$c_{OH^-} = \sqrt{K_B\, C_{MOH}}\,.$$

Ein Rechenbeispiel für 0,1 M CH_3COOH findet sich in Kapitel 2.6.5.1.2.

2.6.5.3.3. pH-Indikatoren

pH-Indikatoren sind organische Farbstoffe, die den Charakter schwacher Säuren oder schwacher Basen besitzen und im undissoziierten Zustand eine andere Farbe und Konstitution haben als in Ionenform.

Auf das Dissoziationsgleichgewicht z.B. einer Indikatorsäure HA läßt sich das MWG ansetzen:

$$\frac{c_{H^+}\, c_{A^-}}{c_{HA}} = K_S\,.$$

Der Umschlagspunkt des Indikators liegt bei demjenigen pH-Wert, für den die Konzentration des gefärbten Indikatorions, A^-, ebenso groß ist wie die Konzentration des gefärbten oder gelegentlich auch ungefärbten, nichtdissoziierten Indikators HA.

Für den Umschlagspunkt gilt:

$$c_{H^+} = K_S\,; \qquad pH = pK_S\,.$$

Somit hat die Wasserstoffionenkonzentration des Umschlagspunktes numerisch denselben Wert wie die Gleichgewichtskonstante K. Das menschliche Auge vermag die

1:1-Mischung der Farbkomponenten nur selten scharf zu erkennen, wohl aber sind Abweichungen von den reinen Grundfarben, bei Verhältnissen von etwa $HA:A^-$ = 9:1 bzw. 1:9, wahrnehmbar. Das pH-Gebiet der Mischfarben wird als Umschlagsintervall bezeichnet und erstreckt sich über 1–2 pH-Einheiten. Innerhalb des Intervalls liegen bestimmte Zwischenfarbtöne, bei denen eine optimale Farbänderung durch Zugaben kleiner Mengen an Säure bzw. Base eintritt.

Tabelle 7. Merkmale einiger Säuren-Basen-Indikatoren

Indikator	pH-Bereich des Umschlagsintervalls	pH des Umschlagspunktes	Farbe im sauren Gebiet	Farbe im alkalischen Gebiet	Farbe beim Umschlagspunkt	Konzentration der Indikatorlösung
Methylorange	3,1–4,4	4,0	rot	orangegelb	orange	0,1 %ig in Wasser
Methylrot	4,2–6,3	5,8	rot	gelb	orange	0,2 %ig in 60 %igem Alkohol
Bromthymolblau	6,0–7,6	7,1	gelb	blau	grün	0,1 %ig in 20 %igem Alkohol
Lackmus	5,0–8,0	6,8	rot	blau	blaurot	0,5 % in 90 %igem Alkohol
Phenolphthalein	8,2–10,0	8,4	farblos	rot	schwach rosa	0,1 %ig in 70 %igem Alkohol
Thymolphthalein	9,3–10,6	10,0	farblos	blau	schwach bläulich	0,1 %ig in 90 %igem Alkohol
Tashiro	4,2–6,3	5,8	violettrot	grün	grau	60 mg Methylrot in 200 ml Äthanol + 30 mg Methylenblau in 30 ml Wasser

Oft benutzt man Mischindikatoren. Sie bestehen entweder aus einem Indikator und einem indifferenten Farbstoff oder aus zwei Indikatoren. Im Umschlagsintervall entsteht ein Gemisch komplementärer Farben, so daß eine graue Lösung erhalten wird. Gegen Abweichungen von diesem Grauton ist das Auge besonders empfindlich.

Als ein Beispiel für einen Mischindikator aus einem indifferenten Farbstoff und einem Indikator ist Tashiro angeführt worden.

Bei qualitativen Arbeiten verwendet man vorwiegend Universal-Indikator-Papier, dessen Färbung von der Wasserstoffionenkonzentration bzw. Hydroxylionenkonzentration abhängig ist. Es können auch mit Lackmus- oder Neutralrotlösung getränkte Filterpapiere benutzt werden. Sie haben jedoch den Nachteil, daß man keine nähere Angabe des pH-Wertes als sauer, neutral oder alkalisch ablesen kann.

Versuch: Farbumschlag von Indikatoren.

Man prüfe die ausstehenden Säuren und Basen mit den in der Tabelle genannten Indikatoren.

2.6.5.4. Hydrolyse

Allgemein reagieren Salze, die aus Anionen schwacher Säuren bzw. Kationen schwacher Basen aufgebaut sind, mit Wasser.

Diesen Vorgang bezeichnet man als Hydrolyse.

Hierbei werden entweder schwache Elektrolyte oder schwerlösliche Verbindungen gebildet.

Salze starker Basen und schwacher Säuren (z.B. $NaCH_3COO$) reagieren mit Wasser unter Bildung der schwachen Säure:

$$A^- + H_2O \leftrightharpoons OH^- + HA. \quad (1)$$

Andererseits ergeben Salze schwacher Basen und starker Säuren (z.B. NH_4Cl) bei der Hydrolyse die Base:

$$M^+ + H_2O \leftrightharpoons H^+ + MOH. \quad (2)$$

In beiden Fällen ändert sich die Wasserstoffionenkonzentration, die Lösung reagiert alkalisch bzw. sauer.

Die Hydrolyse von Salzen schwacher Basen und schwacher Säuren (NH_4CH_3COO) erfolgt nach dem Schema:

$$M^+ + A^- + H_2O \leftrightharpoons MOH + HA. \quad (3)$$

Die dabei entstehenden schwachen Basen und schwachen Säuren ändern die Wasserstoffionenkonzentration nicht wesentlich.

Versuch: Hydrolyse von Salzen.

Man prüfe die folgenden wäßrigen Salzlösungen mit dem Indikator Tashiro:

Verbindung	Reaktion	Farbton
$NaCH_3COO$, Na_2CO_3, KCN	alkalisch	grün
NH_4CH_3COO, NaCl	neutral	grau (ausgekochtes Wasser)
NH_4Cl, $ZnCl_2$, $AlCl_3$	sauer	violettrot

2.6.5.4.1. Hydrolysekonstante

Wendet man das MWG auf die Hydrolyse von Salzen aus schwacher Säure und starker Base an [Gl. (1)], so gilt:

$$K_1 = \frac{c_{HA} \cdot c_{OH^-}}{c_{A^-} \cdot c_{H_2O}}.$$

$c_{H_2O} = K_2$ ist bei großer Verdünnung konstant.

Man erhält dann die Hydrolysekonstante K_H:

$$K_H = K_1 \cdot K_2 = \frac{c_{HA} \cdot c_{OH^-}}{c_{A^-}}.$$

Im Hydrolysegleichgewicht ist die hier resultierende H^+-Konzentration gleich der im Ionenprodukt des Wassers:

$$c_{H^+} = \frac{K_W}{c_{OH^-}} \quad \text{bzw.} \quad c_{OH^-} = \frac{K_W}{c_{H^+}}.$$

Man erhält unter Eliminierung von c_{OH^-}:

$$K_H = \frac{c_{HA} \cdot K_W}{c_{H^+} \cdot c_{A^-}}.$$

Weiterhin ist (Kap. 2.6.5.3.2.2.):

$$\frac{c_{HA}}{c_{H^+} \cdot c_{A^-}} = \frac{1}{K_S}.$$

Somit ergibt sich für die Hydrolysekonstante:

$$K_H = \frac{K_W}{K_S}.$$

Analog erhält man für Salze aus starker Säure und schwacher Base [Gl. (2)]:

$$K_H = \frac{K_W}{K_B}.$$

Im Falle eines Salzes aus schwacher Säure und schwacher Base [Gl. (3)] ergibt sich:

$$K_H = \frac{K_W}{K_B \cdot K_S}.$$

2.6.5.4.2. Hydrolysegrad

Der Bruchteil der in Lösung hydrolysierte Moleküle wird durch den Hydrolysegrad h festgelegt:

$$h = \frac{\text{Konzentration des hydrolysierten Salzes}}{\text{Gesamtkonzentration des Salzes}}.$$

Der Hydrolysegrad h wird auch häufig in Prozenten $(100 \cdot h)$ angegeben.

Analog den Beziehungen des Dissoziationsgrades α (Kap. 2.6.5.1.1.) ergibt sich ein Zusammenhang zwischen Hydrolysegrad und Hydrolysekonstante:

$$K_H = \frac{h^2}{1-h} \cdot C_{MA}.$$

C_{MA} = Gesamtkonzentration des Salzes.

2.6.5.4.3. Berechnung der H^+-Konzentration von Salzlösungen

Die H^+-Konzentration von Salzlösungen kann man leicht durch vereinfachende Betrachtungen des Hydrolysegleichgewichtes erhalten.

a) Salze aus schwacher Säure und starker Base [Gl. (1)]

Die im Ionenprodukt des Wassers und der Gleichgewichtskonstanten der schwachen Säure auftretenden c_{H^+}-Werte sind einander gleich:

$$c_{H^+} = \frac{K_W}{c_{OH^-}} = \frac{K_S \cdot c_{HA}}{c_{A^-}};$$

$$\frac{K_W}{c_{OH^-}} = K_S \frac{c_{HA}}{c_{A^-}}; \qquad c_{OH^-} \cdot c_{HA} = \frac{K_W}{K_S} \cdot c_{A^-}.$$

Weiterhin gilt:

$$c_{HA} = c_{OH^-}.$$

Bei einem Hydrolysegrad $h < 0{,}01$ ist die Menge der zu HA umgesetzten Säureanionen A^- klein und c_{A^-} dementsprechend annähernd gleich der Gesamtkonzentration C_{MA} des Salzes.

Es gilt dann:

$$c^2_{OH^-} = \frac{K_W}{K_S} \cdot C_{MA}; \qquad c_{OH^-} = \sqrt{\frac{K_W}{K_S} \cdot C_{MA}}$$

bzw.

$$c_{H^+} = \sqrt{\frac{K_W \cdot K_S}{C_{MA}}}.$$

b) Salz aus starker Säure und schwacher Base [Gl. (2)]

Die Wasserstoffionenkonzentration läßt sich in völlig analoger Weise wie bei Gleichung (1) berechnen:

$$c_{H^+} = \sqrt{\frac{K_W}{K_B} \cdot C_{MA}}.$$

c) Salz aus schwacher Säure und schwacher Base

Hier gilt:

$$c_{H^+} = \sqrt{\frac{K_W \cdot K_S}{K_B}}.$$

Beispiel: pH einer 0,1 M $NaCH_3COO$-Lösung (Ansatz a).

$$c_{H^+} = \sqrt{\frac{10^{-14} \cdot 10^{-4,75}}{10^{-1}}} = \sqrt{10^{-17,75}},$$

$$-\lg c_{H^-} = pH = 8,88.$$

2.6.5.4.4. Einflüsse auf die Hydrolyse

Das Hydrolysegleichgewicht von Salzen wird durch eine Anzahl Faktoren beeinflußt.

a) Verdünnung

Nach Kap. 2.6.5.4.2. steigt der Hydrolysegrad h mit abnehmender Gesamtkonzentration C_{MA}. Demnach nimmt die Hydrolyse mit steigender Verdünnung zu.

b) Temperaturerhöhung

Mit steigender Temperatur wächst die Dissoziation des Wassers und das Ionenprodukt (Kap. 2.6.5.3.1.1.). Demnach nimmt auch die Hydrolyse zu.

Versuch: Hydrolyse von $NaCH_3COO$.

Eine 0,1 M Natriumacetatlösung wird mit einigen Tropfen Phenolphthalein versetzt und erwärmt. Die anfangs farblose Lösung färbt sich infolge Hydrolyse rot.

Versuch: Hydrolyse von $[Zn(OH)_4]^{2-}$ (s. auch S. 266).

$$[Zn(OH)_4]^{2-} + (2H^+ + 2OH^-) \rightarrow Zn(OH)_2\downarrow + 2H_2O + 2OH^-.$$

Zu einer Zn^{2+}-Lösung füge man tropfenweise so viel NaOH hinzu, daß sich das $Zn(OH)_2$ noch nicht völlig auflöst. Nach Filtration erhitze man zum Sieden. Es fällt wieder weißes $Zn(OH)_2$ aus.

Weitere Versuche über die Abhängigkeit der Hydrolyse von der Temperatur s. bei Al(III) und Fe(III).

c) Änderung der Konzentration der Reaktionsprodukte

Werden die entstehenden H^+- bzw. OH^--Ionen aus dem Gleichgewicht entfernt, so kann die Hydrolyse praktisch quantitativ verlaufen. Unterstützt wird dieser Vorgang, wenn die gebildete schwach dissoziierte Verbindung gasförmig bzw. schwerlöslich ist.

1. Bildung einer flüchtigen Verbindung

Cyanide hydrolysieren in Lösung teilweise zu HCN. Durch Zusatz von schwerflüchtiger Säure (H_2SO_4) und Vertreiben des HCN wird die Hydrolyse vollständig.

$$CN^- + H_2O \rightarrow HCN\uparrow + OH^-,$$
$$OH^- + H^+ \rightarrow H_2O.$$

Versuch: Versetzen von KCN-Lösung mit verd. H_2SO_4 s. S. 219.

Beim Erwärmen von Ammoniumsalzlösungen mit Lauge bildet sich NH_3:

$$NH_4^+ + H_2O \rightarrow NH_3\uparrow + H_2O + H^+,$$
$$H^+ + OH^- \rightarrow H_2O.$$

Versuch: Nachweis von NH_3 aus NH_4^+-Salzen s. S. 240.

2. Bildung schwerlöslicher Verbindungen – Hydrolyse von Kationen höherer Ladung

Bei Kationen höherer Ladung wird der Mechanismus der Hydrolyse durch die innere Hydratsphäre bestimmt. Stark hydratisierte Kationen bilden auch schwache schwerlösliche Basen. Die Kationenhydrolyse ergibt sich infolge der *Coulomb*schen Abstoßung der Protonen des Hydratwassers durch die positive Ladung des Kations. Sie ist um so größer, je höher die Kationenladung ist. Folgende Gleichgewichte verdeutlichen die Hydrolyse der Kationen:

$$[Al(H_2O)_6]^{3+} \leftrightharpoons [Al(H_2O)_5(OH)_2]^{2+} + H^+,$$
$$[Al(H_2O)_5(OH_2]^{2+} \leftrightharpoons [Al(H_2O)_4(OH)_3]^+ + H^+,$$
$$[Al(H_2O)_4(OH)_2]^+ \leftrightharpoons [Al(H_2O)_3(OH)_3] + H^+.$$

Endprodukt der Hydrolyse ist im vorliegenden Beispiel ein stark wasserhaltiges Aluminiumhydroxidgel (s. auch S. 96 über Alterung).

In Gegenwart von Ionen oder Molekülen, die die Wasserstoffionen binden oder in einer Nebenreaktion verbrauchen wie z. B. NH_3, $NaCH_3COO$, Urotropin, $NaNO_2$, verläuft die Hydrolyse bis zur Hydroxidfällung. Man spricht in diesem Zusammenhang von einer Hydrolysentrennung (s. S. 256).

Freie OH^--Ionen sind die stärksten Protonenfänger (Protonenacceptoren) und können die Hydrolyse der Ionenhydrate über die „Nullstufe" hinaus erzwingen:

$$[Al(H_2O)_3(OH)_3] + OH^- \leftrightharpoons [Al(H_2O)_2(OH)_4]^- + H_2O$$
$$\downarrow$$
$$[Al(OH)_4]^- + 2H_2O.$$

Es kommt in diesem Fall zu einer Umladung. Aus dem Kation wird ein Anion – hier das Aluminat-Anion. Das Hydroxid ist amphoter (Kap. 2.6.5.1.3. und S. 274).

Bei Kationen der Ladung +4 und höher wird die Abstoßung der Protonen des Hydratwassers bereits so stark, daß reine Hydrate kaum existieren, wie das Beispiel der Titanoxid-Ionen zeigt.

$$TiO^{2+} \triangleq [Ti(H_2O)_4(OH)_2]^{2+}.$$

Ionen mit extrem großem Ionenpotential, wie C^{4+}, Si^{4+}, N^{5+}, P^{5+}, S^{6+}, bilden überhaupt keine Hydrate mehr. Sie sind nur noch in Form von freier Säure oder als Anionen beständig wie etwa:

$$[Si(OH)_4],\ [SiO(OH)_3]^-;\ [PO(OH)_3],\ [PO_2(OH)_2]^-.$$

Wegen der starken Deformation des O^{2-} ist dabei die elektrostatische Bindung weitgehend in eine Atombindung übergegangen (s. S. 22 u. 23).

2.6.5.5. Pufferlösungen

Salze schwacher Säuren und starker Basen (z.B. $NaCH_3COO$) bzw. Salze starker Säuren und schwacher Basen (z.B. NH_4Cl) sind befähigt, die H^+- bzw. OH^--Ionenkonzentration saurer bzw. basischer Lösungen zu verringern. Die Ursache hierfür liegt wie bei der Hydrolyse in dem Zusammentreten der aus den stark dissoziierten Salzen stammenden CH_3COO^-- bzw. NH_4^+-Ionen zu undissoziierter CH_3COOH bzw. undissoziiertem Ammoniak. Die H^+- bzw. OH^--Ionen werden „weggepuffert".

Versuch: Verringerung der OH^--Konzentration einer NH_3-Lösung.

Zu etwa 2 ml Wasser werden 2–3 Tr. verd. Ammoniak und 1–2 Tr. Phenolphthalein hinzugefügt. Durch Zusatz von konz. NH_4Cl-Lösung geht die Farbe des Indikators von Rot in Farblos über.

Versuch: Verringerung der OH^--Konzentration einer $[Al(OH)_4]^-$-Lösung.

$$[Al(OH)_4]^- \rightarrow Al(OH)_3\downarrow + OH^-$$

$$NH_4^+ + OH^- \leftrightharpoons NH_4OH.$$

Eine Hydroxoaluminatlösung wird mit festem NH_4Cl versetzt. Es fällt $Al(OH)_3$ aus.

Von großem praktischem Interesse sind Lösungen, zu denen man sowohl H^+-Ionen (z.B. HCl) als auch OH^--Ionen (NaOH) hinzufügen kann, ohne daß sich die tatsächliche H^+-Ionenkonzentration wesentlich ändert. Geeignet sind Systeme, die aus vergleichbaren Mengen einer schwachen Säure oder Base und deren Salz bestehen (z.B. $NaCH_3COO/CH_3COOH$; NH_4Cl/NH_4OH).

Versuch: Pufferwirkung von $NaCH_3COO/CH_3COOH$-Lösung.

Zwei Reagenzgläser fülle man mit Wasser, zwei weitere mit je 5 ml 1 M Essigsäure + 5 ml 1 M Natriumacetatlösung und füge zu allen 2 Tr. Methylrot hinzu. Ein Reagenzglas mit Wasser versetze man mit 1–2 Tr. 2 M HCl, es tritt sofort die rote Farbe auf. Im Acetatpuffer dagegen bleibt die Mischfarbe des Indikators auch bei Zugabe von mehr HCl bestehen. Die entsprechenden Ergebnisse erhält man bei tropfenweiser Zugabe von NaOH zu Wasser bzw. zu dem Puffer.

2.6.5.5.1. Schwache Säure und deren Salz

In der Lösung einer schwachen Säure HA (z.B. CH_3COOH) und ihres Salzes MA (z.B. $NaCH_3COO$) gilt:

$$\frac{c_{H^+} \cdot c_{A^-}}{c_{HA}} = K_S\,,$$

$$c_{H^+} = \frac{c_{HA}}{c_{A^-}} = K_S\,.$$

Die Konzentration der A^--Ionen c_{A^-} kann wegen der vollständigen Dissoziation des Salzes seiner Gesamtkonzentration gleichgesetzt werden:

$$c_{A^-} = C_{MA}.$$

Weiterhin ist die Konzentration der undissoziierten Säure c_{HA} angenähert deren Gesamtkonzentration:

$$c_{HA} = C_{HA}.$$

Demzufolge ist

$$c_{H^+} = \frac{C_{HA}}{C_{MA}} K_S.$$

2.6.5.5.2. Schwache Base und deren Salz

In der Lösung einer schwachen Base BOH (z.B. NH_4OH) und ihres Salzes MA (z.B. NH_4Cl) beträgt die Konzentration der OH^--Ionen analog zu der vorhergehenden Ableitung:

$$c_{OH^-} = \frac{C_{MOH}}{C_{MA}} K_B.$$

Mit $c_{H^+} = \dfrac{K_W}{c_{OH^-}}$ erhält man:

$$c_{H^+} = \frac{C_{MA}}{C_{MOH}} \frac{K_W}{K_B}.$$

2.6.5.5.3. Beispiele

a) pH eines Puffers aus 0,1 M CH_3COOH mit 0,1 M $NaCH_3COO$.

Es gilt nach Kap. 2.6.5.5.1.:

$$c_{H^+} = \frac{C_{CH_3COOH}}{C_{CH_3COO^-}} \cdot 10^{-4,75},$$

$$C_{CH_3COO^-} = 0{,}1\ \text{M}; \quad C_{CH_3COOH} \sim 0{,}1\ \text{M},$$

$$c_{H^+} = 10^{-4,75},$$

$$\text{pH} = 4{,}75.$$

b) Zugabe von 0,01 Mol HCl zu 1 Liter des unter a) aufgeführten Puffergemisches.

Es ändert sich die Konzentration der Essigsäure und die der Acetationen, da diese mit dem H^+-Überschuß reagieren.

Es gilt nunmehr:

$$c_{CH_3COO^-} = 0{,}1 - 0{,}01 = 0{,}09$$

und

$$c_{CH_3COOH} = 0{,}1 + 0{,}01 = 0{,}11.$$

Mit diesen Werten folgt:

$$c_{H^+} = \frac{0{,}11}{0{,}09} \cdot 10^{-4,75} = 10^{-4,75} + \lg 1{,}22,$$

$$\text{pH} = 4{,}66.$$

c) Zugabe von 0,01 Mol NaOH je Liter des Puffergemisches a).

Es sinkt die Konzentration der Essigsäure und die der Acetationen steigt.

$$c_{CH_3COO^-} = 0{,}1 + 0{,}01 = 0{,}11$$

und

$$c_{CH_3COOH} = 0{,}1 - 0{,}01 = 0{,}09\,.$$

Mit diesen Werten folgt:

$$c_{H^+} = \frac{0{,}09}{0{,}11} \cdot 10^{-4,75}\,,$$

$$pH = 4{,}84\,.$$

2.6.5.5.4. Pufferkapazität

Die Wirkung eines Puffergemisches ist begrenzt. Abb. 21 zeigt die Änderung des pH eines Acetatpuffers bestehend aus 0,1 M CH_3COOH und 0,1 M $NaCH_3COO$ bei Zugabe von Säure und Lauge.

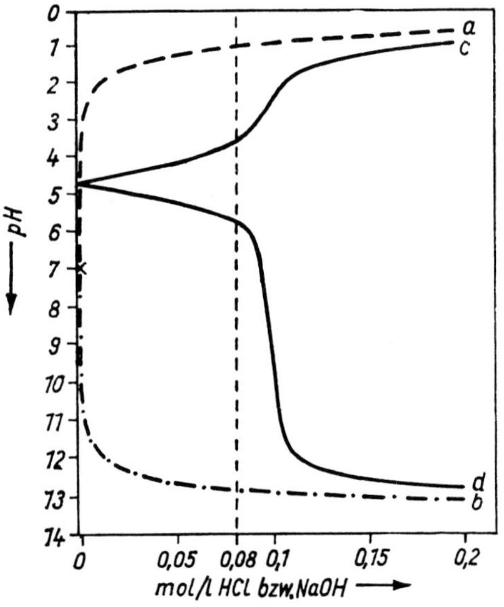

Abb. 21. Änderung des pH-Wertes in einem Puffergemisch bei Zugabe von Säure bzw. Base.
Puffergemisch: 0,1 mol/l CH_3COOH und 0,1 mol/l $NaCH_3COO$

a: pH-Werte von reinen HCl-Lösungen,
b: pH-Werte von reinen NaOH-Lösungen,
c: pH-Werte des Puffergemisches bei Zugabe von HCl,
d: pH-Werte des Puffergemisches bei Zugabe von NaOH

Der Puffer besitzt eine gewisse Kapazität.

Die Kapazität wird überschritten, wenn mehr als 0,08 mol/l Säure bzw. Base zugesetzt werden.

Bei Zusatz von 0,1 Mol HCl je Liter wird das gesamte $NaCH_3COO$ in CH_3COOH umgewandelt, deren Konzentration den Wert 0,2 M erreicht. Das entspricht einem pH-Wert von 2.72.

Durch Zugabe von 0,1 Mol NaOH je Liter wird die gesamte CH_3COOH zu $NaCH_3COO$ umgesetzt, das nunmehr in einer Konzentration von 0,2 M vorliegt. Der pH einer solchen Lösung beträgt 9,02.

Der pH-Verlauf einer reinen wäßrigen Lösung von HCl bzw. NaOH ist durch die gestrichelten Kurven wiedergegeben.

2.6.5.6. Löslichkeitsprodukt

Befindet sich eine gesättigte Lösung eines Salzes MA über einem festen Bodenkörper im heterogenen Gleichgewicht (Kap. 2.4.5.), so kann das MWG angesetzt werden.

2.6.5.6.1. Ableitung

Am Beispiel eines 1:1-Elektrolyten gilt:

$$MA_{fest} \leftrightarrows MA_{gelöst} \leftrightarrows M^+ + A^-,$$

$$\frac{a_{M^+} \cdot a_{A^-}}{a_{MA_{gelöst}}} = K_a.$$

Bei Gegenwart eines Bodenkörpers ist die Aktivität $a_{MA_{gelöst}}$ konstant (s. auch Kap. 2.6.4.).

$$K_a \cdot a_{MA_{gelöst}} = \text{const.} = a_{M^+} \cdot a_{A^-} = K^a_{L_{MA}}.$$

$K^a_{L_{MA}}$ wird Löslichkeitsprodukt genannt.

Mit $a = f \cdot c$ erhält man:

$$c_{M^+} \cdot f \cdot c_{A^-} \cdot f = c_{M^+} \cdot c_{A^-} \cdot f^2 = K^c_{L_{MA}}.$$

Bei sehr verdünnten Lösungen, d.h. für schwerlösliche Elektrolyte bei Abwesenheit von Fremdionen ist $f \approx 1$:

$$c_{M^+} \cdot c_{A^-} = K^c_{L_{MA}}.$$

Allgemein ist für schwerlösliche Elektrolyte $M_m A_n$ zu formulieren:

$$M_m A_{n_{fest}} \leftrightarrows M_m A_{n_{gelöst}} \leftrightarrows m\, M^{n+} + n\, A^{m-},$$

$$c^m_{M^{n+}} \cdot c^n_{A^{m-}} = K^c_{L_{M_m A_n}}.$$

Überschreitet das Produkt der Ionenkonzentrationen (bzw. der Aktivitäten) den Wert des Löslichkeitsproduktes, fällt der Niederschlag aus.

Versuch: Löslichkeit von $KClO_4$.

$KClO_4$ wird aus einer verd. $HClO_4$ mit KCl gefällt, abfiltriert, gewaschen und anschließend in heißem Wasser gelöst. Nach dem Abkühlen wird die über dem Bodenkörper befindliche gesättigte $KClO_4$-Lösung abgegossen, geteilt und a) mit KOH, b) mit $HClO_4$ versetzt. In beiden Fällen fällt $KClO_4$ aus.

2.6.5.6.2. Molare Löslichkeit und Löslichkeitsprodukt

Aus dem Wert des Löslichkeitsproduktes läßt sich die Konzentration der einzelnen Ionen in der gesättigten Lösung und die molare Löslichkeit des Elektrolyten (mol/l) berechnen.

1:1-Elektrolyte (Typ MA) $\underset{\text{Bodenkörper}}{MA} \rightleftharpoons \underset{\text{gesättigte Lösung}}{M^+ + A^-}$.

Es gilt:

$$c_{M^+} \cdot c_{A^-} = K^c_{L_{MA}},$$

$$c_{M^+} = c_{A^-} = C_{MA}.$$

C_{MA} = molare Löslichkeit.

$$C^2_{MA} = K^c_{L_{MA}},$$

$$C_{MA} = \sqrt{K^c_{L_{MA}}}.$$

Beispiel: Fällung von $KClO_4$.

$$K^c_{L_{KClO_4}} = 10^{-2,05},$$

$$C_{KClO_4} = 10^{-1,025}.$$

Gibt man zu 1 ml einer K^+-Lösung 1 ml 2 M $HClO_4$, so erhält man mit $c_{ClO_4^-} = 1$ M die gelöste Restmenge an K^+:

$$c_{K^+} = \frac{K^c_{L_{KClO_4}}}{c_{ClO_4^-}} = 10^{-2,05}\ \text{mol/l}.$$

Dies entspricht in 2 ml Gesamtvolumen einer absoluten K-Menge von:

$$M_K \cdot c_{K^+} \cdot 2 = 39,10 \cdot 10^{-2,05} \cdot 2 = 0,69\ \text{mg K}.$$

M_K = Molekulargewicht des K.

Enthält die ursprüngliche Lösung weniger als 0,7 mg K, so versagt der Nachweis auf K (s. S. 237).

2:1-Elektrolyte (Typ M_2A) $\underset{\text{Bodenkörper}}{M_2A} \rightleftharpoons \underset{\text{gesättigte Lösung}}{2M^+ + A^{2-}}$

Es gilt:

$$K^c_{L_{M_2A}} = c^2_{M^+} \cdot c_{A^{2-}},$$

$$c_{M^+} = 2c_{A^{2-}} \quad \text{und} \quad c_{A^{2-}} = {}^1/_2\, c_{M^+}.$$

Durch Einsetzen erhält man:

$$^1/_2\, c^3_{M^+} = 4c^3_{A^{2-}} = K^c_{L_{M_2A}}$$

und daraus

$$c_{M^+} = \sqrt[3]{2\,K^c_{L_{M_2A}}}$$

und

$$c_{A^{2-}} = \sqrt[3]{\frac{K^c_{L_{M_2A}}}{4}}.$$

Für die molare Löslichkeit des Elektrolyten ist abzusetzen:

$$C_{M_2A} = c_{A^{2-}} = \sqrt[3]{\frac{K^c_{L_{M_2A}}}{4}}.$$

Die allgemeine Beziehung zwischen molarer Löslichkeit und Löslichkeitsprodukt lautet:

$$c_{M_mA_n} = \sqrt[m+n]{\frac{K_{L_{MmAn}}}{m^m\, n^n}}\,.$$

Die praktische Bedeutung der Gleichung ist beschränkt. Bei Verbindungen mit mehr als drei Komponenten wie etwa Sb_2S_3 und $Al(OH)_3$ ist die Voraussetzung einer vollständigen Dissoziation nicht mehr erfüllt. Es tritt oft stufenweise Dissoziation ein. Die Verwendung des Löslichkeitsproduktes liefert in diesen Fällen höchstens qualitative Hinweise.

Bei Salzen gleichen Typs ist die molare Löslichkeit um so geringer, je kleiner der Wert des betreffenden Löslichkeitsproduktes ist. Bei Salzen unterschiedlichen Typs muß man zum Vergleich erst die entsprechenden molare Löslichkeiten berechnen.

Silbersalz	Ag_2CrO_4	$AgJO_3$	AgCl	AgSCN	AgBr	AgJ
$K_{L_{Ag_mA_n}}$	$10^{-11,7}$	$10^{-7,7}$	$10^{-9,96}$	10^{-12}	$10^{-12,4}$	10^{-16}
$c_{Ag_mA_n}$	$10^{-4,1}$	$10^{-3,85}$	10^{-5}	10^{-6}	$10^{-6,2}$	10^{-8}

Das Löslichkeitsprodukt des Ag_2CrO_4 entspricht etwa dem des AgSCN. Die molare Löslichkeit des Ag_2CrO_4 ist jedoch wesentlich höher.

Die Angaben über die Löslichkeitsprodukte in der Literatur schwanken sehr, da teilweise unterschiedliche Untersuchungsmethoden angewandt wurden. Die Werte können daher nur als Grundlagen für größenordnungsmäßige Berechnungen dienen.

2.6.5.6.3. Fällung schwerlöslicher Elektrolyte

Fällungsreaktionen schwerlöslicher Elektrolyte können ohne oder mit Änderung des pH-Wertes der Lösung verlaufen.

Im ersten Fall geht die Fällung weitgehend quantitativ auch in saurer Lösung vor sich:

$Ag^+ + Cl^- \rightarrow AgCl\downarrow$ (s. S. 153 u. 360),

$Ba^{2+} + SO_4^{2-} \rightarrow BaSO_4\downarrow$ (s. S. 181 u. 253).

Im zweiten Fall stellt sich ein pH-abhängiges Gleichgewicht ein.

$Zn^{2+} + H_2S \rightleftharpoons ZnS\downarrow + 2H^+$ (s. S. 266),

$2Ba^{2+} + Cr_2O_7^{2-} \rightleftharpoons 2BaCrO_4\downarrow + 2H^+$ (s. S. 252).

2.6.5.6.3.1. Fällung ohne pH-Änderung

Als Beispiel dient die Fällung des Ag^+ als AgCl. Abb. 22 zeigt die Abhängigkeit der Löslichkeit des AgCl von der Cl^--Konzentration in der Lösung.

Als Konzentrationsmaß sind die p_{AgCl} bzw. p_{Cl}-Werte aufgetragen. Diese sind analog dem pH-Wert als der negative dekadische Logarithmus der Konzentration definiert.

Das Maximum der Löslichkeit liegt bei einem äquivalenten Verhältnis der Ionen vor.

$$c_{Cl^-} = c_{Ag^+} = \sqrt{K^c_{L_{AgCl}}} = 10^{-5}.$$

Eine weitgehend quantitative Fällung wird durch einen geringen Überschuß an Cl^--Ionen (Lösung etwa $10^{-1,5}$ M an Cl^-) erhalten. Dementsprechend sinkt c_{Ag^+} erheblich ab:

$$c_{Ag^+} = \frac{K^c_{L_{AgCl}}}{c_{Cl^-}} = \frac{10^{-10}}{10^{-1,5}} = 10^{-8,5}.$$

Bei $c_{Cl^-} \geqq 10^{-1}$ geht AgCl unter Komplexbildung teilweise wieder in Lösung (s. S. 75).

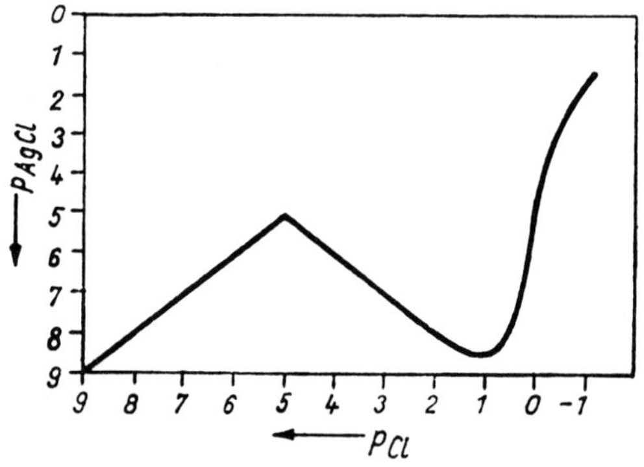

Abb. 22. Abhängigkeit der Löslichkeit des AgCl von der Cl^--Konzentration in der Lösung

2.6.5.6.3.2. Fällung mit pH-Änderung

Als Beispiele für pH-abhängige Reaktionen sollen die analytisch wichtigen Hydroxid- und Sulfidfällungen behandelt werden.

Hydroxide

Die Fällung der schwerlöslichen Hydroxide erfolgt in einem bestimmten pH-Bereich. Er ist abhängig vom Löslichkeitsprodukt des Hydroxids und der Ausgangskonzentration des zu fällenden Kations.

Fällungsbereiche

Tab. 8 gibt die Löslichkeitsprodukte und theoretischeFällungs-pH-Bereiche einiger schwerlöslicher Hydroxide wieder.

Die Konzentration der Ausgangslösung ist 10^{-2} mol/l an dem jeweiligen Kation. Der pH des Beginns der Fällung ist verzeichnet. Eine vollständige Abscheidung ist praktisch erreicht, wenn seine Konzentration in der Lösung auf 10^{-5} mol/l abgesunken ist. Die experimentellen Werte weichen von den theoretischen manchmal etwas ab (ungenauer Wert des Löslichkeitsproduktes, Fällung basischer Salze).

Bei amphoteren Hydroxiden erfolgt Wiederauflösung in einem bestimmten pH-Bereich.

Tabelle 8. Löslichkeitsprodukte und theoretische Fällungs-pH-Bereiche von Hydroxiden

	pK_L	Theoretischer Fällungs-pH			pK_L	Theoretischer Fällungs-pH	
		Ausgangslösung $c = 10^{-2}$ (mol/l)	Vollständige Abscheidung $c = 10^{-5}$ (mol/l)			Ausgangslösung $c = 10^{-2}$ (mol/l)	Vollständige Abscheidung $c = 10^{-5}$ (mol/l)
AgOH	7,7	8,3	11,3	$Zn(OH)_2$	16,8	6,6	8,1
$Ca(OH)_2$	–	12,4	13,9	$Be(OH)_2$	18,6	5,7	7,2
$Mg(OH)_2$	10,9	9,6	11,1	$Cu(OH)_2$	19,8	5,1	6,6
$Fe(OH)_2$	13,5	8,3	9,8	$Sn(OH)_2$	25,3	2,4	3,9
$Ni(OH)_2$	13,8	8,1	9,6	$Cr(OH)_3$	30,2	4,6	5,6
$Cd(OH)_2$	13,9	8,1	9,6	$Al(OH)_3$	32,7	3,8	4,8
$Mn(OH)_2$	14,2	7,9	9,4	$Fe(OH)_3$	37,4	2,2	3,2
$Pb(OH)_2$	15,6	7,2	8,7	$Sb(OH)_3$	41,4	0,9	1,9
$Co(OH)_2$	15,7	7,2	8,7				

pK_L-Werte aus *Seel*, Grundlagen der analytischen Chemie (1963).

Löslichkeitsprodukt und Konzentration des zu fällenden Kations

Für die Base $M(OH)_2$ gilt:

$$c_{M^{2-}} \cdot c^2_{OH^-} = K_L ,$$

$$c^2_{OH^-} = \frac{K_L}{c_{M^{2+}}} ,$$

$$c_{OH^-} = \frac{K_W}{c_{H^+}} ,$$

$$\frac{K^2_W}{c^2_{H^+}} = \frac{K_L}{c_{M^{2+}}} ,$$

$$c_{H^+} = \sqrt{\frac{c_{M^{2+}}}{K_L}} \cdot K_W .$$

Beispiel: Fällung von $Mg(OH)_2$.

Ausgangskonzentration $c_{Mg^{2+}} = 10^{-2}$ mol/l; Vollständige Fällung $c_{Mg^{2+}} = 10^{-5}$ mol/l

a) Beginn der Fällung

$$c_{H^+} = \sqrt{\frac{10^{-2}}{10^{-10,9}}} \cdot 10^{-14} ,$$

$$c_{H^+} = 10^{4,45} \cdot 10^{-14} = 10^{-9,55} ,$$

$$pH = 9,55 .$$

b) Vollständige Fällung

$$c_{H^+} = \sqrt{\frac{10^{-5}}{10^{-10,9}}} \cdot 10^{-14} = 10^{-11,05} ,$$

$$pH = 11,05 .$$

Trennungen

Voraussetzung einer erfolgreichen Trennung von Elementen über die Hydroxide sind:

a) Unterschied der Fällungs-pH-Werte von mindestens 2 Einheiten.

b) Es darf beim Fällen an keiner Stelle in der Lösung auch nur vorübergehend ein erhöhter pH-Wert auftreten.

Wird aus wäßriger Lösung durch Eintropfen von Lauge das schwerer lösliche Hydroxid gefällt, so tritt vorübergehend ein so hoher pH-Wert auf, bei dem schon die Abscheidung des leichter löslichen beginnt. Die Spuren des leichter löslichen Niederschlages werden durch den schwerer löslichen eingeschlossen und gehen bei Ausgleich des pH-Wertes nur schwer in Lösung.

c) Einstellen eines bestimmten pH-Wertes in der Fällungslösung.

Die Löslichkeit vieler Hydroxide im Überschuß der Fällungsmittel NaOH bzw. NH_3 kann durch Hydroxo- bzw. Amminkomplexbildung bis zur Leichtlöslichkeit ansteigen.

Diese Forderungen lassen sich durch Benutzung von Puffersystemen und Fällung aus homogenen Medien realisieren.

Am wirkungsvollsten sind Hydrolysetrennungen der unterhalb von pH 5 ausfallenden Ionen von solchen, die erst oberhalb von pH 7 abgeschieden werden.

Hierbei wird die bereits in wäßriger Lösung vorhandene hydrolytische Spaltung, z.B.

$$[M(H_2O)_6]^{3+} \leftrightharpoons [M(OH)(H_2O)_5]^{2+} + H^+$$

durch Zugabe von Reagenzien verstärkt, die H^+-Ionen aufnehmen.

Als puffernde Reagenzien können dienen: NH_3/NH_4Cl, Urotropin/NH_4Cl, gut dosierbare Salze schwacher Säuren ($NaCH_3COO$, $Na_2S_2O_3$, $NaNO_2$), schwerlösliche Oxide (ZnO).

1. NH_3/NH_4Cl

Man fällt mit NH_3 in Gegenwart von viel NH_4^+-Salzen. Somit erhöht sich auch der pH-Wert der Lösung an der Eintropfstelle nicht stark (Verhinderung der Mitfällung von M^{2+}).

Der pH-Wert einer Pufferlösung aus NH_3/NH_4Cl ergibt sich (Kap. 2.6.5.5.2.) zu:

$$c_{H^+} = \frac{C_{MA}}{C_{MOH}} \cdot \frac{K_W}{K_B}\,; \qquad K_{B_{NH_4OH}} = 10^{-4,75}\,,$$

$$c_{H^+} = \frac{C_{NH_4^+}}{C_{NH_3}} \cdot \frac{10^{-14}}{10^{-4,75}}\,,$$

$$c_{H^+} = \frac{C_{NH_4^+}}{C_{NH_3}} \cdot 10^{-9,25}\,,$$

$$pH = 9,25 + \lg \frac{C_{NH_3}}{C_{NH_4^+}}\,.$$

Je nach den Mengenverhältnissen zwischen NH_3 und NH_4Cl beträgt der pH-Wert der Pufferlösung:

NH_3 mol/l	0,1	0,1	0,1	0,1	0,1
NH_4Cl mol/l	–	0,1	1	2	4
pH	11,12	9,25	8,25	7,95	7,65

2. Urotropin/NH_4Cl

Urotropin ist ein Kondensationsprodukt aus Ammoniak und Formaldehyd.

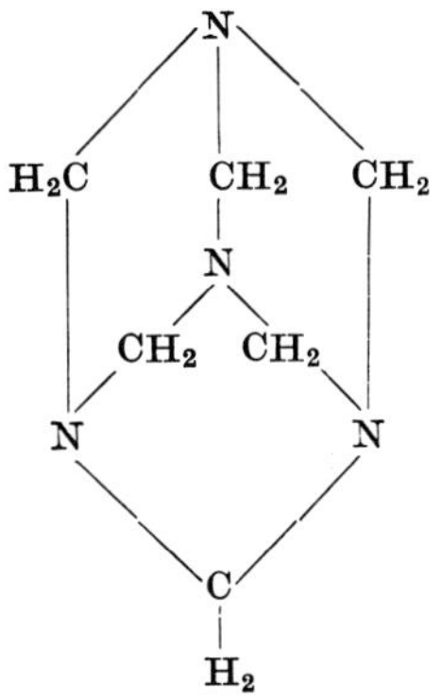

Beim Erhitzen in wäßrigen Lösungen hydrolysiert es wieder langsam.

$$C_6H_{12}N_4 + 6H_2O \leftrightharpoons 6HCHO + 4NH_3,$$
$$NH_3 + H^+ \leftrightharpoons NH_4^+.$$

Das Hydrolysegleichgewicht wird in saurer Lösung infolge der Bildung von NH_4^+ nach rechts verschoben. Die H^+-Ionenkonzentration in der Lösung wird herabgesetzt.

Vorteile:

α) In Gegenwart von NH_4Cl stellt sich ein pH-Wert von 5–6 ein. Durch Reaktion des NH_3 mit HCHO bleibt c_{NH_3} stets gering (s. Gleichung bei NH_3/NH_4Cl).

β) Die Fällung geschieht aus homogener Lösung. Es entsteht ein grobkörniger, gut filtrierbarer Niederschlag. Eventuelle Verunreinigungen sind anionischer Natur (Kap. 2.8.2.).

γ) Die reduzierende Wirkung des HCHO verhindert Oxidation, z.B. von Mn(II) zu Mn(IV).

δ) Die Reagenzlösung ist weitgehend kieselsäure- und CO_2-frei (im Gegensatz zu älteren NH_3-Lösungen).

Somit können die Kationen höherer Ladung wie Ti(IV), Fe(III), Al(III), Cr(III), von denen der Oxidationsstufe +2 wie Ni(II), Co(II), Mn(II), Zn(II) und Erdalkaliionen getrennt werden. Erstere bilden schwerer lösliche Hydroxide (Kap. 2.5.4.); ihre Fällungsbereiche liegen bei pH < 7 (s. S. 256).

Sulfide

Die Fällung der Sulfide in Abhängigkeit vom pH ist für den Kationentrennungsgang von großer Bedeutung.

Tab. 9 gibt die pK_L-Werte einiger Metallsulfide.

Dissoziation von H_2S

H_2S ist in wäßriger Lösung eine schwache zweibasige Säure.

$$H_2S \leftrightharpoons H^+ + HS^- \leftrightharpoons H^+ + S^{2-}.$$

Tabelle 9. pK_L-Werte von Metallsulfiden des Typs MS, M_2S, M_2S_3

MS	a	b	M_2S	a	b	M_2S_3	a	b
MnS	15	15,2	Tl_2S	22	19,9	As_2S_3	25,3	28,4*)
FeS	18–21	21,6	Hg_2S		47,0	Sb_2S_3		58,5
ZnS	23–25	21,7	Cu_2S	46,7	49,0	Bi_2S_3	96	71,8
α-CoS	22	21,3	Ag_2S	49	52,2	Fe_2S_3		85,0
β-CoS		26,7				Co_2S_3		124,0
α-NiS	21	20,5						
β-NiS		26,0						
SnS	28	27,0						
CdS	27	27,9						
PbS	28–29	28,6						
CuS	37–44	40,2						
HgS	52	51,2						
PtS		72,1						

a) *Seel,* Grundlagen der analytischen Chemie (1963).
b) J. chem. Educat. *39* (1962) 391.
*) *D'Ans-Lax,* Taschenbuch für Chemiker und Physiker (1967).

Bei 25 °C betragen die Dissoziationskonstanten:

$$\frac{c_{H^+}\, c_{HS^-}}{c_{H_2S}} = K_{S_1} = 10^{-6,9}\,,$$

$$\frac{c_{H^+}\, c_{S^{2-}}}{c_{HS^-}} = K_{S_2} = 10^{-12,9}\,.$$

Daraus folgt die Gesamtdissoziationskonstante:

$$\frac{c^2_{H^+}\, c_{S^{2-}}}{c_{H_2S}} = K_{S_1} K_{S_2} = 10^{-19,8} \approx 10^{-20}\,.$$

Eine gesättigte wäßrige H_2S-Lösung ist $\approx 10^{-1}$ M an H_2S: oder.?

$$c_{S^{2-}} = \frac{10^{-21}}{c^2_{H^+}}\,,$$

$$p_{S^{2-}} = 21 - 2\,\mathrm{pH}\,.$$

Löslichkeitsprodukt und pH-Wert

Die Fällung eines Kations ist als vollständig anzusehen, wenn die Kationenkonzentration in der Lösung auf 10^{-5} mol/l herabgesetzt ist (s. S. 70).

a) Sulfide der Formel MS

Bei Ansatz des Löslichkeitsproduktes K_L gilt:

$$c_{S^{2-}} = \frac{K_L}{c_{M^{2-}}}\,,$$

$$c_{S^{2-}} = \frac{K_L}{10^{-5}}\,,$$

$$p_{S^{2-}} = \mathrm{p}K_L - 5\,,$$

$$\mathrm{p}K_L - 5 = 21 - 2\,\mathrm{pH}\,,$$

$$\mathrm{pH} = \frac{-\,\mathrm{p}K_L + 26}{2}\,.$$

Beispiel: MnS $pK_L = 15$.

$pH = 5{,}5$.

Bei einem $pH < 5{,}5$ findet keine quantitative Fällung des MnS statt.

b) Sulfide der Formel M_2S

Hier gilt:

$$c_{S^{2-}} = \frac{K_L}{c^2_{M^-}},$$

$$pK_L = 31 - 2\,pH,$$

$$pH = \frac{-\,pK_L + 31}{2}.$$

Folgerung: Aus einer 1 M HCl-Lösung (pH = 0) sind fällbare Sulfide:

MS : $K_L \leqq 10^{-26}$,

M_2S : $K_L \leqq 10^{-31}$.

Aus neutraler Lösung (pH = 7) sind fällbar:

MS : $K_L \leqq 10^{-12}$,

M_2S : $K_L \leqq 10^{-17}$.

Über die Grenzen der vorliegenden Betrachtungen s. S. 71.

2.6.5.6.4. Löslichkeit in Abhängigkeit von Fremdionen

Die tatsächlich gelöste Menge ist meist sehr viel größer als sich über das Ionenprodukt errechnen läßt.

Als Gründe sind zu nennen:

a) Zusätzliche Kolloidbildung,
b) Einfluß der Teilchengröße (Kap. 2.4.5.1.),
c) Unvollständige Gleichgewichtseinstellung,
d) Verluste durch den Waschprozeß,
e) Einfluß von Fremdelektrolyten.

Fremdionen beeinflussen die Löslichkeit von Salzen durch Bildung von Komplexionen oder Erniedrigung der Aktivitätskoeffizienten.

2.6.5.6.4.1. Bildung von Komplexionen

Komplexbildung kann zu einer starken Erhöhung der Löslichkeit führen.

So geht z.B. AgCl bei einer Cl^--Konzentration $\geqq 10^{-1}$ m unter Komplexbildung teilweise wieder in Lösung (Kap. 2.6.5.6.3.1.).

Versuch: Löslichkeit von AgCl in HCl (s. auch S. 70).

Frisch gefälltes AgCl wird mit konz. HCl versetzt. Es löst sich unter Bildung des komplexen Anions $[AgCl_2]^-$. Beim Verdünnen mit Wasser fällt erneut AgCl aus.

Analoge Überlegungen gelten auch für andere Fällungsreaktionen. Teilweise führt der Reagenzüberschuß bis zur Leichtlöslichkeit. Typische Beispiele sind die Schwermetallcyanide und die Hydroxidfällung vieler Schwermetalle mit Ammoniak.

Weiteres: Siehe Kap. 2.7. „Komplexchemie".

2.6.5.6.4.2. Erniedrigung der Aktivitätskoeffizienten

Die Gegenwart von Fremdionen bewirkt eine Erhöhung der Ionenstärke in der Lösung und entsprechend eine Abnahme der Aktivitätskoeffizienten (Kap. 2.6.5.2.3.).

Daher ist die Löslichkeit schwerlöslicher Salze in Gegenwart von Fremdionen stets größer als in reinem Wasser.

Die Löslichkeitserhöhung ist um so stärker, je größer die Ladung dieser Ionen und ihre Konzentration ist.

Abb. 23 zeigt die Beeinflussung der Löslichkeit von TlCl bei Gegenwart von Fremdionen.

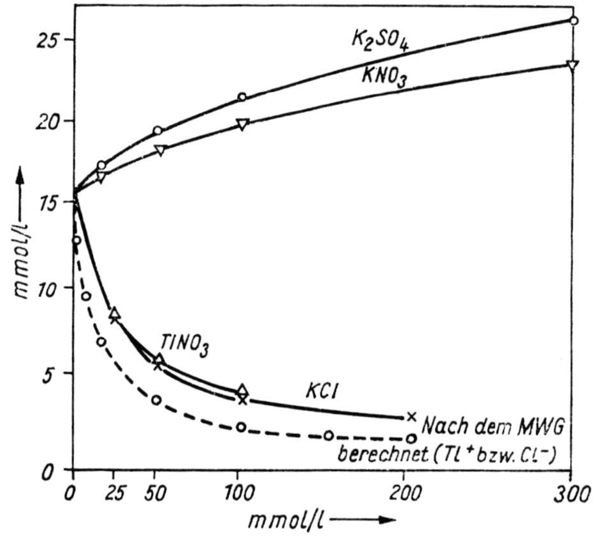

Abb. 23. Beeinflussung der Löslichkeit von TlCl durch Elektrolyte nach *A. A. Noyes*, J. Amer. chem. Soc. **46** (1924)

Die Werte der ausgezogenen Kurven wurden experimentell ermittelt.

Die gestrichelte Kurve gibt den theoretischen Löslichkeitsverlauf bei Ansatz des Löslichkeitsproduktes unter Verwendung der Konzentrationen ($f = 1$).

Die Löslichkeit des TlCl erhöht sich bei Zusatz von K_2SO_4 stärker als bei KNO_3 (größere Ionenstärke). Eine Löslichkeitsabnahme ergibt sich bei Zusatz gleichioniger Salze wie $TlNO_3$ und KCl. Auch diese wirken als „Fremdionen", was sich aus dem Unterschied zwischen den ausgezogenen Kurven und der gestrichelten Kurve bemerkbar macht.

Bei sehr schwer löslichen Elektrolyten ($K_L \geqq 10^{-10}$) ist der Einfluß der Aktivitätskoeffizienten vernachlässigbar. Beim TlCl ($K_L = 10^{-3,82}$) macht sich ein Fremdelektrolytgehalt auf die Löslichkeit jedoch schon stark bemerkbar.

2.6.5.6.5. Auflösung schwerlöslicher Elektrolyte

Die Auflösung ist der umgekehrte Vorgang der Fällung (Kap. 2.6.5.6.3.).

Nach dem MWG verschiebt sich das Gleichgewicht nach rechts, wenn die Konzentration eines der Ionen erniedrigt wird:

Bodenkörper ⇋ gesättigte Lösung		Zugabe	Bildung	
CaC_2O_4	$\leftrightharpoons Ca^{2+} + C_2O_4^{2-}$	$+ 2H^+$	$\rightarrow H_2C_2O_4$	schwache Säure
$Mg(OH)_2$	$\leftrightharpoons Mg^{2+} + 2OH^-$	$+ 2NH_4^+$	$\rightarrow 2NH_3 + 2H_2O$	schwache Base
AgCl	$\leftrightharpoons Cl^- + Ag^+$	$+ 2NH_3$	$\rightarrow [Ag(NH_3)_2]^+$	Komplexion

Beispiel: Auflösung von CaC_2O_4 in HCl.

$$c_{Ca^{2+}} = \frac{K_L}{c_{C_2O_4^{2-}}} = C_{CaC_2O_4}\,. \tag{1}$$

Bei Zusatz von H^+ wird $c_{C_2O_4^{2-}}$ kleiner, $c_{Ca^{2+}}$ nimmt zu:

$$C_2O_4^{2-} + H^+ \rightleftharpoons HC_2O_4^-\,,$$

$$c_{Ca^{2+}} = c_{C_2O_4^{2-}} + c_{HC_2O_4^-}\,. \tag{2}$$

Aus (1) und (2) ergibt sich:

$$c_{HC_2O_4^-} = \frac{K_L}{c_{C_2O_4^{2-}}} - c_{C_2O_4^{2-}}\,. \tag{3}$$

Es gilt weiterhin:

$$\frac{c_{HC_2O_4^-}\, c_{H^+}}{c_{H_2C_2O_4}} = K_{S_1} = 10^{-1,42}\,,$$

$$\frac{c_{C_2O_4^{2-}}\, c_{H^+}}{c_{HC_2O_4^-}} = K_{S_2} = 10^{-4,21}\,. \tag{4}$$

Damit wird mit (3) und (4):

$$\frac{c_{C_2O_4^{2-}}\; c_{H^+}}{\dfrac{K_L}{c_{C_2O_4^{2-}}} - c_{C_2O_4^{2-}}} = K_{S_2}\,, \tag{5}$$

$$c_{C_2O_4^{2-}} = \sqrt{\frac{K_{S_2} K_L}{c_{H^+} + K_S}}\,. \tag{6}$$

Aus (1) folgt:

$$C_{CaC_2O_4} = c_{Ca^{2+}} = \frac{K_L}{\sqrt{\dfrac{K_{S_2} K_L}{c_{H^+} + K_{S_2}}}} = \sqrt{\frac{K_L (K_{S_2} + c_{H^+})}{K_{S_2}}}\,.$$

In einer gesättigten wäßrigen CaC_2O_4-Lösung beträgt mit $K_L = 10^{-8,07}$, $c_{Ca^{2+}} = 10^{-4,035}$ mol/l

Für 1 M HCl ergibt sich:

$$C_{CaC_2O_4} = \sqrt{\frac{10^{-8,07}\,(10^{-4,21} + 10^0)}{10^{-4,21}}}\,,$$

$$C_{CaC_2O_4} = \sqrt{10^{-3,86}\,(10^{-4,21} + 10^0)} = 10^{-1,93}\ \text{mol/l}\,.$$

Über die Auflösung schwerlöslicher Elektrolyte mit Hilfe von Komplexbildern siehe S. 87.

2.6.6. Nernstsches Verteilungsgesetz

Die heute vielfach verwendete Trennung durch Extraktion basiert auf der unterschiedlichen Löslichkeit bestimmter Verbindungen in zwei nicht oder begrenzt mischbaren Lösungsmitteln. Diesem sog. „Ausschüttelungsverfahren" liegt in theoretischer Hinsicht das *Nernst*sche Verteilungsgesetz zugrunde.

Das *Nernst*sche Verteilungsgesetz (1891) läßt sich in einfacher Weise aus dem Gesetz von *Henry Dalton* (1803) ableiten. Danach ist die Löslichkeit eines Gases bei gegebener Temperatur im Gleichgewicht proportional seinem Druck:

$$c_{(\text{Lösung})} = K \cdot p_{(\text{Gas})}\,.$$

Steht ein gasförmiger Stoff gleichzeitig mit zwei nicht mischbaren Lösungsmitteln im Gleichgewicht, so gilt:

$$\frac{c_{1(\text{Lösung})}}{p_{(\text{Gas})}} = K_1 \quad \text{bzw.} \quad \frac{c_{2(\text{Lösung})}}{p_{(\text{Gas})}} = K_2\,.$$

Der gelöste Stoff verteilt sich demnach auf die beiden Lösungsmittel nach:

$$\frac{c_{1(\text{Lösung})}}{c_{2(\text{Lösung})}} = \frac{K_1}{K_2} = \alpha\,.$$

Beim Vorliegen eines Gleichgewichtes ist der Quotient der Konzentrationen eines sich zwischen zwei Lösungsmitteln verteilenden Stoffes bei gegebener Temperatur konstant.

α wird Verteilungskoeffizient genannt. Das Gesetz ist in dieser Form jedoch nur dann erfüllt, wenn der Stoff in beiden Phasen den gleichen Molekularzustand besitzt.

2.6.6.1. Praktische Bedeutung

Die praktische Bedeutung des *Nernst*schen Verteilungsgesetzes für die Ausschüttelung möge ein Zahlenbeispiel erläutern:

1 Mol eines Stoffes verteilt sich zwischen 1 Liter einer Oberphase und 1 Liter einer schwereren Unterphase im Verhältnis 9:1 ($\alpha = 9$). Demnach sind im Gleichgewicht in der Oberphase 0,9 mol/l, in der Unterphase 0,1 mol/l enthalten. Verdoppelt man das Volumen der Oberphase auf 2 Liter, so muß das Verhältnis der Konzentrationen erhalten bleiben. Es gilt demnach:

$$\left(0{,}45 + \frac{x}{2}\right) : (0{,}1 - x) = 9:1, \quad x = 0{,}0474\,.$$

In der Unterphase befinden sich jetzt 0,0526 mol/l, in der Oberphase 0,4737 mol/l.

Günstiger ist es, das Volumen der Oberphase nicht zu verdoppeln, sondern nach Abtrennung erneut mit dem gleichen Volumen von einem Liter zu schütteln. Sind beim ersten Ausschüttelprozeß 0,9 mol aus der Unterphase entfernt, so werden beim zweiten 0,09 mol in die Oberphase überführt. Am Ende hat man bei gleicher Volumenmenge der Oberphase die Konzentration in der Unterphase auf 0,01 mol/l im Vergleich zu 0,0526 mol/l reduziert.

Bei der Stoffverteilung zwischen zwei Lösungsmitteln ergeben mehrere Einzelarbeitsgänge mit kleinen Volumina ein besseres Ergebnis als eine einmalige Ausschüttelung mit einem großen Volumen.

2.7. Komplexchemie

Während man alle einfachen chemischen Verbindungen als solche erster Ordnung bezeichnet, spricht man bei den Komplexen von Verbindungen höherer Ordnung oder von Koordinationsverbindungen. Die Koordinationslehre, die sich mit der Zusammensetzung und dem Aufbau von Komplexverbindungen befaßt, wurde 1893 von *Alfred Werner* begründet.

Das Verhalten der Komplexe ist für die analytische Chemie von besonderer Bedeutung, weil alle Metallkationen mehr oder weniger zur Komplexbildung befähigt sind. Vielfach führt die gezielte Komplexbildung bei Ionen, die sich ähnlich verhalten, zu differenzierteren chemischen Eigenschaften. Dies ist für die Abtrennung, Bestimmung und Maskierung vieler Kationen von Bedeutung.

2.7.1. Eigenschaften von Komplexen

Komplexe entstehen durch die Vereinigung von mehreren einfachen, chemisch beständigen Komponenten. In Lösung dissoziieren sie oft nur in geringem Maße in die Ionen oder Moleküle, aus denen sie entstanden sind. Deshalb bleiben die charakteristischen Reaktionen der einzelnen Bestandteile ganz oder teilweise aus.

Versuche: Zn^{2+} tritt mit OH^- zu schwerlöslichem $Zn(OH)_2$ zusammen (s. S. 266). Dagegen ist $[Zn(NH_3)_6](OH)_2$ leicht löslich (s. S. 266).

Ag^+ bildet mit Cl^- schwerlösliches AgCl, $[Ag(NH_3)_2]^+$ dagegen nicht (s. S. 153).

An Stelle der normalen Reaktionen der Einzelionen können andersartige, für das Komplexion charakteristische Reaktionen auftreten. Typisch dafür sind besonders die Hexacyanoferrat-Komplexe.

Versuche: Fe^{2+} bildet mit S^{2-} in ammoniakalischer Lösung schwarzes FeS (s. S. 269), mit OH^- farbloses $Fe(OH)_2$ (s. S. 269). Das Hexacyanoferrat(II)-Ion $[Fe(CN)_6]^{4-}$, gibt dagegen mit S^{2-} und OH^- keine Niederschläge (s. S. 270). Dafür setzt sich das $[Fe(CN)_6]^{4-}$-Ion mit Fe^{3+} zu Berliner Blau (s. S. 222) und mit Zn^{2+} zu weißem $K_2Zn[Fe(CN)_6]$ um.

Komplexe Ionen kann man also an den anders verlaufenden chemischen Reaktionen erkennen.

Außerdem gibt es eine Reihe anderer Merkmale, die auf ihr Vorliegen hinweisen:

a) Farbänderung bei der Komplexbildung

Beispiele: $[Fe(H_2O)_6]^{2+}$ schwach grünlich, $[Fe(CN)_6]^{4-}$ gelb; $[Ni(H_2O)_6]^{2+}$ grün, $[Ni(NH_3)_6]^{2+}$ blau; $CuSO_4$ weiß, $CuSO_4 \cdot 5\,H_2O$ blau, in ammoniakalischer Lösung entsteht das tiefblaue $[Cu(NH_3)_4]^{2+}$-Ion. Solche Farbänderungen zeigen qualitativ Komplexbildung bzw. den Übergang von Aquokomplexionen in andere Komplexionen an.

b) Änderung der elektrischen Leitfähigkeit

Die elektrische Leitfähigkeit hängt in erster Linie davon ab, in wieviel Ionen ein Salz dissoziiert. Die Art der Ionen ist bei großer Verdünnung auf die Leitfähigkeit nur von geringem Einfluß.

Würde $K_4[Fe(CN)_6]$ beim Lösen vollständig in vier K^+, ein Fe^{2+}- und sechs CN^--Ionen dissoziieren, so müßte die Leitfähigkeit der verdünnten Lösung ungefähr gleich der Summe der Leitfähigkeiten der Einzelionen sein. Das ist nicht der Fall, denn durch Komplexbildung verringert sich die Ionenzahl und damit die Leitfähigkeit.

Sobald die gemessene Leitfähigkeit einer Verbindung kleiner ist als die Summe der Leitfähigkeiten aus den Einzelbestandteilen, ist mit Komplexbildung zu rechnen.

c) Änderung des Wanderungssinns im elektrischen Feld

Das freie Ag^+-Ion aus einfachen Salzen wandert im elektrischen Feld zur Kathode und wird dort als Metall abgeschieden. Negativ geladene Dicyanoargentat(I)-Ionen, $[Ag(CN)_2]^-$, wandert jedoch zur Anode. Zur Metallabscheidung ist natürlich Reduktion erforderlich, die nur an der Kathode durch Zufuhr von Elektronen eintritt. Also auch aus Lösungen mit negativ geladenen Komplexionen scheidet sich bei der Elektrolyse das Metall an der Kathode ab.

Wanderungssinn und Wanderungsgeschwindigkeit von einfachen und komplexen Ionen kann gut durch Papierionophorese bestimmt werden.

Quantitative Aussagen werden aus Überführungsmessungen erhalten.

d) Verhalten gegen Ionenaustauscher

Das allgemeine Prinzip (s. S. 125) – kationische Komplexe werden an Kationenaustauschern, anionische an Anionenaustauscher gebunden, neutrale Komplexe durchlaufen beide Austauscherarten – gibt eine Möglichkeit zur Erkennung von Komplexreaktionen.

e) Änderung der Eigenschaften, die vom osmotischen Druck abhängen

Durch Messung der Gefrierpunktserniedrigung (Kryoskopie) bzw. Siedepunktserhöhung (Ebullioskopie) gewinnt man Aufschluß über die Zahl der in einer Lösung vorhandenen Teilchen (s. S. 28). Kryoskopische Messungen gestatten die Prüfung der Leitfähigkeitsuntersuchungen auf unabhängigem Wege. Sie bieten außerdem den Vorteil der Erfassung von Neutralteilchen, die bei der Komplexbildung oft eine Rolle spielen.

f) Potentiometrische Messungen

Sie gestatten bei geeigneter Ausführung die Messung von Konzentrationen der an der Komplexbildung beteiligten Ionen (s. S. 45).

g) Röntgenstrukturanalyse

Komplexionen treten in Kristallgittern als konkrete Baugruppen auf.

Über die Nomenklatur der Komplexe s. S. XXVIII.

2.7.2. Aufbau der Komplexe

Komplexe bestehen aus Zentralatomen oder Zentralionen und Liganden.

Die Zahl der Liganden, die sich in räumlich regelmäßiger Anordnung um das Zentralion gruppieren, wird Koordinationszahl genannt.

2.7.2.1. Zentralion und Liganden

Als Zentralionen fungieren meist Schwermetallkationen hoher Ladung mit kleinen Ionenradien.

Häufig sind die Liganden Anionen wie F^-, Cl^-, Br^-, J^-, OH^-, CN^-. Aber auch nicht geladene Moleküle, wie Wasser und Ammoniak, treten als Liganden auf. Handelt es sich um Verbindungen, die 2 oder mehrere funktionelle Gruppen besitzen, also mehrere Koordinationsstellen des Zentralions besetzen können, spricht man von bi- oder multidentalen (zwei- oder vielzähnigen) Liganden, wie $NH_2{-}C_2H_4{-}NH_2$, Äthylendiamin oder Oxalat.

Die Ladung eines Komplexes entspricht der Summe der Ladungen der ihn bildenden Einzelionen.

Beispiele:

$Ni^{2+} + 4CN^- \rightarrow [Ni(CN)_4]^{2-}$ (zweifach negativ),
$Fe^{2+} + 6CN^- \rightarrow [Fe(CN)_6]^{4-}$ (vierfach negativ),
$B^{3+} + 4F^- \rightarrow [BF_4]^-$ (einfach negativ).

Die neutralen Moleküle, wie H_2O oder NH_3, bringen keinen Beitrag zur Ladung mit. Also:

$$Zn^{2+} + 6NH_3 \rightarrow [Zn(NH_3)_6]^{2+} \text{ (zweifach positiv).}$$

Für Komplexe mit verschiedenen Liganden gilt die gleiche Rechnungsweise:

$$Co^{3+} + 4NH_3 + 2NO_2^- \rightarrow [Co(NO_2)_2(NH_3)_4]^+ \text{ (einfach positiv),}$$
$$Co^{3+} + 3NH_3 + 3NO_2^- \rightarrow [Co(NO_2)_3(NH_3)_3] \text{ (neutral),}$$
$$Co^{3+} + 2NH_3 + 4NO_2^- \rightarrow [Co(NO_2)_4(NH_3)_2]^- \text{ (einfach negativ).}$$

Bei der ersten Reaktion bildet sich ein Ion mit einer positiven Ladung, es entstehen also Salze vom Typ $[Co(NO_2)_2(NH_3)_4]Cl$. Der zweite Komplex ist nach außen ungeladen, ein Nichtelektrolyt, und der dritte ist ein Anion und bildet Salze vom Typ $K[Co(NO_2)_4(NH_3)_2]$.

2.7.2.2. Koordinationszahl und räumlicher Aufbau

Da es sich bei den Liganden meist um Ionen oder Dipolmoleküle handelt, ordnen sie sich infolge gegenseitiger Abstoßung symmetrisch um das Zentralion an. Ein hochsymmetrischer Körper gestattet die beste Raumausfüllung.

Weitaus am häufigsten ist bei Komplexen die Koordinationszahl 6. Man findet sie insbesondere bei Fe^{2+}, Fe^{3+}, Cr^{3+}, Co^{2+}, Cd^{2+} und Pt^{4+}, die alle Hexahalogeno- und Hexaminkomplexe zu bilden vermögen. Auch die Koordinationszahl 4 tritt oft auf, z.B. $[Cu(NH_3)_4]^{2+}$, $[Ni(CN)_4]^{2-}$, $[AuCl_4]^-$, $[Zn(OH)_4]^{2-}$. Seltener findet man die Koordinationszahl 8, z.B. $[W(CN)_8]^{4-}$, die Koordinationszahl 7, z.B. $[ZrF_7]^{2-}$, $[NbF_7]^{2-}$, $[TaF_7]^{2-}$ und die Koordinationszahl 2, z.B. $[Ag(NH_3)_2]^+$ und $[Au(CN)_2]^-$.

Bei der Koordinationszahl 6 befindet sich das Zentralatom in der Mitte eines Oktaeders und die 6 Liganden an dessen Ecken (Abb. 24a). Bei der Koordinationszahl 4 kann entweder das Zentralatom in der Mitte eines Tetraeders (Abb. 24b) oder eines Quadrates stehen. Die Koordinationszahl 8 entspricht der Geometrie eines Würfels.

Tetraeder und Oktaeder besitzen eine hohe Symmetrie. Dadurch erklärt sich die auffallende Bevorzugung der Koordinationszahl 4 und 6 gegenüber 3, 5 und 7.

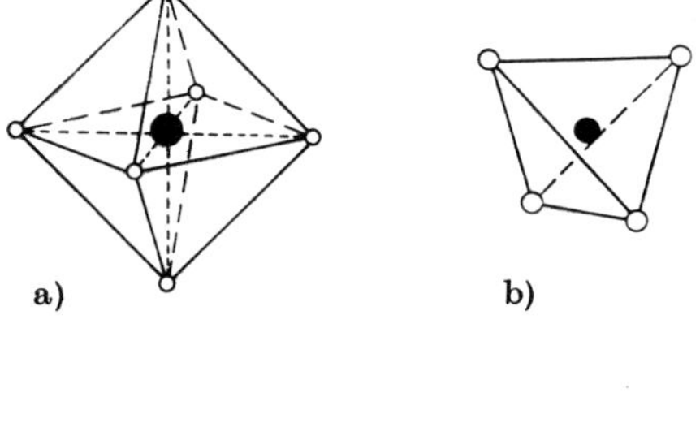

a) b) Abb. 24. a) Oktaeder und b) Tetraeder

2.7.2.3. Isomerie

Durch Strukturuntersuchungen kann heute auch für sehr komplizierte Komplexe die räumliche Anordnung aufgeklärt werden. Demgegenüber hat *A. Werner* allein aus dem chemischen Verhalten auf die geometrische Anordnung der Liganden bei Komplexen mit der Koordinationszahl 6 und 4 schließen können.

Hierzu gehört die Bildung von Isomeren. Als Isomere bezeichnet man Stoffe mit gleicher Bruttoformel, aber unterschiedlicher Struktur. Die Erscheinung der Isomerie spielt vor allem in der organischen Chemie eine überragende Rolle. Sie trägt wesentlich zu der ungeheuren Vielfalt der hauptsächlich aus den 4 Elementen C, H, O und N aufgebauten organischen Verbindungen bei. Je nach Art dieser strukturellen Unterschiede wird zwischen verschiedenen Isomeriearten unterschieden.

Wie aus der Abb. 25 ersichtlich ist, müssen Komplexe mit der Koordinationszahl 6 auf Grund ihrer Oktaederstruktur bei allen Verbindungen vom Typ MX_4Y_2 in 2 Formen auftreten.

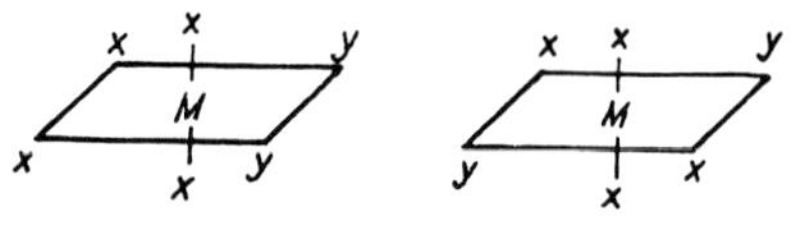

Abb. 25.

cis-Form trans-Form

Im vorliegenden Falle spricht man von cis-trans-Isomerie. In den Verbindungen MX_4Y_2, z.B. cis- und trans-Dinitrotetramminkobalt(III)-chlorid, $[Co(NO_2)_2(NH_3)_4]Cl$ (s. S. 480), können die beiden Liganden Y entweder in der cis-Form einander benachbart sein oder aber in der trans-Form gegenüberstehen.

Aus dem Auftreten von 2 cis-trans-Isomeren bei der Neutralkomplexverbindung $[PtCl_2(NH_3)_2]$ mußte auf die quadratisch planare Anordnung der 4 Liganden geschlossen werden, da sich bei tetraedrischer Koordination keine isomeren Anordnungen ergeben:

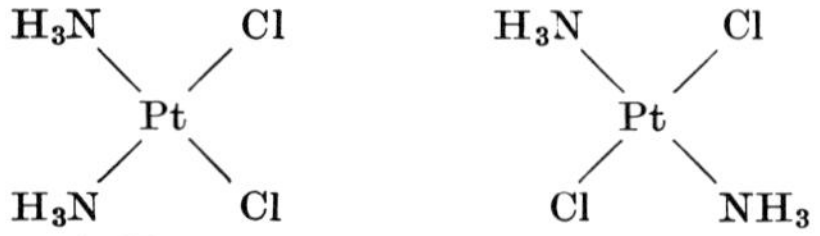

cis-Form trans-Form

Optische Isomere sind räumlich wie Bild und Spiegelbild aufgebaut. In ihren Eigenschaften unterscheiden sich diese Isomeren durch die entgegengesetzte Drehung der Ebene des polarisierten Lichtes. Alle anderen chemischen und physikalischen Eigenschaften sind gleich. Bekannt ist die optische Isomerie beim Vorliegen eines asymmetrischen C-Atoms, d.h., wenn es tetraedrisch von 4 verschiedenen Atomgruppen umgeben ist. Optische Isomerie wird auch bei einigen anorganischen Komplexen beobachtet. Sie tritt bei oktaedrischen Komplexen auf, die mehrzähnige Liganden enthalten, z.B. $[CoCl_2(en)_2]^+$ (en = Äthylendiamin).

Weiterhin sei auf die Hydratisomerie (s. S. 287) und auf die Bindungsisomerie (s. S. 177 u. S. 198) hingewiesen.

Versuch: Hydratisomerie bei Cr(III)-Komplexen (s. S. 287).

2.7.2.4. Chelatkomplexe

Die Anwesenheit von zwei oder mehr Koordinationsstellen in einem organischen Molekül führt zu einer Ringbildung. Sie erfolgt vorzugsweise, wenn sich dabei ein spannungsfreier 5- oder 6-Ring bilden kann. Allgemein werden Verbindungen, in denen ein Molekül über ein Metallion durch Koordination zu einem Ring geschlossen ist, als Chelatkomplex ($\varkappa\eta\lambda\eta$ = Schere) oder Chelate bezeichnet.

2.7.2.4.1. Allgemeines

Als Beispiel für einen ungeladenen zweizähnigen Liganden wurde schon Äthylendiamin (en) genannt.

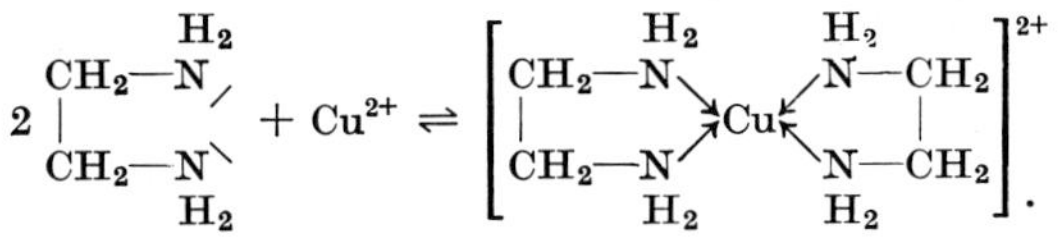

Zwei Moleküle bilden über die freien Elektronenpaare der Stickstoffatome vier koordinative Atombindungen (Koordinationszahl 4) zu einem Cu^{2+}-Zentralion aus. Es sind dabei zwei 5-Ringe gebildet worden. Der Chelatkomplex hat wie das Zentralion die Ladung 2+. Man erkennt die Ähnlichkeit mit dem $[Cu(NH_3)_4]^{2+}$-Komplex.

Hydrazin z.B. kann nur bedingt als Ringbildner fungieren, weil ein 3-Ring aus Spannungsgründen nicht stabil ist. Auch Ringe mit 4 oder mehr als 6 Ringatomen sind Ausnahmefälle.

Die Chelatbildung bewirkt eine Zunahme der Komplexstabilität (sog. „Chelateffekt"). Siehe Kap. 2.7.3.

Beispiel:

$[Ni(en)_3]^{2+}$ pK = 18,3; $[Ni(NH_3)_6]^{2+}$ pK = 8,6.

Der Chelateffekt kann sich u.a. in der Stabilisierung wenig beständiger Oxidationsstufen äußern.

Beispiel: Ag(II) im $Ag(Dp)S_2O_8$ (Dp = 2,2'-Dipyridyl) (s. S. 410).

2.7.2.4.2. Innere Komplexe

Als innere Komplexe werden ungeladene Chelatkomplexe bezeichnet. In diesem Spezialfall eines Chelatkomplexes kompensieren sich die Ladungen des Zentralions und die der ringbildenden Liganden.

Im Gegensatz zu der hier aufgeführten Unterscheidung verwendet die angelsächsische Literatur oft nur den Chelatbegriff.

Häufig sind bei Innerkomplexen alle Koordinationsstellen abgesättigt bzw. aus sterischen Gründen ist eine weitere Koordination, auch relativ kleiner Liganden, infolge Umhüllung des Zentralions durch die großen organischen Moleküle unmöglich. Infolge ihrer Unfähigkeit zur Hydratation sind sie daher oft in Wasser sehr schwer, in organischen Lösungsmitteln dagegen gut löslich. Andererseits sind geladene Chelate, wie z.B. die Kupfer-Weinsäure-Komplexe (s. S. 327), infolge ihrer Fähigkeit zur Ionenbildung gut löslich in Wasser und schwerlöslich in unpolaren organischen Lösungsmitteln. Ferner führt die Bildung von Innerkomplexverbindungen vielfach zu einer Farbvertiefung, die sich elektronentheoretisch begründen läßt, worauf hier jedoch nicht näher eingegangen werden kann. Als Beispiele für innere Komplexverbindungen seien hier das Nickeldiacetyldioxim oder Bis-[dimethylglyoximato]-nickel(II) (s. S. 258) und das Magnesiumoxinat (s. S. 413) angeführt.

Beim Ni-Diacetyldioxim bedeuten die Pfeile eine semipolare Bindung (s. S. 20), wobei die Spitze die Richtung der Verschiebung des Elektronenpaares angibt. Weiterhin tritt zwischen dem H der OH-Gruppe und dem O des Aminoxids eine Wasserstoffbrücke auf. Hierbei nimmt ein einsames Elektronenpaar des Sauerstoffs der N → O-Gruppe an der Bindung des H teil, wobei der Wasserstoff zweibindig wird (punktierte Linie, Wasserstoffbrückenbindung s. S. 23).

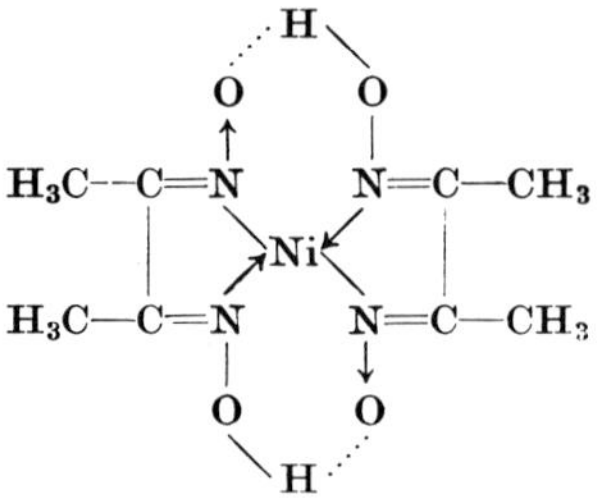

Ni-Diacetyldioxim
(Grenzstruktur)

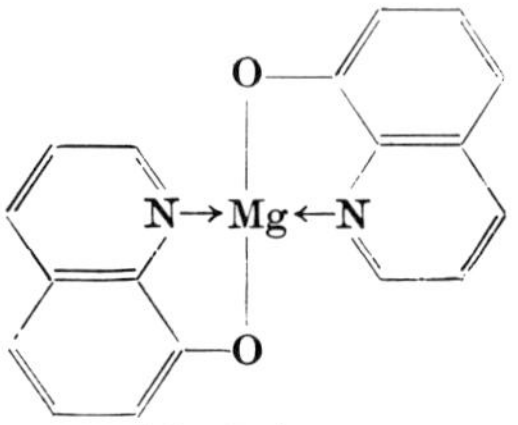

Mg-Oxinat

Weitere Beispiele für diese analytisch außerordentlich wichtige Gruppe von Komplexen werden in Kapitel 4.5. (Organische Spezialreagenzien) ausführlich behandelt.

Eine vom theoretischen Standpunkt interessante Klasse stellen die Metall-Aromaten-Komplexe dar, das sind Verbindungen von Metallen mit Benzol oder Cyclopentadien bzw. mit deren Derivaten. In der Verbindung $Cr(C_6H_6)_2$ z.B., in der das Chrom die Oxidationsstufe ± 0 hat, werden aus jedem Benzolmolekül 3π-Elektronenpaare der Doppelbindungen (gleich 12 Elektronen) dem Metallatom zur Verfügung gestellt. Somit erhält das Metall eine edelgasähnliche Elektronenanordnung. Räumlich gesehen liegt das Metallion zwischen den 2 parallel übereinander angeordneten Benzolringen („sandwich"-Struktur).

2.7.2.4.3. Komplexone

Die sog. Komplexone, deren wichtigste Vertreter die Äthylendiamintetraessigsäure (AeDTE, EDTA, Trilon B, Versen oder kurz H_4Y) und die Nitridotriessigsäure darstellen, sind Komplexbildner, die mit fast allen Kationen einschließlich den Erdalkaliionen zum Teil sehr stabile wasserlösliche Chelatkomplexe bilden.

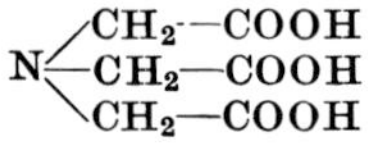

Nitridotriessigsäure
(Säureform)

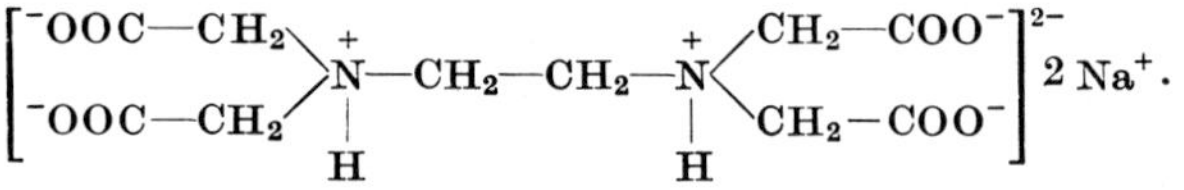

Dinatriumäthylendiamintetraacetat (Na_2H_2Y)
(Betainform)

Die Abb. 26 zeigt schematisch die Bildung eines 1:1-AeDTE-Komplexes mit einem zweifach positiv geladenen Kation M^{2+}.

Wie aus den Abb. 26 und 27 hervorgeht, bilden sich über Stickstoff- und Carbonylsauerstoffatome mehrere besonders stabile Fünfringe aus.

Das Zentralion besitzt in den AeDTE-Komplexen fast ausschließlich die Koordinationszahl 6, dabei können bis zu 2 Koordinationsstellen durch Wasser oder andere Liganden ersetzt werden. Damit verringert sich die Anzahl an Fünfringen, die wie im vorliegenden Beispiel maximal 5 beträgt. Die Komplexstabilität wird von der Zahl der Chelatringe bestimmt. So steigert jeder Chelatring die Stabilität von AeDTE-Komplexen etwa um den 100fachen Wert. Deshalb fällt aus den Nickel-, Kobalt- und Zinkkomplexonaten mit $(NH_4)_2S$ kein schwerlösliches Sulfid. Auch CaC_2O_4 fällt in Gegenwart von Komplexon nicht aus ammoniakalischer Lösung, und $BaSO_4$ wird von dem Chelatbildner aufgelöst.

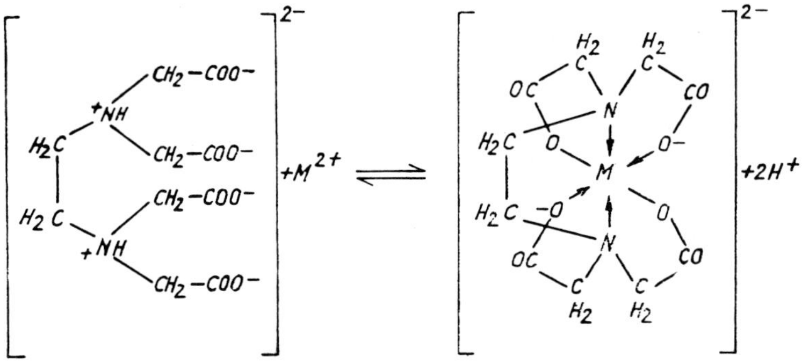

Abb. 26. Schematische Darstellung der Bildung eines AeDTE-Komplexes

Wegen ihres unspezifischen Charakters haben die Komplexone in der qualitativen Analyse bisher wenig Verwendung gefunden, sie besitzen jedoch große Bedeutung in der quantitativen Analyse.

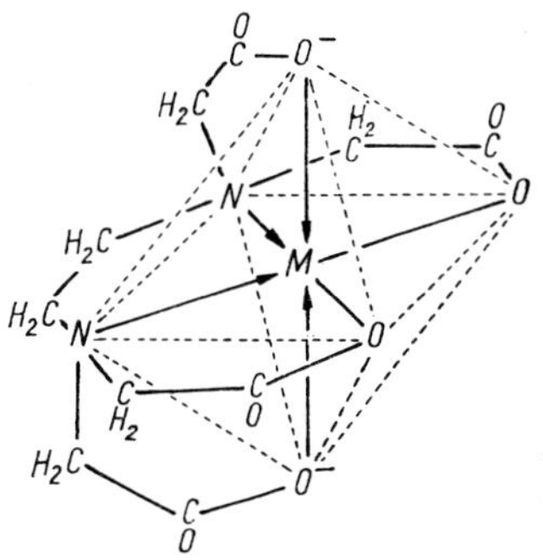

Abb. 27. Räumlicher Aufbau eines AeDTE-Komplexes

2.7.2.4.4. Chelatbildung am Anion

Chelatkomplexe werden vorwiegend von Kationen gebildet. Es gibt jedoch wenige Beispiele für die Chelatbildung am Anion. Hierzu gehören der Nachweis von Borsäure (s. S. 231) und Germaniumsäure (s. S. 345) durch Umsatz mit mehrwertigen Alkoholen wie z.B. Glycerin und Mannit.

Es erfolgt eine Veresterung der drei OH-Gruppen der Borsäure mit zwei Molekülen Polyalkohol. Da Bor jedoch die Koordinationszahl 4 besitzt, tritt eine weitere Bindung zu dem Sauerstoff einer benachbarten alkoholischen Hydroxylgruppe auf. Dadurch wird die Bindung zum Wasserstoff gelockert und dieser teilweise als H^+-Ion abgespalten:

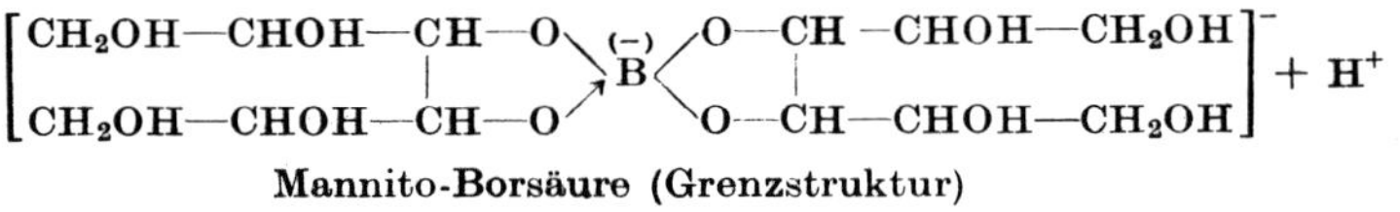

Mannito-Borsäure (Grenzstruktur)

Aus der sehr schwachen dreibasigen Borsäure ($K_{S_1} = 10^{-9,24}$) entsteht die mittelstarke einbasige Mannito-Borsäure ($K = 10^{-6,44}$).

2.7.3. Bildung und Beständigkeit

Bei Komplexbildung unterscheidet man zwischen erster und zweiter Dissoziation. Die praktisch vollständige Dissoziation in die einfachen Kationen bzw. Anionen und in das Komplexion wird erste Dissoziation genannt:

$$K_2[Ni(CN)_4] \rightleftharpoons 2K^+ + [Ni(CN)_4]^{2-}.$$

Der wesentlich geringere Zerfall des Komplexions selbst in seine Bestandteile wird als zweite Dissoziation bezeichnet:

$$[Ni(CN)_4]^{2-} \rightleftharpoons Ni^{2+} + 4CN^-.$$

2.7.3.1. Beständigkeits- und Dissoziationskonstante

Die Bildung von Komplexen in homogener Lösung aus verschiedenen Ionen oder Molekülen ist eine Gleichgewichtsreaktion, z.B.

$$Ni^{2+} + 4CN^- \rightleftharpoons [Ni(CN)_4]^{2-}.$$

Aus den Konzentrationen der Reaktionspartner im Gleichgewichtszustand kann man durch Anwendung des MWG für einen Komplex berechnen:

a) Beständigkeitskonstante (Stabilitätskonstante, Assoziationskonstante)

$$\frac{c_{[Ni(CN)_4]^{2-}}}{c_{Ni^{2+}}\, c^4_{CN^-}} = K_{\text{Beständigkeit}}\,.$$

b) Deren reziproken Wert, die Dissoziationskonstante (Instabilitätskonstante)

$$\frac{c_{Ni^{2+}}\, c^4_{CN^-}}{c_{[Ni(CN)_4]^{2-}}} = K_{\text{Dissoziation}}\,.$$

Allgemein gilt:

$$K_{\text{Beständigkeit}} = \frac{1}{K_{\text{Dissoziation}}},$$

$$pK_{\text{Beständigkeit}} = -\, pK_{\text{Dissoziation}}\,.$$

Je kleiner die Beständigkeitskonstante ist, um so mehr Einzelionen befinden sich in der Lösung und um so unbeständiger ist dementsprechend der Komplex.

Cyanokomplexe von Eisen und Kupfer sind sehr gering dissoziiert ($K_{\text{Beständigkeit}}$ $[Cu(CN)_4]^{3-} = 10^{27}$). Man nennt sie daher starke Komplexe. Die meisten Ammin-komplexe sind wesentlich unbeständiger, sie sind schwach. Viele Doppelchloride oder Doppelsulfate sind in wäßriger Lösung weitgehend in die Einzelionen dissoziiert, so daß sie deren Reaktionen geben. Hier treten nur im festen kristallisierten Zustand Komplexe auf. Man spricht dann nicht mehr von Komplexsalzen, sondern von Doppelsalzen. Beispiele: Kaliumaluminiumsulfat, Kaliumalaun, $KAl(SO_4)_2 \cdot 12H_2O$; *Mohr*sches Salz $(NH_4)_2Fe(SO_4)_2 \cdot 6H_2O$ (der Punkt in der Formel ist als „mit“ zu lesen, z.B. Kaliumaluminiumsulfat mit 12 Wasser).

Doppelsalze werden auch häufig getrennt geschrieben:

$$K_2SO_4 \cdot Al_2(SO_4)_3 \cdot 24H_2O \quad \text{oder} \quad (NH_4)_2SO_4 \cdot FeSO_4 \cdot 5H_2O.$$

2.7.3.2. Stufenweise Dissoziation

Nur bei sehr starken Komplexen, bei denen die Gleichgewichte ganz auf der Seite der Komplexionen liegen, findet man in Lösung einheitliche Komplexionen.

Bei schwachen Komplexen treten auch die Komponenten der stufenweisen Bildung auf.

Das Beispiel der Bildung von $[Ni(CN)_4]^{2-}$ ist demnach nur als die Bruttoreaktion aus einem System von abhängigen Gleichgewichten, für die Einzelbeständigkeitskonstanten berechnet werden können, aufzufassen:

$$[Ni(H_2O)_4]^{2+} + CN^- \leftrightharpoons [NiCN(H_2O)_3]^+ + H_2O \quad \frac{c_{[Ni(CN)(H_2O)_3]^+}}{c_{[Ni(H_2O)_4]^{2+}}\, c_{CN^-}} = k_1 ,$$

$$[Ni(CN)(H_2O)_3]^+ + CN^- \leftrightharpoons [Ni(CN)_2(H_2O)_2] + H_2O \quad \frac{c_{[Ni(CN)_2(H_2O)_2]}}{c_{[Ni(CN)(H_2O)_3]^+}\, c_{CN^-}} = k_2 ,$$

$$[Ni(CN)_2(H_2O)_2] + CN^- \leftrightharpoons [Ni(CN)_3H_2O]^- + H_2O \quad \frac{c_{[Ni(CN)_3H_2O]^-}}{c_{[Ni(CN)_2(H_2O)_2]}\, c_{CN^-}} = k_3 ,$$

$$[Ni(CN)_3H_2O]^- + CN^- \leftrightharpoons [Ni(CN)_4]^{2-} + H_2O \quad \frac{c_{[Ni(CN)_4]^{2-}}}{c_{[Ni(CN)_3H_2O]^-}\, c_{CN^-}} = k_4 .$$

Die Bruttobeständigkeitskonstante K ergibt sich durch Multiplikation der einzelnen Konstanten:

$$K = k_1\, k_2\, k_3\, k_4 .$$

2.7.3.3. Löslichkeitsprodukt und Beständigkeitskonstante

Ein Stoff, der mit dem Zentralion oder den Liganden eine schwerlösliche Verbindung bildet, reagiert nur dann mit den Bestandteilen des Komplexes, wenn dessen zweite Dissoziation so groß ist, daß das Löslichkeitsprodukt der schwerlöslichen Verbindung überschritten wird.

Beispiele: Die genaue Ableitung erfolgt analog wie bei der Auflösung von CaC_2O_4 in HCl Kap. 2.6.5.6.5.). Hier können jedoch einige Vereinfachungen vorgenommen werden.

a) Löslichkeit von AgCl in NH_3

$$c_{Ag^+}\, c_{Cl^-} = K_L = 10^{-9,96} .$$

Zusatz von NH_3 bildet sich:

$$Ag^+ + NH_3 \rightleftharpoons [Ag(NH_3)]^+ ,$$
$$[Ag(NH_3)]^+ + NH_3 \rightleftharpoons [Ag(NH_3)_2]^+ .$$

c_{Ag^+} wird kleiner, c_{Cl^-} nimmt zu:

$$C_{AgCl} = c_{Cl^-} = c_{Ag^+} + c_{[Ag(NH_3)]^+} + c_{[Ag(NH_3)_2]^+} .$$

Wie die genaue Rechnung zeigt, werden c_{Ag^+} und $c_{[Ag(NH_3)]^+}$ bei Überschuß des Komplexbildners so klein, daß sie als additive Größen vernachlässigt werden können. $c_{[Ag(NH_3)_2]^+}$ steht mit der Bruttobeständigkeitskonstanten $K_{Best.}$ in Beziehung.

$$\frac{c_{[Ag(NH_3)_2]^+}}{c_{Ag^+}\, c^2_{NH_3}} = K_{Best.} = 10^{-7,14} ,$$

$$c_{Cl^-} = K_{Best.}\, c_{Ag^+}\, c^2_{NH_3} ,$$

$$c_{Cl^-} = K_{Best.} \frac{K_L}{c_{Cl^-}}\, c^2_{NH_3} ,$$

$$c^2_{Cl^-} = C^2_{AgCl} = K_{Best.}\, K_L\, c^2_{NH_3} .$$

$$C_{AgCl} = c_{NH_3} \sqrt{K_{Best.}\, K_L} .$$

Die Löslichkeit von AgCl bei $c = 1$ M NH_3 beträgt demnach:

$$C_{AgCl} = 1\sqrt{10^{7,14}\,10^{-9,96}} = \sqrt{10^{-2,82}} \approx 10^{-1,4}\ \text{mol/l}\,.$$

In reinem Wasser lösen sich dagegen nur $\sim 10^{-5}$ mol/l.

b) Löslichkeit von CdS in KCN

$$c_{Cd^{2+}}\,c_{S^{2-}} = K_L = 10^{-27}\,,$$

$$C_{CdS} = c_{S^{2-}} \approx c_{[Cd(CN)_4]^{2-}}\,,$$

$$\frac{c_{[Cd(CN)_4]^{2-}}}{c_{Cd^{2+}}\,c^4_{CN^-}} = K_{Best.} = 10^{16,85}\,,$$

$$c_{S^{2-}} = K_{Best.}\,c_{Cd^{2+}}\,c^4_{CN^-}\,,$$

$$c^2_{S^{2-}} = C^2_{CdS} = K_{Best.}\cdot K_L\,c^4_{CN^-}\,,$$

$$C_{CdS} = c^2_{CN^-}\sqrt{K_{Best.}\,K_L}\,,$$

Die Löslichkeit von CdS bei $c = 1$ M KCN beträgt demnach

$$C_{CdS} = 1\sqrt{10^{16,85}\,10^{-27}} \sim 10^{-5,1}\ \text{mol/l}\,.$$

c) Löslichkeit von Cu_2S in KCN

$$c^2_{Cu^+}\,c_{S^{2-}} = K_L = 10^{-46,7}\,,$$

$$C_{Cu_2S} = c_{S^{2-}} \approx c_{[Cu(CN)_4]^{3-}}\,,$$

$$\frac{c_{[Cu(CN)_4]^{3-}}}{c_{Cu^+}\,c^4_{CN^-}} = K_{Best.} = 10^{27,3}\,,$$

$$C_{Cu_2S} = c_{S^{2-}} = K_{Best.}\,c_{Cu^+}\,c^4_{CN^-}\,,$$

$$c_{S^{2-}} = K_{Best.}\sqrt{\frac{K_L}{c_{S^{2-}}}}\,c^4_{CN^-}\,,$$

$$c^3_{S^{2-}} = C^3_{Cu_2S} = K^2_{Best.}\,K_L\,c^8_{CN^-}\,,$$

$$C_{Cu_2S} = \sqrt{K^2_{Best.}\,K_L\,c^8_{CN^-}}\,.$$

Die Löslichkeit von Cu_2S beträgt bei $c = 1$ M KCN demnach

$$C_{Cu_2S} = \sqrt[3]{10^{54,6}\,10^{-46,7}} = 10^{2,63}\ \text{mol/l}\,.$$

Die Beispiele b und c, die rechnerisch analog wie a behandelt wurden, sind Grundlage der Cu/Cd-Trennung über die Cyanokomplexe (s. S. 328).

In 1 M KCN fällt Cd^{2+} mit S^{2-} quantitativ ($C_{CdS} = 10^{-5,1}$ mol/l) während Cu^+ als $[Cu(CN)_4]^{3-}$ in Lösung bleibt ($C_{Cu_2S} = 10^{2,63}$ mol/l).

Die verschiedene Beständigkeit von Komplexen gegenüber Fällungsmitteln wird vielfach zur Trennung von Elementen herangezogen. Neben dem genannten Beispiel, sei die Trennung von Ni(II) und Co(III) (s. S. 260) genannt. Auch der Nachweis von Cl^- neben Br^- und J^- ist ein Beispiel für den Zusammenhang zwischen der Beständigkeitskonstante eines Komplexions und dem Löslichkeitsprodukt eines Niederschlages (s. Rk. 7, S. 154).

Oft entstehen bei der Chelatkomplexbildung, z. B. mit Äthylendiamintetraacetat, H_2Y^{2-} (s. S. 84), H^+-Ionen:

$$H_2Y^{2-} + Me^{2+} \leftrightharpoons MeY^{2-} + 2H^+\,,$$

$$H_2Y^{2-} + Me^{3} \leftrightharpoons MeY^{-} + 2H^+\,.$$

Die Lage der Gleichgewichte und damit auch die Komplexbeständigkeiten sind also pH-abhängig. Deshalb sind nur die sehr starken Chelatkomplexe mehrfach geladener Kationen im sauren Gebiet beständig, während große Kationen mit kleiner Ladung erst in neutralen oder alkalischen Pufferlösungen, die die entstandenen H^+-Ionen abfangen, Komplexe bilden.

2.7.4. Kinetische Stabilität

Für die Praxis ist neben den thermodynamischen Eigenschaften der Komplexe (Lage der Gleichgewichte) auch das kinetische Verhalten (Einstellung der Gleichgewichte) von Interesse. Das kinetische Verhalten der Komplexe wird durch die Reaktionsgeschwindigkeit bei Komplexumwandlungen bestimmt.

Man kann die Geschwindigkeit des Ligandenaustausches durch Anwendung radioaktiver Isotope, z.B. $^{36}Cl^-$, ermitteln:

$$[PtCl_6]^{2-} + {}^{36}Cl^- \rightarrow [PtCl_5{}^{36}Cl]^{2-} + Cl^-.$$

Zu einer $PtCl_6{}^{2-}$-Lösung gibt man radioaktive $H^{36}Cl$ und mißt nach bestimmten Zeitintervallen die Zunahme der Aktivität in den Fällungen des Komplexions als $K_2[PtCl_6]$.

Je nach der Reaktionsgeschwindigkeit des Ligandenaustausches spricht man von kinetisch labilen oder inerten Komplexen. Häufig sind kinetisch inerte Komplexe, also solche, mit sehr kleiner Ligandenaustauschgeschwindigkeit, auch thermodynamisch stabil, besitzen also große Beständigkeitskonstanten. Ein grundsätzlicher Zusammenhang besteht jedoch nicht. Während z.B. bei den Trioxalatokomplexen des Fe(III) und Al(III) ein außerordentlich schneller Ligandenaustausch beobachtet wird, ist er bei den entsprechenden Komplexen des Co(III) und Cr(III) unmeßbar klein, obgleich diese vier Komplexe große Beständigkeitskonstanten aufweisen. Da die meisten Chrom(III)-Komplexe inert sind, ist es verständlich, daß bei den Chloroaquokomplexen $[CrCl(H_2O)_5]Cl_2$ und $[CrCl_2(H_2O)_4]Cl$ (s. S. 278) durch Ag^+-Ionen nur das nicht komplexgebundene Cl^- sofort als AgCl ausgefällt wird. Die Cl^--Liganden werden dagegen nur langsam gegen H_2O ausgetauscht.

2.7.5. Chemische Bindung in Komplexen

Nachdem man in den Anfängen der Koordinationslehre die Bildung von Komplexverbindungen durch Betätigung sogenannter Nebenvalenzen zu erklären suchte, gab *Kossel* (1916) eine Deutung auf elektrostatischer Grundlage. *Sidgwick* (1923) vertrat die Auffassung, daß die Liganden, die ein oder mehrere freie Elektronenpaare besitzen wie $|NH_3$, $H_2\overline{\underline{O}}$ und $|C{\equiv}N|^-$ durch koordinative Atombindung (s. S. 20) an das Zentralion gebunden werden. Nach *Biltz* bezeichnet man die durch elektrostatische Kräfte gebildeten Komplexe als Anlagerungskomplexe, die durch koordinative Kräfte entstanden als Durchdringungskomplexe, weil sich die Elektronenhüllen der Partner durchdringen. Diese Einteilung ist zwar sehr formal und charakterisiert nur Grenzfälle, zwischen denen Übergänge liegen, die wirklich vorkommen. Dennoch hat sich das Modell der elektrostatischen und kovalenten Betrachtungsweise als sehr fruchtbar erwiesen.

2.7.5.1. Ionenbindung

Bei der Annahme, daß BF_3 aus B^{3+}- und F^--Ionen und $PtCl_4$ aus Pt^{4+} und Cl^--Ionen aufgebaut ist, läßt sich durch Berechnung der Anziehung und Abstoßung nach dem

*Coulomb*schen Gesetz zeigen, daß durch Aufnahme von einem F^- zu $[BF_4]^-$ bzw. von $2\,Cl^-$ zu $[PtCl_6]^{2-}$ Energie frei wird, dagegen müßte zur Anlagerung noch weiterer Ionen Energie aufgewendet werden. Da die ionogenen Bindungen nicht gerichtet sind, sich die Liganden aber gegenseitig abstoßen, ergibt sich die regelmäßige räumliche Anordnung z.B. in Form des Tetraeders oder Oktaeders.

Da die *Coulomb*sche Anziehungskraft (s. S. 12) proportional der Ladung und umgekehrt proportional dem Quadrat des Abstandes der Ionen ist, sind vorwiegend hochgeladene kleine Übergangsmetallkationen als Zentralionen zu finden. Dagegen ist die Neigung zur Komplexbildung bei den verhältnismäßig großen Alkaliionen nur klein. Auch die Bindung neutraler Moleküle, die ein Dipolmoment besitzen, kann elektrostatisch erklärt werden, allerdings sollten Ionen-Dipolbindungen weniger fest sein, was bei vielen Aquo- oder Amminkomplexen der Fall ist. Kleine Kationen hoher Ladung vermögen jedoch durch ihre starke polarisierende Wirkung noch ein zusätzliches Dipolmoment zu induzieren. Daraus erklärt sich die zum Teil recht hohe Beständigkeit der Ammin- und Aquokomplexe vieler Übergangsmetallkationen.

2.7.5.2. Koordinative Atombindung

Obgleich die elektrostatische Betrachtungsweise für die Koordinationslehre sehr befruchtend war, vermag sie einige Tatsachen nicht zu erklären, z.B. die Bildung stabiler Carbonyle, da das CO kaum ein Dipolmoment aufweist. Ebenso bleibt die quadratisch planare Anordnung der 4 Liganden bei vielen Pt(II)- und Ni(II)-Komplexen unverständlich, da die tetraedrische Konfiguration günstiger erscheint. Dabei handelt es sich offenbar um gerichtete Atombindungen.

Ein Metallion kann als Acceptor für freie Elektronenpaare von Ionen oder Molekülen mit abgeschlossener Elektronenschale, wie $|\overline{\underline{Cl}}|^-$, $|C{\equiv}N|^-$ oder $|NH_3$ wirken. Indem das Zentralion an den Elektronenpaaren seiner Liganden anteilig wird, kommt es zur Ausbildung koordinativer Bindungen (s. S. 20). Neben räumlichen Gründen wird die Koordinationszahl auch durch die Tendenz des Zentralions bestimmt, zusammen mit den bindenden Elektronenpaaren möglichst die Konfiguration des nächsten Edelgases zu erreichen.

Im Hexamminkobalt(III)-Ion, $[Co(NH_3)_6]^{3+}$, besitzt das Co(III) (Ordnungszahl 27) 24 Elektronen und erreicht mit den $6 \cdot 2 = 12$ Elektronen seiner 6 Liganden die Elektronenzahl 36, d.h. die Zahl der Elektronen des Edelgases Krypton. Im $[Fe(CN)_6]^{4-}$ erreicht Fe(II) (Ordnungszahl 26) mit $24 + 6 \cdot 2 = 36$ ebenfalls die Elektronenschale des Kryptons. Entsprechende Berechnungen lassen sich auch für $[PtCl_6]^{2-}$ durchführen.

Häufig wird jedoch die Elektronenzahl des nächsthöheren Edelgases nur annähernd erreicht. Die Ursachen dafür können verschiedener Natur sein. In einigen Fällen läßt die ungerade Gesamtelektronenzahl des Zentralions die Bildung der stets geradzahligen Edelgasschale nicht zu. Das ist z.B. beim $[Fe(CN)_6]^{3-}$-Ion der Fall. Das Komplexion erreicht mit $23 + 6 \cdot 2 = 35$ Elektronen nicht ganz die Kryptonkonfiguration. Es ist demzufolge auch instabiler (Oxidationsmittel) als das äußerst stabile $[Fe(CN_6]^{4-}$-Ion mit Kryptonschale.

Eine Deutungsmöglichkeit für die Bildung von Atombindungen in Komplexen bietet die „valence-bond"-Methode von *Pauling* (s. S. 13). Danach kommt es zur Bildung gerichteter kovalenter Bindungen, wenn unbesetzte Hybridorbitale des Zentralions mit einem Orbital der Liganden, das mit zwei freien Elektronen besetzt ist, in Wechselwirkung treten. Die Verhältnisse lassen sich am besten an der Komplexbildung der Übergangsmetalle erklären.

Wertvolle Aufschlüsse über die Elektronenkonfiguration sowohl in nackten Ionen als auch in Komplexen gewinnt man aus magnetischen Messungen. So findet man bei allen Verbindungen die nur gepaarte Elektronen mit antiparallelem Spin enthalten, stets Diamagnetismus, während ungepaarte Elektronen mit parallelem Spin zu Paramagnetismus führen, aus dessen Größe man ungefähr die Zahl der ungepaarten Elektronen entnehmen kann.

Auf die Hybridisierung von *s*- und *p*-Zuständen wurde schon bei der Atombindung eingegangen (s. S. 17). Damit läßt sich also eine tetraedrische Anordnung von 4 Liganden durch sp^3-Hybridisierung erklären.

Sechs gleichwertige Bindungen, die nach den Ecken eines Oktaeders gerichtet sind, entstehen durch Hybridisierung von zwei *d*-, einem *s*- und drei *p*-Zuständen. Bei der Koordinationszahl 6 ist also d^2sp^3- oder sp^3d^2-Hybridisierung zu erwarten.

Die Hybridisierung von einem $d_{x^2-y^2}$-Zustand und den p_x- und p_y-Zuständen, die alle drei in einer Ebene liegen, sowie einem *s*-Zustand, führt zu einem dsp^2-Hybrid, bei dem 4 gleichwertige Bindungen nach den Ecken eines Quadrates gerichtet sind. Dieser Fall liegt also bei quadratisch planarer Anordnung von 4 Liganden vor.

In der Tab. 10 ist die Elektronenanordnung in einigen freien Übergangsmetallkationen und in ihren Komplexen schematisch dargestellt.

Tabelle 10. Elektronenanordnung in einigen Übergangsmetallionen und -komplexen nach der „valence-bond"-Theorie

Freies Ion bzw. Zentralatom	Elektronenanordnung 3*d* 4*s* 4*p*	Zahl der ungepaarten Elektronen	Magnetismus	Räumliche Konfiguration
Cr^{3+}		3	paramagnetisch	
$[Cr(CN)_6]^{3-}$	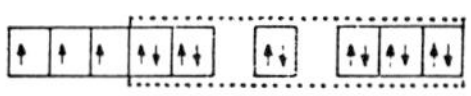	3	paramagnetisch	d^2sp^3, Oktaeder
Fe^{3+}		5	paramagnetisch	
$[Fe(CN)_6]^{3-}$	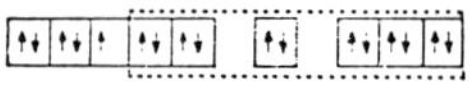	1	paramagnetisch	d^2sp^3, Oktaeder
Fe^{2+}		4	paramagnetisch	
$[Fe(CN)_6]^{4-}$	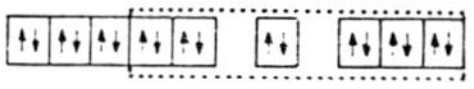	0	diamagnetisch	d^2sp^3, Oktaeder
Ni^{2+}		2	paramagnetisch	
$[Ni(CN)_4]^{2-}$	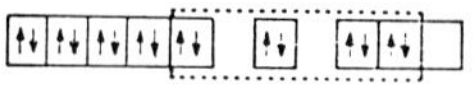	0	diamagnetisch	dsp^2, quadratisch planar
Cu^{+}		0	diamagnetisch	
$[Cu(CN)_4]^{3-}$	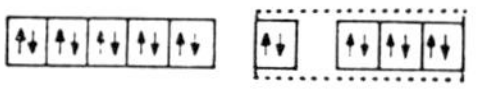	0	diamagnetisch	sp^3, Tetraeder

Wie Tab. 10 zeigt, haben alle Übergangsmetallkationen, die höchstens drei *d*-Elektronen besitzen, mindestens zwei freie *d*-Orbitale, die nach d^2sp^3-Hybridisierung unter Bildung eines Oktaederkomplexes die Aufnahme von 6 Liganden gestattet. Bei den Kationen mit mehr als drei *d*-Elektronen werden gemäß dem *Hund*schen Prinzip (s. S. 9) zunächst alle *d*-Zustände einfach besetzt, wie das z.B. aus dem hohen Paramagnetismus des freien Fe^{3+}-Ions abzuleiten ist. Bei der Bildung des starken Cyanokomplexes werden diese Elektronen unter Spinpaarung zusammengedrängt, so daß wiederum zwei freie *d*-Orbitale zur d^2sp^3-Hybridbildung zur Verfügung stehen. Das eine ungepaarte Elektron verursacht im $[Fe(CN)_6]^{3-}$-Komplex schwachen Paramagnetisums. Fe^{2+} besitzt ein Elektron mehr. Nach der Komplexbildung sind alle Elektronen gepaart, es resultiert Diamagnetismus. Beim Ni^{2+} und 8*d*-Elektronen steht nach Spinpaarung nur ein freies *d*-Orbital zur Verfügung. Die zur Oktaederkonfiguration führende d^2sp^3-Hybridisierung ist nicht mehr möglich. Es bildet sich vielmehr ein *dsp*²-Hybrid, der die quadratisch planare Anordnung von 4 Liganden im $[Ni(CN)_4]^{2-}$-Komplex bedingt. Da alle Elektronen gepaart sind, beobachtet man Diamagnetismus. Bei Cu^+-Ion sind alle *d*-Orbitale besetzt. Durch *sp*³-Hybridbildung kommt es zur Bildung des Tetraederkomplexes $[Cu(CN)_4]^{3-}$.

In jüngerer Zeit erbrachten die Ligandenfeldtheorie und die „molecular-orbital"-Methode (s. S. 13) weiteren Aufschluß über die Bindungsverhältnisse in Komplexen. Nach diesen Theorien können z.B. die Absorptionsspektren vieler Komplexe gedeutet und teilweise sogar durch Anwendung der Quantenmechanik berechnet werden.

2.8. Kolloidchemie und Chemie der Grenzflächen

Unter gewissen Bedingungen scheiden sich Niederschläge in so feiner Verteilung ab, daß die Lösung homogen erscheint. Weder durch Filtration noch Absetzen wird eine feste Phase erlangt. Im gewöhnlichen Mikroskop sind keine festen Teilchen zu unterscheiden.

Eine derartige feine Verteilung nennt man kolloide Verteilung, die Lösung Kolloidlösung. Mitbegründer der Kolloidchemie ist *Graham* (1861).

Für den Analytiker sind die in Lösung vor sich gehenden kolloidchemischen Erscheinungen von erheblicher Bedeutung, und zwar hinsichtlich der quantitativen Abscheidung amorpher Niederschläge und der „Mitfällung" unerwünschter Ionen.

2.8.1. Größe und Oberfläche der Teilchen

In gewöhnlichen „echten" Lösungen liegen die gelösten Stoffe in molekulardisperser Verteilung entweder als Ionen oder Moleküle vor. Die einzelnen Teilchen haben eine Größe von 1–10 Å (10^{-8}–10^{-7} cm). Teilchen in der Größenordnung von 10–1000 Å (10^{-7}–10^{-5} cm) bilden mit dem Dispersionsmittel kolloidale Lösungen. Größere Teilchen (1–100 µm = 10^{-4}–10^{-2} cm) geben Suspensionen. Die Teilchen setzen sich auf Grund ihrer Schwere mehr oder weniger schnell ab.

Die Oberfläche eines im kolloidalem Zustand befindlichen Stoffes erreicht für die Volumeneinheit eine Ausdehnung von 60–6000 m².

Die kolloidalen Teilchen sind von der gleichen Größenordnung wie die Wellenlängen des sichtbaren Lichtes oder kleiner. Man kann sie unter dem gewöhnlichen Mikroskop nicht mehr beobachten. Ein durch die Kolloidlösung hindurchtretender Lichtstrahl zeigt jedoch das *Tyndall*-Phänomen. An den Kolloidteilchen wird das Licht gebeugt. Zur Untersuchung geeignet ist jedoch das Ultramikroskop (*Zsigmondy*, *Siedetopf* 1903). Man betrachtet den *Tyndall*-Kegel senkrecht zum einfallenden Lichtstrahl. Sehr häufig geben sich dann die Einzelteilchen durch ihre Beugungskegel zu erkennen.

Versuch: *Tyndall*-Phänomen.

Man schickt einen Lichtstrahl durch a) eine „echte" Lösung und b) eine kolloidale Lösung gleicher Farbintensität.

a) 0,5 M $K_2Cr_2O_7$-Lsg.

b) V_2O_5-Sol (s. auch S. 483).

Man verreibt 0,5 g NH_4VO_3 mit 5 ml 2 M HCl und bringt den roten Nd. auf ein Filter. Der Nd. wird mit H_2O so lange gewaschen, bis er dunkelrot durchzulaufen beginnt (Peptisation), und dann mit 200 ml H_2O in einem Kolben gespült. Nach ca. 24 Std. ist eine klare dunkelrote Lösung entstanden, von der man einen Teil so weit mit H_2O verdünnt, bis die Farbe der der $K_2Cr_2O_7$-Lösung gleicht.

2.8.2. Bildung und Herstellung von Kolloidlösungen

Eine Anzahl Stoffe tritt nur kolloid auf. Sie werden Eukokolloide genannt (Gelatine, Leim). Jedoch können auch alle anderen Stoffe in den kolloidalen Zustand überführt werden, wenn sie in dem betreffenden Dispersionsmittel schwerlöslich sind und eine geringe Oberflächenspannung aufweisen (s. Kap. 2.4.5.1.).

Hergestellt werden Kolloidlösungen durch Aggregation molekularer Teilchen (Herabsetzen der Löslichkeit, chemische Reaktion) oder Dispersion fester Stoffe (mechanische Zerkleinerung in der Kolloidmühle, elektrische Zerstäubung von Metallen).

Versuch: Herstellung eines Schwefel-Sols (Herabsetzen der Löslichkeit).

Eine Lösung von rhombischem Schwefel in Äthylalkohol gibt man tropfenweise in Wasser. Das entstehende Schwefelsol ist trüb und wenig beständig.

Versuch: Herstellung von Gold-Solen (Chemische Reaktion).

a) Rotes Gold-Sol
In 100 ml siedendes H_2O werden 10 ml 0,1%ige Goldchloridlsg., 1 ml 0,1 M K_2CO_3-Lsg. und 1 ml 0,5%ige Traubenzuckerlsg. gegeben. Nach kurzer Zeit entsteht ein hochrotes Sol.

b) Blaues Gold-Sol
Zu 100 ml H_2O fügt man in der Kälte 1 ml 0,1%ige Goldchloridlsg. und einige Tr. 0,05%ige Hydrazinsulfatlsg. Es entsteht sofort ein blaues Sol.

Allgemein gilt die Farbe-Dispersitätsgrad-Regel von *Wolfgang Ostwald:* Das Absorptionsmaximum des Lichtes verschiebt sich mit abnehmender Teilchengröße nach größeren Wellenlängen.

Über die präparative Darstellung einiger Sole s. S. 482f.

2.8.3. Stabilität kolloiddisperser Systeme

Die Stabilität kolloiddisperser Systeme ist auf die an der großen Oberfläche erfolgende Adsorption zurückzuführen.

Eine Aggregation der Teilchen, die auf Grund der Kohäsionskräfte eintreten müßte, wird durch die Adsorptionsschicht behindert.

Es gibt zwei durch Übergänge gekennzeichnete Möglichkeiten:

a) Eine Solvathülle (Hydrathülle) erschwert die Annäherung der einzelnen Teilchen. Solche Kolloide werden als lyophil (hydrophil) bezeichnet.

b) Die einzelnen Teilchen sind gleichsinnig geladen.

Eine elektrische Aufladung der Teilchen wird entweder durch Abgabe von Ionen in die Lösung oder durch Adsorption von Ionen aus derselben bewirkt.

Die stabilisierende Wirkung von Adsorptivionen wird bei lyophoben (hydrophoben) Kolloiden beobachtet.

2.8.3.1. Hydrophobe Kolloide

Anorganische hydrophobe Kolloide bilden z.B. Metalle, Metallsulfide, Silberhalogenide.

An der Oberfläche solcher Kolloide befindet sich eine Ionenschicht. Sie ist so fest gebunden, daß sie sogar eine unvollständige Hydrathülle aufweist. Weiter entfernt von dieser ist die aus Gegenionen bestehende Schicht angeordnet.

Beispiele:

a) As_2S_3-Kolloidteilchen sorbieren HS^--Ionen und laden sich somit negativ auf (Abb. 28).

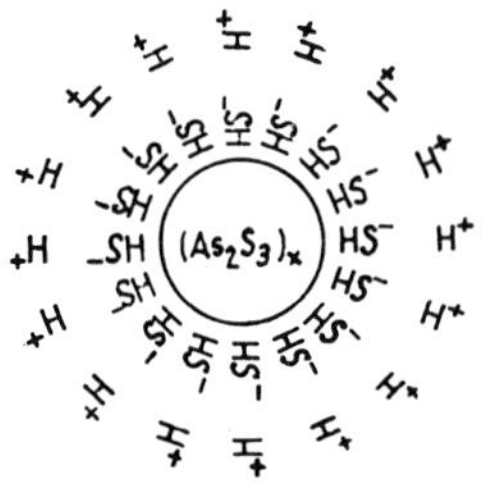

Abb. 28. As_2S_3-Kolloidteilchen

Versuch: Darstellung und Verhalten von Arsentrisulfid-Sol.

Arsentrisulfid neigt in schwach sauren Lösungen zur Kolloidbildung.

Man erhitze etwas As_2O_3 mit Wasser. Es löst sich ein wenig unter Bldg. von arseniger Säure. Man filtriere ab und leite Schwefelwasserstoff ein. Es entsteht eine gelbe, kolloide Lsg. von As_2S_3. Beim Ansäuern mit HCl flockt As_2S_3 gelb aus.

b) Schwerlösliches AgCl bindet überschüssige Cl^--Ionen bzw. Ag^+-Ionen und lädt sich damit negativ bzw. positiv auf (s. S. 95).

2.8.3.2. Hydrophile Kolloide

Anorganische hydrophile Kolloide sind u.a. Kieselsäure, Zinn(IV)-oxidhydrat und weitere Schwermetallhydroxide.

Eisen(III)-Hydroxidsol dissoziiert gleichzeitig infolge Bildung von Isopolybasen in Ionen. Es liegen Isopolykationen vor (s. S. 268).

Versuch: Darstellung von Eisen(III)-Hydroxidsol s. S. 95 und S. 482.

2.8.4. Koagulation und Peptisation

Flockung oder Koagulation bedeutet Trennung des dispersen Stoffes vom Dispersionsmittel. Da sich die freie Oberfläche verringert, liegt ein exothermer Vorgang vor.

2.8.4.1. Koagulation geladener Teilchen

Ein Koagulieren geladener Kolloide erfolgt durch Aufhebung der Ladung. Der Punkt, an dem die Ladung gerade aufgehoben ist, wird isoelektrischer Punkt genannt.

So werden die unter dem Einfluß des elektrischen Stromes wandernden Teilchen (Elektrophorese) an den entsprechenden Elektroden entladen. Die Flockung kann auch durch Elektrolytzusatz erreicht werden. Hinsichtlich der Flockungswirkung ist jedoch nur das Ion mit der zum Kolloid entgegengesetzten Ladung maßgebend. Bei Elektrolytzusatz koagulieren demnach Kationen negativ geladener Kolloidteilchen (Edelmetalle; Metallsulfide; Kieselsäure; Molybdänblau), Anionen positiv geladener Teilchen (Eisen-, Aluminium-, Chrom-, Cerhydroxid). Die Ionengleichgewichte, die sich zwischen der Oberfläche der Kolloidteilchen und der Lösung einstellen, sind wie bei den Ionenaustauschern (s. S. 124) von der Konzentration und der Bindungsfestigkeit abhängig. Entsprechend nimmt die koagulierende Wirkung von Elektrolyten mit der Konzentration zu und steigt erheblich mit der Ladung der die Flockung hervorrufenden Kationen bzw. Anionen (Flockungsreihen nach *Hofmeister* und *Schulz-Hardy*).

Wird der isoelektrische Punkt überschritten, so kommt es oft zur Wiederaufladung, jetzt jedoch mit entgegengesetztem Vorzeichen. Geht der Vorgang schnell vor sich, so kann die Flockung unterbleiben. Versetzt man z.B. eine Cl^--Lösung tropfenweise mit Ag^+-Ionen, so bindet das zuerst gebildete AgCl überschüssige Cl^--Ionen (schematisch $[(AgCl)_xCl^-]^-$), am isoelektrischen Punkt liegt ungeladenes AgCl vor, beim Überschuß von Ag^+ laden sich die Teilchen positiv auf (schematisch $[(AgCl)_yAg^+]^+$).

Weiterhin kann die Dissoziation des an der Oberfläche des Kolloids adsorbierten schwachen Elektrolyten zurückgedrängt werden. Wird z.B. in dem hergestellten As_2S_3-Sol durch Zugabe von Säure die H^+-Konzentration erhöht, so bilden die HS^--Ionen undissoziiertes H_2S, die Oberflächenladung verschwindet und die Teilchen flocken aus.

Außerdem tritt Flockung bei Zugabe gegensinnig geladener Kolloidteilchen ein.

Versuch: Flockung gegensinnig geladener Kolloidteilchen.

Positiv aufgeladene $(FeOOH)_x$-Kolloidteilchen geben mit negativ aufgeladenen $(As_2S_3)_y$-Kolloidteilchen eine Flockung.

Man verwende entweder das auf S. 482 beschriebene Eisen(III)-hydroxidsol bzw. stelle sich ein solches durch Eingießen von schwach salzsaurer Eisen(III)-chlorid-Lösung in siedendes W. her. Es entsteht eine dunkelrotbraune Lösung. Wird dieses Kolloidsol mit dem auf S. 94 beschriebenen $(As_2S_3)_y$-Sol vereinigt, bildet sich ein brauner Niederschlag.

2.8.4.2. Koagulation ungeladener Teilchen

Hydrophile Kolloide koagulieren nur dann, wenn man eine beträchtliche Menge eines Elektrolyten zusetzt. Nicht nur die Umladung der Oberfläche, sondern eine Entziehung des Wassers ruft das Flocken hervor. Die hochkonzentrierten Fremdelektrolyte benötigen zum Aufbau ihrer eigenen Hydrathülle das am Kolloid befindliche Wasser. Die stabilisierende Wasserhülle verschwindet, und das Kolloid wird ausgesalzen. Die Kolloidteilchen binden jedoch den letzten Teil des Wassers sehr fest. Es scheidet sich aus dem Sol ein wasserreiches Gel aus.

2.8.4.3. Schutzkolloide

Schutzkolloide sind hydrophile Kolloide, die hydrophobe Kolloidteilchen, die stark elektrolytempfindlich sind, umhüllen. Somit wird eine Annäherung verhindert. Schutzkolloide sind u.a. Zinnoxidhydrat, Gelatine, Gummi arabicum, Dextrin, Stärke.

Versuch: *Cassius*scher Goldpurpur s. S. 343 und S. 353.

2.8.4.4. Peptisation

Die reversible Überführung der Aggregate (Gele) in den Solzustand nennt man Peptisation.

Wird von der Oberfläche des Gels hydrophiler Kolloide der die Koagulation verursachende Elektrolyt mit Wasser ausgewaschen, so kann sich die Hydrathülle wieder ausbilden. Der Niederschlag geht kolloid in Lösung. Daher wäscht man oft die Niederschläge nicht mit reinem Wasser, sondern mit der Lösung eines leicht entfernbaren Elektrolyten.

Eine Peptisation kann auch bei hydrophoben Niederschlägen erfolgen. Zum Beispiel laden sich AgJ-Teilchen beim Behandeln mit KJ negativ auf (vgl. S. 95), und es kommt zur Peptisation.

2.8.5. Alterung

Der Begriff „Alterung" der Niederschläge faßt mehrere Erscheinungen zusammen: Umkristallisation unter der Mutterlauge, Änderung der Kristallform, Kondensationsvorgänge bei Gelen unter Wasseraustritt.

Durch die Umkristallisation wachsen die großen Kristalle auf Kosten der kleinen (s. S. 30). Dadurch wird die Gesamtoberfläche geringer, der Niederschlag besser filtrierbar und die Selbstreinigung gefördert.

Bildet die Verbindung mehrere Kristallformen, so scheidet sich oft die energiereiche (instabilere) aus (*Ostwald*sche Stufenregel s. S. 51). Sie kann sich beim Stehen und Erwärmen in die energieärmere umwandeln.

Die Kolloide können aus kleinen Kristallen (z.B. Metalle) oder amorphen Gelen [Hydroxide des Fe(III), Al(III), Cr(III)] bestehen. Bei gelartigen, viel Lösungsmittel enthaltenden Niederschlägen ist das Altern verbunden mit Kondensations- und Kristallisationsvorgängen, Wasserabgabe, sowie Verminderung der Gesamtoberfläche. Verbunden hiermit ist eine Abschwächung der Adsorptions- und Peptisationsfähigkeit, der Lösungsgeschwindigkeit in Säuren bzw. bei amphoteren Hydroxiden in Basen.

Aus den Hydroxid-Gelen kann das kapillar gebundene Wasser nur durch Anwendung höherer Temperaturen entfernt werden. Gleichzeitig wird jedoch auch das chemisch gebundene Wasser abgespalten und das Oxid gebildet.

2.8.6. Verunreinigung der Niederschläge – Mitfällung

Bedingt durch die chemische Natur und die große Oberflächenentwicklung der Niederschläge können Fremdionen mitgerissen werden.

Bei der „Mitfällung" gelangen die Fremdionen im Laufe der Abscheidung in den Niederschlag. Ein anderer Teil der Verunreinigungen kommt erst nach der Abscheidung, durch „Mitfällung", meist an die Oberfläche des Niederschlages. So kann z.B. eine quantitative Trennung, die auf Grund der Löslichkeitsverhältnisse möglich sein müßte, nur unter bestimmten Vorsichtsmaßregeln oder gar nicht durchgeführt werden.

Die Mitfällungen von Fremdionen können grundsätzlich auf mehrere Ursachen zurückgeführt werden.

2.8.6.1. Adsorption

Verunreinigungen durch Adsorption treten besonders bei gelartigen Niederschlägen auf. Hierbei spielt die Oberflächenentwicklung, bedingt durch den Zeitraum des Fällungsvorganges, eine Rolle. Die Grenzflächen kolloidaler Teilchen bilden eine elektrische Doppelschicht aus. Abb. 29 zeigt schematisch die Ladungsverteilung an einer Grenzfläche, deren innere Ladungsschicht positiv ist.

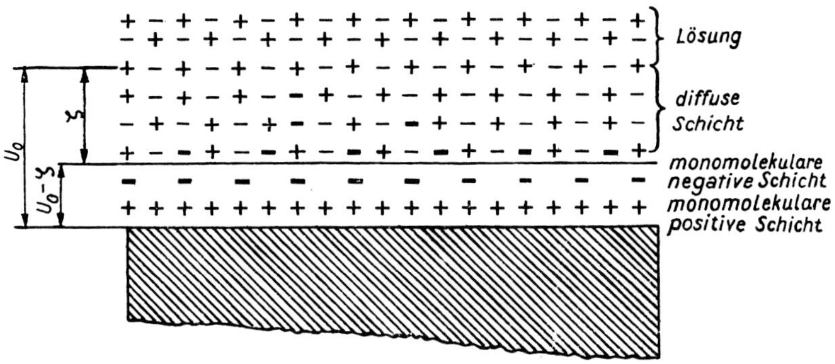

Abb. 29. Ladungsverteilung an einer Grenzfläche nach dem Modell von *Stern*. ζ = Potentialgefälle in der beweglichen diffusen Schicht (ζ-Potential), u_0 = gesamtes Potentialgefälle in der Grenzfläche

Die Oberflächenladung der festen Phase wird auf der Lösungsseite durch negativ geladene Ionen kompensiert. Man kann sich zwei Schichten vorstellen. Eine monomolekulare Schicht auf der Oberfläche besteht nur aus negativ geladenen Ionen. In der zweiten Schicht nimmt die räumliche Ladungsdichte der negativ geladenen Ionen exponentiell ab. Erst in einem gewissen Abstand umgibt eine neutrale Atmosphäre das Teilchen. Der Nullwert des ζ-Potentials ist identisch mit dem isoelektrischen Punkt. Diese Adsorptionsvorgänge erfolgen im allgemeinen sehr schnell. Es stellt sich ein von der Konzentration der Ionen in der Lösung und der Temperatur abhängiges reversibles Gleichgewicht zwischen den in der Grenzschicht adsorbierten und den in der Lösung befindlichen Ionen ein. Es gelten die Adsorptionsisothermen nach *Freundlich* und *Langmuir* (Abb. 30).

Aufgetragen ist die Konzentration in der Lösung c gegen die Konzentration auf der Oberfläche $\mathfrak{c}$ $\left(\frac{\text{adsorbierte Menge}}{\text{1 g feste Phase}}\right)$ bei Gleichgewichtseinstellung.

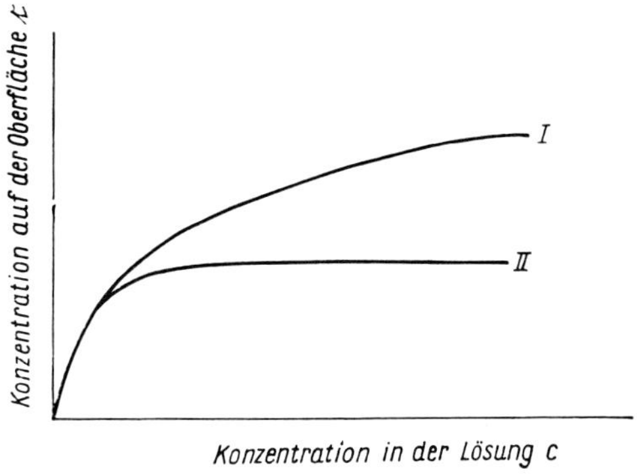

Abb. 30. Adsorptionsisothermen nach *Freundlich* (I), *Langmuir* (II)

Adsorptionsisothermen nach Freundlich und Langmuir

Die empirische Beziehung von *Freundlich* lautet:

$$c_{\text{Oberfläche}} = k \cdot c^n_{\text{Lösung}} \, .$$

k und n = Konstanten ($n < 1$).

Der theoretisch begründete Ansatz von *Langmuir* beschreibt auch die bei höherer Konzentration eintretende Sättigung der Oberfläche; vorausgesetzt werden monomolekulare Adsorptionsschichten:

$$c = \frac{c_\infty \cdot b \cdot c}{1 + b \cdot c} \, .$$

c_∞ = Konzentration in der vollständig gesättigten Oberfläche bei monomolekularer Schicht,

b = Konstante.

Sonderfälle

Bei kleiner Konzentration von c ($c \ll b$) erhält man:

$$c = c_\infty \cdot b \cdot c \, .$$

Die Isotherme liefert eine den Ursprung durchschreitende Gerade.

Bei großer Konzentration c ($c \gg b$) wird

$$c = c_\infty \, .$$

Im Gebiet der gesättigten Oberfläche verläuft die Isotherme parallel zur Abszisse.

Bedingt durch den oft steilen Anstieg der Isotherme bei kleinen Konzentrationen c sind letzte Spuren des adsorbierten Stoffes durch Auswaschen nur schwer zu entfernen. Adsorbierte Ionen lassen sich meist leichter durch andere von der Oberfläche verdrängen (Ionenaustausch).

Allgemeine Regeln: a) Je höher die Ladung einer Ionenart ist, desto stärker wird sie adsorbiert (*Kolthoff*). b) Starke Adsorption tritt ein, wenn der Niederschlag schon Überschuß-gitterionen enthält, deren Ladung derjenigen der Adsorptivionen entgegengesetzt ist. Wasserstoffionen werden infolge ihrer geringen Größe und ihrer großen spezifischen Ladung besonders stark adsorbiert. Sie verdrängen leicht größere positive Ionen aus der Adsorptionsschicht. c) Von den in der Lösung befindlichen Ionenarten wird diejenige am stärksten adsorbiert, die mit einem der Eigenionen des Niederschlages die schwerlöslichste Verbindung liefert (*Paneth-Fajans*sche Regel). Ein durch Eigenionenüberschuß gefällter Niederschlag wird also das dem Niederschlag gemeinsame Ion am stärksten adsorbieren (Beispiel: AgCl s. S. 95). d) Weiterhin spielen die Ionengrößen und die polarisierenden Eigenschaften des zu adsorbierenden Fremdions eine Rolle. Für die Bindungsstärke eines Ions an einer Oberfläche (z. B. diejenige des Anions A_2^- mit dem Kation M^+) sind einerseits die Anziehungskräfte zwischen dem Ion und entgegengesetzt geladenen Ion des Gitters (Abb. 31a), andererseits die Abstoßungskräfte zwischen den gleichgeladenen Ionen (Abb. 31b) maßgebend.

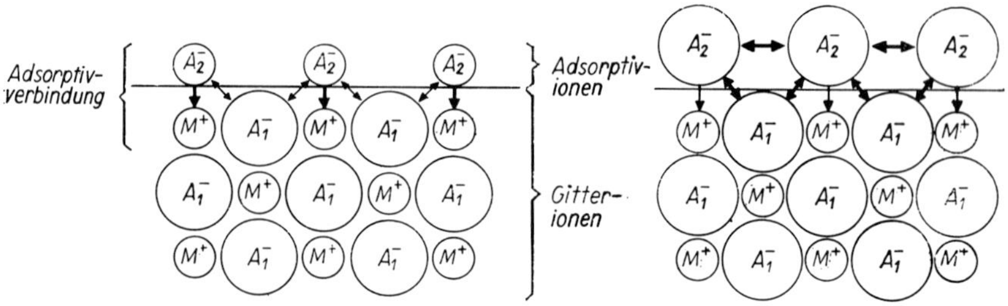

Abb. 31a und 31b. Adsorption (→) entgegengesetzt geladener ($A_2^- \rightarrow M^+$) und Abstoßung (←→) gleichgeladener Ionen ($A_2^- \leftrightarrow A_1^-$) an der Oberfläche eines Kristallgitters (schematische Darstellung). 31a. Kleine Adsorptivionen, gute Adsorption. 31b. Große Adsorptivionen, schlechte Adsorption

Die Adsorption nimmt mit steigender Ionengröße ab, da sich die Abstoßung durch gleichgeladene Ionen am Gitter stärker bemerkbar macht.

Üben die entgegengesetzt geladenen gittereigenen Ionen auf die Adsorptivionen einen starken polarisierenden Einfluß aus, so besitzen letztere auch ein starkes Anlagerungsbestreben (Abb. 31c).

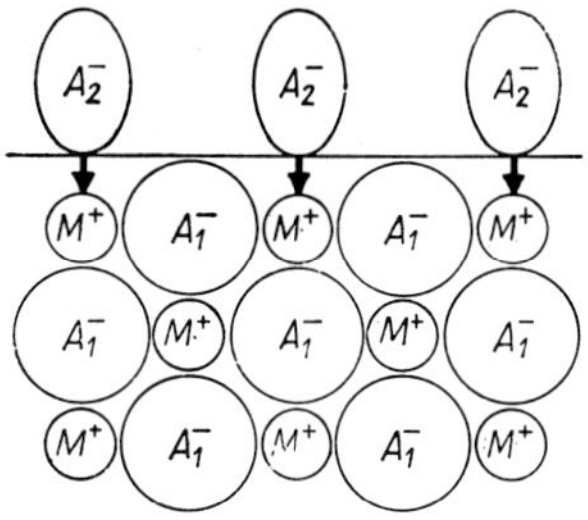

Abb. 31c. Polarisationserscheinungen bei der Adsorption der Anionen A_2^- an der Oberfläche eines Kristallgitters (schematische Darstellung)

Erscheinungen, die im Widerspruch zu den Voraussetzungen für eine Ionen-Adsorption stehen, finden ihre Erklärung durch die sog. Kolloidadsorption. Meist liegt die mitgerissene Verbindung durch hydrolytische Spaltung in geringen Mengen in kolloider Form vor. Diese kolloid gelösten Bestandteile werden beinahe auf jeder Oberfläche adsorbiert.

2.8.6.2. Okklusion

Fremdstoffe werden im Kristallinnern im Verlauf des Kristallwachstums entweder durch mechanische Umhüllung (Okklusion) oder als „Feste Lösung“ bzw. Mischkristallbildung eingeschlossen.

Okklusion im engeren Sinn liegt vor, wenn der Kristall z.B. beim Wachstum Mutterlauge einschließt. Fremde Ionen können auch in das Kristallgitter des Niederschlages eingebaut werden. Die in den Gitterpunkten des Niederschlagskristalls befindlichen Ionen werden mehr oder weniger durch fremde Ionen ersetzt.

Es kann sich entweder eine „feste Lösung“ (heterogener Einbau in das Gitter oder Mischkristalle (homogener Einbau in das Gitter) ausbilden.

Eine „feste Lösung“ durch Einbau von Fremdionen wird bei schneller Fällung aus kalter Lösung erhalten. Die gebildeten kleinen Kristalle adsorbieren an ihrer Oberfläche Fremdionen und wachsen weiter. Die Menge der eingebauten Fremdionen hängt von der Selektivität der Oberfläche für diese Ionen ab. Die im Niederschlag eingebauten Verunreinigungen verursachen im Gitter eine innere Spannung. Sie können deshalb durch Umkristallisation entfernt werden.

Mischkristallbildung tritt vorwiegend ein, wenn Ionen ähnlicher Größe und Struktur gemeinsam gefällt werden. Eine Übereinstimmung der Ionen in den chemischen und physikalischen Eigenschaften ist jedoch nicht erforderlich. Mischkristalle bilden sich demnach aus isomorphen Verbindungen, die sich in den Abmessungen ihrer Kristallgitter ähneln (Beispiele: $n\,BaSO_4 \cdot m\,KMnO_4$; $x\,MgNH_4PO_4 \cdot y\,MgNH_4AsO_4$).

Versuch: Mischkristallbildung $n\,BaSO_4 \cdot m\,KMnO_4$ (s. auch S. 182).

Aus einer Mischung von je 5 ml 1 N H_2SO_4 und 1 N $KMnO_4$-Lsg. wird mit 15 ml 1 M $BaCl_2$-Lösung gefällt. Das überschüssige $KMnO_4$ wird mit 5 ml 1 N Oxalsäure, die erwärmt wurde, reduziert. Die Reduktion benötigt einige Minuten. Der zurückbleibende Niederschlag von $n\,BaSO_4 \cdot m\,KMnO_4$ ist rosa gefärbt.

Durch Umfällen kann der Niederschlag nur in sehr geringem Maße von Fremdstoffen, die Mischkristalle bilden, befreit werden. Trennung kann jedoch durch Änderung der Oxidationsstufe erzielt werden (Beispiel: Reduktion $MnO_4^- \rightarrow Mn^{2+}$).

2.8.6.3. Definierte chemische Verbindungen

Hierzu gehören die Bildung von schwerlöslichen Verbindungen zwischen Ion und Niederschlag sowie Einschlußverbindungen. Als Beispiele für schwerlösliche Verbindungen zwischen Ion und Niederschlag seien genannt:

a) Bei der Fällung von $MnO(OH)_2$ in Gegenwart von Zn^{2+} entsteht Zinkmanganat(IV):

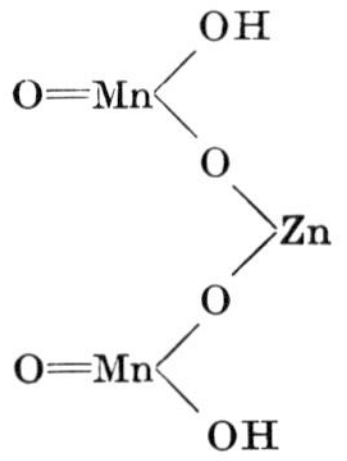

Es kann eine Mitfällung von Zn^{2+} an $MnO(OH)_2$ im Trennungsgang auftreten. Diese wird durch Eingießen der Analysenlösung in das Gemisch von $NaOH/H_2O_2$ verhindert (s. S. 284).

b) In alkalischer Lösung bildet $Cr(OH)_3$ mit Mg^{2+}, Zn^{2+} und anderen Ionen schwerlösliche Chromate(III).

In vielen Fällen erreicht man durch Änderung der Oxidationsstufe der störenden Ionen ein Ausbleiben der Mitfällung (Beispiel: Oxidation $Cr^{3+} \rightarrow CrO_4^{2-}$).

Mehr vom theoretischen Standpunkt aus sind die Einschlußverbindungen (Clathrate) von Interesse. Im Kristallgitter von gewissen Verbindungen befinden sich käfigartige Hohlräume (Beispiele: Hydrochinon, Ammoniummolybdatophosphat). In solchen Hohlräumen können beim Aufbau des Kristallgitters verschiedenartigste Moleküle in stöchiometrischen Mengen eingeschlossen werden.

Zu den analytisch wichtigen Einschlußverbindungen gehören: basisches Lanthanacetat – J_2 (s. S. 215 u. S. 294) und Stärke – J_2 (s. S. 156 u. S. 164).

2.8.6.4. Nachfällung

Nachfällung tritt durch Abscheidung eines weiteren Niederschlages beim Stehen unter der Mutterlauge ein. Beispielsweise werden MgC_2O_4 durch CaC_2O_4 sowie ZnS, Ga_2S_3, In_2S_3 durch HgS, CuS, As_2S_3 nachgefällt.

Die koagulierten Sulfidniederschläge z. B. enthalten auf ihrer Oberfläche eine Schicht sorbierter HS^--Ionen (s. S. 94). Infolge der stark erhöhten HS^--Konzentration werden Sulfide gefällt, die sonst bei diesem pH-Wert nicht beständig sind.

2.8.7. Praktische Folgerungen

Einige praktische Folgerungen sind schon in den vorhergehenden Kapiteln enthalten. Diese und weitere werden hier zusammengefaßt.

2.8.7.1. Kleine Oberfläche

Die adsorbierte Menge an Fremdionen hängt von der Gesamtoberfläche des Niederschlages ab. Daher muß man auf die Bildung grobkristalliner Niederschläge hinarbeiten.

2.8.7.2. Umfällung zur Entfernung von Adsorptivionen

Der Niederschlag wird in geeigneten Reagenzien gelöst und noch einmal oder, wenn nötig, mehrmals gefällt. Die Konzentration der Adsorptivionen ist in der Lösung des Niederschlages dann so gering, daß die durch Adsorption verursachte Verunreinigung bei erneuter Abscheidung vernachlässigbar wird.

Voluminöse Hydroxide fälle man daher auch aus verdünnten Lösungen von größerem Volumen. Die Verunreinigungen durch Adsorption sind schon beim ersten Abscheiden geringer, der sich infolge der Löslichkeit ergebene Verlust jedoch noch unbeträchtlich.

Werden bei der Fällung eigene Ionen adsorbiert, so sollte der Überschuß des Fällungsmittels gering sein. Ist dies nicht möglich, führt „Umfällung" zum Ziel. Bei Mischkristallbildung ist Umfällung wirkungslos. Eventuell muß das adsorbierte Ion in eine andere Oxidationsstufe überführt werden.

2.8.7.3. pH-Wert

Die vom analytischen Gesichtspunkt wichtigsten hydrophilen Niederschläge sind die Metallhydroxide oder Oxidhydrate [Beispiele: $Al(OH)_3$, $Fe(OH)_3$, $SnO_2 \cdot aq.$, $SiO_2 \cdot aq.$]. Diese binden außer Wassermolekülen auch Hydroxyl- und Wasserstoffionen. Somit tritt Aufladung der Oberfläche ein.

Die adsorbierte Ionenart hängt demnach stark vom pH-Wert der Lösung ab.

Beispiele: Qualitativer Trennungsgang.

Adsorptionsvorgänge sind bei der Trennung des Fe^{3+}, Cr^{3+} und Al^{3+} von den Ionen Zn^{2+}, Mn^{2+} Ni^{2+} und Co^{2+} zu berücksichtigen.

Versetzt man eine Lösung von Fe^{3+} und Ni^{2+} mit Ammoniak, so müßte Nickel als $[Ni(NH_3)_6]^{2+}$ in Lösung bleiben, während $Fe(OH)_3$ ausfällt. Das $Fe(OH)_3$ enthält aber stets Nickel adsorbiert. Die Oberfläche des $Fe(OH)_3$ ist infolge der Adsorption von OH^--Ionen negativ:

$$n[Fe(OH)_3 \cdot H_2O]H_2O \cdot OH^-.$$

Deshalb adsorbiert der Niederschlag die M^{2+}-Kationen stark.

In saurer Lösung dagegen wird der Niederschlag durch Adsorption von H^+-Ionen positiv geladen. Er adsorbiert Anionen, und zwar in erster Linie Anionen höherer Ladung:

$$n[Fe(OH)_3 \cdot H_2O]H_2O \cdot H^+.$$

Aus den genannten Gründen verwendet man zur Trennung der M^{3+}-Ionen von M^{2+}-Begleitionen Hydrolyseverfahren (s. S. 285). Die Reagenzien (Urotropin, Natriumacetat) binden die bei der Reaktion entstehende starke Säure. Die Lösung wird nicht alkalisch. Es werden nur Anionen (CH_3COO^-, SO_4^{2-}, Cl^-) gebunden. Diese stören die qualitativen Nachweise nicht. Bei quantitativen Bestimmungen sind sie oft durch Erhitzen der Niederschläge leicht entfernbar.

2.8.7.4. Rückhalteträger

Rückhalteträger drängen die Sorption der betrachteten Fremdionen zurück, indem sie (bei Anwendung eines größeren Überschusses) selbst sorbiert werden.

Beispiel: Bei der Umsetzung von Mn^{2+} mit MnO_4^+ in alkalischer Lösung entsteht MnO_2 (s. S. 264). Dieses enthält Mn(II) in Form von Mangan(II)-manganaten(IV) gebunden. In Gegenwart größerer Zn^{2+}-Mengen bildet sich jedoch quantitativ Zink(II)-manganat(IV) (s. S. 100).

2.8.7.5. Flockung

Oft werden bei Fällungsreaktionen anstatt filtrierbarer Niederschläge kolloide, durch das Filter laufende Lösungen erhalten (Beispiele: NiS, CoS, As_2S_3, $SiO_2 \cdot aq.$).

Flockung kann erzielt werden durch:

a) Elektrolytzusatz: Art und Menge des Elektrolyten beachten (s. S. 94).

b) Kochen der Lösung: Erhöhung der Beweglichkeit der Teilchen, d.h. Erhöhung der Stoßzahl.

c) Kochen bei Gegenwart von Filterschleim bzw. Filterpapier, Adsorption und Vergrößerung der Teilchen an der Papieroberfläche.

d) Zusatz eines gegensinnig geladenen Kolloidsols (s. auch S. 95). So wird $SiO_2 \cdot aq.$ in salzsaurer Lösung durch wenig Gelatine koaguliert.

2.8.7.6. Verhinderung der Peptisation

Jeder hydrophile Niederschlag neigt zur Peptisation. Deshalb wäscht man nicht mit reinem Wasser, sondern mit der Lösung eines leicht entfernbaren Elektrolyten.

2.8.7.7. Verhinderung der Nachfällung

Wenn nicht gleichzeitig Mitfällung eintritt, kann eine Nachfällung bei sofortiger Abtrennung des Niederschlages vermieden werden.

Die Nachfällung an Sulfiden wird durch Fällung mit H_2S aus stark sauren Lösungen eingeschränkt. Die an der Oberfläche adsorbierten Wasserstoffionen ersetzen einerseits die Kationen (z.B. Zn^{2+}) und drängen andererseits die Dissoziation des Schwefelwasserstoffs an der Oberfläche zurück.

2.9. Allgemeine Zusammenhänge im Periodensystem

Die physikalischen und chemischen Eigenschaften der Elemente ändern sich gleichsinnig in den einzelnen Perioden (Richtung von links nach rechts) und den einzelnen Gruppen (Richtung mit steigender Ordnungszahl). Daher läßt sich aus der Stellung eines Einzelelementes im PSE Grundsätzliches über seine Eigenschaften aussagen.

Zu unterscheiden sind die Eigenschaften, die den jeweiligen Haupt- und Nebengruppenelementen gemeinsam sind, von denen, die nur für die Haupt- oder nur für die Nebengruppen zutreffen.

Auf S. 486 ist das Lang-Periodensystem dargestellt. In der folgenden Aufstellung sind die Haupt- und Nebengruppen gesondert aufgeführt.

I	II	III	IV	V	VI	VII	VIII
							He
Li	Be	B	C	N	O	F	Ne
Na	Mg	Al	Si	P	S	Cl	Ar
K	Ca	Ga	Ge	As	Se	Br	Kr
Rb	Sr	In	Sn	Sb	Te	J	X
Cs	Ba	Tl	Pb	Bi	Po	At	Rn
Fr	Ra						
Cu	Zn	Sc	Ti	V	Cr	Mn	
Ag	Cd	Y	Zr	Nb	Mo	Tc	
Au	Hg	La*	Hf	Ta	W	Re	
		Ac*					

La*: Lanthanidenelemente, Ac*: Actinidenelemente

2.9.1. Periodizität der physikalischen Eigenschaften

Von den physikalischen Eigenschaften, die sich periodisch ändern, seien genannt: Atomvolumina, scheinbare Atom- und Ionenradien, Ionisierungsenergien, Schmelz- und Siedepunkte, Metallcharakter.

Hinsichtlich näherer Einzelheiten sei auf die Lehrbücher der anorganischen und physikalischen Chemie verwiesen.

2.9.1.1. Scheinbare Atom- und Ionenradien

Die scheinbaren Atom- und Ionenradien lassen sich aus Röntgenstrukturuntersuchungen an Kristallen berechnen (*Bragg*, *Goldschmidt*). Angaben finden sich in diesem Buch bei den jeweiligen Element.

2.9.1.2. Metallcharakter

Metallische Eigenschaften äußern sich in hoher Wärmeleitfähigkeit, elektrischer Leitfähigkeit und metallischem Glanz. In den Hauptgruppen treten sowohl metallische als auch nichtmetallische Elemente auf. Der Metallcharakter nimmt innerhalb einer Periode von links nach rechts ab. In der Nähe der Diagonalen von links oben nach rechts unten stehen Halbmetalle. So kommen z.B. die Elemente Arsen und Antimon in einer metallischen und mehreren nichtmetallischen Modifikationen vor. – In den Nebengruppen befinden sich nur Metalle. Auch hier stehen die stärker Kationen bildenden Elemente links oben, die stärker Anionen bildenden rechts unten.

2.9.2. Periodizität der chemischen Eigenschaften

Analog zu den physikalischen Eigenschaften ändern sich auch die chemischen periodisch.

2.9.2.1. Sauerstoff-Wasserstoff-Verbindungen

Sauerstoff-Wasserstoff-Verbindungen sind die Hydroxide und Sauerstoffsäuren der Elemente.

2.9.2.1.1. Basizität der Hydroxide

Mit Wasser bilden die Oxide der Metalle Basen, die der Nichtmetalle Säuren.

Beispiel:

$$Na_2O + H_2O \rightarrow 2\,NaOH \text{ (Base)},$$

$$SO_3 + H_2O \rightarrow SO_2(OH)_2 = H_2SO_4 \text{ (Säure)}.$$

Die Basen bzw. Säurestärke geht dem Metall- bzw. Nichtmetallcharakter, d.h. dem elektropositiven bzw. elektronegativen Charakter der Elemente parallel.

Die Bindung zwischen den Elementen und dem Sauerstoff in Oxiden und Hydroxiden ist elektrostatischer Natur. Ihre Stärke wird daher durch das *Coulomb*sche Gesetz (s. S. 12) bestimmt. In diesem Falle ist r gleich der Summe der Ionenradien von Element und Sauerstoff.

Die Bindung Element–Sauerstoff verstärkt sich, je größer die positive Ladung des Elementes (die Ladung des Sauerstoffions ist stets zweifach negativ) und je kleiner dessen Ionenradius, also auch der Abstand r ist.

Je fester der Sauerstoff gebunden ist, desto schwerer läßt er sich abtrennen, desto schwächer basisch ist die Verbindung. Weiterhin wird mit zunehmender Festigkeit der Bindung das Sauerstoffatom deformiert. Seine Elektronenhülle wird von dem positiv geladenen Element angezogen, sein positiver Kern dagegen abgestoßen. Somit lockert sich die Bindung zwischen Sauerstoff und Wasserstoff in den Hydroxiden. Die Abspaltung von H^+-Ionen wird erleichtert, der saure Charakter nimmt zu.

a) Perioden des PSE

Innerhalb einer Periode der Hauptgruppenelemente nehmen die Atomradien von links nach rechts ab. Die Ladung des Atomkerns steigt. Daher werden die Elektronenschalen stärker abgezogen. Der Basencharakter nimmt ab und der Säurecharakter zu.

Beispiel:

$NaOH$ → starke Base

$Mg(OH)_2$ → mittelstarke Base

$Al(OH)_3$ → sehr schwache Base, schon amphoter

H_4SiO_4 → sehr schwache Säure; $K_S \sim 10^{-10}$

H_3PO_4 → mittelstarke Säure; $K_{S_1} = 10^{-1,96}$, $K_{S_2} = 10^{-7,12}$, $K_{S_3} = 10^{-12,32}$

H_2SO_4 → starke Säure; $K_{S_1} = 10^{+3}$, $K_{S_2} = 10^{-1,92}$

$HClO_4$ → sehr starke Säure; $K_S \approx 10^{+9}$

In der gleichen Reihenfolge geht die Löslichkeit im Wasser und ebenso auch die Bindefestigkeit des Wassers an das Oxid durch ein Minimum. Beispiel: $Al(OH)_3$ und H_4SiO_4 lösen sich in Wasser praktisch nicht. Das Wasser ist außerdem an Al_2O_3 bzw. SiO_2 nur recht locker gebunden.

b) Gruppen des PSE

In den Gruppen bleibt zwar die elektrische Ladung gleich, der Ionenradius vergrößert sich jedoch mit steigender Ordnungszahl des Elementes. Die basischen Eigenschaften nehmen zu.

Beispiel aus der V. Hauptgruppe:

HNO_2 und H_3PO_3 → schwache Säuren

H_3AsO_3 und $SbO(OH)$ → amphoter

$Bi(OH)_3$ → schwache Base

Elemente, die in einer solchen Reihe den Übergang von überwiegend basischen zu überwiegend sauren Hydroxiden bilden, sind amphoter.

Beispiel:

$$As^{3+} + 3OH^- \rightleftarrows As(OH)_3 \rightleftarrows 3H^+ + AsO_3^{3-}.$$

In den Nebengruppen wächst der Atomradius nur geringfügig. Die Basizität der Hydroxide nimmt daher mit steigender Ordnungszahl nur schwach zu.

c) Ein Element in verschiedenen Oxidationsstufen

Bei ein und demselben Element nehmen mit steigender Oxidationsstufe die basischen Eigenschaften ab, die sauren zu:

1. Mangan- und Chromverbindungen

basisch	amphoter		sauer
$\overset{+2}{Mn}(OH)_2$	$\overset{+4}{Mn}O(OH)_2$	$H_2\overset{+6}{Mn}O_4$	$H\overset{+7}{Mn}O_4$
	$\overset{+3}{Cr}(OH)_3$		$H_2\overset{+6}{Cr}O_4$

2. Sauerstoffsäuren des Chlors

$HClO$, $K_S = 10^{-7,25}$; $HClO_2$, $K_S \approx 10^{-2}$; $HClO_3$, $K_S \approx 1$; $HClO_4$, $K_S \approx 10^{+9}$.

3. Sauerstoffsäuren des Schwefels

H_2SO_3, $K_S \approx 10^{-2}$; H_2SO_4, $K_S \approx 10^{+3}$.

4. Weitere Beispiele

schwache Säure	starke Säure	stärkere Base	schwache Base
HNO_2	HNO_3	$Fe(OH)_2$	$Fe(OH)_3$
H_3PO_3	H_3PO_4		

2.9.2.1.2. Säuretypen

Der Aufbau der Anionen bzw. Säuren, die die Elemente von der dritten Hauptgruppe an nach rechts bilden können, wird gleichfalls durch die Stellung des betreffenden Elements im PSE bestimmt. Bei sukzessiver Anlagerung von Wasser an die Anhydride (in der maximalen Oxidationsstufe der Elemente) werden formal folgende „Säuretypen" [geschrieben in Form ihrer M(I)-Salze] erhalten:

	III. Gruppe	**IV. Gruppe**	**V. Gruppe**	**VI. Gruppe**	**VII. Gruppe**
Anhydride (Oxide)	X_2O_3	XO_2	X_2O_5	XO_3	X_2O_7
meta-Formen	MXO_2	M_2XO_3	MXO_3	M_2XO_4	MXO_4
meso-Formen (bzw. ortho-Formen)			M_3XO_4	M_4XO_5	M_3XO_5 M_5XO_6
ortho-Formen	M_3XO_3	M_4XO_4	M_5XO_5	M_6XO_6	M_7XO_7

(X = betreffendes Element)

Die „wasserärmste" – die meta-Form – wird überall erreicht. Als ortho-Form wird strenggenommen diejenige Verbindung benannt, die rein formelmäßig eine der jeweiligen Oxidationsstufen des Zentralions X entsprechende Anzahl Sauerstoffionen enthält. Die meso-Formen nehmen eine Zwischenstellung ein. In der Literatur wird jedoch meist die beständigste wasserreichste Form als ortho-Form bezeichnet, z.B. H_3PO_4, Orthophosphorsäure.

Tritt ein Anion bildendes Element in einer niedrigeren Oxidationsstufe auf, z.B. Arsen in der arsenigen Säure mit +3, so gelten die Säuretypen der entsprechenden Gruppe, hier der dritten Gruppe.

2.9.2.1.3. Beständigkeit der Orthoverbindungen

Die Ausbildung der verschiedenen Formen ist von der Größe des Zentralions X abhängig. Da innerhalb der Gruppe mit steigender Ordnungszahl der Ionenradius zunimmt, können mehr Liganden in Form von Sauerstoffionen angelagert werden. Die Beständigkeit der meso- und ortho-Formen wird demnach größer.

Beispiele:

VI. Hauptgruppe:	H_2SO_4	H_6TeO_6	
Koordinationszahl:	4	6	
VII. Hauptgruppe:	HJO_4	H_3JO_5	H_5JO_6
Koordinationszahl:	4	5	6

2.9.2.2. Oxidationsstufen

Für die Oxidationsstufen gibt es einige Regeln.

2.9.2.2.1. Anzahl der Außenelektronen

In den Hauptgruppen stimmt die Anzahl der Valenzelektronen mit der Gruppennummer überein. Die Nebengruppenelemente haben auf ihrer äußersten Schale maximal zwei Elektronen (Ausnahmen: Pd). Sie können jedoch aus der zweitäußersten Schale Elektronen (*d*-Elektronen) abgeben.

2.9.2.2.2. Elektronegativität

Die Elektronegativität (s. S. 22) der Hauptgruppenelemente nimmt innerhalb einer Gruppe mit steigender Ordnungszahl ab. Ausnahmen bilden die Elemente Gallium und Germanium. Innerhalb einer Periode wird der Wert mit steigender Ordnungszahl größer. Die Elektronegativitätsunterschiede der Nebengruppenelemente sind wesentlich geringer (s. S. 23). Der Verlauf ist unstetiger.

2.9.2.2.3. Maximal mögliche Oxidationsstufen

Die maximal mögliche Oxidationsstufe eines Elementes ist identisch mit der Gruppennummer im PSE. In den Hauptgruppen ist die Anzahl der Valenzelektronen gleich der Gruppennummer. Die Nebengruppenelemente erreichen durch Abgabe von *d*-Elektronen die ihrer Gruppennummer entsprechende maximale Oxidationsstufe.

Die maximal mögliche Oxidationsstufe wird nicht erreicht von den Hauptgruppenelementen Fluor, das nur in den Oxidationsstufen -1 und 0, und Sauerstoff, der maximal in der Oxidationsstufe $+2$ (im OF_2) auftritt, den Edelgasen und den Elementen der achten Nebengruppe mit Ausnahme von Ruthenium und Osmium. Nur diese erreichen in den Tetroxiden die Oxidationsstufe $+8$.

Eine Ausnahme von der genannten Regel machen die Elemente der ersten Nebengruppe (Kupfer, Silber, Gold) und eine Anzahl von Elementen der Lanthaniden- und Actinidenreihe (s. S. 290 u. S. 294). Die Elemente der ersten Nebengruppe treten neben der Oxidationsstufe $+1$ auch in höheren Oxidationsstufen auf.

2.9.2.2.4. Oxidationsstufenintervall

Da die Nebengruppenelemente auch Elektronen aus den nächstäußeren Schalen abzugeben vermögen, ist bei diesen die Variationsmöglichkeit der Oxidationsstufen größer als bei den Hauptgruppenelementen. So tritt z. B. das Mangan in allen Oxidationsstufen von 0 bis + 7 auf.

Bei den Hauptgruppen beobachtet man dagegen oft einen Unterschied von jeweils 2 Elektronen, z. B. beim Schwefel die Oxidationsstufen − 2, 0, + 2, + 4, + 6.

2.9.2.2.5. Beständigkeit der maximalen Oxidationsstufen

In den Hauptgruppen nimmt allgemein die Beständigkeit der Verbindungen mit der maximalen Oxidationsstufe des Elements mit steigender Ordnungszahl ab, die Beständigkeit der Verbindungen mit einer niedrigeren Oxidationsstufe zu. Zum Beispiel liegen in der fünften Hauptgruppe beim Stickstoff die beständigste Verbindung in der Oxidationsstufe + 5 vor. Wismut dagegen tritt vorwiegend mit der Oxidationsstufe + 3 auf. Bi(V)-Verbindungen sind sehr starke Oxidationsmittel.

Bei den Nebengruppen liegen die Verhältnisse umgekehrt. Ein gutes Beispiel ist die siebente Nebengruppe. Die Beständigkeit nimmt hier in der Reihenfolge MnO_4^-, TcO_4^-, ReO_4^- zu. Eine Ausnahme bildet die II. Nebengruppe.

2.9.2.2.6. Minimal mögliche Oxidationsstufe

Werden, beginnend bei der vierten Hauptgruppe, Elektronen zur Auffüllung der nächsten höheren Edelgasschale aufgenommen, so gibt die maximale Oxidationsstufe − 8 die minimale.

Beispiele:

$H_4\overset{+4}{Si}O_4$	$H_2\overset{+5}{P}O_4$	$H_2\overset{+6}{S}O_4$	$H\overset{+7}{Cl}O_4$	(maximale Oxidationsstufe),
$\overset{-4}{Si}H_4$	$\overset{-3}{P}H_3$	$\overset{-2}{S}H_2$	$\overset{-1}{Cl}H$	(minimale Oxidationsstufe).

2.9.2.3. Hydride

Die binären Verbindungen der Elemente mit Wasserstoff nennt man Hydride. Man unterscheidet gasförmige bzw. leichtflüchtige Hydride, hochpolymere Hydride, die weder Salz- noch Metallcharakter besitzen, salzartige Hydride und legierungsartige Hydride.

In den salzartigen Hydriden hat der Wasserstoff die Oxidationsstufe − 1. Die Elemente der Nebengruppen bilden, soweit überhaupt Wasserstoffverbindungen bekannt sind, hauptsächlich legierungsartige Hydride.

Innerhalb der Perioden der Hauptgruppen besteht von links nach rechts ein Gang:

salzartig	hochpolymer		gasförmig			
NaH	$[MgH_2]_x$	$[AlH_3]_x$	SiH_4	PH_3	SH_2	ClH

Bei den gasförmigen Hydriden nimmt der Säurecharakter in der gleichen Richtung zu. Wasserstoffsäuren sind um so stärker, je höher die Ladung des Atomkerns ist (s. auch Kap. 2.9.2.1.1.).

2.9.2.3.1. Thermische Beständigkeit innerhalb der Hauptgruppen

Die thermische Beständigkeit der Hydride nimmt innerhalb einer Hauptgruppe mit steigender Ordnungszahl ab. Gute Beispiele sind die Reihen:

$$NH_3, \quad PH_3, \quad AsH_3, \quad SbH_3, \quad BiH_3;$$
$$HF, \quad HCl, \quad HBr, \quad HJ.$$

Bei ersterer besitzt nur NH_3 eine positive Bildungswärme, bei PH_3 ist sie schon negativ und fällt mit steigender Ordnungszahl der Elemente stark ab. Auch in der Reihe der Halogenwasserstoffe nimmt die Bildungswärme mit steigender Ordnungszahl ab.

2.9.2.3.2. Basizität innerhalb der Hauptgruppen

Die Säurestärke der Hydride nimmt innerhalb einer Hauptgruppe mit steigender Ordnungszahl zu. Mit zunehmendem Ionenradius des säurebildenden Elementes wird die Bindung zu Wasserstoff lockerer (s. S. 11).

Beispiele:

H_2O, $K_S = 10^{-15,7}$; H_2S, $K_S = 10^{-6,9}$; H_2Se, $K_S = 10^{-3,85}$; H_2Te, $K_S = 10^{-2,6}$.

Die Veränderung der basischen Eigenschaften in wäßriger Lösung erkennt man auch an der Lage des Gleichgewichtes:

$$XH_3 + H^+ \rightleftharpoons [XH_4]^+.$$

Bei NH_3 liegt es auf der Seite der Ammoniumionen. Beim PH_3 (Phosphin) ist es weitgehend nach links verschoben. So zerfallen Phosphoniumsalze, z.B. PH_4Br, in wäßriger Lösung in PH_3 und HBr. Von Arsin, AsH_3, sind keine Arsoniumionen $[AsH_4]^+$ bekannt. Durch Substitution der Wasserstoffatome von $[XH_4]^+$ durch Alkylgruppen (CH_3^-) wird die Basizität stark erhöht. So ist z.B. Tetramethylammoniumhydroxid, $[N(CH_3)_4]OH$, eine starke Base.

2.9.2.3.3. Hydridverschiebungsgesetz

Auf Grund des *Grimm*schen Hydridverschiebungsgesetzes läßt sich auch das Verhalten verschiedener wasserstoffhaltiger Atomgruppen in Analogie zu den im PSE stehenden Atomen setzen.

Danach verändern die bis zu 4 Stellen vor einem Edelgas stehenden Atome durch Aufnahme von $a = 1, 2, 3, 4$ Wasserstoffatomen ihre Eigenschaften derartig, daß die entstehenden Atomgruppen sich wie Pseudoatome verhalten, die den Atomen der im PSE um a Gruppen rechts von ihnen stehenden Elementen ähnlich sind.

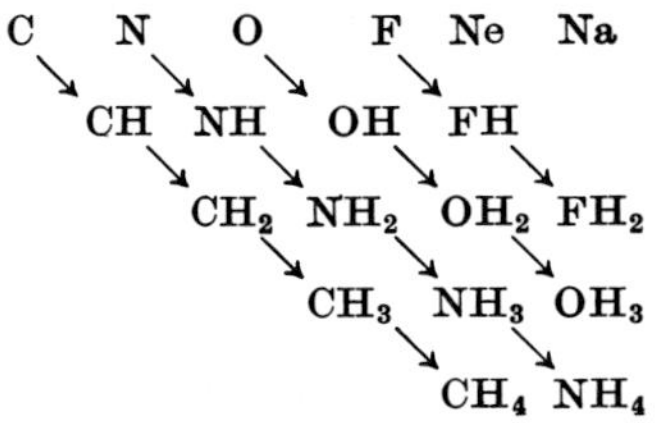

Zum Beispiel verhalten sich die negativ geladenen Atomgruppen OH^-, NH_2^-, CH_3^- wie die Halogenidionen, was in der Analogie zwischen Säuren, Säurehalogeniden und -amiden zum Ausdruck kommt. Die Analogen der Oxide sind die Imide. Den positiv geladenen Alkalimetallionen entsprechen die H_3O^+- und NH_4^+-Ionen. Die neutralen Moleküle H_2O, NH_3 und CH_4 sind den Edelgasen vergleichbar.

2.9.2.4. Weiteres

Auch weitere Eigenschaften lassen sich aus der Stellung der Elemente im PSE ableiten.

2.9.2.4.1. Magnetismus, Farbe

Über Dia- und Paramagnetismus s. S. 9.

Bei den Hauptgruppenelementen treten bevorzugt diamagnetische farblose Ionen auf.

Infolge des leichten Wechsels der Oxidationsstufen sind besonders die Nebengruppenelemente in der Lage, paramagnetische, farbige Ionen zu bilden. Innerhalb einer Gruppe werden mit steigender Ordnungszahl die Verbindungen in der maximalen Oxidationsstufe farbloser. So sind z.B. Permanganate violett, die Perrhenate dagegen farblos.

2.9.2.4.2. Unstetige Änderungen der chemischen Eigenschaften

Allgemein nehmen die ersten Elemente einer Hauptgruppe jeweils eine Sonderstellung ein, da die Änderung der Eigenschaften zwischen dem ersten und zweiten Element jeder Gruppe größer ist als bei den folgenden Elementen. Diese Tatsache führt mit dazu, daß das erste Element einer Hauptgruppe mehr dem zweiten Element der folgenden Gruppe ähnelt. Diese als „Schrägbeziehung" bezeichnete Erscheinung zeigt sich bei den Elementenpaaren Li–Mg, Be–Al, B–Si besonders deutlich.

Auch die Doppelbindungsregel (s. S. 19) weist auf die Besonderheit der ersten Achterperiode hin.

Bei den Lanthaniden tritt von Ce^{3+} (r = 1,18 Å) bis Lu (r = 0,99 Å) eine Abnahme des Ionenradius ein. Sie erklärt sich durch die Zunahme der positiven Kernladungen und die dadurch bedingte festere Bindung der Elektronenschalen.

Als Folge der Lanthanidenkontraktion weisen die auf die Lanthaniden in der sechsten Periode folgenden Elemente (Hf, Ta, W) nahezu die gleichen Ionenradien wie ihre leichteren Homologen auf.

Es besitzen daher sehr große chemische Ähnlichkeit (abnehmend in der Reihenfolge) die Paare: Hf–Zr, Ta–Nb, W–Mo, Re–Tc, Os–Ru.

2.9.2.4.3. Ionenpotential

Zum Vergleich der Eigenschaften von Ionen mit verschiedener Ladung und verschiedenem Radius wird das sogenannte Ionenpotential, der Quotient aus der Ladung (z) und dem kristallographischen Radius (r) eines Ions herangezogen. Das Ionenpotential z/r kann als ungefähres Maß für die Stärke des vom Ion ausgehenden elektrischen Feldes betrachtet werden. Jedoch ist strenggenommen der Vergleich der chemischen Eigenschaften auf Grund des Ionenpotentials nur auf Ionen mit gleicher Elektronenanordnung anwendbar. Weiterhin ist die Tatsache zu berücksichtigen, daß die Ionen in wäßriger Lösung nicht „nackt", sondern in Form von Hydraten vorliegen. Ein Beispiel möge die folgende Reihe von Ionen geben, bei denen die äußere Elektronenhülle eine abgeschlossene Zweier- bzw. Achterkonfiguration aufweist.

	Cs^+	Rb^+	NH_4^+	K^+	Na^+	Li^+	Ra^{2+}	Ba^{2+}	Sr^{2+}	Ca^{2+}
z/r	0,6	0,7	0,7	0,8	1,0	1,3	1,3	1,4	1,6	1,9
	La^{3+}	Ce^{3+}	Mg^{2+}	Y^{3+}	Sc^{3+}	Zr^{4+}	Hf^{4+}	Al^{3+}	Be^{2+}	Ti^{4+}
z/r	2,5	2,5	2,6	2,8	3,6	4,6	4,6	5,3	5,9	6,2

Diese Reihe gibt eine Anzahl teilweise schon auf Seite 107 aufgeführter Tatsachen wieder.

Die Basizität der Hydroxide nimmt mit fallendem Ionenpotential zu. Beryllium und Aluminium haben ähnliche chemische Eigenschaften. Das Ionenpotential des Lithiums weist auf die Verwandtschaft zu den Erdalkalielementen ihn (Schrägbeziehung im PSE). Lanthan- und Calciumhydroxid sind Basen etwa gleicher Stärke (s. S. 104).

Da die Basizität der Hydroxide ihrer Löslichkeit parallel geht, ist bei Ionen gleichartiger Elektronenanordnung der Fällungs-pH um so größer, je kleiner das Ionenpotential ist.

Übersichten über einzelne Gruppen befinden sich auf den Seiten 146, 168, 192, 210, 233, 247, 261, 287, 290, 299, 302, 315, 316, 351, 353.

Eine übersichtliche Darstellung der allgemeinen Zusammenhänge im PSE gibt Tabelle 11.

Tabelle 11. Allgemeine Zusammenhänge im Periodensystem

Auf Grund der gleichsinnigen Änderung der chemischen Eigenschaften der Elemente in den einzelnen Perioden (Richtung von links nach rechts) und den einzelnen Gruppen (Richtung mit steigender Ordnungszahl), läßt sich aus der Stellung eines Einzelelementes im PSE Grundsätzliches über seine Eigenschaften aussagen. Zu unterscheiden sind die Eigenschaften, die den jeweiligen Haupt- und Nebengruppenelementen gemeinsam sind, von denen, die nur für die Haupt- oder nur für die Nebengruppen zutreffen.

Chem.-physik. Eigenschaften	Haupt- und Nebengruppen gemeinsam	Hauptgruppen	Nebengruppen
Metallcharakter		Metalle und Nichtmetalle. Metallcharakter nimmt innerhalb einer Periode von links nach rechts ab. – In der Nähe der Diagonalen von links oben nach rechts unten stehen Halbmetalle.	Nur Metalle. Auch hier stehen die stärker Kationen bildenden Elemente links oben, die stärker Anionen bildenden rechts unten.

Tabelle 11 (Fortsetzung)

Chem.-physik. Eigenschaften	Haupt- und Nebengruppen gemeinsam	Hauptgruppen	Nebengruppen
Basizität der Hydroxide	Nimmt innerhalb einer Periode von links nach rechts und beim gleichen Element mit steigender Oxidationsstufe ab.	Nimmt innerhalb einer Gruppe mit steigender Ordnungszahl zu.	Nimmt innerhalb einer Gruppe mit steigender Ordnungszahl schwach zu.
Säuretypen	Durch die Stellung in der jeweiligen Gruppe gegeben.		
Beständigkeit der Orthoverbindungen		Nimmt innerhalb einer Gruppe mit steigender Ordnungszahl zu.	
Anzahl der Außenelektronen		Identisch mit der Gruppennummer.	Maximal zwei. Ausnahme: Pd
Elektronegativität		Nimmt i.d.R. innerhalb einer Gruppe mit steigender Ordnungszahl ab, innerhalb einer Periode mit steigender Ordnungszahl zu.	
Maximal mögliche Oxidationsstufe	Identisch mit der Gruppennummer.	Ausnahme: O, F, Edelgase der VIII. Hauptgruppe, die diese nicht erreichen.	Ausnahme: Elemente der I. Nebengruppe, die diese überschreiten, und der VIII. Nebengruppe, die diese außer Ru und Os nicht erreichen.
Oxidationsstufenintervall		Oft zwei.	Meist eins.
Beständigkeit der maximalen Oxidationsstufe		Nimmt innerhalb einer Gruppe mit steigender Ordnungszahl ab.	Nimmt innerhalb einer Gruppe mit steigender Ordnungszahl zu. Ausnahme: II. Nebengruppe.
Minimal mögliche Oxidationsstufe		Maximale Oxidationsstufe minus 8 = minimale Oxidationsstufe.	
Thermische Beständigkeit der Hydride in der minimalen Oxidationsstufe		Nimmt innerhalb einer Gruppe mit steigender Ordnungszahl ab.	
Basizität der Hydride		Nimmt innerhalb einer Gruppe mit steigender Ordnungszahl ab.	
Magnetismus, Farbe		Bevorzugt diamagnetische, farblose Ionen.	Bevorzugt paramagnetische, farbige Ionen. Maximale Oxidationsstufe wird mit steigender Ordnungszahl farbloser.
Unstetige Änderung der chemischen Eigenschaften		Starker Eigenschaftssprung zwischen dem ersten und zweiten Element innerhalb einer Gruppe. Schrägbeziehung!	

3. Allgemeine Arbeitsgrundlagen

Ein gefahrloses und sinnvolles Arbeiten mit Chemikalien und Geräten im Laboratorium setzt die Kenntnis der Giftgefahren, des Arbeitsschutzes und der allgemeinen Arbeitsoperationen seitens des Praktikanten voraus.

3.1. Giftgefahren und Arbeitsschutz

Im Laboratorium wird mit Chemikalien gearbeitet, die bei ihrer Einwirkung auf den Organismus Erkrankungen hervorrufen können. Es gibt kaum eine Chemikalie, die in entsprechender Konzentration nicht schädigend wirkt.

3.1.1. Einwirkung von Chemikalien auf den Organismus

Die Substanzen können auf drei Wegen in den Organismus gelangen:

a) über den Verdauungskanal,
b) infolge Resorption durch die Haut bzw. durch äußerliche Verätzung,
c) über die Atemwege.

Es sind zu unterscheiden Ätz- bzw. Reizstoffe und Gifte. Die ersteren bewirken vorwiegend eine äußere Beschädigung einzelner Organteile (Haut, Schleimhäute usw.), letztere gelangen über die Lungen oder den Magen-Darm-Kanal in die Blutbahn und bringen von dort aus den Körperhaushalt aus dem Gleichgewicht.

Beispiele: CO bildet mit dem roten Blutfarbstoff Hämoglobin eine wenig dissoziierende Verbindung, so daß der schwach gebundene Luftsauerstoff nicht mehr transportiert werden kann. Resorbierte Oxalate bewirken eine Fällung des Ca^{2+} im Blut und Gewebe.

Die Gifte können eine sofortige (akute) Erkrankung hervorrufen. Teilweise treten aber auch sich erst später auswirkende (oft wesentlich ernstere) chronische Erkrankungen auf. Diese werden häufig durch Dauereinwirkung kleinster Mengen (z.B. durch Quecksilber- oder Bleidämpfe) hervorgerufen.

Die Aufnahme schädigender Chemikalien über den Verdauungskanal ist meistens auf Unachtsamkeit (Essen während des Versuchs, falsches Ansaugen der Pipetten, Verwechslung von Chemikalien) zurückzuführen. Weiterhin ist auf die mißbräuchliche Anwendung der Chemikalien (zur Erzeugung von Rauschzuständen, Selbstmordabsichten) hinzuweisen.

Zu den Ätz- und Reizgasen (Schädigung der Atmungsorgane) zählen u.a. die Halogene, die Halogenwasserstoffsäuren, Schwefeldioxid, Schwefeltrioxid, Ammoniak, Phosphorhalogenide. Als Giftgase wirken u.a. Schwefelwasserstoff, nitrose Gase, Phosphorwasserstoff, Arsenwasserstoff, Kohlenoxid (Leuchtgas), Kohlendisulfid, Cyanwasserstoff, Quecksilber- und Bleidämpfe sowie eine Anzahl in anorganischen Laboratorien benutzter organischer Verbindungen, wie z.B. Benzin,

Benzol, Chloroform, Anilin. Als maximale Arbeitsplatzkonzentration (MAK-Werte) gilt bei:

Cl_2	1,5 mg/m^3
NH_3	35 mg/m^3
AsH_3	0,2 mg/m^3
H_2S	15 mg/m^3

Zu den Berührungsgiften für die Haut und den Verdauungskanal sind zu zählen: Konzentrierte Säuren, Ätzalkalien, stark oxidierend wirkende Stoffe wie konzentrierte Salpetersäure, Wasserstoffperoxid, Chromsäure, weißer Phosphor, Alkalimetalle und Schwermetallsalze.

Gifte, die durch den Magen-Darm-Kanal resorbiert werden, sind u.a. Cyanide, arsenige Säure, weißer Phosphor, Quecksilber-, Blei-, Kupfer- und Bariumverbindungen, Oxalate, Methylalkohol. Die lebensgefährdenden Dosen liegen für Cyanide bei 0,2–0,3 g, für arsenige Säure bei 0,1–0,5 g.

Um vom Organismus aufgenommen zu werden, müssen die Verbindungen eine gewisse Löslichkeit besitzen. So ist z.B. Bariumsulfat (verwendet als Röntgenkontrastmittel) im Gegensatz zu Bariumchlorid oder Bariumnitrat ungiftig. Gleichfalls zeigen Arsentrisulfid und Kalomel (Hg_2Cl_2, verwendet als Abführmittel) keine Giftwirkung.

Über die „Erste Hilfe bei Unfällen (Laienhilfe)" finden sich am Anfang des Buches einige Angaben (s. S. V).

3.1.2. Vorsichtsmaßnahmen im Laboratorium

Als praktische Konsequenzen ergeben sich für das Arbeiten im Laboratorium die folgenden allgemeinen Regeln.

Reaktionen mit giftigen und übelriechenden Stoffen dürfen nur unter einem gut ziehenden Abzug möglichst unmittelbar vor der Abzugsklappe durchgeführt werden. Vor allem ist beim Arbeiten mit giftigen Gasen und Dämpfen größte Vorsicht geboten (z.B. beim Einleiten von H_2S, Abrauchen von schwefliger Säure, Schwefelsäure, Salzsäure, Salpetersäure, Königswasser). Andererseits bietet der Abzug auch Schutz gegen verspritzende Substanzen infolge zu heftiger Reaktion, Siedeverzug usw., besonders wenn man ihn in geschlossenem Zustand durch ein Arbeitsfenster bedient.

Beim Umgang mit explosiven Stoffen, heißen Säuren und Basen oder geschlossenen Glasapparaturen trage man zusätzlich eine splitterfreie Schutzbrille. Mit gefährlichen Substanzen ist nur in kleinsten Mengen zu arbeiten. Diese sind auch vor der Einwirkung äußerer Verunreinigungen zu schützen. So bewirken z.B. Kork- und Gummistückchen beim Erhitzen von $KClO_3$ leicht explosionsartige Reaktionen.

Beim Erhitzen im Reagenzglas schüttle man zur Verhütung eines Siedeverzuges; sonst kann die ganze Flüssigkeit durch plötzliches Aufkochen herausspritzen. Auch halte man die Mündung des Reagenzglases stets von sich und seinen Kollegen ab.

Weiterhin gewöhne man sich grundsätzlich daran, die Substanzen nicht mit der Haut in Berührung zu bringen, sie demnach auch nicht mit der Hand anzufassen.

Auch für die Sauberhaltung des Arbeitsplatzes ist Sorge zu tragen. Verspritzte Chemikalien sind sofort in geeigneter Weise zu entfernen. Konzentrierte Säuren oder Basen werden neutralisiert und die Flüssigkeit anschließend aufgewischt. Konzentrierte Säuren und Basen gehören auch erst nach dem Verdünnen in den Ausguß, da sonst die Bleiteile stark angegriffen werden. Auch Quecksilberreste zerstören die Bleirohre. Weiterhin gehören Filter, Zigarettenreste usw. nicht in den Ausguß!

Im speziellen ist zu beachten:

Beim Verdünnen konz. Schwefelsäure ist diese stets in Wasser zu gießen! Sonst besteht die Gefahr des Verspritzens infolge starker Erhitzung.

Chlorate und wasserfreie Perchlorsäure in Gegenwart oxidabler Stoffe sowie Azide neigen zur Explosion, desgleichen Chlorate, Permanganate bei Zugabe von konz. Schwefelsäure.

Verspritzte Quecksilberteilchen sind sofort unschädlich zu machen. Dies geschieht entweder durch Einsammeln (Quecksilberzange, Einsaugen in eine Quecksilberpipette u.a.) oder durch chemische Umsetzung (Zinkpulver, Jodkohle).

Aus Alkalicyaniden entsteht bei Einwirkung von Säure Cyanwasserstoff. Diese Chemikalien dürfen daher nicht ohne weiteres in den Ausguß gegeben werden!

Um Explosionen beim Abdampfen ätherhaltiger Lösungen infolge eines Gehaltes an Peroxiden zu vermeiden, bewahre man den Äther stets in braunen Flaschen über Na-Draht auf.

Die Vernichtung von Natriumresten geschieht durch Versetzen mit Alkohol (Natriumäthylatbildung). Keinesfalls darf Natrium in Wasser geworfen werden.

3.2. Arbeitsoperationen

Die Chemie ist eine praktische Wissenschaft. Es sind daher eine Reihe sich wiederholender Handgriffe notwendig.

Alle Glasgeräte und -gefäße halte man stets sauber; sie sind sofort nach Gebrauch zu reinigen. Als Reinigungsmittel kommen neben feinem Putzsand hauptsächlich Chromschwefelsäure, Extran® (Fa. Merck) bzw. RBS® (Fa. Roth) oder alkalische Permanganatlösung in Betracht.

Chromschwefelsäure: 25 g feinpulverisiertes $Na_2Cr_2O_7$ mit 10 ml H_2O anpasten und unter Umrühren in 500 ml techn. konz. H_2SO_4 lösen.

Glasgeräte, die wegen ihrer Größe nicht in einem Trockenschrank untergebracht werden können, werden durch organische Flüssigkeiten (Alkohol, Äther, Aceton) und Trocknen im Luftstrom von Wasserresten im Inneren befreit. Oft genügt einfaches Durchleiten von Luft.

Man mache es sich zum Grundsatz, Apparaturen sauber und exakt zusammenzustellen. Es macht die gleiche Arbeit, ein Glasrohr schief oder gerade einzusetzen, einen Stopfen schief oder senkrecht zu durchbohren, eine Glasverbindung krumm oder gerade herzustellen und eine Waschflasche wacklig oder fest aufzubauen! Nach Möglichkeit sind für komplizierte Apparaturen Schliffgeräte zu verwenden. Man achte auf spannungsfreien Aufbau, d.h. Klemmen bzw. Halterungen dürfen niemals fest angezogen werden, sie sollen vielmehr die durch die Schliffverbindungen bereits weitgehend stabile Apparatur nur lose halten. Hähne und Schliffe werden, sofern keine anderen Schmiermittel erforderlich sind, mit Hahnfett geschmiert, indem man um die sauberen und schwach erwärmten Schliffkerne oben und unten je einen feinen (!) Fettring legt und sie in die Hülsen eindreht. Gasleitungen fertigt man vollständig aus Glasrohr an; lediglich die einzelnen Rohrteile werden – Glas auf Glas – mit kurzen Gummimanschetten verbunden. Die Verwendung von Schlauchleitungen ist nur bei N_2 und CO_2 unbedenklich.

Den analytischen und präparativen Arbeiten gemeinsame grundsätzliche Operationen bringen die folgenden Abschnitte.

3.2.1. Lagerung und Entnahme von Chemikalien

Eine sachgemäße Lagerung der Chemikalien ist hauptsächlich für die Erhaltung ihrer Reinheit von ausschlaggebender Bedeutung. Für feste Substanzen, besonders für solche, die leicht Bestandteile der Luft (z.B. H_2O, CO_2 usw.) aufnehmen oder die selbst einen hohen Dampfdruck besitzen, verwende man gut verschließbare Pulverflaschen. Für Flüssigkeiten sind entsprechend Flaschen mit Schliffstopfen geeignet. Lichtempfindliche Verbindungen, wie Silber- und Jodverbindungen, Äther, Kohlendisulfid, gehören in braune Flaschen. Laugen sind nicht in Schliffstopfenflaschen aufzubewahren, da sie sich nach längerem Stehen nicht mehr öffnen lassen.

An Stelle von Glasgefäßen verwendet man heute mit großem Erfolg solche aus Polyäthylen. Sie sind besonders geeignet für die Lagerung alkalischer Substanzen, die Bestandteile des Glases lösen. Ungeeignet sind sie jedoch für die Aufbewahrung konzentrierter Schwefelsäure, Salpetersäure, organischer Lösungsmittel und lichtempfindlicher Verbindungen.

Flaschen ohne Aufschrift haben im Laboratorium nichts zu suchen!

Feste Stoffe entnehme man nur mit einem sauberen Spatel oder Löffel den Pulverflaschen. Der Stopfen einer Flasche darf niemals mit dem unteren Teil auf den Tisch gelegt werden, weil er sonst verschmutzt. Beim Ausgießen einer Flüssigkeit aus der Flasche halte man diese so, daß die Beschriftung bei waagerechter Haltung nach oben kommt, da anderenfalls durch Herunterfließen der Tropfen die Beschriftung beschädigt werden kann. Es ist praktisch, nach dem Einfließen den hängengebliebenen Tropfen mit dem Stopfen der Flasche abzustreichen. In vielen Fällen sind Flaschen mit Tropfer geeignet.

Der Vorratsflasche einmal entnommene Chemikalien sollen niemals in diese zurückgegeben werden, um eine Verunreinigung des gesamten Vorrates zu vermeiden.

Es kommt oft vor, daß sich Flaschen mit Glasstopfen nicht öffnen lassen. Durch Klopfen mit einem hölzernen Gegenstand an den Stopfen läßt sich dieser meist lockern. Sonst kann man unter Umständen mit fächelnder Flamme den Flaschenhals vorsichtig erwärmen, oder man stellt die ganze Flasche längere Zeit in warmes Wasser. Vorsicht bei brennbaren, niedrigsiedenden und explosiven Chemikalien!

Komprimierte Gase kommen in Stahlflaschen (mit teilweise bis zu 150 at Druck) in den Handel. Um ein evtl. Platzen beim Umfallen zu vermeiden, muß jede Stahlflasche am Laboratoriumstisch befestigt sein. Außerdem arbeite man stets mit Reduzierventil. Dabei wird zuerst bei geschlossenem Reduzierventil der Flaschenverschluß geöffnet und dann erst das Reduzierventil in Tätigkeit gesetzt. Nach Beendigung des Versuchs wird ebenfalls der Flaschenverschluß zuerst geschlossen.

Reduzierventile für Sauerstoffflaschen sind fettfrei zu halten. Es ist polizeiliche Vorschrift, daß die Stahlflaschen in gewissen Zeitabständen einer Druckprobe unterzogen werden. Der Zeitpunkt der Druckprobe wird in die Flasche eingestanzt.

3.2.2. Trennung durch Kristallisation oder Niederschlagsbildung

Bei chemischen Operationen trennt man viele Stoffe durch Fällen oder Kristallisieren. Auch die Reinigung geschieht häufig auf dem gleichen Wege. Das Fällen wird in der Regel in der Hitze vorgenommen, weil dann im allgemeinen das Fällungsprodukt kompakter und daher leichter filtrierbar anfällt (s. S. 28f.). Beim Kristallisieren benutzt man zur Darstellung bestimmter Präparate die Eigenschaft, daß sie meistens in der Hitze löslicher sind als in der Kälte. Dabei behandelt man entweder einen Überschuß eines Stoffes in der Hitze mit dem Lösungsmittel oder verdampft eine Lösung, wobei beide Male eine in der Hitze gesättigte Lösung erhalten wird. Beim Abkühlen tritt Kristallisation ein, wobei die Kristalle um so größer und besser ausgebildet werden, je langsamer die Abkühlung erfolgt. Dies gilt sowohl für Lösungen als auch für Schmelzen.

Zur Reinigung von Substanzen ist häufig eine Umkristallisation (s. auch S. 28) erforderlich. Hierzu wird eine heiß gesättigte Lösung des Rohproduktes in einem geeigneten Lösungsmittel hergestellt, aus der beim Abkühlen die Substanz in reiner Beschaffenheit wieder auskristallisiert. Voraussetzung ist, daß die Verunreinigungen eine größere Löslichkeit als die zu reinigende Substanz besitzen und in der erkalteten Lösung (Mutterlauge) gelöst bleiben.

Der Niederschlag oder die Kristalle müssen von der Lösung, der Mutterlauge, getrennt werden. Das kann durch Dekantieren, Zentrifugieren, Filtrieren oder Absaugen geschehen.

Beim Dekantieren läßt man den Niederschlag absitzen und gießt vorsichtig die klare Flüssigkeit ab. Dabei verbleibt aber meist recht viel Lösungsmittel, in dem natürlich noch ein Teil der Verunreinigungen vorhanden ist, in dem Bodenkörper. Man muß zur Reinigung mit reinem Lösungsmittel erneut versetzen, gut durchrühren, absitzen lassen und wieder abgießen. Diese Operation ist so oft zu wiederholen, bis irgendeine Reaktion auf die Verunreinigung oder die noch vorhandenen anderen Verbindungen im abgegossenen Lösungsmittel negativ verläuft.

Während das Dekantieren allein meist kein gutes quantitatives Trennverfahren von Niederschlag und Flüssigkeit darstellt, ist das Zentrifugieren bei kleinen Mengen wesentlich geeigneter. Besonders beim qualitativen Arbeiten leistet es gute Dienste. Durch die Zentrifugalkraft werden auch schlecht absitzende Niederschläge meist schnell an der Spitze des Zentrifugenglases so festhaftend angesammelt, daß die klare Lösung leicht abgegossen werden kann.

Zur Reinigung wird der Niederschlag mit Wasser durchgerührt, wieder zentrifugiert und nach Abgießen der Flüssigkeit die Operation nochmals wiederholt.

Zur Schonung der Zentrifuge müssen beide Zentrifugengläser gleiches Gewicht besitzen. Man fülle sie daher stets beide gleich voll. Bei Handzentrifugen drehe man mit gleichmäßiger Geschwindigkeit.

Zum Filtrieren wird in einen Glastrichter ein glattes Filter gelegt. Die Größe des Filters, das durch zweimaliges Falten eines runden Stücks Filterpapier hergestellt wird, richtet sich nach der Menge des Niederschlages (nicht nach der Flüssigkeitsmenge), wobei die Größe des Trichters so auszuwählen ist, daß etwa 1 cm des Randes frei bleibt. Man legt es zunächst trocken ein, befeuchtet mit destilliertem Wasser und drückt den Rand des Filters sorgfältig an den Trichter an, so daß zwischen Filter und Trichterwand keine Luftblasen hindurchgehen können.

Für größere Flüssigkeitsmengen sind Faltenfilter vorzuziehen, die ein schnelleres Filtrieren ermöglichen. Man kann sie fertig gefaltet beziehen.

Beim Filtrieren darf man das Filter nie ganz vollgießen, damit nichts über dessen Rand steigt. Hat man die gesamte Flüssigkeit abfiltriert, so wäscht man den Niederschlag gut aus, um ihn völlig von den noch in Lösung befindlichen Bestandteilen zu befreien. Am besten spritzt man aus einer Spritzflasche wenig destilliertes Wasser auf den Niederschlag, so daß er gerade mit Wasser bedeckt ist, läßt wieder abtropfen und wiederholt das so oft, bis irgendeine Reaktion angibt, daß der Niederschlag von Nebenbestandteilen befreit ist. Es ist dabei viel wirksamer, mit wenig Wasser öfter auszuwaschen und gut abtropfen zu lassen, als mit viel Wasser weniger oft auszuwaschen und schlecht abtropfen zu lassen.

Für die Filtration heißer Lösungen, die sich möglichst wenig abkühlen sollen, gibt es Heißwassertrichter; der Trichter wird dabei von außen mit heißem Wasser geheizt.

Zur Trennung von Flüssigkeiten und festen Stoffen ist bei präparativen Arbeiten das Absaugen besonders geeignet, indem man mittels einer Wasserstrahlpumpe unter dem Filter einen Unterdruck herstellt. Die dafür zu verwendende Apparatur zeigt Abb. 32.

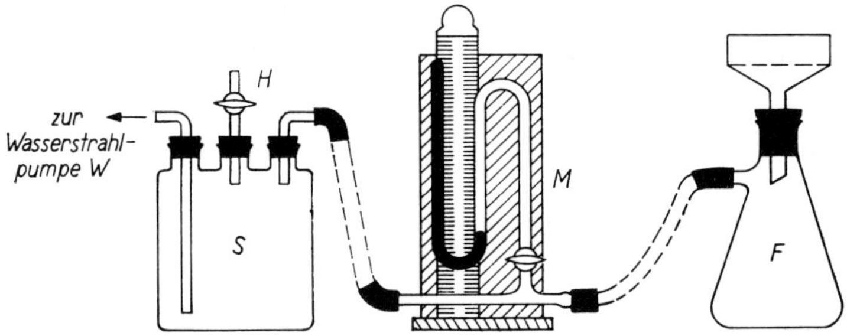

Abb. 32. Absaugvorrichtung mit Manometer

Sie besteht aus der an die Wasserleitung angeschlossenen Wasserstrahlpumpe *W*, der *Woulfe*-schen Flasche *S*, die mit einem Hahn *H* zum Einlassen von Luft versehen ist, dem Manometer *M* sowie der eigentlichen Filtriereinrichtung *F*. Als Trichter kann man für viele Zwecke einen *Büchner*-Trichter (Nutsche) verwenden, auf dessen Siebplatte ein glattes, dicht anliegendes Filter aufgelegt wird. Besser sind Glasfilter, die eine poröse Platte aus gesindertem Glas enthalten. Je nach dem Verwendungszweck gibt es Glasfilter der verschiedensten Form, Größe und Porenweite. Vor dem Einlassen von Luft in die evakuierte Apparatur ist der Hahn zum Manometer stets zu schließen, da sonst das plötzlich zurücksteigende Quecksilber das Manometerrohr zerschlagen kann.

Das Waschwasser enthält stets noch kleine Anteile der in Lösung verbliebenen Verbindungen. Will man diese quantitativ weiterverarbeiten, so muß man Filtrat und Waschwasser vereinigen. Bei der qualitativen Analyse ist das aber nicht nötig, denn im allgemeinen verbleiben beim Filtrieren nur wenige Prozente der gelösten Stoffe im Niederschlag, während sich der Hauptteil, der zum weiteren Nachweis völlig ausreicht, im Filtrat befindet. Um daher das Flüssigkeitsvolumen nicht allzusehr anwachsen zu lassen, und um ein dadurch notwendig gewordenes Eindampfen zu vermeiden, wird beim qualitativen Arbeiten das Waschwasser verworfen.

Der Niederschlag ist meistens weiter zu verarbeiten. Ist er schnell und leicht in irgendeiner Flüssigkeit löslich, so läßt man das Lösungsmittel (möglichst warm) auf das Filter auftropfen und fängt es in einem geeigneten Gefäß auf. Oder man stößt ein Loch durch die Spitze des Papierfilters und spült mit dem Lösungsmittel den Niederschlag heraus. Weiterhin kann man auch Filter nebst Niederschlag aus dem Trichter entfernen, das Filter öffnen und den Niederschlag in eine Porzellanschale abklatschen, wobei das Filter oben liegen muß. Man trocknet dann durch Auflegen von frischem Filterpapier und zieht das Filter ab.

3.2.3. Destillieren, Sublimieren und Extrahieren

Bei der Destillation wird die Substanz im Dampfzustand von Begleitstoffen abgetrennt und wieder kondensiert. Die einfachste Form eines Destillationsapparates ist in Abb. 33 wiedergegeben.

Entstehen bei der Destillation giftige Dämpfe, so wird der Saugstutzen der Vorlage über ein Glasrohr direkt mit dem Abzugskamin verbunden. Zum stoßfreien Sieden werden in den Destillationskolben einige Siedesteinchen gegeben.

Zur Destillation hochsiedender oder leichtzersetzlicher Stoffe benutzt man die Vakuumdestillation (s. Abb. 73, S. 472). Für die Vakuumdestillationen dürfen nur einwandfreie Rundkolben oder dickwandige Gefäße (als Vorlage) verwendet werden, niemals Erlenmeyer- oder Kochkolben! Die dazu notwendige Siedekapillare stellt man sich aus einem Glasrohr durch Ausziehen in der Gebläseflamme selbst her. Sie darf nicht zu dünnwandig sein (Gefahr des Abbrechens) und muß

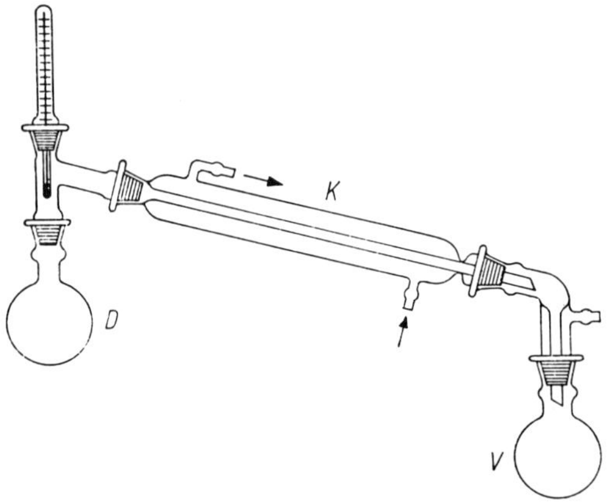

Abb. 33. Einfacher Destillationsapparat

D Destillationskolben mit Thermometer, dessen Quecksilberreservoir sich unterhalb (!) des Ansatzrohres im Kolbenhals befinden muß, *K* Kühler, *V* Vorlage.

andererseits genügend fein sein; beim kräftigen Hineinblasen sollen unter Wasser die Luftblasen einzeln und langsam herausperlen. Die Erzielung eines nur mangelhaften Vakuums kann durch eine zu grobe Siedekapillare oder – häufiger – durch Undichtigkeiten an den Verbindungsstellen oder Stopfen bedingt sein. Nach beendeter Vakuumdestillation ist vor dem Einblassen der Luft in die evakuierte Apparatur der Hahn des Hg-Manometers stets zu schließen (!), da sonst das plötzlich zurücksteigende Hg das Manometerrohr zerschlagen kann. Man versäume nie, bei Vakuumdestillationen eine splittersichere Schutzbrille zu tragen!

Die Trennung von zwei und mehr flüchtigen Stoffen erfolgt im allgemeinen durch fraktionierte Destillation. Ihre Durchführung ist auf Seite 466f. am Beispiel $SOCl_2$/$POCl_3$ näher beschrieben.

Stoffe, die in Wasser zwar schwer löslich sind, aber einen relativ hohen Dampfdruck besitzen (z.B. Jod) können durch eine Wasserdampfdestillation abgetrennt bzw. gereinigt werden. Dazu wird in die heiße wäßrige Suspension Wasserdampf eingeleitet, der die flüchtige Substanz ihrem Dampfdruck gemäß mitnimmt und sie beim Kondensieren wieder abscheidet. Die wäßrige Suspension siedet, wenn die Summe der Dampfdrucke dem Atmosphärendruck gleich geworden ist.

Eine Sublimation wird im einfachsten Fall in einem geheizten Becherglas mit aufgesetztem, wassergefülltem Kolben durchgeführt (s. S. 449). Für kleinere Mengen sind zwei gleich große aufeinanderliegende Uhrgläser zweckmäßig, von denen das untere die zu reinigende Substanz enthält und geheizt wird, während das obere durch ein Stück Filterpapier mit einigen feinen Löchern vom unteren getrennt wird. Die verdampfte Substanz kondensiert sich am kälteren oberen Uhrglas und wird durch das Filter am Zurückfallen gehindert.

Bei der Extraktion macht man sich die unterschiedliche Löslichkeit der zu extrahierenden Substanz in zwei verschiedenen, miteinander nicht mischbaren Lösungsmitteln zunutze (Kap. 2.6.6., S. 78). Zur praktischen Ausführung wird die zu extrahierende Lösung mit dem Extraktionsmittel im Scheidetrichter gut durchgeschüttelt. Nach der Entmischung beider Phasen werden diese getrennt abgelassen (vgl. z.B. S. 272).

3.2.4. Eindampfen

Im allgemeinen dampft man Flüssigkeiten in flachen Schalen mit großer Oberfläche ein, weil in diesen die Verdampfungsgeschwindigkeit größer ist als bei hohen Bechergläsern. Besondere Vorsicht beim Eindampfen ist geboten, wenn sich ein fester Körper ausscheidet. Dabei tritt leicht starkes Spritzen ein. Man muß in solchen Fällen umrühren und nicht zu heftig erhitzen. Soll die gesamte Flüssigkeit entfernt, also bis zur Trockne eingedampft werden, so ist besonders am Schluß mit fächelnder Flamme zu arbeiten. Besser erhitzt man dann auf dem Wasserbade, um das Verspritzen und Zersetzen des Rückstandes durch Überhitzung zu vermeiden.

Kleine Flüssigkeitsmengen lassen sich, was für qualitatives Arbeiten wertvoll ist, schnell im Reagenzglas eindampfen, wenn man durch starkes Schütteln, Auf- und Abbewegen oder durch Einbringen eines Siedeglöckchens den Siedeverzug vermeidet und das ganze Reagenzglas gleichmäßig erhitzt. In anderen Glasgefäßen darf nicht auf offener Flamme zur Trockne eingedampft werden, da diese infolge der ungleich mäßigen Erhitzung zerspringen.

3.2.5. Trocknen und Trockenmittel

Das Trocknen fester Substanzen kann durch Abpressen auf Filterpapier oder auf Tonplatten erfolgen. Naturgemäß ist der Trocknungsgrad bei diesem Verfahren nicht hoch. Die letzten Feuchtigkeitsreste lassen sich durch Erhitzen im Trockenschrank oder durch Aufbewahrung der Substanz in einem (evakuierten) Exsikkator über einem geeigneten Trockenmittel entfernen. In der Reihenfolge zunehmender Wirksamkeit sind die gebräuchlichsten Trockenmittel $CaCl_2$ (gekörnt, wasserfrei), Silicagel (SiO_2), konz. H_2SO_4 und P_2O_5. Für NH_3-abgebende Substanzen kommen Natronkalk (NaOH + CaO) und NaOH in Frage. Zum Trocknen bzw. Waschen von Gasen stehen konz. H_2SO_4 oder konz. KOH-Lösung zur Verfügung. Feste Trockenmittel (Anwendung in sog. Trockentürmen) sind $CaCl_2$, KOH, Natronkalk und P_2O_5; für NH_3 besonders geeignet ist $NaNH_2$, das H_2O unter Abgabe von NH_3 bindet.

Flüssigkeiten lassen sich von geringen Wassermengen durch Aufbewahren über $CaCl_2$, CaC_2, CaO, wasserfreiem Na_2SO_4 oder $Li[AlH_4]$ weitgehend befreien. Das Trockenmittel befindet sich dabei in der Flüssigkeit. Wasserspuren können durch Einpressen von Natrium (in Form von Na-Draht) und anschließende Destillation entfernt werden, sofern die Flüssigkeit selbst nicht mit Natrium reagiert (vgl. z.B. absol. Äther, S. 477). Hochchlorierte organische Lösungsmittel, z.B. Chloroform, $CHCl_3$ oder Kohlenstofftetrachlorid, CCl_4 dürfen keinesfalls mit metallischem Natrium zusammengebracht werden.

3.2.6. Erhitzen und Kühlen

Zum Erhitzen irgendwelcher Stoffe verwendet man in den Laboratorien im allgemeinen den von *Robert Bunsen* erfundenen Gasbrenner. Er enthält in seinem unteren Teil eine Düse, aus der das Gas ausströmt, und eine Vorrichtung, um Luft in verschiedenen Mengen in das Brennerrohr einzulassen. Ist die Luftzufuhr vollständig abgedrosselt, so verbrennen die im Leuchtgas befindlichen brennbaren Gase (Wasserstoff und Kohlenwasserstoffe) mit leuchtender Flamme. Ein Teil der Kohlenwasserstoffe geht zunächst bei ungenügender Luftzufuhr in Kohlenstoff und Wasser über, die kleinen festen Kohlenstoffpartikelchen (Ruß) glühen auf und bringen damit die Flamme zum Leuchten. Läßt man Luft von unten zutreten, so verbrennen die Kohlenwasserstoffe zu Kohlendioxid und Wasser. Man erhält eine nichtleuchtende Flamme. In dieser sind zwei Teile zu erkennen (s. Abb. 34): Innerer Flammenkegel *aba*, in dem keine Verbrennung stattfindet und der verhältnismäßig kalt ist, und Flammenmantel *aca*. Man unterscheidet weiterhin noch folgende Reaktionsräume:

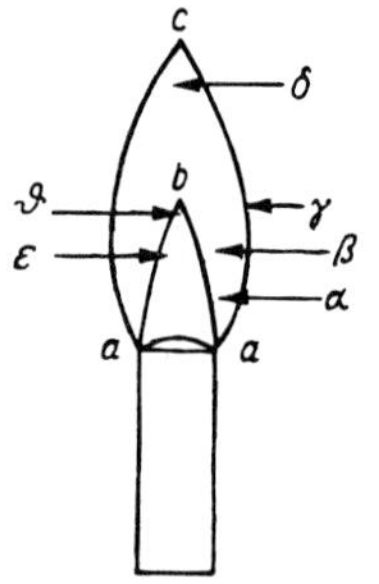

Abb. 34. Schema der Flamme eines Bunsenbrenners

α) Flammenbasis, die verhältnismäßig kalt ist;

β) Schmelzraum, etwas oberhalb des ersten Drittels der ganzen Flammenhöhe und von der inneren und äußeren Begrenzung des Flammenmantels gleich weit entfernt; hier herrscht die höchste Temperatur;

γ) Unterer Oxidationsraum;

δ) Oberer Oxidationsraum.

Bei δ und γ und dazwischen ist Luftüberschuß vorhanden. Es herrscht dort oxidierende Atmosphäre. Für kleine Proben, wie Phosphorsalzperlen und dergleichen, nimmt man am besten den Raum bei γ.

ε) und ϑ) sind die Reduktionsräume, wobei ϑ am heißesten ist und daher am stärksten zu reduzieren vermag.

Eine noch bessere Reduktion erreicht man in der Spitze einer kleinen, etwa 2 bis 3 cm hohen leuchtenden Flamme. Damit beim Abkühlen keine Oxidation stattfindet, hält man die Substanz einige Zeit in das Innere des Brennerrohres.

Ist die Luftzufuhr im Verhältnis zur Gaszufuhr zu groß, so „schlägt der Brenner durch", d.h., das Gas brennt im Inneren des Brennerrohres an der Gasaustrittsdüse. Man muß dann die Gaszufuhr völlig abstellen, die Lufteintrittsöffnung verkleinern und erneut nach Öffnen des Gashahnes entzünden. Ein zurückgeschlagener Brenner riecht nach kurzer Zeit, er wird heiß, der Gummischlauch fängt an zu schmoren und eventuell zu brennen. Soll daher eine Gasflamme unbeaufsichtigt brennen, so muß unbedingt durch Drosselung der Luftzufuhr ein Zurückschlagen unmöglich gemacht werden.

Für hohe Temperaturen wird ein Gebläsebrenner benutzt, bei dem die Luft in komprimierter Form (Stahlflaschen bzw. Kompressor bzw. Wasserstrahlgebläse) zugeführt wird. Noch höhere Temperaturen erreicht man, wenn man die Luft durch Sauerstoff aus der Sauerstoffflasche ersetzt.

Für viele Zwecke sind auch elektrische Öfen (Tiegel-, Röhren- oder Muffelöfen) geeignet. Sie haben gegenüber der Gasheizung den großen Vorteil, daß ihre Temperatur viel besser geregelt werden kann. Für Temperaturen bis 1000 °C verwendet man Widerstandsöfen mit Chromnickeldrahtwicklung. Darüber bis 1200 °C dienen Speziallegierungen, insbesondere Platinlegierungen, als Wicklungsdraht.

Öfen der verschiedenartigsten Bauart sind in jedem modern eingerichteten Laboratorium vorhanden. Man beachte bei ihnen die genauen Bedienungsvorschriften, bevor man sie besnutzt.

Zum Erreichen von Temperaturen unter dem Gefrierpunkt dienen Kältemischungen, von denen eine Auswahl der gebräuchlichsten nachstehend beschrieben ist:

– 20 °C	Eis-Kochsalz (3:1)	
– 30 °C	Eis-$MgCl_2 \cdot 6H_2O$ (3:2)	
– 40 °C	Eis-$CaCl_2 \cdot 6H_2O$ (2:3)	Vorkühlung der Komponenten
– 50 °C	Eis-konz. HNO_3 (2:1)	auf 0 °C erforderlich.
– 78 °C	Aceton-CO_2 (Trockeneis)	
–180 °C	flüssige Luft	

Wesentlich ist eine Zerkleinerung des Eises auf Erbsengröße und gute Durchmischung.

3.2.7. Glasbearbeitung

Der Chemiker hat sehr viele Operationen in Glasapparaturen durchzuführen. Man übe sich daher möglichst früh die einfachsten Arten der Glasbearbeitung ein. Am besten nehme man an einem Glasbläserkursus teil oder lasse sich durch den Assistenten oder einen in diesen Dingen erfahrenen Kollegen einführen.

Zum Herstellen von einfachen Glasgeräten benötigt der Chemiker folgende Hilfsmittel: Ein Tischgebläse, ein scharfes Glasmesser, einige Messingauftreiber und Absprengdrähte.

Die hauptsächlichsten Arbeitsoperationen sind:

a) Schneiden

Das Zerteilen von Rohren kann nach drei verschiedenen Arten erfolgen:

1. Das Rohr wird mit einem scharfen Glasmesser zu einem Viertel des Umfanges an der gewünschten Stelle eingeschnitten. Nun wird das Rohr so gefaßt, daß der Schnitt zwischen beiden Händen liegt und gegen die Brust gekehrt ist. Durch leichtes Ziehen wird das Glasrohr auseinandergesprengt.
2. Nach dem Einschneiden des Rohres wird eine Glasspitze oder ein Glasstab erhitzt, so daß sich ein Glaskügelchen bildet, welches im erwärmten Zustand rechtwinklig auf den Glasschnitt gedrückt wird. Hierdurch zerteilt sich das Glasrohr.
3. Das Auseinandersprengen mit einem Absprengdraht findet hauptsächlich bei Absprengungen größerer Weiten statt. Der glühende Draht muß dem Rohrumfang genau angepaßt sein. Das eingeschnittene Rohr zerspringt, wenn es unter gleichmäßigem Drehen vom Draht berührt wird.

b) Rundschmelzen

Zerteilte oder abgesprengte Glasrohre sind an den Schnittkanten scharf. Ihre Enden müssen daher rundgeschmolzen werden. In leuchtender Flamme und bei gleichmäßiger Drehung wird das Rohrende erwärmt, so daß die Kanten erweichen. Je weiter das Rohr ist, desto vorsichtiger muß die Erwärmung vor sich gehen.

c) Glasrohr biegen

Um das Rohr an der gewünschten Stelle zu biegen, wird eine größere Strecke unter gleichmäßigem Drehen erwärmt. Hierbei ist es erforderlich, daß beide Hände im gleichmäßigem Rhythmus drehen, die rechte Seite des Rohres geschlossen ist, und dann die linke Öffnung zum Mund geführt wird. Nun wird das Rohr in die gewünschte Biegung gebracht, dann erfolgt das Hineinblasen, wodurch das Rohr im Bogen den gleichmäßigen Rohrquerschnitt erlangt. Je größer der Bogen (U-Bogen) sein soll, desto mehr Glasfläche des Rohres muß erwärmt werden.

d) Spitze ausziehen

Man erwärmt an der gewünschten Stelle das Glasrohr, dreht gleichmäßig, bis Erweichung eintritt. Danach wird die erwärmte Strecke unter gleichmäßiger Drehung außerhalb der Flamme langsam auseinandergezogen, bis die gewünschte Spitzenlänge erreicht ist. Die Spitze schneidet man in der Mitte auseinander. Wird eine besonders starkwandige Spitze benötigt, muß man das Rohr vor dem Ausziehen an der erwärmten Stelle verdicken.

e) Rohr einseitig verschließen

Soll ein Rohr verschlossen werden (wie es z. B. beim Herstellen eines Reagenzglases der Fall ist), dann wird zuerst ein Glasrohr in gewünschter Länge zugeschnitten. Dieses Rohr zieht man in der Mitte gleichmäßig auseinander. Es entstehen 2 einseitig mit einer Spitze versehene Rohrenden. Diese erwärmt man mit einer scharfen, spitzen Flamme an der Stelle, wo die Verjüngung einsetzt. Unter gleichmäßigem Drehen erfolgt das Abziehen der Spitze innerhalb der Flamme. Das Rohr schließt sich an dieser Stelle, und durch gleichmäßiges Drehen und Hineinblasen formt sich das Rohrende zu einem gewölbten Boden. Durch wiederholtes Erwärmen und Drehen bildet sich ein gleichmäßiger Boden.

f) Glasrohre aneinandersetzen

Beim Zusammensetzen gleichkalibriger Röhren hat man darauf zu achten, daß die Schnittflächen glatt sind und das Rohr, welches in der rechten Hand liegt, mit einem Korken einseitig verschlossen ist. Nun erfolgt die Erwärmung der Schnittflächen, die nach der Erweichung leicht zusammengedrückt werden. (Dieser Vorgang erfolgt außerhalb der Flamme). Durch mehrmaliges Erhitzen der Schmelzstelle, gleichmäßiges Drehen und Hineinblasen erweitert sich das Rohr, verbindet sich restlos und wird durch leichtes Ziehen vollkommen geglättet. – Werden verschiedene Weiten zusammengesetzt, so muß das weitere Rohr entsprechend verjüngt werden. Beim Zusammensetzen dieser Rohre ist unbedingt auf die richtige Haltung der Rohre zu achten. Die rechte Hand hält das beidseitig geöffnete Rohr, die linke Hand das einseitig verschlossene Rohr. Nach dem Zusammensetzen des erwärmten Rohres bläst man durch das Rohrende, welches die rechte Hand hält. Dabei ist die Schmelzstelle im Blickwinkel der Augen. Es ist darauf zu achten, daß nur Gläser gleicher Art miteinander verbunden werden, da sonst Spannungen bzw. Springen unvermeidlich sind.

g) T-Rohr blasen

Zur Anfertigung einer T- oder V-Gabelung benötigt man 2 Rohrenden, ein längeres Hauptrohr und ein kürzeres Ansatzrohr. Das Hauptrohr, einseitig verschlossen, wird in die linke Hand genommen, und das kurze, einseitig verschlossene, in die rechte. Nun erwärmt man das Hauptrohr mit leuchtender Flamme an der gewünschten Stelle. Mit einer spitzen, scharfen Flamme wird ein Punkt der vorgewärmten Stelle erhitzt und herausgeblasen, so daß dieses Loch ungefähr dem Durchmesser des anzusetzenden Rohres entspricht. Nachdem das Ansatzrohr angewärmt wurde, erfolgt das Zusammensetzen. Lochdurchmesser und Rohröffnung werden gleichmäßig erhitzt, dann leicht zusammengedrückt. Durch Hineinblasen und Ziehen entsteht die erste Verschmelzung. Nun wird die Schmelzstelle so oft erwärmt und aus dem rechten Winkel mit der linken Hand gedreht, bis eine gleichmäßige Verschmelzung erfolgt ist. Das Werkstück erwärmt man mit leuchtender Flamme, damit keine Spannungen auftreten.

h) Ampullen abschmelzen

Zum Einschmelzen von festen Substanzen und hochsiedenden Flüssigkeiten nimmt man ein normales Reagenzglas, das nur zu einem Drittel gefüllt werden darf. An das Reagenzglas setzt man zur bequemeren Handhabung ein gleichkalibriges Glasrohr an (s. Abschnitt f). Das Abschmelzen erfolgt kurz unterhalb der Ansatzstelle, und zwar so, daß man unter gleichmäßigem

Drehen erhitzt, das Glas zusammenfallen läßt und schließlich zu einer dünnen Kapillare auszieht. Diese wird mit spitzer Flamme endgültig abgeschmolzen. Bei Einschmelzen von Flüssigkeiten mit hohem Dampfdruck ist zu empfehlen, die Kapillare vor dem Eingießen in das Reagenzglas fertigzustellen. Nach Kühlung im Kältebad wird die Kapillare zugeschmolzen, wie vorstehend beschrieben.

Das Öffnen gefüllter Ampullen muß unter größter Vorsicht erfolgen (Schutzbrille!). Zuerst wird mit dem Handgebläse die Spitze der Kapillare erwärmt, bis das erweichte Glas durch Überdruck in der Ampulle aufgerissen wird. Anschließend wird der Kapillaransatz eingeritzt und abgesprengt [s. Abschnitt a) 2. und 3.].

Beim Schließen und Öffnen von Bombenrohren ziehe man möglichst einen Fachmann hinzu. Bei unsachgemäßem Öffnen der Bombenröhren entweicht der Überdruck explosionsartig.

3.2.8. Durchbohren von Gummistopfen

Die an und für sich recht einfache Operation des Bohrens von Gummistopfen wird häufig falsch durchgeführt. Als Folge sitzen die Löcher schief, und die Wände der Bohrungen verlaufen nicht geradlinig, sondern krumm. Man verwende zum Lochbohren stets nur einen sog. Korkbohrer mit glatter, scharfer Schneide. Stumpfe Bohrer werden entweder mit einem Spezialschärfer oder in Ermangelung dessen von innen mit einer Rundfeile und von außen mit einer Flachfeile bearbeitet.

Den Durchmesser des Bohrers wähle man ein wenig kleiner als den des Rohres, das durch die Bohrung hindurchgeführt werden soll.

Um beim Durchbohren die Bohrunterlage und den Bohrer nicht zu beschädigen, legt man am besten ein Brettchen aus weichem Holz unter. Dann wird der Gummistopfen mit der einen Hand auf dieser Unterlage festgehalten, mit der anderen bohrt man durch Drehen und leichten Druck, wobei der Bohrer genau senkrecht zum Stopfen stehen muß. Einige Tropfen Glyzerin auf der Bohrfläche erlauben ein gleichmäßiges Durchdrehen des Bohrers. Der Druck soll auf keinen Fall stark sein, sonst verbiegt sich der Gummistopfen, und die oben geschilderten Mängel treten auf.

3.3. Behandlung von Geräten

Für die analytischen und präparativen Arbeiten wird eine Anzahl physikalischer Apparate verwendet, wie Mikroskop, Spektroskop, elektrische Meßinstrumente, Widerstände, elektrische Öfen und dergleichen. Man bedenke dabei, daß die Instrumente teuer und empfindlich sind und behutsam und sorgfältig behandelt werden müssen.

So achte man beim Mikroskop besonders darauf, daß das Objektiv nicht in die auf dem Objektträger befindliche Flüssigkeit eintaucht. Ein Brenner darf nie so nahe an einen Spektralapparat gebracht werden, daß dieser heiß wird. Ebenso dürfen auch alle elektrischen Öfen, Meßinstrumente oder Widerstände niemals überlastet werden.

Bei allen Arbeiten mit physikalischen Apparaten beachte man stets genau die einzelnen Vorschriften.

Platingeräte dürfen niemals in der Glühhitze mit Metallen (Ausnahme: Platin selbst oder Nickel) oder Kohlenstoff, Phosphor und Schwefel in Berührung gebracht werden, da mit diesen leicht Legierungen bzw. Verbindungen gebildet werden und dadurch Platin seine chemische und mechanische Widerstandsfähigkeit verliert.

Deshalb stelle man beim Glühen Platintiegel nur auf ein Ton-, Quarz-, Platin- oder Nickeldreieck. Auch dürfen in ihnen keine Verbindungen von leicht reduzierbaren Metallen wie Gold, Silber, Blei, Zinn, Wismut, Arsen, Antimon oder Sulfide und Phosphate in Gegenwart reduzierender Substanzen geglüht oder geschmolzen werden. Das gleiche gilt von Platindrähten, wenn man sie für die Flammenfärbung benutzt.

Ebenso erhitze man Platin nicht mit einer leuchtenden, also Kohlenstoff enthaltenden Flamme. Auch der innere blaue Kegel der Bunsenflamme ist schädlich. In beiden Fällen entstehen Platinkohlenstofflegierungen, die den Tiegel brüchig machen.

Weiterhin greifen Schmelzen von Alkalihydroxiden, Natriumperoxid, Kaliumcyanid sowie Lithium- und Magnesiumchlorid Platin an. Schmelzen von Soda und Pottasche dürfen dagegen auch in Platintiegeln vorgenommen werden.

Um einen Platintiegel zu reinigen, kann er mit sehr feinem Sand vorsichtig ausgescheuert werden. Besser schmilzt man ihn im Kaliumhydrogensulfat. Auch kann man ihn mit Salzsäure oder Salpetersäure auskochen, aber auf keinen Fall mit beiden zusammen, da die Mischung, das Königswasser (s. S. 200), Platin löst. Auch die freien Halogene greifen Platin an. Man vermeide also, Platingeräte mit salzsauren Lösungen von Oxidationsmitteln, die Chlor entwickeln können, in Berührung zu bringen.

3.4. Arbeiten mit Ionenaustauschersäulen

Ionenaustauscher auf Kunstharzbasis, ursprünglich für die Entsalzung des Wassers entwickelt, haben in der letzten Zeit eine erhebliche Bedeutung in der analytischen und präparativen Chemie erlangt.

Als Grundgerüst für die Austauscher dienen Kondensations- oder Polymerisationsharze, in die funktionelle ionenaustauschende Gruppen eingebaut sind. Es enthalten u. a. stark saure Kationenaustauscher die $-SO_3^-$-Gruppe, schwach saure die $-COO^-$-Gruppe, stark basische Anionenaustauscher quarternäre Ammoniumgruppen

$$\text{z. B.} - \left[CH_2-N \begin{matrix} \diagup CH_3 \\ -CH_3 \\ \diagdown C_2H_4OH \end{matrix} \right]^+ .$$

Durch den Einbau der entsprechenden funktionellen Gruppen entsteht ein wasserhaltiger, jedoch wasserunlöslicher Gelkörper, der als Polyanion $[RSO_3^-]_x$ (R = Harzgerüst) Kationen bzw. als Polykation $[RCH_2 \cdot N(CH_3)_2C_2H_4OH^+]_x$ Anionen zu binden vermag.

Geeignete im Handel befindliche stark saure Kationenaustauscher sind Permutit RS, Lewatit S 100, Amberlite IR 120, Dowex 50, stark basische Anionenaustauscher Permutit ES, Amberlite IRA 410, Dowex 2. Erstere liegen in der Na^+-Form, letztere in der Cl^--Form vor.

Den chemischen Aufbau eines stark sauren Kationenaustauschers, hergestellt durch Polymerisation von Vinylbenzol (Styrol) unter Verwendung von Divinylbenzol als Vernetzer (durch Fettdruck hervorgehoben) und anschließende Sulfunierung, zeigt Abb. 35.

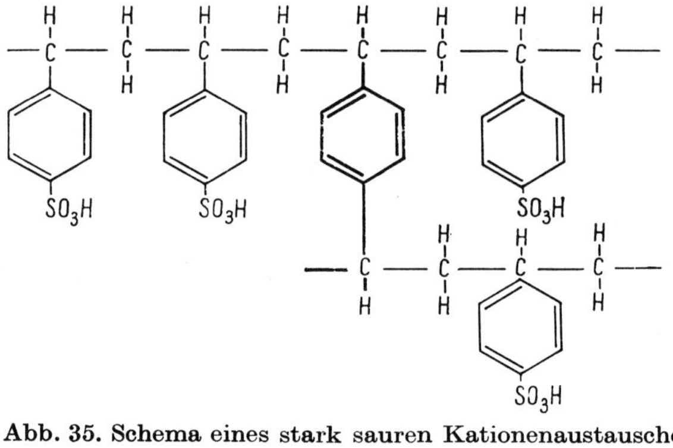

Abb. 35. Schema eines stark sauren Kationenaustauschers

Die an der funktionellen Gruppe gebundenen Kationen können durch andere Kationen reversibel ausgetauscht werden, z. B.

$$RSO_3H + M^+ \rightleftharpoons RSO_3M + H^+.$$

Je höher die Ladung des Kations ist, um so stärker liegt das Gleichgewicht auf der Seite der RSO_3M-Form, d. h., bei der Kationenaufnahme nimmt größenordnungsmäßig die Haftfestigkeit am Harz in der Reihenfolge M^+, M^{2+}, M^{3+} usw. zu. Die Haftfestigkeit steigt weiterhin mit der Ordnungszahl der Elemente einer Gruppe des PSE (vgl. S. 102). Die Lage des Gleichgewichtes wird nach rechts verschoben, wenn das ausgetauschte Ion aus dem Gleichgewicht entfernt wird. Dies ist bei dem Säulenverfahren der Fall. Hierbei gelangt das in Freiheit gesetzte Ion in das Filtrat.

Ionenaustauschersäulen werden in der analytischen und präparativen Chemie verwendet:

a) Für den quantitativen Ionenumtausch, Ersatz gewisser Ionen durch das jeweils gewünschte, z.B. Überführung von NaCl in HCl (Ersatz von Na^+ gegen H^+).

b) Zur Entfernung unerwünschter Ionen und Reinigung von Lösungsmitteln (z.B. zur Totalentsalzung von Wasser durch gemeinsame Anwendung eines stark sauren Kationenaustauschers in der H^+-Form und eines stark basischen Anionenaustauschers in der OH^--Form).

c) Zur Trennung von Ionen durch Ausnutzung ihres unterschiedlichen Ladungsvorzeichens Trennung von Anionen und Kationen bzw. Abtrennung neutraler Moleküle) oder, wenn gleiches Ladungsvorzeichen vorliegt, ihrer unterschiedlichen Haftfestigkeit.

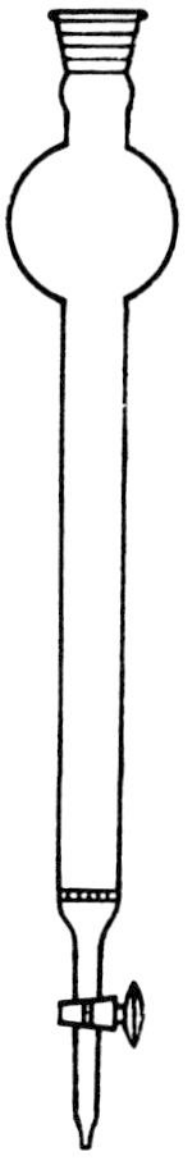

Abb. 36. Austauschersäule

Die Aufnahmekapazität eines Austauscherharzes richtet sich nach der Anzahl der vorhandenen funktionellen Gruppen (Angabe in mval/g- oder mval/ml-Harz) und beträgt für die oben genannten stark sauren Kationenaustauscher etwa 2 mval/ml, für die stark basischen Anionenaustauscher etwa 1 mval/ml.

Eine einfache Austauschersäule zeigt Abb. 36. Als Abschluß nach unten dient entweder ein Glaswollebausch oder eine eingeschmolzene Fritte. Die Dimensionen der Säule richten sich nach der einzusetzenden Austauschermenge. Der schmale Teil der Säule wird etwa zu drei Viertel mit dem Harz gefüllt. Es ist darauf zu achten, daß das Harz ständig mit Wasser bedeckt ist und sich keine Luftblasen in der Säule befinden. Nach dem Füllen deckt man das Harz mit einem zweiten Glaswollebausch ab, um beim Eingießen der Lösung ein Aufwirbeln zu vermeiden.

Falls die Austauscher nicht als p.a.-Ware bezogen werden, müssen sie vor dem Gebrauch von Verunreinigungen [z.B. Fe(III)] befreit werden. Zur Überführung der Kationenaustauscher in die H^+-Form dient 3 M HCl.

Vor jedem Austauscherversuch wird das Harz so lange mit destilliertem Wasser gewaschen, bis die abtropfende Flüssigkeit Cl^--frei ist und neutral reagiert. Bei Nichtbenutzung wird die Säule mit destilliertem Wasser gefüllt und beiderseitig verschlossen.

Die Durchlaufgeschwindigkeit beim Austausch ist von mehreren Faktoren (Korngröße des Harzes, Packungsdichte, Höhe der Flüssigkeitssäule, Größe der Ausflußöffnung u.a.) abhängig. Um einen einwandfreien Austausch zu gewährleisten, darf die Tropfgeschwindigkeit nicht zu groß sein, soll aber aus Zeitersparnisgründen im Verlauf mehrerer Versuche auch nicht zu klein werden. Als Richtwert für die Durchlaufgeschwindigkeit sei genannt: Nach frischer Füllung ca. 2 ml/Min. (je nach Größe der Ausflußöffnung 20–30 Tr. = 1 ml).

Da der Ionenaustausch ein reversibler Vorgang ist, wird die Gleichgewichtslage entscheidend vom pH der Lösungen beeinflußt. In der analytischen Praxis muß meist mit sauren Lösungen gearbeitet werden, da andernfalls Fällungen infolge Hydrolyse usw. auftreten. Der pH-Wert der Lösungen soll jedoch nach Möglichkeit > 1 sein, da nur unter diesen Bedingungen ein weitgehender Austausch der Kationen gewährleistet ist.

Die vom Harz aufgenommenen Kationen werden wie bei der Regeneration durch portionsweisen Zusatz von ca. 3 M HCl eluiert.

4. Analytischer Teil

Im Verlauf der Ausbildung erhält der Praktikant zum überwiegenden Teil „synthetische“ Analysengemische, die daher aus einer großen Anzahl chemisch verschiedenartiger Substanzen bestehen können. Im Gegensatz hierzu enthalten natürliche Mineralien und Gesteine oder technische Produkte (Legierungen, Schlacken usw.) zum großen Teil nur eine begrenzte Anzahl an Elementen.

In einer „synthetischen“ Analyse wird das relative Mengenverhältnis der einzelnen Stoffe meistens annähernd gleich gehalten. Bei den natürlichen Mineralien und den technischen Produkten ist es jedoch oft sehr unterschiedlich. Man unterscheidet hier Haupt- und Nebenbestandteile sowie Spuren.

Da die anorganischen Substanzen vorwiegend in Ionenform in Lösung vorliegen, werden sie auch als solche nachgewiesen.

Für die Kationen bildenden Elemente sind einwandfreie Trennungsgänge ausgearbeitet worden. Sie bestehen im Prinzip darin, daß nacheinander mit bestimmten Reagenzien „Elementgruppen“ gefällt werden. Diese Gruppenfällungen werden ihrerseits einer weiteren Auftrennung in die Einzelelemente unterworfen und letztere separat nachgewiesen.

Der systematische Gang einer Vollanalyse umfaßt:

a) Vorproben,

b) Anionennachweise aus Sodaauszug oder Ursubstanz,

c) Kationentrennungsgang,

d) Aufschlüsse.

In wenigen speziellen Fällen wird auch auf die Ermittlung der Oxidationsstufe bestimmter Elemente in Verbindungen Wert gelegt.

Zum Nachweis der Kationen benutze man daher stets nur einen Teil der Ursubstanz, während der andere für die Anionennachweise, die Vorproben und als Reserve verbleibt. Wenn nicht besonders vermerkt ist, arbeite man mit kleinen Analysenmengen. Sie reduzieren die Zeit für die entsprechenden Arbeitsvorgänge des Filtrierens, des Auswaschens und den Reagenzverbrauch. Beim HM-Verfahren werden je Trennungsgang 0,01–0,1 g, für das Makroverfahren 0,5–1 g benötigt.

Die nachfolgend beschriebenen Trennungsgänge verlaufen infolge von Mitfällungsvorgängen (s. S. 96) häufig nicht immer quantitativ und sind daher je nach Anwesenheit der einen oder anderen Substanz sinnvoll zu modifizieren. Man verwende daher auch zur Identifizierung möglichst spezifisch wirkende Reagenzien und gewöhne sich daran, nicht durch eine einzige Umsetzung oder Erscheinung ein Ion nachzuweisen, sondern man führe möglichst viele verschiedenartige Identifikationsreaktionen durch.

Als spezifische Reaktionen und Reagenzien werden solche bezeichnet, die unter bestimmten Versuchsbedingungen für ein einziges Ion eindeutig sind. Reaktionen und Reagenzien, mit denen sich nur eine gewisse Auswahl treffen läßt, heißen selektiv. Mitunter kann man eine zeitraubende Abtrennung störender Ionen umgehen, indem man diese mit einem geeigneten Komplexbildner „maskiert“. Die störenden Ionen, jedoch nicht das nachzuweisende, müssen mit dem Maskierungsmittel so starke Komplexe bilden, daß eine Anzeige durch das betreffende Reagenz unterbleibt.

Zum Nachweis der einzelnen Ionen mit anorganischen Reagenzien dienen zum überwiegenden Teil Fällungsreaktionen. Bevorzugt werden Niederschläge, die durch Farbigkeit oder Kristallform leicht identifizierbar sind. Lediglich bei denjenigen Ionen, die keine schwerlöslichen Verbindungen zu bilden vermögen (z.B. NO_3^-, CH_3COO^-), ist man auf Farb- oder Geruchsreaktionen angewiesen.

Die Reagenzlösung setzt man im allgemeinen tropfenweise zu, bis das Ende der Reaktion erreicht ist. Man überprüfe stets die Vollständigkeit einer Fällung am Ausbleiben weiterer Niederschlagbildung. Ein zu großer Überschuß der Reagenzlösung schadet oft. Es kann in verschiedenen Fällen zur Erhöhung der Löslichkeit (Komplexbildung. Erniedrigung der Aktivitätskoeffizienten, Kap. 2.6.5.2.3.) kommen. Oft werden auch Konzentrationsniederschläge gefällt. Nach jedem Reagenzzusatz schüttle man gut durch, um eine homogene Durchmischung zu gewährleisten.

Um eindeutige Nachweise zu erhalten, sind möglichst saubere (p. a.) Substanzen zu verwenden. Bestehen Zweifel an der Reinheit, führe man vorerst Blindproben bzw. Vergleichsproben durch. Diese sind oftmals angebracht:

a) Zum Kennenlernen des Nachweises bzw. zur Kontrolle der Wirksamkeit der Reagenzien. Angewendet wird die reine Verbindung und das betreffende Reagenz.
b) Zur Überprüfung der Reinheit der zur Analyse benutzten Chemikalien. Angewendet wird die Chemikalie und das auf seine Wirksamkeit überprüfte Reagenz.
c) Beim negativen Verlauf eines Nachweises. Gegebenenfalls wird dann das zu identifizierende Ion zur Probelösung hinzugesetzt und der einwandfreie Ablauf der Reaktion in dem vorherigen Gemisch kontrolliert.

Die Ausführung dieser Proben ist um so notwendiger, je empfindlicher die Nachweise sind.

Ausführungen über den systematischen Gang der Analyse finden sich in Kapitel 4.4. (bei Verwendung anorganischer Reagenzien) und Kapitel 4.5. (Einzelnachweise bei Verwendung organischer Reagenzien).

Man gewöhne sich daran, über die einzelnen Beobachtungen im Verlauf einer Analyse ein genaues Protokoll zu führen.

4.1. Grundsätzliches

Dieses Kapitel bringt einige wichtige Begriffe der analytischen Chemie und das Grundsätzliche über die einzelnen Abschnitte einer chemischen Analyse.

4.1.1. Grenzkonzentration und Erfassungsgrenze

Zur Definition der Empfindlichkeitsgrenzen einer Nachweisreaktion hinsichtlich der Konzentration und absoluten Menge des gesuchten Stoffes werden die beiden Begriffe „Grenzkonzentration (GK)“ (gelegentlich auch Verdünnungsgrenze genannt) und „Erfassungsgrenze (EG)“ (auch Nachweisgrenze oder Empfindlichkeit genannt) verwendet.

Grenzkonzentration

Die Grenzkonzentration GK bezeichnet diejenige Konzentration eines nachzuweisenden Stoffes, bei welcher der Nachweis noch positiv ist. Hierbei wird auf 1 g des Stoffes bezogen und das entsprechende Lösungsvolumen in ml angegeben.

Ist z. B. 1 g des gesuchten Stoffes in $3 \cdot 10^5$ ml Lösung noch nachweisbar, so ist

$$GK = \frac{1}{3 \cdot 10^5} = \frac{1}{10^{5,47}} \approx 10^{-5,5}.$$

Der negative dekadische Logarithmus der GK ist als pD-Wert definiert (im Beispiel pD: 5,5).

Erfassungsgrenze

Die Erfassungsgrenze gibt die Menge des gesuchten Stoffes an, die noch nachweisbar ist. Sie wird gewöhnlich in Mikrogramm μg (γ) angegeben.

Gelingt z.B. bei der GK 10^{-6} der Nachweis noch mit einem Lösungstropfen von 0,05 ml, dann enthält dieser Tropfen $0{,}05 \cdot 10^{-6} = 0{,}05\ \mu$g des nachzuweisenden Stoffes. Somit beträgt die Erfassungsgrenze 0,05.

Die Erfassungsgrenze ist, im Gegensatz zur GK, abhängig vom verwendeten Volumen. In der Regel wird auf 1 Tropfen bezogen. Durch Änderung der Nachweistechnik (Betrachtung mit UV-Licht, Tüpfeln auf Filterpapier an Stelle von Tüpfelplatte, Ausschütteln mit organischen Lösungsmitteln) kann die Erfassungsgrenze erheblich heruntergesetzt werden.

Die meisten in der Literatur angegebenen pD- und EG-Werte gelten für Lösungen bzw. Substanzgemische, die nur den nachzuweisenden Stoff und die zum Nachweis notwendigen Substanzen enthalten. Die bei Durchführung einer qualitativen Analyse unweigerlich anwesenden Fremdsalze verändern im allgemeinen die Empfindlichkeit eines Nachweises. Meistens wird die Empfindlichkeit verringert, sie kann jedoch durch bestimmte Fremdionen auch erhöht werden.

4.1.2. Vorproben

Die Vorproben geben durch eine Reihe von ganz einfachen Handhabungen Hinweise auf die Zusammensetzung einer Substanz. Sie versetzen den Analytiker durch wichtiges Tatsachenmaterial in die Lage, den Gang der Kationentrennung in der richtigen Weise auszuwählen sowie gemeinschaftlich mit ihm und dem Anionennachweis die Zusammensetzung einwandfrei zu ermitteln. Ein guter Analytiker wird schon aus den Vorproben weitgehende Schlüsse ziehen können. Man verlasse sich aber niemals auf die Vorproben allein, weil bei ihnen eine Reihe von Störungen auftreten können. Als Vorproben zählen u.a. die Spektralanalyse bzw. die Flammenfärbung, die Lötrohrproben, die Phosphorsalz- und Boraxperle, das Erhitzen im Glühröhrchen, Erhitzen mit verdünnter und konzentrierter H_2SO_4. Hinzu kommen eine Anzahl vorwiegend spezieller Reaktionen. Übersichten über das Verhalten der einzelnen Elemente bei den genannten Operationen geben die Tabellen I.–VII. (s. S. **364**ff.). Diese Nachweisverfahren sind selbstverständlich nicht nur auf die Ursubstanz (Vorproben) beschränkt, sondern können sinngemäß auch an entsprechenden Stellen des Analysenganges vorgenommen werden.

Näheres über die theoretischen Grundlagen und die Durchführung der Glühröhrchenprobe, des Erhitzens mit verdünnter und konzentrierter H_2SO_4 und der mehr speziellen Reaktionen findet sich im Text bzw. in den Tabellen IV–VI auf S. 366ff. Im folgenden werden einige allgemein anwendbare Verfahren näher beschrieben.

4.1.2.1. Spektralanalyse bzw. Flammenfärbung

Alle Elemente senden im atomaren oder ionisierten gasförmigen Zustand bei hohen Temperaturen oder elektrisch angeregt Licht von bestimmter Farbe aus, das durch einen Spektralapparat beobachtet, aus bestimmten, für das Element charakteristischen Spektrallinien besteht (s. S. 364).

Die Anregungsbedingungen sind bei den Elementen äußerst verschieden. Bei den Alkali-, Erdalkali- und einigen anderen Elementen (s. Tab. I) genügt, falls die Verbindungen leicht flüchtig sind, die Temperatur der Bunsenflamme.

Bei anderen Elementen muß man zur Gebläseflamme übergehen und bei den meisten benötigt man einen elektrischen Lichtbogen oder Funken. Die „Flammenfärbung" des Bunsenbrenners läßt demnach bei den Alkalielementen und Erdalkalielementen usw. unter gewissen Bedingungen eine Aussage über ihre Anwesenheit zu.

Da jedoch die Farben der einzelnen Elemente sich gegenseitig überdecken können, ist die Anwendung eines Spektralapparates vorteilhafter.

Neben dem Linienspektrum können jedoch auch bei kleiner Dispersion des Spektralapparates sichtbare breite Streifen auftreten, die bei größerer Dispersion in ein System von vielen einzelnen Linien aufgelöst werden. Im Gegensatz zu den Linienspektren der Atome bezeichnet man letztere als Bandenspektren. Sie werden von angeregten Molekülen ausgesandt und daher auch Molekülspektren genannt.

Zur Erzeugung des notwendigen leuchtenden Dampfes wird die Substanz in der entleuchteten Bunsenflamme an einem Platindraht oder einem Magnesiastab erhitzt. Für die Spektralanalyse benutzt man aber besser einen einfachen Spektralbrenner, da dann das Spektrum mit größerer Ruhe zu beobachten ist. In einfachster Ausführung hat er die von *Beckmann* angegebene Gestalt. Das Zusatzgerät ist aus Glas und wird über die Luftlöcher des Bunsenbrenners gestülpt (s. Abb. 37). In die Vertiefung kommen einige Körnchen verkupferten Zinks, 3–5 ml verd. HCl und etwa 5 ml der zu untersuchenden Lösung. Durch die H_2-Entwicklung wird etwas Lösung verspritzt und gelangt durch die angesaugte Luft in den Brenner. Der Zerstäuber hat den großen Vorteil, daß er den Bunsenbrenner selbst nicht verschmutzt und äußerst einfach zu reinigen ist.

Der Brenner wird so vor den Spalt des Spektroskops gestellt, daß der innere Kegel der Bunsenflamme nicht im Spalt beobachtet werden kann, sondern nur das obere Drittel. Sonst erhält man das Bandenspektrum des CO. (Der Brenner darf nie so nahe am Spalt des Spektroskops stehen, daß dieses heiß wird!)

Als Spektralapparat dient für einfache Untersuchungen meist das in Abb. 38 dargestellte Handspektroskop mit Wellenlängeneinteilung.

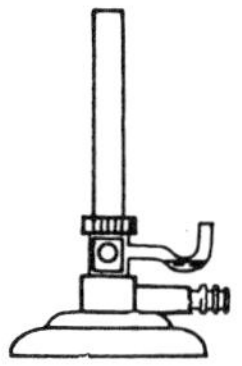

Abb. 37. Bunsenbrenner mit Zerstäuber nach *Beckmann*

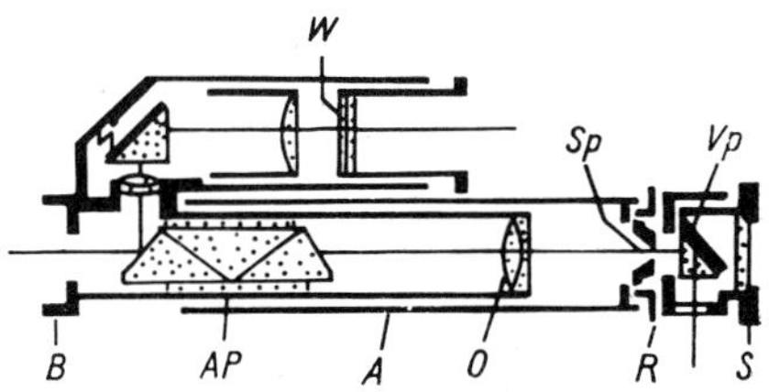

Abb. 38. Schema für ein Handspektroskop

Vor dem Spalt *Sp* sitzt das Vergleichsprisma *VP* und das Schutzfenster *S*. Das Spaltrohr *A* trägt außerdem ein Rädchen *R* zur symmetrischen Verstellung der Spaltbacken. Das Rohr *B* enthält die achromatische Lupe *O*, das dreiteilige geradsichtige Dispersionsprisma *AP* und das Skalenrohr mit der Wellenlängeneinteilung *W*, der Justierschraube und einem kleinen Objektiv.

4.1.2.2. Lötrohrreaktion

Die Lötrohrreaktion hat nicht nur analytisches Interesse, sondern ist auch als einfachste metallurgische Reaktion von allgemeiner Bedeutung („Lötrohrprobierkunst").

Das Lötrohr besteht aus einem Metallrohr mit Mundstück und seitlichem Ansatz. Bläst man mit ihm in die leuchtende Flamme des Bunsenbrenners seitlich hinein, so erhält man eine Stichflamme. Zur Erzeugung einer „Oxidationsflamme" muß man die Spitze des Lötrohres mitten in die Flamme, etwa 1–2 cm über die Mündung des Brenners halten. Beim Einblasen am seitlichen Rand wird eine Reduktionsflamme erhalten; man bläst nur so stark, daß sie nicht entleuchtet wird.

Man gewöhne sich an, mit aufgeblasenen Backen allein aus dem Mund heraus zu blasen, während man bei geschlossenem Gaumen ruhig durch die Nase ein- und ausatmet. Von Zeit zu Zeit läßt man neue Luft in den Mund hinein.

Schmilzt man ein Metallsalz oder ein Metalloxid bei Gegenwart von Soda vor dem Lötrohr in einer kleinen Vertiefung auf Holzkohle, so kann es reduziert werden. Bei leicht schmelzbaren Metallen erhält man kleine Kügelchen, bei schwer schmelzbaren Flitter. Ist das Metall leicht flüchtig, so verdampft es und schlägt sich nach Oxidation außerhalb der Flamme auf den kälteren Teilen der Holzkohle als Oxidbeschlag nieder. An der Färbung der Oxidbeschläge, der physikalischen und chemischen Beschaffenheit der Metallkugeln oder Flitter (duktil, spröde, magnetisch) sowie durch Mikroreaktionen kann man weitgehend Aufschluß über die Zusammensetzung einer Analysensubstanz erhalten. Dabei geht man folgendermaßen vor:

In einer Vertiefung auf einem Stück Holzkohle (am besten Lindenholzkohle) vermengt man 1 Spatelspitze feingepulverter Substanz mit der 2–3fachen Menge Soda, feuchtet mit einem Tropfen Wasser an und erhitzt mit der reduzierenden Flamme des Lötrohres. Dabei schmilzt das Gemisch zusammen und reagiert. Der Überschuß der Soda sowie die entstandenen Natriumsalze werden von der Kohle aufgesogen. Nach dem Erkalten prüft man Beschlag und Metall. Zur näheren Untersuchung des Metalls wird der Rückstand aus der Vertiefung mit einem Spatel sorgfältig herausgehoben, in eine Reibschale übergeführt, die Soda mit Wasser weggelöst und die Kohle abgeschlämmt. Der Rückstand wird mit einer Lupe betrachtet, mit einem Pistill auf Duktilität oder Sprödigkeit sowie mit einem Magneten auf Ferromagnetismus geprüft. Dann mache man einige charakterisierende Auflösungsversuche und Mikroreaktionen.

Eine Zusammenstellung des Verhaltens der einzelnen Elemente vor dem Lötrohr gibt Tabelle II auf S. 364.

4.1.2.3. Phosphorsalz- und Boraxperle

Schmilzt man Phosphorsalz, $NaNH_4HPO_4$, und gibt ein Schwermetallsalz hinzu, so können sehr charakteristische Färbungen durch Bildung von Schwermetallphosphaten auftreten.

Beim Erhitzen geht $NaNH_4HPO_4$ in polymeres Metaphosphat, $(NaPO_3)_x$ ($x = 3$, 4 und ∞) über. In den folgenden Gleichungen wird zur Vereinfachung nur $NaPO_3$ geschrieben.

$$NaNH_4HPO_4 \rightarrow NaPO_3 + NH_3\uparrow + H_2O\uparrow .$$

Metaphosphat vermag in der Hitze nicht nur Oxide zu lösen, sondern auch aus Salzen eine leichter flüchtige Säure auszutreiben:

$$3\,NaPO_3 + 3\,CoSO_4 \rightarrow Na_3PO_4 + Co_3(PO_4)_2 + 3\,SO_3\uparrow$$

oder

$$NaPO_3 + CoSO_4 \rightarrow NaCoPO_4 + SO_3\uparrow .$$

Genau so verhält sich Borax, $Na_2B_4O_7$:

$$Na_2B_4O_7 + CoSO_4 \rightarrow 2NaBO_2 + Co(BO_2)_2 + SO_3\uparrow.$$

Verwendet wird ein Magnesiastäbchen oder ein dünner Platindraht mit Öse, der in einen Glasstab eingeschmolzen ist und in verd. HCl tauchend aufbewahrt wird. Zur Reinigung wird am Platindraht am besten etwas Borax und Soda verschmolzen. Man läßt die Schmelze am Draht hin und her laufen und schleudert sie dann ab. Die letzten Spuren der Schmelze werden mit HCl abgelöst.

Die Spitze des Magnesiastäbchens oder die Öse des Platindrahtes wird zum Glühen erhitzt und heiß in Phosphorsalz oder Borax eingedrückt. Dabei schmilzt ein wenig Salz an, das beim Erhitzen in eine glasklare Perle verwandelt wird. Diese wird nach dem Erkalten ein wenig angefeuchtet und damit die feingepulverte Analysensubstanz berührt. Es bleibt meist sofort genügend zum Einschmelzen hängen.

Gearbeitet wird in der Oxidations- und Reduktionsflamme, weil durch verschiedene Oxidationsstufen andere Färbungen hervorgerufen werden. Für die Oxidationsperle erhitzt man in der Oxidationszone der entleuchteten Bunsenflamme. Die Reduktionsperle erschmilzt man an der Grenze zwischen innerem und äußerem Flammenkegel oder in der leuchtenden Flamme, kühlt, damit keine Oxidation eintritt, im inneren Flammenkegel bzw. im Inneren des Brennerrohres ab und zieht dann die Perle schnell heraus. Von der Analysensubstanz gibt man zunächst nur sehr wenig zu der Perle und steigert die Menge erst, wenn die Farbe schwach ist, weil sonst durch überschüssiges Oxid manche Farben nicht deutlich herauskommen.

4.1.3. Kationentrennungsgang

In der Literatur werden eine Anzahl verschiedener Trennungsgänge vorgeschlagen. Der in diesem Buch beschriebene Trennungsgang, der hauptsächlich auf der unterschiedlichen Löslichkeit der Metallsulfide in saurem und alkalischem Medium beruht, ist in seinen Grundzügen von *R. Fresenius* 1840 aufgestellt worden. Im Laufe der Zeit wurde das klassische Trennschema, besonders durch das Einfügen sogenannter „seltener" Elemente, an einigen Stellen abgeändert und erweitert. Unter „selten" ist durchweg nicht das Vorkommen der Elemente, sondern ihre Anwesenheit in der Analyse zu verstehen.

Es fallen in den einzelnen analytischen Gruppen nacheinander folgende Elemente an (s. auch S. 232):

1. **Salzsäuregruppe: Ag, Hg(I), Pb,** W, (Nb, Ta)
2. **Reduktionsgruppe:** Pd, (Pt), Au, Se, Te
3. **Schwefelwasserstoffgruppe:**
   α) **Kupfergruppe: Cu, Hg(II), Pb, Bi, Cd,** Tl. (III)
   β) **Arsen-Zinn-Gruppe: As, Sb, Sn,** (Pt), Mo, Ge
4. **Ammoniumsulfidgruppe: Co, Ni, Fe, Mn, Cr, Al, Zn,** Be, Zr, Ti, U, In, Ga, La, V, W, Lanthaniden, (Nb, Ta)
5. **Ammoniumcarbonatgruppe: Ba, Sr, Ca**
6. **Lösliche Gruppe: Mg, Na, K,** Li, Rb, Cs

Die fettgedruckten Elemente sind Bestandteile des sog. „Schultrennungsganges". Auch in diesem Buch werden Trennungsgänge bei An- und Abwesenheit der selteneren Elemente unterschieden.

Die Sulfidfällung in saurer Lösung muß nicht ausschließlich mit H_2S vorgenommen werden, sondern es sind auch andere Verbindungen, die in saurer Lösung Sulfidionen bilden (z.B. Derivate der Thiokohlensäure, Thioacetamid), anwendbar.

4.1.4. Anionennachweis

Der Nachweis der Anionen erfolgt teilweise aus der Ursubstanz, teilweise aus dem Sodaauszug, mitunter auch aus dem Rückstand des Sodaauszuges. Über die Identifikationsmöglichkeiten einzelner Anionen geben der Text und die Kapitel 4.4.4. u. 4.5.3. Auskunft.

Der Sodaauszug wird für diejenigen Anionen durchgeführt, deren Nachweise durch Metallkationen gestört werden. Mit Ausnahme der Alkalielemente bilden die meisten Metalle schwerlösliche Hydroxide bzw. Carbonate, je nachdem, ob das Carbonat oder das Hydroxid der betreffenden Metalle schwerer löslich ist. Teilweise bilden sich auch Mischverbindungen, basische Carbonate. Somit kommen die betreffenden Verbindungen in den Rückstand des Sodaauszuges.

Für den Sodaauszug wird ein Gemisch aus der fein gepulverten Analysensubstanz (etwa 1 g für die Analyse im Makromaßstab, etwa 0,1 g für diejenige im Halbmikromaßstab) und der 2–3fachen Menge an wasserfreier Soda in Wasser (etwa 50–100 ml bzw. etwa 10–20 ml) aufgeschlämmt und etwa 10 Minuten gekocht. Anschließend wird der Rückstand abgetrennt, und im Filtrat nach Ansäuern mit einer entsprechenden Säure auf die Anionen geprüft. Durch Blindproben (s. S. 127) überzeuge man sich von der Reinheit der verwendeten Reagenzien (besonders der Soda!).

In der Praktikanten-Ausbildung wird der Nachweis des größten Teiles der Anionen meist erst nach Bearbeitung des Kationentrennungsganges gefordert. Lediglich einige wenige Anionen müssen von Anfang der Ausbildung an in der Analyse berücksichtigt werden. Folgende Reaktionen sind bei alleiniger Anwesenheit dieser Anionen spezifisch (s. auch Tab. XXIII., Kap. 4.4.4.):

Cl^-: Ansäuern des Sodaauszuges mit verd. HNO_3, Versetzen mit $AgNO_3$: weißer, käsiger Niederschlag von AgCl, löslich in Ammoniak, schwerlöslich in HNO_3 (s. Rk. 3., S. 152).

SO_4^{2-}: Ansäuern des Sodaauszuges mit verd. HCl, Versetzen mit $BaCl_2$: weißer, feinkristalliner Niederschlag von $BaSO_4$ (s. Rk. 4., S. 181).

NO_3^-: Ansäuern des Sodaauszuges mit verd. H_2SO_4, Versetzen mit frisch bereiteter $FeSO_4$-Lösung, Unterschichten mit konz. H_2SO_4: brauner Ring von $[Fe(NO)]^{2+}$ (s. Rk. 3., S. 201).

CO_3^{2-}: Ansäuern der Ursubstanz mit HCl oder HNO_3: Gasentwicklung. Prüfung des Gases nach Rk. 3., S. 213 mit $Ba(OH)_2$.

PO_4^{3-}: Ansäuern der Ursubstanz mit HNO_3, Versetzen mit Ammoniummolybdat, Erhitzen (60–70°): gelber Niederschlag von Ammoniummolybdatophosphat (s. Rk. 7., S. 208). Der Nachweis ist nur eindeutig, wenn kein Arsen in der Analyse ist.

S^{2-}: Ansäuern des SA oder der Ursubstanz mit HCl: Gasentwicklung. Geruch nach faulen Eiern (s. S. 174). Nachweis als PbS (s. Rk. 4., S. 175).

Bei Anwesenheit von Phosphat ist der Kationentrennungsgang zu modifizieren (s. S. 208), da dieses Anion im gewöhnlichen Gang Störungen verursacht (Störanion!).

Die alkalische oder saure Reaktion der Analysensubstanz wird mit einem Neutralisationsindikator geprüft (s. S. 59).

4.1.5. Aufschlußverfahren

Ein Teil der in der Analyse vorkommenden oder sich bildenden Verbindungen kann selbst in konz. HCl oder in Königswasser schwerlöslich sein. Diese Substanzen müssen gesondert aufgeschlossen werden.

Die Art des Aufschlusses richtet sich nach den einzelnen Substanzen, die man durch die einschlägigen Vorproben erkennen kann. Man führe daher zunächst diese Vorproben mit dem gut ausgewaschenen (!), schwerlöslichen Rückstand durch.

Eine Zusammenstellung der schwerlöslichen Substanzen, die Vorprobenart und die Aufschlußmittel gibt Tabelle VIII. Im folgenden werden vier allgemein anwendbare Aufschlußverfahren näher beschrieben. Einzelheiten der Weiterverarbeitung sind im Text zu finden.

4.1.5.1. Soda-Pottasche-Aufschluß

Mit einer Schmelze von Soda-Pottasche werden Erdalkalisulfate, hochgeglühte Oxide, Silicate und Silberhalogenide aufgeschlossen. Das Gemisch von K_2CO_3 und Na_2CO_3 hat gemäß den Gesetzen der Gefrierpunktserniedrigung (s. S. 28) einen viel tieferen Schmelzpunkt als die reinen Salze. Das Tiegelmaterial wird von den vorliegenden Substanzen bestimmt. Im qualitativen Laboratorium werden meist Nickel-, Eisen- oder Porzellantiegel verwendet. Dabei wird etwas Nickel bzw. Eisen bzw. Aluminium-Silicium gelöst. Porzellantiegel sind demnach zum Aufschluß von Aluminiumoxid und Silicaten ungeeignet. Gut geeignet sind auch Platintiegel. Eine Ausnahme macht hier jedoch der Silberhalogenidaufschluß, da elementares Silber entsteht (s. S. 123).

Folgende Umsetzungen gehen in der Schmelze vor sich:

a) Erdalkalisulfate (Beispiel: $BaSO_4$)

$$BaSO_4 + Na_2CO_3 \rightleftharpoons BaCO_3 + Na_2SO_4.$$

b) Hochgeglühte Oxide (Beispiel: Al_2O_3)

$$Al_2O_3 + Na_2CO_3 \rightarrow 2\,NaAlO_2 + CO_2\uparrow.$$

c) Silicate (Beispiel: $CaAl_2Si_2O_8$)

$$CaAl_2Si_2O_8 + 3\,Na_2CO_3 \rightarrow 2\,Na_2SiO_3 + CaCO_3 + 2\,NaAlO_2 + 2\,CO_2\uparrow.$$

d) Silberhalogenide (Beispiel: AgBr)

$$2\,AgBr + Na_2CO_3 \rightleftharpoons Ag_2CO_3 + 2\,NaBr,$$

$$2\,Ag_2CO_3 \rightarrow 4\,Ag + 2\,CO_2\uparrow + O_2\uparrow.$$

Durch den großen Überschuß an Alkalicarbonat wird das Gleichgewicht praktisch vollständig auf die Seite der Reaktionsprodukte verschoben.

Bei einigen Oxiden kann der Aufschluß auch durch Schmelzen mit NaOH bzw. KOH in einem Silbertiegel erfolgen.

Der in HCl schwerlösliche Rückstand der Analysensubstanz wird nach Abtrennung von der Lösung im Trockenschrank getrocknet und in einem Tiegel mit der 4–6fachen Menge einer Mischung von K_2CO_3 und Na_2CO_3 (wasserfrei) sorgfältig gemischt und über einer gut brennenden Bunsenflamme oder einem Gebläse langsam (bei CO_2-Entwicklung) so hoch erhitzt, daß ein klarer Schmelzfluß entsteht. Nach etwa 10 Minuten ist die Reaktion beendet.

4.1.5.2. Saurer Aufschluß

Mit Hilfe des sauren Aufschlusses können Fe_2O_3, BeO, TiO_2 und Ga_2O_3 in lösliche Verbindungen überführt werden. Al_2O_3 wird durch $KHSO_4$ nur unvollständig in eine leicht lösliche Form gebracht.

Die Umsetzung (Beispiel: Fe_2O_3) entspricht folgender Bruttogleichung:

$$Fe_2O_3 + 6\,KHSO_4 \rightarrow Fe_2(SO_4)_3 + 3\,K_2SO_4 + 3\,H_2O\uparrow.$$

Bis zu 250 °C entweicht aus dem Kaliumhydrogensulfat unter Bildung von Kaliumdisulfat, $K_2S_2O_7$, Wasser.

Der Rückstand wird mit der 6fachen Menge $KHSO_4$ verrieben und in einem Nickel- oder Platintiegel bei möglichst niedriger Temperatur geschmolzen. (Weniger vorteilhaft ist ein Porzellantiegel, da auch er von der sauren Schmelze etwas angegriffen und Aluminium herausgelöst wird.) Ist die Reaktion beendet, erhitzt man allmählich auf mäßige Rotglut. Wenn die Schmelze klar geworden ist, läßt man erkalten, löst in verdünntem H_2SO_4, filtriert und führt den üblichen Trennungsgang durch. Hat sich nicht alles gelöst, und ist der Rückstand noch gefärbt, so muß der Aufschluß wiederholt werden.

4.1.5.3. Oxidationsschmelze

Oxidierbare schwer lösliche Verbindungen z.B. Cr_2O_3, $FeCr_2O_4$ können durch die Oxidationsschmelze aufgeschlossen werden.

Reaktionsgleichung am Beispiel des $FeCr_2O_4$:

$$2\,FeCr_2O_4 + 4\,K_2CO_3 + 7\,NaNO_3 \rightarrow Fe_2O_3 + 4\,K_2CrO_4 + 7\,NaNO_2 + 4\,CO_2\uparrow.$$

Die Substanz wird feinst gepulvert und in einem Porzellantiegel mit der 3fachen Menge einer Mischung aus gleichen Teilen Soda und Natriumnitrat vorsichtig verschmolzen.

4.1.5.4. Freiberger Aufschluß

Schwerlösliche Oxide von Elementen, die Thiosalze bilden, lassen sich durch den Freiberger Aufschluß in lösliche Form überführen.

Die Umsatzgleichung (Beispiel SnO_2) lautet:

$$2\,SnO_2 + 2\,Na_2CO_3 + 9\,S \rightarrow 2\,Na_2SnS_3 + 3\,SO_2\uparrow + 2\,CO_2\uparrow.$$

Die Verbindungen werden in einem Porzellantiegel mit der 6fachen Menge eines Gemisches aus gleichen Teilen Schwefel und wasserfreier Soda geschmolzen.

4.1.5.5. Spezielle Aufschlüsse

Für Einzelverbindungen gibt es in großer Zahl spezielle Aufschlüsse. Einige von ihnen werden im Text bei dem jeweiligen Element beschrieben.

4.1.6. Geräte und Arbeitstechnik der Halbmikroanalyse

Bei der HM-Analyse arbeitet man üblicherweise mit Substanzmengen von etwa 10–100 mg und Volumina von etwa 0,5–5 ml.

In einigen Fällen, z.B. beim Arbeiten unter dem Mikroskop und bei der Tüpfelanalyse, werden nur noch Mikromengen angesetzt.

4.1.6.1. Geräte

Reagenzienflaschen

Da in der HM-Analyse Flüssigkeiten fast ausnahmslos nach Tropfen dosiert werden, sind für Lösungen Reagenzienflaschen aus Polyäthylen mit aufgesetztem Tropfrohr und einem Fassungsvermögen von 30–50 ml besonders zu empfehlen (Abb. 39).

Abb. 39. Polyäthylentropfflasche

Auf Grund ihrer elastischen Eigenschaften ist durch Druck mit dem Daumen eine sehr elegante Dosierung möglich. Neben Unzerbrechlichkeit und geringem Gewicht ist ihre Nichtbenetzbarkeit von großem Vorteil, die eine Verkrustung des Tropfrohres durch Lösungsrückstände verhindert. Infolge ihrer großen Resistenz gegen Säuren und besonders Laugen sowie ihrer chemischen Zusammensetzung treten auch nach monatelangem Stehen von Lösungen keine Verunreinigungen durch Gefäßbestandteile auf, wie dies bei Glasflaschen unvermeidlich ist.

Konzentrierte Säuren (H_2SO_4, HNO_3, HCl und H_3PO_4) und leichtflüchtige organische Lösungsmittel (CS_2, Äther, Methanol, Äthanol) werden am besten in Glasflaschen mit eingeschliffener Tropfpipette und Ball aus Polyäthylen aufbewahrt.

Die Verwendung von Gummibällen kann nicht empfohlen werden, da der Gummi von den erwähnten Reagenzien zersetzt und als Folge davon der Inhalt der Flaschen verunreinigt wird.

Lichtempfindliche Lösungen ($AgNO_3$-Lsg. usw.) müssen in braunen Schliffflaschen aufbewahrt werden.

Flaschengestell

Zur Aufstellung der Reagenzienflaschen eignen sich am besten rechteckige Holzblöcke mit entsprechenden Bohrungen von der in Abb. 40 angegebenen Art.

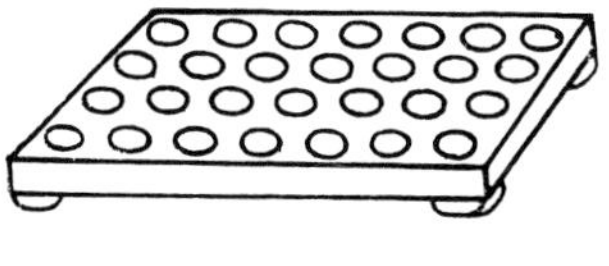

Abb. 40. Flaschengestell

Es wird im allgemeinen zweckmäßig sein, für jeden Praktikanten 2 Blöcke für je eine Flaschengröße, also z.B. für Flaschen von 50 ml und 30 ml bereitzustellen.

Flaschen für feste Substanzen

Auch für die Aufbewahrung fester Substanzen sind Flaschen aus Polyäthylen mit Schraubverschluß hervorragend geeignet. Selbstverständlich können aber auch die herkömmlichen Pulverflaschen aus Glas verwendet werden. Reagenzien, von denen nur sehr kleine Mengen benötigt werden, werden zweckmäßig in Präparatengläschen von etwa 2–3 ml Inhalt mit Polyäthylenverschluß aufbewahrt. Die Flaschen oder Gläser werden in einem der Abb. 40 entsprechenden Holzblock aufgestellt.

Spatel

Zur Entnahme kleiner Mengen fester Substanzen dienen Mikrospatel aus korrosionsfestem 18/8 Stahl von etwa 150 mm Länge und 2 mm Spatelbreite. Diese Spatel können unbedenklich mit allen hier in Frage kommenden Reagenzien in Berührung gebracht werden.

Spatel aus Glas oder Porzellan sind für Arbeiten im HM-Maßstab nicht geeignet. Spatel aus Reinnickel sind gegenüber solchen aus Edelstahl korrosionsempfindlicher und bieten auch sonst keinerlei Vorteile.

Tropfpipetten

Zum Transport von Flüssigkeiten werden ausschließlich selbstgefertigte Tropfpipetten (Abb. 41) aus Jenaer Geräteglas verwendet, die mit Saugbällen aus Polyäthylen oder Gummi versehen sind. Die Pipetten werden in 2 Formen mit kurzer (a) und lang ausgezogener Spitze (b) vorrätig gehalten.

Pipettentrockner

Pipetten sind stets unmittelbar nach Gebrauch sorgfältig mit destilliertem Wasser zu reinigen. Es empfiehlt sich, Gummibälle gelegentlich mit lauwarmem Wasser sorgfältig zu spülen und nach dem Abtrocknen innen und außen ganz leicht mit Talkum zu pudern. Zum Abtropfen der Pipetten dient ein in Abb. 42 wiedergegebener Glaszylinder mit eingelegter Lochplatte, der vom Glasbläser anzufertigen ist.

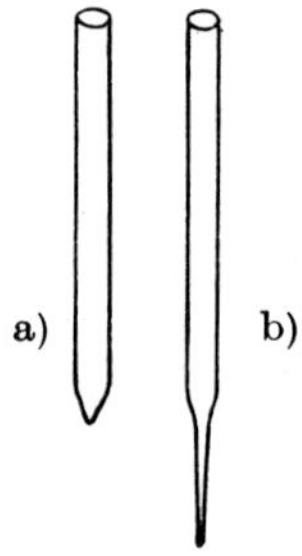

Abb. 41. Tropfpipetten

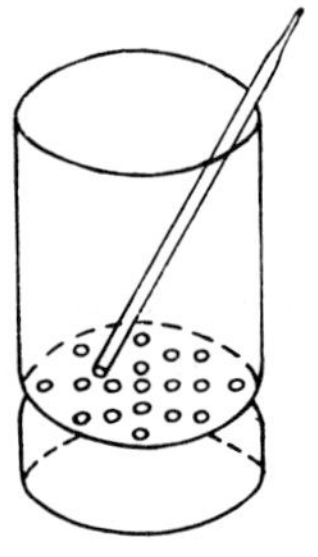

Abb. 42. Pipettentrockner

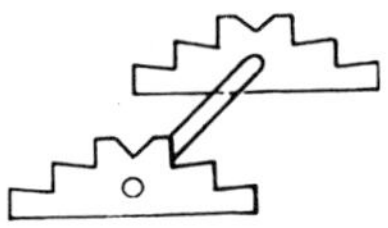

Abb. 43. Pipettenauflage

Abb. 44. Zentrifugenglas

Pipettenauflage

Um die Pipetten bei wiederholtem unmittelbarem Gebrauch vor dem Verschmutzen durch Herumliegen auf dem Arbeitsplatz zu schützen, bedient man sich einer Ablage aus Holz o. ä., wie sie in Abb. 43 wiedergegeben ist.

Zentrifugengläser

Im allgemeinen wird man sich in der HM-Analyse zur Abtrennung von Niederschlägen einer Zentrifuge bedienen, deren Handhabung auf S. 116 beschrieben ist.

Die erforderlichen Zentrifugengläser müssen dickwandig sein und eine lang ausgezogene konische Verjüngung nach der Spitze aufweisen (Abb. 44). Durch die starke Verjüngung ist eine bessere Beurteilung von Menge und Farbe bei kleinen Niederschlagsmengen möglich. Die Gläser sollen aus Jenaer Glas sein. Sie dürfen nur im Wasserbad erhitzt werden, um ein Springen des Glases beim Zentrifugieren zu vermeiden.

Filtrieranordnungen

Gelegentlich ist auch durch längeres Zentrifugieren keine vollständige Sedimentation der suspendierten Teilchen zu erzwingen. Die Flüssigkeit bleibt entweder trübe, oder einzelne, z.T. auch gröbere Teilchen werden durch die Oberflächenspannung am Absetzen gehindert. Solche Störungen treten besonders häufig bei elementarem Schwefel auf. In diesem Falle ist es unvermeidlich, die Lösung zu filtrieren. Hierfür kann besonders eine *Hahn*sche Filternutsche empfohlen werden (Abb. 45). Ihr Vorteil gegenüber den im Prinzip gleichartig arbeitenden herkömmlichen Glasfilternutschen besteht in ihrer Zerlegbarkeit.

Die Nutsche besteht aus dem zylindrischen Oberteil *A* aus Jenaer Glas, der als Filterplatte dienenden Scheibe aus Sinterglas *B* (∅ etwa 10 mm) und der trichterartigen Auflage *C* für die Filterplatte. Vor Gebrauch wird das Gerät in der in Abb. 45 angegebenen Art zusammengesetzt. Die Einzelteile werden durch den von der Saugpumpe innerhalb des Filtersystems erzeugten Unterdruck zusammengehalten. Nach dem Gebrauch wird die Filterplatte herausgenommen. Eventuell weiter zu verarbeitende Niederschläge können nun leicht mit dem Spatel von der Platte abgehoben oder mit der Spritzflasche abgespritzt werden. Ferner kann zwischen Oberteil und Filterplatte eine passende Scheibe Filterpapier gelegt werden, wodurch die Isolierung sehr kleiner Niederschlagsmengen häufig erleichtert wird. Nach dem Filtrieren wird dann das Papier samt Niederschlag mit einer Pinzette abgehoben und entweder direkt in ein geeignetes Lösungsmittel getaucht oder in einem Porzellantiegel verascht. Der Veraschungsrückstand kann dann gelöst oder aufgeschlossen werden. Dazu muß allerdings sogenanntes aschefreies Filterpapier verwendet werden. Die von der Herstellerfirma angegebenen anorganischen Rückstände sind selbstverständlich zu berücksichtigen (Blindprobe!).

Die Filterplatten haben genormte Porenweiten $G1 > G2 > G3 > G4$. Die Wahl der Porenweite richtet sich nach dem Verteilungs- oder Dispersionsgrad des Niederschlages. Da man bei einer qualitativen Analyse häufig nicht übersehen kann, welche Niederschläge gebildet werden und unter welchen Fällungsbedingungen sie entstehen, empfiehlt es sich, von vornherein die Größe $G4$ zu verwenden, die auch feinste Niederschläge, wie z.B. $BaSO_4$, zurückhält. Bei kolloidalen Suspensionen legt man ein Membranfilter auf die Filterplatte, desgleichen bei Gegenwart größerer Mengen von schleimigen Niederschlägen, wie z.B. $Fe(OH)_3$, SiO_2-Gallerte, $Al(OH)_3$ usw., da letztere sowohl die Filterplatte als auch Filterpapier in kürzester Zeit verstopfen. Im allgemeinen lassen sich aber gerade schleimige Niederschläge durch Zentrifugieren sehr leicht entfernen.

In der HM-Analyse kommt es häufig vor, daß im Verlauf einer Nachweisreaktion, die mit einem Tropfen durchgeführt wird, eine Filtration notwendig ist, bei der

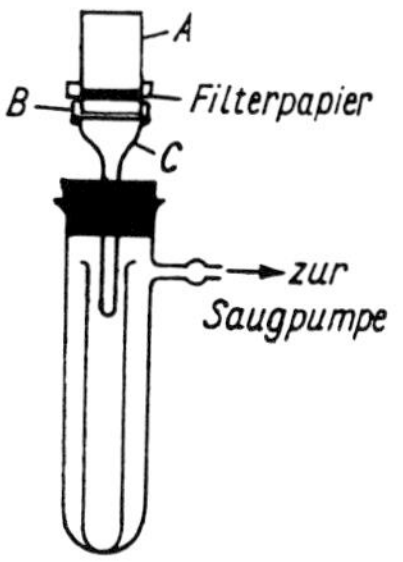

Abb. 45. Filtriergerät mit *Hahn*scher Filternutsche

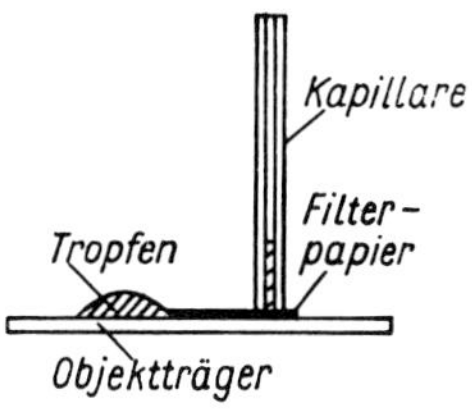

Abb. 46. Kapillarfiltration

lediglich das Filtrat weiter geprüft werden soll. In diesem Falle bedient man sich der in Abb. 46 wiedergegebenen Anordnung.

Ein Tropfen der zu prüfenden Lösung wird auf dem Objektträger mit einem Tropfen Reagenzlösung versetzt, wobei sich ein Niederschlag bildet. Nun wird an den Rand des Tropfens ein kleines Stück Filterpapier gelegt, auf das dem Tropfen abgekehrte Ende des Papiers ein Kapillarrohr mit seinem plangeschliffenen Ende fest aufgesetzt und die Lösung vorsichtig in das Kapillarrohr eingesaugt, wobei der in ihr suspendierte Niederschlag vom Filterpapier zurückgehalten wird. Nach dieser Operation wird das Kapillarrohr von dem Papier abgehoben und die klare Lösung zur weiteren Prüfung auf einen Objektträger oder die Tüpfelplatte geblasen.

Reagenzgläser

Zur Ausführung von Reaktionen im HM-Maßstab werden Reagenzgläser von etwa 8–10 mm ∅ und 80–100 mm Länge aus Jenaer Geräteglas verwendet. Engere und kürzere Formen können nicht empfohlen werden. Zur Aufstellung dieser Gläser dient ein rechteckiger Holzblock oder die üblichen Reagenzglasgestelle mit entsprechenden Bohrungen.

Wasserbad

Da beim Erhitzen kleiner Flüssigkeitsmengen die Gefahr der Überhitzung und des Siedeverzuges besonders groß ist, müssen Lösungen bei der HM-Analyse nach Möglichkeit im Wasserbad erwärmt werden. Als solches kann ein Becherglas mit Einsatz benutzt werden, wie in Abb. 47 angegeben ist. Der Einsatz kann aus wasserbeständigem Metall (z.B. Messing) oder aus Polypropylen angefertigt werden. Der Einsatz soll mehrere Bohrungen für Reagenzgläser sowie wenigstens zwei Bohrungen für Kochbecher besitzen.

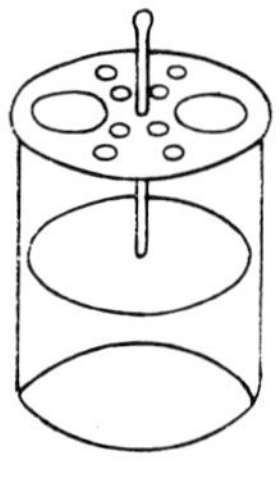

Abb. 47. Wasserbad

Ionenaustauschersäule

Einzelheiten über die Säule und über das Arbeiten mit Ionenaustauschern siehe S. 124ff. Im allgemeinen sind Maße von etwa 10 mm ∅ und 120–150 mm Höhe für den zur Aufnahme des Harzes bestimmten Teil der Säule ausreichend.

Gasprüfapparate

Zum Nachweis von Gasen dient eine im Prinzip von *Scholander* entwickelte Gasprüfapparatur (Abb. 48).

Die zu prüfende feste Substanz oder Lösung wird in das Generatorrohr G gefüllt, nachdem vorher das Einleitungsrohr E abgenommen worden ist. Dann wird eine zur Gasentwicklung aus der Substanz geeignete Reagenzlösung (z.B. verd. H_2SO_4 zur Zersetzung von Carbonaten) in das Einleitungsrohr E gesaugt, der Schliffhahn S geschlossen und E mit etwas Filterpapier außen trocken gewischt. Nun wird *E* durch einen gutsitzenden Verschluß aus Gummischlauch fest auf *G* gesetzt. Die eingesaugte Reagenzlösung wird nach Öffnen des Schliffhahnes durch ein inertes Trägergas in das Generatorrohr gedrückt und dadurch mit der zu prüfenden Substanz in Kontakt gebracht. Die in *G* freigemachten Gase werden unter weiterem Durchleiten von Trägergas über das Ableitungsrohr *A* in die Vorlage *V* geleitet und dort von einer geeigneten Reagenzlösung [z.B. $Ba(OH)_2$-Lsg. zum Nachweis von CO_2] absorbiert. Diese Reagenzlösung darf nicht höher als etwa 2 cm in der Vorlage stehen. Das Ableitungsrohr *A* soll möglichst tief in die Lösung eintauchen, ohne jedoch den Boden von *V* zu berühren. Um ein langsames und gleichmäßiges Durchperlen der Gase durch die Vorlage zu gewährleisten, wird das Ende von *A* zu einer Spitze ausgezogen, die eine Öffnung von etwa 0,5 mm ∅ haben soll. Zur Regulierung des Gasstromes dient die oberhalb von *S* angebrachte Öffnung *O*. Man läßt zunächst bei geschlossenem Hahn *S* das Trägergas aus *O* austreten, um die Zuleitung von Luft zu befreien (wichtig beim Nachweis von CO_2!). Dann öffnet man *S* unter gleichzeitigem Schließen von *O* durch den Daumen der rechten Hand und reguliert den Gasstrom durch Daumendruck so, daß in der Vorlage *V* nicht mehr als 2–3 Gasbläschen pro Sekunde austreten. Das untere Ende des Einleitungsrohres *E* muß in die in *G* befindliche Lösung eintauchen. Zur leichteren Reinigung empfiehlt es sich, *A* durch ein Stück Gummischlauch mit *G* zu verbinden. An Stelle des Schliffhahnes *S* kann als Behelf auch ein Stück Gummischlauch mit Quetschhahn verwendet werden.

Die Wahl des Trägergases hängt von der Art des Nachweises ab. Sofern Preßluft vorhanden ist, kann stets auf diese zurückgegriffen werden. Zur Prüfung auf CO_2 müssen allerdings 2 Gaswaschflaschen mit 33%iger Kalilauge zur Absorption des CO_2 in der Preßluft vorgeschaltet werden. Auch Stickstoffbomben mit Reduzierventil können verwendet werden, da Stickstoff keinen der üblichen Nachweise stört.

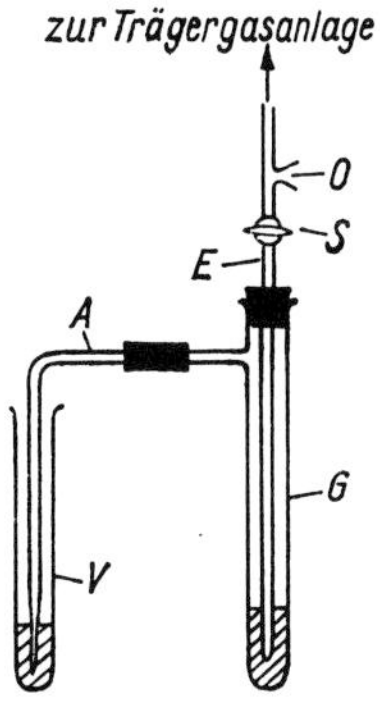

Abb. 48. Gasprüfapparat

Abb. 49. Reagenzglas mit „Gärröhrchen"

Wesentlich einfacher in der Handhabung und für die meisten Fälle ausreichend ist das in Abb. 49 wiedergegebene Gerät. Hier wird die Substanz in einem HM-Reagenzglas mit einem geeigneten Reagenz zersetzt und die sich bildenden Gase in dem aufgesetzten „Gärröhrchen" aufgefangen, das mit einer geeigneten Absorptionslösung gefüllt ist. Zum vollständigen Austreiben der Gase wird das Reagenzglas vorsichtig erwärmt.

Mikrogaskammer

Zum Nachweis nach Umsetzung gebildeter Gase oder schwerer flüchtiger Dämpfe (CrO_2Cl_2) ist die in der Abb. 50 skizzierte Mikrogaskammer besonders geeignet. Sie besteht aus zwei Objektträgern und einem 10 mm hohen Ring, der aus einem Glasrohr von etwa 15 mm ∅ geschnitten wird. Der Ring ist an beiden Enden plangeschliffen. Bei der Anwendung wird ein Probetropfen auf den unteren Objektträger aufgetropft und der Glasring so aufgesetzt, daß der Tropfen von ihm umschlossen wird. Dann wird die zur Gasentwicklung erforderliche Menge Reagenzlösung zugesetzt und der Glasring mit dem 2. Objektträger abgedeckt. Am 2. Objektträger hängt ein Tropfen einer zum Nachweis des gesuchten Gases geeigneten Reagenzlösung. Nun wird der untere Objektträger vorsichtig erwärmt (Luftbad). Die sich entwickelnden Gase werden von dem Tropfen am Deckglas absorbiert und können dort durch weitere Reaktionen nachgewiesen werden.

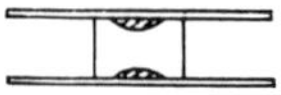

Abb. 50. Mikrogaskammer

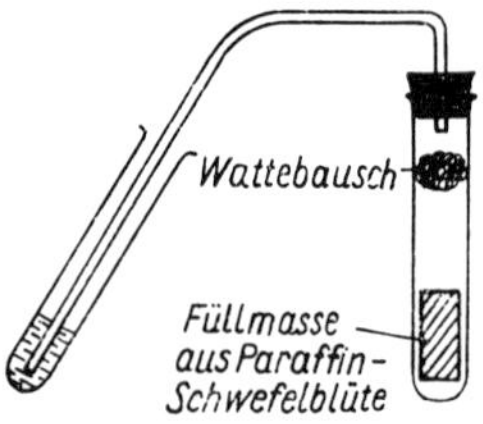

Abb. 51. H_2S-Entwicklungsapparatur nach *Seel*

H_2S-Entwickler

Wegen der Giftigkeit und des üblen Geruches des Schwefelwasserstoffs hat es nicht an Versuchen gefehlt, die Methoden und Apparaturen zur Entwicklung von gasförmigem H_2S zu verbessern oder aber H_2S als direktes Fällungsmittel überhaupt auszuschalten. Auf die Verwendung von Thioacetamid in der HM-Analyse und die dabei notwendigen Einschränkungen wird auf S. **396** ausführlich eingegangen.

Zur direkten Fällung mit gasförmigem H_2S kann das von *F. Seel* entwickelte Verfahren empfohlen werden, das besonders durch Einfachheit und Sauberkeit der Apparatur und Handhabung besticht. Hier wird H_2S durch thermische Reaktion eines Gemisches aus elementarem Schwefel und Paraffin (Herstellung s. unten) erzeugt. Dazu werden passend geformte Röllchen dieser Masse in ein HM-Reagenzglas gefüllt und letzteres durch einen Gummistopfen mit kapillar ausgezogenem Gasableitungsrohr verschlossen (vgl. Abb. 51). Vor dem Aufstecken des Gasableitungsrohres wird in das obere Drittel des Reagenzglases ein lockerer Wattebausch eingeführt, der zur Reinigung des H_2S von organischen Zersetzungsprodukten dient. Nun wird das Reagenzglas in der direkten Flamme erwärmt und das Ende der Kapillare in die Lösung getaucht, die die zu fällenden Ionen enthält. Nachdem die H_2S-Entwicklung eingesetzt hat, reguliert man durch entsprechendes Manipulieren des Glases in der Flamme den Gasstrom so, daß die Entwicklung nicht zu lebhaft wird. Sobald die Fällung vollständig ist, wird die Gasentwicklung durch Unterbrechung der Wärmezufuhr unterbunden. Der Vorgang läßt sich beliebig oft wiederholen, bis die Paraffin-Schwefelmasse verbraucht ist.

Herstellung der H_2S-Entwicklermasse: 25 Gewichtsteile Paraffin werden auf dem Wasserbade in einer Porzellanschale geschmolzen. In die Schmelze trägt man 15 Teile Schwefelblüte ein und rührt so lange gut durch, bis die Masse homogen geworden ist. Danach werden 7 Teile Kieselgur zugerührt, wobei die Schmelze zuerst grießartig und schließlich zähflüssig wird. Nun läßt man erkalten und erhält eine graugelbe Masse, die bei 20 °C hart und spröde ist, bei 30–40 °C dagegen plastisch und knetbar wird. Zum Einfüllen der Masse in das Entwicklerreagenzglas werden mit einem passenden Korkbohrer zylindrische Stäbchen ausgestochen. Die Reaktion der Masse beginnt bei etwa 170 °C unter Entwicklung von Gasen, die zu 98 % aus H_2S und einem Rest organischer Gase bestehen. Letztere stören jedoch in der qualitativen Analyse nicht, so daß eine Reinigung der Gase nicht erforderlich ist. 0,5 g der Masse ergeben etwa 120 mg H_2S, also weit mehr, als man selbst unter ungünstigen Bedingungen für eine HM-Analyse benötigen dürfte.

Brenner

Von den im Handel befindlichen Mikrobrennern können nur solche Ausführungen empfohlen werden, die eine Manschette oder einen Schraubring zur Regulierung der Luftzufuhr nach Art des Bunsenbrenners aufweisen.

Platindrahtösen

Je nach Art und Menge der Substanz, die zur Verfügung steht, werden Aufschlüsse entweder in der Platinöse, auf dem Platinblech oder im Porzellantiegel durchgeführt. An Stelle des Platinbleches kann in den meisten Fällen auch ein Nickeltiegel verwendet werden.

Die Platinöse stellt man sich aus etwa 60–70 mm Pt-Draht von etwa 0,3 mm ∅ selbst her, indem man das eine Ende des Drahtes zu einer möglichst kreisrunden Schlinge von etwa 3–4 mm ∅ biegt und das andere gerade Ende in ein Stück Glasstab einschmilzt. Zur Ausführung eines Aufschlusses schmilzt man zunächst in der Öse eine klare Perle des Aufschlußmittels und nimmt mit der noch heißen Perle eine entsprechende Menge des aufzuschließenden Materials auf. Beim erneuten Erhitzen in der direkten Flamme wird die Öse lebhaft gedreht, um die Durchmischung in der Perle zu beschleunigen. Dabei ist darauf zu achten, daß vor allem bei sauren Aufschlüssen keine Überhitzung der Perle eintritt, da sonst der Aufschluß wieder rückläufig wird (vgl. auch S. 133f.). Die durchsichtige Beschaffenheit einer richtig geschmolzenen Perle erleichtert hier im Vergleich zu einem Porzellantiegel die Beobachtung erheblich. Nachdem der Aufschluß beendet ist, läßt man die Perle etwas abkühlen, bevor sie in ein Lösungsmittel getaucht wird. Sehr fest am Draht haftende Perlen, die sich im kompakten Zustand nur schwierig auflösen lassen, zerdrückt man unter dem Lösungsmittel im Porzellanmörser.

Die Ausführung der Aufschlüsse auf dem Pt-Blech oder im Porzellantiegel erfolgt sinngemäß wie auf S. 133ff. beschrieben unter Berücksichtigung der beim Arbeiten im HM-Maßstab gegebenen Mengenverhältnisse. Für spektroskopische Nachweise wird gleichfalls eine Öse von etwa 1,5 mm ∅ aus Pt-Draht (0,2 mm ∅) verwendet, die man sich entsprechend wie oben beschrieben selbst anfertigt.

Die Pt-Drahtösen werden nach Gebrauch in halbkonz. HCl aufbewahrt und sind des öfteren mit feinem Schmirgelleinen zu reinigen.

Sonstige Geräte

1 Spritzflasche aus Polyäthylen, 500 ml
1 Porzellanschale etwa 100 mm ∅, flache Form
2 Porzellanschalen etwa 30 mm ∅, runde Form
3 Porzellantiegel etwa 20 mm hoch, 15 mm ∅
1 Mörser etwa 30 mm hoch, 30 mm ∅
1 kleiner Bleitiegel mit 2–4 ml Inhalt
1 Abtropfgestell für kleine Reagenzgläser
5 Uhrgläser, 25–40 mm ∅
Glasstäbchen verschiedener Länge, 2–3 mm ∅
1 Meßzylinder, 10 ml
Filterpapier, Reagenzpapier, Tüpfelpapier, Glühröhrchen, Pinzette, Watte, Reagenzglashalter, Zylinderbürsten
Infrarotstrahler.

4.1.6.2. Mikroskopieren

In der HM-Analyse werden oft Reaktionen unter dem Mikroskop verfolgt. Das Verfahren gestattet ein sauberes Arbeiten mit kleinen Mengen: Die Kristalle sind häufig sehr charakteristisch und somit eindeutig identifizierbar. Demgegenüber steht eine erhöhte Anforderung an die Fingerfertigkeit und das Aufbringen von Geduld, da die Ausbildung guter Kristalle etwas Zeit erfordert.

Mikroskop

Die Vergrößerung braucht 200fach nicht zu überschreiten, da die Kristalle zur Ausbildung ihrer charakteristischen Formen eine gewisse Größe erreichen müssen. Das

Mikroskop sollte daher als günstigste Vergrößerungsabstufungen etwa 50fach, 100fach und 200fach aufweisen. Um konstante Helligkeit und gleichmäßige Ausleuchtung zu erzielen, ist eine elektrische Mikroskopierleuchte zu wählen.

Arbeitstechnik

Die Reaktion wird auf einem der üblichen Objektträger durchgeführt. Uhrgläser sind ungeeignet. Es besteht die Gefahr einerseits des Eintauchens des Objektivs bei Anwendung zu großer Flüssigkeitsmengen, andererseits des Zusammenlaufens der Kristalle.

Ein Tropfen der Analysenlösung wird auf dem Objektträger aufgebracht und mit einem Tropfen der Reagenzlösung versetzt. Wird mehr Flüssigkeit verwendet, dauern alle Operationen wie Einengen usw. länger und die Gefahr der Verschmutzung des Mikroskops ist größer. Wenn eine hohe Konzentration erzielt werden soll, kann das Reagenz unter Umständen auch als Kristall hinzugegeben werden.

Viele Arbeitsoperationen werden direkt auf dem Objektträger vorgenommen. Hierzu gehören das Einengen der Lösung und die Umkristallisation. Das Konzentrieren erfolgt von oben mit einem Infrarotstrahler oder im Luftbad. Im einfachsten Fall befindet sich der Objektträger auf einem Tondreieck, das auf einem Drahtnetz liegt. Letztes wird von unten durch eine Sparflamme erwärmt. Eine notwendige Verkleinerung des Volumens (ohne Konzentrierung) kann durch Aufsaugen an einem Filterpapierstreifen erzielt werden. Übersättigungen (s. S. 31) werden durch einen Impfstrich aufgehoben. Hierzu kratzt man den Objektträger unter dem Tropfen mit einer Glas- oder Metallnadel.

Hinweise

a) Bei richtiger Ausführung der Reaktion ist die gesuchte Verbindung die am schwersten lösliche Substanz und scheidet sich daher zuerst ab.

b) Nur langsame Kristallisation führt zu gut ausgebildeten Kristallen. Die besten Kristalle entstehen aus nur schwach übersättigten Lösungen im Verlauf einiger Minuten bis einer halben Stunde.

c) Die zu betrachtenden Kristalle müssen in der Mutterlauge liegen. Bei übermäßigem Einengen fällt ein heterogener Kristallbrei aus, der keinerlei analytische Bedeutung hat.

d) Zur Identifizierung können auch stärker lösliche Verbindungen herangezogen werden, die in der gewöhnlichen Analyse von geringer Bedeutung sind. Als Beispiel sei der Al(III)-Nachweis als $CsAl(SO_4)_2 \cdot 6\,H_2O$ genannt.

e) Jede Reaktion, die nicht schnell ein Ergebnis gezeigt hat, soll nach einiger Zeit wieder kontrolliert werden. Sehr zweckmäßig ist daher die Bezeichnung der Objektträger mit Fettstift oder Filzschreiber.

f) Auf ein und demselben Objektträger kann an verschiedenen Orten einmal die Analysenlösung und zum anderen eine Testlösung aufgebracht werden. Durch einfaches Verschieben des Objektträgers vergleicht man den gefundenen Niederschlag mit dem der Originalsubstanz.

g) Fällt ein Nachweis negativ aus, so ist eine Blindprobe zu empfehlen (s. S. 127).
Man fügt der Analysenlösung eine kleine Menge der gesuchten Substanz hinzu und prüft jetzt auf positive Reaktion. Ist das jetzt nicht der Fall, sind Reaktionsmedium und Reagenzien zu prüfen.

4.1.6.3. Tüpfelreaktionen

Viele Nachweise lassen sich mit außerordentlich geringen Substanzmengen auf Tüpfelplatten oder auch auf Filterpapier ausführen.

Tüpfelplatte

Tüpfelplatten aus Porzellan sind weiß oder schwarz gefärbt. Farblose Kristalle werden auf schwarzer Platte, gefärbte auf weißer Platte getüpfelt. Zweckmäßig haben sich Tüpfelplatten aus Glas erwiesen. Der gewünschte Kontrast wird durch Unterlegen eines entsprechend gefärbten Papiers erzielt.

Mit einer Tropfpipette bringt man sowohl von der Analysenlösung als auch von der Reagenzlösung jeweils nur 1 Tropfen auf die Tüpfelplatte. Eine eventuell notwendiges Umrühren geschieht durch eine Glasnadel.

Papier

Eine große Zahl von Reaktionen läßt sich auch auf nicht zu weichem Filterpapier ausführen. Analysenlösung und Reagenzlösung werden nacheinander in der notwendigen Reihenfolge aufgetragen. Sie reagieren miteinander auf dem Papier. Es entstehen charakteristische gefärbte Flecken (spots). Manchmal ist eine Zwischentrocknung zweckmäßig. Bei Anwesenheit mehrerer Ionenarten kann es in günstigen Fällen zu einer fast quantitativen Entmischung der Zonen kommen:

a) Bedingt durch konzentrische Ausbreitung der flüssigen Phase bilden sich ringförmige Zonen auf dem feuchten Papier.
b) Besonders bei Fällungsreaktionen wird oft eine scharf begrenzte Niederschlagszone erzeugt. Aus ihr wandern die in Lösung verbliebenen Ionenarten heraus. Sie sammeln sich in Ringzonen, die konzentrisch um die Auftropfstelle liegen, und können dort nachgewiesen werden.

Bei beiden Ausführungsarten des Tüpfelns ist eine Kontrolle durch Blindproben sehr einfach auszuführen und wegen der hohen Empfindlichkeit vieler Reaktionen unerläßlich.

4.2. Nichtmetalle und ihre Verbindungen

Die Nichtmetalle, mit Ausnahme des Wasserstoffs, stehen im PSE eine bis vier Stellen von einem Edelgas. Ihre Eigenschaften werden durch die allgemeinen Regeln im PSE (s. S. 102) bestimmt.

Die Nichtmetalle bilden sauerstoffhaltige Säuren (Säuretypen s. S. 105) und Hydride, die teilweise Säurecharakter besitzen (Basizität der Hydride s. S. 108).

Untereinander bilden sie typisch homöopolare Verbindungen wie z.B. Cl_2, NCl_3, CO_2 und PCl_3.

Da der Wasserstoff eine Sonderstellung im PSE einnimmt, werden seine Reaktionen zuerst besprochen. Die anderen Elemente werden dann in der Reihenfolge VII. bis III. Hauptgruppe abgehandelt.

4.2.1. Wasserstoff, H, OZ: 1, RAM: 1.00797

Häufigkeit: 0,88 Gew.-%. Smp.: $-259{,}2$ °C. Sdp.: $-252{,}76$ °C. D_{25}: 0,09 mg/cm³. Oxidationsstufen: +1. Ionenradius r_{H^+}: 1,54 Å. Standardpotential: $2H^+ + 2e^- \rightleftharpoons H_2$. $E_0 = 0{,}000$ V.

Vorkommen: Wasserstoff kommt in der Natur größtenteils gebunden in Form von Wasser vor.

Darstellung: Sie erfolgt im allgemeinen durch elektrolytische oder chemische Zersetzung von Wasser oder wasserstoffhaltigen Verbindungen z.B. Säuren (s. 1.).
Bedeutung: Wasserstoff dient hauptsächlich als Reduktionsmittel sowohl in der Analyse als auch in der Industrie. Unter anderem wird er zur Synthese von Ammoniak (s. *Haber-Bosch*-Verfahren). Benzin, Methanol, Blausäure, Salzsäure und zur Fetthärtung eingesetzt. Weiterhin findet er Verwendung als Heizgas im Gemisch mit anderen Gasen (Leuchtgas, Wassergas), zum autogenen Schweißen und in jüngerer Zeit verflüssigt, zusammen mit O_2 bzw. F_2 als Raketentreibstoff.
Allgemeine Eigenschaften: Es gibt drei Wasserstoffisotope, ${}^1_1H$, ${}^2_1H$ (Deuterium), ${}^3_1H$ (Tritium). Die großen Massenunterschiede sind Ursache für Differenzen in den physikalischen Eigenschaften ihrer Verbindungen (z.B. H_2O, D_2O).

Auf Grund seines niedrigen Atomgewichtes nimmt Wasserstoff eine Sonderstellung unter den Elementen ein. Es ist ein farbloses, geruchloses, brennbares Gas. Seine maximale Oxidationsstufe ist + 1. Das Wasserstoffion, H^+, bzw. Oxoniumion, H_3O^+, ist für den Säurecharakter maßgebend (Kap. 2.5.4.) und spielt deshalb in analytischer Hinsicht eine Rolle.

1. Darstellung von Wasserstoff

α) Einwirkung von Alkalimetallen auf Wasser

Bei gewöhnlicher Temperatur vermögen die unedelsten Metalle, wie Natrium oder Kalium, Wasser zu zersetzen:

$$2\,Na + 2\,H_2O \rightarrow 2\,NaOH + H_2\uparrow.$$

Dabei entsteht neben Wasserstoff die Base Natriumhydroxid (Näheres s. S. 234).

Aus der Flasche, in der Natriummetall unter Petroleum aufbewahrt wird, entnehme man ein Blöckchen, schneide nach Entfernung des Petroleums durch Filterpapier ein höchstens erbsengroßes Stück ab und führe es mittels eines Natrium-Löffels unter ein mit Wasser gefülltes Reagenzglas, das sich mit seiner Öffnung nach unten in einer ebenfalls mit Wasser gefüllten Porzellanschale befindet. (Vorsicht, Explosionsgefahr! Mit Schutzbrille arbeiten!) Der Wasserstoff sammelt sich im Reagenzglas an. Ist es gefüllt, so verschließe man es mit dem Daumen, ziehe es heraus und halte die Öffnung nach Entfernung des Daumens an eine Flamme. Der Wasserstoff verbrennt zu Wasser (s. auch Rk. 2):

β) Wasserzersetzung an unedlen Metallen und Kohlenstoff

Bei höheren Temperaturen zerlegen auch die gewöhnlichen unedlen Metalle wie Eisen (Fe) oder Zink (Zn) sowie auch Kohlenstoff (C) Wasserdampf:

$$Fe + H_2O \rightleftarrows FeO + H_2\uparrow,$$
$$C + H_2O \rightleftarrows CO\uparrow + H_2\uparrow.$$

Im ersten Fall entsteht festes Oxid, so daß der Wasserstoff praktisch rein ist. Im technisch wichtigeren zweiten Fall wird das gebildete Wassergas ($CO + H_2$) in Gegenwart eines Katalysators mit weiterem Wasserdampf umgesetzt:

$$H_2O + CO \rightleftarrows CO_2 + H_2.$$

Anschließend wird CO_2 mit Wasser unter Druck ausgewaschen.

γ) Einwirkung von Säuren auf unedle Metalle

Zur Darstellung von Wasserstoff im Labor dient die Umsetzung von Säuren (HCl, H_2SO_4) mit unedlen Metallen (Fe, Zn), z.B.

$$Zn + 2\,HCl \rightarrow ZnCl_2 + H_2\uparrow.$$

In einem Reagenzglas übergieße man einige Stückchen granulierten Zinks mit 5 ml verdünnter Salzsäure, der man einige Tropfen konz. Säure zugefügt hat. Nach einiger Zeit tritt starke Wasserstoffentw. ein.
Sollte die Entw. zu schwach sein, so setze man einige Tropfen Kupfersulfatlsg. hinzu (Erklärung s. S. 338). Das Reagenzglas verschließe man dann mit einem Korken, durch den ein mit einer ausgezogenen Spitze versehenes Röhrchen führt. Um sich vor eventueller Explosion zu schützen, umwickle man das Glas mit einem Tuch. Bevor der entweichende Wasserstoff für Reak-

tionen verwendet wird, muß die Luft völlig aus dem Reagenzglas verdrängt sein (Gemische aus H_2 und O_2 sind hochexplosiv. Knallgas!). Diese Bedingung ist erfüllt, wenn das in einem Proberöhrchen aufgefangene, entwickelte Gas bei Entzündung ruhig abbrennt. Bei eventuell eintretender Verpuffung ist der Wasserstoff noch nicht genügend rein. (Vgl. auch Rk. 3.) Eine eingehende Beschreibung dieser Darstellungsmethode zur Herstellung größerer Gasmengen ist auf Seite 443 zu finden.

Ergänzend ist zu erwähnen, daß Wasserstoff auch durch Kochen von Metallen, wie z.B. Aluminium, in Natronlauge, und durch Hydrolyse von Calciumhydrid erzeugt werden kann.
Für die nachfolgenden Reaktionen verwende man den nach 1. α–γ) erhaltenen Wasserstoff.

2. Brennbarkeit von H_2

Man entzünde den aus der Entwicklungsapp. entweichenden Wasserstoff an einer Bunsenflamme u. stülpe ein kleines, trockenes Becherglas über die Flamme. Es beschlägt sich mit Wassertröpfchen:

$$2H_2 + O_2 \rightarrow 2H_2O.$$

3. Knallgas

Man stülpe ein Reagenzglas über die Austrittsöffnung einer H_2-Entwicklungsapparatur und fülle einmal das Reagenzglas ganz mit Wasserstoff, das andere Mal nur teilweise u. halte es jedesmal an eine Bunsenflamme. Je nach dem Füllungsgrad tritt eine mehr oder weniger starke Explosion auf. Ist das Reagenzglas nur mit H_2 gefüllt, so brennt dieser ruhig ab. Die stärkste Explosion erhält man, wenn das Volumenverhältnis $H_2:O_2 = 2:1$ ist.

4. Reduktionswirkung des molekularen Wasserstoffs

Der Wasserstoff verbindet sich nicht nur mit freiem Sauerstoff zu Wasser, sondern entzieht auch bei höheren Temperaturen vielen Oxiden den Sauerstoff. So werden Schwermetalloxide, wie Eisen(III)-oxid (Fe_2O_3), Kupferoxid (CuO), Cadmiumoxid (CdO) u.a., in Metalle übergeführt:

$$Fe_2O_3 + 3H_2 \rightarrow 2Fe + 3H_2O,$$
$$CuO + H_2 \rightarrow Cu + H_2O.$$

5. Reduktion von Jod mit nascierendem Wasserstoff

Gewöhnlicher Wasserstoff ist nur bei höherer Temperatur ein kräftiges Reduktionsmittel, obwohl die Umsetzung auf Grund der Abgabe von Energie auch bei Zimmertemperatur vor sich gehen sollte. Das beruht darauf, daß die Reaktionsgeschwindigkeit bei 20 °C viel zu klein ist. Zur Reaktion muß das Wasserstoffmolekül erst in Atome zerlegt werden. Dazu ist aber viel Energie (auf 1 mol H_2 etwa 100 kcal) notwendig. Man erhält dagegen auch bei gewöhnlicher Temperatur eine Reduktionswirkung, wenn man den Wasserstoff in statu nascendi (d.h. im Augenblick des Entstehens) anwendet, da er hier atomar vorliegt.

So vermag z.B. nur der Wasserstoff in statu nascendi Jod bei Zimmertemperatur zu Jodwasserstoff zu reduzieren:

$$J_2 + 2H_{nasc.} \rightleftharpoons 2HJ.$$

In einem Reagenzglas füge man zu etwas Zink verd. Salzsäure. (Falls die Wasserstoffentw. sehr langsam vor sich geht, setze man einen Tr. Kupfersulfatlsg. hinzu.) Dann läßt man etwas Jod-Kaliumjodid-Lsg. (eine Auflsg. von J_2 in KJ-Lsg.) zutropfen, so daß die Lsg. deutlich gelbbraun gefärbt ist. Nach längerem Stehen tritt Entfärbung ein. Zu gleicher Zeit gibt man in ein anderes Reagenzglas zu derselben Menge Salzsäure etwa die entsprechende Menge Jodlösung hinzu und läßt aus einer Wasserstoff-Stahlflasche oder einem *Kipp*schen Apparat Wasserstoff einströmen. Es findet keine Entfärbung statt.

Eine starke Reduktionswirkung bei gewöhnlicher Temperatur erzielt man auch mit gewöhnlichem Wasserstoff in wäßrigen Lösungen bei Gegenwart bestimmter, feinverteilter Metalle, besonders von Platin oder Palladium. An diesen wird der Wasserstoff sorbiert und dabei in Atome gespalten. Hiervon macht die organische Chemie weitgehend Gebrauch, um organische Verbindungen zu hydrieren.

4.2.2. Elemente der VII. Hauptgruppe

Bei den Halogenen Fluor, F, Chlor, Cl, Brom, Br, und Jod, J, ändern sich die Eigenschaften im allgemeinen in stetiger Weise mit der Ordnungszahl. Die Schmelz- und Siedepunkte der Elemente steigen mit zunehmender Ordnungszahl regelmäßig an, die Farbe vertieft sich, die Elektronenaffinität und damit die Reaktionsfähigkeit nimmt ab, die thermische Beständigkeit der Wasserstoffverbindungen HX und die Löslichkeit der Silberhalogenide sinkt. Auf Grund der allgemeinen Regeln (s. S. 102) tritt ein stärkerer Eigenschaftssprung zwischen Flour und Chlor auf. So ist z.B. Flourwasserstoffsäure ähnlich assoziiert wie Wasser und Ammoniak und fällt dementsprechend aus dem Rahmen der anderen Wasserstoffverbindungen HCl, HBr, HJ heraus. Auch ist AgF leicht löslich, während AgCl, AgBr und AgJ schwer löslich sind. Umgekehrt gehört CaF_2 zu den schwerlöslichen Verbindungen, während $CaCl_2$, $CaBr_2$ und CaJ_2 äußerst leicht löslich sind.

Alle Halogene vermögen mit Sauerstoff Verbindungen einzugehen. Mit Ausnahme des Fluors, das infolge seines kleinen Ionenradius und stark negativen Charakters nicht als Zentralion auftritt, werden auch Sauerstoffsäuren gebildet. Dagegen tritt das Fluoridion oft als Ligand in Komplexe ein.

Die maximale Oxidationsstufe mit +7 wird in den Perchloraten $MeClO_4$ und den Perjodaten $MeJO_4$ bzw. den Mesoperjodaten Me_3JO_5 oder den Orthoperjodaten Me_5JO_6 erreicht. Die mögliche Vergrößerung der Koordinationszahl beim Jod ist eine Folge der Zunahme des Ionenradius. Die minimale Oxidationsstufe ist in der 7. Hauptgruppe −1. Die Säurestärke der Wasserstoffverbindungen HX nimmt mit steigender Ordnungszahl zu.

4.2.2.1. Fluor, F, OZ: 9, RAM: 18,9984

Häufigkeit: $2{,}8 \cdot 10^{-2}$ Gew.-%. Smp.: −218,0 °C. Sdp.: −188,1 °C. D_{25}: 1,696 mg/cm³. Oxidationsstufen: −1. Ionenradius r_{F^-}: 1,33 Å. Standardpotential: $F_2 + 2e^- \rightleftharpoons 2F^-$. $E_0 = +2{,}65$ V.

Vorkommen: Die wichtigsten Minerale sind Flußspat, CaF_2, Kryolith, $Na_3[AlF_6]$, Apatit, $Ca_5(PO_4)_3(F, Cl)$.

Darstellung: Elementares Fluor wird in der Technik durch Schmelzflußelektrolyse von Kaliumhydrogenfluorid, KHF_2, gewonnen.

Bedeutung: Elementares Fluor dient zur Darstellung von UF_6 (Isotopentrennung) und wird in großem Umfang zur Fluorierung organischer Verbindungen eingesetzt. CF_2Cl_2 und CF_3Cl (Freon, Frigen) sind ungiftig und nicht brennbar (Treibgase für Spraydosen, Kältemittel in Kühlmaschinen). Durch Polymerisation von C_2F_4 bzw. C_2F_3Cl entstehen wärmebeständige und chemisch sehr widerstandsfähige Kunststoffe (Teflon, Hostaflon).

Allgemeine Eigenschaften: Elementares Fluor ist ein stark ätzendes, giftiges Gas und das reaktionsfähigste Nichtmetall. Es besitzt die größte Elektronegativität (s. S. 23). Selbst mit den schweren Edelgasen bildet es echte Verbindungen, z. B. XF_4. Zur Aufbewahrung des Gases dienen Nickel- oder Stahlgefäße, die nach Ausbildung einer schützenden Fluoridschicht nicht mehr angegriffen werden.

Flußsäure und Fluoride

Darstellung: HF entsteht durch Einwirkung von konz. H_2SO_4 auf Flußspat:

$$CaF_2 + H_2SO_4 \rightarrow CaSO_4 + 2\,HF\uparrow.$$

Im allgemeinen wird eine 40%ige wäßrige Lösung hergestellt.

Bedeutung: Flußsäure dient zum Ätzen von Glas, zur Entfernung von Kieselsäure aus Werkstoffen und Erzproben sowie zur Herstellung von künstlichem Kryolith.

Fluoride wirken toxisch und finden deshalb als Konservierungsmittel für Holz und Leder Verwendung. Im menschlichen Organismus finden sich Fluoride in den Zähnen und der Schilddrüse angereichert. Kariöse Zähne weisen Fluoridmangel auf.

Allgemeine Eigenschaften: HF gehört mit $K_S = 10^{-3,14}$ zu den schwachen Säuren. Während in verdünnten Lösungen vorwiegend HF-Moleküle vorliegen, bilden sich bei höheren Konzentrationen Doppelmoleküle H_2F_2.

Silicathaltige Stoffe (Glas, Porzellan) reagieren mit HF:

$$SiO_2 + 4\,HF \rightleftarrows SiF_4 + 2\,H_2O,$$
$$SiF_4 + 2\,HF \rightleftarrows H_2[SiF_6].$$

Flußsäure darf deshalb nur in paraffinüberzogenen Glas- bzw. Kunststoffgefäßen aufbewahrt werden.

In ihrem Löslichkeitsverhalten zeigen die Fluoride erhebliche Unterschiede gegenüber den schwereren Halogeniden (s. S. 146). Besonders mit höhergeladenen Zentralkationen bildet F^- stabile Komplexe z. B. $[AlF_6]^{3-}$, $[BF_4]^-$, $[SiF_6]^-$, $[FeF_6]^{3-}$, $[ZrF_6]^{2-}$, $[NbF_7]^{2-}$.

Flußsäure ist sehr giftig. Schon geringfügige Verätzungen der Haut können schwere Folgen haben.

Für die nachstehenden Reaktionen verwendet man CaF_2, wenn man ein festes Fluorid zu nehmen hat, sonst NaF-Lösung bzw. die entsprechend vorbereitete Analysenlösung.

1. $BaCl_2$

Aus neutraler oder schwach saurer Lsg. von Fluoriden fällt ein weißer, voluminöser Nd. von BaF_2, lösl. in viel Mineralsäure sowie bei Ggw. von Ammoniumsalzen.

2. $CaCl_2$

Aus neutraler und essigsaurer Lsg. weißer schleimiger u. schwer filtrierbarer Nd. von CaF_2. In verd. Mineralsäuren ist der Nd. nur sehr schwer lösl. leicht dagegen bei Anwesenheit von Ammoniumsalzen, die daher auch die Fällung verhindern.

3. Bildung von $[FeF_6]^{3-}$, $[TiF_6]^{2-}$, $[ZrF_6]^{2-}$

Eine Lsg. von Eisen(III)-thiocyanat wird durch Zusatz lösl. Fluoride entfärbt, da sich Anion $[FeF_6]^{3-}$ bildet. Auch die Prüfung auf Titan mittels H_2O_2 u. auf Zirkonium mit Alizarin S kann in Ggw. von F^- infolge Bldg. der komplexen Ionen $[TiF_6]^{2-}$ u. $[ZrF_6]^{2-}$ versagen.

4. Ätzprobe

$$CaF_2 + H_2SO_4 \rightarrow CaSO_4 + 2\,HF,$$
$$4\,HF + SiO_2 \rightarrow SiF_4\uparrow + 2\,H_2O.$$

Die Ätzprobe kann zum Nachweis großer Fluoridmengen herangezogen werden.

In einem Platintiegel oder Bleischälchen wird etwas CaF_2 mit konz. H_2SO_4 übergossen. Der Tiegel wird mit einer Glasplatte (OT) bedeckt u. mit kleiner Flamme erwärmt. Es entwickelt sich HF, durch den das Glas geätzt wird.

Störungen: Bei Anwesenheit eines Überschusses von Kieselsäure oder Borsäure wird SiF_4 und BF_3 gebildet, das Glas nicht angreift.

5. Nachweis mit Hilfe der „Kriechprobe“

Bei der Kriechprobe erhitzt man die Substanz mit einigen ml konz. H_2SO_4 in einem trockenen Reagenzglas. Die auftretenden Gasblasen von Fluorwasserstoff kriechen ölartig an der Glaswand empor, und beim Umschütteln fließt die Schwefelsäure wie Wasser an einer fettigen Unterlage ab. Die Oberfläche des Glases wird infolge der Ätzung durch die Flußsäure so verändert, daß sie von Schwefelsäure nicht mehr benetzt wird.

Zur Ausführung in der HM-Analyse werden ca. 10 mg Substanz in einem trockenen, noch nicht angeätzten Reagenzglas mit 10 Tr. 18 M H_2SO_4 versetzt u. im W.-Bad erwärmt. Aus den meisten Fluoriden wird hierbei H_2F_2 in Freiheit gesetzt, das langsam in größeren Blasen an der Glaswandung emporkriecht u. sie anätzt. Bei negativem Verlauf erhitze man anschließend noch kurz über freier Flamme, bis H_2SO_4-Nebel entweichen, da einige Fluoride höher geladener Kationen erst bei höherer Temp. mit H_2SO_4 reagieren.

Störungen: Der Nachweis versagt wie die Ätzprobe in Gegenwart eines Überschusses von Kiesel- oder Borsäure.

6. Nachweis mit Hilfe der Wassertropfenprobe

Bei der Wassertropfenprobe gehen die gleichen Reaktionen vor sich wie bei der Darstellung von $K_2[SiF_6]$ (s. S. 477).

In einem Platin- oder Bleitiegel wird die getrocknete Substanz mit der dreifachen Menge gefällter und geglühter Kieselsäure vermengt, 1 ml konz. H_2SO_4 zugegeben u. der Tiegel mit einem Bleideckel, der in der Mitte ein etwa 0,5 cm großes Loch besitzt, verschlossen. Über das Loch hält man einen Wassertropfen, der in der Öse eines Platindrahtes oder an einem Glasstab hängt, der mit schwarzem Lack überzogen ist. Dann wird mit einer Sparflamme schwach erwärmt oder besser auf dem W.-Bad erhitzt. Nach einiger Zeit überzieht sich der Tr. bei Anwesenheit von Fluoriden mit Kieselsäuregallerte.

Statt des Tr. kann man das Loch auch mit feuchtem, schwarzem Filterpapier bedecken, auf dem sich dann eine weiße Gallerte von Kieselsäure abscheidet. Das Papier muß während der Einw. der Dämpfe feucht gehalten, zur Beurteilung einer Abscheidung aber getrocknet werden.

Störungen: In Ggw. von viel Borsäure bildet sich BF_3, das bei der Hydrolyse in HF u. lösl. Borsäure zerfällt (vgl. auch Seite 231). Thiosulfat kann durch Abscheidung eines weißgelben Schwefelflecks stören.

7. Nachweis durch Entfärbung von Zirkonium-Alizarin-Lack

Zr bildet in salzsaurer Lösung mit Alizarin oder Alizarin S einen violettroten Farblack (vgl. Rk. 7. S. 302). Unter dem Einfluß von F^- im Überschuß bilden sich jedoch komplexe $[ZrF_6]^{2-}$-Ionen, so daß die violette Farbe des Lackes in die in saurer Lösung gelbrote Farbe des freien Farbstoffes umschlägt.

Zum Nachw. von F^- wird ein Streifen Zr-Alizarin S-Papier mit 1 Tr. 50%ig. Essigsäure angefeuchtet u. 1 Tr. der neutralen Probelsg. auf den feuchten Fleck getüpfelt. Eine Gelbfärbung zeigt F^- an. Bei sehr geringen F^--Mengen wird die Rk. durch Erwärmen im Dampfstrom beschleunigt.

EG: 1 µg F^- pD: 4,7.

Störungen: Größere Mengen SO_4^{2-}, $S_2O_3^{2-}$, PO_4^{3-}, AsO_4^{3-} u. $C_2O_4^{2-}$ sowie Fluoroborate und Fluorosilicate geben die gleiche Reaktion.

Reagenz: Zr-Alizarin S-Papier stellt man sich durch Tränken von Filterpapier mit einer 5%ig. Lsg. von Zirkoniumnitrat in 5%ig. HCl u. danach mit einer 2%ig. Lsg. von Na-Alizarinsulfonat her. Das durch den Farblack rotviolett gefärbte Papier wird so lange gewaschen, bis das Waschwasser fast farblos abläuft, u. danach getrocknet.

8. Nachweis mit der Molybdän- und Benzidinblau-Reaktion (s. S. 433)

Hexafluorosilicate

Darstellung: Hexafluorokieselsäure, $H_2[SiF_6]$ entsteht bei der Einwirkung eines Überschusses wäßriger HF auf Silicate (s. HF).

Bedeutung: Sehr verdünnte Lösungen der Säure und ihrer Salze werden als Desinfektionsmittel eingesetzt.

Allgemeine Eigenschaften: $H_2[SiF_6]$ ist eine starke Säure, die in verdünnter Lösung Glas nicht ätzt. Die Fluorosilicate der Alkalielemente (außer Li^+ und NH_4^+) sind wenig löslich. Noch schwerer löslich ist $Ba[SiF_6]$.

Für die folgenden Reaktionen verwende man $K_2[SiF_6]$ (Darst. s. S. 477) oder eine Lösung von $H_2[SiF_6]$ bzw. die entsprechend vorbereitete Analysenlösung.

1. OH^--Ionen

$$[SiF_6]^{2-} + 4OH^- \rightleftarrows H_2SiO_3\downarrow + 6F^- + H_2O,$$
$$H_2SiO_3 + 2OH^- \rightleftarrows H_2SiO_4^{2-} + H_2O.$$

Zersetzung von $[SiF_6]^{2-}$ unter Ausscheidung von gallertartiger Kieselsäure, die sich im Überschuß von starken Laugen wieder löst.

2. Ätz-, Kriech-, Wassertropfenprobe

Die Rkk. 1., 5. u. 6. (s. F^-) führe man mit $K_2[SiF_6]$ durch. Rk. 1. u. 6. verlaufen ebenfalls positiv, Rk. 5. nur noch bei größeren Mengen $K_2[SiF_6]$. Die Wassertropfenprobe gelingt auch ohne Zusatz von Kieselsäure.

3. Nachweis als Natriumhexafluorosilicat

Aus schwach sauren Hexafluorsilicatlösungen kristallisiert bei NaCl-Zugabe $Na_2[SiF_6]$ in meist scharf umrissenen sechseckigen Täfelchen aus. Aus konzentrierteren Lösungen bilden sich sechsstrahlige Sterne mit skelettförmigen Rosetten.

1 Tr. der schwach sauren, warmen Probelsg. wird auf dem OT mit 1 Körnchen NaCl versetzt Kristallaufnahme 1. u. 2.).

EG: 0,04 µg F ≙ 3,4 µg Fluorosilicat.

Störungen: keine.

4. Nachweis als Bariumhexafluorosilicat

$[SiF_6]^{2-}$ gibt mit Ba^{2+} einen weißen kristallinen Niederschlag von $Ba[SiF_6]$, der nur in siedender konz. HCl löslich ist. In schwach essigsaurer Lösung bilden sich Nadeln oder weidenblattartige Stäbchen, die meist zu Büscheln, Sternen oder Stachelkugeln zusammengewachsen sind.

1 Tr. der Probelsg. wird auf dem OT mit 1 Tr. 1 M CH_3COOH erwärmt und mit 1 Tr. heißer 0,5 M $Ba(CH_3COO)_2$- oder $BaCl_2$-Lsg. versetzt. Langsam kristallisiert $Ba[SiF_6]$ aus (Kristallaufnahme 3).

EG: 0,015 µg F ≙ 1,3 µg Fluorosilicat.

Störungen: SO_4^{2-} und alle mit Ba^{2+} fällbaren Ionen sowie Ca^{2+} und Sr^{2+} in 5fachem Überschuß.

Trennung und Nachweis von F^- und $[SiF_6]^{2-}$

Fluoride und Fluorosilicate erkennt man durch die Ätzprobe und Wassertropfenprobe, Fluoride außerdem durch das einfache Erhitzen im trockenen Reagenzglas mit konz. H_2SO_4. Da Fluorosilicate die Wassertropfenprobe auch ohne Zusatz von SiO_2 geben, kann F^- und SiO_2 oder $[SiF_6]^{2-}$ allein oder F^- und $[SiF_6]^{2-}$ vorliegen. Eine Unterscheidung dieser drei Kombinationen erbringt nur eine quantitative Analyse.

Bei einigen F^--haltigen Verbindungen (z.B. Turmalin, Topas, Al-, Fe- und komplexe B-Fluoride) bereitet der Nachweis von F^- gewisse Schwierigkeiten. Um lösliche Alkalifluoride zu erhalten, ist die Durchführung eines SA (s. S. 132) oder einer Schmelze der feinst gepulverten Substanz mit der sechsfachen Menge eines Gemisches von Na_2CO_3/K_2CO_3 im Platintiegel nötig.

Aus dem SA bzw. der wäßrigen Lösung der Schmelze werden die F^--Ionen in schwach essigsaurer Lösung mit Ca^{2+} gefällt und abgetrennt. NH_4^+-Salze, die die CaF_2-Fällung beeinträchtigen, sind im SA nicht mehr vorhanden.

10 Tr. des SA werden mit 5 M Essigsäure schwach angesäuert u. mit 2 Tr. 5 M Ca-Acetatlsg. versetzt. Man erwärmt 5 Min. im W.-Bad u. zentrifugiert den gebildeten Nd. ab, der neben F^- auch SO_3^{2-}, MoO_4^{2-}, WO_4^{2-}, PO_4^{3-}, VO_4^{3-}, BO_3^{3-}, $C_2O_4^{2-}$, $[Fe(CN)_6]^{4-}$ u. SO_4^{2-} enthalten kann. Der Nd. wird einmal mit 5 Tr. W. u. 1 Tr. Ca-Acetatlsg. gewaschen. Im F. kann auf andere Anionen geprüft werden, wenn deren Nachw. durch die oben genannten Anionen gestört wird. Die CaF_2-Rk. ist zwar nicht sehr empfindlich ($K_{LCaF_2} = 10^{-10,46}$), sie genügt aber, um üblicherweise gegebene F^--Mengen auszufällen. (Nachw. des F^- nach den oben genannten Reaktionen.)

Zur Durchführung des Kationentrennungsganges muß das F^- entfernt werden. Einmal bildet F^- mit Erdalkalien in neutraler oder schwach saurer Lösung Niederschläge, wodurch diese in die $(NH_4)_2S$-Gruppe gelangen. Zum anderen werden in saurer Lösung Glas- und Porzellangefäße angegriffen und verschiedene Kationen, wie Na^+, Ca^{2+}, Al^{3+}, gelöst. Zwecks Entfernung des F^+ wird die Substanz in einem Platintiegel mit 2 ml konz. H_2SO_4 übergossen und vorsichtig mit kleiner Flamme so lange erhitzt, bis dicke Schwefelsäuredämpfe entstehen. Bei Verwendung eines Bleitiegels ist vorher auf Pb zu prüfen. Die H_2SO_4 wird weitgehend abgeraucht, jedoch nicht bis zur Zersetzung der Sulfate zu den Oxiden. Der Rückstand ist mit verd. HCl aufzunehmen. Wenn er darin nicht klar löslich ist, so sind eventuell Erdalkalisulfate entstanden, die nach S. 133 mit Na_2CO_3/K_2CO_3 aufzuschließen sind.

4.2.2.2. Chlor, Cl, OZ: 17, RAM: 35,453

Häufigkeit: 0,19 Gew.-%. Smp.: −101 °C. Sdp.: −34,04 °C. D_{25}: 3,21 mg/cm³. Oxidationsstufen: −1, +1, +3, +5, +7. Ionenradius r_{Cl^-}: 1,81 Å. Standardpotential: $Cl_2 + 2e^- \rightleftharpoons 2Cl^-$. $E_0 = +1{,}360$ V.

Vorkommen: Chlor liegt in der Natur als Chlorid, hauptsächlich gebunden an Natrium (s. S. 234), Kalium (s. S. 236) und Magnesium (s. S. 244), vor.

Oxide, Säuren: Es sind bekannt: Cl_2O (Dichloroxid), ClO_2 (Chlordioxid), Cl_2O_6 (Dichlorhexoxid) und Cl_2O_7 (Dichlorheptoxid) sowie die vier Sauerstoffsäuren HClO (hypochlorige Säure), $HClO_2$ (chlorige Säure), $HClO_3$ (Chlorsäure) und $HClO_4$ (Perchlorsäure). Während Cl_2O bzw. Cl_2O_7 Anhydride von HClO und $HClO_4$ sind, disproportionieren (s. S. 41) ClO_2 mit Laugen zu ClO_3^- und ClO_2^- und Cl_2O_6 zu ClO_3^- und ClO_4^-:

$$2ClO_2 + 2OH^+ \rightarrow ClO_2^- + ClO_3^+ + H_2O,$$
$$Cl_2O_6 + 2OH^+ \rightarrow ClO_3^- + ClO_4^+ + H_2O.$$

Sämtliche Oxide sind sehr instabil und können explosionsartig zerfallen. Bei den Säuren nimmt die Beständigkeit mit steigendem Sauerstoffgehalt zu.

Säurechloride: Durch direkte Umsetzung von HCl mit SO_3 entsteht Chlorsulfonsäure. In ihr ist eine OH-Gruppe der Schwefelsäure durch Cl ersetzt:

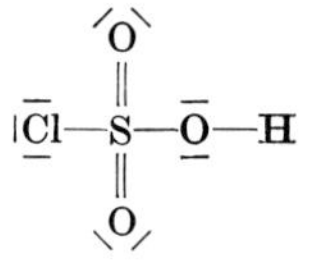

Andere wichtige Säurechloride sind Sulfurylchlorid SO_2Cl_2, Thionylchlorid $SOCl_2$, Phosgen $COCl_2$, Nitrosylchlorid NOCl und Chromylchlorid CrO_2Cl_2. Zur Vermeidung von Hydrolyse muß man völlig wasserfrei bzw. mit wasserentziehenden Mitteln arbeiten. Man gewinnt SO_2Cl_2 aus $SO_2 + Cl_2$ (s. S. 467), $SOCl_2$ aus $PCl_5 + SO_2$ (s. S. 466) und CrO_2Cl_2 aus $NaCl + K_2Cr_2O_7 +$ konz. H_2SO_4 (s. S. 154). Säurechloride sind im allgemeinen Flüssigkeiten, die schon mit der Feuchtigkeit der Luft reagieren und daher rauchen.

Weitere Verbindungen: An Verbindungen mit anderen Nichtmetallen seien erwähnt die explosiven Stickstoffverbindungen NCl_3 (Stickstoffchlorid) und N_3Cl (Chlorazid) sowie die Schwefelchloride S_2Cl_2 (Darst. s. S. 469) und SCl_4.

Elementares Chlor, Cl_2

Darstellung: In der Technik fällt Cl_2 bei der Chloralkalielektrolyse an. Im Laboratorium gewinnt man es durch Oxidation von HCl mit geeigneten Oxidationsmitteln (s. u.).

Bedeutung: Die größten Chlormengen werden zur Herstellung von Bleichmitteln und für Desinfektionszwecke, zum Teil in Form von Hypochlorit benötigt. Weiterhin dient Chlor zur Herstellung von organischen Lösungsmitteln ($HCCl_3$, CCl_4, Trichloräthylen), Zwischenprodukten (Chlorbenzol, Monochloressigsäure, Phosgen), Kunststoffen (PVC, Chloropren), Pflanzen- und Holzschutzmitteln (DDT, Hexachlorcyclohexan, chlorierte Naphthaline, CuOHCl), Waschmitteln (Sulfochlorierung) und wasserfreier Chloride ($AlCl_3$, $FeCl_3$) sowie zum Entzinnen von Weißblech.

Allgemeine Eigenschaften: Cl_2 ist sehr reaktionsfähig und reagiert mit den meisten Elementen schon bei Zimmertemperatur. Bei völliger Abwesenheit von Feuchtigkeit ist es jedoch wesentlich reaktionsträger und wird z. B. in Stahlflaschen in den Handel gebracht.

Cl_2 wirkt auf Grund seiner oxidierenden und chlorierenden Wirkung stark toxisch. Der MAK-Wert (Maximale Arbeitsplatz-Konzentration) ist auf 1,5 mg/m^3 festgesetzt.

Um die Eigenschaften von Cl_2 näher kennenzulernen, stelle man es sich nach einer der nachstehenden Reaktionen her.

1. Darstellung von Cl_2

α) Oxidation von HCl mit starken Oxidationsmitteln:

$$PbO_2 + 4\,HCl \rightarrow PbCl_2 + 2\,H_2O + Cl_2\uparrow,$$
$$MnO_2 + 4\,HCl \rightarrow MnCl_2 + 2\,H_2O + Cl_2\uparrow.$$

In verschiedenen Reagenzgläsern setze man zu je einer Spatelspitze PbO_2 (Bleidioxid) und MnO_2 (Mangandioxid) je 1 ml konz. HCl bzw. einige Körnchen NaCl und 1 ml halbkonz. H_2SO_4 und erwärme unter dem Abzuge. Auftreten des stechend riechenden hellgrünen Chlorgases.

Entsprechend verhalten sich auch andere starke Oxidationsmittel, wie Kaliumpermanganat, $KMnO_4$ (s. S. 263), oder Kaliumdichromat, $K_2Cr_2O_7$ (s. S. 280).

Ein Verfahren, das man früher technisch verwandte und jetzt noch in Laboratorien allgemein benutzt, geht von Braunstein (MnO_2), NaCl und H_2SO_4 aus (*Weldon*-Prozeß).

β) Oxidation von HCl durch Luftsauerstoff

$$4\,HCl + O_2 \rightleftarrows 2\,H_2O + 2\,Cl_2.$$

Diese als *Deacon*-Prozeß bekannte Reaktion wird bei 430 °C in Gegenwart eines Katalysators ($CuCl_2$) durchgeführt. Es bildet sich ein temperaturabhängiges Gleichgewicht aus (s. S. 47).
Die katalytische Wirkung des Katalysators (s. S. 49) dürfte schematisch wie folgt zu deuten sein:

$$4\,CuCl_2 \rightarrow 4\,CuCl + 2\,Cl_2\uparrow,$$
$$4\,CuCl + O_2 \rightarrow 2\,(CuO \cdot CuCl_2),$$
$$2\,(CuO \cdot CuCl_2) + 4\,HCl \rightarrow 4\,CuCl_2 + 2\,H_2O.$$

γ) Elektrolyse von NaCl-Lösung

In einem ähnlichen Apparat, wie er zur Wasserzersetzung dient, wird einmal verd. HCl, das zweite Mal NaCl-Lösung der Elektrolyse unterworfen. Am positiven Pol, der Anode, welcher aus einem Kohlestab besteht, entwickelt sich gelbgrünes Gas, das am Anfang in der wäßrigen Lösung gelöst bleibt und sie gelbgrün färbt. Das sich entwickelnde Cl_2 greift Metalle, auch das edle Platin an, weshalb in diesem Fall keine Metallanoden verwendet werden dürfen.

Mit Cl_2 führe man die nachstehenden Reaktionen aus.

2. Bildung von Chloriden mit Metallen

$$2\,Sb + 3\,Cl_2 \rightarrow 2\,SbCl_3,$$
$$Cu + Cl_2 \rightarrow CuCl_2.$$

Chlor reagiert mit vielen Metallen schon bei gewöhnlicher oder etwas erhöhter Temperatur unter Bildung von Chloriden.

Man fülle ein trockenes Reagenzglas mit Cl_2 u. werfe einige Körnchen feingepulvertes Antimon (Sb) oder Zinkstaub oder einige Blättchen unechtes Blattgold hinein. Unter heller Lichterscheinung tritt Rk. ein.

Ebenso bildet sich mit Wasserstoff im Licht bei Zimmertemperatur Chlorwasserstoff. Im diffusen Licht verläuft diese Reaktion langsam, bei starker Lichteinwirkung, z.B. im Sonnenlicht, dagegen explosionsartig. Im Dunkeln geht sie erst bei erhöhter Temperatur vor sich, dann aber ebenfalls unter Explosion (Chlorknallgas).

3. Oxidation von J^- oder Br^- zu J_2 bzw. Br_2

$$Cl_2 + 2KJ \rightarrow 2KCl + J_2,$$
$$Cl_2 + 2KBr \rightarrow 2KCl + Br_2.$$

Man leite etwas Cl_2 in W., in dem einmal einige Körnchen Kaliumjodid, KJ, das andere Mal Kaliumbromid, KBr, aufgelöst sind. Es tritt Ausscheidung von Jod bzw. Brom ein.

4. Oxidation von Farbstoffen

Chlor ist ein starkes Oxidationsmittel. Auch Farbstoffe werden oxidiert und damit zerstört (Bleichprozeß).

In ein mit Cl_2 gefülltes Reagenzglas halte man angefeuchtetes rotes und blaues Lackmuspapier. Entfärbung! Ebenso leite man in Indigolsg. Cl_2 ein. Gelbfärbung durch Zersetzungsprodukte des Indigo.

Salzsäure und Chloride

Darstellung: HCl (Chlorwasserstoff) wird einerseits aus den Elementen H_2 und Cl_2, andererseits durch Umsetzung von NaCl mit konzentrierter H_2SO_4 bei erhöhter Temperatur dargestellt.

$$NaCl + H_2SO_4 \rightarrow HCl\uparrow + NaHSO_4,$$
$$NaCl + NaHSO_4 \rightarrow HCl\uparrow + Na_2SO_4.$$

Große Mengen HCl fallen auch als Nebenprodukt bei der Chlorierung organischer Verbindungen an.

Bedeutung: In der Technik wird Chlorwasserstoff u.a. zur Synthese von Vinylchlorid aus Acetylen eingesetzt. Salzsäure, die wäßrige Lösung des Chlorwasserstoffs, findet ausgedehnte Verwendung zur Darstellung von Metallchloriden und Ammoniumchlorid. Im Labor stellt sie das am häufigsten verwendete Reagenz dar.

Chloride sind in allen Körperflüssigkeiten enthalten. Im menschlichen Magen werden täglich 1000–1500 ml 0,1 N HCl erzeugt, durch Puffersysteme bildet sich ein pH von 1,8–2,2 aus.

Allgemeine Eigenschaften: Die Löslichkeit von HCl ist abhängig von der Temperatur, vom HCl-Dampfdruck über der Lösung sowie von der Art und Konzentration der Lösungspartner. Leitet man bei Zimmertemperatur HCl unter einem Druck von 1 at in Wasser, so lösen sich 39,1 g HCl in 100 g Lösung oder 64,2 g HCl in 100 g Wasser. Die Dichte ist 1,195 bei 20 °C. Durch konz. H_2SO_4 kann man die Löslichkeit stark herabdrücken. Es entweicht daher beim Zutropfen von konz. H_2SO_4 zu konz. HCl gasförmiger Chlorwasserstoff (Darstellungsmöglichkeit für gasförmiges HCl!).

Erhitzt man konz. HCl, so destilliert hauptsächlich Chlorwasserstoff und wenig Wasser ab, bis die Konzentration der Lösung auf 20% gesunken ist. Erhitzt man umgekehrt verd. HCl, so entweicht hauptsächlich Wasser, bis die Säure wieder die gleiche Konzentration erhalten hat. 20%ige HCl siedet konstant bei 110 °C. Im Destillat erhält man dann die gleiche Konzentration. Ein solches konstant siedendes Gemisch, auch azeotropes Gemisch genannt, findet sich bei Säuren häufig:

HNO_3: 68% bei 121 °C,
H_2SO_4: 98,3% bei 338 °C.

Die gewöhnliche konz. HCl ist meist etwa 36,5%ig, verd. 2 ≈ 7%ig.

Die Chloride sind fast alle in Wasser leicht löslich. Ausnahmen bilden $PbCl_2$, das in der Kälte schwer löslich ist, sowie AgCl, Hg_2Cl_2 (CuCl, TlCl und AuCl), die schwerlöslich sind.

Chloride sind sehr verbreitet und finden sich daher häufig als Verunreinigungen in anderen Salzen. Darauf ist bei den späteren Analysen zu achten.

1. Darstellung von Chlorwasserstoff

$$NaCl + H_2SO_4 \rightarrow NaHSO_4 + HCl\uparrow.$$

Einige Körnchen NaCl übergieße man im Reagenzglas mit einigen Tr. konz. H_2SO_4 u. erwärme vorsichtig. Es entweicht farbloser, stechend riechender Chlorwasserstoff. Man halte über das Reagenzglas eine offene Flasche mit konz. Ammoniak. Es bilden sich weiße Nebel von Ammoniumchlorid:

$$NH_3 + HCl \rightarrow NH_4Cl.$$

Zur Darst. größerer Mengen von HCl s. S. 444.

2. Nachweis als AgCl

$$HCl + AgNO_3 \rightarrow HNO_3 + AgCl\downarrow.$$

Man versetze verd. Lsgg. von HCl, NaCl, KCl, $BaCl_2$ mit $AgNO_3$-Lösung: weißer, käsiger Niederschlag von AgCl.

Beim Zugeben von verd. u. konz. Salpetersäure findet keine Auflösung statt. Man führe die gleiche Reaktion aus mit

α) $KClO_3$-Lösung: kein Niederschlag. Nur Chlor in der Oxidationsstufe −1 gibt einen Nd., der sich nicht in HNO_3 löst.

β) Na_2CO_3-Lösung:
γ) Na_2HPO_4-Lösung: } Nd. von weißem Ag_2CO_3 bzw. gelbem Ag_3PO_4, der sich im Gegensatz zu AgCl in HNO_3 löst.

Nur sehr wenige andere Anionen, und zwar hauptsächlich Bromid und Jodid, geben Niederschläge mit $AgNO_3$, die sich ebenfalls in HNO_3 nicht lösen. Bei Abwesenheit dieser kann man daher die Umsetzung mit $AgNO_3$ in salpetersaurer Lösung als Nachweis für Cl^- benutzen.

3. Nachweis als $[Ag(NH_3)_2]Cl$

$$AgCl + 2NH_3 \rightarrow [Ag(NH_3)_2]Cl.$$

AgCl löst sich in Ammoniak. Es bildet sich ein Komplexsalz (s. S. 87). Durch Säuren wird der Komplex zerstört:

$$[Ag(NH_3)_2]Cl + 2HNO_3 \rightarrow AgCl\downarrow + 2NH_4NO_3.$$

Auch andere in W. schwerlösliche Silbersalze, wie Ag_2CO_3 oder Ag_3PO_4, geben eine analoge Rk. und lösen sich daher in Ammoniak auf. Über die Auflösung von AgCl in konz. HCl siehe 2. S. 360.

Zum Nachw. von Cl^- als $[Ag(NH_3)_2]Cl$ in der HM-Analyse wird der AgCl-Nd. in Ammoniak gelöst. 1 Tr. der Lsg. wird auf einem OT eingedunstet u. unter dem Mikroskop untersucht (V: 150 bis 200, vgl. Kristallaufnahme Nr. 4).

EG: 0,05 μg Cl^-.

Störungen: J^- stört nicht, da AgJ in Ammoniak schwerlösl. ist. Br^- stört nur in größeren Mengen, da AgBr ebenfalls, aber in geringerem Maße, von Ammoniak gelöst wird. Die $[Ag(NH_3)_2]Br$-Kristalle sind aber bedeutend kleiner.

Für den Cl^--Nachw. bei Ggw. von Bromid werden entweder die Br^--Ionen durch Oxidation mit konz. HNO_3 zu Br_2 entfernt u. AgCl mit 0,1 M NaOH u. Formalin reduziert, oder AgCl wird mit $(NH_4)_2CO_3$-Lsg. von AgBr abgetrennt. SCN^-- und CN^--Ionen werden gleichfalls durch Kochen mit konz. HNO_3 zerstört.

4. Nachweis als Ag_2S mit $(NH_4)_2S_x$

Eine Probe des AgCl-Nd. versetze man mit einigen ml gelbem $(NH_4)_2S_x$ u. erhitze zum Sieden. Es erfolgt Bldg. von schwerlöslichem schwarzem Ag_2S, wobei das Cl^- in Lsg. geht.

Beim Ansäuern der Polysulfidlsg. wird das überschüssige $(NH_4)_2S_x$ unter Schwefelwasserstoffentwicklung zerstört. Man koche bis zu dessen Vertreibung u. filtriere den Nd. von Ag_2S u. Schwefel (aus dem Polysulfid) ab. Das F. enthält Cl^-.

5. Nachweis durch Reduktion des AgCl zu metallischem Ag

α) Mit H_2SO_4 und Zn

$$2\,AgCl + H_2SO_4 + Zn \rightarrow 2\,Ag\downarrow + ZnSO_4 + 2\,HCl.$$

Der AgCl-Nd. wird mit 1 ml 2,5 M H_2SO_4 u. einer kleinen Zn-Granalie bzw. einer Spatelspitze Zn-Pulver versetzt. Nach wenigen Min. ist die Reduktion zu metallischem Ag beendet, u. man trennt die überstehende, Cl^--Ionen enthaltende Lsg. von Ag ab.

β) Mit NaOH und Formaldehyd

AgCl wird in alkalischer Lösung durch Formaldehyd reduziert:

$$2\,AgCl + HCHO + 3\,NaOH \rightarrow 2\,Ag\downarrow + 2\,NaCl + HCOONa + 2\,H_2O.$$

AgBr reagiert unter gleichen Bedingungen nicht, sondern wird erst in stärker alkalischer Lösung langsam reduziert.

Der gewaschene AgCl-Nd. wird mit einer Mischung aus 10 Tr. 0,1 M NaOH und 1 Tr. 35%ig. Formaldehyd in der Kälte geschüttelt. Nach der Red. zentrifugiert man das Ag ab u. prüft im F. wie folgt auf Cl^--Ionen: Die Lsg. wird mit dem gleichen Vol. 16 M HNO_3 versetzt u. einige Min. gekocht. Hierbei werden evtl. vorhandene Br^--, SCN^--, CN^--Ionen usw. oxidiert u. verflüchtigt. Nach erneutem Zusatz von 1 M $AgNO_3$-Lsg. beweist ein weißer Nd. endgültig die Ggw. von Cl^--Ionen.

6. Nachweis als Chromylchlorid

$$K_2Cr_2O_7 + 4\,NaCl + 3\,H_2SO_4 \rightarrow K_2SO_4 + 2\,Na_2SO_4 + 2\,CrO_2Cl_2 + 3\,H_2O,$$
$$CrO_2Cl_2 + 4\,NaOH \rightarrow 2\,NaCl + Na_2CrO_4 + 2\,H_2O.$$

Etwas NaCl oder die auf Cl^- zu prüfende feste Substanz werden mit der gleichen Menge Kaliumdichromat verrieben, die Mischung in ein trockenes Reagenzglas überführt u. mit konz. H_2SO_4 übergossen. Dann wird mit einem Kork verschlossen, durch den ein Gasableitungsrohr führt. Letzteres geht in ein Reagenzglas, das teilweise mit NaOH gefüllt ist. Man erhitze vorsichtig u. destilliere das entstehende rote Chromylchlorid ab. Es zersetzt sich mit W. bzw. NaOH in der Vorlage. Wenn im Destillat Chrom nachgewiesen werden kann (s. 5, S. 281), so ist Cl^- zugegen.

Zur Ausführung im HM-Maßstab werden 1–2 mg der festen Substanz oder des zur Trockne eingedampften SA in der Mikrogaskammer, Abb. 50, S. 140, mit etwas gepulvertem $K_2Cr_2O_7$ u. 1 Tr. konz. H_2SO_4 versetzt. Das Deckglas der Kammer wird mit verd. NaOH-Lsg. befeuchtet u. die verschlossene Kammer einige Min. erhitzt. Nach dem Abkühlen wird der NaOH-Tr. mit Diphenylcarbazid (vgl. S. 414) geprüft. Eine Violettfärbung zeigt CrO_4^{2-} u. damit indirekt Cl^- an.

EG: 0,3 μg Cl^- pD: 5,2.

Störungen: F^- (Bldg. von Chromylfluorid), J^- (Versagen der Rk. bei Ggw. größerer Mengen), NO_2^- u. NO_3^- sowie größere Mengen Br^- stören. Die Störung durch Br^- (Oxidation des Diphenylcarbazids durch gebildetes freies Br_2) kann durch Zugabe von Phenol zu der Diphenylcarbazid-Lsg. (Bldg. von Tribromphenol) vermieden werden.

AgCl u. Hg_2Cl_2 geben die Chromylchloridreaktion nicht.

7. Nachweis von Cl^- neben Br^- und J^- als $Ag_3[Fe(CN)_6]$

Zum Nachw. von Cl^- neben Br^- u. J^- kann auch wie folgt verfahren werden:

Der Nd. der Silberhalogenide (AgCl, AgBr u. AgJ) wird filtriert, gründlich ausgewaschen und dann in W. suspendiert. Nun gibt man zu dieser Suspension in der Kälte 1 ml einer verd. $K_3[Fe(CN)_6]$-Lsg. und wenige Tr. verd. (etwa 3%iges) Ammoniak. Bei Anwesenheit von Cl^- überzieht sich der Nd. mit einer braunen Schicht von $Ag_3[Fe(CN)_6]$, da unter diesen Bedingungen nur AgCl in Ammoniak lösl. ist.

Hypochlorige Säure und Hypochlorite

Darstellung: Wäßrige Lösungen der hypochlorigen Säure entstehen beim Einleiten von Chlor in Wasser:

$$Cl_2 + H_2O \rightleftharpoons HOCl + Cl^- + H^+.$$

Dies Gleichgewicht liegt weitgehend auf der linken Seite. Durch Herabsetzung der Cl^-- und H^+-Konzentration, z.B. durch Zugabe von HgO, wird es in Richtung der HOCl-Bildung verschoben:

$$2Cl_2 + H_2O + HgO \rightarrow 2HOCl + HgCl_2.$$

Durch Einleiten von Chlor in Laugen entstehen Hypochlorite:

$$Cl_2 + 2OH^- \rightarrow Cl^- + OCl^- + H_2O.$$

Mit $Ca(OH)_2$ bildet sich Calcium-hypochlorit-chlorid (Chlorkalk):

$$Cl_2 + Ca(OH)_2 \rightarrow CaCl(OCl) + H_2O.$$

Bedeutung: Hypochlorit, insbesondere Chlorkalk, finden ausgedehnte Verwendung als Bleich- und Desinfektionsmittel [Eau de Javelle (KClO), Eau de *Labarraque* (NaClO)]

Allgemeine Eigenschaften: HOCl ist eine sehr schwache Säure, die nur in wäßriger Lösung bekannt ist. Wasserentzug liefert in reversibler Reduktion Cl_2O. HClO und ihre Salze sind starke Oxidationsmittel.

1. Bildung von NaOCl

Man gebe zu Chlorwasser tropfenweise bis zur Entfärbung Natronlauge. Der Geruch nach Chlor verschwindet. Säuert man wieder an, so tritt der Geruch nach Chlor wieder auf, weil sich das obige Gleichgewicht nach links verschiebt.

Zur Herst. von Hypochloritlsg. leitet man Cl_2 bis zur Sättigung in Natronlaugelsg. ein (s. S. 465).

2. Entwicklung von Cl_2 aus CaCl(OCl)

$$CaCl(OCl) + 2H^+ \rightarrow Ca^{2+} + Cl_2\uparrow + H_2O.$$

Chlorkalk säure man an. Es entwickelt sich Cl_2, das an der grünlichen Farbe u. dem stechenden Geruch erkannt wird.

Diese Rk. dient häufig dazu, um Cl_2 im Laboratorium auf bequeme Weise herzustellen, indem man in einem *Kipp*schen App. (s. S. 443) auf Chlorkalkstücke HCl einwirken läßt.

3. O_2-Entwicklung aus CaCl(OCl)

$$2CaCl(OCl) \rightarrow 2CaCl_2 + O_2\uparrow.$$

Man vermische etwas Chlorkalkbrei mit Kupfer- oder Nickeloxid u. erwärme schwach. Es entwickelt sich O_2, der durch Entflammung eines glühenden Spans nachgewiesen wird. CuO, NiO u.a. Oxide bewirken katalytische Zersetzung.

4. $AgNO_3$

$$3ClO^- + 2Ag^+ \rightarrow ClO_3^- + 2AgCl\downarrow.$$

Allmähliche Fällung von weißem AgCl, da ClO^- bei Ggw. von Ag^+ disproportioniert.

5. Nachweis durch Oxidation von Indigolösung

Hypochlorite sind auch in neutraler Lsg. starke Oxidationsmittel. Man versetze NaOCl-Lsg. mit $NaHCO_3$ u. tropfenweise mit Indigolösung. Bei Zimmertemp. wird Indigo gelb gefärbt. Unterschied von Chlorat, das nur in saurer Lsg. eine Gelbfärbung hervorruft.

Störungen: In alkalischer Lsg. schlägt die Farbe des Indigo auch bei Abwesenheit eines Oxidationsmittels in Gelb um. Zum Unterschied von obigem Vers. tritt aber beim Ansäuern der blaue Farbton wieder auf.

6. Nachweis durch Oxidation von J^-

$$2J^- + ClO^- + 2HCO_3^- \rightarrow J_2 + Cl^- + H_2O + 2CO_3^{2+}.$$

Aus Kaliumjodid scheiden Hypochlorite sowohl in saurer als auch in hydrogencarbonathaltiger Lösung Jod aus.

Das J_2 färbt die Lsg. braun. Setzt man einige Tr. Stärkelsg. hinzu, so wird die Lsg. durch Bldg. einer Einschluß-Verb. (s. S. 100) zwischen der kolloidalen Stärke und dem J_2 tiefblau gefärbt.

Störungen: Auch hier darf man nicht in alkalischer Lsg. arbeiten, da sonst J_2 in gleicher Weise wie Cl_2 in $JO^- + J^-$ disproportioniert (s. S. 165).

7. Nachweis als $(HgCl)_2O$

$$2HOCl + 2Hg \rightarrow (HgCl)_2O\downarrow + H_2O.$$

Hg wird von freier HOCl zu braunem, basischem Chlorid oxidiert. $(HgCl)_2O$ ist in verd. HCl löslich, man muß daher in verd. schwefelsaurer Lsg. arbeiten.

Unterschied von freiem Cl_2, das mit Quecksilber weißes Hg_2Cl_2 gibt. Dieses ist in verd. HCl schwerlöslich.

8. Nachweis durch Oxidation von Pb^{2+}

$$Pb^{2+} + ClO^- + H_2O \rightarrow PbO_2\downarrow + Cl^- + 2H^+.$$

Pb^{2+}-Ionen werden durch Hypochlorit zu PbO_2 oxidiert.

Zum Nachw. von ClO^- werden aus der neutralen Lsg. alle bleifällenden Anionen mit Barium- u. Cadmiumacetatlsg. entfernt u. einige Tr. des mit Essigsäure angesäuerten F. mit 3–4 Tr. Bleiacetat-Lsg. versetzt u. kurz aufgekocht. Ein brauner Nd., der sich oft erst nach einigen Min. bildet, zeigt ClO^- an.

Chlorsäure und Chlorate

Darstellung: $NaClO_3$ wird in der Technik durch anodische Oxidation von NaCl-Lösungen in Zellen ohne Diaphragma gewonnen. Darstellung von $KClO_3$ s. S. 461. Verdünnte Lösungen der freien Säure gewinnt man aus ihren Salzen, insbesondere durch Umsetzung von $Ba(ClO_3)_2$ mit H_2SO_4.

Bedeutung: $NaClO_3$ dient als Unkrautbekämpfungsmittel, sowie in zunehmendem Maße in der Zelluloseindustrie zur Gewinnung von ClO_2, das dort als Bleichmittel dem Cl_2 vorzuziehen ist. Ferner ist es Zwischenprodukt für die Perchloratherstellung. $KClO_3$ wird zur Herstellung von Feuerwerkskörpern, Spreng- und Raketentreibstoffen verwendet.

Allgemeine Eigenschaften: Die freie Chlorsäure ist nur in wäßriger Lösung bekannt. In konzentrierter Lösung, z.B. bei der Einwirkung von konz. H_2SO_4 auf $KClO_3$, disproportioniert $HClO_3$ sehr leicht (vgl. unten)

$$3HClO_3 \rightarrow 2ClO_2 + HClO_4 + H_2O.$$

Das gebildete Chlordioxid zerfällt explosionsartig weiter:

$$2ClO_2 \rightarrow Cl_2 + 2O_2.$$

Hierauf beruht die stark oxidierende Wirkung der freien Säure, insbesondere organischen Substanzen gegenüber. Da sämtliche Chlorate wasserlöslich sind, gibt es keine spezifische Fällungsreaktion für ClO_3^-. Zur Identifizierung benutzt man einmal die AgCl-Reaktion (s. S. 153), nachdem Cl^--Ionen reduziert wurden (s. S. 157). Ferner kann man die Oxidationswirkung der Chlorsäure zum Nachweis heranziehen. Diese Reaktionen sind aber nicht spezifisch, da z.B. auch $S_2O_8^{2-}$, BrO_3^-, JO_3^-, Perjodat u.a. gleichartig reagieren.

Für die nachstehenden Reaktionen verwende man festes $KClO_3$ in kleinen Mengen (Explosionsgefahr!), eine verdünnte Lösung von $KClO_3$ oder die entsprechend vorbereitete Analysenlösung.

1. Disproportionierung von $KClO_3$

$$4KClO_3 \rightarrow KCl + 3KClO_4.$$

Man erhitze etwas reines $KClO_3$ im trockenen Reagenzglas. Es schmilzt ohne starke Sauerstoffentwicklung. Dafür tritt aber Disproportionierung ein. Bei höherem Erhitzen entsteht KCl und O_2.

Setzt man dagegen MnO_2 hinzu, so geht statt dessen die Zersetzung

$$2KClO_3 \rightarrow 2KCl + 3O_2\uparrow$$

vor sich. Daneben entstehen Cl_2 und ClO_2.

2. Schwefel

In einem rauhen Porzellanmörser werden einige Körnchen $KClO_3$ und ganz wenig Schwefelblume mit dem Pistill verrieben, wobei zur eigenen Sicherheit die Hand mit einem Handtuch umwickelt wird. Explosion!

3. $AgNO_3$

In wss. Lsg. kein Nd. mit ClO_3^-. Unterschied von Cl^-.

4. Konz. HCl

Mit Chlorat-Lsg. Cl_2-Entw.:

$$ClO_3^- + 5Cl^- + 6H^+ \rightarrow 3Cl_2\uparrow + 3H_2O.$$

5. KJ

$$ClO_3^- + 6J^- + 6H^+ \rightarrow 3J_2 + Cl^- + 3H_2O.$$

In saurer Lsg. ist ClO_3^- ein starkes Oxidationsmittel. So wird aus KJ-Lsg. Jod ausgeschieden. Ebenso wird Indigo gelb gefärbt. Diese Rkk. treten nicht in neutralen Lsgg. ein. Unterschied von ClO^- (s. S. 155).

6. Nachweis als ClO_2

$$6KClO_3 + 3H_2SO_4 \rightarrow 3K_2SO_4 + 4ClO_2\uparrow + 2HClO_4 + 2H_2O,$$
$$4ClO_2 \rightarrow 2Cl_2 + 4O_2.$$

Einige Körnchen $KClO_3$ werden im Reagenzglas mit wenig konz. H_2SO_4 übergossen. Es bildet sich Chlordioxid, ClO_2, ein gelbes, höchst explosives Gas. Erwärmt man den oberen Teil des Reagenzglases sehr vorsichtig, so tritt Explosion durch Zerfall des ClO_2 auf. Empfindliche Vorprobe auf Chlorat!

Bei Anwesenheit organischer Substanzen verbrennen diese äußerst heftig.

7. Nachweis durch Reduktion zu Cl^-

Durch Reduktionsmittel wie SO_3^{2-}, Fe^{2+}, Sn^{2+}, $H_{nasc.}$, unedle Metalle, wie Zn und Fe, wird ClO_3^- leicht zu Cl^- reduziert.

Diese Reaktionen, vor allem die Reduktion mit SO_3^{2-} und NO_2^-, dienen zum Nachweis von ClO_3^-.

Zum Nachw. im HM-Maßstab werden in 10 Tr. des mit HNO_3 angesäuerten SA mit 1 N $AgNO_3$-Lsg., wie bei Rk. 2., S. 153, beschrieben, sämtliche Halogenide quantitativ ausgefällt u. zentrifugiert. Das salpetersaure, Ag^+-Ionen im Überschuß enthaltende F. wird mit 3 Tr. 2,5 N HNO_3, 1 Tr. 1 M $AgNO_3$- u. 2 Tr. 5 M KNO_2-Lsg. versetzt u. im W.-Bad erwärmt. Ein erneut gebildeter AgCl-Nd. (Identifizierung als $[Ag(NH_3)_2]Cl$-Kristalle, s. Kristallaufnahme Nr. 4) deutet auf ClO_3^- hin. Die Vollständigkeit der Reduktion wird durch Zusatz von 1 Tr. 1 M $AgNO_3$- u. 1 Tr. 5 M KNO_2-Lsg. überprüft. Nach dem Zentrifugieren kann im F. noch auf ClO_4^- geprüft werden (vgl. S. 159).

8. Nachweis als $[Mn(PO_4)_2]^{3-}$

$$ClO_3^- + 6Mn^{2+} + 12PO_4^{3-} + 6H^+ = 6\,[Mn(PO_4)_2]^{3-} + Cl^- + 3H_2O.$$

Chlorate reagieren in stark phosphorsaurer Lösung mit $MnSO_4$ in der Wärme unter Bildung des violetten komplexen Anions $[Mn(PO_4)_2]^{3-}$. Bei sehr kleinen Mn-Mengen kann die Eigenfarbe des Komplexions durch Zugabe von Diphenylcarbazidlösung erheblich verstärkt werden.

Zum Nachw. von ClO_3^- wird 1 Tr. der Probelsg. in einer Porzellanschale mit 1 Tr. Reagenz-Lsg. versetzt, kurz erhitzt u. abgekühlt. Eine Violettfärbung zeigt ClO_3^- an. Zur Intensivierung sehr schwacher Färbungen wird 1 Tr. einer 1%igen alkoholischen Lsg. von Diphenylcarbazid zugegeben. Intensive Violettfärbung.

EG: 0,05 μg ClO_3^- pD: 6,0.

Störungen: NO_2^-, NO_3^-, $S_2O_8^{2-}$, BrO_3^-, JO_3^- und Perjodat geben ähnliche Reaktionen und müssen daher abwesend sein.

Reagenz: Gesätt. wss. $MnSO_4$-Lsg. u. H_3PO_4 (D. 1,7) 1:1.

Perchlorsäure und Perchlorate

Darstellung: Perchlorate werden in der Technik durch anodische Oxidation von Chloraten in schwach saurer Lösung hergestellt. Darstellung von $KClO_4$ s. S. 462. Freie $HClO_4$ gewinnt man durch Umsetzung von $Ba(ClO_4)_2$ mit H_2SO_4, $KClO_4$ mit $H_2[SiF_6]$ oder $NaClO_4$ mit konz. HCl. Von den schwerlöslichen Salzen wird abfiltriert und die Lösung eingedampft.

Bedeutung: Wie die Chlorate dienen die Perchlorate als Unkrautbekämpfungsmittel sowie als Sauerstoffträger in Spreng- und Raketentreibstoffen.

Allgemeine Eigenschaften: $HClO_4$ ist im Gegensatz zu den vorgenannten Säuren des Chlors wesentlich stabiler. Sie ist wie H_2SO_4 eine ölige Flüssigkeit. Bei 203 °C destilliert ein konstant siedendes Gemisch mit 72% $HClO_4$. Eine weitere Konzentrierung kann durch Destillation mit wasserentziehenden Mitteln, wie konz. H_2SO_4, im Vakuum vorgenommen werden. Die wasserfreie Säure kann sich explosionsartig zersetzen, das Arbeiten mit ihr ist daher sehr gefährlich. Die wäßrige Lösung dagegen ist sehr stabil und völlig ungefährlich. Sie ist die stärkste Säure, die wir kennen.

Von den Perchloraten sind nur die des K^+, Rb^+, Cs^+ sowie Tl^+ in Wasser schwer löslich. Alle anderen, auch das $NaClO_4$, sind leicht löslich. Perchlorsäure benutzt man daher zur Trennung und Bestimmung der Alkaliionen.

ClO_4^- ist so groß, daß es nur in Ausnahmefällen als Ligand in Komplexen fungiert. Komplexuntersuchungen werden daher oft in $HClO_4$-Lösung vorgenommen.

Für die nachstehenden Reaktionen verwende man eine verdünnte $HClO_4$-Lösung bzw. die entsprechend vorbereitete Analysenlösung.

1. Ag^+, Ba^{2+}

Es tritt kein Nd. auf.

2. KJ

Keine Oxidation durch $HClO_4$ zu J_2.

3. Nachweis mit K^+-Ionen

In der Kälte weißer Nd. von $KClO_4$ (vgl. S. 237).

4. Nachweis durch Bildung von $RbClO_4$-$RbMnO_4$-Mischkristallen

ClO_4^--Ionen bilden mit Rb^+ und MnO_4^- in neutraler bis schwach essigsaurer Lösung schwerlösliche rhombische Mischkristalle, die je nach der Menge des eingebauten MnO_4^- blaßrosa bis rubinrot gefärbt sind.

Zur Ausführung in der HM-Analyse versetzt man 1 Tr. der konz. neutralen oder schwach essigsauren Probelsg. auf dem OT mit 1–2 Tr. 0,01 M $KMnO_4$-Lsg. u. einem kleinen Kristall RbCl oder $RbNO_3$. Bei Ggw. von ClO_4^- bilden sich entweder sofort oder bei vorsichtigem Eindampfen hellrosa bis rote Rhomben (vgl. Kristallaufnahme Nr. 5).

ClO_4^- bildet unter analogen Bedingungen auch mit K^+ u. MnO_4^- weinrote Mischkristalle von $KClO_4$—$KMnO_4$, die gleichfalls zur Identifizierung von ClO_4^- herangezogen werden können. Die Empfindlichkeit dieses Nachw. ist jedoch infolge der größeren Löslichkeit von $KClO_4$ geringer.

Störungen: Da sämtliche Ionen stören, die MnO_4^- reduzieren, muß die Probelösung gegebenenfalls vor der Prüfung auf ClO_4^- mit konz. HNO_3 zur Trockne eingedampft werden.

5. Nachweis durch Reduktion zu Cl^-

Zum Unterschied von ClO_3^- wird ClO_4^- durch die gewöhnlichen Reduktionsmittel wie SO_3^{2-}, Sn^{2+} und $H_{nasc.}$ nicht reduziert. In wäßriger Lösung gelingt die Reduktion nur mit $Fe(OH)_2$ in neutralem bis schwach alkalischem Medium oder mit Ti^{3+} in saurer Lösung.

α) Zur Red. mit $Fe(OH)_2$ versetzt man eine verd. ClO_4^--Lsg. mit einigen ml einer $FeSO_4$-Lsg., der man eine zur vollständigen Fällung nicht ausreichende Menge NaOH hinzugefügt hat. Man erhitzt nun einige Zeit zum Sieden, filtriert den Nd. ab u. säuert mit konz. HNO_3 an. Beim Versetzen mit $AgNO_3$-Lsg. tritt ein weißer Nd. von AgCl auf.

β) Zur Red. durch Ti^{3+} versetzt man in einem Bechergläschen eine verd. ClO_4^--Lsg. mit einem Viertel ihres Vol. konz. H_2SO_4 und 1 ml einer nicht zu konz. Ti(IV)-Sulfatlösung. Nun erhitzt man zum Sieden und setzt in kleinen Anteilen Eisenpulver oder Zinkschnitzel (Blindprobe auf Cl^-!) hinzu, ohne das Sieden zu unterbrechen. Dadurch wird das Ti(IV) zu Ti(III) reduziert, das wiederum ClO_4^- in Cl^- überführt:

$$ClO_4^- + 8Ti^{3+} + 8H^+ \rightarrow Cl^- + 8Ti^{4+} + 4H_2O.$$

Nach 30–40 Min. ist die Rk. beendet. Man zentrifugiert ab u. oxidiert das Fe^{2+} u. das überschüssige Ti^{3+} vorsichtig mit einigen Tr. konz. HNO_3 u. weist mit Ag^+ das gebildete Cl^- nach. Bester Nachw. für ClO_4^+!

6. Nachweis als AgCl durch Verglühen

Etwa 10 Tr. des SA werden mit HNO_3 angesäuert und zunächst zur Reduktion von ClO_3^- mit KNO_2 (vgl. S. 157) versetzt. Dann wird 1 M $AgNO_3$-Lsg. im Überschuß zugegeben, zentrifugiert und das Z. mit 2 M Na_2CO_3-Lsg. bis zur alkalischen Rk. versetzt und im W.-Bad erwärmt. Hierbei fällt überschüssiges Ag^+ als Ag_2O aus, wobei evtl. vorhandenes kolloidales Ag-Halogenid mitgefällt wird. Nach dem Zentrifugieren wird das klare Z. (pH ≈ 9) in einem weiten Mikrotiegel zur Trockne eingedampft und der Rückstand über dem Brenner geglüht. Das beim Glühen entstehende Cl^- wird in H_2O gelöst, mit HNO_3 angesäuert und als AgCl identifiziert (vgl. S. 153).

Trennung und Nachweis von Cl_2, Cl^-, ClO^-, ClO_3^-, ClO_4^- und NO_3^-

(S. dazu auch Tabelle XXI. und XXII., S. 386ff.)

Cl_2 macht sich bereits durch den Geruch bemerkbar. Außerdem wird ein über die Lösung gehaltenes Filterpapier, das mit Kaliumjodid-Stärke getränkt ist, blau gefärbt. Schließlich kann man Cl_2 auch noch nachweisen, indem man die klare, ganz schwach mit H_2SO_4 angesäuerte Lösung mit metallischem Quecksilber schüttelt. Bei Anwesenheit von Cl_2 entsteht weißes Hg_2Cl_2, das sich nach der Filtration im Gegensatz zu dem durch ClO^- gebildeten braunen Hg_2Cl_2O nicht in H_2SO_4 löst (s. 7., S. 156).

Der Nachweis von Cl^- mit Ag^+ wird durch ClO^- gestört. Man entferne es daher, wie oben beschrieben, durch Schütteln mit metallischem Quecksilber. Den Endpunkt der Reaktion erkennt man daran, daß ein Tropfen der Lösung Kaliumjodid-Stärkepapier nicht mehr bläut. Nun filtriert man und prüft wie üblich auf Cl^- (s. 3., 4., S. 153, 5., 6. und 7. S. 154).

ClO^- ist daran zu erkennen, daß die Substanz schon mit sehr verd. HCl Chlor entwickelt. Außerdem macht der neutralisierte SA aus KJ-Lösung Jod frei, bläut dementsprechend Kaliumjodid-Stärkepapier, ebenso wird Indigolösung gelb gefärbt. Die Lösung darf weder alkalisch noch sauer sein!

Daneben kann ClO^- mit Quecksilber und Bleiacetat nachgewiesen werden (s. 7. und 8., S. 156).

Als Vorprobe auf ClO_3^- dient die Reaktion mit konz. H_2SO_4 (6., S. 157). Zum Nachweis muß man vorher Cl^- und ClO^- entfernen. Dazu wird aus der Lösung (SA) zunächst mit Quecksilber das ClO^- entfernt. Dann wird mit verd. H_2SO_4 angesäuert und mit Ag_2SO_4-Lösung (nicht mit $AgNO_3$) so lange versetzt, bis kein weiterer

Niederschlag entsteht. Man vermeide einen größeren Überschuß. Nach der Filtration reduziert man das ClO_3^- zu Cl^- (7., S. 157). Ist später kein ClO_4^- mehr nachzuweisen, so kann man die Reduktion mit H_2SO_3 vornehmen. Da man Ag^+ schon zugegen hat, entsteht bei Anwesenheit von ClO_3^- ein weißer Niederschlag von AgCl. Man achte darauf, daß sich der Niederschlag beim Aufkochen nicht in verd. HNO_3 löst, denn SO_3^{2-} gibt mit Ag^+ auch eine weiße Fällung, die in kalter HNO_3 schwer löslich ist. Sofern keine störenden Anionen (vgl. 8., S. 157) vorhanden sind, kann ClO_3^- mit Mangansulfat und Phosphorsäure nachgewiesen werden.

Hat man noch auf ClO_4^- zu prüfen, so ist es praktischer, die Reduktion mit Zinkschnitzeln in verd. H_2SO_4-Lösung vorzunehmen. Dabei wird außerdem Ag^+ in Metall überführt, so daß nach der Reduktion, die in etwa 10 Minuten beendet ist, wieder Ag^+ zum Nachweis zugesetzt werden muß. Man fällt mit einem kleinen Überschuß von Ag_2SO_4 und bestimmt im Zentrifugat ClO_4^-.

Das Zentrifugat wird mit verd. $FeSO_4$-Lösung und 2 M NaOH versetzt und längere Zeit erhitzt. Nach Abtrennen und Ansäuern wird auf Cl^- geprüft, dessen Anwesenheit unter der Voraussetzung, daß man vorher alles ClO_3^- reduziert und als AgCl gefällt hat sowie auch sonst Cl^--frei gearbeitet hat, das Vorhandensein von ClO_4^- beweist (vgl. 5. a, S. 159).

Daneben zieht man zum Nachweis von ClO_4^- die Reaktionen 4. und 6., sowie 5. β, S. 158 u. 159, heran.

Der Nitratnachweis mit $FeSO_4$ (vgl. 3., S. 201) wird durch ClO_3^- gestört, da Fe^{2+} durch ClO_3^- leicht oxidiert und außerdem an der Berührungsfläche zwischen konz. H_2SO_4 und der Analysenlösung gelbes ClO_2 gebildet wird. Es ist daher praktisch, das NO_3^- durch Erwärmen des mit NaOH versetzten SA mit Devardascher Legierung zu Ammoniak zu reduzieren (s. 4., S. 201). NH_3 weist man wie üblich nach (s. 6., S. 240). Selbstverständlich müssen vorher die Ammoniumsalze durch Erhitzen mit NaOH entfernt werden.

4.2.2.3. Brom, Br, OZ: 35, RAM: 79,909

Häufigkeit: $6 \cdot 10^{-4}$ Gew.-%. Smp.: $-8{,}25$ °C. Sdp.: 58,2 °C. D_{20}: 3,14 g/cm³ (Br_2). Oxidationsstufen: $-1, +1, +5, +7$. Ionenradius r_{Br^-}: 1,96 Å. Standardpotential: $Br_2 + 2e^- \rightleftharpoons 2Br^-$. $E_0 = +1{,}065$ V.

Vorkommen: Bromid, ein steter Begleiter von Chloriden, findet sich in kleinen Mengen im Meerwasser und ist als Verunreinigung in Abraumsalzen, z.B. Carnallit (s. S. 236) enthalten.

Darstellung: Die Anreicherung erfolgt in der Carnallit-Endlauge; durch Einleiten von Cl_2 wird daraus Br_2 in Freiheit gesetzt.

Bedeutung: Brom wird auf dem Weg über $FeBr_3$ zu KBr, NaBr und NH_4Br verarbeitet. In einer Anzahl organischer Verbindungen ist Brom als Substituent enthalten, z.B. dem Farbstoff Eosin. Äthylendibromid wird dem Antiklopfmittel $Pb(C_2H_5)_4$ zugesetzt, um einen Niederschlag von elementarem Pb im Motorzylinder zu verhindern; $PbBr_2$ ist flüchtig und entweicht mit den Auspuffgasen. KBr, NH_4Br, Bromural, Adalin und andere Brompräparate dienen als nervenberuhigende und schlafbringende Mittel.
Br_2 wird in der Analyse zum oxidierenden Aufschluß verwendet.

Allgemeine Eigenschaften: Brom ist das einzige unter Normalbedingungen flüssige Nichtmetall. Chemisch ähnelt es dem Chlor, ist jedoch etwas weniger reaktionsfähig. In Wasser ist Br_2 nur wenig löslich. Dagegen löst es sich wesentlich leichter in KBr unter Bildung von $KBr \cdot Br_2$. In vielen organischen Lösungsmitteln (Alkohol, Chloroform, Kohlenstofftetrachlorid, Kohlenstoffdisulfid) löst es sich leicht auf.

Elementares Brom führt zu schmerzhaften Wunden auf der Haut. Als Gegenmittel für lokale Verätzungen dient Natriumthiosulfat. Bei inneren Schäden sollen Äthanoldämpfe eingeatmet werden. Der MAK-Wert beträgt 0,7 mg/m³.

Bromwasserstoffsäure und Bromide

Darstellung: HBr kann aus Bromiden nur mit einer nichtoxidierenden, schwerflüchtigen Säure, wie z.B. H_3PO_4 in Freiheit gesetzt werden; mit konz. H_2SO_4 erfolgt Oxidation zu Br_2. Auch die Darstellung aus den Elementen ist möglich. Ferner läßt es sich über PBr_3 als Zwischenprodukt mit anschließender Hydrolyse herstellen. Eine wäßrige Lösung von HBr erhält man weiterhin nach:

$$H_2S + Br_2 \rightarrow 2HBr + S.$$

Bedeutung: Für die Photographie werden lichtempfindliche Emulsionen von AgBr in Gelatine hergestellt. KBr dient als Entwicklerzusatz, $HgBr_2$ als Schwärzungsverstärker.

Allgemeine Eigenschaften: HBr ist ein stechend riechendes Gas, das sich leicht in Wasser löst und eine starke Säure bildet. Die wäßrige Lösung wird durch Luftsauerstoff langsam oxidiert, wodurch Gelbfärbung eintritt.

AgBr, Hg_2Br_2, TlBr, $PbBr_2$ sind schwer löslich, alle anderen Bromide in Wasser leicht löslich.

Für die nachstehenden Reaktionen verwende man eine Lösung von KBr bzw. KJ oder die entsprechend vorbereitete Analysenlösung.

1. $AgNO_3$

Käsiger, schwach gelber Nd. von AgBr, der in HNO_3 schwer löslich ist. In konz. Ammoniak, KCN und $Na_2S_2O_3$ ist er jedoch unter Komplexbildung (s. S. 79) löslich. Bei Behandlung des Nd. mit $(NH_4)_2S$ in der Wärme bildet sich Ag_2S um, während Br^- frei wird.

2. Konz. H_2SO_4

$$2HBr + H_2SO_4 \rightarrow Br_2\uparrow + SO_2 + 2H_2O.$$

In einem kleinen Reagenzglas erhitzt man einige Körnchen KBr mit konz. H_2SO_4. Neben der Entwicklung von HBr entstehen braune Dämpfe.

$K_2Cr_2O_7$ und konz. H_2SO_4 geben mit Br^- nur Br_2 und keine flüchtige Chromylverbindung.

3. Nachweis mit Chlorwasser

$$Cl_2 + 2Br^- \rightarrow 2Cl^- + Br_2,$$
$$Br_2 + Cl_2 \rightarrow 2BrCl.$$

Man versetze die mit verd. H_2SO_4 angesäuerte und mit CCl_4 oder $CHCl_3$ unterschichtete Lsg. tropfenweise mit Chlorwasser. Es tritt Braunfärbung der org. Phase auf. Bei weiterer Zugabe von Chlorwasser schlägt die Farbe unter Bildung von Bromchlorid in Weingelb um (Weiteres s. S. 163 f.).

4. Nachweis mit anderen Oxidationsmitteln

Neben Cl_2-Wasser und konz. H_2SO_4 machen auch andere Oxidationsmittel in saurer Lösung aus Bromiden Br_2 frei, z.B. $K_2Cr_2O_7$, $KMnO_4$, MnO_2 oder PbO_2. Die Oxidation erfolgt meist erst in der Wärme.

5. Nachweis durch Bildung von Eosin (s. S. 433)

Bromsauerstoffsäuren

Brom bildet folgende Sauerstoffsäuren:

HBrO	hypobromige Säure,
$HBrO_3$	Bromsäure.

Hypobromige Säure existiert nur in Form der wäßrigen Lösung der Alkalisalze, die sich schon bei Raumtemperatur zersetzt. $KBrO_3$ wird für bromatometrische Titrationen eingesetzt. Neuerdings konnten auch Perbromate mit der Oxidationsstufe +7 des Broms hergestellt werden.

1. Bildung von BrO^- und BrO_3^-

$$Br_2 + 2OH^- \rightleftharpoons BrO^- + H_2O.$$

Man löse etwas Brom in Natronlauge auf. Unter Bildung von Hypobromit entfärbt sich die

Lösung. Beim Ansäuern verläuft die Reaktion wie beim Chlor nach links. BrO^- disproportioniert in der Hitze

$$3\,BrO^- \rightarrow BrO_3^- + 2\,Br^-.$$

2. $AgNO_3$

In Bromatlösungen entsteht nur in konz. Lsg. ein Nd. von weißem $AgBrO_3$, der in warmem W., Ammoniak, konz. Ammoniumcarbonatlsg. und nicht zu verd. HNO_3 löslich ist.

3. $BaCl_2$

Aus konz. Bromatlösungen fällt ein weißer Nd. von $Ba(BrO_3)_2$, der in starken Säuren löslich ist.

4. Reduktionsmittel

$$2\,BrO_3^- + 3\,SO_3^{2-} + 2\,H^+ \rightarrow Br_2 + 5\,SO_4^{2-} + H_2O,$$
$$Br_2 + SO_3^{2-} + H_2O \rightarrow 2\,Br^- + SO_4^{2-} + 2\,H^+.$$

H_2S, H_2SO_3, HJ, $H_{nasc.}$ u.a. Reduktionsmittel überführen BrO_3^- leicht zunächst zum Element, dann zu Br^-.

Diese Rkk. können zum Nachweis von Bromat benutzt werden.

5. Nachweis von BrO_3^- mit $MnSO_4$ und H_2SO_4

Bromate geben mit $MnSO_4$ und H_2SO_4 eine Rotfärbung, die bei Raumtemperatur allmählich, schneller beim Kochen oder bei Zugabe von Alkaliacetat verblaßt, wobei sich ein brauner Niederschlag von wasserhaltigem Mangan(III)-oxidhydrat bildet. Die Rotfärbung beruht auf der Bildung von Mangan(III)-sulfat.

Einige Tr. der neutralen oder H_2SO_4-sauren Probelsg. werden in einem Zentrifugenglas mit etwa dem gleichen Vol. 2%iger $MnSO_4$-Lsg., die mit H_2SO_4 angesäuert ist, versetzt. Bei Ggw. von BrO_3^- tritt beim vorsichtigen Erwärmen im W.-Bad eine vorübergehende Rotfärbung auf, die nach Zugabe von Na-Acetat u. Aufkochen in eine Braunfärbung übergeht. Nach dem Zentrifugieren ist der braune Nd. von Mangan(III)-oxidhydrat gut zu erkennen.

Störungen: Chlorate und Jodate geben unter gleichen Bedingungen weder eine Rotfärbung noch einen Niederschlag.

6. Nachweis von BrO_3^- mit fuchsinschwefliger Säure

Mit H_2SO_3 entfärbte Fuchsinlösung gibt mit Bromaten eine charakteristische Violettfärbung (Bldg. eines bromhaltigen Farbstoffes).

2–3 Tr. der neutralen Probelsg. werden auf der TP mit einigen Tr. der Reagenzlsg. versetzt. Das sofortige Auftreten einer blauvioletten Färbung zeigt BrO_3^- an.

Störungen: Chlorate geben die gleiche Reaktion, jedoch erfolgt die Bildung des Farbstoffes langsamer als beim Bromat. Bei Gegenwart von Jodaten wird die Färbung durch ausgeschiedenes J_2 überdeckt. Letzteres kann jedoch mit $CHCl_3$ ausgeschüttelt werden.

Reagenz: 0,05%ige wss. Fuchsinlösung, die bis zur Entfärbung mit H_2SO_3 versetzt wird.

4.2.2.4. Jod, J, OZ: 53, RAM: 126,9044

Häufigkeit: $6 \cdot 10^{-6}$ Gew.-%. Smp.: 113,6 °C (J_2). Sdp.: 182,8 °C (J_2). D_{ZT}: 4,93 g/cm³ (J_2). Oxidationsstufen: −1, +1, +3, +5, +7. Ionenradius r_{J^-}: 2,20 Å. Standardpotential: $J_2 + 2e^- \rightleftharpoons 2J^-$. $E_0 = +0{,}536$ V.

Vorkommen: $NaJO_3$ weniger $NaJO_4$ ist im Chilesalpeter, dem technisch wichtigsten Vorkommen, enthalten. Sehr geringe Jodidmengen kommen im Meerwasser vor. In organischer Bindung wird Jod im Seetang angereichert, in der Asche liegt es dann als Jodid vor. Im Organismus findet sich Jod in der Schilddrüse.

Darstellung: Jodid wird elektrolytisch bzw. mit MnO_2 und H_2SO_4 zu Jod oxidiert, Jodat durch Hydrogensulfit zu Jod reduziert.

Bedeutung: In der Technik findet Jod praktisch keine Verwendung. Sonst wird es für pharmazeutische Zwecke benutzt. So dienen z. B. organische Jodverbindungen als Röntgenkontrastmittel und alkoholische Jodlösung als antiseptisches und blutstillendes Mittel. Das radioaktive Isotop ^{131}J wird für die Diagnose und Behandlung von Schilddrüsenüberfunktion eingesetzt. In der präparativen organischen Chemie finden Alkylmagnesiumjodid (und auch andere Halogenide) Verwendung als *Grignard*-Reagenz. Analytisch wird wäßrige KJ_3-Lösung als Maßlösung in der Jodometrie und JBr in Eisessig zur Bestimmung der Jodzahl von Fetten und Ölen eingesetzt.

Allgemeine Eigenschaften: Elementares Jod hat ein metallähnliches Aussehen und ist schon bei Zimmertemperatur merklich flüchtig. Es ist in Wasser kaum löslich, jedoch leicht in einer KJ enthaltenden wäßrigen Lösung, wobei sich KJ_3 bildet. Ferner ist Jod in vielen organischen Flüssigkeiten löslich, wie z. B. in Alkohol, $CHCl_3$, CCl_4 und CS_2. Die alkoholische Lösung ist braun, die der drei anderen Lösungsmittel sind violett. Mit anderen Halogenen oder Pseudohalogenen (s. S. 225) bildet Jod Interhalogenverbindungen (s. unten). Aus Jod mit Ammoniak entsteht der explosive „Jodstickstoff" NJ_3.

Jod wird leicht durch die Haut resorbiert. In größeren Mengen wirkt es giftig. Joddämpfe führen zu dem sogenannten Jodschnupfen.

Jodwasserstoffsäure und Jodide

Darstellung: Jodwasserstoff kann durch hydrolytische Spaltung von PJ_3 (s. S. 470) oder Umsetzung von Jod mit Schwefelwasserstoff erhalten werden:

$$H_2S + J_2 \rightarrow 2HJ + S.$$

Über das Jodwasserstoffgleichgewicht s. S. 47.

Allgemeine Eigenschaften: HJ ist ein farbloses, stechend riechendes Gas, das sich leicht in Wasser löst und eine starke Säure bildet. Schon Luftsauerstoff oxydiert die wäßrige Lösung unter Gelbfärbung stärker als HBr. Von den Jodiden sind AgJ, Hg_2J_2, TlJ, CuJ und PbJ_2 in Wasser noch schwerer löslich als die entsprechenden Bromide. Alle anderen Jodide sind wasserlöslich. In der Analyse setzen sich bei der Herstellung des Sodaauszuges die schwerlöslichen Jodide, vor allem AgJ, nur langsam oder gar nicht um. Das J^- in diesen Verbindungen wird aber leicht beim Erhitzen der Analysensubstanz mit konz. H_2SO_4 erkannt (vgl. 2).

Für die nachstehenden Reaktionen verwende man eine Lösung von KJ bzw. die entsprechend vorbereitete Analysenlösung.

1. $AgNO_3$

Käsiger, gelber Niederschlag von AgJ, schwer löslich in HNO_3 und Ammoniak. In KCN und $Na_2S_2O_3$ unter Komplexbildung (s. S. 79) löslich. Bei Behandlung mit $(NH_4)_2S_x$ in der Wärme Bildung von Ag_2S, wobei das Jodid in Lösung geht (s. S. 153).

2. Konz. H_2SO_4

$$8HJ + H_2SO_4 \rightarrow 4J_2 + H_2S + 2H_2O.$$

In einem kleinen Reagenzglas erhitze man einige Körnchen KJ mit konz. H_2SO_4. Neben der Entwicklung von HJ entstehen violette Dämpfe.

$K_2Cr_2O_7$ u. konz. H_2SO_4 geben mit J^- zum Unterschied von Cl^- nur J_2, jedoch keine flüchtigen Chromylverbindungen (s. S. 154).

3. Nachweis mit Chlorwasser

$$Cl_2 + 2J^- \rightarrow 2Cl^- + J_2,$$
$$J_2 + 5Cl_2 + 6H_2O \rightarrow 10HCl + 2HJO_3,$$
$$J_2 + 3Cl_2 \rightarrow 2JCl_3.$$

Man versetzt die mit verd. H_2SO_4 angesäuerte und mit CCl_4 oder $CHCl_3$ unterschichtete Lsg. tropfenweise mit Chlorwasser. Die organische Phase färbt sich violett. Bei weiterer Zugabe tritt Entfärbung ein, da J_2 teilweise zu Jodat oxidiert und teilweise in farbloses Jodtrichlorid überführt wird.

Beim Vorliegen einer Mischung von Br^- u. J^- wird J_2, da es eine geringere Elektronenaffinität als Br_2 besitzt, zuerst ausgeschieden.

Dann wird es zu Jodat oxidiert, während zugleich freies Br_2 entsteht. Bei allmählicher Zugabe von Chlorwasser entstehen also nacheinander die Farben Violett, Braun, Gelb, wobei bei bestimmten Konzentrationsverhältnissen die braune Farbe übersprungen werden kann.

Auf diesem Wege kann man gut J^- und Br^- nebeneinander nachweisen.

Sind in der Probelösung noch andere Reduktionsmittel zugegen, so ist es besser, an Stelle von Cl_2-Wasser Cl_2-Gas direkt zu verwenden. Man benutzt hierzu am besten die Gasprüfapparatur (s. S. 139). Das Cl_2 wird aus MnO_2 (S. 151) und konz. HCl dargestellt.

In HM-Maßstab wird 1 ml der H_2SO_4-sauren Probelsg. mit 0,5 ml CS_2, $CHCl_3$ oder CCl_4 unterschichtet und tropfenweise mit Cl_2-W. oxidiert.

Bei Ggw. von viel J^- oder von Reduktionsmitteln ($S_2O_3^{2-}$, SO_3^{2-} usw.) neben wenig Br^- empfiehlt sich die Fällung als AgBr u. dessen Trennung mit konz. Ammoniak vom AgJ; bzw. die Oxidation der Hauptmenge J^- zu J_2 mit KNO_2 in H_2SO_4-saurer Lsg. (s. 5.), bevor die Chlorwasser-Rk. ausgeführt wird.

Man kann das bei der Oxidation mit Cl_2 gebildete Br_2 auch mit Hilfe der sehr empfindlichen Stärke-Rk. nachweisen. Dazu streut man auf einen OT in 1 Tr. H_2SO_4-saure Probelsg. einige Stärkekörnchen und fügt einen kleinen $KClO_3$-Kristall hinzu. Bei sofortiger Betrachtung unter dem Mikroskop (V: 50) erkennt man eine gelbe bis orange Verfärbung der Stärke durch Br_2-Adsorption. Die Farbe der Körner verblaßt allmählich, da (bes. bei $KClO_3$-Überschuß) Br_2 weiter zu $HBrO_3$ oxidiert wird. Bei Ggw. von J^- findet zuerst die Jod-Stärke-Rk. (s. 4) statt, und erst nach der Oxidation von J_2 zu HJO_3 erscheint die gelbe Farbe der Bromstärkeverbindung. Größere J^--Mengen sind vorher nach 5. mit KNO_2 zu entfernen.

EG: 2 µg Br^- bzw. J^-.

4. Nachweis mit anderen Oxidationsmitteln

Neben Cl_2-Wasser u. konz. H_2SO_4 machen auch andere Oxidationsmittel in saurer Lösung aus Jodiden leicht J_2 frei, z.B. $K_2Cr_2O_7$, $KMnO_4$, MnO_2 oder PbO_2. Dabei erfolgt die Oxidation von J^- bereits bei Zimmertemperatur. Schwächere Oxidationsmittel, wie Br_2-Wasser, Fe(III) in saurer oder $NaNO_2$ sowie H_2O_2 in essigsaurer bzw. schwach H_2SO_4-saurer Lösung oxidieren nur Jodide, nicht Bromide.

Das freigewordene J_2 bildet in wss. Medium auf Zusatz von Stärke-Lsg. mit dieser eine tiefblau gefärbte Einschlußverbindung. Sehr empfindlicher Nachw., mit dem noch geringste Spuren von J_2 erkannt werden können. So dient zur Erkennung eines Oxidationsmittels eine KJ-Stärkelösung oder KJ-Stärkepapier.

Die Oxidation mit KNO_2 in schwefelsaurer Lsg. dient neben der J_2-Identifizierung zum Abtrennen des Jodids beim Br^-- u. Cl^--Nachweis.

Im HM-Maßstab wird je nach Ggw. von Reduktionsmitteln die 2,5 M H_2SO_4-saure Probelsg. mit 1–3 Tr. 5 M KNO_2-Lsg. versetzt u. das gebildete J_2 auf dem W.-Bad verflüchtigt. Die letzten Jodmengen lassen sich nur mit Hilfe eines Luftstromes (Gummigebläse) in der Hitze entfernen.

Zum Nachw. von J_2 wird 1 ml der H_2SO_4-sauren Lsg. vor der KNO_2-Zugabe a) mit 0,5 ml CS_2, $CHCl_3$ oder CCl_4 unterschichtet. Das J_2 löst sich darin beim Ausschütteln mit violetter Farbe.

b) Zu 1 Tr. der H_2SO_4-sauren Lsg. werden auf dem OT einige Stärkekörnchen u. danach 1 Tr. 5 M KNO_2-Lsg. gegeben. Unter dem Mikroskop (V: 50) zeigt eine blaue bis schwarze Verfärbung der Stärkekörner J_2 an. Die Empfindlichkeit der Rk. nimmt mit steigender Temp. stark ab.

EG: 0,2 µg J^-.

Störungen: Da als Oxidationsmittel KNO_2 verwendet wird, stört Br^- nicht. Nur CN^--Ionen müssen vor der Oxidation im CO_2-Strom als HCN vertrieben werden, da durch JCN-Bldg. die Empfindlichkeit der Rk. stark herabgesetzt wird.

Reagenz: Man verreibt etwa 0,5 g lösl. Stärke im Porzellanmörser, gibt sie in 100 ml heißes W., kocht auf, fügt nach dem Erkalten 0,5 g KJ hinzu und filtriert ab. Damit tränkt man dann chmale Streifen Filterpapier und trocknet sie im Exsikkator.

5. Nachweis als PdJ_2

Überschüssiges Palladium(II)-chlorid (nicht Nitrat) fällt schwarzbraunes PdJ_2 (s. S. 136).

1 Tr. Probelsg. wird auf Filterpapier mit 1 Tr. Pd(II)-chloridlsg. versetzt. Bei Anwesenheit von J^- bildet sich ein schwarzbrauner Fleck.

EG: 1 µg J^- pD: 4,7.

Störungen: Bromide geben in konzentrierteren Lösungen (> 1 M) einen hellen rötlich-braunen Niederschlag, der jedoch nur beim Nachweis sehr geringer J^--Mengen stört. $[Fe(CN)_6]^{4-}$ und $[Fe(CN)_6]^{3-}$ müssen vorher entfernt werden.

Reagenz: 1 %ige wäßrige Pd(II)-chloridlösung.

6. Fraktionierte Fällung von AgJ, AgBr und AgCl

Die Löslichkeit der Silberhalogenide nimmt mit steigender Ordnungszahl des Halogens ab. Gleichzeitig tritt Farbvertiefung ein. Man kann so durch fraktionierte Fällung eine teilweise Trennung herbeiführen.

Man löse je 0,1 g KCl, KBr u. KJ in einigem ml H_2O, säure mit HNO_3 an u. versetze mit einigen Tr. $AgNO_3$. Es fällt gelbes AgJ aus. Man filtriert ab, setzt wiederum einige Tr. $AgNO_3$ hinzu, filtriert u. wiederhole die Operation, bis nichts mehr ausfällt. Die mittleren Fraktionen sehen schwach grünlichgelb aus, enthalten also in der Hauptsache AgBr. Die letzten sind reinweiß von AgCl.

7. Nachweis von Cl^- neben Br^- und J^- mit Ag^- und $(NH_4)_2CO_3$

Infolge Hydrolyse (s. S. 59f.) liegt in einer $(NH_4)_2CO_3$-Lösung eine geringe Konzentration an NH_3 vor:

$$2NH_4^+ + CO_3^{2-} + 2H_2O \rightleftharpoons H_2CO_3 + \underbrace{2NH_4OH}_{2NH_3 + 2H_2O}$$

Das gebildete NH_3 setzt sich mit AgCl zu dem löslichen Komplex $[Ag(NH_3)_2]^+$ um (s. S. 153), während AgBr infolge kleineren Löslichkeitsproduktes nicht gelöst wird. Andererseits fällt aus der durch Auflösung von AgCl erhaltenen $[Ag(NH_3)_2]^+$-Lösung mit Br^- AgBr bzw. mit J^- AgJ aus. Diese Tatsache kann als Nachweis von Cl^- auch neben Br^- und J^- dienen.

Man behandle gefälltes u. gründlich ausgewaschenes AgBr mit $(NH_4)_2CO_3$-Lsg., filtriere ab und versetze mit KBr-Lösung. Kein Niederschlag. Man führe den gleichen Vers. mit AgCl durch. Nd. von AgBr.

Im HM-Maßstab wird die gewaschene Ag-Halogenidfällung 1 min mit 1 ml einer frisch hergestellten, kalt gesättigten $(NH_4)_2CO_3$-Lsg. digeriert. Das Z. wird mit KBr- bzw. KJ-Lsg. u. HNO_3 versetzt. Eine Trübung oder ein Nd. zeigt Cl^- an.

Jodsauerstoffsäure

Neben Jodwasserstoffsäure existieren noch die Sauerstoffsäuren

HJO	hypojodige Säure,
HJO_3	Jodsäure,
H_5JO_6	Orthoperjodsäure.

Hypojodige Säure kommt nur in Form der wäßrigen Lösung der Alkalisalze, die sich schon bei Raumtemperatur zersetzt, vor. Jodsäure ist beständiger als Chlorsäure oder Bromsäure und leicht in reinem Zustand kristallisierbar. Die Salze entsprechen allgemein der Formel MJO_3. Mit Jodid reagiert Jodat nach:

$$JO_3^- + 5J^- + 6H^+ = 3J_2 + 3H_2O.$$

Perjodsäure besteht frei nur in Form der H_5JO_6. Die Salze leiten sich jedoch auch von den hypothetischen wasserärmeren Formen H_3JO_5 (Mesoperjodsäure) und HJO_4 (Metaperjodsäure) ab. Die freie Säure und ihre Salze sind relativ beständig, können sich jedoch beim Erhitzen explosionsartig zersetzen.

1. Bildung von JO^- und JO_3^-

$$J_2 + 2OH^- \rightleftharpoons J^- + JO^- + H_2O.$$

Man löse etwas Jod in Natronlauge auf. Unter Bldg. von Hypojodit entfärbt sich die Lösung. Beim Ansäuern verläuft die Rk. wie beim Chlor nach links. JO^- disproportioniert schon in der Kälte weiter zu JO_3^- und J^-:

$$3JO^- \rightarrow JO_3^- + 2J^-.$$

Jodat wird beim Ansäuern wieder von J^- reduziert:

$$JO_3^- + 5J^- + 6H^+ \rightleftharpoons 3J_2 + 3H_2O.$$

2. $AgNO_3$

Aus Jodatlsg. fällt schon in verd. Lsg. weißes, sich allmählich dunkel färbendes $AgJO_3$ aus. Dieser Nd. ist in HNO_3 nur sehr schwer lösl., löst sich jedoch in Ammoniak und konz. Ammoniumcarbonatlsg. unter Komplexbildung:

$$AgJO_3 + 2NH_4OH \rightleftharpoons [Ag(NH_3)_2]^+ + JO_3^- + 2H_2O.$$

Aus dieser Komplexsalzlsg. wird JO_3^- durch tropfenweise Zugabe von H_2SO_3 zu J^- reduziert. Es scheidet sich gelbes, in Ammoniak schwer lösl. AgJ aus.

Versetzt man den Nd. von $AgJO_3$ mit HCl, so bilden sich Chlor, Jodtrichlorid u. AgCl:

$$AgJO_3 + 6H^+ + 6Cl^- = AgCl\downarrow + Cl_2\uparrow + JCl_3 + 3H_2O.$$

3. $BaCl_2$

Bereits aus verd. Jodatlösungen fällt weißes $Ba(JO_3)_2$ aus, das in der Kälte in verd. HCl und verd. HNO_3 schwer löslich ist. Beim Erhitzen geht der Nd. jedoch in Lösung.

4. Reduktionsmittel

$$2JO_3^- + 5SO_3^{2-} + 2H^+ \rightarrow J_2 + 5SO_4^{2-} + H_2O,$$
$$J_2 + SO_3^{2-} + H_2O \rightarrow 2J^- + SO_4^{2-} + 2H^+.$$

H_2S, H_2SO_3, HJ, $H_{nasc.}$ u.a. Reduktionsmittel überführen JO_3^- leicht zunächst zum Element, dann zu J^-.

Diese Rkk. können zum Nachw. von Jodat benutzt werden.

5. Nachweis von JO_3^- durch Reduktion mit hypophosphoriger Säure

Jodate werden bereits in der Kälte durch hypophosphorige Säure reduziert, wobei sich freies J_2 bildet, das mittels der Jodstärkereaktion identifiziert werden kann.

$$\begin{array}{l} 3H_3PO_2 + 2HJO_3 \rightarrow 3H_3PO_4 + 2HJ \\ 5HJ + HJO_3 \rightarrow 3H_2O + 3J_2 \\ \hline 15H_3PO_2 + 12HJO_3 \rightarrow 15H_3PO_4\ \ 6H_2O + 6J_2. \end{array}$$

Einige Tr. der neutralen oder schwach H_2SO_4-sauren Probelösung werden auf der TP mit einigen Tr. einer verd. Lsg. von H_3PO_2 oder eines seiner Salze und nach 2–3 min mit ca. 1%iger Stärkelsg. versetzt. Eine deutliche Blaufärbung zeigt JO_3^- an.

EG: 1 μg HJO_3 pD: 4,7.

Störungen: ClO_3^- u. BrO_3^- stören nicht, da beide von H_3PO_2 nicht reduziert werden.

Trennung und Nachweis von Cl^-, Br^-, J^- und NO_3^-

(S. dazu Tabelle XXI., S. 386)

Zur Vorprobe auf Bromid und Jodid erhitzt man die Analysensubstanz mit konz. Schwefelsäure. Bei Anwesenheit von Br^- entstehen braune, bei J^- rotviolette Dämpfe. Bei Brom ist aber die Farbe nicht spezifisch, da auch NO_2, aus Nitraten oder Nitriten stammend, eine fast gleiche Farbe besitzt (s. S. 196).

Zum Nachweis von J^- und Br^- versetzt man die H_2SO_4-saure Lösung des SA mit 0,5 ml CS_2, $CHCl_3$ oder CCl_4 und tropfenweise mit Chlorwasser und schüttelt um. Violettfärbung zeigt J^- an (s. 3., S. 163). Daneben eignen sich zum Nachweis von J^- die Reaktionen mit anderen Oxidationsmitteln (s. 4., S. 164). J^--Ionen können auch im SA wie Cl^- und Br^- in HNO_3-saurer Lösung mit Ag^+ ausgefällt werden.

AgJ wird durch seine Schwerlöslichkeit in konz. Ammoniak von den anderen schwerlöslichen Ag-Halogeniden abgetrennt und mit Zn und H_2SO_4 reduziert analog AgCl (5., S. 154). Dabei geht J^- in Lösung und kann wie oben oxidiert und nachgewiesen werden.

Bei der Oxidation des J^- mit Chlorwasser verschwindet durch eine weitere Zugabe die Farbe wieder und schlägt bei Anwesenheit von Br^- über Braun in Gelb (BrCl) um (s. 3., S. 163). Dieser Nachweis kann mit Hilfe der Brom-Stärke-Reaktion empfindlicher gestaltet werden.

Zum Nachweis des Cl^- neben J^- und Br^- stehen mehrere Wege zur Verfügung:

1. Zu dem mit HNO_3 angesäuerten SA gibt man einige Tropfen $AgNO_3$, kocht, bis sich der Niederschlag zusammengeballt hat, und zentrifugiert ab. Das Zentrifugat wird wieder mit $AgNO_3$ versetzt, nochmals zentrifugiert usw., bis nichts mehr ausfällt. Die letzte Fraktion, die bei Anwesenheit von viel Chloridionen reinweiß ist, wird mit einer konz. $(NH_4)_2CO_3$-Lösung 1 Min. lang geschüttelt. Es wird wieder zentrifugiert und zum Zentrifugat etwas verd. KBr-Lösung zugefügt. Ein Niederschlag von AgBr zeigt Cl^- an (s. 7, S. 165).

Ebenso kann man zum Nachweis von Cl^- nach 7., S. 154, mit $K_3[Fe(CN)_6]$ versetzen und verd. Ammoniak hinzugeben. Bei Anwesenheit von Cl^- färbt sich der Niederschlag braun durch Bildung von $Ag_3[Fe(CN)_6]$.

2. Die gut getrocknete Analysensubstanz oder der zur Trockne eingedampfte SA wird mit der dreifachen Menge $K_2Cr_2O_7$ und konz. H_2SO_4 vermischt und in einem Reagenzglas mit aufgesetztem Gärröhrchen erhitzt (vgl. 6., S. 154). Brom und Jod gehen in freiem Zustand, Chlor als CrO_2Cl_2, über. In der vorgelegten Natronlauge prüft man auf Chromat, das sich nur dann nachweisen läßt, wenn die Analysensubstanz Chloridionen enthält. Die Reaktion versagt bei AgCl, Hg_2Cl_2, $HgCl_2$, bei Anwesenheit von Nitrat, Nitrit sowie von Chlorat und Reduktionsmitteln, bei Anwesenheit von Fluorid ist sie nicht eindeutig.

3. Man oxidiert in essigsaurer Lösung Bromid und Jodid durch $KMnO_4$ und weist dann Chlorid mit Silbernitrat nach, das in einer solchen Lösung von $KMnO_4$ noch nicht angegriffen wird (vgl. 4., S. 164). Diese Methode ist besonders dann anzuwenden, wenn man wenig Chloridionen neben viel Bromid und Jodid nachzuweisen hat.

Nur selten liegen die Halogenide in schwerlöslicher Form vor, z.B. als AgCl, AgBr und AgJ. In diesem Falle muß ein Teil des in Säuren schwerlöslichen Rückstandes der Analysensubstanz mit Zink und verd. Schwefelsäure behandelt werden (s. 5., S. 154). Man gießt vom Metall ab und prüft die Lösung auf Halogenide. (Über den Aufschluß mit Na_2CO_3 vgl. S. 133.)

Der Nachweis von Nitrat mittels Eisen(II)-sulfat und konz. Schwefelsäure wird durch Bromid- und Jodidionen gestört. Man entferne sie daher entweder vorher mit Ag_2SO_4, oder prüfe auf NO_3^- durch Reduktion mit *Devarda*scher Legierung in NaOH-Lösung (s. S. 201).

Trennung und Nachweis von ClO_3^-, BrO_3^-, JO_3^- neben Cl^-, Br^-, J^-

(S. dazu Tabelle XXI. und XXII., S. 386f.)

Ein Teil des neutralisierten SA wird bis zur Vollständigkeit der Fällung mit $AgNO_3$-Lösung versetzt. Dabei fallen alle mit Ag^+-Ionen fällbaren Anionen als schwerlöslicher Niederschlag aus. Im Zentrifugat verbleibt ClO_3^- und ClO_4^- (Nachweis s. Trennungsgang S. 159) sowie teilweise BrO_3^- und JO_3^-, letztere bei der Fällung aus Lösungen geringer Konzentration (s. 2., S. 166). Der Nachweis von ClO_3^- kann bei Anwesenheit von BrO_3^- dadurch gestört werden, daß $AgBrO_3$ in Wasser etwas löslich ist (0,16 g in 100 ml H_2O bei 20 °C) und in geringer Menge ins Zentrifugat gelangt. Zur Umgehung dieser Störung kühle man die Analysenlösung nach dem Versetzen mit $AgNO_3$ im Eis-Wasser-Gemisch und beseitige durch Reiben der Glaswand mit einem Glasstab evtl. Übersättigungserscheinungen.

Nach der Filtration und Reduktion des ClO_3^- zu Cl^- überzeuge man sich in einer Probe durch Versetzen mit Chlorwasser und CCl_4 von der Vollständigkeit der vorangegangenen Fällung (Abwesenheit von Br^- und J^-).

Den Niederschlag der Silberhalogenide aus dem SA behandelt man mit wenig kalter verd. HNO_3 und wäscht anschließend mit wenig eiskaltem Wasser aus. Beim Behandeln mit warmer konz. $(NH_4)_2CO_3$-Lösung lösen sich AgCl sowie das gefällte $AgBrO_3$ und $AgJO_3$ als Komplexe (s. 2., S. 162 bzw. 166). AgBr und AgJ bleiben zurück. Diese behandelt man nach dem Auswaschen mit Zn und verd. H_2SO_4 und prüft die so erhaltene Lösung nebeneinander auf Bromid und Jodid (s. o.).

Die ammoniumcarbonathaltige Lösung versetzt man tropfenweise mit einem Überschuß von H_2SO_3. Dadurch werden BrO_3^- und JO_3^- zu Br^- und J^- reduziert und als AgBr und AgJ ausgefällt sowie schließlich auch als komplex in Lösung gehaltene AgCl wieder abgeschieden. Die Silberhalogenid-Niederschläge reduziert man mit Zn + verd. H_2SO_4 und trennt die einzelnen Halogenide nach 7., S. 165.

Eine andere Möglichkeit der Trennung besteht darin, daß man den Niederschlag der Silberhalogenide und -halogenate in der Wärme mit Natronlauge behandelt. AgCl, $AgBrO_3$ und $AgJO_3$ werden dabei im Gegensatz zu AgBr und AgJ zersetzt. Im Zentrifugat befinden sich dann Cl^-, BrO_3^-, JO_3^-, die man mittels H_2SO_3 reduzieren und als Cl^-, Br^- und J^- nach 7., S. 165, nebeneinander nachweisen kann.

JO_3^- kann außerdem bei tropfenweise erfolgender Zugabe von H_2SO_3 zu dem schwach angesäuerten SA oder auch durch Reduktion mittels Hypophosphit (5., S. 166) an der Jodausscheidung erkannt werden. BrO_3^- kann auch mit $MnSO_4$ und H_2SO_4 (5., S. 162) oder mit fuchsinschwefliger Säure (6., S. 162) nachgewiesen werden.

4.2.3. Elemente der VI. Hauptgruppe

Die Elemente der VI. Hauptgruppe des PSE werden Chalkogene (Erzbildner) genannt. Polonium ist ein kurzlebiges radioaktives Element und kommt nur in sehr geringen Mengen in der Uranpechblende vor.

Gemäß den allgemeinen Regeln (s. S. 106) ist die maximal mögliche Oxidationsstufe der Elemente +6, die minimale −2. Sauerstoff, der wie jedes erste Element einer Hauptgruppe eine gewisse Sonderstellung einnimmt, kommt in den Oxidationsstufen −2 und ±0 (elementar) vor (s. Kapitel 4.2.). Mit steigender Ordnungszahl nimmt der Metallcharakter der Elemente zu. Sauerstoff und Schwefel sind Nichtmetalle, Selen und Tellur kommen in einer metallischen und einer nichtmetallischen Modifikation vor. Mit steigender Ordnungszahl nimmt weiterhin die Stabilität der höchsten Oxidationsstufe und die thermische Beständigkeit der Wasserstoffverbindungen H_2X ab, die Säurestärke letzterer jedoch zu. Demnach gehen beim Schwefel die Verbindungen mit der Oxidationsstufe +4 leicht in die der Oxidationsstufe +6 über, beim Selen ist es schon umgekehrt.

4.2.3.1. Sauerstoff, O, OZ: 8, RAM: 15,9994

Häufigkeit: 49,50 Gew.-%. Smp.: $-218{,}81$ °C. Sdp.: $-183{,}0$ °C. D_{25}: 1,43 mg/cm^3. Oxidationsstufen: -2 ($+2$). Ionenradius $r_{O^{2-}}$: 1,32 Å. Standardpotential: $O_2 + 4H^+ + 4e \rightleftharpoons 2H_2O$. $E_0 = +1{,}229$ V.

Vorkommen: Sauerstoff kommt frei in der Luft (20,8 Vol.-%), sowie gebunden in den Oxiden und deren Abkömmlingen vor. Er ist das häufigste Element.

Darstellung: Die technische Darstellung erfolgt hauptsächlich durch fraktionierte Destillation verflüssigter Luft (*Linde*-Verfahren). Kleinere Mengen werden auf chemischem bzw. elektrochemischem Wege aus entsprechenden sauerstoffhaltigen Verbindungen gewonnen. So gewinnt in Ländern mit billiger elektrischer Energie die Wasserzersetzung an Bedeutung. Die Darstellung im Labormaßstab erfolgt durch thermische Zersetzung bestimmter Oxide (s. u.) bzw. $KClO_3$ (s. S. 157).

Bedeutung: Sauerstoff verdrängt in der Technik in zunehmendem Maße Luft als Oxidationsmittel, da die Aufheizung des Ballaststickstoffs entfällt. Reiner Sauerstoff bzw. mit O_2 stark angereicherte Luftgemische werden u.a. benutzt zur Gewinnung von hochprozentigem SO_2 und seiner anschließenden Weiteroxidation zu SO_3 (H_2SO_4-Darstellung), zur NH_3-Verbrennung (s. S. 193), zur Erzeugung von Acetylen und Synthesegasen aus Methan, zur Herstellung von Peroxiden, zum autogenen Schweißen (zusammen mit Acetylen bzw. Wasserstoff) bzw. allgemein zur Erzeugung hoher Verbrennungstemperaturen in der Eisen- und Stahlindustrie.
Sauerstoff ist für die Lebensvorgänge unentbehrlich.

Allgemeine Eigenschaften: Sauerstoff ist ein farbloses, geruchloses, die Verbrennung förderndes Gas von großer Reaktionsfähigkeit. Im gasförmigen Molekül sind zwei Atome über eine Dreielektronenverbindung verknüpft (s. S. 20). O_2 ist daher paramagnetisch (s. S. 9). Die Oxidationsstufe ist in den meisten Verbindungen -2.

1. Darstellung von O_2

α) Thermische Zersetzung von Oxiden (BaO_2, HgO)

$$2HgO \rightarrow 2Hg + O_2\uparrow,$$
$$2BaO_2 \rightarrow 2BaO + O_2\uparrow.$$

In trockenen, schwer schmelzbaren Reagenzgläsern erhitze man nacheinander 0,5 g Quecksilberoxid (HgO) (Vorsicht! s. S. 112) u. Bariumperoxid (BaO_2). Es entwickelt sich ein farbloses Gas. Man taucht in den oberen Teil des Reagenzglases einen glühenden Span. Er entflammt, ein Beweis, daß das Gas Sauerstoff ist.

β) Kaliumchlorat (Näheres s. S. 157)

γ) Weitere Verfahren

Entw. von O_2 durch katalyt. Zers. von Wasserstoffperoxid (MnO_2) u. durch Rk. von BaO_2 mit Kaliumhexacyanoferrat(III):

$$2K_3[Fe(CN)_6] + BaO_2 \rightarrow BaK_6[Fe(CN)_6]_2 + O_2\uparrow.$$

2. Nachweis von O_2

$$S + O_2 \rightarrow SO_2.$$

In einem eisernen Löffelchen wird etwas Schwefel so hoch erhitzt, daß er zu brennen anfängt. Dann tauche man ihn in einen Zylinder, der mit Sauerstoff gefüllt ist. Der Schwefel verbrennt mit hellblau leuchtender Flamme, wobei ein farbloses, stechend riechendes Gas, Schwefeldioxid, entsteht.

Ebenso tauche man einen glühenden Holzspan sowie ein dünnes, auf Rotglut erhitztes Stückchen Eisendraht in einen mit Sauerstoff gefüllten Zylinder ein. Auch hier findet lebhafte Verbrennung statt:

$$C + O_2 \rightarrow CO_2,$$
$$3Fe + 2O_2 \rightarrow Fe_3O_4,$$
$$4Fe + 3O_2 \rightarrow 2FeO_3.$$

Der Kohlenstoff des Holzspans verbrennt zu einem farblosen, geruchlosen Gas, Kohlendioxid (CO_2), das Eisen bildet teils festen, schwarzen Hammerschlag (Fe_3O_4), teils rotes Eisen(III)-oxid (Fe_2O_3).

Wasser

Auf die allgemeine Bedeutung des Wassers in Natur und Technik kann hier nicht näher eingegangen werden.

Die analytische Bedeutung des Wassers liegt in seinem ausgeprägten Lösungsvermögen besonders heteropolarer Verbindungen (s. Kap. 2.4.). Die wäßrige Lösung enthält hydratisierte Ionen. Beim Eindampfen solcher Lösungen scheiden sich vielfach, besonders im Falle von Salzen, kristallisierte Hydrate ab, z.B. $Na_2SO_4 \cdot 10H_2O$, $CuSO_4 \cdot 5H_2O$, $MgCl_2 \cdot 6H_2O$ usw.

Wie das Wasser haben diese Hydrate bei bestimmter Temperatur einen bestimmten Dampfdruck, der mit steigender Temperatur zunimmt. Ist der Dampfdruck größer als der Partialdruck des Wasserdampfes in der Luft, dann gibt das Salz sein ganzes oder einen Teil des Kristallwassers ab, es verwittert. Andererseits besitzen die gesättigten Lösungen mancher Salze oder Salzhydrate einen kleineren Wasserdampfdruck, als ihn die Luft im allgemeinen besitzt. Dann nehmen sie Wasser auf und zerfließen (Beispiel $CaCl_2 \cdot 6H_2O$). Solche Verbindungen nennt man hygroskopisch.

Beim Übergang von wasserfreiem Salz in Salzhydrat kann ein Farbwechsel eintreten. So ist $CuSO_4$ weiß, $CuSO_4 \cdot 5H_2O$ dagegen blau. Dieser Vorgang kann zum Nachweis von Wasser in anderen Flüssigkeiten oder Gasen dienen. Bei der üblichen qualitativen Analyse von anorganischen Substanzen wird der Wassergehalt der Substanz jedoch nicht erfaßt.

Wasserstoffperoxid

Wasserstoffperoxid besitzt die Formel H_2O_2 und steht hinsichtlich seines chemischen Verhaltens zwischen Wasser und Sauerstoff.

Oxidationsstufe ∓ 0 -1 -2

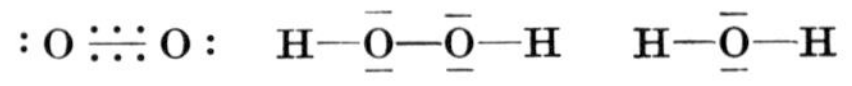

Darstellung: H_2O_2 wurde früher durch Umsetzung von BaO_2 mit H_2SO_4 hergestellt. Heute gewinnt man es technisch durch anodische Oxidation von H_2SO_4, wobei zunächst Peroxodischwefelsäure, $H_2S_2O_8$ (s. S. 185) entsteht, die in wäßriger Lösung über Peroxomonoschwefelsäure H_2SO_5 in H_2O_2 und H_2SO_4 zerfällt.

Bedeutung: In der Technik dienen H_2O_2 und seine Derivate (Peroxide, Peroxosäuren, Peroxosalze) u.a. zum Bleichen von Fasern und Fellen, zur Entwicklung von Farbstoffen und zum Antrieb energiereicher Verbrennungssysteme (Raketen, Torpedos). In der Medizin wird H_2O_2 als Desinfektionsmittel, im Haushalt als Bestandteil von Waschmitteln (s. auch S. 230) und in der Kosmetik zum Bleichen der Haare benutzt.

Allgemeine Eigenschaften: H_2O_2 ist eine schwache Säure, deren Salze, die Peroxide, schon durch Wasser praktisch vollständig zu Wasserstoffperoxid und Metallhydroxid hydrolysiert werden. H_2O_2 selbst zerfällt in wäßriger Lösung in der Kälte langsam, beim Erwärmen in zunehmendem Maße in H_2O und O_2.

30%iges H_2O_2 kommt als „Perhydrol" in den Handel.

In der Analyse werden H_2O_2 bzw. Peroxosalze gern als Oxidationsmittel eingesetzt, da keine störenden Reaktionsprodukte entstehen. H_2O_2 kann in verschiedenen Fällen auch als Reduktionsmittel dienen (s. S. 264).

1. Darstellung von Wasserstoffperoxid

$$BaO_2 + H_2SO_4 \rightarrow BaSO_4\downarrow + H_2O_2,$$

$$BaCO_3 + H_2SO_4 \rightarrow BaSO_4\downarrow + CO_2\uparrow + H_2O.$$

In ein Kölbchen, in dem sich etwa 50 ml 20%ige eiskalte H_2SO_4 befinden, trägt man in kleinen Portionen etwa 10 g BaO_2 ein. Zur besseren Kühlung füge man vor u. während des Vers. kleine Eisstückchen hinzu. Es fällt $BaSO_4$ als schwerlösl. Nd. aus.

Dann wird mit festem $BaCO_3$ versetzt, um den Überschuß der Säure abzustumpfen. Man läßt absitzen u. filtriert durch ein Faltenfilter ab. Die H_2O_2-Lsg. wird für die nachfolgenden Verss. benutzt.

2. Disproportionierung von H_2O_2

H_2O_2 zersetzt sich sehr leicht von selbst unter Wärmeentwicklung:

$$2H_2O_2 \rightarrow 2H_2O + O_2\uparrow + 46 \text{ kcal}.$$

Der Zerfall wird durch feste Stoffe, besonders durch feinverteiltes Platin oder Braunstein (MnO_2), katalytisch stark beschleunigt. Um das zu verhindern, sind käuflichen Wasserstoffperoxidlösungen Phosphorsäure oder organische Säuren in sehr geringen Mengen als „Antikatalysatoren" zugesetzt.

Zu einigen ml der oben erhaltenen Lösung setze man MnO_2 hinzu. Es findet starke Gasentwicklung statt. Das entstandene Gas erkennt man am Entflammen eines glimmenden Spans als Sauerstoff.

Eine zweite Probe wird mit verd. NaOH schwach alkalisch gemacht und einige Körnchen $K_2[OsCl_6]$ werden als Katalysator hinzugefügt. Es erfolgt eine sehr stürmische Zersetzung des H_2O_2.

3. KJ + H_2O_2

$$2KJ + 2HCl \rightleftharpoons 2KCl + 2HJ,$$
$$H_2O_2 + 2HJ \rightarrow 2H_2O + J_2.$$

H_2O_2 ist ein Oxidationsmittel, während es selbst zu Wasser reduziert wird.

Verdünnte KJ-Lösung säure man mit einigen Tropfen Salzsäure an und setze H_2O_2-Lösung hinzu. Gelb- bis Braunfärbung durch freies Jod, das mit der Stärkereaktion (s. S. 164) nachgewiesen wird.

Da viele andere Oxidationsmittel (ClO^-, $[Fe(CN)_6]^{3-}$, CrO_4^{2-}, NO_2^-, ClO_3^-, BrO_3^-, JO_3^-, MnO_4^- und beim Erhitzen auch AsO_4^{3-}, NO_3^- und $S_2O_8^{2-}$) ähnlich reagieren, ist diese Reaktion nur als Vorprobe zu werten.

Zur Ausführung im HM-Maßstab wird die Analysensubstanz in der Kälte mit 5 M Essigsäure ausgezogen und in der Lsg. das gebildete H_2O_2 wie folgt nachgewiesen:

Auf der TP werden 2 Tr. der schwachsauren Probelsg. mit 1 Tr. 0,1 M KJ-Lsg. u. 1–2 Tr. Stärkelsg. (5 g Stärke + 0,05 g HgJ_2 in 500 ml siedendem W. gelöst) versetzt. In der Kälte sofort Blaufärbung.

4. $KMnO_4$ + H_2O_2

Der Übergang des H_2O_2 zu Wasser ist eine Reduktion, zum O_2 dagegen eine Oxidation. Durch sehr starke Oxidationsmittel kann daher H_2O_2 auch in O_2 überführt werden. Ein hierfür geeignetes Oxidationsmittel ist z.B. $KMnO_4$ (s. S. 264).

$$2KMnO_4 + 3H_2SO_4 + 5H_2O_2 \rightarrow 2MnSO_4 + K_2SO_4 + 5O_2\uparrow + 8H_2O.$$

Kaliumpermanganatlsg. säure man mit verd. Schwefelsäure an u. setze H_2O_2-Lsg. hinzu. Man beobachtet Sauerstoffentwicklung.

5. $MnSO_4$ + H_2O_2

In alkalischer Lösung fällt H_2O_2 braunschwarzes Mangandioxidhydrat aus:

$$MnSO_4 + 2NaOH \rightarrow Na_2SO_4 + Mn(OH)_2\downarrow,$$
$$Mn(OH)_2 + H_2O_2 \rightarrow MnO(OH)_2\downarrow + H_2O.$$

Einige ml H_2O_2-Lsg. mache man mit Natronlauge stark alkalisch u. füge einige Tr. $MnSO_4$-Lsg. hinzu.

6. Nachweis als $[TiO_2]SO_4$ (s. auch S. 300)

2 Tr. Probelsg. werden auf der TP oder im Reagenzglas mit 2 Tr. 2,5 M H_2SO_4 u. 5 Tr. 0,05 M $TiOSO_4$-Lsg. versetzt. Gelbe bis gelborange Färbung infolge Bldg. von $[TiO_2]SO_4$ zeigt H_2O_2 an. Diese Rk. ist für H_2O_2 spezifisch.

EG: 2 µg H_2O_2.

Störungen: F^--Ionen stören; in Konz. ≧ 1 M verhindern sie die Rk. vollständig. Desgleichen stören CrO_4^{2-}-Ionen durch Eigenfärbung u. Vanadate, die eine gelborange Färbung (vgl. S. 304) geben.

7. Nachweis als Chromperoxid

$$K_2Cr_2O_7 + 4H_2O_2 + H_2SO_4 \rightarrow 2CrO_5 + K_2SO_4 + 5H_2O.$$

H_2O_2 reagiert mit $Cr_2O_7^{2-}$-Ionen in schwefelsaurer Lösung unter Bildung von tiefblau gefärbtem Chromperoxid CrO_5 (vgl. auch Rk. 5, S. 281).

CrO_5 ist in wäßrig-saurer Lösung sehr instabil, kann jedoch durch geeignete organische Verbindungen wie z.B. Äther, Pyridin, Chinolin usw. einige Zeit stabilisiert werden.

Zum Nachw. von H_2O_2 überschichtet man eine verd. Lsg. von $K_2Cr_2O_7$, die mit H_2SO_4 angesäuert ist, mit einigen ml Äther u. kühlt gut ab (Eiswasser!). Dann läßt man die Probelsg. vorsichtig an der Wand des schräg gehaltenen Glases einlaufen. Bei Ggw. von H_2O_2 bildet sich an der Phasengrenze Äther-wss. Lsg. ein tiefblauer Ring. Sind größere Mengen H_2O_2 zugegen, so färbt sich der Äther beim Durchschütteln des Gefäßes mehr oder minder blau.

Störungen: F^--Ionen stören nicht; der Nachweis ist daher bes. bei deren Ggw. zu empfehlen (vgl. dagegen Rk. 6).

8. Oxidation von PbS zu $PbSO_4$

H_2O_2 oxidiert schwarzbraunes PbS zu farblosem $PbSO_4$.

$$4H_2O_2 + PbS \rightarrow 4H_2O + PbSO_4.$$

EG: 0,04 µg H_2O_2/0,03 ml pD: 5,6.

Störungen: Da in saurer Lösung viele andere Oxidationsmittel stören, wird der Nachweis mit einer neutralen, in der Kälte hergestellter Probelösung durchgeführt.

Im HM-Maßstab wird ein mit PbS imprägniertes Filterpapier mit 1 Tr. neutraler Probelsg. angetüpfelt. Ein farbloser Fleck auf dem dunkelbraun gefärbten PbS-Papier zeigt H_2O_2 an.

Herstellung des PbS-Papieres: Mit 0,05%iger $Pb(CH_3COO)_2$-Lsg. getränktes Filterpapier wird mit H_2S geräuchert, im Exsikkator getrocknet u. in einer gut verschlossenen Flasche aufbewahrt.

9. Nachweis durch Oxidation von Luminol; Chemilumineszenz (s. S. 433)

4.2.3.2. Schwefel, S, OZ: 16, RAM: 32,064

Häufigkeit: $4{,}8 \cdot 10^{-2}$ Gew.-%. Smp.: 115,18 °C. Sdp.: 444,6 °C. D_{23}: 2,07 g/cm³. Oxidationsstufen: −2, +4, +6. Ionenradius $r_{S^{2-}}$: 1,74 Å. Standardpotential: $S + 2e^- \rightleftharpoons S^{2-}$. $E_0 = -0{,}48$ V.

Vorkommen: Schwefel kommt in der Natur elementar sowie gebunden als Sulfid in Form der Kiese, Glanze, Blenden (z.B. Eisenkies, FeS_2, Bleiglanz, PbS, Zinklende, ZnS) und als Sulfat (z.B. Anhydrit, $CaSO_4$, Kieserit, $MgSO_4 \cdot H_2O$, Schwerspat, $BaSO_4$) vor.

Schwefel ist weiterhin Bestandteil tierischer und pflanzlicher Eiweißstoffe (Geruch bei faulen Eiern).

Oxide, Säuren: Schwefel bildet folgende Oxide:

S_2O	Dischwefelmonoxid	SO_3	Schwefeltrioxid
SO	Schwefelmonoxid	S_2O_7	Dischwefelheptoxid
S_2O_3	Dischwefeltrioxid	SO_4	Schwefeltetroxid
SO_2	Schwefeldioxid		

und folgende wichtige Säuren:

H_2SO_3	Schweflige Säure	$H_2S_2O_5$	Dischweflige Säure
H_2SO_4	Schwefelsäure	$H_2S_2O_7$	Dischwefelsäure
H_2SO_5	Peroxoschwefelsäure (*Caro*sche Säure)	$H_2S_2O_8$	Peroxodischwefelsäure.

Weitere Verbindungen: Daneben bildet Schwefel noch H_2S und die Polyschwefelwasserstoffe (Sulfane), H_2S_x, die Polysulfanmonosulfonsäuren, $H_2S_xO_3$, und die Polysulfandisulfonsäuren (Polythionsäuren), $H_2S_xO_6$. Von den Verbindungen des Schwefels mit anderen Nichtmetallen seien das Schwefeltetrachlorid, SCl_4, Dischwefeldichlorid, S_2Cl_2 und der Schwefelstickstoff, S_4N_4, erwähnt.

Die wichtigsten Oxidationsstufen des Schwefels sind -2 (im Schwefelwasserstoff, H_2S), $+4$ (im Schwefeldioxid, SO_2, und der schwefligen Säure, H_2SO_3) und $+6$ (im Schwefeltrioxid, SO_3, und der Schwefelsäure, H_2SO_4).

Elementarer Schwefel

Darstellung: Elementarer Schwefel wird durch Herausschmelzen aus mit gediegenem Schwefel durchsetzten Gesteinen, durch Oxidation von H_2S oder Erdgas bzw. durch Reduktion von SO_2 mit Kohle gewonnen.

Bedeutung: Elementarer Schwefel ist Ausgangsprodukt für die Darstellung von SO_2 (s. S. 178 und S. 444), CS_2, Zinnober (s. S. 317), Ultramarin und von organischen Farbstoffen. Wegen seines niedrigen Entzündungspunktes (250 °C) findet Schwefel bei der Herstellung von Schwarzpulver, Feuerwerkskörpern und Zündhölzern Verwendung. Weiterhin wird er beim Vulkanisieren und für die Schädlingsbekämpfung benötigt. Schwefelsalben und kolloidale Schwefelpräparate werden gegen Hauterkrankungen angewendet.

Allgemeine Eigenschaften: Elementarer Schwefel kann sowohl im flüssigen als auch im festen und sogar im gasförmigen Zustand in mehreren Modifikationen vorkommen. Diese, auch bei vielen anderen Elementen zu beobachtende Erscheinung, wird als Allotropie bezeichnet. Bei flüssigem Schwefel kennt man mit Sicherheit zwei Modifikationen, S_λ (S_8-Moleküle, cyclo-Octaschwefel) und S_μ (S_∞-Moleküle, catena-Schwefel), die sich in einem von der Temperatur abhängigen Gleichgewicht befinden. Der plastische Schwefel ist als unterkühlte Schmelze eine bei allen Temperaturen instabile Modifikation des festen Schwefels, die sich unter 95,6 °C langsam in den bis zu dieser Temperatur beständigen rhombischen Schwefel umwandelt. Über 95,6 °C bis zum Schmelzpunkt ist die monokline Modifikation stabil. In dampfförmigem Schwefel liegen verschiedene Molekülgrößen vor, kurz oberhalb des Siedepunktes besteht er aus S_8-Ringen, die mit steigender Temperatur und fallendem Druck in S_6- und S_4- und schließlich in S_2-Moleküle übergehen. Oberhalb 1800 °C beginnen die S_2-Moleküle in S-Atome zu dissoziieren.

Schwefel ist bei Zimmertemperatur eine gelbe, kristalline Substanz, die mit blauer Flamme zu SO_2 verbrennt.

Zur Untersuchung der physikalischen und chemischen Eigenschaften des Schwefels werden nachstehende Versuche ausgeführt.

1. Modifikationen des Schwefels

Man fülle ein nicht zu enges, schwerschmelzbares Reagenzglas zu etwa einem Drittel seiner Höhe mit gepulvertem Schwefel und erhitze allmählich. Der Schwefel schmilzt zunächst bei 114,5 °C zu einer goldgelben Flüssigkeit. Bei weiterem Erhitzen wird diese von 160 °C an immer dunkler u. zähflüssiger, bis man schließlich bei 200–250 °C eine zähe Masse erhält, so daß man das Reagenzglas umkehren kann, ohne daß der Schwefel ausfließt. Erhitzt man weiter bis fast zum Sieden (Kp. 444,6 °C), so wird die Schmelze wieder dünnflüssig. Man gieße einen Teil in dünnem Strahl in eine mit Wasser gefüllte Schale. Der Schwefel erstarrt zu einer braunen, kautschukartig dehnbaren Masse, sog. „plastischem Schwefel". Den anderen Teil läßt man langsam erkalten. Sobald sich eine Kristallhaut gebildet hat, durchsticht man diese mit einer Nadel und gießt die restliche noch flüssige Masse ab. Die zuerst durchsichtigen Kristalle werden nach einiger Zeit trübe.

2. Reaktion des Schwefels mit Metallen

Schwefel verbindet sich beim Erhitzen leicht mit Metallen.

$$Cu + S \rightarrow CuS.$$

Gleiche Teile Kupferpulver werden mit Schwefelpulver gemischt und in einem trockenen Reagenzglas erhitzt. Unter Erglühen tritt Rk. ein.

$$Zn + S \rightarrow ZnS.$$

Unter dem Abzuge wird Zinkstaub mit feinstgepulvertem Stangenschwefel zu gleichen Teilen vermischt und auf einer feuerfesten Unterlage mit einem Bunsenbrenner entzündet. Äußerst heftige Reaktion.

3. Reaktion des Schwefels mit Nichtmetallen

Schwefel reagiert bei erhöhter Temperatur mit Sauerstoff leicht.

$$S + O_2 \rightarrow SO_2\uparrow.$$

Ein kleines Stückchen Schwefel erhitze man zum Schmelzen. An der Luft fängt es unter Bildung eines stechend riechenden, farblosen Gases Feuer.

Chlor vereinigt sich mit Schwefel, wobei Dischwefeldichlorid, S_2Cl_2, entsteht. Darst. und Reinigung s. S. 469.

4. Nachweis durch Heparprobe

Schwefel und schwefelhaltige Verbindungen werden mit Hilfe der sog. Heparprobe identifiziert.

$$4Ag + 2S^{2-} + 2H_2O + O_2 \rightarrow 2Ag_2S + 4OH^-.$$

Zur Ausführung wird zunächst etwas Soda am Magnesiastäbchen oder in der Öse eines Platindrahtes zu einer Perle zusammengeschmolzen, eine Spur der auf Schwefel zu prüfenden Substanz hinzugebracht, in der Oxidationsflamme des Bunsenbrenners erhitzt, um störende Stoffe, wie z.B. Jodide, zu verflüchtigen, und schließlich in der leuchtenden Spitze der Flamme reduzierend geschmolzen. Dabei werden alle Schwefelverbindungen zu Sulfid reduziert. Dann preßt man die Perle zusammen mit einem Tr. W. auf ein blankes Silberstück. Durch das bei der Reduktion entstandene Sulfid und den Sauerstoff der Luft wird das Silber unter Bldg. von Silbersulfid schwarz.

Man kann die Heparprobe auch als Lötrohrreaktion durchführen, indem man die Substanz mit Soda vermischt auf der Holzkohle verschmilzt und den angefeuchteten Schmelzkuchen mit dem Silber zusammenbringt.

Störungen: Da das Leuchtgas manchmal Spuren von Schwefel enthält, ist eine Blindprobe empfehlenswert. Außerdem ist die Probe positiv bei Anwesenheit von Se und Te.

Schwefelwasserstoff und Sulfide

Vorkommen: Schwefelwasserstoff ist ein wichtiger Bestandteil der Schwefelquellen (Aachen, Wiessee). Außerdem enthalten einige Erdgasquellen größere Mengen H_2S. Zahlreich sind die in der Natur vorkommenden sulfidischen Erze.

Darstellung: Mit Wasserstoff reagiert Schwefel nur sehr unvollkommen bei höheren Temperaturen unter Bildung von H_2S, wobei sich ein Gleichgewicht einstellt:

$$2H_2 + S_2 \rightleftharpoons 2H_2S.$$

H_2S wird daher im Laboratorium am besten aus säurezersetzlichen Sulfiden, in der Hauptsache FeS und Salzsäure dargestellt.

In der Technik gewinnt man Schwefelwasserstoff durch Zersetzung von Gasreinigungsmassen. Natriumsulfid wird durch Reduktion von Na_2SO_4 mit Kohle dargestellt.

Bedeutung: Na_2S dient in der Lederindustrie zum Weichmachen und Enthaaren sowie in der Farbstoffindustrie zur Reduktion von Nitroverbindungen und zur Synthese von Schwefelfarbstoffen (Vidalschwarz, Hydronblau).

Allgemeine Eigenschaften: H_2S, ein farbloses, nach faulen Eiern riechendes Gas ist sehr giftig (MAK-Wert 15 mg/m^3). Werden größere Mengen eingeatmet, so tritt wie bei der Blausäure eine „innere Erstickung" auf, da die sauerstoffübertragenden Enzyme ausgeschaltet werden.

Bei genügender Sauerstoffzufuhr verbrennt H_2S mit blauer Flamme zu SO_2:

$$2H_2S + 3O_2 \rightarrow 2H_2O + 2SO_2.$$

H_2S bildet eine schwache zweibasige Säure. Ihre gesättigte wäßrige Lösung ist etwa 0,1 M (siehe S. 74).

Viele Schwermetallsulfide sind schwer löslich, zum Teil bereits in saurer, zum anderen erst in alkalischer Lösung. Diese Tatsache wird zur Trennung ausgenutzt (s. Kap. 4.3.4.3. und Trennungsgänge S. 345 und S. 349). Löslich sind nur die Sulfide der Alkalielemente und des Ammoniums. Erdalkalisulfide hydrolysieren leicht zu Hydrogensulfiden, die in Wasser gut löslich sind.

Farblose $(NH_4)_2S_x$ bzw. Alkalisulfidlösungen lösen elementaren Schwefel unter Bildung von Polysulfiden [z. B. $(NH_4)_2S_x$]. In Abhängigkeit vom Schwefelgehalt tritt eine gelbe bis rote Farbe auf.

1. Darstellung von Schwefelwasserstoff (s. auch S. 444)

$$FeS + 2HCl \rightarrow FeCl_2 + H_2S\uparrow.$$

Ein Stückchen Schwefeleisen (FeS) wird unter dem Abzug mit etwas verd. Salzsäure übergossen. Geruch nach H_2S.

Diese Darstellungsart wird in allen Laboratorien angewandt.

2. Reaktion des H_2S mit Metallsalzen

Man gebe zu $CuSO_4$-, $Pb(NO_3)_2$-, $CdSO_4$- und $ZnSO_4$-Lsgg. H_2S-Wasser hinzu: Ndd., die bei den beiden ersten Salzen schwarz, bei $CdSO_4$ gelb und bei $ZnSO_4$ weiß aussehen. Bei den ersteren entstehen die Ndd. auch, wenn mit Salzsäure angesäuert wird.

3. Oxidation des H_2S mit Jod

$$H_2S + J_2 \rightarrow 2HJ + S\downarrow.$$

Schwefelwasserstoff ist auch in wäßriger Lösung ein Reduktionsmittel.

Man versetze etwas Jodlsg. mit H_2S-Wasser. Es tritt Entfärbung ein, und Schwefel wird frei, der in sehr feiner Verteilung als milchige Trübung zu erkennen ist.

4. Nachweis als PbS

Durch Hydrolyse wasserlöslicher Sulfide sowie beim Behandeln von schwerlöslichen Sulfiden mit HCl oder H_2SO_4 entsteht H_2S, das einmal am Geruch (noch 0,2 μg H_2S sind durch den Geruch feststellbar) oder durch ein in den Gasraum gehaltenes, mit Bleiacetatlösung getränktes Filterpapier infolge Bldg. von schwarzem PbS identifiziert wird.

Manche Sulfide sind in diesen Säuren nicht zersetzlich, z. B. HgS, As_2S_3. Zum Nachweis von Sulfidionen in diesen Verbindungen verwendet man naszierenden Wasserstoff:

$$HgS + 2H_{nasc.} \rightarrow Hg\downarrow + H_2S\uparrow.$$

Man gebe etwas verkupfertes Zink in ein Reagenzglas, bedecke es mit der zu prüfenden schwerlöslichen Substanz u. füge 1–2 ml 5 M Salzsäure hinzu.

Auf ähnliche Weise kann man aus dem Rückstand des SA, in dem sich Ag_2S und HgS befinden können, die Sulfidionen nachweisen. Andere säureschwerlösliche, jedoch von Soda angreifbare Sulfide, wie As_2S_3 und MoS_3, werden nach Ansäuern und Abfiltrieren bzw. Zentrifugieren wie oben nachgewiesen.

Zur Ausführung werden im Reagenzglas mit aufgesetztem Gärröhrchen 10 Tr. der auf S^{2-} zu prüfenden Lsg. bzw. 5–10 mg der festen Substanz (CdS-Fällung, Rückstand des SA oder die beim Ansäuern des SA auftretende Fällung) mit 1 ml 5 M HCl erwärmt. Bei wasser- und säurelösl. Sulfiden entsteht H_2S, das in die mit 1 ml 0,1 M $Na_2[Pb(OH)_4]$-Lsg. (alkalische Bleiacetat-Lsg.) beschickte Vorlage übergetrieben und als PbS nachgewiesen wird. Bei säureschwerlösl. Sulfiden wird vor der HCl-Zugabe eine kleine Spatelspitze S-freies Zn-Pulver (Blindprobe!) zugefügt.

pD 4,1 als Tüpfelreaktion bzw. Gasreaktion mit feuchtem $Pb(CH_3COO)_2$-Papier.

Störungen: Läßt man HCl und Zn direkt auf die Analysensubstanz einwirken, so ist die Bldg. von H_2S nicht spezifisch für S^{2-}-Ionen, da unter diesen Bedingungen SO_3^{2-}, $S_2O_3^{2-}$, SCN^- und elementarer Schwefel ebenfalls H_2S bilden.

5. Nachweis als Ag_2S

Silbernitrat fällt aus der Lsg. von Alkalisulfiden oder Erdalkalihydrogensulfiden sowie von H_2S einen schwarzen Nd. von Ag_2S, lösl. in konz. HNO_3.

Über die Löslichkeit anderer Metallsulfide vgl. die entsprechenden Versuche mit $(NH_4)_2S$ sowie H_2S bei der $(NH_4)_2S$- u. H_2S-Gruppe.

6. Nachweis als $[Fe(CN)_5NOS]^{4-}$

Lösliche Sulfide reagieren mit Natriumpentacyanonitrosylferrat(II),

$$Na_2[Fe(CN)_5NO] \cdot 2H_2O,$$

in sodaalkalischer Lösung unter Bildung einer violett gefärbten Lösung, deren Farbe langsam wieder verblaßt:

$$[Fe(CN)_5NO]^{2-} + S^{2-} \rightarrow [Fe(CN)_5NOS]^{4-}.$$

In stärker alkalischer Lösung verhindern OH^--Ionen die Reaktion, da dann ein beständigeres Natriumpentacyanonitritoferrat(II) gebildet wird:

$$[Fe(CN)_5NO]^{2-} + 2OH^- \rightarrow [Fe(CN)_5NO_2]^{4-} + H_2O.$$

Im HM-Maßstab wird 1 Tr. des SA auf der TP. mit 1 Tr. einer frisch bereiteten ca. 1%ig. Natriumpentacyanonitrosylferrat(II)-Lsg. versetzt. Eine tiefviolette Färbung zeigt S^{2-} an.

EG: 0,6 μg S^{2-}/0,03 ml pD: 4,7.

7. Nachweis durch Jod-Azid-Reaktion

Reine Lösungen von NaN_3 und J_2 sind nebeneinander beständig, werden aber durch Zusatz von Sulfiden katalytisch zerlegt nach:

$$J_2 + S^{2-} \rightarrow 2J^- + S,$$
$$S + 2NaN_3 \rightarrow Na_2S + 3N_2\uparrow.$$

Diese induzierte Reaktion dient zum Nachweis von Sulfiden.

Zu einer Lsg., die gleiche Teile einer 0,2 M NaN_3-Lsg. und 0,1 M $KJ \cdot J_2$-Lsg. enthält, gibt man wenige mg des feingepulverten Sulfids oder wenige ml der Lsg. eines solchen. Es tritt eine stürmische Gasentw. (N_2!) ein, die anhält, solange noch J_2 vorhanden ist.

Störungen: $S_2O_3^{2-}$, SCN^- und entsprechende organische Verbindungen stören, da diese Schwefel mit der Oxidationsstufe −2 enthalten und somit dieselbe Reaktion bewirken. Die Gegenwart anderer schwefelhaltiger Ionen, wie SO_3^{2-} und SO_4^{2-}, sowie von elementarem Schwefel stört dagegen nicht.

Da die Oxidationsstufe des Schwefels durch die Reaktion nicht verändert wird, genügen zum Nachweis winzigste Mengen. Auch Schwermetallsulfide lösen ausnahmslos diese äußerst empfindliche Reaktion sofort aus.

Im HM-Maßstab wird 1 Tr. der zu untersuchenden Lsg. oder eine kleine Menge entsprechender Nd. im Mikroreagenzglas mit 1 Tr. Reagenzlsg. versetzt. Eine Entw. von Gasbläschen (Lupe) zeigt S^{2-} an.

EG: 0,02 μg S^{2-} pD: 6,4.

Reagenz: 3 g NaN_3 in 100 ml 0,1 M Jodlösung.

Die reine Lsg. ist praktisch unbegrenzt haltbar.

8. Fällung von S^{2-} mit Cadmiumacetatlösung aus dem Sodaauszug

Da lösliche Sulfide in neutraler und besonders in saurer Lösung manche Anionennachweise beeinträchtigen, muß S^{2-} aus dem Sodaauszug vor dem Ansäuern gefällt werden. Dies geschieht vorteilhaft mit einer Cd-Acetatlösung, wobei zuerst gelbes CdS ($K_{L_{CdS}} = 10^{-27}$) und erst nach der quantitativen S^{2-}-Fällung auf weiteren Cd-Acetatzusatz weißes $CdCO_3$ ($K_{L_{CdCO_3}} = 10^{-13,6}$) ausfällt. Die Bildung von $CdCO_3$ zeigt somit das Ende der S^{2-}-Abtrennung an. Neben S^{2-} werden hier noch $[Fe(CN_6)]^{4-}$ u.a. Ionen mitgefällt. In der Lösung können u.a. SO_3^{2-}, $S_2O_3^{2-}$, SO_4^{2-}, Cl^-, Br^-, J^-, NO_2^- und NO_3^- identifiziert werden.

Im HM-Maßstab werden 10 Tr. des SA mit 10 Tr. H_2O verd. u. tropfenweise mit einer 0,5 M Cd-Acetat-Lsg. versetzt. Beim Erwärmen im W.-Bad flockt das gelbe CdS schnell aus. Nach dem Zentrifugieren wird so lange tropfenweise Cd-Acetatlsg. zugegeben, bis farbloses $CdCO_3$ fällt.

Der gewaschene CdS-Rückstand wird angesäuert u. H_2S mittels der vorstehenden Rkk. nachgewiesen. Im Z. wird auf die Anionen geprüft, deren Nachw. durch S^{2-} gestört wird.

Schwefeldioxid, schweflige Säure und Sulfite

Vorkommen: SO_2 wird oft in beträchtlichen Mengen in Vulkanen gebildet.

Darstellung: In der Technik erhält man SO_2 durch Verbrennen von H_2S bzw. Schwefel oder durch Abrösten von Sulfiden:

$$4FeS_2 + 11\,O_2 \rightarrow 2Fe_2O_3 + 8SO_2.$$

Bedeutung: SO_2 dient hauptsächlich zur Herstellung von Schwefelsäure (s. S. 180). Weiter findet es Anwendung zur Abscheidung von Selen aus Selensalzlösungen sowie als Schädlingsbekämpfungs- und Desinfektionsmittel (Weinfässer). In der Kältetechnik und als Lösungsmittel für Aromaten (*Edeleanu*verfahren) wird flüssiges SO_2 verwendet.

Schweflige Säure und ihre Natriumsalze sind gute Bleichmittel für Wolle, Seide und vor allem Stroh. Calciumhydrogensulfit $[Ca(HSO_3)_2]$-Lösungen werden zur Zellstoffgewinnung gebraucht. Kaliumdisulfit wird in der Photographie für Fixier- und Entwicklerbäder verwendet.

Allgemeine Eigenschaften: SO_2 ist ein farbloses, stechend riechendes Gas, das die Schleimhäute reizt (MAK-Wert 13 mg/m³) und bei -10 °C flüssig wird. Bei 20 °C lösen sich in 100 ml Wasser etwa 11 g SO_2. In der wäßrigen Lösung sind hauptsächlich hydratisierte SO_2-Moleküle (siehe auch NH_3) mit HSO_3^--Ionen enthalten.

$$SO_2 + H_2O \rightleftharpoons SO_2 \cdot H_2O \rightleftharpoons H^+ + HSO_3^- \;(\rightleftharpoons 2H^+ + SO_3^{2-}).$$

Wird der Lösung überschüssiges Wasser entzogen, bildet sich immer SO_2. Das Anion HSO_3^- liegt wahrscheinlich in zwei tautomeren Formen (Protonenwanderung) vor, die miteinander im Gleichgewicht stehen.

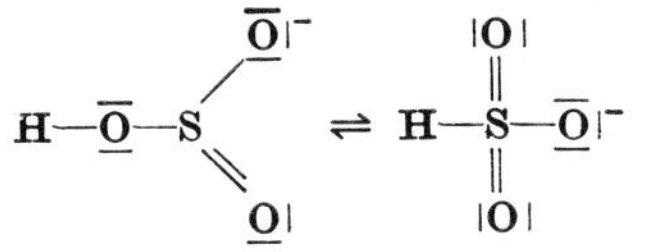

Die Abspaltung des zweiten Wasserstoffatoms geht in der Säurelösung praktisch nicht vor sich. In konzentrierten Lösungen bildet sich Disulfit (Pyrosulfit):

$$2HSO_3^- \leftrightharpoons S_2O_5^{2-} + H_2O.$$

Während gewöhnlich Pyrosäuren eine Sauerstoffbrücke besitzen, hat Disulfit eine unsymmetrische Struktur auf Grund einer S-S-Bindung.

Bei der Umsetzung mit Basen kann jedoch auch das zweite Wasserstoffatom durch Metalle ersetzt werden:

$$Na^+ + OH^- + H^+ + HSO_3^- \rightarrow Na^+ + HSO_3^- + H_2O$$

und

$$2Na^+ + OH^- + HSO_3^- \rightleftharpoons 2Na^+ + SO_3^{2-} + H_2O.$$

Die letzte Reaktion verläuft in wäßriger Lösung schon nicht mehr quantitativ (s. Hydrolyse, S. 59). Beim Eindampfen kristallisiert aber Na_2SO_3 aus.

Es werden dementsprechend zwei Reihen von Salzen gebildet: Hydrogensulfite und Sulfite.

Schweflige Säure hat vorwiegend reduzierende Eigenschaften, sie kann aber in Gegenwart stärkerer Reduktionsmittel auch als Oxidationsmittel wirken. Interessant ist hierbei die Umsetzung von schwefliger Säure mit H_2S (s. Polysulfandisulfansäuren, S. 185)

$$H_2SO_3 + H_2S \rightarrow 3S + 3H_2O.$$

Die Sulfite der Alkalielemente lösen sich in Wasser leicht, während die Sulfite der anderen Elemente mehr oder weniger schwerlöslich sind. Von Na_2CO_3-Lösung (Sodaauszug) werden sie jedoch zu löslichem Natriumsulfit umgesetzt.

1. Darstellung von SO_2

α) Natriumsulfit und Säure

$$Na_2SO_3 + 2HCl \rightarrow 2NaCl + SO_2\uparrow + H_2O,$$
$$SO_3^{2-} + 2H^+ \rightleftharpoons H_2SO_3 \rightleftharpoons H_2O + SO_2\uparrow.$$

Man versetze im Reagenzglas eine Na_2SO_3-Lsg. mit Salz- oder Schwefelsäure. Geruch nach SO_2.

β) Reduktion von konz. H_2SO_4

$$Cu + 2H_2SO_4 \rightarrow CuSO_4 + 2H_2O + SO_2\uparrow.$$

Man erhitze ein Stückchen Kupfer mit konz. H_2SO_4. Geruch nach SO_2.

Beide Methoden werden zur Darstellung von SO_2 im Laboratorium benutzt (vgl. weiterhin S. 444).

2. Reduktionswirkung

Schweflige Säure ist ein starkes Reduktionsmittel; sie wird zu Schwefelsäure oxidiert.

Reduziert werden z.B. von H_2SO_3 oder Sulfiten CrO_4^{2-} zu Cr^{3+}, Fe^{3+} zu Fe^{2+}, $HgCl_2$ zu Hg_2Cl_2 und Hg sowie J_2 zu J^- (s. Vers. 10).

3. Oxidationswirkung

Stärkere Reduktionsmittel reduzieren Sulfit zu H_2S in saurer Lösung:

$$3Zn + H_2SO_3 + 6HCl \rightarrow H_2S\uparrow + 3ZnCl_2 + 3H_2O,$$
$$6SnCl_2 + 2H_2SO_3 + 18HCl \rightarrow SnS_2\downarrow + 5H_2[SnCl_6] + 6H_2O.$$

4. Reaktion mit $AgNO_3$

In neutralen u. schwach sauren Lsgg. entsteht weißer Nd. von Ag_2SO_3, löslich in heißer verd. Salpetersäure sowie in Ammoniak u. im Überschuß von Sulfit:

$$Ag_2SO_3 + 4NH_3 \rightarrow 2[Ag(NH_3)_2]^+ + SO_3^{2-},$$
$$Ag_2SO_3 + SO_3^{2-} \rightarrow 2[Ag(SO_3)]^-.$$

Diese Komplexverbindung zerfällt beim Kochen, wobei Ag^+ reduziert, SO_3^{2-} teilweise oxidiert wird:

$$2[Ag(SO_3)]^- \rightarrow 2Ag\downarrow + SO_4^{2-} + SO_2\downarrow.$$

Der Komplex $[Ag(SO_3)]^-$ liegt nur in $NaHSO_3$-Lösungen vor. In Na_2SO_3-Lösungen sind die Komplexionen $[Ag(SO_3)_2]^{3-}$ und sogar $[Ag(SO_3)_3]^{5-}$ beständig.

5. Reaktion mit $BaCl_2$, $SrCl_2$

Weißer Nd. von $BaSO_3$ bzw. $SrSO_3$, leicht löslich in Säuren.

Der Nd. löst sich in Säuren nicht vollständig auf, wenn die Sulfitlsg. bereits teilweise zu Sulfat oxidiert war, da $BaSO_4$ und $SrSO_4$ in Säuren sehr schwer löslich sind. Man verwende daher zu dieser Rk. nur eine frisch, am besten durch Einleiten von SO_2 in NaOH hergestellte Sulfitlösung.

6. Nachweis durch Geruch

$$Na_2SO_3 + H_2SO_4 \rightarrow Na_2SO_4 + H_2O + SO_2\uparrow.$$

Das durch starke Säuren in Freiheit gesetzte SO_2 riecht stechend.

7. Nachweis als $Na_5[Fe(CN)_5SO_3]$

Bei Anwesenheit von SO_3^{2-} bildet $ZnSO_4 + K_4[Fe(CN)_6] + Na_2[Fe(CN)_5NO] \cdot 2H_2O$ einen roten Nd. von $Na_5[Fe(CN)_5SO_3]$.

Zum Nachw. von SO_3^{2-} gebe man zu einigen ml einer kaltgesättigten $ZnSO_4$-Lsg. das gleiche Vol. einer verd. $K_4[Fe(CN)_6]$-Lsg. und einige Tr. einer 1%igen Natriumpentacyanonitrosylferrat(II)-Lsg. und füge dann die zu untersuchende, neutrale Lsg. hinzu.

8. Reduktion von J_2

$$J_2 + H_2O + H_2SO_3 \rightarrow 2HJ + H_2SO_4,$$
$$J_2 + H_2O + SO_3^{2-} \rightarrow 2H^+ + 2J^- + SO_4^{2-}.$$

Man setze zu Jodlsg. tropfenweise H_2SO_3-Lsg. oder eine neutrale Sulfitlsg. hinzu. Entfärbung.

Im HM-Maßstab werden 3 Tr. des SA mit 2 M HCl eben angesäuert und tropfenweise mit 0,1 M KJ-J_2-Lsg. und 3 Tr. Stärkelsg. versetzt. Eine Entfärbung der blauen Jodstärkeverb. deutet auf die Ggw. der oben angeführten, reduzierend wirkenden Ionen hin.

Störungen: Andere Reduktionsmittel wie S^{2-}, $S_2O_3^{2-}$, AsO_3^{3-}, CN^-, SCN^- u. $[Fe(CN)_6]^{4-}$ reduzieren in salzsaurer Lsg. J_2 ebenfalls zu J^-, was hierbei zu beachten ist.

9. Nachweis nach Oxidation als $BaSO_4$

Sulfit wird in saurer Lösung durch H_2O_2 zu Sulfat oxidiert:

$$HSO_3^- + H_2O_2 \rightarrow HSO_4^- + H_2O.$$

Zum Nachw. von SO_3^{2-} neben SO_4^{2-} fällt man aus neutraler oder schwach ammoniakalischer Lsg. mit $BaCl_2$-Lsg. $BaSO_3$ und $BaSO_4$ gemeinsam aus. Nach dem Abzentrifugieren löst man aus dem Nd. mit 2 M HCl das $BaSO_3$ heraus und zentrifugiert vom ungelöst zurückbleibenden $BaSO_4$ ab. Beim Versetzen des Z. mit einigen Tr. H_2O_2 beweist das erneute Auftreten eines $BaSO_4$-Nd. die Anwesenheit von Sulfit.

10. Nachweis durch Entfärbung von Malachitgrün bzw. Fuchsin

Triphenylmethanfarbstoffe (Malachitgrün, Fuchsin) werden durch neutrale Sulfitlösungen in Folge Zerstörung der chinoiden Struktur entfärbt (s. S. 417).

Durch Zugabe von Aldehyden (Acetaldehyd, Formaldehyd) tritt die Farbe des Farbstoffes wieder auf.

Um Störungen durch Schwermetallionen zu verhindern, verwendet man am besten den neutralisierten Sodaauszug.

Im HM-Maßstab wird SO_3^{2-} aus neutraler Lsg. zunächst wie auf S. 178 beschrieben als $SrSO_3$ gefällt. Der Nd. wird gut ausgewaschen und mit 10%iger Na_2SO_4-Lsg. verrührt. Hierbei wird $SrSO_3$ zu $SrSO_4$ umgesetzt, u. SO_3^{2-}-Ionen gehen in Lösung. Eine Spatelspitze dieser Mischung wird auf der TP mit einem Tr. Reagenzlsg. versetzt. Eine Entfärbung zeigt SO_3^{2-} an.

EG: ug SO_2 pD: 4,7.

Bedeutend empfindlicher kann der Nachweis durch eine Mischung von Malachitgrün und Fuchsin bei pH 8 gestaltet werden, da das Gemisch besser als die einzelnen Farbstoffe reagiert.

pD: 5,5.

Störungen: Mono- und Polysulfide reagieren in ähnlicher Weise. Schwermetallionen vermindern die Empfindlichkeit erheblich, so daß S^{2-} nicht als Schwermetallsulfid entfernt werden kann. $S_2O_3^{2-}$ stört jedoch nicht.

Reagenz:

a) 2,5 g Malachitgrün in 100 ml Wasser,

b) 2,5 g Fuchsin in 100 ml Wasser,

c) 25 mg Malachitgrün in 100 ml Wasser und 25 mg Fuchsin in 100 ml Wasser 1:3.

11. Nachweis durch Umsetzung mit Aldehyden

Aldehyde reagieren mit SO_3^{2-} nach

$$R-CHO + Na_2SO_3 + H_2O \rightarrow CH(OH)(SO_3Na) + Na^+ + OH^-.$$

Die gebildeten OH^--Ionen können durch Phenolphthalein nachgewiesen werden.

Die Reaktion ist besonders zum Nachweis von sehr wenig SO_3^{2-} neben viel $S_2O_3^{2-}$ geeignet.

Die genau neutralisierte Lsg. des Sulfits wird mit einigen ml Formaldehydlsg. und 1 Tr. Phenolphthaleinlsg. versetzt. Bei Anwesenheit von SO_3^{2-} schlägt der Indikator nach Tiefrot um.

pD: 3,7.

Störungen: Ein Formaldehydüberschuß ist zu vermeiden, da der Indikator entfärbt wird.

Reagenz: 1 %ige Formaldehydlösung.

Schwefelsäure und Sulfate

Vorkommen: Weit verbreitet sind die Salze der Schwefelsäure, die Sulfate, wobei Anhydrit $CaSO_4$, Gips $CaSO_4 \cdot 2H_2O$ und Kieserit $MgSO_4$ in großen Mengen in den Salzlagerstätten vorkommen. Weitere Sulfatvorkommen (s. S. 172).

Darstellung: Technisch wird Schwefelsäure, H_2SO_4 nach zwei Verfahren über die Oxidation von SO_2 zu SO_3 dargestellt.

Bei dem Kontaktverfahren von *Knietsch* wird ein SO_2-Luftgemisch über Katalysatoren (Platin, neuerdings Vanadinverbindungen z.B. V_2O_5) geleitet:

$$2SO_2 + O_2 \rightleftarrows 2SO_3 + 45 \text{ kcal}.$$

Das SO_3 leitet man in konzentrierte H_2SO_4 ein, wobei sich Dischwefelsäure, $H_2S_2O_7$, bildet. Aus letzterer wird durch Wasserzusatz H_2SO_4 erhalten.

Beim Bleikammerverfahren wird die Oxidation des SO_2 durch Stickstoffoxide katalysiert. Der Mechanismus der Reaktion kann wie folgt wiedergegeben werden:

$$2SO_2 + 2NO_2 + 2H_2O \rightarrow 2H_2SO_4 + 2NO,$$
$$2NO + O_2 \rightarrow 2NO_2.$$

Tatsächlich ist die Umsetzung komplizierter. So tritt bei Anwendung einer zu geringen Wassermenge „Nitrosylschwefelsäure“ $NO^+HSO_4^-$ auf. Sie ist als gemischtes Anhydrid der H_2SO_4 und HNO_2 (salpetrigen Säure) aufzufassen. „Nitrosylschwefelsäure“ ist bei gewöhnlicher Temperatur fest und kristallisiert an den Wandungen der Bleikammern bei ungenügender Wasserzufuhr aus (Bleikammerkristalle). Darstellung S. 454.

Bedeutung: Große technische Verwendung findet Schwefelsäure zur Herstellung von Düngemitteln, vor allem von Superphosphat und Ammoniumsulfat. Konzentrierte Schwefelsäure dient in der organischen Chemie als Sulfurierungsmittel (Einführung der SO_3H^--Gruppe) und zusammen mit wasserfreier Salpetersäure als Nitrierungsmittel zur Darstellung von Sprengstoffen (Pikrinsäure, Nitroglycerin, Trinitrotoluol). Weiterhin lassen sich mit ihrer Hilfe Mineralsäuren (z.B. HCl nach dem Berliner Verfahren) darstellen.

Auf Grund der wasserentziehenden Wirkung wird konz. Schwefelsäure noch als Trockenmittel und u.a. bei der Herstellung von Äthylen und Äther eingesetzt. Verdünnte wäßrige Lösungen dienen u.a. als Fällbad bei der Kunstseidenherstellung und zum Füllen von Bleiakkumulatoren.

Allgemeine Eigenschaften: Oleum oder rauchende Schwefelsäure ist eine Auflösung von SO_3 in H_2SO_4, wobei $H_2S_2O_7$ entsteht. Das azeotrope Gemisch hat eine Zusammensetzung von 98,3 % H_2SO_4 und 1,7 % H_2O und siedet bei 383 °C; die Säure ist schwerflüchtig. Die käufliche konzentrierte Schwefelsäure ist 96 %ig.

Im Gegensatz zur verdünnten ist die konzentrierte Säure besonders in der Wärme ein starkes Oxidationsmittel (vgl. 3., u.). Sie ist stark hygroskopisch. Organischen Verbindungen vermag sie sogar chemisch gebundenes Wasser zu entziehen (vgl. 1.). Konzentrierte Schwefelsäure wirkt ätzend und Gewebe zerstörend.

In wäßriger Lösung ist H_2SO_4 eine starke Säure. Über die Struktur der Schwefelsäure und der Sulfate s. S. 20.

Abgesehen von einigen basischen Sulfaten, z.B. des Bi(III), Cr(III), Hg(II) und von $BaSO_4$, $SrSO_4$, $CaSO_4$ und $PbSO_4$ sind alle anderen Sulfate in Wasser löslich. Während die basischen Sulfate auf Zusatz von Säuren schnell in Lösung gehen, löst sich $BaSO_4$ in konz. HCl nur spurenweise. $SrSO_4$ löst sich in konz. HCl bei längerem Kochen merklich, und $PbSO_4$ sowie $CaSO_4$ werden unter diesen Bedingungen vollständig gelöst.

Alle Sulfate setzen sich bei längerem Kochen mit Sodalösung um, so daß auch bei Gegenwart von $BaSO_4$ und von schwerlöslichen basischen Sulfaten immer SO_4^{2-}-Ionen im Sodaauszug auftreten. Dennoch ist häufig beim Vorliegen schwerlöslicher Sulfate ein sicherer SO_4^{2-}-Nachweis im Sodaauszug nicht möglich.

Es ist dann ratsam, nach Aufschluß des in 5 M HCl schwerlöslichen Rückstandes der Analysensubstanz (s. S. 132), der u.a. aus $BaSO_4$, $SrSO_4$ und $PbSO_4$ bestehen kann, noch einmal im Zentrifugat auf SO_4^{2-} zu prüfen. Löst sich andererseits die Analysensubstanz glatt in 5 M HCl auf, so können SO_4^{2-}-Ionen bei Gegenwart von Elementen in der Oxidationsstufe + 3, und + 4 als basische Sulfate im Rückstand des Sodaauszuges verbleiben. In diesem Fall prüft man in einem 5 M HCl-sauren Auszug des Rückstandes vom Sodaauszug nochmals auf SO_4^{2-}-Ionen.

1. Wasserziehende Wirkung von konzentrierter H_2SO_4

Konz. H_2SO_4 vermag organischen Verbindungen chemisch gebundenes Wasser zu entziehen. So wird z.B. im Holz die Cellulose zersetzt:

$$(C_6H_{10}O_5)_x \rightarrow 6x\,C + 5x\,H_2O.$$

Beim Arbeiten mit konz., besonders heißer H_2SO_4 ist äußerste Vorsicht geboten, da von dieser Haut, Kleider und Bücher zerstört werden.

Man werfe einen Holzspan in konz. H_2SO_4. Er schwärzt sich allmählich, schneller bei gelindem Erwärmen.

2. Verhalten von verdünnter H_2SO_4 gegen Zn

$$Zn + 2H^+ \rightarrow Zn^{2+} + H_2\uparrow.$$

In einem Reagenzglas übergieße man technisches Zink mit verd. Schwefelsäure. Es entweicht Wasserstoff, der durch Anzünden nachgewiesen wird.

3. Verhalten von konzentrierter H_2SO_4 gegen Zn

$$Zn + 2H_2SO_4 \rightarrow ZnSO_4 + SO_2\uparrow + 2H_2O,$$
$$2Zn + SO_2 + 2H_2SO_4 \rightarrow 2ZnSO_4 + 2H_2O + S\downarrow.$$

Heiße konz. Schwefelsäure wird durch Metalle reduziert. Je nach dem angewandten Metall entsteht nur SO_2 (Cu oder Fe) oder auch freier Schwefel.

Technisches Zink wird mit konz. Schwefelsäure übergossen. Es tritt keine Rk. ein, da konz. H_2SO_4 praktisch keine Wasserstoffionen enthält. Man erwärme bis zur Gasentwicklung. Es entsteht SO_2, erkennbar am Geruch, und Schwefel, der sich in den kälteren Teilen des Reagenzglases in Tröpfchen absetzt.

4. Nachweis als $BaSO_4$

$$Ba^{2+} + SO_4^{2-} \rightarrow BaSO_4\downarrow.$$

Zum Nachweis von SO_4^{2-} sind am besten Ba^{2+}-Ionen geeignet, die einen auch in Säuren schwerlöslichen, weißen, feinkristallinen Niederschlag geben.

Man muß stets mit Salzsäure vorher ansäuern, da Verbindungen, wie $BaCO_3$, $Ba_3(PO_4)_2$, $BaSO_3$ in Wasser schwer löslich sind, aber bei Gegenwart von Wasserstoffionen wieder in Lösung gehen.

Man arbeite außerdem nicht in zu konz. Lösung, sonst können auch einfache Konzentrationsniederschläge auftreten.

Man versetze $BaCl_2$-Lösung mit konz. Salzsäure. Es entsteht ein kristalliner Niederschlag von $BaCl_2$, der aber durch Zugabe von Wasser leicht wieder in Lösung geht.

In salzsaurer Lösung bildet Ba^{2+} auch mit F^- und $[SiF_6]^{2-}$ schwerlösliche Verbindungen. BaF_2 läßt sich aus dem Niederschlag mit konz. HCl in der Wärme herauslösen. Eine Vorentscheidung, ob die Fällung von $BaSO_4$, $Ba[SiF_6]$ oder aus einem Gemisch beider Stoffe besteht, kann man durch Betrachtung des Niederschlages unter dem Mikroskop treffen. $BaSO_4$ ist auf Grund seiner mikrokristallinen Beschaffenheit bei V = 100 kaum als kristalliner Niederschlag zu erkennen, während die Stäbchen und Büschel des $Ba[SiF_6]$ deutlich zu sehen sind (vgl. Kristallaufnahme Nr. 3 und 22). Außerdem besitzt $Ba[SiF_6]$ in heißer konz. HCl eine beträchtliche Löslichkeit.

Im HM-Maßstab werden 3 Tr. des SA mit 5 M HCl neutralisiert und mit 3 Tr. 5 M HCl angesäuert (bei Ggw. von F^- verwende man zum Ansäuern konz. HCl). Auf Zusatz von 3 Tr. 0,5 M $BaCl_2$-Lsg. bildet sich bei Ggw. von SO_4^{2-}- und $[SiF_6]^{2-}$-Ionen ein weißer Nd., der selbst in konz. HCl kaum lösl. ist. Zur Unterscheidung $BaSO_4$—$Ba[SiF_6]$ Betrachtung unter dem Mikroskop, V = 100.

5. $BaSO_4$-$KMnO_4$-Mischkristallbildung

$BaSO_4$ hat im Gegensatz zu $Ba[SiF_6]$ die Eigenschaft, bei der Fällung MnO_4^--Ionen einzulagern. Das gefällte $BaSO_4$ ist dann mehr oder minder rotviolett gefärbt. Die im $BaSO_4$ eingebauten MnO_4^--Ionen lassen sich durch Reduktionsmittel nicht mehr entfärben.

Es werden 3 Tr. des SA mit 5 M HCl neutralisiert, mit 2 M HCl angesäuert und mit etwa dem gleichen Vol. 0,1 N $KMnO_4$-Lsg. versetzt. Dann werden 3 Tr. 0,5 M $BaCl_2$-Lsg. zugegeben. Der bei Ggw. von SO_4^{2-} ausfallende hellrotviolette $BaSO_4$-Nd. wird abzentrifugiert, gewaschen und mit 1 ml 2,5 M H_2O_2 oder 1 M Oxalsäurelsg. geschüttelt. Die rotviolette Färbung des $BaSO_4$ bleibt erhalten.

EG: 2,5 µg SO_4^{2-} pD: 4,3.

Störungen: Die Reaktion darf nicht in zu konz. HCl durchgeführt werden, da sonst Mn(VII) reduziert wird.

6. Nachweis als Benzidinsulfat

Benzidinsulfat, $[C_6H_4(NH_2)]_2 \cdot H_2SO_4$ (s. auch S. 417), ist schwerlöslich. Es kristallisiert in sechseitigen Blättchen oder Nadeln.

1 Tr. der Probelsg. wird auf dem OT mit 1 Tr. 1 M CH_3COOH versetzt und erwärmt. Nach Zugabe von 1 Körnchen Benzidinacetat und Ziehen eines Impfstriches kristallisiert Benzidinsulfat aus.

EG: 0,06 µg SO_4^{2-} pD: 5,3.

Störungen: Oxidationsmittel und Fluoride.

Reagenz: festes Benzidinacetat.

7. Nachweis durch Umsetzung mit Bariumrhodizonat (s. S. 434)

Thioschwefelsäure (Sulfanmonosulfonsäure) und Thiosulfate

Darstellung: Beim längeren Kochen von Na_2SO_3-Lösung mit Schwefel bildet sich Natriumthiosulfat:

$$Na_2SO_3 + S \rightarrow Na_2S_2O_3.$$

Thiosulfate entstehen außerdem bei vielen anderen Prozessen, so bei der Oxidation von Sulfiden, insbesondere Polysulfiden, durch Luft:

$$2\,Na_2S_2 + 3\,O_2 \rightarrow 2\,Na_2S_2O_3.$$

Auch beim Einleiten von Schwefelwasserstoff in schweflige Säure erhält man neben Polythionaten Thiosulfat. Quantitative Umsetzung erfolgt bei genauer Einhaltung folgender Redoxreaktion:

$$2\,NaH\overset{-2}{S} + 4\,NaH\overset{+4}{S}O_3 \rightarrow 3\,Na_2\overset{+6,-2}{S_2}O_3 + 3\,H_2O.$$

In der Technik wird Thiosulfat außer durch Kochen von Sulfit mit Schwefel oder Polysulfid auch durch Einleiten SO_2-haltiger Röstgase in Natriumsulfidlösung gewonnen.

Auch in den Schwefellebern, Schmelzen von Soda oder Pottasche mit Schwefel, ist Thiosulfat nthalten.

Bedeutung: Natriumthiosulfat wird in der Photographie als Fixiersalz (vgl. 4., S. 183) in der Bleicherei als Antichlor (vgl. 2., S. 183) und in der Lederindustrie als schwaches Reduktionsmittel benutzt.

Allgemeine Eigenschaften: Beim Thiosulfation ist ein Sauerstoff des Sulfations durch Schwefel ersetzt:

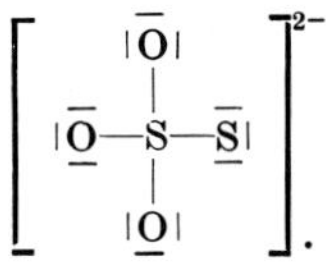

Beim Ansäuern zerfallen Thiosulfate in $\overset{+4}{S}O_2$ und $\overset{\pm 0}{S}$.

Thiosulfate sind schwache Reduktionsmittel und werden durch starke Oxidationsmittel zu Sulfat oxidiert (vgl. 2.). Mit Jod verläuft dagegen die Umsetzung quantitativ zu Tetrathionat (vgl. 2.). Diese Reaktion besitzt große Bedeutung für die Maßanalyse (Jodometrie; vgl. 2.).

Von den Salzen sind nur BaS_2O_3, $Ag_2S_2O_3$ und PbS_2O_3 schwer löslich. Sie werden jedoch durch Sodalösung quantitativ in das lösliche Natriumsalz überführt. Mit vielen Schwermetallionen [z.B. Ag(I), Fe(III) und Cu(I)] bildet Thiosulfat im Überschuß lösliche Komplexe.

Für die folgenden Reaktionen verwende man eine $Na_2S_2O_3$-Lösung bzw. den neutralisierten Sodaauszug.

1. $BaCl_2$

In konz. Lsg. von $Na_2S_2O_3$ weißer kristalliner Nd. von BaS_2O_3, der infolge Übersättigung leicht ausbleiben kann.

2. Verhalten gegen J_2, Br_2, Cl_2

$$2\,S_2O_3^{2-} + J_2 \rightarrow 2\,J^- + S_4O_6^{2-},$$

$$S_2O_3^{2-} + 4\,Cl_2 + 5\,H_2O \rightarrow 2\,SO_4^{2-} + 8\,Cl^- + 10\,H^+.$$

Jod wird durch $Na_2S_2O_3$ entfärbt, wobei Natriumtetrathionat, $Na_2S_4O_6$, entsteht. Auch Chlor und Brom werden reduziert. Hier wird aber $S_2O_3^{2-}$ im wesentlichen zu SO_4^{2-} oxidiert.

3. Einwirkung von Säuren

$$H_2S_2O_3 \rightarrow S\downarrow + SO_2\uparrow + H_2O.$$

Beim Ansäuern einer Thiosulfatlösung entsteht zunächst die unbeständige freie Thioschwefelsäure. Sie zerfällt in Abhängigkeit von der Konzentration mehr oder weniger langsam, wobei Schwefel und Schwefeldioxid entstehen. Daneben bilden sich aber auch Polythionate.

Zum Nachweis benutzt man am besten HCl.

4. Nachweis als $Ag_2S_2O_3$

Ag^+ gibt mit $S_2O_3^{2-}$-Lösung einen weißen Niederschlag, der sich im Überschuß von $S_2O_3^{2-}$ löst:

$$Ag_2S_2O_3 + 3\,S_2O_3^{2-} \rightarrow 2[Ag(S_2O_3)_2]^{3-}.$$

Dieser Komplex entsteht auch aus anderen schwerlöslichen Silbersalzen wie AgCl, AgBr und AgJ mit Thiosulfatlösung. Daher wird $Na_2S_2O_3$ in der Photographie als Fixiersalz benutzt.

Das $Ag_2S_2O_3$ selbst ist unbeständig, es zersetzt sich unter Bildung von schwarzem Ag_2S:

$$Ag_2S_2O_3 + H_2O \rightarrow Ag_2S\downarrow + H_2SO_4.$$

Diese Schwarzfärbung, die von Weiß über Gelb, Orange und Braun verläuft, kann zum Nachweis von $S_2O_3^{2-}$ benutzt werden. Auch andere Schwermetallthiosulfate zersetzen sich in gleicher Weise.

Im HM-Maßstab wird das Z. der CdS- oder der $SrSO_3/SrSO_4$-Fällung mit 2,5 M HNO_3 gegen Neutralrot schwach angesäuert und mit 1 M $AgNO_3$-Lsg. im Überschuß versetzt. Bei Ggw. von $S_2O_3^{2-}$ fällt ein zuerst farbloser bis hellgelber Nd. aus, der beim Erwärmen unter Bldg. von braunschwarzem Ag_2S zerfällt. Das gebildete Ag_2S kann durch Versetzen mit konz. HNO_3 in der Wärme gelöst werden, während mitgefällte Ag-Halogenide ungelöst zurückbleiben.

Störungen: Da S^{2-}-Ionen durch Bildung von Ag_2S die Reaktion überdecken, kann dieser Nachweis erst nach Fällung von S^{2-} durchgeführt werden.

5. Nachweis nach Oxidation mit Cl_2- oder Br_2-Wasser als $SrSO_4$

Da Schwefelverbindungen in niederen Oxidationsstufen mit Cl_2 oder Br_2 letztlich zu Sulfat oxidiert werden, muß, damit die Reaktion für $S_2O_3^{2-}$ spezifisch ist, die Oxidation mit dem Zentrifugat der CdS- und $SrSO_3/SrSO_4$-Fällung ausgeführt werden.

1 Tr. der entsprechend vorbehandelten Lsg. wird mit einigen Tr. Cl_2- oder Br_2-W. gekocht. Bei Ggw. von $S_2O_3^{2-}$-Ionen entsteht mit den im Überschuß vorhandenen Sr^{2+}-Ionen ein Nd. von $SrSO_4$.

Störungen: Bei Anwesenheit von SCN^- muß dieses mit $Ni(NO_3)_2$ und Pyridin als $[Ni(Py)_4](SCN)_2$ (s. S. 409) gefällt werden.

6. Jod-Azid-Reaktion

Die Reaktion wird als Sulfid-Nachweis auf S. 176 näher beschrieben. Sie kann nur dann zur Prüfung auf Thiosulfat angewendet werden, wenn Sulfide u. Thiocyanate von vornherein nicht in der Analysensubstanz zugegen sind, da letztere anscheinend stets Spuren von $S_2O_3^{2-}$ enthalten, so daß auch nach ihrer Abtrennung die Prüfung auf Thiosulfat stets positiv ausfällt. Bei Abwesenheit von S^{2-} u. SCN^- erfolgt der Nachweis von $S_2O_3^{2-}$ sinngemäß wie bei S^{2-} beschrieben wurde.

EG: 0,15 µg $S_2O_3^{2-}$ pD: 6,5.

7. Nachweis als Fe(III)-Thiosulfatkomplex

Eisen(III)-chlorid bildet mit $S_2O_3^{2-}$ ein rotviolett gefärbtes Zwischenprodukt $[FeS_2O_3]Cl$, das in Tetrathionat und Fe^{2+} zerfällt.

$$2Fe^{3+} + 2S_2O_3^{2-} \rightarrow 2Fe^{2+} + S_4O_6^{2-}.$$

Durch die Violettfärbung kann $S_2O_3^{2-}$ neben SO_3^{2-}-Ionen nachgewiesen werden, die ohne Verfärbung Fe^{3+} zu Fe^{2+} reduzieren.

1–2 ml der Probelsg. werden mit 2 Tr. 0,1 M $FeCl_3$-Lsg. versetzt. Die entstandene Violettfärbung verschwindet mit fortschreitender Reduktion des Fe^{3+} zu Fe^{2+}.

pD: 4,5 in 4 ml Probelsg.

8. Nachweis durch Überführung in Thiocyanat

Erhitzt man $S_2O_3^{2-}$-Lsg. mit KCN, so bilden sich SO_3^{2-}- und SCN^--Ionen:

$$S_2O_3^{2-} + CN^- \rightarrow SO_3^{2-} + SCN^-.$$

Durch die Umsetzung des entstandenen SCN^- mit $FeCl_3$ läßt sich $S_2O_3^{2-}$ nachweisen.

1–2 ml der Probelsg. werden mit einer Spatelspitze KCN versetzt und gekocht. Nach beendeter Reaktion wird mit 2 M HCl angesäuert, die schweflige Säure und der HCN-Überschuß verkocht (Abzug!) und mit $FeCl_3$-Lsg. versetzt. Die rote Farbe von $Fe(SCN)_3$ beweist indirekt $S_2O_3^{2-}$.

Störungen: Sulfide, Polysulfide und Thiocyanat.

Reagenz: festes KCN.

Polysulfanmonosulfonsäuren und Polysulfandisulfonsäuren

Es existieren eine Reihe von Verbindungen der allgemeinen Formel $H_2S_xO_6$, wobei x vor allem die Werte von 2–6, aber auch höhere annehmen kann. Mit Ausnahme der Dithionsäure, $H_2S_2O_6$, faßt man sie unter dem Namen Sulfandisulfonsäuren, früher Polythionsäuren, zusammen. Ihre Konstitution ist durch die Synthese aus Polysulfanen, H_2S_y, bzw. Sulfanmonosulfonsäuren, $H_2S_ySO_3$, mit SO_3 in wasserfreiem Medium bei tiefen Temperaturen gesichert:

$$SO_3 + H-S_y-H + SO_3 \rightleftharpoons H_3OS-S_y-SO_3H$$

bzw.

$$HO_3S-S_y-H + SO_3 \rightleftharpoons HO_3S-S_y-SO_3H.$$

Gemische der Polysulfandisulfonsäuren werden weiterhin bei der Reaktion von Thiosulfatlösungen mit SO_2 in Gegenwart von Arsen(III)-oxid gebildet. Auch beim Einleiten von Schwefelwasserstoff in eine wäßrige Lösung von SO_2 entstehen Polysulfandisulfonsäuren. In dieser sog. *Wackenroder*schen Flüssigkeit kommt neben Thioschwefelsäure, Monosulfandisulfonsäure (Trithionsäure), Trisulfandisulfonsäure (Pentathionsäure) und Tetrasulfandisulfonsäure (Hexathionsäure) hauptsächlich Disulfandisulfonsäure (Tetrathionsäure) vor.

Die Abtrennung und Isolierung einzelner Sulfandisulfonsäuren aus diesen Gemischen ist aber sehr schwierig. Man geht daher besser von speziellen Synthesen aus.

Monosulfandisulfonsäure z. B. entsteht bei der Oxidation von Thiosulfat mit Wasserstoffperoxid:

$$2\,Na_2S_2O_3 + 4\,H_2O_2 \rightarrow Na_2S_3O_6 + Na_2SO_4 + 4\,H_2O.$$

Darstellung von $Na_2S_3O_6$ (s. S. 459). Disulfandisulfonat erhält man bei der vorher beschriebenen Oxidation von Thiosulfat mit Jod.

Dithionsäure und ihre Salze verhalten sich nicht analog wie die Polythionate. Die Salze können leicht durch Oxidation von Schwefeldioxid mittels Mangandioxid oder Eisen(III)-salzen dargestellt werden:

$$2\,SO_2 + MnO_2 \rightarrow MnS_2O_6.$$

Darstellung von $BaS_2O_6 \cdot 2\,H_2O$ (s. S. 459).

Thioschwefelsäure (s. S. 182) ist das Grundglied einer neuen Klasse von Verbindungen, den Polysulfanmonosulfonsäuren, die mit Ausnahme des ersten Gliedes einbasig sind.

Peroxomono- und Peroxodischwefelsäure

Ersetzt man im Wasserstoffperoxid die Wasserstoffe nacheinander, so erhält man Peroxomonoschwefelsäure (*Caro*sche Säure) und Peroxodischwefelsäure:

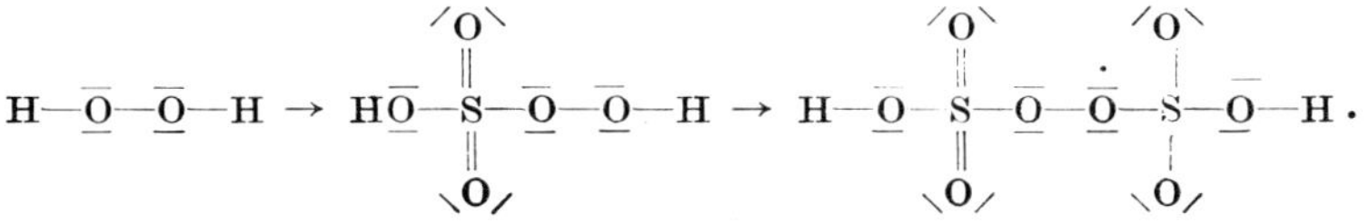

Das Peroxomonosulfat- und Peroxodisulfation hat dann folgenden Struktur:

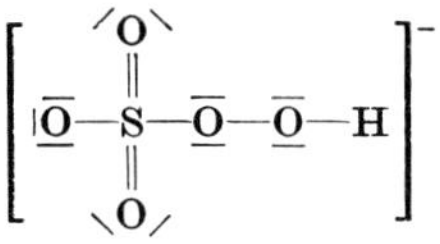

und

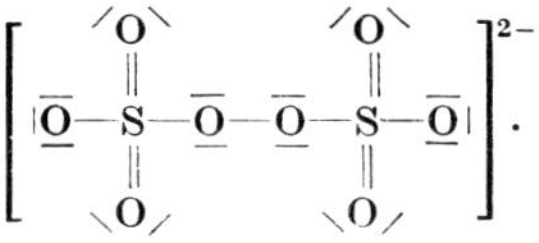

Darstellung: Die Salze der Peroxodischwefelsäure bzw. die Säure selbst erhält man durch anodische Oxidation entsprechender Sulfatlösungen bzw. Schwefelsäure bei hoher Stromdichte und tiefen Temperaturen. Peroxomonoschwefelsäure entsteht bei der Hydrolyse von Peroxodischwefelsäure oder bei der Umsetzung von konzentriertem H_2O_2 mit Chlorsulfonsäure.

Bedeutung: Peroxodisulfate werden zur Darstellung von H_2O_2 (s. S. 170), zur Oxidation von Küpenfarbstoffen in der Färberei und als Bleichmittel verwendet.

Natriumperoxodisulfat ist als sauerstoffabspaltendes Salz in Badetabletten enthalten. Ammoniumperoxodisulfat dient als Desodoranz und Desinfektionsmittel in der Kosmetik und als Abschwächer in der Photographie. Auch in der Analyse werden Peroxodisulfate als starke Oxidationsmittel eingesetzt (s. S. 265 u. 279).

Allgemeine Eigenschaften: Beide Säuren sind nicht sehr beständig. Peroxodisulfate sind haltbarer. In der Hitze zersetzen sich jedoch die Lösungen schon langsam:

$$S_2O_8^{2-} + H_2O \rightarrow SO_4^{2-} + HSO_5^- + H^+.$$

Die entstehende einbasige Peroxomonoschwefelsäure zerfällt entsprechend dem im Wasser weitgehend nach rechts verschobenen Gleichgewicht in H_2SO_4 und H_2O_2:

$$HSO_5^- + H_2O \rightleftharpoons HSO_4^- + H_2O_2.$$

Die Zerfallsgeschwindigkeit nimmt mit der Temperatur zu. Daher geben frisch und in der Kälte hergestellte Peroxodisulfatlösungen nicht die bekannten Reaktionen des H_2O_2, wie z.B. Bildung von Peroxotitansäure und Chromperoxid. Diese Tatsache erlaubt eine Unterscheidung von Peroxiden und Peroxodisulfaten. Sämtliche Salze der Peroxodischwefelsäure sind starke Oxidationsmittel und in Wasser leicht löslich.

Für nachstehende Reaktionen verwendet man eine Ammoniumperoxodisulfatlösung bzw. die entsprechend vorbereitete Analysenlösung.

1. Reaktion mit $KMnO_4$

$$2MnO_4^- + 5H_2O_2 + 6H^+ \rightarrow 2Mn^{2+} + 5O_2 + 8H_2O.$$

Peroxodischwefelsäure zerfällt in H_2SO_4 und H_2O_2 (s. oben). Daher wird eine $KMnO_4$-Lösung beim Erhitzen mit einer sauren Peroxodisulfatlösung entfärbt.

2. Einwirkung von KJ auf H_2SO_5 und $H_2S_2O_8$

$$K_2S_2O_8 + H_2SO_4 + H_2O \rightarrow K_2SO_4 + H_2SO_4 + H_2SO_5.$$

Man verreibe 0,2 g $K_2S_2O_8$ mit 1 g konz. H_2SO_4 möglichst innig, lasse 10–15 min lang stehen, gieße auf wenig fein zerstoßenes Eis und verdünne mit W. auf 5 ml. Von dieser Lsg. gibt man einige Tr. zu einer KJ-Lsg. Sofortige Ausscheidung von Jod, da jetzt *Caro*sche Säure vorliegt.

Zum Unterschied hiervon wird von einer frisch angesäuerten Peroxodisulfatlsg. J_2 nur sehr langsam in Freiheit gesetzt.

$$S_2O_8^{2-} + 2J^- \rightarrow 2SO_4^{2-} + J_2\downarrow.$$

3. Oxidationswirkung der Peroxodisulfate

Mangan(II)-salze werden durch Peroxodisulfate sowohl in neutraler als auch in alkalischer Lösung zu Mangandioxidhydrat oxidiert:

$$Mn^{2+} + S_2O_8^{2-} + 3H_2O \rightarrow MnO(OH)_2\downarrow + 2SO_4^{2-} + 4H^+.$$

Ebenso wird Pb^{2+} zu PbO_2 oxidiert. Auch in saurer Lösung geht im allgemeinen die gleiche Reaktion vor sich.

In saurer Lösung wird Mn^{2+} in Gegenwart von Silberionen als Katalysator bis zum MnO_4^- oxidiert.

$$2Mn^{2+} + 5S_2O_8^{2-} + 8H_2O \rightarrow 2MnO_4^- + 10SO_4^{2-} + 16H^+.$$

Man säure verd. Mangan(II)-sulfatlsg. stark mit Salpetersäure an, verdünne mit W., setze etwas Silbernitrat sowie wenig Peroxodisulfatlsg. (kein Überschuß! Vgl. S. 265) hinzu und erhitze. Violettfärbung. Charakteristische Reaktion!

Im HM-Maßstab werden 5 Tr. in der Kälte hergestellte Analysenlsg. (vgl. vorst. Rk.) mit 1 Tr. 0,1 M $Mn(NO_3)_2$-Lsg., 3 Tr. konz. HMO_3 und 2 Tr. 1 M $AgNO_3$-Lsg. versetzt. Beim Erhitzen erfolgt Oxidation zu rotvioletten MnO_4^--Ionen.

Störungen: Da Cl^- mit Ag^+ schwerlösliches AgCl bildet und weil MnO_4 sofort Cl^- oxidieren würde, muß chloridfrei gearbeitet werden.

Auch bei Gegenwart von H_2O_2 versagt diese Rk., da H_2O_2 das gebildete MnO_4^- in saurer Lsg. wieder reduziert.

4. Reaktion mit Ba^{2+}

Eine in der Kälte hergestellte $S_2O_8^{2-}$-Lsg. gibt bei Abwesenheit von SO_4^{2-} in HCl-saurer Lösung mit $BaCl_2$ keinen Niederschlag. Erst beim Erwärmen bildet sich H_2SO_4 und H_2O_2, so daß $BaSO_4$ ausfällt und gleichzeitig im Zentrifugat H_2O_2 nachgewiesen werden kann.

Zeigt der SA gegen KJ-Lsg. oxidierende Eigenschaften (vgl. 2., S. 186) u. fällt mit $BaCl_2$ in HCl-saurer Lsg. $BaSO_4$, so werden ca. 25 mg Substanz in der Kälte mit 10 Tr. 5 M Essigsäure digeriert u. vom Schwerlöslichen abzentrifugiert. Zu 5 Tr. des Z. wird so lange 0,5 M $BaCl_2$-Lsg. tropfenweise zugefügt, bis keine Fällung mehr erfolgt. Nach dem Abzentrifugieren des Nd. wird die Lsg. mit 3 Tr. 0,1 M KJ-Lsg. und weiteren 3 Tr. 0,5 M $BaCl_2$-Lsg. versetzt und im W.-Bad erwärmt. Erneute $BaSO_4$-Fällung und gleichzeitige J_2-Ausscheidung beweisen $S_2O_8^{2-}$-Ionen. Bei gleichzeitiger Ggw. von H_2O_2 ist nur die $BaSO_4$-Nachfällung für $S_2O_8^{2-}$ beweisend.

5. Nachweis durch Bildung von Benzidinblau (s. S. 434)

Trennung und Nachweis von S^{2-}, SO_3^{2-}, SO_4^{2-}, $S_2O_3^{2-}$, $S_2O_8^{2-}$ und CO_3^{2-}

(S. dazu Tabelle XVIII. bis XX., S. 384ff.)

Je nachdem, ob man es mit löslichen oder in nichtoxidierenden Säuren schwerlöslichen Sulfiden zu tun hat, ist der Nachweis von S^{2-} verschieden.

Lösliche Sulfide werden mit verd. HCl versetzt und das freiwerdende H_2S mit Pb-Acetat nachgewiesen (s. 4., S. 175). Für den Nachweis im SA stehen die Fällung mit $AgNO_3$-Lösung (s. 5., S. 176), die Reaktion mit $Na_2[Fe(CN)_5NO] \cdot 2H_2O$ (s. 6., S. 176) und die Jod-Azid-Reaktion (s. 7., S. 176) zur Verfügung.

Ist auf schwerlösliche Sulfide zu prüfen, wird die Analysensubstanz, ggf. der Rückstand des SA mit Zink und halbkonz. HCl, der man 1 Tropfen $CuSO_4$-Lösung zusetzt, nach 4., S. 175, behandelt. Der Nachweis des entweichenden H_2S erfolgt wie oben. Man kann auch den Rückstand des SA mit konz. HNO_3 kochen und das gebildete SO_4^{2-} mit $BaCl_2$ nachweisen.

Bei Gegenwart von SO_3^{2-}, $S_2O_3^{2-}$ und SO_4^{2-} im SA, muß das S^{2-} vor dem Nachweis mittels Cadmiumacetat-Lösung (s. 8., S. 176) abgetrennt werden. Bei Verwendung des Rückstandes des SA können diese Störungen nicht auftreten, jedoch ist zu beachten, daß bei sauren Analysensubstanzen sich ein Teil der Sulfide mit evtl. vorhandenem Sulfit zu Schwefel umgesetzt haben kann, der sowohl bei der Reduktion mit $H_{nasc.}$ wie bei der Oxidation mit HNO_3 stört.

SO_3^{2-}, $S_2O_3^{2-}$ und SO_4^{2-} müssen im Filtrat des CdS-Niederschlages (s. oben) ermittelt werden. Dazu fälle man zunächst SO_3^{2-} und SO_4^{2-} gemeinsam aus.

10 Tropfen des Zentrifugats der CdS-Fällung (s. oben) oder, bei Abwesenheit von S^{2-}, 10 Tropfen des SA werden mit 1 Tropfen Neutralrot als Indikator versetzt und mit 5 M Essigsäure neutralisiert. Zeigt der Indikator in der Kälte nach Zusatz der Essigsäure schwach saure Reaktion, so erwärmt man im Wasserbad. Unter CO_2-Entwicklung schlägt die Indikatorfarbe wieder um und zeigt alkalische Reaktion. Man versetzt nun so lange mit 5 M Essigsäure, bis in der Wärme kein CO_2 mehr entweicht und der Indikator konstant ein pH von 6–7 anzeigt. Sodann werden 3 Tropfen 5 M Ammoniak und 10 Tropfen einer kalt gesättigten $Sr(NO_3)_2$-Lösung

zugegeben und 10 Minuten im Wasserbad erwärmt. Nach dem Zentrifugieren des Niederschlages wird das Zentrifugat durch erneuten Zusatz von 3 Tropfen 5 M Ammoniak und Erwärmen auf Vollständigkeit der Fällung geprüft. Eine stets auftretende Trübung durch den Carbonatgehalt des Ammoniaks wird verworfen. Der gut gewaschene Niederschlag wird auf SO_3^{2-}- und SO_4^{2-}-Ionen, das Zentrifugat auf $S_2O_3^{2-}$ geprüft.

Zum Nachweis des SO_3^{2-} behandle man einen Teil des Niederschlages mit verd. H_2SO_4. Das entstehende SO_2 ist am Geruch zu erkennen (s. 6., S. 179). Das durch Ansäuern entstehende SO_2 kann auch in ein mit Wasser gefülltes Gärröhrchen übergetrieben werden. Die entstehende H_2SO_3 wird durch Entfärbung von Malachitgrün (s. 10., S. 179), mit Aldehyden (s. 11., S. 180), durch Reduktion von J_2 (s. 8., S. 179) oder mit $ZnSO_4 + K_4[Fe(CN)_6] + Na_2[Fe(CN)_5NO] \cdot 2H_2O$ (s. 7., S. 179) nachgewiesen.

Thiosulfat erkennt man daran, daß das Zentrifugat vom Sulfit-Sulfat-Niederschlag beim Ansäuern allmählich Schwefel ausscheidet und nach Schwefeldioxid riecht. Außerdem reduziert die Lösung Jod. Aus neutralen Lösungen kann das Thiosulfat mit $AgNO_3$ (s. 4., S. 183) oder auch mittels der Jod-Azid-Reaktion (s. 6., S. 184) identifiziert werden.

Sulfat wird in einer besonderen, mit Salzsäure angesäuerten Probe mit $BaCl_2$ (s. 4., S. 181) nachgewiesen, wobei vom eventuell ausgeschiedenen Schwefel vorher abzufiltrieren ist.

$S_2O_8^{2-}$ kann neben S^{2-}, SO_3^{2-} und $S_2O_3^{2-}$ nicht vorkommen, da es von diesen zu SO_4^{2-} umgesetzt wird. Es braucht daher nur bei deren Abwesenheit auf $S_2O_8^{2-}$ geprüft zu werden. Dazu versetzt man den angesäuerten SA in der Kälte mit überschüssigem $BaCl_2$. Der bei Anwesenheit von SO_4^{2-} entstandene Niederschlag von $BaSO_4$ wird zentrifugiert und das Zentrifugat gekocht. Bildet sich wieder ein Niederschlag, der durch Zerfall des $S_2O_8^{2-}$ in SO_4^{2-} hervorgerufen wird, so ist Peroxodisulfat zugegen (s. 4., S. 187). Außerdem säure man mit Salpetersäure an, setze etwas Ag^+ und Mn^{2+} hinzu und koche. Eine Violettfärbung von MnO_4^- zeigt $S_2O_8^{2-}$ an (s. 3., S. 186). Bei der letzteren Reaktion vergesse man aber nicht, daß sie bei Gegenwart solcher Ionen versagt, die mit Ag^+ schwerlösliche Verbindungen bilden.

Der Nachweis von Carbonat wird durch Sulfite und Thiosulfate gestört, da Schwefeldioxid mit Bariumhydroxid schwerlösliches Bariumsulfit gibt. Man muß dann die Analysensubstanz vor dem Nachweis des Carbonats einige Zeit mit Wasserstoffperoxid behandeln. (Nachweis von Carbonat s. S. 213.)

4.2.3.3. Selen, Se, OZ: 34, RAM: 78,96

Häufigkeit: $8 \cdot 10^{-5}$ Gew.-%. Smp.: 217,4 °C. Sdp.: 684,9 °C. D_{ZT}: 4,79 g/cm³. Oxidationsstufen: -2, $+4$, $+6$. Ionenradius $r_{Se^{2-}}$: 1,91 Å. Standardpotential: $Se + 2e^- \rightleftharpoons Se^{2-}$. $E_0 = -0{,}92$ V.

Vorkommen: Selen kommt in der Natur hauptsächlich in Form von Seleniden als Beimengungen in isomorphen Sulfiden (z.B. Pyrit, FeS_2, Kupferkies, $CuFeS_2$, Zinkblende ZnS) vor. Infolge der großen Flüchtigkeit und leichten Reduzierbarkeit des SeO_2 reichert sich elementares Selen beim Abrösten der Sulfide im Flugstaub und besonders im Bleikammerschlamm bei der Schwefelsäuredarstellung (s. S. 180) an.

Darstellung: Das Selen löst man aus dem Flugstaub bzw. Bleikammerschlamm durch Behandeln mit konz. HNO_3 heraus. Aus der selenige Säure enthaltenden Lösung wird elementares Selen durch Reduktion mit schwefliger Säure abgeschieden. In Nordamerika arbeitet man bevorzugt den Anodenschlamm der Kupferraffination auf.

Bedeutung: Graues Selen findet auf Grund der Änderung seiner elektrischen Leitfähigkeit bei der Einwirkung von Lichtquanten (Zunahme um den Faktor 10^3) ausgedehnte Anwendung u.a. zur Herstellung von Photozellen, ferner in der Bildtelegraphie, beim Tonfilm und Radar. Die Änderung seiner Wärmeleitfähigkeit bei Belichtung macht man sich in der Xerographie zunutze. Große Selenmengen werden auch zur Herstellung von Trockengleichrichtern und zum Rotfärben von Gläsern (Autoschlußlichter) benötigt. In der organischen Chemie dient SeO_2 als Dehydrierungsmittel.

Allgemeine Eigenschaften: Vom Selen sind in Analogie zum Schwefel mehrere Modifikationen (rotes α- und β- sowie graues metallisches Se) bekannt. Die Oxidationsstufen sind -2 (H_2Se), $+4$ (H_2SeO_3) und $+6$ (H_2SeO_4). Im Gegensatz zum Schwefel ist aber die Oxidationsstufe $+4$ die beständigere. (Zusammenhang im PSE s. S. 106.)

Die Nachweisreaktionen des Selens (und auch Tellurs) weichen von denen des Schwefels ab. Die analogen Fällungen der sauerstoffhaltigen Anionen mit Kationen sind wenig charakteristisch. In der Regel finden daher für Verbindungen, in denen Selen in einer positiven Oxidationsstufe auftritt, Reaktionen Anwendung, die entweder zum elementaren Selen führen (s. u.) oder bei denen organische Körper durch Oxidation eine charakteristische Veränderung erfahren (s. S. 425). Von besonderem Interesse sind Reaktionsbedingungen, die den Nachweis von Selen neben Tellur und umgekehrt gestatten.

Selenverbindungen sind stark toxisch, da das Selen an Stelle von Schwefel in körpereigenen Substanzen eingebaut wird. H_2Se ruft schon in sehr geringen Mengen (MAK-Wert 0,2 mg/m^3) starke Reizung der Schleimhäute hervor.

Selenate(IV)

Zu den nachstehenden Reaktionen benutzt man eine K_2SeO_3- oder H_2SeO_3-Lösung oder die entsprechend vorbereitete Analysenlösung.

1. Verhalten gegenüber Reduktionsmitteln

α) H_2S: In Lsgg. von SeO_3^{2-} in der Kälte zitronengelber, in der Wärme rotgelber Nd.:

$$H_2SeO_3 + 2H_2S \rightarrow Se\downarrow + 2S\downarrow + 3H_2O.$$

Das Gemisch von Selen und Schwefel löst sich leicht in $(NH_4)_2S$, da Selen mit $(NH_4)_2S$ den Polysulfiden analoge Verbindungen eingeht.

β) SO_2: Aus stark salzsaurer (am besten 34%iger) Lsg. reduziert SO_2 nur Selenate(IV), jedoch nicht Tellurate(IV).

$$H_2SeO_3 + 2H_2SO_3 \rightarrow Se\downarrow + 2H_2SO_4 + H_2O.$$

Selenate(VI) werden in stark salzsaurer Lsg. beim Kochen zu Selenat(IV) reduziert.

γ) Hydraziniumsalze: Beim Erhitzen in saurer, am besten schwefelsaurer Lsg. werden Selenate(IV) und (VI) zum Element reduziert. In ammoniakalischer Lösung tritt eine Reduktion dieser Se-Verb. erst in der Hitze ein, nachdem das Ammoniak praktisch verkocht ist.

δ) $SnCl_2$: Nur in saurer Lösung erfolgt Reduktion der Selenate(IV) und (VI).

ε) $FeSO_4$: Aus stark salzsaurer Lsg. quantitative Reduktion zu elementarem Selen.

2. Vorproben

α) Lötrohrreaktion: Bei der Lötrohrprobe bilden sich analog dem Schwefel bei Ggw. eines Überschusses von Soda durch Reduktion Na_2Se, das auf Silber ebenfalls schwarze Flecken von Ag_2Se erzeugt.

β) Flammenfärbung: Man erhitze etwas Se an der Luft. Es verbrennt mit bläulicher Flamme unter Verbreitung eines Geruchs nach faulem Rettich zu weißem kristallinem SeO_2. Selenat(IV) oder (VI) werden vorher durch HCl bzw. Zn + HCl in H_2Se (Vorsicht! Greift Nasenschleimhäute an!) überführt.

3. Nachweis als $Se \cdot SO_3$

$$SO_3 + Se \rightarrow Se \cdot SO_3.$$

Die Auffassungen über die Natur des gebildeten $Se \cdot SO_3$ gehen in der Literatur auseinander. Es wird z.T. als Solvat des Se in SO_3 der H_2SO_4 und z.T. als Mischoxid gedeutet, ähnlich dem beim Lösen von S in konz. H_2SO_4 entstehenden blauen S_2O_3.

Bei längerem Kochen verschwindet die grüne Farbe, wobei unter SO_2-Entwicklung H_2SeO_3 erhalten wird.

Eine Spur Selen behandle man mit konz. Schwefelsäure oder besser Oleum (1 ml). Es löst sich nach kurzem Erhitzen mit grüner Farbe, beim Verdünnen mit W. scheidet sich Selen wieder aus.
Störungen: Das unter gleichen Bedingungen erhaltene $Te \cdot SO_3$ ist rot gefärbt.

4. Nachweis durch Reduktion mit HJ

Nach der Reduktion von H_2SeO_4 durch Kochen mit konz. HCl wird die entstandene H_2SeO_3 in saurer Lösung durch Jodide zu elementarem rotem Se reduziert. Das dabei freiwerdende Jod wird durch $Na_2S_2O_3$ reduziert.

Im HM-Maßstab werden 1 Tr. gesättigte KJ-Lsg. und 1 Tr. konz. HCl auf Filterpapier getüpfelt. In die Mitte des feuchten Fleckes wird 1 Tr. der vorher mit konz. HCl gekochten Probelsg. gegeben. Ein bleibender rotbrauner Fleck beim Nachtüpfeln mit 5%iger $Na_2S_2O_3$-Lsg. zeigt Se an.

EG: 1 µg Se (bei Ggw. von Te 2,5 µg Se) pD: 4,4.

Störungen: H_2TeO_3 bildet unter gleichen Bedingungen mit HJ den Anionenkomplex $[TeJ_6]^{2-}$, der jedoch durch $Na_2S_2O_3$ entfärbt wird, so daß Se neben beträchtlichen Te-Mengen identifiziert werden kann.

5. Nachweis mit Thioharnstoff

H_2SeO_3 wird in HCl-saurer Lösung durch Thioharnstoff (TCA) (s. S. 409) zu rotem Selen reduziert.

Im HM-Maßstab werden 2–3 Tr. der mit verd. HCl aufgekochten Probelsg. mit einigen Körnchen TCA versetzt. Ein leuchtend roter Nd., der manchmal allmählich schwarz wird, zeigt Se an.

EG: 2 µg Se (in Ggw. von 25 µg Te 5 µg Se) pD: 6,0.

Störungen: Stärkere Oxidationsmittel sowie Au, Pt und größere Mengen Cu stören. Bi, Ag, Sb und Tl bilden gelbe Niederschläge bzw. Färbungen. In sehr schwach saurer Lösung kann auch schwarzes Te ausfallen.
Über das Verhalten konz. Tellurat(IV)-Lsg. siehe Te Vers. 4, S. 191.

6. Nachweis durch Oxidation von asymmetrischem Diphenylhydrazin (s. S. 425)

7. Nachweis als Piazoselenol (s. S. 425)

4.2.3.4. Tellur, Te, OZ: 52, RAM: 127,60

Häufigkeit: ca. $1 \cdot 10^{-}$ (Gew.-%. Smp.: 449,5 °C. Sdp.: 989,8 °C. D_{ZT}: 6,25 g/cm³. Oxidationsstufen: −2, +4, +6. Ionenradius $r_{Te^{2-}}$: 2,11 Å. Standardpotential: $Te + 2e^- \rightleftharpoons Te^{2-}$. $E_0 = -1{,}14$ V.

Vorkommen: Telluride sind seltener als Selenide (s. S. 188) in Sulfiden enthalten. Jedoch kommt Tellur etwas häufiger in reinen Mineralien vor, z.B. im Hessit, Ag_2Te, im Altait, PbTe, und in Gold-Silber-Telluriden, wie Sylvanit, $AgAuTe_4$. Das wichtigste Tellurerz ist aber das Blättererz (Nagyagit), ein isomorphes Gemisch von Sulfiden und Telluriden des Pb, Au, Ag und Sb.

Darstellung: Zur Gewinnung von Tellur und seiner Verbindungen geht man hauptsächlich vom Blättererz aus.

Bedeutung: Tellur hat bisher, abgesehen von einigen speziellen Anwendungsbereichen (als Komponente in Speziallegierungen und in Lepraheilmitteln), keine technische Bedeutung erlangt.

Allgemeine Eigenschaften: In seinem chemischen Verhalten ähnelt Tellur sehr seinen Homologen Selen und Schwefel (s. S. 172). Auf Grund der allgemeinen Regeln im PSE bildet Tellur jedoch in der Oxidationsstufe +6 die Orthosäure H_6TeO_6 (s. S. 105). Hinsichtlich der analytischen Nachweise gilt das für Selen gesagte (s. S. 189).
Tellurverbindungen sind weniger toxisch als die des Selens, sie werden im Körper zum Element reduziert.

Tellurate(IV)

Zu den nachstehenden Reaktionen benutzt man eine K_2TeO_3-Lösung oder die entsprechend vorbereitete Analysenlösung.

1. Verhalten gegenüber Reduktionsmitteln

α) H_2S: In Lsgg. von TeO_3^{2-} brauner, beim Erhitzen schwarz werdender Nd.:

$$H_2TeO_3 + 2H_2S \rightarrow Te\downarrow + 2S\downarrow + 3H_2O.$$

Auch Tellur ist in $(NH_4)_2S$ löslich.

β) SO_2: Reduktion der Tellurate(IV) erfolgt erst aus schwach salzsaurer Lsg.

$$H_2TeO_3 + 2H_2SO_3 \rightarrow Te\downarrow + 2H_2SO_4 + H_2O.$$

Tellurate(VI) werden in stark salzsaurer Lsg. beim Kochen zu Telluraten(IV) reduziert.

γ) Hydraziniumsalze: Beim Erhitzen saurer, am besten schwefelsaurer Lsg. werden Tellurate(IV) und (VI) zum Element reduziert. Im ammoniakalischer Lsg. erfolgt die Reduktion schon in der Kälte, im Gegensatz zu den Selenaten(IV) und (VI), die nicht reduziert werden.

δ) $SnCl_2$: In alkalischer Lsg. werden mit Alkalistannit nur die Tellurate(IV) und (VI) zu Te reduziert.

ε) $FeSO_4$: In stark salzsaurer Lösung erfolgt keine Reaktion. Bei Gegenwart von sirupöser Phosphorsäure (1:1) werden jedoch Alkalitellurate(VI) und (IV) in der Wärme zu Te reduziert.

2. Vorproben

α) Lötrohrreaktion: Bei der Lötrohrprobe bildet sich analog dem Schwefel bei Gew. eines Überschusses von Soda durch Reduktion Na_2Te, das auf Silber ebenfalls schwarze Flecken von Ag_2Te erzeugt.

β) Flammenfärbung: Man erhitze eine Probe einer Tellurverbindung. Im oberen Raum der Bunsenflamme tritt eine fahlblaue Flammenfärbung auf, während der überliegende Oxidationsraum grün aufleuchtet. Es ist zweckmäßig, Tellurate(VI) und (IV) zuvor durch HCl oder Zn + HCl in H_2Te (Vorsicht! Greift Nasenschleimhäute an!) zu überführen.

3. Nachweis als $Te \cdot SO_3$

Beim Umsatz von elementarem Te mit konz. Schwefelsäure erhält man rot gefärbtes $Te \cdot SO_3$.

$$SO_3 + Te \rightarrow Te \cdot SO_3.$$

Weiteres: Siehe Selen S. 190.

4. Nachweis mit Thioharnstoff

Aus konzentrierten TeO_3^{2-}-Lösungen fällt mit Thioharnstoff ein gelber kristalliner Niederschlag, der mit Wasser unter Grünfärbung hydrolysiert. In verd. Lsgg. erhält man eine Gelbfärbung. Fügt man Äther und Kaliumxanthogenat hinzu, so färbt sich die ätherische Schicht nach Schütteln rot. Behandelt man diese ätherische Schicht mit Ammoniak, so erhält man einen schwarzen Niederschlag von Te.

pD: 8,0.

5. Nachweis durch Reduktion mit Na_2SO_3

Beim Erwärmen der Lösungen von Polythiotelluraten(IV) mit Na_2SO_3 im Überschuß wird elementares Te gefällt.

Ein Teil des Nd. der H_2S-Gruppe wird mit $(NH_4)_2S_x$ digeriert und zentrifugiert. 2–3 Tr. des klaren Z. werden im Mikroreagenzglas mit einer Spatelspitze Na_2SO_3 versetzt und in der Siedehitze bis fast zur Trockne eingedampft. Der Rückstand wird mit 1–2 ml W. gut durchgerührt. Ein schwarzer Nd. oder eine graue Suspension zeigt Te an. Der Nd. löst sich nach dem Abzentrifugieren und Waschen mit W. in konz. H_2SO_4 mit roter Farbe.

EG: 0,5 μg Te   pD: 5,0.

Störungen: Die Reaktion ist auch in Gegenwart von größeren Mengen S und Se für Te spezifisch, die unter den gleichen Bedingungen als Alkalipolysulfide bzw. Selenosulfide in Lösung verbleiben.

Trennung und Nachweis von Se und Te

(Siehe auch Tabelle X., S. 371)

Als Vorproben auf Se und Te eignen sich die Lötrohrprobe und die Flammenfärbung s. 2. S. 189 bzw. 191.

Selen und Tellur werden aus salzsaurer Lösung durch Zugabe von Zn in elementarer Form abgeschieden. Nach Filtration wird der Niederschlag in konz. HNO_3 gelöst. Die Lösung wird vorsichtig zur Trockne eingedampft und der Rückstand mit 10 ml HCl von der Dichte 1,175 (34%ig) wieder gelöst. Dabei entstehen H_2SeO_3 und H_2TeO_3. Aus dieser Lösung können die beiden Elemente durch Reduktion mit HJ s. 4., S. 190, oder mit Thioharnstoff s. 5., S. 190 bzw. 4, S. 191, nachgewiesen werden. Leitet man jedoch in die stark HCl-saure Lösung in der Hitze Schwefeldioxid ein, so fällt nur rotes Se aus, das abfiltriert wird. Das Zentrifugat dampft man weitgehend ein, nimmt mit Wasser und verd. HCl auf und leitet wieder Schwefeldioxid ein. Jetzt scheidet sich schwarzes Te ab. Man identifiziert Se und Te durch Lösen in konz. H_2SO_4 (s. 3., S. 189 u. 191).

Spuren der beiden Elemente kommen in sulfidischen Erzen vor. In diesem Falle ist deren Nachweis nach dem üblichen Trennungsgang schwierig. Eine Anreicherung von Se und Te ist durch den sog. Chloraufschluß (5. 349) möglich.

Das im Bleikammerschlamm vorkommende Se kann durch Behandeln mit festem $NaNO_3$ und konz. H_2SO_4 in Lösung gebracht werden und nach Abdampfen der überschüssigen HNO_3 wie oben nachgewiesen werden.

Die Behandlung der Se- und Te-Niederschläge im Kationentrennungsgang erfolgt nach S. 349.

4.2.4. Elemente der V. Hauptgruppe

Die V. Hauptgruppe des PSE umfaßt die Elemente Stickstoff, N, Phosphor, P, Arsen, As, Antimon, Sb, und Wismut, Bi.

Gemäß den allgemeinen Regeln (s. S. 106) ist die maximal mögliche Oxidationsstufe, die auch von allen Elementen erreicht wird, +5, die minimale −3. Mit steigender Ordnungszahl nimmt der metallische Charakter stark zu, die Stabilität der höchsten Oxidationsstufe dagegen ab. Bismutate (Oxidationsstufe +5) sind äußerst starke Oxidationsmittel. In gleicher Richtung sinkt die thermische Stabilität der Wasserstoffverbindungen H_3X und steigt ihr Säurecharakter. Letzteres macht sich auch dadurch bemerkbar, daß die Anlagerung eines Protons unter Bildung von Ionen des Typus $[XH_4]^+$ (s. S. 108) immer schwieriger wird. Die Abnahme der Stärke der Sauerstoffsäuren zeigt sich am besten durch den Vergleich der Verbindungen in der Oxidationsstufe +3. HNO_2 und H_3PO_3 zählen zu den Säuren, H_3AsO_3 bzw. $HAsO_2$ und H_3SbO_3 bzw. $HSbO_2$ sind amphoter und $Bi(OH)_3$ verhält sich fast vollkommen als Base.

Die Elemente Arsen, Antimon und Wismut gehören analytisch gesehen zur H_2S-Gruppe und werden dort besprochen (Kap. 4.3.4.).

4.2.4.1. Stickstoff, N, OZ: 7, RAM: 14,0067

Häufigkeit: 0,030 Gew.-%. Smp.: $-210{,}01$ °C. Sdp.: $-195{,}81$ °C. D_{25}: 1,25 mg/cm³. Oixdationsstufen: -3, $+1$, $+2$, $+3$, $+4$, $+5$. Ionenradius $r_{N^{3+}}$: 0,16 Å, $r_{N^{5+}}$: 0,13 Å.

Vorkommen: Stickstoff kommt hauptsächlich elementar in der Luft (78,1 Vol.-%, bzw. 75,5 Gew.-%) und nur zum geringen Teil gebunden in Form von Nitraten (s. S. 199) vor.

Darstellung: Stickstoff wird technisch durch fraktionierte Destillation flüssiger Luft oder durch Entzug des Sauerstoffs der Luft mit glühender Kohle, wobei ein Gemisch von Stickstoff und Kohlendioxid bzw. Stickstoff und Kohlenmonoxid erhalten wird, gewonnen. Im Laboratorium stellt man ihn dar, indem man den Luftsauerstoff durch Verbrennen von Kupfer oder Phosphor entfernt oder durch Erhitzen stickstoffhaltiger Verbindungen, die außerdem Wasserstoff und Sauerstoff im Verhältnis 2:1 enthalten (z. B. NH_4NO_2 s. S. 239), so daß Wasser und N_2 entstehen können.

Bedeutung: Stickstoff ist vor allem für die großtechnische Herstellung von Ammoniak (s. u.) und Salpetersäure (s. S. 199) sehr wichtig.

Die Bedeutung von Stickstoffverbindungen für die Lebensvorgänge ergibt sich aus der Tatsache, daß Eiweiß und Nukleinsäuren neben Kohlenstoff, Sauerstoff und Wasserstoff stets Stickstoff enthalten.

Allgemeine Eigenschaften: Bei gewöhnlicher Temperatur ist das zweiatomige N_2 ein sehr reaktionsträges Gas. Jedoch wird seine Reaktionsfähigkeit z. B. durch Temperaturerhöhung beträchtlich gesteigert. So bildet Stickstoff eine große Anzahl verschiedenartigster Verbindungen, von denen besonders die Wasserstoffverbindungen, die Oxide und die Sauerstoffsäuren von Bedeutung sind.

Über N_2 s. auch S. 239.

Ammoniak, NH_3

Vorkommen: Aushauchungen von Vulkanen enthalten teilweise geringe Mengen Ammoniak bzw. Ammoniumsalze. In der Natur entsteht es durch Fäulnis stickstoffhaltiger organischer Substanzen (Eiweiß).

Darstellung: Großtechnisch wird NH_3 aus den Elementen unter Verwendung von Katalysatoren nach dem *Haber-Bosch*-Verfahren hergestellt. Weitere Darstellungsverfahren s. S. 444.

Ammoniumsalze werden durch Umsetzung von NH_3 mit den betreffenden Säuren erhalten.

Bedeutung: NH_3 dient als Ausgangsprodukt für die Salpetersäuredarstellung nach dem *Ostwald*-Verfahren. Ammoniumsalze finden ausgedehnte Verwendung als Düngemittel (s. S. 239).

Allgemeine Eigenschaften: NH_3 ist ein stechend riechendes farbloses Gas vom Siedepunkt $-33{,}4$ °C. Es besitzt folgende Struktur

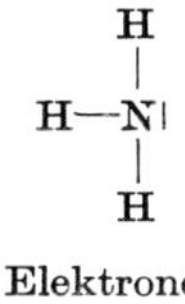

An das freie Elektronenpaar lagert sich leicht ein Proton an, wodurch ein einfach positiv geladener NH_4^+-Komplex (s. S. 79) entsteht:

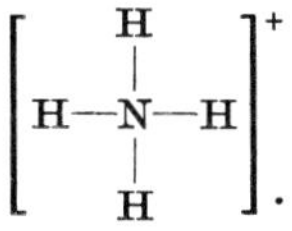

So bildet NH_3 mit Säuren Salze:

$$NH_3 + HCl \rightarrow NH_4Cl,$$

$$2\,NH_3 + H_2SO_4 \rightarrow (NH_4)_2SO_4.$$

Die Besprechung der Reaktionen des Ammoniumions erfolgt wegen seiner großen Ähnlichkeit mit dem K^+-Ion (s. S. 236) bei den Alkalielementen (s. S. 233).

Die Löslichkeit des NH_3 in Wasser ist sehr groß, bei 20 °C lösen sich z.B. 700 Raumteile NH_3 in einem Raumteil Wasser. Es bildet sich Ammoniakhydrat, das in geringem Grade in NH_4^+ und OH^- dissoziiert ist:

$$NH_3 + H_2O \rightleftharpoons NH_3 \cdot H_2O \rightleftharpoons (NH_4OH) \rightleftharpoons NH_4^+ + OH^-.$$

Obgleich es zweifelhaft ist, ob in wäßrigen Ammoniaklösungen undissoziiertes Ammoniumhydroxid in nennenswerten Mengen vorliegt, wird oft aus didaktischen Gründen die Formulierung NH_4OH beibehalten. Obige Gleichgewichte liegen weitgehend auf der linken Seite, so daß wäßrige Ammoniaklösung eine schwache Base darstellt (s. S. 65 u. 72). Ammoniumsalze starker Säuren unterliegen daher in wäßriger Lösung der Hydrolyse. Die Lösungen reagieren sauer (s. S. 60).

NH_3 besitzt infolge seines Dipolcharakters bzw. seines freien Elektronenpaares die Fähigkeit als Komplexligand (Amminkomplexe) zu wirken (s. S. 81).

Der Wasserstoff im Ammoniak kann ganz oder teilweise durch andere Reste ersetzt werden. So erhält man beim Austausch des Wasserstoffs gegen Metalle:

Amide:	$NaNH_2$	(Gewinnung s. S. 456)
Imide:	$PbNH$	
Nitride:	Mg_3N_2	(Darstellung s. S. 453).

Bei Substitution des Wasserstoffs durch Säurereste erhält man die Säureamide: $(NH_2)HSO_3$ Amidosulfonsäure (Darstellung s. S. 455), $(NH_2)_2SO_2$ Sulfamid.

Hydrazin, $H_2N—NH_2$ (N_2H_4)

Darstellung: Hydrazin bildet sich bei der Oxidation von Ammoniak durch Natriumhypochlorit, wobei als Zwischenverbindung Chloramin auftritt (*Raschig*-Synthese):

$$NH_3 + NaOCl \rightarrow NaOH + NH_2Cl,$$
$$NH_2Cl + NH_3 + NaOH \rightarrow N_2H_4 + NaCl + H_2O.$$

Das gebildete Hydrazin setzt sich in einer schnellen Konkurrenzreaktion mit Chloramin um:

$$2NH_2Cl + N_2H_4 \rightarrow 2NH_4Cl + N_2.$$

Diese Reaktion wird von Schwermetallspuren, die in jedem Wasser, auch in destilliertem, vorhanden sind, katalysiert. Um die Schwermetallionen komplex zu binden, setzt man als „Antikatalysator" Leim oder heute AeDTE (s. S. 84) hinzu.

Auch aus Harnstoff und Natriumhypochlorit läßt sich Hydrazin darstellen.

Bedeutung: Auf Grund seiner reduzierenden Eigenschaften dient Hydrazin als sauerstoffbindendes Mittel im Wasser (Korrosionsschutz in Hochdruckkesseln) und zur Herstellung von Kupfer-, Nickel- oder Silberüberzügen auf Metallen, Kunststoffen, Leder oder Holz. Weiterhin wird Hydrazin als Farbstoffkuppler bei der Farbphotographie eingesetzt. Hydrazinderivate organischer Sulfonsäuren verwendet man als Stickstofftreibmittel zur Herstellung von Schaumstoffen. Andere Derivate sind unter den Schädlingsbekämpfungsmitteln anzutreffen. Zusammen mit hochprozentigem H_2O_2 ist z.B. asymmetrisches Dimethylhydrazin ein Raketentreibstoff.

Allgemeine Eigenschaften: Hydrazin kann wie NH_3 Wasserstoffionen binden, und es bilden sich Salze, wie z.B. das schwerlösliche Hydraziniumsulfat $(N_2H_6)SO_4$ (Darst. s. S. 465).

Hydrazin und seine Salze sind starke Reduktionsmittel, wobei N_2 entsteht.

Versuche: Siehe beim Hydroxylamin.

Hydroxylamin, $H_2N—OH$

Darstellung: Hydroxylamin wird in der Technik meist durch Reduktion von Salpetersäure an Bleikathoden gewonnen. Sonst reduziert man salpetrige Säure mit Kaliumhydrogensulfit, wobei zunächst als Zwischenprodukt Kaliumhydroxylamindisulfonat entsteht:

$$HON\boxed{O + \begin{matrix} H \\ H \end{matrix}}\begin{matrix} SO_3K \\ SO_3K \end{matrix} \rightarrow HON(SO_3K)_2 + H_2O\,.$$

Dieses hydrolysiert:

$$HON\boxed{(SO_3K)_2 + 2HO}H \rightarrow HONH_2 + 2H_2SO_4 .$$

Die erste Reaktion verläuft am besten bei einer H^+-Ionenkonzentration von $2 - 5 \cdot 10^{-6}$. Ist diese größer, so zersetzt sich das Nitrit zu Stickstoffoxiden, ist sie kleiner, so ist die Reaktionsgeschwindigkeit zu gering. Außerdem muß man bei möglichst tiefer Temperatur arbeiten, da sich das Kaliumhydroxylamindisulfonat mit schwefliger Säure zum Salz der Nitridotrisulfonsäure umsetzt:

$$(KSO_3)_2N\boxed{OH + H}SO_3K \rightarrow N(SO_3K)_3 + H_2O .$$

Letzteres liefert bei der Hydrolyse Ammoniak.

Bedeutung: Hydroxylamin dient in Form seiner Salze in der Photographie als Entwickler. Ferner wird es zur Synthese einiger Arznei- und Rostschutzmittel sowie in der Riechstoffindustrie zur Reinigung von Ketonen und Aldehyden benötigt.

Allgemeine Eigenschaften: Hydroxylamin kann ebenfalls wie NH_3 und N_2H_4 Wasserstoffionen binden, Hydroxylammoniumsalze, wie z.B. $[NH_3OH]Cl$ (Darst. s. S. 465) sind meist in Wasser leicht löslich. Die wäßrige Lösung des freien Hydroxylamins ist stark basisch. Auch Hydroxylamin und seine Salze sind starke Reduktionsmittel.

Zur Erkennung der starken Reduktionswirkung des Hydrazins und Hydroxylamins führe man die nachstehenden Reaktionen aus.

1. Ag^+ + Ammoniak

$$N_2H_4 + 4Ag^+ \rightarrow 4Ag\downarrow + N_2\uparrow \quad 4H^+ \text{ bzw.}$$
$$2NH_2OH + 4Ag^+ \rightarrow 4Ag\downarrow + N_2O\uparrow + 4H^+ + H_2O .$$

Zu ammoniakalischer Silbersalzlsg. wird etwas Hydrazin- oder Hydroxylaminsalzlsg. gegeben u. schwach erwärmt. Es scheidet sich Silber, häufig als Spiegel, ab.

2. Fehlingsche Lösung

$$N_2H_4 + 4Cu^{2+} + 8OH^- \rightarrow N_2\uparrow + 2Cu_2O\downarrow + 6H_2O ,$$
$$2NH_2OH + 4Cu^{2+} + 8OH^- \rightarrow N_2O\uparrow + 2Cu_2O\downarrow + 7H_2O .$$

(Vereinfachte Gleichung.)
Man versetze *Fehling*sche Lsg., erhalten aus Kupfersulfat, Weinsäure und Natronlauge, mit $[N_2H_6]SO_4$ (Darst. s. S. 465) oder $[NH_3OH]Cl$ (Darst. s. S. 465). Mit ersterem scheidet sich beim Erwärmen, mit letzterem schon bei Zimmertemp. rotes Kupfer(I)-oxid ab.

Stickstoffwasserstoffsäure, HN_3, und Azide

Darstellung: Zur Gewinnung der Säure und ihrer Salze geht man am besten von Ammoniak aus, der mit metallischem Natrium zunächst in Natriumamid, $NaNH_2$, überführt wird:

$$2Na + 2NH_3 \rightarrow 2NaNH_2 + H_2\uparrow .$$

Dann leitet man in das geschmolzene $NaNH_2$ Distickstoffoxid, N_2O, ein:

$$NaNH_2 + N_2O \rightarrow NaN_3 + H_2O .$$

Das Gleichgewicht liegt ganz auf der Seite des NaN_3, da das H_2O mit noch nicht umgesetztem $NaNH_2$ reagiert:

$$NaNH_2 + H_2O \rightarrow NaOH + NH_3 .$$

Aus dem Gemisch kann man durch Einwirkung von H_2SO_4 die schwache und leichtflüchtige Säure frei machen und durch Destillation rein oder in wäßriger Lösung erhalten (Darst. s. S. 457). Die Azide werden meistens aus Natriumazid hergestellt.

Bedeutung: Bleiazid dient als Initialzünder für Schieß- und Sprengstoffe.

Allgemeine Eigenschaften: Wasserfreie Stickstoffwasserstoffsäure und die Schwermetallazide sind äußerst explosiv (Darst. von AgN_3 s. S. 457). Dagegen läßt sich NaN_3 unzersetzt schmelzen und verpufft erst bei starkem Erhitzen. Ein ähnliches Verhalten zeigen die anderen Alkali- und Erdalkaliazide. Die Dämpfe der HN_3 sind sehr giftig und verätzen die Schleimhäute. In wäßriger Lösung ist sie eine schwache Säure ($pK_S = 4{,}67$, entspricht etwa der CH_3COOH).

Die Azide sind hinsichtlich ihrer Löslichkeit den Halogeniden ähnlich (Pseudohalogenide). So sind Silber-, Quecksilber(I)-, Thallium(I)- und Bleiazid schwer löslich.

Über die Umsetzung von NaN_3 mit J_2 siehe Jod-Azid-Reaktion S. 176.

Oxide des Stickstoffs

Stickstoff vermag fünf Oxide mit der Summenformel N_2O_n (n = 1–5) zu bilden:

N_2O	Distickstoffmonoxid (Lachgas),
$(N_2O_2) \rightleftarrows 2NO$	Stickstoffoxid,
N_2O_3	Distickstofftrioxid, Anhydrid der salpetrigen Säure,
$N_2O_4 \rightleftarrows 2NO_2$	Stickstoffdioxid, dimeres Produkt: Distickstofftetroxid,
N_2O_5	Distickstoffpentoxid.

Ferner bildet Stickstoff vier Sauerstoffsäuren:

NH_2OH	Hydroxylamin,
$H_2N_2O_2$	hyposalpetrige Säure,
HNO_2	salpetrige Säure,
HNO_3	Salpetersäure.

Von diesen wurde das Hydroxylamin wegen seiner analytischen Zugehörigkeit zum Hydrazin bereits zusammen mit diesem besprochen (vgl. S. 194).

Distickstoffmonoxid, N_2O

Während NO, NO_2, N_2O_3, HNO_2 und HNO_3 durch eine Reihe wichtiger Reaktionen miteinander verbunden sind, nimmt N_2O (Lachgas) eine Sonderstellung ein.

Darstellung: N_2O entsteht bei der thermischen Zersetzung von NH_4NO_3:

$$NH_4NO_3 \rightarrow N_2O\uparrow + H_2O\uparrow + 9\ \text{kcal}.$$

Eine weitere Möglichkeit bietet die Umsetzung von Amidosulfonsäure mit wasserfreier Salpetersäure:

$$H_2NSO_3H + HNO_3 \rightarrow N_2O\uparrow + H_2SO_4 + H_2O.$$

Bedeutung: N_2O ist teilweise als Treibgas in Sprühdosen enthalten. Gemischt mit 20% Sauerstoff wird es zur Narkose verwendet.

Allgemeine Eigenschaften: N_2O ist ein farbloses und recht reaktionsträges Gas von schwach süßlichem Geruch. Es setzt sich bei Zimmertemperatur nicht mit Halogenen bzw. Alkalimetallen um. Erst bei höherer Temperatur unterhält es die Verbrennung (s. Versuch 1). An der Luft wird N_2O nicht braun (Unterschied zu NO). Über N_2O vgl. auch S. 457.

Man führe folgende Versuche durch:

1. Nachweis der Bildung von N_2O

$$2N_2O + C \rightarrow 2N_2 + CO_2.$$

In einem trockenen Reagenzglas werden 1–2 g NH_4NO_3 erhitzt. Das gebildete N_2O bringt einen glimmenden Holzspan zum Entflammen.

2. Spontane Zersetzung von NH_4NO_3

NH_4NO_3 kann als Sicherheitssprengstoff verwandt werden. Einige Körner NH_4NO_3 (Vorsicht!) werden in ein auf dunkle Rotglut erhitztes Reagenzglas geworfen. Die Zersetzung geht unter Feuererscheinung vor sich.

Stickstoffmonoxid, NO, und Stickstoffdioxid, NO_2

Darstellung: Industriell wird Stickstoffmonoxid durch katalytische Verbrennung von Ammoniak gewonnen. Bei tieferen Temperaturen ($< +150$ °C) geht das NO im Sauerstoffüberschuß in NO_2 über. Die Darstellung aus den Elementen im elektrischen Flammenbogen ist unrentabel:

$$N_2 + O_2 \rightleftarrows 2NO - 43\ \text{kcal}.$$

Im Laboratorium reduziert man am besten Salpetersäure. Bei dieser Reaktion kann ebenso auch NO_2 gebildet werden. Welches von beiden in erster Linie entsteht, hängt nicht nur von dem verwendeten Reduktionsmittel, sondern auch von der Konzentration der Salpetersäure ab. So geben Metalle mit konz. Salpetersäure im wesentlichen NO_2, mit verdünnter hauptsächlich NO.

Reines Stickstoffdioxid erhält man am besten durch Erhitzen von Schwermetallnitraten, z.B.:

$$2Pb(NO_3)_2 \rightarrow PbO + 4NO_2\uparrow + O_2\uparrow.$$

Durch Schütteln einer Lösung von Salpetersäure oder salpetriger Säure in konz. H_2SO_4 mit Quecksilber unter Luftausschluß läßt sich sehr reines NO darstellen (Lunge):

$$2HNO_3 + 6Hg + 3H_2SO_4 \rightarrow 2NO\uparrow + 3Hg_2SO_4 + 4H_2O.$$

Bedeutung: Durch Einleiten von Stickstoffdioxid und Luft in Wasser wird Salpetersäure gewonnen. N_2O_4 kann als oxidierend wirkender Zusatz zu Raketentreibstoffen verwendet werden.

Allgemeine Eigenschaften: Stickstoffmonoxid ist ein farbloses Gas, das mit Sauerstoff in das rotbraune NO_2 übergeht. Mit überschüssigem NO_2 reagiert es teilweise zu N_2O_3:

$$NO + NO_2 \rightleftarrows N_2O_3.$$

Stickstoffdioxid ist ein sehr starkes Oxidationsmittel, so daß z.B. Kohle, Schwefel und Phosphor in NO_2 lebhaft verbrennen.

Mit N_2O_4 steht NO_2 in einem stark temperaturabhängigen Gleichgewicht:

$$\underset{\text{braun}}{2NO_2} \rightleftarrows \underset{\text{farblos}}{N_2O_4} + 13{,}9\ \text{kcal}.$$

Im festen Zustand liegt das Oxid nur als N_2O_4 vor. Vom Gefrierpunkt (−11,2 °C) nimmt die Konzentration an NO_2 laufend zu. Ab 150 °C ist die Dissoziation vollständig.

Durch folgendes Gleichgewicht sind NO, NO_2 und HNO_3 miteinander verbunden:

$$3NO_2 + H_2O \rightleftarrows 2HNO_3 + NO.$$

Das NO_2 disproportioniert in $\overset{+2}{N}O$ und $H\overset{+5}{N}O_3$. Bei Gegenwart von Wasser verschiebt sich das Gleichgewicht gemäß dem MWG mehr nach rechts. Bei wenig Wasser, also in konz. HNO_3, verläuft dagegen die Reaktion umgekehrt (wichtig für die Salpetersäuredarstellung).

Während NO_2 in saurer Lösung zu HNO_3 und NO disproportioniert, geht es mit Laugen in ein Gemisch von Nitrat und Nitrit über:

$$2NO_2 + 2NaOH \rightarrow NaNO_3 + NaNO_2 + H_2O.$$

Über NO und NO_2 s. auch S. **444**.

1. Erhitzen von Schwermetallnitraten

In einem Reagenzglas wird $Pb(NO_3)_2$ erhitzt (Abzug!). Es entsteht braunes NO_2 (Gleichung siehe oben).

Salpetrige Säure und Nitrite

Darstellung: In der Technik erhält man Natriumnitrit durch Umsetzung von NO mit Soda:

$$4NO + 2Na_2CO_3 + O_2 \rightarrow 4NaNO_2 + 2CO_2\uparrow.$$

Weiterhin werden Nitrite aus den entsprechenden Alkalinitraten hergestellt, indem man diese im Schmelzfluß mit Blei reduziert:

$$Pb + NaNO_3 \rightarrow PbO + NaNO_2.$$

Bedeutung: Natriumnitrit wird in der organischen Chemie zum Diazotieren (s. S. 418) verwendet. Zu 0,5% ist $NaNO_2$ im Pökelsalz enthalten.

Allgemeine Eigenschaften: Salpetrige Säure ist in reinem Zustand nicht bekannt, da sie leicht in N_2O_3 übergeht, das weiter in NO und NO_2 zerfällt. Selbst ihre wäßrigen Lösungen sind nur in großer Verdünnung und bei tiefen Temperaturen beständig.

Wie die folgenden Elektronenformeln erkennen lassen, kann die freie salpetrige Säure in zwei tautomeren Formen vorliegen, da das H einmal am Stickstoff und einmal am Sauerstoff sitzen kann (Bindungsisomerie):

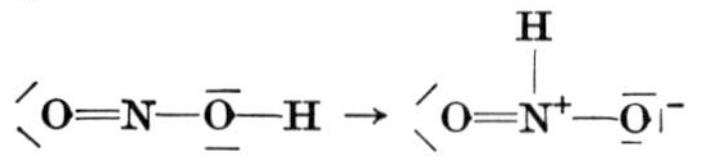

Nitrite oxidieren im Hämoglobin Eisen(II) zu Eisen(III) und wirken daher auf den Organismus stark toxisch.

Alle Nitrite außer $AgNO_2$ sind in Wasser leicht löslich, daher gibt es keine charakteristischen Fällungsreaktionen für Nitrite. Da beim Ansäuern von Nitritlösungen die gebildete HNO_2 unter Bildung eines NO-NO_2-Gemisches zerfällt und hierbei immer geringe HNO_3-Mengen entstehen, wird der NO_2^--Nachweis im Sodaauszug oder im neutralen wäßrigen Auszug der Substanz ausgeführt.

Für die nachstehenden Reaktionen verwende man eine $NaNO_2$-Lösung bzw. die entsprechend vorbereitete Analysenlösung.

1. Zerfall von HNO_2

$$2HNO_2 \rightarrow H_2O + N_2O_3 \rightarrow H_2O + NO\uparrow + NO_2\uparrow.$$

Einige ml $NaNO_2$-Lsg. säure man mit H_2SO_4 an. Die entstehende salpetrige Säure zerfällt in ein Gemisch von Stickstoffmonoxid und Stickstoffdioxid. Je nach der Konz. kann dann NO_2 weiterreagieren, so daß beim Zersetzen von $NaNO_2$ mit verd. Säure HNO_3 + NO, mit konz. Säure NO + NO_2 entsteht. Beim Arbeiten an der Luft erhält man selbstverständlich stets NO_2, da NO sich sofort oxidiert.

2. Oxidation zu NO_3^-

$$2MnO_4^- + 5NO_2^- + 6H^+ \rightarrow 2Mn^{2+} + 5NO_3^- + 3H_2O.$$

In einem Reagenzglas gebe man zu verd. H_2SO_4 einige Tr. $KMnO_4$-Lsg. und versetze mit $NaNO_2$-Lösung. Entfärbung!

3. $AgNO_3$

In nicht zu verd. Lsg. Nd. von $AgNO_2$, lösl. in verd. HNO_3 sowie in einem Überschuß von Nitrit.

4. Diphenylamin

Eine Lsg. von Diphenylamin (s. S. 416) in konz. H_2SO_4, mit der man die auf NO_2^- zu prüfende Lsg. unterschichtet, färbt sich an der Berührungsfläche intensiv blau. Andere Oxidationsmittel, wie z.B. HNO_3, geben die gleiche Reaktion (vgl. S. 416).

5. Ammoniak, Harnstoff, Amidosulfonsäure, Stickstoffwasserstoffsäure

HNO_2 reagiert mit NH_3 und sehr vielen Abkömmlingen des Ammoniaks unter Bildung von Stickstoff:

$$NH_3 + HNO_2 \rightarrow N_2\uparrow + 2H_2O.$$

Die Reaktion ist wichtig zur Entfernung von Nitriten aus der Analysenlösung, da Nitrate nur dann nachgewiesen werden können, wenn Nitrit abwesend ist. Da die Reaktion in saurer Lösung stattfindet, muß der Zerfall der HNO_2 in HNO_3 und NO (s. Vers. 1) verhindert werden. Ohne die störende Nebenreaktion gelingt die Zerstörung des Nitrits mit Stickstoffwasserstoffsäure, HN_3, Harnstoff, $(NH_2)_2CO$, oder noch besser mit Amidosulfonsäure $(NH_2)HSO_3$:

$$HN_3 + HNO_2 \rightarrow N_2\uparrow + N_2O\uparrow + H_2O,$$
$$(NH_2)_2CO + 2HNO_2 \rightarrow CO_2\uparrow + 3H_2O + 2N_2\uparrow,$$
$$(NH_2)HSO_3 + HNO_2 \rightarrow H_2SO_4 + N_2\uparrow + H_2O.$$

Entweder wird der SA oder die neutrale Lsg. der Analysensubstanz kalt mit einer Harnstofflsg. versetzt u. ganz schwach angesäuert. Oder es wird nicht ganz neutralisiert u. tropfenweise Amidosulfonsäurelsg. hinzugegeben, wobei sich NO_2^- sehr schnell zersetzt.

6. Nachweis durch Oxidation von J^- zu J_2

$$2HNO_2 + 2HJ \rightarrow 2H_2O + 2NO\uparrow + J_2.$$

Nitrite sind in sauren Lösungen Oxidationsmittel.

Man verdünne einige ml einer Nitritlsg. mit W. und füge KJ-Lsg. sowie einige Tr. HCl hinzu. Jodausscheidung.

1 Tr. des SA wird auf dem OT mit 5 M HCl oder 2,5 M H_2SO_4 angesäuert u. mit 1 Tr. 0,1 M KJ-Lsg. sowie einigen Stärkekörnchen versetzt. Eine blaue Anfärbung der Stärke (Betrachtung unter dem Mikroskop) weist auf NO_2^- hin.

EG: 0,005 µg NO_2^-/0,01 ml pD: 6,3.

Störungen: Diese recht empfindliche Rk. ist nicht spezifisch für NO_2^-, da andere Oxidationsmittel (ClO_3^-, ClO^-, H_2O_2, HSO_5^-, $S_2O_8^{2-}$ u.a.) ebenso reagieren.

Nur wenn die Oxidation von KJ positiv verläuft, wird anschließend der endgültige NO_2^--Nachweis mit $FeSO_4$ oder *Lunges* Reagenz durchgeführt. Br^-, J^-, ClO_3^-, JO_3^-, S^{2-}, SO_3^{2-}, $S_2O_3^{2-}$, SCN^-, $[Fe(CN)_6]^{3-(4-)}$ und CrO_4^{2-} stören und werden wie folgt entfernt:

5 Tr. des SA werden mit 5 M Essigsäure genau neutralisiert u. danach mit 1 Tr. 2 M Na_2CO_3-Lsg. versetzt. Die schwach alkal. Probe-Lsg. wird nun mit festem Ag_2CO_3 geschüttelt oder so lange tropfenweise mit einer kalt gesätt. Ag_2SO_4-Lsg. bzw. einer 10%ig. $AgClO_4$-Lsg. versetzt, bis kein Nd. mehr ausfällt. Bei Ggw. von SO_3^{2-} u. CrO_4^{2-} muß außerdem die schwach alkal. Probe-Lsg. mit 0,5 M $BaCl_2$-Lsg. versetzt werden, bis $BaSO_3$ u. $BaCrO_4$ quantitativ ausgefällt sind. In der von den Ndd. befreiten Lsg. wird NO_2^- (NO_3^-, vgl. S. 201) mit den unten beschriebenen Nachweisreaktionen identifiziert.

7. Nachweis als $[FeNO(H_2O)_5]^{2+}$ (vgl. 3., S. 201)

$FeSO_4$ bildet wie mit Nitrat, aber zum Unterschied von diesem, schon in schwach saurer Lösung braunes Nitrosyleisen(II)-Ion, $[FeNO(H_2O)_5]^{2+}$:

$$Fe^{2+} + NO_2^- + 2H^+ \rightarrow Fe^{3+} + NO + H_2O,$$
$$Fe^{2+} + NO \rightarrow [FeNO(H_2O)_5]^{2+}.$$

Im HM-Maßstab wird 1 Tr. der vorbereiteten Probelsg. auf der TP mit 1 Tr. 2,5 M H_2SO_4 angesäuert u. mit einem kleinen, mit 2,5 M H_2SO_4 gewaschenen $FeSO_4$-Kristall versetzt. Eine Braunfärbung um den $FeSO_4$-Kristall (Bldg. von $[FeNO(H_2O)_5]^{2+}$) zeigt NO_2^- an.

EG: 2 µg HNO_2 pD: 4,2.

8. Nachweis mit Sulfanilsäure + α-Naphthylamin (Lunges Reagenz)

Sulfanilsäure wird in saurer Lösung durch HNO_2 diazotiert und mit α-Naphthylamin zu einem roten Azofarbstoff gekuppelt. (Einzelheiten vgl. S. 418.)

1 Tr. der nach 6. vorbereiteten Probelsg. wird mit je 1 Tr. Eisessig, 1 Tr. 1%ige Sulfanilsäure-Lsg. in 30%ige Essigsäure u. 1 Tr. 0,3%ige α-Naphthylamin-Lsg. in 30%iger Essigsäure auf der TP vermischt. Eine Rotfärbung zeigt NO_2^- an.

EG: 0,01 µg NO_2^- pD: 6,7.

Salpetersäure und Nitrate

Vorkommen: In der Natur kommt hauptsächlich $NaNO_3$ (Natronsalpeter, Chilesalpeter), in geringeren Mengen jedoch auch KNO_3 (Kalisalpeter) vor.

Darstellung: In der Technik wird Salpetersäure fast nur noch aus Stickstoffoxiden (s. S. 197) gewonnen. Man erhält eine etwa 45–52%ige Säure. Um sie auf 98–99% aufzukonzentrieren, wird entweder das Wasser mit konz. H_2SO_4 entzogen oder ein Gemisch von N_2O_4 und Sauerstoff eingedrückt.

Früher wurde Salpetersäure aus ihren Salzen mit Hilfe einer schwerer flüchtigen Säure dargestellt:

$$NaNO_3 + H_2SO_4 \rightarrow NaHSO_4 + HNO_3.$$

Bedeutung: Salpetersäure gehört zu den wichtigsten anorganischen Chemikalien. Sie findet u.a. in großen Umfang Verwendung zur Herstellung von Düngemitteln. Nitriersäure (Gemisch aus konz. HNO_3 und konz. H_2SO_4) wird u.a. für die Herstellung von Explosivstoffen (Nitroglycerin, Nitrocellulose, Trinitrotoluol, Pikrinsäure) Nitrolacken, Zelluloid sowie von Farbstoffen bzw. deren Zwischenprodukte eingesetzt. Wasserfreie Salpetersäure dient in neuerer Zeit als Oxidationsmittel in Raketentreibstoffen. KNO_3 ist Bestandteil des Schwarzpulvers (s. S. 173). NH_4NO_3 wird als Sicherheitssprengstoff verwendet (s. S. 239).

Allgemeine Eigenschaften: Man unterscheidet hochkonzentrierte Salpetersäure, etwa 95%ig, die durch NO_2 meist gelb bis braun gefärbt ist, an der Luft NO_2-Dämpfe abgibt und daher rote rauchende Salpetersäure genannt wird. Weiterhin kennt man die gewöhnliche konz. Salpetersäure, meist 65%ig, und die verd. 2 M Salpetersäure, 12%ig. Das azeotrope Gemisch mit Wasser (s. S. 152) ist 68%ig an HNO_3. Salpetersäure ist nicht nur eine starke Säure, sondern auch ein starkes Oxidationsmittel. Von den Metallen werden nur Gold und einige Platinmetalle nicht angegriffen, während Eisen, Chrom und Aluminium wahrscheinlich durch Bildung einer Oxidschicht passiviert werden. Besonders konz. HNO_3 ist sehr aggressiv, da weniger das Nitration als die undissoziierte Säure diese Wirkung ausübt. Das Verhalten der Salpetersäure gegenüber Metallen ist daher je nach der Konzentration verschieden.

Salpetersäure führt auf der Haut zu Verätzungen, wobei gleichzeitig eine Gelbfärbung auftritt (**Xanthoproteinreaktion**). Vom Organismus werden Nitrate zu Nitriten reduziert und wirken daher toxisch (s. S. 198). Die Nitrate sind besonders bei höheren Temperaturen starke Oxidationsmittel. Beim Erhitzen zerfallen die Erdalkali- und Alkalinitrate unter Bildung von Nitrit:

$$2\,NaNO_3 \rightarrow 2\,NaNO_2 + O_2.$$

Schwermetallnitrate bilden Oxid, Stickstoffdioxid und Sauerstoff (s. S. 197).

Alle Nitrate sind wasserlöslich (Nitron s. S. 420). Als Nachweise entfallen daher Fällungsreaktionen.

Nitrat wird wie Nitrit im Sodaauszug nachgewiesen. Nur bei Gegenwart von Hg und Bi bilden sich bei der Herstellung des Sodaauszuges schwerer lösliche basische Nitrate, die im Rückstand verbleiben. In diesen Fällen wird entweder der Rückstand des Sodaauszugs oder – bei Abwesenheit von NO_2^- – die Substanz direkt noch einmal auf NO_3^- geprüft.

Für die nachstehenden Reaktionen verwende man HNO_3, eine NO_3^--haltige Lösung oder die entsprechend vorbeitete Analysenlösung.

1. Zink mit HNO_3 unterschiedlicher Konzentration

Man versetze in verschiedenen Reagenzgläsern Zinkstücke

α) mit konz. HNO_3 – braune Dämpfe von NO_2:

$$4\,HNO_3 + Zn \rightarrow Zn(NO_3)_2 + 2\,NO_2\uparrow + 2\,H_2O,$$

β) mit einer Mischung von konz. HNO_3 mit zwei Teilen Wasser – fast farblose Dämpfe von NO, die an der Luft braun werden:

$$8\,HNO_3 + 3\,Zn \rightarrow 3\,Zn(NO_3)_2 + 2\,NO\uparrow + 4\,H_2O,$$
$$(2\,NO + O_2 \rightarrow 2\,NO_2),$$

γ) mit einer Mischung von verd. HNO_3 mit einem Teil Wasser – farbloses brennbares Gas (Wasserstoff):

$$Zn + 2\,HNO_3 \rightarrow Zn(NO_3)_2 + H_2\uparrow.$$

Die Reaktion γ erfolgt nur mit unedlen Metallen. Edelmetalle, wie Silber, Quecksilber und auch Kupfer werden nur nach α oder β aufgelöst (Näheres s. S. 326ff.). Bei Gold und Platin reicht die oxidierende Wirkung der HNO_3 nicht mehr aus. Daher kann man Silber und Gold durch HNO_3 trennen (Scheidewasser). Gold und Platin lösen sich jedoch in Königswasser, ein Gemisch aus einem Teil konz. HNO_3 und drei Teilen konz. HCl. Dabei entsteht nascierendes Chlor, das besonders reaktionsfähig ist, und Nitrosylchlorid:

$$HNO_3 + 3\,HCl \rightarrow NOCl + 2\,H_2O + 2\,Cl_{nasc}.$$

2. Diphenylamin

Unterschichtet man die auf NO_3^- zu prüfende, mit verd. H_2SO_4 angesäuerte Lsg. mit einer 0,5%igen Lsg. von Diphenylamin in konz. H_2SO_4, so entsteht an der Trennungsfläche ein blauer Ring. Sehr empfindlich, aber nicht charakteristisch, da viele andere Oxidationsmittel die gleiche Rk. geben. Durch diese wird das farblose Diphenylamin zu einem blauen Farbstoff oxidiert.

3. Nachweis als $[FeNO(H_2O)_5]^{2+}$ (Ringprobe)

HNO_3 wird zunächst durch $FeSO_4$ zu NO reduziert, wobei Fe^{2+} zu Fe^{3+} oxidiert wird:

$$6FeSO_4 + 3H_2SO_4 + 2HNO_3 \rightarrow 3F_2(SO_4)_3 + 4H_2O + 2NO.$$

Das NO lagert sich an überschüssiges Fe^{2+} an.

$$FeSO_4 + NO + 5\,H_2O \rightarrow [FeNO(H_2O)_5]SO_4.$$

α) 3 Tr. der Probelsg. werden im Reagenzglas mit 3 Tr. einer kalt gesätt. mit 1 Tr. 2,5 M H_2SO_4 angesäuerten $FeSO_4$-Lsg. versetzt u. vorsichtig mit konz. H_2SO_4 unterschichtet, indem man das Reagenzglas schräg hält u. die konz. H_2SO_4 an der inneren Wandung herunterfließen läßt.
An der Berührungszone wss. Lsg. – konz. H_2SO_4 bildet sich je nach der NO_3^--Menge ein brauner bis amethystfarbener Ring von $[FeNO(H_2O)_5]SO_4$, Nitrosyleisen(II)-sulfat.

β) Ein mit 2,5 M H_2SO_4 gewaschener $FeSO_4$-Kristall wird auf der TP mit 1 Tr. 2,5 M H_2SO_4, 2 Tr. Probelsg. u. 3 Tr. konz. H_2SO_4 versetzt. Bei Ggw. von NO_3^- bildet sich um den Kristall eine braunviolette Zone.

EG: 3 μg NO_3^- pD: 4,0.

4. Nachweis als NH_3

$$4Zn + 3NaOH + NaNO_3 + 6H_2O \rightarrow 4Na[Zn(OH)_3] + NH_3\uparrow.$$

Für die Reduktion in alkalischer Lösung eignen sich Metalle, die sich in Laugen unter Wasserstoffentwicklung auflösen, wie Aluminium und Zink. Bei Laugeüberschuß bildet sich lösliches Hydroxozincat (Hydroxoaluminat) (s. S. 266 bzw. 274).

Man erwärme eine Spatelspitze $NaNO_3$ oder KNO_3 mit 2–3 ml NaOH und 1 g Zinkstaub oder *Devarda*scher Legierung (50% Cu, 45% Al u. 5% Zn). Es entweicht, am Geruch erkennbar, Ammoniak.
Will man auf diese Weise Nitrationen nachweisen, so müssen Ammoniumionen durch Kochen mit Natronlauge vorher entfernt werden (s. S. 240).
Im HM-Maßstab verwendet man zweckmäßig ein Reagenzglas mit aufgesetztem Gärröhrchen oder die Gasprüfkammer.

5. Nachweis mit Lunges Reagenz (vgl. S. 418)

Nitrat wird durch Zn zu Nitrit reduziert und dieses, wie auf S. 199 beschrieben, als roter Azofarbstoff nachgewiesen.

2–3 Tr. der von störenden Anionen nach 5. und 6., S. 198 u. 199, befreiten Lsg. werden mit Soda neutralisiert, mit Eisessig angesäuert und auf der TP mit je 1 Tr. Reagenzlsg. A u. B sowie einigen mg Zn-Staub versetzt. Eine sich allmählich bildende Rotfärbung zeigt NO_3^- an. Ist evtl. vorhandenes NO_2^- durch Amidosulfonsäure zerstört worden, so ist vor der Zn-Zugabe die Lsg. mit $NaCH_3COO$ zu puffern.

EG: 0,05 μg NO_3^- pD: 6,0.

Reagenz A: 1%ige Lsg. von Sulfanilsäure in 30%iger Essigsäure,
Reagenz B: Konz. Lsg. von α-Naphthylamin in 30%iger Essigsäure.

6. Nachweis mit Brucin (s. S. 435)

Trennung und Nachweis von NO_2^- und NO_3^-

(Siehe auch Tabelle XXIII., S. 390)

Beim Nachweis von Nitrit und Nitrat muß man berücksichtigen, daß Jodid, Bromid und Chlorat stören können, wie es schon auf S. 158 und 166 beschrieben wurde.

Als Vorprobe auf Nitrit dient die Erwärmung der Substanz mit verd. H_2SO_4, wobei in Gegenwart von Luftsauerstoff braunes Stickstoffdioxid entwickelt wird. Nitrate geben erst mit konz. H_2SO_4 schwachbraune Dämpfe (vgl. 1., S. 198). Bei dieser Vorprobe entstehen auch aus Bromiden braune Dämpfe von Brom.

Zum Nachweis des NO_2^- wird der mit verd. H_2SO_4 angesäuerte SA mit $FeSO_4$-Lösung versetzt. Braune Farbe zeigt Nitrit an (s. 7., S. 199). Außerdem können Sulfanilsäure + α-Naphthylamin (s. 8., S. 199) sowie die Oxidation von J^- zu J_2 (s. 6., S. 199) zum Nachweis herangezogen werden.

Zur Erkennung von Nitrat bei Gegenwart von Nitrit muß letzteres nach 5., S. 198, am besten mit Amidosulfonsäure entfernt werden. Zum Nachweis des NO_3^- kann die Reaktion mit $FeSO_4$ + konz. H_2SO_4 (s. 3., S. 201) sowie die Reduktion zu NH_3 mit Zn in alkalischer Lösung (s. 4., S. 201) herangezogen werden. Letzterer Nachweis ist nur bei Abwesenheit von anderen N-haltigen Verbindungen eindeutig. NH_4^+-Ionen müssen durch Kochen mit NaOH-Lösung vorher entfernt werden. Das Nitrat kann auch mit Zn in essigsaurer Lösung zu NO_2^- reduziert werden. Das entstandene Nitrit wird wie oben nachgewiesen.

Liegen schwerlösliche, basische Quecksilber- und Wismutnitrate vor, so geht Nitrat nicht in den SA. In diesem Falle wird der Rückstand des SA mit verd. Essigsäure oder verd. H_2SO_4 in der Kälte 1–2 Minuten digeriert. Nach Abtrennen des Ungelösten wird das Zentrifugat auf NO_3^- wie oben geprüft.

4.2.4.2. Phosphor, P, OZ: 15, RAM: 30,9738

Häufigkeit: 0,09 Gew.-%. Smp. P weiß: 44,2 °C. Sdp. P weiß: 281 °C. D_{ZT} P schwarz: 2,69 g/cm³. Oxidationsstufen: -3, $+1$, $+3$, $+5$. Ionenradius $r_{P^{3+}}$: 0,44 Å, $r_{P^{5+}}$: 0,35 Å.

Vorkommen: In der Natur findet man nur Verbindungen der Orthophosphorsäure, H_3PO_4, wie z.B. Apatit, $Ca_5(PO_4)_3F$, Phosphorit, $Ca_3(PO_4)_2 \cdot Ca(OH_2)$ und in den Knochen Hydroxylapatit, $Ca_5(PO_4)_3OH$. In pflanzlichen und tierischen Organismen treten Verbindungen der Phosphorsäure gebunden an organische Substanzen auf. Bedeutende Phosphatvorkommen sind auf Ablagerungen von tierischen Ausscheidungen früherer Zeitepochen zurückzuführen.

Darstellung: In der Technik wird elementarer Phosphor durch Reduktion von tertiärem Calciumphosphat, $Ca_3(PO_4)_2$, im Gemisch mit Quarzsand und Kohle im elektrischen Ofen gewonnen.

Bedeutung: Weißer Phosphor wird wegen seiner Giftigkeit nur in geringem Umfange verwendet. Dagegen wird roter Phosphor in großen Mengen in der Zündholzindustrie verarbeitet.

Von den Verbindungen haben die Phosphate als Düngemittel große Bedeutung: Superphosphat, Doppelphosphat, Thomasmehl.

Allgemeine Eigenschaften: Elementarer Phosphor kommt in drei definierten kristallinen Modifikationen vor: weißer, violetter (roter) und schwarzer Phosphor.

Entsprechend seiner Stellung im PSE ist die maximale Oxidationsstufe $+5$ zugleich die beständigste (Phosphorsäure, Phosphate). Weiter bildet Phosphor analog dem Stickstoff Wasserstoffverbindungen, in denen er die Oxidationsstufe -3 bzw. -2 besitzt, wie gasförmiges PH_3 und flüssiges P_2H_4. Die Oxidationsstufe $+3$ ist in Verbindungen wie Phosphortrichlorid, PCl_3, und Phosphortrioxid, P_2O_3, dem Anhydrid der phosphorigen Säure, $H_2(HPO_3)$, vertreten. In der hypophosphorigen Säure, $H(H_2PO_2)$, schließlich liegt Phosphor in der Oxidationsstufe $+1$ vor.

In der phosphorigen Säure sowie in der hypophosphorigen Säure besitzt er ebenso wie in der Orthophosphorsäure die Koordinationszahl 4 (vgl. auch S. 81):

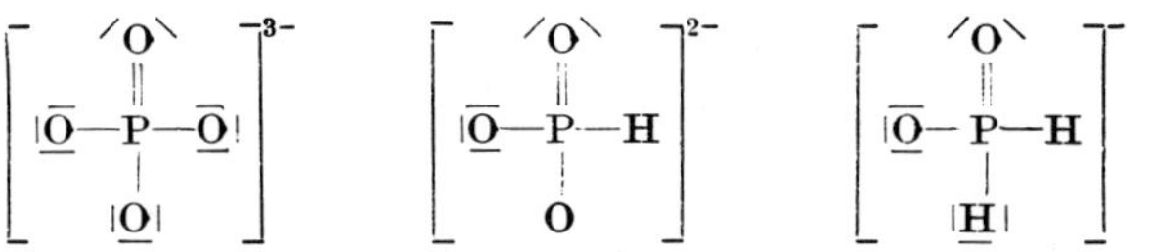

Orthophosphation Phosphition Hypophosphition

In der Orthophosphorsäure sind die vier Sauerstoffatome tetraedrisch um den Phosphor gelagert, H_3PO_4 ist dreibasig. Im Anion der phosphorigen und hypophosphorigen Säure sind ein bzw. zwei Wasserstoffatome in den Komplex des Anions eingetreten, so daß eine zwei- bzw. einbasige Säure entsteht.

Phosphorwasserstoff und hypophosphorige Säure

Die Salze der hypophosphorigen Säure, die Hypophosphite, entstehen in einer analogen Reaktion wie die Hypochlorite aus Chlor, nämlich durch Disproportionierung von Phosphor in alkalischer Lösung:

$$4P + 3OH^- + 3H_2O \rightarrow PH_3 + 3[H_2PO_2]^-.$$

Es bildet sich also als Nebenprodukt der äußerst giftige Phosphorwasserstoff, der wegen eines kleinen Gehaltes von P_2H_4 selbstentzündlich ist.

1. Zersetzung von Bariumhypophosphit

Über die Darstellung von $Ba[H_2PO_2]_2 \cdot H_2O$ s. S. 461.

$$2Ba[H_2PO_2]_2 \rightarrow 2PH_3 + Ba_2P_2O_7 + H_2O.$$

Man erhitze unter einem gut ziehenden Abzug ein wenig Hypophosphit möglichst unter Luftabschluß. Es entstehen selbstentzündlicher Phosphorwasserstoff, Phosphor, der die Substanz rötlich färbt und sublimiert, sowie Phosphate als Rückstand. Im wesentlichen tritt also Disproportionierung ein.

2. $CuSO_4$

Hypophosphite sind sehr starke Reduktionsmittel. Gibt man zu $Ba[H_2PO_3]_2$-Lsg. $CuSO_4$-Lsg., so fällt ein rotbrauner Nd. von der ungefähren Zusammensetzung CuH aus.

Phosphortrichlorid und phosphorige Säure

Darstellung: Phosphortrichlorid, PCl_3, wird durch Überleiten von trockenem Chlorgas über erwärmten weißen Phosphor hergestellt (Darst. s. S. 469).

Die Hydrolyse von PCl_3 ist die geeignetste Darstellungsmethode für phosphorige Säure:

$$PCl_3 + 3H_2O \rightarrow H_2[HPO_3] + 3HCl.$$

Allgemeine Eigenschaften: PCl_3 siedet bei 74,5 °C. Es ist eine leicht bewegliche, an der Luft rauchende Flüssigkeit. (Durch Luftfeuchtigkeit Bildung von HCl-Nebeln.) PCl_3 hat ein freies Elektronenpaar:

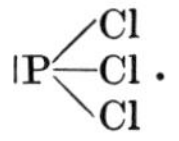

Dadurch kann es als Elektronendonator wirken (s. S. 20). So entsteht durch Anlagerung von Sauerstoff Phosphoroxichlorid, $POCl_3$ (Darst. s. S. 466), bzw. mit Chlorgas Phosphorpentachlorid, PCl_5 (Darst. s. S. 470).

Phosphorige Säure ist zweibasig (s. o.). Sie sowie ihre Salze, die Phosphite, disproportionieren beim trockenen Erhitzen in Phosphorwasserstoff und Phosphorsäure bzw. Phosphat:

$$4H_2[H\overset{+3}{P}O_3] \rightarrow 3H_3\overset{+5}{P}O_4 + \overset{-3}{P}H_3.$$

Charakteristisch für phosphorige Säure ist ihr starkes Reduktionsvermögen.

Einige Tropfen PCl_3 versetzt man mit Wasser. Sie lösen sich unter Hydrolyse auf. Für die nachstehenden Reaktionen benutze man diese Lösung.

1. $AgNO_3$

$$Ag_2HPO_3 + H_2O \rightarrow 2H^+ + HPO_4^{2-} + 2Ag\downarrow.$$

Zu der neutralisierten Lsg. der phosphorigen Säure füge man $AgNO_3$ hinzu. Zunächst weißer Nd. einer Mischung von AgCl + Ag_2HPO_3. Beim Erwärmen Schwarzfärbung, da Ag^+ reduziert u. HPO_3^{2-} oxidiert wird.

2. $HgCl_2$-Lösung

$$2HgCl_2 + H_2[HPO_3] + H_2O \rightarrow H_3PO_4 + 2HCl + Hg_2Cl_2\downarrow,$$
$$Hg_2Cl_2 + H_2[HPO_3] + H_2O \rightarrow H_3PO_4 + 2HCl + 2Hg\downarrow.$$

Als starkes Reduktionsmittel scheidet phosphorige Säure aus $HgCl_2$-Lsg. in der Kälte langsam, in der Wärme rasch, je nach den Konzentrationsverhältnissen, weißes Hg_2Cl_2 oder graues Hg ab.

3. Nascierender Wasserstoff

$H_{nasc.}$ reduziert phosphorige Säure zu PH_3.

$$H_2[HPO_3] + 6H \rightarrow PH_3\uparrow + 3H_2O.$$

Man gebe etwas Zink zu der Mischung von HCl und H_3PO_3. Es entsteht Phosphorwasserstoff der an seinem lauchartigen Geruch erkannt werden kann.

Vorsicht, da PH_3 sehr giftig ist (MAK 0,15 mg/m³)!

Phosphorsäure und Phosphate

Man kennt mehrere Säuren, die sich vom Phosphor(V)-oxid, P_4O_{10}, ableiten. Die Formulierung als P_4O_{10} entspricht der tatsächlichen Struktur des Oxids. Meistens jedoch wird das Oxid als Phosphorpentoxid, P_2O_5, bezeichnet.

a) Metaphosphorsäure, $(HPO_3)_x$:

$$xP_2O_5 + xH_2O \rightarrow 2(HPO_3)_x,$$

b) Di- oder Pyrophosphorsäure, $H_4P_2O_7$:

$$P_2O_5 + 2H_2O \rightarrow H_4P_2O_7,$$

c) Orthophosphorsäure, H_3PO_4:

$$P_2O_5 + 3H_2O \rightarrow 2H_3PO_4.$$

Poly- und Metaphosphorsäure bzw. -phosphate

Darstellung: Metaphosphate entstehen beim Erhitzen von primären Orthophosphaten (s. S. 206).

Bedeutung: *Graham*sches Salz, ein in Wasser lösliches Polyphosphat (s. unten) wird auf Grund seiner Ionenaustauscher-Eigenschaften gegenüber Ca^{2+} zur Wasserenthärtung eingesetzt (Handelsname „Calgon"). Wegen ihres Emulgiervermögens kommen Polyphosphate neben Orthophosphaten häufig als Bestandteil von Reinigungs- und Waschmitteln zur Verwendung. In der Lebensmittelindustrie dienen Polyphosphate zur Bereitung von Schmelzkäse.

Allgemeine Eigenschaften: Metaphosphorsäure, auch „Glasige Phosphorsäure" genannt, bzw. deren Salze, die Metaphosphate, liegen nicht in monomolekularer Form vor, sondern sind polymolekulare Verbindungen (s. Isopolysäuren S. 280) („Kondensierte Phosphate"). Dieses Bestreben der Phosphorsäuren und der Phosphate, höhermolekulare Verbindungen zu bilden, steht im Einklang mit der Doppelbindungsregel (s. S. 18). Man unterscheidet zweckmäßig zwischen den eigentlichen Metaphosphaten, die ringförmig gebaut sind, und den Polyphosphaten mit Kettenstruktur. Mehrere Phosphatketten können zu einem hochmolekularen Netzwerk kondensieren. Erhitzt man $Na_2H_2P_2O_7$, bildet sich das *Madrell*sche Salz, $(NaPO_3)_x$, eine hochkondensierte, in Wasser schwerlösliche Verbindung. Aus diesem entsteht bei noch stärkerem Erhitzen ringförmig gebautes Trimetaphosphat $Na_3(P_3O_9)$. Auch ein entsprechendes Tetrametaphosphat $Na_4(P_4O_{12})$

ist bekannt. Bei ca. 620 °C schmilzt Metaphosphat, wobei die Phosphatringe aufbrechen und durch Zusammenwachsen unterschiedlich lange Ketten bilden. Schreckt man die Schmelze ab, so bildet sich das *Graham*sche Salz, welches eine glasige Beschaffenheit aufweist. In seiner wäßrigen Lösung liegen unterschiedlich lange Anionenketten vor. Die Lösung stellt einen flüssigen Ionenaustauscher dar (s. S. 204).

Auch *Kurrol*sches Salz $(KPO_3)_x$ hat ionenaustauschende Eigenschaften. Es entsteht beim Erhitzen von KH_2PO_4 und ist schwer löslich. Beim Behandeln mit NaCl-Lösung wird es durch Ionenaustausch in das lösliche Na-Salz überführt, dessen wäßrige Lösung sich durch hohe Viskosität auszeichnet.

Werden die Metaphosphate in wäßriger Lösung erhitzt, so erfolgt langsam Rückbildung zum Orthophosphat.

1. Darstellung von Natriummetaphosphat

Man bringe etwas $NaNH_4HPO_4$ oder NaH_2PO_4 zum Glühen bis zum klaren Schmelzfluß u. schrecke im kalten W. vorsichtig ab. Das Abschrecken ist notwendig, weil beim langsamen Abkühlen verschiedene niedere Polymerisationsprodukte aus der Natriummetaphosphatschmelze gebildet werden, z.B. ein Trimetaphosphat, dessen Rkk. sich von denen des polymeren Metaphosphats etwas unterscheiden. Den glasigen Schmelzkuchen zerkleinere man, löse in W. und führe die nachstehenden, für hochpolymere Metaphosphorsäure (Säure des *Graham*schen Salzes) charakteristischen Rkk. aus.

2. $AgNO_3$

Nd. von weißem $AgPO_3$ (Ag_3PO_4 ist gelb!), löslich in Salpetersäure u. Ammoniak, sofern polymere Anionen der *Graham*schen Säure vorliegen.

3. Eiweißlösung

Hochpolymeres Metaphosphat flockt Eiweiß in essigsaurer Lösung aus. Wichtiger Unterschied gegenüber Di- und Orthophosphat, die diese Eigenschaft nicht besitzen.

Zur Herstellung einer Eiweißlösung wird käufliches Albumin mit Wasser verrührt. Die trübe Flüssigkeit wird mit 2 M Essigsäure versetzt, worauf die Trübung zum Teil verschwindet. Noch vorhandene gröbere Albuminteilchen werden durch Filtrieren mit einem groben Filter, besser durch Zentrifugieren abgetrennt, so daß eine klare Lösung entsteht.

An Stelle einer Albuminlösung kann auch Zephirol (Handelsprodukt von Bayer, Lösung von hochmolekularen Alkylmethylbenzylammoniumchloriden) als 1%ige Lösung benutzt werden.

4. Ammoniummolybdat

Entsprechend der langsam erfolgenden Hydrolyse der Metaphosphate über Zwischenstufen zu Orthophosphaten entsteht mit Ammoniummolybdat in salpetersaurer Lösung (s. 7., S. 208) erst bei längerem Erwärmen Gelbfärbung und Fällung von Ammoniummolybdatophosphat.

Disphosphorsäure und Diphosphate

Darstellung: Diphosphate entstehen beim Erhitzen von sekundären Orthophosphaten (s. S. 206).

Bedeutung: $Na_2H_2P_2O_7$ ist Bestandteil von Backpulvern und findet als Konservierungsmittel für Marmeladen und Konserven Verwendung.

Allgemeine Eigenschaften: Diphosphorsäure ist eine stärkere Säure als Orthophosphorsäure. Allgemein nimmt die Säurestärke mit wachsender Kondensation zu.

Man erhitze etwas Na_2HPO_4 zum Glühen, kühle ab, löse das gebildete Diphosphat in heißem Wasser und führe mit der Lösung die folgenden Reaktionen aus.

1. $AgNO_3$

Weißer flockiger Nd. von $Ag_4P_2O_7$ (Unterschied von Orthophosphaten, die gelbes Ag_3PO_4 bilden!), löslich in verd. Säuren und Ammoniak.

2. Mg^{2+} in ammoniakalischer Lösung

Weißer, bei Fällung in der Kälte zum Unterschied von $MgNH_4PO_4$ nicht kristalliner Nd.

3. $BaCl_2$

Weißer Nd. von $Ba_2P_2O_7$, schwer lösl. in Essigsäure (Unterschied von Bariumorthophosphaten!), lösl. in verd. Mineralsäuren.

Die übrigen Rkk. der Diphosphorsäure unterscheiden sich nicht wesentlich von denen der Orthophosphorsäure, da bereits langsam in der Kälte, schneller beim Kochen Hydrolyse zu Orthophosphorsäure eintritt. Daher entsteht auch mit Ammoniummolybdat schon nach kurzem Erwärmen die charakteristische gelbe Fällung von Ammoniummolybdatophosphat.

Orthophosphorsäure und Orthophosphate

Vorkommen: Orthophosphorsäure liegt den in der Natur vorkommenden Phosphatmineralien (s. S. 202) zugrunde.

Darstellung: Ausgangsprodukte sind die natürlichen Mineralien.

a) Calciumphosphat wird mit verd. Schwefelsäure aufgeschlossen:

$$Ca_3(PO_4)_2 + 3\,H_2SO_4 \rightarrow 3\,CaSO_4 + 2\,H_3PO_4.$$

Anschließend trennt man das schwerlösliche $CaSO_4$ ab und konzentriert die erhaltene rohe Phosphorsäurelösung durch Verdampfen auf.

b) Reine Phosphorsäure wird durch Verbrennung von gelbem Phosphor (Darst. s. S. 202) zu Phosphorpentoxid und Umsetzung mit Wasser dargestellt:

$$P_2O_5 + 3\,H_2O \rightarrow 2\,H_3PO_4.$$

Bedeutung: Über die Verwendung von Phosphaten als Düngemittel wurde schon auf S. 202 hingewiesen. Trinatriumphosphat dient als Geschirrspülmittel und zur Enthärtung von Wasser. Phosphorsäure, Zink- und Manganphosphate werden als Rostschutzmittel („Phosphatieren") verwendet. Phosphorsäureester können im Gegensatz zu den anorganischen Salzen stark toxisch wirken, sie werden daher zur Schädlingsbekämpfung eingesetzt (z.B. E 605).

Allgemeine Eigenschaften: Die dreibasige Orthophosphorsäure kann drei Reihen von Salzen bilden:

primäre (z.B. NaH_2PO_4, Natriumdihydrogenorthophosphat),
sekundäre (z.B. Na_2HPO_4, Dinatriumhydrogenorthophosphat),
tertiäre (z.B. Na_3PO_4, Trinatriumorthophosphat).

Die drei K_S-Werte (s. S. 58) der Orthophosphorsäure betragen $K_{S_1} \cdot 10^{-1,96}$, $K_{S_2} \cdot 10^{-7,12}$ und $K_{S_3} \cdot 10^{-12,32}$. Eine wäßrige Lösung von H_3PO_4 reagiert daher stark sauer, von primärem Natriumphosphat schwach sauer, von sekundärem schwach basisch und solche von tertiärem stark basisch (Hydrolyse s. S. 59f.). Ein Lösungsgemisch von primärem und sekundärem Natriumphosphat stellt eine für das pH-Gebiet 6–8 geeignete Pufferlösung (s. S. 64) dar.

In Wasser sind nur die Alkaliphosphate, mit Ausnahme von Li_3PO_4, sowie die primären Erdalkaliphosphate leicht löslich.

Durch Erhitzen primärer Phosphate entsteht Metaphosphat:

$$x\,NaH_2PO_4 \rightarrow (NaPO_3)_x + x\,H_2O\uparrow.$$

Sekundäre Phosphate bilden dagegen beim Erhitzen Diphosphate:

$$2\,Na_2HPO_4 \rightarrow Na_4P_2O_7 + H_2O\uparrow.$$

Das für die „Phosphorsalzperle" (s. S. 130) verwendete $NaNH_4HPO_4$ (Phosphorsalz) ist ein sekundäres Salz, doch bildet sich infolge der Flüchtigkeit des NH_3 Metaphosphat:

$$NaNH_4HPO_4 \rightarrow NaPO_3 + H_2O\uparrow + NH_3\uparrow.$$

Man verwende zu den nachstehenden Reaktionen eine Lösung von Phosphorsalz oder Dinatriumhydrogenphosphat bzw. die entsprechend vorbereitete Analysenlösung.

1. $AgNO_3$

Gelber Nd. von Ag_3PO_4, der bereits in schwachen Säuren wie Essigsäure sowie in Ammoniak löslich ist.

2. $BaCl_2$

Nd. von weißem Bariumphosphat, das bei Fällung aus neutraler Lsg. vorwiegend aus sekundärem Phosphat, $BaHPO_4$, aus ammoniakalischer Lsg. dagegen aus tertiärem $Ba_3(PO_4)_2$ besteht, das in Essigsäure leicht löslich ist.

Auch Ca^{2+} u. Sr^{2+} werden mit Phosphat gefällt. Sr^{2+} verhält sich dabei wie Ba^{2+}; Ca^{2+} fällt als basisches Phosphat (s. 3., S. 249).

Phosphorsäure muß daher beim Kationentrennungsgang vor der Fällung der $(NH_4)_2S$-Gruppe entfernt werden, da sonst die Erdalkaliionen bereits mit den Ionen der $(NH_4)_2S$-Gruppe als Phosphate ausfallen können. Zu ihrer Abtrennung eignen sich die in den Rkk. 3., 4. und 5. beschriebenen Fällungen.

3. $FeCl_3$

Nd. von weißlichem $FePO_4$. Bei Überschuß von Fe^{3+} wird dieses leicht in Form basischer Salze mitgerissen, so daß der Nd. meist gelblichweiß bis rotbraun gefärbt ist.

In Essigsäure ist $FePO_4$ löslich, wenn die Azidität der Lsg. nicht durch Natriumacetat abgestumpft wird. Ein Überschuß an Acetat wirkt infolge Bldg. von basischen Acetatoeisen(III)-komplexen in der Kälte lösend, beim Erhitzen wird die Fällung infolge Zerstörung der löslichen Komplexe durch Hydrolyse wieder vollständig. Da Erdalkaliphosphate unter diesen Bedingungen nicht ausgefällt werden, ist die Rk. für die Abtrennung der Phosphorsäure im Kationentrennungsgang brauchbar.

4. Zinndioxidhydrat (Zinnsäure)

Zinndioxidhydrat, das sich bei Oxidation von Sn durch HNO_3 bildet, besitzt die Eigenschaft, Phosphorsäure zu adsorbieren (vgl. S. 342 u. 343).

Man erhitze eine verd. Lsg. von Dinatriumphosphat in 1 ml konz. HNO_3 in einer Porzellanschale unter portionsweiser Zugabe von 0,1 g chemisch reiner Zinnfolie oder granuliertem Zinn. Man engt noch etwas ein, verdünnt mit 10 ml W. und zentrifugiert von den schwerlöslichen Zinndioxidhydrat ab. Das Z. ist nun frei von PO_4^{3-}. Die Fällung ist jedoch nur quantitativ, wenn keine Cl-Ionen anwesend sind. Zur Abtrennung der Phosphorsäure im Kationentrennungsgang muß das F. der H_2S-Gruppe daher mehrmals mit HNO_3 zur völligen Vertreibung von Cl^- eingedampft werden.

Im folgenden werden Nachweisreaktionen nur für Orthophosphationen beschrieben. Zwischen einzelnen Polyphosphaten oder Metaphosphaten kann dagegen nicht unterschieden werden, weil deren zuverlässiger Nachweis nur nach komplizierten Trennungen durch Papierchromatographie, Elektrophorese, Anionenaustauscher usw. möglich ist.

5. Nachweis als Zirkonphosphat

Auch aus stark saurer Lsg. fällt mit $ZrOCl_2$ ein weißer, flockiger Nd., der etwa dem tertiären Zirkoniumphosphat, $Zr_3(PO_4)_4$, entspricht. Aus verdünnteren Lsgg. flockt er häufig erst beim Erhitzen aus (s. 6., S. 302).

Da Zirkonium u. Phosphorsäure nicht nebeneinander in Lsg. vorliegen können, kann anwesende Phosphorsäure auch als Zirkoniumphosphat vor der $(NH_4)_2S$-Gruppe abgetrennt werden. Ein Überschuß von Zirkonium stört den Nachw. der übrigen Ionen der $(NH_4)_2S$-Gruppe nicht (vgl. S. 256).

6. Nachweis als $MgNH_4PO_4$

Eine ammoniakalische, NH_4Cl-haltige Lösung eines Magnesiumsalzes fällt auch aus sehr verd. Lösungen kristallines, bereits in schwachen Säuren leicht lösliches $MgNH_4PO_4$ (vgl. 6., S. 246).

1 Tr. der ammoniakalischen Probe-Lsg. wird auf dem OT mit einem Körnchen NH_4Cl und danach mit einem Körnchen $MgCl_2$ versetzt. Es bilden sich charakteristische Kristalle (s. Kristallaufnahme Nr. 6). Ist der Nd. sehr fein, so fälle man um.

EG: 0,05 μg PO_4^{3-} pD: 5,3.

7. Nachweis als Ammoniummolybdatophosphat

Salpetersaure Ammoniummolybdatlösung fällt aus phosphathaltiger Probelösung einen gelben Niederschlag:

$$2[Mo_6O_{21}]^{6-} + 11\,H^+ + HPO_4^{2-} + 3\,NH_4^+ \rightarrow (NH_4)_3[P(Mo_3O_{10})_4] \cdot aq.\downarrow.$$

Es entsteht das Ammoniumsalz der Molybdatophosphorsäure, einer Heteropolysäure (s. S. 303). Auf 12-g-Atome Mo enthält sie nur 1-g-Atom P.

Arsensäure gibt auch eine entsprechende schwerlösliche Verbindung (vgl. 5., S. 337). Zum Unterschied von Phosphorsäure entsteht sie aber erst beim Kochen. Da eine solche Unterscheidung aber sehr unsicher ist, muß die Arsensäure vor dem Nachweis auf Phosphate entfernt werden.

Kieselsäure muß ebenfalls vorher abgeschieden werden, da sie mit Molybdänsäure zwar lösliche, aber gelb gefärbte Heteropolysäuren bildet. Größere Mengen von Oxalsäure können die Fällung von Ammoniummolybdatophosphat verhindern.

α) Etwa 10 mg Substanz werden mit 10 Tr. konz. HNO_3 erwärmt, bis keine nitrosen Gase mehr entweichen (Oxidation reduzierender Ionen, die den Nachw. stören). Zu 5 Tr. des HNO_3-sauren Z. werden weitere 5 Tr. konz. HNO_3 u. in der Kälte 10 Tr. Reagenzlsg. zugegeben. Bei Ggw. größerer PO_4^{3-}-Mengen entsteht in der Kälte innerhalb von 3 Min. eine gelbe Fällung von $(NH_4)_3[P(Mo_3O_{10})_4] \cdot aq.$ Die Fällung kann beschleunigt werden, wenn man in die mit Reagenz versetzte HNO_3-Lsg. noch 1 Tr. Ammoniak gibt.

Störungen: Zur Unterscheidung, ob neben Molybdatophosphat auch Molybdatoarsenat ausgefallen ist, wird der gelbe Nd. in 5 M Ammoniak gelöst. Aus dieser Lsg. wird durch Zusatz von 5 Tr. 0,1 M $Mg(NO_3)_2$-Lsg. und 5 Tr. 5 M NH_4Cl-Lsg. $MgNH_4PO_4$ bzw. $MgNH_4AsO_4$ ausgefällt (vgl. 4., S. 337). Der zentrifugierte und gewaschene Nd. wird mit 1 Tr. 1 M $AgNO_3$-Lsg. befeuchtet. Bei Ggw. von AsO_4^{3-} entsteht neben dem rein gelb gefärbten Ag_3PO_4 braunes Ag_3AsO_4, das die gelbe Farbe des Ag_3PO_4 mehr oder weniger überdeckt.

Reagenz: 100 g $(NH_4)_6Mo_6O_{21} \cdot 4\,H_2O$ + 200 g NH_4NO_3 + 70 ml konz. Ammoniak mit W. auf 1 Liter aufgefüllt.

β) Mikrochemischer Nachweis als $(NH_4)_3[P(Mo_3O_{10})_4] \cdot aq.$: 1 Tr. der HNO_3-sauren Lsg. wird auf dem OT mit etwas festem NH_4NO_3 und danach mit einem Kristall Ammoniummolybdat versetzt. Es entstehen kleine gelbe Würfel und Oktaeder. AsO_4^{3-} und SiO_3^{2-} stören die Rk. (s. 5., S. 337, und 5., S. 229). Kristallaufnahme Nr. 7.

EG: 0,05 μg PO_4^{3-} pD: 5,3.

8. Nachweis als Molybdän-Benzidinblau (s. S. 435)

Nachweis und Trennung von PO_4^{3-}

Da die Löslichkeit der Phosphate sehr unterschiedlich ist, muß die Prüfung auf PO_4^{3-} je nach den vorliegenden Bedingungen an verschiedenen Stellen des Analysenganges erfolgen. Lösliche Phosphate können sowohl im mineralsauren Substanzauszug als auch im SA nachgewiesen werden. Bei Anwesenheit von SiO_4^{4-} und AsO_4^{3-} erfolgt die PO_4^{3-}-Identifizierung erst nach dem Abrauchen der löslichen Kieselsäure und der quantitativen As_2S_3-Fällung im Filtrat bzw. Zentrifugat der H_2S-Gruppe (s. S. 315). Da die Phosphate von Zr(IV) und Th(IV) selbst von Mineralspuren kaum gelöst werden, muß bei Anwesenheit dieser Kationen auch im Aufschluß des in Säure schwerlöslichen Rückstandes auf PO_4^{3-} geprüft werden. Zum Nachweis des PO_4^{3-} eignen sich neben der Ausfällung als $Zr_3(PO_3)_4$ (s. 5., S. 207) die Bildung von $MgNH_4PO_4$-Kristallen (s. 6., S. 207) oder die Reaktion mit Ammoniummolybdat (s. 7., S. 208). Wird das salzsaure Zentrifugat der H_2S-Gruppe verwendet, muß H_2S verkocht und evtl. vorhandene Oxalsäure durch Zugabe von einigen Tropfen H_2O_2 entfernt werden.

Da die Phosphorsäure, wie schon erwähnt, den Gang der Analyse durch Bildung schwerlöslicher Phosphate von Mg, Ca, Sr, Ba und Li in neutraler oder ammoniakalischer Lösung stört, muß sie vor Durchführung des Kationentrennungsganges entfernt werden. Die erwähnten Kationen fallen bei Gegenwart von Phosphorsäure in der Ammoniumsulfidgruppe (s. S. 283) und gelangen nicht in den Teil des Trennungsganges, wo sie identifiziert werden müßten.

Bei Anwendung des Urotropinverfahrens (s. S. 285) muß so viel Fe^{3+} zugegeben werden, daß alles PO_4^{3-} als $FePO_4$ gefällt wird. Ist also der Nachweis von PO_4^{3-} positiv ausgefallen, so prüfe man das Zentrifugat des H_2S-Niederschlages nach Verkochen des Schwefelwasserstoffs und Oxidation durch einige Tropfen Salpetersäure zunächst auf Eisen. Ist sehr viel Eisen zugegen, dagegen wenig PO_4^{3-}, so unterbleibt ein Zusatz von $FeCl_3$. Ist das Umgekehrte der Fall, so setzt man einen der PO_4^{3-}-Menge entsprechenden Überschuß von $FeCl_3$ hinzu und fällt wie üblich mit Urotropin aus. Im Niederschlag befindet sich neben $Fe(OH)_3$, $Cr(OH)_3$, $Al(OH)_3$, $TiO_2 \cdot aq$, $FeVO_4$ usw. die gesamte Phosphorsäure als $FePO_4$ oder auch als $CrPO_4$ bzw. $AlPO_4$ (Zr kann bei Anwesenheit von Phosphorsäure nicht in Lösung vorliegen). Sie stört den Nachweis dieser Kationen nicht, so daß wie gewöhnlich weitergearbeitet werden kann.

Bei der gemeinsamen Fällung der Ammoniumsulfidgruppe mit Ammoniak und $(NH_4)_2S$ ist es notwendig, die Phosphorsäure vorher abzuscheiden. Hierzu geeignet sind neben der Fällung mit $FeCl_3$ aus saurer, acetatgepufferter Lösung die Abscheidung mit Zinnsäure und als Zirkoniumphosphat. In der Halbmikroanalyse kann die Phosphorsäure auch mittels Ionenaustauschern abgetrennt werden (s. auch S. 124).

Die Fällung mit $FeCl_3$ aus schwach saurer Acetatlösung (s. 3., S. 207) ist dem Hydrolysenverfahren mit Urotropin ähnlich, denn zusammen mit $FePO_4$ fallen neben basischem Eisenacetat auch Chrom, Aluminium und Titan als basische Acetate aus. Die Fällung von Eisen und Aluminium ist jedoch in Gegenwart von Chrom häufig nicht vollständig, so daß die Fällung mit Urotropin vorzuziehen ist.

Zur Abscheidung der Phosphorsäure mit Zinndioxidhydrat (s. 4., S. 207) dampfe man zur Entfernung von H_2S und Cl^- das Zentrifugat der H_2S-Gruppe unter Zusatz einiger ml konz. Salpetersäure zur Trockne, befeuchte die Trockensubstanz nochmals mit einigen Tropfen konz. Salpetersäure und wiederhole die Operation, bis der Nachweis auf Cl^- negativ ausfällt. Dann nimmt man mit 10 ml konz. Salpetersäure auf und verfährt weiter nach Rk. 4., S. 207. Wenn man richtig gearbeitet hat, ist das Zentrifugat frei von PO_4^{3-} und auch von Zinn. Sollte letzteres nicht der Fall sein, so muß es mit Schwefelwasserstoff entfernt werden. Dann wird wie üblich weitergearbeitet.

Am einfachsten ist die Abtrennung der Phosphorsäure durch Fällung als Zirkoniumphosphat (s. 5., S. 207). Man erhitzt das Zentrifugat der H_2S-Gruppe zum Sieden und versetzt nach der Vertreibung von H_2S die heiße Lösung tropfenweise mit einer Lösung von $ZrOCl_2$. Zur Fällung von je 50 mg PO_4^{3-} genügen 15 ml einer 0,05 mol. $ZrOCl_2$-Lösung. Man zentrifugiert und versetzt das Zentrifugat nochmals mit 10 ml $ZrOCl_2$-Lösung, kocht kurz auf und filtriert nach fünf Minuten. Das im Zentrifugat befindliche Zirkonium stört den weiteren Analysengang nicht.

Sind noch seltenere, ebenfalls in der $(NH_4)_2S$-Gruppe ausfallende Elemente (vgl. Kap. 4.3.3.) anwesend, so empfiehlt es sich, an Stelle der Abtrennung der Phosphorsäure mit Zinnsäure oder als Zirkoniumphosphat den auf S. 312 beschriebenen „Trennungsgang bei Anwesenheit der selteneren Elemente der Ammoniumsulfidgruppe" anzuwenden.

In Legierungen liegt Phosphor stets als Phosphid vor, und zwar meist in sehr kleinen Mengen. Um ihn nachzuweisen, werden 5–10 g Metall in konz. Salpetersäure gelöst, wobei das Phosphid zu Phosphat oxidiert wird. Nachweis des PO_4^{3-} wie üblich.

4.2.5. Elemente der IV. Hauptgruppe und Bor

In der IV. Hauptgruppe des PSE befinden sich die Elemente Kohlenstoff, C, Silicium, S, Germanium, Ge, Zinn, Sn. und Blei, Pb. Gemäß den allgemeinen Regeln des PSE (s. S. 102) nimmt mit steigender Ordnungszahl der metallische Charakter der Elemente sowie der basische Charakter der Hydroxide zu, dagegen die Beständigkeit der höchsten Oxidationsstufe ab. Kohlenstoff ist ein Nichtmetall, Silicium und Germanium gehören zu den Halbmetallen und Blei und Zinn zu den Metallen. Beim Kohlenstoff ist die stabilste Oxidationsstufe +4. Von Silicium und Germanium kennt man Verbindungen mit der Oxidationsstufe +2, sie sind jedoch sehr unbeständig und werden leicht zur Stufe +4 oxidiert. Beim Zinn sind die Oxidationsstufen +2 und +4 hinsichtlich ihrer Beständigkeit gleichwertig, beim Blei überwiegt die Beständigkeit der Oxidationsstufe +2.

Auf Grund der Schrägbeziehung im PSE hat das Bor als erstes Element der III. Hauptgruppe Ähnlichkeit in seinem Verhalten mit dem Silicium. So bildet es wie das Silicium gasförmige Wasserstoffverbindungen, und sein Oxid neigt wie Kieselsäure zur Glasbildung. Das gleiche gilt von manchen Boraten.

Von den hier erwähnten Elementen werden wegen ihres analytischen Verhaltens Ge auf S. 343, Sn auf S. 341 und Pb auf S. 321 besprochen.

4.2.5.1. Kohlenstoff, C, OZ: 6, RAM: 12,0111

Häufigkeit: 0,087 Gew.-%. Smp.: 3800 °C. Sdp.: —. D_{ZT}: 2,2 g/cm³. Oxidationsstufen: −4, +2, +4. Ionenradius $r_{C^{4+}}$: 0,16 Å.

Vorkommen: Kohlenstoff ist in der Natur gebunden vertreten in Carbonaten (Kalk, $CaCO_3$, Dolomit, $CaCO_3 \cdot MgCO_3$), im CO_2 des Meerwassers und der Atmosphäre, sowie in den Kohle- und Erdöllagern. Die natürliche Kohle besteht nicht aus reinem Kohlenstoff, sondern ist ein Gemenge kohlenstoffreicher, Wasserstoff, Sauerstoff, Stickstoff und Schwefel enthaltender Verbindungen.

Kohlenstoffverbindungen sind Hauptbestandteil aller lebenden Organismen.

Reiner Kohlenstoff liegt im Graphit und Diamant vor.

Darstellung: Graphit und Diamant werden bergmännisch gewonnen. Daneben wird Graphit industriell aus Kohle in Gegenwart von Quarzsand im elektrischen Ofen hergestellt (*Acheson*-Verfahren). Zunehmende Bedeutung gewinnt auch die Diamantsynthese.

Bedeutung: Kohle, Erdöl und Erdgas sind die wichtigsten Energielieferanten für die Wirtschaft und die Rohstoffbasis zahlreicher Großsynthesen. In der Hüttenindustrie dient Kohle bzw. Koks zur Reduktion von Erzen zu den Metallen. Graphit wird u. a. als hitzebeständiges Schmiermittel und als Moderator in Kernreaktoren verwendet.

Allgemeine Eigenschaften: Kohlenstoff tritt als Element der IV. Hauptgruppe fast ausschließlich in der Oxidationsstufe +4 auf. Eine Ausnahme bildet das $\overset{+2}{CO}$.

Die Mannigfaltigkeit der Kohlenstoffverbindungen ergibt sich aus der Fähigkeit der Kohlenstoffatome, einerseits mit sich selbst, andererseits sowohl mit elektropositiven als auch elektronegativen Elementen Bindungen einzugehen.

Kohlenstoff bildet die beiden Oxide: Kohlenmonoxid, CO, und Kohlendioxid, CO_2.

Die Zahl der weiteren Verbindungen des Kohlenstoffs ist so groß – bisher sind etwa 1 Million bekannt –, daß man die Chemie der Kohlenstoffverbindungen mit Ausnahme der Carbide und Carbonate als organische Chemie von der Chemie der übrigen Elemente, der anorganischen Chemie, abgetrennt hat.

In der analytischen Chemie benutzt man heute eine Vielzahl organischer Reagenzien für den Nachweis anorganischer Ionen, worüber in Kap. 4.5. berichtet wird.

An dieser Stelle sollen fünf organische Säuren bzw. deren Salze behandelt werden, die selbst in der anorganischen Analyse nachgewiesen werden. Diese sind:

a) Essigsäure, CH_3COOH, und deren Salze, die Acetate,
b) Oxalsäure, $H_2C_2O_4$, und deren Salze, die Oxalate,
c) Weinsäure, $C_4H_6O_6$, und deren Salze, die Tartrate,
d) Cyanwasserstoffsäure, HCN, und deren Salze, die Cyanide,
e) Thiocyanwasserstoffsäure, HSCN, und deren Salze, die Thiocyanate.

Über die Eigenschaften und die besondere analytische Bedeutung dieser Verbindungen gibt jeweils das einleitende Kapitel Auskunft.

Kohlenmonoxid

Kohlenmonoxid ist ein farb- und geruchloses, brennbares und giftiges Gas (MAK-Wert 55 mg/m³). Es hat große Bedeutung als Bestandteil von Heiz- und Synthesegasen.

a) **Generatorgas** erhält man bei der unvollständigen Verbrennung von Kohle. Es besteht in der Hauptsache aus einem Gemisch von Kohlenoxid (etwa 30%) und Stickstoff:

$$2C + O_2 \rightarrow 2CO,$$
$$2CO + O_2 \rightarrow 2CO_2,$$
$$CO_2 + C \rightarrow 2CO \text{ (\textit{Boudouard}-Gleichgewicht).}$$

b) **Wassergas** (etwa je 50% CO und H_2) wird durch Überleiten von Wasserdampf über glühende Kohle gewonnen:

$$C + H_2O \rightarrow CO + H_2O - 31{,}4 \text{ kcal},$$
$$[CO + H_2O \rightarrow CO_2 + H_2 + 99 \text{ kcal}].$$

c) **Gichtgas** (etwa 24% CO, 12% CO_2 und 60% N_2) beim Hochofenprozeß:

$$FeO + C \rightarrow Fe + CO,$$
$$FeO + CO \rightleftarrows Fe + CO_2.$$

Bei allen diesen Reaktionen sind, da es sich um chemische Gleichgewichte handelt, im Gasraum sämtliche Reaktionspartner vorhanden. (Darstellung von CO im Labor s. S. 444.)

Kohlenmonoxid ist auf Grund seines besonderen Bindungscharakters

:C:::O:

für verschiedenartige Reaktionen zugänglich. Zum Beispiel reagiert CO mit metallischem Fe bzw. Ni unter Bildung von $Fe(CO)_5$, bzw. $Ni(CO)_4$ (Darst. s. S. 476).

Von Bedeutung sind ferner Reaktionen, in denen CO und H_2 unter der katalytischen Wirkung von Übergangsmetallverbindungen organische Substanzen bilden, bzw. CO in organische Verbindungen eingebaut wird.

Kohlenmonoxid ist bei höheren Temperaturen ein starkes Reduktionsmittel (s. Hochofenprozeß). Die Oxide von Schwermetallen wie Cu, Fe, Ni usw. werden unter diesen Bedingungen durch CO leicht reduziert. Auch auf Wasser wirkt CO reduzierend, wobei sich ein Gleichgewicht einstellt. Arbeitet man bei möglichst tiefer Temperatur im Überschuß von Wasserdampf, so erhält man weitgehend CO_2 und H_2 (Wasserkonvertierung s. S. 144).

Kohlensäure und Carbonate

Vorkommen: Kohlensäure liegt den gesteinsbildenden Carbonaten zugrunde (s. S. 210). Beträchtliche Mengen CO_2 sind im Meerwasser gelöst und in der Atmosphäre vorhanden (0,03 Vol.-% oder 0,57 mg CO_2/l).

Darstellung: Kohlendioxid, CO_2, entsteht bei der vollständigen Verbrennung von Kohlenstoff und organischen Verbindungen durch thermische Zersetzung von Carbonaten:

$$CaCO_3 \rightleftarrows CaO + CO_2,$$

sowie beim Behandeln von Carbonaten mit Säuren:

$$CaCO_3 + 2HCl \rightarrow CaCl_2 + H_2O + CO_2.$$

Davon ist die erste Reaktion für die Kalkherstellung (s. S. 248), die zweite für die laboratoriumsmäßige Darstellung des CO_2 im *Kipp*schen Apparat wichtig (s. S. 442).

Bedeutung: Kohlendioxid (Kohlensäure) findet in der Getränkeindustrie Verwendung. Viele Feuerlöschgeräte sind mit flüssigem CO_2 (Kohlensäureschneelöscher) bzw. gasförmigem CO_2

(z. B. Schaumlöschgeräte mit CO_2 als Treibgas) gefüllt. Fester Kohlensäureschnee (Trockeneis) findet zur Frischhaltung verderblicher Lebensmittel und im Labor meist im Gemisch mit Flüssigkeiten (z. B. Alkohol) als Kältebad Verwendung.

Die grünen Pflanzen assimilieren unter Einwirkung des Sonnenlichtes das CO_2 der Luft und synthetisieren daraus Kohlehydrate.

Allgemeine Eigenschaften: Kohlendioxid löst sich etwas in Wasser. Die Löslichkeit ist nach dem *Henry*schen Verteilungsgesetz abhängig von dem Partialdruck des CO_2 in dem über der Lösung befindlichen Gasraum

$$CO_{2\,\text{gasf.}} \rightleftharpoons CO_{2\,\text{gelöst}}\,.$$

Bei der Auflösung entsteht in geringem Maße die sehr schwache Kohlensäure H_2CO_3:

$$CO_2 + H_2O \rightleftharpoons CO_2 \cdot H_2O \rightleftharpoons H_2CO_3 \rightleftharpoons H^+ + HCO_3^- \rightleftharpoons 2H^+ + CO_3^{2-}.$$

Die Geschwindigkeit mit der sich CO_2 beim Einleiten in Wasser mit H_2CO_3 und seinen Dissoziationsprodukten ins Gleichgewicht setzt, ist so gering, daß eine analytische Unterscheidung zwischen H_2CO_3 und dem schwach hydratisierten CO_2 möglich ist. Der schwache Säurecharakter der Kohlensäure ist analog wie der schwache Basencharakter des Ammoniaks (s. S. 194) darauf zurückzuführen, daß obiges Gleichgewicht auf der linken Seite liegt.

Entsprechend dem Dissoziationsgleichgewicht bildet H_2CO_3 zwei Reihen von Salzen, z. B. $NaHCO_3$ (Natriumhydrogencarbonat) und Na_2CO_3 (Natriumcarbonat).

Von den neutralen Carbonaten sind nur die der Alkalielemente und des Ammoniaks in Wasser leicht löslich. Alle anderen sind dagegen meist schwer löslich.

In kohlensäurehaltigem Wasser lösen sie sich aber teilweise unter Bildung von Hydrogencarbonaten auf, z. B.:

$$CaCO_3 + H_2CO_3 \rightleftharpoons Ca(HCO_3)_2\,.$$

Diese Reaktion ist wichtig für die Auflösung von Carbonatgesteinen durch Regenwasser, für die Bildung von „hartem Wasser“ sowie für die Neubildung von Gesteinen.

Die geringen Mengen von gelöstem $CaCO_3$ bilden Ca^{2+} und CO_3^{2-}:

$$CaCO_3 \rightleftharpoons Ca^{2+} + CO_3^{2-}.$$

Außerdem gelten für die Gleichgewichte der Kohlensäure folgende Ansätze des MWG:

$$\frac{c_{H^+}\,c_{HCO_3^-}}{c_{H_2CO_3}} = K_{S_1} = 10^{-3,3}$$

und

$$\frac{c_{H^+}\,c_{CO_3^{2-}}}{c_{HCO_3^-}} = K_{S_2} = 10^{-10,4}\,.$$

Da HCO^{3-} die wesentlich schwächere Säure ist, treten die aus der Dissoziation des $CaCO_3$ herrührenden CO_3^{2-}-Ionen mit den H^+-Ionen der Lösung zu HCO_3^- zusammen. $CaCO_3$ löst sich auf. Beim Kochen oder längerem Stehenlassen der Hydrogencarbonatlösung an der Luft entweicht CO_2:

$$2HCO_3^- \rightleftharpoons CO_3^{2-} + H_2O + CO_2\uparrow.$$

Es bilden sich CO_3^{2-}-Ionen; $CaCO_3$ fällt wieder aus.

Hartes Wasser enthält Ca^{2+} und Mg^{2+} in Form von Hydrogencarbonaten [$Ca(HCO_3)_2$ und $Mg(HCO_3)_2$] und Sulfaten ($CaSO_4$, $MgSO_4$). Die Hydrogencarbonathärte läßt sich durch Kochen beseitigen (temporäre Härte), die Sulfathärte jedoch bleibt bestehen (permamente Härte).

Hartes Wasser macht sich sowohl in der Industrie (Dampfkessel) als auch beim Waschen sehr störend bemerkbar. In den Kesseln setzt sich das gebildete $CaCO_3$ als Kesselstein (Überhitzungsgefahr!) ab. Seife (Natrium- bzw. Kaliumsalze höherer Fettsäuren) setzt sich zu schwerlöslichen Calcium- und Magnesiumsalzen um, so daß die Lösung erst bei einem Seifenüberschuß schäumt.

Man kann die Gesamthärte nach verschiedenen Verfahren beseitigen:

a) „Innere“ Wasserenthärtung. Zugabe von

1. Na_3PO_4: $3Ca(HCO_3)_2 + 2Na_3PO_4 \rightarrow Ca_3(PO_4)_2\downarrow$ [1] $+ 6NaHCO_3$,
$3CaSO_4 + 2Na_3PO_4 \rightarrow Ca_3(PO_4)_2\downarrow + 3Na_2SO_4$;

2. Na_2CO_3: $Ca(HCO_3)_2 + Na_2CO_3 \rightarrow CaCO_3\downarrow + 2NaHCO_3$,
$CaSO_4 + Na_2CO_3 \rightarrow CaCO_3\downarrow + Na_2SO_4$.

---

[1] Die wirkliche Zusammensetzung des ausgefallenen Calciumphosphates ist komplizierter (s. S. 249).

b) „Äußere" Wasserenthärtung.

Hierzu nimmt man heute Ionenaustauscher auf Kunstharzbasis und tauscht die Ca^{2+}- bzw. Mg^{2+}-Ionen gegen Na^+ aus (s. S. 125). Gearbeitet wird mit einer Austauscherpackung, durch die das Wasser geleitet wird.

Über die Totalentsalzung des Wassers s. S. 125.

1. Bildung und Verhalten von $Ca(HCO_3)_2$

$$Ca(OH)_2 + CO_2 \rightarrow CaCO_3\downarrow + H_2O,$$
$$CaCO_3 + H_2O + CO_2 \rightleftharpoons Ca(HCO_3)_2.$$

Man verdünne in einem Reagenzglas 2 ml Kalkwasser, $Ca(OH)_2$, mit 2 ml Wasser und leite CO_2 aus einem Kipp ein. Es fällt zunächst Calciumcarbonat aus. Beim weiteren Einleiten löst sich der Nd. unter Bldg. von $Ca(HCO_3)_2$ auf. Dann wird das Einleiten von CO_2 eingestellt u. die Lsg. erhitzt. Unter Entwicklung von Kohlendioxid trübt sich die Lsg. erneut, weil sich wieder $CaCO_3$ ausscheidet.

2. Thermische Zersetzung von Natriumhydrogencarbonat

$$2NaHCO_3 \rightarrow Na_2CO_3 + H_2O + CO_2\uparrow.$$

In festem Zustand existieren nur die Hydrogencarbonate der Alkalielemente, die aber auch beim Erhitzen zerfallen.

Einige Körnchen $NaHCO_3$ erhitze man in einem trockenen Reagenzglas. Das entweichende CO_2 weise man nach, wie in der folgenden Reaktion beschrieben ist.

3. Nachweis als $BaCO_3$

Der CO_3^{2-}-Nachweis wird prinzipiell mit der Ursubstanz durch Zersetzen der Carbonate mit verd. Mineralsäuren ausgeführt. Zu beachten ist hierbei, daß natürliche Carbonate, insbesondere basisches Mg-Carbonat, sehr langsam mit Säuren reagieren. Da S^{2-}, SO_3^{2-}, $S_2O_3^{2-}$, CN^-, F^- und NO_2^- sowie $C_2O_4^{2-}$ und $C_4H_4O_6^{2-}$ bei Gegenwart stark oxidierender Substanzen den CO_3^{2-}-Nachweis beeinträchtigen, wird dieser erst nach Prüfung auf Anwesenheit der genannten Ionen und dann in entsprechend modifizierter Form durchgeführt. Bei Anwesenheit von SO_3^{2-} verwende man Kalkwasser als Vorlage.

Etwa 10 mg Substanz werden bei Abwesenheit störender Anionen in ein kleines Reagenzglas gegeben, mit 10 Tr. verd. HCl versetzt u. im W.-Bad erwärmt. Als Vorlage dient ein „Gärröhrchen" mit gesätt. $Ba(OH)_2$-Lsg. Das gebildete CO_2 wird in die Vorlage übergetrieben. Die Bldg. einer weißen Trübung von $BaCO_3$ innerhalb von 3–5 min zeigt CO_2 an.

Das Zusammensetzen der Apparatur muß sofort nach Zugabe der HCl geschehen. Man achte darauf, daß keine Säure beim Erwärmen übergetrieben wird.

Störungen: Bei Ggw. von S^{2-} u. CN^- wird die Substanz vor dem CO_2-Nachw. mit $HgCl_2$ verrieben [Bldg. von HgS u. $Hg(CN)_2$]. Sind SO_3^{2-} u. $S_2O_3^{2-}$ zugegen, so wird die Substanz vor dem Säurezusatz mit 3 Tr. 2,5 M H_2O_2 versetzt (Oxidation des SO_3^{2-} u. $S_2O_3^{2-}$ zu SO_4^{2-}). F^- wird mit 0,5 M ZrO^{2+}-Lsg. maskiert. (Bldg. des sehr stabilen $[ZrF_6]^{2-}$-Komplexes). NO_2^- kann mit Amidosulfonsäure zerstört werden. Die Bldg. von CO_2 aus $C_2O_4^{2-}$ u. $C_4H_4O_6^{2-}$ in saurer Lsg. durch starke Oxidationsmittel wird durch Zugabe von Hydraziniumsulfat vermieden.

4. Nachweis durch Entfärbung einer sodahaltigen Phenolphthaleinlösung infolge Bildung von HCO_3^-

$$CO_2 + CO_3^{2-} + H_2O \rightarrow 2HCO_3^-.$$

Der Nachweis des CO_2 kann noch empfindlicher gestaltet werden, wenn man das Gas in eine Phenolphthaleinlösung einleitet, die durch einen geringen Na_2CO_3-Gehalt gerade rot gefärbt ist. Durch Bildung von HCO_3^- wird das pH der Lösung erniedrigt und der Indikator entfärbt. Bei dieser Reaktion sind die gleichen Störungen zu berücksichtigen wie unter 3.

Das CO_2 wird wie bei Rk. 3 in Freiheit gesetzt u. in ein „Gärröhrchen" geleitet, das mit einer frisch bereiteten Mischung aus 1 Tr. 0,05 M Na_2CO_3-Lsg., 2 Tr. 0,5%iger Phenolphthaleinlsg. u. 10 Tr. H_2O beschickt ist. Eine nach der CO_2-Menge mehr oder weniger schnelle Entfärbung der roten Lsg. zeigt CO_2 an. Ein zeitlicher Vergleich mit der Entfärbung der Testlsg. durch den CO_2-Gehalt in der Luft ist angebracht.

EG: 55 μg CO_2/0,5 ml Probelösung pD: 3,9.

Essigsäure und Acetate

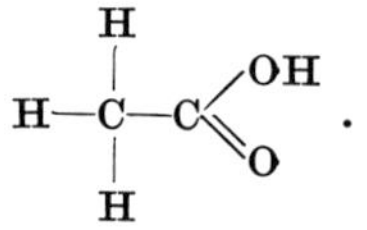

Darstellung: Essigsäure bildet sich bei der Gärung (Bacterium aceti) alkoholhaltiger Flüssigkeiten. Aus Wein wird durch Gärung Weinessig hergestellt. Während früher die trockene Destillation von Holz technische Bedeutung hatte (Holzessig), wird Essigsäure heute durch Luftoxidation von Acetyldehyd dargestellt.

Bedeutung: Essigessenz, eine 80%ige wäßrige Essigsäurelösung, dient zur Bereitung von Speiseessig. Technisch wird Essigsäure (Eisessig) u.a. zur Herstellung von Acetatseide, Arzneimitteln, Farbstoffen, Essigsäureestern und der Acetate (z.B. essigsaure Tonerde) benötigt. Ihre guten Eigenschaften als Lösungsmittel für organische Substanzen macht man sich zunutze, um u.a. Zelluloid, Kollodium, Zelluloselacke in Lösung zu bringen.

Allgemeine Eigenschaften: Wasserfreie Essigsäure (Eisessig) schmilzt bei + 16,6 °C zu einer stechend sauer riechenden farblosen Flüssigkeit, die sich mit Wasser in jedem Verhältnis mischt.

Da Essigsäure eine schwache Säure ist ($K_S = 10^{-4,75}$, s. S. 65) reagieren ihre Alkalisalze in wäßriger Lösung schwach basisch (Hydrolyse s. S. 59). Über Acetatpuffer s. S. 65. Die **Hydrolyse** der Acetate von Kationen der Ladung + 3 [z.B. Fe(III)] verläuft in der Hitze unter Fällung des Hydroxids vollständig (s. S. 271). Hierauf beruht eine Möglichkeit der Trennung von Kationen der Ladung + 3 von jenen der Ladung + 2.

Bekannt ist die Bildung von Acetatkomplexen und Doppelsalzen. Mit Ausnahme der weniger löslichen Silber- und Quecksilber(I)-salze sind alle Acetate in Wasser leicht löslich. Daher ist man für den Nachweis auf Farb- und Geruchsreaktionen angewiesen.

Sämtliche Nachweisreaktionen für CH_3COO^--Ionen zeichnen sich durch geringe Empfindlichkeit aus, so daß man häufig gezwungen ist, mit besonders für die HM-Analyse ungewöhnlich großen Substanzmengen (100–200 mg) zu arbeiten.

Für die folgenden Reaktionen verwende man festes Na-Acetat oder seine 0,1 M Lösung.

1. $AgNO_3$

Nur in konz. Lsgg. weißer Nd. von $Ag(CH_3COO)$. Wenig charakteristisch.

2. $FeCl_3$

$FeCl_3$ erzeugt in neutralen Lsgg. von Acetaten Rotfärbung infolge Bldg. komplexen basischen Eisenacetates. Beim Erhitzen der Lsg. bis zum Sieden fällt Fe(III) als Hydroxid aus (vgl. Rk. 10, S. 271).

3. Nachweis durch Geruch

$$CH_3COO^- + HSO_4^- \rightarrow CH_3COOH + SO_4^{2-}.$$

Durch Verreiben von Acetaten mit $KHSO_4$ oder durch verdünnte H_2SO_4 wird Essigsäure in Freiheit gesetzt, die am Geruch erkannt werden kann.

Die feste Probesubstanz wird mit der vierfachen Menge $KHSO_4$ in einem Mörser verrieben. Bei Ggw. von Acetaten tritt Geruch nach Essigsäure auf.

Störungen: Die Bildung anderer stark riechender, flüchtiger Verbindungen wird durch Zusatz von Ag^+ und MnO_4^- eingeschränkt. Hierbei werden aus den evtl. vorhandenen störenden Anionen Ag-Halogenide, AgCN, AgSCN und Ag_2S gebildet und durch MnO_4^- erfolgt Oxidation von SO_3^{2-}, $S_2O_3^{2-}$ zu SO_4^{2-} und von NO_2^- zu NO_3^-.

4. Nachweis als Essigsäureäthylester

$$CH_3COOH + HOC_2H_5 \xrightarrow[H_2SO_4]{\text{konz.}} CH_3COOC_2H_5 + H_2O\,.$$

Essigsäure bildet mit Alkohol bei Gegenwart wasserentziehender Mittel einen Ester. Ester sind Verbindungen, die aus einem Alkohol und einer Säure unter Wasserabspaltung entstehen.

Das vorliegende Gleichgewicht (s. S. 47) wird durch den Zusatz an konz. H_2SO_4 auf die Seite der Esterbildung verschoben (Entfernung des H_2O aus dem Gleichgewicht.)

Der Vorgang ist schematisch gleich dem der Salzbildung aus Base und Säure, aber nur rein formal, da Ester im Gegensatz zu den heteropolaren Salzen homöopolare, nicht in Ionen dissoziierende Verbindungen sind.

Man übergieße ein Acetat in einem kleinen Schälchen mit konz. H_2SO_4 und Alkohol, verrühre alles miteinander, bedecke das Schälchen mit einem Uhrglas und lasse eine Viertelstunde stehen. Angenehmer, obstartiger Geruch, herrührend von dem entstandenen Essigsäureäthylester.

Störungen: Wie bei 3. Sie müssen ggf. analog beseitigt werden. Man versäume bei diesem Versuch nicht, Vergleichs-Teste durchzuführen.

5. Nachweis als Kakodyloxid

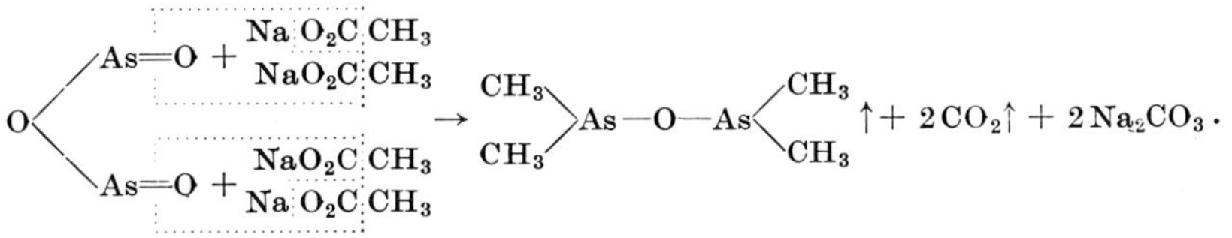

Natriumacetat setzt sich mit Arsentrioxid unter Bildung von Kakodyloxid um, das durch seinen widerlichen Geruch leicht erkennbar ist.

Zum Nachw. verreibe man die Analysensubstanz oder den eingedampften SA mit Na_2CO_3 und As_2O_3 u. erhitze das Gemisch im Glühröhrchen. Der Geruch nach Kakodyloxid (Vorsicht sehr giftig!) zeigt Acetat an.

6. Nachweis als Lanthanacetat-Jod-Einschlußverbindung

Basisches Lanthanacetat gibt mit freiem Jod eine Blaufärbung. Es bildet sich vermutlich analog der Jod-Stärke-Reaktion eine Einschlußverbindung.

Zum Nachw. von Acetat wird die neutrale Lsg. nach Fällung von PO_4^{3-}, F^- und SO_4^{2-} mit $BaCl_2$ möglichst weitgehend eingeengt, ohne daß es in der erkalteten Lsg. zur Abscheidung von Kristallen kommen darf. Einige Tr. dieser Lsg. werden auf der TP mit 1–2 Tr. 5%ig. $La(NO_3)_3$-Lsg. u. 1 Tr. 0,01 M Jodlsg. versetzt. Zu diesem Gemisch läßt man langsam 1–2 Tr. 0,5 M Ammoniak zufließen. Eine Blaufärbung zeigt Acetat an.

EG: 15 µg CH_3COO^- pD: 3,3.

Störungen: Die nicht sehr empfindliche Reaktion wird durch PO_4^{3-}, F^- und SO_4^{2-} gestört.

7. Nachweis durch Bildung von Indigo (s. S. 435)

Oxalsäure und Oxalate

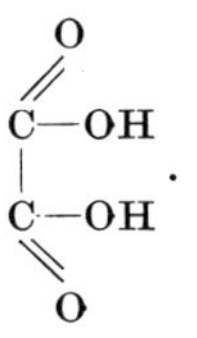

Vorkommen: Oxalsäure zählt zu den meist verbreiteten Pflanzensäuren. Besonders stark ist sie in Form des Kaliumhydrogenoxalats im Sauerklee, Sauerampfer, Rhabarber und in der Sellerieknolle vertreten.

Darstellung: Durch Erhitzen von Natriumformiat (HCOONa, Na-Salz der Ameisensäure) wird Natriumoxalat erhalten. Dieses kann auf dem Weg über Calciumoxalat, das mit H_2SO_4 zerlegt wird, in Oxalsäure überführt werden. Historisch von Bedeutung ist die Darstellung von Oxalsäure durch Verseifung von Dicyan (s. S. 219) (*Wöhler*).

Bedeutung: Oxalsäure bzw. ihre Salze finden u.a. als Beizmittel in der Färberei, zur Herstellung verschiedener Teerfarbstoffe und von Metallputzmitteln sowie zur Entfernung von Rostflecken [Bildung löslicher Fe(III)-oxalatokomplexe] Verwendung.

Allgemeine Eigenschaften: Oxalsäure ist zweibasig. In der ersten Stufe entspricht sie einer mittelstarken ($K_S = 10^{-1,42}$) in der zweiten einer schwachen ($K_S = 10^{-4,21}$) Säure.

Wie die Oxalsäure selbst, sind auch die Alkalisalze in Wasser leicht löslich. Dagegen sind die Salze der Erdalkalielemente, besonders das Calciumoxalat, schwer löslich. Oxalate neigen zur Bildung von Doppel- und Komplexsalzen. In überschüssigem Alkalioxalat sind die Oxalate der Seltenen Erden, des Zr(IV) und Th(IV) und anderer Schwermetalle unter Bildung von Oxalatokomplexen löslich.

Oxalsäure, in Form des gut wägbaren Dihydrats, sowie Natriumoxalat dienen in der Maßanalyse als Urtitersubstanz.

Im tierischen und menschlichen Organismus wirken größere Mengen an Oxalsäure unter Bildung von schwerlöslichem CaC_2O_4 störend auf den Calciumstoffwechsel.

Oxalat wird meist im Sodaauszug nachgewiesen, da fast alle Oxalate beim Kochen mit Sodalösung in lösliches Natriumoxalat überführt werden.

Für die folgenden Reaktionen verwendet man festes Na-Oxalat oder seine 0,1 M Lösung.

1. Konz. H_2SO_4

$$H_2C_2O_4 \rightarrow H_2O + CO\uparrow + CO_2\uparrow .$$

Man erhitze im Reagenzglas Oxalsäure oder ein Oxalat mit konz. H_2SO_4. Durch die wasserentziehende Wirkung der H_2SO_4 bildet sich ein Gemisch von CO_2 und CO. Letzteres brennt mit blauer Flamme.

2. $AgNO_3$

Mit Oxalaten in wss. Lsg. weißes $Ag_2C_2O_4$, schwer lösl. in Essigsäure, lösl. in HNO_3 und Ammoniak.

3. $BaCl_2$, $SrCl_2$

$BaCl_2$ und $SrCl_2$ fällen aus neutraler Lsg. weiße Ndd. von BaC_2O_4 bzw. SrC_2O_4. Diese sind jedoch nicht so schwer lösl. wie CaC_2O_4 (vgl. S. 249), so daß ihr Löslichkeitsprodukt bereits in essigsaurer Lsg. infolge der Zurückdrängung der $C_2O_4^{2-}$-Konz. nicht mehr überschritten wird. Sie sind daher im Gegensatz zu CaC_2O_4 bereits in Essigsäure löslich.

4. Nachweis als CaC_2O_4

Mit $CaCl_2$ weißer Nd. von CaC_2O_4, schwer lösl. in verd. Essigsäure, lösl. in starken Säuren (s. S. 249). Sehr empfindliche Reaktion.

5. Nachweis durch Oxidation zu CO_2

$$2MnO_4^- + 5C_2O_4^{2-} + 16H^+ \rightarrow 2Mn^{2+} + 10CO_2\uparrow + 8H_2O .$$

$KMnO_4$ oxidiert Oxalate in saurer Lösung zu CO_2, während es selbst zu Mn^{2+} reduziert wird.

Durch Anwesenheit von Mn^{2+} wird die Reaktion katalytisch beschleunigt, d.h., die Reaktion verläuft ohne Mn(II)-Salzzusatz zunächst sehr langsam. Die Reaktionsgeschwindigkeit nimmt jedoch im Verlaufe der Reaktion infolge steigender Mn^{2+}-Ionenkonzentration zu (Beispiel einer autokatalytischen Reaktion). Die Entfärbung von Kaliumpermanganat und die dabei auftretende Kohlendioxidentwicklung ist der beste Nachweis für Oxalate, vorausgesetzt, daß keine anderen organischen Verbindungen oder Reduktionsmittel vorhanden sind.

Da praktisch alle Reduktionsmittel mit MnO_4^- reagieren, wobei bei Gegenwart von Tartrat auch CO_2 gebildet wird (Gasentwicklung auch durch H_2O_2 und HSCN), muß zur Spezifizierung des $C_2O_4^{2-}$-Nachweises die CaC_2O_4-Fällung folgendermaßen wiederholt werden:

5–10 Tr. des Sodaauszugs werden mit 5 M Essigsäure schwach angesäuert u. mit so viel 0,1 M KJ · J_2-Lsg. versetzt, daß die Lsg. durch einen geringen J_2-Überschuß gelb gefärbt ist (Oxidation von SO_3^{2-} u.a. Ionen). Dann wird die CaC_2O_4-Fällung wie unter 4. beschrieben ausgeführt. Der Nd. wird zur Entfernung von Tartrat mit 10 Tr. 5 M NaOH digeriert, gut ausgewaschen u. in 5 Tr. W. u. 5 Tr. 18 M H_2SO_4 gelöst. Die Lsg. wird im Reagenzglas tropfenweise mit ca. 0,5 ml 0,1 N $KMnO_4$-Lsg. versetzt. Bei Ggw. von Oxalat wird das MnO_4^- zuerst langsam, dann fast momentan entfärbt. Das gebildete CO_2 kann, wie unter 3. oder 4., S. 213 beschrieben, nachgewiesen werden.

6. Nachweis als Diphenylaminblau (s. S. 436)

Weinsäure und Tartrate

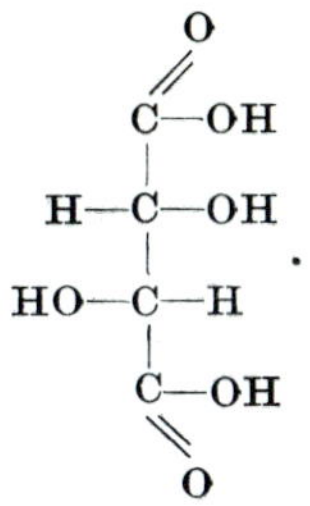

Vorkommen: Weinsäure kommt sowohl frei als auch in Form ihrer Salze in vielen Früchten vor.

Darstellung: Bei der Weinbereitung scheidet sich Kaliumhydrogentartrat (Weinstein) ab, aus dem über Calciumtartrat und dessen Umsetzung mit H_2SO_4 die freie Säure gewonnen wird. Synthetisch wird Weinsäure durch Oxidation von Maleinsäureanhydrid mit Wasserstoffperoxid hergestellt.

Bedeutung: Weinsäure bzw. Weinstein findet u.a. in der Färberei als Beiz- und Reduktionsmittel, in der Galvanotechnik in der Getränkeindustrie und als Bestandteil von Backpulvern Verwendung.

Allgemeine Eigenschaften: Weinsäure ist eine mittelstarke, zweibasige Dioxysäure. Sie ist ebenso wie ihre neutralen Alkalisalze in Wasser leicht löslich. Entsprechendes gilt für das Natriumhydrogentartrat. Dagegen sind K- und NH_4-hydrogentartrat ziemlich schwer löslich. Kaliumnatriumtartrat (Seignette-Salz) ist Bestandteil der *Fehling*schen Lösung (s. S. 327), die in der Medizin zum Nachweis von Zucker im Harn benutzt wird.

Alkalische Weinsäurelösungen lösen manche Schwermetallhydroxide, wie $Al(OH)_3$, $Fe(OH)_3$, $Cr(OH)_3$, $Pb(OH)_2$ oder $Cu(OH)_2$, leicht auf, wobei Chelatkomplexe entstehen (s. S. 82). Somit bleiben viele normale Reaktionen bei Gegenwart von Weinsäure aus, wodurch der Gang der Analyse stark gestört wird. Alle Tartrate werden beim SA zu löslichem Alkalitartrat umgesetzt.

Für die folgenden Reaktionen verwende man eine Alkalitartratlösung bzw. die entsprechend vorbereitete Analysenlösung.

1. $AgNO_3$

$AgNO_3$ bildet mit löslichen Tartraten in neutralen Lösungen einen weißen Niederschlag von $Ag_2C_4H_4O_6$, der in Essigsäure und in starken Säuren sowie in Ammoniak leicht löslich ist. Bei Verwendung von Weinsäure bleibt der Niederschlag aus.

Man fälle Tartrat mit $AgNO_3$, bis kein Nd. mehr entsteht, filtriere ab, löse den Nd. in verd. Ammoniak und erwärme vorsichtig auf 60–70 °C. Falls das dabei benutzte Reagenzglas sauber und fettfrei war, bildet sich ein schöner Silberspiegel, sonst ein Nd. von grauschwarzem Silberpulver.

Sulfit, Thiosulfat, Arsenit u.a. stark reduzierende Substanzen geben die gleiche Reaktion. Will man Tartrat neben diesen nachweisen, so müssen sie vorher durch Wasserstoffperoxid in saurer Lsg. entfernt werden.

2. $BaCl_2$, $CaCl_2$

Weißer, erst flockiger, dann kristalliner Nd. von $BaC_4H_4O_6$, lösl. in verd. Essigsäure, bzw. $CaC_4H_4O_6$, schwer lösl. in verd. Essigsäure.

3. K^+-Ionen

In essigsaurer Lsg. ziemlich schwer lösl., saures Tartrat, $KHC_4H_4O_6$ (s. 2., S. 237).

4. Nachweis durch trockenes Erhitzen, Brenzreaktion

Beim Erhitzen von Weinsäure oder einem Tartrat treten Verkohlung und brenzlicher Geruch auf, sofern keine Oxidationsmittel (s. unten) anwesend sind. Gute Vorprobe, jedoch verhalten sich einige Schwermetallacetate sowie zahlreiche andere, hier nicht besprochene organische Verbb. ähnlich. Vorsicht bei Ggw. von NO_3^- und ClO_3^-!

5. Nachweis mit konz. H_2SO_4

Beim Erhitzen mit konz. Schwefelsäure tritt bei Abwesenheit starker Oxidationsmittel ebenfalls Verkohlung und Kohlendioxidentw. auf. Zum Nachw. von Weinsäure wird diese Rk. im SA durchgeführt, indem man ihn mit verd. Schwefelsäure ansäuert, bis fast zur Trockne eindampft und dann mit konz. Schwefelsäure erhitzt.

6. Nachweis als Farbreaktion mit Resorcin

Die Resorcin-Reaktion wird mit dem SA oder der Ca^{2+}-Fällung von 6., S. 249 durchgeführt (Fällung mit Ca^{2+} im Überschuß). Durch Einwirkung von konz. H_2SO_4 bildet sich aus der Weinsäure u.a. Glykolaldehyd, der mit Resorcin ein rotes Kondensationsprodukt bildet. Oxalsäure ergibt unter gleichen Bedingungen eine Blaufärbung, die jedoch den Weinsäurenachweis nicht stört.

Ein Teil des mit H_2SO_4 angesäuerten SA bzw. der in verd. H_2SO_4 gelöste Nd. der Ca^{2+}-Fällung wird mit einer Spatelspitze Mg-Pulver reduziert (Red. von ClO_3^-, NO_3^-, CrO_4^{2-}, MnO_4^-, JO_3^- u.a. oxidierender Substanzen). In der H_2SO_4-Lsg. werden einige Kristalle Resorcin gelöst u. die kalte Lsg. mit etwa 3 ml konz. H_2SO_4 unterschichtet. Bei Ggw. von Weinsäure bildet sich beim vorsichtigen Erwärmen im W.-Bad an der Berührungszone beider Schichten ein roter Ring. Bei Ggw. von Oxalsäure bildet sich bereits in der Kälte ein blauer Ring. Bei langsamem Erwärmen diffundieren die blaugefärbten Rk.-Produkte in die konz. H_2SO_4, so daß an der Berührungszone die rote Farbe der Tartrat-Rk. erkennbar wird. Die Rk. ist nicht sehr empfindlich.

7. Nachweis als Kupfertartratkomplex

Die Lsg. eines Tartrats wird mit einigen ml einer $CuSO_4$-Lsg. u. der gleichen Menge verd. NaOH versetzt u. filtriert. Das F. zeigt die blaue Farbe des Kupfertartratkomplexes (vgl. S. 327f.).

Störungen: NH_4^+ u. AsO_3^{3+} dürfen nicht zugegen sein, da sie unter den angegebenen Versuchsbedingungen ebenfalls eine Blaufärbung hervorrufen.

Cyanwasserstoffsäure und Cyanide

$$H-C\equiv N|$$

Vorkommen: HCN, auch Blausäure genannt, ist chemisch gebunden im Amygdalin der bitteren Mandeln enthalten. Kokerei- und Rohgas, sowie Tabakrauch enthalten gleichfalls geringe Mengen an HCN.

Darstellung: Ausgangsprodukte für die technische Herstellung von HCN sind CO und NH_3 bzw. NH_3 und CH_4. Im Labor wird sie aus ihren Salzen durch Einwirkung von H_2SO_4 erhalten (s. Versuch 1, S. 219).

Bedeutung: Im gasförmigen Zustand verwendet man HCN zur Bekämpfung von Pflanzenschädlingen. Die Hauptmenge wird zur Synthese von Kunstfasern (Polyacrylnitril: Orlon) und Kunststoffen (Akrylharze: Plexiglas) eingesetzt. In der Cyanidlaugerei dienen KCN bzw. NaCN zum Herauslösen von Gold und Silber aus ihren Erzen. Weiterhin werden Cyanide in der Galvanotechnik benötigt.

Allgemeine Eigenschaften: Reine Cyanwasserstoffsäure ist eine farblose Flüssigkeit (Sdp. 26 °C), die sich mit Wasser in jedem Verhältnis mischt. Sie ist eine sehr schwache Säure ($K_S = 10^{-9,4}$). Die Alkalicyanide hydrolysieren daher in Wasser, und aus den einfachen Salzen läßt sich die Säure schon durch Kohlensäure vertreiben. Sie hat den typischen Geruch nach bitteren Mandeln.

Blausäure und ihre Salze sind außerordentlich toxisch (tödliche Dosis ≈ 50 mg HCN bzw. 150–200 mg KCN). Die Giftwirkung beruht auf Blockierung der für die Gewebeatmung lebenswichtigen eisenhaltigen Atmungsenzyme. **Beim Arbeiten mit HCN und Cyaniden ist daher besondere Vorsicht geboten!**

Von den Salzen sind die der Alkali- und Erdalkalielemente sowie Hg(II) und Au(III)-cyanid in Wasser leicht löslich, alle anderen dagegen schwer löslich.

Das CN^--Ion gleicht in einigen Reaktionen den Halogenidionen (Pseudohalogenid). Es ist jedoch in stärkerem Maße befähigt, mit Schwermetallionen zum Teil sehr stabile Durchdringungskomplexe (s. S. 89) zu bilden (s. Komplexe Cyanide S. 221).

Die wäßrige Lösung von HCN ist nur wenig haltbar, da langsam Hydrolyse eintritt:

$$HCN + H_2O \rightarrow HCOOH + NH_3.$$

Es bildet sich Ameisensäure und Ammoniak bzw. Ammoniumformiat. Die gleiche Reaktion wird auch durch starke Säuren bzw. Basen hervorgerufen. Mit Säuren entstehen Ammoniumsalze und Ameisensäure, bzw. mit konz. Schwefelsäure Kohlenoxid, mit Natriumhydroxid Natriumformiat, HCOONa, und Ammoniak.

Beim Erhitzen von Edelmetallcyaniden entwickelt sich gasförmiges Dicyan $(CN)_2$. Dieses wird auch bei der Umsetzung von Cu^{2+}-Lösung mit Cyanid gebildet (s. S. 327). Dicyan ist ein farbloses, sehr giftiges Gas, das einen stechend bittermandelartigen Geruch besitzt. Alle Cyanide außer AgCN gehen beim SA in Lösung. Da sich aber bei Gegenwart von Schwermetallionen (Cu^{2+}, Fe^{2+} usw.) im SA sehr stabile lösliche Cyanokomplexe bilden können, ist eine negative CN^--Reaktion im SA noch kein Beweis für die Abwesenheit von CN^-. Bei langem Kochen des SA hydrolysiert Cyanid. Man prüfe daher stets neben dem SA auch die Ursubstanz direkt auf HCN.

Zu den nachfolgenden Reaktionen verwende man eine frisch hergestellte Alkalicyanidlösung bzw. die entsprechend vorbereitete Analysenlösung.

1. Verd. H_2SO_4

Aus einfachen Cyaniden und leicht zerstörbaren Cyanokomplexen wird HCN frei, die am Geruch nach bitteren Mandeln erkannt werden kann. Vorsicht!

2. Konz. H_2SO_4

$$K_4[Fe(CN)_6] + 3H_2SO_4 \rightarrow 2K_2SO_4 + FeSO_4 + 6HCN,$$

$$6HCN + 3H_2SO_4 + 6H_2O \rightarrow 3(NH_4)_2SO_4 + 6CO\uparrow.$$

Alle Cyanide, auch die stabilsten Komplexe, werden von konz. H_2SO_4 zerstört, wobei sowohl Blausäure als auch Kohlenmonoxid und Ammoniumsulfat gebildet werden. Vorsicht!

3. $CuSO_4$

$CuSO_4$ fällt aus einer cyanidhaltigen Lsg. zunächst gelbes $Cu(CN)_2$, das sich leicht in weißes CuCN und gasförmiges Dicyan $(CN)_2$ zersetzt (vgl. S. 327). Dicyan ist ebenfalls giftig. Vorsicht!

4. Nachweis als AgCN aus der Analysensubstanz

$AgNO_3$ bildet mit CN^- einen weißen Niederschlag von AgCN, schwer löslich in Säuren, dagegen löslich in Ammoniak, Thiosulfat und Cyanidüberschuß. Silbercyanid fällt also erst aus, wenn ein Überschuß von Silberionen vorhanden ist.

Um den Cyanidnachweis neben Halogenidionen eindeutig zu gestalten, muß HCN in eine $AgNO_3$-Lösung übergetrieben werden. Dies geschieht in der HM-Analyse am besten durch CO_2 mit Hilfe des „Gärröhrchens“. CO_2 wird aus $NaHCO_3$ in Freiheit gesetzt. Bei Gegenwart von Eisen, Nickel, Kupfer und anderen mit Cyanidionen leicht komplexbildenden Metallen nehme man statt Natriumhydrogencarbonat besser verd. Essigsäure, da sich sonst leicht Komplexe wie $[Fe(CN)_6]^{3-}$ bilden.

In einem Reagenzglas werden entweder 10 Tr. des SA mit 1 Tr. Neutralrot versetzt u. mit 5 M Essigsäure bis zum Umschlag des Indikators neutralisiert, oder es werden etwa 10 mg Substanz mit 1 ml einer gesätt. $NaHCO_3$-Lsg. versetzt. Die Vorlage wird mit 1 M $AgNO_3$-Lsg., die mit 2 Tr. 2,5 M HNO_3 angesäuert wurde, beschickt. Man erwärmt etwa 10 Min. im W.-Bad. Bei Ggw. von CN^- bildet sich in der Vorlage AgCN, das abzentrifugiert u. auf einem OT mit 1 Tr. konz. HNO_3 durch vorsichtiges Erwärmen gelöst wird. Beim Abkühlen krist. das AgCN in farblosen Nadeln, die oft zu Büscheln vereinigt sind, wieder aus. (Vgl. Kristallaufnahme Nr. 34.)

Die AgCN-Kristalle können durch Zusatz von wenig Methylenblau beim Umkristallisieren blau angefärbt werden.

EG: 0,1 µg CN^- pD: 5,0.

Störungen: Die Reaktion versagt bei $Hg(CN)_2$, da es in Wasser praktisch nicht dissoziiert ist. Setzt man aber Chloridionen hinzu und säuert mit Oxalsäure an, so geht $Hg(CN)_2$ in $HgCl_2$ und CN^- über, so daß man dann Blausäure in das Gärröhrchen abdestillieren kann.

5. Nachweis als Berliner Blau

In alkalischen Cyanid-Lösungen bilden sich mit Eisen(II)-salzen komplexe Eisen(II)-cyanide, bei Anwesenheit von genügend CN^--Ionen entsteht der besonders beständige Hexacyanoferrat(II)-Komplex:

$$Fe(OH)_2 + 6CN^- \rightarrow [Fe(CN)_6]^{4-} + 2OH^-.$$

Wie man aus der Gleichung sieht, darf man nur sehr wenig $FeSO_4$ zusetzen. Mit Fe^{3+}-Ionen bildet sich dann nach dem Ansäuern Berliner Blau (s. S. 222 u. 272).

1 Tr. des SA wird mit 1 Tr. 1%ig. $FeSO_4$-Lsg. versetzt und bis fast zur Trockne eingedampft. Bei Zugabe von 1 Tr. 5 M HCl, 1 Tr. W. und 1 Tr. einer verd. $FeCl_3$-Lsg. entsteht bei Ggw. von CN^- je nach dessen Menge eine grüne Lsg., aus der sich langsam blaue Flocken abscheiden, oder sofort eine tiefblaue Fällung.

EG: 0,02 µg CN^- pD: 6,2.

6. Nachweis als Thiocyanat

CN^--Ionen reagieren mit dem Schwefel von Polysulfiden zu Thiocyanat, SCN^-, das mit Fe^{3+} eine tiefrote Verbindung (s. 9., S. 272) gibt.

1 Tr. des SA wird mit 1 Tr. gelbem Ammoniumsulfid (Ammoniumpolysulfid) auf einem Uhrglas bis fast zur Trockne eingedampft. Der Rückstand wird mit je einem Tr. verd. HCl u. $FeCl_3$-Lsg. versetzt. Eine Rotfärbung zeigt SCN^- an.

EG: 1 µg CN^- pD: 4,7.

Störungen: Ist SCN^- von vornherein zugegen, so muß CN^- vorher als Zinkcyanid abgetrennt werden.

7. Nachweis durch Demaskierung von Alkali-Palladiumdiacetyldioxim

Durch Umsetzung von Palladiumacetyldioxim (s. S. 357) mit CN^- bildet sich unter Entfärbung $[Pd(CN)_4]^{2-}$. Das freigewordene Diacetyldioxim kann mit Ni^{2+} nachgewiesen werden.

1 Tr. der alkalischen Probelsg. wird mit 1 Tr. Reagenzlsg. und 1 Tr. einer mit $NiCl_2$-Lsg. auf der TP versetzt. Je nach CN^--Konzentration entsteht ein roter Niederschlag oder eine rosa Färbung. Bei sehr geringen Cyanidmengen ist eine Blindprobe nötig.

EG: 0,25 µg CN^- pD: 5,4.

Die Reaktion kann auch auf mit dem Reagenz getränktem Papier durchgeführt werden.

Störungen: Größere Mengen NH_4^+-Salze in der Probelsg.

Reagenz: Aus schwach saurer $PdCl_2$-Lösung wird Palladiumdiacetyldioxim gefällt, dieses filtriert, gewaschen, mit 3 M KOH geschüttelt und wieder filtriert. Die Lösung ist beständig.

0,5 M $NiCl_2$-Lsg. gesättigt an NH_4Cl.

8. Nachweis als Benzidinblau (s. S. 436)

Komplexe Cyanide

Cyanidionen geben mit komplexbildenden Kationen wie Fe^{3+}, Fe^{2+}, Mn^{3+}, Cr^{3+}, Co^{3+}, Mn^{2+}, Ni^{2+}, Cd^{2+}, Ag^+, Au^{3+} überaus beständige, komplexe Anionen der Zusammensetzung:

$$[\overset{+1}{M}(CN)_2]^-, \quad [\overset{+2}{M}(CN)_4]^{2-}, \quad [\overset{+2}{M}(CN)_6]^{4-}, \quad [\overset{+3}{M}(CN)_6]^{3-}.$$

Von den komplexen Cyaniden sind besonders wichtig das $K_4[Fe(CN)_6]$ und das $K_3[Fe(CN)_6]$, das gelbe und rote Blutlaugensalz (vgl. S. 79f.).

Darstellung: $K_4[Fe(CN)_6]$ wurde früher durch Eintragen stickstoffhaltiger organischer Substanzen (Blut, Klauen) zusammen mit Eisenabfällen in geschmolzenes Kaliumcarbonat gewonnen. Heute geht man meist von verbrauchten Gasreinigungsmassen aus, welche die aus dem Leuchtgas stammende HCN hauptsächlich in Form von Berliner Blau enthalten.

Allgemeine Eigenschaften: Die Komplexionen $[Fe(CN)_6]^{4-}$, Hexacyanoferrat(II)-Ion, und $[Fe(CN)_6]^{3-}$, Hexacyanoferrat(III)-Ion, sind sehr stabile Durchdringungskomplexe und geben charakteristische Reaktionen. So sind die Hexacyanoferrate(II) fast aller Kationen mit der Ladung + 2 wie Ca^{2+}, Zn^{2+}, Mn^{2+}, Fe^{2+}, UO_2^{2+} usw. schwer löslich und vielfach charakteristisch gefärbt. $Zr[\overset{+2}{Fe}(CN)_6]$ und $Th[\overset{+2}{Fe}(CN)_6]$ sind selbst in Säuren schwer löslich, während die entsprechenden Verbindungen des $[\overset{+3}{Fe}(CN)_6]^{3-}$ wasserlöslich sind. Dieser Unterschied in der Löslichkeit ermöglicht die Trennung von $[\overset{+2}{Fe}(CN)_6]^{4-}$ und $[\overset{+3}{Fe}(CN)_6]^{3-}$. Eine weitere Unterscheidungsmöglichkeit beruht auf der guten Löslichkeit von $Ag_3[\overset{+3}{Fe}(CN)_6]$ in NH_3, während $Ag_4[\overset{+2}{Fe}(CN)_6]$ darin schwer löslich ist.

Sämtliche Cyanoferrate(II), lösliche und schwerlösliche, können durch Kochen mit HgO unter Bildung von undissoziiertem $Hg(CN)_2$ zerstört werden. Heiße konz. H_2SO_4 zersetzt Cyanoferrate unter Entwicklung von CO.

Der Nachweis der Cyanoferrate erfolgt im Sodaauszug. Allerdings ist zu beachten, daß einige schwerlösliche Schwermetallcyanoferrate (Cu^{2+}, $Fe^{2+(3+)}$) u.a. sich beim Kochen mit Sodalösung nur wenig zu löslichem Alkalicyanoferrat umsetzen. Da die schwer zersetzlichen Cyanoferrate meist intensiv gefärbt sind, können sie leicht im Rückstand des Sodaauszugs erkannt werden. In diesen Fällen kocht man den Rückstand einige Minuten mit 5 M NaOH und prüft im Zentrifugat nach Ansäuern mit HCl nochmals auf $[Fe(CN)_6]^{4-}$ und $[Fe(CN)_6]^{3-}$.

Zu den folgenden Reaktionen verwende man Lösungen von $K_4[Fe(CN)_6]$ und $K_3[Fe(CN)_6]$ oder die entsprechend vorbereitete Analysenlösung.

1. $AgNO_3$

Nd. von weißem $Ag_4[Fe(CN)_6]$ bzw. von orangerotem $Ag_3[Fe(CN)_6]$. Beide sind schwer lösl. in verd. HNO_3. In Ammoniak ist nur $Ag_3[Fe(CN_6)]$ löslich. Durch Oxidation mit konz. HNO_3 wird $Ag_4[Fe(CN)_6]$ in orangerotes $Ag_3[Fe(CN)_6]$ überführt.

2. $CuSO_4$

In $[Fe(CN)_6]^{4-}$-Lsgg. rotbrauner Nd. von $Cu_2[Fe(CN)_6]$, in Lsgg. von $[Fe(CN)_6]^{3-}$ grüner Nd. von $Cu_3[Fe(CN)_6]_2$.

3. Abtrennung von Cyanoferrat aus der Analyse

Die Cyanoferrate stören häufig die Anionennachweise und müssen deshalb quantitativ abgetrennt werden.

Hierzu eignen sich am besten die Cd-Cyanoferratfällung mit 0,5 M Cd-Acetatlsg. im neutralisierten CO_2-freien SA oder die Ag-Cyanoferratfällung, die mit 1 M $AgNO_3$-Lsg. oder gesätt. Ag_2SO_4-Lsg. im schwach angesäuerten (HNO_3 bzw. H_2SO_4) SA durchgeführt wird.

4. Nachweis als Berliner Blau bzw. Turnbulls Blau

$[\overset{+2}{Fe}(CN)_6]^{4-}$ bildet mit Fe^{3+} Berliner Blau, $[\overset{+3}{Fe}(CN)_6]^{3-}$ mit Fe^{2+} *Turnbulls* Blau.

Die Reaktionsprodukte sind weitgehend identisch, da ein Gleichgewicht besteht:

$$Fe^{2+} + [\overset{+3}{Fe}(CN)_6]^{3-} \rightleftarrows Fe^{3+} + [\overset{+2}{Fe}(CN)_6]^{4-}.$$

α) Molverhältnis 1:1

$$\left.\begin{array}{l} K^+ + Fe^{3+} + [\overset{+2}{Fe}(CN)_6]^{4-} \rightarrow \\ K^+ + Fe^{2+} + [\overset{+3}{Fe}(CN)_6]^{3-} \rightarrow \end{array}\right\} K[\overset{+3+2}{FeFe}(CN)_6].$$

Kolloid gelöstes „lösliches Berliner Blau".

β) Molverhältnis > 1:1

$$Fe^{3+} + 3\,[\overset{+3}{Fe}\overset{+2}{Fe}(CN)_6]^- \rightarrow \overset{+3}{Fe}[\overset{+3}{Fe}\overset{+2}{Fe}(CN)_6]_3.$$

Blauer Niederschlag: „unlösliches Berliner Blau".

$$Fe^{2+} + 2\,[\overset{+3}{Fe}\overset{+2}{Fe}(CN)_6]^- \rightarrow \overset{+2}{Fe}[\overset{+3}{Fe}\overset{+2}{Fe}(CN)_6]_2.$$

Blauer Niederschlag: „unlösliches *Turnbulls* Blau".

$[Fe(CN)_6]^{4-}$: Im HM-Maßstab wird 1 Tr. des SA oder 1 Tr. des NaOH-Auszuges vom Rückstand des SA mit 5 M HCl schwach angesäuert und mit 1 Tr. $FeCl_3$-Lösung versetzt. Eine Blaufärbung zeigt $[Fe(CN)_6]^{4-}$ an.

EG: 0,25 μg $[Fe(CN)_6]^{4-}$ pD: 6,6.

$[Fe(CN)_6]^{3-}$: Zur Vermeidung von Störungen des $[\overset{+3}{Fe}(CN)_6]^{3-}$-Nachweises durch $[\overset{+2}{Fe}(CN)_6]^{4-}$ muß die verwendete Fe^{2+}-Verbindung frei von Fe^{3+}-Ionen sein.

Besonders gut eignen sich umkristallisiertes, trockenes, vor Luft geschützt aufbewahrtes $(NH_4)_2SO_4 \cdot FeSO_4 \cdot 6H_2O$ (*Mohr*sches Salz) oder Alkylammonium-Fe(II)-sulfate, z.B. das Äthylendiammoniumeisen(II)-sulfat $[(CH_2NH_3)_2SO_4 \cdot FeSO_4]$. Diese enthalten im Gegensatz zu $FeSO_4$ nur geringe Fe^{3+}-Mengen.

Im HM-Maßstab wird 1 Tr. des SA oder 1 Tr. des NaOH-Auszugs vom Rückstand des SA mit 5 M HCl schwach angesäuert und mit 1 Kristall reinsten Fe(II)-salzes versetzt. Bei Ggw. von $[Fe(CN)_6]^{3-}$ Blaufärbung bzw. blauer Niederschlag. Empfindlichkeit wie bei der $[Fe(CN)_6]^{4-}$-Rk. mit Fe^{3+}.

$[Fe(CN)_6]^{4-}$ gibt mit Fe^{2+} bei völligem Luftausschluß einen weißen Niederschlag von $\overset{+2}{Fe}[\overset{+2}{Fe}\overset{+2}{Fe}(CN)_6]$. Er wird durch Luftoxidation schnell blau.

$[\overset{+3}{Fe}(CN)_6]^{3-}$ gibt mit Fe^{3+} eine dunkelbraune Lösung von $[\overset{+3}{Fe}\overset{+3}{Fe}(CN)_6]$, die als Reagenz auf Reduktionsmittel dienen kann. So bildet sich z.B. auch mit $SnCl_2 + HCl$ infolge Reduktion des Fe(III) eine Blaufärbung und allmählich ein Niederschlag von Berliner Blau.

Alle schwerlöslichen Hexacyanoferrate werden durch Alkalihydroxidlösung, besonders schnell in der Hitze, zersetzt:

$$\overset{+3}{Fe}[\overset{+3}{Fe}\overset{+2}{Fe}(CN)_6]_3 + 12\,OH^- \rightarrow 3\,[\overset{+2}{Fe}(CN)_6]^{4-} + 4\,\overset{+3}{Fe}(OH)_3\downarrow.$$

5. Nachweis aus $[Cu(CN)_4]^{3-}$

$$2K_3[Cu(CN)_4] + K_2CO_3 \rightarrow 7KCN + KOCN + CO_2\uparrow + 2Cu\downarrow.$$

Aus schwer zerstörbaren komplexen Cyaniden z.B. $[Cu(CN)_4]^{3-}$ kann das CN^- durch Schmelzen mit der gleichen Menge K_2CO_3 in säurezersetzliche Form überführt werden. Die erkaltete Schmelze wird mit W. ausgezogen, zentrifugiert und im Z. die Berliner Blau-Rk. durchgeführt.

6. $[Fe(CN)_6]^{3-}$-Nachweis als Benzidinblau (s. S. 436)

Thiocyansäure und Thiocyanate (Rhodanwasserstoffsäure und Rhodanide)

Vorkommen: Verbindungen der Thiocyansäure, HSCN, kommen in geringen Mengen im Organismus vor und können unter anderem im Speichel nachgewiesen werden, in dem sie keimtötende und verdauungsfördernde Wirkungen ausüben.

Darstellung: Thiocyanate sind aus Cyaniden durch Umsatz mit Schwefel leicht erhältlich. Technisch wird Ammoniumthiocyanat, NH_4SCN, durch Einwirken von wäßrigem NH_3 auf CS_2 unter erhöhtem Druck dargestellt.

Bedeutung: Technische Verwendung finden Thiocyanate u.a. in der Zeugfärberei.

Allgemeine Eigenschaften: Reine Thiocyansäure ist eine farblose, ölige, stechend riechende, wenig beständige Flüssigkeit. In wäßriger Lösung bildet sie eine starke, nur wenig haltbare Säure. Durch konzentrierte Salz- oder Schwefelsäure wird die Zersetzung beschleunigt. Dagegen sind Thiocyanate in wäßriger Lösung recht beständig. Die meisten Thiocyanate mit Ausnahme von Ag(I)-, Hg(I)-, Hg(II)-, Cu(I)-, Au(I)-, Tl(I)- und Pb(II)-Thiocyanat sind in Wasser leicht löslich (Pseudohalogenid). SCN^--Ionen bilden mit einer Anzahl Schwermetallkationen starke Komplexe wie z.B.:

$[Hg(SCN)_4]^{2-}$, $[Co(SCN)_4]^{2-}$, $[Ag(SCN)_2]^-$

und dem Anion des *Reinecke*-Salzes, $[Cr(SCN)_4(NH_3)_2]^-$

Die schwerlöslichen Thiocyanate werden außer AgSCN beim SA zu löslichem Alkalithiocyanat umgesetzt. Man prüft daher im Sodaauszug, bei Gegenwart von Ag^+ auch in dessen Rückstand, auf SCN^-.

Für die nachstehenden Reaktionen verwende man NH_4SCN oder KSCN bzw. die entsprechend vorbereitete Analysenlösung.

1. H_2SO_4

$$SCN^- + 2H^+ + H_2O \rightarrow COS\uparrow + NH_4^+.$$

Halbkonz. H_2SO_4 zersetzt Thiocyanate unter Bldg. von Kohlenoxidsulfid, COS, das mit blauer Flamme brennt.

Konz. H_2SO_4 reagiert dagegen sehr heftig unter Abscheidung von Schwefel u. Bldg. von stechend riechenden Dämpfen, in denen sich neben Kohlenoxidsulfid Kohlendisulfid, CS_2, u. Schwefeldioxid befinden.

2. $AgNO_3$

Weißer Nd. von AgSCN, schwer lösl. in Salpetersäure, lösl. in Ammoniak.

In neutraler Lösung löst sich AgSCN im Überschuß von SCN^- unter Bildung von $[Ag(SCN)_2]^-$ auf (s. S. 361).

3. $Co(NO_3)_2$

Bldg. von lösl., blauem $Co(SCN)_2$, durch Amylalkohol + Äther ausschüttelbar (s. bei Co^{2+}, S. 260).

4. $CuSO_4$

$$2Cu^{2+} + 2SCN^- + SO_3^{2-} + H_2O \rightarrow 2CuSCN\downarrow + SO_4^{2-} + 2H^+.$$

Bei Ggw. von schwefliger Säure weißer Nd. von CuSCN.

5. Fällung als AgSCN und thermische Zersetzung zu Ag_2S

SCN^--Ionen stören den Cl^--Nachweis. Zur Beseitigung der Störung fällt man SCN^- gemeinsam mit den Halogenidionen in dem von CN^- mit Hilfe von CO_2 (s. Rk. 4., S. 219) und von Cyanoferraten mit Cd-Acetat befreiten SA nach 3., S. 221, aus. AgSCN wird gemeinsam mit AgCl und

AgBr mit konz. Ammoniak als $[Ag(NH_3)_2]^+$ gelöst und vom AgJ getrennt. Durch Ansäuern der $[Ag(NH_3)_2]^+$-Lsg. mit H_2SO_4 werden AgCl, AgSCN und AgBr wieder ausgefällt. Der Nd. wird in einem Porzellantiegel langsam bis zur dunklen Rotglut erhitzt, wobei sich AgSCN zu Ag_2S, S, CS_2, $(CN)_2$ u. N_2 zersetzt. Die Rk. ist beendet, wenn der Tiegelinhalt schwarz gefärbt und der Schwefel verbrannt ist. Der Rückstand im Tiegel wird mit 10 Tr. 2,5 M H_2SO_4 und etwas Zn-Pulver versetzt. Cl^- und Br^- aus dem unveränderten AgCl und AgBr gehen in Lsg. und werden nach 5., S. 154 und 2., S. 161 identifiziert.

Die Zers. von AgSCN im Ag-Halogenid-Gemisch durch konz. HNO_3 oder H_2SO_4 (1:1) erfordert längeres Kochen.

6. Nachweis als $Fe(SCN)_3$

Dieser Nachweis stellt die Umkehrung der Rk. 9., S. 272 dar.

Im HM-Maßstab werden 5 Tr. der alkal. Probelsg. mit 2,5 M HNO_3 schwach angesäuert u. mit $FeCl_3$-Lsg. im Überschuß versetzt. Die Bldg. von rotem, in Äther löslichem $Fe(SCN)_3$ zeigt SCN^- an.

EG: 0,05 µg SCN^- pD: 5,8.

Störungen: Um den störenden Einfluß von F^-, PO_4^{3-}, AsO_4^{3-}, BO_3^{3-}, $C_4H_4O_6^{2-}$, $C_2O_4^{2-}$ usw., die mit Fe^{3+}-Ionen Komplexe bilden, auszuschalten, wird Fe^{3+} im Überschuß zugegeben. Cyanoferrate werden vor dem Fe^{3+}-Zusatz mit $CdSO_4$ in schwach HNO_3-saurer Lösung gefällt oder $Fe(SCN)_3$ wird aus dem Fe(III)-Cyanoferrat-Gemisch mit Äther extrahiert.

7. Nachweis mittels der Jod-Azid-Reaktion

Einzelheiten sind unter Rk. 7., S. 176, näher beschrieben. Die Reaktion erlaubt nach Entfernung von S^{2-} und $S_2O_3^{2-}$ durch Fällung mit $HgCl_2$ den schnellen Nachweis von SCN^- neben $C_2O_4^{2-}$, $C_4H_4O_6^{2-}$, PO_4^{3-}, $[Fe(CN)_6]^{4-}$ und nicht zu großen Mengen J^-.

EG: 0,9 µg SCN^- pD: 4,5.

Trennung und Nachweis von CO_3^{2-}, CH_3COO^-, $C_2O_4^{2-}$, $C_4H_4O_6^{2-}$, CN^-, $[Fe(CN)_6]^{4-}$, $[Fe(CN)_6]^{3-}$ und SCN^- neben Cl^-, J^- und NH_4^+

Carbonat wird aus der Ursubstanz durch Austreiben des CO_2 mit verd. Säuren nachgewiesen. Seine Identifizierung kann nach 3. und 4., S. 213 erfolgen.

Ebenfalls aus der Ursubstanz gelingt der Nachweis des Acetats entweder durch Verreiben mit $KHSO_4$ (s. 3., S. 214) oder durch Bildung des spezifisch riechenden Kakodyloxids (s. 5., S. 215). Der Nachweis der CH_3COO^- mittels konz. H_2SO_4 + Äthylalkohol (s. 4., S. 215) ist nur dann eindeutig, wenn keine anderen stark riechenden Substanzen (z. B. SO_3^{2-}) vorliegen. Gegebenenfalls kann Acetat auch mit Lanthannitrat (s. 6., S. 215) identifiziert werden.

Oxalat wird im SA nachgewiesen. Man fälle aus schwach essigsaurer Lösung das $C_2O_4^{2-}$ als CaC_2O_4 aus (vgl. 4., S. 216). Hierbei ist zu beachten, daß bei Anwesenheit von F^-, SO_3^{2-}, SO_4^{2-}, PO_4^{3-}, BO_3^{3-}, $[Fe(CN)_6]^{4-}$, $C_4H_4O_6^{2-}$ u.a. sich entsprechende schwerlösliche Ca-Salze bilden können. Den erhaltenen Niederschlag löse man nach gründlichem Auswaschen in verd. H_2SO_4 und weise in dieser Lösung das $C_2O_4^{2-}$ mit Permanganat (s. 5., S. 216) nach. Bei Gegenwart besonders von SO_3^{2-} muß die evtl. auftretende Störung durch genaue Ausführung der Nachweisreaktion beseitigt werden. Bei Anwesenheit einiger Schwermetalloxalate, wie $Fe_2(C_2O_4)_3$, $Ce_2(C_2O_4)_3$, wird der Rückstand des SA in verd. H_2SO_4 gelöst und $C_2O_4^{2-}$ nach 5., S. 216 nachgewiesen.

Oxalsäure stört durch Fällen von Erdalkalioxalaten in der Ammoniumsulfidgruppe, wodurch vor allem Ba^{2+}, Sr^{2+} u. Ca^{2+} nicht in die Ammoniumcarbonatgruppe gelangen. Zur Entfernung der $C_2O_4^{2-}$-Ionen setze man nach Verkochen des H_2S zu dem Zentrifugat der H_2S-Gruppe einige Tropfen von 30%igem H_2O_2 (Perhydrol, Blindprobe auf SO_4^{2-} u. PO_4^{3-}!). Durch 5–10 Minuten Kochen wird die Oxalsäure zu CO_2 oxidiert. Gleichzeitig wird überschüssiges H_2O_2 zerstört.

Auch Tartrat kann aus der Ursubstanz durch Ausführung der Brenzreaktion (s. 4., S. 218) oder durch Verkohlung mit konz. H_2SO_4 (s. 5., S. 218) nachgewiesen werden. Aus dem SA kann das $C_4H_4O_6^{2-}$ nach Ansäuern mit verd. CH_3COOH als Ca-Salz gefällt werden (vgl. oben). Mit dem Niederschlag führe man die Farbreaktion mit Resorcin durch (s. 6., S. 218). Die schwach schwefelsaure Lösung des Niederschlags zeigt beim Versetzen mit $CuSO_4$ + NaOH die blaue Farbe des Cu-Tartratkomplexes (s. 7., S. 218).

Da das $C_4H_4O_6^{2-}$ mit vielen Schwermetallionen lösliche Komplexe bildet (vgl. S. 217), muß es vor Durchführung des Kationentrennungsganges entfernt werden. Dazu wird die Analysensubstanz unter Zusatz von entsprechenden Mengen $(NH_4)_2S_2O_8$ mit einigen ml konz. H_2SO_4 abgeraucht. Hierbei beachte man, daß die entstehenden Sulfate nicht durch zu starkes Einengen zu wasserfreien Oxiden abgebaut werden, die ohne Anwendung eines Aufschlußverfahrens nicht mehr in Lösung zu bringen sind. Die evtl. zurückbleibenden Erdalkalisulfate müssen auf jeden Fall aufgeschlossen werden.

Cyanid vertreibe man aus der Ursubstanz bzw. aus dem SA durch einen Überschuß von $NaHCO_3$ (s. 4., S. 219) und weise es in der Vorlage mit Ag^+ nach. Bei Abwesenheit von $[Fe(CN)_6]^{4-}$, $[Fe(CN)_6]^{3-}$ und SCN^- kann CN^- mittels der Berliner Blau-Reaktion (s. 5., S. 220) oder als Thiocyanat (s. 6., S. 220) aus dem SA nachgewiesen werden.

Die besten Nachweise für $[Fe(CN)_6]^{4-}$ bzw. $[Fe(CN)_6]^{3-}$ sind die Berliner Blau-Reaktion (s. 4., S. 222) bzw. die *Turnbulls* Blau-Reaktion (s. 4., S. 222). Die Anwesenheit von komplexen Cyaniden kann durch Umwandlung in freies CN^- nachgewiesen werden. Dazu schmelze man die Substanz nach 5., S. 222, mit K_2CO_3. Die Identifizierung des CN^- erfolgt wie oben.

Zur Prüfung auf SCN^- wird zu dem schwach angesäuerten SA Fe^{3+} zugegeben. Falls $[Fe(CN)_6]^{4-}$ zugegen ist, muß man mit einem Überschuß von Fe^{3+} versetzen und filtrieren oder mit Äther ausschütteln. Auch F^-, PO_4^{3-}, $C_2O_4^{2-}$, $C_4H_4O_6^{2-}$ stören, da sie mit Fe^{3+} Komplexe bilden. Man fällt sie aus dem mit Essigsäure angesäuerten SA mit Ba^{2+} aus und prüft im Zentrifugat auf SCN^- mit Fe^{3+}. Die Prüfung auf Thiocyanat kann auch nach 7., S. 224, mittels der Jod-Azid-Reaktion durchgeführt werden. Liegt AgSCN vor, das im SA schwer löslich ist, so wird ein Teil des Rückstandes vom SA mit einer Mischung aus 10 Tropfen 1 M NaHS-Lösung und 5 Tropfen 5 M NaOH-Lösung wenige Minuten auf dem Wasserbad erhitzt. Aus AgSCN bildet sich Ag_2S und lösliches Alkalithiocyanat. (Wenn AgCN im Rückstand vorliegt, kann sich auch aus polysulfidhaltiger NaHS-Lösung SCN^- bilden!) In der soda- oder natronalkalischen Lösung wird SCN^- wie oben nachgewiesen.

Die hier behandelten komplexen Cyanide sowie SCN^- und CN^- (auch Pseudohalogenide genannt) stören den Nachweis von Chloridionen, da sie auch mit $AgNO_3$ in Salpetersäure schwerlösliche Niederschläge bilden. Man fälle sie daher vorher mit Kupfersulfat unter Zusatz von schwefliger Säure als CuSCN, CuCN und $Cu_2[Fe(CN)_6]$ aus. Nach Filtration wird wie üblich auf Chloridionen geprüft.

Weiterhin wird durch Cyanidionen der Jodidnachweis mit Chlorwasser unmöglich gemacht, weil farbloses Jodcyan, JCN, gebildet wird. Um das zu verhindern, müssen die Cyanidionen mit einem Überschuß von Zn^{2+} als $Zn(CN)_2$ gefällt oder in hydrogencarbonathaltiger Lösung als Blausäure vorher abdestilliert werden.

Auch der Nachweis von NH_4^+ läßt sich nicht durchführen, weil mit Basen die Cyanidionen zu NH_4^+ + HCOOH hydrolysiert werden. Auch hier muß man die Cyanidionen vorher entfernen.

Da auch CN^-, $[Fe(CN)_6]^{4-}$, $[Fe(CN)_6]^{3-}$ und SCN^- den Trennungsgang der Kationen durch mögliche Komplexsalzbildung stören, müssen sie durch Abrauchen mit konz. H_2SO_4, wie beim Tartrat, S. 218, beschrieben, zerstört werden.

4.2.5.2. Silicium, Si, OZ: 14, RAM: 28,086

Häufigkeit: 25,80 Gew.-%. Smp.: 1423 °C. Sdp.: 2355 °C. D_{ZT}: 2,33 g/cm³. Oxidationsstufen: − 4, + 2, + 4. Ionenradius $r_{Si^{4+}}$ 0,42 Å.

Vorkommen: Silicium ist das zweithäufigste Element in der Erdkruste, die es in Form einer Vielzahl von Silicaten aufbaut. In den Silicaten ist jedes Siliciumion von vier Sauerstoffionen in Form eines Tetraeders umgeben, wobei die Sauerstoffionen nicht nur einem, sondern auch zwei Siliciumionen gemeinsam angehören können. So unterscheidet man je nach Art der Verkettung vier Haupttypen kristalliner Silicate.

1. Silicate mit selbständigen, „diskreten" Anionen. Hierzu gehören:
   α) Nesosilicate (Inselsilicate), das sind Orthosilicate mit dem Anion $[SiO_7]^{6-}$, z.B. Olivin, $Mg_2[SiO_4]$, Zirkon, $Zr[SiO_4]$;
   β) Sorosilicate (Gruppensilicate), z.B. Disilicate mit dem Anion $[Si_2O_7)^{6-}$, z.B. Akermanit, $Ca_2Mg[Si_2O_7]$;
   γ) Cyclosilicate, das sind cyclische Silicate mit den Anionen $[Si_3O_9]^{6-}$, $[Si_4O_{12}]^{8-}$ und vom Berylltyp, $Be_3Al_2[Si_6O_{18}]$, mit dem Anion $[Si_6O_{18}]^{12-}$, in denen die SiO_4-Tetraeder einen Sechsring bilden.
2. Inosilicate (Kettensilicate), das sind Silicate, in denen sich die SiO_4-Tetraeder zu Ketten, die durch den ganzen Kristall fortlaufen, zusammenlagern (Silicate mit einfach gekoppelten Anionen):

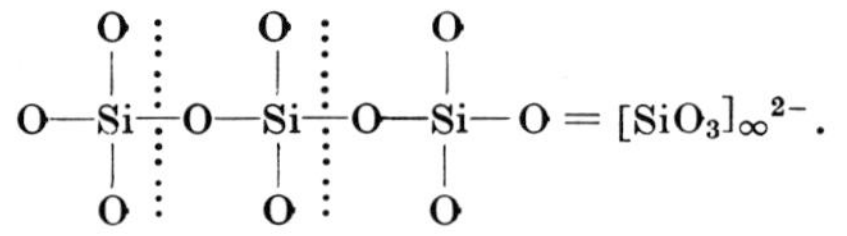

   Hierzu gehört die große Zahl der Metasilicate, wie Enstatit, $Mg[SiO_3]$, und Diopsid, $CaMg[SiO_3]_2$. Durch Vereinigung je zweier Ketten entstehen Doppelketten oder Bänder mit dem Anion $[Si_4O_{11}]_\infty^{6-}$, das dem Asbest, einer Form des Amphibols oder der Hornblende, z.B. $Ca_2Mg_5[(OH)_2/(Si_4O_{11})_2]$, zugrunde liegt.
3. Phyllosilicate (Blattsilicate), das sind Silicate, in denen die SiO_4-Tetraeder jeweils in einer Ebene miteinander verkettet sind, also Schichtengitter bilden (Silicate mit doppelt gekoppelten Anionen). Sie enthalten das Anion $[Si_4O_{10}]_\infty^{4-}$, wie z.B. Talk, $Mg_3[(OH)_2/Si_4O_{10}]$, und Kaolin, $Al_4[(OH)_8/Si_4O_{10}]$.
4. Tektosilicate (Gerüstsilicate), das sind Silicate, in denen sich die Verkettung der SiO_4-Tetraeder nach allen drei Raumkoordinaten fortsetzt (dreidimensionale Netzwerke). Das ist bei den SiO_2-Modifikationen Quarz, Tridymit und Christobalit der Fall.

Die Verbindungsfähigkeit wird dadurch noch vielseitiger, daß an Stelle des Siliciums in den Tetraedern andere Elemente, insbesondere Aluminium, treten können. Al hat hierbei die Koordinationszahl 4 wie das Si (Alumosilicate). Beispiele sind die Feldspäte: $K[AlSi_3O_8]$, Orthoklas, und $Ca[Al_2Si_2O_8]$, Anorthit, die danach zur 4. Gruppe obiger Einteilung zu rechnen sind, oder Glimmer, $NaAl_2[(OH)_2/AlSi_3O_{10}]$, der zur 3. Gruppe gehört.

Quarz ist als das häufigste Mineral Bestandteil vieler Gesteine; zusammen mit Feldspat und Glimmer bildet es den Granit. Ohne Beimengung anderer Mineralien findet man Quarz als Seesand und in Form der Halbedelsteine Bergkristall, Amestyst, Rauchquarz und Rosenquarz. Amorph kommt SiO_2 als Kieselgur (Diatomeenerde) vor.

Darstellung: Elementares Silicium wird durch Reduktion von SiO_2 mit Kohlenstoff, Magnesium oder Aluminium (s. S. 446) hergestellt.

Bedeutung: Silicate sind enthalten in Gläsern, Porzellan, keramischen Erzeugnissen, Zement und feuerfesten Materialien. Quarzglas wird als optisches Material und wegen seiner Hitzebeständigkeit für Heizplatten, Tauchsieder usw. verwendet. Infolge seines starken Aufsaugevermögens dient Kieselgur u.a. als Verpackungsmaterial für Säureballons usw. Entwässertes Kieselgel („Silicagel") ist ein sehr gutes Trockenmittel für Gase; „Blaugel" enthält einen Indikator ($CoCl_2$), der im feuchten Zustand eine rosa, im trockenen eine blaue Farbe (s. S. 259) zeigt.

Wasserglas wird u.a. als Flammenschutzmittel, zur Eierkonservierung, zur Bereitung von Kitten- und Klebstoffen, als Farbbindemittel sowie als Zusatz zu Waschmitteln benutzt.

Ferrosilicium, eine Eisen-Silicium-Legierung, dient als Stahlveredler, Siliciumcarbid, SiC, wegen seiner Härte als Schleifmittel. Silicone, Organosiliciumverbindungen, treten in Abhängigkeit von ihrer Struktur als Öle, Harze oder Kautschuk auf. Diese temperaturbeständigen und stark wasserabstoßenden Körper besitzten eine große praktische Bedeutung.

Allgemeine Eigenschaften: Bedingt durch die Verkettungstendenz der SiO_4-Tetraeder entstehen bei den sauren Silicaten hochmolekulare Stoffe, die aus dem Schmelzfluß nur schwer zur Kristallisation zu bringen sind und daher Gläser bilden. Alle Silicate mit Ausnahme der reinen Alkali- und Bariumsilicate sind schwerlöslich. Durch starke Säuren werden sie zersetzt. Lösliche Silicate hydrolysieren in Wasser, da Kieselsäure eine schwache Säure ist. Sie neigt auch in Lösung zur Kondensation. So liegt in einer Lösung von kristallisiertem $Na_2H_2SiO_4 \cdot aq$ dem sog. „Natriummetasilicat", monomolekulare Kieselsäure nur in starker Verdünnung und bei Überschuß von Natronlauge vor. Vermindert man die OH^--Konzentration, so bilden sich mehr oder weniger schnell höher kondensierte Kieselsäuren (Isopolysäuren s. S. 280), die mit steigendem Kondensationsgrad immer schwerer löslich werden. Aus den kolloidalen Lösungen scheidet sich schließlich amorphe Kieselsäure ab:

$$x[H_2SiO_4]^{2-} + 2xH^+ \rightarrow (H_2SiO_3)_x\downarrow + xH_2O.$$

Die Aggregation zu den Isopolysäuren ist ein langsam verlaufender Vorgang. Läßt man z.B. eine wäßrige Lösung von $Na_2H_2SiO_4 \cdot aq$ unter Umrühren zu einer Lösung von überschüssiger starker Mineralsäure einfließen, so wird sofort die monomolekular verteilte Kieselsäure in Freiheit gesetzt:

$$[H_2SiO_4]^{2-} + 2H^+ \rightarrow H_4SiO_4.$$

Sie bleibt zunächst als solche in Lösung. Zu der gleichen Verbindung gelangt man, wenn man Siliciumtetrachlorid, $SiCl_4$, oder Kieselsäureester durch Wasser hydrolysieren läßt:

$$SiCl_4 + 4H_2O \rightarrow H_4SiO_4 + 4HCl.$$

Auch sie aggregiert sich, wobei die Kondensationsgeschwindigkeit stark vom pH der Lösung abhängt. Verhältnismäßig leicht erhält man dann beständige, kolloide Lösungen (s. die Darstellung von Kieselsäuresol S. 483).

Schmilzt man Sand (SiO_2) mit Soda im molaren Verhältnis 3–4:1 zusammen, so erhält man eine Masse, die unter dem Namen Wasserglas bekannt ist:

$$Na_2CO_3 + 3\text{–}4\ SiO_2 \rightarrow Na_2O \cdot 3\text{–}4\ SiO_2 + CO_2\uparrow.$$

Wasserglaslösungen zeigen im großen und ganzen ähnliche Reaktionen wie die von $Na_2H_2SiO_4 \cdot aq$, wobei allerdings zu berücksichtigen ist, daß die Wasserglaslösung schon aggregierte Kieselsäure enthält.

Wie Kohlenstoff vermag auch Silicium Wasserstoffverbindungen, Silan, SiH_4, Disilan, Si_2H_6, usw. zu bilden, die aber alle an der Luft selbstentzündlich sind. Sie entstehen aus Siliciden und Säuren, z.B.

$$Mg_2Si + 4HCl \rightarrow SiH_4\uparrow + 2MgCl_2.$$

Mg_2Si selbst erhält man durch Erhitzen von Magnesiumpulver mit Siliciumdioxid in berechneter Menge:

$$4Mg + SiO_2 \rightarrow Mg_2Si + 2MgO.$$

Auch mit Halogenen werden Verbindungen gebildet, z.B. $SiCl_4$, Siliciumtetrachlorid, $SiHCl_3$, Trichlorsilan (Silicochloroform), usw. (Darst. von $SiCl_4$ und $SiHCl_3$ s. S. 472.) Über SiF_4 und $H_2[SiF_6]$ s. S. 148.

Zu den folgenden Reaktionen verwende man eine wäßrige Lösung von kristallisiertem Natriumsilicat, $Na_2H_2SiO_4 \cdot aq$ (nicht Wasserglas!) bzw. die entsprechend vorbereitete Analysenlösung.

1. Säuren

Bei Vermeidung eines Säureüberschusses fällt gallertartige Kieselsäure aus. Es bleibt aber stets eine nicht unbeträchtliche Menge kolloid in Lösung.

Um die Kieselsäure quantitativ, abzuscheiden, was beim analytischen Arbeiten notwendig ist, muß man auf dem W.-Bad bis zur Trockne abrauchen, die Masse mit einigen Tr. konz. HCl durchfeuchten, nochmals abrauchen mit verd. HCl aufnehmen, erwärmen, bis sich die Metallchloride wieder gelöst haben u. filtrieren. Nur so erhält man die Kieselsäure als weißes, körniges Pulver, das kaum noch andere adsorbiert u. nicht wieder kolloid in Lsg. geht.

2. Ammoniumsalze

Ammoniumsalze fällen ebenfalls aus Alkalisilicatlösungen gallertartiges Kieselsäure, da durch sie die OH^--Konzentration stark verringert wird (vgl. S. 227).

3. Aufschluß von Silicaten

Um Silicate aufzuschließen, stehen mehrere Wege zur Verfügung:

α) Salzsaurer Aufschluß: Handelt es sich um ein durch HCl zersetzbare Silicat, so wird es, wie unter 1. beschrieben, in SiO_2 übergeführt. Da in der qualitativen Analyse meist unbekannt ist, ob ein durch HCl zersetzbares Silicat vorliegt, wählt man am besten von vornherein eines der beiden folgenden Aufschlußverfahren.

β) Flußsäureaufschluß: Die gepulverte Substanz wird mit ca. 1 ml konz. H_2SO_4 u. 5 ml H_2F_2 in einem Pt- oder Pb-Tiegel auf dem W.-Bad erhitzt u. die Flußsäure verdampft. Um die Kieselsäure völlig zu vertreiben, wiederhole man das Verfahren. Dabei rührt man mit einem dicken Platindraht den Brei öfter um. Zum Schluß wird erhitzt, bis Schwefelsäuredämpfe weichenten. Man sei dabei vorsichtig, damit die Sulfate nicht in schwerlösl. Oxide umgewandelt werden. Der Tiegelinhalt wird in verd. HCl gelöst, wobei Erdalkalisulfate u. Bleisulfat, die gesondert aufzuschließen sind, zurückbleiben. Die Art u. Menge des Rückstandes ermöglicht einen Rückschluß auf die Reinheit der Kieselsäure.

γ) Alkalicarbonataufschluß: Die theoretischen Grundlagen u. die praktische Durchführung der Schmelze werden auf S. 133 beschrieben. Wenn die Kohlendioxidentw. in der Schmelze aufgehört hat, erhitzt man noch eine Viertelstunde u. schreckt dann den Tiegel nebst Inhalt durch Eintauchen in kaltes W. ab, wodurch der Schmelzkuchen meist leicht aus dem Tiegel entfernbar wird. Man behandelt ihn zunächst mit W., fügt dann konz. HCl bis zur stark sauren Rk. hinzu, dampft zur Trockne ein, nimmt mit konz. HCl auf, verd. mit W., kocht u. filtriert. Die Kieselsäure wird quantitativ abgeschieden.

Die quantitative Abscheidung der Kieselsäure ist unbedingt notwendig, da sie sonst im Trennungsgang in der $(NH_4)_2S$-Gruppe an Stelle von Aluminiumhydroxid erscheint und dessen Nachw. stört.

Nach Behandlung des Schmelzkuchens mit W. liegt die Kieselsäure wie im SA in gelöster Form vor.

4. Nachweis mit der Wassertropfenprobe bzw. als $Na_2[SiF_6]$

Flußsäure greift Silicate und Siliciumdioxid unter Bildung von SiF_4 an. Diese zum Nachweis von Fluoriden geeignete Reaktion (vgl. S. 148) kann auch zur Identifizierung von Silicaten dienen. Das gebildete, flüchtige SiF_4 hydrolysiert:

$$SiF_4 + 2H_2O \rightarrow SiO_2\downarrow + 4HF.$$

Die Kieselsäure scheidet sich je nach Angreifbarkeit und SiO_2-Gehalt des vorliegenden Silicates nach etwa $^1/_2$–4 Minuten als weißer Saum oder Überzug auf dem Wassertropfen ab. Die Substanz soll stets sehr fein gepulvert sein, ein großer Überschuß von CaF_2 ist unbedingt zu vermeiden. Er kann die Abscheidung von Kieselsäure verhindern, da die entstehende überschüssige Flußsäure mit SiF_4 unter Bildung löslicher Hexafluorokieselsäure reagiert:

$$SiF_4 + 2HF \rightarrow H_2[SiF_6].$$

Im HM-Maßstab werden 5–10 mg der Analysensubstanz oder der beim Abrauchen mit HCl anfallende schwer lösl. Rückstand zum Entfernen der letzten Reste H_2O u.a. flüchtiger Bestandteile auf einem Blech oder im Tiegel kurz durchgeglüht.

Zur Wassertropfenprobe wird die vorher erhitzte Substanz mit einem Drittel der Substanzmenge CaF_2 gut durchmischt u. in einem kleinen Pb- oder Pt-Tiegel (ca. 2 ml) mit 5 Tr. konz. H_2SO_4 versetzt. Der Tiegel wird sofort mit einem einfach durchbohrten Deckel abgdeckt, dessen Bohrloch mit einem feuchten schwarzen Filterpapier bedeckt ist, u. im siedenden W.-Bad erwärmt. Das Erwärmen auf dem W.-Bad ist dem Erhitzen mit einem Sparbrenner unbedingt vorzuziehen.

Bei Ggw. von SiO_2 bildet sich nach wenigen Min. ein weißer Fleck (s. S. 148).

Soll SiO_2 in Form von $Na_2[SiF_6]$-Kristallen nachgewiesen werden, so muß man von gleichen Mengen Substanz u. CaF_2 ausgehen. An Stelle des Tiegeldeckels verwende man einen OT, auf dessen Unterseite ein Cellophanstreifen mit zwei Büroklammern befestigt ist. Ebenso kann man ein Stück Kleinbildfilm, von dem die Silberhalogenid-Gelatine-Schicht entfernt worden ist, verwenden.

Auf der Celluloidschicht befindet sich 1 Tr. 1%ige NaCl-Lösung. Der Tiegel wird 5 Min. bei Raumtemperatur stehengelassen u. anschließend im W.-Bad kurz erwärmt. Das gebildete SiF_4-HF-Gemisch reagiert mit der NaCl-Lsg. unter Bldg. von $Na_2[SiF_6]$, das an seiner charakterist. Kristallform unter dem Mikroskop identifiziert wird. Kristallaufnahme Nr. 1.

EG: 20 µg SiF_4.

Die Wassertropfenprobe gelingt bei Anwesenheit von Hexafluorosilicaten auch ohne Zusatz von CaF_2. Die Ausführung des Nachw. wird bei Anwesenheit von Quarz u. einigen Silicatmineralien erschwert, da diese nur sehr langsam angegriffen werden. In diesem Fall schließe man vorher auf (s. 3. γ, S. 228).

Störungen: Bei Ggw. von Bor reagiert H_2F_2 unter Bldg. von BF_2 bzw. des sehr stabilen $[BF_4]^-$-Komplexes. H_3BO_3 ist daher vor der Prüfung auf SiO_2 als Methylester zu entfernen (s. 4., S. 230).

5. Nachweis als Molybdatokieselsäure

Silicat-Lösungen bilden mit Molybdänsäure eine gelbgefärbte Heteropolysäure, $H_4[Si(Mo_3O_{10})_4]$. Die Rk. ist zum Nachw. von Kieselsäure geeignet, soweit das betreffende Silicat in lösl. Form vorliegt.

α) Man säure eine sehr verd. Natriumsilicat-Lsg. reichlich u. schnell mit HNO_3 an u. versetze die klare Lsg. mit viel Ammoniummolybdatlösung.

EG: 1 µg SiO_3^{2-}/ml pD: 6,1.

Es gelingt so, die im gewöhnlichen oder auch im destillierten W. vorhandenen Spuren von Kieselsäure zu erfassen.

β) Man gebe zu einer sehr verd. Natriumsilicat-Lsg. einen deutlichen Überschuß einer etwa 10%igen neutralen Ammoniummolybdat-Lsg. u. säure dann unter tropfenweiser Zugabe von verd. Essigsäure oder verd. H_2SO_4 ganz schwach an. Zu diesem Gemisch füge man dann in der Kälte in einem Guß so viel einer alkalischen Stannit-Lsg. hinzu, daß eine klare Lsg. entsteht. Die Farbe der Lsg. ist dunkelblau (Molybdänblau!); sie ist jedoch nur eine kurze Zeit beständig.

pD: 6,0.

Störungen: PO_4^{3-} und AsO_4^{3-} stören. H_2O_2 darf ebenfalls nicht anwesend sein (Bildung von Peroxomolybdaten). Die Störung durch Phosphate läßt sich ausschalten, indem man den Nd. von Ammoniummolybdatophosphat abfiltriert, die im F. noch verbliebenen geringen Mengen Molybdatophosphat durch Zugabe des doppelten Vol. einer 1%igen Oxalsäure-Lsg. unter schwachem Erwärmen zerstört u. dann die Kieselsäure nach einigem Warten (bis zu ca. 1 Std.) wie oben nachweist.

Die zur Bereitung der alkalischen Stannit-Lsg. verwendete Natronlauge muß selbstverständlich silicatfrei sein. Man stelle sie jedesmal frisch durch Auflösen von festem NaOH in W. her.

6. Nachweis als Molybdänblau-Benzidinblau (s. S. 436)

4.2.5.3. Bor, B, OZ: 5, RAM: 10,811

Häufigkeit: 1,6 · 10^{-3} Gew.-%. Smp.: 2030 °C. Sdp.: 3900 °C. D_{ZT}: 2,33 g/cm³. Oxidationsstufen: + 3. Ionenradius $r_{B^{3+}}$: 0,23 Å.

Vorkommen: Als Mineralien kommen in der Natur vor: Sassolin, H_3BO_3, Borax, $Na_2B_4O_7 \cdot 10H_2O$, Kernit, $Na_2B_4O_7 \cdot 4H_2O$ und Boracit, $2Mg_3B_8O_{15} \cdot MgCl_2$. Die Turmaline sind borhaltige Silicate.

Darstellung: Elementares Bor erhält man kristallisiert, aber durch Aluminium verunreinigt nach dem aluminothermen Verfahren (s. S. 446f.), dagegen im amorphen Zustand verhältnismäßig rein durch Reduktion von Bortrichlorid mit Magnesium. In der Technik wird auch Bortrichlorid (BCl_3) mit Wasserstoff reduziert.

Bedeutung: Borax wird häufig als Schmelz- und Flußmittel (Emailfabrikation, Hartlöten) eingesetzt. „Perborate" (Additionsverbindungen von H_2O_2 an Borate) sind Bestandteil von Wasch- und Bleichmitteln. Borosilicatgläser sind sehr beständig gegen Chemikalien und Temperaturwechsel (Jenaer Glas).

Borcarbid B_4C dient als diamanthartes Schleifmittel und als Neutronenabsorber in Reaktoren. BF_3 wird als Fluorierungsmittel in der organischen Chemie verwendet.

Geringe Borgehalte in Stählen erhöhen ihre Härtbarkeit.

Orthoborsäure, in wäßriger Lösung und in Salben verwendet, hat milde antiseptische Eigenschaften.

Allgemeine Eigenschaften: Orthoborsäure, H_3BO_3, ist eine sehr schwache Säure. In Wasser ist sie in der Hitze leicht, in der Kälte schwer löslich (Umkristallisieren s. S. 116). Beim Erhitzen geht H_3BO_3 zunächst bei 100 °C in Metaborsäure, HBO_2, beim Glühen in Bortrioxid, B_2O_3, über. Beide Verbindungen lösen sich in Wasser unter Bildung von H_3BO_3 wieder auf.

Die Salze leiten sich meist von der, als freie Säure nicht bekannten, Tetraborsäure ab und haben die Zusammensetzung $M_2B_4O_7$. Schmilzt man Natriumtetraborat, $Na_2B_4O_7$, mit Oxiden zusammen, so erhält man Metaborate (Boraxperle s. S. 130):

$$Na_2B_4O_7 + CuO \rightarrow Cu(BO_2)_2 + 2NaBO_2.$$

Nur die Alkaliborate sind wasserlöslich, die anderen lösen sich dagegen leicht in Säuren auf.

Mit Halogenen bildet Bor homöopolare leichtflüchtige Verbindungen, z.B. BCl_3 und BF_3. Mit einem Überschuß von F^- entsteht aus letzterem das stabile Komplexion $[BF_4]^-$. Analog den Siliciumwasserstoffen erhält man aus Magnesiumborid und Säure Borwasserstoffe, B_2H_6, B_4H_{10}, B_5H_9 usw. Sie sind selbstentzündlich und daher nur unter Luftabschluß haltbar.

BO_3^{3-} kann im SA nachgewiesen werden, da sich alle Borate mit Ausnahme von Borosilicaten beim Kochen mit Na_2CO_3-Lösung zu löslichem Alkaliborat umsetzen. Borosilicate müssen aus der Ursubstanz nach 3., S. 228, identifiziert werden.

Für die folgenden Reaktionen verwende man eine Alkaliboratlösung bzw. die entsprechend vorbereitete Analysensubstanz.

1. $AgNO_3$

$$B_4O_7^{2-} + 4Ag^+ + H_2O \rightleftharpoons 4AgBO_2\downarrow + 2H^+.$$

Fällung von weißem, in Säuren und Ammoniak leicht lösl. Silbermetaborat, $AgBO_2$. Durch die entstehenden Wasserstoffionen ist die Fällung nicht quantitativ. In der Hitze hydrolysiert Silbermetaborat unter Abscheidung von braunem Ag_2O:

$$2AgBO_2 + 3H_2O \rightarrow 2H_3BO_3 + Ag_2O\downarrow.$$

2. $BaCl_2$, $CaCl_2$ und viele andere Salze

$$B_4O_7^{2-} + 2Ba^{2+} + 2OH^- \rightleftharpoons 2Ba(BO_2)_2\downarrow + H_2O.$$

Erdalkaliionen fällen aus alkalisch reagierenden Lsgg. Metaborate. Die Erdalkaliborate sind in ganz schwachen Säuren u. bereits in Ammoniumchlorid-Lsg. löslich. Auch eine Reihe anderer in alkalischen Lösungen schwerlöslicher Metaborate wird schon von schwachen Säuren wie Essigsäure gelöst.

3. Nachweis durch Flammenfärbung

Man bringe ein wenig Borat an die Öse eines Platindrahtes, befeuchte es mit konz. H_2SO_4 u. erhitze in der äußersten Zone der Bunsenflamme, wobei der Platindraht nicht in die Flamme, sondern bis auf 2 mm an die Flamme gebracht werden soll. Die durch die H_2SO_4 in Freiheit gesetzte Borsäure färbt die Flamme grün. Gute Vorprobe!

Bei manchen Borosilicaten versagt dieser Nachweis. In diesem Falle wird das Mineral mit CaF_2 u. $KHSO_4$ innigst verrieben u. dann in der Platinöse erhitzt. Infolge der Bldg. von flüchtigem Bortrifluorid tritt Grünfärbung auf.

4. Nachweis als Borsäuremethylester

Unter der Wirkung der wasserentziehenden konz. Schwefelsäure bildet sich aus Borsäure und Methylalkohol ein Ester:

$$B\left\langle\begin{array}{l|l}OH \quad H & OCH_3\\ OH + H & OCH_3\\ OH \quad H & OCH_3\end{array}\right. \rightarrow B(OCH_3)_2 + 3\,H_2O\,.$$

Der Borsäuremethylester ist leicht flüchtig (Darst. s. S. 477). Der Ester kann entweder a) mit Hilfe der Flammenprobe oder b) durch Einleiten in eine $Mn(NO_3)_2$-$AgNO_3$-KF-Lösung identifiziert werden.

Säureschwerlösliche Borverbindungen (Mineralien, wie Turmaline) müssen durch Schmelzen mit Na_2CO_3 (s. 3. γ, S. 228) aufgeschlossen werden. Vorsicht bei Gegenwart von ClO_4^- und ClO_3^-.

α) Etwa 0,5 ml des SA werden in einem Reagenzglas zur Trockne eingedampft u. mit 5 Tr. konz. H_2SO_4 u. 5–10 Tr. Methanol versetzt. Zur Flammenprobe dient ein zur Kapillare ausgezogenes kurzes Glasrohr, das direkt auf das Reagenzglas aufgesetzt wird. Unter Erwärmen des Reagenzglases im W.-Bad wird die Spitze der Kapillare seitlich bis auf wenige mm der Bunsenflamme genähert. Eine grüne Flammenfärbung zeigt BO_3^{3-} an. Hier ist unbedingt eine Blindprobe durchzurühren. Gläser enthalten oft B u. täuschen so eine positive Rk. vor.

β) Der Borsäureester wird wie unter a) beschrieben erzeugt u. in eine Vorlage (Gärröhrchen) geleitet, die mit 1 ml einer $Mn(NO_3)_2$-$AgNO_3$-KF-Lsg. beschickt ist. Der Ester hydrolysiert zu H_3BO_3, mit KF Fluoroborat- u. OH^--Ionen bildet:

$$H_3BO_3 + 4F^- \rightarrow [BF_4]^- + 3OH^-.$$

Letztere werden bei Ggw. von Mn^{2+}- u. Ag^+-Ionen durch Bldg. eines schwarzen MnO_2- u. Ag-Nd. nachgewiesen:

$$Mn^{2+} + 2Ag^+ + 4OH^- \rightarrow MnO_2\downarrow + 2Ag- + 2H_2O.$$

EG: 0,2 µg B pD: 6,7.

Störungen: Bei Ausführung dieser Reaktion mit der Ursubstanz können Cu-, Tl-, Ba-Verbindungen und Jodide BO_3^{3-} vortäuschen. Bei Abwesenheit von J^- genügt die einfachere Ausführung a).

Reagenz: 2,9 g $Mn(NO_3)_2$ u. 1,7 g $AgNO_3$ werden in 100 ml W. gelöst. Nach Zusatz von 1–2 Tr. 0,1 M NaOH bildet sich ein dunkler MnO_2- + Ag-Nd., der abfiltriert wird. Die klare neutrale Lsg. wird mit 3,5 g KF in 50 ml H_2O versetzt, kurz aufgekocht u. von gebildeten Ndd. abfiltriert.

5. Nachweis durch Bildung von Mannito-Borsäure

Durch Umsetzung von Borsäure mit mehrwertigen Alkoholen entsteht eine einbasige komplexe Säure, wodurch sich der pH-Wert der Lösung erniedrigt (s. S. 85). Diese Reaktion ist auch gut zur quantitativen Bestimmung geeignet.

2 Tr. der Borsäure enthaltenden Probelsg. wird mit 1 Tr. Bromthymolblau versetzt und mit 0,01 M NaOH neutralisiert. Bei Zugabe von festem Mannit, schlägt der Indikator von Grün nach Gelb um.

EG: 0,001 µg B pD: 5,5.

Störungen: GeO_3^{2-} und JO_4^- reagieren ähnlich.

6. Nachweis als Chromotrop 2B-Chelat (s. S. 437)

Trennung und Nachweis von Silicaten, Boraten und F^-

Zur Vorprobe und zum Nachweis von SiO_2 bedient man sich der Wassertropfenprobe (s. 4., S. 228). Bei löslichen Silicaten kann in Abwesenheit von PO_4^{3-} und AsO_4^{3-} auch die Reaktion mit Ammoniummolybdat (s. 5., S. 229) durchgeführt werden.

Zum Nachweis von BO_3^{3-} und F^- werden Silicate durch Behandlung mit HCl nach 1., S. 227, abgetrennt. Das Zentrifugat wird eingedampft und zur Identifizierung von BO_3^{3-} mit konz. H_2SO_4 und Methanol (s. 4., S. 230) versetzt. Daneben kann auch auf BO_3^{3-} mittels der grünen Flammenfärbung nach 3., S. 230, geprüft werden.

In dem Zentrifugat wird das F^- durch die Kriechprobe (s. 5., S. 147) neben Borat nachgewiesen.

Der Nachweis der genannten Anionen muß je nach dem Zustand, in dem sie vorliegen, variiert werden.

So liegt z.B. in Metallen das Silicium meistens als Silicid vor. Die meisten von ihnen werden durch Salpetersäure gelöst, wobei Silicium zu Kieselsäure oxidiert wird. Diese scheidet sich beim Abrauchen mit konz. Salzsäure ab und wird wie oben nachgewiesen.

Manche Silicide, wie z.B. Carborundum, SiC, lassen sich nicht durch Salpetersäure aufschließen. Diese muß man mit Natriumhydroxid im Silbertiegel schmelzen, wobei formal nach der Gleichung

$$SiC + 8\,NaOH \rightarrow Na_2SiO_4 + Na_2CO_3 + Na_2O + 4\,H_2$$

Silicat und Carbonat entstehen. Diese werden dann wie üblich nachgewiesen.

Liegen Borosilicate oder Turmaline vor, so müssen sie nach 3. γ, S. 228, aufgeschlossen werden. Mit dem wäßrigen Auszug der Schmelze führe man die oben beschriebene Trennung und die Nachweise durch.

Silicat, Borat und Fluorid stören den Kationentrennungsgang und müssen deshalb vorher entfernt werden. So kann die Kieselsäure im Trennungsgang der $(NH_4)_2S$-Gruppe z.B. Aluminiumhydroxid vortäuschen. An der gleichen Stelle können bei Anwesenheit von Borsäure die Erdalkalien als Borate ausfallen und damit ihrer vorschriftsmäßigen Identifizierung entzogen werden. Da das F^- mit einigen Kationen der Ammoniumsulfidgruppe lösliche Komplexe bildet (z.B. $[FeF_6]^{3-}$), wird deren ungestörte Fällung bei Anwesenheit von F^- verhindert. Die Silicate werden aufgeschlossen und entfernt nach 1. bzw. 3., S. 227 bzw. 228. Borat und Fluorid verflüchtigen sich beim Behandeln mit konz. H_2SO_4 und Methanol.

4.3. Metalle und ihre Verbindungen

Der Trennungsgang der Kationen geht mit Ausnahme der Erdalkali- und Alkalielemente nicht konform mit der Stellung der Elemente im PSE. Er richtet sich nach der Löslichkeit der Chloride, Sulfide, Hydroxide und Carbonate in saurem oder alkalischem Medium. Im Verlauf der Analyse werden nacheinander folgende Gruppen abgetrennt:

1. HCl-Gruppe: Elemente, die in Wasser und Säuren schwerlösliche Chloride bilden: Ag, Hg(I), Pb, das seltenere Tl(I) (vgl. 3. H_2S-Gruppe), sowie W, Nb und Ta, die im allgemeinen aus saurer Lösung als schwerlösliche Oxidhydrate abgeschieden werden.
2. Reduktionsgruppe: Metalle und Halbmetalle, die in saurer Lösung durch Hydrazin in den elementaren Zustand überführt werden: Pd, (Pt), Au, Se und Te. Bei Abwesenheit der Edelmetalle fällt diese Gruppe weg, dann kommen Se und Te in die folgende H_2S-Gruppe.
3. H_2S-Gruppe: Elemente, die in saurer Lösung schwerlösliche Sulfide bilden: Cu, Cd, Hg(II), Ge, Sn, Pb, As, Sb, Bi, Se, Te und Mo. Einige dieser Sulfide sind in gelbem $(NH_4)_2S_x$ unter Bildung von Thiosalzen bzw. den Thiosalzen analogen Verbindungen (Se, Te) löslich. Weiterhin wird Tl(III) mit HJ reduziert und an dieser Stelle als Tl(I)-Jodid ausgefällt. Aus didaktischen Gründen ist bei dieser Gruppe jedoch folgende Einteilung vorgenommen worden:

α) „Häufiger" vorkommende Elemente. Zu ihnen gehören:
αα) Die Elemente der Kupfergruppe: Hg(II), Pb, Bi, Cu und Cd. Die Sulfide sind in $(NH_4)_2S_x$ schwer löslich.
ββ) Die Elemente der Arsen-Zinn-Gruppe: As, Sb und Sn, deren Sulfide sich in $(NH_4)_2S_x$ lösen.
β) „Seltenere Elemente".
Diese Untergruppe umfaßt die Elemente: Ge, Se, Te und Mo. Ihre Sulfide lösen sich sämtlich in $(NH_4)_2S_x$. Elementares Se und Te lösen sich ebenfalls.
Als selteneres Element der Cu-Gruppe ist das Tl aufzufassen.

4. $(NH_4)_2S$-Urotropin-Gruppe: Elemente, die in ammoniakalischer Lösung schwerlösliche Sulfide oder Hydroxide bilden: Be, Zn, Al, Ga, In, Sc, Y, La, Seltene Erden, Th, U, Ti, Zr, Hf, Cr, Mn, Fe, Co und Ni (Nb, Ta); ferner gehören dazu V und W, deren Thiosalze sich in ammoniakalischer Ammoniumsulfid-Lösung bilden, deren Sulfide aber erst auf Zusatz von Säure zu diesen Lösungen ausfallen. Wie bei der H_2S-Gruppe erfolgt auch bei dieser Gruppe eine Unterteilung, und zwar:
α) „Häufiger" vorkommende Elemente. Zu ihnen zählen:
αα) Die Elemente in der Oxidationsstufe +2: Co, Ni, Mn und Zn.
ββ) Die Elemente in der Oxidationsstufe +3: Fe, Al und Cr.
β) „Seltenere" Elemente. Diese Untergruppe enthält die Metalle: Be, Ga, In, Sc, Y, La, Seltene Erden, Th, U, Ti, Zr und V. Ferner können hier unter bestimmten Bedingungen auch W, Nb und Ta auftreten.

5. $(NH_4)_2CO_3$-Gruppe: Elemente, die durch die vorgenannten Gruppenreagenzien nicht ausgefällt werden, dagegen mit $(NH_4)_2CO_3$ in ammoniakalischer Lösung schwerlösliche Carbonate bilden: Ca, Sr und Ba.

6. Lösliche Gruppe: Elemente, die (unter gewissen Bedingungen) mit allen vorstehenden Fällungsreagenzien keine Niederschläge bilden, demnach an das Ende des Analysenganges kommen: Mg, Na, K und die „selteneren" Elemente Li, Rb und Cs.
Aus didaktischen Gründen erfolgt die Besprechung der einzelnen analytischen Gruppen nicht in der oben aufgeführten, sondern in umgekehrter Reihenfolge.

4.3.1. Lösliche Gruppe, I. Hauptgruppe des PSE

Zu dieser analytischen Gruppe zählen die Alkalielemente Lithium, Li, Natrium, Na, Kalium, K, Rubidium, Rb, und Cäsium, Cs, (erste Hauptgruppe) sowie das Magnesium, Mg, aus der zweiten Hauptgruppe des PSE.

Die äußere Elektronenschale der Alkalielemente enthält ein *s*-Elektron, die des Mg zwei Elektronen, die sehr leicht abgegeben werden können. Gemäß den allgemeinen Regeln nimmt bei den Alkalielementen mit steigender Ordnungszahl die Elektronenaffinität ab, ihr basischer Charakter zu. Alle Alkalielemente bilden starke Basen, Cäsiumhydroxid ist die stärkste von ihnen.

Die sehr weichen und spezifisch leichten Alkalielemente überziehen sich an der Luft schnell mit einer Oxid- bzw. Hydroxidhaut. Zum Aufbewahren dienen deshalb sauerstofffreie Flüssigkeiten, meist Petroleum. Da MgO in Wasser schwer löslich ist und die Oxidhaut auf dem Metall haftet, ist Mg im Gegensatz zu den Alkalielementen vor weiterem Angriff feuchter Luft geschützt und bei gewöhnlicher Temperatur beständig. Zu den Alkaliionen rechnet man auch das „Komplexion"

NH_4^+ (s. S. 193 und S. 239). Es ist fast ebenso groß wie das Kaliumion. Viele Reaktionen der beiden Ionen sind daher gleich (s. S. 239).

Die meisten Salze der Alkalielemente sind in Wasser leicht löslich. Nur das Lithium, das in seinen Eigenschaften schon den Erdalkalien ähnelt (s. S. 243), und das Magnesium bilden recht schwer lösliche Carbonate und Phosphate. Wegen des Mangels an schwerlöslichen Verbindungen bereitet die Trennung der Alkaliionen voneinander erhebliche Schwierigkeiten. Sie können dagegen leicht qualitativ durch die Färbung, die sie der Bunsenflamme erteilen, erkannt werden.

Die Verbindungen des Magnesiums, Natriums und Kaliums sind in der Natur weit verbreitet. Lithium, Rubidium und Cäsium sind dagegen recht selten. Die beiden letzteren unterscheiden sich in ihrem chemischen Verhalten kaum von Kalium.

Die graduellen Löslichkeitsunterschiede einiger schwerlöslicher Verbindungen ergeben sich aus der folgenden Übersicht:

Löslichkeit des Salzes in Gramm pro Liter Wasser bei 20 °C

Salztypus	K^+	Rb^+	Cs^+
$M(I)ClO_4$	16,7	10	14,8
$M(I)H(C_4H_4O_6)$	5,7	8,5	71,1
$M(I)_2[PtCl_6]$	10,9	0,283	0,086
$M(I)[OC_6H_2(NO_2)_3]$ (Pikrat)	5,06	3,8	3,08

Natrium, Na, OZ: 11, RAM: 22,9898

Häufigkeit: 2,63 Gew.-%. Smp.: 97,82 °C. Sdp.: 890 °C. D_{ZT}: 0,97 g/cm³. Oxidationsstufen: +1. Ionenradius r_{Na^+}: 0,97 Å. Standardpotential: $Na^+ + e^- \rightleftharpoons Na$. $E_0 = -2{,}714$ V.

Vorkommen: Natrium kommt in der Natur hauptsächlich als Natronfeldspat $Na[AlSi_3O_8]$, Kalk-Natronfeldspat $Na[AlSi_3O_8]$, $Ca[Al_2Si_2O_8]$ und als NaCl in Form von Steinsalz bzw. gelöst in den Ozeanen (etwa 2,8 Gew.-%) vor.

Daneben sind Vorkommen als Chilesalpeter, $NaNO_3$, Kryolith, $Na_3[AlF_6]$, Soda, $Na_2CO_3 \cdot 10H_2O$ und Borax (Tinkal) $Na_2B_4O_7$ von geringer Bedeutung.

Darstellung: Elementares Natrium wird durch Schmelzflußelektrolyse von Ätznatron bzw. Kochsalz gewonnen.

Natronlauge wird durch Elektrolyse von Kochsalzlösungen, Soda nach dem *Solvay*-Verfahren dargestellt.

Bedeutung: Elementares Natrium dient zur Herstellung von Bleitetraäthyl (s. S. 321), NaCN (s. S. 219), Na_2O_2 (s. S. 284) und als Reduktionsmittel in der organischen Chemie. Wegen seiner hohen Wärmeleitfähigkeit wird Natrium in Kernreaktoren als Wärmeträger benutzt. Im Labor findet es Verwendung als Entwässerungsmittel für halogenfreie organische Lösungsmittel, wie z.B. Äther. Natronlauge stellt eine der wichtigsten Grundchemikalien der chemischen Industrie dar. Soda besitzt eine wesentliche Bedeutung für die Glas- und Seifenindustrie. Im Vordergrund der NaCl-Wirkung im Körper steht der osmotische Effekt. Physiologische Kochsalzlösung ist 0,9%ig an NaCl. Die hygroskopische Eigenschaft von gewöhnlichem Kochsalz beruht auf der Anwesenheit von $MgCl_2$.

Allgemeine Eigenschaften: Natrium ist ein weiches, mit dem Messer leicht schneidbares Metall, das sich an der Luft schnell mit einer Oxid- bzw. Hydroxidhaut überzieht. Beim Erwärmen verbrennt es zu Na_2O_2, mit Wasser tritt sehr heftige Reaktion unter Bildung von NaOH und H_2 ein. Im flüssigen Ammoniak löst es sich mit blauer Farbe. Natriumamalgame sind ab 3% Natrium fest.

Die Natriumsalze sind fast alle in Wasser leicht löslich. Es eignen sich zu ihrem Nachweis daher nur wenige Fällungsreaktionen.

1. Nachweis durch Flammenfärbung

Natriumverbindungen erteilen der nichtleuchtenden Bunsenflamme eine intensiv gelbe Farbe, die schon durch unwägbare Mengen hervorgerufen wird. Will man die

Flammenfärbung als analytischen Nachweis benutzen, so muß daher vor der Prüfung der Platindraht bzw. das Magnesiastäbchen völlig frei von Natrium sein. Gegebenenfalls wird so lange ausgeglüht und zwischendurch in konz. Salzsäure eingetaucht, bis die Flamme nicht mehr gefärbt ist. Außerdem muß während der Prüfung des zu untersuchenden Salzes die Flamme längere Zeit, 1 Minute und mehr, stark gelb aufleuchten. Bei Betrachtung durch ein Spektroskop (s. S. 129) erscheint die Na-Linie bei 589 nm (vgl. Spektraltafel).

Auf einem kleinen Uhrglas oder einer TP werden 3 Tr. des H_2SO_4- bzw. essigsauren Substanzauszuges mit 2 Tr. konz. HCl versetzt. Falls ein schwer lösl. Prod. vorliegt, befeuchtet man auf der TP 2–3 mg Substanz mit 1–2 Tr. konz. HCl. Ein sauberes, ausgeglühtes Magnesiastäbchen oder eine Pt-Drahtöse wird in die Lsg. bzw. in die HCl-feuchte Substanz getaucht und in die heiße Zone der entleuchteten Bunsenbrennerflamme gebracht.

Da in fast allen Substanzen Na in Spuren als Verunreinigung vorhanden ist, ziehe man zur Identifizierung auch die nachfolgenden chemischen Reaktionen heran.

2. Nachweis als Natriummagnesiumuranylacetat

$$NaCl + 3\,UO_2(CH_3COO)_2 + Mg(CH_3COO)_2 + CH_3COOH + 9\,H_2O$$
$$\rightarrow NaMg(UO_2)_3(CH_3COO)_9 \cdot 9\,H_2O\downarrow + HCl.$$

Diese Reaktion eignet sich zum mikrochemischen Nachweis des Natriums. Das Na^+ muß in möglichst konz. Lösung vorliegen.

1 Tr. der neutralen oder schwach essigsauren Probelsg. wird auf einem OT eingeengt u. mit 1 Tr. einer klaren essigsauren Lsg. von Magnesiumuranylacetat versetzt. Bei Ggw. von Na^+ bilden sich schwach gelbe, glasklare Oktaeder oder Dodekaeder mit rhombischer Struktur, deren Ecken meistens abgerundet sind (V. 50–120, Kristallaufnahme Nr. 8).

EG: 0,05 µg Na pD: 4,3.

Störungen: Li^+ bildet analoge Kristalle. Große Mengen K^+ kristallisieren in feinen gelben, zu Büscheln zusammenwachsenden, Nadeln. Ferner stören: Ag^+, Hg_2^{2+}, Sb^{3+}, PO_4^{3-}, AsO_4^{3-}, $C_2O_4^{2-}$, $[Fe(CN)_6]^{4-}$, $S_2O_3^{2-}$ und $[SiF_6]^{2-}$.

Reagenzlsg.: 10 g $UO_2(CH_3COO)_2 \cdot 2\,H_2O$ werden in 6 g Eisessig u. 100 ml H_2O gelöst (Lsg. a). 33 g $Mg(CH_3COO)_2 \cdot 4\,H_2O$ werden in 10 g Eisessig u. 100 ml H_2O gelöst (Lsg. b). Die Lsgg. a u. b werden vereinigt u. nach 24 Std. von einer evtl. auftretenden Trübung abfiltriert.

3. Nachweis als $Na[Sb(OH)_6]$

$$Na^+ + [Sb(OH)_6]^- \rightarrow Na[Sb(OH)_6]\downarrow.$$

Natriumhexahydroxyantimonat(V), $Na[Sb(OH)_6]$, ist im Gegensatz zu dem entsprechendem Kaliumsalz schwer löslich. Eine Lösung von $K[Sb(OH)_6]$ bildet daher mit Na^+ einen weißen, körnig kristallinen Niederschlag.

Zur richtigen Ausführung der Rk. ist es notwendig, daß man erstens von Sb(V) ausgeht, zweitens in schwach alkalischer Lsg. arbeitet, da sonst amorphe Antimonsäure ausfällt, u. drittens keine Ammoniumsalze vorhanden sind, da auch diese einen amorphen Nd. von Antimonsäure ergeben (Entfernung der Ammoniumsalze s. S. 239). Außerdem dürfen die Lsgg. auch hier nicht zu verd. sein.

Entsteht ein amorpher Nd., so ist falsch gearbeitet worden. Man hat entweder nicht genügend alkalisch gemacht oder es waren noch NH_4^+ vorhanden.

Bei Beachtung u. Ausschaltung aller Fehlermöglichkeiten ist der Nachw. von Na^+ als schwerlösl. Natriumhexahydroxoantimonat(V), $Na[Sb(OH)_6]$, zuverlässig u. genügend empfindlich! (vgl. Kristallaufnahme 10).

pD: 4,2.

Störungen: Mit Ausnahme von K^+ stören fast alle anderen Metallionen, wie Li^+, die Erdalkali- u. Schwermetalle, die Reaktion. Sie geben teils amorphe Ndd. (wie Mg^{2+} u. die Erdalkaliionen) oder auch kristalline (wie Li^+). Diese Kationen müssen daher vorher sorgfältig entfernt werden!

Reagenzlsg.: Etwa 0,5 g des käuflichen Kaliumantimonats (häufig noch als saures Kaliumpyroantimonat bezeichnet) werden mit 10 ml 1 M KOH u. 1–2 ml verd. H_2O_2 kurz aufgekocht. Hierdurch soll etwa vorhandenes Antimonit zu Antimonat oxidiert werden. Man läßt unter Umschütteln abkühlen u. dekantiert vom nicht Gelösten.

4. Nachweis als Tetrakaliumnatriumhydrogendekavanat(V)-10-Hydrat

Aus Kaliumdekavanadatlösungen vom pH 3,0–4,5 fallen bei NaCl-Zusatz goldschimmernde, trikline schwerlösliche Blättchen der Zusammensetzung $K_4NaHV_{10}O_{28} \cdot 10H_2O$ aus. Li^+ gibt keinen Niederschlag. K kann durch Rb und Cs ersetzt werden, wobei die Löslichkeit des gemischten Salzes noch weiter herabgesetzt wird. Die Empfindlichkeit des Nachweises wird durch Zugabe von KCl und durch Abkühlen der Lösung erhöht. Der Niederschlag erscheint oft erst nach einigen Minuten.

Man versetzt auf der TP einige Tr. der Reagenzlsg. mit einigen Tr. der neutralisierten nur noch NaCl u. evtl. LiCl enthaltenden Analysenlösung.

Reagenzlsg.: Man gibt zu einer Suspension von 5,8 g Ammoniummetavanadat(V) in 50 ml W. 5,6 g KOH, vertreibt NH_3 durch Kochen im N_2-Strom, säuert in der Kälte mit 75 ml 1 M HCl an, läßt einige Tage stehen, konz. im Vakuum auf 20 ml u. filtriert.

Kalium, K, OZ: 19, RAM: 39,102

Häufigkeit: 2,41 Gew.-%. Smp.: 63,2 °C. Sdp.: 753,8 °C. D_{ZT}: 0,86 g/cm³. Oxidationsstufen: + 1. Ionenradius r_{K^+}: 1,33 Å. Standardpotential: $K^+ + e^- \rightleftharpoons K$. $E_0 = -2{,}925$ V.

Vorkommen: In der Natur findet sich Kalium im Kalifeldspat (Orthoklas.) $K[AlSi_3O_8]$ und Kaliglimmer (Muskovit), $KAl_2[OH, F)_2/AlSi_3O_{10}]$, sowie in den Abraumsalzen als Carnallit, $KCl \cdot MgCl_2 \cdot 6H_2O$ und Sylvin, KCl. Natürliches Kalium enthält zu 0,0119% radioaktives ^{40}K, das mit einer Halbwertszeit von 1,27 a in ^{40}Ca bzw. ^{40}Ar zerfällt.

Darstellung: Elementares Kalium läßt sich durch „Schmelzflußelektrolyse" von wasserfreiem Ätzalkali bzw. durch Erhitzen von KF mit CaC_2 gewinnen.

Bedeutung: Kaliumsalze, besonders KCl, sind ein wichtiger Bestandteil von Düngemitteln.

Sollen Salze wertvoller Säuren hergestellt werden, so verwendet man oft die Kaliumverbindungen wie etwa $KClO_3$ oder $KClO_4$. Sie kristallisieren aus wäßriger Lösung besser aus, als die entsprechenden Natriumverbindungen. Das gleiche gilt, wenn für Sprengstoffe oder Feuerwerkskörper nichthygroskopische wasserfreie Salze benötigt werden, z. B. KNO_3 oder $KClO_3$.

Der Mensch nimmt täglich besonders mit der pflanzlichen Kost etwa 2–6 g K^+ auf.

Allgemeine Eigenschaften: Elementares Kalium entspricht in seinen Eigenschaften denen des Natriums (s. S. 234). Es ist jedoch noch etwas reaktionsfreudiger. Kaliumsalze sind häufig schwerer löslich als die entsprechenden Natriumsalze und enthalten meist kein Kristallwasser.

Die aufgeführten K^+-Nachweise 2–8 werden auch von NH_4^+ (s. S. 239), Rb^+ (s. S. 241), Cs^+ (s. S. 241) und teilweise auch Tl^+ (s. S. 331) gegeben. NH_4^+ ist vor der Prüfung auf K^+ durch Vertreiben (s. 1., S. 239) zu entfernen.

1. Nachweis durch Flammenfärbung

Kaliumsalze färben die Bunsenflamme violett. Die Spektrallinien des K sind 768,2 nm Rot u. 404,4 nm Violett (s. Spektraltafel). Die violette K-Linie sieht man mit einfacheren Apparaten häufig nicht; man kann sich daher nur auf die rote verlassen.

Geringe Mengen von Natrium verdecken die Kaliumflamme. Betrachtet man sie aber durch ein blaues Kobalt- oder Neophanglas von genügendem Absorptionsvermögen, so wird das gelbe Na-Licht absorbiert, und nur rötliches K-Licht strahlt durch. Häufig ist bei Gegenwart von viel Natrium auch eine schwache Kaliumflamme sichtbar, selbst wenn kein Kalium vorhanden ist. Diese Erscheinung beruht auf dem Vorhandensein von glühenden, festen Natriumteilchen in der Flamme.

Allgemein senden glühende Stoffe Licht aller Wellenlängen und damit auch rötliches Kaliumlicht aus.

Diese Art des Nachweises kann nur als Vorprobe gelten. K^+-Ionen werden endgültig nur durch die folgenden Reaktionen nachgewiesen, bei denen sich schwerlösliche Kaliumsalze bilden.

2. Nachweis als Kaliumhydrogentartrat, $KH(C_4H_4O_6)$

$$K^+ + H(C_4H_4O_6)^- \rightarrow KH(C_4H_4O_6)\downarrow,$$
$$KH(C_4H_4O_6) + HCl \rightarrow KCl + H_2(C_4H_4O_6),$$
$$KH(C_4H_4O_6) + KOH \rightarrow K_2(C_4H_4O_6) + H_2O.$$

Man versetze eine Lsg. von $NaH(C_4H_4O_6)$ oder eine Mischung von Weinsäure u. Natriumacetat mit der neutralen oder schwach essigsauren Lsg. eines Kaliumsalzes, z.B. von Kaliumchlorid. Es entsteht bei größerer Konz. schnell, bei kleiner sehr langsam ein weißer kristalliner Nd. von $KH(C_4H_4O_6)$, das häufig nur eine recht geringe Neigung zum Auskristallisieren zeigt. Reiben der inneren Reagenzglaswandung mit einem scharfkantigen Glasstab beschleunigt das Einsetzen der kristallinen Abscheidung.

Für analytisches Arbeiten ist diese Rk. nicht besonders geeignet. Ferner ist der Nd. sowohl in Säuren als auch in Laugen leicht löslich.

Die beste Acidität liegt bei pH = 3,4–3,6 (Umschlagspunkt von Methylorange), und schließlich neigt das Salz hartnäckig zu Übersättigung (Löslichkeit: 0,42 % = 0,02 mol/l bei Zimmertemperatur).

pD: 3,0.

Störungen: NH_4^+ und Rb^+ geben die gleiche Reaktion.

3. Nachweis als $KClO_4$

$KClO_4$ ist in reinem Wasser bei 20 °C zu 1,67 % (0,12 mol/l), bei 100 °C dagegen zu 22,2 % (1,6 mol/l) löslich.

Der Nachweis ist nicht sehr empfindlich und wird am besten als Mikro-Reaktion ausgeführt. Man erhitze die Probe der Analysensubstanz mit wenig HCl, filtriere vom Ungelösten ab und prüfe direkt mit $HClO_4$ auf K^+.

1 Tr. KCl-Lsg. u. 1 Tr. $HClO_4$-Lsg. werden auf einem OT vereinigt u. die entstehenden Kristalle durch das Mikroskop beobachtet (vgl. Kristallaufnahme 11).

$KClO_4$ bildet weiße rhombische, stark lichtbrechende Kristalle. Die starke Temperaturabhängigkeit der Löslichkeit macht man sich zunutze, um größere Kristalle zu erhalten. Man erwärme den OT vorsichtig über der Sparflamme, wobei man darauf achte, daß möglichst wenig verdampft, und kühle langsam ab. Jetzt sind die Kristalle besser ausgebildet, so daß man die rhombischen Säulen gut erkennen kann.

EG: 0,1 μg K pD: 3,2.

Störungen: Außer dem $KClO_4$, $RbClO_4$, $CsClO_4$ sind nur noch die Perchlorate einiger komplexer Kationen schwer löslich, z.B. $[Ni(NH_3)_6](ClO_4)_2$ und $[Zn(NH_3)_6](ClO_4)_2$. Da letztere nur in ammoniakalischer Lösung beständig sind, ist der Nachweis von Kalium mit Perchlorsäure in saurer Lösung auch in Gegenwart aller anderen Kationen, außer Rb und Cs, spezifisch. Nur aus hochkonz. Ammoniumsalzlösungen fällt gegebenenfalls NH_4ClO_4 aus, welches aber mit wenig Wasser wieder in Lösung geht.

4. Nachweis als Kaliumnatriumhexanitrocobaltat(III), $K_2Na[Co(NO_2)_6]$

$$2\,KCl + Na_3[Co(NO_2)_6] \rightarrow K_2Na[Co(NO_2)_6]\downarrow + 2\,NaCl.$$

Die K^+-haltige Probelösung muß neutral oder schwach essigsauer und nicht zu verdünnt sein. Alkalische Lösungen säure man mit Essigsäure an, stark saure dampfe man am besten ein, schwächer saure stumpfe man mit Natriumacetat ab.

5 Tr. der Probelsg. werden auf der TP mit 2 Tr. einer frisch bereiteten kaltgesätt. $Na_3[Co(NO_2)_6]$-Lsg. versetzt. Bei Ggw. von K^+ entsteht eine gelborange Fällung von $K_2Na[Co(NO_2)_6]$ (Konstitution der Komplexsalze s. S. 81f.).

Bei Ggw. von NH_4^+ führt man die Rk. wie folgt aus: Die Probelsg. wird in einem Reagenzglas mit $Na_3[Co(NO_2)_6]$-Lsg. im Überschuß versetzt u. im W.-Bad 5 Min. erwärmt. Ein primär gebildeter $K_2Na[Co(NO_2)_6]$-Nd. geht dabei wieder in Lsg., da in saurer Lsg. in der Wärme der $[Co(NO_2)_6]^{3-}$-Komplex zersetzt wird. Die dabei entstehende HNO_2 oxidiert NH_4^+-Ionen quantitativ zu N_2. Nach dem Abkühlen wird erneut in der Kälte mit dem Reagenz auf K^+ geprüft. Ein Zusatz von Alkohol steigert die Empfindlichkeit der Rk. bedeutend. (V. 1:200, Kristallaufnahme Nr. 13.)

EG: ca. 1 µg K pD: 4,1.

Störungen: Natrium-, Erdalkali-, Zink-, Aluminium- u. Eisen(III)-Salze stören nicht. NH_4^+ (s. oben), Rb^+, Cs^+ und Tl^+ geben die gleiche Reaktion.

Reagenzlsg.: 5 g Kobaltnitrat, $Co(NO_3)_2 \cdot 6H_2O$, in 25 ml W. gelöst, werden mit 10 g Natriumnitrit in 25 ml W. gelöst u. mit 2 ml Eisessig gemischt. Man sauge einige Zeit Luft durch die Lsg., indem man auf den Erlenmeyerkolben einen doppelt durchbohrten Stopfen setzt. Durch die eine Bohrung geht ein Glasrohr bis zum Boden des Gefäßes, durch die andere ein rechtwinklig gebogenes Glasrohr bis unter den Stopfen. Das letztere ist mit einer Wasserstrahlpumpe verbunden. Man läßt dann einen Tag stehen, wobei sich häufig ein geringer Nd. von $K_2Na[Co(NO_2)_6]$ absetzt, der auf Verunreinigungen des $NaNO_2$ oder $(NH_4)_2Na[NO_2)_6]$ (NH_3 aus der Laboratoriumsluft) zurückzuführen ist. Die klare Lsg. wird vorsichtig von dem Nd. in eine braune Flasche abdekantiert oder abfiltriert. Die Lsg. ist vor Licht geschützt aufzubewahren. Sie ist auch im Dunkeln nicht sehr lange beständig. Man prüfe daher eine ältere Lsg. stets mit einer verd. Kaliumchloridlösung.

5. Nachweis als Kaliumhexachloroplatinat(IV), $K_2[PtCl_6]$

$$2K^+ + [PtCl_6]^{2-} \rightarrow K_2[PtCl_6]\downarrow .$$

1 Tr. KCl-Lsg. wird auf einem OT mit 1 Tr. $H_2[PtCl_6]$-Lsg. versetzt. Es entstehen zitronengelbe Oktaeder von $K_2[PtCl_6]$ (s. Kristallaufnahme 14).

pD: 3,3.

Störungen: NH_4^+, Rb^+, Cs^+ und Tl^+ bilden ebenfalls ein schwerlösliches Salz (vgl. S. 239, S. 242, und S. 331).

6. Nachweis als $K_2CuPb(NO_2)_6$

Die Bildung dieses in verdünnter Essigsäure relativ schwer löslichen Tripelsalzes ist zum Nachweis von K, Cu und Pb gleichermaßen geeignet. Die Kristalle bilden charakteristische schwarze bis dunkelbraune Würfel von 10 bis 100 µm Kantenlänge (Kristallaufnahme Nr. 15). Bei der Fällung muß beachtet werden, daß das Tripelsalz in Wasser löslich ist und aus Lösungen, die keine freie Essigsäure enthalten, nur unvollständig ausfällt, durch Eisessig und freie Mineralsäure aber unter Bildung von HNO_2 zersetzt wird. K^+ kann isomorph durch NH_4^+, Rb^+, Cs^+ und Tl^+, – Cu^{2+} durch Ni^{2+}, Cd^{2+}, Sr^{2+} und Ba^{2+} ersetzt werden. Die Tripelsalze des Cd^{2+} und der Erdalkaliionen bilden sich nur sehr langsam. Ihre Löslichkeit ist so groß, daß sie keinerlei analytische Bedeutung haben und auch den Nachweis von Pb^{2+} im allgemeinen nicht zu stören vermögen. Bei Gegenwart von Cu^{2+} und Ni^{2+} bilden sich je nach dem Verhältnis beider Elemente zueinander braune bis gelbe Mischkristalle. Das reine $K_2NiPb(NO_2)_6$ ist gelb.

Von der Reagenzlsg. wird 1 Tr. direkt zu der neutralen oder schwach essigsauren NH_4^+-freien Probelsg. gegeben, die zweckmäßig vorher auf dem OT zur Trockne eingedampft wird. Bei Ggw. von K^+ fällt das schwarze Tripelnitrit sofort aus. Bei größeren K^+-Mengen läßt sich die Bldg. des Nd. auch im Reagenzglas ohne opt. Hilfsmittel gut erkennen.

EG: 0,2 µg K pD: 5,0.

Reagenzlsg.: Mischlsg. aus 0,91 g Cu-Acetat, 1,62 g Pb-Acetat u. 0,2 ml Eisessig in 15 ml Wasser. Zu 1 ml dieser Lsg. werden unmittelbar vor dem Nachw. 0,135 g $NaNO_2$ gegeben. Man schüttelt gut durch u. läßt einige Min. absitzen, da sich infolge Anwesenheit von K^+ aus dem Glas oder aus den Reagenzien bereits hier ein Nd. bilden kann.

Störungen: Na^+ und Erdalkalien stören nicht. NH_4^+, Rb^+, Cs^+ und Tl^+ geben die gleiche Reaktion.

7. Nachweis als Kaliumtetraphenylborat (s. S. 432)

8. Nachweis als Kaliumdipikrylaminat (s. S. 432)

Ammoniumion, NH_4^+

Ionenradius $r_{NH^{4+}}$: 1,43 Å.

Vorkommen und Darstellung: s. S. 193.

Bedeutung: $(NH_4)_2SO_4$, NH_4Cl, NH_4NO_3 und $(NH_4)_2HPO_4$ haben als Düngemittel große Bedeutung. NH_4NO_3 ist Bestandteil von Sicherheitssprengstoffen. Ammoniumphosphate sowie $(NH_4)_2SO_4$ finden als Flammenschutzmittel Verwendung. Beim Löten werden durch NH_4Cl die störenden Oxidschichten entfernt.

Allgemeine Eigenschaften: Über den Aufbau des NH_4^+-Ions s. S. 193. Auf Grund des *Grimm*schen Hydridverschiebungssatzes (s. S. 108) und der Tatsache, daß NH_4^+ und K^+ sehr ähnliche Ionenradien besitzen, gleicht das chemische Verhalten der Ammoniumsalze denen der Kaliumsalze. NH_4^+ wird entweder aus der Ursubstanz direkt nachgewiesen oder, da die Mehrzahl der NH_4^+-Nachweisreaktionen von K^+ gestört werden, aus natronalkalischer Lsg. als NH_3 vertrieben und in der Vorlage nachgewiesen.

1. Vertreiben von NH_4^+-Salzen durch Erhitzen

Ammoniumsalze zersetzen sich bei höheren Temperaturen. Salze flüchtiger Säuren verflüchtigen sich dabei völlig, kondensieren sich aber in dem kälteren Teil der Apparatur wieder:

$$NH_4Cl_{fest} \underset{\text{fallende Temperatur}}{\overset{\text{steigende Temperatur}}{\rightleftarrows}} NH_{3\,gasf.} + HCl_{gasf.}$$

Salze nichtflüchtiger Säuren zerfallen ebenfalls, wobei nur Ammoniak und eventuell Wasser verdampfen:

$$(NH_4)H_2PO_{4\,fest} \rightarrow NH_{3\,gasf.} + H_3PO_4.$$

Diese Tatsache macht man sich zunutze, um Ammoniumsalze aus der Analysensubstanz zu vertreiben.

Im HM-Maßstab wird die von NH_4^+ zu befreiende Analysenlsg. in einem hochschmelzenden kurzen Reagenzglas, das in einem passenden kreisförmigen Ausschnitt in der Mitte eines Asbestpappenstückes hängt, mit 5 Tr. konz. HCl u. 10 Tr. konz. HNO_3 versetzt u. langsam zur Trockne eingedampft (Oxidation der Hauptmenge NH_4^+-Ionen zu N_2 u. N_2O). Den Rückstand erhitzt man vorsichtig weiter über freier Flamme, bis die letzten Sublimatreste von der Wandung des Reagenzglases vertrieben sind.

2. Entwicklung von N_2 aus Ammoniumsalzen

$$NH_4^+ + NO_2^- \rightarrow NH_4NO_2 \rightarrow N_2\uparrow + 2H_2O.$$

Man mische einige ml einer konz. NH_4Cl-Lsg. mit einigen ml einer konz. KNO_3-Lsg. in einem Reagenzglas miteinander u. erwärme sehr gelinde, bis Gasentw. eintritt.

Man halte in den Gasraum einen brennenden Span. Er erlischt!

Wie NH_4Cl verhalten sich auch viele andere Abkömmlinge des Ammoniaks (s. S. 193).

3. Fällung als $(NH_4)_2Na[Co(NO_2)_6]$ bzw. $(NH_4)_2[PtCl_6]$

$$2NH_4^+ + [Co(NO_2)_6]^{3-} + Na^+ \rightarrow (NH_4)_2Na[Co(NO_2)_6]\uparrow,$$
$$2NH_4^+ + [PtCl_6]^{2-} \rightarrow (NH_4)_2[PtCl_6\uparrow].$$

NH_4^+ gibt die gleichen Fällungsrkk. wie K^+ (s. S. 237 u. 238). Man prüfe dies mit $Na_3[Co(NO_2)_6]$ (pD 3,4) und $H_2[PtCl_6]$.

Ebenso verhält sich Natriumhydrogentartrat. Perchlorsäure jedoch gibt nur in sehr konz. Ammoniumsalzlsgg. eine Fällung von Ammoniumperchlorat.

4. Verhalten gegen Basen

$$NH_4Cl + NaOH \rightarrow NH_3\uparrow + H_2O + NaCl,$$
$$2NH_4Cl + MgO \rightarrow 2NH_3\uparrow + H_2O + MgCl_2.$$

Ammoniak wird durch starke, ebenso auch durch schwache, aber nichtflüchtige Basen aus seinen Verbindungen freigemacht. Erklärung s. S. 194.

Man erwärme eine Ammoniumchlorid-Lsg. erstens mit NaOH; zweitens mit $Ca(OH)_2$; drittens mit MgO. Es tritt Geruch nach Ammoniak auf. $Ca(OH)_2$ u. MgO lösen sich auf. Noch etwa 10 µg Ammoniak pro 1 Liter Luft lassen sich am Geruch erkennen.

Die Reaktionen können zu spezifischen NH_4^+-Nachweisen umgestaltet werden, wenn die Analysensubstanz mit NaOH behandelt und das freiwerdende NH_3 in 1 Tr. verd. HCl aufgefangen wird. Mit der so erhaltenen Lsg. sind die Nachweise durchzuführen.

5. Nachweis als NH_3

Ammoniumsalze werden nach 4. mit Basen zu NH_3 umgesetzt. Das gasförmige NH_3 kann dann nachgewiesen werden durch:

α) Geruch,
β) Nebelbildung mit konz. HCl, die als Tropfen an einem Glasstab hängt (feinstverteiltes NH_4Cl),
γ) Umschlag eines Säure-Base-Indikators,
δ) Disproportionierung von Hg(I)-Salzen.

Durch die Blaufärbung von rotem Lackmuspapier lassen sich bis zu 1 µg NH_3 pro Liter Luft nachweisen.

In einem kleinen Mörser wird die zu prüfende Substanz mit der vierfachen Menge an Bariumhydroxid, $Ba(OH)_2$, oder einer NaOH-Patille u. einigen Tr. W. mit einem Pistill fein verrieben. Vorher wurde an einem Uhrglas auf beiden Seiten je ein angefeuchteter Streifen rotes Lackmuspapier kreuzweise angebracht. Das Uhrglas legt man auf die Reibschale. Nach einigen Min. färbt sich bei Anwesenheit von NH_4^+-Salzen das untere Lackmuspapier blau. Die Randpartien der Reibschale u. des Uhrglases müssen trocken sein, da sonst Lauge hochkriechen kann u. von sich aus Blaufärbung hervorruft. Der Nachw. kann auch in einem kleinen Reagenzglas (5 mg Substanz mit 5 Tr. 5 M NaOH) durchgeführt werden. In das Reagenzglas wird ein passendes Filterröhrchen eingehängt, dessen untere Öffnung mit einem lockeren Wattebausch zum Auffangen von NaOH-Spritzern verschlossen ist. In das Filterröhrchen wird ein angefeuchteter roter Lackmus-Papierstreifen eingebracht u. das Reagenzglas im W.-Bad erwärmt.

EG: 0,7 µg NH_3.

Zur Disproportionierung von Hg(I)-Salzen siehe auch S. 317:

$$Hg_2(NO_3)_2 + 2NH_3 \rightarrow Hg\downarrow + HgNH_2NO_3\downarrow + NH_4NO_3.$$

1 Spatelspitze der Analysensubstanz wird in der Mikrogaskammer (s. Abb. 50, S. 140) mit 2 Tr. 1 M NaOH versetzt und mit einem OT, der 1 Tr. 0,1 M $Hg_2(NO_3)_2$ trägt, bedeckt. Durch das sich bildende Hg wird der Tropfen bei Anwesenheit von NH_3 schwarz.

EG: 2,5 µg NH_3 pD: 4,3.

Störungen: Flüchtige Amine.

6. Nachweis als Ammoniumjodat, NH_4JO_3

In einer Mikrogaskammer (s. Abb. 50, S. 140) wird ca. 1 mg Substanz auf dem unteren OT mit 1 Tr. 5 M NaOH versetzt u. die Gaskammer mit dem oberen OT, auf dem sich 1 Tr. einer 10%igen HJO_3-Lsg. befindet, abgedeckt. Es bilden sich innerhalb von 5 min NH_4JO_3-Kristalle in dem HJO_3-Tr., die unter dem Mikroskop als farblose quadratische Tafeln, die oft zu Rhomboedern u. Kreuzern verwachsen sind, identifiziert werden (V. 1:50–120, Kristallaufnahme Nr. 16).

EG: 2 µg NH_4^+.

Störungen: Die Rk. ist unter den angegebenen Bedingungen für NH_4^+-Ionen spezifisch.

7. Nachweis als $[Hg_2N]J \cdot H_2O$ mit „Neßlers Reagenz" (Vgl. S. 319)

$$HgCl_2 + 2KJ \rightarrow HgJ_2\downarrow + 2KCl,$$
$$2KJ + HgJ_2 \rightarrow K_2[HgJ_4].$$

Durch Umsetzung von $HgCl_2$ und KJ bildet sich zuerst HgJ_2, das sich im Überschuß zu $K_2[HgJ_4]$, *Neßlers* Reagenz, löst. Das Reagenz ist sehr empfindlich und wird zum Nachweis von Ammoniak im Trinkwasser benutzt.

$$2K_2[HgJ_4] + 3NaOH + NH_3$$
$$\rightarrow [Hg_2N]J \cdot H_2O\downarrow + 2H_2O + 4KJ + 3NaJ.$$

Man erhält das schwerlösliche Jodid einer Verbindung vom Typus eines substituierten Ammoniumsalzes als gelbbraune Lösung, aus der sich nach einiger Zeit braune Flocken abscheiden.

Hierzu werden in einer Destillierapp. von 500 ml Trinkwasser mit einigen ml gesätt. Soda-Lsg. etwa 50 ml abdestilliert u. einige Tr. Neßlers Reagenz hinzugefügt:

pD: 7,3.

Reagenzlsg.: 6 g $HgCl_2$ werden in 50 ml W. gelöst u. mit 7,4 g KJ, gelöst in 50 ml W., versetzt. Es fällt rotes HgJ_2 aus.

Nach Absitzen wird dekantiert u. dreimal mit W. gewaschen, damit der Nd. möglichst chloridfrei ist. Nach Zusatz von 5 g KJ u. wenig W. tritt Lsg. unter Bldg. einer Komplexverb. ein.

Nun werden 20 g festes NaOH, gelöst in wenig W., hinzugefügt u. auf 100 ml aufgefüllt. Falls irgendeine der Substanzen Spuren von NH_3 enthielt, bleibt eine Trübung zurück. Man läßt absitzen u. dekantiert in eine saubere Flasche ab, die man im Dunkeln aufbewahrt.

Rubidium, Rb, OZ: 37, RAM: 85,47 und Cäsium, Cs, OZ: 55, RAM: 132,905

Rubidium

Häufigkeit: $2,9 \cdot 10^{-2}$ Gew.-%. Smp.: 38,7 °C. Sdp.: 701 °C. D_{20}: 1,53 g/cm³. Oxidationsstufen: + 1. Ionenradius r_{Rb^+}: 1,47 Å. Standardpotential: $Rb^+ + e^- \rightleftharpoons Rb$. $E_0 = -2,925$ V.

Cäsium

Häufigkeit: $6,5 \cdot 10^{-4}$ Gew.-%. Smp.: 28,64 °C. Sdp.: 685 °C. D_{20}: 1,87 g/cm³. Oxidationsstufen: + 1. Ionenradius r_{Cs^+}: 1,67 Å. Standardpotential: $Cs^+ + e^- \rightleftharpoons Cs$. $E_0 = -3,02$ V.

Vorkommen: In Spuren sind die beiden Elemente in beinahe allen kaliumhaltigen Mineralien enthalten. Angereichert findet man sie im Lepidolith, $(Li,K,Rb,Cs)_2Al_2Si_3O_9(OH,F)_2$ und in einigen Mineralquellen.

Darstellung: Bei der Aufarbeitung des Carnallits (s. S. 236) auf KCl entsteht durch Umkristallisation der „künstliche" Carnallit, in dem sich die Rubidium- und Cäsiumspuren anreichern.

Die Elemente gewinnt man durch Umsetzung der Hydroxide mit Magnesium im Wasserstoffstrom bzw. der Chloride mit Calcium im Vakuum.

Bedeutung: Beide Elemente werden auf Grund ihrer Eigenschaft, bei Belichtung sehr leicht Elektronen abzugeben, zur Herstellung photoelektrischer Zellen benutzt. Weiterhin sind sie u.a. in Halbleitern, Gleichrichtern, Glühkathoden und Photomultipliern enthalten. Einkristalle der Bromide und Jodide besitzen Bedeutung in der IR-Spektroskopie und für den Bau von Szintillationszählern.

Das im natürlichen Rubidium zu 27,85% vorkommende radioaktive ^{87}Rb bietet eine Möglichkeit zur Altersbestimmung. ^{137}Cs ist ein sehr gefährlicher Bestandteil des nach Kernexplosionen auftretenden radioaktiven fall out. Als harter γ-Strahler wird ^{137}Cs häufig an Stelle von ^{60}Co in der Strahlentherapie bzw. zur Dicken- und Dichtenmessung verwendet.

Allgemeine Eigenschaften: Die Verbindungen der beiden Elemente sind chemisch recht ähnlich und gleichen in ihrem Verhalten denen des Kaliums, u.a. auch hinsichtlich der Löslichkeitsverhältnisse (s. S. 234).

Wegen der weitgehenden Ähnlichkeit zwischen K^+, Rb^+ und Cs^+ bedient man sich zu ihrer Trennung der fraktionierten Fällung oder Kristallisation. Zum qualitativen Nachweis eignet sich am besten die Spektralanalyse (s. S. 129).

Die folgenden Reaktionen führe man mit einer Lsg. von RbCl bzw. CsCl in W. oder Rb_2CO_3 bzw. Cs_2CO_3 in HCl oder der entsprechend vorbereiteten Analysenlsg. aus.

1. Nachweis durch Flammenfärbung

Flüchtige Rubidiumsalze erteilen der nichtleuchtenden Bunsenflamme eine violettrosa Färbung, welche mit bloßem Auge von der des Kaliums oder Cäsiums kaum zu unterscheiden ist. Im Spektrum machen sich besonders die Linien 780 nm (rot) und 421,5 nm (violett) bemerkbar.

Flüchtige Cäsiumsalze färben die Bunsenflamme ebenfalls violettrosa; im Spektrum achte man besonders auf die blaue Linie bei 458 nm.

2. Nachweis durch Fällungsreaktionen

Die beim K^+ angeführten Nachw.-Rkk. mit $HClO_4$ (s. S. 237), $H_2[PtCl_6]$ (s. S. 238) und mit $Na_3[Co(NO_2)_6]$ ergeben unter denselben Versuchsbedingungen Ndd. mit Rb^+ und Cs^+. Dagegen ist nur das Rb^+-Tartrat schwerer löslich.

3. Nachweis als Rubidium- bzw. Cäsiummolybdatosilicat

$$4RbCl + H_4[Si(Mo_3O_{10})_4 \cdot aq] = Rb_4[Si(Mo_3O_{10})_4 \cdot aq]\downarrow + 4HCl.$$

Beim Versetzen einer Rubidium- oder Cäsiumsalz-Lsg. mit einer stärker sauren Lsg. von 12-Molybdato-1-kieselsäure (die Bereitung des Reagenz s. S. 208) entstehen gelbe, kristalline Ndd. von Rubidium- bzw. Cäsiummolybdatosilicat.

In 2–3 M HCl lösen sich nur 2g $Rb_4[Si(Mo_3O_{10})_4 \cdot aq]$ bzw. 0,11 g $Cs_4[Si(Mo_3O_{10})_4 \cdot aq]$ pro Liter.

Das entsprechende Kaliummolybdatosilicat ist erheblich löslicher. Das Reagenz eignet sich also zur gemeinsamen Fällung von Rubidium u. Cäsium u. Abtrennung vom Kalium u. Natrium. In ammoniakalischer Lsg. werden die Ndd. zersetzt u. aufgelöst.

4. Cs^+-Nachweis als Doppelsalz

Cs^+ bildet in Gegenwart von Bleiacetat mit $K_3[Fe(CN)_6]$ ein orangerotes, in vier eckigen Blättchen kristallisierendes Doppelsalz (Kristallaufnahme Nr. 17).

In der Literatur wird nachfolgende Zusammensetzung angegeben:

$$CsCH_3COO \cdot Pb_2[Fe(CN)_6]CH_3COO.$$

1 Tr. neutrale oder schwach saure Probelsg. wird auf dem OT mit 1 Tr. Reagenzlsg. versetzt.

EG: 5 µg Cs^+ in 0,05 ml pD: 4.

Störungen: Rb^+, K^+, Na^+ und Li^+ stören nicht. Die Probelsg. muß jedoch sulfat- und chloridfrei sein, da Fällung des Pb^{2+} auftritt, ebenso stören alle Ionen, die mit $K_3[Fe(CN)_6]$ reagieren.

Reagenz: Kaltgesättigte Bleiacetatlsg. und kaltgesättigte $K_3[Fe(CN)_6]$-Lsg. 1:1.

5. Cs^+-Nachweis als $Cs_3Bi_2J_9$

Cs^+ gibt in stark essigsaurer Lösung mit Kaliumtetrajodobismutat(III) (s. S. 325) einen leuchtend roten, in hexagonalen Plättchen kristallisierenden Niederschlag von $Cs_3Bi_2J_9$ (Kristallaufnahme Nr. 18). Er ist in konz. Essigsäure schwer löslich, in HCl und verd. Essigsäure löslich.

Auf dem OT wird 1 Tr. Probelsg. eingedampft und mit 1 Tr. Reagenzlsg. versetzt.

EG: 0,05 µg Cs^+.

Dieser Nachweis kann auch als Tüpfelreaktion auf Papier durchgeführt werden.

1 Tr. Reagenzlsg. wird mit 1 Tr. Probelsg. versetzt. Bei Anwesenheit von Cs^{2+} tritt eine rote Färbung auf.

EG: 0,7 µg Cs^+ (in 0,001 ml) pD: 3,1.

Störungen: Na^+, K^+, NH_4^+ und Rb^+ (bis zum 50fachen Überschuß) stören nicht. Tl^+ bildet einen braunen Nd. u. muß zuvor als TlCl oder durch Zugabe von KJ als TlJ abgetrennt werden.

Reagenz: 1 g $BiONO_3$ wird unter Kochen in einer gesättigten wäßrigen Lsg. von 5 g KJ gelöst und langsam mit 25 ml konz. CH_3COOH versetzt.

Lithium, Li, OZ: 3, RAM: 6,939

Häufigkeit: $6 \cdot 10^{-3}$ Gew.-%. Smp.: 180,5 °C. Sdp.: 1317 °C. D_{ZT}: 0,53 g/cm³. Oxidationsstufen: + 1. Ionenradius r_{Li^+}: 0,68 Å. Standardpotential: $Li^+ + e^- \rightleftharpoons Li$. $E_0 = -3{,}045$ V.

Vorkommen: An Mineralien, in denen Lithium in größeren Mengen vorkommt, seien Spodumen, $LiAl[Si_2O_6]$, Lepidolith (Lithiumglimmer), $KLi_2Al[(F,OH)_2/Si_4O_{10}]$ und Triphylin, $Li(Fe,Mn)PO_4$, genannt. Auch im Ackerboden findet es sich und wird durch manche Pflanzen, wie Tabak, angereichert. Einige Mineralquellen enthalten bis zu 50 mg Li im Liter.

Darstellung: Elementares Lithium wird durch Schmelzflußelektrolyse eines leicht schmelzbaren Gemisches von LiCl und KCl gewonnen.

Bedeutung: Geringe Lithiummengen in Aluminium-, Blei- und Magnesiumlegierungen verbessern die mechanischen Eigenschaften und die Korrosionsbeständigkeit. Lithiumseifen dienen als Zusatz zu hochwertigen Schmierfetten. Lithiumaluminiumhydroxid, $Li[AlH_4]$, ist ein oft benutztes Hydrierungsmittel in der präparativen organischen Chemie. LiOH wird als CO_2-Absorber in U-Booten und Raumkapseln verwendet. $LiOlO_4$ ist zusammen mit Alkylboranen ein energiereicher Raketentreibstoff.

Das im natürlichen Lithium vorkommende ^6Li ist ein guter Neutronenabsorber (Kerntechni k) Lithiumdeuterid (^6LiD) bildet den Hauptbestandteil der Wasserstoffbombe.

Allgemeine Eigenschaften: Lithium ist das leichteste Metall. Hinsichtlich seiner chemischen Eigenschaften steht es zwischen den Alkali- und Erdalkalielementen. Besonders enge Verwandtschaft zeigt es zu Magnesium (Schrägbeziehung im PSE s. S. 102). So bildet es verhältnismäßig schwerlösliches Carbonat (1,3%), Phosphat (0,04%) und Fluorid (0,26%). LiCl ist nicht nur in Wasser und Alkohol, sondern auch in einem Alkohol-Äther-Gemisch sehr leicht löslich. Diese Tatsache nutzt man zur Abtrennung des Lithiums von den übrigen Alkalielementen, deren Chloride im Alkohol-Äther-Gemisch schwer löslich sind, aus (s. u.).

Für die nachstehenden Reaktionen verwende man eine verdünnte Lithiumsalzlösung, etwa LiCl oder Li_2SO_4 bzw. die entsprechend vorbereitete Analysenlösung.

1. Lithiumhexahydroxoantimonat(V)

$$Li^+ + [Sb(OH)_6]^- \rightarrow Li[Sb(OH)_6]\downarrow .$$

Li^+ gibt ähnlich wie Na^+, mit Kaliumhexahydroxoantimonat(V) einen kristallinen Nd., welcher allerdings wesentlich löslicher ist als Natriumantimonat. Er besteht aus kleinen Sphärolithen. Die Lsg. muß neutral oder durch KOH schwach alkalisch sein (vgl. auch 3., S. 235).

Die Reaktion ist als Nachweis nicht zu empfehlen.

2. Na-, K- oder NH_4-Carbonat

Carbonationen (Na-, K- oder NH_4-Carbonat) geben mit Lithium-Salzlsg. beim Erhitzen einen weißen Nd. von Li_2CO_3. Die Fällung bleibt aus, wenn sehr viel NH_4Cl in der Lsg. vorhanden ist.

3. Löslichkeit von LiCl in Alkoholen

Diese Reaktion ist vorteilhaft zur Abtrennung des Li von Mg, K und Na zu verwenden.

Die HCl-saure Kationenlsg. nach der $(NH_4)_2CO_3$-Gruppentrennung wird in einem Porzellanschälchen zur Trockne eingedampft, das NH_4Cl quantitativ verflüchtigt u. der Rückstand mit 1 ml Amylalkohol in der Wärme (W.-Bad) extrahiert. LiCl geht in Lsg., während $MgCl_2$, KCl u. NaCl ungelöst zurückbleiben. LiCl wird dann in der alkohol. Lsg. spektralanalytisch identifiziert.

4. Nachweis durch Flammenfärbung

Lithiumsalze färben die Bunsenflamme prächtig karminrot. Durch Natrium wird die Farbe verdeckt, tritt aber bei Betrachtung durch ein Kobaltglas oder besser Neophanglas wieder hervor. Zum spektralanalytischen Nachweis dienen die Linien bei 670,8 nm (rot) u. 610,3 nm (gelborange).

5. Nachweis als Li_3PO_4

$$Na_2HPO_4 + NaOH + 3\,LiCl \rightarrow Li_3PO_4\downarrow + 3\,NaCl + H_2O.$$

Na_2HPO_4, Dinatriumhydrogenphosphat, u. NaOH gibt beim Kochen einen weißen Nd. von Li_3PO_4. Leicht lösl. in Säure! Daher der Zusatz von NaOH, da sonst die Fällung nicht vollständig ist:

$$HPO_4^{2-} + 3\,Li^+ \rightleftharpoons Li_3PO_4\downarrow + H^+.$$

6. Nachweis mit Eisenperjodatreagenz

Li^+ gibt bereits bei Raumtemperatur mit der alkalischen Lösung von komplexem Eisenperjodat (Kaliumsalz des vermutlichen Anions $[FeJO_6]^{2-}$) einen schwerlöslichen weißgelben Niederschlag von wechselnder Zusammensetzung.

1 Tr. der neutralen oder alkal. Probelsg. wird im Reagenzglas mit 2 Tr. Eisenperjodatreagenz versetzt u. einige Sek. in ein W.-Bad von ca. 50 °C getaucht. Die Bldg. einer gelbweißen Trübung beweist die Ggw. von Li.

EG: 0,1 µg Li pD: 5,0.

Störungen: NH_4^+ wird durch Kochen mit KOH vertrieben. Elemente in der Oxidationsstufe +2, die gleichfalls Niederschläge ergeben, werden mit Oxin in KOH-Lösung gefällt (s. S. 413) und Li^+ im Filtrat nachgewiesen. Sehr große Na^+-Mengen können in der Siedehitze gleichfalls eine Fällung ergeben.

Eisenperjodatreagenz: 2 g KJO_4 werden in 10 ml frisch bereiteter 2 M KOH-Lsg. gelöst, mit W. auf 50 ml verd., mit 3 ml einer 10%igen Lsg. von $FeCl_3 \cdot 6\,H_2O$ versetzt u. mit 2 M KOH-Lsg. auf 100 ml aufgefüllt. Die Lsg. ist stabil.

Magnesium, Mg, OZ: 12, RAM: 24,312

Häufigkeit: 1,95 Gew.-%. Smp.: 649,5 °C. Sdp.: 1120 °C. D_{ZT}: 1,74 g/cm³. Oxidationsstufen: +2. Ionenradius $r_{Mg^{2+}}$: 0,66 Å. Standardpotential: $Mg^{2+} + 2e^- \rightleftharpoons Mg$. $E_0 = -2{,}37$ V.

Vorkommen: Magnesium kommt häufig in Silicaten vor, z.B. im Olivin, $Mg_2[SiO_4]$ (s. S. 226). Weiterhin findet es sich im Magnesit, $MgCO_3$, Dolomit, $MgCO_3 \cdot CaCO_3$, Kieserit, $MgSO_4 \cdot H_2O$ und Carnallit, $KCl \cdot MgCl_2 \cdot 6\,H_2O$ (s. S. 236).

Darstellung: Elementares Magnesium wird vorwiegend durch Schmelzflußelektrolyse von wasserfreiem $MgCl_2$ gewonnen.

Bedeutung: Magnesium überzieht sich unter Lufteinwirkung mit einer dichten Oxidschicht. Diese bewirkt eine weitgehende Korrosionsbeständigkeit auch der überwiegend Magnesium enthaltenden Legierungen (u.a. Elektron, Hydronalium). Magnesiumlegierungen sind wegen ihrer beträchtlichen Festigkeit bei kleiner Dichte (ca. 1,8) wichtige Werkstoffe für die Automobil-, Flugzeug- und Raumfahrtindustrie. Bei hoher Temperatur verbrennt Magnesium unter Aussendung von blendend weißem Licht, was in der Feuerwerkerei und zur Herstellung von Blitzlicht ausgenutzt wird. Über die Herstellung von Metallen durch Reduktion ihrer Chloride s. S. 301 und S. 444. Bei der Umsetzung von Alkylhalogenid (RX) mit Magnesiumspänen in Äther entstehen *Grignard*-Verbindungen (RMgX), die in der präparativen organischen Chemie eine bedeutende Rolle spielen.

Magnesiumsalzlösungen werden zur Lösung von Krampfzuständen und zur Narkoseunterstützung injiziert. Bittersalz, $MgSO_4 \cdot 7\,H_2O$, ist ein drastisches Abführmittel. MgO (und basische Carbonate) verwendet man in der Neutralisationstherapie. Der grüne Blattfarbstoff Chlorophyll ist ein Innerkomplex des Mg^{2+}.

Allgemeine Eigenschaften: Das in der zweiten Hauptgruppe des PSE stehende Magnesium bildet im Gegensatz zu seinen schwereren Homologen ein leichtlösliches Sulfat und Chromat, jedoch ein wesentlich schwerer lösliches Hydroxid. Andere Magnesiumsalze wie das Phosphat, Carbonat und Fluorid sind wie die der übrigen Erdalkalielemente höherer Ordnungszahl relativ schwer löslich (s. S. 248). Magnesium zeigt vielfach chemische Verwandtschaft zum Lithium (s. S. 243) sowie zu Zink und Cadmium (Isomorphie, Doppelsalzbildung).

Fast alle Magnesiumnachweise werden durch Schwermetallkationen und teilweise auch durch die anderen Erdalkalikationen gestört. Bei der Identifizierung des Mg^{2+} darf die Lösung nur noch Alkalikationen mit Ausnahme von Li^+ enthalten. Magnesiumsalze geben keine Flammenfärbung.

Für die nachstehenden Reaktionen nehme man eine verdünnte Magnesiumsalzlösung, etwa $MgCl_2$ oder $Mg(NO_3)_2$, bzw. die entsprechend vorbereitete Analysenlösung.

1. NaOH oder $Ba(OH)_2$

$$Mg^{2+} + 2OH^- \rightarrow Mg(OH)_2\downarrow .$$

Beim Versetzen mit einer Lsg. der genannten Hydroxide fällt ein weißer Nd. von $Mg(OH)_2$. Bei Überschuß von OH^- ist die Fällung praktisch quantitativ (s. Löslichkeitsprodukt, S. 71f.).

Bei Ggw. von Ammoniumsalzen ist die Fällung des Magnesiums als Magnesiumhydroxid unvollständig oder sie bleibt sogar ganz aus (vgl. Rk. 3. u. 4.).

2. Ammoniak

Auch hier entsteht ein Niederschlag. Während aber bei Überschuß von NaOH die Fällung quantitativ ist, bleibt bei Ammoniak stets Mg^{2+} in Lsg., da einerseits infolge der geringen Dissoziation des Ammoniaks die Konz. an OH^- stets verhältnismäßig klein bleibt, andererseits bei sehr hoher Konz. an NH_3 dieses mit Mg^{2+} in geringem Maße lösl. Komplexionen bildet (vgl. folgende Rk.).

3. Ammoniak + NH_4Cl

NH_4Cl wirkt als Puffer für OH^--Ionen (s. S. 64). Somit wird der Fällungs-pH-Bereich des $Mg(OH)_2$ (s. S. 71) nicht mehr erreicht.

Man füge zu dem Fällungsprodukt mit Ammoniak mehrere ml NH_4Cl-Lsg. hinzu. Der Nd. von $Mg(OH)_2$ löst sich wieder auf. Außerdem setze man zu Mg^{2+}-Salzlsg. zuerst genügend NH_4Cl u. dann Ammoniak hinzu. Die Fällung bleibt aus.

Zusätzlich zu dieser Verminderung der OH^--Konz. bilden sich in ammoniumsalzhaltigen Lsgg. lösl. Komplexe, die eine Herabsetzung der Mg^{2+}-Konz. zur Folge haben:

$$[Mg(H_2O)_6]^{2+} + NH_3 \rightleftharpoons [Mg(H_2O)_5(NH_3)]^{2+} + H_2O .$$

Durch die Verringerung der OH^--Konz. und der Mg^{2+}-Konz. wird das Löslichkeitsprodukt des $Mg(OH)_2$ nicht mehr erreicht.

4. Na_2CO_3 und $(NH_4)_2CO_3$

$$CO_3^{2-} + H_2O \rightleftharpoons HCO_3^- + OH^-,$$

$$\left.\begin{aligned} Mg^{2+} + CO_3^{2-} &\rightarrow MgCO_3\downarrow \\ Mg^{2+} + 2OH^- &\rightarrow Mg(OH)_2\downarrow \end{aligned}\right\} .$$

Bei Abwesenheit von Ammoniumsalzen fällt basisches Magnesiumcarbonat von wechselnder Zusammensetzung aus. Häufig entsteht eine Verbindung der Zusammensetzung $Mg(OH)_2 \cdot 4MgCO_3 \cdot H_2O$.

Das Salz löst sich leicht in Säuren u. NH_4Cl-Lsgg. Der Grund für das letztere Verhalten ist der gleiche wie beim $Mg(OH)_2$.

5. HgO

HgO fällt in schwach ammoniakalischer Lösung $Mg(OH)_2$. Die Reaktion dient zum Abtrennen des Mg^{2+} von den Alkaliionen, vor allem von Li^+, in der Analyse.

Die Probelsg. wird mit 1–2 g feinstpulverisiertem HgO versetzt, schwach ammoniakalisch gemacht u. einige Min. gekocht. Nach Filtration wird der Nd., der aus $Mg(OH)_2$ u. HgO besteht, in einem Porzellantiegel unter dem Abzug (Vorsicht! Hg-Dampf) getrocknet u. schwach geglüht, bis alles HgO zersetzt ist. Das reine MgO wird in verd. HCl gelöst u. nach den üblichen Rkk. identifiziert. Das F., das die Alkalielemente u. Quecksilber enthält, wird eingedampft u. zur Entfernung des Quecksilbers abgeraucht.

6. Nachweis als $MgNH_4PO_4 \cdot 6\,H_2O$

$$Mg^{2+} + HPO_4^{3-} + NH_4^+ + OH^- + 5H_2O \rightleftharpoons Mg(NH_4)PO_4 \cdot 6H_2O\downarrow.$$

Mg^{2+} bildet mit $(NH_4)_2HPO_4$ einen weißen, kristallinen Niederschlag von Magnesiumammoniumphosphat:

Diese sehr empfindliche Reaktion dient als Nachweis für Mg^{2+}. Da aber viele andere Kationen, wie Ca^{2+}, Sr^{2+}, Ba^{2+} und Schwermetallionen, auch Fällungen mit Phosphat geben, müssen sie sämtlich vorher entfernt werden (s. den späteren Trennungsgang!). Dem Anfänger passiert es aber doch häufig, daß die vorhergehende Abscheidung, besonders der anderen Erdalkaliionen nicht quantitativ war. Er erhält dann auch bei Abwesenheit von Mg^{2+} einen Niederschlag. Dieser ist aber bei den anderen Erdalkaliionen so kryptokristallin, daß er unter dem Mikroskop amorph aussieht. Der Niederschlag ist auf jeden Fall mikroskopisch zu prüfen.

$Mg(NH_4)PO_4 \cdot 6H_2O$ bildet bei langsamer Kristallisation aus verd. Lösungen rhombische Kristalle, die in ihrer einfachsten prismatischen Form wie Sargdeckel aussehen. Diese einfachen Prismen verwachsen oft zu gekreuzten, scherenartigen Formen (Kristallaufnahme Nr. 6). Bei schneller Kristallisation und hoher Mg^{2+}- bzw. NH_4^+-Konzentration erhält man kompliziertere, verästelte X-Formen, von denen die sechsstrahligen Sternchen besonders charakteristisch sind.

In einem Reagenzglas gibt man zu der ca. 1 M HCl-sauren Lsg. 1 Tr. 0,5 M $(NH_4)_2HPO_4$-Lsg. u. versetzt mit 5 Tr. 5 M Ammoniak. Innerhalb von 5 Min. fällt beim Erwärmen im W.-Bad das $MgNH_4PO_4 \cdot 6\,H_2O$ quantitativ aus. 1 Tr. der Mischung wird auf einem OT unter dem Mikroskop (V.: 100–150) untersucht. Ist der Nd. sehr fein krist. ausgefallen u. die Kristallform schlecht zu identifizieren, so fällt man wie folgt um: Der abzentrifugierte u. gewaschene Nd. wird in 5 Tr. 1 M HCl gelöst u. 1 Tr. der erhaltenen Lsg. auf einem OT in eine NH_3-Atmosphäre gebracht. Hierfür gibt man 5 Tr. konz. Ammoniak in einen kleinen Porzellantiegel u. deckt den Tiegel mit dem OT so ab, daß der Probetr. den NH_3-Dämpfen ausgesetzt ist. Nach 10 Min. beobachtet man erneut die gebildeten Kristalle unter dem Mikroskop.

EG: ca. 0,02 µg Mg^{2+} pD: 5,0.

Störungen: Ähnliche Kristallformen bilden Zn- und Mn-Ammoniumphosphat. Sie können durch Versetzen des Nd. mit konz. Ammoniak u. H_2O_2 erkannt werden. Er darf sich weder lösen noch braun färben.

7. Nachweis als Oxinat (s. S. 431)

8. Nachweis als Magneson-Farblack (s. S. 431)

9. Nachweis als Chinalizarin-Farblack (s. S. 431)

10. Nachweis als Titangelb-Farblack (s. S. 432)

Trennung und Nachweis von Na^+, K^+, NH_4^+, Li^+, Mg^{2+} (Rb^+ und Cs^+)

Die Identifizierung der aufgeführten Ionen erfolgt nach dem Trennungsgang der Kationen im Zentrifugat der $(NH_4)_2CO_3$-Gruppe. Bei Substanzen, die nur Kationen der löslichen Gruppe enthalten, kann ein Säureauszug (Mineral- oder Essigsäure) verwendet werden. NH_4^+ wird aus der Ursubstanz direkt nachgewiesen.

Man prüfe auf NH_4^+ durch Zersetzen mit starken Basen und mit Lackmuspapier. Der Nachweis wird nach 6., S. 240, durchgeführt.

Ist NH_4^+ zugegen, so entfernt man es unter dem Abzug durch Abrauchen der festen Substanz in einem Porzellanschälchen oder Tiegel über freier Flamme, bis keine weißen Nebel mehr entweichen und der Geruch nach Ammoniak verschwunden ist (s. 1., S. 239). Bei dieser Operation darf man aber nicht so hoch erhitzen, daß die Substanz glüht, da sonst auch Kaliumsalze verdampfen können.

Weiter prüfe man mit der Flammenfärbung oder besser spektralanalytisch auf Na^+, K^+, Li^+, Rb^+ und Cs^+, wobei man bei Na^+ zu beachten hat, daß schon unwägbare Spuren erkennbar sind. Es darf daher nur Na^+ als gefunden angegeben werden, wenn einige Zeit eine intensiv gelbe Flamme auftritt.

Während der Nachweis des Rb^+, Cs^+ und Li^+ mit dem Spektroskop weitgehend eindeutig ist, versäume man besonders bei Na^+ und K^+ nicht die Ausführung chemischer Reaktionen.

Der nach dem Abrauchen des NH_4^+ verbleibende salzartige Rückstand enthält Mg^{2+} und (oder) die Alkalien. Bei Gegenwart von Li^+ wird der Nachweis des Mg^{2+} gestört. Man trenne das Magnesium mit HgO nach 5., S. 245, als Hydroxid ab. Im Filtrat befinden sich die Alkalien. Der Niederschlag wird nach Abrauchen in verd. HCl gelöst und Mg^{2+} mit $(NH_4)_2HPO_4 + NH_4Cl$ + Ammoniak nach 6., S. 246, identifiziert (vgl. auch S. 207).

Im Zentrifugat können die Alkalien nebeneinander nachgewiesen werden. Na^+ wird durch Fällungsreaktionen mit Magnesiumuranylacetat (s. 2., S. 235) oder mit Kaliumhexahydroxoantimonat(V) (s. 3., S. 235) erkannt. Letztere Reaktion ist nur bei Abwesenheit von Li^+ eindeutig (vgl. 1., S. 243).

Zum Nachweis des K^+ eignen sich die Fällungen mit Perchlorsäure (s. 3., S. 237), Natriumhexanitrocobaltat(III) (s. 4., S. 237), Hexachloroplatin(IV)-säure (s. 5., S. 238) und als Tripelnitrit (s. 6., S. 238).

Zur Erkennung von Li^+ ist der spektralanalytische Nachweis der beste (s. 4., S. 244). Außerdem führe man die Reaktion mit $Na_2HPO_4 + NaOH$ (s. 5., S. 244) sowie mit Eisenperjodatreagens (s. 6., S. 244) durch. Soll Li^+ von Na^+ und K^+ getrennt werden, so arbeite man nach 3., S. 243.

Nachweis von Rb^+ und Cs^+ s. S. 242.

Bei Abwesenheit von Li^+ löse man den salzartigen Rückstand nach Abrauchen der Ammoniumsalze in möglichst wenig verdünnter Essigsäure, filtriere eventuell vom Schwerlöslichen (Kohle) ab und weise die Elemente Magnesium, Kalium und Natrium nebeneinander nach.

Während die Anionen grundsätzlich aus dem SA nachgewiesen werden, können sie, falls ausschließlich Kationen der löslichen Gruppe vorhanden sind, gegebenenfalls in einem wäßrigen Auszug der Ursubstanz identifiziert werden.

4.3.2. Ammoniumcarbonatgruppe, II. Hauptgruppe des PSE

Zu dieser analytischen Gruppe zählen die Erdalkalielemente Calcium, Ca, Strontium, Sr, und Barium, Ba, der zweiten Hauptgruppe des PSE. Von den beiden ersten Elementen der zweiten Hauptgruppe gehört das Beryllium, Be, zur Ammoniumsulfidgruppe (s. S. 255) und das Magnesium, Mg, zur löslichen Gruppe (s. S. 233).

Auch die zweite Hauptgruppe des PSE folgt den allgemeinen Regeln (s. S. 102). Die Basizität der Hydroxide nimmt in der Reihenfolge Be, Mg, Ca, Sr, Ba, Ra (Radium) zu. Als einzige tritt die höchste Oxidationsstufe mit +2 auf. Während sich die Nitrate und Chloride der Erdalkalielemente leicht lösen, sind die Sulfate, Phosphate, Carbonate u.a. mehr oder weniger schwer, teilweise sogar sehr schwer löslich. Dabei findet man häufig einen Gang in der Reihe Mg, Ca, Sr, Ba. Bei den Sulfaten und Chromaten nimmt die Löslichkeit ab, bei den Hydroxiden zu, bei den Fluoriden und Oxalaten tritt ein Minimum auf. Eine Zusammenstellung der Löslichkeiten in mol/l findet sich in nachstehender Tabelle:

Löslichkeiten von Erdalkaliverbindungen in mol/l (bei Zimmertemperatur)

	Mg^{2+}	Ca^{2+}	Sr^{2+}	Ba^{2+}
OH^-	$1{,}4 \cdot 10^{-4}$	$1{,}6 \cdot 10^{-2}$	$5{,}7 \cdot 10^{-2}$	$2{,}0 \cdot 10^{-1}$
F^-	$1{,}4 \cdot 10^{-2}$	$2{,}1 \cdot 10^{-4}$	$9{,}6 \cdot 10^{-4}$	$9{,}1 \cdot 10^{-3}$
CO_3^{2-}	$2{,}4 \cdot 10^{-3}$	$1{,}5 \cdot 10^{-4}$	$7{,}5 \cdot 10^{-5}$	$8{,}6 \cdot 10^{-5}$
PO_4^{3-}	$2{,}5 \cdot 10^{-4}$	$1{,}3 \cdot 10^{-5}$	–	$1{,}7 \cdot 10^{-4}$
SO_4^{2-}	2,8	$1{,}5 \cdot 10^{-2}$	$6{,}0 \cdot 10^{-4}$	$8{,}6 \cdot 10^{-6}$
CrO_4^{2-}	4,2	$1{,}4 \cdot 10^{-1}$	$5{,}9 \cdot 10^{-3}$	$1{,}6 \cdot 10^{-5}$
$C_2O_4^{2-}$	$6{,}2 \cdot 10^{-3}$	$3{,}1 \cdot 10^{-5}$	$2{,}6 \cdot 10^{-4}$	$3{,}9 \cdot 10^{-4}$

In der Natur kommen die Erdalkalielemente u.a. primär in vielen Silicaten, sekundär in deren Verwitterungsprodukten vor. Calcium ist weit verbreitet, Strontium und Barium gehören zu den seltener vorkommenden Elementen. Die Metalle sind silberweiß, an der Luft bedecken sie sich aber schnell mit einer Oxidhaut, die infolge der Löslichkeit der Oxide keinen Schutz bietet.

Calcium, Ca, OZ: 20, RAM: 40,08

Häufigkeit: 3,38 Gew.-%. Smp.: 850 °C. Sdp.: 1487 °C. D_{ZT}: 1,54 g/cm³. Oxidationsstufen: +2. Ionenradius $r_{Ca^{2+}}$: 0,99 Å. Standardpotential: $Ca^{2+} + 2e^- \rightleftharpoons Ca$. $E_0 = -2{,}87$ V.

Vorkommen: Calcium ist das dritthäufigste Element. Die wichtigsten Mineralin sind: Kalkspat, Kalkstein, Marmor, Kreide, $CaCO_3$, Dolomit, $CaCO_3 \cdot MgCO_3$, Gips, $CaSO_4 \cdot 2H_2O$, Anhydrit, $CaSO_4$, Flußspat, CaF_2, und Apatit, $Ca_5[(PO_4)_3F,Cl]$, Hydroxylapatit, $Ca_5[(PO_4)_3OH]$, ist der Hauptbestandteil anorganischer Knochensubstanz.

Darstellung: Elementares Calcium wird durch Schmelzflußelektrolyse von $CaCl_2$ gewonnen.

Bedeutung: Die Tatsache, daß elementares Calcium leicht H_2 und N_2 unter Bildung des Hydrids bzw. Nitrids bindet, nutzt man zur Gasreinigung aus.

Als Legierungsbestandteil ist Calcium in geringen Mengen im Bahnmetall (Lagermetall der Eisenbahn) enthalten.

Durch thermische Zersetzung von Kalkstein ($CaCO_3$) erhält man gebrannten Kalk (Ätzkalk) CaO (s. S. 211). Gelöschter Kalk, $Ca(OH)_2$, dient zur Mörtelbereitung und in der Technik als wichtige Base. Gebrannter Gips, $CaSO_4 \cdot 1/2\,H_2O$, erhärtet unter Wasseraufnahme unter Zurückbildung von $CaSO_4 \cdot 2H_2O$. Calciumsilicate und -aluminate liegen in dem unter Wasseraufnahme abbindenden Zement vor. Calciumcarbid, CaC_2, dient zur Darstellung von Acetylen und Kalkstickstoff, CaNCN. $CaCl_2$, welches als Abfallprodukt beim *Solvay*-Verfahren (s. S. 234) anfällt, findet als Trockenmittel Verwendung. Chlorkalk (s. S. 155) dient zur Desinfektion, Superphosphat als Düngemittel (s. S. 202), Calciumhydrogensulfitlauge zum Aufschluß von Holz (s. S. 177). Aus Flußspat wird Flußsäure hergestellt (s. S. 147).

Der tägliche Bedarf des Menschen an Ca^{2+} beträgt etwa 1 g. Bei Mangel an Vitamin D, das die Ca^{2+}-Resorption fördert, tritt Rachitis auf. Ca^{2+}-Ionen wirken entzündungshemmend und antiallergisch.

Allgemeine Eigenschaften: $CaSO_4$ ist wesentlich leichter löslich als $SrSO_4$ bzw. $BaSO_4$ (s. o.). Von analytischer Bedeutung ist die Fällung als CaC_2O_4 und $Ca(NH_4)_2[Fe(CN)_6]$. In einem Gemisch aus gleichen Teilen Äther und absolutem Alkohol sind trockenes $Ca(NO_3)_2$ und $CaCl_2$ löslich (s. S. 249).

Für die nachstehenden Reaktionen verwende man eine verdünnte $CaCl_2$-Lösung bzw. die entsprechend vorbereitete Analysenlösung.

1. Ammoniak

Kein Nd.; beim längeren Stehen Trübung, da CO_2 aus der Luft angezogen wird und sich Calciumcarbonat bildet. Das ausstehende Ammoniak enthält sehr häufig CO_3^{2-} als Verunreinigung. Es fällt dann ebenfalls $CaCO_3$ aus. Diese Tatsache ist sehr wichtig, da man im Gang der Analyse die sog. Ammoniumsulfidgruppe vor den Erdalkaliionen in ammoniakalischer Lsg. abscheidet. Es fällt dann ein Teil der Erdalkaliionen bei Benutzung von carbonathaltigem Ammoniak aus und entzieht sich dem Nachweis.

2. Na_2CO_3 oder $(NH_4)_2CO_3$

$$Ca^{2+} + CO_3^{2-} \rightarrow CaCO_3\downarrow .$$

In neutralen oder schwach ammoniakalischen Lsgg. weißer, flockiger Nd. von $CaCO_3$, der in schwachen u. starken Säuren sehr leicht lösl. ist. Beim Erwärmen geht der flockige Nd. in einen leichter filtrierbaren kristallinen über.

Das Ammoniumcarbonat des Handels besteht meist zum größten Teil aus Ammoniumcarbaminat:

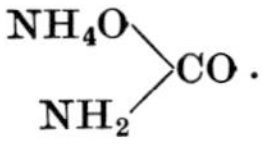

Dieses geht mit H_2O in der Hitze in $(NH_4)_2CO_3$ über:

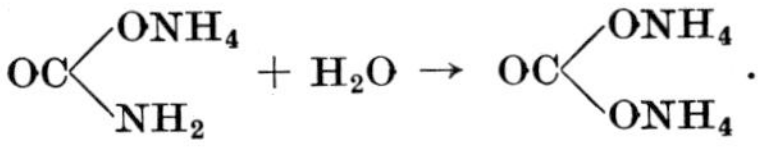

Daher Fällung stets in der Hitze vornehmen. Arbeitet man in sauren Lsgg. entsteht HCO_3^-. Da $Ca(HCO_3)_2$ etwas lösl. ist, fällt nicht alles Calcium aus. Weiterhin kann die Fällung bei Ggw. von viel Ammoniumsalzen, wie sie durch den Gang der Analyse oft in die Lsg. hineinkommen, ganz ausbleiben. Man muß dann die Ammoniumsalze nach dem Eindampfen absublimieren oder durch Kochen mit HNO_3 zerstören.

3 PO_4^{3-}-Ionen

Phosphate geben in neutralen u. alkalischen Lsgg. einen weißen, unter dem Mikroskop amorph aussehenden Nd. eines basischen Calciumphosphats von der Zusammensetzung:

$$3\,Ca_3(PO_4)_2 \cdot Ca(OH)_2 = Ca_{10}(PO_4)_6(OH)_2 .$$

Es führt den Namen Hydroxylapatit und ist in HCl leicht löslich.

4. Löslichkeit in Äther-Alkohol

Es werden trockenes Calciumnitrat, $Ca(NO_3)_2$, u. trockenes Calciumchlorid, $CaCl_2$, auf ihre Löslichkeit in einem Gemisch aus gleichen Teilen Äther u. absolutem Alkohol geprüft. (Erwärmen nur auf dem Wasserbad! Äther u. Alkohol entzünden sich leicht!) Beide Salze lösen sich.

5. Nachweis durch Flammenfärbung

Im Spektroskop sind von der Natriumlinie etwa gleich weit entfernte und zu gleicher Zeit auftretende rote (622,0 nm) und grüne (553,3 nm) Linien des Calciums gut zu erkennen (s. Sepktraltafel).

Durchführung wie bei den Alkalielementen mit der HCl-sauren Lsg. des gefällten $CaCO_3$. Ziegelrote Flammenfärbung.

6. Nachweis als CaC_2O_4

$$Ca^{2+} + C_2O_4^{2-} \rightarrow CaC_2O_4\downarrow .$$

Mit $(NH_4)_2C_2O_4$ weißer kristalliner Nd., schwer löslich in Essigsäure, lösl. in starken Säuren (s. S. 216). Zur Ausfällung arbeitet man entweder in ammoniakalischer oder schwach essigsaurer Lsg., deren Acidität man noch durch festes Acetat abstumpft.

pD: 6,5.

Störungen: Ba^{2+} und Sr^{2+} müssen diese durch Zugabe von $(NH_4)_2SO_4$ im Überschuß vorher entfernt werden.

7. Nachweis als $Ca(NH_4)_2[Fe(CN)_6]$

$$Ca^{2+} + 2\,NH_4^+ + [Fe(CN)_6]^{4-} \rightarrow Ca(NH_4)_2[Fe(CN)_6] .$$

Gesättigte Lsg. von $K_4[Fe(CN)_6]$ gibt bei Ggw. von überschüssigem NH_4Cl in schwach ammoniakalischen Lsgg. bei Zimmertemp. einen weißen Niederschlag.

Man vermeide es, die Lsg. zu erhitzen, da sonst nach Verdampfen des Ammoniaks Zers. des Hexacyanoferrat(II)-Komplexes unter Bldg. eines Nd. stattfinden kann, der die Anwesenheit von Ca^{2+} vortäuscht.

pD: 6,0.

Störungen: Sr^{2+} u. Ba^{2+} stören nicht. Mg^{2+} gibt dagegen eine ähnliche Fällung, es darf also bei der Prüfung auf Ca^{2+} nicht anwesend sein. Bei Ggw. von Fe^{3+}-Ionen kann Grün- bis Blaufärbung auftreten.

8. Nachweis als $CaSO_4 \cdot 2\,H_2O$ (Gips)

Die Bildung von Gipsnadeln ist ein spezifischer und empfindlicher Nachweis für Calcium. Die Fällung ist nicht quantitativ, da Calciumsulfat bei Zimmertemperatur in Wasser zu $1,5 \cdot 10^{-2}$ mol/l löslich ist. Die Gipskristalle bilden monokline, farblose, dünne Nadeln, die in die Lösung hineinwachsen und sich häufig zu Büscheln vereinigen (s. Kristallaufnahme Nr. 19). $CaSO_4$ ist in konz. H_2SO_4, HCl und konz. $(NH_4)_2SO_4$-Lösung löslich.

1 Tr. der HCl-sauren Lsg. des $CaCO_3$- bzw. $SrCO_3$-Nd. wird auf einem OT mit 1 Tr. 1 M H_2SO_4 vereinigt. Man läßt bei Zimmertemp. langsam verdunsten u. beobachtet nach etwa 10 Min. unter dem Mikroskop (V.: 50–100).

EG: 0,4 μg Ca pD: 4,5.

Störungen: Auch Sr^{2+}-Ionen geben mit SO_4^{2-} einen Niederschlag, der jedoch fein kristallin ist.

9. Nachweis als Glyoxal-bis-(2-hydroxyanil)-Chelat (s. S. 430)

Strontium, Sr, OZ: 38, RAM: 87,62

Häufigkeit: $1,4 \cdot 10^{-2}$ Gew.-%. Smp.: 770 °C. Sdp.: 1367 °C. D_{ZT}: 2,67 g/cm³. Oxidationsstufe: + 2. Ionenradius $r_{Sr^{2+}}$: 1,12 Å. Standardpotential: $Sr^{2+} + 2e^- \rightleftharpoons Sr$. $E_0 = -2,89$ V.

Vorkommen: Wichtige Mineralien sind: Strontianit, $SrCO_3$ und Cölestin, $SrSO_4$.

Darstellung: Elementares Strontium wird durch Schmelzflußelektrolyse von $SrCl_2$ gewonnen.

Bedeutung: Strontiumverbindungen, besonders das Nitrat, werden zur Herstellung rotbrennender Feuerwerkskörper verwendet. SrO wird zum Entzuckern von Melasse eingesetzt.

Ein sehr gefährliches Nebenprodukt bei der Kernspaltung (radioaktives fall out) ist ^{90}Sr. Es wird an Stelle von Ca^{2+} in das Knochengerüst eingebaut und stellt dort eine lange wirkende Strahlenquelle dar.

Allgemeine Eigenschaften: Strontiumsalze ähneln in ihrem chemischen Verhalten den Calciumsalzen. Mit $[Fe(CN)_6]^{4-}$ tritt im Gegensatz zu Ca^{2+} kein Niederschlag auf. Gewisse Löslichkeitsunterschiede werden zur Abtrennung von Ca^{2+} und Ba^{2+} ausgenutzt (Chromat-Sulfat-Verfahren, s. S. 254). In Äther-Alkohol ist $SrCl_2$ löslich, $Sr(NO_3)_2$ dagegen schwerlöslich.

Für die nachstehenden Reaktionen benutze man eine $SrCl_2$- oder die entsprechend vorbereitete Analysenlösung.

1. Löslichkeit in Äther-Alkohol

Man prüfe, wie beim Ca^{2+}, die Löslichkeit von $Sr(NO_3)_2$ u. $SrCl_2$ in Äther-Alkohol. Das Chlorid ist lösl., das Nitrat ist schwer löslich.

2. Nachweis durch Flammenfärbung

Sr-Salze färben die Flamme intensiv rot. Im Spektroskop sind mehrere rote Linien (650–600 nm) zu erkennen, während die charakteristische blaue Linie (460,7 nm) nur selten sichtbar wird (s. Spektraltafel).

Durchführung wie beim Ca.

3. Nachweis als $SrSO_4$

Da das Löslichkeitsprodukt von $SrSO_4$ kleiner ist als das des $CaSO_4$, gibt Gipslösung (gesättigte Lösung von $CaSO_4$) mit Sr^{2+} langsam einen Niederschlag von $SrSO_4$.

Gipslsg. versetze man mit der auf Strontium zu prüfenden Lösung. Nach einiger Zeit weiße Trübung von $SrSO_4$. Das Salz neigt stark zur Übersättigung. Man kann die Nd.-Bldg. beschleunigen, indem man die Lsg. zum Sieden erhitzt.

pD: 4,0.

Störungen: Bei Anwesenheit von Ba^{2+} bildet sich $BaSO_4$. Da dieses noch schwerer löslich ist als $SrSO_4$, entsteht sofort die Fällung. Ba^{2+} muß daher vorher entfernt werden.

Reagenzlsg.: Aus $CaCl_2$-Lsg. wird $CaSO_4$ mit verd. H_2SO_4 gefällt, abfiltriert, mit W. gewaschen u. der Nd. in W. aufgeschlämmt. Man schüttelt öfters um, läßt absitzen u. dekantiert die klare Lsg. ab.

4. Nachweis als $SrCrO_4$

In ammoniakalischer Lösung bildet CrO_4^{2-} einen gelben, kristallinen Niederschlag von $SrCrO_4$. Löslich in Wasser zu $5{,}9 \cdot 10^{-3}$ mol/l, leicht in schwachen Säuren. Nicht sehr empfindlich, ist aber geeignet zum mikrochemischen Nachweis:

1 Tr. der zu prüfenden Lsg. wird auf dem OT eingedampft. Nach dem Erkalten wird angehaucht, so daß sich eine Spur W. kondensiert, und mit 1 Tr. einer 10%igen gelben K_2CrO_4-Lsg. (nicht $K_2Cr_2O_7$!!) versetzt. Feine, lange, häufig zu Büscheln vereinigte Nadeln. Nach kurzer Zeit lagern sich diese bei Überschuß des Fällungsmittels in kleine hexagonale Säulen, Leisten oder in sechseckige Scheibchen um (s. Kristallaufnahme Nr. 20).

pD: 3,1.

Störungen: Ca^{2+}-Ionen geben in konz. Lsgg. auch Kristalle, die aber quadratisch und nicht hexagonal sind. Ba^{2+}-Ionen sind vorher zu entfernen, da $BaCrO_4$ wesentlich schwerer lösl. ist (s. Reaktionen des Ba^{2+}).

5. Nachweis als $Sr(JO_3)_2 \cdot 6\,H_2O$

$Sr(JO_3)_2 \cdot 6H_2O$ bildet feine, an den Enden etwas gebogene Nadeln, die in ihrer einfachen Form an das Integralzeichen erinnern, aber öfters zu Büscheln zusammenwachsen (Kristallaufnahme Nr. 21).

Aus stärker konzentrierten Sr^{2+}-Lösungen bilden sich dickere, kürzere und stärker gebogene Formen, die nicht sehr charakteristisch sind. Man wiederholt dann die Reaktion mit einer verdünnteren Lösung.

1 Tr. der HCl-sauren Lsg. wird auf einem OT zur Trockne eingedampft. Der Rückstand wird in 1 Tr. H_2O gelöst, wobei die erhaltene Lsg. neutral reagieren muß. Nun setzt man 2–3 Tr. einer kalt gesätt. KJO_3-Lsg. hinzu (die KJO_3-Lsg. muß im Überschuß vorhanden sein) u. wartet die Kristallisation ab. Der primär gebildete Nd. wandelt sich, bes. beim schwachen Erwärmen, schnell in die charakteristische kristalline Form um.

EG: 0,1 µg Sr.

Störungen: Viele Kationen, darunter Ba^{2+}- und Ca^{2+}-Ionen, geben mit JO_3^- in neutraler Lösung charakteristische Niederschläge. Ba^{2+} und Sr^{2+} bilden, besonders wenn beide Ionen nebeneinander in Lösung vorliegen, sehr ähnliche Jodatkristalle. Je nach Konzentration beeinflussen beide Ionen den Habitus des sich bildenden $Ba(JO_3)_2 \cdot H_2O$ und des $Sr(JO_3)_2 \cdot 6\,H_2O$. Sie bilden alle möglichen Übergangsformen, so daß nur bei Abwesenheit von Ba^{2+} die Jodatreaktion für Sr^{2+} eine brauchbare Identifizierungsmöglichkeit bietet.

Ca^{2+} gibt mit JO_3^- einen äußerst fein verteilten Niederschlag, der unter dem Mikroskop amorph aussieht und mit zunehmender Menge die Identifizierung des Sr^{2+} erschwert und schließlich unmöglich macht.

6. Nachweis als Rhodizonat (s. S. 430)

Barium, Ba, OZ: 56, RAM: 137,34

Häufigkeit: $2{,}6 \cdot 10^{-2}$ Gew.-%. Smp.: 710 °C. Sdp.: 1637 °C. D_{ZT}: 3,61 g/cm³. Oxidationsstufe: + 2. Ionenradius $r_{Ba^{2+}}$: 1,34 Å. Standardpotential: $Ba^{2+} + 2e^- \rightleftharpoons Ba$. $E_0 = -2{,}90$ V.

Vorkommen: Wichtige Mineralien sind: Withertit, $BaCO_3$ und Schwerspat $BaSO_4$.

Darstellung: Elementares Barium läßt sich durch Reduktion von BaO mit Si oder Al im Vakuum bei 1200 °C gewinnen.

Bedeutung: Eine häufig verwendete weiße Anstrichfarbe enthält Lithopone, ein Gemisc aus $BaSO_4$ und ZnS als Pigment. Fein verteiltes $BaSO_4$ dient als weiße Malerfarbe (Permanentweiß), als Füllmittel für Papiere und Textilien und, frei von löslichen Bariumverbindungen, als Röntgenkontrastmittel. Große Bariumgehalte in Ziegeln und Zement bewirken infolge des hohen Atomgewichtes eine starke Absorption von γ-Strahlen (Strahlenschutz!). $BaCO_3$ wird zur Herstellung stark lichtbrechender und leicht schmelzbarer Gläser eingesetzt. Über die Verwendung von BaO_2 s. S. 169. $Ba(OH)_2$ bzw. $BaCl_2$ beseitigt die Sulfathärte des Wassers (s. S. 212). In der Feuerwerkerei wird $Ba(ClO_3)_2$ oder $Ba(NO_3)_2$ zur Erzielung einer grünen Flamme benutzt.

Allgemeine Eigenschaften: Bemerkenswert ist die Schwerlöslichkeit des $BaCrO_4$ in schwach essigsaurer Lösung sowie die außerordentliche Schwerlöslichkeit des $BaSO_4$. $Ba(NO_3)_2$ und $BaCl_2$ sind in Äther-Alkohol schwerlöslich (s. u.).

Lösliche Bariumsalze sind sehr giftig, bereits 0,5–0,8 g $BaCl_2$ können bei oraler Einnahme tödlich wirken.

Für die folgenden Reaktionen verwende man eine $BaCl_2$-Lösung bzw. die entsprechend vorbereitete Analysenlösung.

1. $SrSO_4$-Lösung

In der Hitze Bldg. eines weißen Nd. von $BaSO_4$, da die $SrSO_4$-Lsg. mehr SO_4^{2-}-Ionen enthält, als dem Löslichkeitsprodukt des $BaSO_4$ entspricht.

pD: 6,2.

Reagenzlsg.: Man löse eine Spatelspitze $SrCl_2$ in W., fälle mit verd. H_2SO_4, filtriere ab, wasche mit W. aus u. schlämme das $SrSO_4$ in W. auf. Nach gründlichem Umschütteln unter Erwärmen filtriere man die gesätt. $SrSO_4$-Lsg. ab.

2. Löslichkeit in Äther-Alkohol

Man prüfe, wie beim Ca^{2+}, die Löslichkeit von $Ba(NO_3)_2$ u. $BaCl_2$ in Äther-Alkohol. Beide Salze sind schwer löslich.

3. Nachweis durch Flammenfärbung

Fahlgrüne Flammenfärbung, im Spektroskop eine Schar grüner Linien, von denen die bei 524,2 nm u. 513,9 nm besonders charakteristisch sind (s. Spektraltafel).

Durchführung wie bei Calcium. $BaSO_4$ muß eventuell vorher aufgeschlossen werden (s. S. 133).

4. Nachweis als $BaCrO_4$

$$Ba^{2+} + CrO_4^{2-} \rightarrow BaCrO_4\downarrow,$$

$$2\,Ba^{2+} + Cr_2O_7^{2-} + H_2O \rightleftharpoons 2\,BaCrO_4\downarrow + 2\,H^+.$$

Sowohl Kaliumchromat, K_2CrO_4, als auch Kaliumdichromat, $K_2Cr_2O_7$, geben in neutralen oder schwach essigsauren Lösungen einen Niederschlag von gelbem $BaCrO_4$, löslich in starken Säuren.

Bei der Umsetzung mit $K_2Cr_2O_7$ werden H^+-Ionen gebildet (Näheres s. Rkk. des Chroms S. 279). Da $BaCrO_4$ in Säuren löslich ist, müssen die H^+-Ionen aus dem Gleichgewicht entfernt werden. Dies geschieht am besten durch Abpuffern mit Natriumacetat (s. S. 64). $SrCrO_4$ fällt nur aus alkalischen Lösungen aus, da es löslicher als $BaCrO_4$ ist. Bei einem pH-Wert < 7 wird das Löslichkeitsprodukt des $SrCrO_4$ nicht mehr erreicht. Deshalb dient die $BaCrO_4$-Fällung zur Abtrennung der

Ba^{2+}-Ionen von Sr^{2+} und Ca^{2+}. Sie kann aber auch zum Ba^{2+}-Nachweis neben Sr^{2+}, Ca^{2+} und auch Mg^{2+} direkt herangezogen werden, da sich in schwach essigsaurer Lösung kleine charakteristische, hellgelb gefärbte $BaCrO_4$-Täfelchen und -Würfel bilden, die von evtl. mitgefallenen $SrCrO_4$-Nadeln bzw. Nadelbüschen unter dem Mikroskop leicht zu unterscheiden sind.

In einem Reagenzglas wird die essigsaure Lsg. mit 2 Tr. 5 M $(NH_4)CH_3COO$-Lsg. gepuffert u. in der Wärme tropfenweise mit 0,5 M K_2CrO_4-Lsg. versetzt, bis die Mischung durch einen Überschuß von CrO_4^{2-}-Ionen gelb gefärbt ist. Das ausgefällte $BaCrO_4$ wird abzentrifugiert u. das gelbgefärbte Z. durch Zusatz von 1 Tr. 5 M $(NH_4)CH_3COO$-Lsg. auf Vollständigkeit der Fällung geprüft. Der $BaCrO_4$-Nd. wird einmal mit H_2O gewaschen u. 1 Tr. der wss. Aufschlämmung unter dem Mikroskop untersucht.

Das CrO_4^{2-}-haltige Z. dient zur Prüfung auf Sr^{2+} u. Ca^{2+}.

EG: 0,2 µg Ba pD: 4,7.

5. Nachweis als $BaSO_4$

Aus wäßriger Lösung fällt $BaSO_4$ äußerst feinkristallin aus. Fällt man in der Siedehitze, so wird der Niederschlag gröber. $BaSO_4$ ist in Wasser und in verdünnten Säuren schwer löslich. In konz. H_2SO_4 löst es sich unter Komplex-Bildung auf. Man löst deshalb den Sulfat-Niederschlag mit möglichst wenig konz. H_2SO_4 in der Hitze und untersucht unter dem Mikroskop die beim Abkühlen auskristallisierenden $BaSO_4$-Kristalle, die kleine rhombische Nadeln, Kreuze, Täfelchen und Sterne bilden (s. Kristallaufnahme Nr. 22).

1 Tr. der HCl- bzw. essigsauren Lsg. wird auf einem OT mit 1 Tr. 2,5 M H_2SO_4 versetzt. Es fällt $BaSO_4$. Nach dem Absitzen des Nd. wird die Lsg. mit Hilfe von Filterpapier abgesaugt. Der Rückstand wird mit 1 Tr. konz. H_2SO_4 versetzt u. über der Sparflamme erhitzt, bis der Nd. gelöst ist. Beim Abkühlen krist. $BaSO_4$ wieder aus. Betrachtung unter dem Mikroskop (V.: 200 bis 250).

EG: 0,05–0,5 µg Ba pD: 4,3.

Störungen: Pb^{2+}, Ag^+, Tl^+, Sr^{2+}, Ca^{2+} und $[SiF_6]^{2-}$ (vgl. die entsprechenden Kristallaufnahmen) können stören, da sich unter den genannten Bedingungen gleichfalls schwerlösliche Niederschläge bilden und dadurch das Erkennen der $BaSO_4$-Kristalle erschweren.

6. Nachweis der Ba^{2+}-Ionen in schwerlöslichen Ba-Verbindungen

Die Sulfate von Ba und Sr sowie die Fluoride von Ba, Sr und Ca lösen sich kaum in 5 M HCl. Sie werden als Rückstand der HCl-sauren Kationenlösung mit einem Gemisch von Na_2CO_3/K_2CO_3 aufgeschlossen (s. S. 133) und dabei in die entsprechenden Carbonate überführt.

Sollen aber kleine Mengen aufgeschlossen werden, so empfiehlt es sich, die Schmelze an der Öse eines Platindrahtes durchzuführen (s. S. 141). Den erkalteten Schmelzkuchen pulverisiert man, laugt ihn mit kaltem W. aus, wobei die Alkalisulfate u. -carbonate gelöst werden, u. filtriert ab. Das Filter wird so lange mit warmer Sodalsg. gewaschen, bis die Waschlsg. keine Rk. auf SO_4^{2-} bzw. F^- mehr gibt.

Unterläßt man das Auswaschen, so reagieren beim Auflösen in Säure die Erdalkaliionen mit den SO_4^{2-}-Ionen zu schwerlöslichen Sulfaten, wodurch der ganze Aufschluß hinfällig wird.

Der Nd. der Erdalkalicarbonate wird in Essigsäure gelöst und auf Barium, Strontium (und Calcium) geprüft.

7. Nachweis als Rhodizonat (s. S. 430)

Trennung und Nachweis von Ba^{2+}, Sr^{2+} und Ca^{2+}

Die auf Erdalkaliionen zu prüfende Lösung wird zunächst in kleinen Anteilen einerseits mit H_2SO_4, andererseits mit Ammoniak und $(NH_4)_2C_2O_4$ auf Anwesenheit von

Ba^{2+}, Sr^{2+} oder Ca^{2+} untersucht. Fällt eine der Reaktionen positiv aus, so muß die nachstehende Trennung durchgeführt werden; sind sie negativ, so wird gleich auf Mg^{2+} und die Alkaliionen geprüft (s. S. 246).

Durch Versetzen mit Ammoniumcarbonat-Lösung sowie einigen Tropfen Ammoniak fallen die Erdalkalicarbonate aus.

Der Zusatz von NH_4^+ ist zur Verhinderung einer eventuellen Mitfällung des Mg^{2+} notwendig (s. 3., S. 245). Sind dagegen aus dem Kationentrennungsgang (s. später) größere Mengen Ammoniumsalze vorhanden, so müssen diese durch Abrauchen entfernt werden.

Einen Teil des Niederschlags benutze man nach Versetzen mit HCl zur spektralanalytischen Prüfung (s. Spektraltafel).

Der Hauptteil des mit heißem Wasser gut gewaschenen Carbonatniederschlages wird in Essigsäure gelöst und damit die Trennung der Erdalkaliionen durchgeführt. Im Filtrat befinden sich Mg^{2+} und die Alkaliionen. Es wird, wie auf S. 246 beschrieben, verarbeitet.

Chromat-Sulfat-Verfahren

Zu der essigsauren Lösung gebe man etwa eine Spatelspitze festes Natriumacetat. Anschließend wird nach 4., S. 252, das Ba^{2+} mit $K_2Cr_2O_7$-Lösung gefällt.

Die quantitative Fällung des Ba^{2+}, die für den Nachweis des Sr^{2+} unbedingt notwendig ist, erkennt man daran, daß das Zentrifugat durch den Überschuß der CrO_4^{2-}-Ionen gelb gefärbt ist und daß durch Zusatz von Natriumacetat kein Bariumchromat mehr ausfällt.

Eine HCl-saure Lösung des Niederschlags wird nach 5., S. 253, durch Fällung von $BaSO_4$ auf Ba^{2+} geprüft.

Das Zentrifugat des $BaCrO_4$-Niederschlags wird in der Wärme mit 1 Tropfen 2 M Na_2CO_3-Lösung versetzt und kurz aufgekocht. Es fallen $SrCO_3$ u. $CaCO_3$ aus, die abfiltriert bzw. zentrifugiert und jeweils mit 10 Tr. H_2O und 1 Tr. 2 M Na_2CO_3-Lösung chromatfrei gewaschen werden. Der Niederschlag der Carbonate wird dann in möglichst wenig 5 M HCl (2–3 Tr.) in der Wärme gelöst, das in Freiheit gesetzte CO_2 verkocht und mit H_2O auf das doppelte Volumen verdünnt.

In einem Teil der Lösung prüft man auf Sr^{2+} einmal mit CrO_4^{2-}-Ionen nach 4. oder mit JO_3^--Lösung nach 5., S. 251. Zum anderen versetze man mit Gipslösung (s. 3., S. 251). Das ausgefallene $SrSO_4$ kann noch spektroskopisch untersucht werden. Dazu gebe man zu dem Niederschlag eine Zn-Perle und konz. HCl. Zum spektroskopischen Nachweis der Erdalkalisulfate müssen diese durch $H_{nasc.}$ reduziert werden.

In einem anderen Teil der Lösung wird Ca^{2+} mit $(NH_4)_2C_2O_4$ nach 6., S. 249, sowie mit $K_4[Fe(CN)_6]$ nach 7., S. 249, identifiziert. Auch die Fällung als $CaSO_4 \cdot 2H_2O$ (s. 8., S. 250) ist zum Nachweis des Ca^{2+} geeignet.

Äther-Alkohol-Verfahren

Neben dem eben beschriebenen Trennungsverfahren der Erdalkalielemente werden in der Literatur noch eine Reihe anderer Verfahren empfohlen. Von diesen soll das sog. Äther-Alkohol-Verfahren kurz skizziert werden, das auf der sehr geringen Löslichkeit von $Ba(NO_3)_2$ und $Sr(NO_3)_2$ in einem Äther-Alkohol-Gemisch im Gegensatz zu $Ca(NO_3)_2$ beruht. Man kann sie damit von $Ca(NO_3)_2$ abtrennen. Außerdem löst sich $SrCl_2$ in Alkohol auf, während $BaCl_2$ darin schwer löslich ist (s. 4., S. 249, 1., S. 250 und 2., S. 252).

Der Niederschlag der Ammoniumcarbonatgruppe, also $BaCO_3$, $SrCO_3$ und $CaCO_3$, wird in einer Porzellanschale mit verd. HNO_3 gelöst und zunächst über freier Flamme, dann in einem Luftbad zur Trockne eingedampft und etwa 10 Minuten auf 170 bis 200 °C erhitzt. Sobald das Nitratgemisch erkaltet ist, kratze man es mit einem kleinen Spatel von der Wandung der Schale los, zerreibe es mit einem Glasstab, und zwar zuerst trocken, dann mit einem Gemisch von gleichen Teilen Alkohol und Äther. Man zentrifugiere vom verbleibenden $Ba(NO_3)_2$ und $Sr(NO_3)_2$ ab und wasche mit dem Äther-Alkohol-Gemisch gründlich aus. Das Zentrifugat wird auf dem Wasserbade (Vorsicht! Alkohol und Äther sind feuergefährlich!) eingedunstet, der Rückstand in Wasser gelöst und auf Ca^{2+} geprüft.

Der zurückgebliebene Teil, in dem sich $Ba(NO_3)_2$ und $Sr(NO_3)_2$ befinden, wird in ein Porzellanschälchen gebracht und durch mehrfaches Abrauchen in Chlorid übergeführt. Nun wird wiederum völlig zur Trockne verdampft und auf 170–200 °C erhitzt. Nach dem Erkalten verreibt man mit Alkohol. In Lösung geht $SrCl_2$, zurück bleibt $BaCl_2$. Nach Zentrifugieren und Auswaschen wird der Alkohol abgedunstet. Die getrennten Salze werden in Wasser gelöst und Sr^{2+} und Ba^{2+} wie üblich identifiziert.

Da die Sulfate des Ba, Sr und teilweise des Ca in wäßrigen Lösungsmitteln äußerst schwer löslich sind, müssen sie zum Nachweis erst durch eine Na_2CO_3/K_2CO_3-Schmelze aufgeschlossen werden (vgl. S. 133). Die gebildeten Carbonate werden, wie in 6., S. 253, beschrieben, behandelt.

Zum Nachweis der Anionen muß wie üblich ein SA (s. S. 132) durchgeführt werden.

4.3.3. Ammoniumsulfid-Urotropin-Gruppe

Zu dieser analytischen Gruppe zählen mit einigen Ausnahmen diejenigen Elemente, die in ammoniakalischer Lösung schwerlösliche Sulfide oder Hydroxide bilden (s. S. 74 u. 71). Hierzu gehören eine verhältnismäßig große Anzahl von Elementen. Demgegenüber ist der Trennungsgang bei alleiniger Anwesenheit der „Schulelemente“ wesentlich übersichtlicher.

Für die Trennung der $(NH_4)_2S$-Gruppe gibt es im Prinzip zwei verschiedene Wege:

a) Gemeinsame Fällung mit Ammoniak und $(NH_4)_2S$ und anschließende Trennung durch HCl sowie mit H_2O_2 in alkalischer Lösung.

b) Die sogenannte Hydrolysentrennung, d.h. Fällung in zwei getrennten Gruppen, erst mit Urotropin oder einem entsprechenden Reagenz aus schwach saurer, dann mit $(NH_4)_2S$ aus ammoniakalischer Lösung.

Durch geeignete Kombination lassen sich auch beide Methoden miteinander verbinden.

Sind nur die häufigeren Elemente der Ammoniumsulfidgruppe, also Fe, Cr, Al, Zn und Mn sowie Ni und Co zugegen, so kann man die Trennung mittels des ersten Verfahrens, der gemeinsamen Fällung mit Ammoniak und $(NH_4)_2S$, durchführen. Hierbei werden zunächst die genannten Elemente mit $(NH_4)_2S$ ausgefällt, dann mit verd. Salzsäure Fe, Cr, Al, Zn und Mn wieder gelöst, wobei Ni und Co als Sulfide zurückbleiben. Durch NaOH + H_2O_2 trennt man dann Fe und Mn von Cr, Al und Zn.

Dieser Trennungsgang ist zwar verhältnismäßig schnell durchführbar, hat jedoch einige Nachteile. So ist er für den Nachweis geringer Mengen einiger Elemente neben einem großen Überschuß anderer (z.B. von wenig Zn neben viel Mn) ungeeignet. Ferner bereitet die Einordnung der selteneren Elemente der Ammoniumsulfidgruppe in den Trennungsgang sowie deren einwandfreie Identifizierung erhebliche Schwierigkeiten. Außerdem muß man Phosphorsäure bzw. Phosphate vorher abtrennen, um Störungen zu vermeiden (s. S. 207).

Sind daher außer den häufigeren Elementen der Ammoniumsulfidgruppe noch die selteneren, also Be, Ga, In, Seltene Erden, Th, U, V, Ti, Zr, Nb und Ta in der Analysenlösung vorhanden, so trennt man diese Elemente am besten mittels des zweiten Verfahrens, der sog. Hydrolysentrennung. In diesem Falle scheidet man zunächst aus schwach saurer Lösung (etwa pH = 5–6) die Elemente mit einer höheren Oxidationsstufe Fe, Cr, Al, Ga, In, Seltene Erden, Th, Ti, Zr, V, Nb und Ta sowie Be und U von denen in der Oxidationsstufe +2, wie Zn, Mn, Ni, Co, Mg, Ca, Sr, Ba und den Alkalielementen ab. Dann werden Zn, Mn, Ni und Co durch $(NH_4)_2S$ von den Erdalkalielementen und Alkalielementen getrennt.

Wird die Hydrolysentrennung richtig durchgeführt, so kann eine fast quantitative Trennung der Elemente erreicht werden. Außerdem sind geringe Mengen der einen Substanz neben größeren einer anderen nachweisbar. Ferner ist bei Anwesenheit von Phosphorsäure keine Änderung des Trennungsganges erforderlich. Der Nachteil der Hydrolysentrennung liegt darin, daß man genau bei einem bestimmten pH arbeiten muß. Die Trennung der beiden Gruppen beruht entweder auf der Bildung löslicher Komplexe der Elemente mit der Oxidationsstufe +2 mit Ammoniak, durch welches die Elemente in höheren Oxidationsstufen als Hydroxide gefällt werden, oder auf der Hydrolyse dieser schwächer basischen Elemente, die bereits in schwach saurer Lösung (pH = 5–6) vollständig als Hydroxide ausgefällt werden, während die stärker basischen Elemente in der Oxidationsstufe +2 noch in Lösung bleiben.

Ammoniak ist jedoch kein ideales Trennungsmittel, da die im basischen Gebiet ausfallenden Oxidhydrate von Al, Fe und Cr sowie Ga, In, La, Ti, Zr, Nb, Ta und auch Be die Eigenschaft haben, Kationen in der Oxidationsstufe +2, auch die der Erdalkalielemente, mitzufällen.

Für die Trennung in schwach saurer Lösung, die Hydrolysentrennung (s. S. 285), werden als Fällungsmittel Natriumacetat und Urotropin eingesetzt.

Die Trennung mittels Na- oder NH_4-Acetats ist nur möglich, wenn kein Chrom zugegen ist. Denn dieses bleibt bei Abwesenheit von Eisen und Aluminium unter Bildung von Komplexsalzen in Lösung. Sind aber Eisen oder Aluminium anwesend, so fällt etwas Chrom mit aus, dafür bleiben aber teilweise Eisen und Aluminium in Lösung.

Am zuverlässigsten und vollständigsten gelingt die hydrolytische Trennung mit Urotropin (Hexamenthylentetramin) $C_6H_{12}N_4$ (s. S. 73).

4.3.3.1. Elemente Ni, Co, Mn, Zn, Fe, Al, Be und Cr

In diesem Abschnitt werden die Elemente der sog. Schulanalyse besprochen. Wegen seiner großen analytischen Ähnlichkeit mit dem Aluminium wird jedoch auch das Beryllium, welches eigentlich zu den „selteneren" Elementen zu rechnen ist, an dieser Stelle behandelt.

Nickel, Ni, OZ: 28, RAM: 58,71

Häufigkeit: $1{,}5 \cdot 10^{-2}$ Gew.-%. Smp.: 1455 °C. Sdp.: 2800 °C. D_{ZT}: 8,91 g/cm³. Oxidationsstufen: +2, +3. Ionenradius $r_{Ni^{2+}}$: 0,69 Å. Standardpotential: $Ni^{2+} + 2e^- \rightleftharpoons Ni$. $E_0 = -0{,}250$ V.

Vorkommen: Nickel findet man oft zusammen mit Fe und Cu gebunden an S, As und Sb. Einige Mineralien sind: Gelbnickelkies, NiS, Rotnickelkies, NiAs, Breithauptit, NiSb. Von technischer Bedeutung ist der Garnierit, $(Ni,Mg)_6[(OH)_8/Si_4O_{10}]$. Gediegen tritt Ni zusammen mit Fe in Meteoriten auf.

Darstellung: Nach einem komplizierten Anreicherungsprozeß wird Nickel in das Oxid überführt und dieses dann mit Kohlenstoff reduziert. Reinstes Nickel wird nach dem *Mond*verfahren über das Nickeltetracarbonyl, $Ni(CO)_4$, erhalten (Darstellung s. S. 476).

Bedeutung: Nickel findet hauptsächlich als Legierungsbestandteil Verwendung, und zwar in Stählen (Nickelstähle, Nichtrostende Stähle, wie V2A), in Chromnickellegierungen (hohe Hitze- und Korrosionsbeständigkeit) und in elektrischen Widerständen [Konstanten, Nichrom, Manganin (s. S. 261)]. Feinverteiltes Nickel ist als Hydrierungskatalysator gebräuchlich. Im *Edison*-Akkumulator kommt Nickel(III)-oxidhydrat als Elektrodenmaterial Bedeutung zu. Nickelsalze werden für galvanische Bäder verwendet.

Allgemeine Eigenschaften: Nickel steht zusammen mit Kobalt und Eisen sowie den Platinelementen in der VIII. Nebengruppe des PSE. In seinen Verbindungen tritt es allgemein in der Oxidationsstufe $+2$ auf. Mit der Oxidationsstufe $+3$ ist u.a. das Oxid mit der ungefähren Zusammensetzung Ni_2O_3 zu nennen. Auch Ni(I)- und Ni(IV)-Verbindungen sind bekannt.

Die wasserhaltigen Nickel(II)-salze sind meist grün, die wasserfreien meist gelb gefärbt. Die Eigenschaften der Nickelsalze ähneln in wäßriger Lösung denen des Zinks.

Die folgenden Reaktionen führe man mit einer wäßrigen Lösung von $NiSO_4$ oder $Ni(NO_3)_2$ bzw. der entsprechend vorbereiteten Analysenlösung durch.

1. NaOH

Grüner Nd. von $Ni(OH)_2$, schwer löslich im Überschuß (Gegensatz zu Zn). Durch starke Oxidationsmittel, wie Cl_2 oder Br_2 (nicht durch H_2O_2), geht der Nd. in ein höheres, schwarzes Oxid über.

2. Ammoniak

Erst hellgrüner Nd., dann Wiederauflösung unter Bldg. des blauen Komplexions $[Ni(NH_3)_6]^{2+}$. Bei Anwesenheit von Ammoniumsalzen entsteht kein Niederschlag (s. u.).

3. Urotropin

Mit Urotropin geben Nickelsalze in der Kälte keine, beim Kochen dagegen infolge Zunahme der Hydrolyse eine teilweise Fällung von $Ni(OH)_2$. In Ggw. von Ammoniumsalzen bleibt die Fällung aus denselben Gründen wie bei 2. aus.

4. Na_2CO_3

Grüner Nd. eines Gemisches von Carbonat mit basischen Salzen wechselnder Zusammensetzung.

5. Phosphate

In neutraler und alkalischer Lsg. Fällung eines Nickelphosphats wechselnder Zusammensetzung. Lösl. in Säuren u. Ammoniak.

6. H_2S, $(NH_4)_2S$

In saurer Lösung wird kein Niederschlag erhalten. In neutraler und ammoniakalischer Lösung bildet sich unter Luftabschluß schwarzes, säurelösliches NiS. Beim Fällen unter Luftzutritt und bei Gegenwart von überschüssigem Ammoniumsulfid entsteht zunächst Ni(OH)S, das in Ni_2S_3 übergeht.

$$2\,NiS + {}^1/_2\,O_2 + H_2O \rightarrow 2\,Ni(OH)S,$$
$$2\,Ni(OH)S + H_2S \rightarrow Ni_2S_3 + 2\,H_2O.$$

Wird mit Ammoniumpolysulfidlösung gefällt, erhält man sofort Ni_2S_3.

Ni_2S_3 und Co_2S_3 (s. S. 259) sind im Gegensatz zu den übrigen Sulfiden der $(NH_4)_2S$-Gruppe in kalter verd. HCl nicht oder nur zu einem geringen Anteil löslich. Der Sulfidniederschlag löst sich in konz. HNO_3 sowie in essigsaurem H_2O_2.

$$3\,Ni_2S_3 + 16\,HNO_3 \rightarrow 6\,Ni(NO_3)_2 + 4\,NO\uparrow + 9\,S\downarrow + 8\,H_2O,$$
$$Ni_2S_3 + 11\,H_2O_2 \rightarrow 2\,NiSO_4 + 10\,H_2O + H_2SO_4.$$

Fällt man Nickelsulfid in stark ammoniumsalzhaltiger Lsg. mit einem Überschuß von mit gelbem Ammoniumsulfid verunreinigtem $(NH_4)_2S$, so bleibt es in kolloider Form (s. S. 92f.) in Lsg. und läuft tiefbraun durch das Filter. Man kann das verhindern, wenn man mit frisch hergestelltem farblosem Ammoniumsulfid u. mit einem nur sehr geringen Überschuß des Fällungsmittels arbeitet. Andernfalls kocht man die braune Lsg. einige Zeit mit Ammoniumacetat, wobei sich NiS in Flocken abscheidet (es „flockt" aus). Die Ausflockung kann durch Zugabe von Filterpapierschnitzeln beschleunigt werden.

7. Vorproben (Ausführung s. S. 128)

Die Phosphorsalz- bzw. Boraxperle färbt sich in der Oxidationsflamme in der Hitze gelb bis rubinrot, in der Kälte bräunlich. In der Reduktionsflamme ist sie grau. Auf der Holzkohle entstehen nur graue Metallflitter, die schwer erkennbar sind, jedoch vom Magneten angezogen werden. Vor der Prüfung wird die Masse mit 1 Tr. W. zerdrückt. Man kann die Flitter in 1 Tr. HCl lösen u. auf Ni prüfen.

8. Nachweis als $Ni(OH)_3$

$$NiSO_4 + 2KCN \rightarrow Ni(CN)_2\downarrow + K_2SO_4,$$
$$Ni(CN)_2 + 2KCN \rightarrow K_2[Ni(CN)_4].$$

Alkalicyanide fällen aus neutralen Nickelsalzlsgg. hellgrünes Nickelcyanid, $Ni(CN)_2$, das sich im Überschuß mit gelber Farbe unter Bldg. eines Komplexsalzes (vgl. S. 87) löst. Aus einer derartigen Lsg. wird mit Natronlauge kein $Ni(OH)_2$ ausgefällt. Dagegen bildet sich zum Unterschied von Kobalt mit $NaOH + Br_2$ durch Oxidation schwarzes $Ni(OH)_3$. Das CN^--Ion geht dabei in Bromcyan über:

$$2[Ni(CN)_4]^{2-} + 6OH^- + 9Br_2 \rightarrow 2Ni(OH)_3 + 10Br^- + 8BrCN.$$

Man vermeide einen Überschuß von KCN, setze also nur so viel hinzu, daß sich der Nd. gerade löst, da Brom zuerst mit KCN reagiert:

$$KCN + Br_2 \rightarrow KBr + BrCN.$$

Außerdem arbeite man unter dem Abzug. Bromcyan u. Blausäure sind äußerst giftig!

9. Nachweis als Nickeldiacetyldioxim

Diacetyldioxim (Dimethylglyoxim) bildet mit Ni^{2+} in neutraler, essigsaurer und ammoniakalischer Lösung ein rotes, schwerlösliches, „inneres Komplexsalz" (s. S. 84).

Zur Prüfung auf Ni neben Fe u. Co wird die Lsg. zunächst mit H_2O_2 gekocht, um Fe^{2+} zu Fe^{3+} zu oxidieren. Dann wird ammoniakalisch gemacht, $Fe(OH)_3$ mit der Saugkapillare abgetrennt u. 1 Tr. des klaren F. auf der Tüpfelplatte mit 1 Tr. Reagenzlsg. versetzt. Die Bldg. eines roten Nd. am Rande des Tr. zeigt Ni an.

EG: 0,16–2 µg bei Ggw. eines 0–40fachen Co-Überschusses pD: 5,5.

Störungen: Bei der Ausführung im Halbmikromaßstab verhindern starke Oxidationsmittel (Nitrate, H_2O_2 usw.) die Fällung. Es bildet sich lediglich eine rote bis rotorange Färbung. In ammoniakalischer Lösung gibt Pd^{2+} eine gelbe, Fe^{2+} eine rote und Co^{2+} eine braunrote Färbung. Wenn Fe^{3+} und Co^{2+} nebeneinander vorliegen, bildet sich ein braunroter Niederschlag. Auch Cu^{2+} (Violettfärbung) und Au^{3+} (Reduktion zum Metall) können stören.

Reagenz: Gesätt. Lsg. von Diacetyldioxim in 96%igem Alkohol.

Kobalt, Co, OZ: 27, RAM: 58,9332

Häufigkeit: $3{,}7 \cdot 10^{-3}$ Gew.-%. Smp.: 1493 °C. Sdp.: 2880 °C. D_{ZT}: 8,9 g/cm³. Oxidationsstufen: +2, +3, (+4). Ionenradius $r_{Co^{2+}}$: 0,72 Å. Standardpotential: $Co^{2+} + 2e^- \rightleftharpoons Co$. $E_0 = -0{,}277$ V.

Vorkommen: Kobalt ist in der Natur ein ständiger Begleiter des Nickels. An Mineralien sind zu nennen: Speiskobalt, $CoAs_3$, Kobaltglanz, CoAsS und Kobaltkies (Linnéit), Co_3S_4.

Darstellung: Nach aufwendigen Anreicherungsverfahren wird Kobalt mit HCl aus den abgerösteten „Speisen“ herausgelöst und mit Kalkmilch und Chlorkalk fraktioniert gefällt. Das hierbei entstehende Co_2O_3 reduziert man mit Kohle zu elementarem Kobalt.

Bedeutung: Kobalt ist Bestandteil nicht oxidabler und magnetischer Spezialstähle und von Legierungen hoher Verschleißfestigkeit (Stellit: Co, Cr, W). „Widia“ (wie Diamant) besteht aus etwa 6% Kobalt und 94% Wolframcarbid. „Smalte“ (Kalium-Kobaltsilicat) dient zur Blaufärbung von Glasflüssen (Glas, Porzellan, Email). Über Kobaltblau (*Thénards* Blau) s. S. 274, über *Rinmanns* Grün s. S. 267. Kobalt ist ein wichtiges Spurenelement und besonders als Co(III)-Zentralion des Vitamins B_{12} lebensnotwendig.

Geschlossene Präparate des harten γ-Strahlers ^{60}Co werden in der Medizin zur Krebstherapie (Kobaltkanone) sowie in der Technik zur Dicken- und Dichtenmessung verwendet.

Allgemeine Eigenschaften: Als Metall sowie in seinen Verbindungen zeigt Kobalt sehr große Ähnlichkeit mit Nickel. Während in den einfachen Salzen die Oxidationsstufe +2 vorherrscht, überwiegt in den Kobaltkomplexen die Oxidationsstufe +3. Die besondere Beständigkeit der Co(III)-Komplexe läßt sich auf die Ausbildung der Krypton-Edelgaskonfiguration zurückführen (s. S. 81). Außerdem sind noch Co(IV)-Verbindungen bekannt.

Die wasserhaltigen Co(II)-Salze sind meist rosa, die wasserfreien blau gefärbt (z.B. $CoCl_2$; Blaugel s. S. 226, Sympathetische Tinten).

Zur Erkennung der Eigenschaften der Kobaltsalze in wäßrigen Lösungen verwende man für die folgenden Reaktionen verd. $CoCl_2$- oder $Co(NO_3)_2$-Lösungen bzw. die entsprechend vorbereitete Analysenlösung.

1. NaOH oder KOH

In der Kälte blauer Nd. eines basischen Salzes wechselnder Zusammensetzung, in der Hitze Bldg. von rosenrotem $Co(OH)_2$. Bei Anwesenheit von Oxidationsmitteln, wie Cl_2, Br_2, H_2O_2, wird der Nd. schwarzbraun:

$$2Co(OH)_2 + 2H_2O + Cl_2 \rightarrow 2Co(OH)_3\downarrow + 2HCl.$$

2. Ammoniak

Bei Abwesenheit von Ammoniumsalzen blauer Nd. wie bei NaOH. An der Luft wird der Nd. schnell rötlich u. löst sich im Überschuß von Ammoniak leicht auf, wobei sich sehr beständige Kobaltamminkomplexe bilden, in denen das Element in der Oxidationsstufe +3 vorliegt.

Bei Anwesenheit von Ammoniumsalzen bleibt die Fällung aus. Es entsteht zunächst eine schmutziggelbe, komplexe Kobalt(II)-salzlsg., die an der Luft schnell durch Oxidation zu Co(III) rot wird.

3. Urotropin

In der Kälte kein Nd., in der Hitze teilweise Fällung von $Co(OH)_2$, die aber bei Anwesenheit von Ammoniumsalzen ganz ausbleibt (vgl. S. 257).

4. Na_2CO_3

Je nach den Konzentrationsverhältnissen bläulicher oder rötlicher Nd. von basischem Carbonat wechselnder Zusammensetzung.

5. H_2S, $(NH_4)_2S$

Es treten die gleichen Erscheinungen wie beim Nickel auf.

In saurer Lsg. kein Niederschlag. In neutraler, acetathaltiger Lsg. schwarzer Nd. von CoS. Ebenso mit $(NH_4)_2S$ in ammoniakalischer Lösung. Beim Fällen unter Luftzutritt u. bei Ggw. von überschüssigem Ammoniumsulfid bildet sich zunächst Co(OH)S, das in Co_2S_3 übergeht.

Der Niederschlag ist wie beim Nickel schwer löslich in Essigsäure und verd. HCl, dagegen löslich in konz. Salpetersäure, Königswasser sowie in essigsaurem H_2O_2:

$$3Co_2S_3 + 16HNO_3 \rightarrow 6Co(NO_3)_2 + 4NO\uparrow + 9S\downarrow + 8H_2O,$$
$$Co_2S_3 + 11H_2O_2 \rightarrow 2CoSO_4 + 10H_2O + H_2SO_4.$$

6. KCN

$$Co(CN)_2 + 4CN^- \rightarrow [Co(CN)_6]^{4-},$$
$$2[Co(CN)_6]^{4-} + H_2O_2 \rightarrow 2[Co(CN)_6]^{3-} + 2OH^-.$$

Aus neutraler Lsg. rotbraune Fällung von $Co(CN)_2$, lösl. im Überschuß mit brauner Farbe.
Beim Erhitzen an der Luft oder besser mit etwas H_2O_2 tritt Oxidation zu Co(III) ein. Der Cyanidkomplex ist jetzt gelb gefärbt.

Aus einer solchen Lsg. fällt im Gegensatz zum Nickel durch NaOH + Br_2 kein Nd. aus (s. S. 258), da der Co-Komplex wesentlich beständiger ist als das $[Ni(CN)_4]^{2-}$! Man kann daher diese Rk. zur Trennung von Nickel und Kobalt anwenden.

7. Vorproben

Die Phosphorsalz- u. Boraxperlen sind in der Reduktions- u. Oxidationsflamme in der Hitze u. Kälte blau. Auf der Holzkohle bilden sich graue Metallflitter, die magnetisch sind u. wie beim Ni geprüft werden können.

8. Nachweis als $Co(SCN)_2$ bzw. $H_2[Co(SCN)_4]$

In einem Reagenzglas versetzt man einige Tr. der essigsauren oder neutralen Probelsg. mit einer Spatelspitze KSCN oder $(NH_4)SCN$ u. überschichtet mit 1 ml Amylalkohol-Äthergemisch. In neutraler Lsg. bildet sich $Co(SCN)_2$, in saurer Lsg. die komplexe Säure $H_2[Co(SCN)_4]$, beide in wss. Lsg. u. organischen Lösungsmitteln blau gefärbt. Man kann sehr wenig Co neben viel Ni nachweisen.

Bei Ausführung auf einer TP versetzt man 1 Tr. der essigsauren Probelsg. mit 5 Tr. einer gesättigten Lsg. von NH_4SCN in Aceton. Je nach der Menge der Co^{2+}-Ionen entsteht eine grün bis blau gefärbte Lösung.

EG: 0,3 µg Co pD: 5,0.

Störungen: Fe^{3+} stört, da es (s. S. 272) mit SCN^- eine tiefrote Verb. bildet, die sich auch in Äther löst. Man verhindert das durch Zufügen eines Überschusses von festem NaF, wodurch das Fe^{3+} in $[FeF_6]^{3-}$ übergeführt wird.

9. Nachweis als $K_3[Co(NO_2)_6]$ oder $K_2Na[Co(NO_2)_6]$

Diese dem K^+-Nachweis Rk. 4., S. 237, entsprechende Reaktion ermöglicht, Co neben allen Kationen der Ammoniumsulfid-Gruppe eindeutig zu identifizieren.

Dabei wird durch die in Freiheit gesetzte salpetrige Säure das Co(II) zu Co(III) oxidiert:

$$Co^{2+} + 7NO_2^- + 2H^+ \rightarrow [Co(NO_2)_6]^{3-} + NO + H_2O.$$

Die Reaktion kann entweder α) als Fällungsreaktion $(K, NH_4)_3[Co(NO_2)_6]$ auf der Tüpfelplatte oder im Reagenzglas bzw. β) als Mikroreaktion $(Na, K)_3[Co(NO_2)_6]$ bei Gegenwart von Na^+ durchgeführt werden, wobei sich kleine gelbgefärbte Würfel und Oktaeder bilden.

α) 2 Tr. der essigsauren Probelsg. werden auf der TP mit 1 Tr. 5 M Ammoniumacetatlsg. u. 2 Tr. 5 M KNO_2-Lsg. versetzt. Es bildet sich sofort oder nachdem man einige Min. auf 50 °C erwärmt hat, ein gelber Nd. von $(K,NH_4)_3[Co(NO_2)_6]$. Ein Zusatz von Alkohol erhöht die Empfindlichkeit der Rk. beträchtlich. Der ausgewaschene Nd. löst sich in 3 Tr. 5 M HCl mit blauer Farbe.

β) 1 Tr. der essigsauren Probelsg. wird auf einem OT mit einem kleinen Tr. 1 M Natriumacetatlsg. vereinigt. Zu der Lsg. wird ein Körnchen KNO_2 u. nach dem Auftreten einer Trübung noch 1 Tr. 1 M Essigsäure gegeben. Es bilden sich allmählich die charakteristischen Kristalle des $(K,Na)_3[Co(NO_2)_6]$, die man nach etwa 10 Min. unter dem Mikroskop identifiziert. (V.: 1:200 bis 400, Kristallaufnahme Nr. 13.)

EG: 0,02 µg Co.

Störungen: Fe^{3+} im großen Überschuß verzögert die Kristallisationsgeschwindigkeit des Hexanitrokobalts(III) durch Bildung basischer Salze.

10. Nachweis als $Co[Hg(SCN)_4]$

Co^{2+} bildet in neutraler bis essigsaurer Lösung ein Thiocyanatomercurat, das in relativ schwerlöslichen, tiefblauen Prismen und sternförmig vereinigten Nadeln des rhombischen Systems kristallisiert. Die Gegenwart von Zn^{2+} erleichtert oft den Nachweis sehr kleiner Co-Mengen infolge Bildung hellblau gefärbter Mischkristalle.

1 Tr. der neutralen bis essigsauren Probelsg. wird auf dem OT bis fast zur Trockne eingedampft u. danach 1 Tr. Reagenzlsg. unter leichtem Reiben mit einem Glasstab zugegeben. Beobachtung unter dem Mikroskop, V.: 50–100. Durch Ammoniak werden die blauen Kristalle unter Beibehaltung ihrer Formen entfärbt (Kristallaufnahme Nr. 23).

EG: 0,1 μg Co pD: 5,3.

Störungen: Von den Kationen der gleichen Analysengruppe stört lediglich Fe^{3+} infolge Rotfärbung durch $Fe(SCN)_3$.

Reagenz: 6 g $HgCl_2$ u. 6,5 g NH_4SCN in 10 ml Wasser.

11. Nachweis als α-Nitroso-β-naphthol-Chelat (s. S. 429)

VII. Nebengruppe des PSE

Mangan ist das erste Element der VII. Nebengruppe des PSE. Es folgen die Elemente Technetium, Tc, und Rhenium, Re. Technetium-Isotope sind instabil. Sie können nur künstlich hergestellt werden. Gemäß den allgemeinen Regeln für die Nebengruppen (s. S. 110f.) kommen die Elemente in zahlreichen Oxidationsstufen vor, wobei die Beständigkeit der höchsten Oxidationsstufe mit steigender Ordnungszahl zunimmt. Kaliumpermanganat z.B. ist demnach ein wesentlich stärkeres Oxidationsmittel als Kaliumperrhenat. Außerdem sind die Perrhenate zum Unterschied von den Permanganaten farblos.

Mangan, Mn, OZ: 25, RAM: 54,9381

Häufigkeit: $8{,}5 \cdot 10^{-2}$ Gew.-%. Smp.: 1244 °C. Sdp.: 2095 °C. D_{ZT}: 7,43 g/cm³. Oxidationsstufen: +2, +4, (+5), +6, +7. Ionenradius $r_{Mn^{2+}}$: 0,80 Å. Standardpotential: $Mn^{2+} + 2e^- \rightleftharpoons Mn$. $E_0 = -1{,}18$ V.

Vorkommen: Mangan ist das zweithäufigste Schwermetall. Die wichtigsten Manganerze sind: Braunstein (Pyrolusit), MnO_2, Hausmannit, Mn_3O_4, Manganit, γ-MnOOH, Manganspat, $MnCO_3$, und Braunit, $Mn^{2+}Mn_6^{4+}[O_8/SiO_4]$. Große Manganmengen befinden sich in Form von „Knollen" auf dem Boden der Südsee.

Darstellung: Reines Mangan ist auf elektrolytischem und aluminothermischem (Darst. s. S. 446) Wege erhältlich. Für die Technik genügt meist eine im Hochofen erschmolzene Eisen-Manganlegierung (Ferromangan).

Bedeutung: Von großer technischer Bedeutung sind Eisen-Mangan-Legierungen, wie „Spiegeleisen" und „Ferromangan". Sie dienen hauptsächlich als Desoxidationsmittel bei der Flußstahlerzeugung und zur Herstellung von Manganstählen. Über Manganin, eine Cu-Mn-Ni-Legierung s. S. 257. *Heusler*sche Legierungen (Mn, Cu, Al oder statt Al auch Sn bzw. Sb) zeigen Ferromagnetismus.

Braunstein dient in der Glasfabrikation als Entfärbungsmittel (Glasmacherseife) und in der keramischen Industrie zur Erzeugung brauner Glasuren. Kaliumpermanganat findet als Oxidations-, Bleich- und Desinfektionsmittel Verwendung.

Mangan ist für Pflanzen und Tiere als Spurenelement lebensnotwendig. Der Mensch nimmt mit der Nahrung täglich etwa 10 mg auf.

Allgemeine Eigenschaften: Mangan tritt in den Verbindungen mit den Oxidationsstufen von +1 bis +7 auf, die zum Teil leicht ineinander überführt werden können.

Die Oxidationsstufe +1 kommt z.B. in der sehr unbeständigen Komplexverbindung $K_5[Mn(CN)_6]$ vor.

Mangan(II)-salze, wie $MnSO_4$, sind schwach rosa gefärbt und verhalten sich mit Ausnahme ihrer Oxidierbarkeit in wäßriger Lösung ähnlich wie die Magnesium- und teilweise auch die Zinksalze.

Die Beständigkeit der Oxidationsstufe +2 des Mangans ist auf das halbbesetzte 3*d*-Niveau zurückzuführen. Somit nimmt Mangan unter den M^{2+}-Ionen der ersten Reihe der Übergangselemente eine Sonderstellung ein.

Die Oxidationsstufe +3 ist z.B. im $MnPO_4$ vertreten (s. Versuch 10, S. 264). Mangan(III)-salze treten sowohl im festen Zustand als auch in wäßriger Lösung in verschiedenen Farben wie grün, violett, rot und braun auf. Mangan(III)-Verbindungen mit Mn^{3+} als Kation sind besonders in wäßriger Lösung sehr instabil. Beständig sind dagegen anionische Mangan(III)-Komplexe.

Im Mangandioxid (Braunstein), MnO_2, liegt die Oxidationsstufe +4 vor. Manganate(IV) (Manganite) entstehen beim Erhitzen von MnO_2 mit anderen Metalloxiden. Auch aus wäßriger Lösung gefälltes $MnO(OH)_2$ ist amphoter. MnO_2 ist ein starkes Oxidationsmittel (s. Chlordarstellung S. 151) und dient als Ausgangsprodukt für andere Manganverbindungen (Darstellung von $KMnO_4$, S. 462, und von Mangan, S. 446).

Manganate(V) der allgemeinen Zusammensetzung M_3MnO_4 sind hellblau ($Na_3MnO_4 \cdot 10H_2O$, hellblaue Kristalle). Sie entstehen entweder durch Reduktion von Mn(VI) bzw. Mn(VII) in stark alkalischer Lösung bei 0 °C oder durch Oxidation von Manganverbindungen niederer Oxidationsstufe mit $NaNO_2$ in stark alkalischer Schmelze (s. auch Oxidationsschmelze, Versuch 11, S. 264).

Manganate(VI) der allgemeinen Zusammensetzung $\overset{+1}{M}_2MnO_4$ haben eine grüne bis dunkelgrüne Farbe und sind nur in stark basischer Lösung beständig. Manganate(VI) treten als Zwischenprodukt bei der technischen Darstellung des Permanganats auf. Sie entstehen, wenn Manganverbindungen mit basischen Stoffen (Alkalihydroxid, Alkalicarbonat, Calciumoxid) oxidierend erhitzt werden. Als Oxidationsmittel dient in der Technik Luft, in der Analyse verwendet man am besten KNO_3 oder $KClO_3$ (s. Oxidationsschmelze, Versuch 11, S. 264).

Permanganate [Manganate(VII)] der allgemeinen Zusammensetzung $\overset{+1}{M}MnO_4$ sind tiefrotviolett. Permangansäure, $HMnO_4$, ist in wäßriger Lösung haltbar. Das Anhydrid, Mn_2O_7, entsteht durch Einwirkung von konz. H_2SO_4 auf $KMnO_4$. Es stellt eine ölige rotbraune Flüssigkeit dar, die beim Erwärmen stark verpufft (Vorsicht!). Die Dämpfe sind violett.

Für die folgenden Reaktionen 1.–7. verwende man eine $MnSO_4$-Lösung, für Reaktion 8. und 9. eine $KMnO_4$-Lösung bzw. die entsprechend vorbereitete Analysenlösung.

1. NaOH oder KOH

Weißer Nd. von $Mn(OH)_2$. Er wird im alkalischen Medium allmählich durch Luftsauerstoff zu braunen Mangan(II)-manganaten(IV) oxidiert:

$$Mn(OH)_2 + {}^1/_2O_2 \rightarrow MnO(OH)_2 \quad \text{bzw.} \quad H_2MnO_3.$$

Mangan(IV)-säure verbindet sich zunächst mit noch nicht oxidiertem $Mn(OH)_2$:

$$Mn(OH)_2 + 2H_2MnO_4 \rightarrow Mn(MnO_3) + 2H_2O$$

oder

$$Mn(OH)_2 + 2H_2MnO_4 \rightarrow Mn(HMnO_3)_2 + 2H_2O.$$

Bei weiterem Luftzutritt oder schneller bei Anwesenheit von Oxidationsmitteln, wie Cl_2, Br_2, H_2O_2, geht die Oxidation bis zum $MnO(OH)_2$ bzw. MnO_2 weiter.

$Mn(OH)_2$ ist im Gegensatz zum $Zn(OH)_2$ nicht im Überschuß von Alkalilauge löslich.

2. Ammoniak

Wie bei Magnesium unvollständige Fällung. Bei Ggw. von Ammoniumsalzen bleibt sie überhaupt aus (vgl. aber weiter unten!). Die Gründe für das Ausbleiben der Fällung sind wie beim Mg^{2+} einmal die Zurückdrängung der OH^--Konzentration des Ammoniak durch die Ammoniumionen u. weiter die Bldg. eines Hexamminkomplexes:

$$Mn^{2+} + 6NH_3 \rightleftharpoons [Mn(NH_3)_6]^{2+}.$$

Bei Gegenwart von Luftsauerstoff fällt allmählich ein brauner Nd. aus (s. Vers. 1).

3. Urotropin

Wie bei Nickel (S. 257) in der Kälte kein Nd., in der Siedehitze teilweise Fällung von $Mn(OH)_2$, die bei Ggw. von Ammoniumsalzen ausbleibt.

4. Alkalicarbonat

Weiße Fällung von $MnCO_3$, im Gegensatz zum Magnesium auch mit $(NH_4)_2CO_3$. Der Niederschlag wird durch Luftsauerstoff oxidiert; s. Vers. 1.

5. Fällung als $MnO(OH)_2$

Eine Mischung von Natronlauge und H_2O_2 oder Natriumperoxid bewirkt die Fällung nach

$$Mn(OH)_2 + H_2O_2 \rightarrow MnO(OH)_2\downarrow + H_2O.$$

Das Verhalten des Mangan(II)-ions in alkalischen oder ammoniakalischen Lösungen ist für die analytische Trennung von anderen Elementen von großer Bedeutung!

Auch in saurer Lösung kann Mn(II) zu Mn(IV) oxidiert werden. Dies dient vor allem zur Abtrennung des Mn von den anderen Kationen der $(NH_4)_2S$-Gruppe. Dazu wird entweder in HNO_3-saurer Lösung mit $NaClO_3$ oder in H_2SO_4-saurer Lösung mit $(NH_4)_2S_2O_8$ oxidiert. Das aus saurem Medium abgeschiedene $MnO(OH)_2$ zeichnet sich gegenüber dem aus alkalischen Lösungen gefällten Oxidhydrat durch eine geringere Bindungsfähigkeit für andere gelöste Kationen aus, so daß ein Umfällen unterbleiben kann (s. S. 101).

Ca. 1 ml der Probelsg. wird mit 10 Tr. konz. HNO_3 u. mit 3 Tr. 5 M $NaClO_3$ versetzt u. gerade bis zur Trockne eingedampft. Den Rückstand nimmt man erneut mit 10 Tr. konz. HNO_3 auf, versetzt mit 3 Tr. 5 M $NaClO_3$-Lsg. u. dampft nochmals zur Trockne ein. Der braunschwarz gefärbte Rückstand wird mit 1 ml H_2O + 1 Tr. 2,5 M HNO_3 aufgeschlämmt, in ein Reagenzglas überführt, von der Lsg. abzentrifugiert u. einmal mit 1 Tr. H_2O gewaschen. (Im Trennungsgang können sich in der Lsg. Fe^{3+}, Zn^{2+}, Ni^{2+} und Co^{2+} befinden.)

Der $MnO(OH)_2$-Rückstand wird in 5 Tr. 2,5 M HNO_3 u. 1 Tr. 2,5 M H_2O_2 gelöst u. die Lsg. im W.-Bad so lange erwärmt, bis das überschüssige H_2O_2 zersetzt ist. In dieser Lsg. können die gebildeten Mn^{2+}-Ionen nach den üblichen Rkk. identifiziert werden.

6. $(NH_4)_2HPO_4$

Weißer kristalliner Nd. von $Mn(NH_4)PO_4$ wie beim Magnesium. Im Gegensatz zu dem entsprechenden Magnesiumsalz färbt sich der Nd. auf Zugabe eines Tr. alkalischer H_2O_2-Lsg. infolge Bldg. von $MnO(OH)_2$ braun.

7. H_2S, $(NH_4)_2S$

$$Mn^{2+} + S^{2-} \rightarrow MnS\downarrow.$$

Man leite in eine saure oder neutrale Mn^{2+}-Lsg. H_2S ein. Es fällt kein Niederschlag (vgl. im Gegensatz hierzu die Rk. von Zn^{2+} in essigsaurer Lsg.). Gibt man $(NH_4)_2S$-Lsg. zu neutraler oder ammoniakalischer Mn^{2+}-Lsg., so fällt fleischfarbenes, wasserhaltiges MnS aus.

Beim Stehen an der Luft Braunfärbung durch Oxidation:

$$MnS + O_2 + H_2O \rightarrow MnO(OH)_2\downarrow + S.$$

Es wird Mn(II) zu Mn(IV) u. S^{2-} zu Schwefel oxidiert, so daß das ausgefällte Mangansulfid im allgemeinen aus einem bräunlich gefärbten Gemisch von MnS, $MnO(OH)_2$ und Schwefel besteht.

Kocht man mit einem Überschuß von gelber $(NH_4)_2S_x$-Lsg., so geht das fleischfarbene Mangansulfid bei Abwesenheit von Cl^- mehr oder weniger langsam in ein schmutziggrünes über.

8. Reduktion des MnO_4^- in schwefelsaurer Lösung

Permanganate sind starke Oxidationsmittel. In Gegenwart von Reduktionsmitteln wird in alkalischer Lösung $MnO(OH)_2$, in saurer dagegen Mn^{2+} gebildet. Im ersten Falle werden also drei, im zweiten fünf Elektronen aufgenommen.

Die folgenden Rkk. werden im Reagenzglas durchgeführt:

α) $FeSO_4$:
$MnO_4^- + 8H^+ + 5Fe^{2+} \rightarrow Mn^{2+} + 5Fe^{3+} + 4H_2O.$

β) H_2SO_3:
$2MnO_4^- + H^+ + 5HSO_3^- \rightarrow 2Mn^{2+} + 5SO_4^{2-} + 3H_2O.$

γ) halbkonz. HCl:
$2MnO_4^- + 16H^+ + 10Cl^- \rightarrow 2Mn^{2+} + 5Cl_2\uparrow + 8H_2O.$
HCl reagiert nur in stark saurer Lsg. u. in der Wärme.

δ) KJ:
$2MnO_4^- + 16H^+ + 10J^- \rightarrow 2Mn^{2+} + 5J_2 + 8H_2O$.
Jodid setzt sich schon in der Kälte um.

ε) H_2O_2:
$2MnO_4^- + 5H_2O_2 + 6H^+ \rightarrow 2Mn^{2+} + 5O_2\uparrow + 8H_2O$.
H_2O_2 wird zu O_2 oxidiert!

ζ) $H_2C_2O_4$:
$2MnO_4^- + 5C_2O_4^{2-} + 16H^+ \rightarrow 2Mn^{2+} + 10CO_2\uparrow + 8H_2O$.
Oxalsäure reagiert erst langsam in der Kälte, dann aber, nachdem etwas Mn^{2+} entstanden ist, schnell (vgl. auch S. 49).

η) C_2H_5OH:
$2MnO_4^- + 5C_2H_5OH + 6H^+ \rightarrow 2Mn^{2+} + 5CH_3CHO + 8H_2O$.
Alkohol wird in der Siedehitze zu Aldehyd oxidiert, erkennbar am Geruch.

Bei allen Rkk. tritt Entfärbung des MnO_4^- auf!

9. Reduktion des MnO_4^- in alkalischer Lösung

α) Na_2SO_3:
$2MnO_4^- + 3SO_3^{2-} + H_2O \rightarrow 2MnO_2\downarrow + 3SO_4^{2-} + 2OH^-$.

β) $MnCl_2$:
$2MnO_4^- + 3Mn^{2+} + 4OH^- \rightarrow 5MnO_2\downarrow + 2H_2O$.

Symproportionierung (s. S. 41).

10. Vorproben

Die Phosphorsalz- oder Boraxperle (s. S. 130) wird in der Oxidationsflamme violett gefärbt [Bildung von Mn(III)]. In der Reduktionsflamme ist sie farblos. Auf der Holzkohle findet keine Red. statt. Es entsteht eine wenig charakteristische braune Masse von Mn_3O_4.

11. Nachweis durch Oxidationsschmelze (s. auch S. 134)

$$Mn^{2+} + 2NO_3^- + 2CO_3^{2-} \rightarrow MnO_4^{2-} + 2NO_2^- + 2CO_2\uparrow,$$
$$Mn^{2+} + 4NO_2^- \rightarrow MnO_4^{2-} + 4NO\uparrow.$$
$$3MnO_4^{2-} + 4H^+ \rightarrow 2MnO_4^- + MnO_2 + 2H_2O.$$

Es entsteht eine grüne, verschiedentlich auch blaugrüne Schmelze. Der gelegentlich auftretende blaue Farbton der Schmelze ist auf die Bildung von Na_3MnO_4 zurückzuführen.

Einige mg einer Manganverb., $MnSO_4$ oder MnO_2, werden mit der 3–6fachen Menge einer Mischung aus gleichen Teilen Na_2CO_3 u. KNO_3 feinst verrieben u. in einer Magnesiarinne so lange auf Rotglut erhitzt, bis die Gasentwicklung aufhört. Im HM-Maßstab wird die Schmelze an der Öse eines Platindrahtes durchgeführt.

Die erkaltete Schmelze löst man auf einem Uhrglas in wenig W. u. säuert an, indem man einen Tr. Eisessig vom Rand her in die Lösung einfließen läßt. Die grüne Farbe schlägt in Rotviolett um. Es bildet sich Manganat(VII); außerdem scheidet sich nach einiger Zeit ein brauner Nd. von Mangandioxid aus (Disproportionierung s. S. 41).

12. Nachweis durch Oxidation zu MnO_4^-

Bei dieser Reaktion dient die intensive Violettfärbung der MnO_4^--Ionen zur Identifizierung von Mn. Als Oxidationsmittel eignen sich Ammoniumperoxodisulfat, $(NH_4)_2S_2O_8$, in H_2SO_4-saurer Lösung bei Gegenwart von Ag^+-Ionen als Katalysator (bei Abwesenheit von Ag^+ findet nur Oxidation zum MnO_2 statt), PbO_2 und Bismutat(V) in HNO_3-saurer Lösung sowie Hypobromit in alkalischer Lösung.

$$2Mn^{2+} + 5PbO_2 + 4H^+ \rightarrow 2MnO_4^- + 5Pb^{2+} + 2H_2O.$$

α) Oxidation in saurer Lösung

In einem kleinen Porzellantiegel werden einige Tr. der Probelsg. bzw. der $MnO(OH)_2$-Suspension zur Trockne eingedampft und der Rückstand mit 3 Tr. konz. H_2SO_4, 1 Tr. 1 M $AgNO_3$-

Lsg. sowie 1 Spatelspitze festem $(NH_4)_2S_2O_8$ verrührt. Bei schwachem Erwärmen entsteht die charakteristische MnO_4^--Färbung.

EG: 0,1 µg Mn pD: 5,7.

Soll PbO_2 oder $NaBiO_3$ zur Oxidation benutzt werden, so versetzt man 1 Tr. Probelsg. mit 1–2 ml konz. HNO_3 und einer Spatelspitze Mn-freiem PbO_2, oder halogenidfreiem $NaBiO_3$, kocht einige Min. u. verdünnt. Nach dem Zentrifugieren violettrote Färbung durch MnO_4^-.

pD: 5,3.

Störungen: Ionen, die MnO_4^- reduzieren (Cl^-, Br^-, J^-, H_2O_2 usw.), müssen abwesend sein. Hierzu wird die saure Lsg. tropfenweise mit $AgNO_3$-Lsg. versetzt, gut aufgekocht u. das Silberhalogenid zentrifugiert. Im Z. wird das Mn, wie oben beschrieben, oxidiert.

β) Oxidation in alkalischer Lösung

Mn^{2+} wird durch Hypobromit unter dem katalytischen Einfluß von Cu^{2+} (und in geringerem Maße von Co^{2+} und Ni^{2+}) zu MnO_4^- oxidiert. Die Reaktion hat den großen Vorteil, daß sie praktisch in Gegenwart von sämtlichen gefärbten Schwermetallionen ausgeführt werden kann, da letztere im alkalischen Medium als schwerlösliche Hydroxide gefällt werden, so daß nach dem Absitzen die violette Farbe des MnO_4^- in der überstehenden Flüssigkeit gut sichtbar ist. Lediglich Cr^{3+} in größerem Überschuß kann infolge Bildung von löslichem Chromat das Erkennen geringer Mn-Mengen erschweren.

$$2MnSO_4 + 5Br_2 + 16NaOH$$
$$\rightarrow 2NaMnO_4 + 10NaBr + 2Na_2SO_4 + 8H_2O.$$

1 Tr. der Lsg. wird im Reagenzglas mit ca. 2 ml 1%ig. $CuSO_4$-Lsg. u. 8–10 ml frisch bereiteter ca. 0,1 M NaOBr-Lsg. (NaOH u. Bromwasser) versetzt u. kurz aufgekocht. Nach dem Absitzen zeigt eine rotviolette Färbung der überstehenden Lsg. Mn an. Bei Ggw. von Ni oder Co wird so viel $CuSO_4$-Lsg. zugegeben, daß ein Überschuß von Cu gegenüber Co u. Ni vorliegt.

EG: 2,5 µg Mn pD: 4,4.

Zink, Zn, OZ: 30, RAM: 65,37

Häufigkeit: $1{,}2 \cdot 10^{-2}$ Gew.-%. Smp.: 1855 °C. Sdp.: —4380 °C. D_{ZT}: 6,50 g/cm³. Oxidationsstufen: +2. Ionenradius $r_{Zn^{2+}}$: 0,74 Å. Standardpotential: $Zn^{2+} + 2e^- \rightleftharpoons Zn$. $E_0 = -0{,}763$ V.

Vorkommen: Als die wichtigsten Zinkmineralien sind zu nennen: Zinkblende, ZnS, Zinkspat (Galmei), $ZnCO_3$, und Kieselzinkerz (Hemimorphit), $Zn_4[(OH)_2/Si_2O_7] \cdot H_2O$.

Darstellung: Das durch Abrösten der Erze erhaltene Zinkoxid wird mit Koks reduziert, wobei das Zink auf Grund seines tiefen Siedepunktes abdestilliert. Sehr reines Zink erhält man durch Elektrolyse von $ZnSO_4$-Lösungen.

Bedeutung: Zink findet Verwendung als Metall (Zinkblech), als Schutz anderer Metalle (Verzinken) und als Legierungsbestandteil (Messing, Rotguß s. S. 326). Eine wichtige weiße Anstrichfarbe ist Zinkweiß (ZnO). Lithopone ($ZnS/BaSO_4$ s. S. 252) sind als Pigmente in Anstrichfarben enthalten.

Allgemeine Eigenschaften: Zink gehört mit Cadmium und Quecksilber zur II. Nebengruppe des PSE (s. S. 316).

Zink ist ein unedles Schwermetall, das sich an der Luft durch Ausbildung einer Schutzschicht aus basischem Carbonat passiviert. Es tritt nur in der Oxidationsstufe +2 auf, Zn^{2+} ist farblos. Leicht löslich sind das Nitrat, Sulfat und die Halogenide, schwer löslich das Hydroxid, Phosphat, Carbonat und Sulfid. $Zn(OH)_2$ ist amphoter (s. Versuch 1). Außerdem besteht Neigung zur Komplexsalzbildung (s. S. 79).

Mit je 1 ml einer verdünnten Zinksalzlösung, z.B. $ZnSO_4$, bzw. der entsprechend vorbereiteten Analysenlösung führe man die nachstehenden Reaktionen durch:

1. NaOH oder KOH

$$Zn^{2+} + 2OH^- \rightarrow Zn(OH)_2\downarrow,$$
$$Zn(OH)_2 + NaOH \rightarrow Na[Zn(OH)_3].$$

Bei tropfenweiser Zugabe zunächst weißer Nd., der sich im Überschuß von Lauge wieder löst, wobei ein Zincat gebildet wird.

Zinkhydroxid vermag also in zweierlei Weise zu dissoziieren (Amphoterie, s. S. 53), und zwar

in saurer Lösung: $Zn(OH)_2 + 2H^+ \rightleftharpoons Zn^{2+} + 2H_2O$,
in alkalischer Lösung: $Zn(OH)_2 + 2OH^- \rightleftharpoons [Zn(OH)_4]^{2-}$.

Es entsteht ein Hydroxozincat. Die Hydroxosalze zählen zu den Komplexsalzen (Näheres s. S. 79). Sie sind sehr stark hydrolytisch gespalten und daher nur bei Überschuß von OH^--Ionen beständig. Entfernt man diese, so verschiebt sich die Reaktion in Richtung zum Hydroxid, das als schwerlösliche Verbindung ausfällt.

Sowohl durch Verdünnen als auch durch Temperaturerhöhung nimmt nach dem MWG die Hydrolyse zu (s. S. 62).

2. Ammoniak

In ammoniumsalzfreier Lösung bildet sich zunächst ein weißer Niederschlag von $Zn(OH)_2$, der sich im Überschuß löst.

$$Zn(OH)_2 + 4NH_3 \rightleftharpoons [Zn(NH_3)_4]^{2+} + 2OH^-.$$

Da die OH^--Konz. der schwachen Base Ammoniak sehr gering ist, findet keine Bldg. von Hydroxozincat statt. Es entstehen je nach der NH_3-Konz. verschiedene lösl. Amminzinkkomplexe (di- bis tetrammin). Näheres s. S. 79ff.

Bei Gegenwart von Ammoniumsalzen bleibt wegen der Zurückdrängung der OH^--Konzentration durch die NH_4^+-Ionen die Fällung aus.

3. Urotropin

In der Kälte wie bei Ni^{2+} keine Fällung, in der Siedehitze unvollständige Fällung, die bei Ggw. von Ammoniumsalzen ganz ausbleibt.

4. Na_2CO_3 und andere lösliche Carbonate

Weißer Nd. von basischem Zinkcarbonat wechselnder Zusammensetzung. Bei $(NH_4)_2CO_3$ ist wie bei 3. der Nd. im Überschuß des Fällungsmittels löslich.

5. Phosphate

Phosphate fällen bei pH 7 weißes Zinkphosphat aus, lösl. in Säuren u. Ammoniak, in letzterem unter Komplexsalzbildung. Aus ammoniumsalzhaltigen, schwach ammoniakalischen, verd. Lsgg. kann auch $ZnNH_4PO_4$ in ähnlichen Kristallformen wie das entsprechende Magnesiumsalz ausfallen. Bei der Prüfung auf Mg^{2+} darf daher Zn^{2+} nicht anwesend sein. Zum Unterschied von $MgNH_4PO_4$ ist $ZnNH_4PO_4$ jedoch in stärkerem Ammoniak löslich.

6. H_2S

Aus neutralen Lösungen fällt ZnS aus. Die Fällung ist aber nicht quantitativ, wenn bei der Reaktion eine starke Säure gebildet wird:

$$Zn^{2+} + 2Cl^- + H_2S \rightleftharpoons ZnS\downarrow + 2H^+ + 2Cl^-.$$

Dieses Verhalten hängt mit den Dissoziationsverhältnissen der schwachen Säure H_2S und dem Löslichkeitsprodukt des ZnS zusammen (s. auch S. 74).

Leitet man langsam (etwa 1–2 Blasen in der Sek.) in eine mit HCl oder H_2SO_4 schwach angesäuerte Zinksalzlsg. H_2S ein, so fällt nichts aus. Säuert man dagegen mit Essigsäure an u. stumpft die H^+-Ionenkonzentration noch mit Natriumacetat ab, so entsteht quantitativ ein Nd. von weißem Zinksulfid.

7. Vorproben

Zink ist in der Phosphorsalz- bzw. Boraxperle nicht zu erkennen. Auf Holzkohle wird es reduziert. Das Metall verdampft u. schlägt sich als weißer Oxidbeschlag außerhalb der Erhitzungszone nieder. Zur Charakterisierung wird mit sehr verd. $Co(NO_3)_2$-Lsg. befeuchtet u. in der Oxidationsflamme erhitzt. Es entsteht *Rinmanns* Grün, eine Verbindung vom Spinelltyp ($ZnCO_2O_4$).

8. Nachweis als $K_2Zn_3[Fe(CN)_6]$

$$3Zn^{2+} + 2K^+ + 2[Fe(CN)_6]^{4-} \rightarrow K_2Zn_3[Fe(CN)_6]_2\downarrow .$$

Zn^{2+}-Ionen bilden in salzsaurer, mit Acetat gepufferter Lösung mit $K_4[Fe(CN)_6]$-Lösung einen sehr schwerlöslichen, schmutzig weißen Niederschlag. Er entsteht erst allmählich in der Wärme.

2 Tr. der Acetat-gepufferten Probelsg. werden auf einer dunkelglasierten TP mit 3 Tr. einer 0,1 M $K_4[Fe(CN)_6]$-Lsg. versetzt. Es bildet sich langsam $K_2Zn_3[Fe(CN)_6]_2$, lösl. in konz. HCl u. in 5 M NaOH-Lösung.

EG: 0,05 μg Zn^{2+} bei mikroskopischer Betrachtung.

Störungen: M^{2+}-Kationen, besonders Cd^{2+}- und Mn^{2+}-Ionen, müssen vorher quantitativ abgetrennt werden.

9. Nachweis als $Zn_3[Fe(CN)_6]_2$

$$3ZnCl_2 + 2K_3[Fe(CN)_6] \rightarrow Zn_3[Fe(CN)_6]_2\downarrow + 6KCl.$$

Mit $K_3[Fe(CN)_6]$ fällt ein braungelber Nd., der in verd. Säuren schwer löslich ist.

pD: 4,0.

10. Nachweis als $Zn[Hg(SCN)_4]$

Zn bildet ebenso wie Co, Fe, Cu u. Cd in neutraler bis essigsaurer Lösung ein relativ schwerlösliches Thiocyanatomercurat von charakteristischer Kristallform. Das Zn-Salz bildet farblose, keilartige und häufig x-förmig kombinierte Kristalle des rhombischen Systems (vgl. Kristallaufnahme Nr. 24).

1 Tr. der neutralen bis essigsauren Co-freien Lsg. wird auf dem OT mit 1 Tr. Reagenzlsg. versetzt. Die Kristalle erscheinen häufig verzögert. Betrachtung unter dem Mikroskop (V. 1:100).

EG: 0,1 μg Zn pD: 5,3.

Störungen: Fe(III) stört gelegentlich durch Bildung des roten $Fe(SCN)_3$, das eine Beobachtung erschwert oder unmöglich macht. Je nach der Co-Menge bilden sich mehr oder minder intensiv blau gefärbte Mischkristalle. Cu und Cd geben gleichfalls mit Zn Thiocyanatomercurat-Mischkristalle.

Reagenz: 6 g $HgCl_2$ u. 6,5 g NH_4SCN in 10 ml Wasser.

11. Nachweis als Dithizon-Chelat (s. S. 430)

Eisen, Fe, OZ: 26, RAM: 55,847

Häufigkeit: 4,70 Gew.-%. Smp.: 1536 °C. Sdp.: 3070 °C. D_{ZT}: 7,87 g/cm³. Oxidationsstufen: +2, +3. Ionenradius $r_{Fe^{2+}}$: 0,74 Å, $r_{Fe^{3+}}$: 0,64 Å. Standardpotential: $Fe^{2+} + 2e^- \rightleftharpoons Fe$. $E_0 = -0{,}440$ V. $Fe^{3+} + e^- \rightleftharpoons Fe^{2+}$, $E_0 = +0{,}771$ V.

Vorkommen: Eisen ist das am weitesten verbreitete Schwermetall und das vierthäufigste Element. Es kommt hauptsächlich in oxidischer und sulfidischer Form vor. Die wichtigsten Erze sind: Magneteisenstein, Fe_3O_4, Roteisenstein, Fe_2O_3, Brauneisenstein, FeOOH, Eisenspat, $FeCO_3$, Pyrit, FeS_2, und Magnetkies, FeS.

Darstellung: Roheisen wird durch Reduktion der Eisenoxide mit Koks im Hochofen gewonnen. Chemisch reines Eisen wird durch thermische Zersetzung von Eisenpentacarbonyl erhalten.

Bedeutung: Eisen ist das wichtigste Gebrauchsmetall. Seine technologischen Eigenschaften richten sich nach dem Gehalt an Kohlenstoff und anderen Begleitelementen (P, Si, S). Ihre Entfernung aus dem Roheisen (Stahlherstellung) erfolgt oxidativ nach dem *Siemens-Martin*-Verfahren (Verschmelzen mit Oxiden oder Schrott), dem Windfrischverfahren (Durchblasen von Luft in der *Bessemer*- bzw. *Thomas*birne) oder dem modernen LD-Verfahren (Aufblasen von Sauerstoff auf die Schmelze). Spezialstähle enthalten veredelnde Metalle als Legierungsbestandteil (z.B. Ni, Co, Cr, Mo, W, V). Weiteres siehe bei den betreffenden Elementen.

Eisen spielt eine entscheidende Rolle in vielen Enzymsystemen des O_2-Stoffwechsels. Es findet sich komplex gebunden im Hämoglobin, in Katalasen und den gelben Atmungsfermenten. Der Bedarf des Menschen beträgt täglich etwa 1–10 mg. Mit der Nahrung resorbiert werden nur Eisen(II)-ionen.

Allgemeine Eigenschaften: Wie Kobalt und Nickel erreicht auch Eisen nicht die nach dem PSE zu erwartende maximale Oxidationsstufe +8. Das Hexaquoeisen(II)-kation, $[Fe(H_2O)_6]^{2+}$, hat eine blaßgrünliche Farbe.

Fe(II) geht leicht in Fe(III) über. Besonders ausgeprägt ist dies im alkalischen Medium. $Fe(OH)_2$ stellt eines der stärksten Reduktionsmittel dar und reduziert in Gegenwart von feinverteiltem Palladium sogar Wasser zu Wasserstoff.

Weniger stark reduziert wirkt Fe(II) in sauren Lösungen, kaum reduzierend als Zentralion von Komplexen. Mit Erreichung der Kryptonschale (s. S. 90) liegt ein besonders stabiler Zustand vor [Hexacyanoferrat(II), Fe(II)-2,2'-dipyridyl, s. S. 410]. Relativ beständig gegen Luftoxidation sind Doppelsalz des Fe(II) wie *Mohr*sches Salz, $(NH_4)_2Fe(SO_4)_2 \cdot 6\,H_2O$ (s. S. 86, Darst. S. 459). Das Hexaquoeisen(III)-Kation, $[Fe(H_2O)_6]^{3+}$, hat eine rosaviolette Farbe, z.B. in den Salzen $Fe(ClO_4)_3 \cdot 10\,H_2O$, $Fe_2(SO_4)_3 \cdot 10\,H_2O$, $NH_4Fe(SO_4)_2 \cdot 12\,H_2O$. (Darst. s. S. 458). Diese Farbe tritt jedoch nur in den kristallisierten Salzen bzw. in den frisch bereiteten Lösungen dieser Salze mit verd. HNO_3, verd. $HClO_4$ oder verd. H_2SO_4 auf. Beim längeren Stehen erfolgt Hydrolyse, da $Fe(OH)_3$ eine sehr schwache schwerlösliche Base ist.

Fe(III)-salze starker Säuren hydrolysieren daher in Wasser stark. Ihre Lösungen reagieren sauer (s. S. 62).

Als Folge der Hydrolyse tritt zunächst Gelb- bis Braunfärbung der Lösung auf.

Es laufen hierbei Kondensationserscheinungen ab, etwa nach folgendem Schema:

$$2\,Fe^{3+} + 2\,OH^- \rightarrow [Fe{-}O{-}Fe]^{4+} + H_2O\,,$$

$$2\,[Fe{-}O{-}Fe]^{4+} + 4\,OH^- \rightarrow [Fe{-}O{-}\underset{|}{\overset{OH}{Fe}}{-}O{-}\overset{OH}{\underset{|}{Fe}}{-}O{-}Fe]^{4+} + H_2O\,.$$

Die Kondensation schreitet mit Vergrößerung der OH^--Konzentration bis zur Bildung hochmolekularer, kolloider Kondensate der Bruttozusammensetzung $(FeOOH)_x$ (Darst. S. 482) fort, die zunehmend schwerer löslich werden und schließlich zur Bildung von schwerlöslichem Eisen(III)-hydroxid führen. Man bezeichnet die Kondensate als Isopolybasen. Ähnlich reagieren Cr^{3+}, Al^{3+} und andere Kationen höherer Ladung.

Die Hydrolyse von Salzen schwacher Säuren ist naturgemäß besonders stark und beim Erhitzen der Lösung vollständig, sofern keine Komplexbildung eintritt. $Fe(OH)_3$ wird daher nicht nur durch NaOH, NH_3 und anderen Basen, sondern auch durch Na_2CO_3, $NaCH_3COO$ oder $BaCO_3$ gefällt.

Beim Versetzen einer Lösung von $FeCl_3 \cdot 6\,H_2O$ mit HCl tritt ein anderer Effekt auf. Nach anfänglicher Farbaufhellung ist eine Vertiefung der Gelbfärbung infolge Bildung von Chlorokomplexen, z.B. $[FeCl_4(H_2O)_2]^-$, zu beobachten. Die $FeCl_3$-Lösung im Labor ist meist mit HCl angesäuert, um die Hydrolyse zurückzudrängen.

Fe(VI) liegt in den unbeständigen rotvioletten Ferraten(VI) vor. Über die Darstellung von Bariumferrat(VI), $BaFeO_4$, s. S. 463.

a) Gemeinsame Nachweise für Fe(II) und Fe(III)

1. Vorproben

Die Phosphorsalz- bzw. Boraxperle ist in der Oxidationsflamme bei schwacher Sättigung gelb bis farblos, bei starker Sättigung braunrot bis gelbrot. Die Reduktionsflamme färbt sie schwach grünlich. Auf der Holzkohle verhält sich Fe wie Ni und Co. Nach Auflösung der Metallflitter s. 8., S. 272.

b) Reaktionen und Nachweise für Fe(II)

Zu den nachstehenden Reaktionen benutzt man eine verdünnte Lösung von $FeSO_4$ oder *Mohr*schem Salz.

1. NaOH oder KOH

$$4Fe(OH)_2 + O_2 + 2H_2O \rightarrow 4Fe(OH)_3.$$

Enthält das Fe(II)-Salz keine Spur von Fe(III), so entsteht ein reinweißer Nd. von $Fe(OH)_2$. Im allg. ist dieser aber durch Anwesenheit von Fe^{3+} grünlich gefärbt. Beim Stehen an der Luft geht er von Grün über Schwarz nach Braun über. Dabei entsteht zunächst eine Zwischenverb., ein Eisen(II)-eisen(III)-oxidhydrat, $Fe_3O_4 \cdot aq$, die weiter zu $Fe(OH)_3$ oxidiert wird.

2. Ammoniak

Wie bei den anderen Elementen in der Oxidationsstufe +2 nur Fällung bei Abwesenheit von Ammoniumsalzen. Ein Überschuß löst zu $[Fe(NH_3)_6]^{2+}$. Hier muß man aber unter strengstem Ausschluß von O_2 arbeiten, sonst tritt Oxidation zu Fe(III) unter Bildung von $Fe(OH)_3$ ein.

3. Urotropin

Wie bei den übrigen bisher besprochenen Elementen in der Oxidationsstufe +2 der $(NH_4)_2S$-Gruppe tritt nur in der Hitze teilweise Fällung von $Fe(OH)_2$ ein, die bei Anwesenheit von Ammoniumsalzen ausbleibt. In Ggw. von Luftsauerstoff findet jedoch allmählich Oxidation zu Fe(III) statt, das dann als $Fe(OH)_3$ ausfällt.

4. Na_2CO_3

Weißer Nd. von $FeCO_3$. Letzterer ist wie $CaCO_3$ in kohlensäurehaltigem W. unter Bldg. von $Fe(HCO_3)_2$ lösl., einer Verb., die in allen Eisensäuerlingen u. Stahlquellen vorkommt. Ebenso wie das $Fe(OH)_2$ wird sie durch den Luftsauerstoff oxidiert, wobei unter Hydrolyse $Fe(OH)_3$ ausfällt:

$$4Fe(HCO_3)_2 + O_2 + 2\,H_2O \rightarrow 4\,Fe(OH)_3\downarrow + 8\,CO_2\uparrow.$$

Entsprechend bilden sich die braunen Abscheidungen bei den Eisenwässern.

5. H_2S, $(NH_4)_2S$

In saurer Lsg. kein Nd., in ammoniakalischer sowie mit $(NH_4)_2S$-Fällung von schwarzem FeS, das in verd. Mineralsäuren leicht lösl. ist.

6. Oxidation von Fe^{2+} in alkalischer Lösung

$$8Fe(OH)_2 + NO_3^- + 6H_2O \rightarrow 8Fe(OH)_3 + NH_3\uparrow + OH^-.$$

Das Reduktionsvermögen des Fe^{2+} ist in alkalischer Lsg. besonders groß (vgl. S. 45). So kann $Fe(OH)_2$ Nitrat bis zum Ammoniak reduzieren.

Man löse in einem Bechergläschen einige Kristalle $FeSO_4 \cdot 7H_2O$ in der Kälte in wenig W., füge einige Kristalle KNO_3 hinzu u. mache mit konz. Natronlauge so weit alkalisch, daß in der Lsg. eine Konz. von mindestens 10% NaOH herrscht. Man bedecke das Becherglas mit einem Uhrglas, an dessen Unterseite ein feuchtes Stück rotes Lackmuspapier geklebt ist. Beim Erhitzen (nicht kochen!) wird dieses langsam blau.

7. Oxidation von Fe^{2+} in saurer Lösung

$$3Fe^{2+} + NO_3^- + 4H^+ \rightarrow 3Fe^{3+} + NO\uparrow + 2H_2O.$$

In saurer Lsg. wird Fe(II) nur durch stärkere Oxidationsmittel, wie HNO_3 oder H_2O_2, in Fe(III) übergeführt:

Man erhitze Fe(II)-Salzlsg., die mit H_2SO_4 angesäuert wird, mit einigen Tr. konz. HNO_3. Farbumschlag von Grün nach Gelb. Zwischendurch tritt eine tiefbraune Farbe von $[Fe(NO)]^{2+}$ auf (s. Nachweis von NO_3^- S. 201).

Schwächere Oxidationsmittel wie J_2 vermögen dagegen Fe^{2+} nur bis zu einem Gleichgewicht zu Fe^{3+} zu oxidieren:

$$2Fe^{2+} + J_2 \rightleftharpoons 2Fe^{3+} + 2J^-.$$

8. Bildung von $K_4[Fe(CN)_6]$

Eisen bildet mit CN^- komplexe Anionen (s. S. 220f.).

Das Hexacyanoferrat(II)-Ion $[Fe(CN)_6]^{4-}$ gehört zu den beständigsten Komplexionen. Es gibt weder Reaktionen auf Eisen noch auf Cyanid, da es kaum in seine Einzelionen dissoziiert ist (vgl. S. 79, Komplexsalze). Nur durch heiße Säure wird es zersetzt.

Man versetze eine neutrale Fe(II)-Salzlsg. mit KCN-Lsg. Es entsteht ein brauner Nd. von $Fe(CN)_2$. Man setzt unter schwachem Erwärmen weiter tropfenweise KCN hinzu, bis sich der Nd. gerade gelöst hat. Es ist Kaliumhexacyanoferrat(II), gelbes Blutlaugensalz, $K_4[Fe(CN)_6]$, entstanden.

Durch Oxidation des $[Fe(CN)_6]^{4-}$ entsteht das rötlichbraun gefärbte $[Fe(CN)_6]^{3-}$, dessen Kaliumsalz $K_3[Fe(CN)_6]$, Kaliumhexacyanoferrat(III), als rotes Blutlaugensalz bekannt ist.

Zu den Reaktionen 9–11 verwende man eine Lösung von $K_4[Fe(CN)_6]$.

9. Ammoniak + $(NH_4)_2S$, verd. HCl

Es werden weder mit Ammoniak noch mit $(NH_4)_2S$ Ndd. von $Fe(OH)_2$ bzw. FeS gebildet. Mit verd. HCl entweicht kein HCN. Aus einfachen Cyaniden entsteht dagegen sofort HCN, die man auch in Spuren an ihrem Geruch nach bitteren Mandeln erkennt.

10. Verd. und konz. H_2SO_4

Einige Kristalle von $K_4[Fe(CN)_6]$ erhitze man unter dem Abzug:

α) Mit 1–2 ml verd. H_2SO_4. Es entweicht HCN (Vorsicht! Blausäure ist sehr giftig!).

$$K_4[Fe(CN)_6] + 3H_2SO_4 \rightarrow 2K_2SO_4 + FeSO_4 + 6HCN\uparrow.$$

β) Mit 1 ml konz. H_2SO_4. Dabei tritt Zers. der Blausäure (Hydrolyse) ein:

$$HCN + 2H_2O \rightarrow HCOOH + NH_3.$$

Die Ameisensäure spaltet unter der Einw. von konz. Schwefelsäure außerdem W. ab:

$$HCOOH \rightarrow CO\uparrow + H_2O,$$

u. Ammoniak geht in $(NH_4)_2SO_4$ über, so daß die Endgleichung lautet:

$$K_4[Fe(CN)_6] + 6H_2O + 6H_2SO_4 \rightarrow 2K_2SO_4 + FeSO_4 + 3(NH_4)_2SO_4 + 6CO\uparrow.$$

Das Kohlenmonoxid brennt mit blauer Flamme.

11. Oxidation von $[Fe(CN)_6]^{4-}$ zu $[Fe(CN)_6]^{3-}$

$$2[Fe(CN)_6]^{4-} + Br_2 \rightarrow 2[Fe(CN)_6]^{3-} + 2Br^-.$$

Etwas $K_4[Fe(CN)_6]$ wird mit Bromwasser erwärmt u. das überschüssige Brom durch Kochen entfernt. Das Fe(II) ist zu Fe(III) oxidiert, die Lsg. von Gelb in Rötlichbraun umgeschlagen, also Kaliumhexacyanoferrat(III), das rote Blutlaugensalz, entstanden.

12. Nachweis von Fe(II) mit Diacetyldioxim

Fe(II) bildet ein dem Nickeldiacetyldioxim (s. S. 84) analog gebautes inneres Komplexsalz. Es ist jedoch leicht löslich.

Zu der mit Weinsäure versetzten, ammoniakalisch gemachten Lsg. gibt man einige Tr. einer 1 %igen alkoholischen Diacetyldioximlösung. Es bildet sich intensiv rot gefärbtes Eisen(II)-diacetyldioxim. Die zugesetzte Weinsäure verhindert die Fällung von $Fe(OH)_2$. Auch Fe(III) wird so komplex in Lsg. gehalten, daß der sehr empfindliche Nachw. auch bei Anwesenheit von Fe^{3+} ausführbar ist.

EG: 5 µg Fe/ml pD: 5,3.

13. Nachweis von Fe(II) als Turnbulls Blau

Eine $K_3[Fe(CN)_6]$-Lsg. versetze man

α) mit Fe(II)-Salzlsg.: tiefblaue Fällung von *Turnbulls* Blau (s. S. 222),

β) mit Fe(III)-Salzlsg.: braune Färbung.

Die Fällungen von Fe(II) mit Kaliumhexacyanoferrat(III) u. von Fe(III) mit Kaliumhexacyanoferrat(II) sind äußerst empfindlich.

14. Nachweis von Fe(II) als 2,2'-Dipyridyl- bzw. 1,10-Phenanthrolin-Chelat (s. S. 427)

c) Reaktionen und Nachweise für Fe(III)

Für die folgenden Reaktionen benutze man eine verd. $FeCl_3$-Lösung.

1. Reduktion von Fe^{3+} in saurer Lösung

Fe(III) wird durch zahlreiche Reduktionsmittel in saurer Lösung vollständig zu Fe(II) reduziert, bei Verwendung von KJ als Reduktionsmittel erfolgt nur eine teilweise Reduktion und Ausbildung eines Gleichgewichts (s. auch vorstehende Reaktion). Die Beseitigung des ausgeschiedenen Jods führt zu einer quantitativen Reduktion des Fe^{3+}. Die Reaktion kann daher unter entsprechenden Bedingungen zur quantitativen maßanalytischen Best. von Fe^{3+} verwendet werden.

Man versetze eine schwefelsaure Fe(III)-Salzlsg. mit einigen Körnchen KJ: Jodausscheidung, die durch Zugabe von Stärkelsg. (Blaufärbung) deutlich nachweisbar ist.

In Gegenwart von stärkeren Reduktionsmitteln wird Fe^{3+} in saurer Lsg. vollständig zu Fe^{2+} reduziert.

Geeignet sind:

α) H_2S: $2Fe^{3+} + H_2S \rightarrow 2Fe^{2+} + S\downarrow + 2H^+$,
wobei kolloider Schwefel die Lsg. milchig trübt.

β) H_2SO_3: $2Fe^{3+} + HSO_3^- + H_2O \rightarrow 2Fe^{2+} + SO_4^{2-} + 3H^+$.

γ) $SnCl_2$: $2Fe^{3+} + Sn^{2+} \rightarrow 2Fe^{2+} + Sn^{4+}$.

δ) $H_{nasc.}$ bzw. unedle Metalle, z.B. Fe, Zn, Cd in saurer Lsg.: $Fe + 2Fe^{3+} \rightarrow 3Fe^{2+}$.
Eisen wird verwendet, wenn man eine reine Eisen(II)-Salzlsg. erhalten will, Cadmium, wenn man zur quantitativen Analyse das Fe^{3+} in Fe^{2+} überführen muß.

ε) Hydroxylamin (s. S. 194) reduziert ebenfalls Fe^{3+} zu Fe^{2+}.

2. NaOH, Ammoniak, Na_2CO_3 und Urotropin

Rotbrauner Nd. von $Fe(OH)_3$, schwer lösl. im Überschuß des Fällungsmittels sowie in Ammoniumsalzen.

$Fe(OH)_3$ löst sich wie $Al(OH)_3$ u.a. Hydroxide in ammoniakalischen oder alkalischen Lsgg. mancher organischer Verb., wie Weinsäure, unter Bldg. eines Chelatkomplexsalzes auf.

3. $NaCH_3COO$

Man versetze die Fe^{3+}-Salzlsg. in der Kälte tropfenweise mit $(NH_4)_2CO_3$- oder Na_2CO_3-Lsg., bis die Lsg. annähernd neutralisiert ist. Man erkennt das daran, daß der an der Einlaufstelle sich bildende Nd. nur noch sehr langsam gelöst wird. Sollte das nicht der Fall sein, so bringe man ihn durch 1 Tr. verd. HCl wieder in Lösung. Dann fügt man einen Überschuß von Natriumacetat hinzu. Die Lsg. färbt sich tiefrot infolge Bldg. eines komplexen basischen Eisenacetats etwa folgender Zusammensetzung:

$$[Fe_3(OH)_2(CH_3COO)_6]CH_3COO.$$

Erhitzt man jetzt bis fast zum Sieden, so fällt $Fe(OH)_3$ aus, u. es tritt Geruch nach Essigsäure auf. Da es sich nicht um eine Ionenrk. handelt, erfolgt die Gleichgewichtseinstellung nur sehr langsam u. verläuft erst bei Siedehitze mit ausreichender Geschwindigkeit (vgl. S. 268):

$$Fe^{3+} + 3CH_3COO^- + 3H_2O \rightarrow Fe(OH)_3\downarrow + 3CH_3COOH.$$

4. H_2S

In saurer Lsg. Red. zu Fe^{2+} (vgl. 1.).

5. $(NH_4)_2S$

$$2Fe^{3+} + 3S^{2-} \rightarrow Fe_2S_3\downarrow \rightarrow 2FeS\downarrow + S\downarrow.$$

In neutraler oder ammoniakalischer Lsg. schwarzer Nd. von FeS u. S. Lösl. in verd. Mineralsäuren unter Entwickl. von H_2S. Zurück bleibt Schwefel.

6. Natriumhydrogenphosphat

$$Fe^{3+} + HPO_4^{2-} + CH_3COO^- \rightarrow FePO_4\downarrow + CH_3COOH.$$

In essigsaurer Lsg. weißer, etwas gelbstichiger Nd. von $FePO_4$. Schwer lösl. in Essigsäure, lösl. in Mineralsäuren.

7. Ausäthern von $FeCl_3$

Die in salzsauren $FeCl_3$-Lösungen vorliegenden komplexen Chloroferrate(III) (vgl. S. 268) sind in Äther leichter löslich als in der salzsauren wäßrigen Lösung, können also aus letzterer mit Äther extrahiert werden (*Nernst*sches Verteilungsgesetz, s. S. 43). Man macht von dieser Möglichkeit, das Eisen „auszuäthern", Gebrauch, um einen Überschuß von Eisen, der die Abtrennung und den Nachweis anderer Metallionen erschweren würde, zu entfernen. Das Verfahren ist besonders für die weiter unten beschriebene Trennung der Elemente der $(NH_4)_2S$-Gruppe mit Urotropin von Bedeutung.

Die Eisen(III)-chloridlsg. wird mit so viel konz. HCl versetzt, daß diese etwa 60% des Gesamtvolumens ausmacht, u. in Eiswasser gekühlt. In einem Schütteltrichter wird die Lsg. nun mit dem gleichen Volumen Äther, der zuvor durch Schütteln mit konz. HCl mit letzterer gesättigt ist, versetzt u. kräftig durchgemischt. Die Hauptmenge des Eisens befindet sich nun in der ätherischen Schicht u. kann mit dieser von der wäßrigen Lsg. abgetrennt werden. Durch Prüfen mit Thiocyanat überzeuge man sich, daß nur noch geringe Mengen Eisen in der salzsauren wäßrigen Lsg. zurückgeblieben sind.

8. Nachweis von Fe(III) als Berliner Blau

$K_4[Fe(CN)_6]$-Lsg. gebe man zu

α) Fe(III)-Lsg.: tiefblauer Nd. von Berliner Blau (s. S. 222). Der Nd. ist in Säuren schwer löslich, wird aber – wie alle schwerlöslichen Hexacyanoferrate(II) – von Laugen zersetzt (s. S. 222).

β) Mit Fe(II)-Salzlsg.: zunächst weißlicher bis hellblauer Nd. von $\overset{+2}{Fe}[\overset{+2}{Fe}\overset{+2}{Fe}(CN)_6]$, der sich an der Luft bald tief blau färbt [Oxidation zum Fe(III)-Salz der Hexacyanoeisen(II)-säure).

9. Nachweis von Fe(III) als $Fe(SCN)_3$

$$Fe^{3+} + 3\,SCN^- \rightleftharpoons Fe(SCN)_3 \text{ (s. auch S. 220).}$$

Die sehr empfindliche Thiocyanat-Reaktion auf Fe^{3+}-Ionen kann auf der Tüpfelplatte, auf Filterpapier oder im Reagenzglas durchgeführt werden. Die tiefrot gefärbte Fe^{3+}-Verbindung läßt sich mit Äther oder Amylalkohol aus der wäßrigen Phase extrahieren.

1 Tr. der schwach HCl-sauren Fe^{3+}-Lsg. wird auf der TP mit 1 Tr. einer 1 M NH_4SCN-Lsg. versetzt. Eine blutrote Färbung zeigt Fe an.

EG: 0,25 μg Fe^{3+} pD: 5,3.

Bei Ausführung der Rk. in einem Reagenzglas u. anschließender Extraktion des $Fe(SCN)_3$ in Äther oder Amylalkohol erhöht sich die Empfindlichkeit bedeutend. Es lassen sich dabei in 5 ml Lsg. noch 3 μg Fe^{3+} nachweisen, was einer GK von ca. pD 6,2 entspricht.

Störungen: Co^{2+} und Mo^{3+} stören infolge Bildung blau bzw. rot gefärbter SCN^--Verbindungen. Nitrite rufen in saurer Lösung durch Bildung von Nitrosylthiocyanat, NOSCN, eine Rotfärbung hervor, die der des Eisenthiocyanats sehr ähnlich ist. Ferner beeinträchtigen Hg^{2+}-Ionen durch Bildung von wenig dissoziiertem $Hg(SCN)_2$, F^- durch $[FeF_6]^{3-}$-Komplexbildung, die Anionen organischer Säuren ebenfalls durch Komplexbildung und auch PO_4^{3-}-, AsO_4^{3-}, BO_3^{3-}-Ionen sowie ein größerer Mineralsäureüberschuß die Reaktion. Es ist daher ratsam, vor der Prüfung mit SCN^- die Fe^{3+}-Ionen als $Fe(OH)_3$ auszufällen (s. S. 271) oder die störenden Anionen in neutraler Lösung mit Ba^{2+} abzutrennen.

Aluminium, Al, OZ: 13, RAM: 26,9815

Häufigkeit: 7,57 Gew.-%. Smp.: 659 °C. Sdp.: 2447 °C. D_{25}: 2,7 g/cm³. Oxidationsstufen: + 3. Ionenradius $r_{Al^{3+}}$: 0,51 Å. Standardpotential: $Al^{3+} + 3e^- \rightleftharpoons Al$. $E_0 = -1{,}66$ V.

Vorkommen: Aluminium ist das dritthäufigste Element. In großen Mengen findet man Alumosilicate, z.B. Feldspäte und Glimmer bzw. deren Verwitterungsprodukte, die Tone. Das wichtigste Mineral stellt der Bauxit, AlO(OH), dar. Demgegenüber ist das Vorkommen als Kryolith, $Na_3[AlF_6]$, gering.

Darstellung: Nach dem *Bayer*-Verfahren wird geglühter Bauxit mit NaOH unter Druck aufgeschlossen. Anschließend erfolgt Druckfiltration von $Fe(OH)_3$ und anderen ausgefallenen Verunreinigungen (Luxmasse für Leuchtgasreinigung). Aus der verdünnten Aluminatlösung wird kristalliner Hydrargillit, $[Al(OH)_3]$, nach vorherigem Impfen „ausgerührt" und dann geglühtes Al_2O_3 unter Zusatz von $Na_3[AlF_6]$ der Schmelzflußelektrolyse unterworfen.

Bedeutung: Aluminium und Aluminiumlegierungen besitzen durch ihr geringes spezifisches Gewicht und ihre Korrosionsbeständigkeit (s. unten) große Bedeutung im Hoch-, Industrie- und Apparatebau, zur Herstellung von Auto- und Flugzeugteilen sowie von Verpackungen und Gebrauchsgütern. Bei den aluminothermischen Verfahren (s. S. 445) nützt man die hohe Bildungswärme des Al_2O_3 aus (Herstellung C-freier Metalle; Verschweißen von Schienenstößen). Tonmineralien dienen als Rohstoff in der Keramikindustrie, natürliche und künstliche Aluminiumoxide (Schmirgel, Korund) als Schleif- und Poliermittel. In der Chromatographie verwendet man u.a. Al_2O_3 als stationäre Phase. Wasserfreies $AlCl_3$ spielt eine Rolle als Katalysator bei organischen Synthesen, z.B. bei der *Friedel-Crafts*-Reaktion. Über $Li[AlH_4]$ s. S. 243. Lösliche Aluminiumsalze wie Alaune und Aluminiumacetat (essigsaure Tonerde) fällen Eiweiß und wirken adstringierend und antiseptisch.

Allgemeine Eigenschaften: Aluminium steht in der dritten Hauptgruppe des PSE und tritt in der Oxidationsstufe + 3 auf.

Unter Normalbedingungen ist Aluminium an der Luft beständig, da sich eine festhaftende dünne Oxidhaut bildet (Passivierung). Beim Eloxalverfahren wird sie künstlich erzeugt.

Die aus wäßrigen Lösungen dargestellten Aluminiumsalze sind meist wasserhaltig [$AlCl_3 \cdot 6H_2O$, $Al(NO_3)_3 \cdot 9H_2O$]. Beim Entwässern durch Erhitzen erfolgt Hydrolyse unter Oxidbildung:

$$2[Al(H_2O)_6]Cl_3 \rightarrow Al_2O_3 + 6HCl\rightarrow + 9H_2O\uparrow.$$

Eisen(III)- und Chrom(III)-salze verhalten sich analog. Die Darstellung wasserfreier Salze muß unter Feuchtigkeitsausschluß (s. S. 473) erfolgen.

Aluminiumsulfat bildet ebenso wie die Sulfate anderer M^{3+}-Ionen (Fe^{3+}, Cr^{3+}, Mn^{3+}) mit M^+-Sulfaten (K^+, Rb^+, Cs^+, NH_4^+, Tl^+, dagegen nicht Na^+) aus wäßrigen Lösungen „Doppelsalze" der allgemeinen Zusammensetzung $M(I)M(III)(SO_4)_2 \cdot 12H_2O$ (Alaune) (Darstellung s. S. 458). Bekannt sind auch die entsprechenden Selenate. Alle Alaune kristallisieren im kubischen System als schöne Oktaeder. Im Kristallgitter vermögen sich Fe^{3+}, Cr^{3+} und Al^{3+} gegenseitig zu ersetzen; das gleiche gilt von M^+. Die Alaune bilden miteinander Mischkristalle. Man nennt diese Erscheinung Isomorphie. Sie tritt auf, wenn die austauschbaren Atome chemische Ähnlichkeit, gleiche Oxidationsstufe und annähernd gleiche Atom- bzw. Ionenradien besitzen.

1. Aktivierung von Al mit Hg^{2+}

$$3Hg^{2+} + 2Al \rightarrow 2Al^{3+} + 3Hg,$$
$$4Al + 6H_2O + 3O_2 \rightarrow 4Al(OH)_3.$$

Auf Grund der Spannungsreihe wird Hg^{2+} auf Aluminiumblech zu elementarem Hg reduziert. Das entstehende Aluminiumamalgam wird durch den Luftsauerstoff schnell oxidiert, da sich auf der Oberfläche der Legierung keine zusammenhängende Oxidhaut bildet.

Man verreibe auf einem abgeschmirgelten Aluminiumblech einige Tr. $HgCl_2$-Lösung. Nach einiger Zeit treten Ausblühungen von $Al(OH)_3$ auf.

2. Löslichkeit von Aluminium

$$2Al + 2OH^- + 6H_2O \rightarrow 2[Al(OH)_4]^- + 3H_2\uparrow.$$

Metallisches Aluminium löst sich sowohl in Säuren als auch in Basen, da das $Al(OH)_3$ amphoteren Charakter besitzt.

Man löse Al-Schnitzel oder Al-Grieß in NaOH. Zu der Lauge hinzugesetztes Nitrat wird von dem sich entwickelnden naszierenden Wasserstoff zu NH_3 reduziert (s. bei HNO_3 S. 201).

Für die nachstehenden Reaktionen verwende man eine 0,1 M Al-Salzlösung bzw. die entsprechend vorbereitete Analysenlösung.

3. NaOH oder KOH

$$Al^{3+} + 3OH^- \rightarrow Al(OH)_3\downarrow,$$
$$Al(OH)_3 + 3H^+ \rightleftharpoons Al^{3+} + 3H_2O,$$
$$Al(OH)_3 + OH^- \rightleftharpoons [Al(OH)_4]^-,$$
$$[Al(OH)_4]^- + NH_4^+ \rightarrow Al(OH)_3\downarrow + NH_3 + H_2O.$$

Bei tropfenweiser Zugabe von Alkalihydroxid zunächst Nd. von weißem $Al(OH)_3$, das sowohl in Säuren als auch in überschüssiger Lauge löslich ist. Mit starken Laugen bildet sich Hydroxoaluminat, das nur in alkalischer Lösung beständig ist. Versetzt man die Lösung mit einer zur Umsetzung mit der überschüssigen Lauge und dem Aluminat ausreichenden Menge NH_4Cl, so fällt im Gegensatz zu Zn^{2+}, besonders schnell beim Kochen, $Al(OH)_3$ vollständig aus (s. S. 62).

4. Ammoniak

Ebenfalls Nd. von $Al(OH)_3$, nicht lösl. im Überschuß (Unterschied von Zn). Ein großer Überschuß von konz. Ammoniak kann allerdings etwas Hydroxid als Aluminat lösen, jedoch nur bei Abwesenheit von Ammoniumsalzen. In ammoniakalischer Weinsäurelsg. ist $Al(OH)_3$ unter Komplexbldg. lösl. in Ggw. von Tartraten fällt daher mit Ammoniak auch kein $Al(OH)_3$ aus.

Durch allmähliche Zugabe von OH^--Ionen zu einer Al-Salzlsg. erfolgt wie beim Fe^{3+} u. Cr^{3+} (vgl. S. 268) eine Aggregation zu höhermolekularen Teilchen, die schließlich bis zum kolloiden Verteilungszustand führt. $Al(OH)_3$-Gele zeigen ebenfalls die Erscheinungen des Alterns u. der Adsorptionsfähigkeit (s. S. 96).

5. $NaCH_3COO$

$$Al^{3+} + 3CH_3COO^- + 2H_2O \rightleftharpoons Al(OH)_2CH_3COO + 2CH_3COOH.$$

Wie beim Fe^{3+} in der Hitze Nd. durch Hydrolyse.

6. Urotropin

Ebenfalls Fällung von $Al(OH)_3$ unter den gleichen Bedingungen und in gleicher Weise wie bei Fe^{3+} (vgl. S. 271).

7. H_2S, $(NH_4)_2S$

Mit H_2S in neutraler und saurer Lsg. kein Nd., mit $(NH_4)_2S$ infolge Hydrolyse Fällung von $Al(OH)_3$:

$$2Al^{3+} + 3S^{2-} + 6H_2O \rightarrow 2Al(OH)_3\downarrow + 3H_2S\uparrow.$$

8. Na-Phosphat

Weißer voluminöser Nd. von $AlPO_4$, wie $FePO_4$ schwerlösl. in Essigsäure, lösl. in Mineralsäuren. In Ammoniak ist $AlPO_4$ schwerlösl., wenn es in ammoniumsalzhaltiger Lsg. vorliegt. Der abfiltrierte, ausgewaschene Nd. ist in Ammoniak jedoch löslich.

9. Nachweis als Thénards Blau

$$CoO + Al_2O_3 \rightarrow CoAl_2O_4.$$

Die beiden Oxide vereinigen sich durch Reaktion im festen Zustand zu *Thénards* Blau. (Darst. s. S. 451). $CoAl_2O_4$ gehört zu den Spinellen, von denen $MgAl_2O_4$ der bekannteste ist.

Man fälle etwas $Al(OH)_3$ aus, filtriere, wasche gut aus, trockne und bringe es auf eine Magnesiarinne. Dann wird mit einem Tropfen einer sehr verd. $Co(NO_3)_2$-Lösung (höchstens 0,1%ig) befeuchtet und in der oxidierenden Flamme geglüht.

Bei einem Überschuß an $Co(NO_3)_2$ entsteht schwarzes Co_3O_4, das die Farbe des *Thénards* Blau überdeckt!

Störungen: SiO_2, B_2O_3 und P_2O_5 geben ähnliche Rkk. und müssen deshalb vorher entfernt werden. Die Magnesiarinne darf keine der obengenannten Verunreinigungen, besonders SiO_2, enthalten.

Die Rk. ist sehr empfindlich.

10. Nachweis als Cäsiumalaun, $CsAl(SO_4)_2 \cdot 12\,H_2O$

Falls Cs_2SO_4 oder CsCl zur Verfügung steht, eignet sich die Cäsiumalaun-Reaktion gut zur Identifizierung von Al, wenn es von den anderen Kationen im Analysengang abgetrennt worden ist.

1 Tr. der HCl- oder H_2SO_4-sauren Probelsg. wird auf dem OT bis fast zur Trockne eingedampft. Dann wird ein kleiner Cs_2SO_4-Kristall oder besser eine Mikrospatelspitze einer trockenen, fein zerriebenen Mischung aus einem kleinen CsCl-Kristall mit einem etwas größeren $KHSO_4$-Kristall dem Probetröpfchen zugesetzt u. angehaucht, bis das Reagenz zerfließt. Die Bldg. von farblosen oktaedrischen Kristallen neben ungelösten Reagenzkörnchen zeigt Al an. Betrachtung unter dem Mikroskop. (V.: 1:50–100, Kristallaufnahme Nr. 25).

EG: 0,2 µg Al pD: 5,4.

Störungen: Alle Kationen, die zur Alaunbildung befähigt sind, geben ähnliche Reaktionen.

11. Nachweis als Alizarin S-Farblack

Al^{3+} bildet mit dem Farbstoff Alizarin S einen sog. Farblack (Näheres s. S. 415). Die rotgefärbte Verbindung ist in verd. Essigsäure schwer löslich, während die rotviolette Färbung der ammoniakalischen Alizarinlösung beim Ansäuern in Gelb umschlägt.

Zum Nachw. von Al wird die saure Lsg. mit möglichst wenig KOH alkalisch gemacht und zentrifugiert. 1 Tr. des Z. wird auf der TP oder auf dem OT mit 1 Tr. Reagenzlsg. versetzt und 1 M Essigsäure bis zum Verschwinden der rotvioletten Farbe und danach noch ein weiterer Tr. Essigsäure zugegeben. Die Bldg. eines roten Nd. oder eine Rotfärbung zeigt Al an. Der Nd. wird häufig erst nach einigem Stehen sichtbar.

EG: 0,5 µg Al pD: 5,6.

Störungen: Fe, Cr und Ti geben ähnlich gefärbte, gegen Essigsäure stabile Lacke. Die entsprechende Zirkoniumverbindung (vgl. 7., S. 302) fällt bereits aus salzsaurer Lösung aus und kann dadurch leicht von dem in verdünnter Salzsäure löslichen Al-Lack unterschieden werden. Auch Erdalkalien in konz. Lösungen geben gefärbte Niederschläge mit Alizarin S, die jedoch in Essigsäure löslich sind.

Reagenz: 0,1%ige wss. Lsg. von Na-Alizarinsulfonat.

12. Nachweis als Aluminiumoxinat und Trennung von Be

8-Hydroxychinolin (s. S. 413) bildet mit vielen Metallionen (Al^{3+}, Fe^{2+}, Mg^{2+}, Mn^{2+}, Ni^{2+}, Co^{2+}, Bi^{3+}, Cd^{2+}, Zn^{2+}, UO_2^{2+} u.a.m.) schwerlösliche Niederschläge, die sog. Oxinate. Durch geeignete Variation des pH-Wertes lassen sich mittels Oxin zahlreiche Trennungen durchführen, die hauptsächlich in der quantitativen Analyse Bedeutung besitzen. Neben der Fällung von Mg-Oxinat (s. S. 413) ist besonders die Trennung von Al und Be für die qualitative Analyse von Interesse, da der Nachweis von Be und Al nebeneinander gewisse Schwierigkeiten bietet.

Die schwach salzsaure Al^{3+}- u. Be^{2+}-haltige Probelsg. wird mit 3–4%iger Oxinlsg. in 10%iger Essigsäure (ca. 3 ml Oxinlsg./5 mg Al) versetzt und im W.-Bad erhitzt. Eine hierbei auftretende Trübung bringt man mit 1–2 Tr. 5 M HCl wieder in Lösung. Die klare Lsg. wird nun tropfenweise mit 5 M Ammoniumacetatlsg. bis zur bleibenden Trübung und danach mit weiteren 20–30 Tr. versetzt. Anschließend erwärmt man etwa 10 Min. auf dem W.-Bad u. zentrifugiert das gelbgrüne Al-Oxinat ab. Ist außer Al auch UO_2^{2+} zugegen, so ist der Nd. rotbraun gefärbt. Das Z. dieser Fällung muß durch überschüssiges Oxin gelb bis orange gefärbt sein. Es wird mit 5 M NaOH-Lsg. eben alkalisch gemacht, wobei in Ggw. von Be ein weißgelbes Gemisch von $Be(OH)_2$ und Be-Oxinat ausfällt. Zur Identifizierung von Al u. Be werden die entsprechenden Oxinat-ndd. mit wenig heißem W. gewaschen, getrocknet und zur Zers. der organischen Substanz kurz geglüht. Nach dem Auflösen der Glührückstände in Säure bzw. Aufschließen mit $KHSO_4$ wird Al mittels einer der hier beschriebenen Nachweisrkk. und Be mit Chinalizarin (s. S. 415) identifiziert.

Wird die Al-Oxinatfällung als direkter Nachw. für Al benutzt, so gilt

EG: 3 µg Al/ml pD: 5,5.

Störungen: Innerhalb der Urotropingruppe wird diese Trennung nur von UO_2^{2+} sowie Oxalationen gestört.

13. Nachweis als fluoreszierende Morin-Komplexverbindung (s. S. 426)

14. Nachweis als Chinalizarin-Farblack (s. S. 426)

15. Nachweis als Aluminon-Farblack (s. S. 426)

Beryllium, Be, OZ: 4, RAM: 9,0122

Häufigkeit: $5{,}3 \cdot 10^{-4}$ Gew.-%. Smp.: 1283 °C. Sdp.: 2477 °C. D_{ZT}: 1,86 g/cm³. Oxidationsstufen: +2. Ionenradius $r_{Be^{2+}}$: 0,35 Å. Standardpotential: $Be^{2+} + 2e^- \rightleftharpoons Be$. $E_0 = -1{,}85$ V.

Vorkommen: Das wichtigste Mineral ist der Beryll, $Al_2Be_3[Si_5O_{18}]$, gefärbte Abarten sind die Edelsteine Smaragd und Aquamarin. Weiterhin ist Beryllium noch im Euklas, $AlBe[(OH)/SiO_4]$, und im Gadolinit, $Y_2Fe(II)Be_2[O/SiO_4]_2$, enthalten.

Darstellung: Elementares Beryllium wird durch Schmelzflußelektrolyse von Alkalifluoroberyllaten gewonnen.

Bedeutung: Be-Zusätze in Cu-, Al-, Ni- und Co-Werkstoffen erhöhen deren Härte, Festigkeit, Korrosions- und Temperaturbeständigkeit beträchtlich.

Reines Beryllium dient zur Herstellung von Röntgenfenstern. Neutronenquellen im Labormaßstab bestehen häufig aus einem Gemisch von Be und einem α-Strahler wie Radium.

Keramikmaterial auf BeO-Basis ist besonders feuerfest und findet Verwendung zur Herstellung von Tiegeln, Flugzeugzündkerzen und Isoliermaterial der Radarröhren.

Allgemeine Eigenschaften: Beryllium, das erste Element der zweiten Hauptgruppe des PSE, tritt in der Oxidationsstufe +2 auf. Es ähnelt dem Aluminium mehr als seinen höheren Homologen (Schrägbeziehung s. S. 102). $Be(OH)_2$ ist wie $Al(OH)_3$ amphoter; analog hydrolysieren Berylliumsalze in wäßriger Lösung.

Metallisches Be wird von Säuren gelöst, zeigt aber wie Al gegenüber oxidierenden Säuren die Erscheinung der Passivierung.

Oral eingenommen sind Berylliumverbindungen relativ ungiftig. Die Salze schmecken süß. Eingeatmeter Oxid- oder Metallstaub (MAK-Wert 0,002 mg/m³) ist jedoch stark giftig.

Wegen der Ähnlichkeit des Berylliums zum Aluminium erfolgt seine Besprechung an dieser Stelle.

Für die nachfolgenden Reaktionen benutze man eine Lösung von $BeCl_2$ oder $Be(NO_3)_2$ bzw. die entsprechend vorbereitete Analysenlösung.

1. NaOH, Ammoniak, Urotropin

$$Be^{2+} + 2OH^- \rightarrow Be(OH)_2\downarrow,$$
$$Be(OH)_2 + 2OH^- \rightleftharpoons [Be(OH)_4]^{2-}.$$

Weißer, gelatinöser Nd. von $Be(OH)_2$, der in Säuren lösl. ist. Als amphoteres Hydroxid ist $Be(OH)_2$ auch in Laugen als Beryllat leicht lösl..

Bei der Fällung mit Ammoniak bewirkt ein Überschuß keine Auflösung des $Be(OH)_2$ [vgl. $Al(OH)_3$, S. 274]. Aus den Beryllatlsgg. fällt auf Zusatz von NH_4Cl das Hydroxid wieder aus. Ammoniumcarbonat löst das $Be(OH)_2$ unter Bldg. von Doppelcarbonaten.

2. Carbonate

Weißes, basisches Berylliumcarbonat, lösl. im Überschuß von Ammoniumcarbonat; jedoch wird beim Kochen das Carbonat wieder ausgefällt. Mit Bariumcarbonat erfolgt beim Kochen eine vollständige Fällung von $Be(OH)_2$.

3. HCl + Äther

Dampft man eine salzsaure Berylliumsalzlsg. bis fast zur Trockne ein und versetzt mit einer Mischung gleicher Teile konz. HCl u. mit HCl-Gas gesättigtem Äther, so bleibt das Beryllium in Lösung. Unter gleichen Bedingungen gibt Aluminium einen **weißen**, kristallinen Nd. von $AlCl_3 \cdot 6H_2O$. Wichtiges Verf. zur Trennung von Al und Be, bes. geeignet zur Abtrennung eines Al-Überschusses vor dem Nachw. des Be.

4. Nachweis als Chinalizarin-Chelatkomplex

Be^{2+} gibt mit Chinalizarin (Formel s. S. 415) in alkalischer Lösung ebenso wie Mg^{2+} (s. 5., S. 431) eine **blaugefärbte**, schwerlösliche Verbindung, die im Gegensatz zu dem Mg-Lack vermutlich als echtes inneres Komplexsalz anzusprechen ist. Durch Bromwasser wird der Be(II)-Komplex in NaOH-Lösung zerstört, während der Mg-Lack einige Zeit beständig ist.

In ammoniakalischer Lösung bzw. Suspension wird dagegen der Be(II)-Komplex von Bromwasser nicht angegriffen und der Mg-Lack völlig zerstört.

Zum Nachw. von Be wird die saure Lsg. mit möglichst wenig KOH oder NaOH deutlich alkalisch gemacht und zentrifugiert. 1 Tr. des Z. wird auf der TP mit 1 Tr. frisch bereiteter Reagenzlsg. versetzt. Eine **Blaufärbung** oder ein **blauer** Nd. zeigt Be an. Verschwindet die **Blaufärbung** bei vorsichtiger Zugabe von Bromwasser nicht sofort und vollständig, so ist außerdem Mg zugegen.

EG: 0,15 µg Be pD: 5,5.

Störungen: Fe, Cr, Th und seltene Erden stören und müssen abgetrennt, Co und Ni können mit KCN maskiert werden.

Reagenz: 0,05 %ige Lsg. von Chinalizarin in 0,1 M NaOH oder gesättigte alkoholische Chinalizarinlösung.

5. Nachweis als fluoreszierender Morin-Farblack (s. S. 427)

Chrom, Cr, OZ: 24, RAM: 51,996

Häufigkeit: $1{,}9 \cdot 10^{-2}$ Gew.-%. Smp.: 1903 °C. Sdp.: 2642 °C. D_{ZT}: 7,2 g/cm³. **Oxidationsstufen:** (+1), (+2), +3, (+4), (+5), +6. Ionenradius $r_{Cr^{2+}}$: 0,89 Å, $r_{Cr^{3+}}$: 0,63 Å. **Standardpotential:** $Cr^{3+} + 3e^- \rightleftharpoons Cr$. $E_0 = -0{,}753$ V. $Cr_2O_7^{2-} + 14H^+ + 6e^- \rightleftharpoons 2Cr^{3+} + 7H_2O$. $E_0 = +1{,}33$ V.

Vorkommen: Das wichtigste Chromerz stellt der Chromeisenstein, $FeCr_2O_4$, dar. Weiterhin ist Rotbleierz, $PbCrO_4$, bekannt.

Darstellung: Reines Chrom gewinnt man aus Dichromatlösungen durch kathodische Reduktion bzw. aus Cr_2O_3 aluminothermisch (Darst. s. S. 446). Chrom-Eisen-Legierungen (Ferrochrom) werden durch Reduktion von Chromeisenstein mit Kohle im elektrischen Ofen erhalten.

Bedeutung: Reines Chrom ist infolge Passivierung chemisch widerstandsfähig und besitzt einen hohen metallischen Glanz. Es dient daher als Metallüberzug.

Hochwertige nichtrostende Stähle enthalten Chrom als Legierungsbestandteil (V2A-Stahl: 15–20 % Cr, 5–9 % Ni, 0,1–0,3 % C).

Dichromate werden für Verchromungsbäder und Chrom(III)-Verbindungen zum Gerben von Leder benötigt.

Besonders beständige und farbintensive Mineralfarben sind Chromgelb, $PbCrO_4$, und Chromoxidgrün, Cr_2O_3.

Allgemeine Eigenschaften: Chrom als erstes Element der VI. Nebengruppe des PSE (s. S. 302) kann in seinen Verbindungen in den Oxidationsstufen von +1 bis +6 auftreten.

Das Verhalten des elementaren Chroms gegen Säuren hängt von der Vorbehandlung ab. Starke Oxidationsmittel, wie z. B. HNO_3, bewirken weitgehende Passivierung (Standardpotential des passivierten Chroms +1,3 V). Dagegen löst sich nicht passiviertes Chrom in verdünnten Säuren, wie HCl und H_2SO_4, auf.

Die Verbindungen der Oxidationsstufe +1, +4 und +5 sind in Lösung unbeständig.

Chrom(II)-salze, z. B. $CrCl_2$, sind in wäßriger Lösung meist blau gefärbt und stellen starke Reduktionsmittel dar. Durch Übergang zu Cr(III) kann sogar H_2O zu H_2 reduziert werden. Über die Darstellung des roten $Cr(CH_3COO)_2 \cdot 2H_2O$ s. S. 464.

Die beständigen Chrom(III)-salze bilden in wäßriger Lösung Aquokomplexe verschiedener Zusammensetzung (Hydratisomerie):
violette Hexaquokomplexe: $[Cr(H_2O)_6]^{3+}$,
grüne Tetra- bzw. Pentaquokomplexe: $[Cr(H_2O)_4X_2]^+$ bzw. $[Cr(H_2O)_5X]^{2+}$ (X = Anion der Ladung − 1, X_2 = zwei Anionen der Ladung − 1 bzw. ein Anion der Ladung − 2).
Ein Beweis für die Strukturen ergibt sich daraus, daß z.B. beim $[Cr(H_2O)_4Cl_2]Cl \cdot 2H_2O$ mit Ag^+ nur 1/3 des Cl^- und beim $[Cr(H_2O)_4SO_4]_2SO_4$ mit Ba^{2+} nur 1/3 des SO_4^{2-} ausfällt (Kinetische Stabilität, Kap. 2.7.4., S. 89).

Die verschiedenen Aquokomplexe sind ineinander überführbar. In der Hitze ist die grüne Verbindung beständig, in der Kälte die violette (s. Versuch 1).

Wasserfreies, pfirsichrotes $CrCl_3$ (Darst. s. S. 475) weist eine sehr geringe Hydratationsgeschwindigkeit auf. Es erscheint daher schwer löslich (s. Versuch 2).

Über die Darstellung des Chromalauns s. S. 458.

Die unbeständige Oxidationsstufe + 5 tritt in den roten Peroxochromaten(V), $\overset{+1}{M}_3[CrO_8]$, auf. Über die Darstellung des $K_3[CrO_8]$ s. S. 451. Die wichtigste Oxidationsstufe + 6 liegt in den gelben Chromaten, $\overset{+1}{M}_2CrO_4$, und den orangen Dichromaten, $\overset{+1}{M}_2Cr_2O_7$, vor.

CrO_3 bildet rotbraune Nadeln (s. Chromschwefelsäure). Die freie Säure H_2CrO_4 ist nicht bekannt, wohl aber ihr Säurechlorid CrO_2Cl_2 (s. S. 154). Chromate und Dichromate sind starke Oxidationsmittel (s. auch Versuch 2., S. 280). Die Oxidation von Cr(III) zu Cr(VI) gelingt sowohl auf trockenem Wege als auch in Lösung, und zwar besonders leicht im Alkalischen.

Über das Chromat-Dichromat-Gleichgewicht und Isopolysäuren s. S. 280. Cr(VI)-Verbindungen sind stark toxisch. Bei häufigem Umgang können Ekzeme und Geschwüre auftreten. Bei oraler Einnahme wirken 1–5 g $K_2Cr_2O_7$ tödlich.

a) Gemeinsame Nachweise von Cr(III) und Cr(VI)

1. Vorproben

Die Phosphorsalz- bzw. Boraxperle ist bei Anwesenheit von Cr smaragdgrün gefärbt. Auf der Holzkohle findet keine Red. statt. Es bildet sich eine wenig charakteristische graugrüne Masse von Cr_2O_3.

b) Reaktionen und Nachweise für Cr(III)

1. Aquo- und Sulfatokomplexe

Bei Cr(III)-Komplexen tritt Hydratisomerie auf (s. o.).

Man löse feingepulvertes violettes $Cr_2(SO_4)_3 \cdot 18H_2O$ oder $KCr(SO_4)_2 \cdot 12H_2O$ (Chromalaun) in der Kälte in einigen ml W. auf. Die Lsg. ist durch $[Cr(H_2O)_6]^{3+}$ violett gefärbt.

Man erhitze zum Sieden. Die Lsg. färbt sich tiefgrün: $[Cr(H_2O)_4SO_4]^+$.

2. Wasserfreies $CrCl_3$

Wasserfreies $CrCl_3$ ist scheinbar schwer löslich (s. o.).

Einige Kristalle von wasserfreiem, pfirsichrotem $CrCl_3$ versuche man in Wasser zu lösen. Erst beim Hinzufügen eines Stückchens Zink und Salzsäure tritt Auflösung ein (zwischenzeitliche Bildung von Cr^{2+}-Spuren).

Für die nachstehenden Reaktionen verwende man eine Cr(III)-Salzlösung.

3. NaOH, Ammoniak, Na_2CO_3, Urotropin

Cr^{3+} verhält sich gegenüber OH^- ähnlich dem Fe^{3+}.

NaOH, Ammoniak, Na_2CO_3 und Urotropin fällen daher aus Cr(III)-Salzlösung graugrünes $Cr(OH)_3$, das frisch gefällt leicht in verd. Säuren löslich ist. In der Kälte ist $Cr(OH)_3$ im Überschuß von Ammoniak bei Gegenwart von Ammoniumsalzen und Bildung von $[Cr(NH_3)_6]^{3+}$ ein wenig löslich. Beim Kochen wird der Komplex aber zerstört, und sobald der Geruch nach Ammoniak verschwunden ist, fällt $Cr(OH)_3$ quantitativ aus. In Gegenwart von sehr viel Ammoniumsalzen kann die Fällung jedoch unterbleiben, weil dann infolge der Hydrolyse der Ammoniumsalze die Lsg. ganz schwach sauer werden kann, so daß $Cr(OH)_3$ peptisiert wird und kolloidal in Lsg. bleibt.

$Cr(OH)_3$ ist im Gegensatz zum $Fe(OH)_3$ schwach amphoter, in starken Laugen löst es sich mit tiefgrüner Farbe unter Bildung eines Hydroxosalzes auf:

$$Cr(OH)_3 + 3OH^- \rightarrow [Cr(OH)_6]^{3-}.$$

Beim Kochen und Verdünnen fällt durch Hydrolyse $Cr(OH)_3$ wieder aus. Infolge Alterung sinkt die Löslichkeit in Laugen sehr stark, so daß es sich beim Abkühlen nicht wieder auflöst (Gegensatz zum Zink).

4. $NaCH_3COO$

Im Gegensatz zu Fe^{3+} und Al^{3+} fällt weder in der Kälte noch in der Hitze $Cr(OH)_3$ aus, weil sich ein sehr beständiger, mehrkerniger Komplex von der wahrscheinlichen Zusammensetzung $[Cr_3(CH_3COO)_6(OH)_2]^+$ bildet. Sind aber Fe^{3+} und Al^{3+} zugegen, so enthält der Nd. von $Fe(OH)_3$ und $Al(OH)_3$ auch Chrom und die Lsg. selbst neben Cr(III) noch Fe(III) und Al(III). Wichtig für die Abtrennung der Schwermetalle in der Oxidationsstufe +3 von denen in der Oxidationsstufe +2! Bei Anwesenheit von Chrom darf also Natriumacetat als Trennungsmittel nicht genommen werden.

5. H_2S, $(NH_4)_2S$

$$2Cr^{3+} + 3S^{2-} + 6H_2O \rightarrow 2Cr(OH)_3\downarrow + 3H_2S\uparrow.$$

Mit H_2S kein Nd., mit $(NH_4)_2S$ grüner Nd. von $Cr(OH)_3$. Es fällt kein Cr_2S_3 aus, sondern durch Hydrolyse bildet sich $Cr(OH)_3$.

6. Na-Phosphat

Aus neutraler Lsg. Fällung von grünem, voluminösem $CrPO_4$, lösl. in Säuren.

7. Oxidation in alkalischer Lösung

$$2Cr^{3+} + 3H_2O_2 + 10OH^- \rightarrow 2CrO_4^{2-} + 8H_2O.$$

Man gieße zu einer Cr(III)-Salzlsg. eine Mischung von $NaOH + H_2O_2$ oder $NaOH + Br_2$. Die Farbe schlägt in Gelb um.

8. Oxidation in saurer Lösung

$$2Cr^{3+} + 3S_2O_8^{2-} + 7H_2O \rightarrow Cr_2O_7^{2-} + 6SO_4^{2-} + 14H^+.$$

Man versetze eine verd. H_2SO_4-Lsg. von Cr^{3+} mit etwas festem Alkaliperoxodisulfat und koche $^1/_4$ bis $^1/_2$ Minute. Infolge Bldg. von $Cr_2O_7^{2-}$ färbt sich die Lsg. orange.

Die Rkk. 7. und 8. können zum Nachw. von Chrom benutzt werden.

9. Nachweis durch Oxidationsschmelze

$$Cr_2O_3 + 3KNO_3 + 2Na_2CO_3 \rightarrow 2Na_2CrO_4 + 3KNO_2 + 2CO_2\uparrow.$$

Auf einer Magnesiarinne schmelze man ein feingepulvertes Gemisch von Cr(III)-Salz mit der doppelten Menge von wasserfreiem Na_2CO_3 u. KNO_3. Nach dem Erkalten ist der Schmelzkuchen gelb gefärbt (s. auch S. 134).

c) Reaktionen und Nachweise für Cr(VI)

Für die nachstehenden Reaktionen verwende man eine wäßrige Kaliumchromatlösung oder die vorbereitete Analysenlösung.

1. Gleichgewicht zwischen CrO_4^{2-} und $Cr_2O_7^{2-}$

Zwischen CrO_4^{2-} und $Cr_2O_7^{2-}$ besteht ein von der H^+-Ionenkonzentration abhängiges Gleichgewicht:

$$2CrO_4^{2-} + 2H^+ \rightleftarrows Cr_2O_7^{2-} + H_2O.$$

Säuert man eine Chromatlösung an, so tritt ein Farbwechsel von Gelb nach Orange ein.

Bei weiterer Säurezugabe wird die Farbe dunkler, und unter geeigneten Bedingungen können aus solchen Lösungen Salze einer Tri- oder Tetrachromsäure auskristallisieren:

$$3Cr_2O_7^{2-} + 2H^+ \rightleftarrows 2Cr_3O_{10}^{2-} + H_2O,$$
$$4Cr_3O_{10}^{2-} + 2H^+ \rightleftarrows 3Cr_4O_{13}^{2-} + H_2O.$$

Ein starker Überschuß an konz. H_2SO_4 bewirkt Bildung des roten Anhydrids, CrO_3:

$$Cr_4O_{13}^{2-} + 2H^+ \rightleftarrows 4CrO_3 + H_2O.$$

Bei der Chromsäure und vielen anderen, wie Molybdänsäure, Wolframsäure, Vanadinsäure, Niobsäure, Tantalsäure, Kieselsäure und Zinnsäure tritt in wäßriger Lösung mit Erhöhung der H^+-Ionenkonzentration, also beim Gang vom alkalischen in das saure Gebiet, eine Kondensation zu höhermolekularen Gebilden ein. Entsprechend den Isopolybasen (s. S. 268) werden diese Isopolysäuren genannt.

Die Konstitution dieser Isopolysäuren ergibt sich durch Verkettung von Metallatomen über Sauerstoffbrücken:

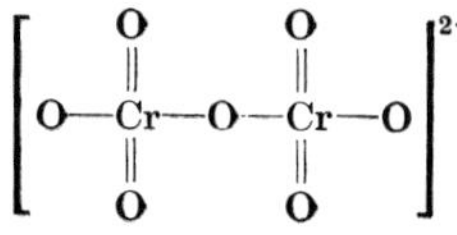

und

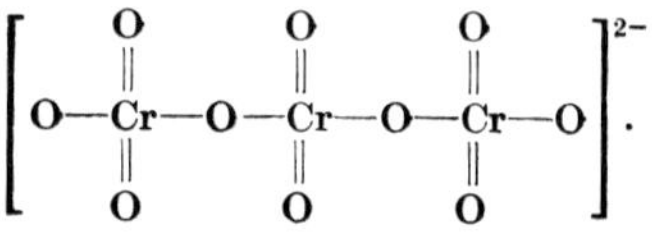

Beim Ansäuern der Lösungen der neutralen Salze anderer mehrbasiger Säuren, wie H_2SO_4, H_3PO_4, entstehen zuerst saure Salze:

$$SO_4^{2-} + H^+ \rightleftarrows HSO_4^-,$$
$$HPO_4^{2-} + H^+ \rightleftarrows H_2PO_4^-,$$
$$PO_4^{3-} + H^+ \rightleftarrows HPO_4^{2-}.$$

Kondensierte Verbindungen, wie $Na_2S_2O_7$, $Na_4P_2O_7$, bilden sich erst im wasserfreien Zustand:

$$2NaHSO_4 \rightarrow Na_2S_2O_7 + H_2O\uparrow.$$

Man löse gelbes K_2CrO_4 in W. u. säure an: Umschlag nach Orange. Beim Versetzen mit Alkalilauge entsteht wieder die gelbe Farbe.

Das Gleichgewicht hängt nicht nur von der H^+-Ionenkonzentration, sondern auch von der Verdünnung ab.

2. $Cr_2O_7^{2-}$ als Oxidationsmittel

$Cr_2O_7^{2-}$ wirkt in saurer Lösung als starkes Oxidationsmittel:

$$Cr_2O_7^{2-} + 6Cl^- + 14H^+ \rightarrow 2Cr^{3+} + 3Cl_2\uparrow + 7H_2O.$$

Man erhitze $K_2Cr_2O_7$ mit konz. HCl. Es entwickelt sich Cl_2.
Man setze zu sauren $Cr_2O_7^{2-}$-Lsgg. H_2S, H_2SO_3, HJ oder Alkohol:

$$Cr_2O_7^{2-} + 3H_2S + 8H^+ \rightarrow 2Cr^{3+} + 3S\downarrow + 7H_2O \text{ (S-Abscheidung)},$$
$$Cr_2O_7^{2-} + 3HSO_3^{+} + 5H^+ \rightarrow 2Cr^{3+} + 3SO_4^{2-} + 4H_2O,$$
$$Cr_2O_7^{2-} + 6J^- + 14H^+ \rightarrow 2Cr^{3+} + 3J_2\downarrow + 7H_2O,$$
$$Cr_2O_7^{2-} + 3C_2H_5OH + 8H^+ \rightarrow 2Cr^{3+} + 3CH_3CHO + 7H_2O$$
(Geruch nach Aldehyd).

Stets tritt Farbumschlag von Orange nach Grün auf.

3. Zersetzung von $(NH_4)_2Cr_2O_7$

$$(NH_4)_2Cr_2O_7 \rightarrow Cr_2O_3 + N_2\uparrow + H_2O\uparrow.$$

Bei der Zersetzung des $(NH_4)_2Cr_2O_7$ wird Cr(VI) zu Cr(III) reduziert, während der Stickstoff von der Oxidationsstufe -3 zu 0 oxidiert wird.

Auf einem Eisenblech (Drahtnetz) wird etwas $(NH_4)_2Cr_2O_7$ kurz durch die Bunsenbrennerflamme erhitzt. Unter Aufglühen und Rauschen schreitet die Zersetzung ohne weitere äußere Wärmezufuhr fort. Unter Bildung von Stickstoff und Wasserdampf entsteht ein lockeres Pulver von grünem Cr_2O_3.

4. Ba^{2+}, Pb^{2+}, Hg_2^{2+}, Ag^+

$$2\,Ba^{2+} + Cr_2O_6^{2-} + H_2O \rightleftharpoons 2\,BaCrO_4\downarrow + 2\,H^+.$$

Während im allgemeinen alle Dichromate in Wasser löslich sind, bildet Chromat mit Ba^{2+}, Pb^{2+}, Hg_2^{2+}, Ag^+ schwerlösliche Verbindungen. Wegen des in wäßriger Lösung vorhandenen Gleichgewichts zwischen CrO_4^{2-} und $Cr_2O_7^{2-}$ fallen aber auch aus neutralen Dichromatlösungen Chromate aus. Die Fällung ist aber nur dann vollständig, wenn die entstehenden H^+ entfernt werden.

Das gelingt am besten mit Natriumacetat, wenn die betreffenden Chromate in mit Acetat abgepufferter Essigsäure schwer löslich sind.

$BaCrO_4$ ist gelb, $PbCrO_4$ gelb (Chromgelb; ein basisches Bleichromat ist bräunlichrot), Ag_2CrO_4 dunkelbraunrot, Hg_2CrO_4 kaltgefällt tieforange, in der Hitze rot.

5. Nachweis als Chromylchlorid

Die auf S. 154 beschriebene Reaktion **6** kann sinngemäß auch zum Nachweis von Chrom(VI) benutzt werden.

Dazu wird etwas NaCl mit der gleichen Menge der auf Cr(VI) zu prüfenden Substanz verrieben und nach Überführung in ein trockenes Reagenzglas mit konz. H_2SO_4 übergossen. Bldg. des roten Chromylchlorids bzw. Na_2CrO_4 zeigt Chrom an. Elementares Brom und größere Mengen Jod stören die Reaktion. Im Destillat kann Chrom nach 6. und 7., s. u., nachgewiesen werden.

6. Nachweis als CrO_5

$$K_2Cr_2O_7 + 4\,H_2O_2 + H_2SO_4 \rightarrow 2\,CrO_5 + K_2SO_4 + 5\,H_2O.$$

Dichromat bildet in HNO_3- bzw. H_2SO_4-saurer Lösung in der Kälte mit H_2SO_2 blaugefärbtes CrO_5, das mit Äther oder Amylalkohol aus der wäßrigen Lösung ausgeschüttelt werden kann.

Das Chromperoxid besitzt folgende Konstitution:

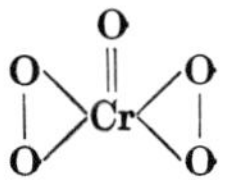

Es wird gleichzeitig vom organischen Lösungsmittel stabilisiert (Oxoniumverbindung).

Nach einiger Zeit schlägt die Farbe in Grün oder Violett um:

$$4\,CrO_5 + 12\,H^+ \rightarrow 4\,Cr^{3+} + 6\,H_2O + 7\,O_2\uparrow.$$

Die kalte HNO_3-saure Lsg. wird mit 1 ml Äther überschichtet, mit wenigen Tr. 2,5 M H_2O_2 versetzt u. geschüttelt. Eine Blaufärbung der Ätherphase zeigt Cr an. Gleichzeitig entsteht bei Ggw. von V(V) nach Zusatz des ersten Tr. H_2O_2 eine rötlichbraune wäßrige Phase, vgl. auch Rk. 7., S. 304.

EG: 50 μg Cr/ml pD: 4,3.

Störungen: Die Reaktion ist für Cr(VI) spezifisch.

7. Nachweis als Ag_2CrO_4

1 Tr. einer HNO_3-sauren Probelsg. wird mit 1 Tr. einer 1 M $AgNO_3$-Lsg. versetzt und mit Ammoniak bis zur schwach sauren Rk. abgestumpft. Dabei werden im allg. die großen blutroten Kristalle des Silberchromats bereits ausfallen. Das Salz kristallisiert in triklinen Tafeln, Prismen oder Nadeln (Betrachtung unter dem Mikroskop, V. 50–100, vgl. Kristallaufnahme Nr. 26). Bei sehr geringen Chrommengen wird dem Tr. noch ein kleiner Kristall $AgNO_3$ zugesetzt. Bei diesem

sehr empfindlichen und spezifischen Nachw. ist darauf zu achten, daß die Lsg. weder neutral noch stark salpetersauer ist.

EG: 25 µg Cr pD: 4,9.

Störungen: Größere Mengen Alkali- und Erdalkalisalze stören die Kristallisation.

8. Nachweis durch Oxidation von Diphenylcarbazid (s. S. 427)

Trennung und Nachweis von Ni, Co, Mn, Zn, Fe, Al, Be und Cr

(S. Tabelle XIII., XIV. und XV., S. 376f.)

Die Behandlung der zu analysierenden Probe richtet sich nach ihrer Zusammensetzung. Als Vorproben für die „häufigen" Elemente der Ammoniumsulfidgruppe kommen insbesondere die Phosphorsalz- und Boraxperle in Frage. Auch die Lötrohrprobe, die besonders für die Schwefelwasserstoffgruppe von Wichtigkeit ist, kann hier gute Dienste leisten. Zur Erkennung von Chrom und Mangan führt man schließlich die Oxidationsschmelze aus. Auch die Schwermetalle können auf spektralanalytischem Wege nachgewiesen werden. Da jedoch hierfür umfangreichere Versuchsanordnungen nötig sind, kommt die Spektralanalyse für die Schwermetalle als einfache Vorprobe weniger in Frage.

Zur Ausführung der Trennungs- und Nachweisoperationen muß die Analysensubstanz in Lösung gebracht werden. Mit kleinen Anteilen der feingepulverten Substanz, die man im Reagenzglas nacheinander mit Wasser, verd. und konz. HCl übergießt und 5–10 Minuten erhitzt, stellt man zunächst fest, ob die Substanz sich in diesen am besten geeigneten Lösungsmitteln löst. Bleibt ein schwerlöslicher Rückstand, so prüft man in gleicher Weise die Löslichkeit in verd. und konz. HNO_3 und schließlich in Königswasser. Für den eigentlichen Lösungsprozeß nehme man dann das Lösungsmittel, in dem sich der größte Teil oder alles gelöst hat.

War HNO_3 zur Lösung notwendig, so ist fast zur Trockne einzudampfen und mit verd. HCl wieder aufzunehmen. Praktisch ungelöst bleiben die Erdalkalisulfate, die hochgeglühten Oxide Al_2O_3, Fe_2O_3, Cr_2O_3, BeO gegebenenfalls auch CoO und NiO bzw. Ni_2O_3. Von den „selteneren" Elementen (s. S. 233) kommen in Frage Ga_2O_3, ThO_2, TiO_2. ZrO_2, Nb_2O_5 und Ta_2O_5. In schwerlöslicher Form können auch Verbindungen wie z.B. $FeCr_2O_4$, Chromeisenstein, und $MgAl_2O_4$, Spinell, vorliegen. Diese müssen, nachdem man sie von dem löslichen Anteil abgetrennt hat, aufgeschlossen werden.

Je nach der Zusammensetzung des Rückstandes wird entweder der „saure" Aufschluß mit $KHSO_4$ oder der „alkalische" Aufschluß mit K_2CO_3/Na_2CO_3 (s. S. 133) benutzt. Jedoch wird es in den meisten Fällen nötig sein, beide Verfahren anzuwenden. In diesem Falle empfiehlt sich zuerst die Durchführung eines „sauren" und mit dem verbleibenden Rückstand die eines „alkalischen" Aufschlusses. Mit $KHSO_4$ lassen sich aufschließen: BeO, teilweise Al_2O_3, Fe_2O_3 und Cr_2O_3; von den „selteneren" (s.S. 256) Ga_2O_3, ThO_2, TiO_2, ZrO_2 und andere. Durch den „alkalischen" Aufschluß werden gelöst: CoO, NiO, Ni_2O_3, Chromeisenstein, Spinelle, teilweise Al_2O_3, Fe_2O_3, Cr_2O_3, von den „selteneren" Nb_2O_5 und Ta_2O_5 sowie Erdalkalisulfate. Die saure Schmelze wird durch Behandeln mit verd. H_2SO_4 in Lösung gebracht. Der Schmelzkuchen des „alkalischen" Aufschlusses muß fein pulverisiert u. mit Wasser gut ausgewaschen werden. Die im Rückstand verbleibenden Carbonate gehen mit verd. HCl in Lösung.

In der Lösung der Analysensubstanz müssen Chrom als Cr^{3+} und Mangan als Mn^{2+} vorliegen. Falls CrO_4^{2-} und MnO_4^- – kenntlich an der orangeroten bzw. violetten Farbe der Lösungen – vorhanden sind, müssen sie mit einigen ml Alkohol in der

Siedehitze reduziert werden. Der Überschuß des Alkohols wird verkocht. Die HCl- bzw. H_2SO_4-saure Lösung prüfe man vor Anwendung des Trennungsgangs auf Phosphat. Ist Phosphat zugegen, so muß die Anwesenheit von Eisen ermittelt werden. Dann setze man der Lösung eine dem PO_4^{3-} entsprechende Menge an Fe^{3+} hinzu und führe die Urotropintrennung nach S. 285 durch. Bei Abwesenheit von Phosphat sowie der „selteneren" Elemente kann die gemeinsame Fällung mit $(NH_4)_2S$ angewandt werden.

Gemeinsame Fällung mit Ammoniumsulfid

(S. Tabelle XIV., S. 378)

Um Mg^{2+} in Lösung zu halten, wird mit etwas festem NH_4Cl versetzt, erwärmt, bis zur deutlich alkalischen Reaktion Ammoniak zugefügt und mit einem kleinen Überschuß von farblosem $(NH_4)_2S$ versetzt sowie einige Zeit gelinde (≈ 40 °C) erwärmt. Einen Überschuß von $(NH_4)_2S$ erkennt man am besten daran, daß man 1 Tropfen der Lösung mit 1 Tropfen Bleisalzlösung zusammenbringt. Es muß ein schwarzer Niederschlag von PbS entstehen.

Es fallen aus: Ni_2S_3/NiS schwarz, Co_2S_3/CoS schwarz, FeS schwarz, MnS fleischfarben, ZnS weiß, $Cr(OH)_3$ grün, $Al(OH)_3$ weiß.

Es bleiben in Lösung: Die Erdalkali- und Alkalielemente.

Diese Trennung verläuft jedoch nur bei sauberstem Arbeiten und vor allem bei Verwendung frisch bereiteter Reagenzien annähernd vollständig. Ist z.B. das Ammoniak carbonathaltig, wie es bei älteren Lösungen meist der Fall ist, so können Erdalkalielemente als Carbonate mit der Ammoniumsulfidgruppe gefällt werden und entgehen so dem Nachweis. Nicht frisch bereitete Lösungen von $(NH_4)_2S$ enthalten infolge teilweiser Oxidation SO_4^{2-}-Ionen, so daß ebenfalls Erdalkalielemente, insbesondere Sr und Ba als Sulfate ausfallen.

Das Zentrifugat des Sulfidniederschlages soll möglichst farblos oder schwach gelb gefärbt sein. Ist es gelbbraun, so ist Nickelsulfid kolloid in Lösung gegangen (s. 6., S. 257). Durch Kochen mit Ammoniumacetat, am besten unter Zugabe von Filterpapierschnitzeln, läßt es sich ausflocken. Der mit warmem, schwach ammoniakalischem und $(NH_4)_2S$-haltigem Wasser gründlich ausgewaschene Niederschlag wird sofort in eine Porzellanschale übergeführt und unter Umrühren mit kalter 0,5 M HCl behandelt, bis die H_2S-Entwicklung aufgehört hat. Am besten läßt man über Nacht stehen. Nun wird zentrifugiert und gründlich mit verd. HCl gewaschen. Als Rückstand verbleiben Ni_2S_3/NiS und Co_2S_3/CoS. Die Lösung enthält: Fe^{2+}, Mn^{2+}, Al^{3+}, Zn^{2+}, Cr^{3+}. Ni_2S_3/NiS und Co_2S_3/CoS werden in verd. Essigsäure unter Zugabe einiger Tropfen 30%igem H_2O_2 aufgelöst und ausgeschiedener Schwefel abgetrennt. Diese Art der Lösung ist besser als die mit Königswasser, weil man dann sofort ohne Vertreibung der Säure die Prüfung vornehmen kann. Löst man in Königswasser, so muß man zur Trockne verdampfen und mit verd. HCl wieder aufnehmen. Die Lösung dampfe man bis auf einige ml ein und prüfe auf Ni und Co nebeneinander. Zur Identifizierung des Ni verwende man den roten Niederschlag des Nickeldiacetyldioxims (s. 9., S. 258). Eine gute Vorprobe auf Co ist die Phosphorsalzperle (s. 7., S. 260). Blaufärbung zeigt Kobalt an. Bei ganz bestimmtem Verhältnis von Nickel zu Kobalt können sich die Farben gegenseitig aufheben. Zum Nachweis dienen das blaue $Co(SCN)_2$ (s. 8., S. 260), die Fällung als $K_3[Co(NO_2)_6]$ bzw. $K_2Na[Co(NO_2)_6]$ s. 9., S. 260) und als $Co[Hg(SCN)_4]$ (s. 10., S. 260).

Will man vor dem Nachweis die beiden Elemente voneinander trennen, so mache man von der großen Stabilität des $[Co(CN)_6]^{3-}$ Gebrauch, indem man die Lösung neutralisiert, mit KCN und H_2O_2 versetzt und kurz aufkocht. Dabei bilden sich

$[Ni(CN)_4]^{2-}$ und $[Co(CN)_6]^{3-}$. Kobalt ist also zu Co(III) oxidiert. Versetzt man jetzt mit NaOH und Bromwasser, so fällt beim Kochen schwarzes $Ni(OH)_3$ aus, während Kobalt in Lösung bleibt (s. 8., S. 258, und 6., S. 259). Der Kobaltkomplex wird nach dem Zentrifugieren durch Abrauchen mit konz. H_2SO_4 zerstört.

Das Zentrifugat der Sulfide von Ni und Co wird zur Entfernung des H_2S kurze Zeit gekocht, dann zur Oxidation des Fe(II) mit einigen Tropfen konz. HNO_3 versetzt, durch Eindampfen der größte Teil der Säure vertrieben und zum Schluß mit Na_2CO_3 nahezu neutralisiert. Nun bereite man sich in einer Porzellanschale eine Mischung von frisch hergestellter 30%iger NaOH und ebensoviel 3%igem H_2O_2. Die NaOH muß stets frisch bereitet werden, weil durch längeres Aufbewahren der Lauge in Glasgefäßen aus dem Glas Aluminium und Silicium gelöst werden. Außerdem wird zur Vermeidung dieser Mängel die Verwendung von Polyäthylenflaschen empfohlen. Statt NaOH und H_2O_2 kann man auch 0,4 g Na_2O_2, in 5 ml verd. NaOH gelöst, nehmen. Unter gelindem Erwärmen und Umrühren gießt man in dieses Gemisch die Analysenlösung langsam ein. Es darf auf keinen Fall umgekehrt verfahren werden, denn die auszufällenden Kationen müssen schnell vom sauren ins stark alkalische Gebiet kommen. Andernfalls kann Zinkmanganat(IV) gebildet werden. Nach einigem Umrühren unter Erhitzen bis zum beginnenden Sieden wird zentrifugiert und mit warmer NaOH und schließlich mit warmem Wasser gründlich gewaschen. Das Waschwasser wird verworfen. Es fallen aus:

$Fe(OH)_3$, rotbraun, und $Mn(OH)_2$, braunschwarz.

In Lösung verbleiben:

$[Al(OH)_4]^-$ und $[Zn(OH)_3]^-$, farblos, sowie CrO_4^{2-}, gelb.

Den Niederschlag löst man in einigen ml verd. HCl, wobei sich bei Anwesenheit von Mangan Chlor entwickelt, und kocht bis zu dessen Vertreibung. In der Lösung kann nebeneinander auf Eisen und Mangan geprüft werden. Einen Teil der Lösung verdünnt man mit Wasser und fügt KSCN hinzu (s. 9., S. 272). Tiefrote Farbe zeigt Eisen an (schwache Rotfärbung deutet auf Spuren, die auch durch die verwendeten Reagenzien in die Analyse gelangt sein können, daher ist eine Blindprobe notwendig!). Ferner prüfe man auf Eisen mit $K_4[Fe(CN)_6]$ nach 8., S. 272 (Berliner Blau).

Zur Prüfung auf Mangan dampfe man einen Teil der Lösung mit HNO_3 ein, wiederhole die Operation, um alles Chlorid zu vertreiben, und prüfe mit konz. HNO_3 und PbO_2 auf Mangan (s. 12., S. 264). Violettfärbung deutet auf Mangan. Die Prüfung auf Mangan kann auch durch Oxidation zu Permanganat in alkalischem Medium erfolgen. Schließlich wird ein Teil der Lösung zur Trockne eingedampft und mit dem Rückstand die Oxidationsschmelze (s. 11., S. 264) durchgeführt. Grünfärbung: Mangan. Statt einzudampfen kann man auch die auf Mangan zu prüfende Lösung mit NaOH versetzen, den entstandenen Niederschlag abzentrifugieren, gründlich auswaschen und mit ihm die beiden genannten Identifikationsreaktionen durchführen.

In der stark alkalischen Lösung, in der durch Kochen das überschüssige H_2O_2 vollständig zerstört sein muß, befinden sich noch Al, Cr und Zn. Man fügt NH_4Cl in ausreichender Menge (etwa 0,2 g auf 10 ml Lösung) hinzu und kocht kurze Zeit auf. Besser ist es jedoch, die stark alkalische Lösung mit Säure zu neutralisieren, mit Ammoniak schwach ammoniakalisch zu machen und dann erst NH_4Cl zuzugeben. Dadurch wird die OH^--Konzentration so stark verkleinert, daß das Löslichkeitsprodukt des $Al(OH)_3$ überschritten wird und dieses ausfällt. Man koche noch 2–3 Minuten – nicht länger – und zentrifugiere das gebildete $Al(OH)_3$ ab. Auch wenn kein Aluminium in der ursprünglichen Substanz vorhanden war, bildet sich bisweilen ein kleiner Niederschlag. Dieser stammt aus der NaOH und ist $Al(OH)_3$ oder Kieselsäure. Erhält man daher nur eine geringe Fällung, so muß eine Blindprobe vorgenommen werden!

Zur Identifizierung wird mit dem zentrifugierten $Al(OH)_3$ die *Thénards* Blau-Reaktion (s. 9., S. 274) und der Nachweis als Alizarin S-Farblack durchgeführt (s. 10., S. 275). Auch die Bildung von Cäsiumalaun (s. 11., S. 275) kann zum Nachweis von Al herangezogen werden.

Das Zentrifugat von $Al(OH)_3$ zeigt bei Anwesenheit von Chrom eine gelbe Farbe. Zu dessen Nachweis säure man mit Essigsäure an, versetze in der Siedehitze mit $BaCl_2$ (s. 4., S. 281) und koche auf. Der gelbe Niederschlag von $BaCrO_4$ wird zentrifugiert. Zur Identifikation wird das $BaCrO_4$ in verd. H_2SO_4 gelöst, vom entstandenen $BaSO_4$ zentrifugiert und mit Äther und H_2O_2 geschüttelt. Chrom zeigt sich durch eine Blaufärbung des Äthers an (vgl. 6., S. 281).

Mit $BaCl_2$ entsteht auch bei Abwesenheit von Chrom meist ein geringer Niederschlag, der aber weiß ist. Er besteht aus $BaSO_4$, das durch Oxidation von S^{2-} zu SO_4^{2-} entstanden sein kann. Zur Identifizierung des Cr ist auch die Bildung von Chromylchlorid (s. 5., S. 281) sowie von Silberchromat (s. 7., S. 281) geeignet.

In dem essigsauren Zentrifugat des $BaCrO_4$-Niederschlages befindet sich noch Zn^{2+}. In einem Teil der Lösung wird es durch $(NH_4)_2S$ oder H_2S im schwach sauren Gebiet als weißes ZnS ausgefällt. Eine Probe des Sulfidniederschlages kann mit der *Rinmanns* Grün-Reaktion (s. 7., S. 267) geprüft werden. Das gründlich ausgewaschene ZnS wird in verd. HCl gelöst. Zum Nachweis eignen sich die Fällungen als $K_2Zn_3[Fe(CN)_6]_2$ (s. 8., S. 267) oder als $(Co, Zn)[Hg(SCN)_4]$ (s. 10., S. 267).

Urotropintrennung

(S. Tabelle XIII., S. 376f.)

Die HCl- bzw. H_2SO_4-saure Lösung (s. S. 283) versetzt man unter Umrühren zuerst mit konz., später mit verd. $(NH_4)_2CO_3$-Lösung, bis sich der an der Eintropfstelle bildende Niederschlag beim Umschütteln gerade nicht mehr auflöst. Mit einigen Tropfen verd. HCl bringt man ihn wieder in Lösung, setzt gegebenenfalls noch festes NH_4Cl hinzu und kocht auf. Zur siedenden Lösung läßt man nun eine 10%ige Urotropinlösung (für 75–100 mg zu fällender Elemente genügen 3–4 ml) zutropfen und kocht noch einige Minuten. Die Urotropinlösung versetzt man vorher mit so viel verdünnter HCl, daß Methylrot gerade von Gelb nach Rot umzuschlagen beginnt (pH 5–6). Man zentrifugiert heiß und wäscht den Niederschlag mehrmals mit heißem Wasser aus. Er enthält die folgenden Hydroxide: $Al(OH)_3$ weiß, $Fe(OH)_3$ rotbraun, $Cr(OH)_3$ grün und $Be(OH)_2$ weiß. Daneben befindet sich im Niederschlag $FePO_4$ weißlich.

In Lösung bleiben Co, Ni, Mn und Zn, außerdem die Erdalkali- und Alkalielemente sowie gegebenenfalls Spuren von Be. Man prüft das Zentrifugat der Urotropinfällung auf Anwesenheit von Be, indem man einige ml stark ammoniakalisch macht und kurz aufkocht. Ein entstehender Niederschlag deutet auf Be. Man engt darauf das schwach salzsaure Zentrifugat der Urotropinfällung auf etwa 3–5 ml ein. Scheiden sich beim Abkühlen größere Mengen von Ammoniumsalzen aus, so dekantiert man von ihnen ab oder zerstört sie durch Abrauchen mit einigen ml konz. HNO_3 bis fast zur Trockne. Man nimmt mit wenig Wasser auf und vereinigt mit der dekantierten Hauptmenge der Lösung. Darauf bringt man die Flüssigkeit zum Sieden, gießt sie langsam in das doppelte Volumen warmer konz. Ammoniaklösung ein, kocht auf und zentrifugiert. Nach dem Waschen des Niederschlags löst man in wenig HCl und vereinigt diese Lösung mit der ausgeätherten Lösung des Urotropinniederschlages (s. unten).

Der Urotropinniederschlag wird mit etwa 5 ml konz. HCl unter Erwärmen gelöst und die entstehende Lösung mit so viel Wasser oder konz. HCl versetzt, daß letztere etwa 60% des Gesamtvolumens ausmacht. Nach der in 7., S. 272, wiedergegebenen Arbeitsvorschrift wird nun der größte Teil des Eisens ausgeäthert. Die ätherische Schicht versetzt man mit 5–10 ml verd. HCl und entfernt dann den Äther, indem man Luft durch die Lösung saugt. In dem Rückstand wird das Eisen als $Fe(SCN)_3$ (s. 9., S. 272) sowie als Berliner Blau (s. 8., S. 272) nachgewiesen.

Die abgetrennte wäßrige Schicht wird durch Eindampfen von anhaftendem Äther und von der Hauptmenge der HCl befreit und nun der $NaOH/H_2O_2$-Trennung nach S. 284 unterworfen. Der entstehende Niederschlag enthält das restliche Eisen. Entfiel die Ausätherung, so befindet sich das gesamte Eisen in diesem Niederschlag. Nach Lösen in verd. HCl wird es wie oben identifiziert. Ferner enthält der Niederschlag der $NaOH$-H_2O_2-Trennung bei Anwesenheit von Beryllium mehr oder weniger große Mengen dieses Elementes. Nur mittels ein- bis zweimaligem Umfällens und starken Auswaschens des Niederschlages wird dieser nahezu berylliumfrei erhalten.

Das Zentrifugat der $NaOH/H_2O_2$-Trennung enthält Aluminat, Beryllat und Chromat. Entsprechend S. 284 wird die OH^--Ionenkonzentration durch NH_4Cl verringert, wobei $Be(OH)_2$ und $Al(OH)_3$ ausfallen. Die Identifizierung des Aluminiums erfolgt wie auf S. 285 beschrieben. Beryllium kann neben Al in der HCl-sauren Lösung des Niederschlages mit Chinalizarin (s. 4., S. 277) nachgewiesen werden. Beim NH_4Cl-Zusatz bleibt Chromat in Lösung. Zu seinem Nachweis säure man mit Essigsäure an und prüfe wie auf S. 285 beschrieben.

Das Zentrifugat des Urotropinniederschlages wird nach dem Abtrennen vorhandener Be-Spuren (s. S. 285) auf ein kleines Volumen eingeengt, schwach ammoniakalisch gemacht und in der Hitze mit einem geringen Überschuß von farblosem $(NH_4)_2S$ versetzt. Co, Ni, Zn und Mn fallen als Sulfide aus, während die Erdalkali- und Alkalielemente in Lösung bleiben. Der Sulfidniederschlag wird abgetrennt, gründlich ausgewaschen und in einer Porzellanschale mit Essigsäure (1:1) bis zum Aufhören der H_2S-Entwicklung umgerührt. MnS geht hierbei in Lösung und wird vom ungelösten NiS, CoS und ZnS abgetrennt. Nach dem Auswaschen behandelt man den Niederschlag mehrmals mit einigen ml kalter 0,5 M HCl. Dabei wird ZnS gelöst, während NiS und CoS zurückbleiben. Der mit verd. HCl gut ausgewaschene Niederschlag wird nach den Angaben auf S. 283 auf Ni und Co geprüft. Die Zinkionen enthaltende Lösung wird zur Vertreibung des H_2S aufgekocht und darauf mit festem NaOH versetzt, bis die Lösung ≈ 2 M an NaOH ist, wiederum gekocht und von den auf diese Weise ausgefällten Co-, Ni- und Mn-Spuren durch Zentrifugieren befreit. Zur Identifizierung des Zinks säuert man mit Essigsäure an, versetzt mit etwas festem Natriumacetat und fällt das Zink mit H_2S als weißes ZnS aus. Es wird abgetrennt und gründlich ausgewaschen. Der Nachweis des Zn erfolgt wie auf S. 285 beschrieben.

Die Mn^{2+} enthaltende Lösung wird erwärmt, schwach ammoniakalisch gemacht und mit einem geringen Überschuß von farblosem $(NH_4)_2S$ versetzt. Mit einem Teil des ausgefallenen und abgetrennten MnS-Niederschlages führe man die Oxidationsschmelze durch (s. 11., S. 264). Einen anderen Teil prüfe man auf Mangan durch Oxidation nach 12. S. 264.

Aus dem Zentrifugat der Ammoniumsulfidgruppe müssen zum Nachweis der Erdalkalielemente und Alkalielemente die S^{2-}-Ionen entfernt werden. Dazu säuert man mit konz. HCl an, kocht zur Vertreibung des H_2S und zur Koagulation des kolloid ausgefallenen Schwefels – eventuell unter Beifügung von Filterpapierschnitzeln – und zentrifugiert.

Die Lösung enthält häufig sehr viel Ammoniumsalze, so daß bei Zusatz von Ammoniak und $(NH_4)_2CO_3$ nicht alles Ca^{2+} ausfällt. Dann muß man zur Trockne eindampfen und die Ammoniumsalze durch Erhitzen vertreiben oder aber die eingeengte Lösung ein- bis zweimal mit konz. HNO_3 abdampfen. Beim letzten Mal erhitze man bis fast zur Trockne und überzeuge sich davon, daß nur noch geringe Mengen von Ammoniumsalzen zugegen sind. Der Rückstand wird in wenig verd. HCl gelöst und gegebenenfalls zentrifugiert. Dann werden in bekannter Weise (s. S. 253) die Elemente Ca, Sr, Ba, Mg, Na, K und Li nachgewiesen.

Zum Nachweis der Anionen wird ein SA bereitet (s. S. 132). Aluminium und Zink lösen sich dabei teilweise auf, außerdem MnO_4^- und CrO_4^{2-}. Aluminium und Zink stören nicht und brauchen nicht entfernt zu werden. MnO_4^- und CrO_4^{2-} machen sich durch ihre Farbe bemerkbar. Da die violette Farbe des MnO_4^- die gelbe des CrO_4^{2-} verdeckt, muß man zur Erkennung von CrO_4^{2-} das MnO_4^- reduzieren. Dazu säuere man einen Teil des Sodaauszuges mit HCl an und koche mit einigen Tropfen konz. HCl.

Zum Nachweis von NO_3^- reduziere man, falls MnO_4^- und CrO_4^{2-} zugegen sind, den schwach mit H_2SO_4 angesäuerten SA in der Wärme tropfenweise mit schwefliger Säure, wobei man einen Überschuß vermeide.

Da einige der besprochenen Elemente in unterschiedlichen Oxidationsstufen auftreten können, ist deren Ermittlung von Interesse. Dazu ist der Trennungsgang selbst nicht geeignet, da man mehrfach Redoxreaktionen durchführt. Man muß daher die Analysensubstanz selbst benutzen:

a) Zur Erkennung der Oxidationsstufen des Eisens löse man in Wasser oder verd. HCl. Fe^{2+} gibt mit $[Fe(CN)_6]^{3-}$, Fe^{3+} mit $[Fe(CN)_6]^{4-}$ die Berliner Blau-Reaktion.
b) Von Mangan, das als Mn(II), Mb(IV) und Mn(VII) auftreten kann, geht MnO_4^- in den SA, indem es sich schon durch die violette Farbe bemerkbar macht. Dagegen bleiben Mn^{2+} und MnO_2 im Niederschlag des SA und können dort dadurch unterschieden werden, daß MnO_2 mit Salzsäure Chlor entwickelt.
c) Bei Chrom geht CrO_4^{2-} in den SA und färbt ihn gelb, während Cr(III) in dessen Rückstand verbleibt und dort erkannt werden kann.

4.3.3.2. Elemente Ga, In, Sc, Y, Lanthaniden, La und Actiniden, Th, U, Ti, Zr, V, Nb, Ta, Mo, W

Die hier behandelten „selteneren“ Elemente stehen mit Ausnahme von Ga und In in den Nebengruppen des PSE.

Wegen ihres analytischen Verhaltens gelangen z.T. Mo und W im Verlauf des Trennungsganges in die Schwefelwasserstoff-Salzsäure-Gruppe (s. S. 232f.).

4.3.3.2.1. Elemente der III. Hauptgruppe des PSE

In der III. Hauptgruppe des PSE stehen die Elemente Bor, Aluminium, Gallium, Indium und Thallium. Gemäß den allgemeinen Regeln (s. S. 102) nimmt die Basizität der Hydroxide $M(OH)_3$ und der Metallcharakter mit steigender Ordnungszahl zu, die Beständigkeit der höchsten Oxidationsstufe $+3$ ab. Borsäure ist eine schwache Säure, die Hydroxide der folgenden Elemente sind amphoter, jedoch steigt die Basizität mit Ausnahme von Gallium mit zunehmender Ordnungszahl. Ab Gallium treten die Elemente auch in der Oxidationsstufe + 1, die zunehmend beständiger wird, auf. Das beständige TlOH ist eine starke Base.

Die Besprechung der Elemente Bor erfolgt auf S. 229, Aluminium auf S. 273, Thallium auf S. 331.

Gallium, Ga, OZ: 31, RAM: 69,72 und Indium, In, OZ: 49, RAM: 114,82

Gallium

Häufigkeit: 1,4 · 10^{-3} Gew.-%. Smp.: 29,78 °C. Sdp.: 2227 °C. D_{ZT}: 5,91 g/cm³. Oxidationsstufen: (+ 1), (+ 2), + 3. Ionenradius $r_{Ga^{3+}}$: 0,62 Å. Standardpotential: $Ga^{3+} + 3e^- \rightleftharpoons Ga$. $E_0 = -0{,}53$ V.

Indium

Häufigkeit: 1 · 10^{-5} Gew.-%. Smp.: 156,17 °C. Sdp.: 2047 °C. D_{ZT}: 7,30 g/cm³. Oxidationsstufen: + 1, + 2, + 3. Ionenradius $r_{In^{3+}}$: 0,81 Å. Standardpotential: $In^{3+} + 3e \rightleftharpoons In$. $E_0 = -0{,}342$ V.

Vorkommen: Gallium befindet sich in geringen Mengen in Aluminiummineralien. Ferner kommt es zusammen mit Indium in verschiedenen sulfidischen Erzen, wie Zinkblende und Mansfelder Kupferschiefer vor. Gallium ist weiterhin im Germanit (s. S. 343) bis zu maximal 1,85% angereichert. Das galliumreichste Mineral ist der Gallit, $CuGaS_2$.

Darstellung: Die Anreicherung beider Elemente aus den Vorkommen und die Trennung von den Begleitelementen ist sehr schwierig. Letztlich werden Gallium- bzw. Indiumsalzlösungen der Elektrolyse unterworfen.

Bedeutung: Elementares Gallium kann wegen seines niedrigen Schmelzpunktes oft an Stelle von Quecksilber eingesetzt werden, so als Sperrflüssigkeit für Gase bei höheren Temperaturen und als Thermometerfüllung (Meßbereich bis 1200 °C). Gallium als Lampenfüllung ergibt ein besonders an blauer und roter Strahlung reiches Licht. Gallium und Indium spielen eine erhebliche Rolle in der Halbleitertechnik. Zum Beispiel wird GaAs in Sonnenbatterien zur direkten Umwandlung von Licht in elektrische Energie eingesetzt. Beide Elemente bilden eine Reihe niedrig schmelzender Legierungen. Geringe Indiumzusätze erhöhen die Korrosionsbeständigkeit von Bleilagermetallen (s. S. 321). In Form einer Ag-In-Cd-Legierung dient Indium als Neutronenabsorber in bestimmten Reaktortypen.

Allgemeine Eigenschaften: Das natürliche Indium besitzt ein langlebiges radioaktives Isotop.

Gallium und Indium sind dem Aluminium chemisch ähnlich. Die wichtigste Oxidationsstufe ist + 3. Daneben gibt es verschiedene Verbindungen mit + 2 und + 1, die jedoch für die Chemie in wäßriger Lösung ohne Bedeutung sind.

Die allgemeine Regel, daß die Basizität der Hydroxide innerhalb einer Gruppe des PSE zunimmt (s. S. 111), wird vom $Ga(OH)_3$ durchbrochen. $Ga(OH)_3$ ist stärker sauer als $Al(OH)_3$. Es löst sich daher nicht nur in Alkalilaugen, sondern im Gegensatz zum $Al(OH)_3$ auch in wäßrigem NH_3. In beiden Fällen bilden sich Hydroxogallate. Kationische Amminokomplexe entstehen beim Lösen in NH_3 nicht. In stark salzsaurer Lösung liegen $[GaCl_4]^-$-Ionen vor.

Indium(III)-hydroxid, $In(OH)_3$, ist wieder stärker basisch, jedoch amphoter.

Wasserfreies $GaCl_3$ bzw. $InCl_3$ hat wie $AlCl_3$ homöopolaren Charakter. Auch die Sulfate der beiden Elemente entsprechen denen des Aluminiums, sie bilden gleichfalls Alaune (s. S. 275).

Zu den folgenden Reaktionen benutze man eine $In(NO_3)_3$-Lösung, eine durch Auflösen von metallischem Gallium in HCl hergestellte $GaCl_3$-Lösung oder auch eine solche von $Ga_2(SO_4)_3$ bzw. die entsprechend vorbereitete Analysenlösung.

1. Alkalihydroxide

Alkalihydroxide fällen beide Elemente aus ihren Lsgg. als weiße, schleimige Ndd. von $Ga(OH)_3$ bzw. $In(OH)_3$, die im Überschuß des Reagenz lösl. sind. $In(OH)_3$ fällt bereits nach kürzerer Zeit sowie beim Kochen oder auf Zusatz von NH_4Cl wieder aus (vgl. Al). Bei Ggw. von Weinsäure erfolgt keine Fällung infolge Komplexbildung.

2. Ammoniak, Urotropin

Es fallen ebenfalls Ndd. von $Ga(OH)_3$ bzw. $In(OH)_3$ aus. Bei Verwendung von Ammoniak ist die Fällung des Galliums unvollständig (s. S. 288). $In(OH)_3$ ist dagegen im Überschuß von Ammoniak schwerlöslich.

3. Carbonate

Carbonate bewirken weiße, gelatinöse Fällungen von $Ga_2(CO_3)_3$ bzw. $In_2(CO_3)_3$. Bariumcarbonat verursacht in der Kälte eine vollständige Fällung. Die Ndd. sind im Überschuß von $(NH_4)_2CO_3$ löslich. Aus diesen Lsgg. fällt beim Kochen $In_2(CO_3)_3$ wieder aus.

4. H_2S, $(NH_4)_2S$

Nur aus ammoniakalischen Galliumsalzlsgg. erfolgt eine Fällung von weißem, infolge Hydrolyse von Ga_2S_3 gebildetem $Ga(OH)_3$, während Indium bereits aus schwach essigsaurer Lsg. als gelbes In_2S_3 ausfällt. Beide Sulfide sind in verd. Säuren bei gelindem Erwärmen löslich.

5. Ausäthern von $GaCl_3$

Entsprechend der in Rk. 7, S. 272, angegebenen Vorschrift läßt sich Gallium(III)-chlorid mit Äther ausschütteln. Diese Rk. ist wichtig zur Abtrennung des Galliums von den anderen Elementen (s. Urotropintrennungsgang) und wird auch bei der Gewinnung des Ga benutzt.

6. Zn + HCl

In stark salzsaurer Lsg. wird In(III) durch metallisches Zn zum Metall reduziert, Ga(III) hingegen nicht! Das Metall scheidet sich gewöhnlich als schwammiger Nd., bisweilen aber auch in Form von glänzenden, weißen Blättchen ab.

7. Vorproben

α) Gallium:

αα) Die Boraxperle gibt ein weißes unschmelzbares Oxid. Auf Zusatz von $Co(NO_3)_2$ wird sie blau bis olivgrün.

ββ) Die Lötrohrprobe zeigt eine unschmelzbare rote Schlacke.

β) Indium:

αα) Die Boraxperle ist weiß, nur bei Anwesenheit von Sn grau.

ββ) Lötrohrprobe: Man erhält bleiähnliche Metallkügelchen und einen gelben Oxidbeschlag.

8. Nachweis durch Spektralanalyse

Das sicherste Nachweisverf. für beide Elemente ist die Spektralanalyse. Die Anregung der Emission erfolgt bereits durch Einbringen der leichtflüchtigen Verbb. (Chloride, Sulfate) in die Flamme des Bunsenbrenners, die dabei eine violette Färbung annimmt. Ga: $\lambda = 417{,}2$ nm (403,3 nm); In: $\lambda = 451{,}1$ nm.

9. Nachweis als Chinalizarin-Farblack

Zu 1 ml der neutralen Gallium- bzw. Indiumsalzlsg. gebe man 1 ml einer gesättigten NH_4Cl-Lsg. u. füge dann 12–15 Tr. einer Lsg. von 0,5 g Chinalizarin in 10 ml konz. Ammoniak hinzu. Nach einerig Zeit entsteht ein feiner, blauvioletter Nd., der wahrscheinlich eine Adsorptionsverbindung zwischen Chinalizarin und dem gefällten Hydroxid ist. Die entsprechende Berylliumverbindung ist kornblumenblau (s. S. 277). Störungen durch Al^{3+}, das unter diesen Bedingungen ebenfalls einen blauvioletten Nd. gibt, lassen sich durch Zusatz von NaF beseitigen (Komplexbildung).

10. Nachweis als Alizarin S-Farblack

Wie beim Aluminium (s. S. 275) verwende man eine wss. Lsg., die 0,01 g Alizarin S in 200 ml W. enthält. Zu der Lsg. gebe man NaF, um evtl. vorhandenes Aluminium komplex in Lsg. zu halten, u. führe dann die Rk. wie beim Aluminium beschrieben aus. Man erhält sowohl mit Ga^{3+} als auch mit In^{3+} einen dem Al^{3+} ähnlichen hellroten Farblack, der in verd. Säuren lösl. ist.

4.3.3.2.2. Elemente der III. Nebengruppe des PSE

In der III. Nebengruppe des PSE stehen die Elemente Scandium, Sc, Yttrium, Y, Lanthan, La, und die Lanthaniden sowie Actinium, Ac, und die Actiniden.

Seltenerdmetalle und Lanthaniden

Zn den Seltenerdmetallen zählt man die Elemente Scandium, Yttrium, Lanthan und 14 weitere Elemente mit den Ordnungszahlen 58–71, die auf das Lanthan folgen und daher Lanthaniden genannt werden. Zu den Lanthaniden gehören die Elemente Cer, Ce, Praseodym, Pr, Neodym, Nd, Promethium, Pm, Samarium, Sm, Europium, Eu, Gadolinium, Gd, Terbium, Tb, Dysprosium, Dy, Holmium, Ho, Erbium, Er, Thulium, Tm, Ytterbium, Yb, und Lutetium, Lu.

Von Cer (OZ: 58) bis zum Lutetium (OZ: 71) erfolgt der Ausbau der drittäußersten (4*f*)-Schale von der Elektronenzahl 18 auf die Maximalzahl von 32. Da sich die Elemente nur im Bau der drittäußersten Elektronenschale unterscheiden, sind sie äußerst ähnlich. Ihre Hauptoxydationsstufe ist + 3.

Viele Eigenschaften der Lanthanide ändern sich aperiodisch, d.h. stetig mit steigender Ordnungszahl. Diese Tatsache wird durch die Lanthanidenkontraktion hervorgerufen. Infolge der Zunahme der positiven Kernladung und der dadurch bedingten festeren Bindung der Elektronenschalen nimmt der Ionenradius mit steigender Ordnungszahl ab ($r_{Ce^{3+}}$: 1,07 Å, $r_{Lu^{3+}}$: 0,85 Å). Die Abnahme ist so stark, daß schon das Dy^{3+}-Ion – trotz seines doppelt so großen Atomgewichtes – die gleiche Größe wie das eine Reihe über ihm stehende Y^{3+}-Ion besitzt und die Größe des Lu^{3+} sogar der des Sc^{3+} ähnelt. Infolgedessen sind die Lanthanide sowie die Elemente Scandium, Yttrium und Lanthan einander sehr ähnlich, wobei die Eigenschaften stets einen Gang aufweisen. So nimmt z.B. die Basizität, wie zu erwarten, von Scandium über Yttrium zum Lanthan zu, so daß $La(OH)_3$ ähnlich basische Eigenschaften besitzt wie das $Ca(OH)_2$. Dann nimmt sie aber langsam wieder ab, so daß $Lu(OH)_3$ nur etwa die gleiche Basizität aufweist wie $Sc(OH)_3$.

Die Lanthanidenkontraktion macht sich bei den im PSE folgenden Elementen Hf, Ta, W, Re, Os noch stark bemerkbar. Durch die Ähnlichkeit der Ionenradien besitzen daher die Elementpaare Zr und Hf, Nb und Ta, Mo und W, Re und Tc, Ru und Os große chemische Verwandtschaft. Sie nimmt von links nach rechts ab, so daß die Trennung Zr/Hf am schwierigsten ist.

Andere Eigenschaften der Lanthaniden, z.B. die Oxidationsstufen, Farbe der Ionen und die Atomvolumen zeigen einen periodischen Verlauf. Diese Tatsache gibt ein Periodensystem der Lanthaniden (Tab. 12) gut wieder.

Tabelle 12. Periodensystem der Lanthaniden

Element	La	Ce	Pr	Nd	Pm	Sm	Eu	Gd
Oxidations- stufen (+)	**3**	**3** 4	**3** 4	**3** (4)	**3**	2 **3**	2 **3**	**3**
Farbe des M^{3+}-Ions	farb- los	farb- los	gelb- grün	rot- violett	rosa	gelb	farb- los	fast farblos
Element		Tb	Dy	Ho	Er	Tm	Yb	Lu
Oxidations- stufen (+)		**3** 4	**3** (4)	**3**	**3**	2 **3**	2 **3**	**3**
Farbe des M^{3+}-Ions		fast farblos	gelb- grün	gelb- braun	rosa	blaß- grün	farb- los	farb- los

Die besondere Stabilität des La^{3+} und Lu^{3+} ist auf die abgeschlossenen Konfiguration aller vorhandener Elektronenschalen, die des Gd^{3+} auf die Halbbesetzung der 4*f*-Unterschale mit 7 Elektronen zurückzuführen.

Eine Sonderstellung nehmen hinsichtlich der Oxidationsstufen jene Elemente ein, die direkt hinter bzw. vor La, Gd, Lu stehen. Durch Abgabe bzw. Aufnahme eines weiteren Elektrons ihrer M^{3+}-Ionen erhalten sie die entsprechende abgeschlossene Elektronenkonfiguration. Die Elemente Ce, (Pr), Tb treten daher auch in der Oxidationsstufe + 4 bzw. die Elemente Eu, (Sm), Yb, (Tm) auch in der Oxidationsstufe + 2 auf (s. Tab. 12). Diese Elemente sind durch Überführung in die höhere bzw. niedere Oxidationsstufe relativ leicht abtrennbar. Die M^{3+}-Ionen mit unbesetzter, halbbesetzter und vollkommener $4f$-Schale sind farblos (La^{3+}, Gd^{3+}, Lu^{3+}). Auch die unmittelbar benachbarten M^{3+}-Ionen weisen keine Farbe auf (Ce^{3+}, Tb^{3+}, Eu^{3+}, Yb^{3+}). Die übrigen M^{3+}-Ionen zeigen eine charakteristische Färbung. Die Farbe ändert sich periodisch (s. Tab. 12).

In der Natur kommen bis auf das Promethium, das nur durch Kernreaktionen dargestellt werden kann, alle Seltenerdmetalle im allgemeinen miteinander vergesellschaftet vor. Jedoch gibt es auch Mineralien, in denen die einzelnen analytischen Gruppen überwiegen. Von den vorwiegend Ceriterden enthaltenden Mineralien seien genannt der Cerit (wasserhaltiges Silicat), der Orthit (mit Aluminium- und Calciumoxid verunreinigtes Phosphat) sowie der Monazit (Phosphat, etwa 5% Thorium enthaltend). Die wichtigsten, vorwiegend Yttererden enthaltenden Mineralien, sind der Ytterbit (Gadolinit), ein basisches Silicat, und der Xenotim, ein Phosphatgemisch. In Gemeinschaft mit den Seltenerdmetallen kommen in der Natur häufig die Elemente Zirkonium, Zr (s, S. 300), Hafnium, Hf (s. S. 299) und Thorium, Th (s. S. 295) vor, so z.B. im Monazitsand.

Gemische der Metalle werden in der Metallurgie in Form von Speziallegierungen, als Desoxidationsmittel und zur Stahlveredlung verwendet.

Das hierzu benötigte „Cermischmetall", dessen Darstellung u.a. durch Schmelzflußelektrolyse der Chloride erfolgt, enthält hauptsächlich Cer und Lanthan, in geringeren Mengen andere Seltenerdmetalle (vorwiegend aus der Ceritgruppe). Über die Bedeutung von Lanthan und von Cer s. S. 293. Neodym- und Praseodymoxid dienen zum Färben von Glas, Porzellan und Email. Die UV-Absorption von Neophanglas wird durch Neodymverbindungen hervorgerufen.

Die Seltenerdmetalle sind sehr reaktionsfähig. Dies zeigt sich auch an den stark negativen Standardpotentialen.

In analytischer Hinsicht teilt man – abweichend vom PSE – die Elemente Scandium, Yttrium und Lanthan sowie die der Lanthaniden in verschiedene Gruppen ein. Die ersten Elemente der Lanthanide stehen in ihren Eigenschaften dem Lanthan besonders nahe, während die übrigen dem Yttrium näher stehen. Die erste analytische Gruppe umfaßt daher die Elemente Lanthan bis Samarium, die man nach ihrem technisch wichtigen Vertreter, dem Cer, als Ceriterden bezeichnet. Alle weiteren Elemente gehören zur zweiten Gruppe. Sie führen den gemeinsamen Namen Yttererden. Diese lassen sich auf Grund ihrer Eigenschaften noch in 5 Untergruppen unterteilen.

Wegen der großen Ähnlichkeit der Eigenschaften ist es äußerst schwierig, die Seltenerdmetalle voneinander zu trennen. Man war lange Zeit auf die zeitraubende fraktionierte Kristallisation angewiesen. Heute werden die Trennungen wesentlich einfacher mittels Ionenaustauschersäulen durchgeführt. Nur diejenigen Elemente, die man in eine andere Oxidationsstufe überführen kann, können relativ leicht isoliert werden.

Allgemeine Reaktionen der Seltenerdmetalle in der Oxidationsstufe +3

Zu den folgenden Reaktionen benutze man Lösungen der zur Verfügung stehenden Salze der Seltenerdmetalle, z.B. des Cers oder des Lanthans bzw. die entsprechend vorbereitete Analysenlösung.

1. Hydroxide

Die Hydroxide der Seltenerdmetalle fallen in der Kälte schleimig aus, ballen sich jedoch beim Erhitzen zusammen. Sie sind im Überschuß des Fällungsmittels schwerlösl. (Unterschied von Al und Be). Anwesende Ammoniumsalze begünstigen die Fällung. Bei Ggw. von Weinsäure oder Citronensäure wird durch Bldg. von Komplexen verschiedener Stabilität die Fällung als Hydroxid beeinträchtigt. Eine Ausfällung des Hydroxids aus den Salzen durch Hydrolyse erfolgt in geringem Maße nur beim Scandium, z.B. durch längeres Kochen einer wss. Scandium(III)-salzlösung. Das weiße Cer(III)-hydroxid geht an der Luft allmählich in gelbes, ebenfalls schwerlösl. Cer(IV)-hydroxid über.

2. Carbonate

Carbonate, wie Bariumcarbonat, bilden schwerlösl., z.T. schleimige Niederschläge. Führt man aber die Fällung mit Alkalicarbonaten aus, so erfolgt die Bldg. von gut kristallisierenden Doppelcarbonaten, wobei die der Ceriterden schwerer lösl. sind als die der Yttererden. Cercarbonat ist im Überschuß des Reagenz schwerlöslich.

3. Alkalisulfate

Alkalisulfate geben gut kristallisierende Doppelsulfate, wobei die Kalium-Doppelsulfate mit steigender Ordnungszahl des Elementes der Seltenerdmetalle löslicher werden.

4. Kaliumjodat

Aus neutraler bis schwach saurer Lsg. erfolgt Bldg. von weißen, voluminösen Ndd. der Jodate der betreffenden Elemente. In konz. Säuren sind die Jodate der Seltenerdmetalle lösl. (Unterschied von Thorium; s. S. 296).

5. Natriumthiosulfat

$Na_2S_2O_3$ bewirkt in schwach saurer Lsg. bei längerem Kochen nur bei Scandium eine Abscheidung eines Gemisches von Hydroxid u. basischem Thiosulfat. Aus neutraler Lsg. werden auch die Yttererden abgeschieden. Bei Ggw. anderer Ionen, die durch $Na_2S_2O_3$ Hydrolyse erleiden, werden deren Hydroxide bzw. Oxidhydrate gleichfalls gefällt (z.B. Al^{3+} oder Ti^{4+}).

6. Trennung der Seltenerdmetalle

Die Seltenerdmetalle befreit man nach dem auf S. 312ff. angegebenen Trennungsgang von störenden Begleitern wie Erdalkaliionen usw. durch Fällung mit Oxalat. Nach deren Abtrennung fällt man die Seltenerdmetalle als Fluoride. Diese werden in Mineralsäure gelöst. Aus schwach mineralsaurer Lsg. wird dann die Fällung der Seltenerdmetalle, des Sc, Y und La, sowie des Th als Oxalate durchgeführt. Man löst die Oxalate in starker HNO_3, reduziert durch Zusatz von H_2O_2 evtl. vorhandenes Cer(IV) zu Cer(III) u. scheidet das Thorium nach 3., S. 296, als Jodat ab. Hierbei wird vielfach auch das Scandium mitgerissen. Im Anschluß an die Abscheidung des Thoriums wird das Cer durch Überführung in die Oxidationsstufe +4, z.B. durch Oxidation mit $KMnO_4$ bei Gegenwart von $NaHCO_3$ (vgl. 1., S. 293) aus der Probe entfernt. Darauf erfolgt durch die Darstellung der Alkalidoppelsulfate die Trennung in Cerit- und Yttererden.

7. Nachweis durch Absorptionsspektralanalyse

Ein Teil der Seltenerdmetalle ist farbig, s. S. 290.

Läßt man durch Lsgg. der farbigen Seltenerdmetalle weißes Licht fallen u. zerlegt es im Spektralapparat, so findet man charakteristische Absorptionslinien, die zu ihrer Erkennung herangezogen werden können.

Die in den Nachweisreaktionen ausfallenden Ndd. sind z.T. farblos bzw. weiß, z.T. aber auch, entsprechend der Farbe der Ionen, gefärbt.

8. Nachweis als Oxalate

In schwach saurer Lösung entstehen gut kristallisierende Niederschläge, die im Überschuß des Reagenz schwerlöslich sind. In konz. Säuren sind die Oxalate teilweise löslich. Kalium- und Ammoniumoxalat bilden in der Hitze mit den Oxalaten der Seltenerdmetalle leichtlösliche Komplexe. Durch konz. HCl sowie auch beim Erhitzen mit anderen Mineralsäuren (konz.) werden die Oxalatokomplexe aufgespalten (Unterschied von Zr).

Die Kristallformen von $Ce_2(C_2O_4)_3$ und $La_2(C_2O_4)_3$ ähneln sich weitgehend, sind jedoch von denen des Thoriumoxalats deutlich verschieden.

$Ce_2(C_2O_4)_3$- bzw. $La_2(C_2O_4)_3$-Kristalle sind stark doppelbrechend und bilden – im Gegensatz zu den gleichseitigen Sechsecken des $Th(C_2O_4)_2$ – länger gestreckte Sechsecke und Parallelogramme.

Im HM-Maßstab werden 20 Tr. der HCl-sauren Probelsg. durch Zugabe von NaOH auf einen pH-Wert von ca. 0,5 eingestellt. Dann versetzt man mit 1 ml einer bei Raumtemp. gesättigten Oxalsäurelsg. (ca. 10%), erwärmt 3 Min. im W.-Bad u. kühlt die Mischung unter fließendem Leitungswasser ab, wobei durch Reiben mit einem Glasstab an der Reagenzglaswandung die im allgemeinen langsam verlaufende Kristallisation der Oxalate gefördert wird. Beim Abkühlen kann auch etwas freie Oxalsäure auskristallisieren. Nach 10 Min. zentrifugiert man den Nd. ab u. wäscht ihn einmal kurz mit 1 ml heißer 2%iger Oxalsäure-Lsg. u. anschließend einmal mit 1 ml warmen Wasser.

Sollte der Nd. sehr feinkristallin ausgefallen sein, so fällt man die Oxalate wie beim Th (s. 6., S. 296) aus heißer HNO_3-saurer Lsg. um.

Bei Anwesenheit von Th fällt dieses, wie schon erwähnt, ebenfalls als Oxalat. Es löst sich jedoch in überschüssiger $(NH_4)_2C_2O_4$-Lsg. unter Komplexbildung. Auf Grund dieser Tatsache kann Th von Lanthan u. den Lanthaniden abgetrennt werden.

9. Nachweis als Fluoride

H_2F_2 erzeugt in schwach saurer Lsg. weißes, z. T. gelantinöse Fällungen der betreffenden Fluoride, die mit Ausnahme des Scandiums, im Überschuß des Reagenz schwerlösl. sind. Unterschied zu Al(III), Be(II), Zr(IV) und Ti(IV). In Ggw. von UO_2^{2+} steigt die Löslichkeit.

Lanthan, La, OZ: 57, RAM: 138,91 und Cer, Ce, OZ: 58, RAM: 140,12

Lanthan

Häufigkeit: $1{,}7 \cdot 10^{-3}$ Gew.-%. Smp.: 920 °C. Sdp.: 3470 °C. D_{ZT}: 6,16 g/cm³. Oxidationsstufen: + 3. Ionenradius $r_{La^{3+}}$: 1,14 Å. Standardpotential: $La^{3+} + 3e^- \rightleftharpoons La$. $E_0 = -2{,}52$ V.

Cer

Häufigkeit: $4{,}3 \cdot 10^{-3}$ Gew.-%. Smp.: 797 °C. Sdp.: 3470 °C. D_{ZT}: 6,77 g/cm³. Oxidationsstufen: + 3, + 4. Ionenradius $r_{Ce^{3+}}$: 1,07 Å, $r_{Ce^{4+}}$: 0,94 Å. Standardpotential: $Ce^{3+} + 3e^- \rightleftharpoons Ce$. $E_0 = -2{,}48$ V.

Vorkommen: Die wichtigsten Lanthan und Cer enthaltenden Mineralien sind Cerit, Orthit und Monazit (s. S. 291).

Bedeutung: Gasglühstrümpfe enthalten ca. 1% Cerdioxid. Ein löslicher Cer(III)-oxalatokomplex wirkt gegen Erbrechen und vorbeugend gegen See- und Luftkrankheit.

Neben seinen Verbindungen des Cers wird oft auch das natürliche Gemisch der Ceritelemente eingesetzt. Eine Legierung aus Cermischmetall (etwa 40–50% Ce und 40% La) (s. S. 291) und 20–30% Eisen ist pyrophor und dient zur Herstellung von Feuersteinen.

Allgemeine Eigenschaften: Elementares Cer entzündet sich in reinem Sauerstoff schon bei 150 °C und verbrennt zu schwach gelblichem CeO_2. Das Ce^{4+}-Kation neigt stark zur Hydratation unter Bildung von $[Ce(H_2O)_n]^{4+}$. Dieses Ion existiert aber nur in stark $HClO_4$-saurer Lösung, sonst tritt Hydrolyse und Kondensation auf. Wäßrige Ce(IV)-Salzlösungen sind denen des Zr(IV), Hf(IV) und der Actinide in der Oxidationsstufe + 4 ähnlich. Es bilden sich z. B. im stark Sauren schwerlösliche Phosphate und Jodate. Darüber hinaus sind Ce(IV)-Salzlösungen ein starkes Oxydationsmittel (Maßlösung in der Cerimetrie). Die Oxidationsstufe + 4 kann durch Bildung von Komplexionen wie $[Ce(NO_3)_6]^{2-}$ und $[Ce(SO_4)_4]^{4-}$ stabilisiert werden. Andererseits läßt sich Ce(III) in wäßrigen Lösungen zu Ce(IV) oxidieren. Sonst gleichen Ce(III)-Verbindungen denen des Lanthans.

Elementares Lanthan geht schon in feuchter Luft langsam in das Hydroxid über. $La(OH)_3$ stellt analog zum $Ca(OH)_2$ eine relativ starke Base dar (s. S. 248).

1. Nachweis des Ce(III) durch Oxidation zu Ce(IV)

$$Ce^{3+} \rightarrow Ce^{4+} + e\,.$$

Die Oxidation kann in alkalischer und saurer Lösung erfolgen.

α) Alkalische Lösung

Verwendet werden als Oxidationsmittel Kaliumpermanganat, Hypochlorit und Halogene. Die Oxidation mit $KMnO_4$ in Gegenwart von $NaHCO_3$ erfolgt nach:

$$3\,Ce^{3+} + MnO^-_4 + 8\,OH^- + 3\,H_2O \rightarrow 3\,Ce(OH)_4\downarrow + MnO(OH)_2\downarrow.$$

Diese Reaktion läßt sich zur Abtrennung des Cers verwenden.

β) Stark salpetersaure Lösung

In stark salpetersaurer Lösung läßt sich Ce(III) bei Gegenwart von Ammoniumnitrat zu Ce(IV) oxidieren.
Nach längerem Kochen fällt beim Erkalten rotes, kristallines $(NH_4)_2[Ce(NO_3)_6]$ aus.

γ) Salpetersaure Lösung – starkes Oxidationsmittel

Man versetze die HNO_3-saure Probelösung mit einer Spatelspitze von PbO_2, $NaBiO_3$ oder $(NH_4)_2S_2O_8$. Die Lösung wird einige Minuten erwärmt. Bei Ggw. von Ce(III) bildet sich eine gelb gefärbte Ce(IV)-Lösung.

2. Nachweis des Ce(III, IV) als Cerperoxidhydrat

Ce(III) und Ce(IV) bilden in ammoniakalischer Lösung mit H_2O_2 schwerlösliche gelb bis rotbraun gefärbte Cerperoxidhydrate, denen die Zusammensetzung $Ce(OH)_2(OOH)$ bzw. $Ce(OH)_3(OOH)$ zugeschrieben wird. In stark saurer Lösung wird dagegen Ce(IV) durch H_2O_2 reduziert.

Im HM-Maßstab werden 2 Tr. der HNO_3-sauren Probelsg. in einem kleinen Porzellantiegel mit 5 Tr. 2,5 M H_2O_2 und 4 Tr. 5 M Ammoniak versetzt und schwach erwärmt. Bei Ggw. von Cer bildet sich ein gelber bis rotbrauner Nd. der bei längerem Erwärmen in gelb gefärbtes $Ce(OH)_4$ übergeht. Ein farblos ausfallender Nd. beweist Lanthan.

EG: 0,35 μg Ce pD: 5,2.

Störungen: Bei Ggw. von Fe bildet sich $Fe(OH)_3$. Durch Zusatz von Alkalitartrat kann diese Störung beseitigt werden, die Empfindlichkeit der Rk. wird jedoch herabgesetzt.

3. Nachweis des La(III) als Lanthanacetat-Jod-Einschlußverbindung

Wie beim Acetat (s. 6., S. 215) beschrieben, bildet basisches Lanthanacetat mit J_2 eine blaugefärbte Einschlußverbindung.

Im HM-Maßstab werden zu mindestens 5 Tr. der HNO_3-sauren Probelsg. 3 Tr. 5 M Essigsäure u. 1 Tr. 0,01 M KJ-J_2-Lsg. gegeben. Dann wird tropfenweise mit 5 M Ammoniak bis zum Auftreten einer Blaufärbung bzw. eines blauen Nd. versetzt.

Der Nachw. ist nicht sehr empfindlich.

Störungen: Ce^{3+} u. die anderen Seltenerdmetalle sowie Stärke geben ähnlich gefärbte Einschlußverbindungen.

Actiniden

Auf das Actinium folgen 14 weitere Elemente mit den Ordnungszahlen 90–103. Diese Reihe bezeichnet man in Anlehnung an die Lanthaniden als Actiniden. Hierzu gehören folgende Elemente: Thorium, Th, Protactinium, Pa, Uran, U, Neptunium, Np, Plutonium, Pu, Americium, Am, Curium, Cm, Berkelium, Bk, Californium, Cf, Einsteinium, Es, Fermium, Fm, Mendelevium, Md, Nobelium, No und Lawrencium, Lr. Wie bei den Lanthaniden erfolgt auch bei den Actiniden beim Übergang von einem Element zum nächsten des PSE der Einbau des durch die Erhöhung der positiven Ladung des Kerns erforderlichen Elektrons in eine innere (5*f*)-Schale. Insgesamt wird die 5. Schale von 18 auf 32 Elektronen aufgefüllt.

Die niedrigste Oxidationsstufe +2 der Elemente wird durch die Abgabe der zwei 7*s*-Elektronen bewirkt. In der Oxidationsstufe +3 (zusätzliche Abgabe des 6*d*-Elektrons) besitzen die Actiniden im allgemeinen die Eigenschaften des Actiniums. Teilweise können weiterhin die 5*f*-Elektronen betätigt werden. So beträgt die maximale und beständigste Oxidationsstufe des Thoriums +4, des Protactiniums +5, des Urans +6. Mit steigender Kernladung werden die Valenzelektronen der 5. Schale fester gebunden, so daß die beständigste Oxidationsstufe des Neptuniums +5, die des Plutoniums +4, die des Curiums +3 ist (Tab. 13).

Tabelle 13. Oxidationsstufen der Actiniden

Ac	Th	Pa	U	Np	Pu	Am	Cm	Bk	Cf	Es	Fm	Md	No	Lr
(2)	(2)		2			2	(2)		2	2	2	2	2	
3	3	(3)	3	3	3	3	3	3	3	3	3	3	3	3
	4	4	4	4	4	4	4	4	4					
		5	5	5	5	5			(5)					
			6	6	6	6								
				7	7									

Elementpaare, die in der Lanthanide und Actinidreihe untereinander stehen, zeigen ähnliche Eigenschaften, so z.B. Ce und Th bzw. Tb und Bk, hervorgehoben durch die Oxidationsstufe +4, sowie Eu und Am, die beide auch in der Oxidationsstufe +2 auftreten.

Die Actiniden bilden in saurer wäßriger Lösung folgende Ionentypen: M^{3+}, M^{4+}, MO_2^{+}, MO_2^{2+}. Tabelle 14 gibt eine Übersicht für die Elemente Actinium bis Curium. Weiterhin ist jeweils die Farbe der Lösung verzeichnet.

Die Farbe der M^{3+}-Ionen ändert sich auch hier aperiodisch.

Tabelle 14. Ionentypen einiger Actiniden

	Ac	Th	U	Np	Pu	Am	Cm
M^{3+}	**Ac** $^{+}$ farblos		U^{3+} braun	Np^{3+} blau bzw. violett	Pu^{3+} blau-violett	Am^{3+} gelb oder rosa	Cm^{3+} farblos
M^{4+}		Th^{4+} farblos	U^{4+} grün	Np^{4+} gelb-grün	Pu^{4+} grün oder braun		
MO_2^{+}			UO_2^{+}	NpO_2^{+} grün	PuO_2^{+} farblos oder rötlich	AmO_2^{+} gelb	
MO_2^{3+}			UO_2^{2+} gelb	NpO_2^{2+} rosa bis rot	PuO_2^{2+} rosa-orange	AmO_2^{2+} hellgelb gelbgrün braun	

Da die (VI)-Oxide der Elemente Uran, Neptunium und Plutonium amphoter sind, bilden sie mit Alkaliionen den Chromaten analoge Uranate, Neptunate und Plutonate, die sämtlich in Wasser schwer löslich sind.

Alle Isotope der Actiniden sind radioaktiv. Ac, Th, Po und U besitzen so langlebige Isotope, daß sie noch in der Natur vorkommen. Die auf das Uran folgenden Elemente (Transurane) können nur noch künstlich durch Kernreaktionen hergestellt werden. Sie sind daher nur einer relativ kleinen Gruppe von Wissenschaftlern zugänglich.

Im Rahmen dieses Buches werden daher nur die Elemente Thorium und Uran etwas näher besprochen, die auf Grund ihrer großen Halbwertszeit eine relativ geringe Radioaktivität aufweisen.

Thorium, Th, OZ: 90, RAM: 232,038

Häufigkeit: $1{,}1 \cdot 10^{-3}$ Gew.-%. Smp.: 1695 °C. Sdp.: 4200 °C. D_{ZT}: 11,7 g/cm³. Oxidationsstufen: +4. Ionenradius $r_{Th^{4+}}$: 1,02 Å. Standardpotential: $Th^{4+} + 4e^- \rightleftharpoons Th$. $E_0 = -1{,}90$ V.

Vorkommen: Thorium befindet sich vergesellschaftet mit den Seltenerdelementen und dem Uran. Die wichtigsten Mineralien sind der Monazit (s. S. 291), der Thorianit, $(Th,U)O_2$ und der Thorit, $ThSiO_4$.

Darstellung: Thoriummetall erhält man durch Reduktion des Dioxids oder der Halogenide mit Ca sowie elektrolytisch aus geschmolzenem ThF_4. Reines Th erhält man nach dem Aufwachsverfahren, s. S. 299.

Bedeutung: Mg-Th-Legierungen werden als Werkstoffe verwendet. ThO_2 dient zur Herstellung hochfeuerfester Materialien und als Zusatz in Katalysatoren; es ist Hauptbestandteil von Gasglühstrümpfen (s. auch Cer S. 293).

Natürliches Thorium liegt zu 100% als Isotop ^{232}Th vor (Reinelement). Dieses ist Anfangsglied einer radioaktiven Zerfallsreihe (Thorium-Reihe). ^{232}Th gibt nach Beschuß mit Neutronen das spaltbare Uranisotop ^{233}U, das zur Kernenergiegewinnung ausgenutzt werden kann.

Allgemeine Eigenschaften: Thorium tritt praktisch nur in der Oxidationsstufe +4 auf. Das Th^{4+}-Ion ist in wäßriger Lösung beständiger gegen Hydrolyse als z.B. Ti^{4+}. Erst bei pH-Werten >3 beginnt die Hydrolyse. Die hierbei auftretenden Ionenformen sind vor allem von der Konzentration und der Art der Anionen abhängig. Im sauren Bereich bildet Th(IV) ein schwerlösliches Fluorid, Jodat, Phosphat und Oxalat. Überschüssige Sulfat-, Oxalat- und Carbonationen geben mehr oder weniger stabile Anionenkomplexe, z.B. der Typen $M^I_4[Th(SO_4)_4]$, $M^I_4[Th(C_2O_4)_4]$ und $M^I_6[Th(CO_3)_5]$. Die Sulfatothorate(IV) sind meist schwer löslich. $Th(OH)_4$ ist nicht amphoter.

Wegen der Radioaktivität des natürlichen Thoriums ist eine Inkorporation seiner Verbindungen zu vermeiden, zumal sie nur sehr langsam vom Körper ausgeschieden werden (s. auch Uran S. 297).

Zu den folgenden Reaktionen verwende man eine Lösung von $Th(NO_3)_4$ bzw. die entsprechend vorbereitete Analysenlösung.

1. Alkalihydroxide, Ammoniak und $(NH_4)_2S$ sowie Urotropin

Es fällt weißes Thoriumhydroxid, $Th(OH)_4$, das im Überschuß der Fällungsmittel schwerlösl. ist [Unterschied von $Al(OH)_3$ und $Be(OH)_2$]. Anwesende Ammoniumsalze begünstigen die Fällung! Bei Ggw. von Weinsäure erfolgt wie bei den Seltenen Erden keine Fällung, da lösl. Tartratkomplexe entstehen.

2. Carbonate

Carbonate bewirken Fällung von basischen Thoriumcarbonaten. Mit Bariumcarbonat wird bereits in der Kälte eine vollständige Fällung erzielt. Der Carbonat-Nd. ist in konz. Ammoniumcarbonatlsg. unter Bldg. von Doppelsalzen löslich. (Unterschied von Aluminium!) Die Lsg. erfolgt besonders leicht bei gelindem Erwärmen. Beim Erhitzen fällt jedoch das Thoriumcarbonat wieder aus.

3. Kaliumjodat

KJO_3 gibt in stark salpetersaurer Lsg. eine weiße, kristalline Fällung von Thoriumjodat, $Th(JO_3)_4$. Wichtig zur Abtrennung der Seltenerdmetalle!

Man führt die Rk. am besten folgendermaßen aus: Die stark salpetersaure Lsg. wird mit 5 ml einer Lsg. von 15 g Kaliumjodat in 50 ml konz. HNO_3 ($d = 1{,}4$) und 30 ml W. versetzt. Man läßt etwa eine halbe Stunde stehen, prüft auf Vollständigkeit der Fällung, trennt ab u. wäscht mit einer Lsg. gut aus, welche 2 g Kaliumjodat in 50 ml halbkonz. HNO_3 ($d = 1{,}2$) und 20 ml W. enthält. Zur restlosen Entfernung der Seltenerdmetalle löst man den Nd. in heißem W. auf, gibt etwas Kaliumjodat hinzu und fällt durch Zusatz von konz. HNO_3 das Thoriumjodat wieder aus.

4. Natriumthiosulfat

Beim längeren Kochen einer neutralen oder schwach sauren, mit $Na_2S_2O_3$ versetzten Thoriumsalzlsg. erfolgt eine Abscheidung eines Gemisches von Thoriumhydroxid, $Th(OH)_4$, und basischem Thoriumthiosulfat. Scandium gibt dieselbe Rk.; Aluminium und Titan lassen sich mit Natriumthiosulfat ebenfalls fällen!

5. Nachweis als ThF_4

H_2F_2 erzeugt einen weißen, zunächst schleimig anfallenden, nach einiger Zeit aber körnig werdenden Nd. von ThF_4, der im Überschuß des Reagenz schwerlösl. ist (Unterschied von Al, Be, Ti und Zr).

6. Nachweis als Oxalat

Beim Versetzen einer neutralen oder schwach sauren Thoriumsalzlösung mit $(NH_4)_2C_2O_4$-Lsg. entsteht ein weißer kristalliner Nd. von $Th(C_2O_4)_2 \cdot 6\,H_2O$ (Unterschied zu Aluminium und Beryllium), der beim Erhitzen grobkörniger wird. Der Nd. ist im Überschuß des Reagenz sowie in verd. Säuren schwerlösl. jedoch in heißer konz. Ammoniumoxalatlsg. unter Bldg. relativ beständiger Anionenkomplexe, z. B. $[Th(C_2O_4)_4]^{4-}$. Säuert man diese Lsg. mit konz. Säuren an, so entsteht intermediär die freie komplexe Säure $H_4[Th(C_2O_4)_4]$, die aber nicht beständig ist und sich unter Abscheidung von $Th(C_2O_4)_2 \cdot 6\,H_2O$ zersetzt. Unterschied zu Zirkonium.

Im HM-Maßstab wird der Oxalat-Nd. mit 20 Tr. kaltgesättigter $(NH_4)_2C_2O_4$-Lsg. versetzt und 3 Min. unter gutem Umrühren im W.-Bad erwärmt. Nach dem Erkalten zentrifugiert man ab und prüft in der Lsg. durch Versetzen mit 5 M HCl, ob $Th(C_2O_4)_2$ vorliegt. Bildet sich hierbei eine farblose, kristalline Fällung, so extrahiert man den Oxalat-Nd. solange mit $(NH_4)_2C_2O_4$-Lsg., bis das gesamte $Th(C_2O_4)_2$ herausgelöst ist.

Das wieder ausgefällte Thoriumoxalat wird unter dem Mikroskop untersucht (V: 250–300). Besonders charakteristisch sind die gleichseitigen, sechseckigen Täfelchen, die neben kurzen Prismen zu erkennen sind. Ist der Nd. zu fein kristallin, so fällt man die Hauptmenge um. Dazu wird der gewaschene Nd. mit 5 Tr. 5 M NaOH versetzt u. im W.-Bad erhitzt, wobei sich schnell flockiges $Th(OH)_4$ bildet. Nach dem Abzentrifugieren und Waschen mit heißem W. löst man das Hydroxid in wenig 5 M HNO_3. Die Lsg. wird in der Siedehitze mit einigen Tr. gesättigter Oxalsäurelsg. versetzt und das ausgefallene Thoriumoxalat unter dem Mikroskop betrachtet (vgl. Kristallaufnahme 35).

EG: 100 μg Th/ml pD: 4,0.

Uran, U, OZ: 92, RAM: 238,03

Häufigkeit: $2{,}9 \cdot 10^{-4}$ Gew.-%. Smp.: 1130 °C. Sdp.: 3930 °C. D_{ZT}: 19,1 g/cm³. Oxidationsstufen: +3, +4, +5, +6. Ionenradius $r_{U^{4+}}$: 0,97 Å. Standardpotential: $U^{3+} + 3e^- \rightleftharpoons U$. $E_0 = -1{,}80$ V. $UO_2^{2+} + 4H^+ + 2e^- \rightleftharpoons U^{4+} + 2H_2O$. $E_0 = +0{,}62$ V.

Vorkommen: Das wichtigste Mineral ist Uranpecherz (Pechblende, Uranit) UO_2. Ferner sind zu nennen Carnotit, $K_2[UO_2/VO_4]_2 \cdot 3H_2O$, und die Uranglimmer (Doppelphosphate und Arsenate des UO_2^{2+} und anderer Kationen vorwiegend in der Oxidationsstufe +2).

Darstellung: Reines metallisches Uran erhält man u.a. durch Reduktion von UF_4 mit Ca bzw. durch Elektrolyse von UF_4 oder KUF_5 in einer Schmelze von $CaCl_2$—NaCl.

Bedeutung: Natürliches Uran besteht aus 3 radioaktiven Isotopen ^{234}U (0,0056%), ^{235}U (0,7205%) und ^{238}U (99,2739%). ^{238}U und ^{235}U sind die Anfangsglieder je einer natürlichen radioaktiven Zerfallsreihe. Uran spielt heute zur Erzeugung von Atomenergie und zur Herstellung von Atomwaffen eine entscheidende Rolle. Die grundlegende Kernreaktion stellt hierbei die von *Hahn* und *Straßmann* 1939 entdeckte Spaltung des ^{235}U durch thermische Neutronen dar.

Allgemeine Eigenschaften: U(VI)-Salzlösungen lassen sich mit starken Reduktionsmitteln, wie nasc. Wasserstoff, Dithionit oder kathodisch reduzieren. Dabei tritt als Zwischenstufe auch U(V) auf, das aber in U(IV) und U(VI) disproportioniert. Am Ende ergibt sich U(IV), mit Zinkamalgam entsteht auch U(III). Das grüne U^{4+}-Ion bildet in saurer Lösung ein schwerlösliches Fluorid, Phosphat und Jodat. Alkalilauge und auch Ammoniak scheiden $U(OH)_4$ ab, das nicht amphoter ist. U^{4+}-Lösungen unterliegen ab pH > 0 der Hydrolyse und sind starke Reduktionsmittel. Größtenteils werden sie schon durch Luft mehr oder weniger schnell zu UO_2^{2+} oxidiert. Wäßrige U^{3+}-Lösungen sind noch instabiler. Die beständigste Oxidationsstufe ist +6. UO_3 ist amphoter. Die entsprechenden Uranate, $M_2^I[UO_4]$ oder Diuranate $M_2^I[U_2O_7]$ sind alle in Wasser schwerlöslich. Als Kation liegt das Uranoxidion, UO_2^{2+}, vor. Das gebräuchlichste Salz ist hier Uranoxidnitrat $UO_2(NO_3)_2 \cdot 6H_2O$, Smp.: 59,5 °C. Es löst sich in Wasser sehr gut, daneben ist es auch in verschiedenen sauerstoffhaltigen organischen Lösungsmitteln löslich. Man kann es daher aus wäßriger Lösung extrahieren. Durch Zusatz von Fremdsalzen wie z.B. $Ca(NO_3)_2$ oder NH_4NO_3 läßt sich die Löslichkeit in der organischen Phase stark erhöhen (Aussalzeffekt). UO_2^{2+} bildet komplexe Ionen wie z.B. $[UO_2Cl]^+$, $[UO_2(SO_4)_2]^{2-}$ und $[UO_2(CO_3)_2]^{2-}$. Von den nichtsalzartigen Verbindungen des Urans hat das UF_6 (Subl.P. 56,5 °C) große Bedeutung zur Trennung der Uranisotope erlangt.

Uranverbindungen sind unabhängig von ihrer Radioaktivität stark giftig. Die Radioaktivität des natürlichen Urans ist so gering, daß man ohne besondere Schutzmaßnahmen Reaktionen mit Uransalzlösungen durchführen kann. Eine direkte Berührung mit den Händen oder sonstigen Körperteilen ist jedoch unbedingt zu unterlassen. Auch vermeide man eine radioaktive Verseuchung des Arbeitsplatzes, die durch Verspritzen der Lösungen u.ä. entsteht.

Für die nachstehenden Reaktionen benutze man eine $(UO_2)(CH_3COO)_2$- oder $UO_2(NO_3)_2$-Lösung bzw. die entsprechend vorbereitete Analysenlösung.

1. NaOH, KOH, Ammoniak oder Urotropin

$$2UO_2(NO_3)_2 + 6NaOH \rightarrow Na_2U_2O_7\downarrow + 4NaNO_3 + 3H_2O.$$

Gelber Nd. des betreffenden Diuranats. Weinsäure verhindert die Fällung durch Bldg. eines lösl. Komplexes.

2. $NaHCO_3$, $(NH_4)_2CO_3$

$$(NH_4)_2U_2O_7 + 6\,(NH_4)_2CO_3 \rightleftharpoons 2\,(NH_4)_4[UO_2(CO_3)_3] + 6\,NH_3\uparrow + 3\,H_2O.$$

Mit Uranoxidsalzen Bldg. leichtlösl. komplexer Uranoxidverbindungen. Auch die Diuranate lösen sich in beiden, bes. aber in $(NH_4)_2CO_3$ leicht auf, so daß diese zur Abtrennung des Urans von anderen Elementen dienen können. Bei längerem Kochen fällt das Diuranat infolge Verschiebung des Gleichgewichtes wieder aus.

Uran erscheint wegen der Bldg. von Carbonatokomplexen teilweise im SA u. erteilt ihm wie Chromat eine gelbe Farbe.

3. $(NH_4)_2S$

Ammoniumsulfid erzeugt mit UO_2^{2+} einen braunen Nd. von Uranoxidsulfid, UO_2S, der nicht nur in verd. Säuren, sondern auch in $(NH_4)_2CO_3$ lösl. ist.

4. Reduktion

Saure Uranoxidsalzlösungen – am besten schwefelsaure – werden durch unedle Metalle wie Mg, Zn, Cd, Bi sowie durch Natriumdithionit zu U(IV) reduziert.

Man säure eine Uranoxidsalzlsg. mit HCl an und gebe etwas festes $Na_2S_2O_4$ hinzu. Die gelbe Farbe des U(VI) geht in die grüne des U(IV) über. Beim Versetzen der Lsg. von U(IV) mit Alkalihydroxid oder Ammoniak fällt voluminöses, braunes $U(OH)_4$ aus, das sich an der Luft schnell zu Uranat(VI) oxidiert.

5. KSCN + Äther

UO_2^{2+} bildet in salzsaurer Lsg. mit SCN^- orangegelb gefärbtes, komplexes Uranoxidthiocyanat, das in W. und Äther lösl. ist. Durch mehrmaliges Schütteln der salzsauren wss. Lsg., der festes KSCN im Überschuß (1 g KSCN auf 3 ml Lsg.) zugesetzt ist, mit Äther läßt sich Uran aus der wss. Lsg. weitgehend entfernen (wichtig für die Trennung des Urans von Cr u. V!).

6. Vorproben

α) Flammenfärbung und Lötrohrprobe: keine Reaktion.
β) Phosphorsalzperle: In der Oxidationsflamme sowohl in der Hitze als auch in der Kälte gelb, in der Reduktionsflamme grünlich.
γ) NaF-Perle: Fluoreszenz im UV.

7. Nachweis als Peroxouranat

Aus neutraler oder essigsaurer Lsg. fällt H_2O_2 das Uran als gelblichweißes Peroxid.

Bei gleichzeitiger Einw. von NaOH oder Ammoniak und H_2O_2 entsteht ein in Laugen leichtlösl. orangegelbes Peroxouranat, dessen Zusammensetzung je nach den angewandten Mengenverhältnissen wechselt. Unter anderem entsteht ein $[UO_6]^{2-}$-Ion mit Peroxogruppen:

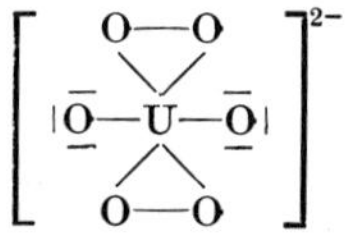

pD: 4,3.

8. Nachweis als $K_2(UO_2)[Fe(CN)_6]$

$$UO_2^{2+} + 2K^+ + [Fe(CN)_6]^{4-} \rightarrow K_2(UO_2)[Fe(CN)_6]\downarrow .$$

UO_2^{2+}-Ionen geben mit $K_4[Fe(CN)_6]$ einen braunen Nd., der in essigsaurer Lösung schwer löslich, in 5 M HCl leicht und in $(NH_4)_2CO_3$-Lösung langsam löslich ist.

Auf Zusatz von NaOH wandelt sich das braungefärbte $K_2(UO_2)[Fe(CN)_6]$ in gelbes $Na_2U_2O_7$ um.

Die Probe-Lsg. wird mit 5 M Essigsäure angesäuert, auf ca. 1 ml eingeengt u. dabei CO_2 vollständig vertrieben. Man setzt nun 1–3 Tr. eienr 0,1 M $K_4[Fe(CN)_6]$-Lsg. hinzu. Bei Ggw. von UO_2^{2+}-Ionen entsteht sofort eine braungefärbte Lsg., in der sich bald – bes. bei größeren UO_2^{2+}-Mengen – ein dunkelbrauner Nd. abscheidet. Nach dem Abzentrifugieren wandelt sich der braungefärbte Nd. auf Zusatz von 5 Tr. 5 M NaOH in gelbgefärbtes $Na_2U_2O_7$ um. Zur Ausführung als Tüpfelreaktion wird 1 Tr. der essigsauren Probe-Lsg. auf Filterpapier mit 1 Tr. einer 0,1 M $K_4[Fe(CN)_6]$-Lsg. versetzt. Ein brauner Fleck zeigt U an.

EG: 0,55 μg UO_2^{2+} pD: 4,7.

Störungen: Fe^{2+}, Fe^{3+} und Cu^{2+} bilden ebenfalls schwerlösliche und gefärbte Niederschläge mit $Fe(CN)_6^{4-}$.

9. Nachweis als Glyoxal-bis-(2-hydroxyanil-Chelat) (s. S. 429)

4.3.3.2.3. Elemente der IV. Nebengruppe des PSE

In der IV. Nebengruppe stehen die Elemente Titan, Ti, Zirkonium, Zr, und Hafnium, Hf.

Alle 3 Elemente treten vorwiegend in der Oxidationsstufe +4 auf. Von Titan und Zirkonium kennt man auch Verbindungen der Oxidationsstufe +2 und +3, die jedoch sehr instabil sind. Gemäß den allgemeinen Regeln für die Nebengruppen des PSE nimmt die Beständigkeit der niederen Oxidationsstufen mit steigender Ordnungszahl ab. Der basische Charakter der hochschmelzenden Dioxide nimmt mit steigender Ordnungszahl zu. Bedingt durch die Gleichheit der Ionenradien von Zr^{4+} und Hf^{4+}, die auf die Lanthanidenkontraktion (s. S. 290) zurückzuführen ist, zeigen beide Elemente ein sehr ähnliches chemisches Verhalten.

Titan, Ti, OZ: 22, RAM: 47,900

Häufigkeit: 0,41 Gew.-%. Smp.: 1668 °C. Sdp.: 3280 °C. D_{ZT}: 4,50 g/cm³. Oxidationsstufen: +3, +4. Ionenradius $r_{Ti^{4+}}$: 0,68 Å. Standardpotential: $Ti^{2+} + 2e^- \rightleftharpoons Ti$. $E_0 = -1,63$ V.

Vorkommen: Titan gehört zu den zehn häufigsten Elementen. Es kommt in geringen Mengen (zu etwa 0,5%) in vielen silicatischen Mineralien vor, da es das Aluminium z.T. in den Kristallstrukturen ersetzen kann. Reine Mineralien sind die drei Kristallmodifikationen des TiO_2 (Rutil, Anatas und Brookit) sowie Ilmenit, $FeTiO_3$, Perowskit, $CaTiO_3$, und Titanit, $CaTi[O/SiO_4]$.

Darstellung: Reinstes Titan (analog Th und Zr) erhält man durch thermische Zersetzung von TiJ_4 (Aufwachsverfahren nach *van Arkel* und *de Boer*). Großtechnisch wird Titan durch Reduktion von $TiCl_4$ mit flüssigem Magnesium unter Edelgasatmosphäre gewonnen.

Bedeutung: Titan und seine Legierungen sind sehr korrosionsbeständig und besitzen eine hohe mechanische Festigkeit; sie haben gegenüber gleichwertigen Stählen den Vorteil des um ca. 40% geringeren Gewichtes (Chemischer Apparatebau, Maschinenbau, Raumfahrt- und Flugzeugindustrie). $TiCl_4$ spielt als Beize in der Leder- und Textilindustrie, als Katalysator in der Kunststoffindustrie sowie zur Herstellung von künstlichem Nebel eine Rolle. TiO_2 wird in großen Mengen als weißes Farbpigment (Titanweiß) verwendet.

Allgemeine Eigenschaften: Titan verhält sich infolge Passivierung edler als nach dem Standardpotential zu erwarten ist. Ti(II) wird schon bei Zimmertemperatur durch Wasser unter H_2-Entwicklung zu Ti(III) oxidiert. $[Ti(H_2O)_6]^{3+}$-Ionen sind rotviolett gefärbt und ebenfalls ein starkes Reduktionsmittel (Maßlösung in der Titanometrie). Die Oxidationsstufe +4 ist die beständigste. Ti^{4+}-Kationen treten in wäßriger Lösung nicht auf. Es liegen stets Hydroxokationen wie $[Ti(OH)_3(H_2O)_3]^+$ oder $[Ti(OH)_2(H_2O)_4]^{2+}$ vor, deren Zusammensetzung stark pH-abhängig ist. Aus wäßriger Lösung kann man daher nur basische Salze gewinnen. Im festen Titanoxidsulfat, $TiOSO_4$, sind keine TiO_2^{2+}-Ionen, sondern —O—Ti—O—Ti—O-Ketten vorhanden.

Als amphotere Verbindung ist Titanoxidhydrat noch schwächer basisch als Eisen- oder Chromoxidhydrat. Titanoxidhydrat ist im gealterten oder geglühten Zustand in Säuren und Alkalien schwer löslich. TiO_2 wird am besten durch Schmelzen mit $KHSO_4$ (s. S. 134) aufgeschlossen:

$$TiO_2 + 2\,KHSO_4 \rightarrow [TiO]SO_4 + K_2SO_4 + H_2O.$$

Zum Aufschluß von TiO_2 kann man auch die gleichzeitige Einwirkung von Kohlenstoff und Chlor benutzen. Wie bei anderen schwer reduzierbaren Oxiden, z.B. SiO_2, Al_2O_3, UO_2, die mit wäßriger HCl entweder nur wasserhaltige Chloride bilden oder sich gar nicht auflösen, erhält man verhältnismäßig leicht das wasserfreie Chlorid:

$$TiO_2 + 2\,C + 4\,Cl_2 \rightarrow TiCl_4 + 2\,COCl_2.$$

Man stelle sich eine Lösung von Titan(IV)-sulfat her, indem man eine kleine Spatelspitze von TiO_2 mit etwa der 5fachen Menge $KHSO_4$ in einem Porzellantiegel 5–10 Minuten lang so hoch erhitzt, daß ein klarer Schmelzfluß entsteht, aber nur sehr wenig SO_3 entweicht. Den Schmelzkuchen löse man in wenig kaltem Wasser, dem etwas verdünnte H_2SO_4 zugesetzt ist, auf. Für die nachstehenden Reaktionen verwende man diese Lösung bzw. die entsprechend vorbereitete Analysenlösung.

1. Hydrolyse

Ein Teil der Lsg. wird mit W. verd. und gekocht. Nd. von TiO_2-Hydrat.

Werden schwach saure Titansalzlsgg. mit $Na_2S_2O_3$ oder mit Natriumacetat versetzt und gekocht, so erfolgt ebenfalls Bldg. eines Nd. von $TiO_2 \cdot aq$.

2. NaOH, Ammoniak Na_2CO_3, $(NH_4)_2S$ und Urotropin

Stets weißer, voluminöser Nd. von TiO_2-Hydrat. Frisch, in der Kälte gefällt, ist er in HCl u.a. starken Säuren leicht löslich. In der Hitze tritt aber sehr schnell Alterung ein, so daß die Lösungsgeschwindigkeit bald sehr klein wird und man längere Zeit mit konz. HCl oder H_2SO_4 digerieren muß, bis alles gelöst ist.

Ähnlich wie beim $SnO_2 \cdot aq$ (s. S. 343) erfolgt beim $TiO_2 \cdot aq$ durch Erhitzen eine Teilchenvergröberung, wodurch die Lösungsgeschwindigkeit herabgesetzt wird. Frisch gefälltes $TiO_2 \cdot aq$ löst sich außerdem relativ leicht in $(NH_4)_2CO_3$.

3. Dinatriumhydrogenphosphat

In essigsaurer Lösung weißer Nd. eines Gemisches von Titandioxidhydrat und Titanoxidhydrogenphosphat, $[TiO]HPO_4$, schwerlöslich in Essigsäure, löslich in Mineralsäuren.

4. Zink + HCl

$$Ti(IV) + H_{nasc.} \rightarrow Ti(III) + H^+.$$

Es erfolgt Red. zu rotviolettem $[Ti(H_2O)_6]^{3+}$.

5. Vorproben

α) Phosphorsalzperle: In der Oxidationsflamme in der Hitze schwach gelblich, in der Kälte farblos.

β) Erhitzen mit metallischem Natrium:
Man erhitzt die Probe in einem Glühröhrchen mit einem Stückchen metallischen Natriums bis zum Erweichen des Glases. Dann läßt man das heiße Glühröhrchen in ein Reagenzglas mit kaltem W. fallen und säuert die Lsg. an.
Während des Erhitzens schmilzt das Natrium, entzündet sich unter Flammenerscheinung und red. hierbei die Probe zu niederen Oxidationsstufen, die dann beim Ansäuern in Erscheinung treten.

Beim Titan tritt nach dem Ansäuern der Lsg. die rotviolette Farbe des Ti^{3+} auf.

6. Nachweis als Peroxotitan-Kation

$$[Ti(OH)_2(H_2O)_4]^{2+} + H_2O_2 \rightarrow [TiO_2 \cdot aq]^{2+} + 6H_2O.$$

Mit H_2O_2 bilden sich gelb bis gelborange gefärbte $[TiO_2]^{2+}$-Kationen.

Fe^{3+} wird mit 1–2 Tropfen 60–85%iger H_3PO_4 maskiert [Bildung von Phosphatoferraten(III)].

Die HCl-saure Probelsg. wird bei Ggw. von Fe^{3+} durch Zusatz weniger Tr. sirupöser H_3PO_4 entfärbt u. mit 3 Tr. 2,5 M H_2O_2 versetzt. Die Bldg. einer gelb bis gelborange gefärbten Lsg., die durch Zusatz von gesätt. KF- oder NH_4F-Lsg. wieder entfärbt wird, zeigt Ti an.

EG: 0,01 µg Ti/1 ml pD: 8,7.

Störungen: Diese sehr empfindliche Ti-Reaktion wird durch gefärbte und komplexbildende Anionen beeinträchtig, z.B. überdecken CrO_4^{2-}-Ionen die H_2O_2-Reaktion, und V sowie Mo geben mit H_2O_2 ebenfalls gefärbte Peroxoverbindungen. F^--Ionen verhindern die H_2O_2-Reaktion durch Bildung des sehr stabilen $[TiF_6]^{2-}$-Komplexes. Bei Gegenwart dieser Ionen ist daher die exakte Durchführung der auf S. 312 beschriebenen Trennverfahren Voraussetzung für die Eindeutigkeit dieses Nachweises.

7. Nachweis mit Chromotropsäure (s. S. 428)

Zirkonium, Zr, OZ: 40, RAM: 91,22

Häufigkeit: $2{,}1 \cdot 10^{-2}$ Gew.-%. Smp.: 1855 °C. Sdp.: ≈4380 °C. D_{ZT}: 6,50 g/cm³. Oxidationsstufen: +4. Ionenradius $r_{Zr^{4+}}$: 0,79 Å. Standardpotential: $Zr^{4+} + 4e^- \rightleftharpoons Zr$. $E_0 = -1{,}53$ V.

Vorkommen: Anreicherungen von Zirkonmineralien sind sehr selten. Die wichtigsten sind Zirkonerde, ZrO_2 und Zirkon, $ZrSiO_4$. Zirkonium kommt durchschnittlich mit 2% Hafnium vergesellschaftet vor.

Darstellung: Zirkoniummetall gewinnt man durch Reduktion von $ZrCl_4$ mit Mg oder Na, reinstes Zr nach dem Aufwachsverfahren (s. S. 299).

Bedeutung: Zirkonium besitzt eine große Härte sowie eine hohe Hitze- und Korrosionsbeständigkeit. Das Metall und seine Legierungen (z.B. Zusätze zu Mg und Al) werden daher in der Raumfahrt- und Flugzeugindustrie verwendet. Auf Grund seines geringen Einfangquerschnitts für thermische Neutronen hat das hafniumfreie Metall in Reaktorbau große Bedeutung. Elementares Zr ist in rauchlosen Blitzlichtpulvern enthalten. Weiterhin findet es zur Herstellung chirurgischer Ersatzteile (z.B. künstlicher Schädelplatten) Verwendung. ZrO_2 bzw. $ZrSiO_4$ dient als hochfeuerfestes Material, ZrO_2 als Röntgenkontrastmittel, $ZrCl_4$ als Katalysator in Crack-Prozessen.

Allgemeine Eigenschaften: Die Fähigkeit, in niedrigeren Oxidationsstufen als +4 aufzutreten, ist geringer als beim Titan. Zr(IV) hydrolysiert in wäßriger Lösung zu einer Reihe von Ionen, wie z.B. $[Zr(OH)_2 \cdot aq]^{2+}$, $[ZrOOH \cdot aq]^{+}$, $[Zr(OH)_3 \cdot aq]^{+}$. Zwischen den verschiedenen Ionen bestehen Gleichgewichte. ZrO^{2+}-Ionen (Zirkonoxidionen) konnten in wäßriger Lösung nicht nachgewiesen werden. Das Kondensationsbestreben des Zr(IV) unter Bildung von Isopolybasen nimmt mit steigender Konzentration, bei Temperaturerhöhung und mit steigendem pH-Wert zu. Verdünnt man saure Zr(IV)-Salzlösungen, so fällt Zirkoniumoxidhydrat aus.

ZrO_2 ist stärker basisch als TiO_2. Bei hoher H^+-Konzentration entstehen Acidokomplexe wie z.B. die Disulfatozirkoniumsäure (Zirkonylschwefelsäure), $H_2[ZrO(SO_4)_2]$. Sehr beständige Komplexe bildet Zr(IV) mit Oxalat und Fluoridionen.

Gegenüber Schmelzen von Alkalihydroxid oder Alkalicarbonat verhält sich ZrO_2 als Säureanhydrid. Es bilden sich Zirkonate.

$$ZrO_2 + Na_2CO_3 \rightleftarrows Na_2ZrO_3 + CO_2\uparrow.$$

Sie hydrolysieren in Wasser unter Abscheidung von Zirkoniumoxidhydrat, das frisch gefällt in Säuren löslich ist. Auf diesem Wege können ZrO_2 und $ZrSiO_4$, die sich sonst nur in Flußsäure lösen, aufgeschlossen werden.

Zu den Reaktionen verwende man eine Lösung von Zirkonoxidnitrat, $ZrO(NO_3)_2$, oder -chlorid, $ZrOCl_2$, bzw. die entsprechend vorbereitete Analysenlösung.

1. NaOH, Ammoniak $(NH_4)_2S$ und Urotropin

Fällung von gallertartigem, weißem Zirkoniumdioxidhydrat, im Überschuß des Fällungsmittels schwer löslich. Der frisch in der Kälte gefällte Nd. ist in verd. Mineralsäuren leicht löslich. Durch Alterung, die in der Hitze sehr schnell vonstatten geht, nimmt die Lösungsgeschwindigkeit wie beim $TiO_2 \cdot aq$ stark ab (vgl. S. 300). Bei Ggw. von Weinsäure erfolgt infolge Komplexbldg. keine Fällung.

2. Na_2CO_3, K_2CO_3, $(NH_4)_2CO_3$

Fällung von basischem Carbonat, das im Überschuß des Fällungsmittels, besonders von $(NH_4)_2CO_3$, lösl. ist. Beim Erhitzen der Lsg. fällt das Carbonat wieder aus.

3. Oxalsäure oder $(NH_4)_2C_2O_4$

Zunächst Fällung von weißem, feinkristallinem Zirkoniumoxalat, lösl. im Überschuß des Fällungsmittels und in starken Säuren (wichtig für die Trennung von Thorium s. S. 296). Aus vorher erhitzten H_2SO_4-sauren Lsgg. kann die Fällung von Zirkoniumoxalat infolge der Beständigkeit der dann vorliegenden Sulfatokomplexe ausbleiben.

4. Flußsäure und Fluoride

Bei tropfenweiser Zugabe von H_2F_2 zu konz. Zirkoniumsalzlsgg. zunächst voluminöse Fällung von Zirkoniumfluorid oder -oxidfluorid, die im Überschuß des Fällungsmittels oder in Ggw. von Alkalifluoriden wieder in Lösung geht. Es bilden sich lösl. Fluorokomplexe z.B.

$$[ZrOF_4]^{2-} \quad \text{oder} \quad [ZrF_6]^{2-}.$$

(Wichtig für die Trennung von den Seltenerdmetallen u. Thorium, s. S. 292 und S. 296.)

5. H_2O_2

In neutraler Lsg. Fällung eines weißen Nd. von Peroxozirkoniumsäure, $HO \cdot O \cdot Zr(OH)_3$ schwerlösl. in 1%iger und Essigsäure, dagegen lösl. in verd. Säuren unter Bldg. von Acidoperoxozirkoniumsäuren, z.B. $H_2[Zr(O_2)(SO_4)_2]$. Auch in überschüssigem Alkalihydroxid löst sich die Peroxozirkoniumsäure unter Salzbildung. Beim Erhitzen der Lsg. tritt Zers. und Ausfällung von Zirkoniumdioxidhydrat ein.

6. Nachweis als $Zr_3(PO_4)_4$

Mit Na_2HPO_4 weißer flockiger Niederschlag der ungefähren Zusammensetzung $Zr_3(PO_4)_4$, der im Gegensatz zu den Phosphaten aller anderen Elemente (mit Ausnahme von Hafnium) auch aus stark salzsaurer Lösung ausfällt.

Die 5 M HCl-saure Probelsg. wird mit wenigen Tr. sirupöser, H_3PO_4 (60–85%) oder einer Alkaliphosphatlsg. versetzt. Ein farbloser, oft flockiger Nd., der sich nur langsam absetzt und selbst von konz. HCl beim Erwärmen nur sehr langsam gelöst wird, zeigt Zr an.

Zr-Phosphat wird gleichzeitig bei dem Ti-Nachw. (s. S. 300) gebildet, wenn man zur Maskierung von Fe^{3+} zu der HCl-sauren Lsg. H_3PO_4 zusetzt. Der Phosphat-Nd. stört den Ti-Nachw. jedoch nicht.

7. Nachweis als Alizarin S-Farblack

Zr wird aus nicht zu stark salzsaurer Lösung durch Alizarin S als roter bis rotvioletter Farblack gefällt, während sich die entsprechenden Lacke von Al, Be, Th und Ti nur in neutraler bis essigsaurer Lösung bilden.

Nach Abtrennung von SO_4^{2-} als $BaSO_4$ wird 1 Tr. der möglichst schwach salzsauren Lsg. in einer kleinen Porzellanschale mit 1 Tr. Reagenzlsg. kurz aufgekocht und nach dem Abkühlen mit 1 Tr. 1 M HCl versetzt. Dabei lösen sich die evtl. gebildeten Farblacke der oben erwähnten Elemente auf und nur der Zr-Lack bleibt in Form rotvioletter bis hochroter Flöckchen ungelöst zurück.

EG: 0,5 μg Zr pD: 5,0.

Störungen: In Gegenwart von F^-, PO_4^{3-}, SO_4^{2-}, MoO_4^{2-}, WO_4^{2-} und organischer Hydroxysäuren bleibt die Fällung aus. Die Störung durch SO_4^{2-}-Ionen kann durch Zugabe von $BaCl_2$ verhindert werden, während die übrigen Anionen bei sorgfältiger Durchführung des Trennungsganges an dieser Stelle nicht mehr zugegen sind.

Reagenz: 0,1%ige wss. Alizarin S-Lösung.

8. Nachweis als fluoreszierender Morin-Farblack (s. S. 428)

9. Nachweis als Phenylarsonsäure-Verbindung (s. S. 428)

4.3.3.2.4. Elemente der V. und VI. Nebengruppe des PSE

Zur V. Nebengruppe des PSE gehören die Elemente Vanadin, V, Niob, Nb, und Tantal, Ta, zur VI. Nebengruppe die Elemente Chrom, Cr, Molybdän, Mo, und Wolfram, W. Ihre Hauptoxidationsstufen sind + 5 bzw. + 6. Gemäß der allgemeinen Regel für die Nebengruppen (s. S. 107) nimmt die Beständigkeit der höchsten Oxidationsstufe mit steigender Ordnungszahl zu und die Tendenz zur Bildung niedrigerer Oxidationsstufen ab. Die genannten Elemente bilden in ihrer höchsten Oxidationsstufe leicht Isopolysäuren (s. S. 280), wobei innerhalb der einzelnen Gruppen das Kondensationsbestreben mit steigender Ordnungszahl zunimmt.

Die Säuren einiger dieser Elemente vermögen bei Erhöhung der H^+-Konzentration nicht nur mit sich selbst zu höheren Aggregationsprodukten, sondern auch mit anderen, meist schwächeren Säuren zu sog. Heteropolysäuren zusammenzutreten. Salze solcher Heteropolysäuren sind z.B. die Ammoniumsalze der Molybdatoarsen- und Molybdatophosphorsäure (s. bei Arsen und Phosphor) mit den Anionen

$$[As(Mo_3O_{10})_4 \cdot aq]^{3-} \quad \text{und} \quad [P(Mo_3O_{10})_4 \cdot aq]^{3-}.$$

Man kann sich vorstellen, daß an Stelle eines O^{2-} im AsO_4^{3-} und PO_4^{3-} je ein $Mo_3O_{10}^{2-}$-Ion getreten ist. Das $Mo_3O_{10}^{2-}$-Ion ist ebenfalls als Baugruppe in den

Isopolysäuren des Molybdäns enthalten; in wäßriger Lösung vermag es jedoch nicht für sich allein in einem größeren pH-Bereich zu existieren. Die Bildung des Molybdatoarsenat-Komplexes erfolgt nach

$$AsO_4^{3-} + 4Mo_3O_{10}^{2-} + 8H^+ \rightarrow [As(Mo_3O_{10})_4 \cdot aq]^{3-} + 4H_2O.$$

In alkalischer Lösung werden die Heteropolysäuren genau so aufgespalten wie die Isopolysäuren. Das Gleichgewicht verschiebt sich dabei nach der Seite der einfachen Ionen, so daß sich diese Verbindungen, falls sie schwer löslich sind, in Alkalihydroxiden leicht auflösen.

Ebenso wie beim vorstehenden Beispiel bildet stets das eine Element (As, P, Si, B, J u.a.) das Zentralion eines Komplexes und wird vom anderen (V, Mo oder W) über eine Sauerstoffbrücke in regelmäßiger räumlicher Anordnung umgeben. Dabei kommen meist auf ein Zentralion 6 oder 12 Ionen des anderen Metalls.

Alle 6 Elemente besitzen ausgesprochenen Metallcharakter, sind jedoch in ihren normalen Oxiden Säurebildner.

Vanadin, V, OZ: 23, RAM: 50,942

Häufigkeit: 1,4 · 10^{-2} Gew.-%. Smp.: 1890 °C. Sdp.: ≈3380 °C. D_{ZT}: 6,12 g/cm³. Oxidationsstufen: (+2), (+3), +4, +5. Standardpotential: $V^{2+} + 2e^- \rightleftharpoons V$. $E_0 = (-1{,}18\ V)$.

Vorkommen: Vanadin findet sich selten in größeren Lagerstätten. Als wichtigste Mineralien sind Vanadinit, $Pb_5[Cl/(VO_4)_3]$, Patronit, VS_4 und Carnotit (s. S. 297) zu nennen.

Darstellung: In der Technik wird meist nur ca. 50% Vanadin enthaltendes Ferrovanadin durch Reduktion eines Vanadinoxid-Eisenoxid-Gemisches mit Kohle im elektrischen Ofen dargestellt. Sehr reines Vanadin erhält man durch das Aufwachsverfahren (s. S. 299).

Bedeutung: Geringe Mengen Vanadin (oft genügen 0,1 bis 1%) erhöhen die Dehnbarkeit, Härte, Stoß- und Schlagfestigkeit sowie die thermische Beständigkeit von Stählen. Vanadin(V)-Verbindungen wirken als Katalysatoren, z.B. beim Schwefelsäure-Kontaktverfahren. Für verschiedene Kleinlebewesen ist Vanadin ein lebenswichtiges Spurenelement.

Allgemeine Eigenschaften: Die Basizität der Oxide in den Oxidationsstufen +2 bis +5 nimmt mit steigender Oxidationsstufe ab (s. S. 111). So bilden sich in der Oxidationsstufe +2 und +3 Salze und Komplexverbindungen wie $VSO_4 \cdot 7H_2O$, $K_4[V(CN)_6] \cdot 3H_2O$ oder die Sulfatovanadin-(III)-säure, $H[V(SO_4)_2] \cdot 6H_2O$. Vanadin(III) gibt daneben auch Salze vom Alauntyp, $M^I[V(SO_4)_2] \cdot 12H_2O$, mit dem Ion $[V(H_2O)_6]^{3+}$. Das entsprechende blauviolette Ammoniumsalz ist beständig gegen Luftsauerstoff. Sonst sind die V(II)- und V(III)-Verbindungen starke Reduktionsmittel und werden vom Luftsauerstoff zu V(IV) oxidiert. Das Oxid der Oxidationsstufe +4, VO_2, hat amphoteren Charakter. Mit Basen bildet es Vanadate(IV), mit Säuren Salze des in wäßriger Lösung hellblau gefärbten „Vanadyl"-Kations, VO^{2+}. Das Oxid der Oxidationsstufe +5, V_2O_5, bildet mit Alkalien Vanadate(V). Aus den in alkalischer Lösung beständigen Anionen der Orthovanadinsäure, VO_4^{3-}, entstehen mit steigender Wasserstoffionenkonzentration verschieden hoch aggregierte Isopolysäuren (s. Versuch 1).

Die nachstehenden Reaktionen werden mit einer Lösung von Natriumvanadat(V) in Wasser bzw. der entsprechend vorbereiteten Analysenlösung durchgeführt.

1. Säuren, Alkalien, Urotropin

$$2[VO_4]^{3-} + 2H^+ \rightleftharpoons [V_2O_7]^{4-} + H_2O \quad \text{Divanadat,}$$

$$[V_2O_7]^{4-} + VO_4^{3-} + 4H^+ \rightleftharpoons [V_3O_9]^{3-} + 2H_2O \quad \text{Trivanadat, in verdünnter Lösung}$$

$$2[V_2O_7]^{4-} + 4H^+ \rightleftharpoons [V_4O_{12}]^{4-} + 2H_2O \quad \text{Tetravanadat, in konzentrierter Lösung}$$

$$5[V_4O_{12}]^{4-} + 8H^+ \rightleftharpoons 2[V_{10}O_{28}]^{6-} + 4H_2O \quad \text{Dekavanadat,}$$

$$[V_{10}O_{28}]^{6-} + 6H^+ \rightarrow 5[V_2O_5 \cdot aq] + 3H_2O \quad \text{Vanadinpentoxidhydrat,}$$

$$[V_2O_5 \cdot aq] + 2H^+ \rightleftharpoons 2[VO_2]^+ + H_2O + aq \quad \text{Vanadin(V)-oseid-kation.}$$

Diese Reagenzien geben keine Fällung. Die alkalische Lsg. ist farblos. Bei langsamem Ansäuern tritt gelbe, dann orangegelbe Farbe unter Bldg. von Dekavanadat auf. Bei weiterer Verminderung des pH-Wertes hellt sich die Lsg. wieder auf, weil jetzt das hellgelbe $[VO_2]^-$-Ion entstanden ist.

Zum Teil sind in den Lösungen noch Ionen der sauren Salze zu finden. Diese Gleichgewichte wurden hier nicht berücksichtigt. Außerdem existiert im stark sauren Gebiet noch ein $[VO]^{3+}$-kationon.

Die Tetravanadate sind die verbreitetsten und werden im allg. als Metavanadate bezeichnet, z.B. Natriummetavanadat $Na_4[H_2V_4O_{13}] = (NaVO_3)_4 \cdot H_2O$.

2. Reduktionsmittel

H_2S, SO_2, Oxalsäure u.a. reduzieren V(V) in saurer Lösung zu V(IV). Es entstehen hellblau gefärbte VO^{2+}-Kationen. Metalle, wie Zn, Cd oder Al, reduzieren bis zum violetten V^{2+}. Hierbei kann man die dazwischenliegenden Oxidationsstufen (hellblaues VO^{2+} und grünes V^{3+}) an dem Farbwechsel erkennen.

Beim Erhitzen des festen Salzes mit metallischem Natrium (Ausführung s. beim Titan, 5., S. 300) wird V(V) zu V(III) reduziert, dessen Lsg. in W. grün ist.

3. Schwermetall-, Erdalkaliionen

In neutraler Lsg. Fällung von Vanadaten, z.B. orangerotes $AgVO_3$, weißes $(Hg_2)_3(VO_4)_2$, gelbes $Pb_3(VO_4)_2$, rotbraunes $FeVO_4$, weiße Erdalkalivanadate. Letztere sindc uah in schwachen Säuren lösl., $FeVO_4$ ist in Essigsäure schwerlösl., in Mineralsäuren lösl.; $(Hg_2)_3(VO_4)_2$ ist auch in verd. HNO_3 nur sehr schwer löslich.

4. H_2S, $(NH_4)_2S$

Mit $(NH_4)_2S$ in neutraler u. ammoniakalischer Lsg. keine Fällung, sondern Bldg. lösl. Thiovanadate, die je nach dem Schwefelgehalt des Ammoniumsulfids braun bis rotviolett gefärbt sind. Beim Sättigen der ammoniakalischen Lsg. mit H_2S tritt die intensive Rotviolettfärbung des entstandenen $[VS_4]^{3-}$ besonders schön auf. Empfindliche Nachw.-Rk. für Vanadin. Mo stört durch Bldg. von rotbraunem Thiomolybdat (s. S. 308).

Beim Ansäuern der Thiovanadatlsg. fällt braunes V_2S_5 aus. Durch den frei werdenden Schwefelwasserstoff wird stets etwas V(V) red., das Z. des V_2S_5 ist daher durch geringe Mengen von lösl. $[VO]^{2+}$ schwach bläulich bis türkisblau gefärbt. Bei Ggw. von Cl^- wird die Reduktion gestört.

5. Flüchtigkeit von Vanadinoxidchlorid

Eine ausgezeichnete Vorprobe beruht auf der Flüchtigkeit von Vanadinoxidchlorid im trockenen Chlorwasserstoffstrom.

Man mischt die auf Vanadin zu prüfende Substanz mit der 4–5fachen Menge NH_4Cl und füllt das Gemisch in ein trockenes Reagenzglas. Dasselbe wird mit einem Glaswollebausch verschlossen, der mit verd. H_2SO_4 angefeuchtet ist. Nun erhitzt man lebhaft. Vanadin verflüchtigt sich dabei mit dem NH_4Cl, schlägt sich an der Glaswandung nieder und wird bis an den Glaswollebausch getrieben. Nach 5 Min. ist die Rk. beendet. Die in u. unter der Glaswolle vorhandene Masse wird in verd. H_2SO_4 gelöst, vom Schwerlöslichen abfiltriert, auf ein kleines Vol. eingedampft und entsprechend 7. (s. unten) auf Vanadin geprüft.

6. Vorproben

Die Phosphorsalzperle wird in der Reduktionsflamme charakteristisch grün, in der Oxidationsflamme schwachgelb bis gelbbraun (nur bei sehr starker Sättigung) gefärbt.

Auch die Rkk. mit Reduktionsmitteln (s. 2.), mit H_2S bzw. $(NH_4)_2S$ (s. 4.) sowie die Flüchtigkeit des Vanadinoxidchlorids (s. 5.) haben Vorprobencharakter.

7. Nachweis als Peroxovanadin(V)

In saurer Lösung liegt V(V) in Form von $[VO_2]^+$- und $[VO]^{3+}$-Kationen vor. Die $[VO]^{3+}$-Ionen reagieren mit H_2O_2 primär unter Bildung von rötlich-braun gefärbten $[VO_2]^{3+}$-Kationen, die aber auf Zusatz von weiterem H_2O_2 in die schwach gelb gefärbte Peroxovanadinsäure $H_3[VO_2(O_2)_2]$ übergehen. Die Reaktion soll demgemäß möglichst in saurer (15–20%ige H_2SO_4- oder HNO_3-)Lösung und mit wenig H_2O_2 durchgeführt werden. Bei Gegenwart von CrO_4^{2-} darf die Acidität nicht zu groß sein, wenn Cr(VI) und V(V) nebeneinander nachgewiesen werden sollen, da sonst CrO_5 zerfällt, ehe es in der ätherischen Phase gelöst ist. Die Empfindlichkeit der Reaktion für V(V) wird durch pH-Erhöhung zwar herabgesetzt, ist jedoch bei den Bedingungen der CrO_5-Reaktion immer noch zur eindeutigen Identifizierung von V(V) groß genug.

Die Reaktion wird, wie beim Cr beschrieben (vgl. 6., S. 281), ausgeführt. Es bildet sich nach Zusatz von wenig H_2O_2 eine rötlich-braune wss. Phase, die auf weiteren H_2O_2-Zusatz wieder verblaßt.

EG: 2,5 μg V pD: 4,3.

[Bei Anwesenheit von Cr(VI) wird in 15–20 %iger mineralsaurer Lsg. gearbeitet.]

Störungen: Ti(IV) muß vorher abgetrennt werden.

8. Nachweis durch Reduktion von Fe^{3+} zu Fe^{2+}

$$2[VO_2]^+ + 4H^+ + 2Cl^- \rightleftharpoons 2[VO]^{2+} + Cl_2\uparrow + 2H_2O,$$
$$[VO]^{2+} + Fe^{3+} + H_2O \rightleftharpoons [VO_2]^+ + Fe^{2+} + 2H^+.$$

Durch konz. HCl wird V(V) beim Kochen zu V(IV) reduziert. Beim Eindampfen der Lösung verflüchtigt sich das gebildete Chlor, so daß das Gleichgewicht ganz nach rechts verschoben wird. Von Fe^{3+}-Ionen wird das $[VO]^{2+}$-Ion wieder zu V(V) oxidiert.

Die Bildung von Fe^{2+}-Ionen, die mit α.α'-Dipyridyl, 1,10-Phenanthrolin oder Diacetyldioxim nachgewiesen werden können, zeigt das Vorhandensein von Vanadin an.

Einzelheiten der Ausführung dieses Nachweises s. S. 429.

Niob, Nb, OZ: 41, RAM: 92,906 und Tantal, Ta, OZ: 73, RAM: 180,948

Niob

Häufigkeit: $1{,}9 \cdot 10^{-3}$ Gew.-%. Smp.: 2468 °C. Sdp.: = 4900 °C. D_{ZT}: 8,55 g/cm³. Oxidationsstufen: +3, +5.

Tantal

Häufigkeit: $8 \cdot 10^{-4}$ Gew.-%. Smp.: 2996 °C. Sdp.: 5400 °C. D_{ZT}: 16,6 g/cm³. Oxidationsstufen: +5.

Vorkommen: Niob und Tantal kommen als geringe Beimengungen in zahlreichen Mineralien vor. In kleinem Umfang findet man aber auch eigene Mineralien. Hier sind zu nennen Niobit, $(Fe,Mn)(Nb,Ta)_2O_6$, und der Tantalit, $(Fe,Mn)(Ta,Nb)_2O_6$. Wegen ihrer chemischen Ähnlichkeit sind beide Elemente immer vergesellschaftet anzutreffen.

Darstellung: Tantal gewinnt man durch Reduktion von K_2TaF_7 mit Na oder durch Schmelzflußelektrolyse von Ta_2O_5 in K_2TaF_7. Letzteres Verfahren eignet sich auch für die entsprechenden Niob-Verbindungen.

Bedeutung: Beide Elemente zeichnen sich durch große chemische Beständigkeit vor allem gegenüber Säuren (mit Ausnahme von HF) und sehr gute mechanische Eigenschaften aus. Besonders Tantal wird als Werkstoff im chemischen Apparatebau, zur Herstellung von chirurgischen Instrumenten und als Düsenmaterial in der Kunstseidenindustrie eingesetzt. Niob und Tantal sind in geringen Prozentsätzen Bestandteile hochwertiger Spezialstähle. Wegen seines geringen Neutroneneinfangquerschnittes wird tantalfreies Niob im Kernreaktorbau verwendet.

Allgemeine Eigenschaften: Niob und Tantal sind außer in HF in keiner Säure löslich (Passivierung). Niob wird von geschmolzenem Alkalihydroxid gelöst. Sowohl die Atom- als auch die Ionenradien beider Elemente unterscheiden sich infolge der Lanthanidenkontraktion (s. S. 290) kaum, wodurch die Verbindungen in ihrem Verhalten sehr ähnlich sind.

Die Oxidationsstufe + 5 ist für beide Elemente die häufigste und beständigste. Übereinstimmend mit den allgemeinen Regeln im PSE über die Beständigkeit der höchsten Oxidationsstufe (s. S. 107) läßt sich Vanadin mit Zn und HCl bis zur Oxidationsstufe + 2, Niob nur bis zur Oxidationsstufe + 3 und Tantal nicht mehr reduzieren. Als Ausgangssubstanz für Verbindungen beider Elemente dienen die Pentoxide, Nb_2O_5 und Ta_2O_5. Im geglühten Zustand sind beide Oxide in Säuren mit Ausnahme von HF schwerlöslich. Sie lassen sich durch Schmelzen mit Alkalicarbonat aufschließen. Dabei bilden sich Orthoniobate bzw. Orthotantalate, z.B.:

$$Nb_2O_5 + 3\,Na_2CO_3 \rightarrow Na_3NbO_4 + 3\,CO_2\uparrow.$$

Beim Auslaugen der Schmelzen mit Wasser bleibt jedoch schwerlösliches Metaniobat, $NaNbO_3$, zurück. In wäßrigen Lösungen beider Elemente sind nur Polyanionen oder Komplexe z.B. mit Phosphat, Fluorid oder organischen Säuren beständig.

Zu den folgenden Reaktionen stelle man sich durch Schmelzen der Pentoxide mit KOH oder K_2CO_3 und Lösen der Schmelze in Wasser eine Kaliumniobat- bzw. -tantalatlösung her.

1. Mineralsäuren

Mineralsäuren fällen weißes Niob- bzw. Tantalsäuregel. Die Gele werden beim Kochen nach kurzer Zeit schwer löslich; nur in der Kälte frisch gefällt, sind sie in heißen, konz. Säuren z.T. löslich. Im Überschuß von H_3PO_4 und H_2F_2 lösen sich die Gele unter Komplexbildung.

2. Oxalsäure, Weinsäure, Citronensäure

Im Überschuß dieser Säuren lösen sich die zunächst gefällten Oxidhydrate unter Komplexbildung.

3. NaOH und Natriumsalze

Die genannten Reagenzien fällen schwerlösl. Natriumniobat bzw. -tantalat.

Zu den folgenden Reaktionen stelle man sich eine saure Nb- bzw. Ta-Lösung wie folgt her: Die Pentoxide löse man in H_2F_2, rauche mit konz. H_2SO_4 ab (Pt-Tiegel!) und nehme mit Wasser auf.

4. Ammoniak, $(NH_4)_2S$, Urotropin

Diese Reagenzien fällen weißes Niob- bzw. Tantalsäuregel (s. 1.).

Während eine Identifizierung des Nb durch die nachstehenden Reaktionen gelingt, ist der eindeutige Nachw. des Ta schwierig. Zur Erkennung des letzteren kann man die relative Schwerlöslichkeit des Kaliumoxofluorotantalats benutzen (s. 9., S. 307).

5. Vorproben

Die in der Reduktionsflamme erzeugte Phosphorsalzperle ist je nach der Konzentration des Nb violett, blau oder braun gefärbt. Gibt man jetzt eine Spur $FeSO_4$ hinzu, so färbt sie sich blutrot. In der Oxidationsflamme tritt keine Färbung auf.

Ta liefert sowohl in der Oxidations- als auch in der Reduktionsflamme eine farblose Perle.

6. Nachweis durch Reduktion

Ta(V) läßt sich, wie bereits erwähnt, nur äußerst schwer in eine niedere Oxidationsstufe überführen.

Hingegen wird Nb(V) in mineralsaurer Lsg. bereits durch Zn oder Sn unter Blau- bzw. Braunfärbung reduziert. Im Gegensatz zu Ta ist auch eine Red. von komplexgebundenem Nb, wie es z.B. im Kaliumoxofluoroniobat vorliegt, möglich. Erhitzt man eine mit konz. HCl angesäuerte Lsg. des genannten Komplexes zum Sieden und fügt dann Zn hinzu, so tritt sofort eine braunviolette Farbe auf.

7. Nachweis als Nb(III)-thiocyanatkomplex

Zu der mineralsauren Lsg. von Nb(V) füge man KSCN und gebe etwas granuliertes Zn hinzu. Es tritt eine goldgelbe Färbung auf, da das durch Red. entstandene Nb(III) einen Thiocyanatokomplex bildet. Unterscheidungsrk. des Niob von Tantal und Titan.

8. Nachweis durch Bildung von Peroxoniobsäure

Zu frisch gefälltem Niobsäuregel gebe man 1–2 ml Perhydrol und etwas verd. H_2SO_4. Es tritt Gelbfärbung unter Bldg. von Peroxoniobsäure, $HNbO_4 \cdot aq$ auf; in der Wärme erfolgt Zers. in Niobsäure u. H_2O_2. Die in gleicher Weise darstellbare Peroxotantalsäure ist farblos.

9. Nachweis als $K_2[NbF_7]$ bzw. $K_2[TaF_7]$

Die Fluorokomplexe $K_2[NbF_7]$ und $K_2[TaF_7]$ sowie Kaliumoxofluorotantalat $K_4[Ta_4O_5F_{14}]$ kristallisieren isomorph in orthorhombischen Nadeln. Dagegen bildet Kaliumoxofluoroniobat, $K_2[NbOF_5] \cdot H_2O$ dünne, monokline, perlmutterglänzende Plättchen. $K_2[NbF_7]$ ist erheblich löslicher als $K_2[TaF_7]$ und nur in viel HF enthaltenden Lösungen stabil, da es leicht hydrolysiert:

$$K_2[NbF_7] + H_2O = K_2[NbOF_5] + H_2F_2.$$

Man löse eine Probe der frisch gefällten Gele in H_2F_2 und füge einen geringen Überschuß KF hinzu. Beim Kochen geht $K_2[NbF_7]$ als $K_2[NbOF_5]$ in Lösung, während das schwererlösliche $K_4[Ta_4O_5F_{14}]$ in Nadeln kristallisiert (Kristallaufnahme 27).
Störungen: Nb stört nicht. Bei Proben, die neben viel Nb nur sehr wenig Ta enthalten, besteht die Gefahr, daß Kaliumoxofluoroniobat mit ausgefällter Prüfung des Nd. auf Nb s. 6.

Ausführung der Analyse bei Anwesenheit von Nb und Ta

Nb(V) und Ta(V) fallen beim Neutralpunkt als Pentoxidhydrate aus, welche nach kurzer Zeit durch Alterung schwer löslich werden. Je nachdem, welche Nb- oder Ta-Verbindungen vorliegen, können die Elemente an verschiedenen Stellen des systematischen Analysenganges in Erscheinung treten. Es empfiehlt sich daher, sie vorher wie folgt abzutrennen:

a) Beim Vorliegen als Elemente bleiben Nb und Ta im Ungelösten zurück. Sie lösen sich weder in saurer noch in alkalischer Schmelze, so daß man die zurückbleibenden Elemente in H_2F_2 lösen, mit konz. H_2SO_4 abrauchen und mit Wasser aufnehmen kann; Nachweisreaktionen s. 5.ff.

b) Beim Vorliegen als Oxide bleiben Nb und Ta im Ungelösten zurück. Die Oxide werden durch Schmelzen mit K_2CO_3 aufgeschlossen und die Schmelze mit Wasser aufgenommen. Zur Abtrennung des Nb und Ta von anderen Elementen verfahre man nach 3.; Nachweisreaktion s. 5.ff.

c) Beim Vorliegen als wasserlösliche Verbindungen (Alkaliniobate bzw. -tantalate) fallen Nb und Ta beim schwachen Ansäuern des wäßrigen Auszuges als Pentoxidhydrate aus, die nach kurzem Kochen schwer löslich und wie unter b) weiter behandelt werden.

d) Beim Vorliegen in saurer Lösung fallen Nb und Ta beim Neutralisieren als Pentoxidhydrate aus; sie werden in dieser Form wie unter b) weiter behandelt.

Molybdän, Mo, OZ: 42, RAM: 95,94

Häufigkeit: $1{,}4 \cdot 10^{-3}$ Gew.-%. Smp.: 2620 °C. Sdp.: 4800 °C. D_{ZT}: 10,22 g/cm³. Oxidationsstufen: (+2), (+3), (+4), (+5), +6. Standardpotential: $Mo^{3+} + 3e^- \rightleftharpoons Mo$. $E_0 = (-0{,}2)$ V. $MoO_4^{2-} + 4H_2O + 6e^- \rightleftharpoons Mo + 8OH$. $E_0 = -1{,}05$ V.

Vorkommen: Abbauwürdige Molybdänvorkommen sind ziemlich selten. Hauptmineral ist der Molybdänglanz (Molybdänit), MoS_2, weniger bedeutend der Wulfenit (Gelbbleierz), $PbMoO_4$.

Darstellung: In der Technik gewinnt man meist nur Ferromolybdän durch gemeinsame elektrothermische Verhüttung von angereichertem Molybdänerz und Eisenerz. Reines Metall erhält man durch Reduktion von MoO_3 mit Wasserstoff oder durch Elektrolyse einer $K_3[MoCl_6]$ enthaltenden Alkalichloridschmelze.

Bedeutung: Hauptsächlich wird Molybdän in der Stahlindustrie verwendet. Molybdänstähle zeichnen sich besonders durch Korrosionsbeständigkeit und gute mechanische Eigenschaften aus (Schußwaffenläufe, Hochdruckgefäße, Radachsen, Ferdern aller Art). Verschiedene Molybdänlegierungen werden als Hochtemperaturwerkstoffe eingesetzt. Wegen seiner graphitähnlichen Struktur ist MoS_2 ein hervorragendes Schmiermittel. Molybdänverbindungen dienen als Katalysatoren. Luftstickstoffbindende Bakterien und verschiedene höhere Pflanzen benötigen Molybdän als Spurenelement.

Allgemeine Eigenschaften: Die Oxidationsstufe +6 ist die beständigste und wichtigste. Oxide sind bisher nur in der Oxidationsstufe +4 (MoO_2), +5 (Mo_2O_5) und +6 (MoO_3) bekannt. Daneben gibt es noch eine Reihe von Oxiden bzw. Hydroxiden nicht stöchiometrischer Zusammensetzung. Sie entstehen bei der Reduktion von Molybdän(VI)-Verbindungen im sauren Gebiet als sogenanntes Molybdänblau. Das Molybdän liegt hier in der Oxidationsstufe zwischen +6 bis +4 vor [$MoO_{3-x}(OH)_x$, mit x zwischen 0 bis 2]. Mit stärkeren Reduktionsmitteln gelangt man über grünes Mo(IV) zu rotbraunem Mo(III).

Geglühtes MoO_3 löst sich in Säuren, mit Ausnahme von HF und konz. H_2SO_4, nicht, dagegen ist es in Alkalilaugen löslich. In alkalischer Lösung liegt das Monomolybdation, MoO_4^{2-} vor. Beim Ansäuern bilden sich Polymolybdate, die untereinander durch pH-abhängige Gleichgewichte verbunden sind. Beim pH-Wert 6 liegt im wesentlichen Heptamolybdat, $[Mo_7O_{24}]^{6-}$, in etwas stärker saurem Gebiet Octamolybdat, $[Mo_8O_{26}]^{4-}$ vor. Die im stark sauren ausfallende Molybdänsäure, $MoO_3 \cdot xH_2O$, löst sich bei weiterer Säurezugabe wieder auf. Das entstehende Kation MoO_2^{2+} ist Grundlage von einfachen Salzen wie MoO_2Cl_2 und MoO_2SO_4 sowie Acidokomplexen wie $M^I_2[MoO_2Cl_4]$ und $M^I_2[(MoO_2)_2(SO_4)_3]$.

Zu den nachstehenden Reaktionen verwende man eine Ammoniummolybdatlösung bzw. die entsprechend vorbereitete Analysenlösung.

1. Säuren

Weißer Niederschlag von Molybdänsäure, der sich im Überschuß wieder als MoO_2^{2+} löst.

Aus salpetersauren Molybdatlsgg. kann sich bei längerem Stehen auch das Hydrat der Molybdänsäure, $H_2MoO_4 \cdot H_2O$, als gelber kristalliner Nd. abscheiden.

2. H_2S

Es entsteht langsam ein schwarzbrauner Nd. von MoS_3. Die Fällung geht beim gewöhnlichen Einleiten sowohl in der Kälte als auch in der Hitze äußerst langsam vor sich. Will man Molybdän als MoS_3 quantitativ fällen, so nimmt man die Fällung am besten unter Druck vor, indem man die Lsg. in einer Druckflasche mit H_2S sättigt, verschließt u. auf dem W.-Bade erhitzt. Die Operation wiederhole man, bis alles Molybdänsulfid ausgefallen ist. Als Fällungsmittel kann auch Thioacetamid verwendet werden (s. S. 396).

MoS_3 ist schwerlösl. in konz. HCl, lösl. in Königswasser sowie in gelbem Ammoniumsulfid. Mit letzterem bildet sich rotes Thiomolybdat:

$$MoS_3 + (NH_4)_2S \rightarrow (NH_4)_2MoS_4.$$

Beim Ansäuern fällt wieder braunes MoS_3 aus.

3. Hg_2^{2+} und Pb^{2+}

In neutralen Lsgg. weißer Nd. von Hg_2MoO_4 bzw. $PbMoO_4$.

4. Reduktionsmittel

Zink in salzsaurer oder schwefelsaurer Lsg. sowie $SnCl_2$ red. zunächst zu Molybdänblau und weiter unter Grün- bzw. Braunfärbung zu Mo(IV) und Mo(III). SO_2 red. nur in neutraler oder schwach saurer Lsg. zu Molybdänblau, in stark saurer dagegen nicht (s. auch Wolfram, S. 311).

5. Vorproben

α) Flammenfärbung: Fahlgrün, wenig charakteristisch.

β) Lötrohrprobe: Graues Metall mit weißem, in der Hitze gelbem Beschlag.

γ) Phosphorsalzperle: In der Oxidationsflamme je nach der Konzentration in der Hitze braungelb bis gelb, beim Erkalten gelbgrün, in der Kälte farblos. In der Reduktionsflamme in der Hitze dunkelbraun, in der Kälte grasgrün.

δ) Die beste Vorprobe ist das Abrauchen mit konz. Schwefelsäure (s. u.).

ε) Erhitzen mit Na (Ausführung s. Titan, S. 300): Es entsteht Molybdänblau.

6. Nachweis als Molybdänblau

Raucht man eine kleine Menge einer molybdathaltigen Substanz in offener Schale mit einigen Tr. konz. H_2SO_4 bis fast zur Trockne ab u. läßt erkalten, so tritt intensive Blaufärbung ein, da sich infolge teilweiser Reduktion des Mo(VI) Molybdänblau bildet. Sehr empfindliche Rk., als Vorprobe geeignet!

7. Nachweis als $(MoO_2)_2[Fe(CN)_6]$

$$2MoO_2^{2+} + [Fe(CN)_6]^{4+} \rightarrow (MoO_2)_2[Fe(CN)_6]\downarrow .$$

$K_4[Fe(CN)_6]$ bildet in salzsaurer Lsg. rotbraunen Nd., der sich in Laugen (auch in Ammoniak) leicht löst [Unterschied von Uranoxid- und Kupferhexacyanoferrat(II)].

pD: 4,7.

Gibt man zu dem Nd. festes Ammoniumacetat oder eine konz. Lsg. hinzu, so entsteht allmählich ein zitronengelber Nd. von $(NH_4)_4[Fe(CN)_6] \cdot 2MoO_3 \cdot 3H_2O$.
Am besten führt man die Rk. aus, indem man die essigsaure Probelsg. mit der $K_4[Fe(CN)_6]$-Lsg. versetzt u. dann NH_4CH_3COO hinzugibt.

8. Nachweis als Ammonium- bzw. Kaliummolybdatophosphat

$$PO_4^{3-} + 4\,Mo_3O_{10}^{2-} + 8\,H^+ \rightarrow [P(Mo_3O_{10})_4 \cdot aq]^{3-} + 4\,H_2O .$$

Die stark salpetersaure Lsg. wird in einem kleinen Reagenzglas mit wenig NH_4Cl bzw. KCl u. 1–2 Tr. 0,5 M Na_2HPO_4-Lsg. versetzt u. erwärmt. Es scheiden sich äußerst feine, gelbe Kristalle von Ammonium- bzw. Kaliummolybdatophosphat ab (Kristallaufnahme Nr. 7).

pD: 5,0.

9. Nachweis als $[Mo(SCN)_6]^{3-}$

Molybdate bilden in salzsaurer Lösung mit KSCN und einem Reduktionsmittel (Zn, $SnCl_2$, $Na_2S_2O_3$) rotes, wasserlösliches $[Mo(SCN)_6]^{3-}$, das durch konz. HCl oder H_2O_2 entfärbt wird. Der Thiocyanatokomplex ist in Äther löslich.

Zum Nachw. von Mo wird 1 Tr. der Probelsg. u. 1 Tr. KSCN-Lsg. auf Filterpapier getüpfelt, das vorher mit verd. HCl (1:1) angefeuchtet wurde. Bei Zugabe von $SnCl_2$-Lsg. zeigt ein hellroter Fleck oder Ring Mo an, während ein ggf. vorher gebildeter roter Fleck von Fe(III)-Thiocyanat verschwindet. Ist gleichzeitig Wolfram zugegen, so bildet sich in der Mitte ein blauer Fleck (Wolframblau), der von einem roten Ring der Mo-Verb. umgeben ist. Beim Nachtüpfeln mit konz. HCl verschwindet die rote Farbe des Hexathiocyanatomolybdats, u. nur die Farbe des Wolframblaus bleibt bestehen (vgl. auch S. 311).

EG: 0,1 μg Mo   pD: 6,2.

Störungen: PO_4^{3-}, Oxalsäure und Weinsäure können den Nachweis verhindern bzw. seine Empfindlichkeit stark vermindern. Hg^{2+} und NO_2^- stören durch Verbrauch von SCN^--Ionen [Bildung von NOSCN bzw. undissoziiertem $Hg(SCN)_2$]. Eisen(III)-Salze stören nicht, da sie zu Fe(II)-Salzen reduziert werden.

Reagenzien: 10%ige KSCN-Lsg., 5%ige Lsg. von $SnCl_2$ in 3 M HCl.

10. Nachweis als Peroxomolybdat

$MoO_4^{2-} + 2H_2O_2 \rightarrow$ 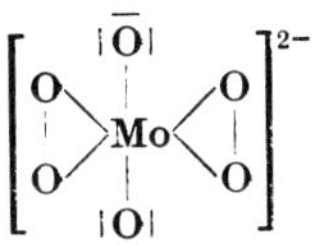 $+ 2H_2O$.

Mit H_2O_2 bilden Molybdate Peroxoverbindungen, deren Farbe pH-abhängig ist. Die im alkalischen Medium entstehenden roten Peroxomolybdate entfärben sich unter O_2-Entwicklung. Die in saurer Lösung auftretenden gelben Peroxoverbindungen sind dagegen wesentlich haltbarer.

1 Tr. der Probelsg. wird zur Trockne eingedampft und nach dem Erkalten mit 1 Tr. konz. NH_4OH und 1 Tr. 3%igem H_2O_2 versetzt. Bei Gegenwart von Molybdat entsteht, je nach Konzentration, eine kirschrote bis rosagelbe Färbung. Beim Erwärmen verschwindet die Farbe.

EG: 0,2 µg Mo pD: 5,2.

Störungen: Chrom kann durch Chromatbildung stören.

11. Nachweis als Äthylxanthogenat-Chelat (s. S. 424)

Wolfram, W, OZ: 74, RAM: 183,85

Häufigkeit: $6{,}4 \cdot 10^{-3}$ Gew.-%. Smp.: 3390 °C. Sdp.: 5500 °C. D_{ZT}: 19,27 g/cm³. Oxidationsstufen: (+ 4), + 6. Standardpotential: $WO_4^{2-} + 4H_2O + 6e \rightleftharpoons W + 8OH^-$. $E_0 = -1{,}05$ V.

Vorkommen: Die wichtigsten Mineralien sind Scheelit, $CaWO_4$, Scheelbleierz, $PbWO_4$, und Wolframit, $(Mn,Fe)WO_4$.

Darstellung: Ferrowolfram wird analog dem beim Molybdän beschriebenen Verfahren gewonnen Reines Metallpulver erhält man durch Reduktion von WO_3 mit Wasserstoff oder Holzkohle; es wird durch Sintern oder Hämmern in kompaktes Metall überführt.

Bedeutung: Wegen seines hohen Schmelzpunktes ist Wolfram zur Herstellung von Glühdrähten für Glühlampen unentbehrlich geworden. Wolframstähle enthalten meist 1–24% W neben etwas C, Cr und V. Sie zeichnen sich durch ihre Härte, Temperaturbeständigkeit und gute Dehnbarkeit aus (Werkzeugstähle). Wolframcarbid, W_2C, ist Hauptbestandteil der Hartmetalle, „Widia" – wie Diamant. Barium- und Zinkwolframat spielen als weiße Farbpigmente mit großer Deckkraft eine Rolle. Natriumwolframat wird zur Feuerimprägnierung von Geweben eingesetzt.

Allgemeine Eigenschaften: Die Oxidationsstufe + 6 ist die stabilste, die anderen spielen nur eine geringe Rolle. Im alkalischen Gebiet bis pH 8 liegt Monowolframat WO_4^{2-} im Gleichgewicht mit HWO_4^-, in schwach saurer Lösung $[HW_6O_{21} \cdot aq]^{5-}$ vor. Weitere Aggregation führt schließlich im stärker sauren Bereich zur Fällung von $WO_3 \cdot aq$. H_2S fällt aus saurer Lösung keine Wolframsulfide. Im alkalischen Bereich entstehen rotbraune lösliche Thiowolframate, aus deren Lösungen beim Ansäuern hellbraunes WS_3 ausfällt. WS_3 ist in Säuren schwerlöslich. Es löst sich in $(NH_4)_2S_x$. Da die Fällung von $WO_3 \cdot aq$ durch HCl unter analytischen Bedingungen nie quantitativ erfolgt, können geringere Wolframmengen bis in das Zentrifugat der $(NH_4)_2S$-Gruppe gelangen.

Die Fällung von $WO_3 \cdot aq$ durch HCl kann völlig ausbleiben, wenn ein größerer Überschuß von Phosphaten, Arsenaten, Silicaten oder Boraten vorliegt, da Wolframsäure mit den entsprechenden Säuren im sauren Bereich sehr stabile Heteropolysäuren bildet. Bei Anwesenheit von Wolfram ist daher in jedem Falle der Urotropintrennungsgang anzuwenden, bei dem – unbeschadet einer bereits vorherigen, teilweisen Fällung von $WO_3 \cdot aq$ in der HCl-Gruppe – der Rest des Wolframs quantitativ als Eisenwolframat gefällt wird. Häufig ist es jedoch zweckmäßiger, Wolfram vor dem Trennungsgang quantitativ durch Abrauchen mit konz. HNO_3 als WO_3 zu entfernen. In diesem Falle muß allerdings vorher auf As und Hg geprüft werden, die sich beim Abrauchen verflüchtigen können.

Zu den folgenden Reaktionen benutze man eine verdünnte Na_2WO_4-Lösung bzw. die entsprechend vorbereitete Analysenlösung.

1. Säuren

Weißer Nd. von Wolframtrioxidhydrat, $WO_3 \cdot aq$ (weiße Wolframsäure), der in der Hitze in gelbe H_2WO_4 übergeht. Die Fällung geht am besten mit HNO_3 vor sich, weniger gut mit HCl oder H_2SO_4. Bei reichlichem Überschuß von konz. HCl kann Wiederauflsg. zu Derivaten von Wolframoxidchloriden stattfinden. $WO_3 \cdot aq$ geht sehr leicht kolloidal wieder in Lösung. Beim Auswaschen des Nd. nehme man daher verd. HNO_3. Phosphorsäure kann zunächst auch einen weißen Nd. geben, der sich aber in der Wärme u. bei etwas größeren Mengen von Phosphorsäure wieder löst. Es bildet sich Wolframatophosphorsäure, $H_3[P(W_3O_{10})_4 \cdot aq]$. Aus solchen u. a. heteropolysäurehaltigen Lsgg. wird durch Säuren kein $WO_3 \cdot aq$ abgeschieden.

2. Hg_2^{2+} und Pb^{2+}

Aus neutraler Lsg. Fällung von Hg_2WO_4 bzw. $PbWO_4$.

3. H_2S, $(NH_4)_2S$

In saurer Lsg. keine Fällung, in alkalischer Lsg. Bldg. von lösl. Thiowolframat mit dem Anion WS_4^{2-}. Säuert man eine Thiowolframat-Lsg. an, so fällt hellbraunes WS_3 aus.

4. Vorproben

α) Flammenfärbung und Lötrohrprobe: Keine Reaktion.

β) Phosphorsalzperle: In der Oxidationsflamme farblos, in der Reduktionsflamme blau, bei Zusatz von wenig $FeSO_4$ blutrot.

γ) Erhitzen mit Na (Ausführung s. Titan, S. 300): Reduktion zu Wolframblau.

5. Nachweis als Ammonium- bzw. Kaliumwolframatophosphat

Eine starke salpetersaure Lsg. versetze man in einem kleinen Reagenzglas mit etwas NH_4Cl bzw. KCl u. einigen Tr. verd. Na_2HPO_4-Lsg. u. erwärme. Es scheiden sich farblose Kristalle aus von:

$$(NH_4)_3[P(W_3O_{10})_4 \cdot aq] \cdot 3H_2O \quad \text{bzw.} \quad K_3[P(W_3O_{10})_4 \cdot aq] \cdot 3H_2O.$$

Sie sind mit denen der entsprechenden gelben Molybdatophosphate isomorph (Mikroskop). Ein Überschuß von Natriumphosphat ist zu vermeiden, da dieser die Kristalle wieder auflöst.

pD: 4,9.

6. Nachweis durch Reduktion

Gibt man zu einer Wolframatlösung ein Reduktionsmittel, z.B. $SnCl_2$, Zn usw., und säuert dann an, so wird selbst bei Gegenwart von heteropolysäurebildenden Anionen eine tiefblau gefärbte Lösung bzw. ein Niederschlag von Wolframblau wahrscheinlich analoger Zusammensetzung wie Molybdänblau (s. S. 308) gebildet. Diese Reaktion gestattet die Erkennung löslicher W(VI)-Verbindungen auch bei Gegenwart von Mo(VI), das ähnlich reagiert (vgl. 9., S. 309). Vanadin gibt allmählich ebenfalls eine blaue Färbung, die sich aber im Gegensatz zum Wolfram auch bei der Reduktion mit Weinsäure bildet.

Zum Nachw. von W neben Mo wird 1 Tr. der Probelsg. u. 1 Tr. verd. HCl (1:1) auf Filterpapier getüpfelt u. der feuchte Fleck mit KSCN- u. $SnCl_2$-Lsg. behandelt. Eine Blaufärbung zeigt W an. Die bei Ggw. von Mo gleichzeitig auftretende Rotfärbung verschwindet beim Nachtüpfeln mit konz. HCl.

EG: 4 μg W pD: 4,1.

Reagenzien: 10%ige wss. KSCN-Lsg., 5%ige wss. Lsg. von $SnCl_2$ in 3 M HCl.

7. Nachweis mit Hydrochinon

Durch diese empfindliche Nachweisreaktion kann Wolfram in löslichen und schwerlöslichen W(VI)-Verbindungen identifiziert werden. Die Reaktion eignet sich deshalb als Vorprobe.

Einige mg Substanz werden mit der vierfachen Menge $KHSO_4$ u. 2 Tr. H_2SO_4 langsam bis zur Schmelze erhitzt. Nach dem Erkalten setzt man einige mg Hydrochinon zu. Bei Ggw. von W(VI)-Ionen entsteht eine rotviolette Färbung.

EG: 2 μg W.

Störungen: Ti(IV) reagiert in ähnlicher Weise, Mo(VI) gibt rote bis blaue und V(V) gelbe bis grüne Färbungen.

4.3.3.3. Urotropintrennung unter Berücksichtigung der „selteneren" Elemente Ga, In, La[1]), Th, U, Ti, Zr, V und W

Bei Gegenwart der „selteneren" Elemente der Ammoniumsulfidgruppe können Komplikationen weitgehend ausgeschaltet werden, wenn man Urotropin als Fällungsmittel verwendet. Bei exakter Durchführung des Trennungsganges kann man die einzelnen Elemente ohne besondere Schwierigkeiten nebeneinander nachweisen und identifizieren. Das Grundsätzliche des Trennverfahrens ist auf S. 285ff. beschrieben.

Die Analyse beginnt auch in diesem Falle mit den Vorproben. Dafür kommen neben der Phosphorsalz- bzw. Boraxperle sowie der Lötrohrprobe Reduktionen besonders mit metallischem Na für Ti und V in Frage. Bei Anwesenheit von Nb und Ta verfahre man wie auf S. 307 beschrieben.

Die Substanz wird, wie schon beschrieben, in Lösung gebracht. Dabei bleibt W als in Säure schwerlöslich H_2WO_4 zurück. Damit gelangt Wolfram in die HCl-Gruppe (s. S. 359). Die Trennung und der Nachweis des W werden deshalb hier nicht besprochen, sondern zusammen mit Mo, das ein in Säuren schwerlösliches Sulfid bildet, bei der HCl/H_2S-Gruppe. Sind jedoch die Komplexbildner SiO_3^{2-}, BO_4^{3-}, AsO_4^{3-} und PO_4^{3-} zugegen, so gehen beträchtliche Mengen Wolfram in Lösung. Wolfram läßt sich bei Gegenwart dieser heteropolysäurebildenden Anionen auch durch Abrauchen mit konz. H_2SO_4 nicht quantitativ abscheiden. Das nichtabgeschiedene Wolfram gelangt – bis auf das in der HCl-, Reduktions- und H_2S-Gruppe mitgefällte – in die Urotropin-Gruppe und wird dort nach dem in Tabelle XIII beschriebenen Verfahren abgetrennt und nochmals nachgewiesen.

Beim Lösen der Substanz bleibt außer den schon besprochenen schwerlöslichen Rückständen (s. S. 282) Zirkoniumphosphat zurück. Dieses kann zweckmäßigerweise „alkalisch" aufgeschlossen werden. Beim Ausziehen der Schmelze mit Wasser hydrolysiert das Zirkonat und bleibt als Rückstand, während sich im Filtrat das PO_4^{3-} befindet und dort nachgewiesen werden kann. Beim Lösen des Rückstandes in verd. HCl bleibt eventuell schwerlösliches Zirkoniumoxidhydrat zurück und kann zur Identifizierung des Zr „sauer" aufgeschlossen werden. Gewisse Metallegierungen, wie z.B. Vanadinlegierungen, müssen durch Schmelzen mit Na_2CO_3 und KNO_3 aufgeschlossen werden (vgl. S. 134).

Wie schon beschrieben, werden CrO_4^{2-} und MnO_4^- reduziert, und es wird auf Fe^{3+} geprüft. Evtl. in der Lösung befindliches PO_4^{3-} und/oder VO_4^{3-} müssen an dieser Stelle mit Fe^{3+} als $FeVO_4$ und $FePO_4$ abgetrennt werden.

Mit Urotropin werden gefällt: $Al(OH)_3$ weiß, $Fe(OH)_3$ rotbraun und $Cr(OH)_3$ grün sowie $Ga(OH)_3$, $In(OH)_3$, $La(OH)_3$, $Th(OH)_4$, $TiO_2 \cdot xH_2O$, $ZrO_2 \cdot xH_2O$ weiß, ferner $Be(OH)_2$ weiß. Außerdem befinden sich im Niederschlag $(NH_4)_2U_2O_7$ gelb, $FePO_4$ weißlich und $FeVO_4$ rotbraun. In Lösung bleiben die Elemente mit der Oxidationsstufe +2: Co, Ni, Mn und Zn, außerdem die Erdalkali- und Alkalielemente sowie mehr oder weniger große Mengen von Be(II), Ce(III) und La(III). Bei Anwesenheit der drei letztgenannten Elemente muß das Zentrifugat der Urotropinfällung mit einigen Tropfen konzentrierten Ammoniaks gekocht und die nun quantitativ ausgefällten Hydroxide dieser Elemente müssen der Urotropinfällung hinzugefügt werden. Die Behandlung des Zentrifugats der Urotropinfällung erfolgt wie auf S. 285f. beschrieben.

Die HCl-saure Lösung des Urotropinniederschlages wird zur Extraktion des Fe(III) ausgeäthert. Hierbei geht auch Ga(III) in die ätherische Schicht (s. 5., S. 289). Zum

---

[1]) La steht an Stelle von folgenden Elementen: Sc, Y, La und Lanthanide.

Nachweis des Ga(III) versetzt man die ätherische Schicht mit 5–10 ml verd. HCl und entfernt den Äther wie beschrieben. Das in der zurückbleibenden salzsauren Lösung vorhandene Fe(III) wird mit einigen ml schwefliger Säure zu Fe(II) reduziert, wobei ein Überschuß an schwefliger Säure durch Kochen entfernt wird. Danach trennt man Ga(III) von Fe(II) entweder durch Fällung mit Urotropin oder durch Behandeln mit einer Bariumcarbonataufschlämmung (in der Kälte!). Der in beiden Fällen entstehende Niederschlag von $Ga(OH)_3$ bzw. $Ga_2(CO_3)_3$ wird in verd. HCl gelöst und die Lösung nach 9. mit Chinalizarin bzw. 10., S. 289, mit Alizarin S auf Ga(III) geprüft. Außerdem dampfe man eine Probe zur Trockne ein und prüfe spektralanalytisch nach 8., S. 289. Das nur noch Eisen enthaltende Zentrifugat wird verworfen.

Die abgetrennte wäßrige Schicht wird eingedampft, wobei die Hauptmenge der HCl sowie der Äther (V o r s i c h t, k e i n e o f f e n e F l a m m e !) sich verflüchtigen, und der $NaOH/H_2O_2$-Trennung (s. S. 284) unterworfen. Der entstehende Niederschlag enthält neben dem restlichen Eisen Titan, Zirkonium, Lanthan und Thorium sowie etwas Beryllium (s. S. 276).

Der Niederschlag der $NaOH/H_2O_2$-Fällung wird in wenig heißer konz. HCl gelöst. Die entstandene Lösung dampft man auf etwa die Hälfte ein, versetzt nochmals mit dem gleichen Volumen konz. HCl, fügt in die Hitze(!) einige Tropfen einer 0,5 M Na_2HPO_4-Lösung hinzu und kocht dann die Lösung auf. Bei Gegenwart von Zirkonium entsteht ein weißer, flockiger Niederschlag der Zusammensetzung $Zr_3(PO_4)_4$ (s. 6., S. 302). Ist eine große Menge Zirkonium anwesend, so gibt man zur vollständigen Fällung noch entsprechende Volumina an konz. Salzsäure und Na_2HPO_4-Lösung hinzu. Die Lösung muß mehr als 20 Vol.-% an konz. Salzsäure aufweisen, da sonst Titan ebenfalls ausfallen kann. Zr kann auch aus nicht zu stark salzsaurer Lösung durch Alizarin S als roter bis rotvioletter Farblack gefällt werden (s. 7., S. 302). Das Zentrifugat der Zirkoniumphosphat-Fällung enthält einen großen Säureüberschuß. Zur Verringerung desselben engt man die Lösung auf etwa ein Drittel des Ausgangsvolumens ein und läßt erkalten. Die erkaltete Lösung gießt man unter Schütteln und Kühlen in das gleiche bis $1^1/_2$fache Volumen konz. Ammoniak und 2–5 ml 3%iges H_2O_2. In der Wärme und desgleichen bei zu langsamem Arbeiten fällt $TiO_2 \cdot aq$ aus, in der Kälte bilden sich dagegen lösliche Peroxotitanate. Dann wird abzentrifugiert bzw. filtriert und der entstandene Niederschlag so lange gewaschen, bis das Waschwasser gegen Lackmus neutral reagiert. Bei Anwesenheit von Titan hat das Zentrifugat nach Ansäuern mit verd. H_2SO_4 eine orange Farbe (s. 6., S. 300). Falls diese nicht sofort auftreten sollte, wird das noch nicht angesäuerte Zentrifugat eingeengt, bis sich eine Kristallhaut der vorhandenen Ammoniumsalze bildet, und dann mit verd. H_2SO_4 angesäuert. Eventuell ist auch noch ein Zusatz von H_2O_2 erforderlich.

Der bei der vorigen Operation zurückgebliebene Niederschlag wird mit wenig heißer 1 M HCl in einem Quarzreagenzglas gelöst. Zu der erhaltenen Lösung fügt man das gleiche Volumen 2 M Flußsäure und kocht auf. Bei Gegenwart von Lanthan entsteht ein weißer flockiger Niederschlag (s. 9., S. 293). Aus der schwach HCl-sauren Lösung können La(III) und Th(IV) mit Oxalsäure gefällt werden (s. 8., S. 292) Aus dem Oxalatniederschlag wird Th mit einem Überschuß von heißer konz. $(NH_4)_2C_2O_4$-Lösung unter Komplexbildung herausgelöst und befindet sich somit im Zentrifugat (s. 6., S. 296). Die Oxalate der Lanthaniden werden durch wenig verd. HNO_3 unter Zugabe von einigen Tropfen Perhydrol gelöst. Eine dabei auftretende gelb rotbraune Färbung deutet auf Cer (s. 2., S. 294). In einem anderen Teil der Lösung wird nach dem Verkochen des überschüssigen H_2O_2 das La(III) als J_2-Lanthanacetat-Einschlußverbindung nachgewiesen (s. 3., S. 294).

Das Zentrifugat des $NaOH/H_2O_2$-Niederschlages enthält $[Al(OH)_4]^-$, $[In(OH)_4]^-$ und $[Be(OH)_3]^-$ farblos, sowie PO_4^{3-}, VO_3^- und WO_4^{2-} farblos, ferner CrO_4^{2-} gelb und UO_2^{2-} orange. Es wird zunächst mit wenigen Tropfen konz. HCl abgestumpft und dann tropfenweise mit verd. HCl bis zur gerade sauren Reaktion versetzt. Nun engt man das Volumen etwas ein und gibt verd. (2 M) HCl und anschließend einige ml schweflige Säure hinzu, bis die Lösung danach riecht. Man kocht, bis der SO_2-Geruch verschwunden ist, kühlt ab, versetzt mit 0,5 g festem Natriumdithionit, $Na_2S_2O_4$, schüttelt gut durch und setzt dann so viel NaOH zu, daß die Lösung etwa 2 M an NaOH ist. Nun kocht man kurz auf, zentrifugiert noch heiß ohne Unterbrechung möglichst rasch und wäscht mit heißem, alkalischem, Na_2SO_3-haltigem Wasser aus. Chrom und Vanadin sind so bis zur Oxidationsstufe +3, Uran bis zur Oxidationsstufe +4 reduziert und als Hydroxide ausgefällt worden, im Zentrifugat befinden sich $[Al(OH)_4]^-$, $[Be(OH)_3^-$, $[In(OH)_4]^-$, PO_4^{3-} und WO_4^{2-}.

Der Hydroxidniederschlag kann einen kleinen Teil des Berylliums mitfällen und muß daher einmal umgefällt werden.

Sodann wird der Niederschlag der Hydroxide mit wenig halbkonz. HCl, der zur Oxidation von U(IV) zu U(VI) bzw. von V(III) zu V(V) einige Tropfen verd. HNO_3 zugesetzt worden sind, aufgenommen. Die Lösung wird auf wenige Tropfen eingedampft und mit einigen ml HCl (1 Teil konz. HCl auf 3 Teile W.) verdünnt. Nach Abkühlen versetzt man mit festem KSCN (3–4 g auf 10 ml Lösung). NH_4SCN kann hier nicht an Stelle von KSCN verwendet werden, da NH_4^+ bei der späteren Fällung des Cr stören würde. Die Lösung wird dreimal mit dem der HCl-sauren Lsg. entsprechenden Volumen Äther ausgeschüttelt und die ätherische Schicht jedesmal abgehebert. Die ätherische Schicht enthält nun den größten Teil des Urans als komplexe Thiocyanatoverbindung sowie etwas Vanadin. In der wäßrigen Lösung bleiben Chrom, der Hauptteil des Vanadins und Spuren Uran zurück.

Zum Nachweis von Uran dampft man den Äther zunächst durch Luftdurchleiten bei Zimmertemperatur ab, dann durch Erhitzen auf dem Wasserbad in einem kleinen glasierten Porzellantiegel bis zur Trockne ein. Der Rückstand wird nun bis zur vollständigen Zersetzung der Thiocyanatoverbindung geglüht. Bei Anwesenheit von Vanadin gibt man zu dessen Entfernung (s. 5., S. 304) eine Spatelspitze NH_4Cl hinzu, stellt den Tiegel in einen größeren Schutztiegel und raucht unter möglichst gleichmäßiger Erwärmung des Schutztiegels langsam ab. Wenn notwendig, wird diese Operation bis zur vollständigen Entfernung des Vanadins wiederholt. Den Rückstand erwärmt man mit wenig konz. HNO_3, dekantiert gegebenenfalls von ungelösten Kohleteilchen und dampft auf dem Wasserbade zur Trockne ein.

Es wird mit wenig verd. Essigsäure aufgenommen und das Uran einmal mit H_2O_2 (s. 7., S. 298), zum anderen mit $K_4[Fe(CN)_6]$-Lösung (s. 8., S. 298) nachgewiesen. Die wäßrige, neben Chrom noch Vanadin enthaltende Lösung wird zur Entfernung von anhaftendem Äther etwas auf dem Wasserbade eingedampft und dann in der Hitze unter dem Abzug vorsichtig tropfenweise mit konz. HNO_3 versetzt, bis die heftige Gasentwicklung infolge Zerstörung des Thiocyanats aufhört. Dann dampft man mit einem Überschuß von konz. HNO_3 bis zur Trockne ein. Der Rückstand wird mit Wasser wieder aufgenommen und mit NaOH alkalisch gemacht (etwa 1,5 M). Dann wird aufgekocht und bei Anwesenheit größerer Mengen Chrom bis zur möglichst vollständigen Abscheidung von $Cr(OH)_3$ die Lösung kurze Zeit auf einem Wasserbad erhitzt. Man zentrifugiert den Niederschlag siedend heiß ab und wäscht mit heißem Wasser, bis das Waschwasser Cl^--frei ist. Nun löst man den Niederschlag in heißer verd. H_2SO_4, gibt etwas festes Alkaliperoxodisulfat hinzu, kocht eine halbe Minute, verdünnt mit Wasser und kühlt ab. Das gebildete CrO_4^{2-} kann entweder durch Bildung von blauem CrO_5 (s. 6., S. 281) oder unter dem Mikroskop als Silberchromat (s. 7., S. 281) identifiziert werden. Das Zentrifugat des $Cr(OH)_3$-Niederschlages wird zum Nachweis des V verwendet. Ein Teil der alkalischen Lösung färbt sich bei Zugabe von H_2S bzw. $(NH_4)_2S$ braun bis rotviolett (s. 4., S. 304). Zum Nachweis des V mit der Peroxovanadinreaktion (s. 7., S. 304) sowie durch Reduktion von Fe(III) zu Fe(II) (s. 8., S. 305) muß die Lösung mit HCl angesäuert werden.

Zur Prüfung auf PO_4^{3-} und eventuell WO_4^{2-} wird das Zentrifugat der Fällung mit alkalischer Dithionitlösung und mit 2–3 Tropfen verd. $FeCl_3$-Lösung versetzt, um etwa vorhandene Spuren von Titan, welche die folgenden Nachweisreaktionen stören könnten, mit dem ausfallenden FeS bzw. $Fe(OH)_3$ zu entfernen. Das Zentrifugat dieses Niederschlages versetzt man in der Siedehitze mit gesättigter $BaCl_2$-Lösung bis zur vollständigen Fällung, zentrifugiert den Niederschlag ab und wäscht ihn gut aus. Er enthält $BaSO_4$, $Ba_3(PO_4)_2$ und $BaWO_4$. Auch dieser Niederschlag enthält größere Mengen Beryllium und muß daher zweimal umgefällt werden. Einen Teil des Niederschlages, kocht man mit einigen ml verd. HNO_3, zentrifugiert vom zurückbleibenden $BaSO_4$ und von $WO_3 \cdot aq$ ab, dampft bis auf ein Volumen von etwa 1 ml ein und kühlt ab. In der von eventuell auskristallisiertem $Ba(NO_3)_2$ und nachgefallener Wolframsäure dekantierten Lösung weise man nach 7., S. 208 Phosphorsäure als Ammoniummolybdatophosphat nach. In einem anderen Teil des mit $BaCl_2$ gefällten Niederschlages weise man Wolfram nach 7., S. 311 mit Hydrochinon und konz. H_2SO_4 nach. Im Zentrifugat des $Ba_3(PO_4)_2$-Niederschlages befinden sich noch $[Al(OH)_4]^-$, $[In(OH)_4]^-$ und $[Be(OH)_3]^-$. Es wird mit $^1/_2$ ml Perhydrol zur völligen Zerstörung verbliebener Dithionitionen kurze Zeit aufgekocht, mit konz. HCl abgestumpft und mit verd. HCl angesäuert. Nach nochmaligem Aufkochen zentrifugiert man von eventuell ausgeschiedenem $BaSO_4$ ab, macht durch Zusatz von Acetat die Lösung schwach essigsauer und leitet H_2S ein. Bei Gegenwart von Indium entsteht ein allmählich reingelb werdender Niederschlag von In_2S_3 (s. 4., S. 289). Unterbricht man bei der $NaOH/H_2O_2$-Trennung das Erhitzen nicht beim beginnenden Sieden, sondern läßt die Lösung kochen, so kann Indium bereits wieder als $In(OH)_3$ ausfallen. Es gelangt dann in den Niederschlag der $NaOH/H_2O_2$-Fällung und ist dort nachzuweisen, wenn auf Grund der Vorproben (Spektralanalyse!) die Anwesenheit von Indium wahrscheinlich ist und es sich nicht im Zentrifugat der $NaOH/H_2O_2$-Fällung nachweisen läßt. Der Niederschlag wird mit H_2S-haltigem Wasser gewaschen und in verd. HCl gelöst. Man identifiziere Indium dann mit Chinalizarin nach 9. und mit Alizarin S nach 10., S. 289. Außerdem prüfe man spektralanalytisch (s. 8., S. 289).

Nach Verkochen des H_2S im Zentrifugat des In_2S_2-Niederschlages können einmal Al(III) und Be(II) wie auf S. 286 beschrieben, nebeneinander nachgewiesen werden. Andererseits können der Nachweis des Al(III) und die Trennung von Be(II) mit Oxin (s. 12., S. 275) durchgeführt werden.

4.3.4. Schwefelwasserstoffgruppe

Zu der H_2S-Gruppe gehören nachstehend aufgeführte Metalle und Halbmetalle, die in saurer Lösung entweder schwerlösliche Sulfide bilden, zu den Elementen reduziert werden oder als Jodide ausfallen (Tl-Jodid).

III. Hauptgruppe: Tl	
IV. Hauptgruppe: Ge, Sn, Pb	I. Nebengruppe: Cu
V. Hauptgruppe: As, Sb, Bi	II. Nebengruppe: Cd, Hg
VI. Hauptgruppe: Se, Te	VI. Nebengruppe: Mo

Ferner werden unter den genannten Bedingungen auch die Elemente Pd, Pt und Au als Sulfide gefällt. Da bei ihrer Gegenwart jedoch der übliche Trennungsgang erschwert wird, ist es zweckmäßig, diese Elemente in einer sogenannten Reduktionsgruppe vorher abzuscheiden. In diesem Fall kommen auch Se und Te in diese Gruppe. Tl wird zu Beginn des Trennungsganges zu Tl(III) oxidiert und in der H_2S-Gruppe als Jodid abgeschieden.

Das Molybdän wird wegen seiner Ähnlichkeit mit Wolfram und seiner oft unvollständigen Fällung mit H_2S in saurer Lösung auf S. 308 besprochen.

Die Sulfide $As_2S_{3(5)}$, $Sb_2S_{3(5)}$, SnS, SnS_2, MoS_3, GeS_2 sowie Se und Te lösen sich in $(NH_4)_2S_x$, während die übrigen Sulfide und TlJ im Rückstand verbleiben. Hierdurch ist eine Aufspaltung der H_2S-Gruppe in 2 Untergruppen, die sog. Cu-Gruppe und die As-Sn-Gruppe, gegeben.

Die Sulfide des As, Sb, Sn und Mo bilden mit $(NH_4)_2S_x$ lösliche Thiosalze. In ihnen kommt die Ähnlichkeit des Schwefels mit dem in der gleichen Gruppe des PSE stehenden Sauerstoff zum Ausdruck. Analog der Bildung von Salzen aus „basischen" und „sauren" Oxiden vereinigen sich zwei Sulfide zu einem Salz, das im Gegensatz zu dem Oxosalz als Thiosalz bezeichnet wird:

$$Na_2O + SO_3 \rightarrow Na_2(SO_4) \quad \text{Sulfat}$$
$$3\,CaO + As_2O_3 \rightarrow Ca_3(AsO_3)_2 \quad \text{Arsenit}$$
$$3\,Na_2S + As_2S_3 \rightarrow 2\,Na_3(AsS_3) \quad \text{Thioarsenit}$$
$$3\,Na_2S + As_2S_5 \rightarrow 2\,Na_3(AsS_4) \quad \text{Thioarsenat}$$
$$Na_2S + SnS_2 \rightarrow Na_2(SnS_3) \quad \text{Thiostannat.}$$

Auch Vanadin und Wolfram bilden in ammoniakalischer Lösung mit $(NH_4)_2S_x$ lösliche Thiosalze, sie gehören aber nicht in die H_2S-Gruppe, da ihre Sulfide nicht mit H_2S aus saurer Lösung gefällt werden. HgS, das in saurer Lösung gefällt wird, löst sich nicht in Ammoniumsulfid, wohl aber in Alkalisulfid (s. S. 319).

Die freien Thiosäuren, also etwa H_3AsS_3 oder H_2SnS_3, sind unbeständig und zerfallen in H_2S und Sulfid:

$$6\,H^+ + 2\,AsS_3^{3-} \rightleftharpoons 3\,H_2S + As_2S_3\downarrow.$$

Da hierbei das Löslichkeitsprodukt der Sulfide weit überschritten wird, geht die Reaktion stets in wäßriger Lösung quantitativ nach rechts.

Die Analogie zwischen Sauerstoff und Schwefel geht insofern noch weiter, als es auch gemischte Thiooxosalze gibt, z.B. Na_3AsSO_3, Natriummonothiotrioxoarsenat, oder $Na_3AsS_2O_2$, Natriumdithiodioxoarsenat.

Von den Elementen der H_2S-Gruppe wurde Mo schon auf S. 307, Se auf S. 188 und Te auf S. 190 besprochen.

4.3.4.1. Kupfergruppe

Im systematischen Gang der Analyse werden die Sulfide der Elemente der H_2S-Gruppe mit $(NH_4)_2S_x$ digeriert (s. S. 346). Hierbei bleiben die Sulfide der Kupfergruppen-Elemente HgS, PbS, Bi_2S_3, CuS und CdS, sowie bei Gegenwart des selteneren Elementes Thallium im Rückstand.

II. Nebengruppe des PSE

In der II. Nebengruppe des PSE folgt auf die Elemente Zink und Cadmium das Quecksilber. Im Gegensatz zu den allgemeinen Regeln für die Nebengruppen (siehe

Kap. 2.9.2.2.) nimmt die Tendenz zur Bildung niederer Oxidationsstufen mit steigender Ordnungszahl zu. Während Zink und Cadmium nur in der Oxidationsstufe +2 auftreten, bildet das Quecksilber auch Verbindungen mit der Oxidationsstufe +1. In der Reihe Zn–Cd–Hg nimmt die Löslichkeit der Sulfide ab, was sich durch ihre Fällbarkeit in sauren Lösungen mit fallendem pH-Wert bemerkbar macht. Jedoch ist der Eigenschaftssprung zwischen Cd und Hg wesentlich größer als der zwischen den ersten beiden Elementen. So hat auch das Quecksilber eine wesentlich höhere Elektronenaffinität. Es steht im Gegensatz zu Zn und Cd in der Spannungsreihe (s. S. 44) rechts vom Wasserstoff und unterscheidet sich weiterhin durch die große Flüchtigkeit sowohl des unter Normalbedingungen flüssigen Metalls als auch seiner Verbindungen von den anderen Elementen dieser Gruppe.

Quecksilber, Hg, OZ: 80, RAM: 200,59

Häufigkeit: $4 \cdot 10^{-5}$ Gew.-%. Smp.: −38,86 °C. Sdp.: 356,73 °C. D_{20}: 13,55 g/cm³. **Oxidationsstufen:** +1, +2. Ionenradius r_{Hg^+}: 1,27 Å, $r_{Hg^{2+}}$: 1,10 Å. Standardpotential: $Hg_2^{2+} + 2e^- \rightleftharpoons 2Hg$. $E_0 = 0{,}789$ V.

Vorkommen: Das wichtigste Quecksilbermineral ist der Zinnober, HgS.

Darstellung: Die zinnoberhaltigen Erze werden im Luftstrom erhitzt, der entweichende Quecksilberdampf wird in Kammern kondensiert. Reines Quecksilber wird durch Erhitzen von reinem HgS mit Eisenfeilspänen erhalten (Niederschlagsarbeit s. S. 447).

Bedeutung: Metallschies Quecksilber findet Verwendung in physikalischen Apparaten (Thermometern, Barometern, Quecksilberdampfpumpen und -lampen, sowie in der Elektrochemie (Polarographie, Kalomelelektrode). Große Mengen an Quecksilber werden zur Herstellung von künstlichem Zinnober und Knallquecksilber, beim Amalgamverfahren zur Goldgewinnung, zur Feuerversilberung und -vergoldung sowie bei der Alkalichloridelektrolyse benötigt. Hg und HgO sind Bestandteil von Salben gegen Hauterkrankungen. Silberamalgam dient als Zahnfüllung.

Allgemeine Eigenschaften: Quecksilber in der Oxidationsstufe +1 kommt nur in Doppelmolekülen vor, wie z.B. Hg_2Cl_2. In wäßriger Lösung liegt das Ion Hg_2^{2+} vor. Dieses disproportioniert leicht:

$$Hg_2^{2+} \rightleftarrows Hg^{-} + Hg^{2+}.$$

Die Lage eines solchen Redoxgleichgewichtes wird von der Konzentration der dabei beteiligten Ionen beeinflußt. Läßt man die Hg^{2+}-Konzentration gegenüber der von Hg_2^{2+} klein werden, so tritt Disproportionierung ein (s. Versuche 1–6). Ist dagegen die Hg_2^{2+}-Konzentration größer, so wird der umgekehrte Vorgang beobachtet, z.B.

$$Hg + HgCl_2 \rightarrow Hg_2Cl_2.$$

Die meisten Hg(I)-Salze sind schwer löslich, eine Ausnahme bilden das Nitrat, Chlorat und Perchlorat. Die Lösungen reagieren infolge Hydrolyse sauer. Die Neigung zur Komplexbildung ist gering.

Dagegen sind viele Quecksilber(II)-Salze gut löslich. Ein Teil von ihnen, u.a. das Nitrat und Perchlorat, sind stark dissoziiert. Beim starken Verdünnen bilden sich infolge Hydrolyse oft schwerlösliche basische Salze. Die Halogenide und Pseudohalogenide ($HgCl_2$, $HgBr_2$, $Hg(CN)_2$, $Hg(SCN)_2$] sind zwar löslich, aber nur wenig dissoziiert. (Eine Erscheinung, die im wesentlich geringeren Maß auch Zink und Cadmium zeigen.) Die Folge davon ist, daß manche Reaktionen anomal verlaufen. Hg(II)-Salze können in wäßriger Lösung mit NH_3 Verbindungen folgender Art bilden (s. Vers. 9):

$$HgCl_2 + 2NH_3 \rightarrow [Hg(NH_3)_2]Cl_2\downarrow$$ „schmelzbares Präzipitat“,

$$HgCl_2 + 2NH_3 \rightarrow HgNH_2Cl\downarrow + NH_4^+ + Cl^-$$ „unschmelzbares Präzipitat“,

$$2HgCl_2 + 4NH_3 + H_2O \rightarrow [Hg_2N]Cl \cdot H_2O + 3NH_4^+ + 3Cl^-$$ „Salz der *Millon*schen Base“.

Hg(II) neigt stark zur Komplexbildung.

Quecksilber (MAK-Wert 0,1 mg/m³) und seine Verbindungen sind sehr giftig (letale Dosis 0,2–1 g $HgCl_2$). Verhältnismäßig ungiftig sind schwerlösliche Verbindungen (Hg_2Cl_2, HgS).

a) Gemeinsame Nachweise für Hg(I) und Hg(II)

1. Vorproben

α) Weder Flammenfärbung, Perlreaktion noch Lötrohrprobe ergeben eine charakteristische Färbung oder Umsetzung.

β) Wegen der Flüchtigkeit aller Quecksilberverbindungen dient das Erhitzen im Glühröhrchen als Vorprobe. Dazu erwärmt man in einem einseitig geschlossenen, trockenen Glasröhrchen von etwa 5 mm innerem Durchmesser und 50 mm Länge einige mg der Substanz langsam in der Bunsenflamme. Dabei entsteht ein Sublimat, das beim Chlorid weiß, beim Sulfid schwarz oder rot und beim Jodid gelb (nach Reiben mit einem Glasstab rot) ist; bei Sauerstoffverbindungen graue Farbe. Verreibt man vorher die Substanz mit Soda, so liefern alle Quecksilberverbindungen einen grauen Metallspiegel.

2. Nachweis als Amalgam mit unedlen Metallen

Dieser empfindliche und selektive Hg-Nachweis eignet sich auch als Vorprobe aus der Analysensubstanz.

5–10 mg Substanz werden mit 3 Tr. 5 M HCl u. 1 Tr. 5 M $NaClO_3$-Lsg. im W.-Bad erhitzt. Nachdem nichts mehr in Lsg. geht, wird mit H_2O auf 0,5 ml verd. u. das überschüssige Cl_2 in der Wärme mit einem Luftstrom aus der Lsg. vertrieben. In 1 Tr. dieser Lsg. oder in 1 Tr. der im Trennungsgang auf Hg^{2+} zu prüfenden HCl-sauren Lsg. wird auf einem OT ein kleines Stückchen blanker Cu-Draht gebracht u. der Tr. auf dem W.-Bad zur Trockne verdampft. Der Rückstand wird mit 1 Tr. H_2O befeuchtet u. der Cu-Draht, an dem sich Hg, Ag u. andere edlere Metalle abgeschieden haben, vorsichtig ohne zu reiben zwischen Filterpapier getrocknet. Das abgeschiedene Hg wird in einer flachen Mikrogaskammer oder zwischen zwei kleinen Uhrgläsern über kleiner Flamme vom Cu-Draht abdestilliert. Am oberen OT oder Uhrgläschen scheiden sich kleine Hg-Tröpfchen ab, die mit einer Lupe oder unter dem Mikroskop bei geringer Vergrößerung leicht zu erkennen sind.

EG: ca. 0,5 μg Hg^{2+}.

Aus Lsgg., die nur Quecksilber als edleres Metallion enthalten, kann Hg an einem Kupferblech (Kupferpfennig) als grauer Beschlag abgeschieden werden, der beim Polieren mit einem Filterbausch silberglänzend wird (Amalgambildung).

b) Reaktionen und Nachweise für Hg(I)

Für die nachfolgenden Reaktionen benutze man eine $Hg_2(NO_3)_2$-Lösung.

1. NaOH

$$Hg_2^{2+} + 2OH^- \rightarrow Hg\downarrow + HgO\downarrow + H_2O.$$

Schwarzer Nd. eines Gemisches von Hg + HgO. Schwerlösl. im Überschuß des Fällungsmittels, lösl. in HNO_3.

2. Ammoniak

$$Hg_2^{2+} + 2NO_3^- + 2NH_3 \rightarrow Hg\downarrow + HgNH_2NO_3\downarrow + NH_4^+ + NO_3^-.$$

Schwarzer Nd. eines Gemisches von Quecksilber, das in feinverteiltem Zustand schwarz aussieht, u. weißem Quecksilber(II)-amidonitrat.

3. HCl, lösliche Chloride

$$Hg_2^{2+} + 2Cl^- \rightarrow Hg_2Cl_2\downarrow.$$

Weißer Nd. von Hg_2Cl_2. Schwerlösl. in verd. Säuren, lösl. in Königswasser, da Oxydation eintritt:

$$Hg_2Cl_2 + Cl_2 \rightarrow 2HgCl_2.$$

Hg_2Cl_2 führt den Namen „Kalomel“ (schönes Schwarz), weil es sich beim Übergießen mit Ammoniak tiefschwarz färbt. Dabei bildet sich ein Gemisch von feinverteiltem Quecksilber (schwarz) u. Quecksilber(II)-amidochlorid, $HgNH_2Cl$ (unschmelzbares Präzipitat). Wichtige Rk. zum Erkennen von Hg_2^{2+}.

4. KJ

$$Hg_2^{2+} + 2\,J^- \rightarrow Hg_2J_2$$
$$Hg_2J_2 \rightarrow Hg + HgJ_2.$$

Zunächst grünlichgelber Nd. von Hg_2J_2, der beim Erwärmen leicht zerfällt und dabei schwarz wird. Im Überschuß von KJ löst sich HgJ_2 auf [s. c), Rk. 3]. Auch Hg_2J_2 löst sich im Überschuß von KJ; das primär gebildete $[HgJ_4]^{3-}$ zerfällt jedoch in $[HgJ_4]^{2-}$ u. Hg.

5. H_2S

In saurer Lsg. schwarzer Nd. von HgS + Hg, schwerlösl. in HCl, lösl. in Königswasser sowie teilweise in halbkonz. HNO_3. In Königswasser wird der gesamte Nd. oxydiert u. aufgelöst, in halbkonz. HNO_3 nur das Quecksilber. In Ammoniumsulfid u. -polysulfid ist der Nd. schwerlösl., konz. Alkalisulfidlsg. löst dagegen HgS heraus, Alkalipolysulfid auch das Hg:

$$HgS + S^{2-} \rightarrow [HgS_2]^{2-},$$
$$Hg + S_2^{2-} \rightarrow [HgS_2]^{2-}.$$

6. KCN

$$Hg_2^{2+} + 2CN^- \rightarrow Hg(CN)_2 + Hg\downarrow.$$

Disproportionierung zu lösl. $Hg(CN)_2$ u. Hg. Letzteres fällt aus.

7. K_2CrO_4

In der Hitze rotes Hg_2CrO_4.

c) Reaktionen und Nachweise für Hg(II)

Für die nachstehenden Reaktionen benutze man eine $HgCl_2$- oder $Hg(NO_3)_2$-Lösung.

1. NaOH

$$Hg^{2+} + 2OH^- \rightarrow HgO + H_2O.$$

Gelber Nd. von HgO, schwerlösl. im Überschuß, lösl. in Säuren.

2. Ammoniak

Weißer Niederschlag der entsprechenden Quecksilber(II)-amidoverbindung. Bei Ggw. von viel NH_4Cl entsteht ein Amminkomplex, z. B. $[Hg(NH_3)_2]Cl_2$, der auch sehr schwer lösl. ist u. schmelzbares Präzipitat genannt wird. Zersetzt man HgJ_2 bzw., da dieses schwer löslich ist, das Komplexsalz $K_2[HgJ_4]$ mit Ammoniak, so bildet sich ein roter Nd. von $[Hg_2N]J$. [Wichtig als „*Neßlers* Reagenz" für den Ammoniaknachweis im Trinkwasser (s. 7., S. 241).]

3. KJ

$$HgJ_2 + 2J^- \rightarrow [HgJ_4]^{2-}.$$

Roter Nd. von HgJ_2, lösl. im Überschuß von KJ. Aus solchen Lsgg. fällt mit NaOH kein HgO aus.

4. H_2S

HgS kommt in zwei Modifikationen, der metastabilen schwarzen und der stabilen roten, vor. Nach der *Ostwald*schen Stufenregel wird der energieärmere Zustand eines Systems nicht direkt, sondern stufenweise erreicht.

Bei H_2S-Einleitung schwarzer Nd. von HgS, schwerlösl. in HCl und halbkonz. HNO_3, lösl. in Königswasser. Häufig entsteht zunächst ein weißer Nd., der aus Mischsalzen besteht, so beim Arbeiten mit Chlorid: $Hg_3S_2Cl_2$. Auch dieses ist in HCl und halbkonz. HNO_3 schwer löslich. Ebenso kann sich ein Mischsalz bilden, wenn man HgS mit HNO_3 behandelt.

HgS ist nicht in $(NH_4)_2S$, dagegen in konz. Alkalisulfidlsg. unter Bldg. eines Thiosalzes lösl. (vgl. 5., S. 310). Beim Einleiten von H_2S in dessen Lsg. fällt infolge der Herabsetzung der S^{2-}-Konz. – es bilden sich HS^--Ionen – HgS wieder aus, wobei sich die rote Modifikation an Stelle der sonst beim analytischen Arbeiten entstehenden schwarzen bilden kann.

5. Wenig dissoziierte Hg^{2+}-Salze

Die geringe Dissoziation mancher Hg(II)-Salze erkennt man an folgenden Versuchen:

α) Festes $HgCl_2$ (Sublimat) versetze man mit konz. H_2SO_4. Es entweicht kein HCl. Bei stärkerem Erhitzen destilliert mit der H_2SO_4 zugleich $HgCl_2$ ab, das sich an den kälteren Teilen des Reagenzglases wieder absetzt. (Zugleich Zeichen für die leichte Flüchtigkeit!)

β) Man behandle etwas frisch bereitetes HgO mit KCN-Lsg.; es löst sich auf:

$$HgO + 2KCN + H_2O \rightarrow Hg(CN)_2 + 2KOH.$$

Aus $Hg(CN)_2$-Lsg. fallen mit NaOH oder KJ keine Ndd., weil in einer solchen Lsg. so wenig Hg^{2+}-Ionen zugegen sind, daß das Löslichkeitsprodukt des HgO bzw. HgJ_2 nicht überschritten wird. Nur mit H_2S erfolgt aus $Hg(CN)_2$-Lsg. Fällung von HgS.

6. K_2CrO_4

Aus neutralen Lsgg. Fällung von gelbem $HgCrO_4$, das beim Erhitzen rot wird. $K_2Cr_2O_7$ gibt mit $Hg(NO_3)_2$ eine gelbbraune Fällung, reagiert dagegen nicht mit $HgCl_2$.

Für die folgenden Nachweise benutze man eine Hg_2^{2+}- bzw. Hg^{2+}- oder die entsprechend vorbereitete Analysenlösung.

7. Nachweis durch Reduktionsmittel

$$2HgCl_2 + SnCl_2 \rightarrow Hg_2Cl_2\downarrow + SnCl_4,$$
$$Hg_2Cl_2 + SnCl_2 \rightarrow 2Hg\downarrow + SnCl_4.$$

Zur Reduktion kann neben unedlen Metallen u.a. $SnCl_2$ in saurer Lösung benutzt werden.

Bei tropfenweiser Zugabe tritt zunächst eine Fällung von weißem Hg_2Cl_2 auf. Das Hg^{2+} wird zu Hg_2^{2+} reduziert. Bei Überschuß von $SnCl_2$ Graufärbung durch Hg (weitere Reduktion):
Eventuell vorhandenes Hg_2Cl_2 kann durch Übergießen mit Ammoniak erkannt werden (s. 5., S. 240).

8. Nachweis als Kobaltthiocyanatomercurat(II)

Die Bildungsweise und Eigenschaften dieses Salzes wurden bereits beim Kobalt s. 10., S. 260) beschrieben.

Zum Nachw. von Hg^{2+} wird 1 Tr. der Lsg. auf dem OT mit 1 Tr. konz. HNO_3 vorsichtig zur Trockne eingedampft. Der Rückstand wird mit 1 Tr. 1 M Essigsäure u. danach mit einem kleinen Tr. Reagenzlsg. versetzt. Bei sehr geringen Hg-Mengen wird die Reagenzlsg. direkt auf den getrockneten Rückstand gegeben. Die Bldg. blauer, keilförmiger Kristalle von $Co[Hg(SCN)_4]$ zeigt Hg an.
Betrachtung unter dem Mikroskop (V.: 50–100, Kristallaufnahme Nr. 23).

EG: 0,04 µg Hg pD: 5,7.

Störungen: Größere Mengen Pb^{2+} u. Ag^+ müssen vorher durch Fällung als Chloride entfernt werden.

9. Nachweis als Hg(II)-Reineckat

Hg^{2+} bildet in HCl-saurer Lösung mit $NH_4[Cr(SCN)_4(NH_3)_2]$ (*Reinecke*-Salz) einen schwerlöslichen rosaroten Niederschlag von $Hg[Cr(SCN)_4(NH_3)_2]_2$.

Zum Nachw. von Hg wird die HCl-saure, mit HNO_3 oxidierte Lsg. von evtl. gefälltem $PbCl_2$ dekantiert, auf ca. 70 °C erhitzt u. mit kalter, frisch bereiteter *Reinecke*-Salz-Lsg. versetzt. Ein rosaroter Nd. zeigt Hg an.

EG: 0,5 µg Hg pD: 5,8.

Störungen: Au, Ag, Tl und Cu(I) stören. Viel Pb^{2+} kann in der Kälte gleichfalls einen Niederschlag bilden, der sich jedoch beim Erwärmen auflöst.

Reagenz: 2%ige *Reinecke*-Salzlösung.

10. Nachweis als $Cu_2[HgJ_4]$

$$2\,CuJ + Hg^{2+} + 2\,J^- \rightarrow Cu_2[HgJ_4].$$

Hg^{2+} reagiert in saurer Lösung mit CuJ in Gegenwart von KJ unter Bildung von rotem $Cu_2[HgJ_4]$.

1 Tr. KJ-Na_2SO_3-Lsg. wird auf eine TP oder ein Filterpapier aufgetragen, mit 1 Tr. $CuSO_4$-Lsg. versetzt und anschließend mit 1 Tr. Probelsg. getüpfelt, die 1 M an HCl oder HNO_3 sein soll. In Abhängigkeit von der Hg^{2+}-Konzentration tritt eine rote bis orangerote Färbung auf.

EG: 0,003 μg Hg^{2+} pD: 7.

Eine Blindprobe ist stets durchzuführen, da sich CuJ in feuchtem Zustand nach kurzer Zeit rötlichbraun färbt.

Störungen: Innerhalb der Reduktions- und H_2S-Gruppe stören nur Pd(II), das schwarzes PdJ_2 bildet, sowie Oxidationsmittel (Au, Pt, MoO_4^{2-}, WO_4^{2-} usw.). Pd wird durch Fällung mit Diacetyldioxim aus saurer Lösung, Au durch Reduktion mit $Na_2S_2O_5$ entfernt. Pt wird durch $Na_2S_2O_5$ maskiert (Bildung von $[Pt(SO_3)_3]^{2-}$. MoO_4^{2-} und WO_4^{2-} werden mit NaF (Bildung von $[MoO_3F_2]^{2-}$ bzw. $[WO_3F_2]^{2-}$) maskiert. Hg_2^{2+} und Ag^+ werden mit HCl gefällt und abfiltriert.

Reagenzien:

α) Kaliumjodid-Natriumsulfitlsg.: 5 g KJ und 20 g $Na_2SO_3 \cdot 7\,H_2O$ gelöst in 100 ml Wasser.

β) Kupfersulfatlsg.: 5 g $CuSO_4 \cdot 5\,H_2O$ in 100 ml Wasser gelöst.

11. Nachweis als Diphenylcarbazon-Chelat (s. S. 422)

Blei, Pb, OZ: 82, RAM: 207,19

Häufigkeit: $1{,}8 \cdot 10^{-3}$ Gew.-%. Smp.: 327,4 °C. Sdp.: 1751 °C. D_{ZT}: 11,34 g/cm³. Oxidationsstufen: +2, +4. Ionenradius $r_{Pb^{2+}}$: 1,20 Å. Standardpotential: $Pb^{2+} + 2e^- \rightleftharpoons Pb$. $E_0 = -0{,}126$ V.

Vorkommen: Das wichtigste Bleierz ist der Bleiglanz, PbS. Zu erwähnen sind noch Weißbleierz, $PbCO_3$, Anglesit, $PbSO_4$, und Pyromorphit, $Pb_5[Cl/(PO_4)_3]$.

Darstellung: Die Gewinnung des Bleis erfolgt entweder durch Röstreduktionsarbeit (s. S. 447) oder Röstreaktionsarbeit (s. S. 447).

Bedeutung: Metallisches Blei dient zur Herstellung von Rohren, Blechen (Auskleidung von Gefäßen, Bleikammern bei der Schwefelsäuredarstellung), Akkumulatorplatten, Geschossen und Flintenschrot. Bleiwände werden zum Strahlenschutz (γ-Strahlen) verwendet. Wichtig sind Legierungen, wie Letternmetall (s. S. 337), Weichlot und Lagermetall (Bahnmetall s. S. 248). Von den Bleiverbindungen werden Bleiweiß (basisches Bleicarbonat), Mennige (Pb_3O_4) und Chromgelb ($PbCrO_4$) als Pigmente, PbO zur Herstellung von Gläsern mit hohem Brechungsindex (optische Gläser, Kristallglas) und von Sikkativen (Beschleunigung der Verharzung von Ölen im Anstrich) benutzt. Bleitetraäthyl, $Pb(C_2H_5)_4$, dient als Antiklopfmittel.

Allgemeine Eigenschaften: Blei steht in der IV. Hauptgruppe des PSE (s. S. 210). Obwohl Blei ein negatives Standardpotential hat, löst es sich in HCl und H_2SO_4 nicht. Selbst konzentrierte H_2SO_4 bis etwa 75–80% und ebenso HF bis etwa 60% greifen es kaum an, da sich festhaftende Überzüge bilden. Dagegen wird es von heißer hochkonzentrierter H_2SO_4 unter Komplexbildung zu $H_2[Pb(SO_4)_2]$ gelöst. Das beste Lösungsmittel ist HNO_3.

In den meisten Verbindungen tritt Blei in der Oxidationsstufe +2 auf. In seiner höchsten Oxidationsstufe +4 ist es nur im PbO_2, $Pb(C_2H_5)_4$, $Pb(CH_3COO)_4$ und einigen Komplexsalzen beständig. Darstellung von $(NH_4)_2[PbCl_6]$ s. S. 478. PbO_2 hat schwach sauren Charakter und bildet daher mit basischen Oxiden Plumbate(IV), z.B. Ca_2PbO_4. Mennige, Pb_3O_4 ($Pb_2[PbO_4]$), ist das Pb(II)-Salz der hypothetischen Orthobleisäure, H_4PbO_4.

Schon bei täglicher Zuführung geringer Mengen an Bleiverbindungen (1–2 mg) treten chronische Vergiftungen auf. Dagegen liegt die Menge für eine einmalige Vergiftung wesentlich höher.

Für die nachstehenden Reaktionen verwende man eine $Pb(NO_3)_2$-Lösung bzw. die entsprechend vorbereitete Analysenlösung.

1. NaOH

$$Pb^{2+} + 2OH^- \rightarrow Pb(OH)_2\downarrow,$$
$$Pb(OH)_2 + 2OH^- \rightleftharpoons [Pb(OH)_4]^{2-}.$$

Weißer Nd. von $Pb(OH)_2$, lösl. in Säuren u. starken Basen. Als amphoteres Hydroxid bildet es mit letzteren Hydroxoplumbate(II).

Auch in ammoniakalischer konz. Ammoniumacetat- u. bes. Tartratlsg. ist $Pb(OH)_2$ löslich. Mit Tartrationen bildet Pb(II) dabei einen ähnlichen Chelatkomplex wie Cu(II).

2. Ammoniak

Weißer Nd. von $Pb(OH)_2$, schwerlösl. im Überschuß. In wss. Lsgg. vermag Pb^{2+} keine Amminkomplexe zu bilden.

3. HCl und Chloride

Aus nicht zu verd. Lsg. fällt $PbCl_2$, weiß, kristallin aus. Bleichlorid ist bei 20 °C zu etwa 1% in reinem W. lösl., bei 100 °C beträgt die Löslichkeit etwa 3%. Man löse in einem Reagenzglas etwa $PbCl_2$ in siedendem W., filtriere vom eventuell Ungelösten heiß durch ein Faltenfilter u. lasse abkühlen. Charakteristische lange, glänzendweiße Nadeln.

4. H_2S

Aus nicht zu stark saurer Lsg. Fällung von schwarzem PbS, lösl. in starken Säuren. Äußerst empfindliche Reaktion.

5. H_2SO_4

Neben H_2S dient H_2SO_4 weitgehend als Fällungsmittel für Pb^{2+}.

Der weiße Nd. von $PbSO_4$ ist etwas löslich in verd. HNO_3, löslich in konz. H_2SO_4 unter Bldg. der komplexen Säure $H_2[Pb(SO_4)_2]$.

Um eine quantitative Fällung zu erzielen, muß man die Lsg. nach dem Versetzen mit H_2SO_4 so weit eindampfen, bis weiße Nebel entstehen. Nur dann hat man die Gewißheit, daß alle Salz- u. Salpetersäure verdampft ist u. dementsprechend die Fällung des Bleis quantitativ wird. Dann verd. man mit Wasser. (Vorsicht! Konz. H_2SO_4 + W. spritzen leicht!)

$PbSO_4$ wird ebenso wie $Pb(OH)_2$ durch ammoniakalische Tartrat- sowie konz. Ammoniumacetatlsg. unter Komplexbildg. gelöst. Desgleichen löst sich $PbSO_4$ in starker NaOH unter Bldg. von Hydroxoplumbaten(II) auf.

6. HNO_3

$$Pb_3O_4 + 4HNO_3 \rightarrow 2Pb(NO_3)_2 + PbO_2 + 2H_2O.$$

Man erwärme Mennige mit HNO_3. Die Farbe schlägt von Rot nach Braun (PbO_2) um, u. im Z. läßt sich Pb^{2+} nachweisen.

7. Vorproben auf Pb

α) Flammenfärbung: Fahlblau, wenig charakteristisch.

β) Perlreaktion: –

γ) Lötrohrprobe: Beste Vorprobe. Alle Bleiverbindungen werden leicht reduziert. Es bildet sich ein duktiles Metallkorn, außerdem ein gelber Oxidbeschlag. Mit der Lösung des Metalls in verd. HNO_3 werden nach Neutralisation mit Soda folgende Reaktionen durchgeführt:

H_2S: schwarzes PbS,
H_2SO_4: weißes $PbSO_4$,
K_2CrO_4: gelbes $PbCrO_4$.

8. Nachweis als PbJ_2

$$Pb^{2+} + 2J^- \rightleftharpoons PbJ_2,$$
$$PbJ_2 + 2J^- \rightleftharpoons [PbJ_4]^{2-}.$$

Mit KJ gelber Nd. von PbJ_2, lösl. im Überschuß des Fällungsmittels unter Bldg. des komplexen Ions $[PbJ_4]^{2-}$, das aber nur bei Überschuß von KJ beständig ist.

PbJ_2 ist in W. bei 20 °C zu etwa 0,08%, bei 100 °C zu 0,5% löslich. Aus heiß gesätt. Lsgg. kristallisiert es beim Abkühlen in gelben glänzenden Blättchen aus (vgl. Kristallaufnahme 28).

9. Nachweis als $PbCrO_4$

Pb^{2+} bildet mit CrO_4^{2-} einen gelben, in Essigsäure und Ammoniak schwerlöslichen, in NaOH und HNO_3 löslichen kristallinen Niederschlag.

Neben Ag_2CrO_4 (s. Kristallaufnahme Nr. 26) kann $PbCrO_4$ durch seine Kristallform – gelbe, durchsichtige Stäbchen, evtl. auch kleine monokline Kristalle (Kristallaufnahme Nr. 29) – unter dem Mikroskop erkannt werden.

Die alkalische Probelsg. wird mit 1 Tr. 0,5 M K_2CrO_4-Lsg. versetzt u. dann mit 5 M Essigsäure schwach angesäuert. Bei Ggw. von Pb fällt gelbes $PbCrO_4$ aus. Zur mikroskopischen Unters. wird 1 Tr. der Pb^{2+}-Lsg. mit 5 M HNO_3 schwach angesäuert u. auf dem OT erwärmt. Man bringt einen kleinen Kristall $K_2Cr_2O_7$ in die Mitte des Probetr. u. beobachtet die beim Erkalten einsetzende Kristallisation unter dem Mikroskop.

EG: 0,24 μg Pb pD: 5,3.

Störungen: Kationen, die mit CrO_4^{2-}-Ionen ebenfalls in saurer Lösung schwerlösliche Chromate bilden, müssen abwesend sein.

10. Nachweis als $K_2CuPb(NO_2)_6$

Die Bildung und Eigenschaften dieses Tripelnitrits wurden bereits unter Kalium (6., S. 238) beschrieben.

1 Tr. der essigsauren Lsg. wird auf dem OT fast zur Trockne eingedampft u. der abgekühlte Rückstand mit 1 Tr. Reagenzlsg. versetzt. Bei Zugabe von etwas festem KNO_2 scheiden sich sofort die schwarzen Würfel des Tripelnitrits aus. Falls $PbSO_4$ vorliegt, wird letzteres auf dem OT mit Reagenzlsg. in mäßigem Überschuß durchfeuchtet u. KNO_2 hinzugegeben. Das durch das NH_4CH_3COO gelöste $PbSO_4$ reicht zur Bldg. des Tripelnitrits aus, das sich neben ungelöstem $PbSO_4$ unter dem Mikroskop erkennen läßt (vgl. Kristallaufnahme Nr. 15).

EG: 0,2 μg Pb pD: 4,7.

Störungen: Innerhalb der H_2S-Gruppe stören lediglich Hg in 300fachem Überschuß sowie Bi und Sn.

Reagenz: Mischlsg. aus gleichen Volumina Eisessig, gesätt. NH_4CH_3COO-Lsg. u. 10%iger Kupferacetatlösung.

11. Nachweis als Dithizon-Chelat (s. S. 421)

Wismut, Bi, OZ: 83, RAM: 208,980

Häufigkeit: $2 \cdot 10^{-5}$ Gew.-%. Smp.: 271 °C. Sdp.: 1560 °C. D_{ZT}: 9,79 g/cm³. Oxidationsstufen: +3, +5. Ionenradius $r_{Bi^{3+}}$: 0,96 Å. Standardpotential: $BiO^+ + 2H^+ + 3e^- \rightleftharpoons Bi + H_2O$. $E_0 = +0,32$ V.

Vorkommen: Das sehr seltene Element findet sich gelegentlich gediegen, hauptsächlich jedoch als Wismutglanz, Bi_2S_3, oder Wismutocker, Bi_2O_3.

Darstellung: Oxidische Erze werden in Flammenöfen mit Kohle reduziert. Bei den sulfidischen Erzen wendet man das Röstreduktionsverfahren (s. S. 447) an.

Bedeutung: Wismut hat wie Wasser und die Halbmetalle Sb, Ge, Si, Ga einen negativen Ausdehnungskoeffizienten. Gewisse Wismutlegierungen, die sich ebenfalls beim Erstarren ausdehnen, werden zur Herstellung von Klischees verwendet. Wismut ist weiterhin Hauptbestandteil leichtschmelzender Legierungen (*Wood*sche Legierung, *Rose*sches Metall), die für elektrische Sicherungen, Sicherheitsverschlüsse an Dampfkesseln und als ausschmelzbare Kerne für die Herstellung von Hohlkörpern benutzt werden. Wismut ist weiterhin häufig Bestandteil von Lagermetallen. Schwerlösliche Wismutoxidsalze werden gegen Magen- und Darmentzündungen sowie zur Wundbehandlung (Dermatol, Xeroform) verwendet. Basisches Wismutnitrat dient auch als weiße Schminke.

Allgemeine Eigenschaften: Wismut steht in der V. Hauptgruppe des PSE (s. S. 192). Auf Grund seines Standardpotentials wird elementares Wismut nur von oxidierenden Säuren (HNO_3) gelöst.

Die Hauptoxidationsstufe ist +3. Da $Bi(OH)_3$ bzw. $BiO(OH)$ eine sehr schwache Base ist, tritt bei den Salzen leicht Hydrolyse ein. Es entstehen meist schwerlösliche, basische Salze der Zusammensetzung BiOX (Wismutoxid- oder Bismutylverbindungen).

Von der Oxidationsstufe +5 sind nur die Bismutate(V) und das Wismutpentoxid bekannt. Die Bismutate(V) sind starke Oxidationsmittel (s. S. 265). Man erhält sie durch Oxidation von $Bi(OH)_3$ mit Br_2 in alkalischer Lösung. Beim Ansäuern solcher Lösungen fällt als nicht eindeutig definierte Verbindung ein gelbbraunes bis purpurrotes Wismutpentoxid aus.

Zu den nachfolgenden Reaktionen benutze man eine saure $BiCl_3$- oder $Bi(NO_3)_3$-Lösung bzw. die entsprechend vorbereitete Analysenlösung.

1. H_2O

$$Bi^{3+} + H_2O + Cl^- \rightleftharpoons BiOCl\downarrow + 2H^+.$$

Man gibt $BiCl_3$ oder $Bi(NO_3)_3$ in Wasser. Es scheidet sich BiOCl bzw. $BiONO_3$ aus. Bei Zugabe von Mineralsäuren löst es sich, beim Verdünnen mit W. tritt wiederum Ausfällung ein.

2. NaOH, Ammoniak und Na_2CO_3

Weißer Nd. von basischen Salzen oder $Bi(OH)_3$. Beim Kochen wird letzteres gelb, wahrscheinlich unter Bldg. von BiO(OH). $Bi(OH)_3$ ist kaum amphoter [Gegensatz zu $Pb(OH)_2$!]. Nur mit ganz hochkonz. Laugen bilden sich Hydroxosalze.

3. H_2S

Aus nicht zu stark saurer Lsg. braunschwarzer Nd. von Bi_2S_3, lösl. in konz. Säuren sowie heißer verd. Salpetersäure. Von Na_2S-Lsg. wird Bi_2S_3 in geringem Maße mit grünlichgelber Farbe gelöst; die Löslichkeit wächst mit der Konz. der Na_2S-Lsg. sowie bei gleichzeitiger Anwesenheit von Natriumhydroxid. In 100 ml alkalischer Na_2S-Lsg. (1 mol Na_2S + 1 mol NaOH/100 ml) werden maximal 80 mg Bi_2S_3 gelöst. K_2S- u. alkalische K_2S-Lsg. verhalten sich ähnlich gegen Bi_2S_3.

4. Vorproben auf Bi

α) Flammenfärbung, Phosphorsalzperle und Glühröhrchenprobe ergeben keine charakteristische Reaktion.

β) Lötrohrprobe: Sprödes Metallkorn und gelber Beschlag von Bi_2O_3. Mit der Lösung des Metalls in HNO_3 werden folgende Reaktionen ausgeführt, nachdem man so weit neutralisiert hat, daß noch kein Niederschlag auftritt:

Verdünnen mit H_2O: weißes $BiONO_3$,
H_2S: braunschwarzes Bi_2S_3,
$Na[Sn(OH)_3]$: schwarzes Bi.

5. Nachweis als elementares Bi

$$3[Sn(OH)_6]^{4-} + 2Bi(OH)_3 \rightarrow 3[Sn(OH)_6]^{2-} + 2Bi\downarrow + 6OH^-.$$

Hexahydroxostannat(II)-Lösung reduziert Bi(III) zum Metall, das als schwarzes Pulver ausfällt, während Sn(II) zu Sn(IV) oxidiert wird.

In die Reagenzlsg. lasse man die möglichst neutralisierte, ggf. mit einigen Tr. KCN-Lsg. versetzte Wismutsalzlsg. einfließen. In der Kälte(!) schwarzer Niederschlag.

EG: 1 µg Bi pD: 5,7.

Störungen: Edelmetalle, Cu(I, II) und Hg(I, II) stören. Edelmetalle werden durch Reduktion mit

Hydraziniumchlorid entfernt. Hg(I,II) wird durch vorsichtiges Erhitzen verflüchtigt, und die Reduktion von Cu(I) wird durch Zugabe von KCN verhindert.

Reagenz: Alkalische Stannat(II)-Lsg. aus gleichen Volumina 25%iger NaOH u. einer Lsg. von 5 g $SnCl_2$ u. 5 ml konz. HCl in 90 ml Wasser.

6. Nachweis durch Reduktion mit $Na[Sn(OH)_3]$ in Gegenwart von Bleisalzen

Die Empfindlichkeit der vorstehenden Reaktion wird durch Bleisalze erheblich gesteigert, da vermutlich infolge einer induzierenden Wirkung durch intermediär gebildete niedere Bi-Oxide die Reduktion des Pb(II) zum Metall katalysiert wird. Auf diese Weise gelingt es, sehr geringe Bi-Mengen zu identifizieren.

1 Tr. der Probelsg. wird im Mikrotiegel vorsichtig geglüht, der Rückstand in möglichst wenig HCl gelöst u. mit 1 Tr. gesätt. $PbCl_2$-Lsg. versetzt. Dann wird mit 2 M NaOH alkalisch gemacht, 1 Tr. 5%ige KCN-Lsg. zugegeben u. mit einigen Tr. alkalischer Stannat(II)-Lsg. reduziert. Bei Ggw. größerer Bi-Mengen erfolgt sofortige Schwarzfärbung. Bei sehr geringen Bi-Mengen tritt innerhalb von ca. 2–3 Min. eine Braunfärbung auf. Da Pb-Salze auch bei Abwesenheit von Bi langsam zu Pb red. werden, ist bei kleineren Bi-Mengen eine entsprechende Blindprobe erforderlich.

EG: 0,01 μg Bi pD: 6,7.

7. Nachweis als Wismusdiacetyldioxim

Eine $BiCl_3$-Lsg. versetze man in der Hitze mit einer 1%igen alkoholischen Diacetyldioxim-Lsg. u. hierauf mit Ammoniak bis zur deutlich alkalischen Reaktion. Es bildet sich ein intensiv gelb gefärbter, sehr voluminöser Nd. der Wismut-Komplexverb.; die überstehende Flüssigkeit erscheint wasserklar.

In schwach alkalischer Lsg. ist die Fällung gelblichweiß; in der Kälte entsteht anfangs nur ein Nd. von basischem Salz, der aber nach einiger Zeit in die gelbe Verb. übergeht. Geringe Mengen Bi bewirken nach dem Versetzen mit Ammoniak nur eine Gelbfärbung der Flüssigkeit; nach einigem Stehen scheiden sich gelbe Flocken aus, die man zur genaueren Beobachtung durch Zentrifugieren von der Flüssigkeit trennt.

Liegt Bi als Sulfat oder Nitrat vor, so setzt man vor dem Erhitzen etwas NaCl hinzu.

pD: 4,8.

Störungen: As, Sb, Sn, Ni, Co, Fe(II), Mn, größere Mengen Cu u. Cd und Tartrat stören.

8. Nachweis als $[BiJ_4]^-$

$$BiJ_3 + J^- \rightleftarrows [BiJ_4]^-.$$

Aus schwach schwefel- oder salpetersaurer Lsg. fällt mit KJ zunächst ein schwarzer Nd. von BiJ_3, der sich im Überschuß von KJ unter Bldg. des orangegelben Tetrajodobismutat(III)-Komplex, $[BiJ_4]^-$, löst.

9. Nachweis als Oxiniumtetrajodobismutat(III)

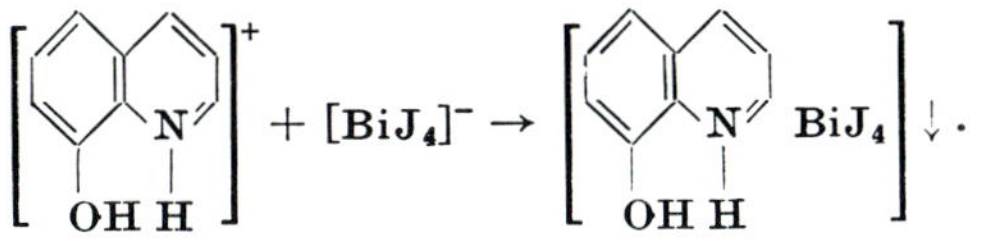

Die organischen Basen Chinolin und Oxin (s. S. 413) bilden unter Addition eines Protons am Stickstoff Kationen, die mit Tetrajodobismutat(III) schwerlösliche orange bis hellrote Verbindungen ergeben.

Bei Gegenwart von weniger als 1 μg Bi entsteht eine orange bis gelbe Trübung.

2–3 Tr. der HNO_3-sauren Probelsg. werden auf der TP mit 2–3 Tr. Reagenzlsg. u. einem kleinen KJ-Kristall versetzt. Die Bldg. eines orange- bis hellroten Nd. zeigt Bi an. Eine evtl. J_2-Ausscheidung wird durch Zugabe von etwa $K_2S_2O_5$ beseitigt.

EG: 1 μg Bi pD: 4,7.

Störungen: Unter den gleichen Bedingungen geben Sb(III), Pb(II), Hg(II) und Ag(I) schwarze Niederschläge die nur bei einem Überschuß dieser Ionen stören. Jodausscheidungen durch Fe^{3+} und Cu^{2+} (Oxidation von J zu J_2) können durch Zugabe von $K_2S_2O_5$ verhindert werden.

Reagenz: Gesätt. Lsg. von Chinolin oder Oxin in Alkohol.

10. Nachweis als Thioharnstoff-Chelat (s. S. 421)

Kupfer, Cu, OZ: 29, RAM: 63,54

Häufigkeit: $1{,}0 \cdot 10^{-2}$ Gew.-%. Smp.: 1083 °C. Sdp.: 2595 °C. D_{ZT}: 8,96 g/cm³. Oxidationsstufen: + 1, + 2. Ionenradius r_{Cu^+}: 0,96 Å, $r_{Cu^{2+}}$: 0,72 Å. Standardpotential: $Cu^{2+} + 2e^- \rightleftharpoons Cu$, $E_0 = +0{,}337$ V. $Cu^+ + e^- \rightleftharpoons Cu$, $E_0 = +0{,}521$ V.

Vorkommen: Kupfer findet man mitunter gediegen, hauptsächlich aber als Kupferkies, $CuFeS_2$, und Kupferglanz, Cu_2S. Wesentlich seltener sind Buntkupferkies, Cu_5FeS_4, Rotkupfererz, Cu_2O, und basische Carbonate wie Malachit, $Cu_2[(OH)_2/CO_3]$, und Kupferlasur, $Cu_3[OH/CO_3]_2$.

Darstellung: Da die natürlichen Vorkommen viel Gangart und nur wenig Kupfererz enthalten, geht oft eine Anreicherung durch Flotation voraus. Sulfidische Erze werden nach dem Röstreduktionsverfahren (s. S. 447) aufgearbeitet. Mitunter wird Kupfer auch auf naßchemischem Weg gewonnen. Rohkupfer reinigt man elektrolytisch.

Bedeutung: Reines Kupfer besitzt sowohl eine sehr gute elektrische Leitfähigkeit (Herstellung von Elektromaterial) als auch eine hohe Wärmeleitfähigkeit (Herstellung von Kesseln, Heiz- und Kühlschlangen). Wichtige Kupferlegierungen sind u.a. Messing (Cu, Zn), Bronzen (Cu, Sn), Aluminiumbronzen (Cu, Al) und Monelmetall (Cu, Ni). Im Laboratorium verwendet man *Devarda*sche Legierung (Cu, Al, Zn; s. S. 201) als Reduktionsmittel. Gewisse Kupferverbindungen besitzen Bedeutung als Schädlingsbekämpfungsmittel, in der Kunstseidenindustrie und für die Gasanalyse als Absorptionsmittel. Für höhere Lebewesen ist Kupfer ein wichtiges Spurenelement.

Allgemeine Eigenschaften: Kupfer steht in der ersten Nebengruppe des PSE (s. S. 351). Elementares Kupfer wird auf Grund seines stark positiven Standardpotentials nur durch oxidierende Säuren gelöst. Auf unedlen Metallen schlägt es sich nieder.

Das Cu^+-Ion ist in wäßriger Lösung farblos. Mehr oder weniger schwerlösliche Cu(I)-Verbindungen stellen in Analogie zu Ag(I) die Chalkogenide, Halogenide und Pseudohalogenide dar. Beständig und an der Luft haltbar sind Cu_2O (rot), Cu_2S (schwarz), CuJ (weiß) und CuSCN (weiß). Lösliche Cu(I)-Verbindungen, auch CuCl, sind leicht oxidierbar. Die Salze der Sauerstoffsäuren disproportionieren leicht in Cu und Cu(II). $[Cu(CN)_4]^{3-}$ besitzt Krypton-Elektronenkonfiguration und ist daher besonders stabil.

Im Gegensatz zu den allgemeinen Regeln im PSE (s. S. 106) ist die Hauptoxidationsstufe + 2. Das $[Cu(H_2O)_4]^{2+}$-Ion ist bläulich. Kupfer(II)-Salze besitzen im allgemeinen blaue oder grüne Farbe. Cu(II) bildet zahlreiche Komplexe.

Kupferionen sind für viele Mikroorganismen (Algen, Kleinpilze, Bakterien) ein starkes Gift. Fäulniserreger sterben in Wasser, das sich in Kupfergefäßen oder über einer blankgeriebenen Kupfermünze befindet. Dagegen sind für den Menschen lösliche Kupferverbindungen nur mäßig giftig.

1. Einwirkung von Säuren auf das Metall

Man behandle reines Kupfer mit:

α) verd. HCl: keine Rk.,

β) verd. HNO_3: Auflösung, weil HNO_3 oxidierend wirkt:

$$3Cu + 8HNO_3 \rightarrow 3Cu(NO_3)_2 + 2NO\uparrow + 4H_2O,$$

γ) verd. H_2SO_4: keine Rk.,

δ) konz. H_2SO_4: Auflösung, da konz. H_2SO_4 als Oxidationsmittel wirkt:

$$Cu + 2H_2SO_4 \rightarrow CuSO_4 + SO_2\uparrow + 2H_2O.$$

2. Bildung von Cu^+

$$Cu^{2+} + Cu \rightleftharpoons 2Cu^+.$$

Eine schwach saure, konz. $CuSO_4$-Lsg. erhitze man mit Kupferpulver. Ein Teil löst sich auf, während gleichzeitig die blaue Farbe des Cu^{2+} verschwindet u. Cu^+ gebildet wird. Beim Erkalten wird die Lsg. wieder blau gefärbt, da das Gleichgewicht bei Zimmertemp. weitgehend nach links verschoben ist.

3. KJ

Während sich CuCl sehr leicht oxidiert, ist CuJ beständig. Dagegen ist CuJ_2 unbeständig und zerfällt in CuJ und Jod, weil CuJ wesentlich schwerlöslicher ist als CuCl und daher das Redoxgleichgewicht

$$Cu^+ \rightleftharpoons Cu^{2+} + e$$

infolge der sehr geringen Konzentration an Cu^+ so weit nach links verschoben wird, daß J^- zu Jod oxidiert werden kann. Das Bromid steht bezüglich dieser Eigenschaft zwischen Chlorid und Jodid.

Man versetze eine Kupfersulfatlsg. mit KJ-Lösung. Es fällt weißes CuJ aus, das durch das mitausfallende Jod braun gefärbt ist. Beim Kochen entweichen violette Joddämpfe.
Die Farbe des CuJ erkennt man nach Reduktion des J_2 durch schweflige Säure:

$$J_2 + H_2SO_3 + H_2O \rightarrow 2\,HJ + H_2SO_4.$$

4. KCN

$$2\,Cu(CN)_2 \rightarrow 2\,CuCN\downarrow + (CN)_2\uparrow.$$

Cu^{2+} reagiert mit CN^- in analoger Weise wie mit J^-. Es fällt zunächst gelbes $Cu(CN)_2$ aus, das beim Erwärmen in weißes CuCN und Dicyan, $(CN)_2$, zerfällt.

Man versetze $CuSO_4$-Lsg. tropfenweise mit KCN-Lösung u. erwärme. [Vorsicht! $(CN)_2$ ist sehr giftig!].
Im Überschuß von KCN löst sich CuCN zu dem farblosen, sehr beständigen Komplexion $[Cu(CN)_4]^{3-}$ auf.

In ammoniakalischer Lsg. entwickelt sich kein $(CN)_2$, da dieses analog den Halogenen durch OH^- in Cyanid u. Cyanat disproportioniert:

$$(CN)_2 + 2\,NH_4OH \rightarrow NH_4CN + NH_4OCN + H_2O.$$

In die Lsg. von $K_3[Cu(CN)_4]$ leite man H_2S ein. Es fällt kein Cu_2S aus, da der Komplex so beständig ist, daß das Löslichkeitsprodukt von Cu_2S nicht überschritten wird. Der entsprechende Cadmiumkomplex ist unbeständiger, es fällt CdS (Trennung von Cd!). Weiteres s. S. 330.

5. NH_4SCN

$$2\,Cu(SCN)_2 + H_2SO_3 + H_2O \rightarrow 2\,CuSCN\downarrow + H_2SO_4 + 2\,HSCN.$$

Auch mit SCN^- erfolgt aus konz. Lsg. zunächst allmähliche Bldg. von schwarzem $Cu(SCN)_2$, das langsam, jedoch bei Zusatz von SO_2 schnell, in weißes CuSCN übergeht. Diese Rk. kann zur quantitativen Best. von Cu herangezogen werden.

6. NaOH

$$Cu(OH)_2 \rightarrow CuO\downarrow + H_2O.$$

In Cu^{2+}-Lsg. bläulicher Nd. von $Cu(OH)_2$, der beim Erhitzen unter Wasserabspaltung in schwarzes CuO übergeht.
Frisch gefälltes $Cu(OH)_2$ u. auch CuO lösen sich im Überschuß von NaOH u. Na_2CO_3 teilweise zu Natriumcuprat(II), $Na_2[Cu(OH)_4]$. Aus diesem Grunde kann man Kupfer im SA finden.

Bei Ggw. von Tartrationen u. manchen anderen organischen Verbb., die mehrere OH-Gruppen enthalten, wie z.B. Citronensäure oder Zucker, bleibt die Fällung aus. Dafür entsteht eine tiefblaue Lsg., die bei Weinsäure „*Fehling*sche Lösung“ genannt wird.

Die Struktur der gebildeten Komplexe ist noch nicht aufgeklärt. Wahrscheinlich sind sie mehrkernig.

Man gebe zu $CuSO_4$-Lsg. etwa die doppelte Menge Weinsäurelsg. u. mache mit Natronlauge alkalisch.

7. Fehlingsche Lösung

Die *Fehling*sche Lösung (Darst. s. 6.) hat als Reagenz auf leicht oxidierbare organische Stoffe, besonders auf die Aldehydgruppe, in der physiologischen Chemie Bedeutung. So dient sie zum Nachweis von Zucker im Harn.

Man setze einige Tr. *Fehling*scher Lsg. zu Traubenzuckerlsg. u. erwärme. Es fällt zunächst feinverteiltes, wasserhaltiges gelbes Cu_2O aus, das in ziegelrotes Cu_2O übergeht. Wie Traubenzucker verhalten sich auch Hydroxylamin, Hydrazin u.a. Reduktionsmittel.

8. Ammonaik

Zuerst bläulicher Nd. von $Cu(OH)_2$, der sich im Überschuß von Ammoniak zu tiefblauem $[Cu(NH_3)_4]^{2+}$ löst. Empfindliche Reaktion!

Salze des Tetramminkupfer(II)-Ions lassen sich leicht kristallisiert erhalten, wenn man die Löslichkeit durch Alkoholzusatz verringert. Darst. des $[Cu(NH_3)_4]SO_4$ s. S. 479.

9. H_2S

In saurer Lsg. schwarzer Nd. von $CuS + Cu_2S$, lösl. in konz. Säuren sowie in heißer verd. HNO_3. Ist die Lsg. neutral oder sehr schwach sauer, so fällt CuS kolloidal u. in schlecht filtrierbarer Form aus. Man fällt daher am besten aus etwa 2 M HCl.

In gelbem Ammoniumpolysulfid ist Kupfersulfid unter Bldg. eines Thiosalzes ein wenig lösl. (Näheres s. S. 333).

10. Unedle Metalle

Kupfer ist edler als die Metalle Eisen, Zink und andere und wird daher von diesen reduziert (s. Spannungsreihe, S. 42):

$$Fe + Cu^{2+} \rightarrow Fe^{2+} + Cu.$$

Diese Rk. wird in der Technik zur Kupfer-Reindarstellung benutzt (Zementation).

Man tauche ein blankes Eisenstück (Nagel oder Messerklinge) in eine $CuSO_2$-Lösung. Auf dem Eisen schlägt sich Kupfer nieder. Die Bildung von Fe^{2+} erkennt man besser, wenn man an Stelle eines Eisenstückes einige Eisenspäne oder Eisenpulver in die verd. $CuSO_4$-Lsg. einträgt. Es tritt sehr lebhafte Rk. ein. Nachdem diese beendet ist, filtriere man ab; die Lsg. sieht jetzt hellgrün aus. Man weise die Fe^{2+}-Ionen mit $K_3[Fe(CN)_6]$ nach.

11. Vorproben

α) Flammenfärbung: Bei Gegenwart von Halogenidionen grün.

β) Perlreaktion: Oxidationsflamme heiß: gelb, kalt: blau. Reduktionsflamme heiß: farblos, kalt: rotbraun. Bei starker Reduktion: Kupferflitter.

γ) Lötrohrprobe: Schwammiges rotes Metall, kein Beschlag. Man löse in verd. HNO_3 und führe Mikroreaktionen mit H_2S, Ammoniak und $K_4[Fe(CN)_6]$ aus.

12. Nachweis mit Ammoniak und anschließende Abtrennung von Cadmium

Durch Kombination der Rkk. 8. u. 4. wird Kupfer zunächst an der Bldg. der tiefblauen Lsg. mit Ammoniak u. der Entfärbung dieser Lsg. durch Zusatz von festem KCN erkannt. In der entfärbten Lsg. kann Cadmium mit H_2S nachgewiesen werden. Das gelbe CdS muß anschließend noch als solches identifiziert werden (s. S. 330), da bei großem Überschuß von KCN auch eine gelbe Fällung von Rubeanwasserstoff (s. S. 415) auftreten kann.

13. Nachweis als $Cu_2[Fe(CN)_6]$

Mit $K_4[Fe(CN)_6]$ fällt ein brauner Nd. von $Cu_2[Fe(CN)_6]$ aus, schwerlösl. in verd. Säuren, lösl. in Ammoniak unter Bldg. von $[Cu(NH_3)_4]^{2+}$. Sehr empfindliche Reaktion!

14. Nachweis als $Cu[Cr(SCN)_4(NH_3)_2]$

Cu^+ bildet mit *Reinecke*-Salz (s. 9., S. 320) schwerlösl. gelbes $Cu[Cr(SCN)_4(NH_3)_2]$. Daher kann man Cu auch bei Gegenwart von Hg und Tl nachweisen.

Die HCl-saure Probelsg., in der Cu^{2+} vorliegt, wird mit einem Überschuß einer *Reinecke*-Salzlsg. versetzt. Nach Abtrennung des Hg- u. Tl-Reineckats wird zu dem Z. H_2SO_3-Lsg. gegeben. Es fällt gelbes Kupfer(I)-Reineckat.

EG: 0,3 µg Cu/1 ml pD: 6,6.

Reagenz: Frisch bereitete 2%ige *Reinecke*-Salzlösung.

15. Nachweis als Kupfer-Zink-Thiocyanatomercurat-Mischkristalle

Cu^{2+} bildet in neutraler bis schwach essigsaurer Lösung ein Thiocyanatomercurat von gelbgrüner Farbe (Kristallaufnahme Nr. 30). Liegen Cu und Zn nebeneinander vor, so bilden sich violette bis schwarze Mischkristalle.

1 Tr. der neutralen oder essigsauren Probelsg. wird auf der TP oder auf Filterpapier mit 1 Tr. 10%iger $ZnSO_4$-Lsg. u. 1 Tr. Reagenzlsg. versetzt. Eine Violettfärbung zeigt Cu an.

EG: 0,1 µg Cu pD: 5,3.

Störungen: In der H_2S-Gruppe stört lediglich ein größerer Überschuß von Bi.

Reagenz: 6 g $HgCl_2$ u. 6,5 g NH_4SCN in 10 ml Wasser.

16. Nachweis als $K_2CuPb(NO_2)_6$

Die Eigenschaften dieses Tripelsalzes wurden bereits unter Kalium (vgl. 6., S. 238) beschrieben.

1 Tr. der neutralen oder schwach essigsauren Lsg. wird mit so viel Pb-Acetatlsg. versetzt, daß Pb gegenüber Cu im geringen Überschuß vorliegt. Die Mischung wird auf dem OT vorsichtig bis fast zur Trockne eingedampft u. der erkaltete Rückstand mit einem kleinen Tr. einer stets frisch zubereiteten Reagenzlsg. versetzt. Ein Überschuß an Reagenzlsg. ist unbedingt zu vermeiden, da sich das Tripelnitrit darin auflöst. Häufig empfiehlt es sich, nach Zugabe der Reagenzlsg. noch einen kleinen Kristall festes KNO_2 zuzugeben.

EG: 0,03 µg Cu pD: 5,8.

Störungen: SO_4^{2-} stört nicht, da sich ggf. gebildetes $PbSO_4$ durch NH_4CH_3COO in ausreichender Menge wieder löst.

Bei Ggw. von Tl^+ bildet sich das schwerer lösl. $Tl_2CuPb(NO_2)_6$ in kubischen Kristallen von schwarzer bis brauner Farbe u. ca. 3 µm Kantenlänge. (Betrachtung unter dem Mikroskop, vgl. Kristallaufnahme Nr. 15).

Reagenz: Gesätt. NH_4CH_3COO-Lsg., gesätt. KNO_2-Lsg. u. 50%ige Essigsäure, 1:1:1.

17. Cu(I)-Nachweis als Cuproin-Chelat (s. S. 422)

18. Cu)II)-Nachweis als Cu(II)rubeanat (s. S. 422)

Cadmium, Cd, OZ: 48, RAM: 112,40

Häufigkeit: $3 \cdot 10^{-5}$ Gew.-%. Smp.: 321 °C. Sdp.: 797 °C. D_{ZT}: 8,64 g/cm³. Oxidationsstufen: + 2. Ionenradius $r_{Cd^{2+}}$: 0,97 Å. Standardpotential: $Cd^{2+} + 2e^- \rightleftharpoons Cd$. $E_0 = -0{,}400$ V.

Vorkommen: Cadmium ist ein steter Begleiter des Zinks. Reine Cadmiummineralien wie Cadmiumblende (Greenockit), CdS und Cadmiumspat (Otavit), $CdCO_3$, sind sehr selten.

Darstellung: Cadmium fällt als Nebenprodukt bei der Zinkgewinnung (s. S. 265) an. CdO wird vor ZnO reduziert und das Metall destilliert früher ab. Außerdem wird der elektrolytische Weg in Verbindung mit der entsprechenden Zinkgewinnung beschritten.

Bedeutung: Cadmium findet häufig in Form von Metallüberzügen als Korrosionsschutz Verwendung. Daneben haben Cadmiumlegierungen als Lagermetalle sowie als leicht schmelzende cadmiumhaltige Legierungen [*Wood*sches Metall (s. S. 324) und Schnellot] Bedeutung. Cadmium ist ferner Bestandteil von *Edison*-Akkumulatoren und Normalelementen. Cadmiumstäbe werden als Absorber für thermische Neutronen in Reaktoren benutzt.

Allgemeine Eigenschaften: Cadmium steht in der II. Nebengruppe des PSE.

Elementares Cadmium ist in verd. HNO_3 leicht, in verd. HCl und H_2SO_4 schwerer löslich. Cadmium tritt in der Oxidationsstufe +2 auf. Das Ion ist farblos. Die Reaktionen sind denen des Zinks sehr ähnlich. Es bestehen zum großen Teil nur graduelle Unterschiede. So fällt CdS schon aus verdünnter mineralsaurer Lösung, während ZnS erst in essigsaurer Lösung gebildet wird (s. auch S. 266). Auch ist $Cd(OH)_2$ im Gegensatz zu $Zn(OH)_2$ nicht amphoter.

Cadmiumverbindungen sind wesentlich giftiger als Zinkverbindungen. Daher müssen Zn bzw. Zn-Legierungen, die mit Nahrungsmitteln in Berührung kommen, weitgehend Cd-frei sein.

Für die folgenden Reaktionen benutze man eine $CdSO_4$- oder $CdCl_2$-Lösung bzw. die entsprechend vorbereitete Analysenlösung.

1. NaOH

Weißer Nd. von $Cd(OH)_2$, schwerlöslich im Überschuß von NaOH (Unterschied zu Zn).

2. Ammoniak

Weißer Nd., lösl. im Überschuß unter Bldg. von $[Cd(NH_3)_6]^{2+}$.

3. KCN

$$Cd^{2+} + 2CN^- \rightarrow Cd(CN)_2\downarrow,$$
$$Cd(CN)_2 + 2CN^- \rightleftarrows [Cd(CN)_4]^{2-}.$$

Zunächst weißer Nd., der sich im Überschuß des Fällungsmittels leicht löst.

Der Komplex ist so weit in die Einzelionen dissoziiert, daß mit das Löslichkeitsprodukt des CdS überschritten wird u. CdS ausfällt. Wichtiger Unterschied zu Kupfer! (s. S. 327).

4. Vorproben

α) Lötrohrreaktion: Cadmium wird wie Zink vor dem Lötrohr reduziert. Das gebildete Metall verdampft, verbrennt dabei und schlägt sich als brauner Oxidbeschlag auf dem kälteren Teil der Kohle nieder. Wichtige Vorprobe!

β) Flammenfärbung und Perle geben keinen Hinweis!

5. Nachweis als CdS

Aus schwach mineralsaurer Lsg. fällt H_2S einen gelben bis braungelben Nd. von CdS, lösl. in halbkonz. Säuren, schwerlöslich in Alkali- u. Ammoniumsulfid.

6. Nachweis des CdS im Gemisch der H_2S-Gruppenfällung

Die Reaktion basiert auf der relativen Flüchtigkeit des metallischen Cd im Vergleich zu den übrigen Elementen der H_2S-Gruppe und eignet sich als selektive Vorprobenreaktion auf Cd direkt aus dem Niederschlag der H_2S-Gruppen.

Ein kleiner Teil des Nd. der H_2S-Gruppe wird in einem offenen Mikrotiegel über der Bunsenflamme auf Rotglut erhitzt, bis keine flüchtigen Bestandteile mehr entweichen (As_2S_3 u. HgS). Der Rückstand wird mit einem Überschuß an $Na_2C_2O_4$ (1:5) vermischt u. im Glühröhrchen kräftig erhitzt. Das Oxalat red. das Sulfid-Oxid-Gemisch zu den Elementen, wobei nur Cadmium als der am leichtesten flüchtige Bestandteil bei 767 °C verdampft u. sich an dem oberen, kalten Teil des Glühröhrchens als Metallspiegel abscheidet. Gibt man nun ein Körnchen Schwefel in das Glühröhrchen, so reagiert das Metall in der Hitze mit dem Schwefeldampf zu CdS, das in der Hitze rot, in der Kälte gelbrot gefärbt ist.

7. Nachweis als Cadmiumthioharnstoffreineckat

Im Anschluß an die Fällung des Cu als Cu(I)-Reineckat (vgl. 14., S. 329) kann Cd unter Zusatz von Thioharnstoff gefällt werden.

1–2 Tr. der Probelsg. werden auf einem OT zur Trockne eingedampft u. evtl. vorhandene Ammoniumsalze abgeraucht. Der Rückstand wird mit 1 Tr. 5 M HCl aufgenommen u. mit 1 Tr. frisch bereiteter 2%iger *Reinecke*-Salz-Lsg. u. einigen Kriställchen Thioharnstoff versetzt. Bei Ggw. von Cd erscheinen auf dem OT unter dem Mikroskop (V.: 100–200) farblose prismatische Stäbchen von $Cd[SC(NH_2)_2]_2[Cr(SCN)_4(NH_3)_2]_2$, die häufig gekreuzt u. zu Büscheln vereinigt sind (s. Kristallaufnahme Nr. 31).

EG: 0,15 µg Cd pD: 5,0.

Störungen: Pb(II) und Bi(III) geben ebenfalls Niederschläge, die jedoch anders kristallisieren.

8. Nachweis als p-Dinitrodiphenylcarbazid-Farblack (s. S. 422)

Thallium, Tl, OZ: 81, RAM: 204,37

Häufigkeit: $3 \cdot 10^{-5}$ Gew.-%. Smp.: 303,5 °C. Sdp.: 1470 °C. D_{ZT}: 11,85 g/cm³. Oxidationsstufen: +1, +3. Ionenradius r_{Tl^+}: 1,47 Å, $r_{Tl^{3+}}$: 0,95 Å. Standardpotential: $Tl^+ + e^- \rightleftharpoons Tl$, $E_0 = -0{,}336$ V. $Tl^{3+} + 2e^- \rightleftharpoons Tl^+$, $E_0 = +1{,}25$ V.

Vorkommen: Thallium findet sich in geringer Konzentration an vielen Orten. Es ist hauptsächlich als isomorpher Bestandteil in sulfidischen Erzen (Zn, Cu, Fe, Pb) aber auch in Kaliumsalzen und Glimmern enthalten.

Darstellung: Ausgangsprodukt ist der beim Rösten thalliumhaltiger Sulfide anfallende Flugstaub bzw. der Bleikammerschlamm. Das im Flugstaub befindliche Tl_2SO_4 wird mit kochendem Wasser herausgelöst und anschließend chemisch aufgearbeitet.

Bedeutung: Thallium und seine Verbindungen finden nur beschränkte Verwendung. Thalliumamalgam dient als Füllung von Spezialthermometern für bestimmte Kältegradbereiche. Teilweise sind Thalliumzusätze in Lagermetallen auf Bleibasis enthalten. Tl_2SO_4 enthaltende Präparate werden zur Ratten- und Mäusebekämpfung eingesetzt.

Allgemeine Eigenschaften: Als Element der III. Hauptgruppe des PSE (s. S. 287) hat Thallium wie Gallium und Indium die maximale Oxidationsstufe +3, bevorzugt aber im Gegensatz zu diesen die Oxidationsstufe +1.

Die Tl(I)-Verbindungen haben in ihrem chemischen Verhalten einerseits große Ähnlichkeit mit den entsprechenden Ag(I)-Verbindungen, andererseits mit den Alkalielementverbindungen. So sind Tl(I)-Halogenide schwer löslich, TlOH ist eine starke wasserlösliche Base. Tl_2CO_3 ist ebenfalls löslich, jedoch nicht so gut wie die Alkalicarbonate. Tl(III)-Verbindungen sind den entsprechenden Aluminiumverbindungen chemisch ähnlich. Tl(III)-oxidhydrat ist schwer löslich, jedoch nicht amphoter.

Leicht lösliche Thalliumverbindungen wirken analog denen des Quecksilbers (s. S. 317) als Schwermetallgift. Es kommt u.a. zum Haarausfall.

a) Gemeinsame Nachweise für Tl(I) und Tl(III)

1. Flammenfärbung

Thalliumverbindungen färben die Bunsenflamme grün, im Spektroskop beobachtet man eine intensiv grüne Linie bei 535,1 nm. Äußerst empfindlicher Nachweis.

b) Reaktionen und Nachweise für Tl(I)

Zu den folgenden Reaktionen verwende man eine Lösung von Tl_2SO_4 oder $TlNO_3$ bzw. die entsprechend vorbereitete Analysenlösung.

1. HCl, HBr, HJ

In der Kälte Ndd. von TlCl, TlBr u. TlJ, wobei die Löslichkeit in der angegebenen Reihenfolge sinkt. Die Verbindungen sind den entsprechenden Ag-Verbb. sehr ähnlich (s. 2., S. 360). TlCl wird beim Erwärmen kristallin. Es ist in kaltem W., bes. bei Überschuß von Cl^-, wenig, in heißem W. aber gut löslich. Mit Ammoniak erfolgt im Gegensatz zu AgCl keine Auflsg., da Tl^+ im Vergleich zum Ag^+ in wss. Lsg. keine Amminkomplexe zu bilden vermag. Hingegen löst Thiosulfat TlCl wieder auf. (TlCl siehe Kristallaufnahme Nr. 36.)

2. H_2S, $(NH_4)_2S$

Aus essigsaurer oder besser alkalischer Lsg. Fällung von schwarzem Tl_2S, leicht lösl. in Mineralsäuren. An der Luft wird Tl_2S rasch zu Tl_2SO_4 oxidiert.

3. Nachweis als Tl_2CrO_4

Aus schwach saurer Lösung fällen Alkalichromate und -dichromate gelbes Tl_2CrO_4, das in kleinen Rauten oder Stäbchen kristallisiert. Tl_2CrO_4 ist in verd. HNO_3 und H_2SO_4, konz. HNO_3 und verd. NH_4OH in der Kälte schwerlöslich; leichtlöslich in konz. HCl.

1 Tr. der warmen, schwach salpetersauren Probelsg. wird auf dem OT mit einem Körnchen $K_2Cr_2O_7$ versetzt.

EG: 1 μg Tl pD: 4,7.

Störungen: Alle in saurer Lsg. schwerlösliche Chromate bildenden Ionen.

4. Nachweis als $Tl_2[PtCl_6]$

$H_2[PtCl_6]$ fällt aus Thallium(I)salzlösungen einen gelben Niederschlag von $Tl_2[PtCl_6]$. Aus heißer, saurer Lösung entstehen gut ausgebildete Oktaeder. $Tl_2[PtCl_6]$ ist schwer löslich in heißem Wasser, heißer konz. HCl und heißer HNO_3. Nur beim Kochen mit Königswasser findet infolge Oxidation des Tl(I) zu Tl(III) Lösung statt.

1 Tr. der Probelsg. wird auf dem OT mit 1 Tr. 2 M HNO_3 und mit 1 Tr. 10%iger $H_2[PtCl_6]$ versetzt. Beim langsamen Abkühlen entstehen gelbe Oktaeder von $Tl_2[PtCl_6]$.

EG: 0,008 μg Tl/ml.

Störungen: K^+, NH_4^+, Rb^+ und Cs^+ bilden analoge Kristalle (s. S. 238, 239, u. 242).

5. Nachweis als TlJ bzw. $TlJ \cdot J_2$

Tl^+-Ionen bilden mit J^- schwerlösliches gelbes TlJ, das sich in Ammoniak und in kalter $Na_2S_2O_3$-Lösung nicht auflöst.

Liegen Tl^{3+}-Ionen vor, so fällt ein dunkelbrauner bis schwarzer Niederschlag von $TlJ \cdot J_2$.

Die schwachsaure Probelsg. wird mit einem Überschuß von 1 M KJ-Lsg. versetzt (TP oder Reagenzglas). Eine gelbe Fällung von TlJ oder braunschwarze Fällung von $TlJ \cdot J_2$ zeigt Tl an.

EG: 0,6 μg Tl pD: 4,7.

Störungen: Der Nachweis kann auch bei Gegenwart von Ag^+, Hg^{2+} und Pb^{2+} durchgeführt werden, wenn ein Überschuß von KJ-Lösung und eine 2%ige $Na_2S_2O_3$-Lösung nach der Niederschlagsbildung hinzugefügt werden. Hierbei werden Hg(II) als $[HgJ_4]^{2-}$, Ag(I) und Pb(II) als Thiosulfatokomplexe in Lösung gehalten.

6. Nachweis als Thallium(I)-thiocarbonat

$$Tl_2S + CS_2 \rightarrow Tl_2CS_3\downarrow.$$

Man versetze 1–2 ml der Probelsg. mit 5–6 Tr. CS_2 u. mit Ammoniak im geringen Überschuß, füge dann $(NH_4)_2S$ hinzu u. erhitze bis zum schwachen Sieden des CS_2 (Vorsicht! Nicht über offener Flamme erhitzen!). Das zunächst ausfallende Tl_2S wandelt sich bald in das rote Thalliumthiocarbonat um.

pD: 4,7.

7. Nachweis als Tl(I)-dipikrylaminat (s. S. 423)

8. Nachweis als Tl(I)-Thionalid-Chelat (s. S. 423)

c) Reaktionen und Nachweise für Tl(III)

Tl (I) wird leicht zu Tl (III) oxidiert.

1. Darstellung einer Tl(III)-Lösung

$$TlCl + Br_2 \rightarrow Tl^{3+} + 2Br^- + Cl^-.$$

Man erwärme etwas gefälltes TlCl und Br_2-Wasser. TlCl wird zu löslichem Tl^{3+} oxidiert. Überschüssiges Br_2 wird verkocht.

2. Alkalihydroxid, Alkalicarbonat

Versetzt man die unter 1. dargestellte Lösung mit Lauge, so fällt braunschwarzes bis schwarzes $Tl(OH)_3$ aus.

3. Nachweis als $TlJ \cdot J_2$ siehe unter b) 5.

4.3.4.2. Arsengruppe

Zur Arsengruppe gehören eine Anzahl Elemente, deren Sulfide sich in $(NH_4)_2S_x$ unter Thiosalzbildung lösen. Hinzu kommen Se und Te, die in elementarem Zustand mit $(NH_4)_2S_x$ gemischte Polysulfid-Selenid- bzw. -Telluridverbindungen bilden. Zu den Elementen des Schultrennungsganges zählen jedoch nur Arsen, Antimon und Zinn, die daher zuerst besprochen werden. Mitunter kommt auch Kupfer in die Arsengruppe, da sich das Sulfid bei längerem Digerieren und erhöhter Temperatur teilweise löst.

Arsen, As, OZ: 33, RAM: 74,9216

Häufigkeit: $5{,}5 \cdot 10^{-4}$ Gew.-%. Smp. 36 atm: 815 °C. Sdp.: 613 °C (Subl.). D_{ZT}: 5,72 g/cm³. Oxidationsstufen: −3, +3, +5. Standardpotential: $H_3AsO_4 + 2H^+ + 2e^- \rightleftharpoons HAsO_2 + 2H_2O$. $E_0 = 0{,}559$ V.

Vorkommen: Arsen ist in geringen Mengen in vielen sulfidischen Erzen enthalten. Wichtige sulfidische Mineralien sind u.a. Auripigment, As_2S_3, Realgar, As_4S_4, Arsenkies, FeSAs, Löllingit (Arsenikalkies), $FeAs_2$, Rotnickelkies, NiAs, Speiskobalt, $CoAs_3$, und Kobaltglanz, CoAsS. Seltener findet man Scherbenkobalt (gediegenes Arsen) und Arsenolith (Arsenikblüte), As_2O_3.

Darstellung: Arsenkies oder Löllingit wird unter Luftabschluß erhitzt und das entstehende elementare Arsen in Vorlagen niedergeschlagen. Rohstoffquelle für As_2O_3 sind die Flugstaubkammern von Röstbetrieben.

Bedeutung: Elementares Arsen wird als Zusatz zu Flintenschrot verwendet. Im Hartblei kann es das Antimon ersetzen. As_2O_3 dient als Läuterungsmittel in der Glasfabrikation, zur Herstellung von Calciumarsenat für die Schädlingsbekämpfung und zur Konservierung von Tierbälgen. Arsensulfide werden als Enthaarungsmittel in der Gerberei benutzt. Einige organische Arsenverbindungen finden als Arzneimittel Verwendung (Atoxyl, Salvarsan).

Allgemeine Eigenschaften: Arsen steht in der V. Hauptgruppe des PSE (s. S. 192).

Elementares Arsen tritt in mehreren Modifikationen auf, deren wichtigste das graue oder metallische Arsen und das plastische gelbe Arsen sind. Letzteres löst sich in CS_2 und ähnelt dem weißen Phosphor. Alle Arsenverbindungen können leicht zum Element reduziert werden. Der endotherme Arsenwasserstoff, AsH_3, bildet sich erst bei Einwirkung von $H_{nasc.}$. Er ist leicht flüchtig und zersetzbar.

As_2O_3 ist wenig in Wasser löslich, die gebildete H_3AsO_3 amphoter.

In alkalischer Lösung entstehen Arsenate(III). Das in stärker salzsaurer Lösung gebildete $AsCl_3$ destilliert beim Erhitzen zusammen mit H_2O/HCl ab. Somit sind größere Verluste bei der Analyse möglich, falls nicht vorher zu As(V) oxidiert wird. $AsCl_3$, in reiner Form eine farblose Flüssigkeit (Darstellung s. S. 470), hydrolysiert in wäßriger Lösung.

Die Oxidation von As(III) zu As(V) erfolgt in alkalischer Lösung schon durch H_2O_2, in saurer z.B. durch HNO_3. H_3AsO_4 ist eine wesentlich stärkere Säure als H_3AsO_3. AsO_4^{3-} verhält sich chemisch analog wie PO_4^{3-}.

Arsensauerstoff-Verbindungen besonders in der Oxidationsstufe + 3 sind stark giftig. As(V) wird im Körper zu As(III) reduziert. 60–120 mg As_2O_3 können schon tödlich wirken. Der MAK-Wert von AsH_3 liegt bei 0,2 mg/m³.

a) Gemeinsame Nachweise für As(III) und As(V)

1. Vorproben

α) Flammenfärbung: Fahlblau, wenig charakteristisch.

β) Phosphorsalzperle: Farblos.

γ) Lötrohrreaktion: Reduktion zu Arsen. Es verdampft, verbrennt wieder und schlägt sich als weißer Beschlag von As_2O_3 nieder. Dabei tritt intensiver Knoblauchgeruch auf!

δ) Glühröhrchen: Erhitzt man Arsenverbindungen im Glühröhrchen, so sublimieren sie teilweise und bilden entweder ein Sublimat von schwarzem Arsen oder weißem As_2O_3 oder gelbem As_2S_3. In Gegenwart fester Acetate Bildung von widerlich riechendem Kakodyloxid (Näheres bei Essigsäure, S. 215).

Die folgenden Reaktionen basieren auf der Red. zu elementarem As bzw. AsH_3.

2. Nachweis als As (Marshsche Probe)

$$As_2O_3 + 6Zn + 12H^+ \rightarrow 2AsH_3\uparrow + 6Zn^{2+} + 6H_2O,$$

$$6AsH_3 + 3O_2 \rightarrow 6As\downarrow + 6H_2O.$$

Die *Marsh*sche Probe dient in der Gerichtsmedizin zum Nachweis von Arsenspuren in Leichenteilen.

Ein Reagenzglas, in dem sich Zn, verd. H_2SO_4, etwas $CuSO_4$ und die Analysensubstanz befinden, ist mit einem einfach durchbohrten Korkstopfen verschlossen, durch den ein rechtwinklig gebogenes, am Ende zu einer 10 cm langen Kapillare ausgezogenes Rohr aus schwerschmelzbarem Glas führt (Abb. 52). An der verjüngten Stelle wird mit einem Sparbrenner erwärmt. An der heißen Glaswand wird AsH_3 thermisch zersetzt. Es scheidet sich ein As-Spiegel ab.

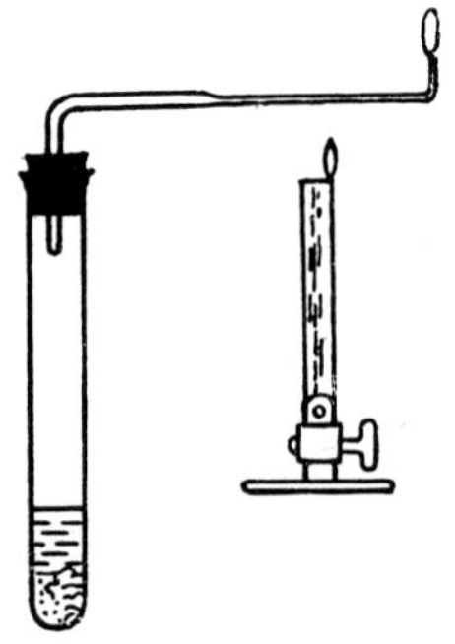

Abb. 52. *Marsh*sche Probe

Erhitzt man nicht, sondern zündet den entwickelten Wasserstoff an, so brennt er bei Anwesenheit von Arsen oder Antimon mit fahlblauer Flamme, wobei beide zu Oxid verbrennen, erkennbar an dem weißlichen Rauch. Hält man in die Flamme ein außen glasiertes Porzellanschälchen, so schlagen sich Arsen und Antimon elementar als schwarzer Belag nieder. Unterscheidung mit NaClO oder ammoniakalischer H_2O_2-Lsg. (s. 2., S. 338).

EG: 1 μg As.

3. Nachweis als As (Probe nach Berzelius)

$$3NaCN + As_2O_3 \rightarrow 3NaOCN + 2As\downarrow.$$

In einem trockenen Glühröhrchen erhitze man ein Gemisch von NaCN, As_2O_3 u. Na_2CO_3. Beim Glühen verdampft Arsen, das sich als Metallspiegel an den kalten Teilen niederschlägt.

Unter bestimmten Bedingungen kann die Red. sogar bis zum Arsenwasserstoff, AsH_3 gehen.

4. Nachweis als As (Bettendorfsche Probe)

$$2As^{3+} + 3Sn^{2+} + 18Cl^- \rightarrow 2As + 3[SnCl_6]^{2-}.$$

As wird unabhängig von der Oxidationsstufe durch $SnCl_2$ in konz. HCl zum Element reduziert. Sn und Sb geben die *Bettendorf*sche Reaktion nicht.

2–3 Tr. der Probelsg. werden in einem Mikrotiegel mit 2 Tr. 25%igem Ammoniak, 1 Tr. 30%igem H_2O_2 u. 2 Tr. 0,1 M $Mg(NO_3)_2$- oder $MgCl_2$-Lsg. versetzt u. langsam zur Trockne eingedampft. Der Rückstand wird nach kurzem Erhitzen auf Rotglut mit 2 Tr. $SnCl_2$-Lsg. in 35%iger HCl versetzt u. schwach erwärmt. Schwarzer Nd. oder eine Braunfärbung der Lsg. zeigt As an. Sehr kleine As-Mengen lassen sich gut sichtbar machen, wenn man nach der Red. die wss. saure Lsg. mit Äther oder Amylalkohol ausschüttelt. Das gebildete As wird als deutlich sichtbare schwarze Zone in der Grenzschicht zwischen wss. u. organischer Phase angereichert.

EG: 1 μg As pD: 4,7.

Störungen: Hg und Edelmetalle. Hg kann als Reineckat (vgl. 9., S. 320) gefällt oder nach Überführung des As in $MgNH_4AsO_4$ durch Erhitzen des Rückstandes auf Rotglut verflüchtigt werden.

5. Nachweis als AsH_3 (Gutzeitsche Probe)

$$AsH_3 + 6\,AgNO_3 \rightarrow Ag_3As \cdot 3\,AgNO_3 + 3\,HNO_3,$$
$$Ag_3As \cdot 3\,AgNO_3 + H_2O \rightarrow 6\,Ag + H_3AsO_3 + 3\,HNO_3.$$

Die zu untersuchende Substanz wird in ein Reagenzglas gegeben, mit einigen Körnchen Zink und verd. H_2SO_4 versetzt. Der Hals des Reagenzglases wird mit einem Wattebausch verschlossen und die Öffnung mit einem mit $AgNO_3$ getränkten Filterpapier bedeckt. Man kann auch ein Körnchen festes $AgNO_3$ auf das Papier geben und es mit einem Tr. Wasser befeuchten.

Der entweichende AsH_3 reagiert mit $AgNO_3$ zu gelbem $Ag_3As \cdot 3\,AgNO_3$, das später durch Zerfall des Silberarsenids schwarz wird.

pD: 6.

Störungen: PH_3 und SbH_3 liefern eine ähnliche Reaktion. Selektiver ist daher der unter 9. angegebene analoge Arsennachweis.

b) Reaktionen und Nachweise für As(III)

Zu den nachfolgenden Reaktionen verwendet man eine Na_3AsO_3-Lösung.

1. H_2S

Der gelbe Niederschlag von As_2S_3 ist schwer löslich in konz. HCl, löslich in heißer konz. HNO_3, ebenso in $(NH_4)_2S$ unter Bildung von $(NH_4)_3AsS_3$. Bei Anwendung von gelbem Ammoniumpolysulfid bildet sich $(NH_4)_3AsS_4$. Arsen(III)-sulfid löst sich auch in Alkalien, Ammoniak und Ammoniumcarbonat, wobei Thioarsenite und Arsenite bzw. Thioxoarsenite gebildet werden:

$$As_2S_3 + 6\,OH^- \rightarrow AsS_3^{3-} + AsO_3^{3-} + 3\,H_2O,$$
$$As_2S_3 + 6\,OH^- \rightarrow AsO_2S^{3-} + AsOS_2^{3-} + 3\,H_2O.$$

Beim Ansäuern von Thioarseniten fällt As_2S_3 wieder aus.

$$2\,AsS_3^{3-} + 6\,H^+ \rightarrow As_2S_3\downarrow + 3\,H_2S.$$

As_2S_3 löst sich leicht in ammoniakalischer H_2O_2-Lösung, wobei es zu Arsenat und Sulfat oxidiert wird:

$$As_2S_3 + 12\,OH^- + 14\,H_2O_2 \rightarrow 2\,AsO_4^{3-} + 3\,SO_4^{2-} + 20\,H_2O.$$

Man leite in 2 M salzsaure As(III)-Lsg. H_2S ein. Es bildet sich sofort ein gelber Nd. von As_2S_3, der evtl. mit überschüssigem S verunreinigt ist. Man führe anschließend die oben angegebenen Lsg.-Vers. durch.

As_2S_3 neigt in schwach sauren Lösungen zur Kolloidbildung (s. S. 94).

2. Oxidationsmittel

$$AsO_3^{3-} + J_2 + H_2O \rightleftharpoons AsO_4^{3-} + J^- + 2\,H^+.$$

Oxidationsmittel, wie HNO_3, alkalische H_2O_2-Lösung usw., oxidieren leicht zu Arsensäure. Auch Jod vermag AsO_3^{3-} zu oxidieren. Es bildet sich ein pH-abhängiges Gleichgewicht aus. Durch starke Erhöhung der H^+-Konzentration wird dieses wieder nach links verschoben.

Man versetze Arsenigsäurelsg. mit wenig Jodlsg.; es tritt allmählich Entfärbung ein. Setzt man nun konz. HCl hinzu, so tritt wieder die Jodfarbe auf.

3. Nachweis als Ag_3AsO_3

Aus neutralen Lsgg. wird gelbes Ag_3AsO_3 gefällt (Unterschied von Arsenat, das einen schokoladenbraunen Nd. bildet). Ag_3AsO_3 ist in Säuren lösl., wird durch Alkalien zu $Ag_2O + AsO_4^{3-}$ zersetzt

u. in Ammoniak zu $[Ag(NH_3)_2]^+$ + AsO_3^{3-} gelöst. Stellt man daher diese Probe an, um die Oxidationsstufe von Arsen zu prüfen, so muß man genau neutralisieren, indem man die saure Lsg. (nicht salzsaure, da sonst AgCl ausfällt) tropfenweise mit Ammoniak versetzt. Oder man überschichtet vorsichtig mit Ammoniak, wobei ein gelber Ring entsteht.

Beim Kochen der ammoniakalischen Lsg. tritt Red. des Ag^+ u. Oxidation des AsO_3^{3-} ein:

$$2[Ag(NH_3)_2]^+ + AsO_3^{3-} + 2OH \rightarrow 2Ag\downarrow + AsO_4^{3-} + 4NH_3 + H_2O.$$

4. Nachweis als AsH_3 aus alkalischer Lösung

$$As_2O_3 + 9H_2O + 4OH^- + 4Al \rightarrow 4[Al(OH)_4]^- + 2AsH_3,$$

$$AsH_3 + HgCl_2 \rightarrow AsH_2HgCl + HCl \quad \text{usw.}$$

Vergleiche *Gutzeit*sche Probe, S. 234.

Auch in alkalischer Lösung bildet As(III) mit naszierendem Wasserstoff AsH_3. Sb reagiert unter diesen Bedingungen nicht.

Zum Nachw. von As wird ca. 1 ml der Probelsg. gegebenenfalls nach Abtrennung von Hg als Reineckat u. nach Red. von As(V) zu As(III) im Reagenzglas mit KOH u. Al-Spänen erhitzt. Zur Absorption von H_2S wird ein mit Pb-Acetat befeuchteter Wattebausch in das Glas eingeschlossen. Die Mündung des Reagenzglases wird mit Filterpapier bedeckt, das mit $HgCl_2$ oder $AgNO_3$-Lsg. getränkt ist. Eine Gelbfärbung, die allmählich in Braun übergeht [Bldg. von AsH_2HgCl, $AsH(HgCl)_2$ usw. bis As_2Hg_3] bzw. eine Braunfärbung zeigen As an.

Störungen: Unter den angegebenen Bedingungen ist diese Rk. innerhalb der H_2S-Gruppe ein spezifischer Nachw. für Arsen. Viel Hg stört und wird zweckmäßig als Reineckat (vgl. **9.**, S. 320) gefällt. As(V) muß vorher mit H_2SO_3 zu As(III) reduziert werden.

c) Reaktionen und Nachweise für As(V)

Zu den nachfolgenden Reaktionen benutze man eine Na_3AsO_4-Lösung.

1. H_2S

In Abhängigkeit von den Reaktionsbedingungen fällt gelbes As_2S_3 oder gelbes As_2S_5.

α) Niedrige H_2S und hohe HCl-Konzentration (evtl. Temperaturerhöhung)

Es bildet sich zuerst Monothioarsensäure:

$$H_3AsO_4 + H_2S \rightarrow H_3AsO_3S + H_2O.$$

Sie zerfällt in arsenige Säure und Schwefel

$$H_3AsO_3S \rightarrow H_3AsO_3 + S.$$

H_3AsO_3 reagiert mit überschüssigem H_2S zu As_2S_3 weiter:

$$2H_3AsO_3 + 3H_2S \rightarrow As_2S_3\downarrow + 6H_2O.$$

β) Hohe H_2S-Konzentration (hoher Gasdruck)

Unter diesen Bedingungen wird der Zerfall der Monothioarsensäure (siehe α) überholt durch die Bildung von Dithioarsensäure:

$$H_3AsO_3S + H_2S \rightarrow H_3AsO_2S_2 + H_2O.$$

Diese „disproportioniert“ in H_3AsO_4 und H_3AsS_4:

$$2H_3AsO_2S_2 \rightarrow H_3AsO_4 + H_3AsS_4.$$

Tetrathioarsensäure zerfällt in $As_2S_5 + H_2S$:

$$2H_3AsO_4 \rightarrow As_2S_5 + 3H_2S.$$

As_2S_5 verhält sich ganz wie As_2S_3. Es ist schwer lösl. in HCl, lösl. in konz. HNO_3 oder ammoniakalische H_2O_2-Lsg. unter Bldg. von Arsenat u. Sulfat, ebenso lösl. in Laugen u. $(NH_4)_2CO_3$, wobei Thiooxoarsenate entstehen, sowie in $(NH_4)_2S$, mit dem sich $(NH_4)_3AsS_4$ bildet.

2. Reduktionsmittel

Starken Reduktionsmitteln gegenüber verhält sich AsO_4^{3-} wie AsO_3^{3-}. So red. $SnCl_2$ in saurer Lsg. zu Arsen (s. S. 334). Teilweise wird AsO_4^{3-} auch nur zu AsO_3^{3-} red., wie z.B. von H_2S, SO_2 u. HJ. Bei dem letzteren entstehen Gleichgewichte (s. 2., S. 335).

3. Nachweis als Ag_3AsO_4

In neutraler Lsg. bildet $AgNO_3$ einen schokoladenbraunen Niederschlag von Ag_3AsO_4. Dieses verhält sich analog wie Ag_3AsO_3. Zur Erkennung von As(V) wird daher die saure Lsg. mit $AgNO_3$ versetzt, mit Ammoniak tropfenweise neutralisiert oder mit Ammoniak überschichtet.

4. Nachweis als $MgNH_4AsO_4 \cdot 6\,H_2O$

Die Arsenate zeigen recht große Ähnlichkeit mit den Phosphaten und sind weitgehend mit diesen isomorph, d.h., sie bilden mit ihnen Mischkristalle und geben häufig gleiche Reaktionen. So fällt Mg^{2+} aus ammoniakalischer, ammoniumchloridhaltiger AsO_4^{3-}-Lösung kristallines Magnesiumammoniumarsenat, $MgNH_4AsO_4 \cdot 6\,H_2O$, wie beim Phosphat (s. S. 207) aus.

In der HM-Analyse wird 1 Tr. der die Thioverbindungen enthaltenden Lsg. auf dem OT mit konz. HNO_3 zur Trockne eingedampft. Der Rückstand wird in Ammoniak gelöst u. überschüssiges NH_3 vorsichtig eingedampft. Um die Bldg. einfacher Kristallformen zu begünstigen, wird ein Körnchen NH_4NO_3 u. danach ein Körnchen $MgCl_2$ zugegeben. NH_4NO_3 verzögert die Kristallisation, ein großer Überschuß ist jedoch zu vermeiden, da sonst die Kristallisation des $MgNH_4AsO_4$ bei sehr geringen As-Mengen ganz ausbleiben kann. Unter dem Mikroskop (V.: 100) zeigt das Auftreten rhombischer hemimorpher Kristalle (Sargdeckel) oder sechseckiger Sternchen (s. Kristallaufnahme Nr. 32) As an. Wenn sich bei hohem As-Gehalt uncharakteristische Formen bilden, wird die Fällung am besten unter Zusatz von etwas mehr NH_4NO_3 wiederholt. Wird der gewaschene Nd. mit 1 M $AgNO_3$-Lsg. befeuchtet, so bildet sich schokoladenbraunes Ag_3AsO_4.

EG: 0,3 μg As pD: 4,7.

5. Nachweis als $(NH_4)_3[As(Mo_3O_{10})_4 \cdot aq]$

In stark salpetersaurer Lösung entsteht mit Ammoniummolybdat wie beim Phosphat, jedoch langsamer, gelbes, kristallines Ammoniummolybdatoarsenat. Näheres s. S. 303 bei den Heteropolysäuren.

Ammoniummolybdatoarsenat ist in Säuren schwer löslich, dagegen leicht löslich in Alkalilaugen, durch die es aufgespalten wird:

$$[As(Mo_3O_{10})_4 \cdot aq]^{3-} + 24\,OH^- \rightarrow AsO_4^{3-} + 12\,MoO_4^{2-} + 12\,H_2O.$$

Zum Nachw. von As wird ein Teil des Sulfid-Nd. der H_2S-Gruppe in etwas Königswasser gelöst, HNO_3 im Überschuß zugegeben u. vorsichtig zur Trockne eingedampft. Der Rückstand wird in wenig konz. HNO_3 gelöst u. 1 Tr. dieser Lsg. auf dem OT mit etwas festem NH_4NO_3 u. danach mit einem kleinen Kristall $(NH_4)_2MoO_4$ versetzt. Bei gelindem Erwärmen fällt das Molybdatoarsenat in Form kleiner, gelber Würfel u. Oktaeder aus. Die Kristallform ist im allgemeinen erst bei etwa 250facher Vergrößerung gut erkennbar.

EG: 0,2 μg As pD: 5,3.

Störungen: PO_4^{3-} und Silicat bilden unter den gleichen Bedingungen in Form und Farbe identische Kristalle.

Antimon, Sb, OZ: 51, RAM: 121,75

Häufigkeit: $6{,}5 \cdot 10^{-5}$ Gew.-%. Smp.: 630,5 °C. Sdp.: 1637 °C. D_{ZT}: 6,69 g/cm³. Oxidationsstufen: −3, +3, +5. Ionenradius $r_{Sb^{3+}}$: 0,76 Å. Standardpotential: $Sb_2O_3 + 6H^+ + 6e^- \rightleftharpoons 2Sb + 3H_2O$, $E_0 = 0{,}152$ V. $Sb_2O_5 + 2H^+ + 2e^- \rightleftharpoons Sb_2O_4 + H_2O$, $E_0 = 0{,}48$ V.

Vorkommen: Antimon ist wie Arsen als Begleiter in zahlreichen Kupfer-, Blei- und Silbererzen enthalten. Wichtigstes Mineral ist der Grauspießglanz, Sb_2S_3. Unter anderem kommt es noch als Weißspießglanz, Sb_2O_3, Breithauptit, NiSb, und gelegentlich auch gediegen vor.

Darstellung: Elementares Antimon wird aus Grauspießglanz durch Niederschlagsarbeit (s. S. 447) oder Röstreduktionsarbeit (s. S. 447) gewonnen.

Bedeutung: Blei-Antimon-Legierungen sind Hartblei und Letternmetall (s. S. 321). Goldschwefel, Sb_2S_5, dient zum Vulkanisieren und Rotfärben von Kautschuk und zusammen mit $KClO_3$ als Zündmischung in Streichholzköpfen. Einige organische Antimonverbindungen finden therapeutische Verwendung.

Allgemeine Eigenschaften: Antimon steht in der V. Hauptgruppe des PSE (s. S. 192).

Elementares Antimon kommt in mehreren Modifikationen vor. Von wesentlichem Interesse ist das graue oder metallische Antimon. Der Metallcharakter ist stärker als beim Arsen ausgeprägt.

$Sb(OH)_3$ ist stärker basisch als $As(OH)_3$, aber noch ausgesprochen amphoter. In alkalischen Lösungen bildet sich $[Sb(OH)_4]^-$. Sb(III)-Salze hydrolysieren leicht, wobei Verbindungen mit dem SbO^+-Ion entstehen. Diese Antimonoxidverbindungen sind in Wasser meist schwer löslich. In salzsauren Lösungen liegt $[SbCl_4]^-$ vor. Sb(V) bildet auch in saurer Lösung keine Sb^{5+}-Ionen. In alkalischer Lösung liegt $[Sb(OH)_6]^{2-}$ vor. Mit Erhöhung der H^--Konzentration tritt Kondensation zu Polyanionen ein.

Wasserfreie Antimonate leiten sich von den Ionen SbO_4^{3-}, $Sb_2O_7^{4-}$ und SbO_3^- ab und werden als Ortho-, Di- und Metaantimonate bezeichnet (vgl. auch S. 105).

$SbCl_5$ (Darstellung s. S. 471) hat als Flüssigkeit keinen salzartigen Charakter mehr. In stark salzsaurer Lösung entsteht der Chlorokomplex $[SbCl_6]^-$.

a) Gemeinsame Nachweise für Sb(III) und Sb(V)

1. Vorproben

α) Flammenfärbung: Fahlblau, wenig charakteristisch.

β) Phosphorsalzperle: Farblos.

γ) Lötrohrreaktion: Sprödes Metallkorn und weißer Beschlag. Das Metall löst man in wenig Königswasser, verdampft den Überschuß der Säure, nimmt mit verd. HCl auf und führt folgende Reaktionen aus:
H_2S: Orangeroter Niederschlag von Sb_2S_3.
Verdünnen mit Wasser: Weißer Niederschlag von Oxidchlorid.

2. Marshsche Probe

Sb-Verbindungen geben auch die *Marsh*sche Probe (s. bei Arsen 2., S. 334).

Zum Unterschied von Arsen löst sich aber der Metallspiegel in frisch bereiteter Hypochloritlsg. und in ammoniakalischer H_2O_2-Lsg. nicht bzw. nur langsam auf.

3. Nachweis durch Reduktion mit unedlen Metallen

Unedle Metalle wie Fe, Zn oder Sn scheiden aus nicht zu stark sauren Lösungen von Sb(III) und Sb(V) metallisches Antimon ab. Diese Reaktion ist zum Nachweis von Antimon geeignet.

α) Man gebe einen Eisennagel in eine Sb-haltige HCl-saure Lösung. Antimon scheidet sich in schwarzen Flöckchen bzw. direkt am Eisen ab. Diese Methode dient zur Trennung von Sb u. Sn. Letzteres wird durch Eisen nur bis zum Sn(II) reduziert.

β) Man legt ein unedles Metall, am besten Zn oder Sn, auf ein Stückchen Platin. Sb schlägt sich auf dem Platin als samtschwarzer Beschlag nieder, der beim Entfernen des Zinks zum Unterschied von Zinn (s. S. 342) nicht verschwindet. Der Beschlag wird von HNO_3 angegriffen. Die Abscheidung des Antimons erfolgt im Gegensatz zu derjenigen des Zinns (analytisch wichtiger Unterschied, vgl. S. 348) am Platin, weil ein Kurzschlußelement gebildet wird. Zn gibt nach:

$$3Zn \rightarrow 3Zn^{2+} + 6e.$$

Elektronen an das Platin ab, an dessen Oberfläche sie die Ionen von Sb(III) und Sb(V) unter Bildung metallischen Antimons entladen:

$$2Sb^{3+} + 6e \rightarrow 2Sb.$$

Der gleiche Vorgang der Bildung eines Kurzschluß- oder Lokalelementes liegt bei der Entwicklung von Wasserstoff durch Metall und Säure vor. An reinstem Zink geht die Wasserstoffentwicklung äußerst langsam vor sich (s. auch S. 144), da sich eine zusammenhängende Wasserstoffhaut bildet, die eine weitere Reaktion verhindert. Nimmt man jedoch verunreinigtes oder verkupfertes Zink, so bilden sich Lokalelemente, indem am Zink Zn^{2+} in Lösung geht, die Elektronen zum Kupfer oder zu der Verunreinigung wandern und dort das Wasserstoffion entladen. So kann sich keine Wasserstoffhaut bilden, und die Reaktion geht ungestört vor sich. Solche Lokalelementbildungen spielen bei Korrosionsfragen eine große Rolle.

b) Reaktionen und Nachweise für Sb(III)

Zu den folgenden Reaktionen benutze man eine Lsg. von $SbCl_3$ oder Sb_2O_3 in HCl.

1. H_2O, Weinsäure

$$[SbCl_4]^- + H_2O \rightleftarrows SbOCl\downarrow + 3\,Cl^- + 2\,H^+.$$

Durch Wasser wird Sb(III) zu SbO^+ hydrolysiert.

Man verdünne die Lsg. mit Wasser. Nd. von SbOCl. Beim Versetzen mit HCl löst sich dieser wieder auf. Durch weitere Hydrolyse geht SbOCl in SbO(OH) über, das beim Erwärmen zu Sb_2O_3 entwässert wird. Bei Ggw. von Weinsäure tritt keine Fällung ein, bzw. die gefällten basischen Salze lösen sich in ihr wieder auf, unter Bildung der Säure $H[C_4H_2O_6Sb(OH_2)]$. Das Kaliumsalz, $K[C_4H_2O_6Sb(OH_2)] \cdot 1/2\,H_2O$, ist der bekannte Brechweinstein, der in wäßriger Lösung sauer reagiert, wie das folgende Gleichgewicht zeigt:

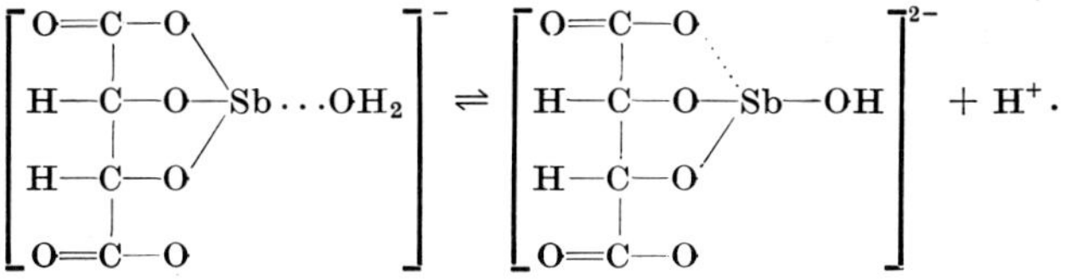

2. NaOH und Ammoniak

$$SbOOH + H_2O + OH^- \rightleftarrows [Sb(OH)_4]^-,$$
$$[SbCl_4]^- + 3\,OH^- \rightleftarrows SbOOH\downarrow + 4\,Cl^- + H_2O.$$

Weißer Niederschlag von SbOOH, der sich im Überschuß einer starken Lauge zu einem Hydroxokomplex löst.

3. H_2S

Orangeroter Nd. von Sb_2S_3, lösl. in konz. HCl, in Ammonium- u. Alkalisulfiden unter Bldg. von Thioantimonit u. in Alkalilaugen, wobei ein Gemisch von Thiooxoantimonat(III) u. Thioantimonat(III) entsteht:

$$Sb_2S_3 + 2\,OH^- \rightleftharpoons SbOS^- + SbS_2^- + H_2O,$$
$$Sb_2S_3 + S^{2-} \rightleftharpoons 2\,SbS_2^- \quad \text{bzw.} \quad Sb_2S_3 + 3\,S^{2-} \rightleftharpoons 2\,SbS_3^{3-}.$$

Beim Ansäuern wieder Ausfällung von Sb_2S_3! Im Gegensatz zu As_2S_3 ist Sb_2S_3 in Ammoniak u. $(NH_4)_2CO_3$ nicht merklich löslich.

4. Ag^+ + Ammoniak

$$[Sb(OH)_4]^- + 2[Ag(NH_3)_2]^+ + 2\,OH^- \rightarrow 2\,Ag\downarrow + [Sb(OH)_6]^- + 4\,NH_3.$$

Zu alkalischer Natriumhydroxyantimonat(III)-Lsg. gebe man eine ammoniakalische Silbersalzlsg. Nach einiger Zeit scheidet sich schwarzbraunes Silber aus.

5. Oxidation mit konz. HNO_3

Etwas elementares Antimon oder Antimon(III)-oxid behandle man mit konz. HNO_3 u. dampfe die überschüssige Säure vorsichtig weg. Der weiße Rückstand ist Antimonsäure, die sich in W. schwer löst u. beim Erhitzen unter Wasserabgabe leicht in Sb_2O_5 übergeht. Bei höherem Erhitzen entsteht Sb_2O_4.

6. Redoxgleichgewicht mit J_2 und J^-

$$Sb^{3+} + J_2 + 6\,H_2O \rightleftharpoons [Sb(OH)_6]^- + 2\,J^- + 6\,H^+.$$

In saurer Lsg. liegt das Gleichgewicht weitgehend auf der linken Seite, bei Zurückdrängung der H^+-Konz. durch Zusatz von $NaHCO_3$ wird es praktisch vollständig nach rechts verschoben (s. auch Arsen Vers. 2., S.335).

Eine Lsg. von Brechweinstein in W. versetzt man mit festem $NaHCO_3$ u. einigen Tr. Jodlösung. Infolge Red. von J_2 zu J^- tritt Entfärbung ein. Beim Ansäuern der Lsg. wird wieder Jod in Freiheit gesetzt, ebenso bei Zugabe von Jodid zu einer sauren Lsg. von Sb(V).

7. Nachweis als Molybdänblau

Molybdatophosphorsäure wird durch Sb(III)- und Sn(II)-Salze in saurer Lösung zu Molybdänblau reduziert, das sich mit Amylalkohol ausschütteln läßt. Bei Abwesenheit von Sn(II) ist dieser Nachweis für Sb(III) spezifisch.

α) Zur Red. von evtl. anwesendem Sb(V) wird die alkalische Lsg. der entsprechenden Sulfide mit konz. H_2SO_4 zur klaren Lsg. erwärmt. In dieser Lsg. liegen Sb als Sb(III)-Sulfat, Sn als Sn(IV)-Sulfat u. As als H_3AsO_4 vor. 1 Tr. der vorstehenden Lsg. wird auf Filterpapier getüpfelt, das mit Molybdatophosphorsäure getränkt ist, u. mit heißem W.-Dampf behandelt. Die Bldg. eines blauen Flecks innerhalb weniger Min. zeigt Sb an.

EG: 0,2 μg Sb pD: 5,4.

β) Zu 1 ml Probelsg. wird in einem Reagenzglas die gleiche Menge Reagenzlsg. hinzugegeben u. im W.-Bad schwach erwärmt. Die entstehende blaue Mo-Verb. kann mit Amylalkohol ausgeschüttelt werden. Hierbei erhöht sich die Empfindlichkeit der Rk. beträchtlich.

pD: 6,4.

Reagenz: Frisch bereitete 5%ige wss. Lsg. von Molybdatophosphorsäure.

8. Nachweis als Methylfluoron-Verbindung (s. S. 423)

c) Reaktionen und Nachweise für Sb(V)

Für die folgenden Reaktionen verwende man eine Lösung von Kaliumantimonat, $K[Sb(OH)_6]$ bzw. die entsprechend vorbereitete Analysenlösung.

1. HCl

$$6[Sb(OH)_6]^- + 2H^+ \rightarrow [Sb_6O_{17} \cdot aq]^{4-} + 19H_2O,$$
$$[Sb_6O_{17} \cdot aq]^{4-} + 4H^+ \rightarrow 3Sb_2O_5 + 2H_2O,$$
$$Sb_2O_5 + 12HCl \rightleftharpoons 2H[SbCl_6] + 5H_2O.$$

Zunächst weißer Nd. von $Sb_2O_5 \cdot aq.$, der sich im Überschuß von HCl wieder löst.

2. H_2S

Die Verhältnisse liegen analog der Rk. von Arsenatlsg. mit H_2S (s. 1., S. 336).

Aus saurer Antimonat(V)-Lsg. fällt je nach den Reaktionsbedingungen orangerotes Sb_2S_5 oder auch Sb_2S_3 + S.

Sb_2S_5 löst sich in Ammonium- u. Alkalisulfiden zu Thioantimonaten u. in Alkalien zu einer Mischung von Thio- u. Thiooxoantimonaten:

$$Sb_2S_5 + 3S^{2-} \rightleftharpoons 2SbS_4^{3-},$$
$$2Sb_2S_5 + 12OH^- \rightleftharpoons SbS_4^{3-} + 3SbO_2S_2^{3-} + 6H_2O.$$

In fluoridhaltiger Lsg. unterbleibt die Sulfidfällung.

3. Nachweis als $Na[Sb(OH)_6]$

Na^+-Ionen geben bei Anwesenheit von $[Sb(OH)_6]^-$ in schwach alkalischer Lsg. schwerlösliches $Na[Sb(OH)_6]$ (s. Natrium, S. 235).

4. Nachweis als Rhodamin B-hexachloroantimonat(V) (s. S. 424)

Zinn, Sn, OZ: 50, RAM: 118,69

Häufigkeit: $3{,}5 \cdot 10^{-3}$ Gew.-%. Smp.: 231,9 °C. Sdp.: ≈2687 °C. D_{ZT}: 7,29 g/cm³. Oxidationsstufen: + 2, + 4. Ionenradius $r_{Sn^{2+}}$: 0,93 Å, $r_{Sn^{4+}}$: 0,71 Å. Standardpotential: $Sn^{2+} + 2e^- \rightleftharpoons Sn$. $E_0 = -0{,}136$ V.

Vorkommen: Fast alleiniges Mineral ist der Zinnstein (Cassiterit), SnO_2.

Darstellung: Das Metall wird durch Reduktion des Zinnsteins mit Kohle gewonnen. Auch die Wiedergewinnung des Zinns aus Weißblechabfällen hat Bedeutung erlangt. Über die Darstellung im Labor s. S. 446.

Bedeutung: Zinn findet hauptsächlich zur Herstellung von Weißblech, Legierungen (Bronzen, Lagermetalle, Weichlot) sowie Folien (Stanniol) Verwendung.

$SnCl_2$ und $(NH_4)_2[SnCl_6]$ (Pinksalz) dienen als Beize in der Färberei, Mussivgold, SnS_2, wird zur unechten Vergoldung benutzt.

Allgemeine Eigenschaften: Zinn steht in der IV. Hauptgruppe des PSE (s. S. 210).

Aus der Schmelze erstarrt kristallines β-Zinn (weißes Zinn). Das kristalline Gefüge macht sich durch das sog. „Zinngeschrei", sowie durch eisblumenartige Figuren beim Anätzen der Oberfläche mit HCl bemerkbar. Unterhalb 13,2 °C ist das nichtmetallische α-Zinn (graues Zinn) beständig („Zinnpest").

Elementares Zinn löst sich in HCl langsam unter Bildung von $SnCl_2$. HNO_3 verhält sich je nach der Konzentration und der Temperatur verschieden. In der Kälte entsteht mit verd. HNO_3 zunächst $Sn(NO_3)_2$. Konz. HNO_3 oxidiert dagegen zu schwerlöslichem Zinndioxidhydrat:

$$Sn + 4HNO_3 \rightarrow SnO_2\downarrow + 4NO_2\uparrow + H_2O.$$

Somit kann Zinn in der Analyse beim Behandeln mit konz. HNO_3 in den schwerlöslichen Rückstand gelangen.

Die Oxidationsstufe + 2 ist beständig, kann jedoch leicht in + 4 überführt werden. Sn(II)-Salze sind Reduktionsmittel, $Sn(OH)_2$ ist amphoter. So werden Quecksilber(II)-Salze in saurer Lösung in Quecksilber(I)-Verbindungen und metallisches Quecksilber, Wismut(III)-Verbindungen in alkalischer Lösung in Wismut übergeführt, während Sn(II) zu Sn(IV) oxidiert wird.

Sn(IV) bildet vorwiegend komplexe Anionen wie $[SnCl_6]^{2-}$ oder $[Sn(OH)_6]^{2-}$. Darstellung von $(NH_4)_2[SnCl_6]$ s. S. 478. Da Sn(IV) amphoter ist, erhält man beständige Lösungen nur im stark sauren Bereich von pH ≦ 1 und im basischen von pH ≧ 11,6. Dazwischen bilden sich Niederschläge von Sn(IV)-Oxidhydrat. Dieses durch Hydrolyse von Sn(IV)-Verbindungen oder durch Oxidation mit konz. HNO_3 erhaltene Zinndioxidhydrat („Zinnsäure") adsorbiert leicht die verschiedenartigsten Stoffe (PO_4^{3-}, s. S. 207).

Je nach dem Wassergehalt, dem Alter und der Herstellungsweise unterscheidet man die säurelösliche α- und die säureschwerlösliche β-Zinnsäure.

$SnCl_4$ (Darst. s. S. 473) hat wie $SbCl_5$ (s. S. 471) keinen salzartigen Charakter.

a) Gemeinsame Nachweise für Sn(II) und Sn(IV)

1. Vorproben

α) Flammenfärbung: Keine.

β) Phosphorsalzperle: Farblos. Setzt man aber eine Spur Kupfersalz zu und glüht in der Reduktionsflamme, so wird die Perle durch eine kolloide Cu-SnO-Lösung (entsprechend dem *Cassius*schen Goldpurpur) rot.

γ) Lötrohrreaktion: Duktiles Metallkorn, das stets in der Kälte mit einer weißen Oxidhaut bedeckt ist, dagegen in der Hitze sichtbar wird. Außerdem geringer weißer Oxidbeschlag. Das Metallkorn löse man in HCl und führe folgende Reaktionen aus:
H_2S: braunschwarzer Nd. von SnS,
$HgCl_2$: weißer oder grauer Nd. von Hg_2Cl_2 bzw. Hg,
NaOH + $Bi(NO_3)_3$: schwarzer Nd. von Bi.

δ) Leuchtprobe: Zu der auf Zinn zu prüfenden festen Substanz gebe man in einem Porzellantiegel einige Körnchen Zink u. 5 ml 20%ige HCl. Das Zink hat den Zweck, etwa vorhandene schwerlösl. Sn(IV)-Verbb., wie SnO_2, durch Red. zu Sn(II) in Lsg. zu bringen. In die Lsg. taucht man ein mit kaltem W. halbgefülltes Reagenzglas, zieht es wieder heraus u. hält es in eine Bunsenflamme. An der benetzten Stelle des Glases entsteht bei Anwesenheit von Zinn blaue Fluoreszenz, herrührend von $SnCl_2$. An Stelle des mit W. gefüllten Reagenzglases kann in der HM-Analyse ein Magnesiastäbchen verwendet werden, das mit der Rk.-Lsg. benetzt

u. in den reduzierenden Teil einer Bunsenflamme gehalten wird. Schwerlösl. Sn-Verbb. werden zweckmäßig vorher mit Na_2CO_3 aufgeschlossen. Äußerst empfindlicher Nachweis!

EG: 0,03 μg Sn pD: 6,2.

Störungen: Bei Ggw. von As im Überschuß kann der sonst spezifische Sn-Nachw. versagen. Nur Nb-Verbb. geben eine ähnliche Lumineszenz.

2. Reduktion mit Zink

$$Sn^{2+} + Zn \rightarrow Sn\downarrow + Zn^{2+}.$$

Unedle Metalle wie Zink, aber nicht Eisen(!) reduzieren Sn(II) und Sn(IV) zu metallischem Zinn.

Sn scheidet sich schwammig oder am Zink haftend ab. Nimmt man wie beim Antimon außerdem noch ein Platinblech, auf das man das Zink legt, so findet in stark saurer Lsg. die Abscheidung des Sn am Platin statt. In schwach saurer Lsg. jedoch scheidet sich das Sn hauptsächlich (zum Unterschied von Antimon s. 3., S. 338) am Zink ab. Der durch die Abscheidung des Zinns am Platin gebildete graue Fleck verschwindet beim Entfernen des Zinks sofort (Unterschied zu Antimon).

b) Reaktionen und Nachweise für Sn(II)

Für die nachstehenden Reaktionen verwende man eine $SnCl_2$-Lösung.

1. NaOH

$$Sn^{2+} + 2\,OH^- \rightarrow Sn(OH)_2\downarrow,$$
$$Sn(OH)_2 + 4\,OH^- \rightleftharpoons [Sn(OH)_6]^{4-}.$$

Weißer Nd. von $Sn(OH)_2$, lösl. in Säuren sowie im Überschuß des Fällungsmittels.

Kocht man in stark alkalischer Lsg., so disproportioniert das Sn(II) zu Sn u. Sn(IV). Es fällt schwarzes metallisches Zinn aus:

$$2[Sn(OH)_6]^{4-} \rightleftharpoons Sn\downarrow + [Sn(OH)_6]^{2-} + 6\,OH^-.$$

Wichtig für den Nachw. von Bi!

2. Ammoniak

Ebenfalls weißer Nd. von $Sn(OH)_2$, der aber im Überschuß des Fällungsmittels schwerlösl. ist.

3. H_2S

Brauner Nd. von SnS, lösl. in konz. HCl, nicht lösl. in farblosem Ammonium- u. Alkalisulfid, da Sn(II) keine Thiosalze bildet. Gelbes, also Schwefel im Überschuß enthaltendes Sulfid löst dagegen SnS unter Oxidation zu Sn(IV) auf:

$$SnS + S_2^{2-} \rightarrow [SnS_3]^{2-}.$$

Zum Teil sind auch Ionen vom Typ $[SnS_4]^{4-}$ beobachtet worden.

Wichtig für den analytischen Trennungsgang ist, daß diese Rk. verhältnismäßig langsam vor sich geht.

4. Nachweis als Molybdänblau

Im Gegensatz zum Sb(III) vermag Sn(II) auch schwerlösliche Molybdatophosphate zu Molybdänblau zu reduzieren.

Zum Nachw. von Sn(II) wird zunächst etwa in der Probelsg. vorhandenes Sn(IV) mit etwas Zn-Staub reduziert. Das sich dabei evtl. abscheidende Sb stört nicht. 1 Tr. dieser Lsg. wird auf Filterpapier, das mit $(NH_4)_3[P(Mo_3O_{10})_4]$ imprägniert ist, getüpfelt. Eine Blaufärbung zeigt Sn an.

EG: 0,03 μg Sn pD: 6,2.

Reagenzpapier: Filterpapier wird mit 5%iger Lsg. von Molybdatophosphorsäure getränkt u. einige Zeit über konz. Ammoniak geräuchert, wobei sich das gelbe schwerlösl. Ammoniumsalz bildet. Das gut getrocknete Papier ist in einer verschlossenen braunen Flasche haltbar.

5. Nachweis als Cassiusscher Goldpurpur

$$2[AuCl_4]^- + 3Sn^{2+} + 6H_2O \rightarrow 2Au\downarrow + 3SnO_2\downarrow + 12H^+ + 8Cl^-.$$

Über Au(III) s. S. 353.

Beim Versetzen einer sehr verd., schwach sauren Chloroaurat(III)-Lsg. mit einer Spur $SnCl_2$ tritt Reduktion ein. Dabei bleiben das Gold u. das durch Hydrolyse entstandene Zinnoxidhydrat in kolloider Form in Lsg. u. färben sie purpurrot bis braun (*Cassius*scher Goldpurpur, vgl. 6., S. 353). Je nach Konz. tritt mehr oder weniger schnell Koagulation ein.

Dekantiert man von dem entstandenen Nd., wäscht ihn mehrfach mit reinem W., suspendiert ihn in W. u. gibt dann wenig konz. Ammoniak hinzu, so geht er wieder mit purpurroter Farbe kolloid in Lösung.

Man kann diese Rk. zu einem empfindlichen Nachw. für Sn^{2+} benutzen, indem man zu der zu prüfenden, schwach sauren Lsg. einige Tr. $[AuCl_4]^-$-Lsg. hinzugibt. Bei Anwesenheit von Sn^{2+} färbt sich die Lsg. purpurrot.

pD: 4,0.

c) Reaktionen und Nachweise für Sn(IV)

Zu den folgenden Reaktionen nehme man eine frisch bereitete Lösung von $(NH_4)_2[SnCl_6]$ in verd. HCl bzw. die entsprechend vorbereitete Analysenlösung.

1. Reduktion mit Fe

Sn(IV) wird in saurer Lsg. durch metallisches Eisen zu Sn(II) red. (Unterschied von Antimon, das bis zum Metall red. wird.)

2. NaOH

Weißer Nd. von $SnO_2 \cdot aq$ (sog. α-Zinnsäure). Er ist unter Bldg. von $[SnCl_6]^{2-}$ bzw. $[Sn(OH)_6]^{2-}$ leicht in HCl bzw. NaOH löslich. Kocht man aber den Nd. einige Zeit, so verliert er diese Eigenschaft. Er ist in β-Zinnsäure übergegangen. Diese Umwandlung ist sowohl mit einer Teilchenvergrößerung als auch mit einer chemischen Umwandlung, wahrscheinlich durch Wasserabgabe aus $SnO_2 \cdot aq$, verbunden.

Die β-Zinnsäure kann kolloidal in Lsg. gebracht werden. Man filtriere den Nd. ab u. wasche ihn aus. Schon beim Auswaschen kann, wenn eine bestimmte Ionenkonzentration von adsorbierten H^+ u. Cl^- bzw. Na^+ u. OH^- vorliegt, Peptisation eintreten, eine Erscheinung, die auch viele andere derartige Körper zeigen (s. S. 96).

Nun befeuchte man den Nd. in einem Bechergläschen mit einigen Tr. konz. HCl u. füge nach kurzer Zeit W. hinzu. Meist bildet sich eine völlig klar erscheinende, kolloide Lösung.

3. H_2S

Gelber Nd. von SnS_2, lösl. in konz. HCl u. Ammonium- sowie Alkalisulfiden, wobei Thiostannate gebildet werden.

Bei Ggw. von Oxalsäure tritt mit H_2S keine Fällung ein. Es bildet sich ein stabiler Oxalatokomplex, $[Sn(C_2O_4)_4]^{4-}$, so daß das Löslichkeitsprodukt des SnS_2 nicht überschritten wird. So kann man Zinn u. Antimon voneinander trennen.

4. Nachweis als Phenylarsonsäure-Verbindung (s. S. 424)

Germanium, Ge, OZ: 32, RAM: 72,59

Häufigkeit: $5,6 \cdot 10^{-4}$ Gew.-%. Smp.: 937,2 °C. Sdp.: 2830 °C. D_{ZT}: 5,33 g/cm³. Oxidationsstufen: +2, +4. Ionenradius $r_{Ge^{4+}}$: 0,53 Å. Standardpotential: $GeO_2 + 4H^+ + 4e^- \rightleftharpoons Ge + 2H_2O$. $E_0 = -0,15$ V.

Vorkommen: Germanium ist in den seltenen Mineralien Argyrodit, $4Ag_2S \cdot GeS_2$ und Germanit, $Cu_3(Ge,Fe)S_4$ sowie in geringen Beimengungen in einigen Zinkerzen und bestimmten Steinkohlensorten enthalten.

Darstellung: Elementares Germanium wird aus GeO_2 durch Reduktion mit Wasserstoff gewonnen.

Bedeutung: Elementares Germanium hat als Halbleiter große Bedeutung in der Elektronik (Transistoren, Dioden, Peltierelemente, Photozellen).

Allgemeine Eigenschaften: Germanium steht in der IV. Hauptgruppe des PSE (s. S. 210).

Viele Eigenschaften ergeben sich aus der Mittelstellung zwischen Si und Sn. So kann GeO_2 im Gittertyp des Quarzes als auch des Rutils (wie SnO_2) kristallisieren und vermag aus der Schmelze glasig zu erstarren. Ge(IV) kann wie Si(IV) als Zentralatom in Heteropolysäuren (s. S. 303) auftreten. Auch sind eine Anzahl Ge-Hydride bekannt. Mit Sn hat Ge die verhältnismäßig leichte Reduzierbarkeit zum Element gemeinsam.

Ge(II) wird leicht zu Ge(IV) oxidiert. $GeCl_2$ ist nur in salzsaurer Lösung beständig, bei Erhöhung des pH-Wertes fällt amphoteres gelbes $Ge(OH)_2$ aus.

Die beständigste Oxidationsstufe ist +4 (PSE s. S. 107). Das schwach amphotere GeO_2 löst sich in Alkalilauge unter Bildung von Germanaten(IV), in Säuren dagegen schlechter. Mit Ausnahme von $Ge(SO_4)_2$ bildet Ge(IV) keine binären Salze. Die Verbindungen sind homöopolar, z. B. die Halogenide. Diese und auch $Ge(SO_4)_2$ hydrolysieren in Wasser.

Zu den nachfolgenden Reaktionen verwendet man GeO_2, das man in wenig NaOH löst und dann ansäuert. In stark salzsaurer Lösung entsteht Hexachlorogermaniumsäure, $H_2[GeCl_6]$.

1. Hydrolyse

Man verdünne die stark salzsaure Lsg. mit Wasser. Es scheidet sich weißes $GeO_2 \cdot aq$ als Gel ab. Der Nd. ist in konz. HCl leicht löslich.

2. H_2S

H_2S fällt aus stark salzsaurer Lsg. (6 M) quantitativ einen weißen Nd. von GeS_2. Er ist in Ammoniumsulfid unter Bldg. eines Thiosalzes, $(NH_4)_2GeS_3$, löslich. Aus dieser Lsg. wird ebenfalls (s. As, Sb, Sn u. Pt) durch Ansäuern das GeS_2 wieder abgeschieden. Eine vollständige Ausfällung wird jedoch erst durch starkes Ansäuern erreicht. GeS_2 ist ferner lösl. in Ammoniumcarbonat u. Ammoniak.

Aus einer Lsg. des Ge(II) fällt gelbes, beim Kochen rotbraun werdendes GeS aus lösl. in Ammoniumpolysulfid zu $(NH_4)_2GeS_3$.

3. Ammoniakalische Mg^{2+}-Lösung

Es fällt einen weißen Nd. von Magnesiumorthogermanat, Mg_2GeO_4.

4. Reduktionsmittel

Zn, Al u. Mg reduzieren in schwefelsaurer Lsg. zum dunkelbraunen Metall, das sich in schwammiger Form absetzt.

5. Vorproben

α) Marshsche Probe: Wie bei As ein Metallspiegel, der sich ebenfalls in Natriumhypochlorit löst; er ist auch löslich in HNO_3. Man dampfe die salpetersaure Lsg. bis fast zur Trockne ein, nehme mit konz. HCl wieder auf und fälle das Germanium mit H_2S.

β) Lötrohrprobe: Glitzernde Metallkugel, die unter Bldg. eines weißen Rauches in treibende Bewegung gerät.

δ) Boraxperle: Farbloses Glas.

6. Nachweis als Molybdatogermanium(IV)-säure

Ammoniummolybdat gibt in schwach salpetersaurer Lsg. eine Gelbfärbung durch Bldg. der Heteropolysäure, $H_4[Ge(Mo_3O_{10})_4]$. In Verbindung mit Benzidin erhält man Benzidinblau (s. Si). Die Heteropolysäure gibt mit 8-Hydroxychinolin einen Nd. der Zusammensetzung $(C_9H_7ON)_4(GeO_2 \cdot 12MoO_3)$.

7. Nachweis als Tanninverbindung

Tannin fällt aus schwach saurer Lsg. einen charakteristisch bräunlichweißen Nd. eines Ge-Tanninkomplexes. Die Untersuchungslsg. soll etwa 2 M an HCl u. 4 M an NH_4Cl sein.

EG: 10 μg Ge/1 ml.

Störungen: Folgende Ionen stören selbst in 100fachem Überschuß nicht: Pb, Tl, Hg, Pt, W, Pd, Au, V, Mo, Ti, Sn, Zr, Nb, Ta, Cl^-, F^-, CrO_4^{2-}.

Reagenz: 2,5%ige wss. Tanninlösung.

8. Nachweis durch Bildung von Mannito-Germanium(IV)-säure

Analog der Borsäure (s. S. 231) vermag Germaniumsäure durch Reaktion mit mehrwertigen Alkoholen starke einbasige Säuren zu bilden, die den pH der Lösung stark herabsetzen. Dies ist mit pH-Indikatoren nachzuweisen.

1 Tr. der schwach sauren Probelsg. wird mit 1 Tr. Phenolphthalein und bis zum Auftreten der Rosafärbung mit 0,01 M NaOH versetzt. Bei Anwesenheit von Germanationen verschwindet bei Zugabe von festem Mannit die Rotfärbung. Die Geschwindigkeit der Entfärbung ist von der Konzentration an Germanat abhängig.

EG: 2,5 μg Germanium pD: 4,3.

Störungen: Bei Abwesenheit von Borat ist der Nachweis spezifisch.

9. Ge(IV)-Nachweis als Phenylfluoron-Verbindung (s. S. 425)

4.3.4.3. Trennung und Nachweis von Hg, Pb, Bi, Cu, Cd, As, Sb und Sn

(Vgl. Tabelle IX., XI., S. 370, 327f.)

Ebenso wie bei der Ammoniumsulfidgruppe (s. S. 282) führe man zunächst Vorproben aus. Hinweise auf die genannten Elemente kann man am besten durch die Lötrohrprobe erhalten. Während die Flammenfärbung nur allgemein auf Schwermetalle schließen läßt, kann man mit der Phosphorsalz- bzw. Boraxperle Cu und Sn erkennen. Durch die Glühröhrchenprobe kann man auf Hg, As evtl. auch Cd schließen. Die Probe auf As wird durch Acetatzusatz (Kakodyloxid) empfindlicher. Die *Marsh*sche Probe ist die beste Vorprobe auf As und Sb. Die Leuchtprobe auf Sn ist recht spezifisch und gegebenenfalls auch als Nachweis zu verwenden.

Auch hier wird man zunächst versuchen, die Substanz mit HCl in Lösung zu bringen. Vielfach wird dies jedoch nicht gelingen, wenn schwerlösliche Sulfide vorliegen. Bei Verwendung von Königswasser ist die HNO_3 weitgehend abzudampfen, um eine größere Schwefelabscheidung beim Einleiten von H_2S zu vermeiden. Ein völliges Eintrocknen muß unbedingt vermieden werden, da sich hierbei Quecksilber und Arsenverbindungen verflüchtigen.

Als in Säuren schwerlösliche Verbindung kommt hier das SnO_2, Zinnstein, weiß, bzw. SnO, schwarz, in Frage. Man wende den Freiberger Aufschluß (s. S. 134) an. Die entstandene Schmelze lauge man mit Wasser aus, filtriere und versetze mit HCl, wobei SnS_2 ausfällt. Der Niederschlag wird mit den gefällten Sulfiden des Trennungsganges zusammen weiterverarbeitet. Bei einer Schmelze mit der vierfachen Menge an KCN (Abzug!) entsteht metallisches Sn, das durch längeres Kochen mit HCl in Lösung gebracht werden kann. Als weitere in Säuren schwerlösliche Verbindung kann $PbSO_4$, weiß, vorliegen, das sich in ammoniakalischer Tartratlösung oder konz. Laugen auflöst.

Störende Anionen, wie z.B. Oxalat und Tartrat, müssen vor Beginn des Trennungsganges, wie auf S. 224f. beschrieben, entfernt werden.

Zur Fällung der Sulfide wird in die heiße auf ein geringes Volumen eingeengte 2–3 m salzsaure Lösung H_2S eingeleitet und zur quantitativen Abscheidung des CdS mit kleinen Portionen Wasser auf das Fünffache verdünnt. Für die Sulfidfällung eignet sich auch frisch bereitetes H_2S-Wasser. Aus der Reihenfolge des Auftretens verschieden gefärbter Sulfide können wichtige Hinweise auf die Zusammensetzung der Probe erhalten werden. In der Reihenfolge ihrer Fällung bilden sich folgende

Sulfide: Ag_2S_3, gelb, SnS_2, hellgelb, Sb_2S_3, orange, HgS, PbS, CuS, SnS und Bi_2S_3, braun bzw. schwarz, CdS gelb.

Der Niederschlag wird sofort abzentrifugiert und mit H_2S-Wasser, dem man einige Körnchen Ammoniumacetat zugesetzt hat, gewaschen, bis keine Cl^--Ionen mehr nachzuweisen sind. Das Waschwasser wird verworfen. Das Zentrifugat selbst dient zum Nachweis der anderen Elemente.

Die Sulfide bringt man in eine Porzellanschale und behandelt sie bei mäßiger Wärme (etwa 60 °C, nicht in der Siedehitze) unter Umrühren etwa 10 Minuten lang mit gelbem $(NH_4)_2S_x$. Es lösen sich As, Sb, Sn und spurenweise Cu, während Hg, Pb, Bi, Cu und Cd zurückbleiben.

Der abgetrennte Rückstand wird mit $(NH_4)_2S$-haltigem Wasser gewaschen und mit einer Mischung von einem Teil konz. HNO_3 und 2 Teilen Wasser 2–3 Minuten behandelt.

Der Rückstand, der nach der Behandlung mit HNO_3 verbleibt, kann schwarzes HgS oder auch weißes $Hg_2S(NO_3)_2$, vermischt mit weißlichem Schwefel und etwas $PbSO_4$, enthalten. Er wird in Königswasser gelöst, bis fast zur Trockne verdampft und mit wenig Wasser aufgenommen. In der Lösung wird das Hg durch Amalgambildung mit Kupferblech (Pfennig) (s. 2., S. 318), durch Zugabe von $SnCl_2$ (s. 7., S. 320) sowie als $Co[Hg(SCN)_4]$ (s. 8., S. 320) nachgewiesen. Zur Identifizierung eignen sich auch die Bildung von Hg(II)-Reineckat (s. 9., S. 320) und $Cu_2[HgJ_4]$ (s. 10., S. 321).

Das Zentrifugat vom HgS-Rückstand wird unter Zusatz von 1–2 ml konz. H_2SO_4 in einer Porzellanschale so weit abgedampft, bis weiße Nebel entstehen und die gesamte HNO_3 restlos entfernt ist. Man läßt erkalten und fügt ungefähr das gleiche Volumen verd. H_2SO_4 hinzu. Ist Blei zugegen, so bildet sich ein weißer Niederschlag von $PbSO_4$. Bei zu starker Verdünnung kann auch Wismutoxidsulfat ausfallen. Dies darf nicht geschehen, da man sonst leicht Wismut übersieht.

Nach einigem Stehen zentrifugiert man ab, wäscht mit verd. H_2SO_4 aus und behandelt den Rückstand mit ammoniakalischer Weinsäurelösung. $PbSO_4$ löst sich auf. In dieser Lösung kann Pb als $PbCrO_4$ (s. 9., S. 323) bzw. $K_2CuPb(NO_2)_6$ (s. 10., S. 323) nachgewiesen werden.

Das Zentrifugat von $PbSO_4$, in dem noch Bi^{3+}, Cu^{2+} und Cd^{2+} vorhanden sein können, macht man mit konz. Ammoniak ammoniakalisch. Bei Anwesenheit von Bi^{3+} entsteht ein weißer Niederschlag von $Bi(OH)SO_4$. Einen Teil dieses Niederschlags löse man in HCl und weise Bi(III) mit Natriumhydroxostannat(II)-Lösung (s. 5., S. 324) und Diacetyldioxim (s. 7., S. 325) nach. Bi(III) kann neben Pb(II) auch durch Reduktion mit Stannat(II)-Lösung nach 6., S. 325, identifiziert werden. Der Hauptteil des $Bi(OH)SO_4$-Niederschlags kann bei unsauberem Arbeiten noch $Sn(OH_2)$, $Pb(OH)_2$ und $(Hg_2N)_2SO_4$ sowie, falls der H_2S-Niederschlag nicht genügend ausgewaschen war, noch etwas $Al(OH)_3$, $Fe(OH)_3$ und $Cr(OH)_3$ enthalten. Von den genannten, bei nicht richtigem Arbeiten an dieser Stelle eventuell ausfallenden Verbindungen gibt nur Quecksilber mit Stannat(II)-Lösung die gleiche Reaktion. Man zentrifugiere den Niederschlag ab, trockne ihn und prüfe ihn im Glühröhrchen auf seine Flüchtigkeit. Wismut ist im Gegensatz zu Quecksilber nicht flüchtig. Etwa vorhandenes Eisen stört den Nachweis mit Diacetyldioxim durch Ausfallen des rotbraunen $Fe(OH_3)$.

Ist das Zentrifugat von $Bi(OH)SO_4$ blau gefärbt, so ist Cu(II) als $[Cu(NH_3)_4]^{2+}$ zugegen. Zum weiteren Nachweis wird ein Teil der Lösung mit Essigsäure angesäuert und $K_4[Fe(CN)_6]$ zugegeben. Es fällt braunes $Cu_2[Fe(CN)_6]$ aus (s. 13., S. 329). In der essigsauren Lösung kann Cu(II) auch in Form von Kupfer-Zink-Thiocyanatomercurat(II)-Mischkristallen sowie als $K_2CuPb(NO_2)_6$ (s. 15. u. 16., S. 329) identifiziert werden.

Zur Prüfung auf Cd(II) wird ein anderer Teil der ammoniakalischen Lösung mit KCN versetzt, bis die Lösung völlig farblos geworden ist, und dann H_2S eingeleitet. Es fällt Cd(II) als CdS aus (s. 12., S. 328 u. 5., S. 330). CdS wird vor dem Lötrohr reduziert. Ein brauner Oxidbeschlag beweist Cd (s. 4., S. 330).

Zur Trennung und zum Nachweis von Cu(II) und Cd(II) mit $NH_4[Cr(SCN)_4(NH_3)_2]$ werden 5 Tropfen der ammoniakalischen Probelösung mit 5 M HCl schwach angesäuert und Cu(II) mit *Reinecke*-Salz unter Zusatz eines Reduktionsmittels als $Cu(I)[Cr(SCN)_4(NH_3)_2]$ ausgefällt (s. 14., S. 329). 1–2 Tropfen des Zentrifugats werden auf einem OT zur Trockne eingedampft und die Ammoniumsalze abgeraucht. Der Rückstand wird mit 1 Tropfen 5 M HCl aufgenommen und mit 1 Tropfen frisch bereiteter 2%iger *Reinecke*-Salzlösung und einigen Kriställchen Thioharnstoff versetzt. Bei Gegenwart von Cd(II) erscheinen auf dem OT farblose bis blaßrote, prismatische Stäbchen (s. 7., S. 330).

CdS kann auch im Sulfidgemisch der H_2S-Gruppenfällung nach 6., S. 330, erkannt werden.

Sollte bei der Prüfung auf Cd(II) mit H_2S ein schwarzer Niederschlag entstehen, so ist falsch gearbeitet worden. Man muß dann den Trennungsgang wiederholen. Man kann auch den Niederschlag mit 0,5 M H_2SO_4 kochen, wobei im allgemeinen nur Cd(II) in Lösung geht, dann nach Zentrifugieren mit Wasser auf das Dreifache verdünnen und H_2S einleiten.

Die Lösung, in der sich AsS_4^{3-}, SbS_4^{3-} und SnS_3^{2-} befinden, wird mit verd. HCl bis zur deutlich sauren Reaktion angesäuert. Dabei fallen die Sulfide von Arsen, Antimon und Zinn mit viel Schwefel vermischt wieder aus. Ist die Fällung völlig reinweiß, so können höchstens Spuren der drei Elemente vorhanden sein. Im allgemeinen braucht dann nicht weiter geprüft zu werden. Durch As_2S_5 und SnS_2 ist der Niederschlag gelb gefärbt, während sich Sb_2S_5 durch die orangerote Farbe bemerkbar macht. Eine etwa gelöste Spur von Kupfer erteilt dem Niederschlag eine braune Farbe.

Von den drei Sulfiden kann, nachdem sie abzentrifugiert und gewaschen sind, As_2S_5 nach zwei Methoden leicht abgetrennt werden.

a) Man kocht einige Minuten mit konz. HCl, dabei gehen Antimon und Zinn in Lösung, während As_2S_5 mit Schwefel vermischt zurückbleibt. Der Rückstand wird dann durch Ammoniak und Wasserstoffperoxid unter Bildung von AsO_4^{3-} in Lösung gebracht.

b) Umgekehrt kann man auch mit konz. $(NH_4)_2CO_3$-Lösung As_2S_5 herauslösen, wobei AsS_4^{3-}, AsO_4^{3-} und AsS_3O^{3-} entstehen. Die vom Niederschlag abgetrennte Lösung wird wieder mit H_2O_2 versetzt. Beim Erwärmen erhält man AsO_4^{3-}. Den Rückstand von Sb_2S_5 und SnS_2 löse man in konz. Salzsäure.

Sowohl nach a) als auch nach b) erhält man zwei Lösungen, die eine enthält AsO_4^{3-}, die andere $[SbCl_6]^-$ und $[SnCl_6]^{2-}$.

AsO_4^{3-} wird durch Reduktion entweder in saurer Lösung mit $SnCl_2$ (s. 2., S. 336) oder in alkalischer Lösung nach 3., S. 334, identifiziert. Auch die Bildung von $(NH_4)_3[As(Mo_3O_{10})_4 \cdot aq]$ (s. 5., S. 337) kann zur Prüfung herangezogen werden. Der beste Arsennachweis ist die Fällung als $MgNH_4AsO_4$ (s. 4., S. 337) und die anschließende Ausführung der *Marsh*schen Probe (s. 2., S. 334) mit dem Niederschlag.

In der zweiten Lösung können nach Abdampfen des HCl-Überschusses Antimon und Zinn nach einer der drei folgenden Methoden voneinander getrennt und nachgewiesen werden.

c) Man bringe in die schwach salzsaure Lösung ein Platinblech und darauf einige Körnchen Zink. Antimon scheidet sich als samtschwarzer Beschlag auf dem Platin ab, Zinn dagegen als Schwamm am Zink (s. 2., S. 342). Nachdem man einige Zeit (etwa 1 Stunde) gewartet hat, wird abgegossen, der Beschlag, vom Platin mit einigen Tropfen konz. HNO_3 in ein Porzellanschälchen übergeführt, mit HCl die HNO_3 weggedampft und in verd. HCl gelöst. Zum Nachweis des Sb(III) ist die Reaktion mit Molybdatophosphorsäure (s. 7., S. 340) sowie die Fällung mit H_2S (s. 2., S. 340) mit anschließender *Marsh*scher Probe (s. 2., S. 338) des Niederschlages geeignet.
Den Schwamm löse man in konz. HCl. Sn(II) wird mit der Leuchtprobe (s. 1. δ, S. 341), mit Molybdatophosphorsäure (s. 4., S. 342) sowie als *Cassius*scher Goldpurpur (s. 5., S. 343) identifiziert.

d) Man bringe in die schwach salzsaure Lösung einen blanken Eisendraht oder Eisennagel. Nach einiger Zeit hat sich Sb als schwarzer Überzug oder in Form von Flocken niedergeschlagen (s. 3., S. 338). Man löst es in Königswasser, vertreibt die Säure, nimmt mit HCl auf und prüft wie oben beschrieben auf Antimon.
In der von Sb befreiten Lösung wird Sn(II) wie oben identifiziert.

e) Die salzsaure Lösung wird mit einem Überschuß von konz. Ammoniumoxalatlösung versetzt, zum Sieden erhitzt und H_2S eingeleitet. Es fällt nur Sb_2S_3 aus, das an seiner orangeroten Farbe erkannt wird.
Das Zentrifugat wird noch auf Zinn geprüft, indem man es mit Zink reduziert, das Metall in HCl löst und die Nachweisreaktionen (s. o.) auf Sn durchgeführt.

Die Trennung mittels Ammoniumoxalatlösung ist nicht so sicher wie die unter c) und d) beschriebenen Verfahren. Es kann nämlich bei ungenügendem Oxalatzusatz auch SnS_2 gefällt, bei einem zu großen Überschuß dagegen auch Antimon in Lösung gehalten werden.

Das Zentrifugat des H_2S-Niederschlages muß vor Durchführung der Ammoniumsulfid-Urotropin-Gruppentrennung gekocht werden, um H_2S aus der Lösung zu vertreiben. Dann wird wie auf S. 282ff. verfahren.

Da einige der besprochenen Elemente in unterschiedlichen Oxidationsstufen auftreten können, ist deren Ermittlung von Interesse. Folgende Reaktionen kommen in Frage:

Arsen: Sodaauszug mit HNO_3 ansäuern, $AgNO_3$ zusetzen, von etwa ausgefallenem AgCl abzentrifugieren und mit Ammoniak überschichten: eigelber Ring AsO_3^{3-}, schokoladebrauner Ring AsO_4^{3-}. Weiterhin Sodaauszug mit H_2SO_4 ansäuern und KJ zugeben: Jodausscheidung zeigt AsO_4^{3-} (oder SbO_4^{3-}) an.

Antimon: Sodaauszug mit Überschuß von Ammoniak versetzen und ammoniakalische $AgNO_3$-Lösung zugeben: Ausscheidung von schwarzgrauem Silber deutet auf Sb(III) hin. Weiter wird der mit H_2SO_4 angesäuerte Sodaauszug mit KJ geprüft: Jodausscheidung macht Anwesenheit von SbO_4^{3-} wahrscheinlich.

Zinn: Die salzsaure Lösung der Ausgangssubstanz gibt bei Anwesenheit von Sn(II) mit $HgCl_2$ die bekannte Reaktion unter Ausscheidung von Hg_2Cl_2 bzw. Hg. Ausbleiben der Reaktion weist auf Sn(IV).

Bei Beurteilung dieser Reaktionen muß man sehr vorsichtig sein, weil sie zum Teil mehrdeutig sind.

4.3.4.4. Trennung und Nachweis der Schwefelwasserstoffgruppe unter Berücksichtigung von Ge, Se, Te, Mo und Tl

(S. Tabelle XII., S. 374)

Zu Beginn der Analyse führe man auch hier einige Vorproben aus.

Wichtige Hinweise gibt die Lötrohrreaktion. Auch die Borax- bzw. Phosphorsalzperle für Mo und die Flammenfärbung für Se, Te, Mo, Tl können als Vorproben dienen. Die Anwendung der *Marsh*schen Probe ist für Ge, das Erhitzen mit metallischem Na für Mo geeignet.

Von den zur Wahl stehenden Lösungsmitteln wird in den meisten Fällen Königswasser benutzt. Neben der Anwendung des „alkalischen“ Aufschlusses (s. S. 133) für GeO_2 (weiß) kommt hier dem sog. Chloraufschluß bzw. dem Aufschluß mit trockenem HCl-Gas eine Bedeutung zu. Beide Verfahren können auch zur Abtrennung einiger Elemente, die den Kationentrennungsgang erschweren bzw. stören, angewendet werden. Als Apparatur wird ein Reaktionsrohr mit Vorlage benutzt. Man macht sich die Tatsache zunutze, daß Vanadin- und Molybdänverbindungen von etwa 200 °C an im trockenen Chlorwasserstoffstrom bei Gegenwart von Alkali-, Erdalkali- oder Ammoniumsalzen leicht flüchtige Chloride bilden.

Um unnötiges Erhitzen im Chlorwasserstoffstrom zu ersparen, prüft man erst mittels Vorproben auf V und Mo. Die etwa mit der doppelten Menge NH_4Cl vermischte Substanz wird in das Porzellanschiffchen gebracht. Die Vorlage ist mit Wasser gefüllt. Man leitet einen mit H_2SO_4 getrockenten, mäßigen Chlorwasserstoffstrom durch die auf etwa 280 °C angeheizte Apparatur. Nach ca. $^3/_4$–1 Std. befinden sich V und Mo weitgehend in der Vorlage. Neben diesen beiden sind jedoch auch Arsen, Antimon, Quecksilber und geringe Mengen Eisen flüchtig. Am Schluß der Destillation treibt man alle Produkte, die sich noch in dem hinteren, kalten Teil des Glasrohres niedergeschlagen haben, durch vorsichtiges Erwärmen in die Vorlage. Hat man eine große Menge Vorlageflüssigkeit verwendet oder ist eins der obenerwähnten Elemente nur in geringen Mengen vorhanden, so ist es zweckmäßig, die Flüssigkeit einzudampfen. Liegt eine Legierung vor, so muß sie vorher durch Lösen in Säuren oder durch Schmelzen mit $Na_2CO_3 + KNO_3$ (Oxidationsschmelze) aufgeschlossen werden. Bei dem sauren Aufschluß dampft man zur Trockne und verfährt wie oben angegeben.

Den Chloraufschluß wendet man z.B. für sulfidische Erze an, in denen nur Spuren von Se und Te enthalten sind. Die feingepulverte Erzprobe befindet sich in dem Porzellanschiffchen. Chlor wird mit konz. H_2SO_4 getrocknet. Die Vorlage ist mit verd. HCl beschickt. Nach dem Füllen der Apparatur mit Chlor erwärmt man gelinde im Chlorstrom, wobei die Reaktion unter Nebelbildung beginnt und sich zunächst Tropfen von S_2Cl_2 in der Vorlage sammeln. Wenn sich bereits im Rohr einige Tropfen abgeschieden haben, so werden diese vorsichtig in die Vorlage übergetrieben. Bei weiterem Erhitzen sublimieren neben S_2Cl_2 noch $SeCl_4$, $TeCl_4$, $AsCl_3$, $SbCl_3$ und ein Teil des $FeCl_3$ über, die in der Vorlage teilweise hydrolysieren, z.B.:

$$SeCl_4 + 3H_2O \rightarrow H_2SeO_3 + 4HCl.$$

Ist alles überdestilliert, so wird der Inhalt der Vorlage in eine Porzellanschale überführt. Um zu verhindern, daß sich beim Eindampfen Selen verflüchtigt, setzt man 0,5 g KCl hinzu und dampft dann auf ein möglichst kleines Volumen ein. Hierauf reduziert man Se(IV) und Te(IV) durch Einleiten von H_2S. Die Trennung von den Sulfiden des Arsens und Antimons sowie die Identifizierung des Selens und des Tellurs erfolgt nach dem üblichen Trennungsgang.

Das zusammen mit Mo abgehandelte W (s. S. 310) wird auf Grund seiner Eigenschaft, in Säuren ein schwerlösliches Oxid zu bilden, im allgemeinen bereits zu Beginn des Kationentrennungsganges abgeschieden (s. S. 312). Nur bei Anwesenheit größerer Mengen von PO_4^{3-}, AsO_4^{3-}, SiO_4^{4-} oder BO_3^{3-}, die mit WO_3, lösliche Heteropolysäuren bilden, erfolgt keine quantitative Abscheidung. W(VI) würde dann – bis auf die in der HCl-, Reduktions- und H_2S-Gruppe mitgefällten Mengen – in die Urotropingruppe gelangen und wäre dort nachzuweisen.

Je nach der Natur der Analysensubstanz und ihrer Lösungsmedien können Tl, Hg, Mo, As, Sb und Sn in verschiedenen Oxidationsstufen vorliegen. Um einen möglichst einfachen und störungsfreien Verlauf der Fällung und Gruppentrennung zu garantieren, ist es daher ratsam, diese Ionen vor ihrer Fällung in definierte Oxidationsstufen zu überführen. Zu diesem Zweck wird, falls die Analysensubstanz nicht oxidierend gelöst wurde (Königswasser, HCl + H_2O_2 usw.), die salzsaure Lösung mit H_2O_2 oder Br_2-Wasser oxidiert, um sämtliche Elemente in ihre höchste Oxidationsstufe zu überführen. Anschließend wird mit HJ reduziert, um Tl(III) als $TlJ \cdot J_2$ quantitativ abzuscheiden und um As(V) und Sb(V) zu As(III) bzw. Sb(III) zu reduzieren. Pb(II), Hg(II), Bi(III) reagieren mit HJ unter Jodidbildung. Mo(VI), V(V), Se(IV) und Cu(II) werden ebenfalls reduziert, Sn(IV) dagegen nicht. Ein bei der HJ-Einwirkung entstehender Niederschlag stört die folgende H_2S-Fällung nicht, da sich die gefällten Jodide glatt in die weit schwerer löslichen Sulfide umwandeln. Nur das schwerlösliche TlJ, elementares Se und Te bleiben unverändert. Die HJ-Behandlung hat ferner den Vorteil, daß die Fällung mit einer minimalen H_2S-Menge durchgeführt werden kann, da keine Verluste durch Oxidation eintreten können, und daß ferner zur Trennung in Cu- und Sn-Gruppe $(NH_4)_2S$ an Stelle von $(NH_4)_2S_x$ verwendet werden kann, da Sn bereits in der Oxidationsstufe +4 vorliegt. Dadurch wird die unerwünschte Abscheidung von elementarem S bei der Aufarbeitung der As-Sn-Gruppe weitgehend vermieden.

Nachdem man aus der salzsauren Lösung in der Wärme mit 1 M HJ-Lösung $TlJ \cdot J_2$ und durch anschließendes Einleiten von H_2S die übrigen Elemente als Sulfide gefällt hat, verfahre man wie auf S. 345 beschrieben. Nach dem Digerieren mit $(NH_4)_2S_x$ bzw. $(NH_4)_2S$ bleiben die Elemente der Kupfergruppe als Sulfide und Tl als Jodid zurück.

Aus diesem Rückstand werden Hg(II) und Pb(II) in der auf S. 345 beschriebenen Weise abgetrennt. Das Zentrifugat von $PbSO_4$ wird mit konz. HCl stark angesäuert, mit einigen Tropfen $NaClO_3$-Lösung versetzt, kurz aufgekocht und dann mit 5 M NaOH stark alkalisch gemacht. Es fallen aus: $Tl(OH)_3$, $Bi(OH)_3$, $Cu(OH)_2$ und $Cd(OH)_2$. Eventuell verschlepptes Mo verbleibt in Lösung. Nun löst man den mit 2 M NaOH gewaschenen Hydroxidniederschlag in 2,5 M H_2SO_4, gibt in der Kälte einige Spatelspitzen KBr hinzu und erwärmt. Nach Abkühlen versetzt man mit einigen Tropfen $HClO_4$ und zentrifugiert den TlBr-Niederschlag ab. Der Niederschlag wird dreimal mit KBr-haltigem Wasser gewaschen (das ebenfalls etwas $HClO_4$ enthält). Der TlBr-Niederschlag wird mittels HCl–$NaClO_3$ oxidierend gelöst und mit 2 M NaOH $Tl(OH)_3$ gefällt. Nach Lösen in 1 M H_2SO_4 weist man Tl mit KJ (s. 5., S. 332) oder als Thiocarbonat (s. 6., S. 332) nach. Außerdem dampfe man eine Probe ein und prüfe spektralanalytisch (s. 1., S. 331).

Im Zentrifugat des TlBr-Niederschlages befinden sich Cu^{2+}, Bi^{3+} und Cd^{2+}, die nach den auf S. 345 beschriebenen Verfahren aufgetrennt und nachgewiesen werden. Der Überschuß an Br^--Ionen stört nicht.

Die Lösung, in der sich AsS_4^{3-}, SbS_4^{3-}, SnS_3^{2-}, MoS_4^{2-}, GeS_3^{2-} sowie Se und Te befinden, wird tropfenweise mit verd. H_2SO_4 bis zur schwach sauren Reaktion angesäuert. Mit Ausnahme des GeS_2, das unter diesen Bedingungen noch in Lösung bleibt, fallen die Sulfide der genannten Elemente sowie Se und Te beim Ansäuern aus. Sie werden abzentrifugiert und gut mit H_2S-haltigem Wasser gewaschen. Das Zentrifugat wird mit viel konz. HCl versetzt, wobei GeS_2 vermischt mit Schwefel ebenfalls ausfällt. Es wird abzentrifugiert, gewaschen und mit konz. Ammoniak (oder konz. Ammoniumcarbonat) behandelt, wobei GeS_2 in Lösung geht, wahrscheinlich als GeO_3^{2-}. Die ammoniakalische Lösung wird mit HNO_3 angesäuert und mit Ammoniummolybdat versetzt (s. 7., S. 344). In einer schwefelsauren Lösung kann Ge mit Reduktionsmitteln erkannt werden (s. 4., S. 344).

Der beim Ansäuern mit verd. H_2SO_4 erhaltene Sulfidniederschlag wird zur Entfernung von Sb und Sn mit konz. HCl behandelt. Beide Elemente werden im Zentrifugat nach der Vorschrift auf S. 345f. nachgewiesen.

Der abzentrifugierte Niederschlag der Sulfide der übrigen Elemente wird mit konz. Ammoniumcarbonatlösung behandelt, wobei Arsensulfid gelöst wird. In der Lösung weist man As wie auf S. 347 beschrieben nach.

Der nach der Behandlung mit Ammoniumcarbonat zurückbleibende Niederschlag wird in Königswasser gelöst, die HNO_3 durch mehrmaliges Abrauchen mit HCl vertrieben und schließlich mit verd. HCl wieder aufgenommen. Zu dieser salzsauren Lösung gibt man granuliertes Zink. Hierdurch erfolgt die Abscheidung des Selens und Tellurs in elementarer Form, während das Molybdän über das Molybdänblau (s. 6., S. 309) zu löslichem Mo(IV) bzw. Mo(III) reduziert und dadurch nachgewiesen wird. Ein anderer Teil der Lösung wird mit HNO_3 versetzt und Mo als Ammonium- bzw. Kaliummolybdatophosphat (s. 8., S. 309) bzw. mit KSCN + Reduktionsmitteln (s. 9., S. 309) identifiziert. Benutzt man zum Nachweis $K_4[Fe(CN)_6]$ (s. 7., S. 309), so muß man berücksichtigen, daß auch Zink eine, wenn auch weiße, Fällung gibt. Ist der Niederschlag rotbraun gefärbt, kann auf Mo geschlossen werden.

Der abgeschiedene Niederschlag von Selen oder Tellur wird abzentrifugiert, mit verd. HCl gewaschen und in konz. HNO_3 gelöst. Nachweis und Trennung von Se und Te sind auf S. 189f. u. S. 191f. beschrieben.

4.3.5. Reduktionsgruppe

Die Reduktionsgruppe enthält die Elemente Pd, (Pt), Au, Se und Te. Sie werden in saurer Lösung durch Hydraziniumchlorid zu den Elementen reduziert. Pt gehört im strengen Sinne nicht zu dieser Gruppe, da es für sich allein in saurer Lösung nicht in den elementaren Zustand übergeführt wird. Bei Gegenwart der anderen Elemente findet jedoch eine Abscheidung statt.

I. Nebengruppe des PSE

In der I. Nebengruppe des PSE folgt auf die Elemente Kupfer und Silber das Gold. Wie die beiden erstgenannten Elemente tritt auch beim Gold zusätzlich zur Oxidationsstufe +1 noch eine höhere, hier die beständigere Oxidationsstufe +3 auf. Die Elemente der I. Nebengruppe besitzen gegenüber denen der I. Hauptgruppe eine große Elektronenaffinität, die mit steigender Ordnungszahl zunimmt.

Gold, Au, OZ: 79, RAM: 196,967

Häufigkeit: $5 \cdot 10^{-7}$ Gew.-%. Smp.: 1064,8 °C. Sdp.: 2707 °C. D_{ZT}: 19,3 g/cm³. Oxidationsstufen: +1, +3. Ionenradius $r_{Au^{3+}}$: 0,85 Å. Standardpotential: $Au^{3+} + 3e^- \rightleftharpoons Au$. $E_0 = +1{,}50\,V$.

Vorkommen: Gold tritt als sehr edles Element meist gediegen, oft mit Silber legiert, auf. Gelegentlich findet man auch Verbindungen, wie Sylvanit, $AuAgT_4$, und Calaverit, $(Au,Ag)Te_2$. Elementares „Berggold", das in Gestein (Quarz) eingesprengt ist, wird nach dessen Verwitterung auf sekundären Lagerstätten (Flußufer, Berghänge) als Seifengold abgelagert.

Darstellung: Das uralte Verfahren der Goldwäsche, bei dem das hohe spezifische Gewicht des Goldes seine Abtrennung von den leichteren Sanden ermöglicht, bedingt große Verluste. Wesentlich besser arbeitet das Amalgamverfahren, wobei das Gold mit Quecksilber aus dem gemahlenen goldhaltigen Gestein herausgelöst wird. Heute ist weitgehend die Cyanidlaugerei eingeführt (s. Vers. 1). Gold wird auch als Nebenprodukt bei der elektrochemischen Kupfer- und Silberraffination gewonnen.

Bedeutung: Der größte Teil des Goldes wird zu Barren, Münzen oder Schmuck verarbeitet. $H[AuCl_4] \cdot 4H_2O$ bzw. $Na[AuCl_4] \cdot 2H_2O$ verwendet man bei der galvanischen Vergoldung, bei der Glas- und Porzellanmalerei sowie in der Photographie.

Allgemeine Eigenschaften: Als eines der edelsten Metalle löst sich Gold weder in HCl, noch in HNO_3 oder H_2SO_4. Feuchtes Cl_2 oder $Cl_{nasc.}$, wie es im Königswasser vorliegt, ist das beste Lösungsmittel.

$$HNO_3 + 3HCl \rightarrow 2H_2O + NOCl + 2Cl,$$
$$Au + 3Cl + Cl^- \rightarrow [AuCl_4]^-.$$

Der Löseprozeß wird durch die Bildung der stabilen Komplexione $[AuCl_4]^-$ stark begünstigt. (Herabsetzung von $c_{Au^{3+}}$ und demnach auch des Redoxpotentials Au/Au^{3+}). Entsprechendes gilt auch für die Überführung von elementarem Au in Au(I) bei der Cyanidlaugerei. Hier erfolgt die Oxidation bereits durch den Luftsauerstoff (s. Vers. 1).

Entsprechend den niederen Homologen Cu und Ag bildet Au schwerlösliche Au(I)-Halogenide und neigt zur Bildung von Komplexionen. Viele Au(I)-Verbindungen disproportionieren in Au und Au(III).

Au(III)-Verbindungen sind meist gelb bzw. rot gefärbt und gegenüber Reduktionsmitteln wenig beständig. $AuCl_3$ bzw. $AuBr_3$ sind wasserlöslich, infolge Hydrolyse bilden sich Komplexionen wie $[AuCl_3OH]^-$. In überschüssiger Halogenwasserstoffsäure entstehen $[AuCl_4]^-$ bzw. $[AuBr_4]^-$. Goldverbindungen sind leicht zum Element reduzierbar.

1. Auflösung von Au in KCN-Lösung

$$2Au + {}^1/_2O_2 + H_2O + 4KCN \rightarrow 2K[Au(CN)_2] + 2KOH.$$

Ein wenig Blattgold wird mit KCN-Lsg. in eine Waschflasche gefüllt u. Luft durchgesaugt. Nach kurzer Zeit hat sich das Gold völlig aufgelöst.

Zu den folgenden Reaktionen verwende man eine $H[AuCl_4]$-Lösung, die man durch Auflösen von Gold in Königswasser erhält, bzw. die entsprechend vorbereitete Analysenlösung.

2. Alkalihydroxide

$$Au(OH)_3 + OH^- \rightarrow [Au(OH)_4]^-.$$

Alkalihydroxide bilden einen rotbraunen Nd. von $Au(OH)_3$, lösl. im Überschuß unter Auratbildung.

3. Ammoniak

Ammoniak gibt eine schmutziggelbe Fällung, die wahrscheinlich ein Gemisch aus $Au_2O_3 \cdot 2NH_3$ bzw. $Au_2O_3 \cdot 3NH_3$ u. Diamidoimidogold(III)-chlorid, $ClH_2NAuNHAuNH_2Cl$, darstellt. Der Nd. ist im trockenen Zustand explosiv! Man vermeide daher bei Anwesenheit von Gold vor dessen Abtrennung Fällungsversuche mit Ammoniak.

4. H_2S

H_2S fällt zunächst schwarzes Au_2S_3, das schnell in der Kälte in Au_2S, in der Hitze dagegen in metallisches Au u. elementaren Schwefel zerfällt. Au_2S ist außer in Königswasser auch in gelbem $(NH_4)_2S_x$ unter Thioauratbildung lösl., z.B.:

$$Au_2S + (NH_4)_2S_3 \rightarrow 2NH_4[AuS_2].$$

5. Vorproben

α) Flammenfärbung und Phosphorsalzperle: Negativ.

β) Lötrohrprobe: Gelbes duktiles Metallkorn, besonders charakteristisch dadurch, daß es sich nur in Königswasser löst.

Befindet sich Gold mit anderen Metallen zusammen, so bleiben bei der Lösung in HCl oder HNO_3 braune Metallflitterchen zurück. Mit diesen werden dann nach Lösen in Königswasser und Verdampfen des Überschusses von HNO_3 folgende Reaktionen angestellt:

$SnCl_2$, $FeSO_4$	Blau- oder Rotfärbung bis brauner Niederschlag,
H_2S	schwarzer Niederschlag.

6. Nachweis als elementares Gold

$$2[AuCl_4]^- + 3Zn \rightarrow 2Au\downarrow + 3Zn^{2+} + 8Cl^-,$$
$$2[AuCl_4]^- + 3(COOH)_2 \rightarrow 2Au\downarrow + 6CO_2\uparrow + 8Cl^-,$$
$$2[AuCl_4]^- + 3Sn^{2+} + 10Cl^- \rightarrow 2Au\downarrow + 3[SnCl_6]^{2-}.$$

Reduktionsmittel sind die wichtigsten Reagenzien zum Nachweis von Gold. Gold(III)-Verbindungen werden von ihnen zum metallischen Gold reduziert, das häufig – besonders bei geringen Mengen – mit purpurroter oder roter bis blauer Farbe kolloidal gelöst bleibt.

Die Red. kann in saurer, neutraler oder alkalischer Lsg. erfolgen. Metalle wie Zn u. Fe, ferner Fe(II)-Salze, H_2SO_3 u. Oxalsäure red. z.B. in schwach saurer Lsg., wobei die Lsg. zunächst eine rote oder blaue Färbung annimmt u. sich schließlich Gold als braunes Pulver abscheidet.

Eine gesätt. alkoholische Lsg. von Formaldehyd fällt aus stark saurer Lsg. Gold bereits in der Kälte vollständig in Form glänzender Flitter, während in alkalischer Lsg. die Red. erst beim Erwärmen einsetzt. $SnCl_2$ fällt ebenfalls aus konz., stark sauren Lsgg. Gold als braunes Pulver.

Hydrazin u. Hydroxylamin red. sowohl in saurer als auch in neutraler u. alkalischer Lösung. In alkalischer Lsg. bewirkt H_2O_2 unter stürmischer Sauerstoffentw. bereits in der Kälte eine Red. des Au(III) zu einem schwarzen Nd., der sich beim Erhitzen zusammenballt u. eine rotbraune Farbe annimmt. Platin wird dagegen in alkalischer Lsg. von H_2O_2 nicht reduziert.

Führt man die obenerwähnte Red. mit $SnCl_2$ in sehr verd., schwach saurer Lsg. aus, so bildet sich eine recht beständige, purpurrot bis braun gefärbte, kolloidale Lsg. von Gold, sog. *Cassius*scher Goldpurpur. Das infolge Hydrolyse des Sn(IV) in der schwach sauren Lsg. gebildete Zinndioxidhydrat verhindert die Flockung der Goldteilchen und wirkt als „Schutzkolloid". Beim Einengen der Lsg. oder bei Red. konz. Goldlsgg. fällt das Adsorptionskolloid in Form roter Flocken aus. Diese werden beim Behandeln mit Ammoniak leicht „peptisiert" u. gehen wieder kolloidal in Lösung.

VIII. Nebengruppe des PSE

In der VIII. Nebengruppe des PSE stehen außer der Eisengruppe Fe, Co, Ni noch die 6 Platinelemente Ruthenium, Ru, Rhodium, Rh, Palladium, Pd, Osmium, Os, Iridium, Ir, und Platin, Pt. Sie haben ihren Namen nach ihrem wichtigsten Vertreter, dem Platin, erhalten. Die ersten 3 Elemente bezeichnet man als die leichten, die letzten als die schweren Platinelemente. Alle zeichnen sich durch eine große Widerstandsfähigkeit gegenüber chemischen Agenzien aus. Sie sind schwer schmelzbar und besitzen z.T. eine große Härte. Alle vermögen Wasserstoff – teilweise schon bei Zimmertemperatur – besonders aber bei höherer Temperatur zu sorbieren. Gemäß ihrer Stellung im PSE ist die maximal mögliche Oxidationsstufe +8. Sie wird jedoch nur in den Tetroxiden O_5O_4 und RuO_4 erreicht. Die Tendenz, in höheren Oxidationsstufen beständige Verbindungen zu bilden, nimmt in beiden Reihen vom Ru zum Pd bzw. vom Os zum Pt ab. Nicht nur innerhalb der beiden Gruppen sind die Platinelemente in ihrem Verhalten einander ähnlich, sondern diese Ähnlichkeit tritt auch zwischen den im PSE untereinander stehenden Elementen, also zwischen Ru und Os, Rh und Ir sowie zwischen Pd und Pt, hervor. Daher geben die Platinelemente nur dann eindeutige und z.T. sogar spezifische Reaktionen, wenn sie allein in der Lösung zugegen sind.

Im Rahmen dieses Buches werden deshalb nur die beiden wichtigsten Vertreter der Platinelemente, Palladium und Platin, behandelt, die noch relativ gut nebeneinander nachgewiesen werden können.

Platin, Pt, OZ: 78, RAM: 195,09

Häufigkeit: $5 \cdot 10^{-7}$ Gew.-%. Smp.: 1769 °C. Sdp.: 4300 °C. D_{ZT}: 21,5 g/cm³. Oxidationsstufen: + 2, + 4. Ionenradius $r_{Pt^{2+}}$: 0,80 Å. Standardpotential: $Pt^{2+} + 2e^- = Pt$. $E_0 = 0{,}98$ V.

Vorkommen: Platin kommt fast immer gediegen auf primären und sekundären Lagerstätten, meist vergesellschaftet mit anderen Platinelementen, sowie in sulfidischen Eisen-, Blei-, Kupfer- und Nickelerzen vor. Das wichtigste Platinmineral ist der Sperrylith, $PtAs_2$.

Darstellung: Die fast immer miteinander legierten Platinelemente werden durch Schlämm- oder Flotationsprozesse von der Gangart getrennt. Die Trennung eines Gemisches der Platinelemente kann nur unter Benutzung besonderer Methoden erreicht werden. Von diesen seien hier nur erwähnt: die Destillation im O_2- bzw. NO_2-Strom oder Cl_2-Strom, der $NaCl/Cl_2$-Aufschluß, Metallschmelzen und Salzschmelzen.

Bedeutung: Wegen seiner chemischen und thermischen Beständigkeit besitzt Platin Bedeutung für Labor (Tiegel, Elektroden, elektrische Widerstände) und Industrie (Spinndüsen). Außerdem wird es zu wertvollen Schmuckgegenständen verarbeitet. Platinkatalysatoren finden Verwendung bei der Hydrierung organischer Verbindungen und zur Ammoniaksynthese. Pt-Rh-Legierungen dienen in Thermoelementen zur Messung hoher Temperaturen.

Allgemeine Eigenschaften: Platin wird als sehr edles Element außer von Königswasser von keiner anderen Säure gelöst. Dagegen reagiert es mit alkalischen Schmelzen sowie Metallen und Nichtmetallen (s. Behandlung von Platingeräten S. 123).

Sowohl in der Oxidationsstufe + 2, als auch + 4 sind zahlreiche Komplexionen bekannt. Die Komplexionen des Pt(II), z.B. $[PtCl_4]^{2-}$, besitzen im allgemeinen quadratisch planare Struktur (s. S. 82). Die Oxidationsstufe + 4 ist die beständigste. Besonders stabil sind viele Pt(IV)-Komplexionen, wie z.B. $[PtCl_6]^{2-}$, das beim Lösen von Platin in Königswasser entsteht.

a) Gemeinsame Nachweise für Pt(II) und Pt(IV)

1. Vorproben

α) Lötrohrprobe: Schwammiges graues Metall. Nach Auskochen mit HCl und dann mit HNO_3 (um die unedlen Metalle zu lösen) Aufnahme in Königswasser, eindampfen, mit HCl wieder lösen und mit KCl versetzen: Gelbe Oktaeder von $K_2[PtCl_6]$.

β) Phosphorsalz- oder Boraxperle erscheint im durchfallenden Licht rotbraun, im auffallenden milchig getrübt.

2. Nachweis als elementares Platin

Reduktionsmittel bewirken die Bildung des sog. Platinpurpurs, d.h. die Abscheidung von metallischem Platin in kolloidaler Verteilung (s. *Cassius*scher Goldpurpur, S. 353).

Die Red. erfolgt

α) durch Zn, Al, Mg, Fe u. $SnCl_2$ in schwach saurer Lsg.,

β) durch Ameisensäure, Formaldehyd in alkalischer Lsg.,

γ) durch Hydraziniumsalze in alkalischer Lösung (in saurer Lsg. Red. nur in Ggw. anderer Elemente der Reduktionsgruppe),

δ) durch SO_2, wobei $H_2[PtCl_6]$ zu $H_2[PtCl_4]$ red. wird u. die Farbe von Orange nach Rötlichbraun umschlägt,

ε) $FeSO_4$ red. in saurer Lsg. nicht (Unterschied von Gold!).

b) Reaktionen und Nachweise für Pt(II)

Für die nachstehenden Reaktionen verwende man eine $Na_2[PtCl_4]$-Lösung.

1. Alkalihydroxide, -carbonate, -hydrogencarbonate

Mit diesen Reagenzien fällt bei Ggw. von Elektrolyten (NaCl) bei längerem Kochen schwarzes, flockiges Hydroxid.

2. Ammoniak

Ammoniak gibt in halbkonz. salzsauren Lsgg. in der Wärme nach einigen Min. einen grünen kristallinen Nd. von $[Pt(NH_3)_4][PtCl_4]$. Diese unter dem Namen „*Magnus*-Salz" bekannte Verb. existiert auch noch in einer zweiten, roten Modifikation.

3. Nachweis als Platin(II)-diacetyldioxim

Im Gegensatz zum Pd(II) (s. S. 357) erfolgt mit Diacetyldioxim die Fällung des braunen und blauen Platindiacetyldioxims aus saurer Lösung (Unterschied von Ni(II) erst in der Wärme.

Die ziemlich verd., möglichst wenig freie Säure enthaltende Lsg. – zweckmäßig puffert man mit Natriumacetat ab – wird mit einem Überschuß von festem Diacetyldioxim versetzt u. aufgekocht. Es scheidet sich der blaue u. braune Nd. ab. Alkoholische Diacetyldioximlsg. darf nicht verwendet werden, da das Platindiacetyldioxim in organischen Lösungsmitteln lösl. ist.

Liegt Pt(IV) vor, muß es erst durch Reduktionsmittel, wie SO_2, zum Pt(II) reduziert werden.

c) Reaktionen und Nachweise für Pt(IV)

Zu den nachfolgenden Reaktionen benutze man eine $H_2[PtCl_6]$- oder $Na_2[PtCl_6]$-Lösung bzw. die entsprechend vorbereitete Analysenlösung.

1. Alkalihydroxide

Man versetze die Lsg. mit einem Überschuß des Reagenz u. erhitze. Nach längerem Erhitzen scheidet sich ein gelbbraunes Oxidhydrat, $Pt(OH)_4 \cdot aq.$, ab.

2. Ammoniak

Beim Zusatz von Ammoniak fällt zunächst $(NH_4)_2[PtCl_6]$ aus. Kocht man jedoch längere Zeit mit einem Überschuß von Ammoniak, so löst sich der Nd. allmählich wieder auf, wobei ein Gemisch von Chloroamminkomplexen gebildet wird, u. a. entstehen $[Pt(NH_3)_4Cl_2]^{2+}$ und $[Pt(NH_3)_4NH_2Cl]^{2+}$, gibt man HCl im Überschuß hinzu, so fallen gelbes $[Pt(NH_3)_4Cl_2]Cl_2$ und weißes $[Pt(NH_3)_5Cl]Cl_3$ aus.

3. H_2S

H_2S fällt aus einer heißen, salzsauren Lsg. dunkelbraunes PtS_2, schwerlösl. in konz. Säuren, weniger schwerlösl. in farblosen u. gelben Alkali- u. Ammoniumpolysulfiden (vermutlich infolge von Alterungserscheinungen), nur lösl. in Königswasser u. in konz. HCl bei Ggw. von Chlor.

4. $(NH_4)_2S$ oder $(NH_4)_2S_x$

Diese Sulfide bilden lösl. Thiosalze der Zusammensetzung $(NH_4)_2PtS_3$. Aus den Lsgg. dieser Thiosalze fällt mit HCl ein Nd. von PtS_2, der nur sehr schwer wieder in Ammoniumsulfid bzw. -polysulfid gelöst werden kann (s. o.).

5. Nachweis als $K_2[PtCl_6]$ bzw. $(NH_4)_2[PtCl_6]$

KCl und NH_4Cl erzeugen in schwach saurer, nicht zu verd. Lsg. einen reingelben kristallinen Nd. von $K_2[PtCl_6]$ bzw. $(NH_4)_2[PtCl_6]$ (s. bei Kalium bzw. Ammonium, S. 238 u. S. 239). Der Nd. ist in W. u. Säuren merklich lösl., nicht jedoch im Überschuß des Fällungsmittels u. in Alkohol.

Man kann diese Rk. zur Trennung von Platin u. Palladium verwerten. Durch Kochen mit Königswasser oxidiert man das Pt(II) vollständig zu Pt(IV). Darauf raucht man zur Überführung des Palladiums in Pd(II) mit konz. HCl ab, nimmt mit verd. HCl auf u. scheidet Pt(IV) als $K_2[PtCl_6]$ bzw. $(NH_4)_2[PtCl_6]$ ab. Im Z. läßt sich dann Pd(II) nachweisen.

6. Nachweis von Pt(IV) neben Au(III) und Pd(II)

Pt(IV), Au(III) und Pd(II) werden als schwerlösliche Tl(I)-chlorokomplexe auf Papier fixiert. Während $Tl[AuCl_4]$ und $Tl_2[PdCl_4]$ in NH_3 löslich sind, ist $Tl_2[PtCl_6]$ darin schwer löslich. Nach dem Waschen mit NH_3 wird das verbliebene $Tl_2[PtCl_6]$ mit $SnCl_2$ zum elementaren Pt reduziert.

1 Tr. gesättigte $TlNO_3$-Lsg. wird auf Filterpapier aufgetragen, mit 1 Tr. der Probelsg. versetzt und mit 1 Tr. $TlNO_3$-Lsg. nachgetüpfelt, dann mit einigen Tr. verd. NH_4OH gewaschen. Beim anschließenden Tüpfeln mit $SnCl_2$-Lsg. entsteht bei Anwesenheit von Pt ein gelber bis orangefarbener Fleck.

EG: 0,025 μg Pt (in 0,002 ml) pD: 4,9.

Reagenzien: ges. $TlNO_3$-Lsg.

Palladium, Pd, OZ: 46, RAM: 106,4

Häufigkeit: ca. $1 \cdot 10^{-6}$ Gew.-%. Smp.: 1550 °C. Sdp.: 3560 °C. D_{ZT}: 12,1 g/cm³. Oxidationsstufen: + 2, + 4. Ionenradius $r_{Pd^{2+}}$: 0,80 Å. Standardpotential: $Pd^{2+} + 2e^- \rightleftharpoons Pd$. $E_0 = +0{,}987$ V.

Vorkommen: Palladium findet sich gediegen in einigen Gold- und Platinsanden. Oft ist es mit Gold, Silber und anderen Platinelementen legiert.

Darstellung: siehe bei Platin S. 354.

Bedeutung: Palladium ist auf Grund seines hohen Sorptionsvermögens für Wasserstoff ein wichtiger Hydrierungskatalysator für organische Verbindungen. Erhitzte Palladiumrohre besitzen eine erhebliche Durchlässigkeit für Wasserstoff, so daß sie zu seiner selektiven Abtrennung aus Gasgemischen verwendbar sind. Wegen der besseren Korrosionsbeständigkeit wird Palladium an Stelle von Silber als Überzugsmetall benutzt.

Allgemeine Eigenschaften: Palladium ist gegen verdünnte Säuren und Basen sehr beständig. Von konzentrierter HNO_3 sowie von heißer konzentrierter H_2SO_4 wird es beim längeren Kochen langsam als $Pd(NO_3)_2$ bzw. $PdSO_4$ gelöst. Weitaus schneller löst es sich in Königswasser. In den Verbindungen ist die Oxidationsstufe + 2 gegenüber + 4 bevorzugt. Einfache Pd(II)-Salze sind stark hygroskopisch. Wie die übrigen Platinelemente neigt auch Palladium zur Komplexbildung.

Für die folgenden Reaktionen benutze man eine $H_2[PdCl_4]$- oder $Na_2[PdCl_4]$-Lösung bzw. die entsprechend vorbereitete Analysenlösung.

1. Alkalihydroxid, -carbonat und -hydrogencarbonat

Diese Reagenzien erzeugen einen gelbbraunen Nd. von $Pd(OH)_2$, der im Überschuß des Reagenz lösl. ist, beim längeren Erhitzen aber wieder ausfällt.

2. Ammoniak

Ammoniak bildet zunächst einen fleischroten Nd., der sich im Überschuß zu farblosem $[Pd(NH_3)_4]Cl_2$ löst. Säuert man nun vorsichtig mit verd. HCl an, so schlägt die Farbe der Lsg. durch Bldg. des $[Pd(NH_3)_2]Cl_2$ nach Gelb um. Das $[Pd(NH_3)_2]Cl_2$ ist in verd. HCl beständig, unbeständig aber in Ammoniak.

3. H_2S

H_2S fällt aus sauren oder neutralen Lsgg. schon bei Zimmertemp. schwarzes PdS, das in $(NH_4)_2S$ sowie in HCl schwer löslich ist. Es löst sich leicht in Königswasser sowie in konz. HCl bei Ggw. von Chlor.

4. KJ

Bei Überschuß der Pd(II)-Verbindung fällt schwarzbraunes PdJ_2. Dies ist in KJ als $[PdJ_4]^{2-}$, in KCN als $[Pd(CN)_4]^{2-}$, in NH_3 als $[Pd(NH_3)_4]^{2+}$ und in konzentrierteren Lösungen von z. B. NaCl bzw. $MgCl_2$ als $[PdCl_4]^{2-}$ löslich.

5. Vorproben

α) Lötrohrprobe: Die Reduktion mit Soda auf der Holzkohle liefert einen grauen Metallschwamm. Man bringe ihn vorsichtig in einen Achatmörser. Nach einigem Reiben entstehen silberweiße duktile Metallflitter.
β) Boraxperle: Schwarz durch kolloidal gelöstes Pd.

6. Nachweis als $K_2[PdCl_4]$ bzw. $(NH_4)_2[PdCl_4]$

Man versetze eine sehr konz. Pd(II)-Lsg. mit einer ebenfalls konz. Lsg. von KCl bzw. NH_4Cl. Es entsteht ein brauner bzw. olivfarbener Nd. von $K_2[PdCl_4]$ bzw. $(NH_4)_2[PdCl_4]$.

7. Nachweis als elementares Palladium

Mit $SnCl_2$ erfolgt in salzsaurer Lsg. eine Red. zum Metall-Hydrosol, wobei die Lsg. eine rote, dann braune u. schließlich grüne Farbe annimmt. Gibt man zu einer Probe der grünen Endlsg. etwas Alkohol, so fällt das gebildete Hydrosol aus. Eine weitere Probe verdünne man mit W., es erfolgt ein Farbumschlag nach Bräunlichrot.

8. Nachweis als Palladium(II)-diacetyldioxim

Pd(II) bildet analog Pt(II) und Ni(II) ein schwerlösliches inneres Komplexsalz mit Diacetyldioxim (vgl. S. 84).

Eine 1%ige alkoholische Lsg. von Diacetyldioxim fällt aus neutraler oder essigsaurer, nitratfreier Lsg. von Pd(II) schon in der Kälte (Gegensatz zum Pt, s. S. 355, u. zum Ni, s. S. 258) als gelbes Palladiumdiacetyldioxim, $Pd(C_4H_7O_2N_2)_2$. In W. ist es schwer löslich, in Alkohol u. in Essigsäure in der Kälte wenig löslich. Aus der heiß gesätt. Lsg. der beiden letzteren Lösungsmittel läßt es sich umkristallisieren, wodurch eine Abscheidung von eventuell mitgerissenem Pt-Diacetyldioxim möglich ist. In verd. Säuren ist es ebenfalls schwer löslich, jedoch lösl. in Ammoniak u. verd. Alkalihydroxiden. Aus diesen Lsgg. wird das Pd-Diacetyldioxim durch Säuren unzersetzt wieder ausgefällt.

9. Nachweis von Pd(II) neben Au(III) und Pt(IV)

Pd(II) wird auf Papier mit $Hg(CN)_2$ als weißes $Pd(CN)_2$ gefällt, während Au(III) und Pt(IV) wasserlösliche Cyanokomplexe bilden. Nach dem Waschen mit Wasser reduziert man das verbliebene $Pd(CN)_2$ mit $SnCl_2$ zum elementaren Pd.

1 Tr. gesättigte $Hg(CN)_2$-Lsg. wird auf Filterpapier mit 1 Tr. Probelsg. und wieder mit 1 Tr. $Hg(CN)_2$-Lsg. versetzt. Nach Auswaschen mit einigen Tr. Wasser wird mit 1 Tr. $SnCl_2$-Lsg. getüpfelt. Bei Anwesenheit von Pd entsteht ein gelber bis orangefarbener Fleck.

EG: 0,04 μg Pd (in 0,002 ml)   pD: 4,7.

Reagenzien: Ges. $Hg(CN)_2$-Lsg.

Trennung und Nachweis der Elemente Pd, (Pt), Au, Se und Te

Das Zentrifugat der HCl-Gruppe wird sehr stark eingeengt, wodurch auch evtl. überschüssige Salpetersäure entfernt wird. Es darf jedoch nicht bis zur Trockne abgedampft werden, da sich sonst Se verflüchtigt. Man nimmt mit H_2O bzw. verd. HCl auf, so daß die (möglichst konzentrierte) Lösung ca. 1 M wird. In stark saurer Lösung wird Pd nicht mehr reduziert, andererseits dürfen Bi(III) und Sb(III) nicht in Form ihrer Oxidchloride ausfallen.

Zu der erhaltenen Lösung wird im Überschuß festes Hydraziniumchlorid gegeben und erwärmt, wobei Au, Se, Te, Pd elementar abgeschieden werden. Pt wird nur in Gegenwart der anderen Elemente mitreduziert, im anderen Fall kommt es in die H_2S-Gruppe und findet sich sowohl in der Kupfer- als auch in der Arsen-Zinn-Gruppe wieder, da PtS_2 in gelbem Ammoniumpolysulfid auch noch teilweise löslich ist.

Die Vollständigkeit der Reduktion kann mit $SnCl_2$-Lösung in einer gesonderten Probe kontrolliert werden.

Wie beim Thallium beschrieben, wird bei gleichzeitiger Anwesenheit von Platin und Thallium $Tl_2[PtCl_6]$ abgeschieden. Der Niederschlag der Reduktionsgruppe wird oxidierend mittels HCl-Perhydrol gelöst und eventuell abgeschiedenes Thallium mit 2 M NaOH als $Tl(OH)_3$ abgetrennt. Dieser $Tl(OH)_3$-Niederschlag wird in 2 M HCl gelöst und die Lösung zum Zentrifugat der Reduktionsgruppe gegeben. Das Zentrifugat des $Tl(OH)_3$-Niederschlages, welches die Elemente der Reduktionsgruppe enthält, wird stark eingeengt, mit Wasser aufgenommen und mit einem Überschuß fester Oxalsäure versetzt. Beim Erwärmen scheidet sich ein rotbrauner Niederschlag von elementarem Gold ab. Das Zentrifugat wird unter Kühlung mit einer 1%igen alkoholischen Diacetyldioximlösung versetzt, wobei sich gelbes $Pd(C_4H_7O_2N_2)_2$ bildet. Dieser Niederschlag ist in NaOH mit gelber Farbe löslich. Anschließend wird durch Zugabe von festem KCl $K_2[PtCl_6]$ ausgefällt. Dieses kann nach 2., S. 355 und 3., S. 355 weiter identifiziert werden. Die verbleibende Lösung, die Se und Te enthält, wird stark eingeengt, mit rauchender HCl aufgenommen und in der Hitze SO_2 eingeleitet. Es fällt rotes Se. Die abermals eingedampfte Lösung wird mit Wasser aufgenommen. Beim Einleiten von SO_2 fällt schwarzes Te aus. Man identifiziert Se und Te durch die Löslichkeit in konz. H_2SO_4 (s. 3., S. 183 u. 3., S. 191).

Behandlung von Spuren Gold, Silber und Platin in einem Erz oder einem unedlen Metall nach dem Kupellationsverfahren

Zum Nachw. müssen die Edelmetalle zunächst angereichert werden. Je nach der Art des zu untersuchenden Materials dienen dazu das Abrösten, Ansieden, Abtreiben.

a) Röstprozeß

Falls die Erzprobe sulfidischer Natur ist, wird sie zunächst abgeröstet. Dazu erhitzt man 5 g Erz bei Luftzutritt unter Umrühren am besten in dem gleichen Tiegel, in dem später das sogenannte Ansieden ausgeführt wird, bis keine SO_2-Gase mehr auftreten.

b) Ansiedeprozeß

Das so entstandene Oxid oder 5 g einer schon in oxidischer Form vorliegenden Erzprobe werden in einem Tontiegel, der sich nach unten stark verjüngt, mit 13 g edelmetallfreiem PbO, zur Bereitung des Bleiregulus, 5 g Na_2CO_3 und 1 g $Na_2B_4O_7$ als Flußmittel, sowie 1,3 g K-Tartrat (Weinstein) als Reduktionsmittel innig gemischt.

Die Größe des Tontiegels ist so zu wählen, daß er etwa zu zwei Drittel gefüllt ist. In einem Gas- oder elektrischen Ofen wird dann bis zum klaren Schmelzfluß erhitzt. Nach Beendigung der Umsetzung wird der Tiegel aus dem Ofen genommen u. mehrmals fest auf eine Unterlage gestellt, damit sich möglichst alles geschmolzene Blei am Boden vereinigt. Der erkaltete Tiegel wird zerschlagen u. der Bleiregulus (Bleikönig) von der Schlacke befreit.

Hat man eine Metallegierung auf Spuren von Edelmetall zu untersuchen, so verschmilzt man sie, falls es sich nicht um Blei selbst handelt, mit etwa der vierfachen Menge Blei (etwa 2 g Legierung mit 8 g Blei) auf der Holzkohle.

c) Abtreibeprozeß

Der so vorbereitete Bleikönig kommt entweder in eine Kupelle, einen flachen Tiegel aus porösen, basischen, feuerfesten Steinen (oder Knochenasche), oder in eine kleine Vertiefung eines Kalksteines, wo er mit dem Lötrohr oder der spitzen Gebläseflamme oxidierend verschmolzen wird. Das sich bildende PbO zieht in die poröse Unterlage, während das metallische Blei immer weniger wird und sich dadurch an Edelmetall anreichert. Man treibt so weit ab, bis der Bleikönig noch etwa 1 mm ∅ hat.

Bei den hier angewandten kleinen Mengen erweist es sich nicht als günstig, so weit abzutreiben, bis alles Blei oxidiert ist, wie es bei der quantitativen Analyse üblich ist. Der Bleiregulus wird gelöst u. die Elemente nach den bekannten Rkk. identifiziert.

4.3.6. Salzsäuregruppe

Zur Salzsäuregruppe gehören diejenigen Elemente, die schwerlösliche Chloride bilden. Es sind dies Silber, als Ag^+, Quecksilber, als Hg_2^{2+}, und Blei als Pb^{2+}. Thallium wird nicht mehr in dieser Gruppe ausgefällt, da es nach dem oxidierenden Lösen der Analysensubstanz als Tl^{3+} vorliegt. Aus praktischen Gründen trennt man die Kationen Ag^+, Hg_2^{2+} [bei Abwesenheit von Tl(I)] und teilweise Pb^{2+} vor der H_2S-Gruppe ab. Erstens leitet man H_2S besser in salzsaure statt in salpetersaure Lösung ein, da sonst viel H_2S von HNO_3 zu Schwefel oxidiert wird, und zweitens disproportioniert Hg_2^{2+} mit H_2S in Hg und HgS. Da sich Hg in HNO_3 löst, würden Störungen in der Kupfergruppe hervorgerufen werden. Hg(II) und Pb(II) werden in der H_2S-Gruppe gefällt; daher sind diese Elemente dort auf S. 317ff., und S. 321ff. besprochen worden.

Silber, Ag, OZ: 47, RAM: 107,870

Häufigkeit: ca. $1 \cdot 10^{-5}$ Gew.-%. Smp.: 961,3 °C. Sdp.: 2180 °C. D_{ZT}: 10,50 g/cm³. Oxidationsstufen: + 1, + 2, + 3. Ionenradius r_{Ag^+}: 1,26 Å. Standardpotential: $Ag^+ + e^- \rightleftharpoons Ag$. $E_0 = 0{,}799$ V.

Vorkommen: Silber findet sich vorwiegend als Sulfid vergesellschaftet mit anderen Sulfiden. Als Mineralien sind vor allem der Silberglanz (Argentit), Ag_2S, und die Rotgültigerze, Ag_3SbS_3, Ag_3AsS_3, zu nennen. Gelegentlich kommen Hornsilber, AgCl, und gediegenes Silber vor. Für die Silbergewinnung sind besonders geringe Silbergehalte in sulfidischen Blei- und Kupfererzen von Bedeutung.

Darstellung: Dem bei der Bleiglanzverhüttung anfallenden Rohblei wird das Silber nach den Verfahren von *Pattison* oder *Parkes* entzogen. Beträchtliche Silbermengen enthält auch der Anodenschlamm bei der elektrolytischen Kupferraffination. Der Aufschluß silberhaltiger Erze erfolgt auch durch Cyanidlaugerei. Das nach dem jeweiligen Verfahren gewonnene Rohsilber wird elektrolytisch gereinigt.

Bedeutung: Silber hat unter allen Metallen die größte Elektrizitäts- und Wärmeleitfähigkeit, nach Gold die beste Dehnbarkeit und ist relativ korrosionsbeständig. Silberlegierungen werden zur Herstellung von Münzen, Schmuck- und Ziergegenständen, Tafelsilber, Tiegeln (Labor), Sicherungen und Kontakten (Elektrotechnik) sowie medizinischen Geräten (Chirurgie) verwendet. Ferner wird Silber als Metallüberzug benutzt. AgBr (AgJ) ist Bestandteil photographischer Platten und Filme. Für Kopierpapiere benutzt man dagegen das weniger lichtempfindliche AgCl. Silbernitratstifte werden zur Ätzung von Warzen, kolloide Lösungen von elementarem Silber als bakterizide Mittel eingesetzt.

Allgemeine Eigenschaften: Silber steht in der I. Nebengruppe des PSE (s. S. 351).

Als Edelmetall löst sich Silber nur in oxidierenden Säuren wie HNO_3 oder heißer konz. H_2SO_4:

$$3\,Ag + 4\,H^+ + NO_3^- \rightarrow 3\,Ag^+ + NO\uparrow + H_2O,$$

$$2\,Ag + 2\,H_2SO_4 \rightarrow 2\,Ag^+ + SO_4^{2-} + SO_2\uparrow + 2\,H_2O.$$

Die Hauptoxidationsstufe des Silbers ist + 1. Es kann jedoch auch in der Oxidationsstufe + 2 (Beispiel: $[Ag(Pyridin)_4]S_2O_8$) und + 3 (Beispiel: $K[AgF_4]$) auftreten. Von Ag(I) sind die Halogenide (Ausnahme AgF), Pseudohalogenide und das Sulfid in Wasser und Säuren schwer löslich. Gut wasserlöslich sind das Nitrat, Chlorat, Perchlorat und Fluorid, mäßig löslich das Sulfat, Acetat und Nitrit. Das Ag^+-Ion ist farblos. Schwerlösliche Verbindungen mit farblosen Anionen sind infolge Deformation der Elektronenhülle oft farbig (AgBr, AgJ, Ag_3PO_4). Bei farbigen Anionen tritt Farbvertiefung auf (Ag_2CrO_4). Sehr ausgeprägt ist bei Ag(I) die Neigung zur Bildung von Komplexionen, meist mit der Koordinationszahl 2. Diese Komplexionen sind mit Ausnahme des erst in stärker salzsaurer Lösung entstehenden $[AgCl_2]^-$ (s. S. 75 u. 360) nur in alkalischer oder neutraler Lösung beständig.

Für die folgenden Reaktionen verwende man eine verdünnte $AgNO_3$-Lösung bzw. die entsprechend vorbereitete Analysenlösung.

1. Komplexsalzbildung

Die unterschiedliche Löslichkeit schwerlöslicher Ag(I)-Verbindungen im Zusammenhang mit der unterschiedlichen Stabilität von Ag(I)-Komplexionen (s. auch Kap. 2.7.3.3., S. 87) kann für analytische Zwecke (s. Nachweis Cl^- neben Br^- und J^-, S. 165) ausgenutzt werden. Im folgenden sind die pK_L-Werte einiger schwerlöslicher Verbindungen sowie die $pK_{Dissoziation}$-Werte für einige Komplexe angegeben.

	pK_L
$AgOH \rightleftarrows Ag^+ + OH^-$	7,7
$AgCl \rightleftarrows Ag^+ + Cl^-$	9,96
$AgBr \rightleftarrows Ag^+ + Br^-$	12,4
$AgJ \rightleftarrows Ag^+ + J^-$	16,0
$Ag_2S \rightleftarrows 2Ag^+ + S^{2-}$	49,0

	pK
$[AgCl_2]^- \rightleftarrows Ag^+ + 2Cl^-$	5,4
$[Ag(NH_3)_2]^+ \rightleftarrows Ag^+ + 2NH_3$	7,1
$[Ag(SCN)_2]^- \rightleftarrows Ag^+ + 2SCN^-$	7,9
$[Ag(S_2O_3)_2]^{3-} \rightleftarrows Ag^+ + 2S_2O_3^{2-}$	13,6
$[Ag(CN)_2]^- \rightleftarrows Ag^+ + 2CN^-$	21

Man versetze neutrale $AgNO_3$-Lsgg. tropfenweise mit Ammoniak, KSCN, $Na_2S_2O_3$ sowie KCN. Die zunächst gebildeten Ndd. lösen sich im Überschuß der Fällungsmittel zu den komplexen Ionen $[Ag(NH_3)_2]^+$, $[Ag(SCN)_2]^-$, $[Ag(S_2O_3)_2]^{3-}$, $[Ag(CN)_2]^-$. Durch die Komplexbildung wird die Ag^+-Konz. so weit herabgesetzt, daß das Löslichkeitsprodukt der in den folgenden Rkk. beschriebenen schwerlösl. Ag-Verbb. teilweise nicht mehr überschritten wird, diese also in Ggw. der Komplexbildner nicht ausfallen bzw. wieder aufgelöst werden. So werden AgCl u. Ag_2O bereits von Ammoniak u. sogar $(NH_4)_2CO_3$, die schwerer lösl. AgBr u. AgJ nur noch von $S_2O_3^{2-}$ u. CN^- gelöst, während das sehr schwer lösl. Ag_2S durch S^{2-}-Ionen aus allen Komplexsalzen des Silbers gefällt wird.

2. Cl^-, Br^-, J^-

Silberhalogenide, außer dem Fluorid, sind schwer löslich. Die Löslichkeit nimmt mit steigender Ordnungszahl des Halogens ab, und die Farbe der Niederschläge vertieft sich von weiß nach gelb (s. S. 165).

pD: AgCl: 7,0; AgBr: 7,7; AgJ: 7,3.

Im Licht zersetzen sich die Silberhalogenide allmählich unter Bldg. von freiem Halogen u. fein (kolloidal) verteiltem Silber, so daß vor allem die Ndd. von AgCl u. AgBr sich violett verfärben. In $(NH_4)_2CO_3$-Lsg. ist nur AgCl lösl. (wichtig für die Trennung von Cl^- u. Br^-, vgl. S. 165). Ammoniak löst auch AgBr merklich auf, überschüssiges Thiosulfat sowie Cyanid lösen alle Silberhalogenide leicht (vgl. 1.). Konz. HCl u. konz. Lsgg. von Chloriden lösen AgCl zumindest teilweise unter Bldg. des komplexen Anions $[AgCl_2]^-$. Beim Verdünnen mit W. fällt AgCl wieder aus (s. S. 75).

Mit $(NH_4)_2S_x$ erfolgt beim Erwärmen Bldg. von schwerlösl. Ag_2S, während Cl^-, Br^- u. J^- in Lsg. gehen (s. S. 360).

3. NaOH

$$2AgOH \rightleftarrows Ag_2O\downarrow + H_2O.$$

Brauner Nd. von Ag_2O. Lösl. in Säuren sowie unter Komplexbldg. in einem Überschuß von $(NH_4)_2CO_3$, Ammoniak, KSCN, $Na_2S_2O_3$ oder KCN. Schwerlösl. im Überschuß von Natronlauge.

4. Ammoniak

Zunächst ebenfalls brauner Nd. von Ag_2O, der sich im Überschuß zu $[Ag(NH_3)_2]^+$ löst (vgl. 1.).

5. CN^-, SCN^-

Bei tropfenweiser Zugabe von Alkalicyanid u. -thiocyanat zu neutralen Lsgg. von Ag^+ entstehen zunächst Ndd. von AgCN bzw. AgSCN, die in Säuren schwerlösl. sind, sich in neutraler Lsg. jedoch im Überschuß des Fällungsmittels unter Bldg. der komplexen Anionen $[Ag(CN)_2]^-$ u. $[Ag(SCN)_2]^-$ leicht lösen (vgl. 1.).

6. H_2S

Schwarzer Nd. von Ag_2S, lösl. in konz. HNO_3. Ag_2S ist so schwer lösl., daß es auch im Überschuß von Ammoniak, $S_2O_3^{2-}$ u. SCN^- nicht merklich in Lsg. geht. Nur in sehr konz. Lsgg. von KCN löst es sich teilweise auf.

7. K_2CrO_4

Aus neutraler Lsg. fällt rotbraunes Ag_2CrO_4, lösl. in Säuren u. Ammoniak (s. Kristallaufnahme Nr. 26).

8. Na_2HPO_4

Aus neutraler Lsg. gelbes Ag_3PO_4, lösl. in Säuren u. Ammoniak.

Von den zahlreichen weiteren schwerlösl. Ag^+-Verbb., die sich ähnlich verhalten, sei hier nur noch das bereits erwähnte Ag_3AsO_4 genannt.

9. Reduktionsmittel

$$2Ag^+ + HCHO + H_2O \rightleftharpoons 2Ag\downarrow + HCOOH + 2H^+.$$

Reduktionsmittel scheiden aus Ag^+-Lösungen leicht metallisches Ag ab.

Man versetze eine Ag^+-Lsg. mit unedleren Metallen, wie Zn, Fe, Cu oder mit $FeSO_4$, NH_2OH, N_2H_4, HCHO, $C_4H_6O_6$, usw. Die Red. mit NH_2OH u. N_2H_4 geht nur in alkalischer bis essigsaurer Lsg. vor sich, durch Anwesenheit starker Säuren wird sie verhindert. Die Red. mit Tartrationen führt, wenn man die in einem Reagenzglas befindliche, ganz schwach ammoniakalische Lsg. im W.-Bad erhitzt, zur Bldg. eines charakteristischen Silberspiegels an den Gefäßwandungen. Beim Erhitzen von Silberhalogeniden mit Zn in verd. H_2SO_4 fällt Ag aus.

10. Vorproben

α) Flammenfärbung: Keine.

β) Phosphorsalzperle: In der Reduktionsflamme nach dem Erkalten durch ausgeschiedenes Metall grau.

γ) Lötrohrprobe: Duktiles Metallkorn, kein Beschlag. Reaktionen nach Lösen in verd. HNO_3:

HCl: weißer Nd., löslich in Ammoniak,
H_2S: schwarzer Nd.

11. Nachweis als AgCl

Cl^--Ionen fällen einen schwerlösl. Nd. von AgCl (vgl. 2., S. 153). Durch Behandlung mit Ammoniak (s. 4., S. 361) kann er auf Grund von Komplexbldg. von den anderen schwerlösl. Chloriden der HCl-Gruppe abgetrennt u. im Filtrat mit HNO_3 wieder ausgefällt werden. Die Dunkelviolettfärbung des AgCl kann zur Identifizierung dienen.

12. Mikrochemischer Nachweis als $[Ag(NH_3)_2]Cl$ (vgl. S. 153)

AgCl wird in Ammoniak gelöst. 1–2 Tr. der Lsg. werden auf dem OT möglichst langsam nicht ganz zur Trockne eingedampft. Bei Ggw. von Ag^+ bilden sich Würfel u. Oktaeder von ca. 20 nm Kantenlänge, die je nach der Beleuchtung farblos durchsichtig oder schwarz erscheinen (s. Kristallaufnahme Nr. 4).

EG: 0,1 μg Ag.

Störungen: Hg(I) u. Pb(II) stören nur bei Anwesenheit größerer Mengen. In diesem Falle wird die Hauptmenge des Pb mit H_2SO_4 gefällt u. Hg(I) durch Kochen mit HNO_3 zu Hg(II) oxidiert. Unter diesen Bedingungen ist der Nachw. für Ag spezifisch.

13. Nachweis als p-Dimethylaminobenzylidenrhodanin-Verbindung (s. S. 421)

Trennung und Nachweis von Ag, Pb, Hg(I), W(VI), Nb(V) und Ta(V)

(Vgl. Tabelle IX., S. 370)

Hinweise auf die hier behandelten Elemente können aus den verschiedenen Vorproben erhalten werden. Diese sind: Lötrohrprobe für Ag und Pb, Phosphorsalz- bzw. Boraxperle für W und Nb, Erhitzen im Glühröhrchen für Hg und Reduktion mit metallischem Na für W.

Hat man durch eine Vorprobe festgestellt, daß Tl vorhanden ist, so behandle man zu Beginn des Kationentrennungsganges die Analysensubstanz in einer Porzellanschale mit Königswasser. Tl(I) und Hg(I) werden dabei zu Tl(III) und Hg(II) oxidiert und gelangen in die H_2S-Gruppe (s. S. 345). Bei Abwesenheit von Tl löse man die Analysensubstanz soweit wie möglich in HNO_3 und zentrifugiere vom Ungelösten ab. Von diesem versuche man möglichst viel in Königswasser zu lösen. Den löslichen Teil vereinige man mit dem Zentrifugat der HCl-Gruppe.

Es bleiben zurück: $WO_3 \cdot aq$, $Nb_2O_5 \cdot aq$, $Ta_2O_5 \cdot aq$, gegebenenfalls Silberhalogenide und $PbSO_4$.

Dieser Rückstand wird mit 2 M NaOH in der Wärme digeriert. Wolframsäure geht als Wolframat in Lösung und wird als Ammonium- bzw. Kaliumwolframatophosphat (s. 5., S. 311) durch Reduktionsmittel (s. 6., S. 311) und mit $KHSO_4$-H_2SO_4-Hydrochinon (s. 7., S. 311) nachgewiesen. Aus dem verbleibenden Rückstand wird AgCl mit halbkonzentriertem Ammoniak herausgelöst. Man säuert das Zentrifugat mit HCl an; bei Anwesenheit von Silber tritt weißer Niederschlag von AgCl auf, der, in Ammoniak gelöst, zum Nachweis als Silberdiamminchlorid (s. 12., S. 361) geeignet ist. Schließlich wird zurückgebliebenes $PbSO_4$ nach 5., S. 322 in Lösung gebracht. Im Rückstand verbliebenes $Nb_2O_5 \cdot aq$ und $Ta_2O_5 \cdot aq$ werden durch Aufschluß mit K_2CO_3 oder KOH in lösliche Verbindungen übergeführt und in dieser Form nachgewiesen (s. S. 307). Wolframmetall, geglühtes WO_3 und andere schwerlösliche W-Verbindungen müssen durch Schmelzen mit NaOH, Na_2CO_3/K_2CO_3 oder Na_2O_2 aufgeschlossen werden.

Schwerlösliche Silberhalogenide können entweder mit Na_2CO_3/K_2CO_3 aufgeschlossen werden (s. S. 133) oder durch Behandlung mit Zink in verdünnter H_2SO_4 zu elementarem Ag reduziert werden. Im ersten Falle wird die Schmelze mit Wasser ausgezogen, zentrifugiert, gewaschen und der Rückstand mit verdünnter HNO_3 gelöst. Das bei dem zweiten Verfahren entstehende Ag wird ebenfalls in verdünnter HNO_3 gelöst.

Zum Zentrifugat der HNO_3-sauren Lösung der Analysensubstanz gebe man in der Kälte so lange tropfenweise HCl hinzu, bis nichts mehr ausfällt. Der Niederschlag kann aus AgCl, Hg_2Cl_2 und $PbCl_2$ bestehen. Pb(II) fällt aber nicht quantitativ aus und findet sich dementsprechend ebenso wie Hg(II) auch in der Schwefelwasserstoffgruppe. Die Tatsache der Bildung von $[AgCl_2]^-$ kann bei unsachgemäßem Arbeiten (starker HCl-Überschuß beim Fällen von AgCl) dazu führen, daß Ag(I) teilweise in die H_2S-Gruppe gelangt und sich beim Quecksilber wiederfindet.

Der Niederschlag wird abzentrifugiert, zunächst mit kaltem Wasser gründlich gewaschen, dann mit Wasser zum Sieden erhitzt und sofort zentrifugiert. Das in der

Hitze gelöste $PbCl_2$ kristallisiert aus dem Zentrifugat beim Erkalten in charakteristischen weißen Nadeln aus. Pb(II) wird als $PbSO_4$ nach S. 322 gefällt und identifiziert.

Einen Teil des Rückstandes von Hg_2Cl_2 und AgCl, der zur völligen Entfernung des $PbCl_2$ mit heißem Wasser ausgewaschen wird, behandle man in einem Porzellanschälchen mit halbkonz. Ammoniak. Tiefe Schwarzfärbung von $Hg + NH_2Cl$ beweist Hg(I). Man zentrifugiere ab und säure das Zentrifugat mit HCl wieder an; bei Anwesenheit von Silber weißer Niederschlag von AgCl (s. 11., S. 361), der sich in Ammoniak löst.

Wenn wenig Ag(I) neben viel Hg(I) vorhanden ist, so kann die Trennung durch Ammoniak versagen. Ist daher die Probe auf AgCl negativ verlaufen, so erhitzt man einen anderen Teil des Rückstandes mit einigen Tropfen konz. HNO_3. Dadurch wird Hg_2Cl_2 oxidiert und gelöst, während AgCl zurückbleibt. Nach Verdünnen mit Wasser wird zentrifugiert und der Rückstand mit Ammoniak behandelt, wodurch mit Sicherheit so viel gelöst wird, daß bei darauffolgendem Ansäuern mit HNO_3 eine weiße Fällung eintritt.

Der Nachweis von Spuren von Silber in einer Erzprobe wird auf S. 358 beschrieben.

Das Zentrifugat der HCl-Gruppe enthält die übrigen Ionen. Seine Weiterverarbeitung wird auf S. 345ff. abgehandelt.

4.4. Systematischer Gang der Analyse mit anorganischen Reagenzien

Ist die Analysensubstanz fest, so pulverisiere man sie gut und bewahre sie in einem verschlossenen Glase auf, da alkalisch reagierende Verbindungen CO_2 aus der Luft aufnehmen.

Oft läßt die äußere Beschaffenheit der Ursubstanz schon Rückschlüsse auf ihre Zusammensetzung zu. Solche Merkmale sind u.a. Farbe, Aggregatzustand, Verteilung der einzelnen Bestandteile (homogen oder heterogen), magnetisches Verhalten, Geruch.

Über die Bedeutung der Vorproben s. S. 128.

An die Vorprüfungen schließen sich die Nachweise derjenigen Anionen an, die den Kationentrennungsgang stören können. Nach Auswahl des geeigneten Lösungsmittels (Lösungsversuche!) folgt dann der Kationentrennungsgang und zugleich der Nachweis der übrigen Anionen.

4.4.1. Vorproben

In den nachstehenden Tabellen I–VII sind die wichtigsten Vorproben zusammengestellt. Die genaue Erklärung aller Umsetzungen sind bei den einzelnen Abschnitten und Elementen nachzulesen.

Außerdem kann noch mit Hilfe der Flammenfärbung erkannt werden:

Bor durch die grüne Flamme des Methylesters oder mit der Mischung aus $CaF_2 + H_2SO_4$ nach S. 230.

Mit den Metallkörnern bzw. Flittern führe man die Reaktionen durch, die bei den einzelnen Elementen beschrieben sind.

Tabelle I. Flammenfärbung

(Spektraltafel s. am Schluß des Buches. Ausführung s. S. 129)

	Allgemeine Farbe	Charakteristische Linie in nm
Li	rot	670,8 (rot)
Na	gelb	589,3 (gelb)
K	violett	768,2 (rot), 404,4 (violett)
Rb	violett	780 (rot), 421 (violett)
Cs	blau	458 (blau)
Ca[1])	ziegelrot	622,0 (rot), 553,3 (grün)
Sr[1])	rot	mehrere rote Linien, 604,5 (orange), 460,7 (blau)
Ba[1])	grün	524,2 (grün), 513,7 (grün)
Ga	violett	417,2 (violett), 403,3 (violett)
In	violettblau	452,1 (violettblau)
Tl	grün	535,0 (grün)
Cu	grün	
Pb, As, Sb	fahlblau	
V	fahlgrün	
Se	bläulich	
Te	fahlblau (Reduktionszone) u. grün (Oxidationszone)	
Mo	fahlgrün	

[1]) Sulfat vorher reduzieren!

[1]) Sulfat vorher reduzieren!

Tabelle II. Lötrohrprobe (Ausführung s. S. 130)

Metall ohne Beschlag	duktil, weiß: Sn (teilweise mit Oxidhaut), Ag duktil, gelb: Au gelbe Metallflitter: Cu graue Metallflitter, magnetisch: Fe, Ni, Co grauer Metallschwamm, im Achatmörser verrieben silberähnliche Metallflitter: Pt, Pd glitzernde Metallkugeln: Ge (weißer Rauch)
Metall mit Beschlag	duktiles Metallkorn, gelber Beschlag: Pb, In sprödes Metallkorn, gelber Beschlag: Bi, Mo (heiß) sprödes Metallkorn, weißer Beschlag: Sb, Mo (kalt)
Beschlag ohne Metall	weiß: As (Knoblauchgeruch) weiß (außerhalb der Erhitzungszone), in der Hitze gelb: Zn braun: Cd
unschmelzbare Masse	weiß: Erdalkalielemente, Al, Seltenerdmetalle (glühen hell auf) rot: Ga braun: Mn (als Mn_3O_4) graugrün: Cr (als Cr_2O_3)
Heparreaktion	Schwefelverbindungen, Se, Te

Tabelle III. Phosphorsalzperle (bzw. Boraxperle) (Ausführung s. S. 130)

	Oxidationsflamme	Reduktionsflamme
farblos[1]	heiß: W, Ga, In, Nb kalt: W, Fe, Ga, Ti, In, Nb, Mo SiO_2	heiß: Cu, Mn, Ce kalt: Mn, Ce SiO_2
grau		Ag, Pb, Bi, Cd, Ni, Zn, Sn, Sb, Co (bei starker Sättigung, Reduktion zum Metall) + Sn^{2+}: In
gelb	heiß: Ni, Fe, V, U, Ce, Ti (schwach) kalt: Fe (gelbrot bei starker Sättigung) U (gelbgrün) V (gelb bis braun) Mo (gelbgrün)	heiß: Ti (nur schwach)
braun	heiß: Mo (gelbbraun bis gelb) kalt: Ni (stark gesättigt) V (stark gesättigt) Fe (rotbraun bei starker Sättigung) Mn (bei starker Sättigung)	heiß: Mo, Nb, Pt (im durchfallenden Licht) kalt: Nb, Pt (im durchfallenden Licht)
rot	heiß: Sn in Gegenwart von Cu^{2+}, Ni (rubinrot bei starker Sättigung) kalt: Sn (+ Cu^{2+})	heiß: Nb bei Gegenwart von Fe kalt: Cu (rotbraun), Ti, Nb und W bei Gegenwart von Fe^{2+} (blutrot)
grün	heiß: Cr (smaragdgrün), Ga [bei Zusatz von $Co(NO_3)_2$ olivgrün bis blau], Cu (nach Gelb) kalt: Cr (smaragdgrün), Ga [bei Zusatz von $Co(NO_3)_2$ olivgrün bis blau]	heiß: Fe (sehr schwach), Cr (smaragdgrün), U, V kalt: Fe (sehr schwach), Cr (smaragdgrün), U, V, Mo
blau	heiß: Co, Ga (blau bis olivgrün, s. o.) kalt: Co, Cu, Ga (blau bis olivgrün, s. o.)	heiß: Co, Nb kalt: Co, W, Nb
blau bis olivgrün	+ $Co(NO_3)_2$, heiß: Ga + $Co(NO_3)_2$, kalt: Ga	
violett	heiß: Mn (amethystfarben) kalt: Mn (violett, stark gesättigt fast braun) Ni (Co-haltig)	heiß: Nb kalt: Ti (schwach, nur bei starker Sättigung), Nb
schwarz		heiß: Pd (kolloidal) kalt: Pd (kolloidal)
trübe		heiß: Pt (im auffallenden Licht) kalt: Pt

[1]) Unter farblos sind nur diejenigen Elemente aufgenommen, die unter anderen Bedingungen der Perle eine Farbe erteilen. Alle nicht aufgeführten Elemente geben also keine gefärbten Perlen.

Tabelle IV. Erhitzen im Glühröhrchen

Ausführung: Einige mg der Substanz in einem einseitig geschlossenen, trockenen Rohr von etwa 0,5 cm Durchmesser und 5 cm Länge erhitzen.

a) Es entwickelt sich ein Gas:

Art des Gases	Woher	Farbe	Geruch	Bemerkungen
O_2	Peroxide, Chlorate, Bromate usw.	–	–	glimmender Span brennt
CO_2	Carbonate und organ. Verbindungen	–	geruchlos (organ. Verbindungen geben brenzligen Geruch)	trübt $Ba(OH_2)$
CO	Oxalate und andere organ. Verbindungen	–	geruchlos (organ. Verbindungen geben brenzligen Geruch)	brennt schwach bläulich, giftig
$(CN)_2$	Cyanide	–	nach bitteren Mandeln (Vorsicht!)	brennt blauviolett, sehr giftig
SO_2	Sulfide an der Luft, Sulfite, Thiosulfate	–	stechend	trübt $Ba(OH)_2$
HCl	Chloride	–	stechend	mit NH_3 Nebel
Cl_2	Chloride + oxidierende Substanzen	hellgrün	stechend	–
Br_2	Bromide + oxidierende Substanzen	braun	stechend	–
J_2	Jodide + oxidierende Substanzen	violett	stechend	–
NO_2	Nitrat, Nitrit	braun	stechend	–
NH_3	Ammoniumsalze	farblos	stechend	bläut Lackmus
Kakodyloxid	Arsenverbindungen + Acetat	farblos	unangenehm riechend	–

b) **Es entsteht ein Sublimat:**
weiß: NH_4-Salze, Hg-Halogenide, As_2O_3, As_2O_5,
grau: Hg von HgO und anderen Hg-Verbindungen herrührend,
grauschwarz: J_2 (violette Dämpfe) aus Jodid + oxidierende Substanzen, HgS, As,
gelb: As_2S_3, S, HgJ_2 (wird beim Reiben rot).

c) Bei Anwesenheit von Oxalaten Metallspiegel: Cd.

d) **Rückstand wird schwarz**, in schmelzendes KNO_3 hineingeworfen, Verbrennung: Kohle von organischen Substanzen.

Tabelle V. Erhitzen mit verdünnter H_2SO_4

Man behandle zunächst in der Kälte, dann in der Wärme und beobachte das sich entwickelnde Gas:

Art des Gases	Woher	Farbe	Geruch	Bemerkungen
CO_2	Carbonat	–	–	trübt $Ba(OH)_2$
HCN	Cyanide	–	nach bitteren Mandeln	Vorsicht! Giftig
H_2S	lösliche Sulfide	–	nach faulen Eiern	Schwärzung von Bleiacetatpapier
SO_2	Sulfite, Thiosulfat	–	stechend	trübt $Ba(OH)_2$. Bei $S_2O_3^{2-}$ Schwefelabscheidung
Cl_2	Hypochlorite	hellgrün	stechend	–
NO_2	Nitrite	braun	stechend	–

Tabelle VI. Erhitzen mit konzentrierter H_2SO_4

Wenn die Substanz bereits mit verdünnter H_2SO_4 reagiert hat, so sei man mit dem Zusatz von konzentrierter H_2SO_4 vorsichtig, da eventuell zu heftige Reaktion eintritt. Man gibt dann erst verdünnte H_2SO_4 und nach Beendigung der Gasentwicklung konzentrierte H_2SO_4 hinzu.

Art des Gases	Woher	Farbe	Geruch	Bemerkungen
CO_2	Carbonat, Oxalat	–	–	trübt $Ba(OH)_2$
CO	Oxalate, Cyanide	–	–	brennt mit blauer Flamme, giftig
HCN	Cyanide	–	bittere Mandeln	Vorsicht! Giftig
H_2S	Sulfide	–	faule Eier	schwärzt Bleiacetatpapier
SO_2	Sulfite, Thiosulfate oder aus der zugesetzten H_2SO_4 selbst, falls Metalle, Sulfide, Schwefel, Kohle od. org. Substanzen vorhanden	–	stechend	trübt $Ba(OH)_2$
HF + SiF_4	Fluoride, Fluorosilicate	–	stechend	trübt Wassertropfen, H_2SO_4 benutzt nicht mehr das Glas
HCl	Chloride	–	stechend	mit NH_3 Nebel
Cl_2	Hypochlorite, Chloride + stark oxid. Substanzen	hell-grün	stechend	–
ClO_2	Chlorat	gelb	stechend	Vorsicht! Explosionsgefahr
HBr + Br_2	Bromide	braun	stechend	–
J_2	Jodide	violett	stechend	evtl. mit SO_2-Entwicklung
CrO_2Cl_2	Chlorid + Chromat	rotbraun	–	–
NO_2	Nitrat, Nitrit	braun	stechend	–
Mn_2O_7	Permanganat	violett	–	Vorsicht! Explosionsgefahr

Tabelle VII. Weitere Vorproben

Art	Nachzuweisendes Element	Beschreibung auf Seite
Oxidationsschmelze	Mn, Cr	134
*Marsh*sche Probe	As, Sb, Ge	334
Leuchtprobe	Sn, Nb	341
Erhitzen mit NaOH oder CaO	NH_3 (eventuell CN^-)	240
Abrauchen mit konz. H_2SO_4	Mo (Blaufärbung)	309
Sublimieren mit NH_4Cl	V (Mo)	304
Heparprobe	S-, Se- u. Te-Verbindungen	174
Ätzprobe	F^-	147
Wassertropfenprobe	F^-, SiF_6^{2-}, SiO_2	148
Lösen in konz. H_2SO_4	Se (Grünfärbung) Te (Rotfärbung)	189
Erhitzen im Glühröhrchen mit Na	Ti (rotbraune bis -violette Lösung) V (grüne Lösung) Mo, W (Blaufärbung)	300
Natriumfluoridperle	U (Fluoreszenz im UV-Licht)	298

4.4.2. Lösen und Aufschließen

Je nach der Substanz muß man verschiedene Lösungsmittel anwenden. Eine Regel, welches das beste Lösungsmittel ist, kann nicht gegeben werden. Man versuche, zunächst mit Wasser, verd. oder konz. HCl auszukommen, damit beim Einleiten von H_2S möglichst wenig elementarer Schwefel ausfällt bzw. nicht eingedampft zu werden braucht. Erst wenn sich die Substanz in HCl nicht oder nur teilweise auflöst, nehme man nacheinander verd. und konz. HNO_3 und schließlich Königswasser. Hat man es mit Erzen oder Metallegierungen zu tun, so ist man häufig auf HNO_3 angewiesen. Auch bei Legierungen aus unedlen Metallen ist dies öfter angebracht, weil man die in ihnen vorkommenden Phosphide oder Silicide oxidieren muß. Mit HCl würden flüchtige Phosphor- bzw. Siliciumwasserstoffe entstehen; sie sind dann aber am Geruch kenntlich.

Bei Anwendung von HNO_3 als Lösungsmittel ist es notwendig, nach dem Lösen die HNO_3 möglichst weitgehend durch Eindampfen mit HCl zu entfernen.

Die Wahl des richtigen Lösungsmittels vereinfacht häufig die Analyse. Auch hierfür leisten die Vorproben wertvolle Dienste.

Bleibt ein in den genannten Flüssigkeiten schwerlöslicher Rückstand, so ist er aufzuschließen. Um das richtige Aufschlußmittel anzuwenden, ist es notwendig, vorher durch Vorproben festzustellen, woraus er besteht. Man mache diese mit dem gut ausgewaschenen Rückstand.

In Tabelle VIII sind die wichtigsten Verbindungen, die in Säure schwer löslich sind, mit der Vorprobenart, die zu ihrer Erkennung dient, und mit dem Aufschlußmittel, zusammengestellt.

Die Behandlung von schwerlöslichen Rückständen richtet sich nach deren Art und Zusammensetzung. Zur Lösung von schwerlöslichen Bestandteilen wird folgendes Schema empfohlen:

a) Behandeln mit heißer tartrathaltiger NaOH: WO_3 und $PbSO_4$ lösen sich.

b) Auslaugen der verbliebenen Masse mit $Na_2S_2O_3$- oder KCN-Lösung: Evtl. vorhandene Ag-Halogenide bilden lösliche Komplexsalze.

c) Saurer Aufschluß mit $KHSO_4$: Oxide von Ti, teilweise auch Zr, Al, Fe, Ge, Cr usw. gehen in Lösung. (Hochgeglühtes MgO muß mehrere Stunden mit $KHSO_4$ behandelt werden.)

d) Weiterhin schwerlöslichen Rückstand mit K_2CO_3/Na_2CO_3 schmelzen: Überführung der Erdalkalisulfate in Carbonate, von schwerlöslichen Silicaten in lösliche und teilweiser Aufschluß von ZrO_2, $Zr_3(PO_4)_4$, Al_2O_3, Cr_2O_3 und Fe_2O_3.

e) Oxidationsschmelze (Na_2CO_3/KNO_3): Cr_2O_3 wird in Chromat überführt.

f) Zurückbleibendes SnO_2 mit KCN oder mit Na_2CO_3 und S schmelzen.

Tabelle VIII. Wichtigste, in Säuren schwerlösliche Verbindungen mit Vorproben und Aufschlußmittel

Substanz	Vorprobenart	Aufschlußmittel
Silberhalogenide	Lötrohrprobe, Lösen in Ammoniak und Wiederausfällen mit HNO_3	$Zn + H_2SO_4$ oder Schmelzen mit $Na_2CO_3 + K_2CO_3$ oder in warmem konz. Ammoniak lösen
Erdalkalisulfate	Heparreaktion, Flammenfärbung	Schmelzen mit $Na_2CO_3 + K_2CO_3$
$PbSO_4$ (weiß)	Heparreaktion, Lötrohrprobe	mit heißer ammoniakal. Tartratlsg. behandeln
Silicate	Wassertropfenprobe, Phosphorsalzperle	Schmelzen mit $Na_2CO_3 + K_2CO_3$
ZrO_2 (weiß) $Zr_3(PO_4)_4$		
Fluoride	Ätzprobe, Wassertropfenprobe	Abrauchen mit konz. H_2SO_4
Hochgeglühte Oxide: Al_2O_3 (weiß), Fe_2O_3 (rotbraun), TiO_2 (weiß), GeO_2, BeO, Ga_2O_3, MgO (hochgeglüht) usw.	Phosphorsalzperle, für Al_2O_3 *Thénards* Blau-Reaktion	Schmelzen mit $KHSO_4$; bei ZrO_2 und auch Al_2O_3 Schmelzen mit $Na_2CO_3 + K_2CO_3$
Cr_2O_3 (grün), $FeCr_2O_4$ (schwarz)	Phosphorsalzperle, Oxidationsschmelze	Schmelzen mit $Na_2CO_3 + KNO_3$
SnO_2 (weißlich)	Phosphorsalzperle + $CuSO_4$, Leuchtprobe	Schmelzen mit KCN, NaOH oder Schmelzen mit $Na_2CO_3 + S$
Nb_2O_5, Ta_2O_5	Phosphorsalzperle –	Schmelzen mit KOH oder K_2CO_3
WO_3 (gelb)	Phosphorsalzperle + $FeSO_4$	Lösen in NaOH
GeO_2 (nicht geglüht)	*Marsh*sche Probe	Lösen in NaOH
Komplexe Cyanide	Kochen mit NaOH + $FeSO_4$, dann Berliner Blau-Reaktion	Abrauchen mit konz. H_2SO_4 wie bei Gegenwart von Tartrat
ThO_2		Lösen in konz. H_2SO_4
BeO		Schmelzen mit 2 Teilen KHF_2
$CrCl_3$ (violett)		Zn + HCl Kochen

4.4.3. Allgemeiner Kationentrennungsgang

In den folgenden Tabellen IX–XVII ist der „Allgemeine Trennungsgang der Kationen" kurz zusammengefaßt. Man benutzt sie zusammen mit den genauen Analysentrennungsgängen, die in den einzelnen Abschnitten beschrieben sind. Dieser „Allgemeine Trennungsgang" kann sowohl im Makro- als auch im HM-Maßstab durchgeführt werden. Er ist einmal nur für die Elemente des sog. „Schultrennungsganges", zum andern bei Anwesenheit einer gewissen Anzahl von „seltenen" Elementen aufgeführt. Später wird noch ein spezieller Trennungsgang der Kationen bei Anwendung der Halbmikro-Arbeitstechnik beschrieben (Kap. 4.4.5.).

In den Tabellen IX–XVII sind die Bestandteile, die in Lösung verbleiben, in Ionenform, die gefällten Produkte in Molekülform verzeichnet. Am Schluß finden sich die wichtigsten Identifizierungsreaktionen.

Je nach Art der Substanz wird man an verschiedenen Stellen Vereinfachungen oder Änderungen des Trennungsvorganges vornehmen können. Bevor man den eigentlichen Trennungsgang ausführt, müssen störende Verbindungen wie Oxalsäure, Borsäure, organische Verbindungen, Cyanide und Fluoride nachgewiesen und an der richtigen Stelle entfernt werden. Auch die Abtrennung von Wolframsäure, eventuell Molybdänsäure, Vanadinsäure sowie Niobsäure und Tantalsäure vor dem Trennungsgang ist zweckmäßig. Das geschieht in der bei den einzelnen Verbindungen beschriebenen Weise.

Tabelle IX. HCl-Gruppe

<table>
<tr><td colspan="4">Zu der salpetersauren Lösung HCl zugeben
Bei Anwesenheit von Ag^+, Hg_2^{2+}, Pb^{2+} fallen aus:</td></tr>
<tr><td>AgCl
weiß</td><td>Hg_2Cl_2 [1]
weiß</td><td>$PbCl_2$
weiß</td><td rowspan="4">In Lösung bleiben:
Elemente der Reduktions-, H_2S-, $(NH_4)_2S$-, $(NH_4)_2CO_3$- und löslichen Gruppe.
Weiterverarbeitung s. Tabelle X usw.</td></tr>
<tr><td colspan="2">Mit heißem Wasser digerieren
AgCl | Hg_2Cl_2</td><td>Pb^{2+}</td></tr>
<tr><td>mit Ammoniak versetzen
$[Ag(NH_3)_2]^+$</td><td rowspan="2">Hg
$Hg(NH_2)Cl$
schwarz</td><td rowspan="2">Eindampfen u. Abkühlen
a) $PbCl_2$-Nadeln
b) H_2SO_4: $PbSO_4$; lösen in $C_4H_6O_6$ + Ammoniak versetzen mit $K_2Cr_2O_7$: $PbCrO_4$ gelb
c) Mikrochem. als $K_2PbCu(NO_2)_6$</td></tr>
<tr><td>+ HCl
AgCl weiß
bzw. mikrochem.
als $[Ag(NH_3)_2]Cl$</td></tr>
</table>

[1]) Bei Gegenwart von Thallium wird die Analysenlösung mit $HNO_3—H_2O_2$ oder Königswasser behandelt, damit Thallium(I) zu Thallium(III) oxidiert wird und somit in der HCl-Gruppe nicht ausfällt. In diesem Falle wird auch Quecksilber(I) oxidiert, so daß in der HCl-Gruppe dann nur die Elemente Ag(I) und Pb(II) abgeschieden werden.

Tabelle X. Reduktionsgruppe

Filtrat der HCl-Gruppe stark einengen, auf 1 M HCl bringen Reduktion mit Hydraziniumchlorid						In Lösung bleiben: Elemente der H_2S- und folgenden Gruppen. Weiterverarbeitung s. Tabelle XI oder XII
Au braun	**Pd** schwarz	**Pt** schwarz	**($Tl_2[PtCl_6]$)** [1] hellgelb	**Se** rot	**Te** schwarz	
in konz. HCl + 30%igem H_2O_2 lösen, stark einengen, mit H_2O aufnehmen						
$[AuCl_4]^-$	$[PdCl_4]^{2-}$	$[PtCl_6]^{2-}$	–	SeO_3^{2-}	TeO_3^{2-}	
Au (braun)	mit Oxalsäure reduzieren					
	$[PdCl_4]^{2-}$	$[PtCl_6]^{2-}$	–	SeO_3^{2-}	TeO_3^{2-}	
	mit 1%iger alkoholischer Diacetyldioximlösung versetzen					
	$Pd(C_4H_7O_2N_2)_2$ gelb	$[PtCl_6]^{2-}$	–	SeO_3^{2-}	TeO_3^{2-}	
	in NaOH lösen: gelb	mit KCl versetzen				
		$K_2[PtCl_6]$	–	SeO_3^{2-}	TeO_3^{2-}	
		in HCl lösen, mit SO_2 reduzieren. Mit CH_3COONa puffern. Festes Diacetyldioxim zugeben: **$Pt(C_4H_7O_2N_2)_2$** braun, blau		einengen, mit rauch. HCl aufnehmen in der Hitze SO_2 einleiten		
				Se rot	TeO_3^{2-}	
				in konz. H_2SO_4 lösen: grün	eindampfen, mit H_2O aufnehmen, SO_2 einleiten. **Te** (schwarz) in konz. H_2SO_4 lösen: rot	

[1]) Bei gleichzeitiger Anwesenheit von Pt(IV) und Tl(I) fällt $Tl_2[PtCl_6]$ aus. Das Tl(I) wird wie folgt von den Elementen der Reduktionsgruppe abgetrennt: Nd. der Reduktionsgruppe in $HCl-H_2O_2$ lösen, mit 2 M NaOH $Tl(OH)_3$ ausfällen, zentrifugieren, waschen und $Tl(OH)_3$ nach Lösen in verd. HCl zum Filtrat der Reduktionsgruppe geben. Filtrat der $Tl(OH)_3$-Fällung ansäuern, stark einengen, mit H_2O aufnehmen und wie oben mit Oxalsäure reduzieren.

Tabelle XI. H_2S-Gruppe

Trennungsgang bei Abwesenheit der selteneren Elemente

		In die zunächst ca. 2 M salzsaure Lösung, dann Bei Anwesenheit von Hg(II), Pb(II), Bi(III), Cu(II),		
HgS schwarz	**PbS** schwarz	**Bi_2S_3** braun	**CuS** schwarz	**CdS** gelb
				Mit gelbem $(NH_4)_2S_x$
HgS	**PbS**	**Bi_2S_3**	**CuS**	**CdS**
Mit HNO_3 (1 Teil HNO_3 + 2 Teile H_2O) bei mäßiger Wärme behandeln				
HgS	Pb^{2+}	Bi^{3+}	Cu^{2+}	Cd^{2+}
Lösen in HNO_3 + HCl, abrauchen, in verd. HCl aufnehmen Hg^{2+}	Mit H_2SO_4 eindampfen, bis Nebel entstehen Nach Abkühlen mit wenig verd. H_2SO_4 verdünnen **$PbSO_4$** weiß	Bi^{3+}	Cu^{2+}	Cd^{2+}
a) Cu: Amalgam b) $SnCl_2$: erst **Hg_2Cl_2**, weiß, dann **Hg** schwarz c) Co^{2+} + NH_4SCN: **$Co[Hg(SCN)_4]$** d) *Reinecke*-Salzlsg.: **$Hg[Cr(SCN)_4(NH_3)_2]_2$** e) Cu^{2+} + KJ + Na_2SO_3: **$Cu_2[HgJ_4]$**	Lösen in Ammonium-tartrat. a) K_2CrO_4: **$PbCrO_4$** gelb b) Cu-Acetat + KNO_2: **$K_2CuPb(NO_2)_6$**	Ammoniak im Überschuß zugeben **$Bi(OH)_3$** weiß	$[Cu(NH_3)_4]^{2+}$, $[Cd(NH_3)_6]^{2+}$ blau	
		a) Lösen in HCl + NaCl, dann Diacetyldioxim + Ammoniak: gelber Nd.: Bi b) Lösen in HCl, neutral. und in alkal. Stannat(II)-Lösung einfließen lassen: **Bi**, schwarz	a) Cu^{2+} wird durch die blaue Farbe des $[Cu(NH_3)_4]^{2+}$ angezeigt Cd^{2+}: KCN-Zusatz bis zur Entfärbung, H_2S einleiten: **CdS** gelb b) Ammoniakalische Lösung + *Reinecke*-Salzlösung + Reduktionsmittel: **$Cu[Cr(SCN)_4(NH_3)_2]$** (gelb) Ammoniumsalze abrauchen + *Reinecke*-Salzlsg. + Thioharnstoff: **$Cd[SC(NH_2)_2][Cr(SCN)_4(NH_3)_2]_2$** c) Aus essigsaurer Lösung mit $ZnSO_4$ + $HgCl_2$ + NH_4SCN: **$Cu[Hg(SCN)_4]$ + $Zn[Hg(SCN)_4]$** (Mischkristalle) d) als **$K_2CuPb(NO_2)_6$**	

bei größerer Verdünnung H_2S einleiten. Cd(II), As(III, V), Sb(III, V), Sn(II, IV) fallen aus:			In Lösung bleiben: Elemente der $(NH_4)_2S$- und folgenden Gruppen. Weiterverarbeitung nach Tab. XIII oder XIV
$As_2S_{3(5)}$ gelb	**$Sb_2S_{3(5)}$** orange	**$SnS_{(2)}$** braun, gelb	
digerieren AsS_4^{3-}	SbS_4^{3-}	SnS_3^{2-}	Trennung und Nachweis bei Anwesenheit der selteneren Elemente der H_2S-Gruppe s. Tabelle XII
HCl bis zur sauren Reaktion **As_2S_5**	**Sb_2S_5**	**SnS_2**	

A. konz. HCl **As_2S_5**	$[SbCl_4]^-$	oder ⟶ $[SnCl_6]^{2-}$	
Lösen in Ammoniak + H_2O_2, 1. Mg^{2+} **$Mg(NH_4)AsO_4 \cdot 6H_2O$** weiß krist. 2. Durch Reduktion in alkalischer und in saurer Lösung **As** schwarz	a) Pt-Blech + Zn: **Sb**	**Sn**	
	halbkonz. HCl **Sb**	Sn^{2+}	
	b) Fe: **Sb**	Sn^{2+}	
	Lösen in konz. HCl + wenig HNO_3, dann 1. H_2S: **Sb_2S_3** orange 2. Nachweis mit Molybdatophosphorsäure. Blaufärbung	1. Leuchtprobe 2. Nachweis mit Molybdatophosphorsäure. Blaufärbung 3. Nachweis mit $HgCl_2$	

⟶ B. konz. $(NH_4)_2CO_3$ AsS_4^{3-} + AsO_3S^{3-}	**Sb_2S_5**	**SnS_2**
Ammoniak + H_2O_2: Nachweis wie unter A.	Lösen in konz. HCl $[SbCl_4]^-$	$[SnCl_6]^{2-}$
	Trennung wie unter A. oder $(NH_4)_2C_2O_4$ + H_2S **Sb_2S_3** orange	$[Sn(C_2O_4)_4]^{4-}$

Tabelle XII. H_2S-Gruppe

Trennungsgang bei Anwesenheit der selteneren Elemente

Die 2 M salzsaure Lösung mit H_2O_2 oxidieren, anschließend mit HJ reduzieren, H_2S einleiten, Cd(II), Tl(I,III), As(III,V), Sb(III,V), Sn(II,IV), Mo(VI), Se(IV), Te(IV) und Ge(IV) fallen

<table>
<tr><td>HgS
schwarz</td><td>PbS
schwarz</td><td>$TlJ \cdot J_2$
gelb</td><td>Bi_2S_3
braun</td><td>CuS
schwarz</td><td>CdS
gelb</td></tr>
<tr><td colspan="3"></td><td colspan="3">Mit gelbem $(NH_4)_2S_x$ digerieren</td></tr>
<tr><td>HgS</td><td>PbS</td><td>$TlJ \cdot J_2$</td><td>Bi_2S_3</td><td>CuS</td><td>CdS</td></tr>
<tr><td></td><td colspan="5">Mit HNO_3 (1 Tl. HNO_3 + 2 Tle. H_2O) bei mäßiger Wärme behandeln</td></tr>
<tr><td>HgS</td><td>Pb^{2+}</td><td>Tl^{+}</td><td>Bi^{3+}</td><td>Cu^{2+}</td><td>Cd^{2+}</td></tr>
<tr><td rowspan="6">Lösen in HNO_3 + HCl, abrauchen, in verd. HCl aufnehmen Hg^{2+}
a) Cu: Amalgam
b) $SnCl_2$: erst Hg_2Cl_2, weiß, dann Hg schwarz
c) Co^{2+} + NH_4SCN: $Co[Hg(SCN)_4]$
d) Reinecke-Salzlsg.: $Hg[Cr(SCN)_4(NH_3)_2]_2$
e) Cu^{2+} + KJ + Na_2SO_3: $Cu_2[HgJ_4]$</td><td colspan="5">Mit H_2SO_4 eindampfen, bis Nebel entstehen. Nach Abkühlen mit wenig verd. H_2SO_4 verdünnen</td></tr>
<tr><td>$PbSO_4$
weiß</td><td>Tl^{+}</td><td>Bi^{3+}</td><td>Cu^{2+}</td><td>Cd^{2+}</td></tr>
<tr><td rowspan="4">Lösen in Ammonium-Tartrat
a) K_2CrO_4: $PbCrO_4$ gelb
b) Cu-Acetat + KNO_2: $K_2CuPb(NO_2)_6$</td><td colspan="4">Mit konz. HCl und einigen Tr. $NaClO_3$-Lsg. versetzen kurz kochen und mit 5 M NaOH stark alkal. machen
$Tl(OH)_3$ $Bi(OH)_3$ $Cu(OH)_2$ $Cd(OH)_2$
evtl. verschlepptes Mo verbleibt jetzt in Lsg.</td></tr>
<tr><td colspan="4">In 2,5 M H_2SO_4 lösen, festes KBr hinzugeben, erwärmen und nach Abkühlen zentrifugieren</td></tr>
<tr><td>TlBr
gelb</td><td>Bi^{3+}</td><td>Cu^{2+}</td><td>Cd^{2+}</td></tr>
<tr><td>Mit $HCl-NaClO_3$ lösen, mit 5 M NaOH versetzen
$Tl(OH)_3$
braunschwarz

Mit 1 M H_2SO_4 lösen
Tl^{3+}
a) Flammenfrbg. grün
b) + HJ: gelber bis dunkelbrauner Nd.: $TlJ \cdot J_2$
c) + CS_2 + Ammoniak + $(NH_4)_2S$ erhitzen: roter Nd.: Tl_2CS_3</td><td colspan="3">Ammoniak im Überschuß zugeben
$Bi(OH)_3$ weiß | $[Cu(NH_3)_4]^{2+}$ $[Cd(NH_3)_6]^{2+}$ blau

(Bi:) a) Lösen in HCl + NaCl, dann Diacetyldioxim Ammoniak: gelber Nd.
b) Lösen in HCl, neutral. u. in alkal. Stannat(II)-Lsg. einfließen lassen: Bi schwarz

(Cu, Cd:) a) Cu^{2+} wird durch die blaue Farbe des $[Cu(NH_3)_4^{2+}$ angezeigt. Cd^{2+}: KCN-Zusatz bis zur Entfärbung, H_2S einleiten: CdS gelb
b) Ammoniakalische Lsg. + Reinecke-Salzlsg. + Reduktionsmittel: $Cu[Cr(SCN)_4(NH_3)_2]$ gelb
Ammoniumsalze abrauchen + Reinecke-Salzlsg. + Thioharnstoff: $Cd[SC(NH_2)_2][Cr(SCN)_4(NH_3)_2]_2$
c) Aus essigsaurer Lsg. mit $ZnSO_4$ + $HgCl_2$ + NH_4SCN: $Cu[Hg(SCN)_4]$ + $Zn[Hg(SCN)_4]$ (Mischkristalle)
d) als $K_2CuPb(NO_2)_6$</td></tr>
</table>

verdünnen und nochmals H_2S einleiten. Bei Anwesenheit von Hg(II), Pb(II), Bi(III), Cu(II), aus:

Sb_2S_3 orange	**SnS_2** gelb	**MoS_3** schwarz- braun	**Se** rot	**Te** schwarz	**As_2S_3** gelb	**GeS_2** weiß
SbS_4^{3-}	SnS_3^{2-}	MoS_4^{2-}	$Se_xS_y^{2-}$	$Te_xS_y^{2-}$	AsS_4^{3-}	GeS_3^{2-}
verd. H_2SO_4 bis zur schwach sauren Reaktion zugeben						
Sb_2S_3 orange	**SnS_2** gelb	**MoS_3** schwarz- braun	**Se** rot	**Te** schwarz	**As_2S_3** gelb	GeS_3^{2-}
abzentrifugieren und mit konz. HCl behandeln						
Sb^{3+}	Sn^{4+}	**MoS_3**	**Se**	**Te**	**As_2S_5**	mit HCl stark ansäuern: **GeS_2** + **S** (weiß)
Weiterverarbeitung s. Tabelle XI		mit konz. Ammoniumcarbonat digerieren			AsS_4^{3-} (AsO_3S^{3-}) evtl. auch GeO_3^{2-}	
		MoS_3	**Se**	**Te**		
		in Königswasser lösen, HNO_3 vertreiben, mit verd. HCl aufnehmen			in HCl lösen, mit H_2S fällen, durch vorsichtiges Ansäuern GeS_2 abtrennen; As nach Tabelle XI nachweisen	GeS_2 in Ammoniak oder Ammonium-carbonat lösen, ansäuern und mit H_2S fällen **GeS_2** (weiß)
		$[MoO_2]^{2+}$	SeO_3^{2-}	TeO_3^{2-}		
		mit konz. Salzsäure und mit Zn versetzen				
		Molydbänblau, dann weiter Reduktion über Mo(IV) (grün) zu Mo(III) (braun); danach KSCN zugeben: **$K_3[Mo(SCN)_6]$** rot	**Se**	**Te**		
			von der Mo(III)-Salzlösung abzentrifugieren, in konz. HNO_3 lösen, abrauchen und mit 24%iger HCl aufnehmen			
			SeO_3^{2-}	TeO_3^{2-}		
			in der Hitze SO_2 einleiten			
			Se (rot)	TeO_3^{2-}		
			in konz. H_2SO_4 lösen: grün	eindampfen, mit Wasser aufnehmen, SO_2 einleiten **Te** (schwarz)		
				in konz. H_2SO_4 lösen: rot		

Tabelle XIII. $(NH_4)_2S$-Gruppe, Hydrolysen trennungsgang, Fällung mit Urotropin

Trennungsgang bei Anwesenheit der selteneren Elemente

CrO_4^{2-} und MnO_4^- zu Cr^{3+} und Mn^{2+} reduzieren, Fe^{2+} zu Fe^{3+} oxidieren, auf Fe^{3+} prüfen, bei wesenheit von Fe^{3+}, Al^{3+}, Cr^{3+}, Be^{2+}, Ga^{3+}, In^{3+}, La^{3+}, UO_2^{2+},							
$Ga(OH)_2$ weiß	**$FePO_4$** weißlich	**$[Fe_2(WO_4)_3]$** rotbraun	**$In(OH)_3$** weiß	**$Al(OH)_3$** weiß	**$Be(OH)_2$** weiß	**$FeVO_4$** rotbraun	**$Cr(OH)_3$** grün
					Niederschlag in HCl auflösen, Die wäßrige Schicht enthält		
Die ätherische Schicht enthält $FeCl_3$ u. $GaCl_3$	PO_4^{3-} farblos	WO_4^{2-} farblos	In^{3+} farblos	Al^{3+} farblos	Be^{2+} farblos	VO_3^- farblos	Cr^{3+} grün
verd. HCl zusetzen, Äther verdampfen, Fe^{3+} mit SO_2 zu Fe^{2+} reduzieren, mit Urotropin fällen **$Ga(OH)_3$** weiß					Neutralisieren, in Mischung von 30%igem		
	PO_4^{3-} farblos	WO_4^{2-} farblos	$[In(OH)_4]^-$ farblos	$[Al(OH)_4]^-$ farblos	$[Be(OH)_4]^{2-}$ farblos	VO_3^- farblos	CrO_4^{2-} gelb
	Ansäuern mit HCl, reduzieren mit $Na_2S_2O_4$ und fällen mit NaOH						
	PO_4^{3-} farblos	WO_4^{2-} farblos	$[In(OH)_4]^-$ farblos	$[Al(OH)_4]^-$ farblos	$[Be(OH)_4]^{2-}$ farblos	**$V(OH)_3$** braun	**$Cr(OH)_3$** grün
	Mit $BaCl_2$ fällen **$Ba_3(PO_4)_2$**	**$BaWO_4$**	$[In(OH)_4]^-$	$[Al(OH)_4]^-$	$[Be(OH)_4]^{2-}$	In HCl lösen + HNO_3 ausäthern	
in HCl lösen mit Chinalizarin prüfen: rotvioletter Nd.: **Ga**	Nachweis nebeneinander: a) HNO_3 + $(NH_4)_2MoO_4$ gelber Nd.: **P** b) + konz. H_2SO_4 + Hydrochinon Rotfärbung: **W**		Mit verd. HCl bis zur schwach sauren Reaktion ansäuern, mit Na-Acetat abstumpfen, H_2S einleiten:			Wäßrige Schicht: VO_3^- farblos	 Cr^{3+} grün
			In_2S_3 gelb	Al^{3+} farblos	Be^{2+} farblos	Mit NaOH fällen VO_3^- farblos	 **$Cr(OH)_3$** grün
			in verd. HCl lösen, mit Chinalizarin prüfen: rotvioletter Nd.: **In**	H_2S verkochen, nebeneinander nachweisen: a) + Alizarin S: Rotfärbung: **Al** b) + Chinalizarin: Blaufärbung: **Be**		+ H_2S: Rotviolettfärbung: **V**	+ H_2SO_4 + $K_2S_2O_8$: CrO_4^{2-} + Diphenylcarbazid: Rotviolettfärbung: **Cr**

Anwesenheit von PO_4^{3-}, WO_4^{2-}, VO_3^- mit $FeCl_3$ versetzen und mit Urotropin fällen. Bei An- Ti(IV), Zr(IV), VO_3^-, WO_4^{2-} und PO_4^{3-} fallen neben $Fe(OH)_3$ aus:

$(NH_4)_2U_2O_7$ gelb	**$Zr(OH)_4$** weiß	**$Ti(OH)_4$** weiß	**$La(OH)_3$** weiß	In Lösung bleiben: Ni^{2+}, Co^{2+}, Mn^{2+}, Zn^{2+}, Erdalkali- und Alkalielemente sowie evtl. Spuren von Be^{2+} und La^{3+}. Einengen, schwach salzsauer machen, aufkochen, eingießen in 2- bis 3faches Vol. warmer, konz. NH_3-Lösung, aufkochen:
Lösung ausäthern. neben Spuren von Fe^{3+}:				
UO_2^{2+} gelblich	ZrO^{2+} farblos	TiO^{2+} farblos	La^{3+} farblos	[$Be(OH)_2$] [$La(OH)_3$] Lösen in wenig HCl, vereinigen mit der ausgeätherten Lösung des Urotropinniederschlages — Filtrat Weiterverarbeitung nach Tabelle XV und XVI

NaOH + 3%igem H_2O_2 einfließen lassen:

UO_6^{2-} orange	**$ZrO_2 \cdot aq$** weiß	**$TiO_2 \cdot aq$** weiß	**$La(OH)_3$** weiß	[**$Fe(OH)_3$** rotbraun]
	Lösen in HCl, fällen mit Na_2HPO_4:			
$U(OH)_4$ braun	**$Zr_3(PO_4)_4$** weiß	TiO^{2+} farblos	La^{3+} farblos	[Fe^{3+} gelbgrün]
Äther + KSCN äther. Schicht: Uranylthiocyanat gelb		+ H_2O_2 $Ti(O_2)^{2+}$ orange: **Ti**	Mit Ammoniak und H_2O_2 versetzen:	
			$La(OH)_3$ weiß	[**$Fe(OH)_3$** rotbraun] [**$Ti(OH)_4$** weiß]
eindampfen, glühen + **HNO_3** + $K_4[Fe(CN)_6]$: rotbrauner Nd.: **U**			Lösen in HCl, mit HF fällen	
			LaF_3 weiß	[$[FeF_6]^{3-}$ farblos] [$[TiF_6]^{2-}$ farblos]

Tabelle XIV. ($(NH_4)_2S$-Gruppe, gemeinsame Fällung mit $(NH_4)_2S$ + Ammoniak

Trennungsgang bei Abwesenheit der selteneren Elemente

Salzsaure Lösung mit NH_4Cl versetzen, ammoniakalisch machen und mit $(NH_4)_2S$ in der Wärme fällen

Bei Anwesenheit von Ni^{2+}, Co^{2+}, $Fe^{2+(3+)}$, Mn^{2+}, Al^{3+}, Cr^{3+}, Zn^{2+} fallen aus (Bei Anwesenheit von PO_4^{3-}, VO_3^-, WO_4^{2-} und selteneren Elementen s. Hydrolysentrennung Tab. XIII)

In Lösung bleiben: Erdalkaliionen, Alkaliionen. Weiterverarbeitung s. Tabelle XVI u. XVII

Ni_2S_3/NiS	Co_2S_3/CoS	FeS	MnS	$Al(OH)_3$	$Cr(OH)_3$	ZnS
schwarz	schwarz	schwarz	rosa	weiß	grün	weiß

Mit kalter 2M HCl behandeln

Ni_2S_3/NiS Co_2S_3/CoS	Fe^{2+}	Mn^{2+}	Al^{3+}	Cr^{3+}	Zn^{2+}
in CH_3COOH + H_2O_2 lösen: a) Perle: blau: Co b) KSCN + Äther: Blaufärbung: Co c) KNO_2 + Na-Acetat: **$K_2Na[Co(NO_2)_6]$** gelb d) $HgCl_2$ + NH_4SCN: **$Co[Hg(SCN)_4]$** blau e) Ammoniak + Diacetyldioxim: **$Ni(C_4H_7O_2N_2)_2$** rot	Mit HNO_3 oxidieren, neutralisieren, in Mischung von 30%iger NaOH + 3%igem H_2O_2 einfließen lassen				

$Fe(OH)_3$	**$MnO(OH)_2$**	$[Al(OH)_4]^-$	CrO_4^{2-}	$[Zn(OH)_3]^-$
braun	braunschwarz	farblos	gelb	farblos
In HCl lösen und kochen		Mit festem NH_4Cl kochen		
Fe^{3+}	Mn^{2+}	**$Al(OH)_3$** weiß	CrO_4^{2-}	$[Zn(NH_3)_6]^{2+}$
Nachweis nebeneinander a) + $K_4[Fe(CN)_6]$: **$Fe_4[Fe(CN)_6]_3$**, Blauer Nd. b) KSCN: Rotfärbung: **Fe** c) + HNO_3, eindampfen, lösen in HNO_3 + PbO_2 oder NaOH + Br_2: Violettfärbung: **Mn** d) + NaOH, Niederschlag abfiltrieren, Oxidationsschmelze: grün: **Mn**		a) Mit $Co(NO_3)_2$ auf Magnesiarinne erhitzen: **$CoAl_2O_4$** blau b) Anfärben mit Alizarin S: Rotfärbung c) Mikrochemisch als **$CsAl(SO_4)_2 \cdot 12\,H_2O$**	Mit CH_3COOH ansäuern und $BaCl_2$ zugeben	

$BaCrO_4$ gelb	Zn^{2+}
In H_2SO_4 lösen, H_2O_2 + Äther: CrO_5 blau	H_2S einleiten **ZnS** a) In HCl lösen, CH_3COONa + $K_4[Fe(CN)_6]$: **$K_2Zn_3[Fe(CN)_6]_2$** weiß b) mit $NaCH_3COO$ puffern, + $(NH_4)_2[Hg(SCN)_4]$ + $CuSO_4$: fliederfarbener Nd.: **Zn**

Tabelle XV.

$(NH_4)_2S$-Gruppe, Hydrolysentrennung, Fällung mit Ammoniak + $(NH_4)_2S$

Filtrat der Urotropinfällung ammoniakalisch machen, NH_4Cl zugeben und heiß mit verd. Lösung von farblosem $(NH_4)_2S$ versetzen:

Bei Anwesenheit von Co^{2+}, Ni^{2+}, Zn^{2+}, Mn^{2+} fallen aus:				Es bleiben in Lösung: Erdalkaliionen, Alkaliionen. Weiterverarbeitung s. Tab. XVI usw.
Co_2S_3/CoS schwarz	**Ni_2S_3/NiS** schwarz	**ZnS** weiß	**MnS** rosa (bräunlich)	

Versetzen mit Essigsäure (1:1) bis zur sauren Reaktion			
Co_2S_3/CoS	**Ni_2S_3/NiS**	**ZnS**	Mn^{2+}

Mehrmaliges Behandeln mit wenigen ml verd. HCl (0,5 M)			Erwärmen, versetzen mit Ammoniak u. $(NH_4)_2S$
Co_2S_3/CoS	**Ni_2S_3/NiS**	Zn^{2+}	**MnS**

Co_2S_3/CoS, Ni_2S_3/NiS	Zn^{2+}	MnS
In Essigsäure + H_2O_2 lösen, einzeln identifizieren: **Co:** a) Perlreaktion b) KSCN c) **K^+** + NO_2^- d) **$Co[Hg(SCN)_4]$** **Ni:** Diacetyldioxim-Reaktion Trennung von Ni und Co mit KCN, H_2O_2 und Br_2: **$Ni(OH)_3$** Nd.: schwarz	H_2S verkochen + festes NaOH, zentrifugieren: $[Zn(OH)_3]^-$ Ansäuern mit CH_3COOH, + $NaCH_3COO$ + H_2S: **ZnS** weiß Lösen in HCl a) + $K_4[Fe(CN)_6]$: **$K_2Zn_3[Fe(CN)_6]_2$** weiß b) mit $NaCH_3COO$ puffern + $(NH_4)_2[Hg(SCN)_4]$ + $CuSO_4$: fliederfarbener Nd.: **Zn**	Lösen in 2 M HCl, H_2S verkochen a) + NaOH + Br_2: MnO_4^- violett b) Fällen mit NaOH abzentrifugieren, Nd. + HNO_3, eindampfen, lösen in HNO_3 + PbO_2: MnO_4^- violett c) Oxidationsschmelze mit Sulfidniederschlag: grün **Mn**

Tabelle XVI. Erdalkali- und Alkalielemente

Filtrat der $(NH_4)_2S$-Gruppe mit HCl ansäuern, H_2S verkochen, zur Zerstörung der NH_4-Salze auf ein kleines Volumen einengen, zweimal mit 1 ml konz. HNO_3 abdampfen, bis fast zur Trockne einengen, in einigen ml schwach salzsaurem Wasser aufnehmen, ammoniakalisch machen, $(NH_4)_2CO_3$ zusetzen, kochen

<table>
<tr><td>**$BaCO_3$**
weiß</td><td>**$SrCO_3$**
weiß</td><td>**$CaCO_3$**
weiß</td><td>Mg^{2+}</td><td>Li^+</td><td>Na^+</td><td>K^+</td></tr>
<tr><td colspan="3">In CH_3COOH lösen, CH_3COONa zusetzen und mit $K_2Cr_2O_7$ fällen (Trennung nach dem Äther-Alkohol-Verfahren s. S. 254</td><td colspan="4">NH_4-Salze abrauchen und mit HgO kochen</td></tr>
<tr><td>**$BaCrO_4$**
gelb</td><td>Sr^{2+}</td><td>Ca^{2+}</td><td>**$Mg(OH)_2$**</td><td>Li^+</td><td>Na^+</td><td>K^+</td></tr>
<tr><td rowspan="5">Flammenfärbung:
grün
Ba</td><td colspan="2">mit Ammoniak + $(NH_4)_2CO_3$ kochen</td><td rowspan="5">HgO abrauchen, in HCl lösen, fällen mit Ammoniak + $(NH_4)_2HPO_4$:
$MgNH_4PO_4 \cdot 6\,H_2O$
weiß krist.</td><td colspan="3" rowspan="5">Nachweise außer spektralanalytisch:
a) Na: Mg^{2+} + UO_2^{2+} + CH_3COO^-:
$NaMg(UO_2)_3(CH_3COO)_9 \cdot 9\,H_2O$
b) K: $Na_3[Co(NO_2)_6]$:
$K_2Na[Co(NO_2)_6]$, gelb,
Aus essigsaurer Lsg. mit Cu- und Pb-Acetat und $NaNO_2$:
$K_2CuPb(NO_2)_6$
schwarzbraun
$HClO_4$: **$KClO_4$** weiß
c) Li: Na_2HPO_4 + NaOH:
Li_3PO_4, weiß, krist.
Eisenperjodat in neutraler Lsg.:
gelbweiße Trübung</td></tr>
<tr><td>**$SrCO_3$**</td><td>**$CaCO_3$**</td></tr>
<tr><td colspan="2">verd. HCl + $(NH_4)_2SO_4$</td></tr>
<tr><td>**$SrSO_4(+CaSO_4)$**</td><td>Ca^{2+}</td></tr>
<tr><td>HCl + Zn
Flammenfärbung:
rot
Sr
Nach Ansäuern des Carbonatniederschlages Neutralisieren und Zugabe von KJO_3:
$Sr(JO_3)_2 \cdot 6\,H_2O$
gebogene Nadeln</td><td>Ammoniak + $(NH_4)_2C_2O_4$:
CaC_2O_4 weiß

HCl + Zn
Flammenfärbung:
gelbrot
Ca</td></tr>
</table>

Tabelle XVII. Trennungsgang der löslichen Gruppe

<table>
<tr><td colspan="5">Die Lösung, in der sich Mg^{2+}, Li^+, K^+, Rb^+ und Cs^+ befinden, ammoniakalisch machen, (pH ≈ 9–11), dann NH_4Cl + 8-Hydroxychinolin zusetzen:</td></tr>
<tr><td>$Mg(OC_9H_6N)_2 \cdot 4\,H_2O$
grünlichgelb</td><td>K^+</td><td>Rb^+ Cs^+</td><td>Li^+</td><td>Na^+</td></tr>
<tr><td rowspan="5">Mg-Oxinat verglühen, in verd. HCl lösen, mit Ammoniak + $(NH_4)_2HPO_4$ fällen:
$MgNH_4PO_4 \cdot 6\,H_2O$
weiß</td><td colspan="4">Filtrat ansäuern, $HClO_4$ zusetzen:</td></tr>
<tr><td>$KClO_4$
weiß</td><td>$RbClO_4$ $CsClO_4$
weiß weiß</td><td>Li^+</td><td>Na^+</td></tr>
<tr><td colspan="2">Niederschlag verglühen, mit alkohol. HCl behandeln:</td><td colspan="2">Überschuß von $HClO_4$ verdampfen, Rest der $HClO_4$ mit KOH fällen, $K[Al(OH)_4]$ zusetzen:</td></tr>
<tr><td>KCl
weiß</td><td>RbCl CsCl</td><td>$LiH(AlO_2)_2$
weiß</td><td>Na^+</td></tr>
<tr><td>Nachweis spektralanalytisch</td><td>Lösung eindampfen, Nachweis spektralanalytisch</td><td>Lösen in HCl, Flammenfärbung: karminrot
Li</td><td>a) Filtrat stark alkal. machen + $K[Sb(OH)_6]$:
$Na[Sb(OH)_6]$
weiß
b) Mikrochem. als Na-Mg-UO_2-Acetat</td></tr>
</table>

4.4.4. Nachweis der Anionen

Zum Nachweis der Anionen kann man ebenso wie für die Kationen einen systematischen Trennungsgang nach mehreren Varianten durchführen, von denen eine in den folgenden Tabellen XVIII.–XXII. beschrieben wird. Während jedoch der Kationentrennungsgang bis auf vereinzelte Sonderfälle stets eine weitgehend quantitative Fällung der Ionen der jeweiligen Analysengruppe sicherstellt, ist dies bei keinem der systematischen Anionentrennungsgänge restlos der Fall. Die Gründe dafür sind u.a. in den größeren Löslichkeitsprodukten einzelner Niederschläge und in der geringeren Spezifität der fällenden Agenzien zu suchen, die zu Überschneidungen der einzelnen Gruppen führen können. Auch sind die Fällungsbedingungen (pH, Verdünnung, Temperatur usw.) hier erfahrungsgemäß schwieriger zu kontrollieren als beim Kationentrennungsgang. Ferner treten recht häufig Übersättigungen sowie Mitfällung gruppenfremder Anionen (s. S. 96) auf, die im Rahmen der qualitativen Analyse schwer kontrollierbar oder abzuschätzen sind. Praktisch führen alle diese Punkte vor allem bei ungünstigen relativen Mengenverhältnissen gewisser Anionen zueinander dazu, daß das eine oder andere Ion durch mehrere Gruppen geschleppt wird und schließlich an der richtigen Stelle nicht mehr nachzuweisen ist. Immerhin besitzt der Anionentrennungsgang gerade bei Berücksichtigung der gemachten Einschränkungen einen unbestreitbaren didaktischen Wert und führt bei makroanalytischer Arbeitsweise und nicht zu komplizierten Anionenkombinationen doch im allgemeinen zu befriedigenden Ergebnissen.

Beim Arbeiten im HM-Maßstab oder bei der Analyse bestimmter Anionengruppen, z.B. der Anionen des Schwefels, ist der Anionennachweis an Hand der bei den betreffenden Elementen beschriebenen Einzelreaktionen vorzuziehen. Zur erfolgreichen Durchführung solcher Einzelreaktionen ist selbstverständlich eine genaue Kenntnis der Störungsmöglichkeiten und deren Beseitigung erforderlich. Zur Orientierung in dieser Hinsicht dient Tabelle XXIII., in der die wichtigsten Nachweise, deren Störung und ihre Beseitigung zusammengefaßt sind. Wo irgend möglich, versuche man stets, die Anwesenheit eines bestimmten Anions durch wenigstens zwei voneinander unabhängige Nachweisreaktionen zu sichern.

Von größter Bedeutung für den weiteren Gang der Identifizierung der Anionen sind die folgenden Vorproben, die Hinweise auf Gegenwart oder, was häufig fast noch wichtiger ist, Abwesenheit bestimmter Gruppen von Anionen erlauben:

a) Verhalten der Substanz gegen verd. H_2SO_4, vgl. Tabelle V.

b) Verhalten der Substanz gegen konz. H_2SO_4, vgl. Tabelle VI.

c) Ansäuern einer Probe des SA mit HCl:
Während des Ansäuerns können Niederschläge von amphoteren Oxidhydraten [$Al(OH)_3$, $Zn(OH)_2$, $Pb(OH)_2$, $Sn(OH)_2$ usw.] auftreten, die bei Erhöhung der H^+-Ionenkonzentration wieder verschwinden, Ebenso verhalten sich V(V) und Mo(VI), während Wolframat und Silicat bleibende Niederschläge bilden. Auch Sulfide (aus Thiosalzen) und Schwefel aus Thiosulfat können ausfallen. Darauf ist bei den späteren Reaktionen stets zu achten, da sonst Fehlschlüsse vorkommen können. Gegebenenfalls muß der Niederschlag abzentrifugiert werden.

d) Ansäuern einer Probe des SA mit verd. HNO_3 und Versetzen mit $AgNO_3$:
Weißer Niederschlag: **Cl^-, ClO^-, BrO_3^-, JO_3^-, CN^-, SCN^-, $[Fe(CN)_6]^{4-}$.**
Schwach gelblicher Niederschlag: **Br^-**.
Gelblicher Niederschlag: **J^-**.
Orangeroter Niederschlag: **$[Fe(CN)_6]^{3-}$**.

Hat man nicht stark angesäuert, so können außerdem noch schwarzes Ag_2S, stammend von S^{2-} oder $S_2O_3^{2-}$, rotes Ag_2CrO_4 und weißes Ag_2SO_3 entstehen, sie sind in konz. HNO_3 löslich. Auch AgCN löst sich merklich in konz. HNO_3. $AgBrO_3$ ist in Wasser etwas löslich und neigt zur Übersättigung.

Den Niederschlag behandle man nach dem Zentrifugieren und Auswaschen mit Ammoniak. Es lösen sich auf: AgCl, AgBr, $AgBrO_3$, $AgJO_3$, AgCN, AgSCN, Ag_2CrO_4, $Ag_3[Fe(CN)_6]$, Ag_2SO_3. Man versuche den Rückstand in verd. KCN-Lsg. zu lösen. AgJ und $Ag_4[Fe(CN_6)]$ sind löslich, Ag_2S dagegen nicht.

e) Man säuert eine weitere Probe des SA mit Essigsäure schwach an und versetzt mit $CaCl_2$-Lösung. Es fällt ein weißer Niederschlag bei Gegenwart von:
SO_3^{2-} (in der Wärme), **MoO_4^{2-}, WO_4^{2-}, PO_4^{3-}, $P_2O_7^{4-}$, PO_3^-, VO_4^{3-}, BO_3^{3-}, $C_2O_4^{2-}$, $C_4H_4O)^{2-}$, F^-, $[Fe(CN)_6]^{4-}$** sowie **SO_4^{2-}**, falls es in größerer Konzentration vorliegt. Dem Anfänger bereitet diese Prüfung häufig Schwierigkeiten, da er meist zuviel Essigsäure zusetzt und damit die Lösung zu weitgehend verdünnt.

f) Man säuert eine weitere Probe des SA mit verd. HCl an und versetzt mit $BaCl_2$-Lösung:
Weißer Niederschlag: **SO_4^{2-}** und **$[SiF_6]^{2-}$**, eventuell auch F^-. BaF_2 ist in konz. HCl leicht, $Ba[SiF_6]$ dagegen schwer löslich.

g) Wichtig ist weiterhin die Prüfung auf oxidierende Substanzen. Dazu säuert man eine weitere Probe des SA mit HCl an und fügt KJ und Stärkelösung hinzu. Blaufärbung können hervorrufen:
ClO^-, $[Fe(CN)_6]^{3-}$, CrO_4^{2-}, AsO_4^{3-} (schwach), **NO_2^-, $S_2O_8^{2-}$, ClO_3^-, BrO_3^-, JO_3^-, MnO_4^-** und **H_2O_2**; in stark saurer Lösung auch **NO_3^-** und schließlich auch **Cu^{2+}** sowie **Fe^{3+}**.

h) Umgekehrt kann man ein Reduktionsmittel durch Entfärbung von Jodlösung erkennen, wenn man diese tropfenweise zu dem mit HCl angesäuerten SA hinzufügt. Entfärbung tritt ein bei:
S^{2-}, SO_3^{2-}, $S_2O_3^{2-}$, AsO_3^{3-} sowie **N_2H_4** oder **NH_2OH**.
Außerdem findet schwache Reaktion statt bei:
CN^-, SCN^- und **$[Fe(CN)_6]^{4-}$**.

i) Ebenso prüfe man den schwefelsauren SA mit $KMnO_4$-Lösung, weil dadurch besonders in der Wärme manche Anionen oxidiert werden, die mit Jod keine Reaktion geben. Bei tropfenweiser Zugabe wird $KMnO_4$ entfärbt durch:
Br^-, J^-, $[Fe(CN)_6]^{4-}$, SCN^-, S^{2-}, SO_3^{2-}, $S_2O_3^{2-}$, $C_2O_4^{2-}$, NO_2^-, $S_2O_8^{2-}$ (in der Wärme), **$C_4H_4O_6^{2-}$** (in der Wärme), **AsO_3^{3-}, H_2O_2**.

Trennungsgang der Anionen

Der in den folgenden Tabellen beschriebene Anionentrennungsgang ist wie der Kationentrennungsgang in verschiedene Gruppen unterteilt, in denen durch ein Gruppenreagenz die Anionen der einzelnen Gruppen gemeinsam abgeschieden werden. Das Filtrat enthält jeweils die Anionen der folgenden Gruppen. Nach der Abtrennung der einzelnen Gruppen erfolgt dann wie beim Kationentrennungsgang die Identifizierung der zu den Gruppen gehörenden Anionen. Es sind folgende Gruppen in der Reihenfolge ihrer Fällung zu unterscheiden:

1. $Ca(NO_3)_2$-Gruppe

Sie enthält alle Anionen, die in schwach alkalischer Lösung schwerlösliche Ca-Salze bilden. Es sind dies: **F^-, CO_3^{2-}, SiO_4^{4-}, BO_3^{3-}, AsO_3^{3-}, AsO_4^{3-}, SO_3^{2-}, PO_4^{3-}, VO_4^{3-}, WO_4^{2-}, MoO_4^{2-}, SeO_3^{2-}, TeO_3^{2-}, $C_2O_4^{2-}$, $C_4H_4O_6^{2-}$** und eventuell auch **$[SiF_6]^{2-}$** sowie **SO_4^{2-}**.

2. $Ba(NO_3)_2$-Gruppe

Sie umfaßt die Anionen **CrO_4^{2-}, SO_4^{2-}, $[SiF_6]^{2-}$, JO_3^-** und bei Gegenwart von JO_3^- teilweise auch **BrO_3^-**, die in schwach alkalischer Lösung schwerlösliche Ba-Salze bilden. Ferner gehört in diese Gruppe auch **$S_2O_8^{2-}$**, das an sich kein schwerlösliches Ba-Salz bildet, aber in der Siedehitze unter Bildung von SO_4^{2-} und H_2O_2 zerfällt.

3. $Zn(NO_3)_2$-Gruppe

Sie enthält die Anionen **S^{2-}, CN^-, $[Fe(CN)_6]^{3-}$** und **$[Fe(CN)_6^{4-}$**, die in schwach alkalischer Lösung schwerlösliche Zn-Salze bilden.

4. $AgNO_3$-Gruppe

Sie enthält die Anionen **Cl^-, Br^-, J^-, SCN^-, $S_2O_3^{2-}$, JO_3^-** sowie den Hauptteil von **BrO_3^-**, die in schwach HNO_3-saurer Lösung schwerlösliche Ag-Salze bilden.

5. Lösliche Gruppe

Sie enthält die Anionen **ClO_3^-, ClO_4^-, NO_2^-** und **CH_3COO^-**, die mit keinem der genannten Fällungsmittel Niederschläge bilden, sowie stets mehr oder minder große Anteile an verschleppten Anionen der vorherigen Gruppen, insbesondere **BrO_3^-**.

Zur Durchführung des Trennungsganges wird, wie auf S. 132 beschrieben, der SA hergestellt, um störende Schwermetallionen als Carbonate auszufällen. Der SA wird abzentrifugiert und der Rückstand nochmals mit kochender Sodalösung behandelt. Die Abscheidung der einzelnen Gruppen erfolgt, soweit möglich, zur Vermeidung

Tabelle XVIII. Trennungsgang der 1. Gruppe [$Ca(NO_3)_2$-Gruppe]

SA auf 50 ml verdünnen, mit 4 ml 2 M NaOH versetzen; mit 1 M $Ca(NO_3)_2$ kochen (bei Gegenwart von CrO_4^{3-} in der Kälte fällen):									Filtrat zur vollständigen Fällung von $CaSO_3$ 5 Min. kochen, filtrieren. Rückstand mit Hauptniederschlag vereinigen. In Lösung bleiben Anionen der folgenden Gruppen 2.–5. Weiterverarbeitung nach Tabelle XIX.
CaF_2($Ca[SiF_6]$, $CaSO_4$)	**Ca_2SiO_4,**	**CaC_2O_4,**	**$CaC_4H_4O_6$**	**$Ca_3(BO_3)_2$**	**$CaSO_3$**	**$Ca_3(AsO_3)_2$**	**$Ca_3(AsO_4)_2$**	**$Ca_3(PO_4)_2$**	
Lösen in 25 ml verd. Essigsäure, verdünnen mit gleichem Volumen H_2O:									
CaF_2($Ca[SiF_6]$, $CaSO_4$)	**Ca_2SiO_4,**	**CaC_2O_4,**	**$CaC_4H_4O_6$**	BO_3^{3-}	SO_3^{2-}	AsO_3^{3-}	AsO_4^{3-}	PO_4^{3-}	
Behandeln mit 20 ml warmer verd. H_2SO_4:				H_2SO_4 + CH_3OH: grüne Flammenfärbung	a) Neutralisieren m. verd. NaOH + gesätt. $ZnSO_4$ + $K_4[Fe(CN)_6]$ + $Na_2[Fe(CN)_5NO]$ roter Nd.: SO_3^{2-} b) Malachitgrün-Rk. c) + HCHO + Phenolphthalein: rot: SO_3^{2-}	SO_2 verkochen, mit H_2O wieder auffüllen: a) Entfärbg. von Jod-Stärke-Lsg.: AsO_3^{3-} b) Ringprobe: gelb; AsO_3^{3-}	a) Ringprobe: schokoladebraun: AsO_4^{3-} b) + konz. HCl + KJ: Jodausscheidung: AsO_4^{3-}	a) Ammoniummolybdat- + Benzidin: blaue Färbung: PO_4^{3-} b) Fällen mit H_2S, im Filtrat Rk. mit Ammoniummolybdat: gelber Nd.: PO_4^{3-}	
CaF_2($Ca[SiF_6]$, $CaSO_4$)	SiO_4^{4-}	$C_2O_4^{2-}$	$C_4H_4O_6^{2-}$						
a) Ätzprobe b) Kriechprobe	SiO_4^{4-}: Ammoniummolybdat + alkal. Stannat(II)-Lösung $C_2O_4^{2-}$: Entfärbung von $KMnO_4$, CO_2-Entwicklung(!) $C_4H_4O_6^{2-}$: 1. Versetzen mit $CuSO_4$ + NaOH, Filtrat blau: Tartrat 2. Resorcinprobe								

Tabelle XIX. Trennungsgang der 2. Gruppe [$Ba(NO_3)_2$-Gruppe]

<table>
<tr><td colspan="5">Fällen mit 0,25 M $Ba(NO_3)_2$-Lösung:</td><td colspan="2" rowspan="2">$S_2O_8^{2-}$</td></tr>
<tr><td>**$BaSO_4$**</td><td>**$Ba[SiF_6]$**</td><td>**$BaCrO_4$**</td><td>**[$Ba(BrO_3)_2$]**</td><td>**$Ba(JO_3)_2$**</td></tr>
<tr><td colspan="5">Niederschläge 5mal mit je ca. 10 ml kaltem W. auswaschen</td><td rowspan="2">Erhitzen zum Sieden:</td><td rowspan="2"></td></tr>
<tr><td>**$BaSO_4$**</td><td>**$Ba[SiF_6]$**</td><td>**$BaCrO_4$**</td><td>(BrO_3^-)</td><td>JO_3^-</td></tr>
<tr><td colspan="3">Behandeln mit verd. HCl:</td><td colspan="2" rowspan="5">Gesamtes Waschwasser auf ca. 5 ml eindampfen, ansäuern mit verd. H_2SO_4, Zugabe von 1 ml gesätt. SO_2-Wasser und Verkochen von überschüssigem SO_2, Abkühlen, Unterschichten mit CCl_4. Bei tropfenweiser Zugabe von Cl_2-Wasser zuerst J_2 (violett), danach Br_2 (braungelb)</td><td rowspan="5">weißer Nd. von **$BaSO_4$**, schwerlösl. in konz. HCl: $S_2O_8^{2-}$</td><td rowspan="5">In Lösung bleiben die Anionen der folgenden Gruppen 3. bis 5. Weiterverarbeitung nach Tabelle XX.</td></tr>
<tr><td>**$BaSO_4$**</td><td>**$Ba[SiF_6]$**</td><td>CrO_4^{2-}</td></tr>
<tr><td colspan="2">Kochen mit konz. HCl</td><td rowspan="3">1. etwas einengen + verd. Ammoniak: **$BaCrO_4$**, gelb, schwerlösl. in verd. Essigsäure
2. **$BaCrO_4$**-Nd. + H_2O_2 + verd. H_2SO_4-Äther: CrO_5 blau</td></tr>
<tr><td>**$BaSO_4$**</td><td>$[SiF_6]^{2-}$</td></tr>
<tr><td></td><td>+ verd. NaOH: **$Ba[SiF_6]$**
1. Ätzprobe
2. Kriechprobe</td></tr>
</table>

Tabelle XX. Trennungsgang der 3. Gruppe [$Zn(NO_3)_2$-Gruppe]

<table>
<tr><td colspan="3">Versetzen mit 0,5 g festem Na_2CO_3, dann fällen mit 0,5 M $Zn(NO_3)_2$-Lösung:</td><td rowspan="2"></td></tr>
<tr><td>**ZnS**</td><td>**$Zn(CN)_2$**</td><td>**$K_2Zn_3[Fe(CN)_6]_2$**, **$Zn_3[Fe(CN)_6]_2$**</td></tr>
<tr><td colspan="2">Teil des Niederschlags in H_2O suspendieren:</td><td rowspan="2">Lösen in HCl, Verkochen von H_2S und HCN
a) Versetzen der Lösung mit $FeCl_3$: blauer Nd.: $[Fe(CN)_6]^{4-}$
b) + $CuSO_4$: rotbrauner Nd.: $[Fe(CN)_6]^{4-}$ grüner Nd.: $[Fe(CN)_6]^{3-}$
c) + $FeSO_4$: blauer Nd.: $[Fe(CN)_6]^{3-}$</td><td rowspan="2">In Lösung bleiben die Anionen der folgenden Gruppen 4. u. 5. Weiterverarbeitung nach Tabelle XXI.</td></tr>
<tr><td>Ansäuern mit HCl und prüfen mit Pb-acetat-Papier: **PbS** schwarz</td><td>a) Ansäuern mit verd. H_2SO_4. In den Gasraum Benzidin-Kupferacetat-Papier bringen: blau, CN^-
b) Thiocyanat-Probe</td></tr>
</table>

Tabelle XXI. Trennungsgang der 4. Gruppe [$AgNO_3$-Gruppe]

Mit verd. Ammoniak schwach ammoniakalisch machen, mit 5%iger $AgNO_3$-Lösung versetzen, erhitzen, mit verd. HNO_3 ansäuern, 5 Min. aufkochen, abkühlen. (Bei Abwesenheit von $S_2O_3^{2-}$ säuere man mit verd. HNO_3 an und versetze die Lösung sogleich mit der Reagenzlösung ohne vorherige Ammoniak-Zugabe.)

Ag_2S (aus $S_2O_3^{2-}$)	**AgSCN**	**AgBr**	**AgJ**	**AgCl**	**($AgBrO_3$)**	**($AgJO_3$)**	
Der gesamte Niederschlag wird in der Kälte mit gesätt. $(NH_4)_2CO_3$-Lsg. digeriert							In Lösung bleiben die Anionen der 5. Gruppe. Weiterverarbeitung nach Tabelle XXII.
Ag_2S	**AgSCN**	**AgBr**	**AgJ**	Cl^-	(BrO_3^-)	(JO_3^-)	
Schwarzfärbung des Nd. beweist $S_2O_3^{2-}$	Teil des Gesamt-Nd. in H_2O suspendieren, + $FeCl_3$, + HCl: Rotfärbung SCN^-	Gesamten Rückstand mit Zn + verd. H_2SO_4 reduzieren		Ansäuern mit verd. H_2SO_4, Zugabe von SO_2-Wasser			
				AgCl	**(AgBr)**	**(AgJ)**	
				Reduzieren mit Zn + verd. H_2SO_4			
S^{2-}	SCN^-	Br^-	J^-	Cl^-	Br^-	J^-	
Nachweis nebeneinander: a) + 0,5 M Cd-Acetatlsg. + Na-Acetat (fest) → **CdS** (gelb): S^{2-} b) + $FeCl_3$ → Rotfärbung: SCN^- c) + CCl_4 + Cl_2-Wasser → J_2 + Br_2				Nachweis nebeneinander: a) Br^- und J^- mit $KMnO_4$ in essigsaurer Lsg. oxidieren; + $AgNO_3$: **AgCl** weiß. b) Br^- und J^- Nachweis mit Chlorwasser und CCl_4			

Tabelle XXII. Trennungsgang der 5. Gruppe [Lösliche Gruppe]

<table>
<tr><td colspan="5">Filtrat der 4. Gruppe mit festem Na_2CO_3 versetzen, zentrifugieren, Niederschläge gut auswaschen, Zentrifugat und Waschwasser vereinigen und mit verd. H_2SO_4 ansäuern.
Die saure Lösung enthält die Anionen:</td></tr>
<tr><td>(BrO_3^-)</td><td>ClO_3^-</td><td>ClO_4^-</td><td>CH_3COO^-</td><td>NO_3^-</td></tr>
<tr><td colspan="3">Reduzieren mit Zn + verd. H_2SO_4:</td><td rowspan="7">Neutralisieren mit CaO (fest)
a) Bis fast zur Trockne eindampfen
+ C_2H_5OH
+ konz. H_2SO_4 } → Essigsäureäthylester
b) Kakodylreaktion
c) Indigoreaktion</td><td rowspan="7">Nachweis vor Beginn des Trennungsganges</td></tr>
<tr><td>(Br^-)</td><td>Cl^-</td><td>ClO_4^-</td></tr>
<tr><td colspan="2">+ verd. HNO_3 + 5%ige $AgNO_3$-Lösung:</td><td></td></tr>
<tr><td>**(AgBr)**</td><td>**AgCl**</td><td>ClO_4^-</td></tr>
<tr><td colspan="2">Digerieren mit gesätt. $(NH_4)_2CO_3$-Lösung</td><td rowspan="3">a) Neutralisieren mit festem Na_2CO_3, zentrifugieren, Z. zur Trockne eindampfen u. verglühen. Rückstand in verd. HNO_3 lösen + $AgNO_3$-Lösung: **AgCl**
b) Neutralisieren mit Na_2CO_3, stark einengen + $RbNO_3$ + $KMnO_4$:
$RbClO_4$ — $RbMnO_4$
Mischkristalle</td></tr>
<tr><td>**(AgBr)**</td><td>Cl^-</td></tr>
<tr><td>Reduzieren mit
Zn + verd. H_2SO_4
↓
Br^-
a) + H_2O_2
+ Fluorescein
↓
Eosin
b) + CCl_4
+ Cl_2-Wasser
↓
Br_2</td><td>Zentrifugat + HNO_3
↓
AgCl</td></tr>
</table>

Tabelle XXIII.

Anion	Nachweisreaktion	Störung	Umgehung der Störung
F^-	a) Ätzprobe oder Kriechprobe	Versagt bei Überschuß von SiO_2 und BO_3^{3-}	Anwendung der Wassertropfenprobe
	b) Wassertropfenprobe	Versagt bei manchen komplexen Fluoriden, z.B. Fluorosilicaten	Aufschluß mit $Na_2CO_3 + K_2CO_3$
	c) Zirkonium-Alizarin S-Lack	SO_4^{2-}, $S_2O_3^{2-}$, PO_4^{3-}, AsO_4^{3-}, $C_2O_4^{2-}$, Fluoroborate und -silicate	
	d) Molybdänblau/Benzidinblau-Rk.	CO_3^{2-}, S^{2-}, Br^-, J^-, größere Mengen Cl^- und NO_3^-	Verwendung des $CaCl_2$-Nd.
Cl^-	a) $HNO_3 + AgNO_3$ $+ NH_3$ $\rightarrow [Ag(NH_3)_2]Cl$	ClO^-	Entfernung durch Hg
		Br^-, J^-	1. Fraktioniertes Fällen mit Ag^+, letzte Fraktion in $(NH_4)_2CO_3$ lösen und mit KBr versetzen 2. Fällen mit Ag^+, versetzen mit $K_3[Fe(CN)_6]$ + Ammoniak 3. Durch $KMnO_4$ in essigsaurer Lösung oxidieren 4. CrO_2Cl_2-Reaktion
		CN^-, SCN^-, $[Fe(CN)_6]^{3-}$, $[Fe(CN)_6]^{4-}$	Entfernung durch $Cu^{2+} + H_2SO_3$
	b) CrO_2Cl_2-Reaktion	Reduktionsmittel	Überschuß von $K_2Cr_2O_7$ oder besser Reaktion a)
		Versagt bei AgCl, Hg_2Cl_2, $HgCl_2$	Nach Red. mit Zink ($+ H_2SO_4$) Reaktion a)
		Nicht eindeutig bei Anwesenheit von F^-	Anwendung von a)
	c) Reduktion von AgCl mit alkalischer Formaldehydlösung		
ClO^-	a) Indigo-Entfärbung in neutralen Lösungen		
	b) Cl_2-Geruch beim Ansäuern	$Cl^- + ClO_4^-$	Nur mit schwachen Säuren arbeiten
	c) Oxidation von Pb-Acetat	Pb^{2+}-fällende Anionen	Entfernen mit Ba^{2+} und Cd-Acetatlösung
ClO_3^-	a) Reduktion mit SO_3^{2-}, KNO_2 oder Zn, dann $HNO_3 + AgNO_3$	Alle mit Ag^+ in saurer Lösung fällbaren Anionen	Vor Reduktion ClO^- durch Hg entfernen, alle anderen mit Ag^+ ausfällen
		$BrO_3^- + JO_3^-$	Gemeinsam ausfällen, AgCl, AgBr, AgJ mit Zn reduzieren, Cl^- wie oben nachweisen
	b) Violettfärbung mit $MnSO_4$, H_3PO_4 und Diphenylcarbazid	NO_2^-, $S_2O_8^{2-}$, BrO_3^-, JO_3^- und JO_4^-	
ClO_4^-	a) KCl	Nicht sehr empfindlich	Anwendung von b)
	b) Reduktion mit Ti^{3+}, dann $HNO_3 + AgNO_3$	Cl^-, Br^-, J^-, ClO^-, ClO_3^-	Vorher mit Ag^+ ausfällen, ClO_3^- mit $Zn + H_2SO_4$ reduzieren, ebenfalls mit Ag^+ fällen

Tabelle XXIII. (1. Fortsetzung)

Anion	Nachweisreaktion	Störung	Umgehung der Störung
ClO_4^-	c) Mischkristallbildung von $RbClO_4-RbMnO_4$	Reduktionsmittel	Verkochen mit H_2O_2
Br^-	a) Cl_2 b) Eosinbildung	J^-, Reduktionsmittel J^-	Überschuß von Cl_2 zugeben Oxidieren mit NO_2 und Ausschütteln mit Äther
BrO_3^-	a) Reduktion mit SO_3^{2-} oder Zn, dann $HNO_3 + AgNO_3$ b) Tropfenweises Zugeben von SO_3^{2-}, Br_2-Ausscheidung c) SO_3^{2-} + fuchsinschweflige Säure d) Farbreaktion mit $MnSO_4$ und H_2SO_4	Siehe ClO_3^- Bei wenig BrO_3^- sofortige Reduktion zu Br^- ClO_3^-	Siehe ClO_3^-. Anwendung von c) Anwendung von a) oder b)
J^-	Cl_2 oder KNO_2-Lösung	Reduktionsmittel CN^-	Vorsichtig Überschuß von Cl_2 zugeben Durch Zn^{2+} entfernen oder als HCN abdestillieren
JO_3^-	a) Reduktion mit SO_3^{2-} oder Zn, dann $HNO_3 + AgNO_3$ b) Tropfenweises Zugeben von SO_3^{2-}, J_2-Ausscheidung c) Zugabe von Hypophosphit + H_2SO_4 + Stärke, J_2-Ausscheidung	Siehe ClO_3^- Bei wenig JO_3^- sofortige Reduktion zu J^-	Siehe ClO_3^- Anwendung von a)
S^{2-}	a) HCl + Bleiacetatpapier b) Zn + HCl + Bleiacetatpapier c) Jod-Azid-Reaktion d) Farbreaktion mit $Na_2[Fe(CN)_5NO]\cdot 2H_2O$	Versagt bei in nichtoxidierenden Säuren schwerlösl. Sulfiden SO_3^{2-}, $S_2O_3^{2-}$, SCN^- Freier Schwefel Se $S_2O_3^{2-}$, SCN^-	Anwendung von b) Nur Rückstand des Sodaauszuges prüfen Mit Kohlendisulfid entfernen Oxidation mit HNO_3 und Nachweis als Sulfat Fällung mit Cd-Acetat
SO_3^{2-}	a) Ansäuern, Geruch b) $ZnSO_4$ + $K_4[Fe(CN)_6]$ + $[Fe(CN)_5NO]^{2-}$ c) Neutralisieren + Malachitgrün d) Neutralisieren + Formaldehyd + Phenolphthalein	S^{2-}, $S_2O_3^{2-}$ S^{2-}, OH^-	Im neutralen SA durch $HgCl_2$ ausfällen Fällung mit Cd-Acetat

Tabelle XXIII. (2. Fortsetzung)

Anion	Nachweisreaktion	Störung	Umgehung der Störung
$S_2O_3^{2-}$	a) HCl	S_x^{2-}	Im neutralen SA durch $CdCO_3$ oder $[Cd(NH_3)_6]^{2+}$ ausfällen
		SO_3^{2-}	Im neutralen SA mittels $Sr(NO_3)_2$ entfernen
	b) $AgNO_3$	S^{2-}	Mit Cd-Acetat fällen
	c) Jod-Azid-Reaktion	S^{2-}, SCN^-	a) oder b) anwenden
SO_4^{2-}	HCl + $BaCl_2$	1. F^- 2. $[SiF_6]^{2-}$	1. Lösen in konz. HCl 2. Anfärben mit $KMnO_4$ Kochen mit konz. HCl
$S_2O_8^{2-}$	a) $BaCl_2$ + Erhitzen	SO_4^{2-}	In der Kälte mit $BaCl_2$ ausfällen
	b) Benzidinblau-Reaktion	Oxidationsmittel	
NO_2^-	a) $FeSO_4$ + verd. H_2SO_4	ClO_3^-, J^-, SO_3^{2-}, SCN^-, $[Fe(CN)_6]^{4-}$, $[Fe(CN)_6]^{3-}$	Anwendung von b)
	b) Sulfanilsäure + α-Naphthylamin	–	–
NO_3^-	a) $FeSO_4$ + konz. H_2SO_4	NO_2^-	Durch $(NH_2)_2CO$ oder $(NH_2)HSO_3$ entfernen
		Br^-, J^-	Mit Ag_2SO_4 ausfällen
		ClO_3^-, BrO_3^-, JO_3^-, CrO_4^{2-}, SO_3^{2-}, $S_2O_3^{2-}$	Anwendung von b)
		SCN^-, CN^-, $[Fe(CN)_6]^{3-}$, $[Fe(CN)_6]^{4-}$	Anwendung von c)
	b) NaOH + *Devarda*sche Legierung	NH_4^+	Durch NaOH wegkochen
		NO_2^-, SCN^-, $[Fe(CN)_6]^{3-}$, $[Fe(CN)_6]^{4-}$	Nach Entfernung von NO_2^- durch $(NH_2)_2CO$ oder $(NH_2)HSO_3$ Anwendung von c)
	c) Sulfanilsäure + α-Naphthylamin + Zinkstaub	NO_2^-	Durch $(NH_2)_2CO$ oder $(NH_2)HSO_3$ entfernen
		Oxidationsmittel	Überschuß von Zinkstaub
		$[Fe(CN)_6]^{3-}$	Zuerst Zinkstaub, dann filtrieren, im Filtrat Sulfanilsäure + α-Naphthylamin
	d) Brucin	NO_2^-, Oxidationsmittel	$(NH_2)HSO_3$ + N_2H_4
PO_4^{3-}	a) HNO_2 + Ammoniummolybdat	AsO_4^{3-}	Nachweis von PO_4^{3-} nach der H_2S-Gruppe
		$C_2O_4^{2-}$	Oxidieren mit H_2O_2
	b) Molybdänblau/Benzidinblau-Rk.	SiO_4^{4-}	SiO_2 vorher abtrennen
	c) Fällung als $Zr_3(PO_4)_4$	AsO_4^{3-}	Nachweis des PO_4^{3-} nach der H_2S-Gruppe
CO_3^{2-}	verd. H_2SO_4, Gas in $Ba(OH)_2$ einleiten	SO_3^{2-}, $S_2O_3^{2-}$	vor dem Ansäuern $KMnO_4$ zugeben (nicht anwendbar bei Anwesenheit von $C_2O_4^{2-}$, $C_4H_4O_6^{2-}$)

Tabelle XXIII. (3. Fortsetzung)

Anion	Nachweisreaktion	Störung	Umgehung der Störung
CH_3COO^-	a) $KHSO_4$, Geruch	SO_3^{2-}	Anwendung von b)
	b) $Na_2CO_3 + As_2O_3$	–	–
	c) Konz. $H_2SO_4 + C_2H_5OH$	Stoffe, die mit konz. H_2SO_4 stark riechende Gase geben	Anwendung von b)
	d) Acetonbildung und Reaktion mit o-Nitrobenzaldehyd zu Indigo		
$C_2O_4^{2-}$	a) $H_2SO_4 + KMnO_4$, Nachweis des CO_2	Reduktionsmittel	Überschuß von $KMnO_4$
	b) $CH_3COOH + CaCl_2$	F^-, SO_3^{2-}, SO_4^{2-}, PO_4^{3-}, BO_3^{2-}, $[Fe(CN)_6]^{4-}$	Niederschlag abfiltrieren, mit ihm Reaktion a) durchführen
	c) Diphenylamin	Oxidationsmittel	Anwendung von b)
$C_4H_4O_6^{2-}$	a) Resorcinreaktion	Oxidationsmittel, Br^-, J^-	$C_4H_4O_6^{2-}$ mit Ca^{2+} ausfällen
	b) $CuSO_4 + NaOH$	NH_4^+, AsO_3^{3-}	
CN^-	a) Mit $NaHCO_3$ erhitzen, in $AgNO_3$ einleiten	$Hg(CN)_2$	NaCl im Überschuß zusetzen
	b) + Benzidin-Kupferacetat		
	c) Berliner Blau-Reaktion	$[Fe(CN)_6]^{3-}$, $[Fe(CN)_6]^{4-}$, SCN^-	Anwendung von a) oder b)
	d) Thiocyanat-Reaktion	SCN^-, $[Fe(CN)_6]^{3-}$, $[Fe(CN)_6]^{4-}$	Anwendung von a) oder b)
$[Fe(CN)_6]^{4-}$	$HCl + Fe^{3+}$	SCN^-	Tropfenweiser Zusatz von Fe^{3+}, erst Blaufärbung, dann Rotfärbung
$[Fe(CN)_6]^{3-}$	a) $HCl + Fe^{2+}$	NO_2^-	Überschuß von $FeSO_4$, Erhitzen.
	b) Benzidinblau-Rk.	Oxidationsmittel	
SCN^-	a) Pyridin + $NiSO_4$		
	b) $HCl + FeCl_3$	$[Fe(CN)_6]^{4-}$	$Fe(SCN)_3$ mit Äther ausschütteln
		F^-, PO_4^{3-}, $C_2O_4^{2-}$, $C_4H_4O_6^{2-}$	In essigsaurer Lösung mit $BaCl_2$ ausfällen, im Filtrat auf SCN^- prüfen
		NO_2^-	In sehr starker Verdünnung arbeiten und sofort nach Ansäuern $FeCl_3$ zusetzen oder:
		J^-	$SCN^- + J^-$ mit $AgNO_3$ fällen, AgSCN in Ammoniak lösen, Ag^+ mit farblosem $(NH_4)_2S$ oder Na_2S fällen, dann nach Filtration und Ansäuern mit $FeCl_3$ prüfen
	c) Jod-Azid-Reaktion	S^{2-}, $S_2O_3^{2-}$	Fällen mit $HgCl_2$

Tabelle XXIII. (Schluß)

Anion	Nachweisreaktion	Störung	Umgehung der Störung
SiO_2	a) Lösliche Silicate: Ammoniummolybdat ansäuern + alkal. Stannat(II)-Lösung	PO_4^{3-}, AsO_4^{3-}	As mit H_2S fällen, mit HCl abrauchen und SiO_2 aufschließen
	b) Schwerlösliche Silicate: Wassertropfenprobe	–	–
	c) Molybdänblau/ Benzidinblau-Rk.		
BO_3^{3-}	a) CH_3OH + konz. H_2SO_4	Versagt bei Borosilicaten	Zusatz von CaF_2 oder Aufschluß mit Na_2CO_3 + K_2CO_3
	b) CaF_2 + $KHSO_4$	–	–
	c) Chromotrop 2B	Oxidationsmittel	Reagenz im Überschuß
H_2O_2	a) $[TiO]SO_4$	F^-, CrO_4^{2-}	Anwendung von b)
	b) $Cr_2O_7^{2-}$ + Äther	–	–
	c) PbS	Andere Oxidationsmittel	In der Kälte und in neutraler Lösung arbeiten

von Redoxreaktionen in schwach alkalischer Lösung. Vor Beginn der Gruppenfällungen wird im SA auf NO_2^-, NO_3^- und ClO^- nach Tabelle XXIII. geprüft. ClO^- muß vor den Gruppenfällungen durch Schütteln mit metallischem Quecksilber entfernt werden. Der Nachweis von CO_3^{2-} ist selbstverständlich mit der Ursubstanz durchzuführen. Der Rückstand des SA ist auf Silicate, Schwermetallsulfide, Phosphate, Borate, Fluoroborate und Fluorosilicate zu prüfen, die durch kochende Sodalösung sehr schwer umgesetzt werden (vgl. hierzu Tabelle VIII).

4.4.5. Spezieller Trennungsgang der Kationen bei Anwendung der Halbmikro-Arbeitstechnik

Der folgende „Spezielle Kationentrennungsgang" bei Anwendung der Halbmikro-Arbeitstechnik lehnt sich eng an den „Allgemeinen Kationentrennungsgang" (Kap. 4.4.3.) an. Da es auch das Ziel dieses Trennungsganges ist, die einzelnen Kationen soweit als möglich voneinander zu isolieren, entfällt im allgemeinen die Notwendigkeit, zu ihrer endgültigen Identifizierung organische Spezialreagenzien zu verwenden. Der Trennungsgang ist daher besonders für das Anfänger-Praktikum geeignet. Berücksichtigt werden die Elemente des Schultrennungsganges und nur einige „seltenere" Elemente.

Diese Vereinfachung sowie die Möglichkeit, den Trennungsgang bei ausschließlicher Anwendung der HM-Arbeitstechnik an einigen Stellen günstiger zu gestalten, führt zu Änderungen des „Allgemeinen Kationentrennungsganges", die u.a. folgende Einzelheiten betreffen:

a) Man findet bei diesem speziellen Halbmikro-Trennungsgang genaue Mengenangaben.

b) Es fehlen im Vergleich zu den vorher beschriebenen Trennungsgängen die Elemente Ge. Nb, Ta, Pd, Pt, Au, Ga, In und Th (Th ist im speziellen HM-Trennungsgang nur kurz erwähnt, S. 401). Da die Elemente Pd, Pt und Au nicht aufgeführt sind, entfällt auch die Reduktionsgruppe.

c) In der H_2S-Gruppe erfolgt die Abtrennung der As-Sn-Gruppe nicht mit $(NH_4)_2S_x$, sondern mit NaHS, so daß Quecksilber in die As-Sn-Gruppe gelangt.

d) Die Kationen des Eisens, Titans, Zirkoniums und auch Mangans (falls unsauber gearbeitet, findet man Mangan in der Urotropin-Gruppe) werden nicht aufgetrennt, sondern nebeneinander nachgewiesen.

e) Die Seltenerdmetalle werden nicht als Fluoride, sondern als Oxalate abgetrennt, hierbei wird auch Th als Oxalat abgeschieden.

f) Es ist eine Vorschrift für die Al-Be-Trennung mit Oxin angegeben.

g) Es wird die Trennung der Anionen PO_4^{3-}, BO_3^{3-}, WO_4^{2-} und auch MoO_4^{2-} von den übrigen Elementen der Urotropin-Gruppe bei Abwesenheit von Ti, Zr, Th, U und V mit Hilfe eines Kationenaustauschers vorgeschlagen.

h) In der Ammoniumsulfid-Gruppe ist zusätzlich die Abtrennung des Mn als $MnO(OH)_2$ von Ni, Co, Zn und eventuell Fe aus saurer Lösung beschrieben.

i) In der löslichen Gruppe findet sich ein weiteres Verfahren zur Abtrennung des Mg als Oxinat von Li, Na und K.

4.4.5.1. Säureschwerlösliche Gruppe: Ag, Pb, W und säureschwerlösliche Verbindungen

4.4.5.1.1. Allgemeines

Beim Lösen der Analysensubstanz in Königswasser verbleiben im Rückstand AgCl, $PbCl_2$, $WO_3 \cdot aq$ und alle übrigen säureschwerlöslichen Verbindungen. Da $PbCl_2$ in Wasser etwas löslich ist, gelangt Pb^{2+} z.T. beim Auswaschen dieses Rückstandes in die H_2S-Gruppe, wo es als PbS gefällt wird.

Bei Gegenwart von PO_4^{3-}-, AsO_4^{3-}-, SiO_4^{4-}-, BO_3^{3-}- und von organischen Säureanionen kann die WO_3-Fällung infolge Bildung löslicher komplexer Säuren unvollständig sein bzw. ganz ausbleiben. Das lösliche W(VI) gelangt dann bei der Kationentrennung entweder a) beim Kationenaustausch (H_3PO_4-Abtrennung mit dem Ionenaustauscherharz, s. S. 124) als Wolframatophosphation in die Anionenlösung, oder es bilden sich b) bei der $(NH_4)_2S$-Gruppe WS_4^{2-}-Ionen. Nach dem Eindampfen der Anionenlösung a) scheidet sich beim Erhitzen des Rückstandes mit konz. H_2SO_4 ein Teil des Wolframs als schwerlösliches WO_3 ab, oder es wird beim Ansäuern des Zentrifugates b) gelbbraunes WS_3 gefällt.

4.4.5.1.2. Trennung der säureschwerlöslichen Gruppe

50–100 mg Analysensubstanz werden erst mit 2–3 ml Königswasser – Oxidation des Tl(I) und Hg(I) – und dann mit 2–3 ml HNO_3 bis zur Trockne eingedampft, mit ca. 5 ml 6 M HNO_3 u. einigen Tr. konz. HCl aufgenommen, 4 Min. gekocht u. zentrifugiert. Der Rückstand wird mehrfach mit wenig kalter HCl (1:1) gewaschen. Das Waschwasser wird mit dem Zentrifugat vereinigt u. zur Fällung der H_2S-Gruppe zurückgestellt.

Trennung $WO_3 \cdot aq$, AgCl, Säureschwerlösliches von $PbCl_2$

Der Nd., der $WO_3 \cdot aq$, AgCl, säureschwerlösl. Verbb. u. $PbCl_2$ enthalten kann, wird mehrfach mit je 10 Tr. H_2O + 1 Tr. 5 M HCl in der Siedehitze gewaschen, bis das gesamte $PbCl_2$ herausgelöst ist. In dieser wss. Lsg. wird Pb^{2+} nach Rkk. 9, S. 323, 10., S. 323 nachgewiesen.

Trennung AgCl, Säureschwerlösliches von $WO_3 \cdot aq$

Aus dem Rückstand wird $WO_3 \cdot aq$ durch Behandeln mit 1–2 ml 2 M NaOH in der Wärme herausgelöst. Im Z. weist man W. mit den Rkk. 5.–7., S. 311 nach.

Trennung säureschwerlöslicher Verbindungen von AgCl

Der aus säureschwerlösl. Verbb. u. AgCl bestehende Nd. wird in der Wärme in 1 ml 5 M Ammoniak gelöst, die Lsg. durch tropfenweisen Zusatz von 5 M HCl fast neutralisiert (die Lsg. muß nach dem HCl-Zusatz noch klar sein), u. mit 5 Tr. 1 M KJ-Lsg. versetzt. Die Bldg. eines Nd. deutet auf die Ggw. von Ag^+-Ionen. Sie können nach Red. des gefällten AgJ zu metallischem Ag u. anschließendem Lösen des Metalls in HNO_3 mit den Rkk. 11. u. 12., S. 361, noch näher identifiziert werden.

Hinsichtlich der weiteren Behandlung der verbleibenden säureschwerlösl.Verbb. informiere man sich über die entsprechenden Aufschlußverfahren auf S. 361.

4.4.5.2. H_2S-Gruppe: Pb(II), Bi, Tl(III), Cu(II), Cd, Hg (II), Mo(VI), Se(IV), Te(IV), As(III), As(V), Sb(III), Sb(V), Sn(II) und Sn(IV)

4.4.5.2.1. Allgemeines

Die Kationen dieser Gruppe werden aus salzsaurer Lösung durch H_2S als charakteristisch gefärbte, schwer lösliche Sulfide gefällt. $(SeO_3)^{2-}$ und $(TeO_3)^{2-}$ werden von H_2S in saurer Lösung zu elementarem Se bzw. Te reduziert. Tl(III) wird unter den gleichen Bedingungen zu Tl(I) reduziert und primär als Gemisch von $TlCl + Tl_2S$ gefällt, das beim anschließenden Digerieren mit $(NH_4)_2S_x$ vollständig in Tl_2S überführt wird, welches in $(NH_4)_2S_x$ schwer löslich ist. Zweckmäßiger ist jedoch die im folgenden beschriebene Reduktion und Fällung von Tl als $TlJ \cdot J_2$. (Näheres s. S. 332).

Auf Grund der unterschiedlichen Löslichkeit der Sulfide in Alkalisulfid-Lösungen oder in Alkalihydroxiden kann die H_2S-Gruppe in 2 Untergruppen, die Arsen-Zinn-Gruppe und die Kupfergruppe aufgeteilt werden.

Die HJ-H_2S-Fällung wird vorteilhaft in 2 Stufen ausgeführt.

1. Stufe: Fällung aus etwa 1,0 M HCl-saurer Lösung mit HJ und H_2S. Es fallen $TlJ \cdot J_2$, HgS, Bi_2S_3, CuS, As_2S_3, Sb_2S_3, SnS_2, Se, TeS_2 bzw. Te und unvollständig MoS_3 sowie PbS.

Nach dem Abtrennen dieses Niederschlages wird in der Lösung auf Mo geprüft.

2. Stufe: Bei Abwesenheit von Mo wird in etwa 0,5 M HCl-saurer Lösung CdS sowie das restliche PbS gefällt.

Bei Gegenwart von Mo wird die zweite H_2S-Fällung unter Druck durchgeführt, wobei außer Pb(II) und Cd auch das restliche Mo vollständig abgeschieden wird. Die vereinigten Sulfidfällungen werden zur Trennung in Kupfer- und Zinngruppe mit NaOH + NaHS oder $(NH_4)_2S$ behandelt.

Es bleiben ungelöst zurück:

PbS, Bi_2S_3, $TlJ \cdot J_2$, CuS, CdS und MoS_3.

Diese Sulfide bilden die Kupfergruppe. Beim Lösen mit $(NH_4)_2S$ verbleibt HgS gleichfalls ungelöst bei der Kupfergruppe.

Als Arsen-Zinn-Gruppe gehen in Lösung: HgS (nur bei Verwendung von NaOH + NaHS), MoS_3, As_2S_3, Sb_2S_3, SnS_2, Se und Te.

Die Sulfide werden bei längerem Stehen an der Luft, besonders in feuchtem Zustand, leicht zu löslichen Sulfaten oxidiert. Dadurch können die gefällten Kationen in die Ammoniak- bzw. $(NH_4)_2S$-Gruppe gelangen. Die Sulfide sind daher möglichst schnell von der überstehenden Lösung zu trennen und stets mit H_2S-haltigem Wasser auszuwaschen.

4.4.5.2.2. Ausführung der H_2S-Gruppenfällung

Vorbehandlung der Kationenlösung

Das Z. der säureschwerlösl. Gruppe (s. S. 394) wird durch mehrfaches vorsichtiges Eindampfen mit HCl bis fast zur Trockne von HNO_3 befreit. Lösl. Kieselsäure wird durch mehrfaches Abrauchen mit 5 M HCl quantitativ abgeschieden. Da dabei Hg(II), As(III), Sb(III) u. Se(IV) verflüchtigt werden, muß vor dem Abrauchen auf diese Ionen geprüft werden. Der trockene Rückstand wird in 5–8 Tr. 5 M HCl unter Erwärmen gelöst, auf 2,5 ml verd. u. mit 1 Tr. 1 M HJ-Lsg. versetzt. Die HJ-Lsg. ist immer durch freies Jod mehr oder minder braun gefärbt. Tritt Entfärbung ein (red. Ionen!), so versetzt man tropfenweise mit gesätt. Bromwasser, bis das Br_2 eben nicht mehr entfärbt wird. (An Stelle von Brom kann auch 0,5 M H_2O_2 verwendet werden, das jedoch keine H_3PO_4 als Stabilisator enthalten darf.) Das überschüssige Brom wird anschließend auf dem W.-Bad mit Luft verblasen. Nach dieser oxidierenden Behandlung versetzt man tropfenweise mit soviel HJ-Lsg., bis kein J_2 mehr gebildet wird. Der Endpunkt der HJ-Behandlung ist infolge des J_2-Gehalts des HJ schlecht zu erkennen. Es sollen aber nicht mehr als 10 Tr. 1 M HJ-Lsg. hinzugefügt werden. Das freie Jod wird mit einem warmen Luftstrom vertrieben. Ein hier auftretender Nd., der auf Hg(II), Pb(II), Tl(I), Bi oder Se deutet, wird nicht abgetrennt. Beim längeren Erhitzen dieser sauren Lsg. (pH ca. 0) können Kationen der Oxidationsstufe + 4, vor allem Ti(IV), bereits hydrolytisch gefällt werden. Die geringe $Ti(OH)_4$-Menge, die nach der ersten H_2S-Fällung bei den Sulfiden verbleibt, kann aber vernachlässigt werden.

1. Stufe der H_2S-Fällung mit gasförmigem H_2S

In die im W.-Bad erwärmte Kationen-Lsg. wird durch eine Kapillarpipette mit möglichst feiner Spitze (kleine Gasblasen – große Absorptionsoberfläche) 1 Min. H_2S eingeleitet. Nach etwa 15 Sek. beginnt die Fällung mit As_2S_3 u. HgS, nach weiteren 3–5 Min. sind im allg. die anderen Sulfide ebenfalls gefällt, u. die überstehende Lsg. ist mit H_2S gesättigt. Die Mischung wird noch 2 Min. unter Schütteln auf dem W.-Bad erwärmt u. der Nd. zweimal mit 1 ml frisch bereitetem H_2S-Wasser, das mit 1 Tr. 5 M HCl angesäuert ist, gewaschen.

2. Stufe der H_2S-Fällung mit gasförmigem H_2S

a) Bei Abwesenheit von Mo wird Waschwasser u. Z. der 1. H_2S-Fällung vorsichtig bis fast zur Trockne eingedampft. Der Rückstand wird mit 1 Tr. 5 M HCl u. 20 Tr. W. gelöst. (Bei Ggw. von TiIV), Zr(IV), Th(IV) kann hier durch Hydrolyse ein farbloser Oxidhydrat-Nd. anfallen. Er wird abzentrifugiert, mit 0,1 M HCl gewaschen u. auf die entsprechenden Ionen geprüft.) In die saure Kationenlsg. (pH 0,5–1,0) wird nochmals 3–5 Min. H_2S eingeleitet. Der Nd. wird mit dem H_2S-Wasser gewaschen u. mit der ersten H_2S-Fällung vereinigt. Die vereinigten Ndd. werden abzentrifugiert u. nochmals mit 1 ml H_2S-Wasser + 1 Tr. 5 M HCl gewaschen. Die Waschwässer werden mit den Zentrifugaten der H_2S-Fällung vereinigt, zur Entfernung von H_2S auf 1 ml eingedampft u. bis zur Fällung der nächsten Gruppe beiseite gestellt.

b) Bei Anwesenheit von Mo wird das Z. der ersten H_2S-Fällung wie unter a) bis fast zur Trockne eingedampft, mit 1 Tr. 14,5 HNO_3 versetzt u. dann vollständig zur Trockne eingedampft. Der Rückstand wird mit 1 Tr. 5 M HCl u. 10 Tr. W. gelöst. Dabei auftretende farblose Ndd. werden abzentrifugiert u. auf Ti(IV), Zr(IV) u. Th(IV) geprüft. Die klare Lsg. (pH 0,5–1,0) wird in ein Einschmelzröhrchen (Vol. ca. 5 ml) überführt, wobei man die Reste der Lsg. aus dem Eindampfgefäß mit 10 Tr. W. überspült. Dazu gibt man 0,1–0,2 ml Thioessigsäure (bzw. 150–200 mg Thioacetamid) u. schmilzt das Röhrchen vorsichtig ab, wobei das Ende zu einer Kapillare ausgezogen wird. Das abgeschmolzene Röhrchen wird 5 Min. im siedenden W.-Bad erhitzt, wobei die Thioessigsäure zu H_2S u. Essigsäure hydrolysiert. Dadurch entsteht ein Überdruck von H_2S, so daß MoS_3 meist sofort quantitativ neben CdS u. PbS ausgefällt wird. Steht keine Thioessigsäure bzw. Thioacetamid zur Verfügung, so wird aus der obigen Lsg. (pH 0,5–1,0) zunächst PbS u. CdS durch Einleiten von H_2S in der Siedehitze gefällt. Dann wird die Lsg. samt Nd. in das Einschmelzröhrchen überführt u. bei 0 °C (Eisbad) mit H_2S gesättigt. Dann wird das Röhrchen abgeschmolzen u. weiter wie oben verfahren.

Das Erhitzen des Einschmelzrohres muß aus Sicherheitsgründen hinter einer Abzugsscheibe durchgeführt werden. Nach dem Abkühlen wird das Röhrchen in ein Tuch gewickelt (Schutzbrille!) u. die Kapillare abgebrochen. Dann wird das Glas am oberen Ende abgesprengt u. Lsg. u. Nd., wie unter a) beschrieben, weiter verarbeitet.

Sollte die MoS_3-Fällung, was gelegentlich vorkommt, nicht quantitativ verlaufen sein, so wird die Druckfällung in gleicher Weise wiederholt.

Im Prinzip kann an Stelle von H_2S, wie schon erwähnt, auch Thioacetamid zur Fällung von Sulfiden verwendet werden. Thioacetamid hydrolysiert in heißer wss. Lsg. nach:

$$CH_3{-}C{\Large\lt}{}^{S}_{NH_2} + 2\,H_2O \rightarrow H_2S + CH_3COO^- + NH_4^+ .$$

Die Fällungen werden sinngemäß, wie eben beschrieben, durchgeführt. An Stelle des Einleitens von H_2S werden die jeweiligen sauren Lsgg. mit festem Thioacetamid oder seiner kaltgesätt. wss. Lsg. versetzt u. einige Min. gekocht, wobei die entsprechenden Sulfide in meist flockiger Form ausfallen.

Angesichts des hohen Preises von Thioacetamid (p. a.) sowie der Tatsache, daß die Fällungen häufig (bes. bei PbS, CdS u. Bi_2S_3) verzögert u. nicht ganz quantitativ erfolgen, kann Thioacetamid jedoch nicht uneingeschränkt empfohlen werden.

4.4.5.2.3. Trennung der Fällung der H_2S-Gruppe in Kupfer- und Arsen-Zinn-Gruppe

Der Nd. der H_2S-Gruppe wird mit 3 Tr. 5 M NaOH- u. 10 Tr. 1 M NaHS-Lsg. 3 Min. auf dem W.-Bad digeriert, mit 2 ml W. verd., abgekühlt u. zentrifugiert. An Stelle von getrennten NaOH-NaHS-Lsgg. kann auch eine fertige Lsg. verwendet werden, die durch Sättigen von 1 Liter 3 M NaOH mit H_2S u. Zugabe von 4 g Schwefelblüte u. 3,5 g NaOH hergestellt wird. Diese Lsg. wird nach 24 Std. von ungelöstem Schwefel abzentrifugiert u. in einer braunen Flasche an einem kühlen Ort aufbewahrt. 1 Tr. des Z. wird mit 5 M H_2SO_4 schwach angesäuert. Zeigt sich dabei ein Nd., so wird das Ausziehen mit 2 Tr. 5 M NaOH + 6 Tr. 1 M NaHS-Lsg. wiederholt. Die vereinigten Lsgg. enthalten die Thiosalze der Elemente der Zinngruppe: HgS_2^{2-}, MoS_4^{2-}, AsS_4^{3-}, SbS_4^{3-}, SnS_3^{2-}, $Se_xS_y^{2-}$ und $Te_xS_y^{2-}$.

Der Rückstand der NaOH-NaHS-Extraktion wird mit W. neutral gewaschen u. zentrifugiert. Das Waschwasser wird verworfen. Der Rückstand enthält die Sulfide der Kupfergruppe PbS, Bi_2S_3, CuS, CdS und $TlJ \cdot J_2$, Reste MoS_3 u. HgS. An Stelle der Trennung mit NaOH—NaHS kann selbstverständlich genau wie im allgemeinen Kationentrennungsgang unter Berücksichtigung der veränderten Mengenverhältnisse mit $(NH_4)_2S$ bzw. $(NH_4)_2S_x$ getrennt werden. In diesem Falle verbleibt HgS bei der Kupfergruppe.

4.4.5.2.4. Trennung der Kationen der Kupfergruppe

Trennung Pb(II), [HG(II)] von Bi(III), Cu(II), Cd(II) und Mo(VI)

a) Trennung mit $H_2O_2 + H_2SO_4$: Der Sulfid-Jodid-Nd. wird mit 3 Tr. 2,5 M H_2O_2 u. 5 Tr. konz. H_2SO_4 versetzt u. 2 Min. im W.-Bad erwärmt. Nach dem Abkühlen wird die Mischung unter Rühren mit 5 Tr. W. verdünnt (nicht mehr, sonst können sich schwer lösl. basische Bi(III)-Sulfate bilden) u. zentrifugiert. Der Rückstand besteht aus $PbSO_4$, das häufig durch Reste HgS u. S dunkel gefärbt ist. In der H_2SO_4-sauren Lsg. befinden sich Bi^{3+}, Tl^+, Cu^{2+}, Cd^{2+} u. wenig MoO_2^{2+}. Aus $TlJ \cdot J_2$ durch H_2O_2 gebildetes J_2 wird mit einem warmen Luftstrom vollständig aus der Lsg. vertrieben. Der $PbSO_4$-Nd. wird mit 1 Tr. 2,5 M H_2SO_4 u. 5 Tr. H_2O

gewaschen u. in der Wärme mit 5 Tr. 5 M NaOH + 1 Tr. 2,5 M H_2O_2 einige Min. digeriert. Dabei geht Pb(II) als $[Pb(OH)_4]^{2-}$ in Lsg. u. wird mit den Rkk. 9. u. 10., S. 323, identifiziert, während HgS u. S ungelöst zurückbleiben u. – wenn die Menge gering ist – verworfen werden. Sind größere Mengen Hg^{2+} in die Kupfergruppe gelangt, oder hat man die Trennung in Kupfer- u. Zinngruppe mit $(NH_4)_2S$ an Stelle von NaOH—NaHS durchgeführt, wobei HgS quantitativ ungelöst bei der Kupfergruppe verbleibt, so löst man das HgS-S-Gemisch in 5 Tr. 5 M HCl + 1 Tr. 5 M $NaClO_3$-Lsg., vertreibt das freie Cl_2 u. vereinigt diese Lsg. mit der Hg^{2+}-Lsg. der Zinngruppe, bzw. weist Hg^{2+} hier mit den Rkk. 7.–10., S. 320f., nach.

b) Trennung mit HNO_3 und H_2SO_4: Der Sulfid-Jodid-Nd. wird mit 20 Tr. 5 M HNO_3 einige Min. im W.-Bad digeriert. Ein schwarzer Rückstand, der auf HgS hindeutet, wird mit 10 Tr. 5 M HNO_3 gewaschen u. wie bei a) in HCl + $NaClO_3$ gelöst. Diese Lsg. wird bei vorhergegangener Trennung der Sulfide mit NaOH—NaHS zur Hg^{2+}-Lsg. der Zinngruppe hinzugefügt oder bei Abtrennung der Kupfergruppe mit $(NH_4)_2S$ an dieser Stelle auf Hg^{2+} geprüft.

Die HNO_3-saure Lsg. kann Pb^{2+}, Bi^{3+}, $Tl^{+(3+)}$, Cu^{2+}, Cd^{2+} u. wenig MoO_2^{2+} enthalten. Sie wird in einem Porzellanschälchen mit 5 Tr. konz. H_2SO_4 über freier Flamme erhitzt, bis H_2SO_4-Nebel entweichen. Nach dem Erkalten wird diese Lsg. mit 5 Tr. W. versetzt u. ausgefallenes $PbSO_4$ abzentrifugiert. Im Z. können sich wie bei a) Bi^{3+}, $Tl^{+(3+)}$, Cu^{2+}, Cd^{2+} u. wenig MoO_2^{2+} befinden. Das $PbSO_4$ wird wie bei a) in 5 M NaOH gelöst u. identifiziert.

Trennung Bi(III), Tl(III), Cu(II), Cd(II) von Mo(VI)

Das H_2SO_4-saure Z. von der $PbSO_4$-Abtrennung wird mit 10 Tr. 5 M HCl + 2 Tr. 5 M $NaClO_3$-Lsg. versetzt, erwärmt u. freies Cl_2 im Luftstrom verblassen. Hierbei wird das gesamte Tl^+ zu Tl^{3+} oxydiert (HNO_3 oxydiert nur teilweise Tl^+ zu Tl^{3+}!). Zu der sauren Lsg. gibt man 5 M NaOH im Überschuß, wobei $Bi(OH)_3$, $Tl(OH)_3$, $Cu(OH)_2$ u. $Cd(OH)_2$ ausfallen, u. wäscht mit 2 M NaOH. Mo(VI) verbleibt in Lsg. u. kann dort mit den Rkk. 4.f., S. 308f., nachgewiesen werden.

Trennung des Tl(III) von Bi(III), Cu(II) und Cd(II)

Der Hydroxidniederschlag von $Bi(OH)_3$, $Tl(OH)_3$, $Cu(OH)_2$ und $Cd(OH)_2$ wird in 2,5 M H_2SO_4 gelöst und mit H_2SO_3 reduziert. In der Kälte werden einige Spatelspitzen KBr hinzugegeben und dann wird erwärmt. Nach dem Abkühlen setzt man 2 Tr. $HClO_4$ zu u. zentrifugiert den TlBr-Niederschlag. In Lsg. verbleiben Bi^{3+}, Cu^{2+} u. Cd^{2+}. Der Nd. wird dreimal mit KBr-haltigem Wasser gewaschen (das ebenfalls etwas $HClO_4$ enthält). Der TlBr-Nd. wird mit HCl—$NaClO_3$ oxidierend gelöst u. mit 2 M NaOH $Tl(OH)_3$ gefällt. Nach Lösen in 1 M H_2SO_4 kann Tl nach 4.–6., S. 332 nachgewiesen werden.

Im TlBr-Zentrifugat wird $Bi(OH)_3$ mit 13,5 M NH_3-Lsg. gefällt, während Cu(II) und Cd(II) als Amminkomplexe in Lsg. verbleiben. Der $Bi(OH)_3$-Nd. wird zentrifugiert, mit ammoniakhaltigem Wasser gewaschen, in 1 M H_2SO_4 gelöst und Bi^{3+} nach 5.–7., S. 324f. nachgewiesen.

Trennung Cu(I) von Cd(II) durch Fällung des CdS aus KCN-haltiger Lösung

Das bei Ggw. von Cu(II) blau gefärbte ammoniakalische Z. der $Bi(OH)_3$—$Tl(OH)_3$-Fällung wird tropfenweise mit 1 M KCN-Lsg. bis zum Verschwinden der Blaufärbung versetzt u. erwärmt, um gebildetes $(CN)_2$ zu vertreiben (Abzug!). Evtl. sich hierbei bildende Ndd. von vorher nicht quantitativ abgetrenntem Pb oder Bi werden abzentrifugiert u. verworfen. Das klare Z. wird mit 1 Tr. 1 M $(NH_4)_2S$-Lsg. versetzt oder H_2S eingeleitet. Eine gelbe Fällung zeigt Cd an. Ist die Farbe des CdS nicht reingelb, so löst man den Nd. in 1 Tr. 5 M HCl + 4 Tr. H_2O, vertreibt H_2S in der Wärme (Luftgebläse), verd. mit H_2O auf 1,5 ml u. fällt das CdS erneut durch Zusatz von 3 Tr. 5 M Ammoniak u. 1 Tr. 1 M NaHS aus. Aus dem farblosen Z. der ersten CdS-Fällung fällt beim Ansäuern mit verd. H_2SO_4 braunschwarzes Cu_2S aus.

4.4.5.2.5. Trennung der Kationen der Arsen-Zinn-Gruppe Hg(II), Mo(VI), As(V), Sb(V), Sn(IV), Se(IV) und Te(IV)

Beim Behandeln der H_2S-Gruppenfällung mit NaOH—NaHS bzw. $(NH_4)_2S$ (s.S.396) gehen die Sulfide der Arsen-Zinn-Gruppe als Thiosalze mit den Anionen HgS_2^{2-},

MoS_4^{2-}, AsS_4^{3-}, SbS_4^{3-} und SnS_3^{2-} in Lösung, Se und Te werden als $Se_xS_y^{2-}$ und $Te_xS_y^{2-}$ gelöst.

Trennung Hg(II), Mo(VI) von As(V), Sb(V), Sn(IV), Se(IV) und Te(IV)

Die alkalische Thiosalzlsg. wird tropfenweise mit 2,5 M H_2SO_4 versetzt, bis alle Sulfide der As-Sn-Gruppe sowie Se u. Te quantitativ ausgefallen sind. Ein Säureüberschuß ist zu vermeiden. Der Nd. wird abzentrifugiert u. das Z. verworfen.

Um HgS u. die Hauptmenge MoS_3 abzutrennen, wird der Nd. mit 1 ml 5 M Ammoniak 2 Min. bei Raumtemp. digeriert. Dann wird 2 Min. H_2S eingeleitet. Ein schwarzbrauner Rückstand kann HgS bzw. MoS_3 sein. Er wird abzentrifugiert u. mit 2 Tr. 5 M Ammoniak + 10 Tr. W. gewaschen. Im Z. befinden sich As(V), Sb(V), Sn(IV), Se(IV) u. Te(IV) sowie bei Ggw. von Mo immer etwas Mo(VI). Der Hauptteil des Mo verbleibt aber beim HgS, wenn die Trennung mit Ammoniak u. H_2S in der Kälte durchgeführt wird.

Trennung HgS von MoS_3

Der bei der Ammoniak-H_2S-Behandlung anfallende Nd. wird mit 10 Tr. 2,5 M HNO_3 in der Wärme gewaschen, um geringe Mengen der bei der NaOH-NaHS-Trennung mit in Lsg. gegangenen Sulfide der Cu-Gruppe (Bi_2S_3 u. CuS) abzutrennen. Die HNO_3-saure Waschflüssigkeit wird verworfen. Das gewaschene HgS u. MoS_3 werden in 5 Tr. 5 M HCl + 1 Tr. 5 M $NaClO_3$-Lsg. in der Wärme gelöst. Freies Cl_2 wird mit einem Luftstrom vertrieben. Zur Abtrennung von Hg wird die salzsaure Lsg. mit 5 M NaOH im Überschuß versetzt, wobei HgO ausfällt, während Mo(VI) als MoO_4^{2-} in Lsg. verbleibt. HgO wird abzentrifugiert, in 5 M HCl gelöst u. Hg nachgewiesen.

In dem alkalischen, MoO_4^{2-}-haltigen Z. wird nach Ansäuern mit 5 M HCl auf Mo geprüft.

Falls zur Trennung in Cu- u. Sn-Gruppe $(NH_4)_2S$ an Stelle von NaOH—NaHS verwendet wurde, so kann Hg hier nicht auftreten, sondern muß bei der Cu-Gruppe (vgl. S. 397) identifiziert werden.

Trennung Sb(V), Sn(IV) von As(V), [Mo(VI)], Se(IV) und Te(IV)

Die bei der Abtrennung von HgS u. MoS_3 erhaltene Thiosalzlsg. wird mit 2,5 M H_2SO_4 schwach angesäuert. Nach kurzem Erwärmen wird der Nd. von Sb_2S_5, SnS_2, As_2S_5, Resten MoS_3, Se u. Te abzentrifugiert u. mit 10 Tr. konz. HCl in der Hitze behandelt. Hierbei gehen Sb als $H[SbCl_4]$ u. Sn als $H_2[SnCl_6]$ in Lsg., während As_2S_5, MoS_3, Se u. Te zurückbleiben. Nach dem Zentrifugieren können Sn u. Sb im Z. wie folgt getrennt werden:

a) Oxalsäuremethode: Die salzsaure Lsg. wird mit einem Überschuß konz. Ammoniumoxalat-Lsg. versetzt. Nach Erhitzen H_2S eingeleitet. Hierbei fällt nur Antimonsulfid aus, welches an seiner Farbe erkannt werden kann. Sn(IV) bildet mit $C_2O_4^{2-}$-Ionen den sehr stabilen Komplex $[Sn(C_2O_4)_4]^{4-}$, aus dem mit H_2S kein SnS_2 gefällt wird. Eine Anwendung dieses Nachw. bei Vorhandensein von Sn(II) ist nicht möglich, da dieses keinen entsprechenden Komplex bildet, so daß hier SnS ausfallen u. den Nachweis stören würde. Im Trennungsgang liegt aber nach dem Digerieren mit $(NH_4)_2S_x$ Zinn immer in der Oxidationsstufe + 4 vor.

b) Reduktionsmethode: Unedle Metalle (Mg, Zn, Fe usw.) reduzieren Sb(V) in saurer Lsg. zum Element, während Sn(IV) nur bis zum Sn(II) red. wird. [Bei Verwendung von reinstem Zn kann die Red. infolge der bei der Entladung von H^+-Ionen auftretenden Überspannung gelegentlich bis zum metallischen Sn gehen. Das primär am Zn abgeschiedene Zn wird aber bald von überschüssiger Säure zu Sn(II) gelöst.] Zur Abscheidung von Sb wird zu der salzsauren, von H_2S befreiten Lsg. reinstes Mg (Pulver, Späne oder Draht), Fe (Draht) oder Zn (Pulver, Granalien) gegeben. Die Red. ist nach etwa 3 Min. beendet. Man erwärmt noch etwa 2 Min. im W.-Bad, zentrifugiert u. löst den gesamten Rückstand unter Zugabe von $NaClO_3$ in konz. HCl. Aus dieser Lsg. wird Sb(V) nach Verblasen von freiem Cl_2 u. Verdünnen mit W. als Sb_2S_5 gefällt. Letzteres wird in HCl gelöst u. mit den Rkk. 2., S. 340, 1., S. 338 u. 7., S. 340, auf Sb geprüft. In dem sauren, Sn(II)-haltigen Z. kann Sn(II) direkt identifiziert werden.

Trennung As(V) von [Mo(VI)], Se und Te

Der in konz. HCl schwerlösl. Teil der Sulfide der Sn-Gruppe (As_2S_5, Se, Te u. Reste MoS_3) wird mit 10 Tr. W. + 2 Tr. konz. HCl gewaschen u. unter schwachem Erwärmen mehrmals mit je 1 ml frisch bereiteter, kalt gesätt. $(NH_4)_2CO_3$-Lsg. digeriert, bis HCl aus dem Extrakt kein As_2S_5

mehr fällt. Aus den vereinigten Extrakten wird das gesamte As_2S_5 durch Ansäuern mit HCl wieder ausgefällt u. mit 10 Tr. 14,5 M HNO_3 in der Wärme gelöst. Die Lsg. wird von ggf. gebildetem elementarem S abzentrifugiert u. mit den Rkk. 2., 4. u. 5. S. 334, 4. S. 337, auf AsO_4^{3-} geprüft.

Trennung MoS_3 von Se und Te

Der Rückstand der $(NH_4)_2CO_3$-Extraktion wird in 10 Tr. 5 M HCl + 2 Tr. 5 M $NaClO_3$-Lsg. in der Wärme gelöst. Die Lsg. wird durch Kochen (Luftstrom!) von Cl_2 befreit u. mit etwas Zn-Staub versetzt. Durch Red. werden Se u. Te elementar ausgefällt, während Mo(VI) nur bis zu Mo(III) red. wird. Da Mo bereits an anderer Stelle nachgewiesen wurde (vgl. S. 398), ist eine nochmalige Identifizierung hier im allg. nicht notwendig.

Se u. Te werden abzentrifugiert, mit verd. HCl gewaschen, mit 14,5 M HNO_3 in der Wärme gelöst u. die Lsg. zur Trockne eingedampft. Der Rückstand wird in möglichst wenig 7 M HCl gelöst, die Lsg. mit W. auf das 2–3fache Vol. verdünnt. In dieser Lsg. können Se u. Te nebeneinander mit der Rk. 3., S. 189 u. 3., S. 191 identifiziert werden.

4.4.5.3. Die Urotropingruppe: Ti(IV), Zr(IV), La(III), Fe(III), Cr(III), Al(III), Be(II), U(VI), V(V), [W(VI) und Mn(IV)]

4.4.5.3.1. Allgemeines

Es ist grundsätzlich bei der HM-Analyse vorteilhafter, auf eine gemeinsame Fällung der Kationen mit den Oxidationsstufen +4, +3 und +2 mit $(NH_4)_2S$ zu verzichten und von vornherein den Urotropintrennungsgang zu wählen, wobei im Prinzip das gleiche wie für den auf S. 285 beschriebenen Teil des allgemeinen Kationentrennungsganges gilt.

Die Anionen organischer Säuren (Oxalat, Tartrat, Cyanid und Thiocyanat) stören durch Komplexbildung die Fällung der Hydroxide dieser Gruppe. Ferner stört F^- teils durch Komplexbildung, teils durch Bildung schwerlöslicher Salze mit Kationen der folgenden Analysengruppen. Diese störenden Anionen werden zweckmäßig vor Beginn des Kationentrennungsganges durch Abrauchen der Analysensubstanz mit ca. 0,5 ml konz. H_2SO_4 unter Zusatz einiger mg $(NH_4)_2S_2O_8$ beseitigt. Unter den Fällungsbedingungen dieser Gruppe bildet PO_4^{3-} mit Li^+, Mg^{2+}, Sr^{2+}, Ca^{2+} und Ba^{2+}, BO_3^{3-} mit Ca^{2+}, Sr^{2+} und Ba^{2+} schwerlösliche Salze, so daß unter Umständen diese Kationen ihrem späteren Nachweis in den folgenden Analysengruppen entzogen werden können. BO_3^{3-} und PO_4^{3-} können stets wie im allgemeinen Kationentrennungsgang durch Verflüchtigen als Borsäuremethylester bzw. Fällung mit Fe(III), $SnO_2 \cdot aq$ oder Zr(IV) entfernt werden. Daneben kann in der HM-Analyse auch die gemeinsame Abtrennung beider Anionen über Kationenaustauscher empfohlen werden. Letztere Methode bietet allerdings nur Vorteile, wenn Kationen der Oxidationsstufe +4 und V(V) abwesend sind, da besonders Ti und Zr so fest von dem Austauscherharz gebunden werden, daß sie schwer eluierbar sind, während V(V) nicht quantitativ ausgetauscht wird. Prinzipiell ist eine Abtrennung der Kationen der Oxidationsstufe +4 vor dem Ionenaustausch durch hydrolytische Fällung bei genau kontrollierten pH-Werten möglich. Ein solches Verfahren bietet jedoch keine ersichtlichen Vorteile, sondern macht den Trennungsgang recht umständlich.

Bereits auf S. 96 wurde darauf hingewiesen, daß die Hydroxide bzw. Oxidhydrate der Urotropingruppe die ausgesprochene Neigung besitzen, Fremdionen mitzufällen. Daher muß in der HM-Analyse grundsätzlich der Niederschlag der Urotropingruppe umgefällt und das Filtrat der 1. Fällung mit dem der 2. Fällung vereinigt werden, um einen sicheren Nachweis der Kationen der folgenden Analysengruppen zu gewährleisten.

4.4.5.3.2. Methode A: Fällung mit Urotropin bei Anwesenheit von Elementen der Oxidationsstufe + 4 sowie von PO_4^{3-} und VO_3^-. Abtrennung von PO_4^{3-}, WO_4^{2-} und VO_3^- mit Fe^{3+}-Ionen

Das Z. der H_2S-Gruppe, das kein F^-, BO_3^{3-}, Tartrat u. Oxalat mehr enthalten darf, wird unter Verkochen von H_2S auf ca. 1 ml eingeengt. [Wenn auf die Fällung mit H_2S verzichtet werden konnte, so werden F^-, Tartrat, Oxalat, CN^- u. SCN^- durch Abrauchen mit 18 M H_2SO_4 (vgl. S. 225), BO_3^{3-} als Borsäuremethylester (Rk. 4., S. 230) entfernt u. ggf. CrO_4^{2-} u. MnO_4^- durch Aufkochen der salzsauren Lsg. mit einigen Tr. A. reduziert.] In der Lsg. wird mit Rk. 9., S. 272, auf Fe^{3+}, mit Rk. 7., S. 208, auf PO_4^{3-}, mit Rk. 8., S. 305, auf VO_3^- u. mit Rk. 6., S. 311, auf WO_4^{2-} geprüft. Ist Fe^{2+} zugegen, so wird dieses durch Aufkochen der Lsg. mit 2–3 Tr. 14,5 M HNO_3 zu Fe^{3+} oxydiert. Ist eines der 3 Anionen zugegen, so gibt man je nach ihrer vermuteten Menge einige Tr. 10%ige $FeCl_3$-Lsg. zu der Analysenlsg. u. versetzt unter Schütteln tropfenweise mit konz. $(NH_4)_2CO_3$-Lsg. bis zur bleibenden Trübung. Dann gibt man soviel 2,5 M HCl zu, bis diese Trübung eben verschwindet u. tropft zu der siedenden Lsg. soviel 10%ige Urotropinlsg., bis sich kein weiterer Nd. mehr bildet (ca. 1–2 ml). Der Nd. kann folgende Komponenten enthalten: $TiO_2 \cdot aq$, $ZrO_2 \cdot aq$, $La(OH)_3$, $Fe(OH)_3$, $Cr(OH)_3$, $Al(OH)_3$, $Be(OH)_2$, $(NH_4)_2U_2O_7$, $FePO_4$, $FeVO_4$, $Fe_2(WO_4)_3$ u. Spuren $MnO(OH)_2$. Zr(IV) u. PO_4^{3-} können in salzsaurer Lsg. nicht nebeneinander vorliegen. Die Ggw. des einen Ions in Lsg. schließt daher stets die des anderen aus! Der Nd. wird abzentrifugiert, mehrfach mit heißem W. gewaschen, in möglichst wenig 5 M HCl gelöst u. nochmals wie eben beschrieben (ohne erneute Zugabe von $FeCl_3$-Lsg.) gefällt. Das Z. der zweiten Fällung wird mit dem der ersten vereinigt, auf ca. 1 ml eingeengt, in das doppelte Vol. 13,5 M NH_3-Lsg. eingegossen u. kurz aufgekocht. Ein hierbei auftretender Nd. kann aus Resten $Be(OH)_2$, $La(OH)_3$ u. $Ce(OH)_3$ bestehen. Er wird abzentrifugiert, mit W. gewaschen u. mit dem Nd. der Urotropinfällung vereinigt. Das Z. wird zur Fällung der $(NH_4)_2S$-Gruppe beiseite gestellt.

Hat man zur Fällung von PO_4^{3-} usw. Fe^{3+} zugegeben, so muß letzteres durch Ausäthern entfernt werden. Dazu wird der Nd. der Urotropinfällung in möglichst wenig 7 M HCl gelöst u. diese Lsg. ggf. mit soviel W. verd., daß etwa 60% ihres Gesamtvol. aus 7 M HCl bestehen. Dann wird nach 7., S. 272, die Hauptmenge des Fe^{3+} durch Ausschütteln mit Äther entfernt. – Ist PO_4^{3-} zugegen, VO_3^- u. WO_4^{2-} dagegen abwesend, so ist es bequemer, aus dem salzsauren Z. der H_2S-Gruppe das PO_4^{3-} mit 0,005 M $ZrOCl_2$-Lsg. zu fällen, wobei unter Berücksichtigung der in der HM-Analyse gegebenen Mengenverhältnisse völlig analog wie in der auf S. 207 beschriebenen Vorschrift verfahren wird. Auch das auf S. 207 beschriebene Verfahren der PO_4^{3-}-Abtrennung mit $SnO_2 \cdot aq$ kann hier sinngemäß angewendet werden.

Trennung Ti(IV), Zr(IV), La(III), Fe(III), Mn(IV) von Cr(III), Al(III), Be(II), UO_6^{2-}, VO_3^-, WO_4^{2-} und PO_4^{3-}

Die nach dem Ausäthern des Fe(II) erhaltene wss.-salzsaure Phase wird durch Kochen von restlichem Äther u. der Hauptmenge der HCl befreit. Diese Lsg. oder das entsprechende Z. der PO_4^{3-}-Fällung mit $ZrOCl_2$ oder $SnO_2 \cdot aq$ wird im Kochbecher mit ca. 2 ml frisch bereiteter 5 M NaOH unter Zusatz von 5 Tr. 2,5 M H_2O_2 5 Min. vorsichtig (Siedeverzug!) über freier Flamme gekocht u. heiß zentrifugiert. Der Nd. kann aus $TiO_2 \cdot aq$, $La(OH)_3$, $Fe(OH)_3$ u. $MnO(OH)_2$ bestehen. Im Z. können sich CrO_4^{2-}, $[Al(OH)_4]^-$, $[Be(OH)_4]^{2-}$, UO_6^{2-}, VO_3^-, WO_4^{2-} u. bei Abtrennung mit Fe^{3+} auch PO_4^{3-} befinden. Bei Ggw. von UO_6^{2-} wird der Nd. nochmals mit 1 Tr. 5 M NaOH + 5 Tr. 2,5 M H_2O_2 in der Siedehitze ausgezogen, bis kein UO_6^{2-} (gelborange) mehr in Lsg. geht. Das Z. dieser zweiten Extraktion wird mit dem vorst. Z. vereinigt. Außerdem ist bei Gegenwart von Be der Nd. 1–2mal umzufällen.

Trennung La(III) von Ti(IV), Zr(IV), Fe(III) und Mn(IV)

Der Nd. von $TiO_2 \cdot aq$, $ZrO_2 \cdot aq$, $La(OH)_3$ und $MnO(OH)_2$ wird mit 1 ml warmer 1 M NH_4NO_3-Lsg. gewaschen (Waschlsg. verwerfen!) u. in möglichst wenig 5 M HCl gelöst. In dieser Lsg. können Ti, Zr, Fe u. Mn nebeneinander nachgewiesen werden.

Eisen: Als $Fe(SCN)_3$, vgl. Rk. 9., S. 272.
Titan: Als TiO_2^{2+}, vgl. Rk. 6., S. 300.
Zirkonium: Als Alizarin-S-Farblack, vgl. Rk. 6, S. 302.
Mangan: Als MnO_4^-, vgl. Rk. 12., S. 264.

Das Ausbleiben einer positiven Rk. auf Mn an dieser Stelle beweist nicht das Fehlen in der Analysensubstanz, da die Hauptmenge des Mn bei richtiger Arbeitsweise stets in der folgenden $(NH_4)_2S$-Gruppe gefällt wird.

La, Th(IV) u. die Lanthaniden werden aus salzsaurer Lsg. bei pH 0,5 als Oxalate gefällt. In der Urotropingruppe bildet nur Zr(IV) unter gleichen Bedingungen ein schwerlösl. Oxalat, das aber in überschüssiger Oxalsäure unter Komplexbldg. lösl. ist. Zur Prüfung auf La^{3+} [u. ggf. Th(IV) u. die Lanthaniden] werden 0,5 ml der stark salzsauren Kationenlsg. mit 5 M NaOH auf ein pH von ca. 0,5 eingestellt. Dann gibt man 1 ml 10%ige Oxalsäurelsg. zu, erwärmt etwa 3 Min. auf dem W.-Bad u. kühlt die Lsg. anschließend in fließendem W. ab. Die Kristallisation der Oxalate wird durch Reiben der Gefäßwandungen mit einem Glasstab beschleunigt. Der Nd., der aus $La_2(C_2O_4)_3$, $Th(C_2O_4)_2$ u. den Oxalaten der Lanthaniden bestehen kann, wird von der noch heißen Lsg. abzentrifugiert u. mit 1 ml 2%iger Oxalsäurelsg. u. danach 1 ml W. gewaschen. Er kann nach dem auf S. 312f. beschriebenen Trennungsgang der Seltenerdmetalle weiterbehandelt werden.

Trennung U(IV), Cr(III), V(III) von Al(III), Be(II), WO_4^{2-} und PO_4^{3-}

Das Z. der $NaOH/H_2O_2$-Trennung wird mit 7 M HCl neutralisiert, mit 1–2 Tr. 2,5 M HCl eben angesäuert u. solange tropfenweise mit SO_2-Wasser versetzt, bis die Lsg. danach riecht. Dann wird durch Kochen auf ca. 3 ml eingeengt u. dabei das überschüssige SO_2 entfernt. Nach dem Abkühlen gibt man unter Schütteln 50–100 mg Na-Dithionit, $Na_2S_2O_4$, u. danach 1,5 ml 5 M NaOH zu u. kocht kurz auf. Es fallen $Cr(OH)_3$, $V(OH)_3$ u. $U(OH)_4$ aus, während PO_4^{3-}, WO_4^{2-}, $[Al(OH)_4]^-$ u. $[Be(OH)_4]^{2-}$ in Lsg. verbleiben. Der Hydroxidniederschlag kann einen kleinen Teil des vorhandenen Berylliums enthalten und ist daher einmal umzufällen.

Trennung U(IV), V(III) und Cr(III)

Der Nd. von $U(OH)_4$, $Cr(OH)_3$ u. $V(OH)_3$ wird in 0,5 ml 5 M HCl + 3 Tr. 14,5 M HNO_3 gelöst, die Lsg. fast zur Trockne eingedampft [Oxidation U(IV) → U(VI) u. V(III) → V(V)] u. mit 1–2 ml 2,5 M HCl verdünnt. Aus dieser Lsg. wird U nach der auf S. 298 beschriebenen Methode als Thiocyanatokomplex extrahiert u. identifiziert. Die nach dem Ausäthern anfallende wss. Phase enthält das gesamte Cr neben der Hauptmenge V u. noch Spuren von U. Sie wird zur Trockne eingedampft u. zur Zers. von SCN^- mit 3–4 Tr. 14,5 M HNO_3 erneut zur Trockne abgeraucht. Der Rückstand wird in 1 ml W. gelöst. Zu dieser Lsg. gibt man 0,3 ml 5 M NaOH u. erhitzt zur vollständigen Abscheidung des $Cr(OH)_3$ einige Min. auf dem siedenden W.-Bad. Der gebildete Nd. von $Cr(OH)_3$ wird in der Siedehitze zentrifugiert u. chloridfrei gewaschen. Zur endgültigen Identifizierung von Cr können die Rkk. 4.ff., S. 281f., herangezogen werden.

Das alkalische Z. der $Cr(OH)_3$-Fällung wird neutralisiert u. zur Trockne eingedampft. Der Rückstand wird zur Red. von V(V) zu V(IV) mit 0,5 ml 7 M HCl 2–3 Min. gekocht u. danach mit 1 ml W. aufgenommen. In der erhaltenen Lsg. wird V(IV) mit Fe^{3+} nach Rk. 8., S. 305, identifiziert.

Trennung PO_4^{3-} und WO_4^{2-} von Al(III) und Be(II)

Das Z. der Fällung mit alkalischer Dithionitlsg. wird in der Siedehitze tropfenweise mit gesätt. $BaCl_2$-Lsg. bis zur vollständigen Fällung von $BaSO_4$, $Ba_3(PO_4)_2$ u. $BaWO_4$ versetzt. Der Nd. wird zentrifugiert u. mit 1 ml W. gewaschen. Auch hier werden größere Mengen Beryllium mitgefällt, so daß ebenfalls ein- bis zweimal umgefällt werden muß. Nach 5.–7., S. 311 wird auf Wolfram geprüft. Soll hier nochmals auf PO_4^{3-} geprüft werden, so wird ein Teil des Nd. in 5 M HNO_3 gelöst u. vom $BaSO_4$ abzentrifugiert. Im Z. kann PO_4^{3-} neben WO_4^{2-} identifiziert werden.

Trennung des Al(III) von Be(II)

Zur Trennung des Al^{3+} von Be^{2+} wird das Z. der vollständigen $BaCl_2$-Fällung mit 2,5 M HCl eben angesäuert u. das überschüssige Ba^{2+} tropfenweise in der Siedehitze mit 2,5 M H_2SO_4 gefällt u. abzentrifugiert. Das schwach salzsaure Z. wird mit einer 3–4%igen Oxinacetatlsg. versetzt (3 ml Oxinslg./5 mg Al. Näheres über Oxin s. S. 413) u. im siedenden W.-Bad erwärmt. Eine hierbei auftretende Trübung bringt man mit 1–2 Tr. 5 M HCl wieder in Lösung. Die klare Lsg wird nun tropfenweise unter Rühren mit 5 M NH_4-Acetatlsg. bis zur bleibenden Trübung versetzt. Dann werden noch weitere 20 Tr. NH_4-Acetatlsg. zugefügt. Zur Vervollständigung der Fällung wird 10 Min. auf dem W.-Bad erwärmt u. anschließend das gebildete gelbgrüne Al-Oxinat abzentrifugiert. Außer Al^{3+} werden auch verschlepptes bzw. mitgerissenes Fe^{2+}, Mg^{2+}, Zn^{2+}, Cd^{2+}, Bi^{3+}, Mn^{2+}, Ni^{2+}, Co^{2+} u. UO_2^{2+} von Oxin in essigsaurer Lsg. gefällt. Verunreinigungen der Al-Oxinatfällung durch Uranyloxinat sind leicht an einer rotbraunen Färbung des Nd. zu erkennen. Die übrigen vorst. Kationen dürfen bei richtiger Ausführung der Gruppentrennungen hier nicht zugegen sein. Der Nd. von Al-Oxinat wird mit 1 ml heißem W. unter Zusatz von 1 Tr. gesätt. Oxalsäurelsg. gewaschen, getrocknet u. kurz über der Bunsenflamme verglüht (Zers. der organ. Substanzen). Der Glührückstand wird in einigen Tr. konz. HCl gelöst. In dieser Lsg. kann Al^{3+} mit den Rkk. 9.–11., S. 274f., identifiziert werden. Falls der Rückstand durch zu langes Glühen in HCl schwerlösl. geworden ist, wird dieser mit $KHSO_4$ oder Na_2CO_3 aufgeschlossen.

Das Z. der Al-Oxinatfällung muß durch NH_4-Oxinat gelb bis gelborange gefärbt sein. Andernfalls muß zur quantitativen Abscheidung von Al weitere Oxinlsg. zugefügt werden. Die das gesamte Be u. überschüssiges Oxin enthaltende Lsg. wird mit 5 M NaOH alkalisch gemacht, wobei eine gelbweiße flockige Fällung auftritt, die aus einem Gemisch von $Be(OH)_2$ u. Be-Oxinat besteht. Der Nd. wird, wie für Al beschrieben, gewaschen, verglüht u. in HCl gelöst. In der erhaltenen Lsg. kann Be^{2+} mit der Rk. 4., S. 277, identifiziert werden.

4.4.5.3.3. Methode B: Fällung mit Urotropin oder Ammoniak bei Abwesenheit von Ti, Zr, Th, U und V. Abtrennung von PO_4^{3-}, BO_3^{3-} und WO_4^{2-} durch Kationenaustauscher

Das Prinzip und die Arbeitstechnik der Abtrennung von PO_4^{3-} und sonstigen Anionen durch Kationenaustauscher ist beim Phosphat weiter unten beschrieben. Bei Anwendung dieser Methode im HM-Trennungsgang soll Fe als Fe^{2+}-Ion ausgetauscht werden (Fe^{3+} ist wesentlich schwerer eluierbar!). Nach der Abtrennung der Anionen und Elution der ausgetauschten Kationen kann Fe^{2+} wahlweise entweder zu Fe^{3+} oxidiert und in der Urotropingruppe als $Fe(OH)_3$ oder auch in der $(NH_4)_2S$-Gruppe als FeS gefällt und dort nachgewiesen werden. CrO_4^{2-} und MnO_4^- müssen vor dem Ionenaustausch zu Cr^{3+} bzw. Mn^{2+} reduziert werden. Zur Fällung der Kationen nach Abtrennung von PO_4^{3-} usw. kann hier auch ohne weiteres Ammoniak in Gegenwart von NH_4Cl an Stelle von Urotropin verwendet werden. Cr^{3+} kann gelegentlich infolge Bildung von Anionenkomplexen oder Neutralkomplexen in der Anionenlösung auftreten. Es ist dort jedoch leicht an der grünen Farbe der Lösung zu erkennen. Falls Mo nicht vollständig in der H_2S-Gruppe gefällt wurde, kann es hier als MoO_4^{2-} in der Anionenlösung nochmals identifiziert werden.

Ausführung des Ionenaustausches zur Abtrennung von PO_4^{3-}, BO_3^{3-} und WO_4^{2-}

Das H_2S-frei gekochte Z. der H_2S-Gruppe wird auf 3–5 ml eingeengt. Der pH-Wert dieser Lsg. soll ca. 1 betragen. F^-, VO_3^-, Oxalat, Tartrat u. Kationen der Oxidationsstufe +4 müssen abwesend sein. Die Lsg. wird mittels einer Pipette auf die mit einem Kationenaustauscherharz (H^+-Form) beschickte Säule getropft. Nach dem Ablaufen der Lsg. wird die Säule 3–4mal mit je 3 ml dest. W. gewaschen. Waschwasser u. Anionenlsg. werden vereinigt u. auf ca. 1 ml eingedampft. In dem Konzentrat werden PO_4^{3-}, BO_3^{3-} u. WO_4^{2-} mittels der folgenden Rkk. identifiziert bzw. bestätigt, falls sich ihre Ggw. bereits durch Vorproben ergeben hatte:

Phosphorsäure: Nachweis als Molybdatophosphat (Rk. 7., S. 208) oder mit $ZrOCl_2$ (Rk. 5., S. 207).

Borsäure: Nachweis als Borsäuremethylester (Rk. 4., S. 230).
Wolframsäure: Nachweis als Wolframblau (Rk. 6., S. 311).
Molybdänsäure: Nachweis als Äthylenxanthogenat-Chelat (Rk. 11., S. 310).

Falls die Anionenlsg. grünlich verfärbt ist, wird ein Teil davon zur Prüfung auf Cr mit NaOH + H_2O_2 behandelt u. das gebildete CrO_4^{2-} durch Rk. 7., S. 281, identifiziert.

Zur Elution der Kationen wird die Säule 3mal mit je 5 ml 5 M HCl gewaschen. Das abtropfende Eluat, das sämtliche Kationen der Urotropingruppe u. der folgenden Gruppen des Trennungsganges enthalten kann, wird fast zur Trockne eingedampft. Der Rückstand wird in 1–3 ml 3 M HCl gelöst u. mit dieser Lsg. der weitere Trennungsgang durchgeführt.

1. Fällung mit Urotropin

Die Kationenlsg. wird zur Oxidation von Fe^{2+} zu Fe^{3+} mit 2–3 Tr. 14,5 M HNO_3 aufgekocht u. die Fällung sinngemäß wie auf S. 285 beschrieben durchgeführt. Der dabei anfallende Nd. kann aus $Fe(OH)_3$, $Cr(OH)_3$, $Al(OH)_3$, $La(OH)_3$, $Be(OH)_2$ u. Spuren von $Mn(OH)_2$ bestehen.

2. Fällung mit Ammoniak in Gegenwart von NH_4Cl

Die Kationenlsg. wird mit 50–100 mg NH_4Cl u. einigen mg Hydroxylammoniumchlorid versetzt u. kurz aufgekocht. (Red. von eventuell durch Luftoxidation gebildetem Fe^{3+} zu Fe^{2+}!). Die abgekühlte Lsg. wird im Zentrifugenglas tropfenweise unter Umschütteln mit 5 M Ammoniak versetzt. Sobald eine bleibende Trübung entsteht, wird das Glas im siedenden W.-Bad erwärmt, bis sich die ausgefallenen Hydroxide flockig zusammenballen. Die Mischung wird zentrifugiert u., ohne den Nd. von der Lsg. zu trennen, mit einem weiteren Tr. 5 M Ammoniak versetzt. Dann wird wieder im W.-Bad erwärmt, bis der neu gefällte Nd. koaguliert. Dabei wird vorsichtig umgerührt, ohne die erste Fällung am Boden des Glases aufzuwirbeln. Nach erneutem Zentrifugieren wird die Fällungsoperation so lange wiederholt, bis auf weiteren Zusatz von Ammoniak kein Nd. mehr gebildet wird. Die überstehende klare Lsg. wird möglichst vollständig abgesaugt u. zur Fällung der $(NH_4)_2S$-Gruppe beiseite gestellt. Die gefällten Hydroxide müssen zur Reinigung umgefällt werden. Dazu wird der Nd. mit 5 Tr. 5 M HCl gelöst, die Lsg. mit 5–10 Tr. 5 M NH_4Cl-Lsg. versetzt u. die Fällung wie eben beschrieben wiederholt. Der Nd. wird abzentrifugiert u. mehrmals mit je 1 ml 1 M NH_4NO_3-Lsg., der 2 Tr. 5 M Ammoniak/ml zugesetzt wurden, gewaschen, bis die Waschlsg. Cl^--frei ist. Das Z. der zweiten Fällung wird mit dem der ersten vereinigt, die Waschlsgg. werden verworfen.

Der Nd. kann aus $Cr(OH)_3$, $Al(OH)_3$, $La(OH)_3$, $Be(OH)_2$ u. Spuren von $Fe(OH)_3$ u. $MnO(OH)_2$ bestehen.

Zur Trennung des La, Fe u. Mn von Cr, Al u. Be wird der Nd. der Urotropin- oder Ammoniak-Fällung in einigen Tr. 5 M HNO_3 gelöst u. im Kochbecher mit 2 ml frisch bereiteter 5 M NaOH + 5 Tr. 2,5 M H_2O_2 5 Min. vorsichtig (Siedeverzug!) über freier Flamme gekocht u. heiß zentrifugiert. Im F. können sich CrO_4^{2-}, $[Al(OH)_4]^-$ u. $[Be(OH)_4]^{2-}$ befinden. Der erneut gebildete Nd. von $La(OH)_3$, $Fe(OH)_3$ u. $MnO(OH)_2$ wird mit 1 ml 5 M NaOH u. danach 2mal mit je 1 ml warmer 1 M NH_4NO_3-Lsg. gewaschen. Die NaOH-Waschlsg. wird mit dem Z. der $NaOH/H_2O_2$-Fällung vereinigt.

Zur Trennung des La von Fe u. Mn wird der Nd. von $La(OH)_3$, $Fe(OH)_3$ u. $MnO(OH)_2$ in möglichst wenig 1 M HCl gelöst u. die Trennung u. weitere Identifizierung wie auf S. 400 beschrieben durchgeführt.

Trennung des CrO_4^{2-} von Al(III) und Be(II)

Das Z. der $NaOH-H_2O_2$-Trennung wird mit 14,5 M HNO_3 neutralisiert, mit 5–10 Tr. 5 M Essigsäure angesäuert u. tropfenweise mit 1 M Ba-Acetatlsg. versetzt, bis die Fällung von $BaCrO_4$ vollständig ist. Der Nd. wird abzentrifugiert u. 2mal mit je 1 ml W. gewaschen. Der erste Teil des Waschwassers wird mit dem Z. der $BaCrO_4$-Fällung vereinigt. Der Nd. von $BaCrO_4$ wird zur endgültigen Identifizierung von Cr mit einigen Tr. 2,5 M H_2SO_4 versetzt u. in der vom $BaSO_4$ abzentrifugierten Lsg. auf Cr(VI) geprüft (vgl. Rk. 6., S. 281).

Das Z. der $BaCrO_4$-Fällung wird mit 2–4 Tr. 2,5 M HCl angesäuert u. das überschüssige Ba^{2+} mit 2,5 M H_2SO_4 ausgefällt. Das Z. dieser Fällung wird zur Trennung u. Identifizierung von Al u. Be nach der auf S. 275 gegebenen Vorschrift weiterbehandelt.

4.4.5.4. $(NH_4)_2S$-Gruppe: Ni(II), Mn(II), Co(II), Zn(II) und Fe(II)

4.4.5.4.1. Allgemeines

Die Fällung der Sulfide dieser Gruppe wird in der HM-Analyse durch Einleiten von H_2S in die ammoniakalische Lösung der Amminkomplexe vorgenommen. Die Verwendung von $(NH_4)_2S$ als Fällungsreagenz ist nicht zu empfehlen, da $(NH_4)_2S$-Lösungen, besonders wenn sie einige Zeit gestanden haben, stets durch Luftoxidation SO_4^{2-}-Ionen enthalten, die zu einer vorzeitigen Fällung von Erdalkalisulfaten führen. Wie bereits beim allgemeinen Kationentrennungsgang erwähnt wurde (vgl. S. 283), neigen die Sulfide dieser Gruppe, besonders NiS, zur Bildung kolloidaler Lösungen. Diese unangenehme Erscheinung kann weitgehend verhindert werden, wenn beim Sättigen der Lösung mit H_2S durch eine geeignete Wahl des pH-Wertes (pH $\approx$ 8) die Konzentration der S^{2-}-Ionen so klein gehalten wird, daß gerade das Löslichkeitsprodukt der zu fällenden Sulfide überschritten wird. Dadurch wird eine Adsorption von S^{2-}-Ionen an kolloiden Metallsulfidteilchen weitgehend unterbunden und die Ausflockung begünstigt. Erst nachdem sich in der mit H_2S gesättigten Lösung die Gleichgewichte zwischen H^+-, S^{2-}-Ionen und Metallsulfiden eingestellt haben, wird durch Zugabe von weiterem Ammoniak ein pH von $\approx$10 eingestellt und dadurch auch die S^{2-}-Ionenkonzentration entsprechend vergrößert, um eine quantitative Fällung der Sulfide zu sichern. Die Fällung wird bei Gegenwart von NH_4Cl durchgeführt, da allgemein ein Elektrolytgehalt das Ausflocken kolloid gelöster Teilchen begünstigt (Einzelheiten s. S. 94ff.).

Fe kann nur als Fe^{2+} in diese Gruppe gelangen. Im Trennungsgang wird es wahlweise hier oder bereits in der Urotropingruppe als $Fe(OH)_3$ gefällt.

4.4.5.4.2. Ausführung der $(NH_4)_2S$-Gruppenfällung

Das NH_4Cl-haltige Z. der Fällung mit Urotropin oder Ammoniak wird auf 1–2 ml eingeengt u. nach dem Erkalten mit carbonatfreiem 5 M Ammoniak u. NH_4Cl auf pH $\approx$ 8 eingestellt (Indikatorpapier!). Danach leitet man durch ein Kapillarrohr 2–3 Min. H_2S ein u. setzt anschließend tropfenweise carbonatfreies Ammoniak zu, bis der pH-Wert der Lsg. ca. 10 beträgt. Nun erwärmt man die Mischung etwa 1 Min. (nicht länger, da ZnS u. MnS leicht zu lösl. Sulfaten oxidiert werden!) im siedenden W.-Bad, zentrifugiert u. wäscht den Nd. 2mal in der Kälte mit je 1 ml W., dem 2 Tr. 5 M NH_4Cl-Lsg. u. 1 Tr. 5 M Ammoniak zugesetzt werden. Z. u. Waschwasser werden vereinigt, sofort in der Kälte mit 5 M HCl angesäuert u. H_2S-frei gekocht, um die Bldg. von SO_4^{2-} durch Luftoxidation zu vermeiden.

Beim Ansäuern des Z. der $(NH_4)_2S$-Fällung können V_2S_5, MoS_3 u. WS_3 ausfallen, falls V, Mo u. W. nicht in den vorangegangenen Analysengruppen quantitativ ausgefällt wurden. In diesem Falle zentrifugiert man den entsprechenden Nd. ab, löst ihn in einigen Tr. Königswasser, zerstört die überschüssige HNO_3 durch Kochen mit HCl u. weist in der salzsauren Lsg. V(V) mit H_2O_2 (Rk. 7., S. 304), Mo(VI) mit NH_4SCN (Rk. 9., S. 309) u. W. als Wolframblau (Rk. 6., S. 311) nach.

Trennung von Ni(II), Co(II), Mn(II), Zn(II) und Fe(II)

Der Nd. der $(NH_4)_2S$-Fällung kann aus NiS, CoS, MnS, ZnS u. FeS bestehen. Die Trennung der Kationen dieser Fällung kann völlig analog wie in der Makroanalyse unter Berücksichtigung der veränderten Substanzmengen erfolgen. Daneben eignet sich für die HM-Analyse bes. die folgende Trennmethode:

Der Nd. der Sulfide wird in der Wärme in 10 Tr. 14,5 M HNO_3 gelöst, wobei gelegentlich etwas Schwefel klumpig zusammengeballt zurückbleibt. Zur Abtrennung von Mn wird die Lsg. mit 3 Tr. 5 M $NaClO_3$-Lsg. versetzt u. vorsichtig gerade zur Trockne eingedampft (vgl. Rk. 5., S. 263). Der Rückstand wird mit 1–2 ml W. u. 1–2 Tr. 5 M HNO_3 in der Wärme extrahiert, wobei Ni^{2+}, Co^{2+}, Zn^{2+} u. Fe^{3+} in Lsg. gehen. Als Nd. bleibt $MnO(OH)_2$ zurück, das abzentrifugiert, mit 1 ml W. gewaschen u. in 5 Tr. 2,5 M HNO_3 + 1 Tr. 2,5 M H_2O_2 gelöst wird. In dieser Lsg. kann Mn mit einer der auf S. 264f. beschriebenen Nachweisreaktionen identifiziert werden.

Aus dem HNO_3-sauren Z. der $MnO(OH)_2$-Fällung wird Fe^{3+} mit 5 M Ammoniak als $Fe(OH)_3$ gefällt u. nach Abtrennen u. Lösen in HCl als $Fe(SCN)_3$ identifiziert (Rk. 9., S. 272).

Das ammoniakalische Z. der $Fe(OH)_3$-Fällung wird auf 1 ml eingeengt u. mit 5 M Essigsäure eben angesäuert. In diese Lsg. leitet man etwa 1 Min. H_2S ein, wodurch das gesamte Zn^{2+} als

ZnS ausfällt. Es wird abzentrifugiert, mit 1 ml W. u. 1 Tr. 5 M Essigsäure gewaschen u. zur weiteren Prüfung auf Zn in 0,1 M HCl gelöst. In dieser Lsg. kann Zn^{2+} mit den Rkk. 8. ff., S. 267, identifiziert werden.

Das Z. der ZnS-Fällung wird durch Kochen auf 0,5 ml eingeengt, wobei überschüssiges H_2S quantitativ vertrieben werden muß. In der schwach essigsauren, H_2S-freien Lsg. können Co als Thiocyanatomercurat (Rk. 10., S. 260) oder mit NH_4SCN (Rk. 8., S. 260) u. Ni als Ni-Diacetyldioxim (Rk. 9., S. 258) nebeneinander nachgewiesen werden. Ein größerer Überschuß von Co wird jedoch besser als $K_2Na[Co(NO_2)_6]$ abgetrennt, wie es für Rk. 9., S. 260, beschrieben wird. Auch die im Makroteil S. 259 f. erwähnte Trennung von Ni u. Co über die $[Ni(CN)_4]^{2-}$- u. $[Co(CN)_6]^{3-}$-Komplexe durch Oxidation mit Br_2 läßt sich im HM-Maßstab durchführen.

4.4.5.5. $(NH_4)_2CO_3$-Gruppe: Ca^{2+}, Sr^{2+} und Ba^{2+}

4.4.5.5.1. Allgemeines

Im Verlauf der HCl-, H_2S-, Urotropin- und $(NH_4)_2S$-Gruppenfällung verbleiben die Erdalkaliionen bei Abwesenheit von CO_3^{2-}, SO_4^{2-}, PO_4^{3-}, $C_2O_4^{2-}$ und F^- in Lösung und werden anschließend mit $(NH_4)_2CO_3$ als Carbonate ausgefällt. Da die Löslichkeitsprodukte der Erdalkalicarbonate ($K_{LMCO_3} \approx 10^{-9}$) annähernd gleich und relativ groß sind, muß die Carbonatfällung aus nicht zu verdünnter Lösung vorgenommen werden. Auch darf der Gehalt an Fremdelektrolyten, besonders an NH_4^+-Ionen nicht zu groß sein, da sonst die Fällung nicht quantitativ erfolgt. Um sie möglichst vollständig zu gestalten, muß das Fällungsreagenz jedoch im Überschuß angewendet werden. Zum Auswaschen des Carbonatniederschlages darf kein reines Wasser, sondern nur eine ammoniakalische, ca. 1 M $(NH_4)_2CO_3$-Lösung verwendet werden. Ferner ist zu beachten, daß Mg^{2+}-Ionen leicht von dem Carbonatniederschlag eingeschlossen werden. Daher ist bei Anwesenheit von Mg^{2+} eine Umfällung unerläßlich.

4.4.5.5.2. Ausführung der Gruppenfällung

Das salzsaure H_2S-freie Z. der $(NH_4)_2S$-Fällung wird zur Entfernung von NH_4^+-Salzen mit 5 Tr. konz. HCl u. 10 Tr. konz. HNO_3 langsam zur Trockne eingedampft. Dabei wird die Hauptmenge der NH_4^+-Ionen zu N_2 u. N_2O oxidiert. Der Rückstand wird vorsichtig mit freier Flamme erhitzt, bis die letzten Reste eines Sublimats von den Wänden des Gefäßes vertrieben sind. Nach dem Abkühlen wird der Rückstand in möglichst wenig 5 M HCl gelöst, mit 5 M Ammoniak eben alkalisch gemacht u. mit 5 Tr. 2,5 M $(NH_4)_2CO_3$-Lsg. versetzt. Das Gemisch wird im W.-Bad 5 Min. erwärmt, der Nd. abzentrifugiert u. im Z. durch Zugabe von einigen Tr. $(NH_4)_2CO_3$-Lsg. auf Vollständigkeit der Fällung geprüft. Zur Umfällung wird der Nd. erneut in HCl gelöst u. nochmals wie eben beschrieben gefällt. Das Z. der zweiten Fällung wird mit dem der ersten vereinigt. Der umgefällte Nd. wird einmal mit 1 ml 2,5 M $(NH_4)_2CO_3$-Lsg., die 1 Tr. 5 M Ammoniak u. 1 Tr. 5 M NH_4Cl-Lsg. enthält, gewaschen.

4.4.5.5.3. Trennung und Nachweis von Ba^{2+}, Sr^{2+} und Ca^{2+}

Ba^{2+} wird auch in der HM-Analyse am besten als $BaCrO_4$ von Sr^{2+} und Ca^{2+} abgetrennt. Sr und Ca werden entweder spektralanalytisch oder mikrochemisch als $SrSO_4$ bzw. $Sr(JO_3)_2 \cdot 6H_2O$ und $CaSO_4 \cdot 2H_2O$ nachgewiesen. Der mikrochemische Nachweis geringer Mengen des einen Kations neben einem größeren Überschuß des anderen erfordert jedoch einige Übung und kann unter Umständen auch versagen.

In solchen Fällen ist es vorteilhafter, Ca^{2+} als $Ca(NO_3)_2$ nach dem Äther-Alkohol-Verfahren oder mit Äthylenglykolmonobutyläther von $Ba(NO_3)_2$ und $Sr(NO_3)_2$ abzutrennen und danach Ba^{2+} als $BaCrO_4$ zu fällen.

Trennung von Ba^{2+} als $BaCrO_4$ und Nachweis von Ca^{2+} und Sr^{2+} nebeneinander

Beim Vorliegen etwa gleicher Mengen Ca u. Sr oder bei vollständigem Fehlen eines der beiden Erdalkalielemente wird der Nd. der Erdalkalicarbonate in 3–5 Tr. 5 M Essigsäure gelöst. Die Lsg. wird mit 5 Tr. W. verd. u. erwärmt, bis alles CO_2 vertrieben ist. Danach wird die Lsg. mit 2 Tr. 5 M NH_4-Acetatlsg. gepuffert u. in der Wärme tropfenweise mit 0,5 M K_2CrO_4-Lsg. versetzt, bis alles Ba^{2+} ausgefällt u. die überstehende Lsg. durch überschüssiges Chromat gelb gefärbt ist. $BaCrO_4$ wird abzentrifugiert u. das Z. mit 1 Tr. NH_4-Acetatlsg. auf Vollständigkeit der Fällung geprüft. Der Nd. wird mit 1 ml W. gewaschen, mit einigen Tr. W. aufgeschlämmt u. unter dem Mikroskop auf $BaCrO_4$ geprüft. Das Z. der $BaCrO_4$-Fällung wird zur Fällung von $SrCO_3$ u. $CaCO_3$ mit 10 Tr. 2 M Na_2CO_3-Lsg. versetzt u. kurz aufgekocht. Der Nd. wird zunächst mit 1 ml Na_2CO_3-Lsg. chromatfrei u. danach mehrfach mit 2,5 M $(NH_4)_2CO_3$-Lsg. Na-frei gewaschen u. zur Prüfung auf Sr^{2+} u. Ca^{2+} in einigen Tr. 5 M HCl gelöst. Die eine Hälfte dieser Lsg. wird spektralanalytisch, die andere mikrochemisch als $Sr(JO_3)_2 \cdot 6\,H_2O$ u. $CaSO_4 \cdot 2\,H_2O$ auf Sr^{2+} u. Ca^{2+} geprüft (vgl. Kristallaufnahmen 21 u. 19).

Trennung von Ca^{2+} als $Ca(NO_3)_2$ nach dem Äther-Alkohol- oder Äthylenglykolmonobutylätherverfahren

Der Nd. der Erdalkalicarbonate wird in möglichst wenig 2,5 M HNO_3 gelöst. Die Lsg. wird im Kochbecher zur Trockne eingedampft u. der Rückstand einige Min. auf 160–200 °C erhitzt. Danach wird weiter nach der auf S. 254 gegebenen Vorschrift verfahren.

Das nach Abdampfen der organischen Lösungsmittel isolierte $Ca(NO_3)_2$ kann mit einer der auf S. 249f. beschriebenen Nachweisreaktionen identifiziert werden. $Ba(NO_2)_3$ u. $Sr(NO_3)_2$, die in den organischen Lösungsmitteln schwerlösl. sind, werden wie unter a) beschrieben getrennt, u. Ba^{2+} wird als $BaCrO_4$, Sr^{2+} als $Sr(JO_3)_2 \cdot 6\,H_2O$ oder spektralanalytisch nachgewiesen.

4.4.5.6. Lösliche Gruppe: Mg^{2+}, Li^+, Na^+, K^+ und NH_4^+

4.4.5.6.1. Allgemeines

Die Ionen dieser Restgruppe besitzen kein gemeinsames Fällungsreagenz. Da die überwiegende Mehrzahl der Alkalisalze löslich ist, trennt man im allgemeinen nur Mg^{2+} ab und weist Li^+, Na^+ und K^+ nebeneinander nach. NH_4^+ muß stets aus der Ursubstanz identifiziert werden, da im Verlauf des Trennungsganges mehrfach Ammoniumsalze als Reagenzien verwendet werden. Wenn im Verlauf des Kationentrennungsganges K^+ und Na^+ nachgewiesen werden konnten, dann empfiehlt es sich in der HM-Analyse, ihre Anwesenheit nochmals durch Prüfung in einem Säureauszug aus der Ursubstanz sicherzustellen, da im Verlauf des Trennungsganges stets die Gefahr besteht, daß diese beiden Kationen aus den Reagenzien als Verunreinigungen in die Analyse eingeschleppt werden. Zum Nachweis der Alkalielemente in Silicaten muß immer ein Aufschluß mit Flußsäure im Pt-Tiegel durchgeführt werden.

Trennung des Mg^{2+} von Li^+, Na^+ und K^+ und Nachweis der Alkaliionen nebeneinander

Im Z. der $(NH_4)_2CO_3$-Fällung wird Mg^{2+} mit Oxin in ammoniakalischer Lsg. als Mg-Oxinat gefällt u. nach Zers. des Oxins als $MgNH_4PO_4$ identifiziert. Einzelheiten der Fällung u. Identifizierung vgl. S. 431 u. 246.

Das Z. der Mg-Oxinatfällung wird zur Zers. von überschüssigem Oxin u. von NH_4^+-Salzen 2mal mit je 5 Tr. 7 M HCl u. 10 Tr. 14,5 M HNO_3 langsam zur Trockne eingedampft. Der Rückstand wird vorsichtig 1–2 Min. mit freier Flamme erhitzt u. nach dem Erkalten in möglichst wenig W. gelöst. In dieser Lsg. können z.B. Li^+ spektralanalytisch u. mit Eisenperjodatreagenz (s. S. 244), K^+ spektralanalytisch u. als $K_2PbCu(NO_2)_6$ (s. S. 238), Na^+ spektralanalytisch oder als Na-Mg-UO_2-Acetat (s. S. 235) nachgewiesen werden.

Zur Prüfung auf K^+ u. Na^+ im Säureauszug aus der Ursubstanz werden 10 mg der Analysensubstanz, ggf. nach vorheriger Entfernung von NH_4^+-Salzen mit HCl/HNO_3 (vgl. S. 239), mit 10 Tr. 2,5 M H_2SO_4 oder 5 M Essigsäure in der Wärme extrahiert. In der von schwerlösl. Rückständen abzentrifugierten Lsg. wird ohne weitere Abtrennung wie oben auf K^+ u. Na^+ geprüft, wobei die Ergebnisse des vorher durchgeführten Kationentrennungsganges u. der Prüfung auf Anionen entsprechend zu berücksichtigen sind.

4.5. Organische Spezialreagenzien und ihre Anwendung in der qualitativen Analyse

Die in dem vorangehenden Teil des Buches behandelten Trennungen und Nachweise der einzelnen Ionen basieren – von wenigen Ausnahmen abgesehen – fast ausschließlich auf Reaktionen zwischen anorganischen Komponenten. Die Kenntnis dieser Reaktionen und ihrer theoretischen Grundlagen ist eine Voraussetzung für jedes tiefere Verständnis der anorganischen Chemie. Daher bleibt der didaktische Wert des „klassischen Trennungsganges" von der Tatsache unberührt, daß die Mehrzahl seiner Reaktionen in der modernen Analyse nur noch beschränkte Anwendung finden.

Um aber dem fortgeschrittenen Studierenden auch einen Einblick in moderne Analysenmethoden zu geben, wird im folgenden Teil des Buches eine Auswahl von Nachweisreaktionen mit organischen Spezialreagenzien im Halbmikromaßstab behandelt, die besonders in der Tüpfelanalyse und in der Papierchromatographie heute allgemeine praktische Bedeutung besitzen. Da die Papierchromatographie arbeitstechnisch aus dem allgemeinen analytischen Rahmen herausfällt, wird diese wichtige moderne Methode in einem besonderen Abschnitt (s. S. 437ff.) kurz behandelt. Einige Anwendungsbeispiele finden sich im Anschluß an diesen Teil (s. S. 441).

Die Zahl der organischen Reagenzien, besonders für den Nachweis von Kationen, ist heute bereits so groß, daß die hier getroffene Auswahl willkürlich sein muß. Einige Gesichtspunkte dafür waren, nur solche Reaktionen anzuführen, die keine zu hohen Ansprüche an die analytischen Erfahrungen des Studierenden stellen. Ferner wurden bis auf eine Ausnahme (vgl. Selen) nur solche Reagenzien berücksichtigt, die im deutschen Fachhandel geführt werden. Für einige besonders wichtige Reagenzien wurde aus didaktischen Gründen ihre Anwendung zum Nachweis verschiedener Ionen behandelt, auch wenn die praktische Bedeutung der einzelnen Nachweise nicht immer gleich groß ist. Aus Gründen der Übersichtlichkeit der Nachweismöglichkeiten werden in diesem Teil des Buches ausgesprochen seltene Elemente nicht berücksichtigt. Soweit auch für Anionen Spezialreagenzien zur Verfügung stehen, die sich in diesem Rahmen als geeignet erweisen, sind sie angeführt worden. Für den rein qualitativen Nachweis zahlreicher Anionen können jedoch nur die bekannten Reaktionen auf klassisch anorganischer Basis empfohlen werden. Bei den einzelnen Nachweisen werden im allgemeinen alle wichtigen störenden Ionen erwähnt, in der Beschreibung der Ausführung dagegen nur die störenden Ionen berücksichtigt, welche in der betreffenden Analysengruppe mitgefällt werden. Dies hat somit zur Voraussetzung, daß die Gruppenfällungen sorgfältig durchgeführt werden, wobei auf Vollständigkeit der Fällung und des Auswaschens der Niederschläge angesichts der oft extrem großen Empfindlichkeit der Reagenzien größter Wert gelegt werden muß. Andererseits ist von gelegentlichen, speziellen Trennoperationen abgesehen, eine generelle Trennung der Ionen innerhalb der Analysengruppe nicht nötig, da die Ausschaltung von Störungen meist durch geeignete Maskierung erreicht werden kann. Der bei der Beschreibung von Nachweisreaktionen gebrauchte Ausdruck der „Probelösung" bedeutet somit stets eine Lösung, die theoretisch sämtliche Ionen der betreffenden Analysengruppe enthält, eine Probelösung für einen Fe-Nachweis (Urotropingruppe), z.B. außer Fe- auch Al-, Be-, Ti- und Zr-Ionen. Auf einschränkende oder erweiternde Angaben hinsichtlich der zulässigen Anwesenheit von Fremdionen in der Probelösung wird im Text eingegangen.

Bei einiger Kenntnis der einzelnen Reaktionen, ihrer Störungen und deren Beseitigung, wird der Studierende bald erkennen, daß häufig der Nachweis der Abwesenheit des einen oder anderen Ions bereits genügt, um die Mehrzahl der Identifizierungen anderer Ionen direkt in einer geeigneten Lösung der Ursubstanz unter Auslassung mehrerer oder aller Gruppenfällungen durchzuführen.

Die sinnvolle analytische Anwendung organischer Reagenzien macht eine im folgenden gegebene kurze Darstellung der wichtigsten theoretischen Grundlagen ihrer Reaktionen mit anorganischen Ionen erforderlich. Der Vorteil ihrer Verwendung beruht im wesentlichen auf folgenden Eigenschaften:

a) Die Mehrzahl der Reaktionen zeichnet sich durch große Empfindlichkeit und Selektivität aus. Für ein bestimmtes Ion absolut spezifische Reagenzien sind allerdings kaum bekannt, doch können störende Ionen meist durch geeignete Reaktionspartner maskiert und dadurch der Nachweis zumindest innerhalb der betreffenden Analysengruppe spezifisch gestaltet werden.

b) Die sich bildenden Verbindungen sind häufig intensiv und charakteristisch gefärbt, so daß auch sehr kleine Mengen leicht erkannt werden. Auf dieser Eigenschaft beruht ihre vielseitige Verwendung in der Kolorimetrie und der Photometrie.

c) Bei Fällungsreaktionen bilden sich infolge des oft hohen Molekulargewichtes der organischen Verbindung auch mit geringen Mengen des nachzuweisenden Ions relativ große Niederschlagsmengen. Diese Niederschläge sind häufig intensiv gefärbt, so daß ihre Wahrnehmung keine Schwierigkeiten bereitet.

d) Viele in wäßriger Phase lösliche Verbindungen lassen sich mit geeigneten organischen Lösungsmitteln ausschütteln. Von dieser Möglichkeit macht besonders die Photometrie in zunehmendem Maße Gebrauch.

Andererseits erfordert die richtige Anwendung dieser Spezialreagenzien meist das Einhalten sehr scharf begrenzter Reaktionsbedingungen sowie eine genaue Kenntnis der speziellen Eigenarten des jeweiligen Systems, besonders der häufig vielfältigen Störungsmöglichkeiten. Deshalb kann der Anfänger ohne ausreichende chemische Vorkenntnisse nicht nachdrücklich genug vor einer kritiklosen Anwendung von organischen Reagenzien gewarnt werden.

Arbeitstechnisch ergeben sich bei der Ausführung der entsprechenden Reaktionen im Reagenzglas oder auf der Tüpfelplatte keine bemerkenswerten Besonderheiten. Beim Tüpfeln auf Filterpapier gelten im Prinzip die gleichen Theorien und treten daher auch ähnliche Erscheinungen auf, wie sie im Rahmen des Kapitels über Papierchromatographie eingehender beschrieben werden. Für die Praxis sei hier zunächst nur darauf hingewiesen, daß bei Anwesenheit mehrerer Ionen infolge Überlagerung verschiedener Trenneffekte in günstigen Fällen eine fast quantitative Entmischung dieser Ionen auftreten kann. Durch die konzentrische Ausbreitung der Flüssigkeit kommt es zur Bildung ringförmiger Zonen auf dem feuchten Papier.

Das gesuchte Ion findet sich dann entweder im Zentrum oder am Rande relativ angereichert vor und kann dort durch Nachtüpfeln mit einer geeigneten Reagenzlösung identifiziert werden. Gelegentlich findet die Entmischung erst nach dem Auftüpfeln des Reagenzes infolge der veränderten Eigenschaften der aus Reagenz und Ionen gebildeten Verbindungen statt. Dies gilt besonders für Komplexbildungen. Schwerlösliche Niederschläge, z.B. Hydroxide usw., werden vom Papier festgehalten, während die löslichen Bestandteile nach außen wandern. Auf diese Weise können z.B. farbige Niederschläge neben farbigen gelösten Komponenten elegant nachgewiesen werden. Die Empfindlichkeit des Nachweises kann ferner mitunter durch Verwendung von Filterpapier, das mit einer geeigneten Reagenzlösung getränkt und getrocknet wurde, wesentlich gesteigert werden. Besonders bei Fällungsreaktionen kommt es zur Bildung eines sehr scharf begrenzten Niederschlages auf dem Papier, aus dem die in Lösung verbliebenen Bestandteile herauswandern und in Ringzonen außerhalb des Niederschlages durch weitere Reagenzien nachgewiesen werden können. Zum Tränken des Papiers eignen sich besonders in Wasser schwerlösliche Reagenzien, gelöst in CCl_4, Alkohol, Benzol usw., da deren konzentrische Verteilung auf dem Papier beim Auftragen von wäßrigen Lösungen nicht verändert wird.

Aus dem vorstehend Gesagten geht hervor, daß neben der differenzierten Ausbreitung verschiedener Ionen unter dem Einfluß der Lösungsmittelkomponenten auch irreversible Adsorptions- bzw. Chemisorptionsvorgänge an der Oberfläche der Cellulose stattfinden können. Sie treten besonders häufig bei organischen Farbstoffen auf, die mit Metallionen Lacke und Innerkomplexverbindungen bilden. Da solche Stoffe vielfach zu Identifizierungsreaktionen herangezogen werden, sind die irreversiblen Adsorptionsvorgänge bei Tüpfelreaktionen im Gegensatz zur Papierchromatographie von erheblicher Bedeutung. Allgemein ist das Tüpfeln auf Papier besonders dann zu empfehlen, wenn die Konzentration des gesuchten Ions in der Lösung sehr klein ist und wenn störende Ionen zugegen sind, da die Nachweisempfindlichkeit durch die relative Konzentrationserhöhung oft um Zehnerpotenzen erhöht und der störende Einfluß der Fremdionen durch die differenzierte Lokalisierung der Nachweiszentren ohne umständliche Trennoperationen ausgeschaltet wird.

Unabhängig davon bietet das Arbeiten auf Filterpapier insofern Vorteile, als viele analytische Operationen (Filtrieren, Trocknen, Gaseinwirkung usw.) besonders einfach und schnell ausführbar sind. Durch die weiße Farbe des Papiers wird die Sichtbarkeit farbiger Reaktionsprodukte erheblich verbessert. Als Tüpfelpapiere sind besonders weiche, löschpapierartige Sorten geeignet. Die Weiterentwicklung der hier angedeuteten Vorgänge und Arbeitsweisen hat bereits zur Trennung und Identifizierung ganzer analytischer Gruppen in einem Tropfen geführt.

4.5.1. Aufbau und Wirkungsweise der organischen Reagenzien

Die analytisch auswertbaren Reaktionen von organischen Verbindungen mit anorganischen Ionen lassen sich im wesentlichen in folgende Gruppen unterteilen:

Reaktionen, die zur Bildung von Komplexverbindungen führen.

Folgereaktionen, die zur Bildung von Oxidations- bzw. Reduktionsprodukten oder zu sonstigen Veränderungen der organischen Verbindung führen.

Reaktionen, die zur Bildung normaler schwerlöslicher Salze führen.

4.5.1.1. Komplexverbindungen

Die Mehrzahl der analytischen Trenn- und Nachweisverfahren basiert auf der Koordinationstendenz der Kationen. Daher sind Komplexverbindungen die weitaus wichtigsten Reaktionsprodukte, die bei den Umsetzungen organischer Reagenzien mit anorganischen Ionen auftreten. Die dabei geltenden prinzipiellen Gesetzmäßigkeiten wurden bereits im theoretischen Teil dieses Buches (vgl. S. 79) behandelt. Auf einige Eigenarten, die sich aus besonderen Bindungsverhältnissen, speziellen Atomgruppierungen und den sterischen Einflüssen großer organischer Liganden ergeben, soll hier kurz eingegangen werden.

Im allgemeinen muß zwischen folgenden Komplexarten unterschieden werden:

Komplexe mit neutralen Liganden

Innere Komplexe

Farblacke

4.5.1.1.1. Komplexe mit neutralen Liganden

Die analytisch wichtigen neutralen Liganden leiten sich von den organischen Derivaten des Ammoniaks ab. Je nach der Zahl der Koordinationsstellen im gleichen Molekül können sich sowohl einfache als auch Chelatkomplexe bilden. Letztere sind durch besondere Stabilität ausgezeichnet. Besonders Polyamine und N-haltige Heterocyclen sind ausgezeichnete Komplexbildner für N-affine Ionen (Ag, Cd, Co, Cu, Fe(II), Hg, Ni, Zn usw.). Größere organische Molekülreste bewirken häufig eine analytisch verwertbare Schwerlöslichkeit der Komplexe in Wasser. Auch die organischen Derivate des Wassers (Alkohole, Äther, Ketone) können Komplexe bilden, die jedoch als Nachweisreaktionen bisher kaum Bedeutung erlangt haben.

Einige analytisch wichtige neutrale Liganden sind:

Pyridin

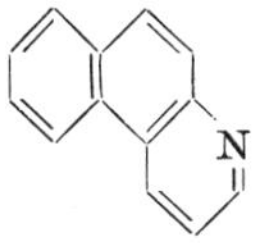

5.6-Benzochinolin
(β-Naphthochinolin)

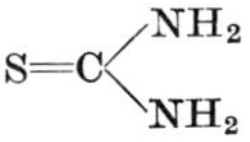

Thioharnstoff
(Thiocarbamid)

Pyridin bildet mit Cd^{2+}, Co^{2+}, Cu^{2+}, Ni^{2+} und Zn^{2+} komplexe Kationen der allgemeinen Formen $[M(Py)_2]^{2+}$ oder $[M(Py)_4]^{2+}$, deren Thiocyanate häufig schwer löslich sind. Der Komplex $[Ni(Py)_4](SCN)_2$ wird zum Nachweis von Thiocyanat verwendet.

Ähnliche Komplexe bildet das β-Naphthochinolin, von denen besonders das schwerlösliche Jodid des Cadmiumkomplexes Erwähnung verdient.

Thioharnstoff bildet in saurer Lösung mit Cd^{2+}, Pb^{2+} und Tl^{+} sowie einigen Pt-Elementen schwerlösliche Komplexe, von denen besonders die Verbindungen $2\,Pb(NO_3)_2 \cdot 11\,CS(NH_2)_2$ und $TlNO_3 \cdot 4\,CS(NH_2)_2$ zum mikrochemischen Nachweis der betreffenden Kationen geeignet sind.

Von besonderer Bedeutung sind einige Chelatkomplexe, deren Bildung an die Gegenwart ganz bestimmter Atomgruppierungen (sog. „affiner Gruppen") innerhalb des organischen Moleküls gebunden ist. Solche Gruppen, die besonders bei den Innerkomplexen eine große Rolle spielen, sind fast immer für einige Ionen selektiv, unter geeigneten Arbeitsbedingungen auch oft für ein einziges Ion spezifisch.

Als Beispiel dient die Fe(II)- und Cu(I)-affine „Ferroingruppe“ $=N-\overset{\|}{C}-\overset{\|}{C}-N=$. Das Komplexbildungsvermögen von Verbindungen mit dieser Gruppe sowie einigen ihr nahestehenden Gruppierungen ist sehr eingehend untersucht worden. Daher sollen auch einige Gesichtspunkte und Ergebnisse hier erwähnt werden, deren praktische Bedeutung mehr auf dem Gebiet der quantitativen Analyse liegt.

Die Ferroingruppe findet sich im 2.2′-Dipyridyl und im 1.10-Phenanthrolin.

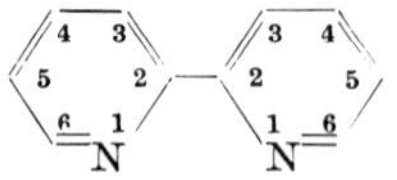

2.2′-Dipyridyl

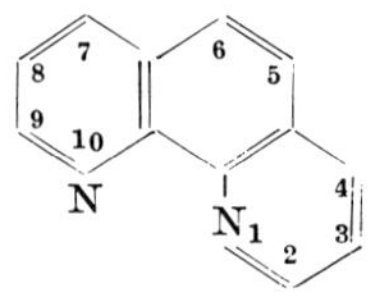

1.10-Phenanthrolin

Diese Verbindungen bilden mit Fe(II) Trisligand-, mit Cu(I) Bisligandkomplexe, die intensiv gefärbt sind.

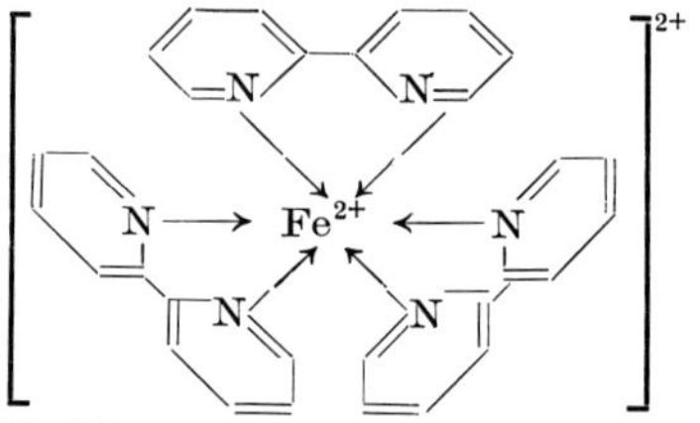

Fe(II)-Tris-[2.2′-dipyridyl]-komplexion

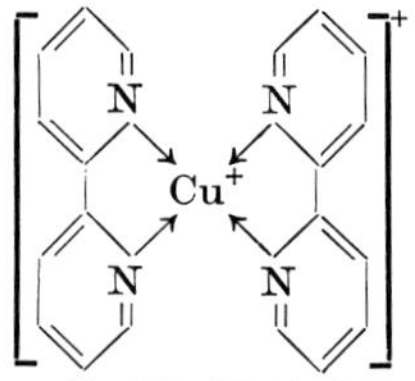

Cu(I)-Bis-[2.2′-dipyridyl]-komplexion

Treten in die 6.6′-Stellung des 2.2′-Dipyridyls oder in die 2.9-Stellung des Phenanthrolins Substituenten ein, so kommt man zu der Cu(I)-spezifischen „Cuproin“-Gruppe, z.B. im 6.6′-Dimethyl-2.2′-dipyridyl, 2.9-Dimethyl-1.10-phenanthrolin und 2.2′-Dichinolyl (Cuproin).

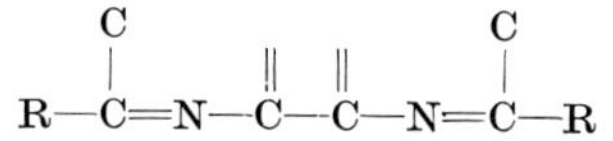

„Cuproin“-Gruppe

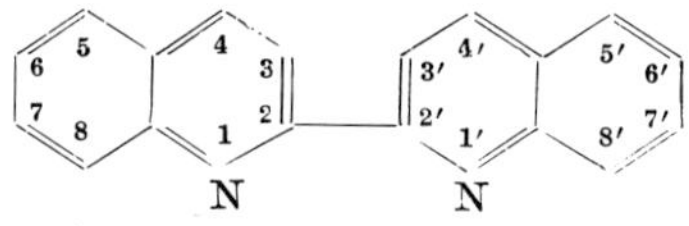

2.2′-Dichinolyl (Cuproin)

Die Verbindungen mit dieser Gruppierung können infolge des Raumbedarfs der 6.6′- bzw. 2.9-Substituenten nur noch Bisligandkomplexe bilden. Daher ist zwar eine Absättigung des Cu(I)-Ions mit der Koordinationszahl 4 möglich, die Komplexbildung mit dem Fe(II) (Koordinationszahl 6) muß jedoch infolge sterischer Hinderung ausbleiben. Die Verhältnisse ändern sich aber, wenn einer dieser Substituenten noch eine zusätzliche Koordinationsstelle enthält, wie es im „Terpyridin“ der Fall ist.

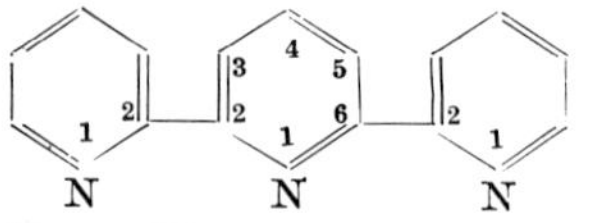

Terpyridin
2.6-Bis-[pyridyl-(2)]-pyridin

Die hier auftretende Gruppierung

wird in Analogie zur Ferroingruppe „Terroin“-Gruppe genannt. Verbindungen mit Terroingruppierung bilden außer den zu erwartenden Cu(I)-Bisligandkomplexen auch intensiv gefärbte Fe(II)- und Co(II)-Bisligandkomplexe, da die zur Absättigung erforderlichen 6 Koordinationsstellen hier bereits von 2 Liganden mit je 3 N-Atomen gestellt werden.

Durch Einführung geeigneter Substituenten in die Phenylgruppen von Ferroin-, Cuproin- und Terroinverbindungen in p-Stellung zu den N-Atomen können die Löslichkeitsverhältnisse sowie die Lagen der Lichtabsorptionsmaxima systematisch beeinflußt werden. So sind z.B. die Fe(II)- und Co(II)-Komplexe des Terpyridins aus wäßriger Lösung nicht extrahierbar. Die entsprechenden Terosinkomplexe sind durch wiederholtes Ausschütteln, die Terosolkomplexe bereits durch einmaliges Ausschütteln mit n-Hexylalkohol praktisch quantitativ aus wäßriger Phase extrahierbar.

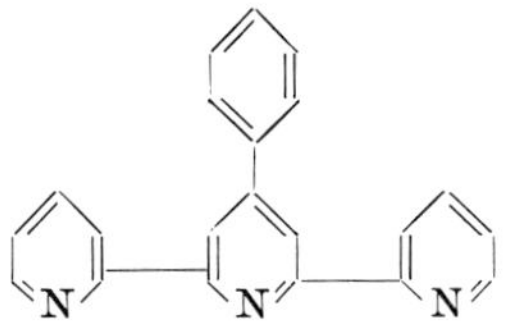

Terosin

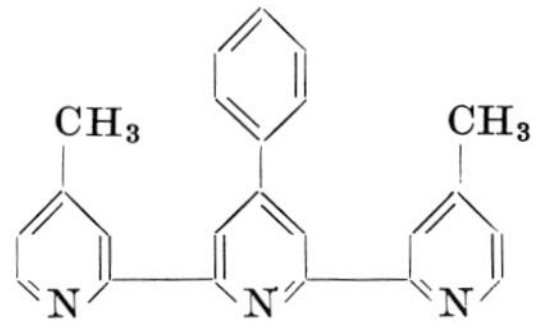

Terosol

Terosol ist auch an Stelle von Nitron (vgl. S. 420) als Fällungsreagenz für ClO_4^- in Gegenwart von NO_3^- von Interesse.

4.5.1.1.2. Innere Komplexe

Wie bereits in Kap. 2.7. dargelegt, sind die inneren Komplexe als Spezialfall der Chelatkomplexe anzusehen. Die Ladungen des Zentralkations werden durch die chelatbildenden Liganden gerade kompensiert, so daß der Komplex als Ganzes ungeladen ist. Da dabei meist die Koordinationszahl des Metallions abgesättigt wird oder eine Koordination weiterer, auch relativ kleiner Liganden aus sterischen Gründen infolge Umhüllung des Kations durch die großen organischen Moleküle unmöglich ist, sind solche Komplexe häufig nicht mehr hydratisierbar und daher in Wasser extrem schwer, in unpolaren organischen Lösungsmitteln dagegen gut löslich.

Aus der Definition der inneren Komplexe geht hervor, daß für ihre Bildung neben N-, O- oder S-Atomen als Koordinationsstellen auch saure Gruppen im gleichen Molekül erforderlich sind. Die wichtigsten dieser Gruppen sind:

$-COOH$	Carboxylgruppe	$-OH$	phenolische oder enolische Hydroxylgruppe
$-SO_2H$	Sulfinsäuregruppe	$=NOH$	Oximgruppe
$-SO_3H$	Sulfonsäuregruppe	$=NOOH$	aci-Nitrogruppe
$-SH$	Thiol- (Mercaptan-) Gruppe	$=NH$	Iminogruppe
$-AsO(OH)_2$	Arsonsäuregruppe	$-As(OH)_2$	Arsinsäuregruppe.

Bei vielen Innerkomplexverbindungen bildet sich auch zwischen der sauren Gruppe und dem Metallatom eine echte homöopolare Bindung im Sinne eines Durchdringungskomplexes (vgl. S. 83) aus. Dies führt zu einer Gleichwertigkeit aller Bindungen zwischen Zentralatom und organischem Liganden, wie sie z.B. für das Ni-Diacetyldioxim eindeutig bewiesen wurde. Die früher übliche Unterscheidung zwischen Haupt- und Nebenvalenz ist daher unzulässig. Die anomalen Bindungsverhältnisse äußern sich vielfach in einer Farbvertiefung der Komplexe. Auch die gute Löslichkeit vieler Innerkomplexe in unpolaren Lösungsmitteln ist u.a. eine Folge ihres Unvermögens, Ionen zu bilden.

Die Möglichkeit zur Bildung von Innerkomplexen hat somit immer bestimmte Atomgruppierungen zur Voraussetzung, die sich häufig von tautomeren Formen der üblichen Verbindungen ableiten. Bereits bei der Ferroingruppe wurde erwähnt, daß derartige Gruppen mehr oder minder unabhängig von den mit ihnen verknüpften organischen Restmolekülen häufig eine besondere Affinität für einige wenige Ionen zeigen. Die entsprechenden Reagenzien sind somit für diese Ionen selektiv, doch ist es durch Einhalten bestimmter Arbeitsbedingungen fast immer möglich, den Nachweis für das eine oder andere Ion spezifisch zu gestalten.

In der folgenden Aufstellung werden die wichtigsten dieser Gruppen kurz charakterisiert.

Zunächst ist die Ni-affine Gruppierung
$$\begin{array}{cc} -C- & -C- \\ \| & \| \\ HO-N & N-OH \end{array}$$
der Antidioxime zu erwähnen.

Die Komplexe leiten sich von einer tautomeren sauren Aminoxidform ab, so daß das Zentralatom ausschließlich an N gebunden ist.

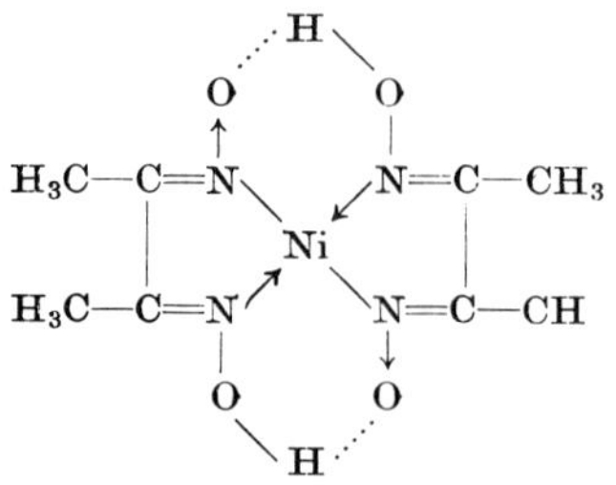

Ni-Diacetyldioxim (Grenzstruktur)

Neben dem Diacetyldioxim besitzen folgende Dioxime analytische Bedeutung:

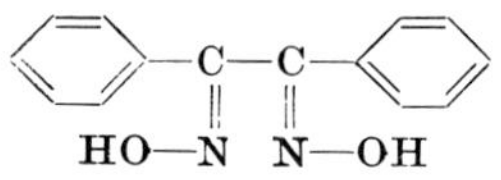

Benzildioxim

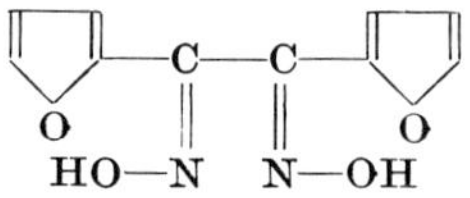

α-Furildioxim

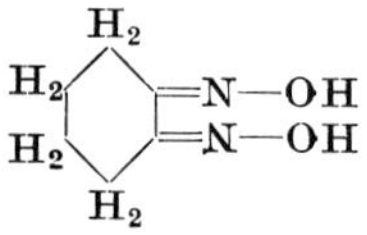

1.2-Cyclohexandiondioxim (Nioxim)

Zu erwähnen ist auch die Cu(II)-affine Gruppierung $R-\underset{OH}{\underset{|}{CH}}-\underset{NOH}{\underset{\|}{C}}-R'$ der Acyloinoxime. Ihr wichtigster Vertreter ist das Benzoinoxim (Cupron). Auch hier leitet sich die Cu-Verbindung von der sauren Aminoxidform ab. Da jedoch auch die am C haftende OH-Gruppe als Säure fungiert, wird das in Wasser schwerlösliche Cu(II)-Salz einer zweibasigen Säure gebildet. Sind R und R′ aromatische Ringe, wird die Verbindung auch in Ammoniak schwer löslich.

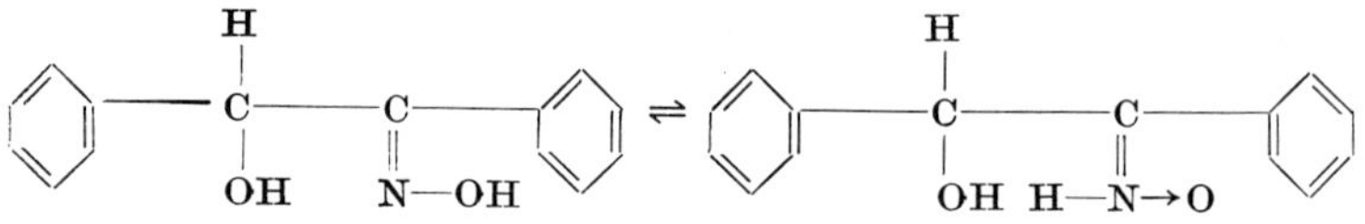

Oximform Aminoxidform

α-Benzoinoxim (anti-Benzoinoxim)

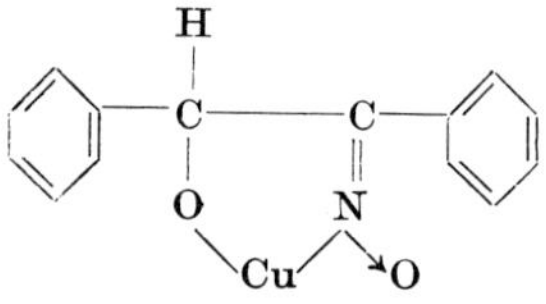

innerkomplexes Cu-Benzoinoxim

Die OH-Gruppe am N steht in anti-Stellung zur anderen OH-Gruppe.

Auch die folgende Cu-affine Gruppierung ist an die Gegenwart des aromatischen Systems gebunden, doch wird hier nur das H-Atom der phenolischen OH-Gruppe durch das Metall ersetzt und letzteres zum N koordiniert.

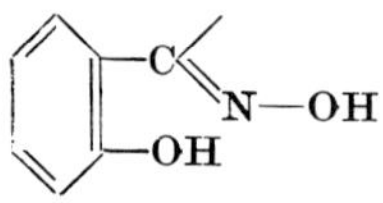

Cu-affine Gruppierung

Das analytisch wichtigste Reagenz mit dieser Gruppierung ist das Salicylaldoxim. Analoge Komplexverbindungen gibt erwartungsgemäß auch das o-Hydroxyacetophenonoxim.

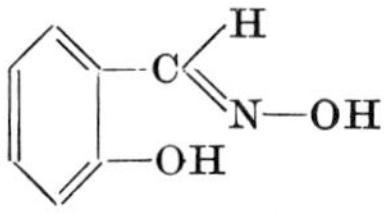

Salicylaldoxim

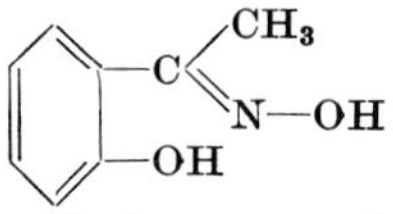

o-Hydroxyacetophenonoxim

Die Gruppierung $-\underset{\text{O}}{\overset{\|}{\text{C}}}-\underset{\text{NOH}}{\overset{\|}{\text{C}}}-$ besitzt sowohl in aliphatischen als auch aromatischen Verbindungen eine große Affinität für zahlreiche Schwermetalle, insbesondere für Fe(II) und Co(III).

Von besonderer analytischer Bedeutung ist der Co(III)-Komplex des α-Nitroso-β-naphthols, der sich von der tautomeren o-Chinonaminoxidform ableitet.

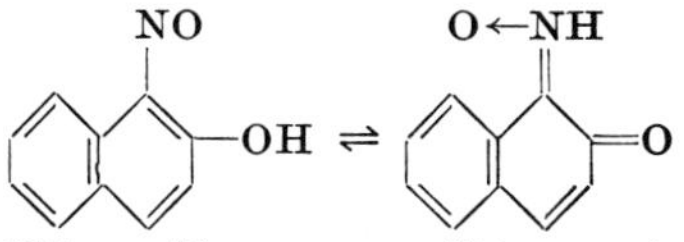

Nitroso-Form o-Chinonaminoxid-Form
α-Nitroso-β-naphthol

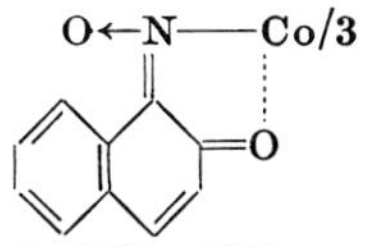

Co(III)-α-Nitroso-β-naphthol

Glyoxal-bis-(2-hydroxyanil) ist ein selektives Reagenz auf Ca^{2+} und UO_2^{2+}.

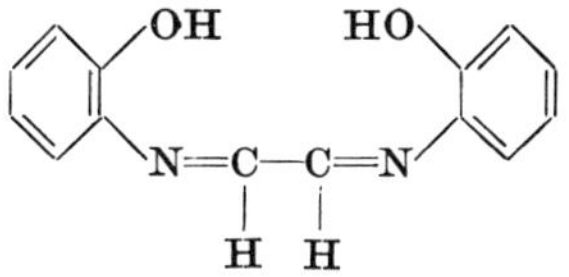

Glyoxal-bis-(2-hydroxyanil)

Bei den folgenden Reagenzien ist die selektive Natur ihrer komplexbildenden Gruppen nicht so stark ausgeprägt.

Von großer analytischer Bedeutung ist das Oxin (8-Hydroxychinolin) sowie einige seiner Derivate (5.7-Dibrom-8-hydroxychinolin, 8-Hydroxychinolin-5-sulfonsäure). Oxin bildet mit zahlreichen Kationen schwerlösliche Innerkomplexverbindungen. Trotz der geringen Selektivität lassen sich durch Einhalten bestimmter Fällungsbedingungen viele Trennungen quantitativ durchführen.

Für die qualitative Analyse sind besonders die Mg(II)-, Al(III)-, UO_2^{2+}- und Be(II)-Verbindungen von Interesse.

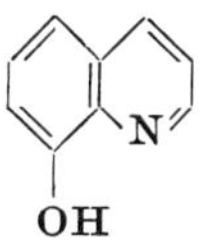

8-Hydroxychinolin (Oxin)

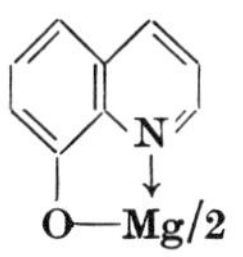

Mg-Oxinat

Ein weiteres, sehr vielseitiges Reagenz ist das Diphenylthiocarbazon (Dithizon), das mit vielen, schwerlösliche Sulfide bildenden Schwermetallionen [Ag(I), Bi(III), Cd(II), Co(II), Cu(II), Hg(II), Pb(II), Tl(I), Zn(II) u.a.] intensiv gefärbte innere Komplexe bildet. Diese leiten sich wahrscheinlich ausschließlich von der Thiolform ab.

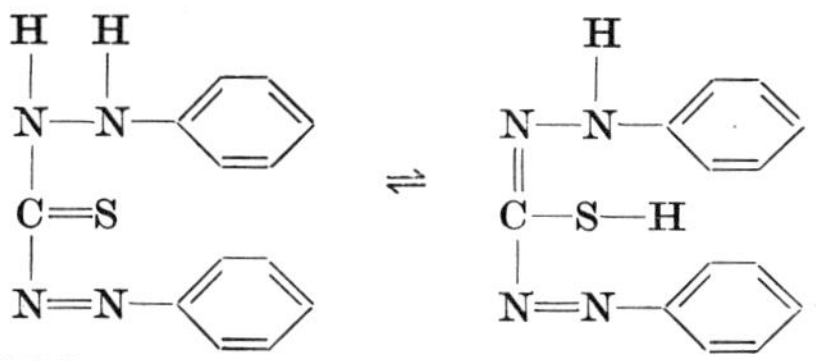

Thion-Form Thiol-Form
des Dithizons

Die sog. „primären Dithizonate" enthalten pro Dithizon-Molekül ein Äquivalent eines Kations. In stärker alkalischem Bereich bilden sich darüber hinaus mit einigen Ionen auch „sekundäre Dithizonate" mit 2 Äquivalenten pro Molekül. Die Komplexe sind fast ausnahmslos in CCl_4 und anderen unpolarer Lösungsmitteln löslich. Ihre Stabilitätskonstanten sind so groß, daß häufig auch schwerlösliche Verbindungen (Sulfide, Carbonate usw.) mit Dithizon positiv reagieren.

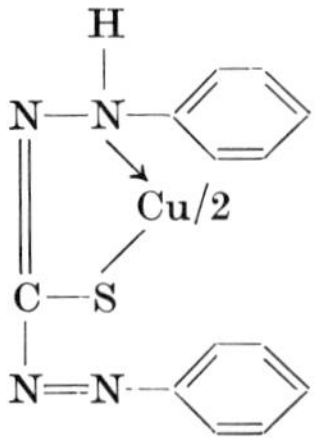

„primäres Dithizonat"

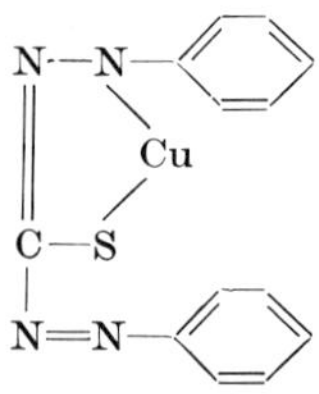

„sekundäres Dithizonat"

Das dem Dithizon nahestehende Diphenylcarbazid bildet mit Cd(II), Hg(I,II), Mg(II) u.a. analytisch verwertbare farbige Innerkomplexverbindungen, desgleichen das p.p'-Dinitrodiphenylcarbazid bzw. dessen Oxidationsprodukt, das p.p'-Dinitrodiphenylcarbazon, welches besonders zum Nachweis von Cd(II) geeignet ist. Von den inneren Komplexen des Diphenylcarbazons hat nur die Hg-Verbindung analytische Bedeutung.

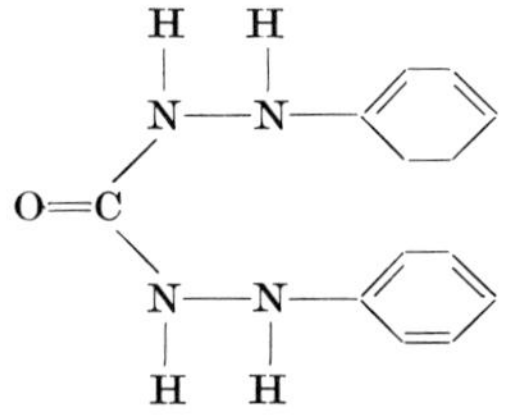

Diphenylcarbazid

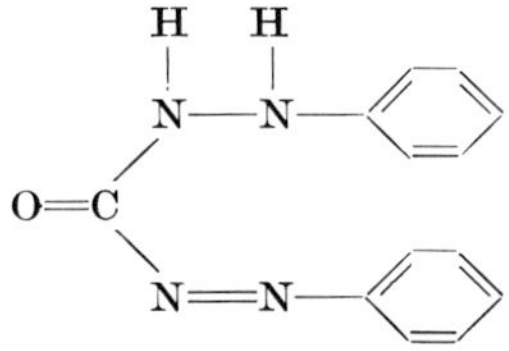

Diphenylcarbazon

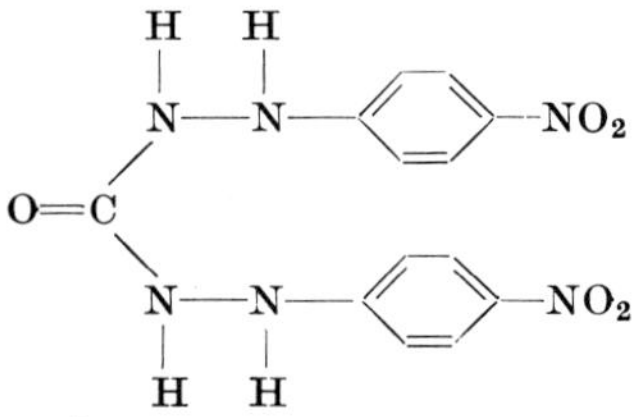

p.p'-Dinitrodiphenylcarbazid

Thioglykolsäure-β-naphthylamid (Thionalid) bildet in saurer Lösung mit Ag(I), Cu(II), Hg(II), Pb(II), Sb(III), Tl(I) u. einigen Pt-Elementen schwerlösliche innere Komplexe. In alkalischer Lösung kann Tl bei Maskierung der störenden Elemente mit Tartrat und Cyanid als schwerlösliches gelbes Tl(I)-Thionalid spezifisch nachgewiesen werden.

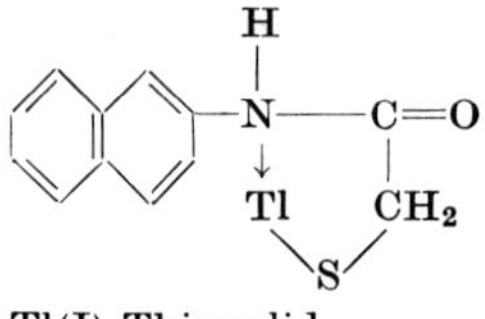

Tl(I)-Thionalid

Rubeanwasserstoff (Thiooxamid) bildet in ammoniakalischen oder schwach sauren Lösungen mit Cu(II), Co(II) und Ni(II) gefärbte Niederschläge. In den entsprechenden Innerkomplexverbindungen müssen 4-Ringstrukturen angenommen werden. Der außerordentlich empfindliche Cu-Nachweis führt zur Bildung eines schwarzen Niederschlages und kann unter Einhaltung bestimmter Bedingungen direkt neben Co und Ni durchgeführt werden.

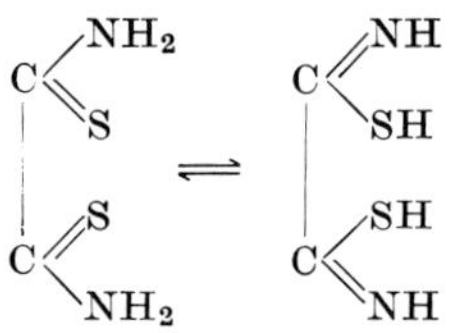

Rubeanwasserstoff

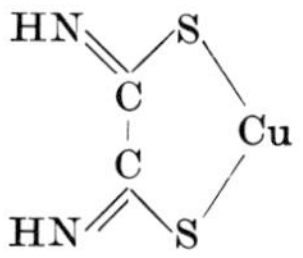

Cu-Rubeanat

Auch bei den Nachweisen von Ag(I) mit p-Dimethylaminobenzylidenrhodanin, von Sb(III) mit Methylfluoron, von Borsäure mit Chromotrop 2B und von Ti(IV) mit Chromotropsäure werden vermutlich innere Komplexverbindungen gebildet, deren Struktur jedoch noch nicht eindeutig aufgeklärt werden konnte.

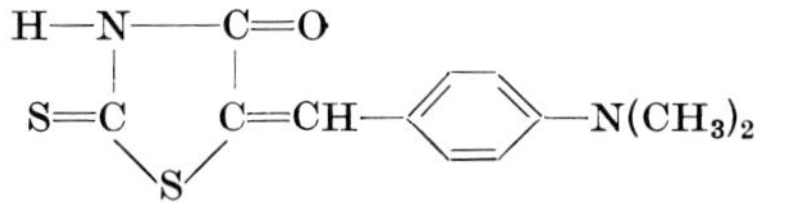

p-Dimethylaminobenzylidenrhodanin

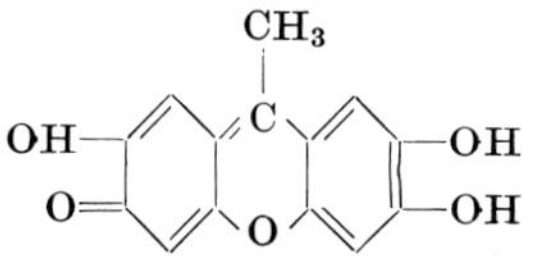

9-Methyl-2,3,7trihydroxy-6-fluoron
(Methylfluoron)

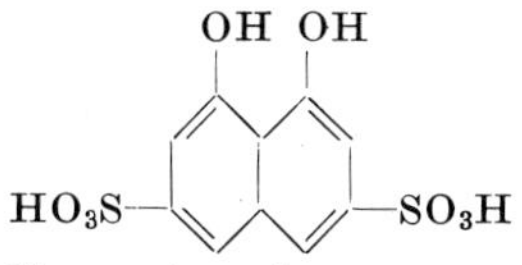

Chromotropsäure

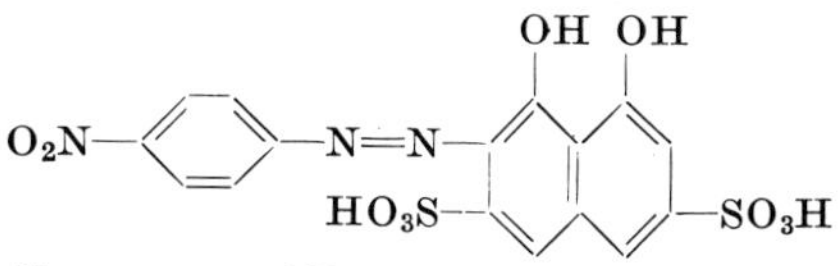

Chromotrop 2B

Chromotrop 2B besitzt eine veresterungsfähige phenolische OH-Gruppe in Koordinationsstellung zu einem Stickstoffatom der Azogruppe. Borsäure bildet wahrscheinlich einen innerkomplexen Ester (siehe auch Komplexbildung der Borsäure mit mehrwertigen Alkoholen S. 231).

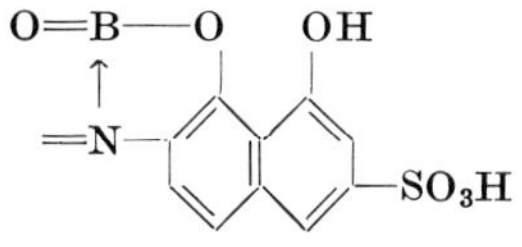

Innerkomplexer Ester der Borsäure mit Chromotrop 2B.

4.5.1.1.3. Farblacke

Die Natur der Farblacke ist bisher vielfach noch nicht bekannt, doch dürfte es sich in den meisten Fällen gleichfalls um Innerkomplexverbindungen handeln. Sie werden vorzugsweise von Hydroxyanthrachinonen und ähnlich aufgebauten Farbstoffen gebildet. Da neben der Komplexbildung auch Adsorptionsverbindungen der Farbstoffe mit dem Hydroxid, Oxidhydrat oder basischem Salz des jeweiligen Elementes auftreten können, fehlen häufig definierte stöchiometrische Beziehungen. Als Beispiel für die allgemein angenommene Komplexbildungsweise der Hydroxyanthrachinone sei hier die vermutliche Struktur des bekannten roten Farblacks, den Al(III) mit Alizarin S bildet, wiedergegeben.

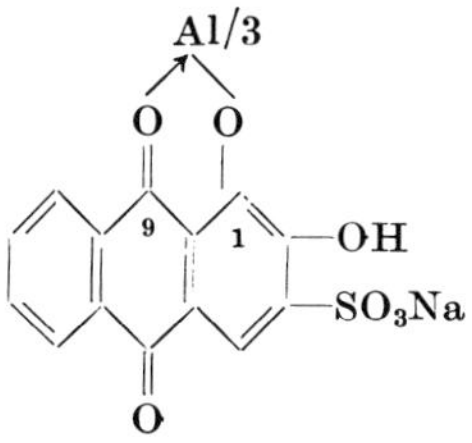

Al-Alizarin S-Lack

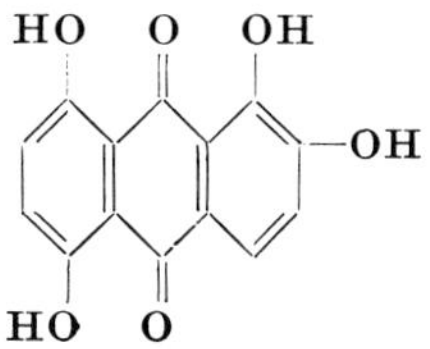

Chinalizarin
(1.2.5.8.-Tetrahydroxyanthrachinon)

Bei allen Hydroxyanthrachinonen ist für die Bildung von Innerkomplexverbindungen die Gegenwart der sauren OH-Gruppe in peri-Stellung (1.9-Stellung) zum Chinonsauerstoff erforderlich.

Alizarin S bildet mit zahlreichen Metallionen schwerlösliche Farblacke, von denen besonders der Zr-Lack analytische Bedeutung besitzt, da er als einziger auch aus salzsauren Lösungen ausfällt. Die Entfärbung des rotvioletten Zr-Lackes auf Filterpapier durch F^- (Bildung von $[ZrF_6]^{2-}$) ist ein empfindlicher Fluoridnachweis.

Ein weiterer wichtiger Lackbildner der Hydroxyanthrachinonreihe ist das Chinalizarin. Wie Alizarin S bildet es mit vielen Metallionen gefärbte Lackverbindungen. Durch Einhalten bestimmter Reaktionsbedingungen können jedoch Al(III), Be(II) und Mg(II) spezifisch nachgewiesen werden.

Von sonstigen Lackbildnern haben besonders Magneson (p-Nitrobenzolazo-α-naphthol) und Titangelb als Reagenzien für Mg(II) sowie Morin und Aluminon (NH_4-Salz der Aurintricarbonsäure) als Reagenzien für Al(III) und Be(II) größere analytische Bedeutung.

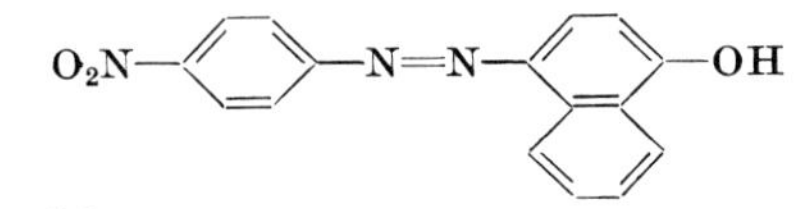

Magneson
(p-Nitrobenzolazo-α-naphthol)

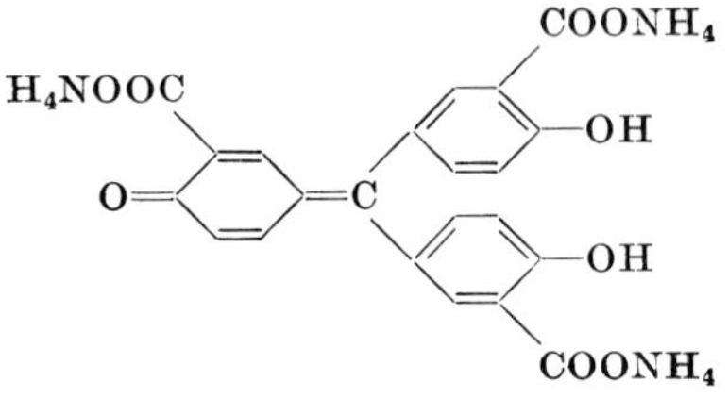

Aluminon
(NH_4-Salz der Aurintricarbonsäure)

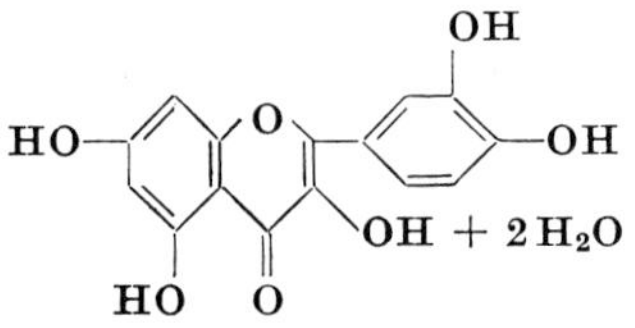

Morin

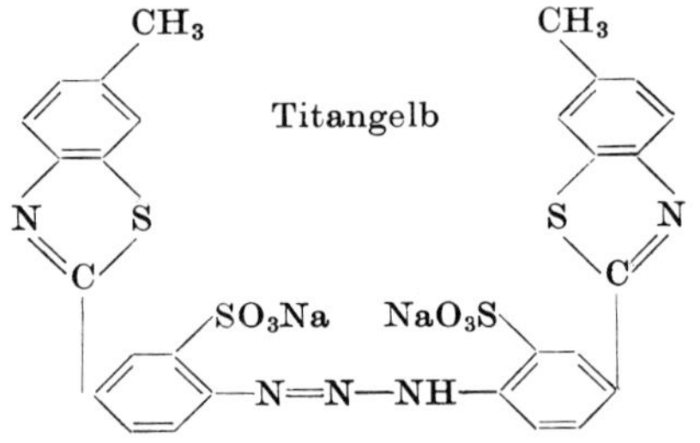

Titangelb

Die Struktur der entsprechenden Metallverbindungen steht noch nicht eindeutig fest, doch dürften auch hier zumindest in gewissem Umfange Komplexverbindungen vorliegen.

4.5.1.2. Folgereaktionen, die zur Bildung von Oxidations- bzw. Reduktionsprodukten oder zu sonstigen Veränderungen des organischen Moleküls führen

4.5.1.2.1. Bildungen von Oxidations- bzw. Reduktionsprodukten

Einige analytisch wichtige Reaktionen organischer Verbindungen führen zur Bildung farbiger Reduktions- bzw. Oxidationsprodukte. Da die Mechanismen dieser meist unspezifischen, aber sehr empfindlichen Reaktionen häufig recht kompliziert und die Strukturen der Produkte nicht sicher bekannt sind, sollen hier nur die wichtigsten erwähnt werden. Hinsichtlich der Einzelheiten muß auf die Lehrbücher der organischen Chemie verwiesen werden.

Diphenylamin in konz. H_2SO_4 wird durch HNO_3, HNO_2 und viele andere Oxidationsmittel zu dem blauen Farbstoff Diphenylblau oxidiert, der wahrscheinlich Chinoniminstruktur besitzt.

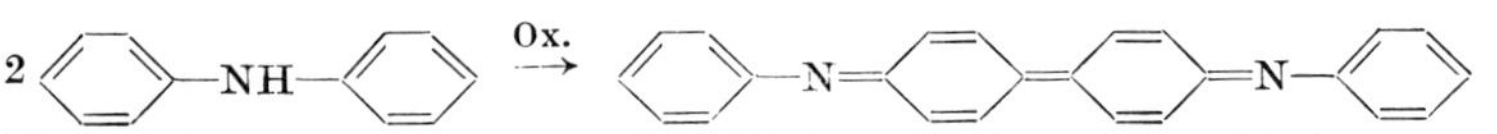

Diphenylamin → N.N'-Diphenyldiphenochinondiimin

Benzidin gibt mit zahlreichen oxidierenden Stoffen, vor allem höheren Oxidationsstufen einiger Elemente [Pb(IV), Ce(IV), Mn(IV), Bi(V), Tl(III), Cr(VI), V(V) u. a.) und Mo(VI)-haltigen Heteropolysäuren eine ähnliche Reaktion, wobei sich das sogenannte Benzidinblau bildet, das vermutlich als eine merichinoide Verbindung (vgl. Lehrbücher der organischen Chemie) aufzufassen ist.

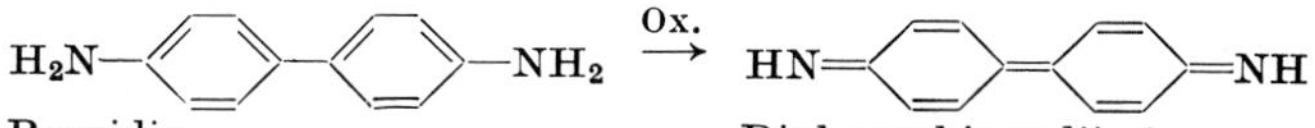

Benzidin Diphenochinondiimin

Das Diphenochinondiimin gibt mit einem Molekül Benzidin eine tiefblaue merichinoide Additionsverbindung (HA = einbasige Säure).

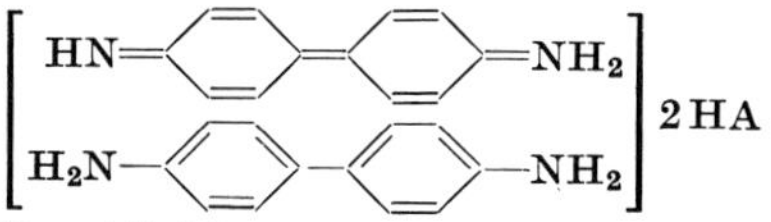

Benzidinblau

Asymmetrisches Diphenylhydrazin wird von seleniger Säure zu Chinonanildiphenylhydrazon oxidiert. Hierauf beruht ein Nachweis von Se(IV) neben Te(IV).

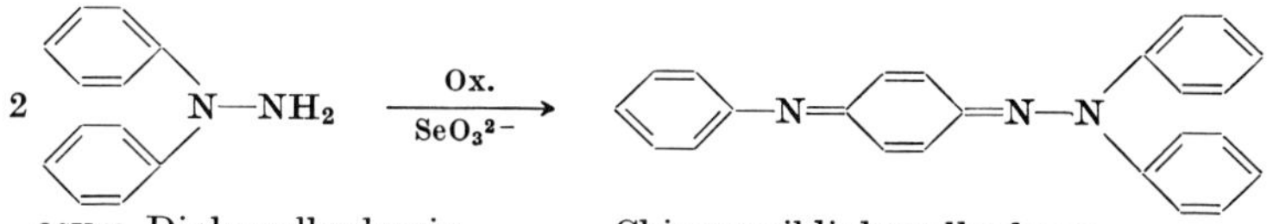

asym. Diphenylhydrazin Chinonanildiphenylhydrazon

Bei der Oxidation von Luminol (3-Aminophthalsäurehydrazid) mit H_2O_2 in Gegenwart gewisser Katalysatoren tritt Chemilumeneszenz auf.

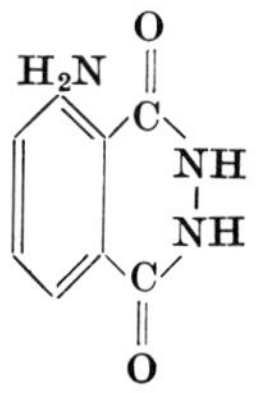

Luminol (3-Aminophthalsäurehydrazid)

Sulfite sowie Mono- und Polysulfide reduzieren in neutraler Lösung Malachitgrün, Fuchsin und andere Triphenylmethanfarbstoffe unter Zerstörung des chinoiden Systems und Bildung farbloser Verbindungen. Thiosulfate, Dithionite und Polythionate reagieren unter den gleichen Bedingungen nicht.

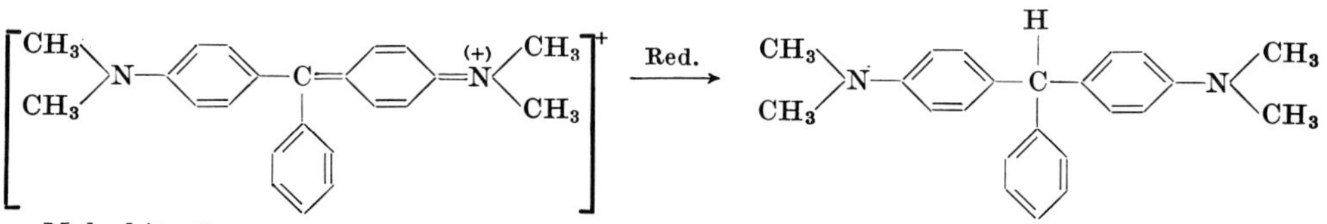

Malachitgrün Leukomalachitgrün

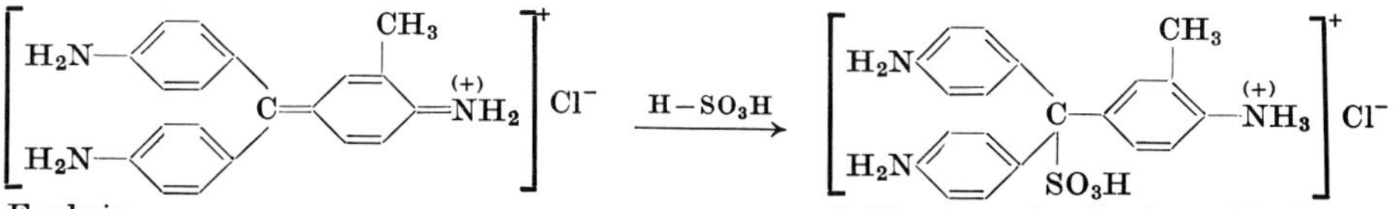

Fuchsin Sulfonsäure der Leukoverbindung

p-Aminodimethylanilin bzw. p-Phenylendiamin werden durch H_2S bei gleichzeitiger Oxidation ($FeCl_3$) zu Thiazinfarbstoffen umgesetzt, z. B.

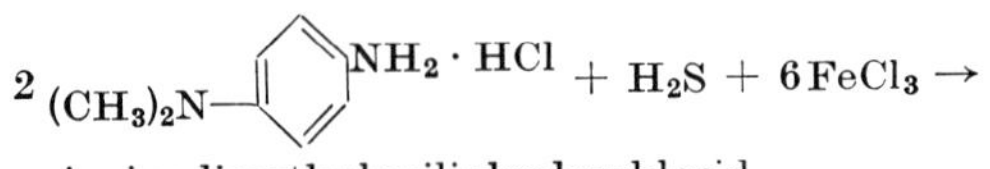

p-Aminodimethylanilinhydrochlorid

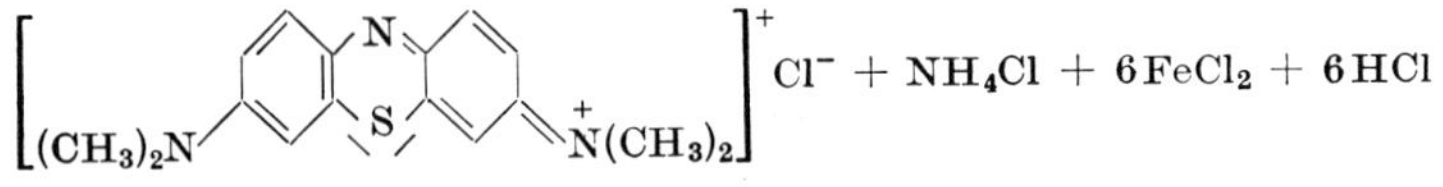

Methylenblau (eine mesomere Grenzform)

Verwendet man zur Umsetzung p-Phenylendiamin, so erhält man den analog aufgebauten violetten Farbstoff Thionin (*Lauths* Violett).

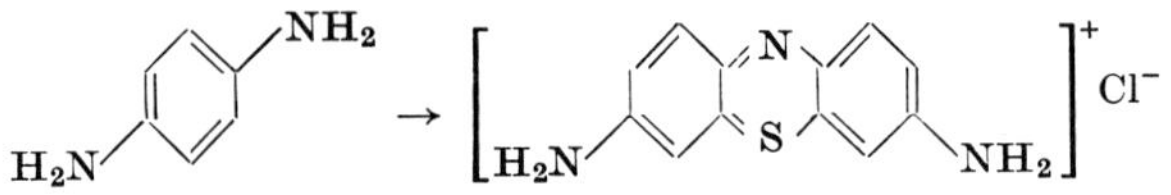

p-Phenylendiamin Thionin

4.5.1.2.2. Sonstige Folgereaktionen

Nachweis von Bromiden durch Bildung von Eosin: Elementares Brom reagiert mit dem gelben Xanthenfarbstoff Fluorescein unter Bildung von rotem Tetrabromfluorescein (Eosin, Farbstoff der roten Tinte). Jod stört, da es unter gleichen Bedingungen das analoge rotbraune Tetrajodfluorescein (Erythrosin) bildet.

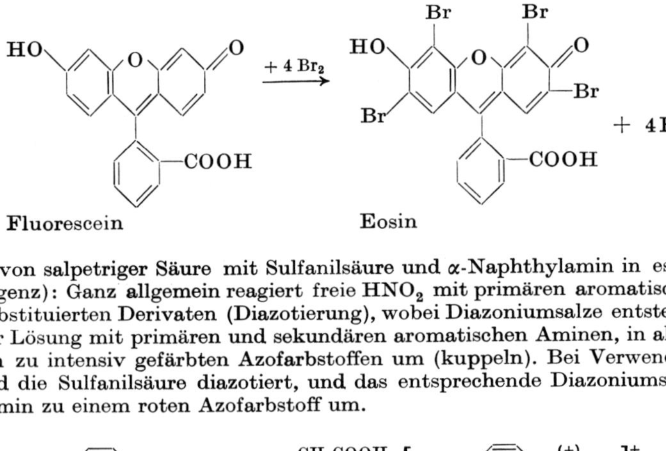

Fluorescein Eosin

Nachweis von salpetriger Säure mit Sulfanilsäure und α-Naphthylamin in essigsaurer Lösung (*Lunges* Reagenz): Ganz allgemein reagiert freie HNO_2 mit primären aromatischen Aminen und ihren kernsubstituierten Derivaten (Diazotierung), wobei Diazoniumsalze entstehen. Diese setzen sich in saurer Lösung mit primären und sekundären aromatischen Aminen, in alkalischer Lösung mit Phenolen zu intensiv gefärbten Azofarbstoffen um (kuppeln). Bei Verwendung von obigem Reagenz wird die Sulfanilsäure diazotiert, und das entsprechende Diazoniumsalz setzt sich mit α-Naphthylamin zu einem roten Azofarbstoff um.

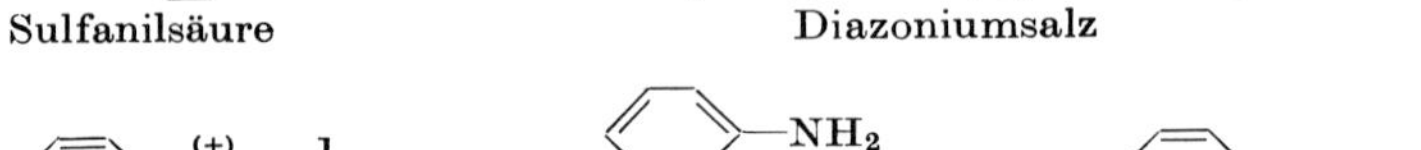

Sulfanilsäure Diazoniumsalz

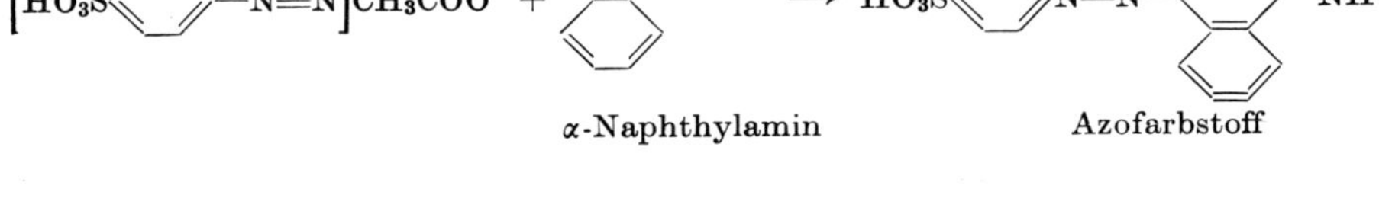

α-Naphthylamin Azofarbstoff

Auch die Diazotierung von o-Aminobenzalphenylhydrazon kann zum Nitritnachweis herangezogen werden.

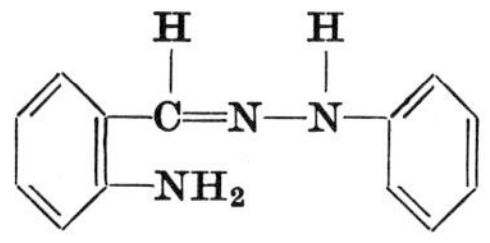

o-Aminobenzalphenylhydrazon (Nitrin)

Nachweis von Acetat durch Bildung von Aceton und Kondensation mit o-Nitrobenzaldehyd zu Indigo:

Aus Calciumacetat bildet sich bei der trockenen Destillation Aceton, das sich in NaOH-Lösung mit o-Nitrobenzaldehyd zu Indigo kondensiert. Auf den Mechanismus dieser komplizierten Reaktion kann hier nicht näher eingegangen werden.

Die Bildung von Piazselenolen als Nachweis für Se(IV): o.o'-Diaminobenzidin (3.3'-4.4'-Tetraminodiphenyl) reagiert mit Se(IV) spezifisch unter Bildung eines gelben Niederschlages, eines sog. Piazselenols.

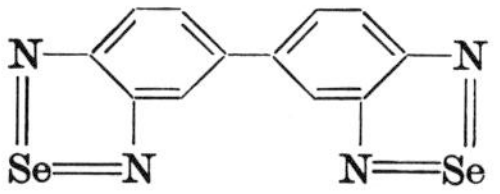

Piazselenol (Benzidin-3.4.3'.4'-dipiazselenol)

Diese Reaktion erlaubt die Identifizierung von Selen neben Tellur. Der Niederschlag kann mikrogravimetrisch und photometrisch bestimmt werden. o-Phenylendiamin, o-Tolylendiamin und peri-Naphthylendiamin geben analoge Reaktionen.

4.5.1.3. Reaktionen, die zur Bildung von normalen schwerlöslichen Salzen führen

Es gibt zahlreiche organische Säuren und Verbindungen mit saurem Charakter (Phenole, Enole, Oxime, Imide usw.), die mit anorganischen Kationen schwerlösliche normale Salze bilden. Viele dieser meist wenig charakteristisch gefärbten Salze sind infolge ihrer definierten Zusammensetzung und ihres günstigen Umrechnungsfaktors (hohes Molekulargewicht der organischen Verbindung) vor allem in der Gravimetrie von größerer Bedeutung. So werden z. B. bei Trennungen und Bestimmungen von Zr(IV), Hf(IV), Th(IV) und Seltenerdmetallen vorzugsweise organische Säuren (Oxalsäure, Mandelsäure, p-Brommandelsäure, Phenyl- und Naphthylfettsäuren, 2.4-Dichlorphenoxyessigsäure usw.) herangezogen. Einige solcher schwerlöslichen Salze sind jedoch auch zur Identifizierung in der qualitativen Analyse geeignet.

Rhodizonsäure, die mit Ba^{2+}, Sr^{2+} und zahlreichen Schwermetallionen braun- bis rotviolett gefärbte Niederschläge bildet, wird häufig zur Identifizierung von Ba^{2+} und Sr^{2+} verwendet.

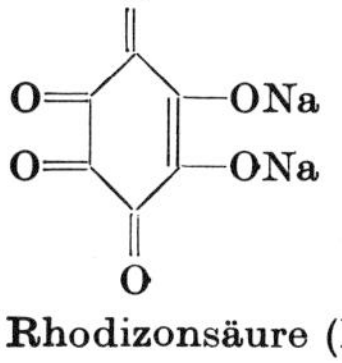

Rhodizonsäure (Na-Salz)

Bei einigen Schwermetallen (z. B. Pb^{2+}), wird auf Grund der intensiven Färbung der Verbindung eine Innerkomplexbildung an der Gruppierung —C=O angenommen.
|
=C—OH

Phenylarsonsäure wird zur gravimetrischen Bestimmung von Zr(IV), Th(IV) und Sn(IV) eingesetzt.

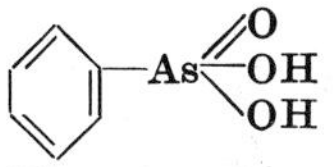

Phenylarsonsäure

Die Bildung der schwerlöslichen weißen Sn(IV)-Verbindung ist innerhalb der H_2S-Gruppe für Sn spezifisch und daher zu dessen Identifizierung geeignet.

Natriumtetraphenylborat (Kalignost) und Dipikrylamin bilden mit K^+, NH_4^+, Rb^+ und Cs^+ schwerlösliche farblose bzw. rote Niederschläge. Da Erdalkaliionen (außer Ba^{2+}), Li^+ und besonders größere Mengen Na^+ nicht stören, werden beide Reagenzien sowohl zum Nachweis als auch zur Bestimmung von K^+ häufig verwendet.

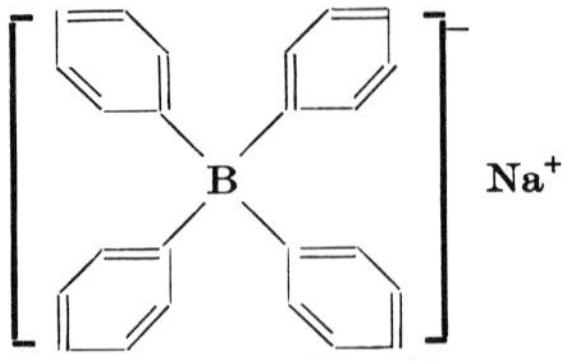

Natriumtetraphenylborat

Dipikrylamin bildet in Abhängigkeit vom pH-Wert mesomere Formen aus:

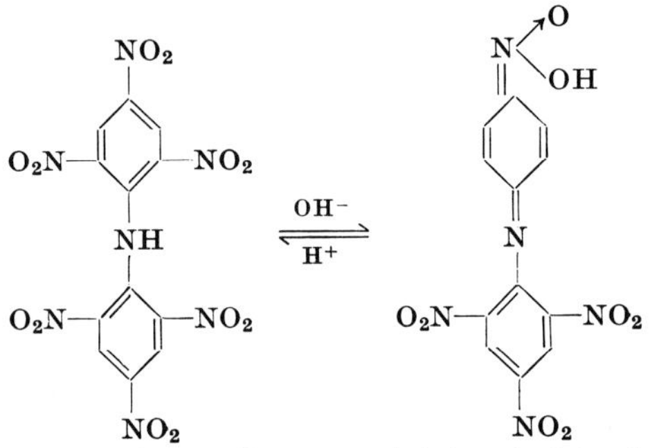

Nitrostruktur gelb ⇄ Acinitrostruktur (eine Form) rot
Dipikrylamin

In alkalischer Lösung liegt das chinoide System der Acinitrostruktur vor. Gleichzeitig tritt Farbvertiefung auf.

Von den schwerlöslichen Salzen, die organische Basen mit anorganischen Anionen bilden, sind das Benzidiniumsulfat sowie das Nitrat, Chlorat und Perchlorat des Nitrons am bekanntesten. Die analytische Verwendung beider Verbindungen beschränkt sich jedoch fast ausschließlich auf die Gravimetrie.

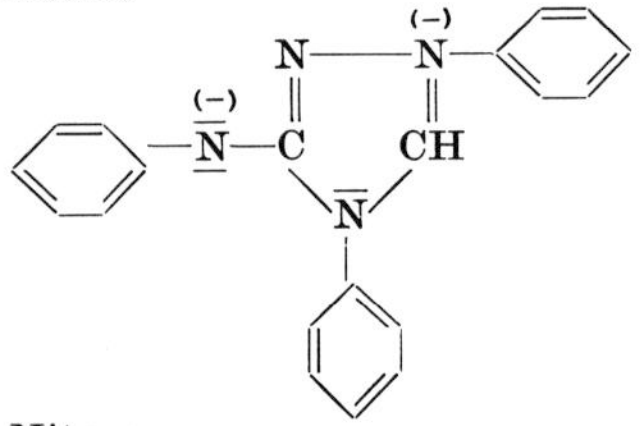

Nitron

Auch dem Nachweis des Sb(V) mit Rhodamin B in stark salzsaurer Lösung dürfte Salzbildung zu Grunde liegen.

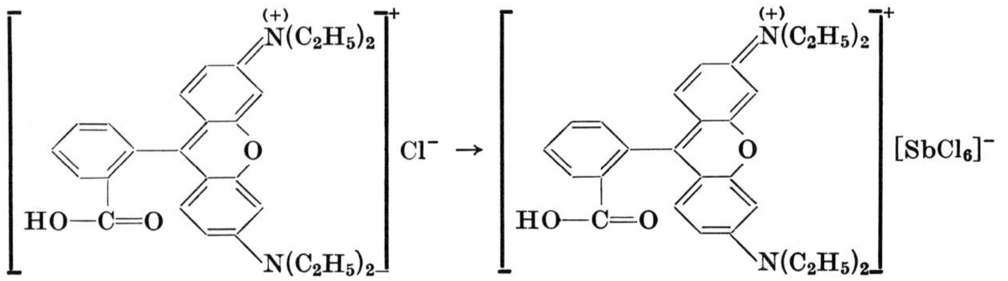

Rhodamin B

4.5.2. Nachweisreaktionen für Kationen

4.5.2.1. HCl-Gruppe: Ag(I), Pb(II)

1. Ag(I)-Nachweis als p-Dimethylaminobenzylidenrhodanin-Verbindung

Die Ag(I)-Verbindung des p-Dimethylaminobenzylidenrhodanins (s. S. 415) ist rotviolett und eignet sich sehr gut zur Identifizierung von Ag(I) auch bei Gegenwart der übrigen Ionen der HCl-Gruppe.

Der Nd. der HCl-Gruppe wird mit 15%iger KCN-Lsg. digeriert, wobei Ag(I) als $[Ag(CN_2]^-$ in Lsg. geht. Gegebenenfalls gleichfalls gebildetes $Hg(CN)_2$ stört nicht. Die Lsg. wird zentrifugiert, das Z. mit 2 M HNO_3 eben angesäuert u. auf der TP mit 1–2 Tr. einer gesätt. Lsg. von p-Dimethylaminobenzylidenrhodanin in Aceton behandelt. Eine Rot- bis Rotviolettfärbung zeigt Ag(I) an.

EG: 0,6 µg Ag pD: 4,9

in Ggw. eines ca. 1000fachen Überschusses an $PbCl_2$ und Hg_2Cl_2.

Störungen: Das Reagenz bildet in alkalischer Lösung mit fast allen Schwermetallionen gefärbte Niederschläge, in saurer Lösung dagegen nur mit Ag(I), Cu(II), Hg(II), Au(III) und einigen Pt-Elementen schwerlösliche farbige Salze (s. S. 415).

2. Pb(II)-Nachweis als Dithizon-Chelat

Pb(II) bildet in neutraler oder alkalischer Lösung mit Dithizon ein r o t e s inneres Komplexsalz (vgl. S. 413), das sich mit CCl_4 ausschütteln läßt.

In einigen Tr. der neutralen oder schwach alkalischen Lsg. wird etwas KCN u. K-Na-Tartrat gelöst u. diese Lsg. mit 1–2 Tr. frisch bereiteter Reagenzlsg. gemischt. Ein Farbumschlag der CCl_4-Schicht von G r ü n nach R o t zeigt Pb(II) an. Unter diesen Bedingungen stören in der HCl- u. H_2S-Gruppe nur Tl u. Sn. Blindprobe!

EG: 0,2 µg Pb pD: 6,3.

Störungen: Zahlreiche andere Schwermetallionen, die gleichfalls mit Dithizon gefärbte Komplexe bilden, können mit KCN oder K-Na-Tartrat maskiert werden.

Reagenz: Frisch bereitete Lsg. von 2 mg Dithizon in 100 ml CCl_4.

4.5.2.2. H_2S-Gruppe

4.5.2.2.1. Kupfergruppe: Bi(III), Cd(II), Cu(I, II), Hg(II), Pb(II), Tl(I)

1. Bi(III)-Nachweis als Thioharnstoff-Chelat

Bi(III) bildet mit Thioharnstoff den gelben Komplex $Bi[SC(NH_2)_2]_x^{3+}$.

1 Tr. Probelsg. wird auf der TP mit 1 Tr. 2 M HNO_3 und einer Spatelspitze Thioharnstoff versetzt. Bei Anwesenheit von Bi(III) tritt eine intensive gelbe Färbung auf.

EG: 6 µg Bi pD: 4,5.

Störungen: SeO_3^{2-}, Pt(IV), Os(IV), Fe(III), CrO_4^{2-}, MnO_4^- und UO_2^{2-} müssen vorher reduziert werden. Sb(III) und Sn(II) sind mit Weinsäure zu maskieren oder abzutrennen. Hg(I) und Ag(I) werden als Chloride gefällt. Au(III) gibt eine Braunfärbung.

Unter analogen Bedingungen kristallisiert Pb(II) als $2Pb(NO_3)_2 \cdot 11SC(NH_2)_2$ in farblosen, stark lichtbrechenden Nadeln aus.

Diese unterschiedliche Reaktion kann zur Trennung von Pb(II)/Bi(III) herangezogen werden.

Störungen: Cu(II) und Tl(I) geben ähnliche Kristalle.

2. Cd(II)-Nachweis als p-Dinitrodiphenylcarbazid-Farblack

Cd^{2+} bildet mit p-Dinitrodiphenylcarbazid in alkalischer Lösung einen braunen Niederschlag (vermutlich Farblack), der sich beim Stehen an der Luft durch Oxidation des Carbazids zum Carbazon schnell blaugrün verfärbt. Diese Oxidation wird durch Formaldehyd in noch ungeklärter Reaktion katalysiert.

1–2 Tr. der sauren oder ammoniakalischen Probelsg. werden auf der TP mit 1 Tr. NaOH-Lsg. u. 3–4 Tr. KCN-Lsg. gemischt u. 1 Tr. Reagenzlsg. sowie 2 Tr. Formalin unter Rühren zugegeben. Ein blaugrüner Nd. zeigt Cd(II) an. Da die rote alkalische Reagenzlsg. durch Formalin violett gefärbt wird, muß bei kleinen Cd(II)-Mengen die Farbe der Testlsg. mit der einer entsprechenden Blindprobe verglichen werden.

EG: 0,8 µg Cd pD: 4,8.

Störungen: Die Fällung von $Cu(OH)_2$ wird durch Zugabe von KCN verhindert, wobei sich $[Cu(CN)_4]^{3-}$ bildet.

Reagenz: 10%ige NaOH-Lsg. 10%ige KCN-Lsg., 40%ige Formaldehydlsg. (Formalin), 0,1%ige alkoholische Lsg. von p-Dinitrodiphenylcarbazid.

3. Cu(I)-Nachweis als Cuproin-Chelat

Cuproin (s. S. 410) bildet mit Cu^+ in schwach saurer Lösung einen purpurroten, in Wasser schwerlöslichen Chelatkomplex, der jedoch in organischen Lösungsmitteln löslich ist. Da Cuproin praktisch nur mit Cu^+ reagiert, liegt hier der seltene Fall eines wirklich spezifischen Reagenzes vor. Allgemein vorliegende Cu^{2+}-Ionen müssen reduziert werden.

2–3 Tr. der schwach sauren Probelsg. ($pH > 3$) werden mit etwas festem Hydroxylammoniumchlorid gut durchmischt u. auf der TP mit 2–3 Tr. Reagenzlsg. versetzt. Eine purpurrote Färbung zeigt Cu(I) an. Soll der Nachweis direkt aus der Ursubstanz geführt werden, so wird die Analysensubstanz mit Königswasser abgeraucht, in verd. HCl aufgenommen u. von ggf. Nd. abzentrifugiert. Das klare Z. wird dann wie vorst. beschrieben geprüft. Blindprobe!

EG: 0,05 µg Cu pD: 5,0.

Störungen: Fe(III) in großem Überschuß stört und wird mit Weinsäure maskiert. Stark gefärbte Ionen können den Nachweis sehr geringer Cu(I)-Mengen beeinträchtigen.

Reagenz: Gesätt. alkoholische Lsg. von Cuproin.

4. Cu(II)-Nachweis als Cu(II)-rubeanat

Cu(II) bildet in schwach saurer oder ammoniakalischer, auch weinsäurehaltiger Lösung jedoch nicht in Alkalicyanidlösung, mit Rubeanwasserstoff (s. S. 415) einen dunkelgrünen bis schwarzen Niederschlag.

1 Tr. der möglichst neutralen Probelsg. wird auf Papier getüpfelt, mit NH_3 geräuchert u. mit 1 Tr. Reagenzlsg. nachgetüpfelt. Ein schwarzer oder olivgrüner Fleck zeigt Cu(II) an. Blindprobe!

EG: 0,06 µg Cu pD: 6,1.

Störungen: Unter den gleichen Bedingungen bilden nur Co(II) und Ni(II) braune bzw. rotviolette Niederschläge. Größere Mengen von NH_4^+-Salzen vermindern die Empfindlichkeit des Nachweises.

Reagenz: 1%ige Lsg. von Rubeanwasserstoff in Alkohol.

5. Hg(II)-Nachweis als Diphenylcarbazon-Chelat

Hg^{2+} bildet mit Diphenylcarbazid bzw. dessen Oxidationsprodukt Diphenylcarbazon in neutraler bis schwach saurer Lösung eine rotviolette Innerkomplexverbindung (s. S. 414).

Der Nd. der H_2S-Gruppe wird mit halbkonz. HNO_3 aufgekocht, der HgS-Rückstand gut gewaschen u. in möglichst wenig Königswasser gelöst. Die Lsg. wird mit HNO_3 im Überschuß bis fast zur Trockne vorsichtig eingedampft, mit möglichst wenig W. aufgenommen u. mit Ammoniak annähernd neutralisiert. 1–2 Tr. der neutralen Lsg. werden auf Filterpapier getüpfelt, das vorher mit einigen Tr. Reagenzlsg. getränkt wurde. Bei Ggw. von Hg(II) entsteht ein rotvioletter Fleck, dessen Farbe sich beim Räuchern mit NH_3 vertieft. Die Färbung verblaßt im allg. nach kurzer Zeit.

Liegt Hg_2^{2+} vor, so wird der Nd. der HCl-Gruppe nach Auswaschen von $PbCl_2$ mit heißem W. u. von AgCl mit Ammoniak in Königswasser gelöst u. wie oben verfahren, sofern bei sehr kleinen Hg-Mengen die Kalomelreaktion nicht eindeutig verläuft.

EG: 1 µg Hg pD: 4,7.

Störungen: Cd(II), CrO_4^{2-} und andere Oxidationsmittel sowie größere Mengen Cu(II) stören.

Reagenz: Gesätt. Lsg. von Diphenylcarbazid oder Diphenylcarbazon in Alkohol.

6. Tl(I)-Nachweis als Tl(I)-dipikrylaminat

Natriumdipikrylaminat (s. S. 420) fällt aus neutraler Lösung Tl(I)-dipikrylaminat. Es entstehen orangerote quadratische oder schlanke sechseckige Täfelchen, oft mit schieflaufenden Doppelstreifen (Kristallaufnahme: Nr. 33).

1 Tr. Probelsg. wird auf dem OT mit 1 Tr. Reagenzlsg. versetzt.

EG: 0,05 µg Tl/ml.

Störungen: K^+, NH_4^+, Rb^+ und Cs^+ (s. S. 420).

Spezifisch kann der Nachweis durch vorhergehende Fällung des Tl(I) mit HCl gestaltet werden.

1–2 ml Probelsg. werden mit 2 M HCl gefällt, der Nd. über Filterpapier abgetrennt und mit Äthanol säurefrei gewaschen. Das ausgebreitete, den Nd. enthaltende Filter wird mit 1 Tr. Reagenzlsg. versetzt und getrocknet. Beim Nachtüpfeln mit 0,1 M HNO_3 tritt bei Anwesenheit von Tl(I) eine Rotfärbung auf.

Reagenz: 2%ige Natriumpikrylaminatlsg. oder eine Lsg. von 0,2 g Dipikrylamin in 2 ml 1 M Na_2CO_3-Lsg. mit 75 ml H_2O verdünnt und filtriert.

7. Tl(I)-Nachweis als Thionalid-Chelat

Thionalid (s. S. 414) verhält sich in vieler Hinsicht wie ein durch den organischen Rest substituiertes H_2S und bildet dementsprechend mit fast allen Kationen der H_2S-Gruppe schwerlösliche Niederschläge. Alle diese Ionen bis auf Tl^+ können jedoch durch Zugabe von Alkalicyanid, Tartrat und NaOH maskiert werden, so daß unter entsprechenden Bedingungen Tl(I) neben nicht zu großen Mengen Hg(II), Pb(II) und Bi(III) (> 5 mg/ml stören) spezifisch nachgewiesen werden kann.

Man versetzt ca. 1 ml der schwach HNO_3-sauren Probelsg. mit einem möglichst geringen Überschuß an Na-Tartrat, macht mit NaOH deutlich alkalisch, fügt KCN im Überschuß zu u. erhitzt zum Sieden. Dann läßt man etwas abkühlen u. gibt 1–2 Tr. Reagenzlsg. zu. Die Bldg. eines gelben Nd., der sich bei sehr geringen Tl(I)-Konzz. erst beim Erkalten absetzt, zeigt Tl(I) an.

EG: 0,1 µg Tl pD: 7,0.

Störungen: Unter den angegebenen Bedingungen u. Einschränkungen innerhalb der H_2S- und HCl-Gruppe spezifischer Nachweis für Thallium.

Oxidationsmittel einschließlich Fe(III) stören und werden am besten durch Kochen mit Hydroxylamin entfernt. Verd. HNO_3 stört nicht!

Reagenz: 5%ige Lsg. von Thionalid in Aceton.

4.5.2.2.2. Arsen-Zinngruppe: Sb(III, V), Sn(IV), Mo(VI) und Se(IV)

1. Sb(III)-Nachweis als Methylfluoron-Verbindung

9-Methyl-2,3,7-trihydroxy-6-fluoron (Methylfluoron (s. S. 415)] bildet mit Sb(III) eine schwerlösliche rote Verbindung. Der Nachweis kann auch mit Phenylfluoron durchgeführt werden. In beiden Fällen muß Sb(V) zuvor mit Mg-Pulver reduziert werden.

1 Tr. Reagenzlsg. wird auf Filterpapier an der Luft getrocknet. Der entstandene gelbe Fleck wird mit der Probelsg., die etwa 1 M an HCl sein soll, versetzt und mit 2–3 Tr. 6 %iger H_2O_2-Lsg. in 1 M HCl nachgetüpfelt. Bei Anwesenheit von Sb(III) entsteht ein roter Fleck.

EG: 0,2 µg Sb pD: 5,4.

Störungen: Au(III), Os(VI), Ce(IV), V(V), Cr(VI), Mn(VII), Ge(IV) und Mo(VI) stören. Letzteres wird durch die HCl-saure H_2O_2-Lsg. in Permolybdänsäure überführt. Sn(IV) setzt die Empfindlichkeit herab.

Reagenz: Frisch bereitete Lösung von 0,017 g Methylfluoron in einer Mischung von 5 ml 2 M HCl und 5 ml 95 %igem Äthanol.

2. Sb(V)-Nachweis als Rhodamin B-hexachloroantimonat(V)

Stark salzsaure Sb(V)-Lösungen geben mit Rhodamin B (s. S. 420) eine Violettfärbung bzw. einen violetten Niederschlag.

Ein Teil der Thiosalzlsg. der H_2S-Gruppe wird mit HCl eben angesäuert. Die ausfallenden Sulfide werden abzentrifugiert u. mit einigen Tr. 7 M HCl digeriert, wobei nur Sb_2S_5 u. SnS_2 gelöst werden. 2–3 Tr. dieser Lsg. werden auf der TP mit 1 Tr. 7 M HCl u. 2–3 Kriställchen KNO_2 versetzt [Oxidation des Sb(III) zu Sb(V)]. Danach werden zur Zers. von überschüssiger HNO_2 einige Kristalle Amidosulfonsäure zugegeben u. das Gemisch nach gutem Durchrühren mit 1–2 Tr. Reagenzlsg. getüpfelt. Ein Farbumschlag von hellrot nach violett zeigt Sb an.

EG: 0,5 µg Sb pD: 5,0.

Störungen: Tl(III), Bi(III), Hg(II), Au(III), MoO_4^{2-} und WO_4^{2-}, sowie größere Mengen Fe(III) stören durch Bildung ähnlicher Färbungen.

Reagenz: 0,01 %ige wss. Lsg. von Rhodamin B.

3. Sn(IV)-Nachweis als Phenylarsonsäure-Verbindung

Phenylarsonsäure bildet mit Sn(IV) in schwach saurer Lösung einen schwer löslichen Niederschlag (s. S. 419).

Die salzsaure Lsg. der Sulfide der H_2S-Gruppe wird soweit verdünnt, daß sie etwa 2 M an HCl ist u. bis fast zum Kp. erhitzt. Sollten sich dabei bereits durch Hydrolyse Trübungen oder Ndd. bilden [Bi(III), Sb(III)], so wird zentrifugiert. Das Z. wird erneut erhitzt u. ca. 1 ml der heißen Lsg. mit einigen Tr. Reagenzlsg. versetzt. Ein weißer Nd. zeigt Sn(IV) an. Die Empfindlichkeit des Nachw. nimmt mit steigender Acidität der Lsg. ab.

pD: 4,3.

Störungen: Innerhalb der H_2S-Gruppe keine; sonst Zr(IV) und Th(IV).

Reagenz: Heißgesättigte wss. Lsg. von Phenylarsonsäure.

4. Mo(VI)-Nachweis als Äthylxanthogenat-Chelat

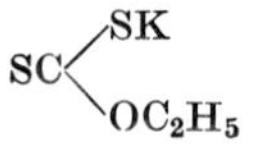

Kaliumäthylxanthogenat

In schwach mineralsaurer Lösung bildet Mo(VI) mit Äthylxanthogenaten einen intensiv rotvioletten Chelatkomplex der Zusammensetzung $MoO_2[SCS(OC_2H_5)]_2$.

Bei Gegenwart größerer Mengen Mo(VI) scheiden sich nahezu schwarz gefärbte ölige Tröpfchen ab, die in Benzol, $CHCl_3$ und CS_2 mit rotvioletter Farbe löslich sind.

Ein Teil der NaOH-haltigen Probelsg. wird mit verd. HCl eben angesäuert u. davon 1 Tr. auf Reagenzpapier getüpfelt. Der feuchte Fleck wird mit 2 Tr. 2 M HCl nachgetüpfelt. Bei Anwesenheit von Mo(VI) bildet sich ein rosa bis violetter Ring.

EG: 0,04 µg Mo pD: 6,1.

Störungen: Diese empfindliche Reaktion ist für Mo(VI) spezifisch, wenn man von alkalischen Lösungen ausgeht und Ionen, die mit Mo(VI) Komplexe bilden (Oxalat, Tartrat, F^-, PO_4^{3-}, AsO_4^{3-}), vorher entfernt.

Reagenzpapier: Filterpapierstreifen werden in 10%ige $ZnSO_4$- oder $CdSO_4$-Lsg. getaucht, getrocknet, danach in gesätt. Kaliumanthogenat-Lsg. getaucht, mit H_2O gewaschen u. getrocknet. Das getrocknete Papier ist gut haltbar.

5. Se(IV)-Nachweis durch Oxidation von asymmetrischem Diphenylhydrazin

Die oxidierende Wirkung von seleniger Säure auf asymmetrisches Diphenylhydrazin unter Bildung von violettem Chinonanildiphenylhydrazon (s. S. 417) dient zum Nachweis von Se(IV). Sauerstoffverbindungen des Tellurs reagieren nicht.

4 Tr. Reagenzlsg. werden auf der TP mit 1 Tr. 2 M HCl und 1 Tr. Probelsg. vermischt. Bei Anwesenheit von SeO_3^{2-} entsteht sofort eine rote Färbung, die in ein leuchtendes Rotviolett übergeht. Bei sehr geringen Mengen seleniger Säure ist eine Blindprobe empfehlenswert.

EG: 0,05 μg SeO_2 pD: 6.

Störungen: Der Nachweis ist spezifisch für SeO_3^{2-}. SeO_4^{2-} gibt eine Rotfärbung. Se, Se^{2-} oder SeO_4^{2-} werden zum Nachweis in SeO_3^{2-} überführt.

Oxidationsmittel wie HJO_3, $HMnO_4$, Peroxide, usw. sind mit konz. HCl zu zerstören. W(VI), Mo(VI), Fe(III) und Cu(II) werden in salzsaurer Lösung mit Oxalsäure komplexiert.

Reagenz: Frische 1%ige Lsg. von asymmetrischem Diphenylhydrazin in Eisessig.

6. Se(IV)-Nachweis als Piazselenol

Selenige Säure bzw. SeO_2 bildet mit aromatischen o-Diaminen sog. Piazselenole (s. S. 419). Mit Diaminobenzidin entsteht in saurer Lösung das intensiv gelb gefärbte Diphenylpiazselenol. Letzteres ist in Wasser, 6 M HNO_3, konz. HCl und 6 M Ammoniak schwer löslich. Von konz. H_2SO_4 wird es unter Bildung einer roten Verbindung gelöst, die beim Verdünnen mit Wasser durch Hydrolyse wieder zerfällt.

Das Z. der HCl-Gruppe wird mit etwas Hydraziniumchlorid aufgekocht, wobei Se u. Te (u. Au sowie etwa Pt) elementar ausfallen. Der Nd. wird in wenig Königswasser gelöst (bei Ggw. von Au u. Pt muß mit HNO_3 gelöst u. von Au u. Pt abzentrifugiert werden), überschüssiges HNO_3 mit HCl abgeraucht u. danach die Lsg. mit soviel W. verd., daß sie ca. 3 M an HCl ist. 10 Tr. dieser Lsg. werden im Mikroreagenzglas mit 3 Tr. Reagenzlsg. versetzt. Ein gelber Nd. oder eine Gelbfärbung zeigt Se(IV) an. Bei Abwesenheit von Au und Mo kann Se(IV) direkt in der salzsauren Lsg. sämtlicher Sulfide der H_2S-Gruppe nachgewiesen werden. Bei sehr geringen Se-Mengen Blindprobe!

EG: 0,3 μg Se pD: 6,0.

Störungen: Die Bildung des gelben Piazselenols ist ein empfindlicher und in Abwesenheit von Oxidationsmitteln [V(V), Au(III), Fe(III), Ce(IV), MnO_4^-, CrO_4^{2-}] ein spezifischer Nachweis für Se(IV) auch bei Gegenwart eines großen Te-Überschusses. Lediglich Mo(VI) in größerem Überschuß kann den Nachweis von sehr kleinen Mengen Se(IV) stören, da es mit Diaminobenzidin eine blaßblaue Färbung gibt. Durch $SnCl_2$ wird das Piazselenol unter Bildung von elementarem Se reduziert. Die obengenannten Oxidationsmittel reagieren mit Diaminobenzidin in Analogie zur Benzidinblaureaktion (s. S. 417) unter Violettfärbung.

Reagenz: 2,5%ige wss. Lsg. von Diamonobenzidiniumchlorid.

7. Ge(IV)-Nachweis als Phenylfluoron-Verbindung

Phenylfluoron bzw. Methylfluoron (s. S. 415) eignet sich gut zum Nachweis von Ge(IV).

1 Tr. der mit 6 M HCl angesäuerten Reagenzlösung wird auf Filterpapier gegeben u. getrocknet. Der entstandene gelbe Fleck wird mit der Probelsg., die ca. 3–6 M an HCl sein soll und 1 Tr. 6 M HNO_3 nachgetüpfelt. Bei Anwesenheit von Ge(IV) entsteht eine intensive Rosafärbung, die sich langsam verstärkt.

EG: 0,13 μg Ge pD: 5,5.

Störungen: Unter den angegebenen Bedingungen ist der Nachweis spezifisch. Oxidationsmittel, wie Ce(IV), CrO_4^{2-}, MnO_4^- zerstören das Reagenz u. müssen entfernt werden. Eine Rotfärbung von Mo(VI) wird durch die HNO_3-Zugabe verhindert.

Reagenz: 0,05 %ige alkoholische Phenylfluoronlsg.

4.5.2.3. Urotropingruppe: Al(III), Be(II), Cr(VI), Fe(II), Ti(IV), Zr(IV), V(V) und U(VI)

1. Al(III)-Nachweis als Aluminon-Farblack

Al(III) bildet in essigsaurer Lösung mit Aluminon (NH_4-Salz der Aurintricarbonsäure, s. S. 416) einen schwerlöslichen roten Farblack, der sich, einmal gebildet, in einer Lösung von Ammoniumcarbonat in Ammoniak nicht wieder auflöst. Durch dieses Verhalten unterscheidet sich der Al(III)-Lack von den Aluminon-Lacken zahlreicher anderer Elemente, die in Ammoniak löslich sind.

Die saure Probelsg. wird mit NaOH alkalisch gemacht u. von Ndd. abzentrifugiert. Einige Tr. des klaren Z. werden im Reagenzglas mit Essigsäure angesäuert u. mit ca. dem gleichen Vol. Reagenzlsg. versetzt. Nach etwa 5 Min. wird tropfenweise unter Umschütteln eine 10 %ige Lsg. von Ammoniumcarbonat in verd. Ammoniak (1:2 Vol.) bis zur eben alkalischen Rk. zugegeben. Ein größerer Überschuß ist zu vermeiden. Eine bleibende Rotfärbung oder die Bldg. roter Flöckchen, die oft erst nach längerem Stehen sichtbar werden, zeigt bei Abwesenheit von Be(II) spezifisch Al(III) an.

EG: 0,16 µg Al^{3+} pD: 5,0.

Störungen: Von den Kationen stören lediglich Fe^{3+} und Be^{2+} infolge Bildung stabiler Lacke. Liegen Be^{2+} und Al^{3+} nebeneinander vor, so muß mit Oxin (vgl. S. 413) getrennt werden. Durch größere Mengen PO_4^{3-} kann die Fällung verhindert werden. Reduzierende Stoffe (H_2S, SO_2 usw.) stören, da sie den Farbstoff entfärben. Kieselsäure adsorbiert den Farbstoff und muß durch Abrauchen mit konz. Säure abgeschieden werden.

Reagenz: 0,2 %ige wss. Lsg. von Aluminon.

2. Al(III)-Nachweis als Chinalizarin-Farblack

Al(III) bildet mit Chinalizarin in ammoniakalischer Lösung einen rotvioletten Farblack (s. S. 415), der, einmal gebildet, im Gegensatz zu der entsprechenden Be(II)-Verbindung gegen Essigsäure stabil ist.

1 Tr. der schwach sauren Probelsg. wird auf Reagenzpapier getüpfelt. Der feuchte Fleck wird kurz mit Ammoniak u. danach mit Essigsäure geräuchert. Die Bldg. eines rotvioletten bis roten Fleckes zeigt Al(III) an. Blindprobe!

EG: 0,005 µg Al pD: 6,3.

Reagenzpapier: Filterpapier wird mit einer Lsg. von 10 mg Chinalizarin in 2 ml Pyridin und 20 ml Aceton getränkt u. getrocknet.

3. Al(III)-Nachweis als fluoreszierender Morin-Farblack

Al(III) bildet in neutraler oder essigsaurer Lösung mit Morin intensivfluoreszierende kolloidale Suspension eines Farblackes.

Die saure Probelsg. wird mit KOH (nicht NaOH!) stark alkalisch gemacht u. zentrifugiert. Einige Tr. des Z. werden im Reagenzglas oder auf einer schwarzen TP mit Eisessig angesäuert u. mit einigen Tr. Reagenzlsg. versetzt. Eine grüne Fluoreszenz, die beim starken Ansäuern mit HCl verschwindet, zeigt Al(III) an. UV-Licht erleichtert die Beobachtung erheblich. Eine Blindprobe mit der verwendeten KOH zum Vergleich von Fluoreszenzfarbe u. bes. -intensität ist unerläßlich. NaOH fluoresziert mit Morin meist so stark, daß es nicht verwendet werden kann.

EG: 0,2 µg Al pD: 5,4.

Störungen: Be(II), In(III), Ga(III), Th(IV), Sc(III), Zr(IV) und Silicate geben ebenfalls mit Morin fluoreszierende Farblacke, deren Bildung und Beständigkeit stark pH-abhängig ist.
Reagenz: Gesätt. Lsg. von Morin in Methanol.

4. Be(II)-Nachweis als fluoreszierender Morin-Farblack

Be(II) bildet nur in alkalischer Lösung einen intensiv gelbgrün fluoreszierenden Farblack (s. S. 416), während Al(III) unter gleichen Bedingungen praktisch nicht fluoresziert. Beim Ansäuern mit Eisessig verschwindet die gelbgrüne Fluoreszenz des Be(II)-Lackes, während nun bei Gegenwart von Al(III) eine rein grüne Fluoreszenz eindeutig hervortritt. Diese verschwindet erst beim stärkeren Ansäuern mit HCl wieder.

Zum Nachweis von Be(II) wird die saure Probelsg. mit KOH (nicht NaOH!) alkalisch gemacht und zentrifugiert. 1–2 Tr. des Z. werden auf einer schwarzen TP mit 1 Tr. Reagenzlsg. versetzt. Eine intensiv gelbgrüne Fluoreszenz zeigt Be(II) an. Schlägt beim Ansäuern mit Eisessig die Fluoreszenz deutlich nach Grün um, um bei weiterem Ansäuern mit HCl schließlich zu verschwinden, so ist auch Al(III) zugegen. Der Nachw. ist nur bei Betrachtung im UV-Licht sicher u. eindeutig. Eine Blindprobe ist unerläßlich (vgl. Al).

EG: 0,2 μg Be pD: 5,4.

Störungen: Siehe Al(III)-Nachweis als Morin-Farblack.
Reagenz: Gesätt. Lsg. von Morin in Methanol.

5. Cr(VI)-Nachweis durch Oxidation von Diphenylcarbazid

Stark saure Lösungen von Dichromaten geben mit Diphenylcarbazid eine vorübergehende Rotviolettfärbung (s. S. 414). Die Konstitution der dabei entstehenden Oxidationsprodukte des Diphenylcarbazids ist noch nicht sicher bekannt.

In einigen Tr. der sauren Probelsg. wird ggf. nach der auf S. 279 gegebenen Vorschrift Cr(III) zu Cr(VI) oxidiert. 2–3 Tr. der oxidierten Lsg. werden nach Verkochen des überschüssigen Oxidationsmittels auf der TP mit 3 Tr. Reagenzlsg. versetzt. Eine violette bis rote Färbung, die schnell verblaßt, zeigt Cr an.

EG: 0,8 μg Cr pD: 5,0.

Störungen: Unter gleichen Bedingungen stören Mo(VI), V(V) und Hg(II). Mo(VI) kann durch Zugabe von gesättigter Oxalsäurelsg. als komplexe Oxalatomolybdänsäure, Hg(II) durch Alkalichlorid oder HCl im Überschuß (Bildung von undissoziiertem $HgCl_2$) maskiert werden. Vanadate(V) geben eine schmutzig grünviolette Färbung, die unter Umständen das Erkennen der violetten Färbung durch $Cr_2O_7^{2-}$ unmöglich macht. In diesem Falle trennt man am besten Cr(VI) vor dem Nachweis als CrO_2Cl_2 ab (s. S. 154).
Reagenz: Gesätt. Lsg. von Diphenylcarbazid in Alkohol.

6. Fe(II)-Nachweis als 2,2′-Dipyridyl- oder 1,10-Phenanthrolin-Chelat

Fe^{2+} bildet mit 2,2′-Dipyridyl oder 1,10-Phenanthrolin in schwach saurer, neutraler oder ammoniakalischer Lsg. rote Chelatkomplexe (s. S. 410). Wenn Fe^{3+} vorliegt, so muß vor dem Nachweis zu Fe^{2+} reduziert werden.

1–2 Tr. der sauren Lsg. werden auf der TP zur Red. von Fe^{3+} zu Fe^{2+} mit etwas festem Hydroxylammoniumchlorid versetzt. Dann wird Ammoniak zugegeben, bis die Lsg. schwach sauer bis neutral reagiert u. mit 1–2 Tr. Reagenzlsg. getüpfelt. Eine Rotfärbung zeigt Fe^{2+} an. Blindprobe unerläßlich!

EG: 0,03 μg Fe^{2+} pD: 6,2.

Störungen: PO_4^{3-}, F^-, Tartrat, Oxalat und Fe^{3+} stören nicht. Kationen, die Amminkomplexe bilden, geben in saurer Lsg. blasse Färbungen, die im allgemeinen gleichfalls nicht stören.
Reagenz: 2%ige alkoholische Lsg. von 2,2′-Dipyridyl oder 1,10-Phenanthrolin.

7. Ti(IV)-Nachweis mit Chromotropsäure

Ti(IV) gibt mit Chromotropsäure in konz. H_2SO_4 eine Violettfärbung, die auch bei Gegenwart größerer Mengen gefärbter Metallsalze im allgemeinen gut erkennbar ist. Wahrscheinlich wird die Chromotropsäure durch Ti(IV) zu einer p-chinoiden Verbindung oxidiert, die ihrerseits Ti(III) koordinativ bindet.

1 Tr. der schwefelsauren Lsg. wird auf der TP, ggf. nach Red. von Fe^{3+} u. UO_2^{2+} mit $SnCl_2$ mit 5 Tr. Reagenzlsg. gut durchmischt. Eine Violettfärbung zeigt Ti(IV) an. Bei sehr kleinen Ti(IV)-Mengen ist ein Farbvergleich mit einer Blindprobe ratsam.

EG: 0,5 µg Ti pD: 5,0.

Störungen: Stärkere Oxidationsmittel müssen vorher durch Abrauchen mit konz. H_2SO_4 zerstört werden. Fe^{3+} und UO_2^{2-}, welche gleichfalls stören, werden mit $SnCl_2$ reduziert.
Reagenz: 0,02 g Chromotropsäure in 20 ml konz. H_2SO_4.

8. Zr(IV)-Nachweis als fluoreszierender Morin-Farblack

Zr(IV) bildet ebenso wie Al(III), Be(II) u.a. Elemente mit Morin einen Farblack (s. S. 416), der im UV-Licht mit gelbgrüner Farbe fluoresziert. Der Zr(IV)-Komplex ist jedoch als einziger dieser Verbindungen gegenüber HCl stabil (vgl. Analogie beim Nachweis mit Alizarin S). Auf dieser Eigenschaft basiert der folgende spezifische Nachweis von Zr(IV).

1 Tr. der HCl-sauren Lsg. wird auf einer schwarzen TP mit 1 Tr. Reagenzlsg. u. 2 Tr. konz. HCl versetzt. Eine grüne Fluoreszenz zeigt Zr(IV) an. Besonders vorteilhaft ist die Beobachtung im UV-Licht.

EG: 0,1 µg Zr pD: 5,7.

Störungen: F^- stört infolge Bildung von $[ZrF_6]^{2-}$. Oxidationsmittel [Fe(III), Cu(II), VO_3^-, $Cr_2O_7^{2-}$] zerstören in stark saurer Lösung den Farbstoff. Ferner kann die Beobachtung der Fluoreszenz durch gelb- oder rotgefärbte Fremdionen in der Lösung erschwert werden.
Reagenz: Gesätt. Lsg. von Morin in Methanol.

9. Zr(IV)-Nachweis als Phenylarsonsäure-Verbindung

Phenylarsonsäure (s. S. 419) und ihre Derivate sind in verdünnt mineralsauren Lösungen selektive Fällungsmittel für Zr(IV).

Zu 1 ml der schwach mineralsauren Probelsg. wird bis zur quantitativen Fällung Reagenzlsg. sowie danach die gleiche Menge 1 M HCl gegeben und durchmischt. Bei Gegenwart von Zr(IV) bildet sich ein beständiger weißer Nd.

pD: 5.

Störungen: Sn(IV) stört. Um Fällungen von Ti(IV), Mo(VI) und W(VI) zu verhindern, versetzt man die Probelsg. vorher mit H_2O_2.
Reagenz: 5%ige wäßr. Lsg. des Na-Salzes der Phenylarsonsäure.

Empfindlicher läßt sich der Nachweis mit p-Dimethylamino-azo-phenylarsonsäure gestalten.

1 Tr. der sauren Probelsg. wird auf ein mit Reagenzlsg. getränktes und getrocknetes Filterpapier gebracht. Bei Gegenwart von Zr(IV) erscheint ein brauner Fleck, der durch 3–5 Minuten langes Behandeln mit 50–60 °C warmer 2 M HCl sehr gut sichtbar wird.

pD: 5,7.

Störungen: Siehe oben! Färbungen anderer Ionen verschwinden sofort beim Spülen mit 2 M HCl.
Reagenz: 0,1 g p-Dimethylamino-azo-phenylarsonsäure in 95 ml Alkohol und 5 ml konz. HCl.

10. V(V)-Nachweis als 2,2'-Dipyridyl- oder Diacetyldioxim-Chelat nach Reduktion von Fe(III) mit V(IV)

V(V) wird durch Kochen mit 7 M HCl quantitativ zu V(IV) reduziert. V(IV) seinerseits reduziert Fe(III) zu Fe(II), so daß über den Nachweis des gebildeten Fe^{2+}, für den mehrere empfindliche Reagenzien zur Verfügung stehen, V(V) indirekt nachgewiesen werden kann.

Einige Tr. der Probelsg. werden mit etwa dem gleichen Vol. konz. HCl zum Sieden erhitzt u. bis etwa zur Hälfte des Gesamtvol. eingedampft. Nach dem Erkalten versetzt man auf der TP mit 1 Tr. 1%iger $FeCl_3$-Lsg., rührt gut durch u. setzt 2–3 Tr. gesätt. Na_2HPO_4-Lsg. (Maskierung von überschüssigem Fe^{3+}) u. danach 1–2 Tr. von einer der unten aufgeführten Reagenzlsg. zu. Eine beim Nachtüpfeln mit Ammoniak auftretende Rotfärbung zeigt Fe^{2+} u. damit indirekt V(V) an.

EG: 0,1 μg V pD: 5,7.

Störungen: Der Nachw. ist unter den angegebenen Bedingungen in der Urotropingruppe für V(V) spezifisch.

Reagenzien: 2%ige Lsg. von 2,2'-Dipyridyl oder 1,10-Phenanthrolin in Alkohol oder eine gesätt. alkoholische Lsg. von Diacetyldioxim.

11. U(VI)-Nachweis als Glyoxal-bis-(2-hydroxyanil)-Chelat

Glyoxal-bis-(2-hydroxyanil) (s. S. 413) bildet mit UO_2^{2+} eine selektive violette Färbung, die zum qualitativen Nachweis oder zur quantitativen photometrischen Bestimmung dienen kann.

1 ml der Probelsg. wird in einem Reagenzglas mit 2 ml Reagenzlsg. und 0,2 ml Pufferlsg. (pH 4,62) versetzt und 10 Min. auf dem Wasserbad (90–95 °C) erwärmt. Die Anwesenheit von U(VI) wird durch eine violette Färbung angezeigt.

EG: ca. 1 μg U(VI).

Reagenz: 0,1 g Glyoxal-bis-(2-hydroxyanil) werden in 100 ml Methanol unter Erwärmen (50 °C) gelöst und nach dem Erkalten filtriert (Haltbarkeit ca. 2 Tage).

Pufferlsg. pH: 4,62: 6,005 g Eisessig und 8,204 g Natriumacetat werden auf 1 Liter gelöst.

4.5.2.4. $(NH_4)_2S$-Gruppe: Mn(II), Ni(II), Co(II), Zn(II)

Alle Nachweise für Mangan laufen auf eine Oxidation von Mn(II) oder Mn(IV) zu MnO_4^- hinaus (vgl. die Rkk. 11. u. 12., S. 264). Im Prinzip kann das gebildete MnO_4^- durch oxidationsempfindliche organische Reagenzien (besonders Benzidin und ähnliche Verbindungen) nachgewiesen werden, doch besteht hierzu infolge der äußerst intensiven Eigenfarbe des MnO_4^--Ions keine Notwendigkeit.

An Stelle von Diacetyldioxim sind auch andere Dioxime, deren Oximgruppen in Nachbarstellung zueinander stehen (s. S. 411), zum Nachweis von Ni geeignet. Sie bieten jedoch gegenüber dem Diacetyldioxim weder hinsichtlich Empfindlichkeit noch Selektivität erhebliche Vorteile, so daß auf ihre Besprechung hier verzichtet werden kann. Ausführung des Nachweises von Ni(II) mit Diacetyldioxim s. S. 412.

1. Co(II)-Nachweis als α-Nitroso-β-naphthol-Co(III)-Chelat

α-Nitroso-β-naphthol fällt aus Co(II)-Salzlösung eine schwerlösliche, farbige Innerkomplexverbindung des Co(III) (s. S. 413).

Einige Tr. der sauren Probelsg. werden auf der TP mit einigen Tr. gesätt. Na_3PO_4-Lsg. gut durchmischt u. danach mit 2–3 Tr. Reagenzlsg. u. einigen Tr. verd. Ammoniak getüpfelt. Eine braune bis rotbraune Färbung, die auch beim vorsichtigen Ansäuern nicht wieder verschwindet, zeigt Co(II) bzw. Co(III) an.

EG: 0,5 µg Co^{2+} pD: 5,0

in Ggw. der 1000fachen Menge Fe u. U.

Störungen: Cu^{2+}, Fe^{3+}, Pd^{2+} und UO_2^{2+} bilden gleichfalls schwerlösliche, farbige Innerkomplexverbindungen. Da Fe^{3+} und UO_2^{2+} mit H_3PO_4 maskiert werden können, ist dieser Nachweis innerhalb der $(NH_4)_2S$-Urotropin-Gruppe für Co^{2+} spezifisch.

Reagenz: 1%ige Lsg. von α-Nitroso-β-naphthol in Aceton.

2. Zn(II)-Nachweis als Dithizon-Chelat

Zn^{2+} bildet mit Dithizon in neutraler, alkalischer und essigsaurer Lösung ein purpurrotes inneres Komplexsalz, das mit gleicher Farbe in CCl_4 löslich ist (s. S. 414).

Nach Fällung der H_2S-Gruppe wird ein Teil des Z. mit H_2O_2 gekocht u. mit 2 M NaOH im Überschuß versetzt. Gegebenenfalls gebildete Ndd. werden abgetrennt u. die klare Lsg. wird im Reagenzglas mit einigen Tr. frisch bereiteter Reagenzlsg. geschüttelt. Die durch Dithizon grün gefärbte CCl_4-Schicht wird durch Bildung des Zn-Chelatkomplexes rot.

EG: 5 µg Zn^{2+} pD: 4,0.

Störungen: Da zahlreiche andere Schwermetallionen mit Dithizon gleichfalls gefärbte und in CCl_4 lösliche Komplexe bilden (s. S. 413) ist der Nachweis in alkalischer Lösung trotz der geringeren Empfindlichkeit am eindeutigsten. Cu(II), Hg(II) und Pb(II) müssen vorher quantitativ abgetrennt werden.

Reagenz: 10 mg Dithizon in 100 ml CCl_4. Die Lsg. muß stets frisch bereitet werden.

4.5.2.5. $(NH_4)_2CO_3$- und lösliche Gruppe: Ca^{2+}, Sr^{2+}, Ba^{2+}, Mg^{2+}, K^+

1. Ca^{2+}-Nachweis als Glyoxal-bis-(2-hydroxyanil)-Chelat

Glyoxal-bis-(2-hydroxyanil) (s. S. 413) bildet in alkalischer Lösung mit Ca^{2+} einen roten Niederschlag, der im Gegensatz zu den Niederschlägen des Sr^{2+} und Ba^{2+} in Natriumcarbonat schwerlöslich ist.

1 Tr. der neutralen oder sauren Probelsg. wird in einem Reagenzglas mit 4 Tr. Reagenzlsg., 1 Tr. 3 M NaOH und 1 Tr. 10%ige Na_2CO_3-Lsg. versetzt. Mit 4 Tr. Chloroform wird extrahiert. Die Zugabe einiger Tr. Wasser beschleunigt die Phasentrennung. Eine rote Farbe der Chloroformschicht zeigt Ca^{2+} an. Bei geringen Ca^{2+}-Konz. ist eine Blindprobe notwendig.

EG: 0,05 µg Ca pD: 6,0.

Der Nachweis kann auch auf der TP durchgeführt werden. Dabei wird wie oben verfahren und anstatt der Extraktion eingeengt. Nach weitgehendem Eindunsten des Probetr. ist bei Anwesenheit von Ca^{2+} ein roter Niederschlag erkennbar.

Störungen: Cd^{2+}, Cu^{2+}, Ni^{2+}, Co^{2+} werden mit alkalischer KCN-Lsg. maskiert. U(VI) gibt eine violette Färbung (s. S. 429). In Gegenwart von Phosphat versagt der Nachweis.

Reagenzien:

a) 0,1 g Glyoxal-bis-(2-hydroxyanil) werden in 100 ml Methanol bei 50 °C gelöst und nach dem Abkühlen filtriert. (Haltbarkeit: ca. 2 Tage).

b) Alkalische Kaliumcyanidlsg.: 10 g KCN und 10 g NaOH werden in 100 ml Wasser gelöst.

2. Ba^{2+}- und Sr^{2+}-Nachweis als Rhodizonate

Na-Rhodizonat (s. S. 419) bildet in neutralen Lösungen gefärbte Niederschläge mit Ba^{2+} und Sr^{2+}, dagegen nicht mit Ca^{2+}. Ba-Rhodizonat wird von verd. HCl in eine schwerlösliche hellrote Verbindung umgewandelt, während Sr-Rhodizonat unter den gleichen Bedingungen gelöst wird. Auf diesem unterschiedlichen Verhalten beider Verbindungen gegenüber HCl beruht der Nachweis von Ba^{2+} und Sr^{2+} nebeneinander.

Zum Nachw. von Ba^{2+} allein u. neben Sr^{2+} und Ca^{2+} wird nach Abtrennung der Schwermetallionen 1 Tr. der neutralen oder ganz schwach sauren Probelsg. auf Filterpapier gegeben u. mit 1 Tr. Reagenzlsg. getüpfelt. Ein braunroter Fleck zeigt die Ggw. von Ba^{2+} oder Sr^{2+} oder beider an. Verschwindet der Fleck bei Einw. von 0,1 M HCl, so ist nur Sr^{2+} zugegen. Schlägt die Farbe dagegen nach intensiv Rot um, so ist Ba^{2+} u. daneben möglicherweise noch Sr^{2+} anwesend.

EG: 0,5 µg Ba neben einem 50fachem Sr-Überschuß pD: 5,0.

Um bei Ggw. von Ba^{2+} auch Sr^{2+} eindeutig nachweisen zu können, werden 2–3 Tr. der gleichen Probelsg. auf Filterpapier getüpfelt, welches vorher mit K_2CrO_4-Lsg. getränkt u. getrocknet wurde. Es bilden sich $BaCrO_4$ u. $SrCrO_4$, von denen nur das letztere infolge seiner größeren Löslichkeit mit Na-Rhodizonat reagieirt. Die Bldg. eines braunroten Ringes beim Nachtüpfeln mit Reagenzlsg. ist somit Sr^{2+} beweisend.

EG: 4,0 µg Sr neben einem 80fachen Überschuß von Ba pD: 4,1.

Störungen: Schwermetallionen mit der Ladung 2+.
Reagenz: Frisch bereitete 0,2%ige wss. Lsg. von Na-Rhodizonat.

3. Mg^{2+}-Nachweis als Oxinat

Mg^{2+} bildet in ammoniakalischer Lösung mit 8-Hydroxychinolin (Oxin) einen sehr schwer löslichen grünlichgelben Innerkomplex (s. S. 413).

Diese Reaktion eignet sich besonders zum Abtrennen des Mg^{2+} von den Alkaliionen einschließlich Li^+.

Die nach der Fällung der $(NH_4)_2CO_3$-Gruppe anfallende NH_4Cl-haltige ammoniakalische Lsg. wird tropfenweise mit Reagenzlsg. bis zur Gelborangefärbung (Bldg. von NH_4-Oxinat) versetzt. Der sich bildende Nd. von Mg-Oxinat wird durch kurzes Erwärmen zum Zusammenballen gebracht.

EG: 0,025 µg Mg^{2+} pD: 6,5.

Störungen: Fast alle anderen Schwermetallionen bilden mit Oxin gleichfalls schwerlösliche Niederschläge und müssen daher vorher abgetrennt werden (Trennungsgang).
Reagenz: 2–3%ige Lsg. von Oxin in 10%iger Essigsäure.
Nach dem Zentrifugieren u. Waschen des Nd. mit Ammoniak löst man in Königswasser u. raucht zur Zers. der organischen Substanz bis zur Trockne ab. Im Rückstand kann dann Mg^{2+} noch nach einer der folgenden Rkk. identifiziert werden. Auch zur Prüfung auf Alkaliionen muß das entsprechende Z. von überschüssigem Oxin u. NH_4^+-Salzen durch Abrauchen mit Königswasser befreit werden.

4. Mg^{2+}-Nachweis als Magneson-Farblack

Mg^{2+} gibt mit Magneson (s. S. 416) in stark alkalischer Lösung einen tiefblauen Farblack.

Einige Tr. der Probelsg. werden auf der TP mit 1–2 Tr. Reagenzlsg. versetzt. Je nach Mg^{2+}-Menge bildet sich eine Blaufärbung oder ein blauer Niederschlag. Falls die Lsg. zu sauer ist (Gelbfärbung) oder viel NH_4^+-Salze enthält, muß NaOH bis zur stark alkalischen Rk. zugegeben werden. Blindprobe! Die Rk. darf nicht auf Filterpapier ausgeführt werden, da auch reines Filterpapier infolge von Adsorptionserscheinungen mit der Farbstofflsg. Blaufärbungen ergeben kann.

EG: 0,19 µg Mg^{2+} pD: 6,4.

Störungen: Zahlreiche Schwermetallionen sowie Al^{3+}, Be^{2+} und Ca^{2+} stören und müssen vorher abgetrennt werden (Trennungsgang).
Reagenz: 0,001 g Magneson in 100 ml 2 M NaOH-Lsg.

5. Mg^{2+}-Nachweis als Chinalizarin-Farblack

Mg^{2+} bildet mit alkalischer Chinalizarin-Lsg. einen kornblumenblauen Farblack (s. S. 415).

1 Tr. der sauren Probelsg. wird auf der TP mit 2 Tr. Reagenzlsg. versetzt u. 2 M NaOH-Lsg. tropfenweise bis zur alkalischen Rk. zugegeben. Je nach der Mg^{2+}-Menge bildet sich ein blauer Nd. oder eine Blaufärbung. Blindprobe!

EG: 0,25 μg Mg^{2+} pD: 5,3.

Störungen: Alkaliionen, Erdalkaliionen und Al^{3+} stören nicht; NH_4^+ und PO_4^{3-} verringern die Empfindlichkeit des Nachweises. Nd(III), Pr(III), Ce(III), La(III), Zr(IV), Th(IV) und Be^{2+} geben ähnlich gefärbte Lacke. Mg^{2+} kann jedoch neben Be^{2+} auf Grund des unterschiedlichen Verhaltens der beiden Farblacke gegenüber Bromwasser (s. S. 277) nachgewiesen werden.

Reagenz: 0,01–0,02 g Chinalizarin auf 100 ml Äthanol.

6. Mg^{2+}-Nachweis als Titangelb-Farblack

Mg²⁺ gibt mit alkalischen Lösungen von Titangelb einen hellroten Lack (s. S. 416).

1 Tr. der sauren Lsg. wird auf der TP mit einem kleinen Tr. Reagenzlsg. versetzt u. tropfenweise 0,2 M NaOH-Lsg. bis zur stark alkalischen Rk. zugegeben. Eine Rotfärbung bzw. ein roter Nd. zeigt Mg^{2+} an. Blindprobe!

Die Rk. darf keinesfalls auf Filterpapier ausgeführt werden, da dieses allein bereits durch Titangelb infolge Adsorptionserscheinungen rot gefärbt wird.

EG: 1,5 μg Mg^{2+} pD: 4,7.

Störungen: Ni^{2+}, Zn^{2+}, Mn^{2+} und Co^{2+} stören und müssen entweder als Sulfide gefällt oder mit KCN maskiert werden. Erdalkaliionen und Alkaliionen stören nicht, jedoch wird durch Ca^{2+} die Farbintensität des Mg-Lackes erhöht.

Reagenz: 0,1 %ige wss. Lsg. von Titangelb.

7. K^+-Nachweis als Kaliumtetraphenylborat

Natriumtetraphenylborat, Kalignost$^{(R)}$ (s. S. 420), fällt aus neutraler oder essigsaurer Lösung weißes, grobkörniges $K[B(C_6H_5)_4]$.

1 Tr. der neutralen oder schwach essigsauren Probelsg. wird auf einer schwarzen TP mit 1 Tr. Reagenzlsg. versetzt.

EG: 1 μg K pD: 4,7.

Störungen: NH_4^+, Rb^+, Cs^+ sowie viele Schwermetallionen reagieren analog.

Reagenz: 2 %ige wss. Lsg. von Natriumtetraphenylborat.

8. K^+-Nachweis als Kaliumdipikrylaminat

Das Natriumsalz des Dipikrylamins (s. S. 420) fällt aus neutraler bis schwach alkalischer Lösung orangerote, rhombische oder hexagonale Kristalle von Kaliumdipikrylaminat mit hoher Doppelbrechung (Kristallaufnahme Nr. 12).

1 Tr. der neutralen Probelsg. wird eingedampft und mit 1 Tr. Reagenzlsg. versetzt. Bei nicht zu hohen K^+-Konzentrationen wachsen langsam schöne hexagonale Kristalle.

pD: 5,7.

Der Nachweis kann auch als Tüpfelreaktion auf Papier durchgeführt werden.

1 Tr. der neutralen Probelsg. wird mit 1 Tr. Reagenz versetzt und der entstandene orangefarbene Fleck mit 1–2 Tr. 2 M HCl angefeuchtet. Bei Anwesenheit von K^+ behält der Fleck seine Rotfärbung bei, während er bei Abwesenheit von K^+ in Schwefelgelb umschlägt, da das Natriumsalz durch Sre. zersetzt wird.

pD: 4.

Störungen: NH_4^+ stört nur in großer Konzentration und muß somit vorher durch Erhitzen entfernt werden. Cs^+, Rb^+, Tl^+, Pb^{2+} und Hg^{2+} geben ebenfalls kristalline Niederschläge.

Reagenz: 0,2 g Dipikrylamin mit 18 ml H_2O und 2 ml 1 M Na_2CO_3-Lsg. aufkochen und nach dem Erkalten filtrieren.

4.5.3. Nachweisreaktionen für Anionen

1. F^--Nachweis als Molybdänblau-Benzidinblau

F^--Ionen werden mit konz. H_2SO_4 als H_2F_2 in Freiheit gesetzt, das gemeinsam mit dem aus dem Glas und H_2F_2 entstandenen SiF_4 in eine Vorlage mit H_2O übergetrieben wird. Durch Hydrolyse des SiF_4 entsteht lösliche Kieselsäure, die mit $(NH_4)_2MoO_4$ in saurer Lösung Molybdatokieselsäure bildet. Letztere wird durch Zusatz von Benzidiniumacetat zu „Molybdänblau" reduziert, während Benzidin gleichzeitig zu intensiv blau gefärbten Oxidationsprodukten (vgl. S. 417) oxidiert wird. Die Reaktion stellt im Prinzip einen Nachweis für lösliche Kieselsäure dar (vgl. 5., S. 229). Wegen ihrer großen Empfindlichkeit müssen die verwendeten Reagenzien frisch hergestellt sein und vor jedem F^--Nachweis durch Blindprobe auf ihre Verwendbarkeit überprüft werden.

Ca. 10 mg Substanz oder eine entsprechende Menge Lsg. werden in einem Generatorrohr des Gasprüfapp. mit 1 ml 18 M H_2SO_4 versetzt u. die Mischung nach Abklingen der ersten Rk. 5 Min. im W.-Bad erwärmt. Als Vorlage verwendet man ein Zentrifugenglas (s. S. 136), das mit 1 ml W. beschickt ist. Nachdem das gesamte H_2F_2- u. SiF_4-Gas übergetrieben ist (Luftstrom!), setzt man der Lsg. in der Vorlage 2 Tr. 2,5 M HNO_3, dann 2 Tr. 0,5 M $(NH_4)_2MoO_4$-Lsg., 2 Tr. 0,003 M Benzidiniumacetatlsg. und 1 ml frisch bereitete 5 M Ammoniumacetatlösung hinzu. Bei Ggw. von F^- in der Substanz Blaufärbung, bei größeren Mengen Bildg. eines blauen Nd. (Blindprobe mit dem verwendeten dest. W. u. sonstigen Reagenzien unerläßlich!).

EG: 1 μg F^-.

Störungen: Bei der Probe direkt aus der Analysensubstanz stören CO_3^{2-}, S^{2-}, Br^- und J^- sowie größere Mengen Cl^- u. NO_3^-. Verwendet man die CaF_2-Fällung, so ist die vorst. Rk. für F^- spezifisch.

2. Br^--Nachweis durch Bildung von Eosin

Elementares Brom reagiert mit dem gelben Farbstoff Fluorescein unter Bildung von rotem Tetrabromfluorescein (Eosin, s. S. 418). Diese Reaktion kann als empfindlicher Nachweis auf Br^- nach dessen Oxidation zu Br_2 benutzt werden.

3–4 Tr. der Probelsg. werden mit 1 Tr. Reagenzlsg. u. 1 Tr. einer Mischung aus Eisessig u. 30%igem H_2O_2 versetzt u. in einer kleinen Porzellanschale auf dem W.-Bad zur Trockne eingedampft. Br^- wird unter diesen Bedingungen langsam zu Br_2 oxidiert, welches mit dem Fluorescein einen roten Fleck von Eosin bildet. Durch Anfeuchten des Fleckes mit 1 Tr. 2 M NaOH tritt die Farbe des Eosins besser hervor.

EG: 0,3 μg Br pD: 5,2.

Störungen: Jod bildet unter gleichen Bedingungen braunrotes Tetrajodfluorescein (Erythrosin). J^- muß daher zuvor mit KNO_2 und Eisessig zu J_2 oxidiert und letzteres durch Ausschütteln mit Äther, CCl_4 oder CS_2 entfernt werden.

Reagenz: 0,05%ige wss. Fluoresceinlösung.

3. H_2O_2-Nachweis durch Oxidation von Luminol; Chemilumineszenz

Bei der Oxidation von Luminol (s. S. 417) mit H_2O_2 tritt in Gegenwart von Hämin ($C_{34}H_{52}N_4O_4FeCl$) als Katalysator eine starke, bis 15 Minuten anhaltende, blaue Chemilumeneszenz auf. In modifizierter Form dient die Luminolreaktion in der Kriminalistik zur Feststellung von Blutspuren. An Stelle von Hämin können auch $K_3[Fe(CN)_6]$ oder Cu(II)-Salze als Katalysatoren dienen. Die auftretende starke Fluoreszenz ist jedoch nicht so anhaltend. Luminol im Gemisch mit Natriumperborat, $K_3[Fe(CN)_6]$ und Na_3PO_4 findet zur besseren Ortung von Notwasserungen Verwendung.

1 Tr. Reagenzlsg. wird mit 1 Tr. der neutralen Probelsg. auf der TP. vermischt und möglichst im Dunkeln beobachtet.

EG: 0,012 μg H_2O_2 pD: 6,7.

Störungen: Peroxide und Peroxoverbindungen rufen infolge Zersetzung ebenfalls Lumineszenz hervor. Der Nachweis eignet sich daher sehr gut zur Prüfung von Äther auf peroxidische Verbindungen.

Reagenz: 0,1 g Luminol und 2 mg Hämin werden in 100 ml 2 M Na_2CO_3-Lösung gelöst.

4. S^{2-}-Nachweis durch Bildung von Methylenblau

Durch die Einwirkung von salzsaurer H_2S-Lösung auf p-Aminodimethylanilin in Gegenwart von $FeCl_3$ bildet sich Methylenblau (s. S. 418). Diese Reaktion kann als empfindlicher Nachweis auf S^{2-}-Ionen dienen.

1 Tr. Probelsg. wird mit 1 Mikrotröpfchen 10 M HCl und einem Körnchen Reagenz versetzt. Nach Auflösung wird 1 Tr. 0,1 M $FeCl_3$-Lsg. zugegeben. Nach einigen Minuten tritt eine reine blaue Färbung auf.

EG: 1 µg H_2S pD: 4,7.

Störungen: Keine. Um eine Rotfärbung des Reagenzes durch $FeCl_3$ zu verhindern, muß stark salzsauer gearbeitet werden. Ein $FeCl_3$-Überschuß führt zu einem grünen Farbton.

Reagenz: p-Aminodimethylanilinsulfat.

5. SO_4^{2-}-Nachweis durch Umsetzung mit Bariumrhodizonat

Bariumsalze bilden mit Natriumrhodizonat einen in HCl beständigen rotbraunen Niederschlag (s. S. 419). Er wird durch SO_4^{2-} infolge Bildung von schwerlöslichem $BaSO_4$ sofort entfärbt.

1 Tr. $BaCl_2$-Lsg. wird mit 1 Tr. frisch bereiteter Natriumrhodizonatlsg. auf Filterpapier versetzt. Der entstandene rote Fleck wird mit 1 Tr. der sauren oder alkalischen Probelsg. getüpfelt. Bei Anwesenheit von SO_4^{2-} verschwindet die rote Farbe des Bariumrhodizonats. Der Nachweis kann auch auf der TP durchgeführt werden (Blindprobe bei sehr geringen Sulfatmengen!).

EG: 5 µg Na_2SO_4 pD: 4.

Störungen: keine.

Reagenz: 0,5 M $BaCl_2$-Lsg., 0,1%ige Natriumrhodizonatlsg.

6. $S_2O_8^{2-}$-Nachweis durch Bildung von Benzidinblau

Neutrale oder schwach essigsaure Lösungen von Alkaliperoxodisulfaten oxidieren Benzidin zu Benzidinblau (s. S. 417).

1–2 Tr. der neutralen oder ganz schwach essigsauren Probelsg. werden auf der TP mit 1–2 Tr. Reagenzlsg. versetzt. Eine Blaufärbung zeigt $S_2O_8^{2-}$ an.

EG: 1 µg $K_2S_2O_8$ pD: 4,7.

Störungen: Die Reaktion ist nur bei Abwesenheit sonstiger Oxidationsmittel (MoO_4^{2-}, CrO_4^{2-}, MnO_4^-, JO_4^-, $[Fe(CN)_6]^{3-}$ u.a. mehr) beweisend, da letztere gleichfalls mit Benzidin Blaufärbungen ergeben.

Reagenz: Kalt gesätt. Lsg. von Benzidin in 10%iger Essigsäure.

7. NO_2^--Nachweis mit o-Aminobenzalphenylhydrazon (Nitrin)

Beim Diazotieren des o-Aminobenzalphenylhydrazons (s. S. 419) in saurer Lösung tritt eine intensiv rotviolette Färbung auf, die nach kurzer Zeit in beständige gelbe bis dunkelgelbe Farben übergeht.

Diese Farbreaktion kann für den spezifischen Nachweis von Nitritspuren (z.B. im Trinkwasser und Harn) verwendet werden.

50 ml der zu untersuchenden Flüssigkeit werden mit 30 ml 25%iger H_2SO_4 und 20 ml Äthylalkohol (96%) im Schütteltrichter gut gemischt. Dazu gibt man 1 ml der Reagenzlösung. Bei Gegenwart von Nitrit zeigt sich schon bei der Überschichtung mit der Reagenzlösung ein mehr oder weniger stark violettroter Ring, und bei sofortigem Durchschütteln des Gemisches tritt eine

intensiv violettrote Färbung der ganzen Lösung auf. Nach wenigen Minuten geht diese Farbe durch Rotbraun und Braun in Gelb oder Dunkelgelb über

EG: 30 µg $NaNO_2$/50 ml Wasser.

Störungen: keine.
Reagenz: 2 g o-Aminobenzalphenylhydrazon werden unter Zusatz von 2 ml 10%iger HCl in 100 ml 96%igem Alkohol gelöst. Die Lsg. ist in einer braunen Flasche aufzubewahren. Tritt Verfärbung nach Braungelb ein, so ist die Lsg. frisch herzustellen.

8. NO_3^--Nachweis mit Brucin

Brucin in konz. H_2SO_4 reagiert mit NO_3^- unter Bildung einer rot- bis rotorange gefärbten Verbindung von unbekannter Konstitution.

Einige Tr. der Probelsg. werden auf der TP mit 2–3 Tr. Reagenzlsg. versetzt. Eine nach einigem Stehen verblassende Rotfärbung zeigt NO_3^- an.

EG: 0,06 µg NO_3^- pD: 5,9.

Störungen: Analoge Farbreaktionen geben NO_2^- (Entfernung mit Amidosulfonsäure) und ClO_3^- (Entfernung mit SO_2).
Reagenz: Frisch bereitete Lsg. von 100 mg Brucin in 100 ml 18 M H_2SO_4.

9. PO_4^{3-}-Nachweis als Molybdänblau-Benzidinblau

Ammoniummolybdatophosphat wird durch Benzidin in schwach saurer Lösung zu Molybdänblau (s. S. 308) reduziert. Da hierbei gleichzeitig intensiv blau gefärbte Oxidationsprodukte des Benzidins (s. S. 417) entstehen, ist die Reaktion besonders empfindlich.

1 Tr. der sauren Probelsg. (Z. der H_2S-Gruppe) wird auf einem Filterpapier mit 1 Tr. Reagenzlsg. a) und 1 Tr. Reagenzlsg. b) angetüpfelt. Beim Räuchern des Flecks mit NH_3 entsteht bei Ggw. von PO_4^{3-} ein blauer Fleck.

EG: 0,04 µg PO_4^{3-} pD: 5,9.

Störungen: AsO_4^{3-}, SiO_4^{4-}, F^-, H_2O_2 und Oxalat stören. AsO_4^{3-} und SiO_4^{4-} bilden Molybdatoheteropolysäuren, die gleichfalls durch Benzidin reduziert werden. Oxalat, H_2O_2 und F^- verhindern die Bildung der Molybdatophosphorsäure, H_2O_2 wird durch Kochen mit etwas MnO_2 in saurer Lösung zerstört, desgleichen Oxalat durch Kochen mit $KMnO_4$. F^- kann mit $Be(NO_3)_2$ maskiert werden (Bildung von $[BeF_4]^{2-}$). As(V) wird mit H_2S gefällt und Silicat durch Abrauchen mit konz. HCl als SiO_2 abgeschieden.
Reagenzien:
a) 5%ige Ammoniummolybdatolsg. in 2 M HNO_3.
b) 0,5%ige Lsg. von Benzidin in 10%iger Essigsäure.

10. CH_3COO^--Nachweis durch Bildung von Indigo

Ca-Acetat bildet bei der thermischen Zersetzung Aceton, das mit o-Nitrobenzaldehyd in alkalischer Lösung zu Indigo kondensiert.

5 mg Analysensubstanz bzw. der Rückstand von 10 Tr. des zur Trockne eingedampften SA werden im Glühröhrchen mit der gleichen Menge $CaCO_3$ oder CaO vermischt u. über dem Bunsenbrenner erhitzt. Das Röhrchen wird mit einem feuchten Rundfilter bedeckt, das mit einer frisch hergestellten Lsg. von 1 Spatelspitze o-Nitrobenzaldehyd in 5 Tr. 2 M NaOH getränkt ist. Bei Ggw. von Acetat entsteht zunächst ein blauer bis blaugrüner Fleck auf gelbem Untergrund. Beim Anfeuchten mit 3 M HCl verschwinder die gelbe Untergrundfarbe u. die blaue Indigofärbung tritt deutlich hervor.

EG: 50 µg Essigsäure.

Störungen: Die nicht sehr empfindliche Reaktion ist für Acetate spezifisch. Nur große Mengen Cu(II)-Salze verhindern die Reaktion.
Reagenz: festes o-Nitrobenzaldehyd.

11. $C_2O_4^{2-}$-Nachweis als Diphenylaminblau

Festes CaC_2O_4 bildet in der Wärme mit Diphenylamin und sirupöser Phosphorsäure Diphenylaminblau. Dieser nicht sehr empfindliche Nachweis erlaubt die direkte Identifizierung von Oxalat in der Ca-Fällung des SA, da Tartrat, PO_4^{3-}, SO_3^{2-}, F^- usw. nicht stören.

Der bei der Fällung mit $Ca(NO_3)_2$ im SA anfallende Nd. wird mit Alkohol u. anschließend mit Äther gewaschen, getrocknet u. mit etwas Diphenylamin u. einigen Tr. 70–85%iger H_2SO_4 versetzt. Beim langsamen Erhitzen auf ca. 100 °C bildet sich in Phosphorsäure lösl. „Diphenylaminblau", dessen Farbe beim Abkühlen wieder verblaßt. Versetzt man den kalten Rückstand mit Alkohol, so entsteht eine blaue Lsg., aus der auf Zusatz von W. Diphenylamin ausfällt, das durch Adsorption des Farbstoffes hellblau angefärbt ist. Der adsorbierte Farbstoff kann mit Äther extrahiert werden.

EG: 5 μg Oxalat.

Störungen: Oxidierend wirkende anorganische oder organische Substanzen.

12. CN^--Nachweis als Benzidinblau

CN^- reagiert mit Benzidin in Gegenwart von Cu(II)-Salzen unter Bildung von Benzidinblau (s. S. 417).

Einige Tr. des genau neutralisierten SA werden im Mikroreagenzglas oder Mikroporzellantiegel mit 1 Tr. 1 M H_2SO_4 oder etwas festem $NaHCO_3$ versetzt. Das Gefäß wird mit einem Streifen Filterpapier bedeckt, welcher mit Reagenzlsg. getränkt ist. Eine sich bei vorsichtigem Erwärmen der Lsg. bildende Blaufärbung des Papiers zeigt HCN an. Zum Nachw. von Cyaniden, die durch verd. Säuren nicht zers. werden, wird ein kleiner Teil der festen Substanz in der Gasprüfapp. (s. S. 139) mit Zn u. 1 M H_2SO_4 versetzt u. in dem sich entwickelnden H_2 sinngemäß wie vorstehend auf HCN geprüft.

EG: 0,25 μg HCN pD: 5,3.

Störungen: SCN^-, Br^- und J^- können die gleiche Reaktion geben, die jedoch wesentlich schwächer ausfällt.

Reagenz: 0,3%ige wss. Cu(II)-Acetatlsg. u. 0,5%ige Lsg. von Benzidin in 10%iger Essigsäure. Beide Lsgg. werden erst unmittelbar vor Gebrauch im Vol.-Verhältnis 1:1 gemischt.

13. $[Fe(CN)_6]^{3-}$-Nachweis als Benzidinblau

$[Fe(CN)_6]^{3-}$ oxidiert Benzidin in essigsaurer Lösung zu Benzidinblau (s. S. 417).

1–2 Tr. des essigsauren SA werden mit 1–2 Tr. Reagenzlsg. versetzt. Bei Ggw. von $[Fe(CN)_6]^{3-}$ entsteht ein blauer Nd. oder eine Blaufärbung.

EG: 1 μg $[Fe(CN)_6]^{3-}$ pD: 4,7.

Störungen: Oxidationsmittel (MoO_4^{2-}, CrO_4^{2-}, $S_2O_8^{2-}$, MnO_4^-, JO_4^- u.a. mehr) ergeben gleichfalls mit Benzidin Blaufärbungen. $[Fe(CN)_6]^{4-}$ wird durch Zugabe von 1 Tr. 1 M Pb-Acetatlsg (Fällung von $Pb_2[Fe(CN)_6]$) entfernt.

Reagenz: Kalt ges. Lsg. von Benzidin in 10%iger Essigsäure.

14. Silicat-Nachweis als Molybdänblau-Benzidinblau

Dieser Nachweis entspricht vollkommen dem vorstehend beschriebenen Nachweis von PO_4^{3-}. Da geringste SiO_2-Spuren aus dem Geräteglas nachgewiesen werden können, dürfen nur frisch in Jenaer Glasgeräten angesetzte Reagenzlösungen verwendet werden. Blindproben sind hier absolut unerläßlich. Zur Prüfung im SA darf dieser keinesfalls längere Zeit in Glasgefäßen gekocht werden, da sonst der Nachweis stets positiv ausfällt. Besser ist die Verwendung von Pt-Tiegeln. Silicatausschüsse müssen stets in der Pt-Öse durchgeführt werden.

3 Tr. der Probelsg. werden mit 2 M HNO_3 deutlich angesäuert, nach Zusatz von 2 Tr. Reagenzlsg. a) kurz erwärmt, abgekühlt u. mit 2 Tr. Reagenzlsg. b) u. 1 ml 5 M NH_4-Acetatlsg. oder einigen Kristallen festen Na-Acetats versetzt. Eine tiefblaue Färbung zeigt SiO_2 an.

EG: 1 µg SiO_2 pD: 4,7.

Störungen: PO_4^{3-} und AsO_4^{3-} stören, da sie mit MoO_4^{2-} ebenfalls Heteropolysäureionen bilden, die durch Benzidin reduziert werden. $C_2O_4^{2-}$ und F^- setzen die Empfindlichkeit der Reaktion stark herab. Bei Gegenwart dieser störenden Ionen ist eine deutlich positive Reaktion im SA bereits beweisend für SiO_2. In Anwesenheit von PO_4^{3-}, AsO_4^{3-}, $C_2O_4^{2-}$ oder F^- wird entweder der SiO_2-Nachweis 1. nach dem Abtrennen der Kieselsäure aus dem SA oder 2. nach Aufschluß des in Säure schwerlöslichen Rückstandes mit Soda durchgeführt.

α) 3 Tr. des SA werden mit 2 M HNO_3 fast neutralisiert u. mit 1 ml 5 M NH_4NO_3-Lsg. einige Min. im W.-Bad erhitzt. Neben amphoteren Hydroxiden scheidet sich hydratisierte Kieselsäure ab, die nach dem Zentrifugieren u. Auswaschen mit NH_4NO_3-Lsg. in 1–2 Tr. 5 M NaOH durch kurzes Erwärmen wieder gelöst wird.

β) Der in Säure schwerlösl. gut ausgewaschene Rückstand wird mit der 5- bis 10fachen Menge Na_2CO_3 versetzt u. an einer Pt-Drahtöse oder im Pt-Tiegel aufgeschlossen. Nach Erkalten wird die Schmelze in einigen Tr. ca. 2 M Sodalsg. gelöst.

Reagenzien: S. oben unter Phosphat.

15. Borat-Nachweis als Chromotrop 2B-Chelat

Borate geben mit einer Lösung von p-Nitrobenzolazochromatropsäure (Chromotrop 2B) in konz. H_2SO_4 eine grünlichviolette Färbung, die vermutlich auf die Bildung eines innerkomplexen Esters der Borsäure mit dem Farbstoff zurückzuführen ist (s. S. 415).

2–3 Tr. der Probelsg. werden im Porzellantiegel zur Entfernung störender Ionen mit etwas festem Hydrazinsulfat, etwas SiO_2 u. 2–3 Tr. 18 M H_2SO_4 vorsichtig abgeraucht. Der noch warme Rückstand wird mit 4–5 Tr. Reagenzlsg. versetzt. Nach dem Erkalten zeigt eine grünlichviolette Färbung Bor an. Blindprobe!

EG: 0,5 µg Bor pD: 5,0.

Störungen: F^- und stärkere Oxidationsmittel (HNO_3, $HClO_3$ usw.) stören infolge Bildung von BF_3 oder $[BF_4]^-$ bzw. durch Zersetzung des Farbstoffes.
Reagenz: 5 mg Chromotrop 2B in 100 ml konz. H_2SO_4.

4.6. Papierchromatographie

Ein nur schwer trennbares Stoffgemisch kann in vielen Fällen leicht papierchromatographisch getrennt werden. Die papierchromatographische Methode zeichnet sich durch ihre Einfachheit, Schnelligkeit und Empfindlichkeit aus. Das Verfahren erfordert nur sehr geringe Substanzmengen.

4.6.1. Arbeitstechnik und Geräte

Die Substanz wird in einem geeigneten Lösungsmittel gelöst. Einen Tropfen hiervon trägt man auf chromatographisches Papier auf und entfernt durch Trocknen mit einem Fön überschüssiges Lösungsmittel. Ein Ende des Papierstreifens wird in das Laufmittel so getaucht, daß sich die aufgetragene Substanz 0,5 cm oberhalb der Flüssigkeitsoberfläche befindet. Durch die Kapillaren des Papieres wird das Laufmittel angesaugt. Es wandert über die Analysensubstanz hinweg und nimmt die einzelnen Komponenten entsprechend ihrer unterschiedlichen Löslichkeit verschieden weit mit. In Abhängigkeit von der Laufmittelgeschwindigkeit wird der Vorgang im geeigneten Augenblick unterbrochen und das Chromatogramm getrocknet. Um die getrennten Stoffe sichtbar zu machen, sprüht man Nachweisreagenzien auf. Zwischen dem Startpunkt und der Laufmittelfront treten eine Anzahl voneinander getrennter Zonen auf. Jeder enthält eine Komponente der Analysensubstanz.

In der Praxis läßt man meist neben der Analysenlösung eine bekannte Vergleichslösung mitlaufen. Die Identifizierung erfolgt durch Vergleich von Analysen- und Leitchromatogramm. So ist man von den bis zu 10% betragenden Schwankungen der R_f-Werte (s. S. 440), die durch Änderungen von Temperatur, Konzentration, durch Gegenwart von Fremdionen, Verunreinigungen des Papiers und des Laufmittels hervorgerufen werden, unabhängig.

Papiere

Verwendet werden Linterspapiere, die möglichst rein sein müssen und keine in Wasser oder organischen Lösungsmitteln lösliche Anteile enthalten dürfen. Sie müssen homogen sein und eine bestimmte Saugfähigkeit aufweisen. Die einschlägigen Firmen bringen Papiere unterschiedlicher Saugfähigkeit (schnell, mittel, langsam) in den Handel. Bedingt durch die Textur der Papiere ist die Laufgeschwindigkeit in den einzelnen Richtungen unterschiedlich, was durch elliptische Ausbreitung eines Flüssigkeitstropfens erkannt wird. Man chromatographiert bei der auf- und absteigenden Methode (s. unten) in Richtung der Hauptachse der Ellipse.

Auftragelösung

Um eine gute Trennung zu erreichen, müssen die Stoffe in geeigneter Konzentration aufgetragen werden. 10–30 μg je Komponente sind zu empfehlen. Die Erfassungsgrenzen betragen etwa 0,5 bis 5 μg. Auch darf die räumliche Ausdehnung des Auftragefleckes nicht zu groß sein. Der Durchmesser soll < 8 mm sein. Die Lösung wird mit einer Mikropipette aufgebracht. Das Lösungsmittel ist dabei ohne Einfluß auf die Trennung. Es dürfen nur keine aggressiven Stoffe, wie konzentrierte Alkalilaugen, verwendet werden, da sie den Aufbau des Papieres verändern.

Laufmittel

Die Laufmittel bestehen meist aus wasserhaltigen organischen Lösungsmittelgemischen. Die organische Komponente bilden oft Alkohole, Äther, Ester, Ketone und Basen. Im Gegensatz zur begrenzten Zahl an Papiersorten gibt es eine unendliche Vielzahl an Laufmitteln. Eine Trennung ist auf papierchromatographischem Wege dann möglich, wenn es gelingt, ein Laufmittel zu finden, in dem die Komponenten des zu trennenden Stoffgemisches in ihren R_f-Werten genügend unterschiedlich sind.

Trennverfahren

Je nach der Bewegungsrichtung des Laufmittels unterscheidet man das aufsteigende, absteigende und horizontale Verfahren.

Das aufsteigende Verfahren ist in Abb. 54 dargestellt. Zuerst wird ein Bogen nach den Maßen der Abb. 55 hergerichtet. Die Startlinie verläuft 30 mm oberhalb der unteren Kante. Auf ihr werden im Abstand 40 mm voneinander die Proben aufgetragen. Die Flecken trocknet man mit dem Fön. Dann wird der Bogen zusammengerollt und durch Glasklammern in der dargestellten Weise ohne gegenseitige Berührung der Papierkanten verbunden. Auf dem Boden des geschlossenen Glaszylinders befindet sich in einer flachen Schale das Laufmittel. Es verbleibt vor Beginn der Trennung drei Stunden in dem geschlossenen Behälter. In dieser Zeit sättigt sich die Atmosphäre an Laufmitteldämpfen. Das Papier wird in den Zylinder gestellt. Günstiger ist es, den vorbereiteten Papierbogen schon zu Beginn in die Laufmittelatmosphäre einzuhängen und nach drei Stunden in das Laufmittel einzustellen. Es verbleibt dort, bis die Laufmittelfront eine genügende Höhe erreicht hat. Das Chromatogramm wird entnommen, der Frontverlauf markiert, der Zylinder entrollt und mit dem Fön getrocknet. Der Nachweis der getrennten Stoffe schließt sich an.

Das aufsteigende Verfahren ist sehr einfach. Es läßt sich nur bei leicht trennbaren Stoffen anwenden, da die Laufstrecke begrenzt ist. Das Laufmittel muß die Schwerkraft überwinden und vermindert daher seine Geschwindigkeit ständig. Nach 30–40 cm kommt die Bewegung zur Ruhe.

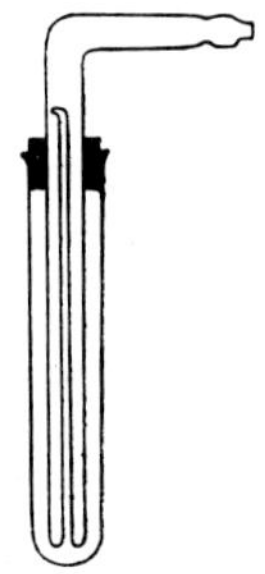

Abb. 53. Zerstäuber

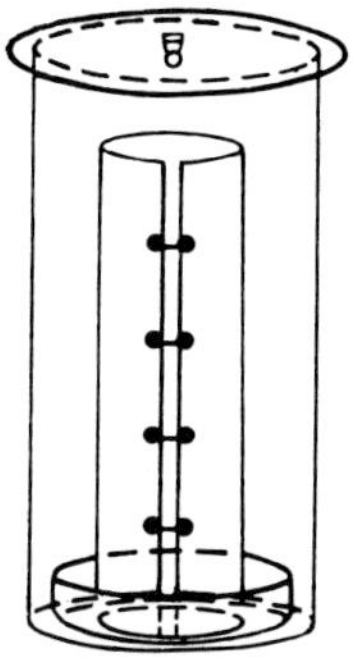

Abb. 54. Chromatographierkammer (aufsteigende Methode)

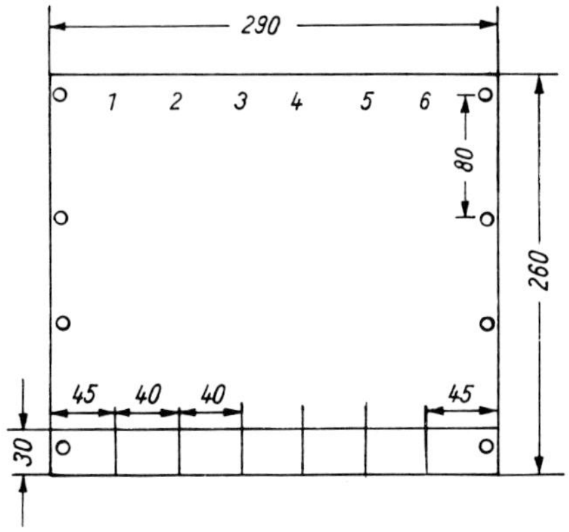

Abb. 55. Einteilung des Chromatogrammbogens (aufsteigende Methode)

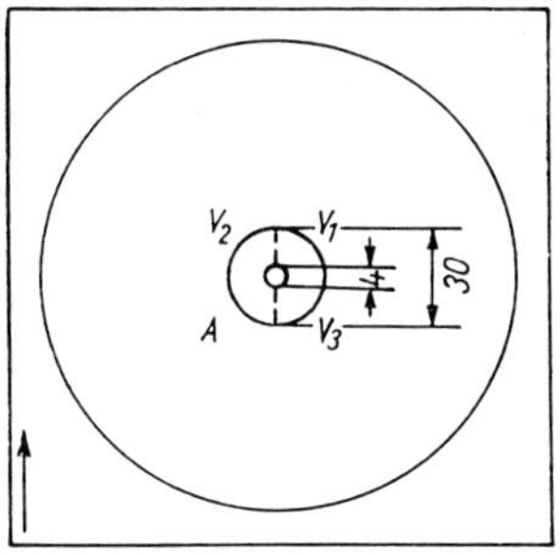

Abb. 56. Chromatogrammbogen für die Docht-Zirkular-Methode

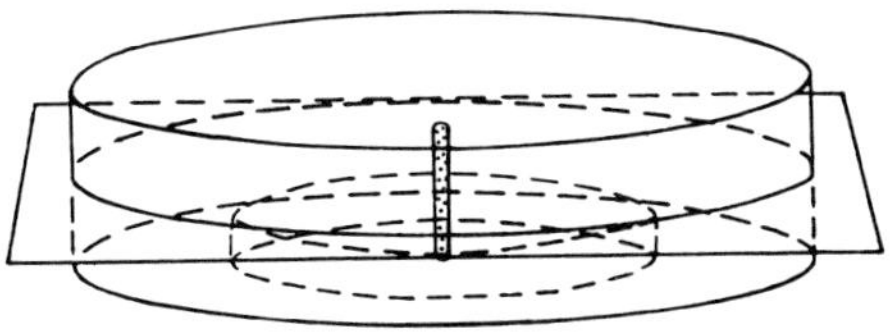

Abb. 57. Apparatur für die Docht-Zirkular-Methode

Beliebig große Laufstrecken lassen sich mit dem absteigenden Verfahren erzielen. Entsprechend wird die Trennwirkung erhöht.

Im oberen Teil eines hohen geschlossenen Zylinders befindet sich der Trog mit dem Laufmittel. Das kurze Ende des streifenförmigen Chromatogrammes taucht in das Laufmittel, während das längere über den Rand des Troges geführt wird und frei nach unten hängt. Das Laufmittel bewegt sich in Richtung der Schwerkraft. Wird der Vorgang nicht unterbrochen, bevor die Flüssigkeit das Streifenende erreicht hat, dann fließt sie unten ständig ab. Man spricht von einem Durchflußchromatogramm. Dieses Verfahren wird zur Reinigung des chromatographischen Papieres angewendet.

Das Wesen der horizontalen Docht-Zirkular-Methode ist aus Abb. 57 ersichtlich. Der in Abb. 56 gezeichnete Chromatogrammbogen liegt horizontal zwischen 2 Schalen. Das Laufmittel wird durch einen Papierdocht zugeführt. Die Richtungsabhängigkeit der Laufgeschwindigkeit bewirkt einen elliptischen Frontverlauf. In Abb. 56 sind V_1, V_2, V_3 (Vergleichssubstanzen) und A (Analysensubstanz) unter 90 Grad aufgetragen.

Die Zirkularmethode zeichnet sich durch ihre zweidimensionale Wirkung aus. Mit zunehmendem Abstand von der Mitte nimmt die Konzentration der zu trennenden Stoffe ab. Man erhält nach dieser Methode auch beim Vorliegen größerer Substanzmengen scharfe Zonen.

Nachweis

Nachgewiesen werden die getrennten Stoffe durch Aufsprühen der Reagenzien. In Abb. 53 ist ein mit Preßluft betriebener Zerstäuber dargestellt. Wichtig ist, daß er eine feine Düse enthält. Wird eine größere Reagenzmenge auf einmal aufgesprüht, können die Zonen leicht verwaschen. Verwendet werden auch sonst bei der Halbmikroanalyse übliche Reagenzien wie H_2S, KJ, Oxin, Dithizon, Morin oder Alizarin. Die Reaktionsprodukte sind entweder intensiv gefärbt oder fluoreszieren unter UV-Licht. Da die Farben schnell verblassen können, markiert man die Lage der Zonen sofort mit einem Bleistift.

4.6.2. Grundlagen

Eine papierchromatographische Trennung wird durch die Wechselwirkung zwischen der Substanz, dem Laufmittel und dem Papier bewirkt.

Bei der Wechselwirkung zwischen dem Laufmittel und dem Papier kann man zwei Fälle unterscheiden. Einmal tritt die Cellulose chemisch nicht in Wechselwirkung mit dem zu trennenden Stoff. Das Papier nimmt lediglich Wasser auf. Es bildet sich ein Cellulose-Wasser-Komplex.

Seine Bildung wird ermöglicht, da die Cellulose in bestimmten Bereichen als kristallisiertes Polysaccharid vorliegt, das mit Wasser quillt. Der Cellulose-Wasser-Komplex wirkt als stationäre Phase. An seiner Phasengrenze bewegt sich das Laufmittel als bewegliche Phase. Die Trennung der Analysensubstanz erfolgt durch einen vielstufigen Ausschüttelungsprozeß. (Verteilungsvorgang zwischen diesen beiden Phasen nach dem *Nernst*schen Verteilungsgesetz, s. S. 78.)

Die Lage der Zonen wird durch die R_f-Werte beschrieben.

$$R_f = \frac{\text{Entfernung Startpunkt} \longleftrightarrow \text{Zonenmittelpunkt}}{\text{Entfernung Startpunkt} \longleftrightarrow \text{Laufmittelfront}}\,.$$

Die R_f-Werte liegen zwischen 0,0 und 1,0. Bei 0,0 bleibt die Substanz im Auftragepunkt zurück, bei 1,0 wandert sie mit der Laufmittelfront.

Jedem Stoff bzw. Ion kommt unter konstanten äußeren Bedingungen ein bestimmter R_f-Wert zu.

Bei einem reinen Verteilungsvorgang treten scharfbegrenzte Zonen ohne Schweifbildung auf, und die R_f-Werte lassen sich aus dem Verteilungskoeffizienten α nach $\alpha = \frac{A}{B}\left(\frac{1}{R_f} - 1\right)$ berechnen. A und B sind Papierkonstanten.

Im zweiten Fall kann der Einfluß des Papieres, z.B. die Adsorption der Ionen, nicht vernachlässigt werden. Die Cellulose verhält sich darüber hinaus wie ein schwacher Kationenaustauscher. Eine genaue Erfassung der Vorgänge ist daher recht schwierig. Ein reiner Verteilungsvorgang liegt meist bei Laufmitteln vor, die starke Säuren enthalten. Bei schwachen Säuren, schwachen Basen und Komplexbildnern sind Adsorptions- und Austauschvorgänge zu berücksichtigen.

4.6.3. Beispiele

Die im folgenden beschriebenen Trennungen werden nach der Docht-Zirkular-Methode durchgeführt.

Die in Abb. 57 dargestellten Doppelschalen der Firma Hormuth & Vetter, Heidelberg, haben einen Durchmesser von 25 cm.

30 ml des Laufmittels werden in einer flachen Schale (∅ 7 cm) in die Doppelschale gestellt. Der vorbereitete Papierbogen wird gleich eingelegt; der Docht aber erst nach 3 Stunden durch Herunterdrehen in das Laufmittel eingetaucht. In der Zwischenzeit erfolgt eine Sättigung der Atmosphäre und des Papiers mit Laufmitteldämpfen.

Chromatographisches Papier der Sorte 2043a Mgl von Schleicher und Schüll, Dassel, wird in quadratische Stücke mit 27 cm Kantenlänge geschnitten. Um den Mittelpunkt zieht man mit dem Radius 1,5 cm den Auftragekreis und einen Hilfskreis mit einem Radius von 12,5 cm. Letzterer soll ein symmetrisches Einlegen des Papieres erleichtern. Im gleichen Abstand werden auf dem Auftragekreis die Punkte V_1, V_2, V_3 u. A markiert. In diesen Punkten werden 1–2 µl der Lösung aufgetragen. Die Flecken trocknet man mit dem Fön und bohrt in der Mitte des Bogens mit einem Korkbohrer ein Loch mit 4 mm Durchmesser. Ein etwa 4 cm breiter Papierstreifen wird als Docht zusammengerollt durch das Loch gesteckt (s. Abb. 56).

Nach Abb. 57 wird der Bogen zwischen die Schalen gelegt. Der Docht saugt das Laufmittel an. Hat die Laufmittelfront sich auf $^1/_2$ cm dem Schalenrand genähert, wird die obere Schale entfernt und der Frontverlauf mit dem Bleistift markiert. Die Laufzeit beträgt etwa 4 Stunden. Der Docht wird herausgezogen und das Chromatogramm getrocknet. Anschließend sprüht man die Nachweisreagenzien auf. Die Mittelpunkte der Zonen werden markiert und die R_f-Werte ermittelt.

Für die Beispiele a) und b) enthält die schwach salzsaure 1 M HCl Analysenlösung ca. 1–2 Gew.-% von jedem zu trennenden Element.

a) Trennung von Co(II), Mn(II), Ni(II) und Zn(II)

Laufmittel: 91 Vol-% Methyläthylketon – 9 Vol.-% HCl (D = 1,125).

Laufzeit: 4 Std.

R_f-Werte: Zn(II): 0,85; Co(II): 0,60; Mn(II): 0,30; Ni(II): 0,05.

Nachweise: Man sprüht zuerst Dithizon (0,1 g auf 100 ml Aceton) auf und räuchert mit konz. Ammoniak. Zn(II) erscheint rot. Danach wird eine Lösung von 0,05 g Alizarin, 0,05 g Rubeanwasserstoff und 0,4 g Salicylaldoxim in 100 ml 96%igem A. aufgesprüht. Co(II) und Mn(II) erscheinen braun und Ni(II) blau.

EG: Zn: 0,5 µg; Co: 2 µg; Mn: 1 µg; Ni: 0,5 µg.

b) Trennung von Al(III) und Be(II)

Laufmittel: 85 Vol.-% Methyläthylketon – 15 Vol.-% HCl (D = 1,125).

Laufzeit: 6 Std.

R_f-Werte: Be(II): 0,55; Al(III): 0,30.

Nachweise: Beim Aufsprühen einer Oxinlösung (0,5 g 8-Hydroxychinolin in 100 ml 60%igem A.) und anschließendem Räuchern über Ammoniak erzeugen Al(III) und Be(II) im UV-Licht gelbgrüne fluoreszierende Zonen.

EG: Al: 0,1 µg; Be: 0,1 µg.

c) Trennung von Pt(IV), Pd(II), Rh(III) und Au(III)

Die Elemente sollen in Form ihrer Chlorokomplexe vorliegen. Die schwach salzsaure Lsg. (1 M HCl) soll etwa 0,1 M an jedem Element sein.

Laufmittel: 70 Vol.-% n-Butanol – 30 Vol.-% 3,5 M HCl.

Laufzeit: 6 Std.

R_f-Werte: Au(III): 0,98; Pt(IV): 0,93; Pd(II): 0,82; Rh(III): 0,44.

Nachweise: Besprühen mit einer Lsg. von 5 g $SnCl_2$ u. 0,2 g KJ in 100 ml 2,5%iger HCl. Elementares Pt, Pd, Rh erscheinen als braune Zonen, Au ergibt eine tief violette Zone.

5. Präparativer Teil

Bei der Auswahl der im folgenden Kapitel beschriebenen Präparate wurden in erster Linie solche Substanzen berücksichtigt, deren Darstellung relativ einfach und ohne besonderen apparativen Aufwand durchgeführt werden kann. Ein besonderes Augenmerk wurde dabei auf Stoffe gerichtet, bei denen durch auffällige Änderungen der Ausgangskomponenten – hinsichtlich Farbe, Niederschlagsbildung, Gasentwicklung, Geruch usw. – der Gang der Darstellung in seinen einzelnen Phasen gut beobachtet und kontrolliert werden kann. Es wurden vorwiegend solche Präparate aufgenommen, die im Rahmen der allgemeinen und technischen anorganischen Chemie von Interesse sind.

Die Einteilung des Stoffgebietes erfolgte nach chemischen Gesichtspunkten, so daß chemisch ähnliche Verbindungen, unabhängig von ihrer Darstellungsart, in jeweils einem Unterkapitel zusammengefaßt sind.

In den meisten Fällen sind den Arbeitsvorschriften kurze Vorbemerkungen vorangestellt, welche auf die im Zusammenhang mit dem Präparat stehenden chemischen Grundtatsachen hinweisen und eine eingehendere Beschäftigung mit dem betreffenden Stoffgebiet anregen sollen (s. auch die entsprechenden Kapitel im analytischen Teil dieses Buches). Der eigentlichen Arbeitsvorschrift folgt eine kurze Charakterisierung der dargestellten Substanz, die sich im wesentlichen auf die chemischen Eigenschaften und wichtige Reaktionen beschränkt.

Beim präparativen Arbeiten ist die Kenntnis der allgemeinen Arbeitsregeln unerläßlich. An dieser Stelle sei daher nochmals auf das Studium des Kapitels 3 (S. 112ff.) hingewiesen.

Aus Gründen der Zeit- und Geldersparnis führe man jede einzelne Phase der Darstellung eines Präparates – vor dem Einsatz der Chemikalienhauptmenge – zunächst im kleinen Maßstab durch, sofern dies möglich ist.

Man bemühe sich von Anfang an, die Präparate in möglichst reiner Form zu erhalten. Nicht die Quantität einer dargestellten Substanz, sondern ihre Qualität ist in den meisten Fällen ausschlaggebend.

Zu jedem Präparat gehört ein Arbeitsprotokoll, das den Gang der Darstellung, aufgetretene Schwierigkeiten, besondere Beobachtungen usw. sowie eine Ausbeuteberechnung in Prozenten (mit Angabe des Bezugstoffes) enthalten soll.

5.1. Gase und Elemente – Aufarbeitung von Rückständen

5.1.1. Gase

Bei der laboratoriumsmäßigen Gasdarstellung durch Einwirkung von Flüssigkeiten auf feste Stoffe hat sich der *Kipp*sche Apparat („Kipp") bewährt (Abb. 58).

Zur Gewinnung von H_2 wird z. B. der mittlere Behälter mit schwach verkupfertem, arsenfreiem Stangenzink beschickt u. bei geöffnetem Hahn so lange ca. 6 M HCl von oben eingefüllt, bis der Säurestand das Zn erreicht. Nun wird der Hahn geschlossen u. die obere Kugel mit Säure zu zwei Dritteln aufgefüllt. Beim Öffnen des Hahnes gelangt die Säure zum Zink, u. es entsteht H_2. Beim Schließen des Hahnes verdrängt der entstehende geringe Überdruck die Säure aus dem Zn-Behälter, u. die Rk. kommt zum Stillstand.

Der „Kipp" verlangt relativ grobes Material (Stücke, Stangen, Würfel usw.).

Häufig werden Gase auch durch Einwirkung von Flüssigkeiten oder Feststoffen aufeinander dargestellt. Zur Durchführung derartiger Reaktionen verwendet man zweckmäßig einen je nach der erforderlichen Gasmenge dimensionierten Kochkolben, der neben einem Gasableitungsrohr gegebenenfalls noch mit einem aufgesetzten Tropftrichter versehen ist (Abb. 59).

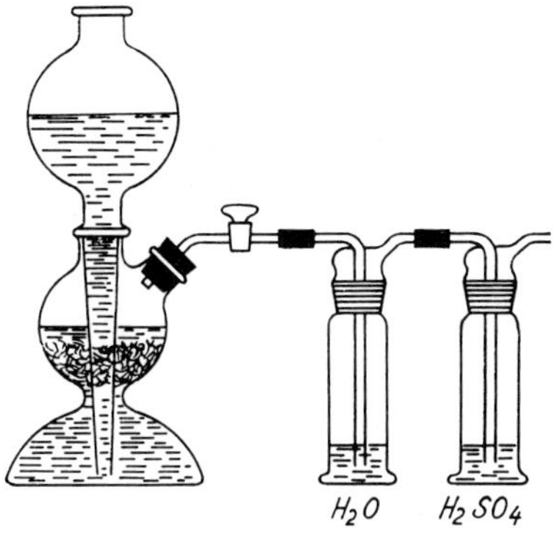

Abb. 58. *Kipp*scher Apparat

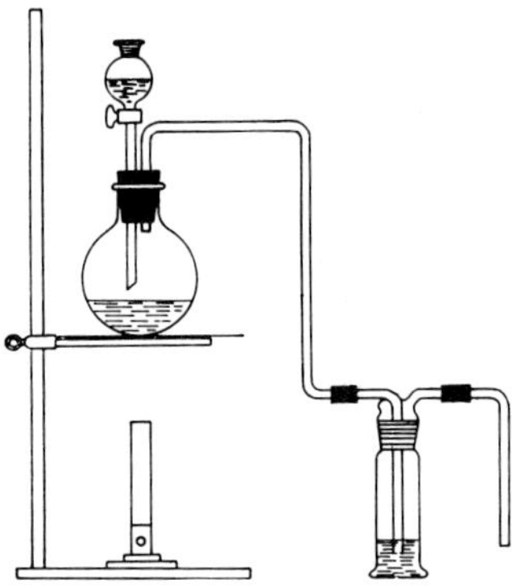

Abb. 59. Gasentwicklungsapparatur

Zur Cl_2-Darst. beschickt man den Kolben mit $K_2Cr_2O_7$, läßt aus dem Tropftrichter langsam ca. 4 M HCl zufließen u. erwärmt gelinde. – O_2 wird durch vorsichtiges Erhitzen einer innigen Mischung von $KClO_3$ mit gut getrocknetem u. pulverisiertem Braunstein, MnO_2, erhalten.

Beim Arbeiten mit aggressiven Gasen (Cl_2, NO_2 u.a.) dürfen nur mit Gummimanschetten verbundene Glasrohre verwendet werden.

Bei der folgenden Aufzählung der für die Darstellung von Gasen geeigneten Reaktionen ist jeweils in Symbolen angedeutet, welches Gasentwicklungsgerät zweckmäßig ist; es bedeuten Ⓚ *Kipp*scher Apparat und ⚗ Kochkolben.

H_2 Ⓚ $Zn + 2HCl \rightarrow ZnCl_2 + H_2\uparrow$.
6 M HCl, As-freies Zn.

⚗ $2Al + 2KOH + 6H_2O \rightarrow 2K[Al(OH)_4] + 3H_2\uparrow$.
Al-Grieß oder -Schnitzel, KOH (1:3); Vorsicht, schäumt stark!

O_2 ⚗ $2KClO_3 \rightarrow 2KCl + 3O_2\uparrow$.
$KClO_3$ u. gut getrocknetes MnO_2 (10:1); MnO_3 bzw. das durch Erhitzen daraus entstehende Mn_3O_4 wirken als Katalysator (s. S. 157). Der Gasstrom kann durch die Temp. gut reguliert werden.

N_2 ⚗ $NH_4NO_2 \rightarrow N_2\uparrow + 2H_2O$.
Vorsichtiges Erhitzen einer konz. Mischlsg. von $(NH_4)_2SO_4$ u. $NaNO_2$ bis zum Einsetzen der Gasentw.; die Rk. verläuft dann ohne Wärmezufuhr weiter. Das Gas ist ziemlich unrein (NO, NH_3).

CO_2 Ⓚ $CaCO_3 + 2HCl \rightarrow CO_2\uparrow + CaCl_2 + H_2O$.
Nußgroße Marmorstücke ca. 6 M HCl.

⚗ $2KHCO_3 + H_2SO_4 \rightarrow 2CO_2\uparrow + K_2SO_4 + 2H_2O$.
Gesätt. $KHCO_3$-Lsg., 50%ige H_2SO_4.

Die Darstellung folgender Gase muß unter einem gut ziehenden Abzug erfolgen:

Cl_2 ⚗ $MnO_2 + 4HCl \rightarrow Cl_2\uparrow + MnCl_2 + 2H_2O$.
Gefälltes $MnO_2 \cdot xH_2O$ u. konz. HCl; die Cl_2-Entw. läßt sich durch Erwärmen regulieren.

🌡 $Cr_2O_7^{2-} + 6\,Cl^- + 14\,H^+ \rightarrow 3\,Cl_2\uparrow + 2\,Cr^{3+} + 7\,H_2O$.
4 M HCl; die Cl_2-Entw. läßt sich durch Erwärmen regulieren.
Ⓚ $CaCl(OH) + 2\,HCl \rightarrow CaCl_2 + H_2O + Cl_2\uparrow$.
Chlorkalkwürfel, 7 M HCl; Cl_2 ist durch CO_2 verunreinigt.

NH_3 🌡 $NH_4Cl + KOH \rightarrow NH_3\uparrow + KCl + H_2O$.
60%ige KOH, gelindes Erwärmen.
🌡 $2\,NH_4Cl + Ca(OH)_2 \rightarrow 2\,NH_3\uparrow + CaCl_2 + 2\,H_2O$.
Erwärmen einer innigen Mischung von NH_4Cl mit gelöschtem Kalk.

SO_2 🌡 $Cu + 2\,H_2SO_4 \rightarrow CuSO_4 + SO_2\uparrow + 2\,H_2O$.
Erhitzen von konz. H_2SO_4 mit der dreifachen Gewichtsmenge Cu, dem zweckmäßig etwas Hg zugesetzt wird.
🌡 $NaHSO_3 + H_2SO_4 \rightarrow NaHSO_4 + H_2O + SO_2\uparrow$.
50%ige H_2SO_4 zu konz. $NaHSO_3$-Lsg. tropfen lassen.

H_2S Ⓚ $FeS + 2\,HCl \rightarrow FeCl_2 + H_2S\uparrow$.
FeS in Stangen oder Stücken, 5 M HCl; das Gas enthält H_2.

HCl Ⓚ $NH_4Cl + H_2SO_4 \rightarrow (NH_4)HSO_4 + HCl\uparrow$.
🌡 50%ige H_2SO_4; nicht schütteln, sonst starkes Schäumen!

HBr 🌡 $KBr + H_3PO_4 \rightarrow KH_2PO_4 + HBr\uparrow$.
Zutropfen sirupöser H_3PO_4 zu KBr u. schwaches Erwärmen.

NO Ⓚ $6\,NaNO_2 + 3\,H_2SO_4 \rightarrow 3\,Na_2SO_4 + 4\,NO\uparrow + 2\,HNO_3 + 2\,H_2O$.
🌡 $NaNO_2$ in Stangen verd. H_2SO_4.
🌡 $K_4[Fe(CN)_6] + KNO_2 + 2\,CH_3COOH$
$\rightarrow K_3[Fe(CN)_6] + 2\,CH_3COOK + H_2O + NO\uparrow$.
Gesätt. $K_4[Fe(CN)_6]$-Lsg. u. KNO_2; Zutropfen verd. Essigsäure.

NO_2 🌡 $2\,Pb(NO_3)_2 \rightarrow 2\,PbO + 4\,NO_2\uparrow + O_2\uparrow$.
Vorsichtiges Erhitzen von gut getrocknetem $Pb(NO_3)_2$.

CO 🌡 $HCOOH \rightarrow CO\uparrow + H_2O$.
Zutropfen von konz. Ameisensäure zu konz. H_2SO_4 oder konz. H_3PO_4 bei 70–80 °C.
🌡 $H_2C_2O_4 \cdot 2\,H_2O \rightarrow CO\uparrow + CO_2\uparrow + 3\,H_2O$.
Vorsichtiges Erhitzen von Oxalsäuredihydrat mit konz. H_2SO_4 (Gewichtsverhältnis ca. 1:5) bis zur beginnenden Gasentwicklung. CO_2 wird in einer mit 50%iger KOH gefüllten Gaswaschflasche absorbiert.

5.1.2. Magnesium

$$MgCl_2 \rightarrow Mg + Cl_2.$$

Alkali- und Erdalkalielemente sowie Al werden technisch u.a. durch Schmelzflußelektrolyse der entsprechenden Halogenide, Oxide usw. dargestellt. Um die gewöhnlich recht hohen Schmelztemperaturen dieser Salze herabzusetzen, fügt man Flußmittel (CaF_2, $Na_3[AlF_6]$, KCl usw.) zu. Als Kathode dient Eisen in Stabform; Anodenmaterial ist meistens Kohle (Acheson-Graphit, oft auch der Tiegel selbst, sofern in Graphittiegeln gearbeitet wird). Das entstehende Rohmetall wird durch Umschmelzen unter Flußmitteln (Mg) oder Filtration gereinigt.

100 g $MgCl_2 \cdot 6\,H_2O$, 40 g KCl, 15 g NH_4Cl u. 15 g CaF_2 werden innig vermischt u. bis auf einen Rest von 10–20 g, der später beim Umschmelzen des Mg gebraucht wird, in einem Porzellantiegel von 6 cm ∅ gefüllt. Das Substanzgemisch wird in einem elektrischen Ofen bei 700–800 °C entwässert. Der NH_4Cl-Zusatz soll die Hydrolyse von $MgCl_2 \cdot 6\,H_2O$ beim Erhitzen verringern; das gemäß $MgCl_2 + H_2O \rightarrow MgO + 2\,HCl$ entstehende MgO würde sonst das Zusammentreten der gebildeten Mg-Kügelchen verhindern. Als Anode dient ein Graphitstab, als Kathode ein verzinkter Fe-Stab von 0,6 cm ∅, der in einem schwerschmelzbaren Glasrohr von 1,5 cm Innendurchmesser steckt u. durch einen Kork gehalten wird. Anordnung u. Schaltung sind aus umstehender, schematischer Skizze (Abb. 60) zu entnehmen (W = Schiebewiderstand).

Das Salzgemisch wird unter dem Abzug bis zur dünnflüssigen Schmelze (650–750 °C) erhitzt u. die Elektroden werden so eingesetzt, daß das Glasrohr fast den Tiegelboden berührt, die Elektroden selbst aber nur in die Oberfläche eintauchen. Man elektrolysiert bei 20 Volt Klemmenspannung u. genau 2 Ampère. Die Temp. wird so gehalten, daß die Schmelze gerade noch nicht zu kristallisieren beginnt. Nach ca. 3 Std. (genaue Zeitmessung! Zeit und Stromstärke gehen in die Ausbeuteberechnung ein!) wird der Vers. abgebrochen. Die Elektroden werden bei beginnender Kristallisation aus der Schmelze herausgenommen. Das Glasrohr enthält noch etwas Schmelze, die das gebildete Mg einschließt. Der untere Teil des Glasrohres wird zerschlagen u. das Salz unter CaF_2-Zusatz in einem kleinen Tiegel nochmals zusammengeschmolzen. Die auf der Schmelze schwimmenden Mg-Kügelchen lassen sich mit einem Fe-Draht leicht zu einem Regulus vereinigen; anderenfalls muß noch mehr CaF_2 zugesetzt werden. Nach dem Erkalten wird der Mg-Regulus mechanisch vom Salz abgelöst, kurz (!) in verd. HCl getaucht, getrocknet u. zur Ausbeutebestimmung gewogen.

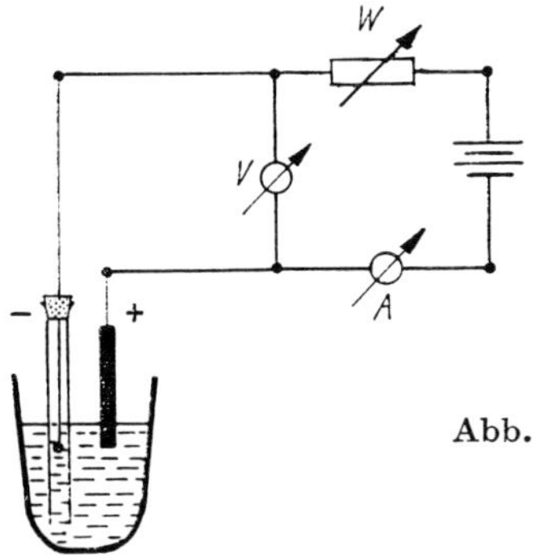

Abb. 60. Versuchsanordnung zur Schmelzflußelektrolyse

Ausbeuteberechnung: 96495 Coulomb setzen 1 Val um, scheiden also 12,16 g Mg ab. Hat man α Sek. mit β Amp. elektrolysiert, ist die theoretische Ausbeute $\frac{\alpha \cdot \beta \cdot 12{,}16}{96495}$ g Mg. Die praktische Ausbeute wird in Prozenten der theoretischen angegeben.

5.1.3. Chrom, Mangan, Silicium, Bor – Aluminothermisches Verfahren

$$8\,Al + 3\,M_3O_4 \rightarrow 9\,M + 4\,Al_2O_3.$$

Die Bildungswärme von Aluminiumoxid ist sehr groß ($2\,Al + {}^3/_2\,O_2 \rightarrow Al_2O_3 + 380$ kcal). Infolgedessen werden die meisten Metalloxide oder -sulfide von feinverteiltem Al unter Bildung der freien Elemente reduziert. Um die Reaktion in Gang zu bringen, genügt meist eine Initialzündung; die Reaktion läuft dann von allein weiter und erzeugt die erforderlichen Temperaturen durch die Reaktionswärme selbst. Die Temperatur ist so hoch (2000–2500 °C), daß die ganze Masse schmilzt und sich Schlacke und Metall weitgehend voneinander trennen; ein Zusatz von Flußmitteln (CaF_2) begünstigt diese Trennung. Da die Reaktionswärme die Temperatur bestimmt, hat man es in der Hand, durch geeignete Wahl der Ausgangsstoffe die Reaktionstemperatur den jeweils vorliegenden Verhältnissen anzupassen. Einerseits darf die Reaktion nicht explosionsartig ablaufen (Abhilfe durch Verdünnen des Reaktionsgemisches mit überschüssigem Oxid oder Verwendung eines niederen Oxids, z.B. Mn_3O_4 an Stelle von MnO_2), andererseits werden bei zu geringer Wärmetönung Schwefel oder sauerstoffreiche Verbindungen ($K_2Cr_2O_7$) zugesetzt. Wegen der hohen Reaktionstemperatur ist das aluminothermische Verfahren zur Darstellung von Metallen mit hohem Dampfdruck (Alkalimetalle, Pb, Zn) im allgemeinen ungeeignet. Fast alle aluminothermisch dargestellten Metalle enthalten kleinere Mengen Al ($\approx 1\,\%$) und sind meist sehr spröde.

Die laboratoriumsmäßige Durchführung aluminothermischer Rkk. erfolgt am besten im Freien in kleinen Tontiegeln, die mindestens zu drei Vierteln mit dem innig vermischten u. gut getrockneten(!) Reaktionsgemisch gefüllt sind; zweckmäßig werden die Tiegel in Kieselgur oder Sand eingebettet. Es empfiehlt sich nicht, die Rkk. mit kleineren Ansätzen durchzuführen, als in den Vorschriften angegeben ist. Das aus Mg-Pulver u. BaO_2 bestehende Zündgemisch (3:2) – nicht im Mörser verreiben (!) – wird in dünner Schicht auf das Reaktionsgut aufgebracht. In der Mitte legt man eine kraterförmige Vertiefung an, füllt sie mit der Zündmischung u. steckt einen ca. 10–20 cm langen KNO_3-Papierstreifen hinein. Nach dem Anzünden des KNO_3-Papierstreifens (Schutzbrille!) ziehe man sich sofort zurück u. halte wegen der zuweilen recht heftigen Rk. (Fortsprühen glühender Teilchen) einen sicheren Abstand ein. Der Vers. darf nur in Ggw. eines Assistenten durchgeführt werden! Das entstandene Metall sammelt sich meist in Gestalt eines Regulus am Boden des Reaktionsgefäßes u. wird nach dem Erkalten mechanisch von der anhaftenden Schlacke befreit.

Unsachgemäße Zündung kann zu schweren Unfällen führen. Häufig brennt der Zündstreifen nur bis zur Oberfläche des Reaktionsgemisches und erlischt dann, ohne daß die Reaktion in Gang kommt. Es muß in solchen Fällen mindestens 5 Minuten (Uhr!) gewartet werden, bevor ein neuer Zündversuch unternommen wird!

Chrom

70 g geglühtes Cr_2O_3, 25 g $K_2Cr_2O_7$ (geschmolzen u. gepulvert) u. 32 g Al-Grieß. Auf den Tiegelboden ca. 10 g CaF_2; 10 g Zündmischung.

Mangan

MnO_2 reagiert zu heftig. 80 g MnO_2 werden daher durch Glühen (800–900 °C, 1 Std.) in Mn_3O_4 übergeführt u. mit neun Zehntel der erforderlichen Al-Menge innig vermischt. 10 g CaF_2 auf den Tiegelboden; 10 g Zündmischung.

Silicium, kristallisiert

90 g feiner, gut getrockneter Sand, 100 g Al-Grieß, 120 g Schwefelblume. Nach Erkalten Tiegel zerschlagen, die ganze Masse in einer großen Porzellanschale mit W. übergießen (Abzug, H_2S!) u. $Al(OH)_3$ bzw. Al_2O_3 abschlämmen. Si-Kugeln mechanisch von Schlackenresten befreien, zerschlagen u. im Becherglas mehrere Tage mit warmer halbkonz. HCl zur Al-Entfernung behandeln (HCl mehrfach erneuern), schließlich mit konz. HCl auskochen u. dekantieren. Zur SiO_2-Entfernung werden die Kristalle in einer Pt-Schale 1 Std. mit warmer 40%iger H_2F_2 behandelt.

Bor, kristallisiert

50 g wasserfreies B_2O_3, 75 g S u. 100 g Al-Grieß. Aufarbeitung wie bei Si. Das entstandene krist. B ist stets Al-haltig (AlB_{12}).

5.1.4. Zinn

$$2KCN + SnO_2 \rightarrow Sn + 2KOCN.$$

KCN kann Metalloxide zu den Elementen reduzieren, indem es selbst zu Kaliumcyanat, KOCN, oxidiert wird.

Eine 1:1-Mischung von KCN u. feingepulvertem Zinnstein, SnO_2, wird im Porzellantiegel ca. 1/2 Std. am Gebläse geschmolzen u. der Schmelzkuchen nach dem Erkalten mit W. extrahiert. Sn bleibt als Regulus zurück. Man prüfe qualitativ auf Verunreinigungen (Fe, Cu, Pb).

Sb kann in gleicher Weise aus SbOCl oder Sb_2O_5 dargestellt werden.

5.1.5. Blei, Antimon, Quecksilber – Darstellung von Metallen aus ihren Sulfiden

Es gibt hauptsächlich 3 Methoden, um auf trockenem Wege aus einem Sulfid das Metall zu erhalten:

α) Röstreduktionsarbeit. Das Sulfid wird völlig abgeröstet („Verblaseröstung") und das entstandene Oxid reduziert:

$$2\,PbS + 3\,O_2 \rightarrow 2\,PbO + 2\,SO_2\uparrow,$$
$$PbO + C \rightarrow Pb + CO\uparrow.$$

Beispiel einer im großtechnischen Maßstab durchgeführten Röstreduktionsarbeit ist die Darstellung von Eisen aus Pyrit, FeS_2. Er wird zur H_2SO_4-Gewinnung abgeröstet und das gebildete Fe_2O_3 im Hochofen zu Roheisen verarbeitet.

β) Röstreaktionsarbeit. Das Sulfid wird nur teilweise abgeröstet und das entstandene Oxid mit noch vorhandenem Sulfid unter Luftabschluß erhitzt:

$$2\,PbO + PbS \rightarrow 3\,Pb + SO_2\uparrow.$$

Blei

12 g PbS u. 22 g PbO werden, innig vermischt, in einen kleinen Tontiegel gegeben, auf dessen Boden sich bereits als Flußmittel eine Schicht $KNaCO_3$ ($Na_2CO_3 : K_2CO_3 = 1:1$) befindet. Mit einer weiteren Schicht des Flußmittels bedeckt man das Rk.-Gemisch u. erhitzt vor dem Gebläse ca. $^3/_4$ Std. auf dunkle Rotglut. Während der Rk. muß die fl. Masse öfter mit einem Magnesiastäbchen umgerührt u. Flußmittel zugesetzt werden. Um einen gut ausgebildeten Regulus zu erhalten, steigert man kurz vor Ende der Rk. die Temp. bis zur hellen Rotglut, rührt gut durch, läßt erkalten, zerschlägt den Tiegel u. laugt den Schmelzkuchen mit heißem W. gründlich aus.

γ) Niederschlagsarbeit. Das Sulfid wird mit einem unedleren Metall erhitzt, welches das edlere Metall unmittelbar aus dem Sulfid in Freiheit setzt („niederschlägt"):

$$Sb_2S_3 + 3\,Fe \rightarrow 2\,Sb + 3\,FeS.$$

Antimon

25 g gepulverter Grauspießglanz, Sb_2S_3, 11 g Fe-Pulver, 2,5 g wasserfreier Na_2SO_4 u. 0,5 g Holzkohlepulver werden innig vermischt u. im bedeckten Tiegel vor dem Gebläse ca. 20 Min. so hoch erhitzt, daß die Schlacke erweicht, aber nicht völlig schmilzt. Nach dem Erkalten wird der Tiegel zerschlagen, der Sb-Regulus von Schlacken mechanisch befreit u. ggf. mit heißem W. behandelt. Weitere Darstellungsmöglichkeiten s. S. 446.

Quecksilber

20 g HgS u. die berechnete Menge oxidarmes Fe-Pulver werden in einer kleinen Retorte aus schwerschmelzbarem Glas unter dem Abzug (!) vorsichtig mit fächelnder Flamme erhitzt. Hg dest. in ein als Vorlage dienendes Reagenzglas ab.

5.1.6. Aufarbeitung von Rückständen

Im Laboratorium sammeln sich häufig Rückstände von Verbindungen wertvoller Elemente an, deren Aufarbeitung nachfolgend beschrieben ist.

Silber

Mit ca. 6 M HCl wird zunächst alles noch in Lsg. befindliche Ag^+ gefällt, dann bis zur Zusammenballung des Nd. erhitzt, abfiltriert bzw. dekantiert u. mit heißem W. ausgewaschen. Man schlämmt den Nd. in ca. 6 M HCl auf, gibt Zn-Granalien im Überschuß zu u. läßt über Nacht an einem warmen Ort stehen (Zementation). Nach Zusatz frischer HCl wird so lange erhitzt, bis sich der Zn-Überschuß restlos gelöst hat. Man dekantiert vom Ag, wäscht bis zum Ausbleiben der Cl^--Rk. u. löst dann in konz. HNO_3. Aus dieser Lsg. fällt man erneut mit Cl^- u. wiederholt die Red.; statt dessen kann das umgefällte AgCl auch in verd. NaOH suspendiert u. in der Siedehitze so lange mit Formaldehyd- oder Traubenzuckerlsg. versetzt werden, bis sich eine gut ausgewaschene Probe ohne Trübung (AgCl!) in Cl^--freier HNO_3 löst. Das so gewonnene Ag-Pulver wird abfiltriert, mit heißem W. gewaschen, getrocknet u. in einer kleinen Vertiefung eines Kalksteines oder in einem Tontiegel bei Ggw. von Borax als Flußmittel in der Gebläseflamme zusammengeschmolzen.

Zur Gewinnung von $AgNO_3$ löst man das Ag-Pulver in Cl^--freier HNO_3 u. dampft auf dem W.-Bad ein.

Fixierbäder werden deutlich ammoniakalisch gemacht u. mit $(NH_4)_2S$-Lsg. im geringen Überschuß versetzt. Nach 24stündigem Stehen wird der Nd. abgenutscht, gut ausgewaschen, getrocknet, mit wasserfreiem Borax vermischt u. bei ca. 1000 °C geschmolzen.

Jod

Die Lsg. wird zur Red. von ggf. vorhandenem JO_3^- zunächst mit überschüssigem Na_2CO_3 zur Trockne eingedampft. (Achtung! Es dürfen keine Ammoniumsalze in die alkalischen Jodrückstände gelangen, da sonst durch Bldg. von Jodstickstoff heftige Explosionen eintreten können!). Der Rückstand wird so lange geglüht, bis eine ggf. eingetretene Schwarzfärbung wieder verschwunden ist; dann wird die ganze Masse in verd. roher H_2SO_4 gelöst. Die Oxidation $2J^- \rightarrow J_2 + 2e$ erfolgt am zweckmäßigsten u. billigsten durch O_2 unter katalytischer Wirkung von Stickstoffoxiden:

$$NO_2 + 2HJ \rightarrow NO + J_2 + H_2O,$$
$$NO + {}^1/_2O_2 \rightarrow NO_2.$$

Dazu füllt man einen Gasometer mit O_2 u. verbindet ihn über eine leere, umgekehrt geschaltete Waschflasche u. einen längeren Schlauch mit dem Rk.-Kolben, wobei das Einleitungsrohr bis fast zum Boden reicht u. durch einen Stopfen geführt ist, der den Kolben fest verschließt. Der Kolben soll von der Fl. etwa zur Hälfte gefüllt sein (vgl. Abb. 61). Bei zunächst locker auf-

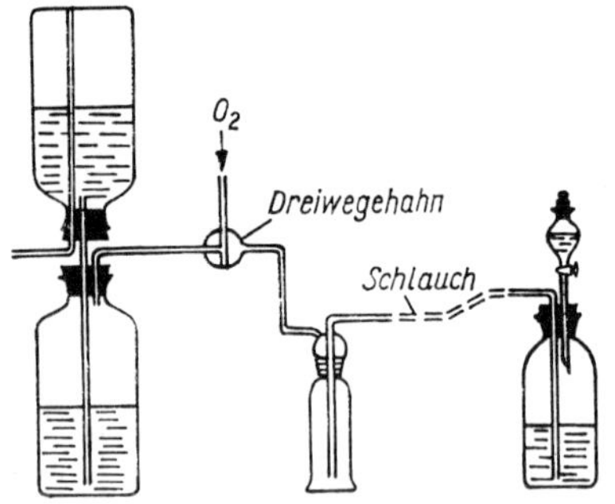

Abb. 61. Gasometeranlage

liegendem Stopfen wird nun das Rk.-Gefäß mit O_2 gefüllt u. dann so viel NaOH-Lsg. eingegossen, daß der Gasraum durch NO_2 intensiv braun gefärbt ist. Darauf wird der Kolben fest verschlossen u. erst langsam (!), dann stärker geschüttelt. Dabei erfolgt eine lebhafte O_2-Aufnahme, jedoch erfolgt wegen der Bldg. von KJ_3 noch keine J_2-Abscheidung. Läßt die O_2-Aufnahme trotz Schüttelns merklich nach, ohne daß sich J_2 abscheidet (Stickstoffoxid wird teilweise zu katalytisch inaktivem N_2O u. N_2 reduziert), gibt man noch etwas $NaNO_2$-Lsg. zu. Die Oxidation ist beendet, wenn die Gasphase farblos geworden ist u. die über dem schwarzen J_2-Nd. stehende Fl. nur noch die hellbraune Farbe einer wss. J_2-Lsg. aufweist (es bleiben nur 0,8 g J_2/l in Lsg.). Das Rohjod wird auf einer Glasfilternutsche abgesaugt u. über $CaCl_2$ oder konz. H_2SO_4 im ungefetteten

Vakuumexsikkator gut getrocknet. Zur Sublimation wird das Rohprod. in ein ausgußloses Becherglas gegeben, auf dem ein mit kaltem W. gefüllter Rundkolben sitzt. Beim langsamen Erhitzen auf dem Sandbad entweicht zunächst die im Jod noch enthaltene Feuchtigkeit u. kondensiert sich am Rundkolben. Ehe ein W.-Tropfen in das Becherglas wieder zurückfallen kann, wechselt man den Rundkolben gegen einen zweiten aus u. verfährt in gleicher Weise, solange noch Feuchtigkeit vorhanden ist. Dann wird so hoch erhitzt, daß eine langsame Sublimation stattfindet, wobei sich Jod in schönen, metallisch glänzenden, schwarzvioletten Kristallen außen am Boden des Rundkolbens absetzt.

Werden höhere Ansprüche an die Reinheit des Jods gestellt, muß das rohe Jod noch einer Wasserdampfdest. unterworfen (erforderlich bei Ggw. von Stärke) u. vor der Sublimation mit feinstgepulvertem KJ (zur Zers. von JCl_3 usw.) verrieben werden.

Bei Ggw. größerer Fe-Mengen in den Jodrückständen muß die Oxidation zur Zers. des $[Fe(NO)]^{2+}$-Komplexes in der Hitze vorgenommen werden. Liegen Hg- oder Pb-Salze vor, wird gemäß Chemiker-Ztg. 47 (1923), 16 verfahren.

Quecksilber

Die Reinigung von Hg ist eine ziemlich häufig vorkommende Aufgabe. Sie erfolgt im allgemeinen in 3 Stufen: a) Entfernung äußerlich anhaftender, grober Verunreinigungen, b) Beseitigung gelöster Fremdmetalle („Amalgame") durch Oxidation, c) Trennung von Spuren edler Metalle durch Hochvakuumdestillation.

Man filtriert das unreine Hg zunächst durch eine Glasfritte G 2 (ohne Vakuum) oder G 3 (mit Vakuum), oder man verwendet ein glattes, trockenes Faltenfilter, in dessen Spitze mit einer Nadel einige Löcher angebracht wurden. Die Oxidation aller gelösten Metalle erfolgt zweckmäßig durch Luft oder HNO_3. Dazu bringt man das filtrierte Hg in eine Saugflasche, deren Größe so gewählt ist, daß der Boden etwa 1–2 cm hoch mit Hg bedeckt ist, gibt ca. 3 M HNO_3 hinzu u. verschließt die Saugflasche mit einem dicht schließenden, einfach durchbohrten Gummistopfen, durch dessen Bohrung ein Glasrohr bis zum Boden reicht. Der Saugansatz wird über ein U-Rohr mit Jodkohle (zur Sorption der stark giftigen Hg-Dämpfe) an eine Wasserstrahlpumpe angeschlossen. Man saugt so stark, daß das Hg in wallende Bewegung versetzt wird. Die HNO_3 löst neben den unedlen Metallen auch etwas Hg auf; alle Metalle, die unedler als Hg sind, werden aber zuerst gelöst. Nach 24 Std. gießt man die Lsg. ab, wäscht mit W., trocknet mit Filterpapier u. filtriert wie oben beschrieben.

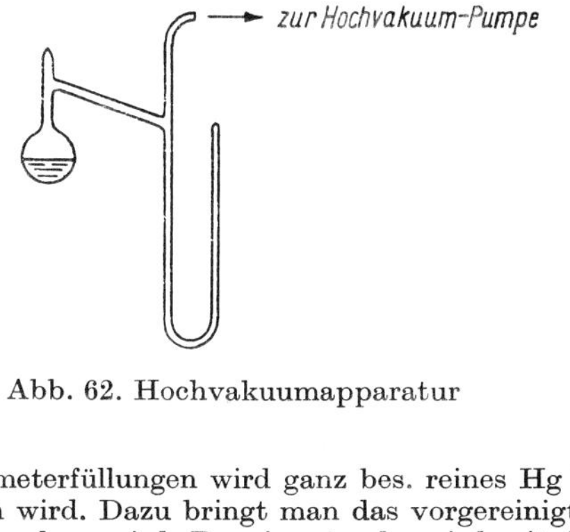

Abb. 62. Hochvakuumapparatur

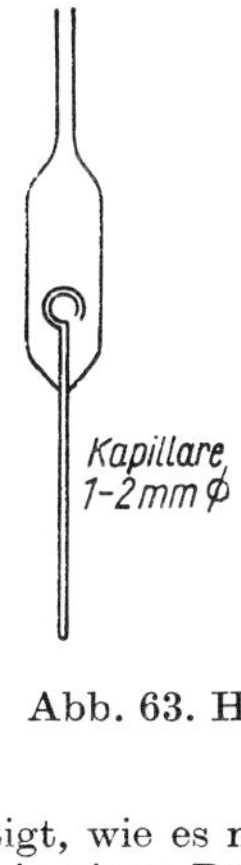

Abb. 63. Hg-Sammelpipette

Für Manometerfüllungen wird ganz bes. reines Hg benötigt, wie es nur durch Hochvakuumdest. erhalten wird. Dazu bringt man das vorgereinigte Hg in einen Destillationskolben, dessen Hals abgeschmolzen wird. Das Ansatzrohr wird mit dem zu füllenden Gefäß so verblasen, daß das verdampfte u. wieder kondensierte Hg in dieses hineinfließt; das Gefäß muß außerdem mit einem Saugstutzen für den Anschluß der Hochvakuumpumpe versehen sein. Eine für diese Zwecke geeignete u. bewährte App. ist in Abb. 62 skizziert. Nach Zusammensetzen der App. u. Erreichen des Hochvakuums werden alle Teile vorsichtig mit fächelnder Flamme erhitzt; erst dann kann mit der langsamen Dest. begonnen werden.

Reines Hg muß beim Stehen an der Luft blank bleiben u. darf in einer Porzellanschale keinen Schweif hinterlassen.

Beim Arbeiten mit Hg ist dessen große Giftigkeit zu beachten (s. auch S. 113). Einatmen von Hg-Dämpfen führt zu schweren chronischen Vergiftungen! Um ein Verspritzen von Hg zu vermeiden, werden alle Arbeiten in großen Kunststoffschalen durchgeführt. Verschüttetes Hg muß restlos mit einer Quecksilberzange, einem spitzen amalgamierten Cu-Blechstreifen oder mit Pinsel u. Sammelpipette (Abb. 63, die mit einem langen Schlauch an eine Wasserstrahlpumpe angeschlossen wird, aufgesammelt werden! In Ritzen eingedrungene kleinere Hg-Mengen können, falls andere Methoden versagen, mit einer mehrere mm hohen Schicht von Jodaktivkohle (Aktivkohle mit ca. 5% Jod beladen) bedeckt werden.

Uranoxidacetat-dihydrat, $UO_2(CH_3COO)_2 \cdot 2H_2O$

U-Rückstände fallen beim qualitativen Nachweis von Na^+ sowie bei der quantitativen Bestimmung von Na^+ und Li^+ in Form uransalzhaltiger Lösungen an, in denen Niederschläge der betreffenden schwerlöslichen Verbindungen und außerdem Essigsäure und Alkohol enthalten sind.

Die gesammelten Rückstände werden zunächst zusammen mit der überstehenden Lsg. ca. 10 Min. lang zum Sieden erhitzt, um den größten Teil des A. u. der Essigsäure zu vertreiben. Die siedende Lsg. wird nun mit einer ausreichenden Menge von festem NH_4Cl (ca. 3 g/100 ml Lsg.) u. mit konz. Ammoniak bis zur stark ammoniakalischen Rk. versetzt. Es fällt gelbes, flockiges Ammoniumdiuranat aus. Man läßt abkühlen u. dekantiert nach dem Absetzen des Nd., wirbelt ihn mehrere Male (8–10mal) mit W. auf u. dekantiert wie vorher. Dadurch erreicht man eine weitgehende Abtrennung der Fremdionen. Wenn ein Teil des Nd. sich beim Dekantieren nicht mehr klar absetzt u. der Geruch nach NH_3 nicht mehr festzustellen ist, wird das Diuranat auf einer Filternutsche abgesaugt u. bei 80–100 °C getrocknet. Das getrocknete Prod. wird fein gepulvert, in einen Tiegel gebracht u. im Al-Block 8–10 Std. auf 300–350 °C erhitzt. Wenn der größte Teil des Ammoniumdiuranats unter NH_3-Abgabe in Urantrioxid übergegangen ist (Farbvertiefung, rotes Lackmuspapier wird nicht mehr blau gefärbt), überführt man den Rückstand wieder in ein Becherglas. Je 10 g des Rückstandes werden mit ca. 70 ml W. auf dem W.-Bad auf ca. 80 °C erwärmt u. der Bodensatz durch Zugabe von ca. 80–90%ig. Essigsäure in Lsg. gebracht. Man filtriert die Lsg. von schwerlösl. U_3O_8 ab; dieses entsteht manchmal in geringen Mengen beim Erhitzen des Diuranats. Nach dem Einengen des F. auf ca. 20 ml auf dem W.-Bad läßt man erkalten u. über Nacht auskristallisieren. Die erhaltenen Kristalle von Uranoxidacetat, $UO_2(CH_3COO)_2 \cdot 2H_2O$, werden abgesaugt, zweimal mit wenig essigsäurehaltigem W. gewaschen u. bei Raumtemp. an der Luft getrocknet.

Die Mutterlauge wird zweckmäßig für eine spätere Aufarbeitung gesammelt, da eine zweite Fraktion stets mit NH_4^+-Salzen verunreinigt ist.

5.2. Oxide, Peroxoverbindungen, Sulfide, Nitride und verwandte Verbindungen

5.2.1. Zinn(II)-oxid, SnO, kristallisiert

Die Darstellung erfolgt aus $SnCl_2$ über das Zinn(II)-oxidhydrat, das beim Erhitzen in Gegenwart von Zinn(II)-Salzlösungen oder Alkalilauge leicht zu dunklem, wasserfreiem SnO dehydratisiert wird.

$SnCl_2 \cdot 2H_2O$ p.a. wird in möglichst wenig heißer 7 HCl gelöst u. so lange konz. Na_2CO_3-Lsg. zugeführt, bis die Fl. gegen Phenolphthalein alkalisch reagiert (Vorsicht, starkes Schäumen!). Das entstandene weiße Zinn(II)-oxidhydrat wird in der Fl. anschließend 2–3 Std. auf dem Sandbad erhitzt, wobei quantitative Umwandlung zu SnO eintritt. Reinigung durch mehrmaliges Dekantieren mit dest. W. u. Trocknen bei 110 °C.

Eigenschaften: Blauschwarze, metallisch glänzende, krist. Substanz; schwerlösl. in W., lösl. in Säuren. Beim Erhitzen auf Rotglut erfolgt unter Aufglühen Verbrennung zu SnO_2.

5.2.2. Thénards Blau, $CoAl_2O_4$

$$CoO + Al_2O_3 \rightarrow CoAl_2O_4.$$

Zu einem innigen, stöchiometrischen Gemenge von käuflichem, basischem Kobalt(II)-carbonat bzw. CoO u. Al_2O_3 setzt man die 1,5fache Gewichtsmenge KCl als Flußmittel zu u. erhitzt im Porzellantiegel auf ca. 1100 °C. Die zerkleinerte Schmelze wird mit W. ausgekocht, bis die Rk. auf Cl^- negativ ausfällt, u. im Trockenschrank getrocknet.

Eigenschaften: Intensiv blaue Substanz (Doppeloxid, Spinell), sehr resistent gegenüber chemischen Einfl. u. hohen Tempp. (Verwendung als Porzellanfarbe). Beim Schmelzen mit $KHSO_4$ tritt Zers. ein.

5.2.3. Kaliumtetraperoxochromat(V), K_3CrO_8

$$2CrO_4^{2-} + 8H_2O_2 \rightarrow 2CrO_8^{2-} + 8H_2O$$
$$2CrO_8^{2-} + 2OH^- \rightarrow 2CrO_8^{3-} + H_2O_2$$
$$\overline{2CrO_4^{2-} + 7H_2O_2 + 2OH^- \rightarrow 2CrO_8^{3-} + 8H_2O.}$$

Beim Versetzen von Chromatlösungen mit H_2O_2 entstehen je nach den Versuchsbedingungen (pH-Wert, Temperatur, H_2O_2-Konzentration) rote (CrO_8^{3-}) oder blaue ($Cr_2O_{12}^{2-}$) Peroxochromate oder das blaue Peroxid CrO_5.

60 ml 3%ig. H_2O_2, 5 ml 30%ig. H_2O_2 („Perhydrol") u. 5 ml 50%ig. KOH werden in einen 100-ml-Erlenmeyerkolben gegeben u. in einer Kältemischung (Eis-Kochsalz) unter gelegentlichem Umschwenken zu einem dicken Brei erstarren gelassen. Dann gibt man 5 g fein gepulvertes K_2CrO_4 zu u. läßt in der Kältemischung 2 Std. stehen. Der Inhalt ist nun aufgetaucht u. das Peroxochromat hat sich in Form kleiner rotbrauner Oktaeder abgeschieden, die durch eine Glasfritte abfiltriert, mit A. u. Ae. gewaschen u. im Exsikkator getrocknet werden.

Eigenschaften: Dunkelrotbraune Kristalle, mäßig lösl. in kaltem W., schwerlösl. in A. u. Äther. In verschlossenen Gefäßen gut haltbar. Beim Erhitzen auf 170 °C tritt Zers. ein, die bei weiterer Temperatursteigerung explosionsartig verläuft. Peroxochromate sind in wss. Lsg. bei gewöhnlicher Temp. unbeständig u. zerfallen unter Rückbldg. von CrO_4^{2-} (alkalisches Gebiet) bzw. Übergang in Cr(III)-Verbb. (saures Gebiet).

5.2.4. Kaliumperoxodisulfat, $K_2S_2O_8$

$K_2S_2O_8$ läßt sich am besten durch anodische Oxidation einer konzentrierten $KHSO_4$-Lösung darstellen. An der Anode bildet sich intermediär das Radikal HSO_4. Dieses setzt sich bei kleiner Stromdichte jedoch unter O_2-Entwicklung um:

$$2HSO_4 + H_2O \rightarrow 2HSO_4^- + 2H^+ + {}^1/_2O_2.$$

Bei hoher anodischer Stromdichte und tiefer Temperatur ist die Konzentration der HSO_4-Radikale an der Anode sehr groß, und es bildet sich Peroxodisulfat:

$$2HSO_4 \rightarrow 2H^+ + S_2O_8^{2-}.$$

In eine bei 10 °C gesätt. $KHSO_4$-Lsg. in einem größeren Becherglas taucht ein Glasrohr von ca. 3 cm lichter Weite, in dem die Anode so angebracht ist, daß ihre Spitze mit dem unteren Rand des Rohres abschneidet (Abb. 64). Die Anode besteht aus einem in ein Glasrohr eingeschmolzenen, kurzen Pt-Draht von 0,3 mm ∅, der ca. 0,5 cm aus der Verschmelzung hervorragt. Die Verbindung des Pt-Drahtes mit dem in das Glasrohr von oben eingeführten Zuleitungsdraht wird durch einige Tr. Hg hergestellt. Als Kathode findet zweckmäßig ein um das Glasrohr gewundenes Pb-Rohr Verwendung, das von kaltem W. durchflossen wird. Das Ganze steht in einer Eis-Kochsalz-Mischung, durch die auch das Kühlwasser für das Pb-Rohr hindurchgeführt wird.

Man arbeitet bei höchstens 10 °C Elektrolyttemp. (Thermometer!) mit einer anodischen Stromdichte von ca. 10 Amp./cm² u. ca. 10–14 Volt; bei den oben angegebenen Dimensionen wird ca. 1 Amp. benötigt. Einige Min. nach Einschalten des Stromes fällt an der Anode das ziemlich

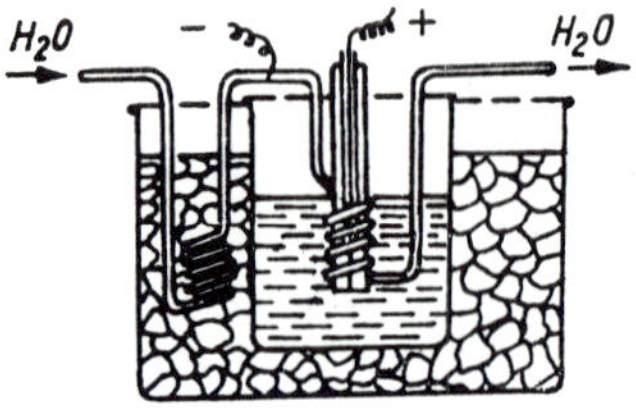

Abb. 64. Elektrolyseanordnung

schwerlösl. $K_2S_2O_8$ aus. Man läßt die Elektrolyse ca. 2 Std. laufen, saugt dann die Kristalle ab, wäscht mit einigen ml Eiswasser, A. u. Ae., trocknet im Exsikkator u. wägt zur Ausbeutebestimmung (96495 Coulomb = $^1/_2$ Mol $K_2S_2O_8$).

Zur Steigerung der Ausbeute empfiehlt sich ein Zusatz von etwas K_2CrO_4 zur $KHSO_4$-Lösung. CrO_4^{2-} wird an der Kathode zu Cr^{3+} red., schlägt sich auf dieser als ein dünner $Cr(OH)_3$-Überzug nieder u. vermeidet so eine unerwünschte Red. von $S_2O_8^{2-}$ an der Kathode.

Eigenschaften: Peroxodisulfate sind in trockenem Zustand beständig u. wasserlöslich. Sie stellen starke Oxidationsmittel dar u. oxidieren z.B. Mn(II), Pb(II), Ni(II) u. Co(II) in ihren Salzlösungen zu schwerlöslichen Oxiden höherer Oxidationsstufen. Cr^{3+} wird zu CrO_4^{2-}, Mn^{2+} zu MnO_2 (bei Ggw. von Ag^+ zu MnO_4^-, s. S. 264), Ag^+ zu Ag_2O_2 oxidiert usw.

5.2.5. Kaliumthioferrat(III), $K[FeS_2]$ bzw. $K_2[Fe_2S_4]$

$$6\,Fe + 4\,K_2CO_3 + 13\,S \rightarrow 6\,K[FeS_2] + K_2SO_4 + 4\,CO_2\uparrow.$$

Im bedeckten Porzellantiegel wird eine Mischung von 5 g Fe-Pulver, 25 g K_2CO_3, 5 g Na_2CO_3 u. 30 g S langsam erhitzt, bis die Masse ruhig fließt, u. dann ca. 1 Std. auf helle Rotglut gebracht. Nach sehr langsamer Abkühlung wird der Tiegel zerschlagen u. der Schmelzkuchen mit warmem W. so lange digeriert, bis die anfänglich durch Thiohydroxoferrat(II), $[FeS(OH)_3]^{3-}$, grün gefärbten Extrakte farblos sind u. sich nichts mehr löst. Falls kolloid lösl. amorphe Prodd. in größerer Menge auftreten, war die Temp. zu gering. Die zurückgebliebenen $K[FeS_2]$-Kristalle werden mit W. u. A. gewaschen u. möglichst rasch bei 100 °C getrocknet.

Eigenschaften: Permanganat-ähnlich gefärbte, halbmetallisch glänzende Kristallnadeln, die an trockener Luft unbegrenzt haltbar sind; schwerlösl. in Wasser.

5.2.6. Chrom(III)-sulfid, Cr_2S_3

$$2\,CrCl_3 + 3\,H_2S \rightarrow Cr_2S_3 + 6\,HCl\uparrow.$$

Cr_2S_3 läßt sich infolge seiner leichten Hydrolysierbarkeit nicht in wäßriger Lösung darstellen. Auf trockenem Wege erhält man ein in Wasser und selbst in Säuren schwerlösliches Produkt.

Wasserfreies $CrCl_3$ wird im Porzellanschiffchen in einem schwerschmelzbaren Glasrohr auf 600–650 °C erhitzt u. durch das Rohr 2 Std. ein sorgfältig getrockneter H_2S-Strom ($CaCl_2$-Trockenturm) geleitet. Man läßt im H_2S-Strom erkalten.

Eigenschaften: Schwarze, graphitähnlich glänzende Blättchen. Schwerlösl. in nichtoxidierenden Säuren. Leichtlösl. in HNO_3.

5.2.7. Ammoniumkupfertetrasulfid, $(NH_4)CuS_4$

Einige Thiosalze (vgl. S. 316) leiten sich von den Polysulfiden ab, von denen am bekanntesten das Kupfersalz $(NH_4)CuS_4$ ist. Man geht zu dessen Darstellung von Ammoniumpolysulfiden und entsprechenden Metallsalzen aus. Ähnliche Verbindungen sind vom Gold, $(NH_4)AuS_3$, und Platin, $(NH_4)_2Pt(S_5)_3 \cdot 2H_2O$ bekannt.

In eine Mischung von 200 ml konz. Ammoniak u. 500 ml H_2O wird im geschlossenen Kolben unter Wasserkühlung H_2S bis zur Sättigung eingeleitet. Die Hälfte dieser Lsg. wird dann bei 40 °C mit ca. 60 g S-Blume gesättigt, filtriert u. mit der anderen Hälfte vereinigt. Man fügt zu dieser Lsg. unter Umschwenken eine Lsg. von 20 g $CuSO_4$ in 200 ml H_2O, bis ein eben verbleibender Nd. von CuS entsteht, filtriert sofort durch ein großes Faltenfilter ab u. bringt das F. in einen Erlenmeyerkolben, der davon fast ganz gefüllt wird. Beim Stehen im Eisschrank scheiden sich rote Kristalle ab. Diese werden abgesaugt, mit W. u. A. gewaschen u. im Vakuumexsikkator scharf getrocknet.

Eigenschaften: Glänzend rote Prismen.

5.2.8. Magnesiumnitrid, Mg_3N_2

$$6Mg + 2N_2 \rightarrow 2Mg_3N_2.$$

Ein Fe-Tiegel von ca. 3–4 cm Höhe u. 5 cm lichter Weite wird zu zwei Drittel mit Mg-Pulver gefüllt. Als Deckel dient eine mit einem kleinen Loch versehene Asbestscheibe, die man feucht über den Rand zieht; auf diese Weise kann nur langsam Luft zum Mg zutreten. Zum Trocknen wird der Tiegel mit Inhalt einige Zeit in einen Trockenschrank (110 °C) gestellt.

Um beim Erhitzen die Flammengase vom Deckel fernzuhalten, setzt man den Tiegel in ein Loch einer größeren Asbestscheibe. Das Loch muß so bemessen sein, daß der Tiegel zum größeren Teil unten herausragt. Er wird mit einer seitlich auf ihn gerichteten Gebläseflamme erhitzt (Schutzbrille!). Von Zeit zu Zeit dreht man den Tiegel, damit alle Teile des Mg richtig durchreagieren können. Nach dem Erkalten findet man im oberen Teil des Tiegels weißes MgO, im unteren eine grüne Masse, die in der Hauptsache aus Mg_3N_2 besteht.

Ein reineres Prod. erhält man beim Erhitzen von Mg-Feilspänen in einem Porzellan- oder Keramikrohr auf 800–850 °C u. Darüberleiten von trockenem NH_3 gemäß

$$3Mg + 2NH_3 \rightarrow Mg_3N_2 + 3H_2\uparrow.$$

Eigenschaften: Grünlichgelb gefärbtes, lockeres Pulver. Sehr empfindlich gegen Feuchtigkeit:

$$Mg_3N_2 + 6H_2O \rightarrow 3Mg(OH)_2 + 2NH_3\uparrow.$$

5.3. Säuren und Basen

Säuren bzw. Basen werden präparativ im allgemeinen nach folgenden prinzipiellen Verfahren dargestellt:

a) Aus Oxiden und H_2O:

$$SO_3 + H_2O \rightarrow H_2SO_3; \quad CaO + H_2O \rightarrow Ca(OH)_2;$$

b) durch Hydrolyse:

$$PCl_5 + 4H_2O \rightarrow H_3PO_4 + 5HCl; \quad Al_2S_3 + 6H_2O \rightarrow 2Al(OH)_3 + 3H_2S;$$

c) durch Oxidation von Nichtmetallen bzw. Metallen bei Gegenwart von H_2O:

$$3P + 5HNO_3 + 2H_2O \rightarrow 3H_3PO_4 + 5NO\uparrow,$$
$$2Fe + 3/2O_2 + 3H_2O \rightarrow 2Fe(OH)_3;$$

d) durch Elektrolyse wäßriger Neutralsalzlösungen;

e) durch doppelte Umsetzungen, falls das eine Reaktionsprodukt flüchtig, schwer löslich oder extrahierbar ist;

f) durch Ionenumtausch.

5.3.1. Salpetersäure, HNO_3, wasserfrei

$$KNO_3 + H_2SO_4 \rightarrow KHSO_4 + HNO_3.$$

Die Verdrängung aus ihren Alkalisalzen durch die schwer flüchtige Schwefelsäure diente früher fast ausschließlich zur HNO_3-Darstellung. Heute erfolgt ihre großtechnische Gewinnung nach dem Verfahren der katalytischen NH_3-Verbrennung (*Ostwald*).

In einen mit 25 ml konz. H_2SO_4 beschickten trockenen Destillationskolben gibt man unter guter Kühlung 30 g sorgfältig getrocknetes, feingepulvertes KNO_3 u. etwas $AgNO_3$ u. läßt ca. 1 Std. verschlossen stehen. Dann wird vorsichtig dest. u. der zunächst übergehende, braun bis gelb gefärbte Vorlauf verworfen. Der bei 83–85 °C siedende Anteil besteht aus ziemlich reiner Cl^--freier HNO_3, die nur ganz schwach gelb gefärbt ist. Sobald sich die übergehenden Gase bräunlich färben, wird die Dest. abgebrochen.

Zur Darst. größerer HNO_3-Mengen arbeitet man zweckmäßig mit Schliffgeräten [mit H_2SO_4 oder H_3PO_4 (aus P_2O_5) abgedichtet] u. dest. wiederholt im Vakuum (Siedekapillare, Wasserbad, Schutzbrille); Kp.$_{20}$ 36–38 °C.

Eigenschaften: HNO_3 ist eine farblose Flüssigkeit, D = 1,522. Bei Siedetemp. unter Atmosphärendruck u. Aufbewahrung am Licht tritt langsame Zers. ein:

$$2HNO_3 \rightarrow 2NO_2 + H_2O + {}^1/_2O_2.$$

NO_2 löst sich in HNO_3 u. färbt sie gelb oder bei größeren Konzz. rot („rote rauchende Salpetersäure"). 68%ige wss. HNO_3 ist ein azeotropes Gemisch (s. S. 152).

5.3.2. Arsensäure-hemihydrat, $H_3AsO_4 \cdot {}^1/_2 H_2O$

$$As_2O_3 + 2HNO_3 + 3H_2O \rightarrow (NO + NO_2)\uparrow + 2H_3AsO_4 \cdot {}^1/_2H_2O.$$

In einem Kochkolben (s. S. 443) erwärmt man vorsichtig 50 g As_2O_3 u. läßt gleichzeitig ca. 50 ml konz. HNO_3 (D = 1,38) langsam zutropfen. Die sich entwickelnden Stickstoffoxide werden zweckmäßig zur Gewinnung von Nitrosylschwefelsäure in konz. H_2SO_4 eingeleitet (s. nachst. Präparat). Entstehen keine Stickstoffoxide mehr, dekantiert man vom Ungelösten u. dampft zur Trockne ein. Der Rückstand wird mit wenig W. aufgenommen, durch eine Glasfritte filtriert u. die Lsg. abermals eingeengt, bis ein in die Fl. gehaltenes Thermometer 130 °C anzeigt. Man überläßt dann diese Lsg., die im kalten Zustand etwa Honigkonsistenz hat, im Eisschrank der Kristallisation (am besten im Exsikkator über H_2SO_4).

Eigenschaften: Klare, hygroskopische Kristalle der Zusammensetzung $H_3AsO_4 \cdot {}^1/_2H_2O$.

5.3.3. Nitrosylhydrogensulfat, $(NO)HSO_4$ „Nitrosylschwefelsäure"

Nitrosylschwefelsäure ist als ein gemischtes Anhydrid von HNO_2 und H_2SO_4 aufzufassen. Sie läßt sich demgemäß darstellen entweder aus HNO_3 und SO_2 ($HNO_2 + SO_3$):

$$HNO_3 + SO_2 \rightarrow (NO)HSO_4,$$

oder aus H_2SO_4 und $(NO_2 + NO)$:

$$2H_2SO_4 + (NO + NO_2) \rightarrow 2(NO)HSO_4 + H_2O.$$

Das unerwünschte Auftreten von $(NO)HSO_4$ im Bleikammerprozeß („Bleikammerkristalle") ist darauf zurückzuführen, daß auch NO_2 (als gemischtes Anhydrid von HNO_2 und HNO_3) bei Gegenwart geringer H_2O-Mengen mit SO_3 bzw. SO_2 reagieren kann:

$$2NO_2 + H_2O + SO_3(SO_2) \rightarrow (NO)HSO_4 + HNO_3(HNO_2).$$

Bei Gegenwart größerer H_2O-Mengen tritt sofort Hydrolyse des $(NO)HSO_4$ in HNO_2 und H_2SO_4 ein, so daß bei der präparativen Darstellung auf weitgehenden Feuchtigkeitsausschluß zu achten ist.

a) In einen mit 35 ml konz. H_2SO_4 beschickten, in einer Eis-Kochsalz-Mischung stehenden kleinen Erlenmeyerkolben wird so lange trockenes $(NO + NO_2)$ (Darst. s. vorst. Präparat) eingeleitet, bis der Inhalt zu einem Brei von $(NO)HSO_4$ erstarrt ist. Man saugt rasch ab (Abzug!), wäscht mit Eisessig u. CCl_4 u. trocknet auf Tonscherben im Exsikkator über P_2O_5.

b) In eine mit 40 ml reiner rauchender HNO_3 ($D = 1{,}60$) gefüllte Gaswaschflasche wird unter Kühlung mit Eis-Kochsalz ein mäßig rascher Strom von sorgfältig getrocknetem SO_2 eingeleitet. Die Rk. verläuft unter Wärmeentwicklung; die Temp. soll nicht über +5 °C steigen. Aufarbeitung des Kristallbreies wie unter a).

Man verwende zum Einleiten von SO_2 bzw. $(NO + NO_2)$ entsprechend gebogene u. lediglich durch Gummimanschetten verbundene Glasrohre, keinesfalls Gummischläuche!

Eigenschaften: Weiße, federartige bis blättrige, gegenüber Feuchtigkeit empfindliche Kristalle, unzersetzt löslich in konz. H_2SO_4.

5.3.4. Amidosulfonsäure, $(NH_2)HSO_3$

Der Ersatz eines Wasserstoffatoms im NH_3-Molekül durch die Sulfonsäuregruppe SO_3H^+ führt zur Amidosulfonsäure. Sie läßt sich sehr einfach aus Harnstoff (dem Diamid der Kohlensäure) und rauchender Schwefelsäure (Oleum) darstellen:

$$CO(NH_2)_2 + H_2S_2O_7 \rightarrow 2(NH_2)HSO_3 + CO_2\uparrow.$$

In 56 ml konz. H_2SO_4 werden langsam 30 g Harnstoff unter Kühlung u. Rühren eingetragen. Zur klaren Lsg. fügt man unter Eiskühlung u. Rühren nach u. nach 90 ml 65–70%ig. Oleum hinzu, wobei die Temp. 45 °C nicht überschreiten darf. Von diesem Gemisch wird ein kleiner Teil auf dem W.-Bad bis zum Eintreten einer heftigen CO_2-Entw. erwärmt; sobald diese nachgelassen hat, wird ein weiterer Anteil zugefügt usw., bis alles zur Rk. gebracht ist. Dann läßt man abkühlen, saugt auf einer Glasfritte ab, wäscht mit konz. H_2SO_4, saugt $^1/_2$ Std. Luft hindurch, preßt auf Ton ab u. läßt über Nacht an der Luft stehen. Die rohe Säure wird in 200–250 ml siedendes W. gegeben, die Lsg. sofort durch einen Heißwassertrichter filtriert u. in Eis gekühlt. Die auskristallisierte, reine Amidosulfonsäure wird abgesaugt, mit wenig eiskaltem W. gewaschen u. getrocknet.

Eigenschaften: Farblose Kristalle, reine Säure Smp. 205°.

Eine andere Möglichkeit zur Herstellung von Amidosulfonsäure besteht in der Umsetzung von Hydroxylammoniumsulfat mit SO_2 gemäß

$$[NH_3OH]_2SO_4 + 2SO_2 \rightarrow (NH_2)HSO_3 + H_2SO_4.$$

Hydroxylammoniumsulfat wird in möglichst wenig W. gelöst u. in die eiskalte Lsg. SO_2 bis zur Sättigung eingeleitet. Man läßt diese Lsg. in einem verschlossenen Erlenmeyerkolben einen Tag lang stehen, vertreibt dann das überschüssige SO_2 durch einen Luftstrom u. läßt im Exsikkator über konz. H_2SO_4 kristallisieren. Die abgeschiedenen, farblosen Kristalle werden auf einer Glasfilternutsche abgesaugt u. wie oben beschrieben weiter verarbeitet. Die rohe Amidosulfonsäure krist. man aus der 2–2,5fachen Gewichtsmenge siedenden W. um.

Ein sehr gutes Kriterium für die Reinheit einer Substanz ist der Schmelzpunkt, der bei Anwesenheit von Verunreinigungen mehr oder weniger stark herabgesetzt wird (Kryoskopie). Liegt der Schmelzpunkt zu tief, ist eine weitere Reinigung der Substanz durch Umkristallisation, Destillation, Sublimation usw. erforderlich.

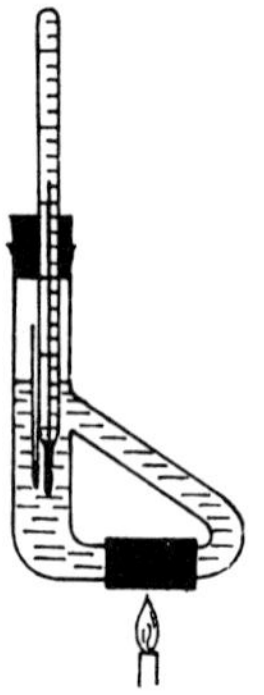

Abb. 65. Schmelzpunktsbestimmungsapparat

Zur Schmelzpunktbest. füllt man eine einseitig zugeschmolzene Kapillare von ca. 5 cm Länge u. ca. 1 mm ∅ zu etwa ein Fünftel mit der trockenen Substanz u. bringt sie in den mit konz. H_2SO_4 gefüllten Schmelzpunktbestimmungsapparat (Abb. 65). Die Kapillare wird mit 1 Tr. konz. H_2SO_4 an das Thermometer angeklebt, u. zwar so, daß sich die Substanz in der Höhe der Mitte der Quecksilberkugel befindet. Mit kleiner Flamme erhitzt man langsam u. beobachtet die Substanz. In der Nähe des Fp. soll der Temp.-Anstieg bes. gering sein. Sobald Verflüssigung eintritt, wird die Temp. abgelesen u. notiert.

Infolge des Temp.-Abfalls des herausragenden Quecksilberfadens unterscheidet sich – bes. bei hochschmelzenden Substanzen – der wahre Fp. (t_w) von der abgelesenen Temperatur. Zur Berücksichtigung dieser Fadenkorrektur mißt man die Temp. der Mitte des Fadens (t_m). Die Korrektur beträgt dann bei einem Thermometer aus Jenaer Normalglas $0{,}00016 \cdot N \cdot (t_w - t_m)$, wobei N die Anzahl der auf der Skala abzulesenden Grade bedeutet, die sich oberhalb des Flüssigkeitsspiegels befindet.

Schmelzpunkte über 250 °C werden in einem Metallblock bestimmt.

5.3.5. Stickstoffwasserstoffsäure, HN_3

(s. S. 195 u. S. 457)

Natriumamid, $NaNH_2$

$$NH_3 + Na \rightarrow NaNH_2 + {}^1/_2H_2\uparrow.$$

In einem Fe-Schiffchen befinden sich 1–2 g krustenfreies Na. Das Schiffchen wird in ein schwerschmelzbares Rohr eingeführt u. durch dieses bei 350 °C ein sorgfältig getrockneter (Natronkalktrockenturm) NH_3-Strom geleitet. Das Ende der Rk. erkennt man daran, daß eine Probe des ausströmenden Gases von W. völlig absorbiert wird.

Natriumazid, NaN_3 (Rohprodukt)

$$NaNH_2 + N_2O \rightarrow NaN_3 + H_2O,$$
$$H_2O + NaNH_2 \rightarrow NaOH + NH_3\uparrow.$$

Das weiße $NaNH_2$ wird in der gleichen App. in Azid umgewandelt, indem man über $NaNH_2$ bei 180 °C N_2O leitet. N_2O erhält man durch vorsichtiges Erhitzen von NH_4NO_3 gemäß $NH_4NO_3 \rightarrow N_2O\uparrow + 2H_2O$; das Gas muß sorgfältig(!) getrocknet werden, da bei der Rk. H_2O entsteht (vgl. Abb. 66). Läßt sich im ausströmenden Gas kein NH_3 mehr nachweisen, ist die Rk. beendet.

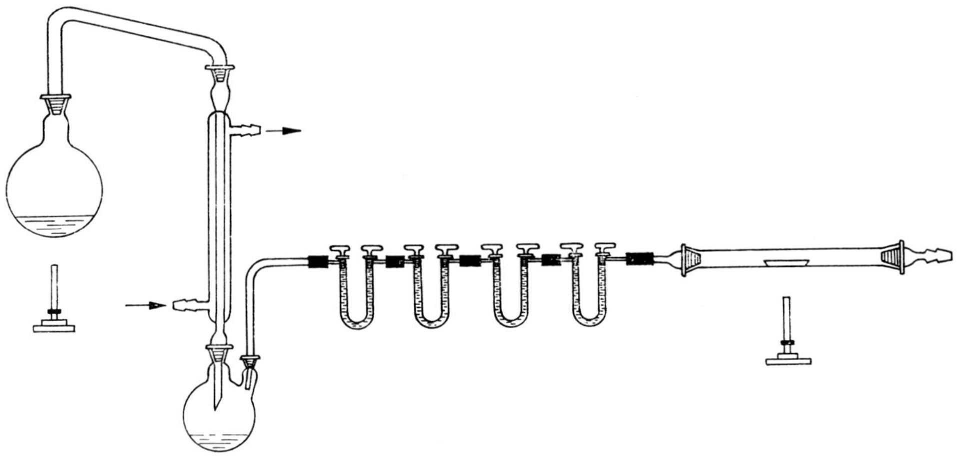

Abb. 66. Apparatur zur Darstellung von NaN_3

Stickstoffwasserstoffsäure, HN_3 (wäßrige Lösung)

$$2NaN_3 + H_2SO_4 \rightarrow 2HN_3 + Na_2SO_4.$$

Das entstandene NaN_3—NaOH-Gemisch wird in W. gelöst, einige Tr. Indikatorlsg. zugesetzt u. in einen Destillationskolben gebracht, der einen mit halbkonz. H_2SO_4 gefüllten Tropftrichter trägt. Man erhitzt unter dem Abzug(!) zum Sieden u. läßt tropfenweise H_2SO_4 zufließen. Die in Freiheit gesetzte HN_3 dest. man zweckmäßig in eine mit 100 ml W. beschickte Vorlage.

Man erhält so eine verd. HN_3-Lsg., die noch nicht explosionsfähig, aber wegen ihrer Giftigkeit mit großer Vorsicht zu behandeln ist.

Silberazid, AgN_3

Einige Tr. $AgNO_3$-Lsg. werden mit wenig HN_3-Lsg. versetzt. Es fällt weißes AgN_3 aus, das aber zum Unterschied von AgCl in HNO_3 lösl. ist. Der Nd. wird abfiltriert, mit A. gewaschen u. das Filter, auf dem sich nur wenig(!) AgN_3 befinden darf, noch alkoholfeucht auf einem Drahtnetz ausgebreitet. Nachdem der A. verdunstet ist, stellt man schnell eine Bunsenflamme unter das Drahtnetz. Mit peitschenähnlichem Knall explodiert das Silberazid. Äußerste Vorsicht und Tragen einer Schutzbrille sind bei diesem Versuch unerläßlich.

5.3.6. Diquecksilber(II)ammoniumhydroxid-dihydrat, $[NHg_2]OH \cdot 2H_2O$

Bei Einwirkung von wäßrigem Ammoniak auf gelbes HgO entsteht eine hellgelbe, lichtempfindliche, schwerlösliche Verbindung, die die Fähigkeit hat, mit Säuren in heterogener Reaktion Salze zu bilden. Sie ist unter dem Namen „*Millon*sche Base" bekannt und nach neueren Untersuchungen als Diquecksilber(II)-ammoniumhydroxid, $[NHg_2]OH \cdot 2H_2O$, zu formulieren. Das bekannteste Salz der „*Millon*schen Base“ ist das beim NH_3-Nachweis mit *Neßlers* Reagenz (vgl. S. 241) entstehende Jodid, $[NHg_2]J$.

Frisch gefälltes, absol. alkalifreies HgO (25 g $HgCl_2$ bei 70 °C in 200 ml W. lösen, mit 7,5 g NaOH in 20 ml W. versetzen u. den Nd. durch mehrfaches Dekantieren, Absaugen u. Auswaschen reinigen) wird mit CO_2-freiem Ammoniak (Darst. durch Dest. eines Gemisches von 150 g konz. Ammoniak mit 20 g CaO in eine mit 100 ml W. beschickte Vorlage) übergossen u. mehrere Tage unter gelegentlichem Umschütteln im Dunkeln bei 40–60 °C stehengelassen. Dann wird durch Dekantieren von der Hauptmenge NH_3 befreit, mit W. gewaschen u. im Vakuumexsikkator über Silicagel im Dunkeln getrocknet.

Eigenschaften: Beim Erhitzen auf 110° wandelt sich das gelbe Dihydrat reversibel in das bräunlich gefärbte Monohydrat, $[NHg_2]OH \cdot H_2O$, um. Die N- und Hg-Atome bilden in diesen Verbindungen ein dreidimensionales $[(NHg)^+]\infty$-Raumnetz wie die Si- und O-Atome im Hochtridymit.

5.4. Salze

5.4.1. Alaune und Doppelsalze
(vgl. S. 86)

Kaliumaluminiumsulfat-12-Wasser, $KAl(SO_4)_2 \cdot 12H_2O$

15 g $Al_2(SO_4)_3 \cdot 18H_2O$ werden in 100 ml W. gelöst u. die theoretisch berechnete Menge einer heiß gesätt. K_2SO_4-Lsg. zugefügt. Die Lsg. läßt man möglichst langsam abkühlen, wobei sich der Alaun ausscheidet.

Eigenschaften: Gut ausgebildete, farblose oktaedrische Kristalle.

Allgemein geht man zur Züchtung von Kristallen beträchtlicher Größe von kleinen, gut ausgebildeten Kristallen aus. Diese Impfkristalle wachsen in einer kaltgesättigten Lösung weiter, wenn man das Lösungsmittel bei Zimmertemperatur langsam verdunsten läßt. Der Impfkristall kann an einem Faden mit Schlinge (Perlon, Nylon) in die Lösung eingehängt oder am Boden des Zuchtgefäßes liegend weitergezüchtet werden. Im letzteren Fall muß die Lage während des Wachstums mehrfach verändert werden, damit die Wachstumsgeschwindigkeit in Richtung aller Achsen gleich wird und ein völlig regelmäßig gebautes Individuum entsteht.

Um weitere Keimbildung durch einfallenden Staub zu vermeiden, ist es zweckmäßig, das Zuchtgefäß (Becherglas, Kristallisierschale) mit einem Uhrglas, das durch Glashäkchen auf Abstand vom Gefäßrand gehalten wird, oder Filterpapier zu bedecken.

16 g $KAl(SO_4)_2 \cdot 12H_2O$ sind in 100 ml Wasser zu lösen und kurz zu erwärmen (60 °C). Anschließend läßt man die Lösung abkühlen, das überschüssige Salz auskristallisieren und bringt den Impfkristall ein.

Kaliumchrom(III)-sulfat-12-Wasser, $KCr(SO_4)_2 \cdot 12H_2O$

Eine Lsg. von 10 g $K_2Cr_2O_7$ in 100 ml W. u. ca. 11 ml konz. H_2SO_4 wird in der Kälte mit ca. 7 ml A. red. (gute Kühlung; Temp. darf nicht über 40 °C steigen); beim Stehenlassen krist. der „Chromalaun“.

Eigenschaften: Im Durchlicht dunkelviolette oktaedrische Kristalle. Im Auflicht erscheinen sie schwarz.

Zur Züchtung großer Kristalle wird von 30 g $KCr(SO_4)_2 \cdot 12H_2O$ ausgegangen und analog wie beim $KAl(SO_4)_2 \cdot 12H_2O$ verfahren.

Ammoniumeisen(III)-sulfat-12-Wasser, $(NH_4)Fe(SO_4)_2 \cdot 12H_2O$

27,8 g $FeSO_4 \cdot 7H_2O$ werden unter Erwärmen in 50 ml 1 M H_2SO_4 gelöst und dann 10 ml konz. HNO_3 zugegeben. Anschließend wird zum Sieden erhitzt, bis keine Stickstoffoxide mehr entweichen. Wenn eine Probe auf Fe^{2+} positiv ausfällt, muß die Oxidation wiederholt werden. Wenn kein Fe^{2+} mehr vorhanden ist, engt man die Lösung auf 40–50 ml ein und läßt auf Zimmertemperatur abkühlen (auf jeden Fall unter 33 °C), gibt 20 ml einer bei der gleichen Temperatur gesättigten $(NH_4)_2SO_4$-Lsg. hinzu und läßt im Eksikkator über konz. H_2SO_4 unter Verwendung einiger Alaun-Impfkristalle „Eisenalaun" auskristallisieren.

Eigenschaften: Schwach rosaviolett gefärbte oktaedrische Kristalle.

Ammoniumeisen(II)-sulfat-hexahydrat, $(NH_4)_2Fe(SO_4)_2 \cdot 6\,H_2O$, „Mohrsches Salz"

5 g Fe-Späne (Blumendraht in kleinen Stücken) werden in der berechneten Menge 1 M H_2SO_4 in der Wärme gelöst. Die Lsg. wird von ausgeschiedenem C abfiltriert u. auf dem W.-Bad so weit eingeengt, daß sich gerade eine Kristallhaut auszubilden beginnt. Unterdessen löst man die gemäß

$$FeSO_4 + (NH_4)_2SO_4 + 6\,H_2O \rightarrow (NH_4)_2Fe(SO_4)_2 \cdot 6\,H_2O$$

erforderliche Menge $(NH_4)_2SO_4$ in möglichst wenig W. u. engt ebenfalls in der Hitze bis zur Sättigung ein. Noch heiß werden beide Lsgg. vereinigt. Nach dem Erkalten (am besten über Nacht) werden die ausgeschiedenen Kristalle abgesaugt, mit sehr wenig W. gewaschen u. auf Filterpapier trockengepreßt. Aus der Mutterlauge läßt sich durch Eindampfen eine zweite Kristallfraktion erhalten.

Eigenschaften: Schwach bläulichgrüne, in W. leichtlösl. Kristalle, die viel luftbeständiger als $FeSO_4$ sind.

5.4.2. Bariumdithionat-dihydrat, $BaS_2O_6 \cdot 2\,H_2O$

Die feinverteilten Oxidhydrate von Mn(IV) und Fe(III) haben sich als brauchbare Oxidationsmittel für SO_3^{2-} erwiesen:

$$2\,SO_3^{2-} \rightarrow S_2O_6^{2-} + 2\,e\,.$$

Das gelöste MnS_2O_6 kann durch Umsetzung mit $Ba(OH)_2$ in das gut kristallisierende Bariumdithionat übergeführt werden:

$$MnS_2O_6 + Ba(OH)_2 \rightarrow Mn(OH)_2 + BaS_2O_6\,.$$

In eine Suspension von 25 g feingepulvertem Braunstein, MnO_2, in 125 ml W. wird unter Kühlen mit Eiswasser SO_2 bis zur Sättigung eingeleitet:

$$2\,SO_2 + MnO_2 \rightarrow MnS_2O_6\,.$$

Wenn der größte Teil des schwarzbraunen MnO_2 verschwunden ist, erwärmt man u. fügt unter Umrühren eine gesätt. Lsg. von 100 g $Ba(OH)_2 \cdot 8\,H_2O$ in 100 ml heißem W. zu. Das ausgefallene $Mn(OH)_2$ wird abfiltriert u. mit heißem W. ausgewaschen. In das Mn-freie F. [Probe mit $(NH_4)_2S$ prüfen!] leitet man in der Siedehitze CO_2 ein, bis der Überschuß von $Ba(OH)_2$ als $BaCO_3$ vollständig ausgeschieden ist. Nach Filtration wird das F. in einer Porzellanschale bis zum Auftreten einer Kristallhaut eingeengt u. langsam abgekühlt. Die Kristalle werden abgenutscht u. zwischen Filterpapier getrocknet.

Eigenschaften: Farblose Kristalle von $BaS_2O_6 \cdot 2\,H_2O$.

Zur Darst. einer wss. Lsg. freier **Dithionsäure**, $H_2S_2O_6$, setzt man zu einer BaS_2O_6-Lsg. eine äquivalente (!) Menge H_2SO_4 u. filtriert vom $BaSO_4$-Nd. ab.

Eine elegantere Meth. zur Darst. freier Säuren aus ihren Salzen ist der Ionenumtausch mit Ionenaustauscherharzen (vgl. S. 124).

5.4.3. Natriummonosulfandisulfonat, $Na_2S_3O_6$ (Natriumtrithionat)

$$2\,Na_2S_2O_3 + 4\,H_2O_2 \rightarrow Na_2S_3O_6 + Na_2SO_4 + 4\,H_2O\,.$$

Durch Oxidation von Thiosulfat erhält man Trithionat ohne Beimengungen der anderen Polythionsäuren:

Zur eine Lsg. von 62 g $Na_2S_2O_3 \cdot 5\,H_2O$ in 50 ml W. läßt man unter dauerndem starkem Rühren (Rührmotor) 52 ml 30%ig. H_2O_2 („Perhydrol") langsam zutropfen, wobei durch gute Kühlung mit Eiswasser die Temp. zwischen 0 u. 10 °C zu halten ist. Nach kurzem Stehen reagiert die Flüssigkeit neutral; eine Probe bleibt beim Ansäuern klar. Durch starke (!) Abkühlung in Eis-Kochsalz-Mischung läßt sich fast das gesamte $Na_2SO_4 \cdot 10\,H_2O$ abscheiden. Man saugt schnell scharf ab u. läßt das F. in A. einfließen. Es fällt sofort wasserfreies $Na_2S_3O_6$ aus, wird abgesaugt u. an der Luft getrocknet. Durch Umfällen kann das Präparat ggf. weiter gereinigt werden.

Eigenschaften: Durchsichtige, tafelförmige Kristalle.

5.4.4. Thiosalze

(vgl. S. 316)

Natriumtetrathioarsenat(V)-8-Wasser, $Na_3AsS_4 \cdot 8\,H_2O$

20 g As_2O_3 werden in heißer NaOH gelöst, vorsichtig stark salzsauer gemacht u. H_2S eingeleitet. As_2S_3 wird abfiltriert u. mit verd. HCl ausgewaschen. Zur Darst. einer dem angewandten As gemäß der Rk.-Gleichung

$$3\,Na_2S + 2\,S + As_2S_3 \rightarrow 2\,Na_3AsS_4$$

äquivalenten Menge Na_2S löst man 24 g NaOH in 100 ml W., halbiert die Lsg., leitet in die eine Hälfte bis zur Sättigung (Wägen!) H_2S ein ($NaOH + H_2S \rightarrow NaHS + H_2O$) u. vereinigt sie mit der anderen Hälfte ($NaOH + NaHS \rightarrow Na_2S + H_2O$). In der so bereiteten Na_2S-Lsg. werden das As_2S_3 u. 6,4 g S in der Wärme gelöst. Auf dem W.-Bad engt man die klare Lsg. vorsichtig bis zur Bldg. einer Kristallhaut ein u. läßt durch langsames Abkühlen kristallisieren.

Eigenschaften: Blaßgelbe, monokline Prismen.

Natriumtetrathioantimonat(V)-9-Wasser, $Na_3SbS_4 \cdot 9\,H_2O$, „Schlippesches Salz"

Die Darst. erfolgt in analoger Weise wie bei $Na_3AsS_4 \cdot 8\,H_2O$. Statt 20 g As_2O_3 verwendet man 45 g $SbCl_3$ oder 29 g Sb_2O_3, die man in 2 M HCl löst.

Eigenschaften: Hellgelbe Tetraeder.

Natriummonothiooxoarsenat(V)-12-Wasser, $Na_3AsSO_3 \cdot 12\,H_2O$

20 g As_2O_3 werden in der genau berechneten Menge NaOH (24 g/100 ml) gelöst u. mit 6,5 g S $^1/_2$ Std. gekocht. Man filtriert von ungelöstem S ab, dunstet bis zur beginnenden Kristallisation ein u. läßt langsam abkühlen.

Eigenschaften: Farblose, rhombische Säulen.

Bariumtrithiocarbonat, $BaCS_3$

$$BaS + CS_2 \rightarrow BaCS_3.$$

Eine klare Lsg. von 32 g $Ba(OH)_2 \cdot 8\,H_2O$ in 100 ml warmem W. wird halbiert u. in die eine Hälfte bis zur Sättigung (Wägen!) H_2S eingeleitet [Bldg. von $Ba(HS)_2$]; dann gießt man die andere Hälfte dazu (Bldg. von BaS). Beim Schütteln dieser Lsg. mit 8 g CS_2 fällt $BaCS_3$ aus, das abfiltriert, zuerst mit wenig W., dann mit halbverd. A., schließlich mit reinem A. gewaschen u. im Vakuumexsikkator getrocknet wird. Aus dem F. fällt der Waschalkohol weiteres $BaCS_3$.

Eigenschaften: Gelbes Pulver, lösl. in W. mit roter Farbe.

5.4.5. Bariumhypophosphit, $Ba(H_2PO_2)_2 \cdot H_2O$

Durch Disproportionierung von P in alkalischer Lösung entsteht neben giftigem PH_3 Hypophosphit:

$$4P + 3OH^- + 3H_2O \rightarrow PH_3\uparrow + 3[H_2PO_2]^-.$$

Die Darstellung muß unter einem gut ziehenden Abzug vorgenommen werden!

In einem Kochkolben werden 15 g $Ba(OH)_2 \cdot 8H_2O$ in 200 ml W. gelöst, in der Kälte 5 g farbloser P, der unter W. in kleine Stücke zerschnitten wurde, zugegeben u. der Kolben mit einem Gummistopfen verschlossen, welcher ein Gaseinleitungs- u. -ableitungsrohr trägt. Das Ableitungsrohr ist mit einem Glasrohr verbunden, das in W. eintaucht. Durch den Kolben wird zunächst zur Luftverdrängung N_2 geleitet; dann drosselt man den N_2-Strom u. erhitzt die Lsg. zum Sieden. Den Beginn der Rk. erkennt man daran, daß sich bei kleingestelltem N_2-Strom die durch die W.-Vorlage perlenden Gasblasen an der Luft entzünden (PH_3 enthält geringe Mengen des selbstentzündlichen P_2H_4). Wenn sich der P gelöst hat, wird CO_2 durchgeleitet, um das überschüssige $Ba(OH)_2$ zu entfernen. Durch Eindampfen der filtrierten Lsg. bis zur beginnenden Kristallisation u. langsame Abkühlung erhält man Kristalle von $Ba[H_2PO_2]_2 \cdot H_2O$, die zur Reinigung aus W. umkristallisiert werden.

Eigenschaften: Perlmutterglänzende Nadeln.

Zur Darst. der freien **hypophosphorigen Säure, H_3PO_2**, wird eine wss. $Ba[H_2PO_2]_2$-Lsg. mit der äquivalenten (!) Menge 30%ig. H_2SO_4 versetzt, $BaSO_4$ abfiltriert u. das F. weitgehend eingedampft (zuletzt möglichst im Vakuum über P_2O_5). Die zurückbleibende ölige Fl. wird durch Impfen mit einem H_3PO_2-Kristall oder durch Abkühlen unter 0 °C zur Kristallisation gebracht.

Eigenschaften: Weiße, blättrige Kristalle, Fp. 26,5 °C.

Auch durch Ionenumtausch (vgl. S. 125) ist eine verd. wss. H_3PO_2-Lsg. erhältlich. Dazu wird eine mit Ablaufhahn versehene Austauschersäule (Abb. 36, S. 125) von ca. 40 cm Rohrlänge u. ca. 3,5 cm lichter Weite mit Permutit RS (stark saurer Sulfonsäureaustauscher) beschickt, nachdem das Rohr zuvor mit dest. W. gefüllt wurde. Das Austauscherharz läßt man einige Std. quellen. Dann wird die Säule mehrmals mit 3–5 M HCl beschickt, die Säure abgezogen u. so lange mit dest. W. gewaschen, bis der Ablauf auf Zusatz von Ag^+ klar bleibt. Nun läßt man so viel W. ausfließen, bis dessen Oberfläche ca. 1 cm über der Harzschicht steht, gibt auf die vorbereitete Säule eine Lsg. von 25 g $Ba[H_2PO_2]_2 \cdot H_2O$ in ca. 200 ml W. u. läßt langsam (!) so viel Fl. ab, bis der Ablauf gerade saure Rk. zeigt. Nach 1–2stündigem Stehen zieht man die Lsg. langsam (ca. 2–5 ml/Min.) in eine gesonderte Vorlage ab. Wenn die Lsg. gerade in die Harzschicht eingedrungen ist, werden zunächst ca. 50 ml, dann nochmals 25 ml dest. W. aufgegeben, die man ebenfalls langsam durchlaufen läßt. Nach Wechseln der Vorlage wird die Säule mit W. gründlich ausgewaschen, dann, wie vorst. beschrieben, mit 3–5 M HCl regeneriert u. schließlich Cl^--frei gewaschen. Die Säule ist nun wieder für eine neue Verwendung bereit.

Die erhaltene Lsg. freier H_3PO_2 kann, wie oben beschrieben, eingeengt werden. Zur Darst. krist. H_3PO_2 empfiehlt es sich, mindestens 2 Ansätze von je 25 g $Ba[H_2PO_2]_2 \cdot H_2O$ in 200 ml W. zu verarbeiten.

5.4.6. Kaliumchlorat, $KClO_3$

Bei der Elektrolyse wäßriger KCl-Lösungen entsteht an der Kathode H_2 und KOH, an der Anode Cl_2. Sorgt man für eine Vermischung des Elektrolyten und arbeitet bei erhöhter Temperatur (50–60 °C), entsteht ClO_3^-:

$$6Cl^- \rightarrow 3Cl_2\uparrow + 6e, \qquad \text{Anodenreaktion}$$

$$6K^+ + 6H_2O + 6e \rightarrow 6K^+ + 6OH^- + 3H_2\uparrow, \qquad \text{Kathodenreaktion}$$

$$3Cl_2 + 6OH^- \rightarrow ClO_3^- + 5Cl^- + 3H_2O.$$

Der kathodisch entwickelte nascierende Wasserstoff reduziert sowohl Cl_2 als auch ClO_3^-, verschlechtert also die Ausbeute. Man verhindert dies, indem man durch Zusatz von wenig K_2CrO_4 zum Elektrolyten die Bildung eines festen Überzuges von Chromoxidhydrat auf der Kathode ermöglicht, der als Diaphragma wirkt.

Um $1 Cl^-$ in $1 ClO_3^-$ zu verwandeln, ist eine Abgabe von 6e notwendig; durch 1 Faraday (= 96495 Coulomb) wird 1 Gramm-Äquivalent $KClO_3 = {}^1/_6$ Mol $KClO_3$ = 20,43 g $KClO_3$ gebildet.

In einem Becherglas werden 20 g KCl u. 0,2 g K_2CrO_4 in 100 ml W. in der Wärme gelöst. Als Elektroden dienen 2 gleichgroße Pt-Bleche; als Kathodenmaterial kann auch Ni, Fe oder Cu verwendet werden. Man elektrolysiert bei ca. 50–60 °C mit einer anodischen Stromdichte von ca. 0,2 Amp. pro cm^2 beiderseitiger Oberfläche u. 10–14 Volt. Zur Durchmischung u. Aufrechterhaltung einer schwach sauren Rk. des Elektrolyten wird CO_2 durch die Lsg. geleitet. Nach ca. 40–50 Ampèrestd. Elektrolysedauer läßt man die Lsg. erkalten, wobei sich die Hauptmenge $KClO_3$ ausscheidet. Durch Eindampfen der Mutterlauge erhält man eine zweite, weniger reine $KClO_3$-Fraktion. Enthält das Rohprod. noch Cl^-, muß das Salz umkrist. werden.

Eigenschaften: s. S. 156; farblose, luftbeständige, perlmutterglänzende, monokline Blättchen.

5.4.7. Kaliumperchlorat, $KClO_4$

$KClO_4$ entsteht beim Erhitzen von reinem $KClO_3$ neben KCl (Disproportionierung):

$$4 KClO_3 \rightarrow KCl + 3 KClO_4.$$

Bei Gegenwart oxidischer Katalysatoren (z.B. MnO_2) tritt jedoch eine Zersetzung nach

$$KClO_3 \rightarrow KCl + {}^3/_2 O_2\uparrow$$

ein, die ja auch die Grundlage für das klassische O_2-Darstellungsverfahren bildet (vgl. S. 443).

Auch durch anodische Oxidation von $KClO_3$ bei tiefen Temperaturen entsteht $KClO_4$:

$$KClO_3 + H_2O \rightarrow KClO_4 + 2H^+ + 2e.$$

Bei höheren Temperaturen überwiegt eine anodische O_2-Entwicklung, da das intermediär gebildete Radikal ClO_3 den H_2O-Molekülen unter Rückbildung von ClO_3^- Elektronen entzieht:

$$4 ClO_3 + 2H_2O \rightarrow 4 ClO_3^- + 4H^+ + O_2\uparrow.$$

Bei 50 °C verläuft dieser Vorgang ausschließlich in dieser Weise.

Als Elektrolytlsg. werden 12 g $KClO_3$ in 200 ml W. gelöst (gesätt. Lsg.) u. mit einigen Tr. H_2SO_4 angesäuert. Um die Sättigung aufrechtzuerhalten, wird ein kleiner Leinenbeutel mit festem $KClO_3$ in den Elektrolyten gehängt. Als Elektroden dienen ein blankes Pt-Blech von ca. 10 cm^2 Oberfläche (Anode) u. eine gleichgroße Cu-Kathode, die sich in einem Abstand von ca. 3 cm gegenüberstezen. Man elektrolysiert bei 10–14 Volt u. einer anodischen Stromdichte von ca. 0,1 Amp. pro cm^2 beiderseitiger Oberfläche (also ca. 2 Amp. bei den gegebenen Dimensionen). Zur Kühlung stellt man das Elektrolysegefäß in Eis. Nach anfänglicher O_2-Entw. fallen bald $KClO_4$-Kristalle von der Anode herab. Nach 3 Std. wird die Elektrolyse abgebrochen, der Kristallbrei bei möglichst tiefer Temp. abgenutscht u. aus heißem W. umkristallisiert.

Eigenschaften: s. S. 237; weiße, rhombische Kristalle.

5.4.8. Kaliumpermanganat, $KMnO_4$

Durch eine Oxidationsschmelze wird aus MnO_2 zunächst K_2MnO_4 dargestellt, das dann anodisch zu $KMnO_4$ oxidiert wird. Durch Disproportionierung von K_2MnO_4 erhält man ebenfalls $KMnO_4$ (vgl. S. 264).

10 g feinstgepulverter Braunstein werden mit 10 g KOH u. 5 g $KClO_3$ in einem Fe-Tiegel unter Umrühren zusammengeschmolzen. Sowie die Masse so zäh geworden ist, daß man nur noch schwer rühren kann, wird sie aus dem Tiegel herausgekratzt u. im Trockenschrank getrocknet Dann wird fein pulverisiert u. im Fe-Tiegel über 3 Std. auf 500 °C (unterhalb Rotglut) erhitzt; zum Fernhalten der reduzierend wirkenden Flammengase steht der Tiegel im Loch einer Asbestscheibe. Nach Beendigung der Rk. löst man die zerkleinerte Masse in wenig W. u. filtriert durch eine Glasfilternutsche. Das noch nicht umgesetzte MnO_2 führt man durch die gleiche Behandlung möglichst weitgehend in Manganat(VI) über.

Die vereinigten, stark alkalischen Lsgg. werden zur elektrolytischen Oxidation in eine als Diaphragma wirkende Tonzelle gefüllt, die in einem größeren Becherglas mit 5%ig. KOH steht; Kathoden-(KOH) u. Anodenflüssigkeit (MnO_4^{2-}) müssen gleichhoch stehen. Als Anode dient ein Pt-Blech von 10 bis 20 cm^2 Oberfläche, als Kathode 2 bis 3 Fe-Bleche. Man elektrolysiert bei 10–14 Volt mit einer anodischen Stromdichte von 0,3 Amp. pro cm^2 beiderseitiger Oberfläche u. bei ca. 50–60 °C. Nach einigen Std. ist die Elektrolyse beendet, was man leicht daran erkennt, daß ein mit W. verd. Tr. der Anodenflüssigkeit keinen grünlichen Schimmer mehr gibt. Es ist unbedingt darauf zu achten, daß alles MnO_4^{2-} oxidiert ist. Man kühlt dann die MnO_4^--Lsg. mit Eis-Kochsalz-Mischung stark ab, wobei die Hauptmenge $KMnO_4$ auskristallisiert. Nach Filtration durch ein Glasfilter wird durch Eindampfen der Mutterlauge u. Abkühlung eine zweite $KMnO_4$-Fraktion erhalten.

Eigenschaften: s. S. 262; tiefpurpurrote, fast schwarze, metallisch glänzende, rhombische Prismen.

5.4.9. Bariumferrat(VI), $BaFeO_4$

Ferrate(VI) entsprechen in ihrer Zusammensetzung den Chromaten und Sulfaten (Isomorphie). $[FeO_4]^{2-}$ wirkt noch stärker oxidierend als MnO_4^-. Ferrate(VI) erhält man auch durch Oxidation von frisch gefälltem und in hochkonzentriertem KOH suspendiertem Eisen(III)-oxidhydrat mit Cl_2 oder Br_2 oder durch anodische Oxidation:

$$Fe + 8OH^- - 6e \rightarrow [FeO_4]^{2-} + 4H_2O.$$

10 g Fe-Pulver u. 20 g KNO_3 (durch Schmelzen entwässert u. fein pulverisiert) werden innig vermischt u. ca. 1 cm hoch auf ein Eisenblech geschichtet. An eine Stelle gibt man ca. 1 g eines Gemisches der beiden Komponenten im Verhältnis 1:1. Beim Erhitzen des Eisenbleches durch einen untergestellten Bunsenbrenner (an der Stelle mit dem 1:1-Gemisch muß bes. stark erhitzt werden) tritt Zündung ein, u. unter Entw. eines weißen Nebels schreitet die Rk. durch die gesamte Masse fort. (Vorsicht! Hinter den Glasscheiben des Abzuges arbeiten!) Nach dem Abkühlen wird die Rk.-Masse mit 50 ml Eiswasser extrahiert u. schnell durch eine Glasfilternutsche filtriert. Das rotviolette F. versetzt man sofort (!) mit eiskalter $BaCl_2$-Lsg., wobei ein Nd. von rotviolettem $Ba[FeO_4]$ entsteht, der nach längerem Stehen durch ein gehärtetes Filter abfiltriert, mit W., aldehydfreiem A. u. Ae. gewaschen u. im Vakuumexsikkator getrocknet wird.

Eigenschaften: Beim Ansäuern von Ferratlösungen erfolgt unter O_2-Entwicklung Übergang von Fe(VI) in Fe(III): $2[FeO_4]^{2-} + 10H^+ \rightarrow 2Fe^{3+} + {}^3/_2O_2\uparrow + 5H_2O$.

5.4.10. Bariumwolframat, $BaWO_4$

$$BaCO_3 + WO_3 \rightarrow BaWO_4 + CO_2\uparrow.$$

Als Beispiel einer Reaktion im festen Zustand wird im folgenden die Darstellung von Bariumwolframat beschrieben. Die Bausteine der einzelnen Kristallgitter werden teilweise bereits weit unterhalb des Schmelzpunktes beweglich, wodurch eine Reaktion nicht nur an der Berührungsstelle der Komponenten, sondern auch infolge Diffusion stattfinden kann.

5 g gut getrocknetes $BaCO_3$, innigst (!) vermischt mit der berechneten Menge trockenen WO_3, werden im Porzellantiegel einige Zeit auf ca. 600 °C erhitzt. Nach dem Abkühlen ist die ursprünglich gelbe Masse rein weiß geworden; zum Nachw. des quantitativen Umsatzes prüfe man auf CO_3^{2-}. Bei positivem Ausfall wird nochmals gründlich pulverisiert u. das Erhitzen so lange fortgesetzt, bis kein CO_3^{2-} mehr nachweisbar ist.

In entsprechender Weise können viele andere Wolframate, Molybdate, Vanadate, Niobate, Tantalate sowie auch Silicate, Titanate, Aluminate, Ferrate(III) usw. hergestellt werden (vgl. z.B. *J. A. Hedvall*, „Reaktionsfähigkeit fester Stoffe“. Verlag J. A. Barth, Leipzig 1938).

5.4.11. Kupfer(I)-chlorid, CuCl

$$Cu^{2+} + Cu \rightarrow 2\,Cu^+,$$
$$Cu^+ + 2\,Cl^- \rightarrow [CuCl_2]^-,$$
$$[CuCl_2]^- \rightarrow CuCl\downarrow + Cl^-.$$

50 g $CuSO_4 \cdot 5\,H_2O$ u. 25 g NaCl werden in einem Kolben mit 125 ml 7 M HCl u. ca. 20 g Cu-Pulver auf dem W.-Bad erhitzt, bis die blaue Farbe verschwunden ist. Dabei bildet sich ein Chlorokomplex des Cu(I), der als Na-Salz zunächst in Lsg. gehalten wird. Die klare Lsg. wird vom Rückstand dekantiert u. in ca. 1 l ausgekochtes, SO_2-haltiges W. eingegossen. Es fällt weißes CuCl aus, da beim Verdünnen der unbeständige Komplex $[CuCl_2]^-$ so weitgehend in die Einzelionen zerfällt, daß das Löslichkeitsprod. von CuCl überschritten wird. Der Nd. wird durch Dekantieren mit ausgekochtem, SO_2-haltigem W. ausgewaschen, dann abgesaugt, mit A. u. Ae. gewaschen u. in ein trockenes Präparatengläschen eingeschmolzen.

Eigenschaften: Bei Ggw. von Feuchtigkeit ist CuCl oxidabel u. lichtempfindlich. Es löst sich bei O_2-Ausschluß in starkem Ammoniak u. konz. HCl. Diese Lsgg. absorbieren CO unter Bldg. der Verb. $CuCl \cdot CO \cdot 2\,H_2O$ (Gasanalyse).

5.4.12. Chrom(II)-acetat-dihydrat, $Cr(CH_3COO)_2 \cdot 2\,H_2O$

$$2\,Cr^{3+} + Zn \rightarrow 2\,Cr^{2+} + Zn^{2+},$$
$$Cr^{2+} + 2\,CH_2COO^- \rightarrow Cr(CH_3COO)_2\downarrow.$$

Cr(II)-Salze sind starke Reduktionsmittel. Sie lassen sich durch Reduktion von Cr(III)-Salzen mit Zn in saurer Lösung unter Luftabschluß darstellen, vorausgesetzt, daß für eine lebhafte H_2-Entwicklung gesorgt wird. Die Reaktion

$$Cr^{2+} + H^+ \rightleftharpoons Cr^{3+} + {}^1/_2\,H_2\uparrow$$

verläuft bei Abwesenheit von Katalysatoren nur langsam von links nach rechts; die Lage des Gleichgewichts ist außer von der H^+-Konzentration und der Temperatur auch von der Natur der in der Lösung vorhandenen Anionen abhängig.

Das durch seine Schwerlöslichkeit und relativ gute Beständigkeit ausgezeichnete Chrom(II)-acetat dient häufig als Ausgangsprodukt zur Darstellung anderer Cr(II)-Salze.

Eine kalt gesätt. Lsg. von grünem $[CrCl_2(H_2O)_4]Cl \cdot 2\,H_2O$ oder besser von violettem $[Cr(H_2O)_6]Cl_3$ in 5 M HCl wird in einem Gefäß nach Abb. 58 mit dem Dreifachen der berechneten Menge Zn-Späne versetzt u. der Kolben zur Kühlung in kaltes W. gestellt. Anfangs läßt man den sich entwickelnden H_2 durch das knieförmig gebogene Glasrohr streichen, um dieses mit H_2 zu füllen. Dann wird Hahn 1 geöffnet, das Ende des gebogenen Rohres mit einem Quetschhahn 2 verschlossen u. das Knierohr bis fast auf den Boden des Kolbens geschoben. Wenn die Farbe der Lsg. rein himmelblau geworden ist, öffnet man Hahn 2 u. schließt Hahn 1; H_2 drückt nun die $CrCl_2$-Lsg. langsam durch das Rohr, dessen kugelförmige Erweiterung zum Zurückhalten mitgeführter Zn-Flitter mit Glaswolle gefüllt ist. Man läßt die blaue Lsg. unter Schwenken u. CO_2-

Einleiten in eine kalte, mit ausgekochtem dest. W. bereitete, mit CO_2 gesätt. $NaCH_3COO$-Lsg. in W. (1:2) einfließen, der einige ml Eisessig zugesetzt wurden. Die blaue Farbe schlägt nach dem Einfließen sofort in Dunkelbraunrot um, u. bald setzen sich rote, glitzernde Kristalle von $Cr(CH_3COO)_2 \cdot 2H_2O$ ab. Diese werden unter einer CO_2-Decke abgenutscht, mit wenig ausgekochtem, eiskaltem W., dann mit A. u. absol. Ae. (Darst. s. S. 447) gewaschen, unter CO_2 trockengesaugt u. in einem trockenen Präparatengläschen eingeschmolzen.

Eigenschaften: Dunkelrote Kristalle. Durch Oxidation verunreinigte Präparate zeigen weinrote bis rotviolette Farbe.

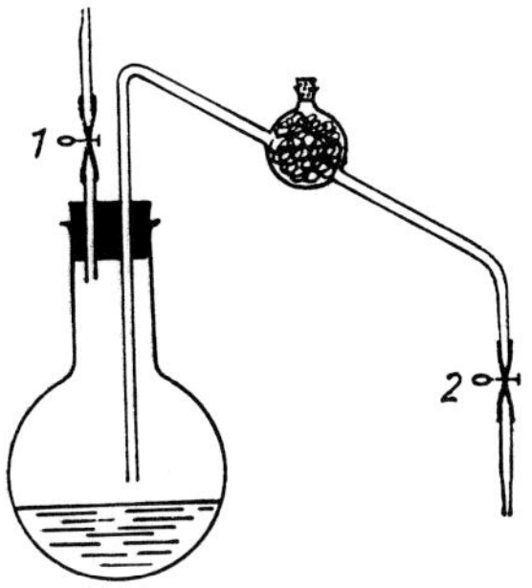

Abb. 67. Apparatur zur Darstellung von $Cr(CH_3COO)_2$

5.4.13. Hydraziniumsulfat, $(N_2H_6)SO_4$

(s. S. 195)

$$NH_3 + NaOCl \rightarrow NH_2Cl + NaOH,$$
$$NH_3 + NaOH + NH_2Cl \rightarrow NH_2NH_2 + NaCl + H_2O,$$
$$NH_2NH_2 + H_2SO_4 \rightarrow (N_2H_6)SO_4\downarrow.$$

In einen Erlenmeyerkolben (750 ml) gibt man 165 ml konz. Ammoniak u. 35 ml W. u. fügt Tischlerleimlsg. hinzu, die man durch Aufweichen von 2 g Leim in wenig W. u. Lösen in 15 ml heißem W. bereitet hat. Die erforderliche NaOCl-Lsg. wird dargestellt, indem man in 100 ml 2 M NaOH unter Eiskühlung so lange Cl_2 einleitet, bis das Gewicht um 6 g zugenommen hat. Diese Zunahme entspricht nicht ganz der theoretisch berechneten u. ist beabsichtigt, da keinesfalls freies Cl_2 vorhanden sein darf. Man gießt nun die NaOCl-Lsg. in das Ammoniak, erhitzt sofort zum Sieden u. dampft etwa auf die Hälfte ein. Dann wird zunächst mit W., darauf mit Eis gekühlt u. vorsichtig so lange konz. H_2SO_4 zugesetzt, bis kein neuer Nd. mehr entsteht. Das Rohprod. wird aus möglichst wenig W. umkristallisiert.

Eigenschaften: Dicke, glänzende Tafeln oder Prismen vom Smp. 254° (Zers.).

5.4.14. Hydroxylammoniumchlorid, $(NH_3OH)Cl$

(s. S. 195)

$$HNO_2 + 2KHSO_3 \rightarrow HON(KSO_3)_2 + H_2O,$$
$$HON(KSO_3)_2 + 2HCl \rightarrow HON(HSO_3)_2 + 2KCl,$$
$$HON(HSO_3)_2 + 2H_2O \rightarrow NH_2OH + 2H_2SO_4,$$
$$NH_2OH + HCl \rightarrow [NH_3OH]Cl.$$

40 g KNO_2 u. 50 g KCH_3COO werden in 100 ml Eiswasser gelöst u. 750 g feingestoßenes Eis zugefügt. In diese Lsg. leitet man SO_2, bis sie danach riecht; die Temp. darf während der gesamten Rk. nicht über 0 °C steigen. Dabei scheidet sich $HON(KSO_3)_2$ ab, das abgesaugt u. mit Eiswasser gewaschen wird. Das Salz löst man in 500 ml 0,5 M HCl, erhitzt 2 Std. zum Sieden u.

setzt dann in der Siedehitze so lange $BaCl_2$ hinzu, wie sich noch ein Nd. von $BaSO_4$ bildet. $BaSO_4$ wird abfiltriert u. das klare F. zur Trockne eingedampft. Der Rückstand von KCl u. $(NH_3OH)Cl$ wird mit absol. A. (Darst. s. S. 477) extrahiert, wobei nur $(NH_3OH)Cl$ in Lsg. geht. Durch Eindampfen des alkoholischen F. auf dem W.-Bad erhält man $(NH_3OH)Cl$ in krist. Form, das aus wenig W. nochmals umkrist. werden kann.

Eigenschaften: Farblose Kristalle, Smp. 151° (Zers.).

5.4.15. Kaliumnitrosodisulfonat, $ON(KSO_3)_2$, „Fremys Salz“

(s. S. 195)

$$HNO_2 + 2KHSO_3 \rightarrow HON(KSO_3)_2 + H_2O,$$
$$6HON(KSO_3)_2 + 2KMnO_4 \rightarrow 3ON(KSO_3)_2 + 2MnO_2 + 2KOH.$$

17,25 g $NaNO_2$ werden in 50 ml Eiswasser gelöst und mit 100 g Eis versetzt. Zu dieser Lsg. werden unter kräftigem Rühren 50 ml einer frischen 5 M Hydrogensulfit-Lsg. (23,75 g $Na_2S_2O_5$ in 50 ml H_2O) gegeben. Anschließend fügt man noch 10 ml Eisessig hinzu. Dabei färbt sich die Lsg. schwach gelb. Nach 3–5 Min. werden 12,5 ml 10 M Ammoniak hinzugesetzt und dann unter Rühren 200 ml $KMnO_4$-Lsg. (6,4 g $KMnO_4$ in 200 ml H_2O) innerhalb von 5 Min. zugetropft. Das abgeschiedene Manganoxidhydrat läßt man kurz absitzen und filtriert durch ein Faltenfilter. Das violette F. wird mit dem doppelten Volumen einer bei Zimmertemp. gesätt. KCl-Lsg. versetzt. Bei Eis/Kochsalz-Kühlung läßt man auskristallisieren; die überstehende Lsg. wird fast farblos. Die Kristalle saugt man ab u. wäscht hintereinander mit wenig Eiswasser, A. u. Ae., denen vorher jeweils einige Tr. konz. Ammoniak zugesetzt wurde, und trocknet im Vakuumexsikkator über KOH. Ausbeute: 20–30 g.

Eigenschaften: Die gelb bis orange gefärbten Kristallnadeln des $ON(KSO_3)_2$ lösen sich in W. mit violetter Farbe. In Lsg. ist das Salz monomolekular, in fester Form dimolekular. Schon geringe Säurespuren als auch Feuchtigkeit bewirken Zers. des Präparates unter Gasentw. Daher darf dieses nicht in Schraubgefäßen aufbewahrt werden (Explosion durch Druckanstieg). Gut getrocknete, reine Präparate sind in sauberen Glasgefäßen unter Vakuum unbegrenzt haltbar.

5.5. Homöopolare Verbindungen

Die Darstellung dieser Verbindungen muß bei weitgehendem Ausschluß von Feuchtigkeit unter einem gut ziehenden Abzug durchgeführt werden.

5.5.1. Halogenide der Elemente der VI. Hauptgruppe des PSE

Thionylchlorid, $SOCl_2$, und Phosphoroxidchlorid, $POCl_3$

$$PCl_5 + SO_2 \rightarrow POCl_3 + SOCl_2.$$

Ein 100 g PCl_5 (Darst. s. S. 470) enthaltender Rundkolben wird mit einem doppelt durchbohrten Stopfen dicht verschlossen. Durch die eine Bohrung führt ein Glasrohr bis fast auf den Kolbenboden, durch die andere ein senkrecht stehender Liebigkühler, der ein mit $CaCl_2$ gefülltes Trockenrohr trägt; eine Ableitung aus Glasrohr führt direkt in den Abzugskamin. Nachdem die Kühlung angestellt ist, leitet man unter dem Abzug langsam trockenes SO_2 (2 Waschflaschen mit konz. H_2SO_4) ein. Es bildet sich eine schwach gelblich gefärbte Flüssigkeit. Wenn alles PCl_5 gelöst ist, ist die Rk. beendet.

Die Trennung des entstandenen $SOCl_2 - POCl_3$-Gemisches durch frakt. Dest. wird zweckmäßig in der in Abb. 68 wiedergegebenen, sehr gut getrockneten App. durchgeführt. Der mit Raschigringen gefüllte Fraktionieraufsatz F bezweckt eine innige Berührung des rückfließenden Kondensates mit der aufsteigenden Dampfphase, wodurch die höhersiedende Komponente aus der

Dampfphase weitgehend herausgewaschen wird. An Stelle der Vorlage V wird besser eine „Spinne“ (vgl. Abb. 73, S. 472) mit mehreren Vorlagen verwendet; am Saugstutzen wird ein Trockenröhrchen angeschlossen. Man dest. langsam (!) u. fängt folgende Fraktionen auf:

1. Bis 82 °C, 2. bis 92 °C, 3. bis 105 °C, 4. bis 115 °C.

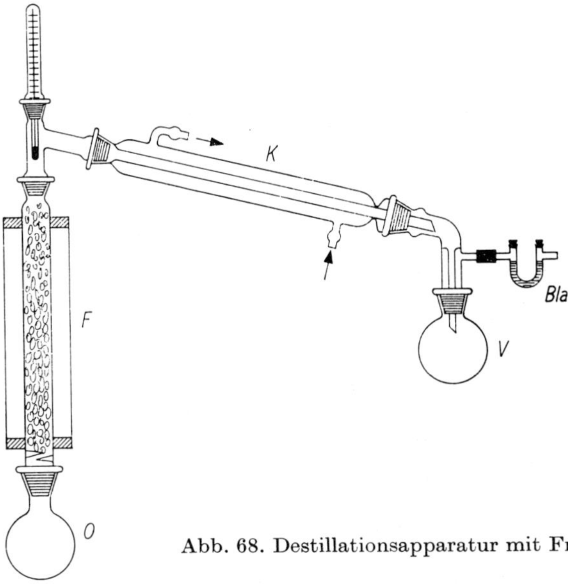

Abb. 68. Destillationsapparatur mit Fraktionieraufsatz

Die Fraktionen 1 u. 4 bestehen schon aus fast reinem $SOCl_2$ bzw. $POCl_3$; 2 u. 3 sind Gemische. Letztere werden in gleicher Weise wieder in 4 Fraktionen zerlegt, wobei stets die gleich siedenden Anteile zusammengegossen werden. Das wird so oft wiederholt, bis die Fraktionen 2 u. 3 sehr klein geworden sind. Schließlich dest. man die Fraktionen 1 u. 4 getrennt, wobei die bei 78–79 °C bzw. 106–108 °C siedenden Anteile aufgefangen werden.

Eigenschaften: Stechend riechende Flüssigkeiten, Sdp.$_{760}$ $SOCl_2$: 78 °C; $POCl_3$: 107 °C.

Zur Prüfung auf Reinheit wird 1 Tr. $SOCl_2$ mit W. versetzt u. mit Ammoniummolybdat auf PO_4^{3-} geprüft (s. S. 208); ebenso zersetzt man $POCl_3$ mit W. u. prüft auf SO_4^{2-}. Es dürfen jeweils nur sehr geringe Mengen nachweisbar sein, anderenfalls muß nochmals dest. werden.

Sulfurylchlorid, SO_2Cl_2

$$SO_2 + Cl_2 \rightarrow SO_2Cl_2.$$

Die Umsetzung verläuft unter der katalytischen Wirkung von Aktivkohle glatt und nahezu quantitativ.

Die Darst. erfolgt in der in Abb. 69 skizzierten App. unter dem Abzug. Die Kugeln des Kugelkühlers K werden abwechselnd mit einer Schicht loser Glaswolle u. einer Schicht körniger Aktivkohle locker gefüllt. Nachdem das Kühlwasser angestellt ist, läßt man ziemlich lebhaft gleichstarke Ströme (3–5 Blasen/s) von trockenem SO_2 u. Cl_2 (Waschflaschen W_1 u. W_2 mit konz. H_2SO_4); in den Kühler eintreten. Die A-Kohle sättigt sich zunächst mit SO_2 u. Cl_2 bzw. SO_2Cl_2. Nach ca. 10–30 Min. tropft SO_2Cl_2 in die gekühlte Vorlage (V). Das überschüssige Gasgemisch wird durch ein $CaCl_2$-Trockenrohr (T) direkt in den Abzugskamin geleitet. Bei richtiger Dosierung werden stündlich ca. 150 g SO_2Cl_2 gebildet. Das gelbe Rohprod. wird nun zur Entfernung von gelöstem Cl_2 mit etwas Hg geschüttelt; man kann auch einen trockenen N_2-Strom durch die eisgekühlte Fl. leiten. Nach Dekantieren vom $HgCl_2$ dest. man aus einem trockenen Destillationskolben mit Fraktionieraufsatz (vgl. Abb. 68, S. 467) und fängt die bei 68–70 °C übergehenden Anteile gesondert auf.

Eigenschaften: Sdp.$_{760}$ SO_2Cl_2: 69,1 °C. Farblose, stechend riechende Fl., die sich bei längerem Stehen infolge teilweiser Dissoziation schwach gelb färbt. SO_2Cl_2 zersetzt sich mit W. zu H_2SO_4 u. HCl; mit Alkalien tritt u. U. explosionsartige Zers. ein.

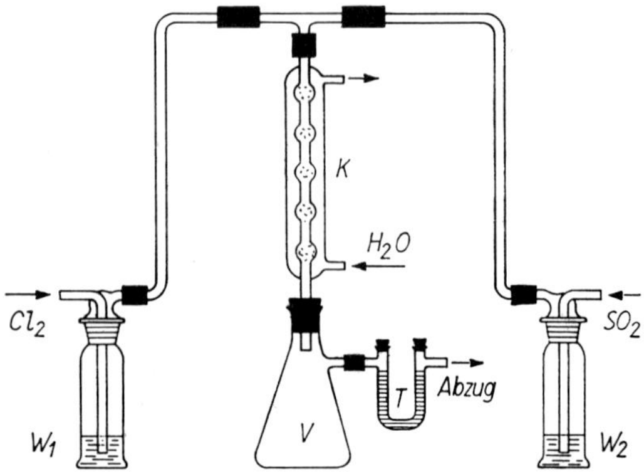

Abb. 69. Apparatur zur Darstellung von SO_2Cl_2

Zur Herstellung wasserfreier Chloride werden mit Vorteil zwei relativ einfache Apparaturen benutzt, die in Abb. 70 und Abb. 71 schematisch wiedergegeben sind.

Bei der Apparatur zur Darstellung flüchtiger Chloride (Abb. 70) handelt es sich um ein abgestuftes Rohr aus schwer schmelzbarem Geräteglas (besser Quarzgut), in dessen erweiterten Teil, der als Kondensationsraum für destillierende Stoffe dient, ein Kühlfinger ragt. Im engeren, heizbaren Teil des Rohres befindet sich ein Porzellanschiffchen mit dem Reaktionsgut. Es ist darauf zu achten, daß an der verjüngten Stelle des Reaktionsrohres keine Kondensation eintritt. Chloride, die bei Zimmertemperatur flüssig sind, werden am Kühlfinger niedergeschlagen und fließen bei leicht schräger Lage des Rohres in das Sammelgefäß. An der Wandung des erweiterten Rohres niedergeschlagene Chloride lassen sich durch Erwärmen dieser Stelle leicht entfernen und an den Kühlfinger überführen.

Abb. 70. Apparatur zur Darstellung flüchtiger Halogenide

In der Apparatur nach Abb. 71 werden schwer flüchtige Chloride dargestellt. Hier wird an das eigentliche Reaktionsrohr *a* ein zweites Rohr *b* angeschlossen. Mit dem Kratzer *K* wird das Reaktionsprodukt an das Rohrende befördert und von dort mit dem Stopfer *S* in die Ampulle *A* überführt. Die Führungen von *K* und *S* werden mit Gummimanschetten abgedichtet. Der Hals der Ampulle *A* sollte so weit ausgezogen sein, daß das Abschmelzen der Ampulle mit einem Handgebläse an der Apparatur erfolgen kann. Nur so kann ein Luftzutritt völlig vermieden werden. Diese Apparatur eignet sich auch zur Reinigung von Substanzen durch Sublimation.

Die Heizung beider Apparaturen erfolgt je nach den Gegebenheiten mit dem Bunsenbrenner oder einem gasbeheizten Ofen. Am besten ist eine elektrische Heizung mit entsprechenden Heizwicklungen.

Die nachstehend beschriebenen Präparate werden zweckmäßig in diesen Apparaturen dargestellt. Sie lassen sich von Fall zu Fall abwandeln und den Erfordernissen der darzustellenden Verbindungen leicht anpassen.

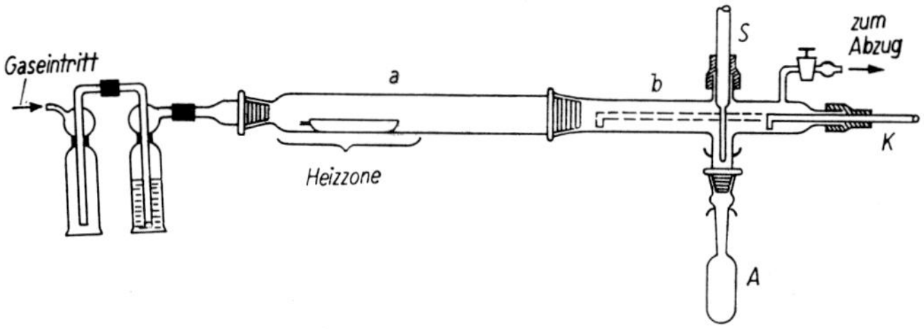

Abb. 71. Apparatur zur Darstellung schwerflüchtiger Halogenide

Dischwefeldichlorid, S_2Cl_2

$$2S + Cl_2 \rightarrow S_2Cl_2.$$

S reagiert bei erhöhter Temperatur mit Cl_2 unter Bildung von S_2Cl_2, das wegen seiner Fähigkeit, bis zu 67% S zu lösen, bei der Kautschukvulkanisation eine Rolle spielt. Bei tiefen Temperaturen nimmt S_2Cl_2 Chlor unter Bildung von SCl_2 auf. Mit verflüssigtem Cl_2 entsteht SCl_4, das in Form von Anlagerungsverbindungen ($SCl_4 \cdot SnCl_4$, $SCl_4 \cdot SbCl_5$, $SCl_4 \cdot AlCl_3$) auch bei Zimmertemperatur beständig ist.

In der leicht schräg gestellten App. (vgl. Abb. 70) wird nach der Luftverdrängung durch trockenes Cl_2 das im Schiffchen befindliche S im Cl_2-Strom vorsichtig erhitzt. In der gekühlten Vorlage sammelt sich ein mehr oder weniger dunkelrotes Öl. Die Chlorierung wird unterbrochen, wenn noch nicht alles S verbraucht ist. Das Rohprod. dest. man unter Zusatz von etwas S.

Eigenschaften: Sdp.$_{760}$ S_2Cl_2: 137–138 °C. Gelbe, ölige Fl. erstickend widerlich riechend. Weniger reine Prodd. sind durch SCl_2 orange bis rötlich gefärbt, S_2Cl_2 hydrolysiert mit W. zu HCl, SO_2 u. H_2S; als Folgeprodd. bilden sich S, $H_2S_2O_3$ u. Sulfandisulfonsäuren, $H_2S_xO_6$ (Polythionsäuren).

5.5.2. Halogenide der Elemente der V. Hauptgruppe des PSE

Phosphor(III)-chlorid, PCl_3

$$2P + 3Cl_2 \rightarrow 2PCl_3.$$

Weißer P verbrennt in Cl_2 mit fahlgelber Flamme zu PCl_3, das durch überschüssiges Cl_2 zu PCl_5 (fest) oxidiert wird.

Die trockene, leicht schräg gestellte App. (vgl. Abb. 70) wird zur Luftverdrängung mit CO_2 gefüllt. Dann wird das mit 20 g weißem P (in kleinen Stücken u. trocken) gefüllte Schiffchen in das R.-Rohr eingeschoben u. die eingedrungene Luft wieder durch CO_2 verdrängt. Nach Abstellen des CO_2-Stromes leitet man trockenes Cl_2 (Waschflasche mit konz. H_2SO_4) ein. Als Gaseinleitungsrohr wird zweckmäßig ein T-Stück verwendet, dessen beide Enden mit der CO_2- bzw. Cl_2-Entwicklungsanlage verbunden sind. Unter Feuererscheinung verbrennt der Phosphor. Bildet sich dabei ein weißes bis gelbgrünes Sublimat von PCl_5, so ist zu erwärmen u. der Cl_2-Strom zu drosseln (ggf. mit CO_2 verdünnen). Entsteht dagegen ein gelbroter Beschlag von P, dann ist die Flamme zu verkleinern u. der Cl_2-Strom zu verstärken. Das gebildete PCl_3 sammelt sich in der gekühlten Vorlage als farblose, schwere Fl., die meist noch PCl_5 enthält. Nach Beendigung der Rk. wird der Cl_2-Strom abgestellt u. Cl_2 durch CO_2 verdrängt. Das Rohprod. wird nach Zugabe von 0,5 g weißem P der frakt. Dest. (s. S. 466f.) unterworfen. Man trennt in 3 Fraktionen: den Vorlauf bis 72 °C, das Hauptdestillat zwischen 72 °C u. 76 °C u. den Nachlauf bis 78 °C. Vor- u. Nachlauf werden nochmals gesondert dest., wobei die zwischen 72 °C u. 76 °C übergehenden Anteile mit dem Hauptdestillat vereinigt werden; letzteres wird schließlich abermals dest. u. liefert reines PCl_3.

Eigenschaften: $Sdp._{760}$ PCl_3: 74,8 °C. Typisches Säurechlorid; mit H_2O bildet sich H_3PO_3 (beste Darstellungsmethode für H_3PO_3).

Phosphor(V)-chlorid, PCl_5

$$PCl_3 + Cl_2 \rightleftharpoons PCl_5.$$

Eine trockene Pulverflasche wird mit einem dreifach durchbohrten, paraffinierten Korkstopfen verschlossen, der ein weites, bis auf den Boden reichendes Gaseinleitungsrohr, einen Tropftrichter u. ein Gasableitungsrohr trägt. Man füllt die Flasche unter dem Abzug mit trockenem Cl_2, zieht dann das Einleitungsrohr in die Höhe u. läßt sehr langsam aus dem Tropftrichter PCl_3 eintropfen. Man sorge dafür, daß jeder Tr. erst dann in die Flasche kommt, wenn der vorhergehende sich völlig in festes PCl_5 umgewandelt hat, arbeite also stets im Cl_2-Überschuß; andernfalls ist zu befürchten, daß PCl_3 von festem PCl_5 umhüllt wird u. sich damit der Rk. entzieht. Ist alles PCl_3 verbraucht, wird noch einige Min. weiter Cl_2 eingeleitet u. dann der Kork durch einen Glasstopfen ersetzt.

Eigenschaften: PCl_5 ist eine weiße, häufig durch Cl_2 etwas grünlich gefärbte Kristallmasse, die oberhalb 100 °C ohne zu schmelzen sublimiert. Es wird durch wenig W. zunächst in $POCl_3$, mit mehr schließlich in H_3PO_4 umgewandelt. Bei 300 °C ist PCl_5 vollständig in PCl_3 u. Cl_2 dissoziiert.

Diphosphortetrajodid, P_2J_4

$$2P + 4J \rightarrow P_2J_4.$$

Man löst 1 g weißen P u. 8,18 g Jod getrennt in CS_2. Beide Lsgg. werden ohne Verlust(!) gemischt, wobei die zuerst dunkelbraun gefärbte Mischlösung allmählich durchsichtig u. schön rot wird. CS_2 wird unter Feuchtigkeitsausschluß auf dem Sandbad abgedunstet; man achte darauf, daß CS_2 nicht siedet, weil sich sonst P_2J_4 leicht zersetzen kann. Noch vor der Abscheidung von Kristallen wird die warme Lsg. langsam abgekühlt, wobei sich rote Nadeln abscheiden. Man dekantiert die Mutterlauge und trocknet im Vakuum unter Feuchtigkeitsausschluß.

Eigenschaften: Rote Nadeln, mit W. tritt Zers. zu H_3PO_3, PH_3 u. HJ ein. Smp. P_2J_4: 124,5 °C.

Phosphor(III)-jodid, PJ_3

$$P + 3J \rightarrow PJ_3.$$

1 g weißer P u. 12,27 g Jod werden in reinstem, S-freiem CS_2 gelöst u. beide Lsgg. ohne Verlust(!) vereinigt. Weitere Verarbeitung wie bei P_2J_4.

Eigenschaften: Dunkelrote, säulenförmige Kristalle, die sehr feuchtigkeitsempfindlich sind. Smp. PJ_3: 61 °C.

Arsen(III)-chlorid, $AsCl_3$

$$2As + 3Cl_2 \rightarrow 2AsCl_3.$$

Über 10 g gepulvertes As wird in der leicht schräg gestellten App. (vgl. Abb. 70) ein getrockneter Cl_2-Strom geleitet. Das As entzündet sich meist von selbst u. verbrennt im Gasstrom. Evtl. muß man durch schwaches Erwärmen die Rk. einleiten. Das sich in der gekühlten Vorlage sammelnde Rohprodukt wird zur Bindung von gelöstem Chlor noch mit etwas As-Pulver versetzt u. unter dem Abzug dest., wobei nur die bei 130–131 °C übergehende Fraktion aufgefangen wird.

Eigenschaften: $Sdp._{760}$ $AsCl_3$: 130,4 °C. Farblose, lichtbrechende, an der Luft rauchende u. äußerst giftige Flüssigkeit.

Arsen(III)-jodid, AsJ_3

$$As + 3J \rightarrow AsJ_3.$$

Man kocht eine Lsg. von Jod in CS_2 mit überschüssigem As-Pulver unter Rückfluß, bis die Jodfarbe verschwunden ist, filtriert rasch ab u. läßt auskristallisieren. Durch Einengen der Lsg. läßt sich eine weitere Kristallfraktion erhalten; man krist. aus wenig CS_2 um.

Eigenschaften: Glänzende rote Tafeln oder Blättchen. Spm. AsJ_3: 141,8 °C.

Antimon(III)-chlorid, $SbCl_3$

$$3Sb + 3Cl_2 \rightarrow 2SbCl_3.$$

In das Glasrohr *R* (Abb. 72) bringt man einige Stücke reines Sb und leitet durch das Rohr *A* des Destillationskolbens einen trockenen Cl_2-Strom ein. Das Rohr *R* liegt in einer mit Asbest belegten eisernen Rinne. Nach Einsetzen der Rk. werden von Zeit zu Zeit frische Sb-Stücke eingeführt, wozu der nur locker sitzende Stopfen *C* abgenommen wird. Verstopfungen sind nicht zu befürchten, da das Trichlorid in dem nur 8 mm weiten Teil des Rohres *R* durch Aufnahme von Cl_2 flüssig bleibt. Wenn sich in dem Kolben genügend Rohchlorid gesammelt hat, unterbricht man den Cl_2-Strom und gibt noch einige Stückchen Sb in den Kolben *K*. Man erwärmt und gibt zum Schluß noch etwas Sb-Pulver zur Beseitigung der letzten Reste von $SbCl_5$ zu. Anschließend wird das $SbCl_3$ durch Dest. gereinigt, wobei die bei 223 °C siedenden Anteile direkt in einer Glasampulle aufgefangen und nach beendeter Dest. eingeschmolzen werden.

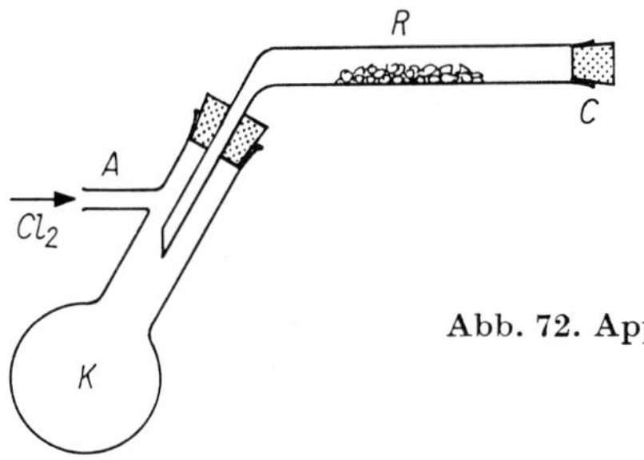

Abb. 72. Apparatur zur Darstellung von $SbCl_3$

Eigenschaften: Smp. $SbCl_3$: 73 °C. Weiche, krist. Masse („Antimonbutter"), die begierig W. anzieht u. dabei in ein Gemisch basischer Salze übergeht („Algarotpulver").

Antimon(V)-chlorid, $SbCl_5$

$$SbCl_3 + Cl_2 \rightleftharpoons SbCl_5.$$

Man leitet in geschmolzenes $SbCl_3$, das sich im Destillationskolben einer sorgfältig getrockneten Vakuumdestillationsapparatur (Abb. 73) befindet, zuerst in der Wärme, dann in der Kälte bis zur Sättigung trockenes Cl_2 ein. Es entsteht eine schwere, blaßgelbe Flüssigkeit.

Zur Reinigung darf $SbCl_5$ nicht bei Atmosphärendruck destilliert werden, da es beim Siedepunkt (140 °C) in Umkehrung der Bildungsgleichung bereits teilweise zerfällt. Bei 12–14 mm siedet $SbCl_5$ dagegen unzersetzt bei ca. 68 °C.

Man ersetzt das Gaseinleitungsrohr durch eine Siedekapillare u. evakuiert (Schutzbrille!). Vor der Dest. läßt man einige Zeit einen mit P_2O_5 getrockneten Luftstrom durch die Kapillare eintreten, um überschüssiges Cl_2 auszutreiben. Anschließend wird bei 12–14 mm dest., indem man mit fächelnder Flamme vorsichtig erhitzt. Man erhält einen kleinen Vorlauf. Ist die Temp. auf 65 °C gestiegen, wird die Spinne S gedreht u. die bei 68 °C übergehende Hauptmenge gesondert aufgefangen. Dieser Anteil wird nach Reinigung des Destillationskolbens noch einmal destilliert. Wird bei 22 mm dest., liegt der Siedepunkt bei ca. 79 °C.

Eigenschaften: $SbCl_5$ ist eine farblose, an feuchter Luft stark rauchende Fl., die mit wenig H_2O die Hydrate $SbCl_5 \cdot H_2O$ u. $SbCl_5 \cdot 4H_2O$ bildet u. mit viel W. zu Antimonpentoxidhydrat hydrolysiert.

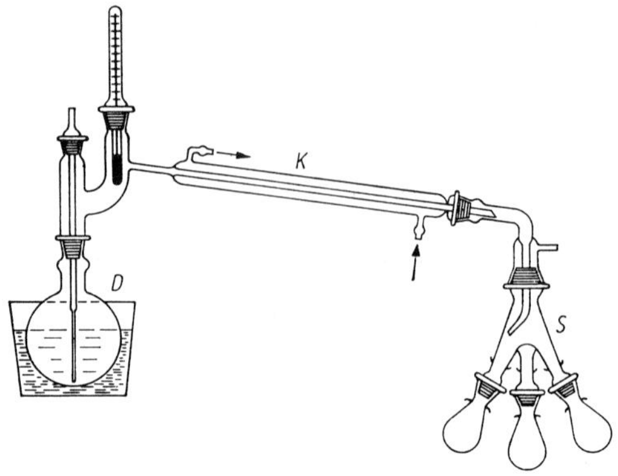

Abb. 73. Vakuumdestillationsapparatur

Antimon(III)-jodid, SbJ_3

$$Sb + 3J \rightarrow SbJ_3.$$

Eine konz. Lsg. von Jod in CS_2 wird mit feingepulvertem Sb unter Rückfluß bis zum Verschwinden der Jodfarbe erwärmt, die grünlichgelbe Lsg. filtriert u. im Vakuum eingedunstet, wobei sich SbJ_3 abscheidet. Reinigung durch Sublimation im CO_2-Strom bei 180–200 °C.

Eigenschaften: Rote Blättchen. Smp. SbJ_3: 170 °C.

5.5.3. Halogenide der Elemente der IV. Hauptgruppe des PSE

Siliciumtetrachlorid, $SiCl_4$

$$Si + 2Cl_2 \rightarrow SiCl_4.$$

Im Schiffchen befinden sich 10 g aluminothermisch gewonnenes u. feingepulvertes Si (Darst. s. S. 446). Zuerst wird die leicht schräg gestellte App. (vgl. Abb. 70) mit trockenem Cl_2 (Waschflasche mit konz. H_2SO_4) gefüllt, bis alle Luft verdrängt ist. Erst dann beginnt man mit dem Erhitzen. Sobald die durch Aufglühen des Si bemerkbare Rk. einsetzt (ca. 400 °C), braucht nur noch wenig erhitzt zu werden, da die Rk. selbst reichlich Wärme entwickelt. Das Si setzt sich völlig um u. sammelt sich als $SiCl_4$, verunreinigt durch Si_2Cl_6 u. Si_3Cl_8, in der mit Eis-Kochsalz zu kühlenden Vorlage an. Das Rohprod. wird zur Entfernung der Hauptmenge des gelösten Cl_2 ganz langsam dest., dann in einer trockenen, verschlossenen Flasche mit etwas Hg über Nacht stehengelassen u. schließlich der frakt. Dest. (s. S. 466f.) unterworfen. $Kp._{760}$: $SiCl_4$ 57 °C, Si_2Cl_6 145 °C, $Si_3Cl($ 210–215 °C.

Eigenschaften: $SiCl_4$ ist eine farblose, an der Luft stark rauchende Fl., die durch W. schnell hydrolytisch zersetzt wird. Es ist daher trocken aufzubewahren.

Trichlorsilan, $SiHCl_3$, „Silicochloroform"

$$Si + 3HCl \rightarrow SiHCl_3 + H_2\uparrow.$$

Man arbeitet in gleicher Weise wie bei der Darst. von $SiCl_4$, nur wird an Stelle von Cl_2 sorgfältig getrocknetes HCl-Gas verwendet. Arbeitstemp. 450–500 °C. Das entstehende Rohprod. enthält $SiCl_4$, von dem durch frakt. Dest. getrennt wird.

Eigenschaften: $Sdp._{760}$ $SiHCl_3$: 36,5 °C. Farblose, sehr flüchtige u. brennbare Fl., die sich mit W. schnell zersetzt.

Zinn(IV)-chlorid, $SnCl_4$

$$Sn + 2Cl_2 \rightarrow SnCl_4.$$

Ein größeres, schwer schmelzbares Reagenzglas (Durchmesser ca. 3–4 cm), welches Sn-Granalien enthält, wird mit einem doppelt durchbohrten paraffinierten Stopfen verschlossen. Ein Gaseinleitungsrohr reicht bis zum Boden. Das Ableitungsrohr führt direkt in den Abzugskamin. Zuerst wird ein langsamer, nach Bldg. von Fl. ein lebhafter Strom von trockenem Cl_2 eingeleitet u. das Einleitungsrohr immer so weit gehoben, daß es gerade in die Fl. eintaucht. Das Rohprod. wird über einigen Stanniolstücken unter dem Abzug dest. Aufbewahrung in einer zugeschmolzenen Ampulle.

Eigenschaften: Sdp.$_{760}$ $SnCl_4$: 113,5–114 °C. Farblose, an der Luft rauchende, hygroskopische Fl., die verschiedene Hydrate bildet. Mit viel W. erfolgt unter starker Erwärmung weitgehende Zers. zu kolloid in Lsg. bleibender Zinnsäure.

Zinn(IV)-jodid, SnJ_4

$$Sn + 4J \rightarrow SnJ_4.$$

Wasserfreie Jodide werden meist durch Umsetzung von in CS_2 (Vorsicht! CS_2 ist feuergefährlich!) gelöstem Jod mit dem betreffenden feinverteilten Metall dargestellt.

Eine Suspension des Metalls in der CS_2-Lösung unter Rückfluß auf dem Wasserbad gekocht und nach beendeter Reaktion das Lösungsmittel (unter dem Abzug) abgedunstet wird. Das Rohprodukt wird aus einem geeigneten Lösungsmittel umkristallisiert bzw. in inerter Gasatmosphäre sublimiert.

1 Gewichtsteil Sn-Pulver wird in 6 Gewichtsteilen reinem CS_2 suspendiert. Unter Feuchtigkeitsausschluß werden allmählich 4 Gewichtsteile Jod zugegeben. Bei größeren Ansätzen muß während der Zugabe mit Eis gekühlt werden. Die braunrote Lsg. wird anschließend unter möglichst weitgehendem Feuchtigkeitsausschluß vom überschüssigen Sn abgesaugt u. im Vakuum zur Trockne eingedunstet. Die zurückbleibenden Kristalle von SnJ_4 können ggf. aus CS_2 umkrist. werden.

Eigenschaften: Orangerote nadelförmige Kristalle. Smp. SnJ_4: 143,5 °C.

5.5.4. Halogenide der Elemente der III. Hauptgruppe des PSE

Aluminiumchlorid, $AlCl_3$

$$2Al + 6HCl \rightarrow 2AlCl_3 + 3H_2\uparrow.$$

$AlCl_3$ kann nicht durch einfaches Erhitzen von $AlCl_3 \cdot 6H_2O$ erhalten werden, da Hydrolyse eintritt (s. S. 273).

Man füllt die ganze App. (vgl. Abb. 71) zunächst mit HCl bis alle Luft verdrängt ist (sonst Knallgasexplosion mit dem bei der Rk. entstehenden H_2!). Dann wird das im Porzellanschiffchen befindliche Al in Form von Al-Grieß im kräftigen HCl-Strom (2 Waschflaschen mit konz. H_2SO_4) langsam so hoch erhitzt, daß weiße Dämpfe von $AlCl_3$ entstehen, die sich im Sublimationsrohr niederschlagen. Das gewonnene Chlorid ist nach beendeter Rk. sofort in die Ampulle zu überführen, die schnell abgeschmolzen wird, da $AlCl_3$ begierig W. anzieht u. dabei teilweise hydrolysiert.

Eigenschaften: Aluminiumchlorid besitzt im festen Zustand und im Dampfzustand (in der Nähe des Sublimationspunktes, 183 °C) die der Formel Al_2Cl_6 entsprechende Zusammensetzung.

Aluminiumbromid, $AlBr_3$

$$2Al + 3Br_2 \rightarrow 2AlBr_3.$$

Die Elementarsynthese verläuft hier so heftig, daß es besonderer Maßnahmen zur Ableitung der entwickelten Wärme bedarf.

In einen von außen mit Eis gut gekühlten Säbelkolben aus Jenaer Geräteglas (Abb. 74) wird flüssiges Brom gegeben u. in dieses Al-Späne in sehr kleinen Portionen hineingeworfen (Schutzbrille!). Nach jeder Zugabe muß gewartet werden, bis das Al restlos in Rk. getreten ist, was u. U. bis zu 5 Min. dauern kann. Zur Vermeidung einer Überhitzung schüttelt man den Kolben während der Rk. im Eisbad. Die Al-Teilchen verbrennen mit heftiger Reaktion. Man achte darauf, daß sich die glühenden Metallflitter nicht an der Glaswand festsetzen weil sonst ein Springen des Kolbens zu befürchten ist. Gegen Ende der Rk. läßt die Rk.-Geschwindigkeit nach, so daß das Gemisch durch äußere Wärmezufuhr fl. gehalten werden muß. Nach beendeter Umsetzung vertreibt man das überschüssige Brom durch Einleiten eines trockenen(!) CO_2-Stromes in das fl. Rk.-Gemisch. Wenn der Kolbeninhalt nahezu farblos geworden ist, beginnt man bei gedrosselter CO_2-Zufuhr mit der Destillation. $AlBr_3$ kondensiert im Säbelansatz zu einer weißen, häufig infolge Bromgehaltes leicht gelb gefärbten Kristallmasse. $AlBr_3$ wird aus dem Säbelansatz durch leichtes Erwärmen herausgeschmolzen u. in einem trockenen Gefäß mit paraffiniertem Stopfen aufbewahrt.

Eigenschaften: Smp. $AlBr_3$: 97,5 °C; $Sdp._{760}$: 255 °C. Aluminiumbromid liegt wie Aluminiumchlorid (s. S. 473) weitgehend dimer als Al_2Br_6 vor. $AlBr_3$ reagiert mit W. explosionsartig; daher beim Vernichten niemals W. zu $AlBr_3$, sondern dieses langsam in viel W. geben! Zur Reinigung des Säbelkolbens wird am besten A. verwendet.

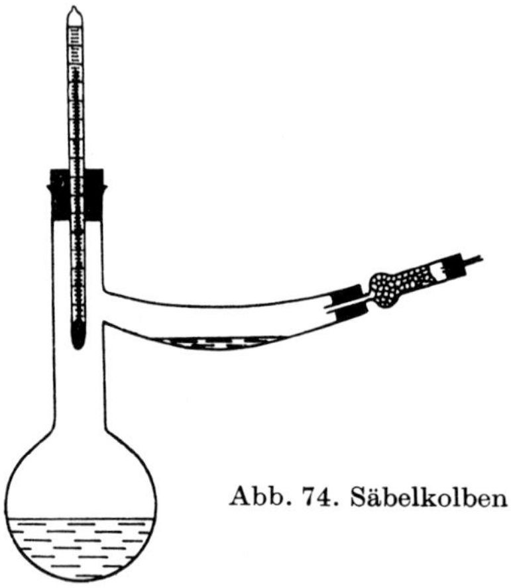

Abb. 74. Säbelkolben

5.5.5. Halogenide der Elemente der Nebengruppen des PSE

Titan(IV)-chlorid, $TiCl_4$

$$TiO_2 + 2C + 2Cl_2 \rightarrow TiCl_4 + 2CO\uparrow.$$

$TiCl_4$ entsteht durch gleichzeitige Einwirkung von C und Cl_2 auf TiO_2.

50 g feinstgepulverter Rutil, TiO_2, werden mit 25 g Kienruß u. 0,05 g MnO_2 als Katalysator innigst vermischt u. mit wenig Stärkekleister zu einer dicken, gerade noch plastischen Masse zusammengeknetet. Man formt daraus Kugeln von ca. 0,5 cm ∅, die im Trockenschrank getrocknet u. dann unter einer Schicht Ruß im Gebläseofen ausgeglüht werden. So vorbereitet, kommen sie in das sorgfältig getrocknete, leicht schräg gestellte Rk.-Rohr (vgl. Abb. 70), werden im trockenen Cl_2-Strom unter dem Abzug langsam erhitzt u. allmählich auf dunkle Rotglut gebracht. Der Cl_2-Strom muß dabei so stark sein, daß man die Blasen in der mit konz. H_2SO_4 gefüllten Waschflasche gerade nicht mehr zählen kann. In der mit Eis-Kochsalz gekühlten Vorlage sammelt sich $TiCl_4$; es enthält als Verunreinigungen noch Cl_2, $FeCl_3$, $SiCl_4$ u. $VOCl_3$. Zur Reinigung wird von Feststoffen dekantiert, am besten durch eine trockene Glasfilternutsche filtriert (zwischen Woulfescher Flasche und Wasserstrahlpumpe ist ein $CaCl_2$-Rohr zu schalten) u. das F. zur Cl_2-Entfernung mit etwas Hg oder Cu-Spänen bis zur Farblosigkeit geschüttelt. Anschließend wird die Fl. wieder filtriert u. der Dest. unterworfen.

Eigenschaften: Sdp.$_{760}$ $TiCl_4$: 136–137 °C. Farblose, stechend riechende Fl., die an feuchter Luft stark raucht. Mit W. wird $TiCl_4$ hydrolysiert; HCl drängt die Hydrolyse so stark zurück, daß in konz. HCl mit Alkalichloriden Hexachlorotitanate(IV), $M_2[TiCl_6]$ entstehen. Mit NH_3 u. Pyridin bildet $TiCl_4$ leicht Additionsverbindungen.

Chrom(III)-chlorid, $CrCl_3$

$$Cr_2O_3 + 3C + 3Cl_2 \rightarrow 2CrCl_3 + 3CO\uparrow.$$

$CrCl_3$ entsteht durch gleichzeitige Einwirkung von C und Cl_2 auf Cr_2O_3.

50 g feinstgepulvertes Cr_2O_3 werden mit 25 g Kienruß u. 0,05 g MnO_2 als Katalysator innigst vermischt u. mit wenig Stärkekleister zu einer dicken, gerade noch plastischen Masse zusammengeknetet. Man formt daraus Kugeln von ca. 0,5 cm ∅, die im Trockenschrank getrocknet u. dann unter einer Schicht Ruß im Gebläseofen ausgeglüht werden. So vorbereitet kommen sie in das sorgfältig getrocknete, leicht schräg gestellte Rk.-Rohr (vgl. Abb. 71), werden im trockenen Cl_2-Strom unter dem Abzug langsam erhitzt u. allmählich auf dunkle Rotglut gebracht. Der Cl_2-Strom muß dabei so stark sein, daß man die Blasen in der mit konz. H_2SO_4 gefüllten Waschflasche gerade nicht mehr zählen kann. Im Rohr bildet sich unter starker Volumenzunahme $CrCl_3$. Es ist darauf zu achten, daß durch die starke Volumenzunahme keine Verstopfung im Rohr entsteht. Zur Reinigung wird das $CrCl_3$ wiederholt mit konz. HCl ausgekocht, mit dest. W. bis zum Verschwinden der Cl^--Rk. ausgewaschen u. bei 200–250 °C getrocknet.

Eigenschaften: Glänzende, violette Blättchen.

Wolfram(VI)-chlorid, WCl_6

WCl_6 ist wie andere Halogenide der höchsten Oxidationsstufen nicht aus wäßriger Lösung darstellbar. Es kann einerseits durch Reaktion von W-Pulver mit Cl_2, andererseits aus WO_3 und CCl_4 unter Druck im Bombenrohr hergestellt werden.

$$WO_3 + 3CCl_4 \rightarrow WCl_6 + 3COCl_2\uparrow.$$

Dabei müssen verschiedene Bedingungen eingehalten werden: a) Überschuß von CCl_4, b) völliger Wasserausschluß u. c) gutes Durchreagieren. Anderenfals bildet sich sehr leicht $WOCl_4$, das auch noch die Hydrolyse von WCl_6 an feuchter Luft katalysiert:

$$WCl_6 + H_2O \rightarrow WOCl_4 + 2HCl,$$
$$WOCl_4 + 2H_2O \rightarrow WO_3 + 4HCl.$$

Man geht von ausgeglühtem, rein gelbem WO_3 u. von CCl_4 aus, welches durch längeres Aufbewahren über $CaCl_2$ getrocknet ist u. in das bis zur Sättigung sorgfältig getrocknetes Cl_2 eingeleitet wurde. Ein ca. 50 cm langes, trockenes Bombenrohr wird mit 0,5 g WO_3 u. 11 g CCl_4 gefüllt u. fachgerecht zugeschmolzen (Glasbläser), wobei peinlichst zu vermeiden ist, daß Wasserdampf von der Gebläseflamme in das Rohr gelangt. Das Rohr wird nun im Bombenofen im Laufe von ca. 1,5–2 Std. langsam auf ca. 400 °C erhitzt u. ca. 7–8 Std. auf dieser Temp. gelassen. Nach Beendigung der Rk. läßt man im Ofen langsam erkalten. Ohne das Rohr aus dem Schutzrohr herauszunehmen, wird dieses in einem sehr gut ziehenden Abzug ($COCl_2$!) schräg an einem Stativ befestigt. Bei fast geschlossenem Abzug wird nun die zugeschmolzene Spitze des Bombenrohres vorsichtig erhitzt (Schutzbrille!), bis das unter hohem Druck stehende Phosgen das erweichte Glas aufdrückt u. abbläst. Nachdem alles $COCl_2$ entfernt ist, wird unter Beachtung eines weitgehenden Feuchtigkeitsausschlusses das überschüssige CCl_4 abgegossen, der Rückstand mit frischem CCl_4 gewaschen u. das Bombenrohr unter Zwischenschalten eines $CaCl_2$-Trockenturmes an der Wasserstrahlpumpe evakuiert. Ist alles CCl_4 verdampft, wird das Rohr zur Aufbewahrung des Präparates wieder zugeschmolzen.

Eigenschaften: Blauschwarze Kristalle. Sdp. WCl_6: 275 °C. Bei der Hydrolyse an feuchter Luft bildet sich gelbrotes $WOCl_4$ und gelbes WO_2Cl_2. Ob die Rk. in der gewünschten Weise verlaufen ist, kann man deutlich an der Blauschwarzfärbung erkennen, die keine roten oder gelben Streifen aufweisen darf.

Nickel(II)-chlorid, $NiCl_2$

$$NiCl_2 \cdot 6H_2O \rightarrow NiCl_2 + 6H_2O.$$

In einem Verbrennungsrohr wird $NiCl_2 \cdot 6H_2O$ bei 150 °C getrocknet u. das Rk.-Produkt anschließend in einem chlorhaltigen HCl-Strom auf 400 °C erhitzt. Hat sich das gelbe $NiCl_2$ gebildet, so wird das Rohr an einem Ende abgeschmolzen u. das Präparat im Ölpumpenvakuum bei einer Temperatur sublimiert, der das Rohr eben noch standhält. Zur Befreiung von HCl wird $NiCl_2$ im Hochvakuum über KOH bei 160 °C getempert.

Eigenschaften: Hellgelbes Pulver oder gelbe Kristallblättchen. Sub.l Pkt.$_{760}$ $NiCl_2$: 993 °C; Smp. 1001 °C.

5.5.6. Nickeltetracarbonyl, $Ni(CO)_4$

Nickeltetracarbonyl wird technisch durch Einwirkung von CO auf feinverteiltes Ni-Metall dargestellt (*Mond*-Verfahren). Im Laboratorium erhält man $Ni(CO)_4$ am besten durch Schütteln einer alkalischen Nickelsulfidaufschlämmung mit Kohlenmonoxid.

Ein Gasometer (vgl. Abb. 61, S. 448) von ca. 10 l Inhalt wird mit CO (Darst. s. S. 444) gefüllt; dem als Sperrflüssigkeit fungierenden W. wird zur Absorption von CO_2 etwas Lauge zugesetzt. – 28 g krist. $NiSO_4$ werden in 100 ml W. gelöst u. in einer Schüttelente S (Abb. 75) von mindestens

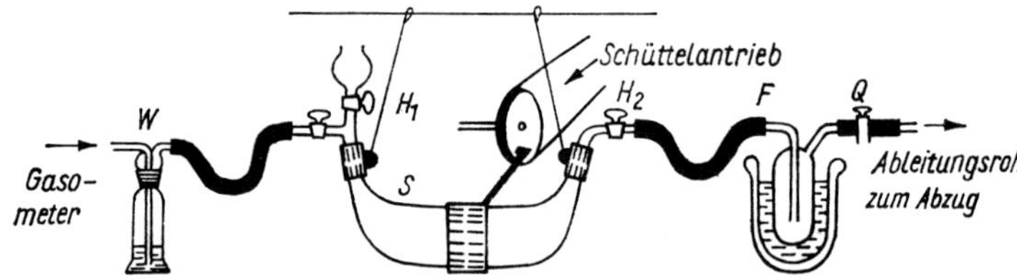

Abb. 75. Schüttelente

300 ml Inhalt mit K_2S-Lsg. versetzt, die man sich wie folgt bereitet: Eine Lsg. von 12 g KOH in 50 ml W. wird mit H_2S gesätt. (Bldg. von KHS); diese Lsg. wird mit einer Lsg. von 12 g KOH in wenig W. vereinigt ($KHS + KOH \rightarrow K_2S + H_2O$). Das Rk.-Gefäß wird in eine Schüttelmaschine eingespannt u. über eine mit alkalischer Pyrogallol-Lsg. beschickte Waschflasche W (zur Entfernung von O_2) mit dem Gasometer verbunden. Die andere Seite der Schüttelente verbindet man mit einer Kühlfalle *F*. Man leitet nun bis zur vollständigen Verdrängung der Luft CO durch die App., schließt die Hähne *Q* u. H_2 u. setzt die Schüttelmaschine in Gang. Obgleich die App. nun geschlossen ist, perlt dauernd CO durch die Waschflasche *W* in das Rk.-Gefäß. Wird nach ca. 4–6stündigem Schütteln kein CO mehr aufgenommen (CO-Druck u. der Druck des entstandenen, leichtflüchtigen $Ni(CO)_4$ haben sich ausgeglichen), kühlt man die Falle *F* mit flüssiger Luft oder einem breiigen Gemisch von festem CO_2 u. Aceton, öffnet die Hähne *Q* u. H_2 u. vertreibt das gebildete $Ni(CO)_4$ im langsamen (!) CO-Strom unter gleichzeitigem gelindem Schütteln. Es kondensiert sich in Form farbloser Kristalle an den Wandungen der Kühlfalle. Nach dem Schließen der Hähne *Q* u. H_2 nimmt das Rk.-Gefäß wieder CO auf. Man kann die Bldg. von $Ni(CO)_4$ u. seine Kondensation mehrmals wiederholen u. erhält so schließlich einige ml $Ni(CO)_4$.

Eigenschaften: $Ni(CO)_4$ ist eine farblose, brennbare Flüssigkeit (Smp. −25 °C, Sdp. +43 °C); $Ni(CO)_4$-Luft-Gemisch ist explosiv. Beim Durchleiten von $Ni(CO)_4$-Dämpfen durch ein auf ca. 200 °C erhitztes Rohr bildet sich ein glänzender Ni-Spiegel. $Ni(CO)_4$-Dämpfe sind außerordentlich giftig! $Ni(CO)_4$ wird am besten durch Abbrennen (in kleinen Portionen) unter einem gut ziehenden Abzug vernichtet.

5.6. Ester, Alkohole, Äther

5.6.1. Borsäuremethylester, $B(OCH_3)_3$

$$H_3BO_3 + 3CH_3OH \rightarrow B(OCH_3)_3 + 3H_2O.$$

Borax oder H_3BO_3 wird mit einem nicht zu großen Überschuß CH_3OH u. einigen ml konz. H_2SO_4 (zur Aufnahme des bei der Rk. entstehenden H_2O bzw. zum Austreiben freier Borsäure aus Borax) 1 Std. am Rückflußkühler zum Sieden erhitzt u. anschließend der Ester abdestilliert. Das Destillat enthält neben $B(OCH_3)_3$ noch CH_3OH. Zur Grobentfernung von CH_3OH wirft man in die Fl. einige Stücke $CaCl_2$ (Solvatbildung mit CH_3OH) u. läßt verschlossen über Nacht stehen. Falls 2 Schichten entstanden sind, trennt man in einem Scheidetrichter die untere (CH_3OH) ab u. unterwirft die obere [$B(OCH_3)_3$] der frakt. Dest. (s. S. 466f.) unter Verwendung einer wirksamen Kolonne; sonst wird filtriert u. frakt. destilliert. Man destilliere sehr langsam; Sdp.$_{760}$: CH_3OH: 64,7 °C.

Eigenschaften: Sdp.$_{760}$ $B(OCH_3)_3$: 68,7 °C.

$B(OCH_3)_3$ ist eine wasserhelle Fl., die mit grüner Flamme brennt (s. Rk. 4., S. 231) u. mit W. zu H_3BO_3 hydrolysiert. Aufbewahrung in einer trockenen Flasche mit paraffiniertem Stopfen.

5.6.2. Äthylalkohol, absolut, C_2H_5OH

Reiner, 96%iger Alkohol wird mit dem gleichen Gewicht körnigem CaO u. etwas $Ba(OH)_2$ bis zur Gelbfärbung der Suspension unter Rückfluß auf dem W.-Bad gekocht u. dann abdestilliert. Die Vorlage wird mit einem CaO-Röhrchen gegen das Eindringen von Luftfeuchtigkeit geschützt. Der abdestillierte ca. 99,5%ige A. ist für die meisten Zwecke ausreichend.

Zur Darst. 100%igen Alkohols wird der 99,5%ige A. mit etwas mehr als der berechneten Menge krustenfreien Na in kleinen Stücken versetzt u. nach deren restloser Auflösung erneut dest.; der geringe Vor- u. Nachlauf wird verworfen.

Eigenschaften: Sdp.$_{760}$ C_2H_5OH: 78,3 °C.

5.6.3. Diäthyläther, absolut, $H_5C_2OC_2H_5$

Beim Stehen von Äther an der Luft bilden sich Ätherperoxide, die beim Abdestillieren zu heftigen Explosionen Anlaß geben können. Peroxidhaltiger Äther färbt Titanoxidsulfatlösung beim Schütteln gelb bis orangegelb (s. S. 300).

Zur Entfernung der Peroxide schüttelt man den käuflichen Ae. zunächst mit dem gleichen Vol. einer Lsg. von 600 g $FeSO_4 \cdot 7H_2O$, 60 ml konz. H_2SO_4 u. 1100 ml W., trennt im Scheidetrichter u. destilliert. Das Destillat wird über gekörntem, wasserfreiem $CaCl_2$ über Nacht stehengelassen, dann filtriert, dest. u. über Na-Draht in einer braunen Flasche mit aufgesetztem $CaCl_2$-Röhrchen aufbewahrt. Beim Stehen über Na tritt keine Peroxidbldg. auf.

Eigenschaften: Sdp.$_{760}$ $C_2H_5OC_2H_5$: 34,6 °C.

5.7. Komplexverbindungen

Grundlagen der Komplextheorie s. S. 79.

5.7.1. Kaliumhexafluorosilicat, $K_2[SiF_6]$

$$2CaF_2 + SiO_2 + 2H_2SO_4 \rightarrow 2CaSO_4 + 2H_2O + SiF_4\uparrow,$$
$$3SiF_4 + 3H_2O \rightarrow H_2SiO_3\downarrow + 2H_2[SiF_6],$$
$$H_2[SiF_6] + 2KOH \rightarrow K_2[SiF_6]- + 2H_2O.$$

Eine fein pulverisierte u. trockene, innige Mischung von 50 g CaF_2 u. 20 g SiO_2 (Quarz) wird in ein trockenes Tongefäß gefüllt, das mit einem einfach durchbohrten, paraffinierten Korkstopfen verschlossen werden kann. Durch die Bohrung führt ein zweimal gebogenes, nicht zu enges Glasrohr, an welches das Rohr eines Trichters dicht anschließt. Der Trichter taucht in ein mit 250 ml W. gefülltes Becherglas; er soll eine Verstopfung des Gaseinleitungsrohres durch entstehende Kieselsäure verhindern. Nun versetzt man die CaF_2-SiO_2-Mischung mit 250 ml konz. H_2SO_4, verschließt das Gefäß u. erhitzt in einem Sandbad. Dabei entsteht SiF_4-Gas, das mit dem vorgelegten W. unter teilweiser Hydrolyse reagiert. Die Wärmezufuhr wird so reguliert, daß die Rk. nicht zu heftig verläuft u. alles SiF_4 absorbiert wird; Kieselsäure scheidet sich als Gallerte aus. Nach Aufhören der Gasentw. wird die ausgeschiedene Kieselsäure abfiltriert u. die klare, saure Lsg. mit 2 M KOH genau (!) neutralisiert. Die Lsg. darf keinesfalls alkalisch reagieren, weil sonst H_2SiO_3 ausfällt:

$$[SiF_6]^{2-} + 4OH^- \rightarrow 6F^- + H_2SiO_3\downarrow + H_2O.$$

$K_2[SiF_6]$ setzt sich bei der Neutralisation als blau irisierender Nd. ab. Man dekantiert, sammelt den Nd. auf einem Papierfilter u. trocknet im Trockenschrank.

Eigenschaften: Weißes Pulver oder Kristalle.

5.7.2. Kaliumhexachlorostannat(IV), $K_2[SnCl_6]$

$$SnCl_4 + 2KCl \rightarrow K_2[SnCl_6].$$

Eine salzsaure $SnCl_2$-Lsg. wird mit Cl_2 gesätt. [Sn(II) → Sn(IV)] u. in der Wärme mit gesätt. KCl-Lsg. versetzt. Beim Abkühlen scheidet sich weißes $K_2[SnCl_6]$ ab, das abgesaugt, mit wenig eiskaltem W. gewaschen u. auf Ton im Exsikkator getrocknet wird.

Eigenschaften: Weiße Kristalle.

In analoger Weise läßt sich **Ammoniumhexachlorostannat(IV), $(NH_4)_2[SnCl_6]$** („Pinksalz"), darstellen.

Eigenschaften: Weiße Kristalle.

5.7.3. Kaliumhexachloroantimonat(V)-monohydrat, $K[SbCl_6] \cdot H_2O$

$$SbCl_5 + KCl \rightarrow K[SbCl_6].$$

Man löst 1 Mol Sb_2O_3 in verd. HCl, oxidiert mit Cl_2, fügt 2 Mol KCl hinzu u. läßt kristallisieren.

Eigenschaften: Schwach grünlichgelbe, oktaederähnliche Kristalle.

5.7.4. Ammoniumhexachloroplumbat(IV), $(NH_4)_2[PbCl_6]$

$$PbCl_2 + Cl_2 + 2HCl \rightarrow H_2[PbCl_6],$$
$$H_2[PbCl_6] + 2NH_4Cl \rightarrow (NH_4)_2[PbCl_6]\downarrow + 2HCl.$$

Während $PbCl_4$ eine äußerst unbeständige, ölige Flüssigkeit ist, sind die davon abgeleiteten Komplexsalze, $M_2[PbCl_6]$, stabil.

Man verreibt 10 g $PbCl_2$ mit 20 ml konz. HCl in einer Reibschale u. gießt die Suspension ab. Mit dem Rückstand wiederholt man die Operation mit jeweils 20 ml konz. HCl, bis sich alles $PbCl_2$ in 200 ml HCl in feinster Verteilung (!) befindet. Unter äußerer Eiskühlung wird nun in diese Suspension ein mäßig rascher Cl_2-Strom eingeleitet (öfteres Umschütteln). Die Fl. färbt sich nach kurzer Zeit gelb, u. in ca. 2 Std. ist die Hauptmenge $PbCl_2$ unter Bldg. von $H_2[PbCl_6]$ in Lsg. gegangen. Man filtriert durch ein Glasfilter oder Glaswolle, versetzt das klare F. unter

Eiskühlung mit einer eiskalten Lsg. von 8 g NH_4Cl in 80 ml W. u. läßt mehrere Std. auf Eis stehen. Der feinkrist. Nd. von $(NH_4)_2[PbCl_6]$ wird rasch durch ein Glasfilter abgesaugt, mit eisgekühltem A. u. schließlich mit Ae. gewaschen u. auf Ton im Exsikkator getrocknet.

Eigenschaften: Zitronengelbes, kristallines Pulver, das sich bei 70–80 °C orangegelb färbt. $(NH_4)_2[PbCl_6]$ wird durch W. hydrolytisch unter PbO_2-Abscheidung zersetzt. Mit kalter konz. H_2SO_4 bildet sich $PbCl_4$, das beim Erwärmen explosionsartig zerfallen kann (größte Vorsicht, Schutzbrille!).

5.7.5. Silbertetrajodomercurat(II), $Ag_2[HgJ_4]$

$$2KJ + HgJ_2 \rightarrow K_2[HgJ_4],$$

$$K_2[HgJ_4] + 2AgNO_3 \rightarrow Ag_2[HgJ_4]\downarrow + 2KNO_3.$$

Eine Lsg. von $K_2[HgJ_4]$ (Darst. durch Auflösen von HgJ_2 in KJ-Lsg.) wird mit $AgNO_3$-Lsg. gefällt. Der gelbe Nd. von $Ag_2[HgJ_4]$ wird abfiltriert, gut ausgewaschen u. getrocknet.

Eigenschaften: Das gelbe $Ag_2[HgJ_4]$ wird bei 35 °C orange u. bei noch höherer Temp. rot (Thermochromie). Die Farbänderungen (Modifikationswechsel) sind reversibel (Enantiotropie). $Ag_2[HgJ_4]$ u. ähnliche Verbb. finden deshalb als „Thermoskope" (optische Thermometer) praktische Anwendung.

5.7.6. Tetramminkupfer(II)-sulfat-monohydrat, $[Cu(NH_3)_4]SO_4 \cdot H_2O$

$$CuSO_4 + 4NH_3 \rightarrow [Cu(NH_3)_4]SO_4.$$

25 g $CuSO_4 \cdot 5H_2O$ werden unter Erwärmen in ca. 25 ml W. gelöst u. mit konz. Ammoniak versetzt, bis sich der Nd. gerade wieder vollständig gelöst hat. Die Lsg. wird nun in einem Meßzylinder mit einem A.-W.-Gemisch (1:1 Vol.) vorsichtig ca. 1 cm hoch überschichtet, indem man das Gemisch langsam aus einer Pipette an der Wand des Meßzylinders herunterfließen läßt. Darüber wird in gleicher Weise u. Höhe 96%iger A. geschichtet. Man läßt das bedeckte Gefäß mehrere Tage in der Kälte ruhig stehen, nutscht die entstandenen $[Cu(NH_3)_4]SO_4 \cdot H_2O$-Kristalle ab, trocknet mit A. u. dann mit Äther.

Eigenschaften: Tief dunkelblaue Kristalle, an der Luft zersetzlich.

5.7.7. Kobaltkomplexe

Hexamminkobalt(II)-chlorid, $[Co(NH_3)_6]Cl_2$

$$CoCl_2 + 6NH_3 \rightarrow [Co(NH_3)_6]Cl_2.$$

15 g $CoCl_2 \cdot 6H_2O$ in 14 ml W. kocht man luftfrei, versetzt in der Hitze mit so viel konz. Ammoniak, bis vollständige Lsg. erfolgt ist, u. filtriert. Zum heißen F. fügt man luftfreien (unter Rückfluß ausgekochten) A., so daß in der Hitze eben eine bleibende Trübung eintritt. Man kühlt im fließenden W. ab u. filtriert den ausgeschiedenen Nd. ab. Er wird mit einem Gemisch von konz. Ammoniak u. A. (1:1), dann mit dem gleichen Gemisch (1:2), zuletzt mit luftfreiem, mit Ammoniak gesättigtem A. gewaschen. Es wird im Hochvakuum über KOH getrocknet.

Eigenschaften: Fleischfarbenes Pulver bzw. rosenrote Kristalle.

Carbonatotetramminkobalt(III)-nitrat-hemihydrat, $[CoCO_3(NH_3)_4]NO_3 \cdot {}^1/_2\,H_2O$

Eine Lsg. von 100 g $(NH_4)_2CO_3$ in 500 ml W. u. 250 ml konz. Ammoniak wird mit einer Lsg. von 50 g $Co(NO_3)_2 \cdot 6H_2O$ in 100 ml W. versetzt u. durch die tiefviolette Fl. ca. 3 Std. ein nicht zu schneller Luftstrom mit der Wasserstrahlpumpe gesaugt. Dabei schlägt die Farbe allmählich nach blutrot um. Man engt dann auf ca. 300 ml ein, wobei alle 15 Min. 5 g $(NH_4)_2CO_3$ (insgesamt ca. 30 g) zugesetzt werden. Nach Filtration wird unter Zugabe von weiteren 10 g $(NH_4)_2CO_3$ auf ca. 200 ml eingeengt. Die ausgeschiedenen Kristalle werden nach dem Erkalten abgesaugt, erst mit W., dann mit verd. u. schließlich mit reinem A. gewaschen u. bei 100 °C getrocknet. Ausbeute ca. 20 g.

Eigenschaften: Purpurfarbene Kristalle.

Chloropentamminkobalt(III)-chlorid, $[CoCl(NH_3)_5]Cl_2$

3 g $[Co(NH_3)_4CO_3]NO_3 \cdot {}^1/_2 H_2O$ in 40 ml W. werden mit ca. 4,5 ml konz. HCl angesäuert bis alles CO_2 ausgetrieben ist, dann schwach ammoniakalisch gemacht, mit 5 ml konz. Ammoniak versetzt u. $^3/_4$ Std. auf dem W.-Bad erhitzt. Nach dem Abkühlen werden 50 ml konz. HCl zugegeben u. erneut 1 Std. auf dem W.-Bad erhitzt. Die abgenutschten violettroten Kristalle werden mit A. gewaschen u. trockengesaugt. Ausbeute ca. 2 g.

Eigenschaften: Violettrote Kristalle. Das Salz ist mit etwas $[Co(NH_3)_6]Cl_3$ verunreinigt.

Hexamminkobalt(III)-chlorid, $[Co(NH_3)_6]Cl_3$

$$4\,CoCl_2 + 4\,NH_4Cl + 20\,NH_3 + O_2 \rightarrow 4[Co(NH_3)_6]Cl_3 + 2\,H_2O.$$

24 g $CoCl_2 \cdot 6\,H_2O$ u. 16 g NH_4Cl werden in 20 ml W. unter Schütteln fast gelöst. Man gibt 1–2 g Aktivkohle u. 50 ml konz. Ammoniak zu u. leitet anschließend einen kräftigen Luftstrom durch die Suspension, bis die ursprünglich rote Lsg. gelbbraun ist; zur Aufrechterhaltung der NH_3-Konz. wird während des Oxidationsvorganges zweckmäßig noch etwas konz. Ammoniak zugefügt. Der Nd. von $[Co(NH_3)_6]Cl_3$ wird zusammen mit der Aktivkohle abfiltriert u. der Filterrückstand in 1–2%iger HCl in der Hitze gelöst. Man filtriert noch heiß ab u. fällt reines $[Co(NH_3)_6]Cl_3$ durch Zusatz von 40 ml konz. HCl u. Abkühlen auf 0 °C. Der abfiltrierte Nd. wird zuerst mit 60%igem, dann mit 96%igem A. gewaschen u. bei 80–100 °C getrocknet. Ausbeute ca. 20 g.

Eigenschaften: Weinrote bis bräunlichrote, wasserlösl. Kristalle.

cis-Dinitrotetramminkobalt(III)-nitrat, $[Co(NO_2)_2(NH_3)_4]NO_3$

In einer Lsg. von 14 g 40%iger HNO_3 (D = 1,25) in 100 ml W. werden 10 g $[CoCO_3(NH_3)_4]NO_3 \cdot {}^1/_2 H_2O$ ohne Erwärmen gelöst u. nach u. nach 20 g $NaNO_2$ zugegeben. Die Lsg. wird im siedenden W.-Bad bis zur Bldg. einer tiefbraunen Farbe erhitzt (ca. 7–8 Min.), schnell abgekühlt u. mit 130 ml 40%ig. NO_3 versetzt. Entweichen von Stickstoffoxiden (Abzug!). Man läßt über Nacht stehen, saugt die Kristalle ab, wäscht mit verd. HNO_3 u. A., reinigt durch Umkristallisation aus verd. CH_3COOH u. trocknet mit Alkohol. Ausbeute ca. 5 g.

Eigenschaften: Hellbraune Kristallblättchen.

Zur Überführung in das Chlorid, **cis-$[Co(NO_2)_2(NH_3)_4]Cl$**, wird 1 g $[Co(NO_2)_2(NH_3)_4]NO_3$ unter gelindem Erwärmen in 30 ml W. gelöst, 2 g NH_4Cl zugefügt, filtriert u. in Portionen mit 100 ml A. versetzt. Nach 24stündigem Stehen werden die Kristalle abgesaugt, erst mit verd., dann mit reinem A. gewaschen u. bei 100 °C getrocknet. Ausbeute ca. 1 g.

Eigenschaften: Tiefgelbe Kristalle.

trans-Dinitrotetramminkobalt(III)-chlorid, $[Co(NO_2)_2(NH_3)_4]Cl$

100 g NH_4Cl u. 135 g $NaNO_2$ werden in 170 ml W. gelöst u. mit 150 ml 20%ig. Ammoniak u. einer Lsg. von 90 g $CoCl_2 \cdot 6\,H_2O$ in 250 ml W. versetzt. Nach 4stündigem Luftdurchleiten fällt ein Nd. aus, der nach 12stündigem Stehen abgesaugt u. mit W. gut ausgewaschen wird. Das Waschwasser darf mit $(NH_4)_2C_2O_4$ keinen Nd. von Nitropentamminsalz mehr geben. Je 20 g Rohprod. werden in 400 ml heißer verd. CH_3COOH gelöst, schnell filtriert u. mit einer wss. Lsg. von 40 g NH_4Cl gefällt. Nach Abkühlen u. längerem Stehen saugt man die Kristalle ab, wäscht mit 90%igem A., dann mit absol. A. (Darst. s. S. 477) u. trocknet im Exsikkator.

Eigenschaften: Gelbe Kristalle.

Aus trans-$[Co(NO_2)_2(NH_3)_4]Cl$ läßt sich durch Erhitzen mit NH_4Cl u. HCl (1:40 Vol.) bis zur Beendigung der Gasentw., Waschen des Rohprod. mit HCl (1:1 Vol.) u. A. sowie Umfällen mit konz. HCl aus wenig lauwarmem W. der Komplex **trans-$[Co(NO_2)Cl(NH_3)_4]Cl$** darstellen, der durch seine Hydratationsfähigkeit von bes. Interesse ist.
Eigenschaften: Bräunlichrote Nadeln.

Wird das wasserfreie trans-$[Co(NH_3)_4(NO_2)Cl]Cl$ aus schwach essigsaurem W. umkrist., erhält man das sog. **Esohydrat, trans-$[Co(NO_2)Cl(NH_3)_4]Cl \cdot H_2O$**, in roten Tafeln, die in kaltem W. schwerlösl. sind. In heißem W. löst sich das Esohydrat unter Farbumschlag nach gelb (Isomerie) zum **trans-$[Co(NO_2)(NH_3)_4(H_2O)]Cl_2$**, welches durch Säuren (HCl, HNO_3) ausgefällt werden kann. Die Hydratisomerie wird also durch den Farbwechsel äußerlich sichtbar.

5.7.8. Nickelkomplexe

Hexamminnickel(II)-chlorid, $[Ni(NH_3)_6]Cl_2$

$$NiCl_2 + 6\,NH_3 \rightarrow [Ni(NH_3)_6]Cl_2.$$

50 ml einer konz. Lsg. von kobaltfreiem $NiCl_2 \cdot 6\,H_2O$ wird mit einem Überschuß von konz. Ammoniak versetzt, dann unter fließendem W. gekühlt u. die beginnende Ausscheidung des $[Ni(NH_3)_6]Cl_2$ durch Zusatz einer ammoniakalischen NH_4Cl-Lsg. vervollständigt. Der Nd. wird abgesaugt, mit konz. Ammoniak, A. u. Ae. gewaschen.
Eigenschaften: Feinkristallines blauviolettes Pulver.

Kaliumtetracyanoniccolat(II), $K_2[Ni(CN)_4]$

$$NiCl_2 + H_2S \rightarrow NiS + 2\,HCl,$$
$$NiS + 4\,KCN \rightarrow K_2[Ni(CN)_4] + K_2S.$$

Aus einer wss. Lsg. von 20 g $NiCl_2 \cdot 6\,H_2O$ wird NiS gefällt. Man löst den abfiltrierten Nd. unter dem Abzug in einer warmen, konz., wss. Lsg. von KCN, und engt die klare Lsg. bis zur beginnenden Kristallisation ein. Die honiggelben bis orangeroten durchsichtigen Prismen von $K_2[Ni(CN)_4] \cdot 3\,H_2O$ können durch längeres Erhitzen auf 100 °C vom Kristall-W. befreit werden.
Eigenschaften: $K_2[Ni(CN)_4]$ ist ein blaßgelbes Pulver.

5.7.9. Kaliumtrioxalatochromat(III)-trihydrat, $K_3[Cr(C_2O_4)_3] \cdot 3\,H_2O$

$Cr_2O_7^{2-}$ kann durch $H_2C_2O_4$ bzw. $C_2O_4^{2-}$ reduziert werden, wobei $K_3[Cr(C_2O_4)_3] \cdot 3\,H_2O$ ohne störende Nebenprodukte anfällt.

Zu einer Lsg. von 36 g Oxalsäuredihydrat, $H_2C_2O_4 \cdot 2\,H_2O$, u. 15 g neutralem Kaliumoxalatmonohydrat, $K_2C_2O_4 \cdot H_2O$, in 400 ml W. wird eine konz. wss. Lsg. von 12 g $K_2Cr_2O_7$ langsam unter Rühren zugetropft. Die Lsg. wird weitgehend eingedampft u. durch langsames (!) Abkühlen zur Kristallisation gebracht, wobei sich $K_3[Cr(C_2O_4)_3] \cdot 3\,H_2O$ abscheidet.
Eigenschaften: Prächtige schwarzgrüne, an den Kanten blau durchscheinende Säulen.

5.7.10. Heteropolysäuren

Wolframato-1-phosphorsäure, $H_3[P(W_3O_{10})_4 \cdot aq]$

Alle Iso- und Heteropolysalze sowie die entsprechenden freien Säuren kristallisieren stets mit Wasser, da H_2O ein wesentliches Bauelement der Kristallstruktur dieser Verbindungen ist.

Zunächst wird das Natriumsalz, $Na_3[P(W_3O_{10})_4 \cdot aq]$, hergestellt, aus dem die freie Säure nach der zur Darstellung freier Heteropolysäuren allgemein anwendbaren Extraktionsmethode von *Drechsel* durch Ausschütteln der konzentrierten wäßrigen Lösung des Natriumsalzes mit Äther und konz. HCl erhalten wird.

$$12\,Na_2WO_4 \cdot aq + Na_2HPO_4 + 23\,HCl \\ \rightarrow Na_3[P(W_3O_{10})_4 \cdot aq] + 23\,NaCl + 12\,H_2O\,.$$

Eine Lsg. von 50 g $Na_2WO_4 \cdot 2\,H_2O$ in ca. 80 ml W. wird mit 25 g $Na_3HPO_4 \cdot 12\,H_2O$ versetzt u. bis zur völligen Auflösung des Salzes erhitzt. Man dampft bei ca. 80 °C bis zur Bldg. einer Kristallhaut ein, setzt dann langsam unter Rühren ca. 75 ml konz. HCl (D = 1,12) zu (ein vorübergehend auftretender Nd. löst sich wieder klar auf) u. verdampft erneut bis zur Bldg. einer Kristallhaut. Die Fl. samt den ausgeschiedenen Kristallen bringt man nach dem Abkühlen in einen Scheidetrichter, gibt unter Schütteln so viel Ae. hinzu, daß sich 3 Schichten bilden: eine untere, ölige (ätherische Lsg. von $H_3[P(W_3O_{10})_4 \cdot aq]$), eine mittlere, wss. sowie eine obere, aus überschüssigem Ae. bestehende. Die untere Schicht läßt man ablaufen, verdampft den Ae. vorsichtig(!) auf dem W.-Bad u. krist. aus 30 ml W. um. Eine ggf. auftretende Blaufärbung kann durch Zugabe von einigen ml Chlorwasser beseitigt werden.

Eigenschaften: Lichtgelbe oder grünlich gefärbte, in W. leichtlösl. Kristalle.

Molybdato-1-kieselsäure, $H_4[Si(Mo_3O_{10})_4 \cdot aq]$

$$12\,MoO_3 + 24\,NaOH + Na_2SiO_3 + 22\,HNO_3 \\ \rightarrow Na_4[Si(Mo_3O_{10})_4 \cdot aq] + 22\,NaNO_3 + 23\,H_2O\,.$$

Die nachstehende Arbeitsvorschrift führt zu einer sauren Lösung des Natriumsalzes, $Na_4[Si(Mo_3O_{10})_4 \cdot aq]$, wie sie als Nachweisreagenz für Rb^+ und Cs^+ Verwendung findet. Zur Darstellung des kristallisierten Natriumsalzes sowie der freien Säure (nach *Drechsel*) ist diese Lösung infolge ihres hohen $NaNO_3$-Gehaltes nicht ohne weiteres geeignet.

In einem Rundkolben werden 6 g NaOH in 40 ml W. gelöst u. die Lsg. zum Sieden erhitzt. Im Laufe von ca. 15 Min. trägt man in die siedende Lsg. 17,2 g ammoniumsalzfreies(!) MoO_3 portionsweise ein; vor jeder neuen Zugabe muß MoO_3 vollständig in Lsg. gegangen sein. Man unterbricht dann das Erhitzen, gießt 50 ml kaltes W. in die Lsg. u. setzt unter dauerndem, kräftigem Rühren 35 ml HNO_3 (25 ml konz. HNO_3, D = 1,39, u. 10 ml W.) in kleinen Anteilen zu; dabei darf keine bleibende Fällung entstehen. Unmittelbar nach der HNO_3-Zugabe gibt man eine frisch bereitete Natriumsilicat-Lsg. (2,8 g $Na_2SiO_3 \cdot 9\,H_2O$ in 12,5 ml 2 M NaOH gelöst u. ca. 10–15 Min. zur Aufspaltung in Monosilicat gekocht) unter dauerndem Umrühren in dünnem Strahl in das Rk.-Gemisch. Die nunmehr intensiv gelb gefärbte Lsg. wird auf dem W.-Bad auf ca. 80 ml eingeengt u. ggf. von geringen Mengen ausgeschiedenem Ammoniummolybdatosilicat (bei Verwendung nicht ammoniumsalzfreier Reagenzien!) abfiltriert.

Eigenschaften: Die Lsg. ist nicht so stabil wie Lsgg. anderer Heteropolysalze. Es ist daher wesentlich, die angegebenen Bedingungen, vor allem die H^+-Konz., sorgfältig einzuhalten.

5.8. Kolloide

Über die Grundlagen der Kolloidchemie s. S. 92.

5.8.1. Eisen(III)-hydroxidsol

Bei Erhöhung des pH-Wertes einer Fe(III)-Salzlösung durch langsame Zugabe von OH^- fällt nicht sofort $Fe(OH)_3$ aus, sondern es tritt unter Wasserabspaltung eine Kondensation zu höhermolekularen Teilchen ein (vgl. S. 286f.).

6 g $(NH_4)_2CO_3$ werden in 25 ml heißem W. gelöst u. nach dem Erkalten ca. zwei Drittel davon unter Rühren zu einer klaren (!) Lsg. von 7,5 g $FeCl_3$ in 25 ml W. gegeben. Ein Zehntel der weitgehend neutralisierten Lsg. wird abgegossen u. der übrige Teil tropfenweise (!) mit $(NH_4)_2CO_3$-Lsg. versetzt, bis sich der an der Eintropfstelle bildende Nd. von $Fe(OH)_3$ gerade nicht mehr auflöst; zu dessen Auflösung gibt man nun einen Teil der vorher abgetrennten, noch schwach sauren Lsg. hinzu.

Nach Beseitigung etwa vorhandener Trübungen durch Filtration kommt die Lsg. sofort in eine Dialysierhülse, die man bis zur Meniskusgleichheit in ein mit dest. W. gefülltes Gefäß hängt; das W. wird täglich erneuert. Durch Diffusion der Ionen bleibt in der Hülse eine reine, kolloide Lsg. von Eisenhydroxid zurück; die darin noch enthaltenen Cl^--Ionen sind vom Sol adsorbiert u. lassen sich durch Fortsetzen der Dialyse nicht entfernen. Die Dialyse ist beendet, wenn im Dialysat keine Cl^--Ionen mehr nachgewiesen werden können.

Eigenschaften: Die erhaltene kolloide Lsg. ist beim Aufbewahren in der Kälte haltbar, durch Kochen, Elektrolyse oder Elektrolytzusatz flockt sie jedoch aus.

5.8.2. Kieselsäuresol

Sole von $SiO_2 \cdot aq$ werden durch vorsichtiges Ansäuern von infolge Hydrolyse alkalisch reagierenden Natriumsilicatlösungen erhalten.

20 g krist. Natriumsilicat werden in 70 ml heißem W. gelöst u. die Lsg., falls notwendig, filtriert. Nach dem Erkalten tropft man von dieser Lsg. so viel in eine Mischung von 20 ml 37%ig. HCl u. 40 ml W., bis die durch zugefügtes Phenolphthalein an der Eintropfstelle auftretende Rosafärbung gerade nicht mehr verschwindet. Zur Abtrennung störender Fremdionen wird die klare, kolloide Lsg. so lange dialysiert [vgl. Eisen(III)-hydroxidsol], bis im Dialysat kein Cl^- mehr vorhanden ist.

Eigenschaften: Klare, haltbare, kolloide Lsg.

5.8.3. Vanadin(V)-oxidsol

Kolloides V_2O_5 besteht aus kristallinen Teilchen in Stäbchenform. Beim Umrühren der kolloiden Lösung richten sich die Stäbchen nach der Strömungsrichtung aus und erzeugen charakteristische Schlieren von seidigem Glanz (Strömungsdoppelbrechung).

Man verreibt 1 g Ammoniummetavanadat in einer Reibschale mit etwas dest. W. u. setzt unter weiterem Umrühren mit dem Pistill 10 ml 2 M HCl zu. Den entstehenden rotbraunen Nd. von $V_2O_5 \cdot aq$ spült man mit der überstehenden Fl. auf ein Filter, läßt ablaufen u. wäscht mit dest. W. aus. Das anfänglich klargelbe F. beginnt nach einiger Zeit rötlichtrüb abzulaufen. Man spritzt nun den Nd. vom Filter herunter in einen Erlenmeyerkolben u. verd. auf 100 ml. Nach einigen Std. hat sich der Nd. vollständig aufgelöst (Peptisation).

Eigenschaften: Klares, orangerotes V_2O_5-Sol.

Die Stäbchendoppelbrechung läßt sich jedoch erst nach längerem Stehen beobachten, wenn eine Ausbildung der stäbchenförmigen Kolloidpartikeln möglichst geworden ist („altern").

5.8.4. Antimon(III)-sulfidsol

0,2–0,3 g Kaliumantimon(III)-oxidtartrat („Brechweinstein") werden in 100 ml W. gelöst u. in die Lsg. H_2S eingeleitet. Zur Vermeidung einer Ausflockung wird nicht zu lange H_2S eingeleitet u. dann das erhaltene Sol dialysiert [vgl. Eisen(III)-hydroxidsol].

Eigenschaften: Gelbrotes Sb_2S_3-Sol.

5.8.5. Silberjodidsol

2–3 ml einer 0,1 M KJ-Lsg. werden mit dest. W. auf 100 ml verd. u. 1–2 ml 0,1 M $AgNO_3$-Lsg. langsam hinzugegeben.

Eigenschaften: Grünlichgelbes, milchiges Sol, das in Ggw. von überschüssigem Elektrolyt (KJ) infolge seiner negativen Aufladung lange haltbar ist. Eine weitgehende Dialyse würde in diesem Fall die Stabilität des Sols nur herabsetzen.

5.8.6. Kupfersol

Man läßt eine verd. wss. Lsg. von Hydrazinhydrat (1:2000) auf eine ammoniakalische $CuSO_4$-Lsg. (1:1000) bei Ggw. von Gummi arabicum (Schutzkolloid) einwirken. Beim Erwärmen erhält man ein Hydrosol, das sofort nach der Herst. mehrere Tage gegen dest. W. dialysiert wird [vgl. Eisen(III)-hydroxidsol].

Eigenschaften: Das Hydrosol besitzt im auffallenden Licht kupferrote Farbe u. erscheint im durchfallenden Licht blau gefärbt. Es ist nur einige Zeit haltbar.

5.8.7. Schwefelsol

Man löst getrennt 7,2 g $Na_2SO_3 \cdot 7H_2O$ p.a. u. 6,4 g $Na_2S \cdot 9H_2O$ p.a. in je 50 ml dest. W. u. fügt zu der Na_2S-Lsg. mit einer Pipette 1,5 ml der bereiteten Na_2SO_3-Lsg. hinzu. Die so erhaltene Na_2SO_3-haltige Na_2S-Lsg. wird unter ständigem Rühren tropfenweise mit einer Mischung von 10 ml dest. W. u. 2,7 g konz. H_2SO_4 versetzt, bis eben noch keine Trübung auftritt (ca. 8 ml). Dann gibt man zu der Na_2SO_3-Lsg. 5,5 g konz. H_2SO_4 u. gießt anschließend unter dauerndem Rühren die Na_2S-Lsg. hinein. Die Mischung wird 1 Std. in einem mit einem Uhrglas bedeckten Erlenmeyerkolben stehengelassen. Danach filtriert man durch ein Faltenfilter, wäscht den Nd. von der Außenseite des Filters (!) mit ca. 100 ml dest. W. aus u. peptisiert ihn auf dem Filter mit 300 ml dest. Wasser. Von der durchlaufenden, gelblichweißen, kolloiden S-Lsg. werden 5–10 ml in 300 ml dest. W. eingegossen. Nach 24 Std. filtriert man von einem evtl. entstandenen, geringen Bodensatz ab.

Eigenschaften: Rötlich opaleszierendes S-Sol, das wochenlang haltbar ist.

6. Tabellenanhang

Übliche Konzentrationen der wichtigsten Lösungen

Substanz	Gehalt in	
	Gew.-%	Mol/Liter
konz. H_2SO_4	96	18
verd. H_2SO_4	9	1
rauch. HNO_3	95	22
konz. HNO_3	65	14,5
verd. HNO_3	12	2
rauch. HCl	36,5	12
konz. HCl	24	7
verd. HCl	7	2
verd. Essigsäure	12	2
konz. NaOH	40	14
verd. NaOH	7,5	2
konz. Ammoniak	25	13,5
verd. Ammoniak	3,5	2
H_2O_2	3	1
NH_4Cl	5,3	1
$(NH_4)_2C_2O_4$	6,9	0,5
$BaCl_2$	11,2	0,5
Na_2CO_3	9,7	1
$NaCH_3COO$	13,1	1
Na_2HPO_4	6,8	0,5
$(NH_4)_2S$	–	1
$SnCl_2$	10,6	1 [in konz. HCl]
$HgCl_2$	6,6 (gesätt.)	0,24
Ag_2SO_4	0,74 (gesätt.)	0,024
Ammoniummolybdat	gesätt.	–
$(NH_4)_2SO_4$	12,4	1
$Ba(OH)_2 \cdot 8H_2O$	3,48 (gesätt.)	–
Pb-Acetat	7,3	0,2
$K_2Cr_2O_7$	13,4	0,5
KF	10,7	2
$Co(NO_3)_2$	0,02	–
$MgCl_2$	–	0,5
NH_4SCN	7,5	1
Diacetyldioxim	gesätt. in A.	–
8-Hydroxychinolin	3 in 10%ig. Essigsäure	–
Phosphorsäure	70–80	11–12
$ZrO(NO_3)_2$	–	0,1
$AgNO_3$	7,9	0,5

Indikatorlösungen

Methylrot (Na-Salz),	0,1 g/100 ml W.
Methylrot (Na-Salz)-Bromkresolgrün (Na-Salz)-Mischindikator, je	0,1 g/100 ml W.
Neutralrot (Na-Salz),	0,1 g/100 ml W.
Phenolphthalein,	0,1 g/100 ml 70%ig. A.

Konzentrationsangaben für spezielle Lösungen siehe bei dem jeweiligen Versuch.

Periodensystem der Elemente

Periode	Gruppe																	
	Ia	IIa	IIIb	IVb	Vb	VIb	VIIb	VIIIb			Ib	IIb	IIIa	IVa	Va	VIa	VIIa	VIIIa
I 2×1^2	1 (1) H 1,00797																	2 (0) He 4,0026
II 2×2^2	3 (1) Li 6,939	4 (2) Be 9,0122											5 (3) B 10,811	6 (4) C 12,0111	7 (5) N 14,0067	8 (2) O 15,9994	9 (0) F 18,9984	10 (0) Ne 20,183
III 2×2^2	11 (1) Na 22,9898	12 (2) Mg 24,312											13 (3) Al 26,9815	14 (4) Si 28,086	15 (5) P 30,9738	16 (6) S 32,064	17 (7) Cl 35,453	18 (0) Ar 39,948
IV 2×3^2	19 (1) K 39,102	20 (2) Ca 40,08	21 (3) Sc 44,956	22 (4) Ti 47,90	23 (5) V 50,942	24 (6) Cr 51,996	25 (7) Mn 54,9381	26 (6) Fe 55,847	27 (4) Co 58,9332	28 (4) Ni 58,71	29 (3) Cu 63,54	30 (2) Zn 65,37	31 (3) Ga 69,72	32 (4) Ge 72,59	33 (5) As 74,9216	34 (6) Se 78,96	35 (7) Br 79,909	36 (0) Kr 83,80
V 2×3^2	37 (1) Rb 85,47	38 (2) Sr 87,62	39 (3) Y 88,905	40 (4) Zr 91,22	41 (5) Nb 92,906	42 (6) Mo 95,94	43 (7) Tc (99)	44 (8) Ru 101,07	45 (4) Rh 102,905	46 (4) Pd 106,4	47 (3) Ag 107,870	48 (2) Cd 112,40	49 (3) In 114,83	50 (4) Sn 118,69	51 (5) Sb 121,75	52 (6) Te 127,60	53 (7) J 126,904	54 (0) Xe 131,30
VI 2×4^2	55 (1) Cs 132,905	56 (2) Ba 137,34	57[1]) (3) La 138,91	72 (4) Hf 178,49	73 (5) Ta 180,948	74 (6) W 183,85	75 (7) Re 186,2	76 (8) Os 190,2	77 (6) Ir 192,2	78 (6) Pt 195,09	79 (3) Au 196,967	80 (2) Hg 200,59	81 (3) Tl 204,37	82 (4) Pb 207,19	83 (5) Bi 208,980	84 (6) Po 210	85 At (210)	86 (0) Rn 222
VII	87 Fr (223)	88 (2) Ra 226,04	89[2]) (3) Ac 227	104 Ku (260)														

[1]) Lanthanide	58 (4) Ce 140,12	59 (4) Pr 140,907	60 (3) Nd 144,24	61 (3) Pm (145)	62 (3) Sm 150,35	63 (3) Eu 151,96	63 (3) Gd 157,25	65 (3) Tb 158,924	66 (3) Dy 162,50	67 (3) Ho 164,930	68 (3) Er 167,26	69 (3) Tm 168,934	70 (3) Yb 173,04	71 (3) Lu 174,97
[2]) Actinide	90 (4) Th 232,038	91 (5) Pa 231	92 (6) U 238,03	93 (6) Np (237)	94 (6) Pu (244)	95 (4) Am (243)	96 (4) Cm (247)	97 (4) Bk (247)	98 Cf (251)	99 Es (254)	100 Fm (257)	101 Md (258)	102 No (255)	103 Lr (257)

Anmerkung: Bei jedem Element ist rechts oben in Klammern die auftretende maximale (positive) Oxidationsstufe angegeben.
Die Atomgewichte entsprechen dem Stand von 1962.
Die in Klammern angegebenen Zahlen sind die Massenzahlen (Summe aus Protonen und Neutronen) des langlebigsten Isotops.

Tabelle der Elektronenanordnung der Elemente

	Quantenzahlen n	1	2		3			4			
	n u. l	1s	2s	2p	3s	3p	3d	4s	4p	4d	4f
1. Periode	1 H	1									
	2 He	2									
2. Periode	3 Li	2	1								
	4 Be	2	2								
	5 B	2	2	1							
	6 C	2	2	2							
	7 N	2	2	3							
	8 O	2	2	4							
	9 F	2	2	5							
	10 Ne	2	2	6							
3. Periode	11 Na	2	2	6	1						
	12 Mg	2	2	6	2						
	13 Al	2	2	6	2	1					
	14 Si	2	2	6	2	2					
	15 P	2	2	6	2	3					
	16 S	2	2	6	2	4					
	17 Cl	2	2	6	2	5					
	18 Ar	2	2	6	2	6					
4. Periode	19 K	2	2	6	2	6		1			
	20 Ca	2	2	6	2	6		2			
	21 Sc	2	2	6	2	6	1	2			
	22 Ti	2	2	6	2	6	2	2			
	23 V	2	2	6	2	6	3	2			
	24 Cr	2	2	6	2	6	5	1			
	25 Mn	2	2	6	2	6	5	2			
	26 Fe	2	2	6	2	6	6	2			
	27 Co	2	2	6	2	6	7	2			
	28 Ni	2	2	6	2	6	8	2			
	29 Cu	2	2	6	2	6	10	1			
	30 Zn	2	2	6	2	6	10	2			
	31 Ga	2	2	6	2	6	10	2	1		
	32 Ge	2	2	6	2	6	10	2	2		
	33 As	2	2	6	2	6	10	2	3		
	34 Se	2	2	6	2	6	10	2	4		
	35 Br	2	2	6	2	6	10	2	5		
	36 Kr	2	2	6	2	6	10	2	6		

Tabelle der Elektronenanordnung der Elemente (Fortsetzung)

	Quanten-zahlen n	1	2	3	4				5				6			7
	n u. l				4*s*	4*p*	4*d*	4*f*	5*s*	5*p*	5*d*	5*f*	6*s*	6*p*	6*d*	7*s*
5. Periode	37 Rb	2	8	18	2	6			1							
	38 Sr	2	8	18	2	6			2							
	39 Y	2	8	18	2	6	1		2							
	40 Zr	2	8	18	2	6	2		2							
	41 Nb	2	8	18	2	6	4		1							
	42 Mo	2	8	18	2	6	5		1							
	43 Tc	2	8	18	2	6	6		1							
	44 Ru	2	8	18	2	6	7		1							
	45 Rh	2	8	18	2	6	8		1							
	46 Pd	2	8	18	2	6	10									
	47 Ag	2	8	18	2	6	10		1							
	48 Cd	2	8	18	2	6	10		2							
	49 In	2	8	18	2	6	10		2	1						
	50 Sn	2	8	18	2	6	10		2	2						
	51 Sb	2	8	18	2	6	10		2	3						
	52 Te	2	8	18	2	6	10		2	4						
	53 J	2	8	18	2	6	10		2	5						
	54 Xe	2	8	18	2	6	10		2	6						
6. Periode	55 Cs	2	8	18	2	6	10		2	6			1			
	56 Ba	2	8	18	2	6	10		2	6			2			
	57 La	2	8	18	2	6	10		2	6	1		2			
	58 Ce	2	8	18	2	6	10	1	2	6	1		2			
	.															
	.															
	.															
	71 Lu	2	8	18	2	6	10	14	2	6	1		2			
	72 Hf	2	8	18	2	6	10	14	2	6	2		2			
	73 Ta	2	8	18	2	6	10	14	2	6	3		2			
	74 W	2	8	18	2	6	10	14	2	6	4		2			
	75 Re	2	8	18	2	6	10	14	2	6	5		2			
	76 Os	2	8	18	2	6	10	14	2	6	6		2			
	77 Ir	2	8	18	2	6	10	14	2	6	7		2			
	78 Pt	2	8	18	2	6	10	14	2	6	9		1			
	79 Au	2	8	18	2	6	10	14	2	6	10		1			
	80 Hg	2	8	18	2	6	10	14	2	6	10		2			
	81 Tl	2	8	18	2	6	10	14	2	6	10		2	1		
	82 Pb	2	8	18	2	6	10	14	2	6	10		2	2		
	83 Bi	2	8	18	2	6	10	14	2	6	10		2	3		
	84 Po	2	8	18	2	6	10	14	2	6	10		2	4		
	85 At	2	8	18	2	6	10	14	2	6	10		2	5		
	86 Rn	2	8	18	2	6	10	14	2	6	10		2	6		
7. Periode	87 Fr	2	8	18	2	6	10	14	2	6	10		2	6		1
	88 Ra	2	8	18	2	6	10	14	2	6	10		2	6		2
	89 Ac	2	8	18	2	6	10	14	2	6	10		2	6	1	2
	90 Th	2	8	18	2	6	10	14	2	6	10	1	2	6	1	2
	.															
	.															
	.															
	103 Lr	2	8	18	2	6	10	14	2	6	10	14	2	6	1	2

Tabelle der relativen Atommassen 1962, bezogen auf $^{12}C = 12,00000$

Name	Symbol	Ordnungszahl	Atomgewicht	Name	Symbol	Ordnungszahl	Atomgewicht
Actinium	Ac	89	227	Molybdän	Mo	42	95.94
Aluminium	Al	13	26.9815	Natrium	Na	11	22.9898
Americium	Am	95	(243)	Neodym	Nd	60	144.24
Antimon	Sb	51	121.75	Neon	Ne	10	20.183
Argon	Ar	18	39.948	Neptunium	Np	93	(237)
Arsen	As	33	74.9216	Nickel	Ni	28	58.71
Astat	At	85	(210)	Niob	Nb	41	92.906
Barium	Ba	56	137.34	Nobelium	No	102	(255)
Berkelium	Bk	97	(247)	Osmium	Os	76	190.2
Beryllium	Be	4	9.0122	Palladium	Pd	46	106.4
Blei	Pb	82	207.19	Phosphor	P	15	30.9738
Bor	B	5	10.811	Platin	Pt	78	195.09
Brom	Br	35	79.909	Plutonium	Pu	94	(244)
Cadmium	Cd	48	112.40	Polonium	Po	84	210
Calcium	Ca	20	40.08	Praseodym	Pr	59	140.907
Californium	Cf	98	(251)	Promethium	Pm	61	(145)
Cäsium	Cs	55	132.905	Protactinium	Pa	91	231
Cer	Ce	58	140.12	Quecksilber	Hg	80	200.59
Chlor	Cl	17	35.453	Radium	Ra	88	226.04
Chrom	Cr	24	51.996	Radon	Rn	86	222
Curium	Cm	96	(247)	Rhenium	Re	75	186.2
Dysprosium	Dy	66	162.50	Rhodium	Rh	45	102.905
Einsteinium	Es	99	(254)	Rubidium	Rb	37	85.47
Eisen	Fe	26	55.847	Ruthenium	Ru	44	101.07
Erbium	Er	68	167.26	Samarium	Sm	62	150.35
Europium	Eu	63	151.96	Sauerstoff	O	8	15.9994
Fermium	Fm	100	(257)	Scandium	Sc	21	44.956
Fluor	F	9	18.9984	Schwefel	S	16	32.064
Francium	Fr	87	(223)	Selen	Se	34	78.96
Gadolinium	Gd	64	157.25	Silber	Ag	47	107.870
Gallium	Ga	31	69.72	Silicium	Si	14	28.086
Germanium	Ge	32	72.59	Stickstoff	N	7	14.0067
Gold	Au	79	196.967	Strontium	Sr	38	87.62
Hafnium	Hf	72	178.49	Tantal	Ta	73	180.948
Helium	He	2	4.0026	Technetium	Tc	43	(99)
Holmium	Ho	67	164.930	Tellur	Te	52	127.60
Indium	In	49	114.82	Terbium	Tb	65	158.924
Iridium	Ir	77	192.2	Thallium	Tl	81	204.37
Jod	J	53	126.9044	Thorium	Th	90	232.038
Kalium	K	19	39.102	Thulium	Tm	69	168.934
Kobalt	Co	27	58.9332	Titan	Ti	22	47.90
Kohlenstoff	C	6	12.0111	Uran	U	92	238.03
Krypton	Kr	36	83.80	Vanadin	V	23	50.942
Kupfer	Cu	29	63.54	Wasserstoff	H	1	1.00797
Kurtchatovium	Ku	104	(260)	Wismut	Bi	83	208.980
Lanthan	La	57	138.91	Wolfram	W	74	183.85
Lawrencium	Lr	103	(257)	Xenon	Xe	54	131.30
Lithium	Li	3	6.939	Ytterbium	Yb	70	173.04
Lutetium[1])	Lu	71	174.97	Yttrium	Y	39	88.905
Magnesium	Mg	12	24.213	Zink	Zn	30	65.37
Mangan	Mn	25	54.9381	Zinn	Sn	50	118.69
Mendelevium	Md	101	(258)	Zirkonium	Zr	40	91.22

[1]) = Cassiopeium Cp.

Namenregister

Sachregister

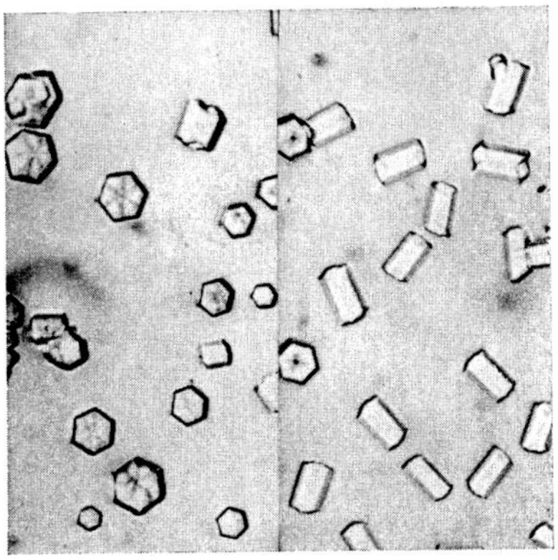

1 $Na_2[SiF_6]$
V. 1 : 120
verd. Lsg.

2 $Na_2[SiF_6]$
V. 1 : 120
konz. Lsg.

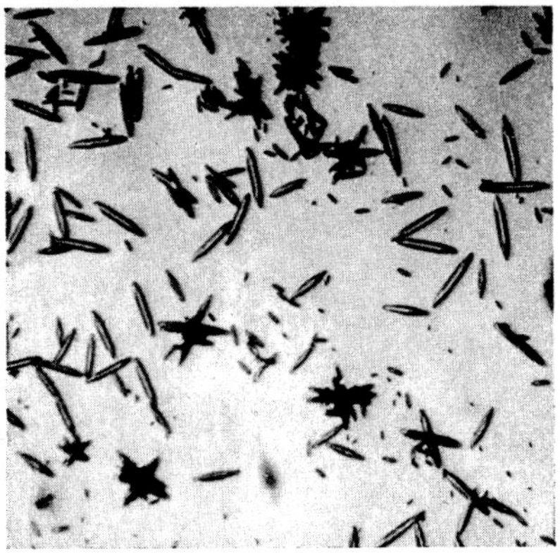

3 $Ba[SiF_6]$
V. 1 : 90

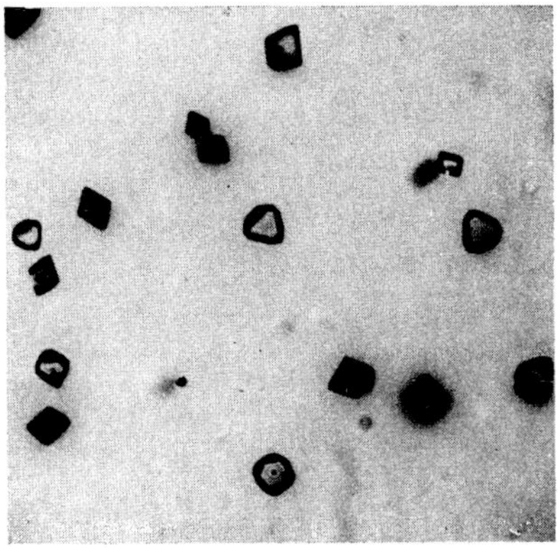

4 $[Ag(NH_3)_2]Cl$
V. 1 : 60

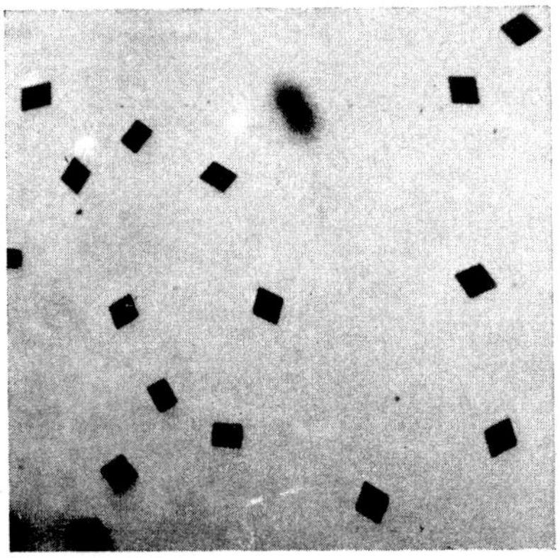

5 $RbClO_4 \cdot RbMnO_4$
V. 1 : 60

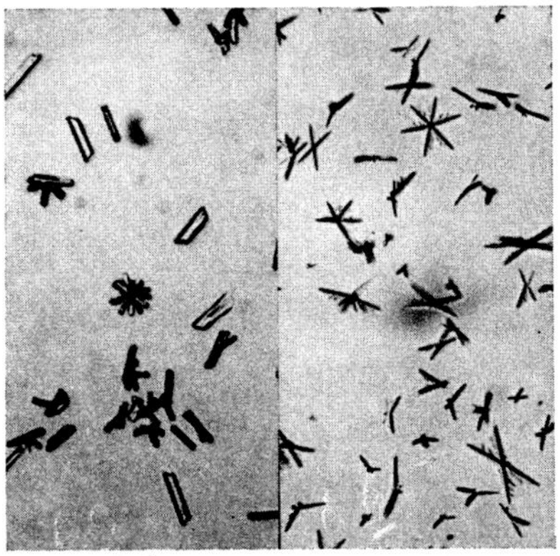

a b

6 $MgNH_4PO_4 \cdot 6\ H_2O$
V. 1 : 60
a) verd. Lsg., b) konz. Lsg.

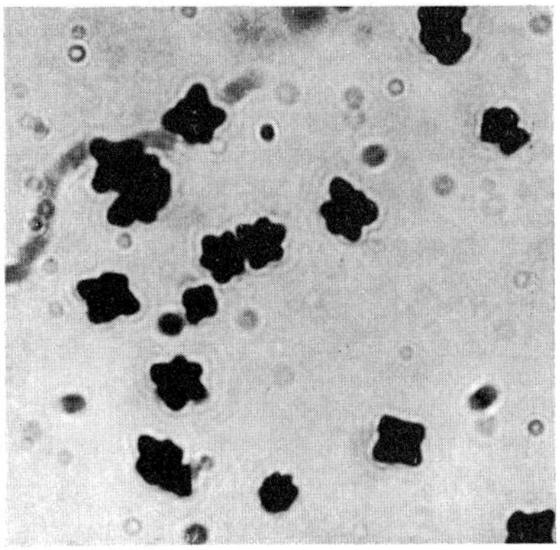

7 $(NH_4)_3[P(Mo_3O_{10})_4] \cdot aq$
V. 1: 120

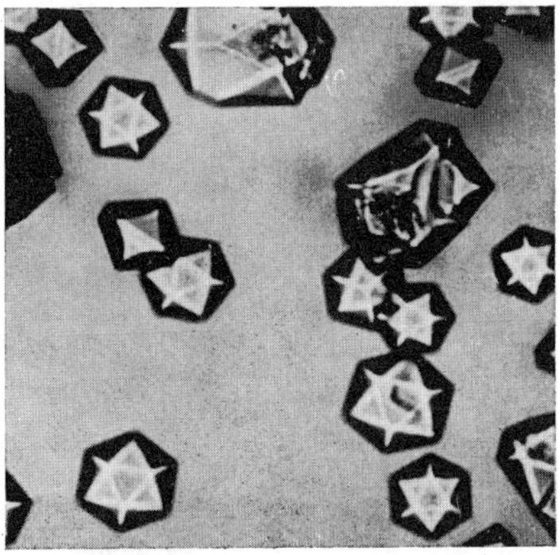

8 $NaMg(UO_2)_3(CH_3COO)_9 \cdot 9\,H_2O$
V. 1: 120

9 $NaUO_2(CH_3COO)_3$
V. 1: 120

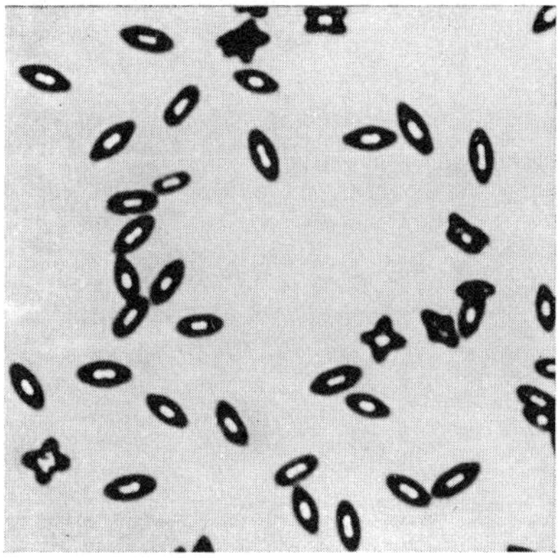

10 $Na[Sb(OH)_6]$
V. 1: 120

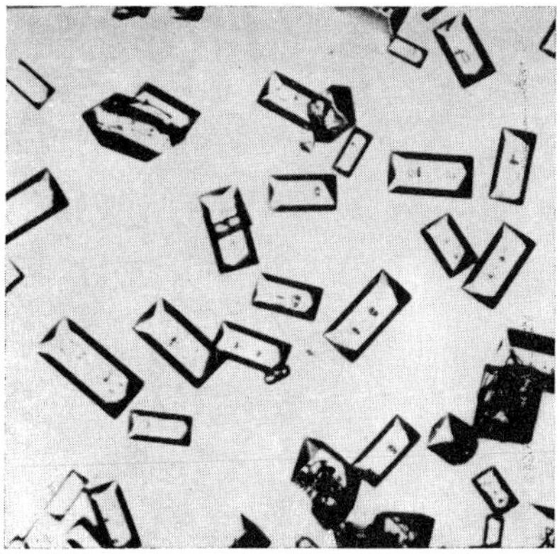

11 $KClO_4$
V. 1: 60

12 K-Dipikrylaminat
V. 1:120

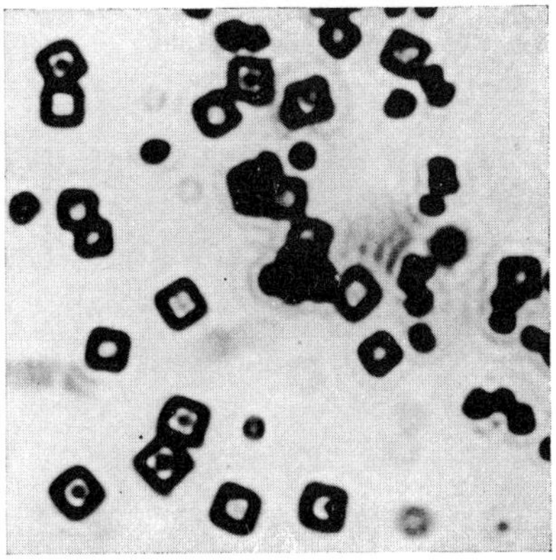

13 $K_2Na[Co(NO_2)_6]$
V. 1:200

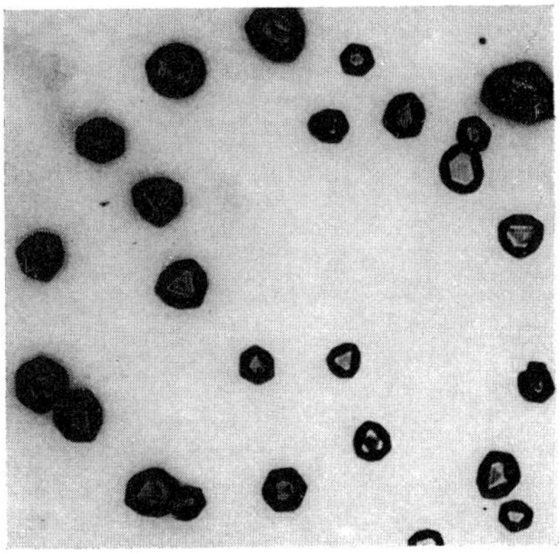

14 $K_2[PtCl_6]$
V. 1:120

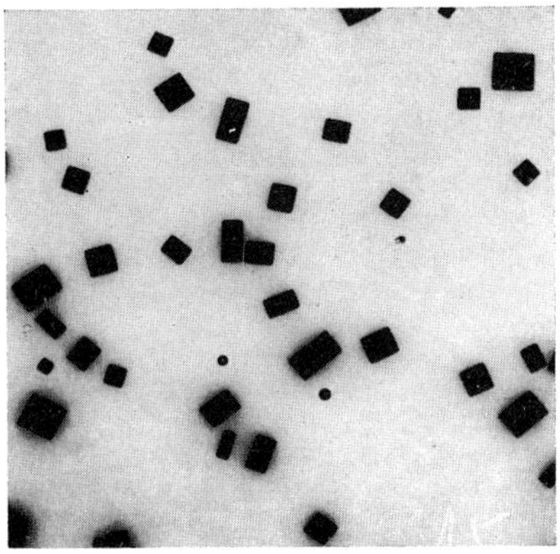

15 $K_2CuPb(NO_2)_6$
V. 1:120

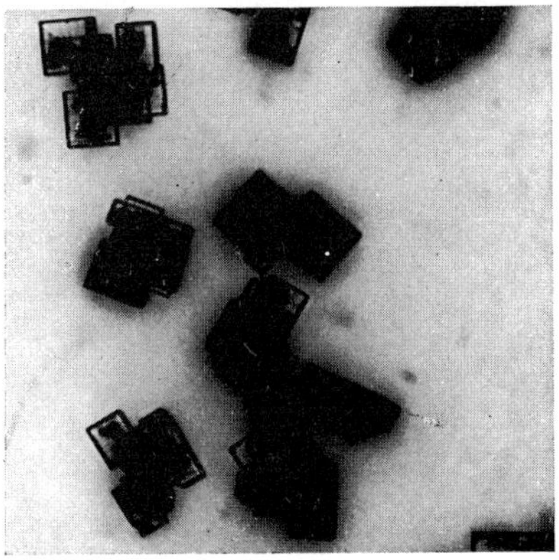

16 NH_4JO_3
V. 1: 120

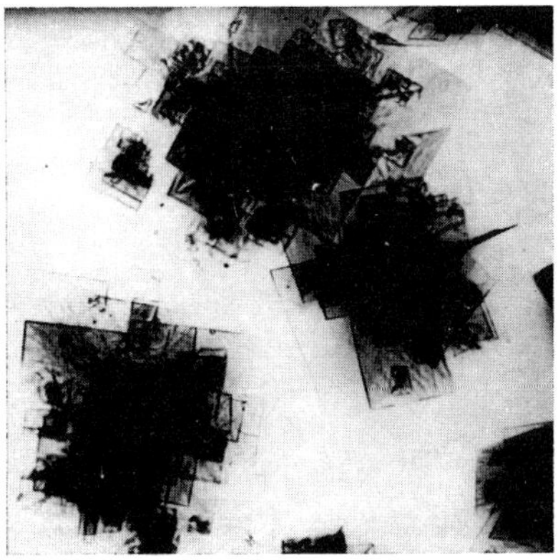

17 $CsCH_3COO \cdot Pb_2[Fe(CN)_6]CH_3COO$
V. 1:120

18 $Cs_3Bi_2J_9$
V. 1:120

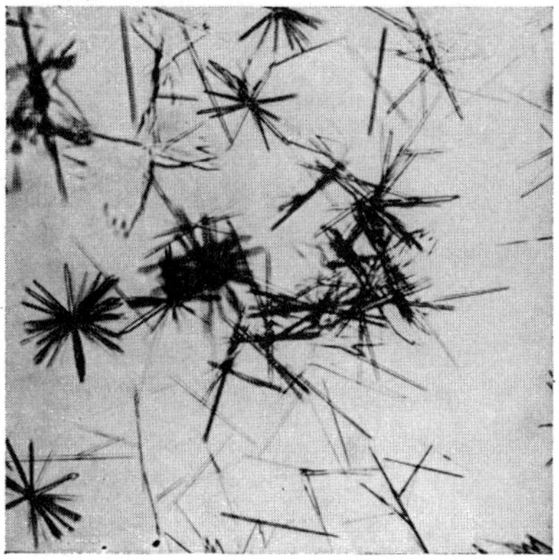

19 $CaSO_4 \cdot 2\ H_2O$
V. 1:60

20 $SrCrO_4$
V. 1:120

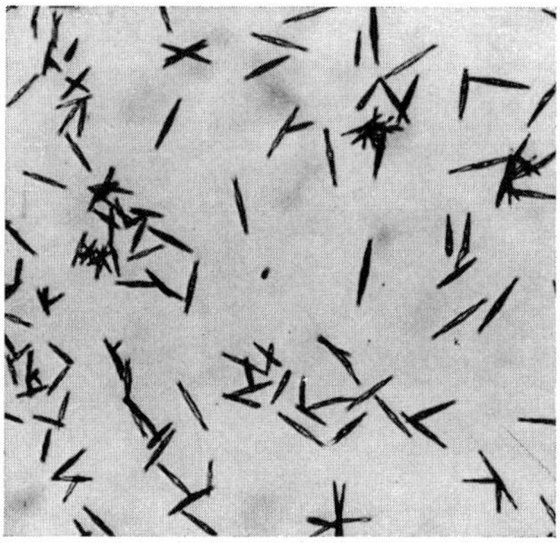

21 $Sr(JO_3)_2 \cdot 6\ H_2O$
V. 1:60

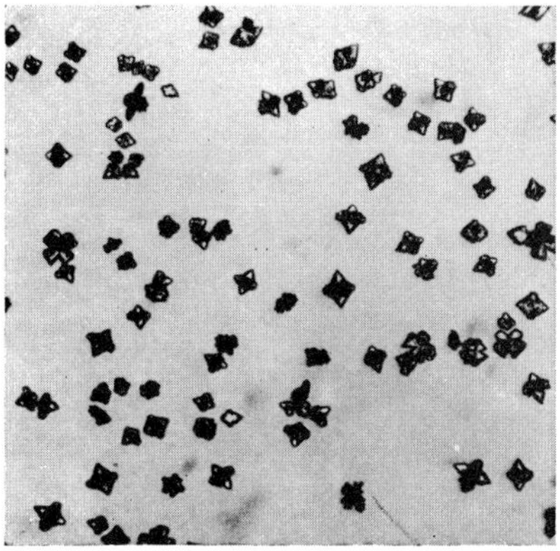

22 $BaSO_4$
V. 1:200

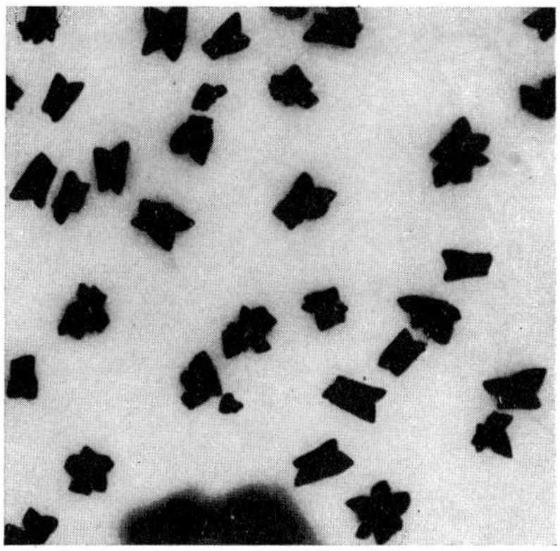

23 $Co[Hg(SCN)_4]$
V. 1:60

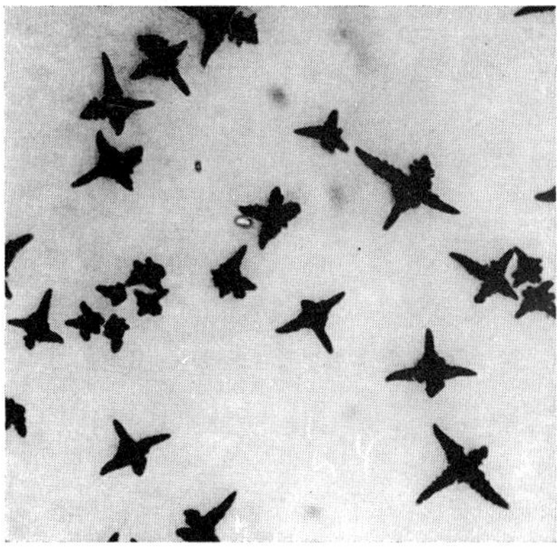

24 $Zn[Hg(SCN)_4]$
V. 1:120

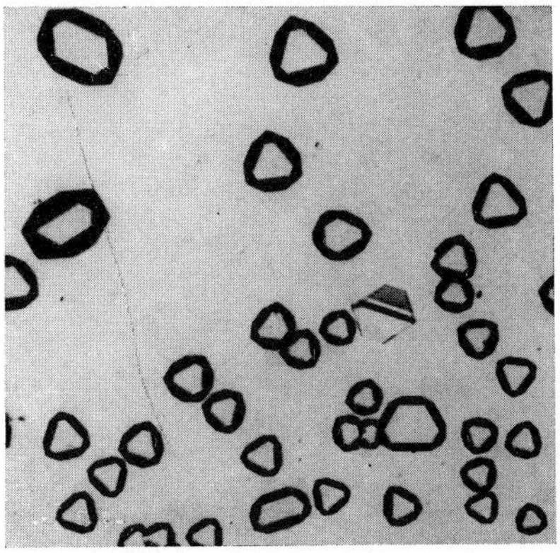

25 $CsAl(SO_4)_2 \cdot 12\ H_2O$
V. 1:60

26 Ag_2CrO_4
V. 1:60

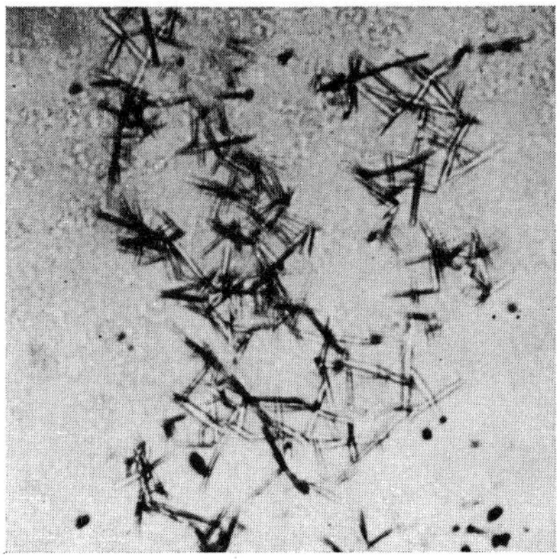

27 $K_4[Ta_4O_5F_{14}]$
V. 1:120

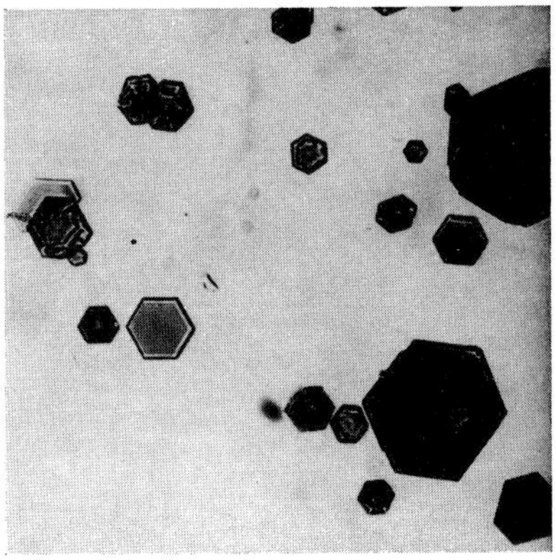

28 PbJ_2
V. 1:120

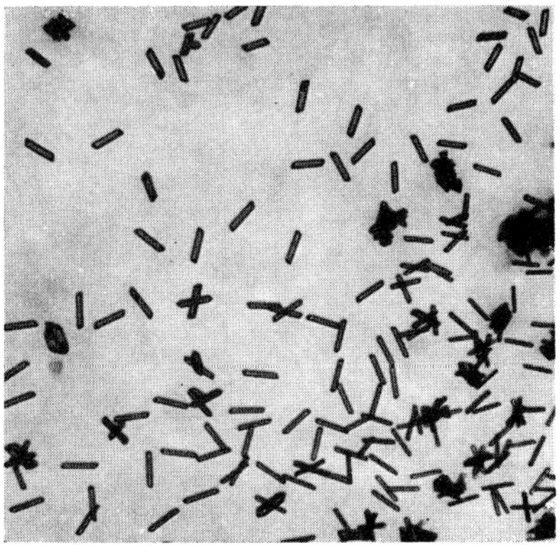

29 $PbCrO_4$
V. 1:120

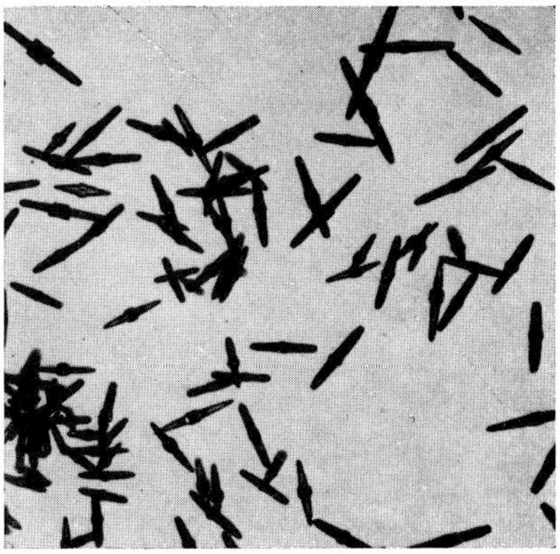

30 $Cu[Hg(SCN)_4]$
V. 1:120

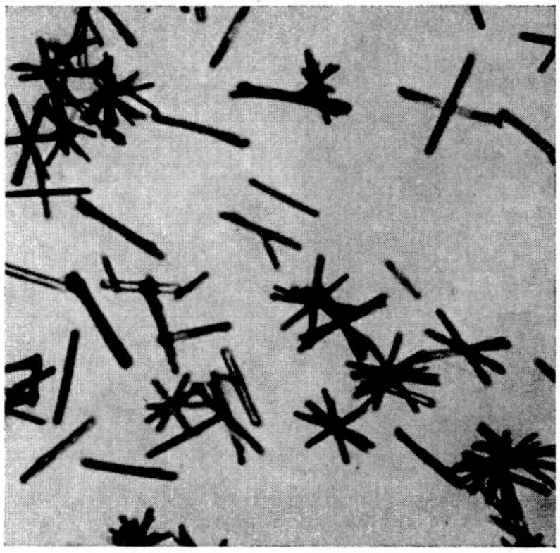

31 Cd-Thioharnstoffreineckat
V. 1:120

a  b

32 $MgNH_4AsO_4$
V. 1:120
a) verd. Lsg., b) konz. Lsg.

a 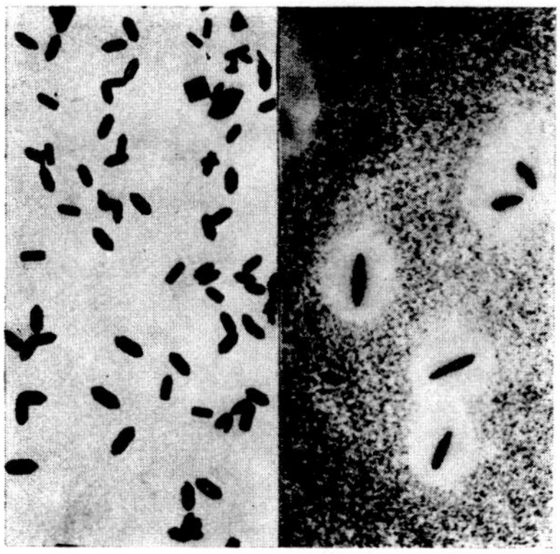 b

33 Tl-Dipikrylaminat
V. 1:120
a) verd. Lsg., b) konz. Lsg.
(Hofbildung, s. S. 30)

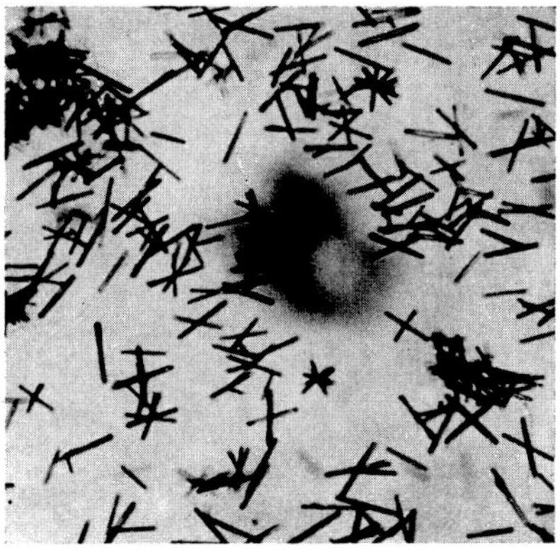

34 AgCN-Methylenblau
V. 1:200

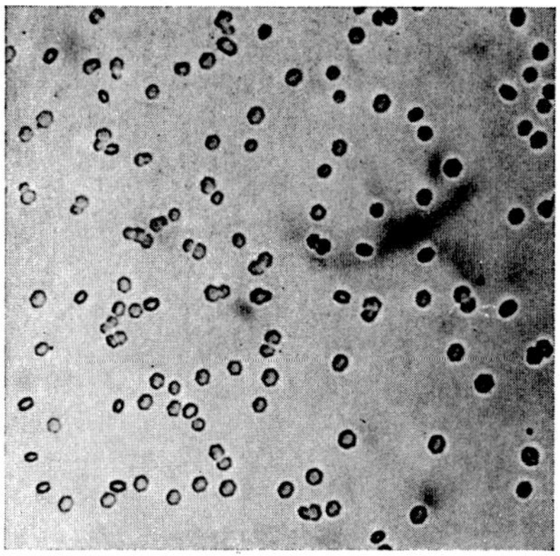

35 $Th(C_2O_4)_2$
V. 1:200

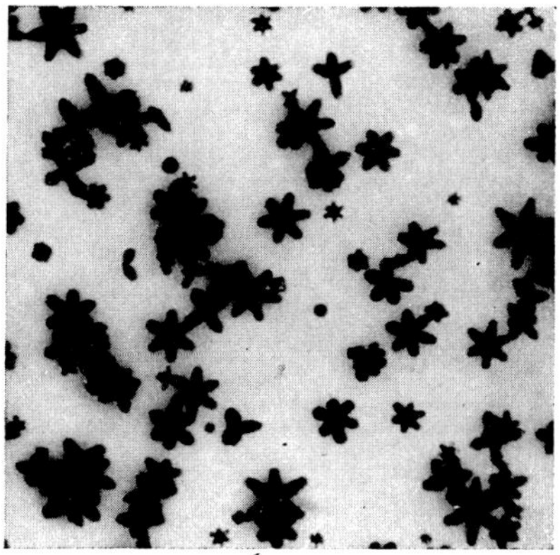

36 TlCl
V. 1:120

Tafel der im sichtbaren Gebiet liegenden Spektrallinien der Alkali- und Erdalkalimetalle sowie des In und Tl im Vergleich zum Sonnenspektrum

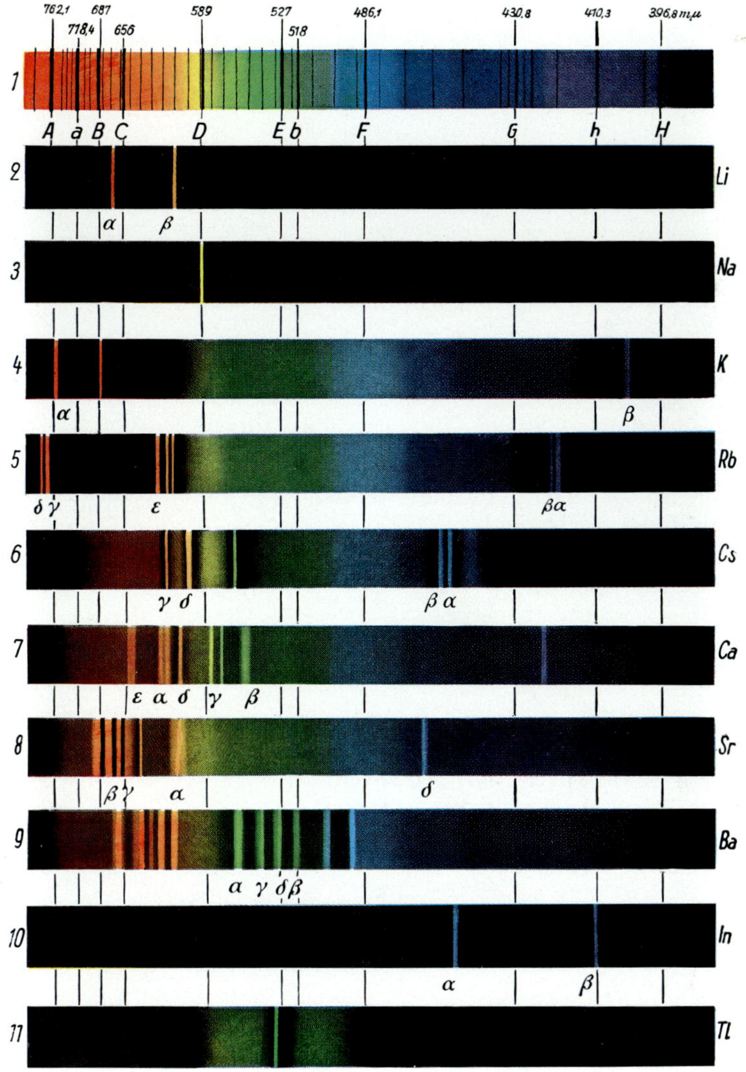

Nach einer Vorlage aus „Hofmann/Rüdorf, Anorganische Chemie"
(Verlag Vieweg & Sohn, Braunschweig)